당신도 이번에 반드시 합격합니다!

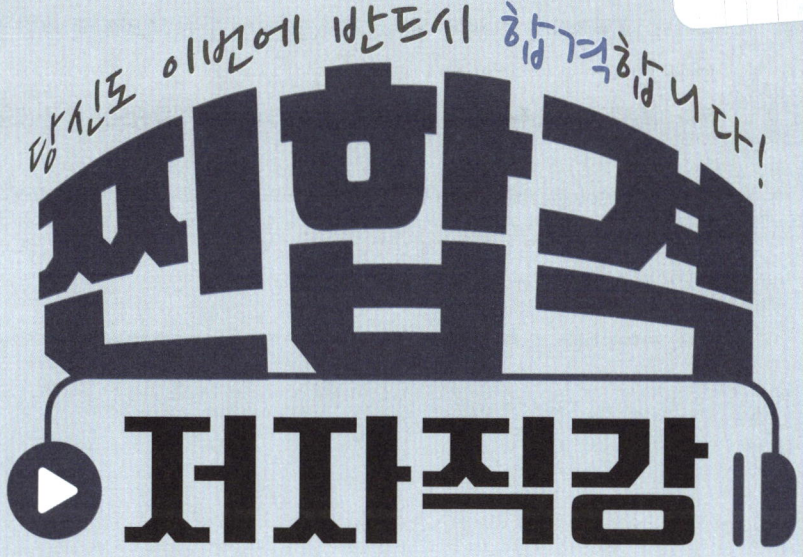

7개년 과년도 소방설비기사 필기
기계①-7
7개년 과년도 출제문제

소방공학박사
우석대학교 소방방재학과 교수 **공하성** 지음

BM (주)도서출판 성안당

깜짝 알림

원퀵으로 기출문제를 보내고 원퀵으로 소방책을 받자!!

2026 소방설비산업기사, 소방설비기사 시험을 보신 후 기출문제를 재구성하여 성안당 출판사에 15문제 이상 보내주신 분에게 공하성 교수님의 소방시리즈 책 중 한 권을 무료로 보내드립니다.

독자 여러분들이 보내주신 재구성한 기출문제는 보다 더 나은 책을 만드는 데 큰 도움이 됩니다.

📧 이메일 coh@cyber.co.kr(최옥현) | ※메일을 보내실 때 성함, 연락처, 주소를 꼭 기재해 주시기 바랍니다.

- 무료로 제공되는 책은 독자분께서 보내주신 기출문제를 공하성 교수님이 검토 후 보내드립니다.
- 책 무료 증정은 조기에 마감될 수 있습니다.

■ **도서 A/S 안내**

성안당에서 발행하는 모든 도서는 저자와 출판사, 그리고 독자가 함께 만들어 나갑니다.

좋은 책을 펴내기 위해 많은 노력을 기울이고 있습니다. 혹시라도 내용상의 오류나 오탈자 등이 발견되면 "좋은 책은 나라의 보배"로서 우리 모두가 함께 만들어 간다는 마음으로 연락주시기 바랍니다. 수정 보완하여 더 나은 책이 되도록 최선을 다하겠습니다.

성안당은 늘 독자 여러분들의 소중한 의견을 기다리고 있습니다. 좋은 의견을 보내주시는 분께는 성안당 쇼핑몰의 포인트(3,000포인트)를 적립해 드립니다.

잘못 만들어진 책이나 부록 등이 파손된 경우에는 교환해 드립니다.

저자 문의 : http://pf.kakao.com/_TZKbxj
cafe.daum.net/firepass
cafe.naver.com/fireleader

본서 기획자 e-mail : coh@cyber.co.kr(최옥현)

홈페이지 : http://www.cyber.co.kr   전화 : 031) 950-6300

소방설비기사 필기(기계분야)

머리말

God loves you, and has a wonderful plan for you.

안녕하십니까?

우석대학교 소방방재학과 교수 공하성입니다.

지난 31년간 보내주신 독자 여러분의 아낌없는 찬사에 진심으로 감사드립니다.

앞으로도 변함없는 성원을 부탁드리며, 여러분들의 성원에 힘입어 항상 더 좋은 책으로 거듭나겠습니다.

본 책의 특징은 학원 강의를 듣듯 정말 자세하게 설명해 놓았다는 것입니다.

시험의 기출문제를 분석해 보면 문제은행식으로 과년도 문제가 매년 거듭 출제되고 있음을 알 수 있습니다. 그러므로 과년도 문제만 충실히 풀어보아도 쉽게 합격할 수 있을 것입니다.

그런데, 2004년 5월 29일부터 소방관련 법령이 전면 개정됨으로써 "소방관계법규"는 2005년부터 신법에 맞게 새로운 문제들이 출제되고 있습니다.

본 서는 여기에 중점을 두어 국내 최다의 과년도 문제와 신법에 맞는 출제 가능한 문제들을 최대한 많이 수록하였습니다.

또한, 각 문제마다 아래와 같이 중요도를 표시하였습니다.

별표없는것	출제빈도 10%	★	출제빈도 30%
★★	출제빈도 70%	★★★	출제빈도 90%

그리고 해답의 근거를 다음과 같이 약자로 표기하여 신뢰성을 높였습니다.

- 기본법 : 소방기본법
- 기본령 : 소방기본법 시행령
- 기본규칙 : 소방기본법 시행규칙
- 소방시설법 : 소방시설 설치 및 관리에 관한 법률
- 소방시설법 시행령 : 소방시설 설치 및 관리에 관한 법률 시행령
- 소방시설법 시행규칙 : 소방시설 설치 및 관리에 관한 법률 시행규칙
- 화재예방법 : 화재의 예방 및 안전관리에 관한 법률
- 화재예방법 시행령 : 화재의 예방 및 안전관리에 관한 법률 시행령
- 화재예방법 시행규칙 : 화재의 예방 및 안전관리에 관한 법률 시행규칙
- 공사업법 : 소방시설공사업법
- 공사업령 : 소방시설공사업법 시행령
- 공사업규칙 : 소방시설공사업법 시행규칙
- 위험물법 : 위험물안전관리법
- 위험물령 : 위험물안전관리법 시행령
- 위험물규칙 : 위험물안전관리법 시행규칙
- 건축령 : 건축법 시행령
- 위험물기준 : 위험물안전관리에 관한 세부기준
- 피난·방화구조 : 건축물의 피난·방화구조 등의 기준에 관한 규칙

본 책에는 잘못된 부분이 있을 수 있으며, 잘못된 부분에 대해서는 발견 즉시 성안당(www.cyber.co.kr) 또는 예스미디어(www.ymg.kr)에 올리도록 하고, 새로운 책이 나올 때마다 늘 수정·보완하도록 하겠습니다.

이 책의 집필에 도움을 준 이종화·안재천 교수님, 임수란님에게 고마움을 표합니다.

끝으로 이 책에 대한 모든 영광을 그 분께 돌려 드립니다.

공하성 올림

출제경향분석

소방설비기사 필기(기계분야) 출제경향분석

제1과목 소방원론

1. 화재의 성격과 원인 및 피해   9.1% (2문제)
2. 연소의 이론   16.8% (4문제)
3. 건축물의 화재성상   10.8% (2문제)
4. 불 및 연기의 이동과 특성   8.4% (1문제)
5. 물질의 화재위험   12.8% (3문제)
6. 건축물의 내화성상   11.4% (2문제)
7. 건축물의 방화 및 안전계획   5.1% (1문제)
8. 방화안전관리   6.4% (1문제)
9. 소화이론   6.4% (1문제)
10. 소화약제   12.8% (3문제)

제2과목 소방유체역학

1. 유체의 일반적 성질   26.2% (5문제)
2. 유체의 운동과 법칙   17.3% (4문제)
3. 유체의 운동과 계측   20.1% (4문제)
4. 유체정역학 및 열역학   20.1% (4문제)
5. 유체의 마찰 및 펌프의 현상   16.3% (3문제)

제3과목 소방관계법규

1. 소방기본법령   20% (4문제)
2. 소방시설 설치 및 관리에 관한 법령 14% (3문제)
3. 화재의 예방 및 안전관리에 관한 법령 21% (4문제)
4. 소방시설공사업법령   30% (6문제)
5. 위험물안전관리법령   15% (3문제)

제4과목 소방기계시설의 구조 및 원리

1. 소화기구   2.2% (1문제)
2. 옥내소화전설비   11.0% (2문제)
3. 옥외소화전설비   6.3% (1문제)
4. 스프링클러설비   15.9% (3문제)
5. 물분무소화설비   5.6% (1문제)
6. 포소화설비   9.7% (2문제)
7. 이산화탄소 소화설비   5.3% (1문제)
8. 할론·할로겐화합물 및 불활성기체 소화설비 5.9% (1문제)
9. 분말소화설비   7.8% (2문제)
10. 피난구조설비   8.4% (2문제)
11. 제연설비   7.2% (1문제)
12. 연결살수설비   5.3% (1문제)
13. 연결송수관설비   6.6% (1문제)
14. 소화용수설비   2.8% (1문제)

소방설비기사 필기(기계분야)

차 례

♣ 초스피드 기억법

제1편 소방원론 ··· 3
   제1장 화재론 ··· 3
   제2장 방화론 ·· 12

제2편 소방관계법규 ··· 17

제3편 소방유체역학 ··· 40
   제1장 유체의 일반적 성질 ································ 40
   제2장 유체의 운동과 법칙 ································ 43
   제3장 유체의 유동과 계측 ································ 44
   제4장 유체정역학 및 열역학 ···························· 47
   제5장 유체의 마찰 및 펌프의 현상 ··················· 48

제4편 소방기계시설의 구조 및 원리 ····················· 51
   제1장 소화설비 ··· 51
   제2장 피난구조설비 ······································· 63
   제3장 소화활동설비 및 소화용수설비 ················ 64

♣ 과년도 기출문제(CBT기출복원문제 포함)

- 소방설비기사(2025. 2. 7 시행) ··················· 25- 2
- 소방설비기사(2025. 5. 21 시행) ·················· 25-32
- 소방설비기사(2025. 9. 1 시행) ··················· 25-62

- 소방설비기사(2024. 3. 1 시행) ··················· 24- 2
- 소방설비기사(2024. 5. 9 시행) ··················· 24-31
- 소방설비기사(2024. 7. 5 시행) ··················· 24-60

- 소방설비기사(2023. 3. 1 시행) ··················· 23- 2
- 소방설비기사(2023. 5. 13 시행) ·················· 23-29
- 소방설비기사(2023. 9. 2 시행) ··················· 23-57

- 소방설비기사(2022. 3. 5 시행) ··················· 22- 2
- 소방설비기사(2022. 4. 24 시행) ·················· 22-31
- 소방설비기사(2022. 9. 14 시행) ·················· 22-62

CONTENTS

- 소방설비기사(2021. 3. 7 시행) ········· 21- 2
- 소방설비기사(2021. 5. 15 시행) ········· 21-31
- 소방설비기사(2021. 9. 12 시행) ········· 21-61

- 소방설비기사(2020. 6. 6 시행) ········· 20- 2
- 소방설비기사(2020. 8. 22 시행) ········· 20-30
- 소방설비기사(2020. 9. 26 시행) ········· 20-56

- 소방설비기사(2019. 3. 3 시행) ········· 19- 2
- 소방설비기사(2019. 4. 27 시행) ········· 19-30
- 소방설비기사(2019. 9. 21 시행) ········· 19-57

찾아보기 ········· 1

책선정시유의사항

첫째 저자의 지명도를 보고 선택할 것
(저자가 책의 모든 내용을 집필하기 때문)

둘째 문제에 대한 100% 상세한 해설이 있는지 확인할 것
(해설이 없을 경우 문제 이해에 어려움이 있음)

셋째 과년도문제가 많이 수록되어 있는 것을 선택할 것
(국가기술자격시험은 대부분 과년도문제에서 출제되기 때문)

단위환산표(기계분야)

명 칭	기 호	크 기	명 칭	기 호	크 기
테라(tera)	T	10^{12}	피코(pico)	p	10^{-12}
기가(giga)	G	10^{9}	나노(nano)	n	10^{-9}
메가(mega)	M	10^{6}	마이크로(micro)	μ	10^{-6}
킬로(kilo)	k	10^{3}	밀리(milli)	m	10^{-3}
헥토(hecto)	h	10^{2}	센티(centi)	c	10^{-2}
데카(deka)	D	10^{1}	데시(deci)	d	10^{-1}

〈보기〉
- $1km = 10^{3} m$
- $1mm = 10^{-3} m$
- $1pF = 10^{-12} F$
- $1\mu m = 10^{-6} m$

이 책의 특징

1. 문제

각 문제마다 중요도를 표시하여 ★이 많은 것은 특별히 주의깊게 볼 수 있도록 하였음!

> ★★★
> **08** 자기연소를 일으키는 가연물질로만 짝지어진 것은?
> ① 나이트로셀룰로오즈, 황, 등유
> ② 질산에스터, 셀룰로이드, 나이트로화합물
> ③ 셀룰로이드, 발연황산, 목탄
> ④ 질산에스터, 황린, 염소산칼륨

각 문제마다 100% 상세한 해설을 하고 꼭 알아야 될 사항은 고딕체로 구분하여 표시하였음.

> **해설** 위험물 제4류 제2석유류(등유, 경유)의 특성
> (1) 성질은 **인화성 액체**이다.
> (2) 상온에서 안정하고, 약간의 자극으로는 쉽게 폭발하지 않는다.
> (3) 용해하지 않고, **물보다 가볍다**.
> (4) 소화방법은 **포말소화**가 좋다.   **답** ①

용어에 대한 설명을 첨부하여 문제를 쉽게 이해하여 답안작성이 용이하도록 하였음.

> • **소방력** : 소방기관이 소방업무를 수행하는 데 필요한 인력과 장비

2. 초스피드 기억법

> **해설** **분말소화약제**(질식효과)
>
> | 종 별 | 분자식 | 착 색 | 적응화재 | 비 고 |
> |---|---|---|---|---|
> | 제**1**종 | 탄산수소나트륨 (NaHCO$_3$) | 백색 | BC급 | **식용유** 및 **지방질유**의 화재에 적합 |
> | 제2종 | 탄산수소칼륨 (KHCO$_3$) | 담자색 (담회색) | BC급 | – |
> | 제**3**종 | 제1인산암모늄 (NH$_4$H$_2$PO$_4$) | 담홍색 | ABC급 | **차고 · 주차장**에 적합 |
> | 제4종 | 탄산수소칼륨 +요소 (KHCO$_3$+ (NH$_2$)$_2$CO) | 회(백)색 | BC급 | – |
>
> **기억법** 1식분(<u>일식 분식</u>)
> 3분 차주(<u>삼보컴퓨터 차주</u>)

시험에 자주 출제되는 내용들은 초스피드 기억법을 적용하여 한번에 기억할 수 있도록 하였음.

이 책의 공부방법

소방설비기사 필기(기계분야)의 가장 효율적인 공부방법을 소개합니다. 이 책으로 이대로만 공부하면 반드시 한 번에 합격할 수 있습니다.

첫째, 초스피드 기억법을 읽고 숙지한다.
(특히 혼동되면서 중요한 내용들은 기억법을 적용하여 쉽게 암기할 수 있도록 하였으므로 꼭 기억한다.)

둘째, 본 책의 출제문제 수를 파악하고, 시험 때까지 3번 정도 반복하여 공부할 수 있도록 1일 공부 분량을 정한다.
(이때 너무 무리하지 않도록 1주일에 하루 정도는 쉬는 것으로 하여 계획을 짜는 것이 좋겠다.)

셋째, Key Point란에 특히 관심을 가지며 부담없이 한 번 정도 읽은 후, 처음부터 차근차근 문제를 풀어 나간다.
(해설을 보며 암기할 사항이 있으면 그것을 다시 한번 보고 여백에 기록한다.)

넷째, 시험 전날에는 책 전체를 한 번 쭉 훑어보며 문제와 답만 체크(check)하며 보도록 한다.
(가능한 한 시험 전날에는 책 전체 내용을 밤을 세우더라도 꼭 점검하기 바란다. 시험 전날 본 문제가 의외로 많이 출제된다.)

다섯째, 시험장에 갈 때에도 책은 반드시 지참한다.
(가능한 한 대중교통을 이용하여 시험장으로 향하는 동안에도 책을 계속 본다.)

여섯째, 시험장에 도착해서는 책을 다시 한번 훑어본다.
(마지막 5분까지 최선을 다하면 반드시 한 번에 합격할 수 있다.)

시험안내

소방설비기사 필기(기계분야) 시험내용

1. **필기시험**

구 분	내 용
시험 과목	1. 소방원론 2. 소방유체역학 3. 소방관계법규 4. 소방기계시설의 구조 및 원리
출제 문제	과목당 20문제(전체 80문제)
합격 기준	과목당 40점 이상 평균 60점 이상
시험 시간	2시간
문제 유형	객관식(4지선택형)

2. **실기시험**

구 분	내 용
시험 과목	소방기계시설 설계 및 시공실무
출제 문제	9~18 문제
합격 기준	60점 이상
시험 시간	3시간
문제 유형	필답형

단위읽기표(기계분야)

여러분들이 고민하는 것 중 하나가 단위를 어떻게 읽느냐 하는 것일 듯 합니다. 그 방법을 속시원하게 공개해 드립니다.

(알파벳 순)

단위	단위 읽는 법	단위의 의미(물리량)
Aq	아쿠아(**Aq**ua)	물의 높이
atm	에이 티 엠(**atm** osphere)	기압, 압력
bar	바(**bar**)	압력
barrel	배럴(**barrel**)	부피
BTU	비티유(**B**ritish **T**hermal **U**nit)	열량
cal	칼로리(**cal**orie)	열량
cal/g	칼로리 퍼 그램(**cal**orie per **g**ram)	융해열, 기화열
cal/g·℃	칼로리 퍼 그램 도 씨(**cal**orie per **g**ram degree **C**elsius)	비열
dyn, dyne	다인(**dyne**)	힘
g/cm^3	그램 퍼 세제곱 센티미터(**g**ram per **c**enti**m**eter cubic)	비중량
gal, gallon	갤론(**gallon**)	부피
H_2O	에이치 투 오(water)	물의 높이
Hg	에이치 지(mercury)	수은주의 높이
HP	마력(**H**orse **P**ower)	일률
J/s, J/sec	줄 퍼 세컨드(**J**oule per **se**cond)	일률
K	케이(**K**elvin temperature)	켈빈온도
kg/m^2	킬로그램 퍼 제곱 미터(**k**ilo**g**ram per **m**eter square)	화재하중
kg_f	킬로그램 포스(**k**ilogram **f**orce)	중량
kg_f/cm^2	킬로그램 포스 퍼 제곱 센티미터 (**k**ilo**g**ram **f**orce per **c**enti**m**eter square)	압력
l	리터(leter)	부피
lb	파운드(pound)	중량
lb_f/in^2	파운드 포스 퍼 제곱 인치 (pound force per inch square)	압력

단위읽기표

단 위	단위 읽는 법	단위의 의미(물리량)
m/min	미터 퍼 미니트(meter per minute)	속도
m/sec²	미터 퍼 제곱 세컨드(meter per second square)	가속도
m³	세제곱 미터(meter cubic)	부피
m³/min	세제곱 미터 퍼 미니트(meter cubic per minute)	유량
m³/sec	세제곱 미터 퍼 세컨드(meter cubic per second)	유량
mol, mole	몰(mole)	물질의 양
m⁻¹	매미터(per meter)	감광계수
N	뉴턴(Newton)	힘
N/m²	뉴턴 퍼 제곱 미터(Newton per meter square)	압력
P	푸아즈(Poise)	점도
Pa	파스칼(Pascal)	압력
PS	미터 마력(PferdeStärke)	일률
PSI	피 에스 아이(Pound per Square Inch)	압력
s, sec	세컨드(second)	시간
stokes	스토크스(stokes)	점도
vol%	볼륨 퍼센트(volume percent)	농도
W	와트(Watt)	동력
W/m²	와트 퍼 제곱 미터(Watt per meter square)	대류열
W/m²·K⁴	와트 퍼 제곱 미터 케이 네제곱(Watt per meter square Kelvin)	스테판-볼츠만 상수
W/m²·℃	와트 퍼 제곱 미터 도 씨(Watt per meter square degree Celsius)	열전달률
W/m·K	와트 퍼 미터 케이(Watt per meter Kelvin)	열전도율
W/sec	와트 퍼 세컨드(Watt per second)	전도열
℃	도 씨(degree Celsius)	섭씨온도
℉	도 에프(degree Fahrenheit)	화씨온도
°R	도 알(Rankine temperature)	랭킨온도

단위변환표

중력단위(공학단위)와 SI단위

중력단위	SI단위	비고
1kg_f	$9.8\text{N}=9.8\text{kg}\cdot\text{m/s}^2$	힘
$1\text{kg}_f/\text{m}^2$	$9.8\text{kg/m}\cdot\text{s}^2$	–
–	$1\text{kg/m}\cdot\text{s}=1\text{N}\cdot\text{s/m}^2$	점성계수
–	$1\text{m}^3/\text{kg}=1\text{m}^4/\text{N}\cdot\text{s}^2$	비체적
–	$1000\text{kg/m}^3=1000\text{N}\cdot\text{s}^2/\text{m}^4$ (물의 밀도)	밀도
$1000\text{kg}_f/\text{m}^3$ (물의 비중량)	9800N/m^3 (물의 비중량)	비중량
$PV=mRT$ 여기서, P : 압력[kg_f/m^2] V : 부피[m^3] m : 질량[kg] $R : \dfrac{848}{M}$ [$\text{kg}_f\cdot\text{m/kg}\cdot\text{K}$] T : 절대온도(273+℃)[K]	$PV=mRT$ 여기서, P : 압력[N/m^2] V : 부피[m^3] m : 질량[kg] $R : \dfrac{8314}{M}$ [$\text{N}\cdot\text{m/kg}\cdot\text{K}$] T : 절대온도(273+℃)[K]	이상기체 상태방정식
$P=\dfrac{\gamma QH}{102\eta}K$ 여기서, P : 전동력[kW] γ : 비중량(물의 비중량 $1000\text{kg}_f/\text{m}^3$) Q : 유량[m^3/s] H : 전양정[m] K : 전달계수 η : 효율	$P=\dfrac{\gamma QH}{1000\eta}K$ 여기서, P : 전동력[kW] γ : 비중량(물의 비중량 9800N/m^3) Q : 유량[m^3/s] H : 전양정[m] K : 전달계수 η : 효율	전동력
$P=\dfrac{\gamma QH}{102\eta}$ 여기서, P : 축동력[kW] γ : 비중량(물의 비중량 $1000\text{kg}_f/\text{m}^3$) Q : 유량[m^3/s] H : 전양정[m] η : 효율	$P=\dfrac{\gamma QH}{1000\eta}$ 여기서, P : 전동력[kW] γ : 비중량(물의 비중량 9800N/m^3) Q : 유량[m^3/s] H : 전양정[m] η : 효율	축동력
$P=\dfrac{\gamma QH}{102}$ 여기서, P : 수동력[kW] γ : 비중량(물의 비중량 $1000\text{kg}_f/\text{m}^3$) Q : 유량[m^3/s] H : 전양정[m]	$P=\dfrac{\gamma QH}{1000}$ 여기서, P : 수동력[kW] γ : 비중량(물의 비중량 9800N/m^3) Q : 유량[m^3/s] H : 전양정[m]	수동력

시험안내 연락처

기관명	주 소	전화번호
서울지역본부	02512 서울 동대문구 장안벚꽃로 279(휘경동 49-35)	02-2137-0590
서울서부지사	03302 서울 은평구 진관3로 36(진관동 산100-23)	02-2024-1700
서울남부지사	07225 서울시 영등포구 버드나루로 110(당산동)	02-876-8322
서울강남지사	06193 서울시 강남구 테헤란로 412 알레르망타워 15층(대치동)	02-2161-9100
인천지사	21634 인천시 남동구 남동서로 209(고잔동)	032-820-8600
경인지역본부	16626 경기도 수원시 권선구 호매실로 46-68(탑동)	031-249-1201
경기동부지사	13313 경기 성남시 수정구 성남대로 1214(수진동)	031-750-6200
경기서부지사	14488 경기도 부천시 길주로 463번길 69(춘의동)	032-719-0800
경기남부지사	17561 경기 안성시 공도읍 공도로 51-23	031-615-9000
경기북부지사	11801 경기도 의정부시 바대논길 21 해인프라자 3~5층(고산동)	031-850-9100
강원지사	24408 강원특별자치도 춘천시 동내면 원창 고개길 135(학곡리)	033-248-8500
강원동부지사	25440 강원특별자치도 강릉시 사천면 방동길 60(방동리)	033-650-5700
부산지역본부	46519 부산시 북구 금곡대로 441번길 26(금곡동)	051-330-1910
부산남부지사	48518 부산시 남구 신선로 454-18(용당동)	051-620-1910
경남지사	51519 경남 창원시 성산구 두대로 239(중앙동)	055-212-7200
경남서부지사	52733 경남 진주시 남강로 1689(초전동 260)	055-791-0700
울산지사	44538 울산광역시 중구 종가로 347(교동)	052-220-3277
대구지역본부	42704 대구시 달서구 성서공단로 213(갈산동)	053-580-2300
경북지사	36616 경북 안동시 서후면 학가산 온천길 42(명리)	054-840-3000
경북동부지사	37580 경북 포항시 북구 법원로 140번길 9(장성동)	054-230-3200
경북서부지사	39371 경상북도 구미시 산호대로 253(구미첨단의료 기술타워 2층)	054-713-3000
광주지역본부	61008 광주광역시 북구 첨단벤처로 82(대촌동)	062-970-1700
전북지사	54852 전북 전주시 덕진구 유상로 69(팔복동)	063-210-9200
전북서부지사	54098 전북 군산시 공단대로 197번지 풍산빌딩 2층(수송동)	063-731-5500
전남지사	57948 전남 순천시 순광로 35-2(조례동)	061-720-8500
전남서부지사	58604 전남 목포시 영산로 820(대양동)	061-288-3300
대전지역본부	35000 대전광역시 중구 서문로 25번길 1(문화동)	042-580-9100
충북지사	28456 충북 청주시 흥덕구 1순환로 394번길 81(신봉동)	043-279-9000
충북북부지사	27480 충북 충주시 호암수청2로 14 충주농협 호암행복지점 3~4층(호암동)	043-722-4300
충남지사	31081 충남 천안시 서북구 상고1길 27(신당동)	041-620-7600
세종지사	30128 세종특별자치시 한누리대로 296(나성동)	044-410-8000
제주지사	63220 제주 제주시 복지로 19(도남동)	064-729-0701

※ 청사이전 및 조직변동 시 주소와 전화번호가 변경, 추가될 수 있음

응시자격

- **기사** : 다음 각 호의 어느 하나에 해당하는 사람
  1. **산업기사** 등급 이상의 자격을 취득한 후 응시하려는 종목이 속하는 동일 및 유사 직무분야에서 **1년 이상** 실무에 종사한 사람
  2. **기능사** 자격을 취득한 후 응시하려는 종목이 속하는 동일 및 유사 직무분야에서 **3년 이상** 실무에 종사한 사람
  3. 응시하려는 종목이 속하는 동일 및 유사 직무분야의 다른 종목의 기사 등급 이상의 자격을 취득한 사람
  4. 관련학과의 대학졸업자 등 또는 그 졸업예정자
  5. **3년제 전문대학** 관련학과 졸업자 등으로서 졸업 후 응시하려는 종목이 속하는 동일 및 유사 직무분야에서 **1년 이상** 실무에 종사한 사람
  6. **2년제 전문대학** 관련학과 졸업자 등으로서 졸업 후 응시하려는 종목이 속하는 동일 및 유사 직무분야에서 **2년 이상** 실무에 종사한 사람
  7. 동일 및 유사 직무분야의 **기사** 수준 기술훈련과정 이수자 또는 그 이수예정자
  8. 동일 및 유사 직무분야의 **산업기사** 수준 기술훈련과정 이수자로서 이수 후 응시하려는 종목이 속하는 동일 및 유사 직무분야에서 **2년 이상** 실무에 종사한 사람
  9. 응시하려는 종목이 속하는 동일 및 유사 직무분야에서 **4년 이상** 실무에 종사한 사람
  10. 외국에서 동일한 종목에 해당하는 자격을 취득한 사람

- **산업기사** : 다음 각 호의 어느 하나에 해당하는 사람
  1. **기능사** 등급 이상의 자격을 취득한 후 응시하려는 종목이 속하는 동일 및 유사 직무분야에 **1년 이상** 실무에 종사한 사람
  2. 응시하려는 종목이 속하는 동일 및 유사 직무분야의 다른 종목의 산업기사 등급 이상의 자격을 취득한 사람
  3. 관련학과의 **2년제** 또는 **3년제 전문대학**졸업자 등 또는 그 졸업예정자
  4. 관련학과의 대학졸업자 등 또는 그 졸업예정자
  5. 동일 및 유사 직무분야의 산업기사 수준 기술훈련과정 이수자 또는 그 이수예정자
  6. 응시하려는 종목이 속하는 동일 및 유사 직무분야에서 **2년 이상** 실무에 종사한 사람
  7. 고용노동부령으로 정하는 기능경기대회 입상자
  8. 외국에서 동일한 종목에 해당하는 자격을 취득한 사람

※ 세부사항은 한국산업인력공단 **1644-8000**으로 문의바람

초스피드 기억법

제 **1** 편　소방원론

제 **2** 편　소방관계법규

제 **3** 편　소방유체역학

제 **4** 편　소방기계시설의 구조 및 원리

상대성 원리

아인슈타인이 '상대성 원리'를 발견하고 강연회를 다니기 시작했다. 많은 단체 또는 사람들이 그를 불렀다.

30번 이상의 강연을 한 어느날이었다. 전속 운전기사가 아인슈타인에게 장난스럽게 이런말을 했다.

"박사님! 전 상대성 원리에 대한 강연을 30번이나 들었기 때문에 이제 모두 암송할 수 있게 되었습니다. 박사님은 연일 강연하시느라 피곤하실텐데 다음번에는 제가 한번 강연하면 어떨까요?"

그 말을 들은 아인슈타인은 아주 재미있어 하면서 순순히 그 말에 응하였다.

그래서 다음 대학을 향해 가면서 아인슈타인과 운전기사는 옷을 바꿔입었다.

운전기사는 아인슈타인과 나이도 비슷했고 외모도 많이 닮았다.

이때부터 아인슈타인은 운전을 했고 뒷자석에는 운전기사가 앉아 있게 되었다.

학교에 도착하여 강연이 시작되었다.

가짜 아인슈타인 박사의 강의는 정말 훌륭했다. 말 한마디, 얼굴표정, 몸의 움직임까지도 진짜 박사와 흡사했다.

성공적으로 강연을 마친 가짜 박사는 많은 박수를 받으며 강단에서 내려오려고 했다. 그 때 문제가 발생했다. 그 대학의 교수가 질문을 한 것이다.

가슴이 '쿵'하고 내려앉은 것은 가짜박사보다 진짜 박사쪽이었다.

운전기사 복장을 하고 있으니 나서서 질문에 답할 수도 없는 상황이었다.

그런데 단상에 있던 가짜 박사는 조금도 당황하지 않고 오히려 빙그레 웃으며 이렇게 말했다.

"아주 간단한 질문이오. 그 정도는 제 운전기사도 답할 수 있습니다."

그러더니 진짜 아인슈타인 박사를 향해 소리쳤다.

"여보게나? 이 분의 질문에 대해 어서 설명해 드리게나!"

그말에 진짜 박사는 안도의 숨을 내쉬며 그 질문에 대해 차근차근 설명해 나갔다.

인생을 살면서 아무리 어려운 일이 닥치더라도 결코 당황하지 말고 침착하고 지혜롭게 대처하는 여러분들이 되시길 바랍니다.

제1편 소방원론

제1장 화재론

1 화재의 발생현황 (눈을 크게 뜨고 보나!)

① 발화요인별 : 부주의>전기적 요인>기계적 요인>화학적 요인>교통사고>방화의심>방화>자연적 요인>가스누출
② 장소별 : 근린생활시설>공동주택>공장 및 창고>복합건축물>업무시설>숙박시설>교육연구시설
③ 계절별 : 겨울>봄>가을>여름

※ 화재
자연 또는 인위적인 원인에 의하여 불이 물체를 연소시키고, 인명과 재산의 손해를 주는 현상

2 화재의 종류

구분 등급	A급	B급	C급	D급	K급
화재종류	일반화재	유류화재	전기화재	금속화재	주방화재
표시색	**백**색	**황**색	**청**색	**무**색	–

● 초스피드 기억법

백황청무(**백**색 **황**새가 **청**나라 **무**서워한다.)

※ 요즘은 표시색의 의무규정은 없음

※ 일반화재
연소 후 재를 남기는 가연물

※ 유류화재
연소 후 재를 남기지 않는 가연물

3 연소의 색과 온도

색	온도(℃)
암적색(**진**홍색)	**7**00~750
적색	**8**50
휘적색(**주**황색)	**9**25~950
황적색	1100
백적색(백색)	1200~1300
휘백색	1500

● 초스피드 기억법

진7 (**진**출), 적8 (**저**팔개), 주9 (**주먹구**구)

4 전기화재의 발생원인

① 단락(합선)에 의한 발화
② 과부하(과전류)에 의한 발화
③ 절연저항 감소(누전)로 인한 발화

※ 전기화재가 아닌 것
① 승압
② 고압전류

소방원론

Key Point

❋ **단락**
두 전선의 피복이 녹아서 전선과 전선이 서로 접촉되는 것

❋ **누전**
전류가 전선 이외의 다른 곳으로 흐르는 것

❋ **폭발한계와 같은 의미**
① 폭발범위
② 연소한계
③ 가연한계
④ 가연범위

④ 전열기기 과열에 의한 발화
⑤ 전기불꽃에 의한 발화
⑥ 용접불꽃에 의한 발화
⑦ 낙뢰에 의한 발화

5 공기중의 폭발한계 (잘 사천러로 나와야 한다.)

가 스	하한계(vol%)	상한계(vol%)
아세틸렌(C_2H_2)	2.5	81
<u>수</u>소(H_2)	<u>4</u>	<u>75</u>
일산화탄소(CO)	12	75
암모니아(NH_3)	15	25
메탄(CH_4)	5	15
에탄(C_2H_6)	3	12.4
프로판(C_3H_8)	2.1	9.5
<u>부</u>탄(C_4H_{10})	<u>1</u>.8	<u>8</u>.4

● 초스피드 기억법

수475 (수사후 치료하세요.)
부18 (부자의 일반적인 팔자)

6 폭발의 종류 (물 흐르듯 나와야 한다.)

① **분**해폭발 : **아**세틸렌, **과**산화물, **다**이너마이트
② 분진폭발 : 밀가루, 담뱃가루, 석탄가루, 먼지, 전분, 금속분
③ 중합폭발 : 염화비닐, 시안화수소
④ 분해·중합폭발 : 산화에틸렌
⑤ 산화폭발 : 압축가스, 액화가스

● 초스피드 기억법

아과다해(아세틸렌이 과다해)

❋ **분진폭발을 일으키지 않는 물질**
① 시멘트
② 석회석
③ 탄산칼슘($CaCO_3$)
④ 생석회(CaO)

7 폭굉의 연소속도

1000~3500m/s

❋ **폭굉**
화염의 전파속도가 음속보다 빠르다.

8 가연물이 될 수 없는 물질

구 분	설 명
주기율표의 0족 원소	헬륨(He), 네온(Ne), 아르곤(Ar), 크립톤(Kr), 크세논(Xe), 라돈(Rn)
산소와 더이상 반응하지 않는 물질	물(H_2O), 이산화탄소(CO_2), 산화알루미늄(Al_2O_3), 오산화인(P_2O_5)
흡열반응 물질	**질**소(N_2)

● 초스피드 기억법

질흡(**진흙**탕)

※ 질소
복사열을 흡수하지 않는다.

9 점화원이 될 수 없는 것

① **흡**착열
② **기**화열
③ **융**해열

● 초스피드 기억법

흡기 융점없(호**흡기**의 **융점**은 **없**다.)

※ 점화원과 같은 의미
① 발화원
② 착화원

10 연소의 형태 (다 외웠는가? 훌륭하다!)

연소 형태	종 류
표면연소	숯, 코크스, 목탄, 금속분
분해연소	**아**스팔트, **플**라스틱, **중**유, **고**무, **종**이, **목**재, **석**탄
증발연소	황, 왁스, 파라핀, 나프탈렌, 가솔린, 등유, 경유, 알코올, 아세톤
자기연소	나이트로글리세린, 나이트로셀룰로오스(질화면), **T**NT, **피**크린산
액적연소	벙커C유
확산연소	메탄(CH_4), 암모니아(NH_3), 아세틸렌(C_2H_2), 일산화탄소(CO), 수소(H_2)

● 초스피드 기억법

아플 중고종목 분석(**아플**땐 **중고종목**을 **분석**해)
자T피(**자**니윤이 **티피**코시를 입었다.)

11 연소와 관계되는 용어

연소 용어	설 명
발화점	가연성 물질에 불꽃을 접하지 아니하였을 때 연소가 가능한 **최저온도**
인화점	휘발성 물질에 불꽃을 접하여 연소가 가능한 **최저온도**
연소점	어떤 인화성 액체가 공기중에서 열을 받아 점화원의 존재하에 **지속**적인 연소를 일으킬 수 있는 온도

※ 물질의 발화점
① 황린 : 30~50℃
② 황화인·이황화탄소 : 100℃
③ 나이트로셀룰로오스 : 180℃

소방원론

● 초스피드 기억법

연지(연지 곤지)

12 물의 잠열

※ 융해잠열
고체에서 액체로 변할 때의 잠열

※ 기화잠열
액체에서 기체로 변할 때의 잠열

구 분	열 량
융해잠열	80cal/g
기화(증발)잠열	539cal/g
0℃의 물 1g이 100℃의 수증기로 되는 데 필요한 열량	639cal
0℃의 얼음 1g이 100℃의 수증기로 되는 데 필요한 열량	719cal

● 초스피드 기억법

융8(왕파리), 5기(오기가 생겨서)

13 증기비중

※ 증기밀도
$$증기밀도 = \frac{분자량}{22.4}$$
여기서,
22.4 : 기체 1몰의 부피[l]

$$증기비중 = \frac{분자량}{29}$$

여기서, 29 : 공기의 평균 분자량

14 증기-공기밀도

$$증기-공기밀도 = \frac{P_2 d}{P_1} + \frac{P_1 - P_2}{P_1}$$

여기서, P_1 : 대기압
P_2 : 주변온도에서의 증기압
d : 증기밀도

15 일산화탄소의 영향

※ 일산화탄소
화재시 인명피해를 주는 유독성 가스

농 도	영 향
0.2%	1시간 호흡시 생명에 위험을 준다.
0.4%	1시간 내에 사망한다.
1%	2~3분 내에 실신한다.

16 스테판-볼츠만의 법칙

$$Q = aAF(T_1^4 - T_2^4)$$

여기서, Q : 복사열[W]
a : 스테판-볼츠만 상수[W/m² · K⁴]

F : 기하학적 factor
A : 단면적[m²]
T_1 : 고온[K]
T_2 : 저온[K]

스테판 - 볼츠만의 법칙 : 복사체에서 발산되는 복사열은 복사체의 절대온도의 **4제곱**에 비례한다.

● 초스피드 기억법

스4(**수사**하라.)

17 보일 오버(boil over)

① 중질유의 탱크에서 장시간 조용히 연소하다 탱크 내의 잔존기름이 갑자기 분출하는 현상
② 유류탱크에서 탱크바닥에 물과 기름의 **에멀전**이 섞여 있을 때 이로 인하여 화재가 발생하는 현상
③ 연소유면으로부터 100℃ 이상의 열파가 탱크 저부에 고여 있는 물을 비등하게 하면서 연소유를 탱크 밖으로 비산시키며 연소하는 현상

18 열전달의 종류

① **전**도
② **복**사 : 전자파의 형태로 열이 옮겨지며, 가장 크게 작용한다.
③ **대**류

● 초스피드 기억법

전복열대(**전복**은 **열대**어다.)

19 열에너지원의 종류 *(이 내용은 자다가도 말할 수 있어야 한다.)*

(1) 전기열

① 유도열 : 도체주위의 자장에 의해 발생
② 유전열 : **누설전류**(절연감소)에 의해 발생
③ 저항열 : 백열전구의 발열
④ 아크열
⑤ 정전기열
⑥ 낙뢰에 의한 열

(2) 화학열

① **연**소열 : 물질이 완전히 산화되는 과정에서 발생

※ **에멀전**
물의 미립자가 기름과 섞여서 기름의 증발능력을 떨어뜨려 연소를 억제하는 것

※ **자연발화의 형태**
(1) **분**해열
  ① 셀룰로이드
  ② 나이트로셀룰로오스
(2) 산화열
  ① 건성유(정어리유, 아마인유, 해바라기유)
  ② 석탄
  ③ 원면
  ④ 고무분말
(3) **발**효열
  ① **먼**지
  ② **곡**물
  ③ **퇴**비
(4) 흡착열
  ① 목탄
  ② 활성탄

[기억법]
자면곡발퇴(**자**네 **먼** **곳**에서 오느라 **발**이 불어 **퇴**나)

② **분**해열

③ **용**해열 : 농황산

④ **자**연발열(자연발화) : 어떤 물질이 외부로부터 열의 공급을 받지 아니하고 온도가 상승하는 현상

⑤ **생**성열

● 초스피드 기억법

연분용 자생화(연분홍 자생화)

20 자연발화의 방지법

① 습도가 높은 곳을 피할 것(건조하게 유지할 것)
② 저장실의 **온도를 낮출 것**
③ 통풍이 잘 되게 할 것
④ 퇴적 및 수납시 열이 쌓이지 않게 할 것

21 보일-샤를의 법칙

기체가 차지하는 부피는 **압력**에 **반비례**하며, **절대온도**에 **비례**한다.

$$\frac{P_1 V_1}{T_1} = \frac{P_2 V_2}{T_2}$$

여기서, P_1, P_2 : 기압[atm]
V_1, V_2 : 부피[m³]
T_1, T_2 : 절대온도[K]

※ **샤를의 법칙**
압력이 일정할 때 기체의 부피는 절대온도에 비례한다.

22 목재 건축물의 화재진행과정

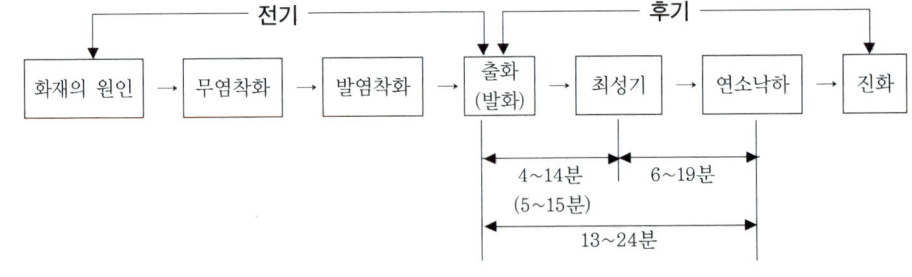

※ **무염착화**
가연물이 재로 덮힌 숯불 모양으로 불꽃 없이 착화하는 현상

※ **발염착화**
가연물이 불꽃이 발생되면서 착화하는 현상

초스피드 기억법

23 건축물의 화재성상(다 중요! 참 중요!)

(1) 목재 건축물

① 화재성상 : 고온 단기형
② 최고온도 : 1300℃

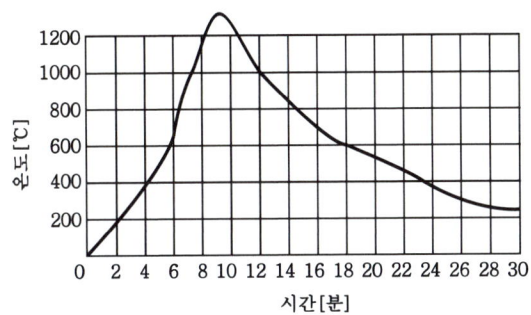

 초스피드 기억법

고단목(고단할 땐 목캔디가 최고야!)

(2) 내화 건축물

① 화재성상 : 저온 장기형
② 최고온도 : 900~1000℃

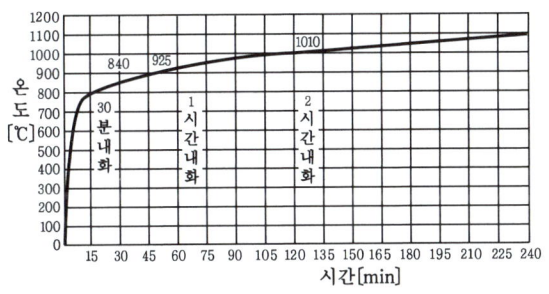

* 내화건축물의
  표준 온도
  ① 30분 후 : 840℃
  ② 1시간 후 :
    925~950℃
  ③ 2시간 후 : 1010℃

24 플래시 오버(flash over)

(1) 정의

① 폭발적인 착화현상
② 순발적인 연소확대현상
③ 화재로 인하여 실내의 온도가 급격히 상승하여 화재가 순간적으로 실내전체에 확산되어 연소되는 현상

(2) 발생시점

성장기~최성기(성장기에서 최성기로 넘어가는 분기점)

(3) 실내온도 : 약 800~900℃

● 초스피드 기억법

내플89 (내풀팔고 네플쓰자)

※ 플래시 오버와 같은 의미
① 순발연소
② 순간연소

25 플래시 오버에 영향을 미치는 것

① **내**장재료(내장재료의 제성상, 실내의 내장재료)
② **화**원의 크기
③ **개**구율

● 초스피드 기억법

내화플개 (내화구조를 풀게나)

※ 연기의 형태
(1) 고체 미립자계 : 일반적인 연기
(2) 액체 미립자계
① 담배연기
② 훈소연기

26 연기의 이동속도

구 분	이동속도
수평방향	0.5~1m/s
수직방향	2~3m/s
계단실 내의 수직 이동속도	3~5m/s

● 초스피드 기억법

연직23 (연구 직은 이상해)

27 연기의 농도와 가시거리 (아주 중요! 정말 중요!)

감광계수[m⁻¹]	가시거리[m]	상 황
0.1	20~30	연기감지기가 작동할 때의 농도
0.3	5	건물내부에 익숙한 사람이 피난에 지장을 느낄 정도의 농도
0.5	3	어두운 것을 느낄 정도의 농도
1	1~2	거의 앞이 보이지 않을 정도의 농도
10	0.2~0.5	화재 최성기 때의 농도
30	-	출화실에서 연기가 분출할 때의 농도

● 초스피드 기억법

연1 2030 (연일 20~30℃까지 올라간다.)

28 위험물의 일반 사항 (숲숲 나오도록 외우자!)

위험물	성 질	소화방법
제1류	**강**산화성 물질(**산**화성 고체)	물에 의한 **냉각소화** (단, 무기과산화물은 **마른모래** 등에 의한 질식소화)
제2류	환원성 물질(가연성 고체)	물에 의한 **냉각소화** (단, **금속분**은 마른모래 등에 의한 **질식소화**)
제3류	금수성 물질 및 자연발화성 물질	마른모래 등에 의한 질식소화 (단, **칼륨·나트륨**은 연소확대 방지)
제**4**류	**인**화성 물질(인화성 액체)	포·분말·CO_2·할론소화약제에 의한 **질식소화**
제**5**류	**폭**발성 물질(**자**기 반응성 물질)	화재 초기에만 대량의 물에 의한 **냉각소화**(단, 화재가 진행되면 자연진화 되도록 기다릴 것)
제6류	산화성 물질(산화성 액체)	마른모래 등에 의한 **질식소화** (단, **과산화수소**는 다량의 물로 **희석소화**)

* **금수성 물질**
① 생석회
② 금속칼슘
③ 탄화칼슘

* **마른모래**
예전에는 '건조사'라고 불리어졌다.

 초스피드 기억법

1강산(**일**류, **강산**)
4인(**싸인해**)
5폭자(**오폭**으로 **자**멸하다.)

29 물질에 따른 저장장소

물 질	저장장소
황린, **이**황화탄소(CS_2)	**물**속
나이트로셀룰로오스	알코올 속
칼륨(K), 나트륨(Na), 리튬(Li)	석유류(등유) 속
아세틸렌(C_2H_2)	디메틸포름아미드(DMF), 아세톤에 용해

 초스피드 기억법

황물이(**황**토색 **물이** 나온다.)

30 주수소화시 위험한 물질

구 분	주수소화시 현상
무기 과산화물	**산**소발생
금속분·마그네슘·알루미늄·칼륨·나트륨	수소발생
가연성 액체의 유류화재	연소면(화재면) 확대

* **주수소화**
물을 뿌려 소화하는 것

 초스피드 기억법

무산(**무산** 됐다.)

※ 최소 정전기 점화
에너지
국부적으로 온도를 높
이는 전기불꽃과 같은
점화원에 의해 점화될
때의 에너지 최소값

31 최소 정전기 점화에너지

① 수소(H_2) : 0.02mJ
② 메탄(CH_4)
③ 에탄(C_2H_6) ⎫ 0.3mJ
④ 프로판(C_3H_8)
⑤ 부탄(C_4H_{10})

● 초스피드 기억법

002점수(국제전화 002의 점수)

제2장 방화론

32 공간적 대응

① 도피성
② 대항성 : 내화성능 · 방연성능 · 초기소화 대응 등의 화재사상의 저항능력
③ 회피성

● 초스피드 기억법

도대회공(도에서 대회를 개최하는 것은 공무수행이다.)

※ 회피성
불연화 · 난연화 · 내장
제한 · 구획의 세분화 · 방
화훈련(소방훈련) · 불
조심 등 출화유발 · 확
대 등을 저감시키는 예
방조치 강구사항을 말
한다.

33 연소확대방지를 위한 방화계획

① 수평구획(면적단위)
② 수직구획(층단위)
③ 용도구획(용도단위)

● 초스피드 기억법

연수용(연수용 건물)

34 내화구조·불연재료 (진짜 중요!)

내화구조	불연재료
① **철**근 콘크리트조 ② **석**조 ③ **연**와조	① 콘크리트·석재 ② 벽돌·기와 ③ 석면판·철강 ④ 알루미늄·유리 ⑤ 모르타르·회

● 초스피드 기억법

철석연내(**철석** 소리가 나더니 **연내** 무너졌다.)

※ 내화구조
공동주택의 각 세대간의 경계벽의 구조

35 내화구조의 기준

내화구분	기 준
벽·**바**닥	철골·철근 콘크리트조로서 두께가 10cm 이상인 것
기둥	철골을 두께 5cm 이상의 콘크리트로 덮은 것
보	두께 5cm 이상의 콘크리트로 덮은 것

● 초스피드 기억법

벽바내1(**벽**을 **바**라보면 **내일**이 보인다.)

36 방화구조의 기준

구조내용	기 준
• **철망모르타르** 바르기	두께 2cm 이상
• 석고판 위에 시멘트모르타르를 바른 것 • 석고판 위에 회반죽을 바른 것 • 시멘트모르타르 위에 타일을 붙인 것	두께 2.5cm 이상
• 심벽에 흙으로 맞벽치기 한 것	모두 해당

※ 방화구조
화재시 건축물의 인접부분에로의 연소를 차단할 수 있는 구조

37 방화문의 구분

60분+방화문	60분 방화문	30분 방화문
연기 및 불꽃을 차단할 수 있는 시간이 60분 이상이고, 열을 차단할 수 있는 시간이 30분 이상인 방화문	연기 및 불꽃을 차단할 수 있는 시간이 60분 이상인 방화문	연기 및 불꽃을 차단할 수 있는 시간이 30분 이상 60분 미만인 방화문

※ 방화문
① 직접 손으로 열 수 있을 것
② 자동으로 닫히는 구조(자동폐쇄 장치)일 것

소방원론

※ 주요 구조부
건물의 주요 골격을 이루는 부분

38 주요 구조부(정말 중요!)

1. **주**계단(옥외계단 제외)
2. **기**둥(사잇기둥 제외)
3. **바**닥(최하층 바닥 제외)
4. **지**붕틀(차양 제외)
5. **벽**(내력벽)
6. **보**(작은보 제외)

● 초스피드 기억법

주기바지벽보(**주기**적으로 **바지**가 그려져 있는 **벽보**를 보라.)

39 피난행동의 성격

1. **계단** 보행속도
2. **군집** 보행속도 ─┬─ 자유보행 : 0.5~2m/s
   └─ 군집보행 : 1m/s
3. 군집 **유**동계수

● 초스피드 기억법

계단 군보유(그 **계단**은 **군**이 **보유**하고 있다.)

※ 피난동선
'피난경로'라고도 부른다.

40 피난동선의 특성

1. 가급적 **단순형태**가 좋다.
2. **수평동선**과 **수직동선**으로 구분한다.
3. 가급적 상호 반대방향으로 다수의 출구와 연결되는 것이 좋다.
4. 어느 곳에서도 2개 이상의 방향으로 피난할 수 있으며, 그 말단은 화재로부터 안전한 장소이어야 한다.

※ 제연방법
① 희석
② 배기
③ 차단

※ 모니터
창살이나 넓은 유리창이 달린 지붕 위의 구조물

41 제연방식

1. 자연 제연방식 : **개구부** 이용
2. 스모크타워 제연방식 : **루프 모니터** 이용
3. 기계 제연방식 ─┬─ 제1종 기계 제연방식 : **송풍기 + 배연기**
   ├─ 제**2**종 기계 제연방식 : **송풍기**
   └─ 제**3**종 기계 제연방식 : **배연기**

● 초스피드 기억법

송2(송이 버섯), 배3(배삼룡)

42 제연구획(NFPC 501 4·7조, NFTC 501 2.1.2.2, 2.4.2)

구 분	설 명
제연경계의 폭	0.6m 이상
제연경계의 수직거리	2m 이내
예상제연구역~배출구의 수평거리	10m 이내

43 건축물의 안전계획

(1) 피난시설의 안전구획

안전구획	설 명
1차 안전구획	복도
2차 안전구획	부실(계단전실)
3차 안전구획	계단

복부계(복부인 계하나 더세요.)

(2) 패닉(Panic)현상을 일으키는 피난형태

① H형
② CO형

패H(피해), Panic C(Panic C)

※ 패닉현상
인간이 극도로 긴장되어 돌출행동을 하는 것

44 적응 화재

화재의 종류	적응 소화기구
A급	● 물 ● 산알칼리
AB급	● 포
BC급	● 이산화탄소 ● 할론 ● 1, 2, 4종 분말
ABC급	● 3종 분말 ● 강화액

소방원론

※ **질식효과**
공기중의 산소농도를 16%(10~15%) 이하로 희박하게 하는 방법

※ **할론 1301**
① 할론 약제 중 소화효과가 가장 좋다.
② 할론 약제 중 독성이 가장 약하다.
③ 할론 약제 중 오존파괴지수가 가장 높다.

※ **중탄산나트륨**
"탄산수소나트륨"이라고도 부른다.

※ **중탄산칼륨**
"탄산수소칼륨"이라고도 부른다.

45 주된 소화작용(참 중요!)

소화제	주된 소화작용
• **물**	• **냉**각효과
• 포 • 분말 • 이산화탄소	• 질식효과
• **할**론	• **부**촉매효과(연쇄반응**억**제)

● 초스피드 기억법

물냉(물냉면)
할부억(할아버지 억지부리지 마세요.)

46 분말 소화약제

종 별	소화약제	약제의 착색	적응 화재	비 고
제**1**종	중탄산나트륨 ($NaHCO_3$)	백색	BC급	**식**용유 및 지방질유의 화재에 적합
제**2**종	중탄산칼륨 ($KHCO_3$)	담자색 (담회색)	BC급	—
제**3**종	제1인산암모늄 ($NH_4H_2PO_4$)	담홍색	ABC급	**차**고·**주**차장에 적합
제4종	중탄산칼륨+요소 ($KHCO_3+(NH_2)_2CO$)	회(백)색	BC급	—

● 초스피드 기억법

1식분(일식 분식)
3분 차주(삼보컴퓨터 차주)

제2편 소방관계법규

1 기 간 (30분만 눈에 불을 켜고 보라!)

(1) 1일
제조소 등의 변경신고(위험물법 6조)

(2) 2일
① 소방시설공사 착공·변경신고처리(공사업규칙 12조)
② 소방공사감리자 지정·변경신고처리(공사업규칙 15조)

(3) 3일
① **하**자보수기간(공사업법 15조)
② 소방시설업 등록증 **분**실 등의 **재**발급(공사업규칙 4조)
③ 소방시설 등의 자체점검 면제 또는 연기신청(소방시설법 시행규칙 22조)
④ 소방안전관리자 선임연기신청서 관계인 통보(화재예방법 시행규칙 14조)

● 초스피드 기억법

3하분재(**상하**이에서 **분재**를 가져왔다.)

(4) 4일
건축허가 등의 **동의** 요구서류 보완(소방시설법 시행규칙 3조)

(5) 5일
① 일반적인 **건축허가** 등의 **동의**여부 회신(소방시설법 시행규칙 3조)
② 소방시설업 등록증 **변**경신고 등의 **재**발급(공사업규칙 6조)

● 초스피드 기억법

5변재(**오이로 변제**해)

(6) 7일
① 옮긴 물건 등의 보관기간(화재예방법 시행령 17조)
② 건축허가 등의 취소통보(소방시설법 시행규칙 3조)
③ 소방공사 감리원의 배치통보일(공사업규칙 17조)
④ 소방공사 감리결과 통보·보고일(공사업규칙 19조)

(7) 10일
① 화재예방강화지구 안의 소방훈련·교육 통보일(화재예방법 시행령 20조)

 Key Point

❋ 제조소
위험물을 제조할 목적으로 지정수량 이상의 위험물을 취급하기 위하여 허가를 받은 장소

❋ 소방시설업
① 소방시설설계업
② 소방시설공사업
③ 소방공사감리업
④ 방염처리업

❋ 건축허가 등의 동의요구
① 소방본부장
② 소방서장

❋ 화재예방강화지구
화재발생 우려가 크거나 화재가 발생할 경우 피해가 클 것으로 예상되는 지역에 대하여 화재의 예방 및 안전관리를 강화하기 위해 지정·관리하는 지역

소방관계법규

② **50층** 이상(지하층 제외) 또는 **200m** 이상인 아파트의 건축허가 등의 동의 여부 회신 (소방시설법 시행규칙 3조)

③ **30층** 이상(지하층 포함) 또는 **120m** 이상의 건축허가 등의 동의 여부 회신(소방시설법 시행규칙 3조)

④ 연면적 **10만㎡** 이상의 건축허가 등의 동의 여부 회신(소방시설법 시행규칙 3조)

⑤ 소방안전교육 통보일(화재예방법 시행규칙 40조)

⑥ 소방기술자의 **실무교육** 통지일(공사업규칙 26조)

⑦ **실무교육** 교육계획의 변경보고일(공사업규칙 35조)

⑧ 소방기술자 **실무교육기관** 지정사항 변경보고일(공사업규칙 33조)

⑨ 소방시설업의 등록신청서류 보완일(공사업규칙 2조 2)

⑩ 제조소 등의 재발급 완공검사합격확인증 제출일(위험물령 10조)

(8) 14일

① 옮긴 물건 등을 보관하는 경우 공고기간(화재예방법 시행령 17조)

② 소방기술자 실무교육기관 휴폐업신고일(공사업규칙 34조)

③ **제**조소 등의 용도**폐**지 신고일(위험물법 11조)

④ 위험물안전관리자의 **선**임신고일(위험물법 15조)

⑤ 소방안전관리자의 **선**임신고일(화재예방법 26조)

● 초스피드 기억법

14제폐선(**일**사천리로 **제패**하여 **성**공하라.)

(9) 15일

① 소방기술자 **실무교육기관** 신청서류 **보**완일(공사업규칙 31조)

② 소방시설업 등록증 발급(공사업규칙 3조)

● 초스피드 기억법

실 15보(**실**제 **일**과는 **오**전에 **보**라!)

(10) 20일

소방안전관리자의 **강**습실시공고일(화재예방법 시행규칙 25조)

● 초스피드 기억법

강2(**강의**)

(11) 30일

① 소방시설업 등록사항 변경신고(공사업규칙 6조)

② 위험물안전관리자의 **재선임**(위험물법 15조)

③ 소방안전관리자의 **재선임**(화재예방법 시행규칙 14조)

④ 소방안전관리자의 **실무교육** 통보일(화재예방법 시행규칙 29조)

✽ 위험물안전관리자 와 소방안전관리자

① 위험물안전관리자 제조소 등에서 위험물의 안전관리에 관한 직무를 수행하는 자

② 소방안전관리자 특정소방대상물에서 화재가 발생하지 않도록 관리하는 사람

초스피드 기억법

⑤ **도급계약** **해**지(공사업법 23조)
⑥ 소방시설공사 중요사항 변경시의 신고일(공사업규칙 12조)
⑦ 소방기술자 실무교육기관 지정서 발급(공사업규칙 32조)
⑧ 소방공사감리자 변경서류제출(공사업규칙 15조)
⑨ **승**계(위험물법 10조)
⑩ 위험물안전관리자의 직무대행(위험물법 15조)
⑪ 탱크시험자의 변경신고일(위험물법 16조)

(12) 90일

① 소방시설업 **등**록신청 자산평가액·기업진단보고서 **유효**기간(공사업규칙 2조)
② 위험물 임시저장기간(위험물법 5조)
③ 소방시설관리사 시험공고일(소방시설법 시행령 42조)

● 초스피드 기억법

등유9(**등유 구**해와.)

2 횟수

(1) 월 1회 이상 : 소방용수시설 및 **지**리조사(기본규칙 7조)

※ **소방용수시설**
① 소화전
② 급수탑
③ 저수조

● 초스피드 기억법

월1지(**월**요**일**이 **지**났다.)

(2) 연 1회 이상

① 화재예방강화지구 안의 화재안전조사·훈련·교육(화재예방법 시행령 20조)
② 특정소방대상물의 소방훈련·교육(화재예방법 시행규칙 36조)
③ 제조소 등의 **정**기점검(위험물규칙 64조)
④ **종**합점검(특급 소방안전관리대상물은 반기별 1회 이상)(소방시설법 시행규칙 〔별표 3〕)
⑤ 작동점검(소방시설법 시행규칙 〔별표 3〕)

※ **종합점검자의 자격**
① 소방안전관리자(소방시설관리사·소방기술사)
② 소방시설관리업자(소방시설관리사)

● 초스피드 기억법

연1정종(**연일 정종**술을 마셨다.)

(3) 2년마다 1회 이상

① 소방대원의 소방교육·훈련(기본규칙 9조)
② **실**무교육(화재예방법 시행규칙 29조)

● 초스피드 기억법

실2(**실**리)

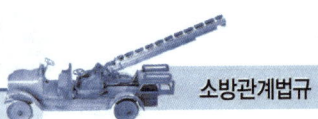

소방관계법규

3 담당자(모두 시험에 썩! 잘 나온다.)

(1) 소방대장

소방활동구역의 설정(기본법 23조)

 **기억법**

대구활(**대구**의 **활**동)

(2) 소방본부장 · 소방서장

① 소방용수시설 및 지리조사(기본규칙 7조)
② 건축허가 등의 동의(소방시설법 6조)
③ 소방안전관리자 · 소방안전관리보조자의 선임신고(화재예방법 26조)
④ 소방훈련의 지도 · 감독(화재예방법 37조)
⑤ 소방시설 등의 자체점검 결과 보고(소방시설법 23조)
⑥ 소방계획의 작성 · 실시에 관한 지도 · 감독(화재예방법 시행령 27조)
⑦ 소방안전교육 실시(화재예방법 시행규칙 40조)
⑧ 소방시설공사의 착공신고 · 완공검사(공사업법 13 · 14조)
⑨ 소방공사 감리결과 보고서 제출(공사업법 20조)
⑩ 소방공사 감리원의 배치통보(공사업규칙 17조)

(3) 소방본부장 · 소방서장 · 소방대장

① 소방활동 종사명령(기본법 24조)
② 강제처분(기본법 25조)
③ 피난명령(기본법 26조)

 기억법

소대종강피(**소방대**의 **종강파**티)

(4) 시 · 도지사

① 제조소 등의 설치허가(위험물법 6조)
② 소방업무의 지휘 · 감독(기본법 3조)
③ 소방체험관의 설립 · 운영(기본법 5조)
④ 소방업무에 관한 세부적인 종합계획수립 및 소방업무 수행(기본법 6조)
⑤ 소방시설업자의 지위승계(공사업법 7조)
⑥ 제조소 등의 승계(위험물법 10조)
⑦ 소방력의 기준에 따른 계획 수립(기본법 8조)
⑧ 화재예방강화지구의 지정(화재예방법 18조)

✱ 소방활동구역
화재, 재난 · 재해 그 밖의 위급한 상황이 발생한 현장에 정하는 구역

✱ 소방본부장과 소방대장
① 소방본부장
시 · 도에서 화재의 예방 · 경계 · 진압 · 조사 · 구조 · 구급 등의 업무를 담당하는 부서의 장
② 소방대장
소방본부장 또는 소방서장 등 화재, 재난 · 재해 그 밖의 위급한 상황이 발생한 현장에서 소방대를 지휘하는 자

✱ 소방체험관
화재현장에서의 피난 등을 체험할 수 있는 체험관

✱ 소방력 기준
행정안전부령

⑨ 소방시설관리업의 **등록**(소방시설법 29조)
⑩ 탱크시험자의 **등록**(위험물법 16조)
⑪ 소방시설관리업의 과징금 부과(소방시설법 36조)
⑫ 탱크안전성능검사(위험물법 8조)
⑬ 제조소 등의 **완공검사**(위험물법 9조)
⑭ 제조소 등의 용도 폐지(위험물법 11조)
⑮ **예**방규정의 제출(위험물법 17조)

허시승화예(농구선수 **허**재가 차 **시승**장에서 나와 **화해**했다.)

(5) 시·도지사·소방본부장·소방서장

① 소방**시**설업의 **감독**(공사업법 31조)
② 탱크시험자에 대한 명령(위험물법 23조)
③ **무**허가장소의 위험물 조치명령(위험물법 24조)
④ 소방기본법령상 **과**태료부과(기본법 56조)
⑤ 제조소 등의 수리·개조·이전명령(위험물법 14조)

※ **시·도지사**
제조소 등의 완공검사

※ **소방본부장·소방서장**
소방시설공사의 착공신고·완공검사

감무시소과(**감**나무 아래에 있는 **시소**에서 **과**일 먹기)

(6) 소방청장

① 소방업무에 관한 종합계획의 수립·시행(기본법 6조)
② **방**염성능 **검**사(소방시설법 21조)
③ 소방박물관의 설립·운영(기본법 5조)
④ 한국소방안전원의 정관 변경(기본법 43조)
⑤ 한국소방안전원의 **감독**(기본법 48조)
⑥ 소방대원의 소방교육·훈련 정하는 것(기본규칙 9조)
⑦ 소방박물관의 설립·운영(기본규칙 4조)
⑧ 소방용품의 형식승인(소방시설법 37조)
⑨ 우수품질제품 인증(소방시설법 43조)
⑩ 시공능력평가의 공시(공사업법 26조)
⑪ 실무교육기관의 지정(공사업법 29조)
⑫ 소방기술자의 실무교육 필요사항 제정(공사업규칙 26조)

※ **한국소방안전원**
소방기술과 안전관리 기술의 향상 및 홍보 그 밖의 교육훈련 등 행정기관이 위탁하는 업무를 수행하는 기관

※ **우수품질인증**
소방용품 가운데 품질이 우수하다고 인정되는 제품에 대하여 품질인증 마크를 붙여주는 것

검방청(**검**사는 **방청**객)

소방관계법규

* **119 종합상황실**
화재·재난·재해·구조·구급 등이 필요한 때에 신속한 소방활동을 위한 정보를 수집·분석과 판단·전파, 상황관리, 현장지휘 및 조정·통제 등의 업무수행

(7) 소방청장·소방본부장·소방서장(소방관서장)

① 119 **종**합상황실의 설치·운영(기본법 4조)
② 소방활동(기본법 16조)
③ 소방대원의 소방교육·훈련 실시(기본법 17조)
④ 특정소방대상물의 화재안전조사(화재예방법 7조)
⑤ 화재안전조사 결과에 따른 조치명령(화재예방법 14조)
⑥ 화재의 예방조치(화재예방법 17조)
⑦ 옮긴 물건 등을 보관하는 경우 공고기간(화재예방법 시행령 17조)
⑧ 화재위험경보발령(화재예방법 20조)
⑨ 화재예방강화지구의 화재안전조사·소방훈련 및 교육(화재예방법 시행령 20조)

● 초스피드 기억법

종청소(**종**로구 **청소**)

(8) 소방청장(위탁 : 한국소방안전**원**장)

① 소방안전관리자의 **실**무교육(화재예방법 48조)
② 소방안전관리자의 **강**습(화재예방법 48조)

● 초스피드 기억법

실강원(**실강**이 벌이지 말고 **원**망해라.)

(9) 소방청장·시·도지사·소방본부장·소방서장

① 소방시설 설치 및 관리에 관한 법령상 과태료 부과권자(소방시설법 61조)
② 화재의 예방 및 안전관리에 관한 법령상 과태료 부과권자(화재예방법 52조)
③ 제조소 등의 출입·검사권자(위험물법 22조)

4 관련법령

(1) 대통령령

* **특수가연물**
화재가 발생하면 불길이 빠르게 번지는 물품

* **방염성능**
화재의 발생 초기단계에서 화재 확대의 매개체를 단절시키는 성질

* **위험물**
인화성 또는 발화성 등의 성질을 가지는 것으로서 대통령령으로 정하는 물질

① 소방**장**비 등에 대한 **국**고보조 기준(기본법 9조)
② 불을 사용하는 설비의 관리사항 정하는 기준(화재예방법 17조)
③ **특**수가연물 저장·취급(화재예방법 17조)
④ **방**염성능 기준(소방시설법 20조)
⑤ 건축허가 등의 동의대상물의 범위(소방시설법 6조)
⑥ 소방시설관리업의 등록기준(소방시설법 29조)
⑦ 화재의 예방조치(화재예방법 17조)
⑧ 소방시설업의 업종별 영업범위(공사업법 4조)
⑨ 소방공사감리의 종류 및 대상에 따른 감리원 배치, 감리의 방법(공사업법 16조)
⑩ 위험물의 정의(위험물법 2조)

초스피드 기억법

⑪ 탱크안전성능검사의 내용(위험물법 8조)
⑫ 제조소 등의 안전관리자의 자격(위험물법 15조)

대국장 특방(**대구** 시장에서 **특수 방**한복 지급)

(2) 행정안전부령

① 119 종합상황실의 설치 · 운영에 관하여 필요한 사항(기본법 4조)
② 소방**박**물관(기본법 5조)
③ 소방**력** 기준(기본법 8조)
④ 소방**용**수시설의 기준(기본법 10조)
⑤ 소방대원의 소방교육 · 훈련 실시규정(기본법 17조)
⑥ 소방신호의 종류와 방법(기본법 18조)
⑦ 소방활동장비 및 설비의 종류와 규격(기본령 2조)
⑧ 소방용품의 형식승인의 방법(소방시설법 36조)
⑨ 우수품질제품 인증에 관한 사항(소방시설법 43조)
⑩ 소방공사감리원의 세부적인 배치기준(공사업법 18조)
⑪ 시공능력평가 및 공시방법(공사업법 26조)
⑫ 실무교육기관 지정방법 · 절차 · 기준(공사업법 29조)
⑬ 탱크안전성능검사의 실시 등에 관한 사항(위험물법 8조)

용력행박(**용역**할 사람이 **행**실이 반듯한 **박**씨)

(3) 시 · 도의 조례

① 소방**체**험관(기본법 5조)
② 지정수량 **미**만의 위험물 취급(위험물법 4조)

시체미(**시체미** 육체미)

5 인가 · 승인 등 (꼭! 외워야 핳지니나.)

(1) 인가

한국소방안전원의 **정**관변경(기본법 43조)

인정(**인정**사정)

(2) 승인

한국소방안전원의 **사**업계획 및 예산(기본령 10조)

※ **소방신호의 목적**
① 화재예방
② 소방활동
③ 소방훈련

※ **시공능력의 평가 기준**
① 소방시설공사 실적
② 자본금

※ **조례**
지방자치단체가 고유사무와 위임사무 등을 지방의회의 결정에 의하여 제정하는 것

※ **지정수량**
제조소 등의 설치허가 등에 있어서 최저의 기준이 되는 수량

소방관계법규

> ● 초스피드 기억법
>
> 승사(성사)

(3) 등록

① 소방시설관리업(소방시설법 29조)
② 소방시설업(공사업법 4조)
③ 탱크안전성능시험자(위험물법 16조)

(4) 신고

① 위험물안전관리자의 **선**임(위험물법 15조)
② 소방안전관리자·소방안전관리보조자의 **선**임(화재예방법 28조)
③ 제조소 등의 **승**계(위험물법 10조)
④ 제조소 등의 용도폐지(위험물법 11조)

> ● 초스피드 기억법
>
> 신선승(신선이 승천했다.)

✱ **승계**
직계가족으로부터 물려받음

(5) 허가

제조소 등의 설치(위험물법 6조)

> ● 초스피드 기억법
>
> 허제(농구선수 허재)

6 용어의 뜻

(1) **소방대상물**: 건축물·차량·선박(매어둔 것)·선박건조구조물·산림·인공구조물·물건(기본법 2조)

> **비교**
>
> 위험물의 저장·운반·취급에 대한 적용 제외(위험물법 3조)
> ① 항공기   ② 선박   ③ 철도   ④ 궤도

✱ **인공구조물**
전기설비, 기계설비 등의 각종 설비를 말한다.

(2) **소방시설**(소방시설법 2조)

① **소**화설비
② **경**보설비
③ **소**화용수설비
④ **소**화활동설비
⑤ **피**난구조설비

✱ **소화설비**
물, 그 밖의 소화약제를 사용하여 소화하는 기계·기구 또는 설비

✱ **소화용수설비**
화재를 진압하는 데 필요한 물을 공급하거나 저장하는 설비

✱ **소화활동설비**
화재를 진압하거나 인명구조활동을 위하여 사용하는 설비

> ● 초스피드 기억법
>
> 소경소피(소경이 소피본다.)

(3) **소방용품**(소방시설법 2조)

소방시설 등을 구성하거나 소방용으로 사용되는 제품 또는 기기로서 **대통령령**으로 정하는 것

(4) **관계지역**(기본법 2조)

소방대상물이 있는 **장소** 및 그 **이웃지역**으로서 화재의 예방·경계·진압, 구조·구급 등의 활동에 필요한 지역

(5) **무창층**(소방시설법 시행령 2조)

지상층 중 개구부의 면적의 합계가 해당 층의 바닥 면적의 $\frac{1}{30}$ 이하가 되는 층

(6) **개구부**(소방시설법 시행령 2조)

① 개구부의 크기가 지름 **50cm** 이상의 원이 통과할 수 있을 것
② 해당 층의 바닥면으로부터 개구부 밑부분까지의 높이가 **1.2m** 이내일 것
③ 개구부는 **도로** 또는 **차량**이 진입할 수 있는 **빈터**를 향할 것
④ 화재시 건축물로부터 쉽게 피난할 수 있도록 개구부에 창살, 그 밖의 장애물이 설치되지 않을 것
⑤ 내부 또는 외부에서 **쉽게 부수거나 열** 수 있을 것

※ **개구부**
화재시 쉽게 피난할 수 있는 출입문, 창문 등을 말한다.

(7) **피난층**(소방시설법 시행령 2조)

곧바로 지상으로 갈 수 있는 출입구가 있는 층

7 특정소방대상물의 소방훈련의 종류(화재예방법 37조)

① **소**화훈련 ② **피**난훈련 ③ **통**보훈련

 초스피드 기억법

소피통훈(소의 피는 통 훈기가 없다.)

8 특정소방대상물의 관계인과 소방안전관리대상물의 소방안전관리자의 업무(화재예방법 24조)

특정소방대상물(관계인)	소방안전관리대상물(소방안전관리자)
① 피난시설·방화구획 및 방화시설의 관리 ② 소방시설, 그 밖의 소방관련시설의 관리 ③ **화기취급**의 감독 ④ 소방안전관리에 필요한 업무 ⑤ 화재발생시 초기대응	① 피난시설·방화구획 및 방화시설의 관리 ② 소방시설, 그 밖의 소방관련시설의 관리 ③ **화기취급**의 감독 ④ 소방안전관리에 필요한 업무 ⑤ **소방계획서**의 작성 및 시행(대통령령으로 정하는 사항 포함) ⑥ **자위소방대** 및 **초기대응체계**의 구성·운영·교육 ⑦ 소방훈련 및 교육 ⑧ 소방안전관리에 관한 업무수행에 관한 기록·유지 ⑨ 화재발생시 초기대응

※ **자위소방대 vs 자체소방대**
① 자위소방대
빌딩·공장 등에 설치한 사설소방대
② 자체소방대
다량의 위험물을 저장·취급하는 제조소에 설치하는 소방대

9 제조소 등의 설치허가 제외장소 (위험물법 6조)

① 주택의 난방시설(공동주택의 **중앙난방시설**은 제외)을 위한 **저장소** 또는 **취급소**
② 지정수량 **20**배 이하의 **농**예용·**축**산용·**수**산용 난방시설 또는 건조시설의 **저장소**

농축수2

10 제조소 등 설치허가의 취소와 사용정지 (위험물법 12조)

① **변경허가**를 받지 아니하고 제조소 등의 위치·구조 또는 설비를 변경한 경우
② **완공검사**를 받지 아니하고 제조소 등을 사용한 경우
③ **안전조치 이행명령**을 따르지 아니할 때
④ 수리·개조 또는 **이전의 명령**에 **위반**한 경우
⑤ 위험물안전관리자를 선임하지 아니한 경우
⑥ 안전관리자의 직무를 대행하는 **대리자**를 지정하지 아니한 경우
⑦ 정기점검을 하지 아니한 경우
⑧ 정기검사를 받지 아니한 경우
⑨ 저장·취급기준 준수명령에 위반한 경우

11 소방시설업의 등록기준 (공사업법 4조)

① **기**술인력
② **자**본금

기자등(**기자**가 **등**장했다.)

12 소방시설업의 등록취소 (공사업법 9조)

① 거짓, 그 밖의 **부정한 방법**으로 등록을 한 경우
② **등록결격사유**에 해당된 경우
③ 영업정지 기간 중에 소방시설공사 등을 한 경우

13 하도급범위 (공사업법 22조)

(1) 도급받은 소방시설공사의 일부를 다른 공사업자에게 하도급할 수 있다. 하도급인은 제3자에게 다시 하도급 불가

✱ 소방시설업의 종류
① 소방시설설계업
소방시설공사에 기본이 되는 공사계획·설계도면·설계설명서·기술계산서 등을 작성하는 영업
② 소방시설공사업
설계도서에 따라 소방 시설을 신설·증설·개설·이전·정비하는 영업
③ 소방공사감리업
소방시설공사가 설계도서 및 관계법령에 따라 적법하게 시공되는지 여부의 확인과 기술지도를 수행하는 영업
④ 방염처리업
방염대상물품에 대하여 방염처리하는 영업

(2) 소방시설공사의 시공을 하도급할 수 있는 경우(공사업령 12조 ①항)
- ① 주택건설사업
- ② 건설업
- ③ 전기공사업
- ④ 정보통신공사업

14 소방기술자의 의무(공사업법 27조)
2 이상의 업체에 취업금지(1개 업체에 취업)

15 소방대(기본법 2조)
- ① 소방공무원
- ② 의무소방원
- ③ 의용소방대원

16 의용소방대의 설치(기본법 37조, 의용소방대법 2조)
- ① 특별시
- ② 광역시, 특별자치시, 특별자치도, 도
- ③ 시
- ④ 읍
- ⑤ 면

17 무기 또는 5년 이상의 징역(위험물법 33조)
제조소 등 또는 허가를 받지 않고 지정수량 이상의 위험물을 저장 또는 취급하는 장소에서 위험물을 유출·방출 또는 확산시켜 사람을 **사망**에 이르게 한 자

18 무기 또는 3년 이상의 징역(위험물법 33조)
제조소 등 또는 허가를 받지 않고 지정수량 이상의 위험물을 저장 또는 취급하는 장소에서 위험물을 유출·방출 또는 확산시켜 사람을 **상해**에 이르게 한 자

19 1년 이상 10년 이하의 징역(위험물법 33조)
제조소 등 또는 허가를 받지 않고 지정수량 이상의 위험물을 저장 또는 취급하는 장소에서 위험물을 유출·방출 또는 확산시켜 사람의 생명·신체 또는 재산에 대하여 **위험**을 발생시킨 자

20 5년 이하의 징역 또는 1억원 이하의 벌금(위험물법 34조 2)
제조소 등의 설치허가를 받지 아니하고 제조소 등을 설치한 자

21 5년 이하의 징역 또는 5000만원 이하의 벌금
- ① 소방시설에 폐쇄·차단 등의 행위를 한 자(소방시설법 56조)
- ② 소방자동차의 출동 방해(기본법 50조)
- ③ 사람구출 방해(기본법 50조)
- ④ 소방용수시설 또는 비상소화장치의 효용 방해(기본법 50조)

Key Point

* 소방기술자
① 소방시설관리사
② 소방기술사
③ 소방설비기사
④ 소방설비산업기사
⑤ 위험물기능장
⑥ 위험물산업기사
⑦ 위험물기능사

* 의용소방대의 설치권자
① 시·도지사
② 소방서장

* 벌금
범죄의 대가로서 부과하는 돈

* 소방용수시설
화재진압에 사용하기 위한 물을 공급하는 시설

22 벌칙(소방시설법 56조)

5년 이하의 징역 또는 5천만원 이하의 벌금	7년 이하의 징역 또는 7천만원 이하의 벌금	10년 이하의 징역 또는 1억원 이하의 벌금
소방시설 폐쇄·차단 등의 행위를 한 자	소방시설 폐쇄·차단 등의 행위를 하여 사람을 **상해**에 이르게 한 자	소방시설 폐쇄·차단 등의 행위를 하여 사람을 **사망**에 이르게 한 자

23 3년 이하의 징역 또는 3000만원 이하의 벌금

① 화재안전조사 결과에 따른 조치명령(화재예방법 50조)
② **소방시설관리업** 무등록자(소방시설법 57조)
③ **형식승인**을 받지 않은 소방용품 제조·수입자(소방시설법 57조)
④ **제품검사**를 받지 않은 사람(소방시설법 57조)
⑤ 거짓이나 그 밖의 **부정한 방법**으로 제품검사 전문기관의 지정을 받은 사람(소방시설법 57조)
⑥ 소방용품을 판매·진열하거나 소방시설공사에 사용한 자(소방시설법 57조)
⑦ 구매자에게 명령을 받은 사실을 알리지 아니하거나 필요한 조치를 하지 아니한 자(소방시설법 57조)
⑧ 소방활동에 필요한 소방대상물 및 토지의 강제처분을 방해한 자(기본법 51조)
⑨ 소방시설업 무등록자(공사업법 35조)
⑩ 부정한 청탁을 받고 재물 또는 재산상의 이익을 취득하거나 부정한 청탁을 하면서 재물 또는 재산상의 이익을 제공한 자(공사업법 35조)
⑪ 제조소 등이 아닌 장소에서 위험물을 저장·취급한 자(위험물법 34조 3)

33관(**삼삼**하게 **관**리하기!)

24 1년 이하의 징역 또는 1000만원 이하의 벌금

① 소방시설의 **자체점검** 미실시자(소방시설법 58조)
② 소방시설관리사증 대여(소방시설법 58조)
③ 소방시설관리업의 등록증 또는 등록수첩 대여(소방시설법 58조)
④ 화재안전조사시 관계인의 정당업무방해 또는 **비밀누설**(화재예방법 50조)
⑤ 제품검사 합격표시 위조(소방시설법 58조)
⑥ 성능인증 합격표시 위조(소방시설법 58조)
⑦ 우수품질 인증표시 위조(소방시설법 58조)
⑧ 제조소 등의 정기점검 기록 허위 작성(위험물법 35조)
⑨ 자체소방대를 두지 않고 제조소 등의 허가를 받은 자(위험물법 35조)
⑩ 위험물 운반용기의 검사를 받지 않고 유통시킨 자(위험물법 35조)
⑪ 제조소 등의 긴급 사용정지 위반자(위험물법 35조)
⑫ 영업정지처분 위반자(공사업법 36조)
⑬ 거짓 감리자(공사업법 36조)

❋ **소방시설관리업**
소방안전관리업무의 대행 또는 소방시설 등의 점검 및 유지·관리업

❋ **우수품질인증**
소방용품 가운데 품질이 우수하다고 인정되는 제품에 대하여 품질인증마크를 붙여주는 것

❋ **감리**
소방시설공사가 설계도서 및 관계법령에 적법하게 시공되는지 여부의 확인과 품질·시공관리에 대한 기술지도를 수행하는 것

⑭ 공사감리자 미지정자(공사업법 36조)
⑮ 소방시설 설계·시공·감리 하도급자(공사업법 36조)
⑯ 소방시설공사 재하도급자(공사업법 36조)
⑰ 소방시설업자가 아닌 자에게 **소방시설공사** 등을 도급한 관계인(공사업법 36조)
⑱ 공사업법의 명령에 따르지 않은 소방기술자(공사업법 36조)

25 1500만원 이하의 벌금(위험물법 36조)

① **위험물의 저장·취급**에 관한 중요기준 위반
② 제조소 등의 무단 변경
③ 제조소 등의 **사용정지** 명령 위반
④ **안전관리자**를 **미선임**한 관계인
⑤ 대리자를 미지정한 관계인
⑥ 탱크시험자의 업무정지 명령 위반
⑦ **무허가장소**의 위험물 조치 명령 위반

26 1000만원 이하의 벌금(위험물법 37조)

① **위험물 취급**에 관한 안전관리와 감독하지 않은 자
② **위험물 운반**에 관한 중요기준 위반
③ 위험물운반자 요건을 갖추지 아니한 위험물운반자
④ 위험물안전관리자 또는 그 대리자가 참여하지 아니한 상태에서 위험물을 취급한 자
⑤ 변경한 예방규정을 제출하지 아니한 관계인으로서 제조소 등의 설치허가를 받은 자
⑥ 위험물 저장·취급장소의 출입·검사시 관계인의 정당업무 방해 또는 **비밀누설**
⑦ 위험물 운송규정을 위반한 위험물 운송자

27 300만원 이하의 벌금

① 관계인의 **화재안전조사**를 정당한 사유없이 거부·방해·기피(화재예방법 50조)
② 방염성능검사 합격표시 위조 및 거짓시료제출(소방시설법 59조)
③ 소방안전관리자, 총괄소방안전관리자 또는 소방안전관리보조자 미선임(화재예방법 50조)
④ 위탁받은 업무종사자의 **비밀누설**(화재예방법 50조, 소방시설법 59조)
⑤ 다른 자에게 자기의 성명이나 상호를 사용하여 소방시설공사 등을 수급 또는 시공하게 하거나 소방시설업의 등록증·등록수첩을 빌려준 자(공사업법 37조)
⑥ 감리원 미배치자(공사업법 37조)
⑦ 소방기술인정 자격수첩을 빌려준 자(공사업법 37조)
⑧ **2 이상**의 업체에 취업한 자(공사업법 37조)
⑨ 소방시설업자나 관계인 감독시 관계인의 업무를 방해하거나 **비밀누설**(공사업법 37조)
⑩ 화재의 예방조치명령 위반(화재예방법 50조)

* 관계인
① 소유자
② 관리자
③ 점유자

소방관계법규

28 100만원 이하의 벌금

1. **피난 명령** 위반(기본법 54조)
2. 위험시설 등에 대한 긴급조치 방해(기본법 54조)
3. 소방활동을 하지 않은 **관계인**(기본법 54조)
4. 정당한 사유없이 **물**의 **사용**이나 **수도**의 **개폐장치**의 사용 또는 조작을 하지 못하게 하거나 **방해**한 자(기본법 54조)
5. 거짓 보고 또는 자료 미제출자(공사업법 38조)
6. 관계공무원의 출입 또는 검사·조사를 거부·방해 또는 기피한 자(공사업법 38조)
7. 소방대의 생활안전활동을 방해한 자(기본법 54조)

● 초스피드 기억법

피1(차일피일)

비교

비밀누설

1년 이하의 징역 또는 1000만원 이하의 벌금	1000만원 이하의 벌금	300만원 이하의 벌금
• 화재안전조사시 관계인의 정당업무방해 또는 **비밀누설**	• 위험물 저장·취급장소의 출입·검사시 관계인의 정당업무방해 또는 **비밀누설**	① 위탁받은 업무종사자의 **비밀누설** ② 소방시설업자나 관계인 감독시 관계인의 업무를 방해하거나 **비밀누설**

29 500만원 이하의 과태료

1. **화재** 또는 **구조·구급**이 필요한 상황을 **거짓**으로 알린 사람(기본법 56조)
2. 정당한 사유없이 화재, 재난·재해, 그 밖의 위급한 상황을 소방본부, 소방서 또는 관계행정기관에 알리지 아니한 관계인(기본법 56조)
3. 위험물의 임시저장 미승인(위험물법 39조)
4. 위험물의 운반에 관한 세부기준 위반(위험물법 39조)
5. 제조소 등의 지위 승계 거짓신고(위험물법 39조)
6. 예방규정을 준수하지 아니한 자(위험물법 39조)
7. **제조소** 등의 **점검결과**를 기록·보존하지 아니한 자(위험물법 39조)
8. **위험물**의 **운송기준** 미준수자(위험물법 39조)
9. 제조소 등의 폐지 허위신고(위험물법 39조)

30 300만원 이하의 과태료

1. 소방시설을 화재안전기준에 따라 설치·관리하지 아니한 자(소방시설법 61조)
2. **피난시설·방화구획** 또는 **방화시설**의 **폐쇄·훼손·변경** 등의 행위를 한 자(소방시설법 61조)
3. 임시소방시설을 설치·관리하지 아니한 자(소방시설법 61조)

Key Point

※ **시·도지사**
화재예방강화지구의 지정

※ **소방대장**
소방활동구역의 설정

※ **피난시설**
인명을 화재발생장소에서 안전한 장소로 신속하게 대피할 수 있도록 하기 위한 시설

※ **방화시설**
① 방화문
② 비상구

④ 관계인의 소방안전관리 업무 미수행(화재예방법 52조)
⑤ **소방훈련** 및 **교육** 미실시자(화재예방법 52조)
⑥ 관계인의 거짓 자료제출(소방시설법 61조)
⑦ 소방시설의 점검결과 미보고(소방시설법 61조)
⑧ 공무원의 출입 또는 검사를 거부·방해 또는 기피한 자(소방시설법 61조)

31 200만원 이하의 과태료

① 소방용수시설·소화기구 및 설비 등의 설치명령 위반(화재예방법 52조)
② 특수가연물의 저장·취급 기준 위반(화재예방법 52조)
③ 한국119청소년단 또는 이와 유사한 명칭을 사용한 자(기본법 56조)
④ 소방활동구역 출입(기본법 56조)
⑤ 소방자동차의 출동에 지장을 준 자(기본법 56조)
⑥ 한국소방안전원 또는 이와 유사한 명칭을 사용한 자(기본법 56조)
⑦ 관계서류 미보관자(공사업법 40조)
⑧ 소방기술자 미배치자(공사업법 40조)
⑨ 하도급 미통지자(공사업법 40조)
⑩ 완공검사를 받지 아니한 자(공사업법 40조)
⑪ 방염성능기준 미만으로 방염한 자(공사업법 40조)
⑫ 관계인에게 지위승계·행정처분·휴업·폐업 사실을 거짓으로 알린 자(공사업법 40조)

32 100만원 이하의 과태료

전용구역에 차를 주차하거나 전용구역의 진입을 가로막는 등의 방해행위를 한 자(기본법 56조)

33 20만원 이하의 과태료

화재로 오인할 만한 불을 피우거나 연막 소독을 하려는 자가 신고를 하지 아니하여 소방자동차를 출동하게 한 자(기본법 57조)

34 건축허가 등의 동의대상물(소방시설법 시행령 7조)

① 연면적 400m² (학교시설 : 100m², 수련시설·노유자시설 : 200m², 정신의료기관·장애인의료재활시설 : 300m²) 이상
② 6층 이상인 건축물
③ 차고·주차장으로서 바닥면적 200m² 이상(자동차 20대 이상)
④ 항공기격납고, 관망탑, 항공관제탑, 방송용 송수신탑
⑤ 지하층 또는 무창층의 바닥면적 150m²(공연장은 100m²) 이상
⑥ 위험물저장 및 처리시설
⑦ 결핵환자나 한센인이 24시간 생활하는 노유자시설
⑧ 지하구
⑨ 전기저장시설, 풍력발전소

* **항공기격납고**
항공기를 안전하게 보관하는 장소

⑩ 공동주택·숙박시설
⑪ 조산원, 산후조리원, 의원(입원실 또는 인공신장실이 있는 것)
⑫ 요양병원(의료재활시설 제외)
⑬ 노인주거복지시설·노인의료복지시설 및 재가노인복지시설, 학대피해노인 전용쉼터, 아동복지시설, 장애인거주시설
⑭ 정신질환자 관련시설(공동생활가정을 제외한 재활훈련시설과 종합시설 중 24시간 주거를 제공하지 않는 시설 제외)
⑮ 노숙인자활시설, 노숙인재활시설 및 노숙인요양시설
⑯ 공장 또는 창고시설로서 지정하는 수량의 750배 이상의 특수가연물을 저장·취급하는 것
⑰ 가스시설로서 지상에 노출된 탱크의 저장용량의 합계가 100t 이상인 것

35 관리의 권원이 분리된 특정소방대상물의 소방안전관리 (화재예방법 35조, 화재예방법 시행령 35조)

① 복합건축물(지하층을 제외한 11층 이상 또는 연면적 3만m² 이상 건축물)
② 지하가
③ 도매시장, 소매시장, 전통시장

36 소방안전관리자의 선임 (화재예방법 시행령 [별표 4])

(1) 특급 소방안전관리대상물의 소방안전관리자 선임조건

자 격	경 력	비 고
• 소방기술사 • 소방시설관리사	경력 필요 없음	특급 소방안전관리자 자격증을 받은 사람
• 1급 소방안전관리자(소방설비기사)	5년	
• 1급 소방안전관리자(소방설비산업기사)	7년	
• 소방공무원	20년	
• 소방청장이 실시하는 특급 소방안전관리대상물의 소방안전관리에 관한 시험에 합격한 사람	경력 필요 없음	

(2) 1급 소방안전관리대상물의 소방안전관리자 선임조건

자 격	경 력	비 고
• 소방설비기사·소방설비산업기사	경력 필요 없음	1급 소방안전관리자 자격증을 받은 사람
• 소방공무원	7년	
• 소방청장이 실시하는 1급 소방안전관리대상물의 소방안전관리에 관한 시험에 합격한 사람	경력 필요 없음	
• 특급 소방안전관리대상물의 소방안전관리자 자격이 인정되는 사람		

---

* **복합건축물**
하나의 건축물 안에 둘 이상의 특정소방대상물로서 용도가 복합되어 있는 것

* **특급소방안전관리대상물**(동식물원, 불연성 물품 저장·취급 창고, 지하구, 위험물제조소 등 제외)
① 50층 이상(지하층 제외) 또는 지상 200m 이상 아파트
② 30층 이상(지하층 포함) 또는 지상 120m 이상(아파트 제외)
③ 연면적 10만m² 이상(아파트 제외)

(3) 2급 소방안전관리대상물의 소방안전관리자 선임조건

자 격	경 력	비 고
• 위험물기능장 · 위험물산업기사 · 위험물기능사	경력 필요 없음	
• 소방공무원	3년	
• 소방청장이 실시하는 2급 소방안전관리대상물의 소방안전관리에 관한 시험에 합격한 사람		2급 소방안전관리자 자격증을 받은 사람
• 「기업활동 규제완화에 관한 특별조치법」에 따라 소방안전관리자로 선임된 사람(소방안전관리자로 선임된 기간으로 한정)	경력 필요 없음	
• **특급** 또는 **1급** 소방안전관리대상물의 소방안전관리자 자격이 인정되는 사람		

(4) 3급 소방안전관리대상물의 소방안전관리자 선임조건

자 격	경 력	비 고
• 소방공무원	1년	
• 소방청장이 실시하는 3급 소방안전관리대상물의 소방안전관리에 관한 시험에 합격한 사람		3급 소방안전관리자 자격증을 받은 사람
• 「기업활동 규제완화에 관한 특별조치법」에 따라 소방안전관리자로 선임된 사람(소방안전관리자로 선임된 기간으로 한정)	경력 필요 없음	
• **특급** 소방안전관리대상물, **1급** 소방안전관리대상물 또는 **2급** 소방안전관리대상물의 소방안전관리자 자격이 인정되는 사람		

37 특정소방대상물의 방염

(1) 방염성능기준 이상 적용 특정소방대상물(소방시설법 시행령 30조)

1. 체력단련장, 공연장 및 종교집회장
2. 문화 및 집회시설
3. 종교시설
4. 운동시설(수영장 제외)
5. 의료시설(종합병원, 정신의료기관)
6. 의원, 치과의원, 한의원, 조산원, 산후조리원
7. 교육연구시설 중 합숙소
8. 노유자시설
9. 숙박이 가능한 수련시설
10. 숙박시설
11. 방송국 및 촬영소
12. 다중이용업소(단란주점영업, 유흥주점영업, 노래연습장의 영업장 등)
13. 층수가 11층 이상인 것(아파트 제외 : 2026. 12. 1. 삭제)

※ 2급 소방안전관리대상물
① 지하구
② 가스제조설비를 갖추고 도시가스사업 허가를 받아야 하는 시설 또는 가연성 가스를 100~1000t 미만 저장·취급하는 시설
③ 스프링클러설비 또는 물분무등소화설비 설치대상물(호스릴 제외)
④ 옥내소화전설비 설치대상물
⑤ 공동주택(옥내소화전설비 또는 스프링클러설비가 설치된 공동주택 한정)
⑥ 목조건축물(국보·보물)

※ 방염
연소하기 쉬운 건축물의 실내장식물 등 또는 그 재료에 어떤 방법을 가하여 연소하기 어렵게 만든 것

소방관계법규

(2) 방염대상물품(소방시설법 시행령 31조)

제조 또는 가공 공정에서 방염처리를 한 물품	건축물 내부의 천장이나 벽에 부착하거나 설치하는 것
① 창문에 설치하는 **커튼류**(블라인드 포함) ② **카펫** ③ **벽지류**(두께 2mm 미만인 **종이벽지** 제외) ④ **전시용 합판·목재** 또는 **섬유판** ⑤ **무대용 합판·목재** 또는 **섬유판** ⑥ **암막·무대막**(영화상영관·가상체험 체육시설업의 **스크린** 포함) ⑦ 섬유류 또는 합성수지류 등을 원료로 하여 제작된 소파·의자(단란주점영업, 유흥주점영업 및 노래연습장업의 영업장에 설치하는 것만 해당)	① **종이류**(두께 **2mm 이상**), **합성수지류** 또는 **섬유류**를 주원료로 한 물품 ② **합판**이나 **목재** ③ 공간을 구획하기 위하여 설치하는 **간이칸막이** ④ **흡음재**(흡음용 커튼 포함) 또는 **방음재**(방음용 커튼 포함) 가구류(옷장, 찬장, 식탁, 식탁용 의자, 사무용 책상, 사무용 의자, 계산대)와 너비 **10cm** 이하인 반자돌림대, 내부 마감재료 제외

* **잔염시간**
버너의 불꽃을 제거한 때부터 불꽃을 올리며 연소하는 상태가 그칠 때까지의 시간

(3) 방염성능기준(소방시설법 시행령 31조)
① 버너의 불꽃을 올리며 연소하는 상태가 그칠 때까지의 시간 **20초** 이내
② 버너의 불꽃을 올리지 않고 연소하는 상태가 그칠 때까지의 시간 **30초** 이내
③ 탄화한 면적 **50cm²** 이내(길이 **20cm** 이내)
④ 불꽃의 접촉횟수는 **3회** 이상
⑤ 최대 연기밀도 **400** 이하

● 초스피드 기억법

올2(올리다.)

* **잔진시간(잔신시간)**
버너의 불꽃을 제거한 때부터 불꽃을 올리지 않고 연소하는 상태가 그칠 때까지의 시간

38 자체소방대의 설치제외 대상인 일반취급소(위험물규칙 73조)

① **보일러·버너**로 위험물을 소비하는 일반취급소
② **이동저장탱크**에 위험물을 주입하는 일반취급소
③ **용기**에 위험물을 옮겨 담는 일반취급소
④ **유압장치·윤활유순환장치**로 위험물을 취급하는 일반취급소
⑤ **광산안전법**의 적용을 받는 일반취급소

* **광산안전법**
광산의 안전을 유지하기 위해 제정해 놓은 법

39 소화활동설비(소방시설법 시행령〔별표 1〕)

① **연**결송수관설비
② **연**결살수설비
③ **연**소방지설비
④ **무**선통신보조설비

* **연소방지설비**
지하구에 헤드를 설치하여 지하구의 화재시 소방차에 의해 물을 공급받아 헤드를 통해 방사하는 설비

⑤ **제**연설비
⑥ **비**상콘센트설비

● 초스피드 기억법

3연 무제비(**3년**에 한 번은 **제비**가 오지 않는다.)

40 소화설비(소방시설법 시행령 〔별표 4〕)

(1) 소화설비의 설치대상

종 류	설치대상
소화기구	① 연면적 33m² 이상 ② 국가유산 ③ 가스시설, 전기저장시설 ④ 터널 ⑤ 지하구
주거용 주방**자**동소화장치	① **아**파트 등(모든 층) ② 오피스텔(모든 층)

● 초스피드 기억법

아자(아자!)

(2) 옥내소화전설비의 설치대상

설치대상	조 건
① 차고·주차장	• 200m² 이상
② 근린생활시설 ③ 업무시설(금융업소·사무소)	• 연면적 1500m² 이상
④ 문화 및 집회시설, 운동시설 ⑤ 종교시설	• 연면적 3000m² 이상
⑥ 특수가연물 저장·취급	• 지정수량 750배 이상
⑦ 터널길이	• 1000m 이상

(3) 옥**외**소화전설비의 설치대상

설치대상	조 건
① 목조건축물	• 국보·보물
② **지**상 1·2층	• 바닥면적 합계 9000m² 이상
③ 특수가연물 저장·취급	• 지정수량 750배 이상

● 초스피드 기억법

지9외(**지구의**)

※ 제연설비
화재시 발생하는 연기를 감지하여 화재의 확대 및 연기의 확산을 막기 위한 설비

※ 주거용 주방자동 소화장치
가스레인지 후드에 고정 설치하여 화재시 100℃의 열에 의해 자동으로 소화약제를 방출하며 가스자동차단, 화재경보 및 가스누출 경보 기능을 함

※ 근린생활시설
사람이 생활을 하는 데 필요한 여러 가지 시설

(4) 스프링클러설비의 설치대상

설치대상	조 건
① 문화 및 집회시설, 운동시설 ② 종교시설	• 수용인원 – 100명 이상 • 영화상영관 – 지하층·무창층 500m² (기타 1000m²) 이상 • 무대부 　㉠ 지하층·무창층·4층 이상 300m² 이상 　㉡ 1~3층 500m² 이상
③ 판매시설 ④ 운수시설 ⑤ 물류터미널	• 수용인원 – 500명 이상 • 바닥면적 합계 5000m² 이상
⑥ 노유자시설 ⑦ 정신의료기관 ⑧ 수련시설(숙박 가능한 것) ⑨ 종합병원, 병원, 치과병원, 한방병원 및 요양병원(정신병원 제외) ⑩ 숙박시설	• 바닥면적 합계 600m² 이상
⑪ 지하층·무창층·4층 이상	• 바닥면적 1000m² 이상
⑫ 창고시설(물류터미널 제외)	• 바닥면적 합계 5000m² 이상 – 전층
⑬ 지하상가	• 연면적 1000m² 이상
⑭ 10m 넘는 랙식 창고	• 연면적 1500m² 이상
⑮ 복합건축물 ⑯ 기숙사	• 연면적 5000m² 이상 – 전층
⑰ 6층 이상	• 전층
⑱ 보일러실·연결통로	• 전부
⑲ 특수가연물 저장·취급	• 지정수량 1000배 이상
⑳ 발전시설 중 전기저장시설	• 전부

(5) 물분무등소화설비의 설치대상

설치대상	조 건
① 차고·주차장	• 바닥면적 합계 200m² 이상
② 전기실·발전실·변전실 ③ 축전지실·통신기기실·전산실	• 바닥면적 300m² 이상
④ 주차용 건축물	• 연면적 800m² 이상
⑤ 기계식 주차장치	• 20대 이상
⑥ 항공기격납고	• 전부(규모에 관계없이 설치)

41 비상경보설비의 설치대상 (소방시설법 시행령 〔별표 4〕)

설치대상	조 건
① 지하층·무창층	• 바닥면적 150m² (공연장 100m²) 이상
② 전부	• 연면적 400m² 이상
③ 터널	• 길이 500m 이상
④ 옥내작업장	• 50인 이상 작업

※ 노유자시설
① 아동관련시설
② 노인관련시설
③ 장애인관련시설

※ 랙식 창고
① 물품보관용 랙을 설치하는 창고시설
② 선반 또는 이와 비슷한 것을 설치하고 승강기에 의하여 수납을 운반하는 장치를 갖춘 것

※ 물분무등소화설비
① 물분무소화설비
② 미분무소화설비
③ 포소화설비
④ 이산화탄소 소화설비
⑤ 할론소화설비
⑥ 분말소화설비
⑦ 할로겐화합물 및 불활성기체 소화설비
⑧ 강화액 소화설비

초스피드 기억법

42 인명구조기구의 설치장소(소방시설법 시행령 [별표 4])

① 지하층을 포함한 **7층** 이상의 **관광호텔**[방열복, 방화복(안전모, 보호장갑, 안전화 포함), 인공소생기, 공기호흡기]
② 지하층을 포함한 **5층** 이상의 **병원**[방열복, 방화복(안전모, 보호장갑, 안전화 포함), 공기호흡기]

● 초스피드 기억법

5병(오병이어의 기적)

43 제연설비의 설치대상(소방시설법 시행령 [별표 4])

설치대상	조 건
① 문화 및 집회시설, 운동시설 ② 종교시설	• 바닥면적 200m² 이상
③ 기타	• 1000m² 이상
④ 영화상영관	• 수용인원 100인 이상
⑤ 터널	• 예상교통량, 경사도 등 터널의 특성을 고려하여 **행정안전부령**으로 정하는 터널
⑥ 특별피난계단 ⑦ 비상용 승강기의 승강장 ⑧ 피난용 승강기의 승강장	• 전부

44 소방용품 제외 대상(소방시설법 시행령 6조)

① 주거용 주방자동소화장치용 소화약제
② 가스자동소화장치용 소화약제
③ 분말자동소화장치용 소화약제
④ 고체에어로졸자동소화장치용 소화약제
⑤ 소화약제 외의 것을 이용한 간이소화용구
⑥ 휴대용 비상조명등
⑦ 유도표지
⑧ 벨용 푸시버튼스위치
⑨ 피난밧줄
⑩ 옥내소화전함
⑪ 방수구
⑫ 안전매트
⑬ 방수복

45 화재예방강화지구의 지정지역(화재예방법 18조)

① **시장**지역
② **공장·창고** 등이 밀집한 지역

Key Point

※ 인명구조기구와 피난기구
(1) **인**명구조기구
 ① **방**열복
 ② 방화복(안전모, 보호장갑, 안전화 포함)
 ③ **공**기호흡기
 ④ **인**공소생기

기억법
방공인(**방공인**)

(2) 피난기구
 ① 피난사다리
 ② 구조대
 ③ 완강기
 ④ 소방청장이 정하여 고시하는 화재안전성능기준으로 정하는 것(미끄럼대, 피난교, 공기안전매트, 피난용 트랩, 다수인 피난장비, 승강식 피난기, 간이완강기, 하향식 피난구용 내림식 사다리)

※ 제연설비
화재시 발생하는 연기를 감지하여 방연 및 제연함은 물론 화재의 확대, 연기의 확산을 막아 연기로 인한 탈출로 차단 및 질식으로 인한 인명피해를 줄이는 등 피난 및 소화활동상 필요한 안전설비

※ 화재예방강화지구
화재발생 우려가 크거나 화재가 발생할 경우 피해가 클 것으로 예상되는 지역에 대하여 화재의 예방 및 안전관리를 강화하기 위해 지정·관리하는 지역

③ 목조건물이 밀집한 지역
④ 노후·불량건축물이 밀집한 지역
⑤ 위험물의 저장 및 처리시설이 밀집한 지역
⑥ 석유화학제품을 생산하는 공장이 있는 지역
⑦ 소방시설·소방용수시설 또는 소방출동로가 없는 지역
⑧ 「산업입지 및 개발에 관한 법률」에 따른 산업단지
⑨ 「물류시설의 개발 및 운영에 관한 법률」에 따른 물류단지
⑩ 소방청장, 소방본부장 또는 소방서장이 화재예방강화지구로 지정할 필요가 있다고 인정하는 지역

46 근린생활시설 (소방시설법 시행령 〔별표 2〕)

면 적	적용장소
150m² 미만	• 단란주점
300m² 미만	• **종**교시설 • 공연장 • 비디오물 감상실업 • 비디오물 소극장업
500m² 미만	• 탁구장 • 서점 • 테니스장 • 볼링장 • 체육도장 • 금융업소 • 사무소 • 부동산 중개사무소 • 학원 • 골프연습장 • 당구장
1000m² 미만	• 자동차영업소 • 슈퍼마켓 • 일용품 • 의료기기 판매소 • 의약품 판매소
전부	• 기원 • 이용원·미용원·목욕장 및 세탁소 • 휴게음식점·일반음식점, 제과점 • 독서실 • 안마원(안마시술소 포함) • 조산원(산후조리원 포함) • 의원, 치과의원, 한의원, 침술원, 접골원

 초스피드 기억법

종3(**중세시대**)

47 업무시설 (소방시설법 시행령 〔별표 2〕)

면적	적용장소
전부	• 주민자치센터(동사무소) • 경찰서 • 소방서 • 우체국 • 보건소 • 공공도서관 • 국민건강보험공단 • 금융업소·**오피스텔**·신문사

48 위험물 (위험물령 〔별표 1〕)

① **과**산화수소 : 농도 <u>36wt%</u> 이상
② **황** : 순도 60wt% 이상
③ **질**산 : 비중 1.49 이상

Key Point

※ 의원과 병원
① 의원 : 근린생활시설
② 병원 : 의료시설

※ 결핵 및 한센병 요양시설과 요양병원
① 결핵 및 한센병 요양시설 : 노유자시설
② 요양병원 : 의료시설

※ 공동주택
① 아파트 등 : 5층 이상인 주택
② 기숙사

※ 업무시설
오피스텔

초스피드 기억법

3과(**삼가** 인사올립니다.)
질49(제일 **싸구**려)

49 소방시설공사업 (공사업령〔별표 1〕)

종 류	자본금	영업범위
전문	• 법인 : **1억원** 이상 • 개인 : **1억원** 이상	• 특정소방대상물
일반	• 법인 : **1억원** 이상 • 개인 : **1억원** 이상	• 연면적 **10000m²** 미만 • 위험물제조소 등

※ **소방시설공사업의 보조기술인력**
① 전문공사업 : 2명 이상
② 일반공사업 : 1명 이상

50 소방용수시설의 설치기준 (기본규칙〔별표 3〕)

거리기준	지 역
100m 이하	• **주**거지역 • **공**업지역 • **상**업지역
140m 이하	• 기타지역

※ **소방용수시설**
화재진압에 사용하기 위한 물을 공급하는 시설

초스피드 기억법

주공 100상(**주공**아파트에 **백상**어가 그려져 있다.)

51 소방용수시설의 저수조의 설치기준 (기본규칙〔별표 3〕)

① 낙차 : **4.5m** 이하
② 수심 : **0.5m** 이상
③ 투입구의 길이 또는 지름 : **60cm** 이상
④ 소방 펌프 자동차가 **쉽게 접근**할 수 있도록 할 것
⑤ 흡수에 지장이 없도록 **토사** 및 **쓰레기** 등을 제거할 수 있는 설비를 갖출 것
⑥ 저수조에 물을 공급하는 방법은 **상수도**에 연결하여 **자동**으로 **급수**되는 구조일 것

52 소방신호표 (기본규칙〔별표 4〕)

종 별 \ 신호방법	타종신호	사이렌신호
경계신호	1타와 **연 2타**를 반복	5초 간격을 두고 **30초**씩 3회
발화신호	난타	5초 간격을 두고 **5초**씩 3회
해제신호	상당한 간격을 두고 **1타**씩 반복	1분간 1회
훈련신호	**연 3타** 반복	10초 간격을 두고 1분씩 3회

※ **경계신호**
화재예방상 필요하다고 인정되거나 화재위험경보시 발령

※ **발화신호**
화재가 발생한 때 발령

※ **해제신호**
소화활동이 필요 없다고 인정되는 때 발령

※ **훈련신호**
훈련상 필요하다고 인정되는 때 발령

제3편 소방유체역학

제1장 유체의 일반적 성질

1 유체의 종류

종류	설명
실제 유체	**점**성이 **있**으며, **압**축성인 유체
이상 유체	점성이 없으며, **비압축성**인 유체
압축성 유체	**기체**와 같이 체적이 변화하는 유체
비압축성 유체	**액체**와 같이 체적이 변화하지 않는 유체

● 초스피드 기억법

실점있압(**실점**이 **있**는 사람만 **압**박해!)
기압(**기압**)

※ 유체
외부 또는 내부로부터 어떤 힘이 작용하면 움직이려는 성질을 가진 액체와 기체상태의 물질

2 열량

$$Q = rm + mC\Delta T$$

여기서, Q : 열량[cal]
 r : 융해열 또는 기화열[cal/g]
 m : 질량[g]
 C : 비열[cal/g·℃]
 ΔT : 온도차[℃]

※ 비열
1g의 물체를 1℃만큼 온도 상승시키는 데 필요한 열량(cal)

3 유체의 단위 (다 시험에 잘 나온다.)

① $1N = 10^5 \text{dyne}$
② $1N = 1kg \cdot m/s^2$
③ $1\text{dyne} = 1g \cdot cm/s^2$
④ $1\text{Joule} = 1N \cdot m$
⑤ $1kg_f = 9.8N = 9.8kg \cdot m/s^2$
⑥ $1P(\text{poise}) = 1g/cm \cdot s = 1\text{dyne} \cdot s/cm^2$
⑦ $1cP(\text{centipoise}) = 0.01g/cm \cdot s$
⑧ $1\text{stokes}(St) = 1cm^2/s$
⑨ $1\text{atm} = 760\text{mmHg} = 1.0332 kg_f/cm^2$
 $= 10.332 mH_2O(mAq) = 10.332m$
 $= 14.7 \text{PSI}(lb_f/in^2)$

$$=101.325 \text{kPa}(\text{kN/m}^2)$$
$$=1013 \text{mbar}$$

4 체적탄성계수

$$K = -\frac{\Delta P}{\Delta V/V}$$

여기서, K : 체적탄성계수[kPa]
ΔP : 가해진 압력[kPa]
$\Delta V/V$: 체적의 감소율

> **중요** 압축률
>
> $$\beta = \frac{1}{K}$$
>
> 여기서, β : 압축률
> K : 체적탄성계수[kPa]

※ 체적탄성계수
① 등온압축
$$K = P$$
② 단열압축
$$K = kP$$
여기서,
K : 체적탄성계수[kPa]
P : 절대압력[kPa]
k : 비열비

5 절대압 (꼭! 알아야 한다.)

① **절**대압=**대**기압+**게**이지압(계기압)
② **절**대압=**대**기압-**진**공압

● 초스피드 기억법

절대게 (**절대**로 **개**입하지 마라.)
절대-진 (**절대**로 **마이너지진**이 남지 않는다.)

※ 절대압
완전**진**공을 기준으로 한 압력

기억법
절진(절전)

6 동점성 계수 (동점도)

$$V = \frac{\mu}{\rho}$$

여기서, V : 동점도[cm²/s]
μ : 일반점도[g/cm·s]
ρ : 밀도[g/cm³]

※ 게이지압(계기압)
국소대기압을 기준으로 한 압력

※ 동점도
유체의 저항을 측정하기 위한 절대점도의 값

7 비중량

$$\gamma = \rho g$$

여기서, γ : 비중량[N/m³]
ρ : 밀도[kg/m³]
g : 중력가속도(9.8m/s²)

※ 비중량
단위체적당 중량

※ 비체적
단위질량당 체적

※ 몰수

$$n = \frac{m}{M}$$

여기서, n : 몰수
M : 분자량
m : 질량[kg]

① 물의 비중량
  $1g_f/cm^3 = 1000kg_f/m^3 = 9800N/m^3$

② 물의 밀도
  $\rho = 1g/cm^3 = 1000kg/m^3 = 1000N \cdot s^2/m^4$

8 이상기체 상태방정식

$$PV = nRT = \frac{m}{M}RT, \quad \rho = \frac{PM}{RT}$$

여기서, P : 압력[atm]
V : 부피[m³]
n : 몰수$\left(\frac{m}{M}\right)$
R : 0.082(atm·m³/kmol·K)
T : 절대온도(273+℃)[K]
m : 질량[kg]
M : 분자량[kg/kmol]
ρ : 밀도[kg/m³]

9 물체의 무게

$$W = \gamma V$$

여기서, W : 물체의 **무**게[N]
γ : **비**중량[N/m³]
V : 물체가 잠긴 **체**적[m³]

● 초스피드 기억법

무비체 (**무비** 카메라 가진 자를 **체**포하라!)

10 열역학의 법칙 (이 내용들이 한하면 그대는 「열역학」 박사!)

(1) 열역학 제0법칙 (열평형의 법칙)

① 온도가 높은 물체와 낮은 물체를 접촉시키면 온도가 높은 물체에서 낮은 물체로 열이 이동하여 두 물체의 **온도**는 **평형**을 이루게 된다.
② 어떤 두 물체 A와 B가 제3의 물체 C와 각각 열평형상태에 있을 때, 두 물체 A와 B도 서로 열평형상태이다.

(2) 열역학 제1법칙 (에너지 보존의 법칙)

기체의 공급 에너지는 **내부** 에너지와 외부에서 한 일의 합과 같다.

● 초스피드 기억법

열1내 (**열**받으면 **일**낸다.)

(3) 열역학 제2법칙

1. 자발적인 변화는 **비**가역적이다.
2. 열은 스스로 **저온**에서 **고온**으로 절대로 흐르지 않는다.
3. 열을 완전히 일로 바꿀 수 있는 **열기관**을 만들 수 **없**다.

● 초스피드 기억법

열비 저고 2 (**열**이나 **비**에 강한 **저고**리)

※ **비가역적**
어떤 물질에 열을 가한 후 식히면 다시 원래의 상태로 되돌아 오지 않는 것

(4) 열역학 제3법칙

순수한 물질이 1atm하에서 결정상태이면 엔트로피는 0K에서 0이다.

11 엔트로피(ΔS)

1. **가**역 단열과정 : $\Delta S = 0$
2. 비가역 단열과정 : $\Delta S > 0$

등엔트로피 과정 = 가역 단열과정

● 초스피드 기억법

가 0 (**가**영**이**)

※ **엔트로피**
어떤 물질의 정렬상태를 나타내는 수치

제2장 유체의 운동과 법칙

12 유량

$$Q = AV$$

여기서, Q : 유량[m³/s]
A : 단면적[m²]
V : 유속[m/s]

※ **유량**
관내를 흘러가는 유체의 양

13 베르누이 방정식(Bernoulli's equation)

$$\frac{V^2}{2g} + \frac{p}{\gamma} + Z = 일정$$

(속도수두) (압력수두) (위치수두)

여기서, V : 유속[m/s]
p : 압력[N/m²]

※ **베르누이 방정식의 적용 조건**
① **정**상 흐름
② **비**압축성 흐름
③ **비**점성 흐름
④ **이**상유체

기억법
베정비이
(**배**를 **정비**해서 **이곳**을 떠나라!)

소방유체역학

Z : 높이[m]
g : 중력가속도(9.8m/s²)
γ : 비중량[N/m³]

※ 베르누이 방정식에 의해 2개의 공 사이에 기류를 불어 넣으면(**속도가 증가하여**) **압력**이 **감소**하므로 2개의 공은 **달라붙는다**.

14 토리첼리의 식(Torricelli's theorem)

$$V = \sqrt{2gH}$$

여기서, V : 유속[m/s]
g : 중력가속도(9.8m/s²)
H : 높이[m]

15 파스칼의 원리(Principle of Pascal)

$$\frac{F_1}{A_1} = \frac{F_2}{A_2}$$

여기서, F_1, F_2 : 가해진 힘[kg_f]
A_1, A_2 : 단면적[m²]

✱ 수압기
파스칼의 원리를 이용한 대표적 기계

기억법
파수(파수꾼)

제3장 유체의 유동과 계측

16 레이놀드수(Reynolds number)(잊지 말라!)

① 층류 : $Re < 2,100$
② 천이영역(임계영역) : $2,100 < Re < 4,000$
③ 난류 : $Re > 4,000$

$$Re = \frac{DV\rho}{\mu} = \frac{DV}{\nu}$$

여기서, Re : 레이놀드수
D : 내경[m]
V : 유속[m/s]
ρ : 밀도[kg/m³]
μ : 점도[g/cm·s]
ν : 동점성계수$\left(\frac{\mu}{\rho}\right)$[cm²/s]

✱ 레이놀드수
층류와 난류를 구분하기 위한 계수

17 관마찰계수

$$f = \frac{64}{Re}$$

여기서, f : 관마찰계수
Re : 레이놀드수

1. 층류 : **레이놀드수**에만 관계되는 계수
2. 천이영역(임계영역) : **레이놀드수**와 관의 **상대조도**에 관계되는 계수
3. 난류 : 관의 **상대조도**에 **무관**한 계수

※ 마찰계수 (f)는 파이프의 **조도**와 **레이놀드**에 관계가 있다.

Key Point

※ 레이놀드수
① 층류
② 천이영역
③ 난류

18 다르시-바이스바하 공식 (Darcy-Weisbach's formula)

$$H = \frac{\Delta P}{\gamma} = \frac{flV^2}{2gD}$$

여기서, H : 마찰손실수두[m]
ΔP : 압력차[MPa] 또는 [kN/m²]
γ : 비중량(물의 비중량 9800N/m³)
f : 관마찰계수
l : 길이[m]
V : 유속[m/s]
g : 중력가속도(9.8m/s²)
D : 내경[m]

※ 다르시-바이스바하 공식
곧고 긴 관에서의 손실수두 계산

19 수력반경 (hydraulic radius)

$$R_h = \frac{A}{l} = \frac{1}{4}(D-d)$$

여기서, R_h : 수력반경[m]
A : 단면적[m²]
l : 접수길이[m]
D : 관의 외경[m]
d : 관의 내경[m]

※ 수력반경
면적을 접수길이(둘레길이)로 나눈 것

20 무차원의 물리적 의미 (마르고 닳도록 보라!)

명 칭	물리적 의미
레이놀드(Reynolds)수	관성력/점성력
프루드(Froude)수	관성력/중력
마하(Mach)수	관성력/압축력

※ 무차원
단위가 없는 것

웨버(Weber)수	관성력/표면장력
오일러(Euler)수	압축력/관성력

● 초스피드 기억법

웨관표(왜관행 표)

※ 위어의 종류
① V-notch 위어
② 4각 위어
③ 예봉 위어
④ 광봉 위어

21 유체 계측기기

정압 측정	동압(유속) 측정	유량 측정
① 피에조미터 ② 정압관 [기억법] 조정(조정)	① 피토관 ② 피토-정압관 ③ 시차액주계 ④ 열선 속도계 [기억법] 속토시 열(속이 따뜻한 토시는 열이 난다.)	① 벤투리미터 ② 위어 ③ 로터미터 ④ 오리피스 [기억법] 벤위로 오량(벤치 위로 오양이 보인다.)

※ 시차액주계
유속 및 두 지점의 압력을 측정하는 장치

22 시차액주계

$$p_A + \gamma_1 h_1 - \gamma_2 h_2 - \gamma_3 h_3 = p_B$$

여기서, p_A : 점 A의 압력[kg$_f$/m²]
p_B : 점 B의 압력[kg$_f$/m²]
γ_1, γ_2, γ_3 : 비중량[kg$_f$/m³]
h_1, h_2, h_3 : 높이[m]

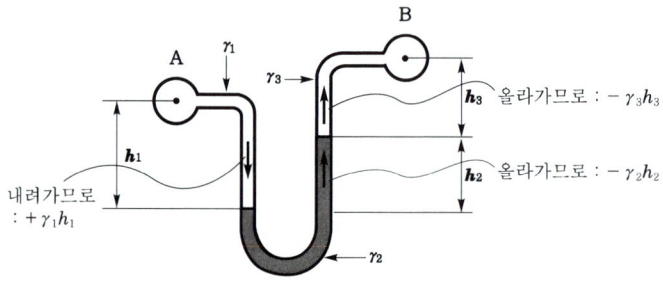

∥시차액주계∥

※ **시차액주계의 압력계산 방법** : 점 A를 기준으로 내려가면 더하고, 올라가면 뺀다.

제4장 유체정역학 및 열역학

23 경사면에 작용하는 힘

$$F = \gamma y \sin\theta A = \gamma h A$$

여기서, F : 전압력[N]
γ : 비중량(물의 비중량 9800N/m³)
y : 표면에서 수문 중심까지의 경사거리[m]
h : 표면에서 수문 중심까지의 수직거리[m]
A : 단면적[m²]

 중요

작용점 깊이

명 칭	구형(rectangle)
형 태	
A(면적)	$A = bh$
y_c(중심위치)	$y_c = y$
I_c(관성능률)	$I_c = \dfrac{bh^3}{12}$

$$y_p = y_c + \dfrac{I_c}{A y_c}$$

여기서, y_p : 작용점 깊이(작용위치)[m]
y_c : 중심위치[m]
I_c : 관성능률$\left(I_c = \dfrac{bh^3}{12}\right)$
A : 단면적[m²]$(A = bh)$

24 기체상수

$$R = C_P - C_V = \dfrac{\overline{R}}{M}$$

여기서, R : 기체상수[kJ/kg·K]
C_P : 정압비열[kJ/kg·K]
C_V : 정적비열[kJ/kg·K]
$\overline{R}$: 일반기체상수[kJ/kmol·K]
M : 분자량[kg/kmol]

※ **정압비열**

$$C_P = \dfrac{KR}{K-1}$$

여기서,
C_P : 정압비열[kJ/kg]
R : 기체상수
　[kJ/kg·K]
K : 비열비

※ **정적비열**

$$C_V = \dfrac{R}{K-1}$$

여기서,
C_V : 정적비열[kJ/kg·K]
R : 기체상수
　[kJ/kg·K]
K : 비열비

Key Point

✷ 정압과정
압력이 일정할 때의 과정

✷ 단열변화
손실이 없을 때의 과정

25 절대일(압축일)

정압과정	단열변화
$_1W_2 = P(V_2 - V_1) = mR(T_2 - T_1)$	$_1W_2 = \dfrac{mR}{K-1}(T_1 - T_2)$

여기서, $_1W_2$: 절대일[kJ]
P : 압력[kJ/m³]
$V_1 \cdot V_2$: 변화전후의 체적[m³]
m : 질량[kg]
R : 기체상수[kJ/kg·K]
$T_1 \cdot T_2$: 변화전후의 온도
(273+℃)[K]

여기서, $_1W_2$: 절대일[kJ]
m : 질량[kg]
R : 기체상수[kJ/kg·K]
K : 비열비
$T_1 \cdot T_2$: 변화전후의 온도
(273+℃)[K]

26 폴리트로픽 변화

$PV^n = $ 정수 $(n=0)$	등압변화(정압변화)
$PV^n = $ 정수 $(n=1)$	등온변화
$PV^n = $ 정수 $(n=K)$	단열변화
$PV^n = $ 정수 $(n=\infty)$	정적변화

여기서, P : 압력[kJ/m³]
V : 체적[m³]
n : 폴리트로픽 지수
K : 비열비

✷ 단위
① 1HP=0.746kW
② 1PS=0.735kW

제5장 유체의 마찰 및 펌프의 현상

27 펌프의 동력

(1) 전동력

$$P = \dfrac{0.163QH}{\eta}K$$

여기서, P : 전동력[kW]
Q : 유량[m³/min]
H : 전양정[m]
K : 전달계수
η : 효율

✷ 펌프의 동력
① 전동력
전달계수와 효율을 모두 고려한 동력
② 축동력
전달계수를 고려하지 않은 동력

> [기억법]
> **축전**(축전)

③ 수동력
전달계수와 **효**율을 고려하지 않은 동력

> [기억법]
> **효전수**(효를 전수해 주세요.)

(2) 축동력

$$P = \dfrac{0.163QH}{\eta}$$

여기서, P : 축동력[kW]
Q : 유량[m³/min]
H : 전양정[m]
η : 효율

(3) 수동력

$$P = 0.163\,QH$$

여기서, P : 수동력[kW]
Q : 유량[m³/min]
H : 전양정[m]

28 원심 펌프

(1) **벌류트 펌프** : 안내깃이 없고, **저양정**에 적합한 펌프

● 초스피드 기억법

(관)

(2) **터빈 펌프** : 안내깃이 있고, **고양정**에 적합한 펌프

※ 안내깃 = 안내날개 = 가이드 베인

※ 원심펌프
소화용수펌프

[기억법]
소원(소원)

※ 안내날개
임펠러의 바깥쪽에 설치되어 있으며, 임펠러에서 얻은 물의 속도에너지를 압력에너지로 변환시키는 역할을 한다.

29 펌프의 운전

(1) 직렬운전

① 토출량 : Q
② 양정 : $2H$(토출량 : $2P$)

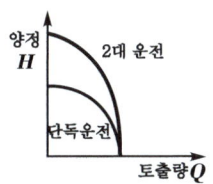

| 직렬운전 |

● 초스피드 기억법

(든 직장)

(2) 병렬운전

① 토출량 : $2Q$
② 양정 : H(토출량 : P)

※ 펌프
전동기로부터 에너지를 받아 액체 또는 기체를 수송하는 장치

30 공동현상 (정말 잊지 말라.)

(1) 공동현상의 발생현상

① 펌프의 **성**능저하
② 관 **부**식
③ **임**펠러의 손상(수차의 날개 손상)
④ **소**음과 진동발생

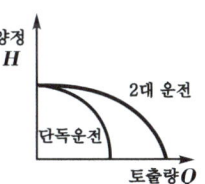

| 병렬운전 |

※ 공동현상
① 소화펌프의 흡입고가 클 때 발생
② 펌프의 흡입측 배관 내의 물의 정압이 기존의 증기압보다 낮아져서 물이 흡입되지 않는 현상

● 초스피드 기억법

공성부임소(공하성이 부임한다는 소리를 들었다.)

(2) 공동현상의 방지대책
① 펌프의 흡입수두를 작게 한다.
② 펌프의 마찰손실을 작게 한다.
③ 펌프의 임펠러속도(회전수)를 작게 한다.
④ 펌프의 설치위치를 수원보다 낮게 한다.
⑤ 양흡입 펌프를 사용한다(펌프의 흡입측을 가압한다).
⑥ 관내의 물의 정압을 그 때의 증기압보다 높게 한다.
⑦ 흡입관의 구경을 크게 한다.
⑧ 펌프를 2대 이상 설치한다.

31 수격작용의 방지대책
① 관로의 관경을 크게 한다.
② 관로 내의 유속을 낮게 한다(관로에서 일부 고압수를 방출한다).
③ 조압수조(surge tank)를 설치하여 적정압력을 유지한다.
④ 플라이휠(flywheel)을 설치한다.
⑤ 펌프 송출구 가까이에 밸브를 설치한다.
⑥ 펌프 송출구에 수격을 방지하는 체크밸브를 달아 역류를 막는다.
⑦ 에어 챔버(air chamber)를 설치한다.
⑧ 회전체의 관성 모멘트를 크게 한다.

● 초스피드 기억법

수방관크 유낮(소방관은 크고, 유부남은 작다.)

✱ 수격작용
흐르는 물을 갑자기 정지시킬 때 수압이 급상승하는 현상

제4편 소방기계시설의 구조 및 원리

제1장 소화설비

1 소화기의 사용온도(소화기 형식 36조)

종 류	사용온도
• 강화액 • 분말	−20~40℃ 이하
• 그 밖의 소화기	0~40℃ 이하

※ 소화기 설치거리
① 소형소화기: 20m 이내
② 대형소화기: 30m 이내

• 초스피드 기억법

강분24온(강변에서 이사온 나)

※ 이산화탄소 소화기
고압·액상의 상태로 저장한다.

2 각 설비의 주요사항(일사천리로 나와야 한다.)

구 분	드렌처설비	스프링클러 설비	소화용수 설비	옥내소화전 설비	옥외소화전 설비	포소화설비, 물분무소화설비, 연결송수관설비
방수압	0.1 MPa 이상	0.1~1.2 MPa 이하	0.15 MPa 이상	0.17~0.7 MPa 이하	0.25~0.7 MPa 이하	0.35 MPa 이상
방수량	80l/min 이상	80l/min 이상	800l/min 이상 (가압송수 장치 설치)	130l/min 이상 (30층 미만: **최대 2개**, 30층 이상: **최대 5개**)	350l/min 이상 (**최대 2개**)	75l/min 이상 (포워터 스프링클러 헤드)
방수 구경	−	−	−	40 mm	65 mm	−
노즐 구경	−	−	−	13 mm	19 mm	−

3 수원의 저수량(참 중요!)

(1) 드렌처설비

$$Q = 1.6N$$

여기서, Q : 수원의 저수량[m³]
N : 헤드의 설치개수

※ 드렌처설비
건물의 창, 처마 등 외부화재에 의해 연소·파손하기 쉬운 부분에 설치하여 외부 화재의 영향을 막기 위한 설비

(2) 스프링클러설비(폐쇄형)

기타시설(폐쇄형)	창고시설(라지드롭형 폐쇄형)
$Q = 1.6N$(30층 미만) $Q = 3.2N$(30~49층 이하) $Q = 4.8N$(50층 이상)	$Q = 3.2N$(일반 창고) $Q = 9.6N$(랙식 창고)
여기서, Q : 수원의 저수량[m³] N : 폐쇄형 헤드의 기준개수(설치개수가 기준개수보다 적으면 그 설치개수)	여기서, Q : 수원의 저수량[m³] N : 가장 많은 방호구역의 설치개수 (최대 30개)

중요 폐쇄형 헤드의 기준개수(NFPC 103 4조, NFTC 103 2.1.1.1 / NFPC 609 7조, NFTC 609 2.3.2.1 / NFPC 608 7조, NFTC 608 2.3.1.1)

특정소방대상물			폐쇄형 헤드의 기준개수
지하가·지하역사			30
11층 이상			
10층 이하	공장(특수가연물), 창고시설		
	판매시설(슈퍼마켓, 백화점 등), 복합건축물(판매시설이 설치된 것)		
	근린생활시설, 운수시설		20
		8m 이상	
		8m 미만	10
공동주택(아파트 등)			10(각 동이 주차장으로 연결된 주차장 : 30)

※ 폐쇄형 헤드
정상상태에서 방수구를 막고 있는 감열체가 일정 온도에서 자동적으로 파괴·용해 또는 이탈됨으로써 분사구가 열려지는 헤드

(3) 옥내소화전설비

$Q = 2.6N$(30층 미만, N : 최대 2개)
$Q = 5.2N$(30~49층 이하, N : 최대 5개)
$Q = 7.8N$(50층 이상, N : 최대 5개)

여기서, Q : 수원의 저수량[m³]
N : 가장 많은 층의 소화전 개수

※ 수원
물을 공급하는 곳

(4) 옥외소화전설비

$$Q \geqq 7N$$

여기서, Q : 수원의 저수량[m³]
N : 옥외소화전 설치개수(최대 2개)

4 가압송수장치(펌프 방식) (합격이 눈앞에 있소이다.)

(1) 스프링클러설비

$$H = h_1 + h_2 + \underline{10}$$

여기서, H : 전양정[m]
h_1 : 배관 및 관부속품의 마찰손실수두[m]
h_2 : 실양정(흡입양정+토출양정)[m]

※ 스프링클러설비
스프링클러헤드를 이용하여 건물 내의 화재를 자동적으로 진화하기 위한 소화설비

• 초스피드 기억법

스10(서열)

(2) 물분무소화설비

$$H = h_1 + h_2 + h_3$$

여기서, H : 필요한 낙차[m]
 h_1 : 물분무 헤드의 설계압력 환산수두[m]
 h_2 : 배관 및 관부속품의 마찰손실수두[m]
 h_3 : 실양정(흡입양정+토출양정)[m]

※ 물분무소화설비
물을 안개모양(분무) 상태로 살수하여 소화하는 설비

(3) 옥내소화전설비

$$H = h_1 + h_2 + h_3 + \underline{17}$$

여기서, H : 전양정[m]
 h_1 : 소방 호스의 마찰손실수두[m]
 h_2 : 배관 및 관부속품의 마찰손실수두[m]
 h_3 : 실양정(흡입양정+토출양정)[m]

※ 소방호스의 종류
① 소방용 고무내장호스
② 소방용 릴호스

• 초스피드 기억법

내17(내일 칠해)

(4) 옥외소화전설비

$$H = h_1 + h_2 + h_3 + \underline{25}$$

여기서, H : 전양정[m]
 h_1 : 소방 호스의 마찰손실수두[m]
 h_2 : 배관 및 관부속품의 마찰손실수두[m]
 h_3 : 실양정(흡입양정+토출양정)[m]

• 초스피드 기억법

외25(왜이래요?)

(5) 포소화설비

$$H = h_1 + h_2 + h_3 + h_4$$

여기서, H : 펌프의 양정[m]
 h_1 : 방출구의 설계압력 환산수두 또는 노즐선단의 방사압력 환산수두[m]
 h_2 : 배관의 마찰손실수두[m]
 h_3 : 소방 호스의 마찰손실수두[m]
 h_4 : 낙차[m]

※ 포소화설비
차고, 주차장, 비행기 격납고 등 물로 소화가 불가능한 장소에 설치하는 소화설비로서 물과 포원액을 일정비율로 혼합하여 이것을 발포기를 통해 거품을 형성하게 하여 화재 부위에 도포하는 방식

※ 가지배관
헤드에 직접 물을 공급하는 배관

5 옥내소화전설비의 배관구경(NFPC 102 6조, NFTC 102 2.3.5~2.3.6)

구 분	가지배관	주배관 중 수직배관
호스릴	25mm 이상	32mm 이상
일반	40mm 이상	50mm 이상
연결송수관 겸용	65mm 이상	100mm 이상

※ 순환배관 : 체절운전시 수온의 상승 방지

● 초스피드 기억법

가4(가사 일)
주5(주5일 근무)

6 헤드수 및 유수량(다 외웠으면 신통하다.)

(1) 옥내소화전설비

배관구경(mm)	40	50	65	80	100
유수량(ℓ/min)	130	260	390	520	650
옥내소화전수	1개	2개	3개	4개	5개

※ 연결살수설비
실내에 개방형 헤드를 설치하고 화재시 현장에 출동한 소방차에서 실외에 설치되어 있는 송수구에 물을 공급하여 개방형 헤드를 통해 방사하여 화재를 진압하는 설비

(2) 연결살수설비(NFPC 503 5조, NFTC 503 2.2.3.1)

배관구경(mm)	32	40	50	65	80
살수헤드수	1개	2개	3개	4~5개	6~10개

(3) 스프링클러설비(NFTC 103 2.5.3.3)

급수관구경(mm)	25	32	40	50	65	80	90	100	125	150
폐쇄형 헤드수	2개	3개	5개	10개	30개	60개	80개	100개	160개	161개 이상

※ 유속
유체(물)의 속도

7 유속(NFTC 102 2.3.5, NFTC 103 2.5.3.3)

설비		유속
옥내소화전설비		4m/s 이하
스프링클러설비	가지배관	6m/s 이하
	기타의 배관	10m/s 이하

● 초스피드 기억법

6가스유(육교에 갔어유)

8 펌프의 성능 (NFPC 102 5조, NFTC 102 2.2.1.7)

① 체절운전시 정격토출 압력의 **140%**를 초과하지 아니할 것
② 정격토출량의 **150%**로 운전시 정격토출압력의 **65%** 이상이 되어야 한다.

※ 체절운전
펌프의 성능시험을 목적으로 펌프 토출측의 개폐 밸브를 닫은 상태에서 펌프를 운전하는 것

9 옥내소화전함 (NFPC 102 7조, NFTC 102 2.4.1.1)

① 현무암 무기질 복합소재 : **1.5mm** 이상
② **합**성수지제 두께 : **4mm** 이상
③ 문짝의 면적 : **0.5m²** 이상

● 초스피드 기억법

내합4(내가 합한 사과)

10 옥외소화전함의 설치거리 (NFPC 109 7조, NFTC 109 2.4.1)

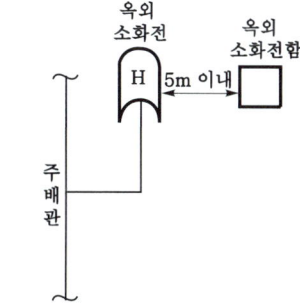

┃옥외소화전~옥외소화함의 설치거리┃

※ 옥외소화전함 설치기구

옥외소화전 개수	소화전함 개수
10개 이하	5m 이내 마다 1개 이상
11~30개 이하	11개 이상 소화전함 분산설치
31개 이상	소화전 3개마다 1개 이상

11 스프링클러헤드의 배치기준 (다 외웠으면 장하다.) (NFTC 103 2.7.6)

설치장소의 최고 주위온도	표시온도
39℃ 미만	79℃ 미만
39~64℃ 미만	79~121℃ 미만
64~106℃ 미만	121~162℃ 미만
106℃ 이상	162℃ 이상

※ 스프링클러헤드
화재시 가압된 물이 내뿜어져 분산됨으로써 소화기능을 하는 헤드이다. 감열부의 유무에 따라 폐쇄형과 개방형으로 나눈다.

12 헤드의 배치형태

(1) 정방형(정사각형)

$$S = 2R\cos 45°, \quad L = S$$

여기서, S : 수평헤드간격
R : 수평거리
L : 배관간격

제4편 소방기계시설의 구조 및 원리

(2) 장방형(직사각형)

$$S = \sqrt{4R^2 - L^2}, \quad S = 2R$$

여기서, S : 수평헤드간격
R : 수평거리
L : 배관간격
S : 대각선헤드간격

중요

수평거리(R) (NFPC 103 10조, NFTC 103 2.7.3, NFPC 608 7조, NFTC 608 2.3.1.4)

설치장소	설치기준
무대부 · **특**수가연물(창고 포함)	수평거리 **1.7m** 이하
기타구조(창고 포함)	수평거리 **2.1m** 이하
내화구조(창고 포함)	수평거리 **2.3m** 이하
공동주택(**아**파트) 세대 내	수평거리 **2.6m** 이하

● 초스피드 기억법

무특 7
기 1
내 3
아 6

13 스프링클러헤드 설치장소

① **위**험물 취급장소
② **복**도
③ **슈**퍼마켓
④ **소**매시장
⑤ **특**수가연물 취급장소
⑥ **보**일러실

● 초스피드 기억법

위스복슈소 특보(위스키는 복잡한 수소로 만들었다는 특보가 있다.)

14 압력챔버 · 리타딩챔버

압력챔버	리타딩챔버
모터펌프를 가동시키기 위하여 설치	① 오작동(오보)방지 ② 안전밸브의 역할 ③ 배관 및 압력스위치의 손상보호

※ **무대부**
노래, 춤, 연극 등의 연기를 하기 위해 만들어 놓은 부분

※ **랙식 창고**
물품보관용 랙을 설치하는 창고시설

※ **압력챔버**
펌프의 게이트밸브(gate valve) 2차측에 연결되어 배관 내의 압력이 감소하면 압력스위치가 작동되어 충압펌프(jockey pump) 또는 주펌프를 작동시킨다. '기동용 수압개폐장치' 또는 '압력탱크'라고도 부른다.

※ **리타딩챔버**
화재가 아닌 배관 내의 압력불균형 때문에 일시적으로 흘러들어온 압력수에 의해 압력스위치가 작동되는 것을 방지하는 부품

15 스프링클러설비의 비교 (잘 구분이 되는가?)

방식 구분	습식	건식	준비작동식	부압식	일제살수식
1차측	가압수	가압수	가압수	가압식	가압수
2차측	가압수	압축공기	대기압	부압 (진공)	대기압
밸브종류	습식 밸브 (자동경보밸브, 알람체크밸브)	건식 밸브	준비작동밸브	준비작동밸브	일제개방밸브 (델류즈밸브)
헤드종류	폐쇄형 헤드	폐쇄형 헤드	폐쇄형 헤드	폐쇄형 헤드	개방형 헤드

16 고가수조 · 압력수조 (NFTC 103 2.2.2.2, 2.2.3.2)

고가수조에 필요한 설비	압력수조에 필요한 설비
① 수위계 ② 배수관 ③ 급수관 ④ 맨홀 ⑤ **오**버플로관 **기억법** 고오(Go!)	① 수위계 ② 배수관 ③ 급수관 ④ 맨홀 ⑤ **급**기관 ⑥ **압**력계 ⑦ **안**전장치 ⑧ **자**동식 공기압축기 **기억법** 기압안자(**기아자**동차)

✽ 오버플로관
필요이상의 물이 공급될 경우 이 물을 외부로 배출시키는 관

17 배관의 구경 (NFPC 103 8조, NFTC 103 2.5.10, 2.5.14)

① **교**차배관 ┐
② **청**소구(청소용) ┴ **4**0mm 이상
③ **수**직배수배관 : **5**0mm 이상

✽ 교차배관
수평주행배관에서 가지배관에 이르는 배관

● 초스피드 기억법

교4청 (교사는 청소 안하냐?)
5수(호수)

18 행거의 설치 (NFPC 103 8조, NFTC 103 2.5.13)

① 가지배관 : 3.5m 이내마다 설치
② **교**차배관 ┐
③ 수평주행배관 ┴ **4.5m** 이내마다 설치
④ 헤드와 **행**거 사이의 간격 : **8**cm 이상

✽ 행거
천장 등에 물건을 달아매는 데 사용하는 철재

※ **시험배관** : 유수검지장치(유수경보장치)의 기능점검

소방기계시설의 구조 및 원리

● 초스피드 기억법

교4(교사), 행8(해파리)

19 기울기 (진짜로 중요하데이~)

① $\frac{1}{100}$ 이상 : 연결살수설비의 수평주행배관

② $\frac{2}{100}$ 이상 : 물분무소화설비의 배수설비

③ $\frac{1}{250}$ 이상 : 습식·부압식 설비 외 설비의 가지배관

④ $\frac{1}{500}$ 이상 : 습식·부압식 설비 외 설비의 수평주행배관

※ 습식설비
습식밸브의 1차측 및 2차측 배관 내에 항상 가압수가 충수되어 있다가 화재발생시 열에 의해 헤드가 개방되어 소화하는 방식

※ 부압식 스프링클러설비
가압송수장치에서 준비작동식 유수검지장치의 1차측까지는 항상 정압의 물이 가압되고, 2차측 폐쇄형 스프링클러헤드까지는 소화수가 부압으로 되어 있다가 화재시 감지기의 작동에 의해 정압으로 변하여 유수가 발생하면 작동하는 스프링클러설비

20 설치높이

0.5~1m 이하	0.8~1.5m 이하	1.5m 이하
① **연**결송수관설비의 송수구 ② **연**결살수설비의 송수구 ③ **소**화용수설비의 채수구	① **제**어밸브(수동식 개방밸브) ② **유**수검지장치 ③ **일**제개방밸브	① **옥내**소화전설비의 방수구 ② **호**스릴함 ③ **소**화기
기억법 연소용 51(연소용 오일은 잘 탄다.)	기억법 제유일85(제가 유일하게 팔았어요.)	기억법 옥내호소 5(옥내에서 호소하시오.)

※ 케이블트레이
케이블을 수용하기 위한 관로로 사용되며 윗부분이 개방되어 있다.

21 물분무소화설비의 수원 (NFPC 104 4조, NFTC 104 2.1.1)

특정소방대상물	토출량	최소기준	비 고
컨베이어벨트	10L/min·m²	–	벨트부분의 바닥면적
절연유 봉입변압기	10L/min·m²	–	표면적을 합한 면적(바닥면적 제외)
특수가연물	10L/min·m²	최소 50m²	최대방수구역의 바닥면적 기준
케이블트레이·덕트	12L/min·m²	–	투영된 바닥면적
차고·주차장	20L/min·m²	최소 50m²	최대방수구역의 바닥면적 기준
위험물 저장탱크	37L/min·m	–	위험물탱크 둘레길이(원주길이) : 위험물규칙〔별표 6〕Ⅱ

※ 모두 20분간 방수할 수 있는 양 이상으로 하여야 한다.

● 초스피드 기억법

컨절특케차
 1   1 2

22 포소화설비의 적용대상 (NFPC 105 4조, NFTC 105 2.1.1)

특정소방대상물	설비 종류
• 차고 · 주차장 • 항공기격납고 • 공장 · 창고(특수가연물 저장 · 취급)	• 포워터 스프링클러설비 • 포헤드 설비 • 고정포 방출설비 • 압축공기포 소화설비
• 완전개방된 옥상주차장(주된 벽이 없고 기둥뿐이거나 주위가 위해방지용 철주 등으로 둘러싸인 부분) • **지상 1층**으로서 지붕이 없는 차고 · 주차장 • 고가 밑의 주차장(주된 벽이 없고 기둥뿐이거나 주위가 위해방지용 철주 등으로 둘러싸인 부분)	• 호스릴포 소화설비 • 포소화전 설비
• 발전기실 • 엔진펌프실 • 변압기 • 전기케이블실 • 유압설비	• 고정식 압축공기포 소화설비(바닥면적 합계 300m² 미만)

Key Point

❋ 포워터 스프링클러헤드
포디플렉터가 있다.

❋ 포헤드
포디플렉터가 없다.

❋ 고정포 방출구
포를 주입시키도록 설계된 탱크 등에 반영구적으로 부착된 포소화설비의 포방출장치

❋ Ⅰ형 방출구
고정지붕구조의 탱크에 상부포주입법을 이용하는 것으로서 방출된 포가 액면 아래로 몰입되거나 액면을 뒤섞지 않고 액면상을 덮을 수 있는 통계단 또는 미끄럼판 등의 설비 및 탱크내의 위험물증기가 외부로 역류되는 것을 저지할 수 있는 구조 · 기구를 갖는 포방출구

❋ Ⅱ형 방출구
고정지붕구조 또는 부상덮개부착고정지붕구조의 탱크에 상부포주입법을 이용하는 것으로서 방출된 포가 탱크 옆판의 내면을 따라 흘러내려 가면서 액면 아래로 몰입되거나 액면을 뒤섞지 않고 액면상을 덮을 수 있는 반사판 및 탱크내의 위험물증기가 외부로 역류되는 것을 저지할 수 있는 구조 · 기구를 갖는 포방출구

23 고정포 방출구 방식 (NFTC 105 2.5.2.1.1)

$$Q = A \times Q_1 \times T \times S$$

여기서, Q : 포소화약제의 양 [l]
A : 탱크의 액표면적 [m²]
Q_1 : 단위포 소화수용액의 양 [$l/m^2 \cdot$분]
T : 방출시간 [분]
S : 포소화약제의 사용농도

24 고정포 방출구 (위험물안전관리에 관한 세부기준 133조)

탱크의 종류	포 방출구
고정지붕구조	• Ⅰ형 방출구 • Ⅱ형 방출구 • Ⅲ형 방출구 • Ⅳ형 방출구
부상덮개부착 고정지붕구조	• Ⅱ형 방출구
부상지붕구조	• **특**형 방출구

부특 (**보트**)

※ 특형 방출구
부상지붕구조의 탱크에 상부포주입법을 이용하는 것으로서 부상지붕의 부상부분상에 높이 0.9m 이상의 금속제의 칸막이를 탱크 옆판의 내측로부터 1.2m 이상 이격하여 설치하고 탱크 옆판과 칸막이에 의하여 형성된 환상부분에 포를 주입하는 것이 가능한 구조의 반사판을 갖는 포방출구

25 CO_2 설비의 특징

① 화재진화 후 깨끗하다.
② **심부화재**에 적합하다.
③ 증거보존이 양호하여 화재원인 조사가 쉽다.
④ 방사시 소음이 크다.

26 CO_2 설비의 가스압력식 기동장치 (NFTC 106 2.3.2.3)

구 분	기 준
비활성 기체 충전압력	6MPa 이상(21℃ 기준)
기동용 가스용기의 체적	5l 이상
기동용 가스용기 안전장치의 압력	내압시험압력의 0.8~내압시험압력 이하
기동용 가스용기 및 해당 용기에 사용하는 밸브의 견디는 압력	25MPa 이하

27 약제량 및 개구부 가산량 (꿈에나도 안 외울 생각은 마라!)

저장량[kg] =
약제량[kg/m³]×방호구역체적[m³]+개구부면적[m²]×개구부가산량[kg/m²]

 **초스피드 기억법**

저약방개산(**저약방**에서 **계산**해)

(1) CO_2 소화설비(심부화재) (NFPC 106 5조, NFTC 106 2.2.1.2)

※ 심부화재
가연물의 내부 깊숙한 곳에서 연소하는 화재

방호대상물	약제량	개구부 가산량 (자동폐쇄장치 미설치시)
전기설비(55m³ 이상), 케이블실	1.3kg/m³	10kg/m²
전기설비(55m³ 미만)	1.6kg/m³	
서고, **박**물관, **목**재가공품창고, **전**자제품창고	2.0kg/m³	
석탄창고, **면**화류창고, **고**무류, **모**피창고, **집**진설비	2.7kg/m³	

 **초스피드 기억법**

서박목전(**선박**이 **목전**에 보인다.)
석면고모집(**석면**은 **고모집**에 있다.)

(2) 할론 1301(NFPC 107 5조, NFTC 107 2.2.1.1)

방호대상물	약제량	개구부 가산량 (자동폐쇄장치 미설치시)
차고 · 주차장 · 전기실 · 전산실 · 통신기기실	$0.32kg/m^3$	$2.4kg/m^2$
고무류 · 면화류	$0.52kg/m^3$	$3.9kg/m^2$

(3) 분말소화설비(전역방출방식)(NFPC 108 6조, NFTC 108 2.3.2.1)

종 별	약제량	개구부 가산량(자동폐쇄장치 미설치시)
제1종	$0.6kg/m^3$	$4.5kg/m^2$
제2 · 3종	$0.36kg/m^3$	$2.7kg/m^2$
제4종	$0.24kg/m^3$	$1.8kg/m^2$

※ 전역방출방식
소화약제 공급장치에 배관 및 분사헤드 등을 설치하여 밀폐 방호구역 전체에 소화약제를 방출하는 방식

28 호스릴방식

(1) CO_2 소화설비(NFPC 106 5·10조, NFTC 106 2.2.1.4, 2.7.4.2)

약제 종별	약제 저장량	약제 방사량
CO_2	90kg	60kg/min

※ 호스릴방식(호스릴방출방식)
소화수 또는 소화약제 저장용기 등에 연결된 호스릴을 이용하여 사람이 직접 화점에 소화수 또는 소화약제를 방출하는 방식

(2) 할론소화설비(NFPC 107 5조, NFTC 107 2.2.1.3, 2.7.4.4)

약제 종별	약제량	약제 방사량
할론 1301	45kg	35kg/min
할론 1211	50kg	40kg/min
할론 2402	50kg	45kg/min

※ 할론설비의 약제량 측정법
① 중량측정법
② 액위측정법
③ 비파괴검사법

(3) 분말소화설비(NFPC 108 6·11조, NFTC 108 2.3.2.3, 2.8.4.4)

약제 종별	약제 저장량	약제 방사량
제1종 분말	50kg	45kg/min
제2 · 3종 분말	30kg	27kg/min
제4종 분말	20kg	18kg/min

29 할론소화설비의 저장용기 ('안 외워도 되겠지'하는 용감한 사람이 있다.)(NFPC 107 10조, NFTC 107 2.1.2.1, 2.1.2.2, 2.7.1.3)

구 분		할론 1211	할론 1301
저장압력		1.1MPa 또는 2.5MPa	2.5MPa 또는 4.2MPa
방출압력		0.2MPa	0.9MPa
충전비	가압식	0.7~1.4 이하	0.9~1.6 이하
	축압식		

소방기계시설의 구조 및 원리

※ 여과망
이물질을 걸러내는 망

※ 호스릴방식
분사 헤드가 배관에 고정되어 있지 않고 소화약제 저장용기에 호스를 연결하여 사람이 직접 화점에 소화약제를 방출하는 이동식 소화설비

30 할론 1301(CF_3Br)의 특징

① 여과망을 설치하지 않아도 된다.
② 제3류 위험물에는 사용할 수 없다.

31 호스릴방식 (NFPC 102 7조, NFTC 102 2.4.2.1, NFPC 105 12조, NFTC 105 2.9.3.5, NFPC 106 10조, NFTC 106 2.7.4.1, NFPC 107 10조, NFTC 107 2.7.4.1, NFPC 108 11조, NFTC 108 2.8.4.1)

설 비	수평거리
분말·포·CO_2 소화설비	수평거리 15m 이하
할론소화설비	수평거리 **20**m 이하
옥내소화전설비	수평거리 **25**m 이하

● 초스피드 기억법

호할20 (**호**텔의 **할**부이자가 **영**아니네.)
호옥25 (**홍옥**이오!)

32 분말소화설비의 배관 (NFPC 108 9조, NFTC 108 2.6)

① 전용
② 강관 : 아연도금에 의한 **배관용 탄소강관**
③ 동관 : 고정압력 또는 최고 사용압력의 **1.5배** 이상의 압력에 견딜 것
④ 밸브류 : **개폐위치** 또는 **개폐방향**을 표시한 것
⑤ 배관의 관부속 및 밸브류 : 배관과 동등 이상의 강도 및 내식성이 있는 것
⑥ 주밸브 헤드까지의 배관의 분기 : **토너먼트방식**
⑦ 저장용기 등 배관의 굴절부까지의 거리 : 배관 **내경**의 **20배** 이상

※ 토너먼트방식
가스계 소화설비에 적용하는 방식으로 용기로부터 노즐까지의 마찰손실을 일정하게 유지하기 위한 방식

※ 토너먼트방식 적용설비
① 분말소화설비
② 할론소화설비
③ 이산화탄소 소화설비
④ 할로겐화합물 및 불활성기체 소화설비

33 압력조정장치(압력조정기)의 압력 (NFPC 108 5조, NFTC 108 2.2.3, NFPC 107 4조, NFTC 107 2.1.5)

할론소화설비	분말 소화설비
2MPa 이하	**2.5**MPa 이하

※ **정압작동장치의 목적** : 약제를 적절히 보내기 위해

● 초스피드 기억법

분압25(**분압**이오.)

※ 가압식
소화약제의 방출원이 되는 압축가스를 압력봄베 등의 별도의 용기에 저장했다가 가스의 압력에 의해 방출시키는 방식

34 분말소화설비 가압식과 축압식의 설치기준 (NFPC 108 5조, NFTC 108 2.2.4)

구분 사용가스	가압식	축압식
질소(N_2)	40l/kg 이상	10l/kg 이상
이산화탄소(CO_2)	20g/kg+배관청소 필요량 이상	20g/kg+배관청소 필요량 이상

35 약제 방사시간 (NFPC 106 8조, NFTC 106 2.5.2, NFPC 107 10조, NFTC 107 2.7, NFPC 108 11조, NFTC 108 2.8, 위험물안전관리에 관한 세부기준 134~136조)

소화설비		전역방출방식		국소방출방식	
		일반건축물	위험물제조소	일반건축물	위험물 제조소
할론소화설비		10초 이내	30초 이내	10초 이내	30초 이내
분말소화설비		30초 이내			
CO_2 소화설비	표면화재	1분 이내	60초 이내	30초 이내	
	심부화재	7분 이내 (단, 설계농도가 2분 이내에 30% 도달)			

제2장 피난구조설비

36 피난사다리의 분류

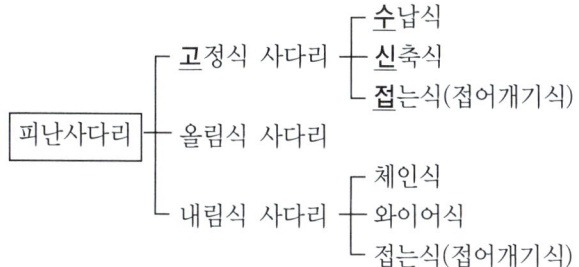

● 초스피드 기억법

고수접신(고수의 접시)

※ **올림식 사다리**
① 사다리 상부지점에 안전장치 설치
② 사다리 하부지점에 미끄럼방지장치 설치

37 피난기구의 적응성 (NFTC 301 2.1.1)

구 분	층 별	3층
의료시설		• 피난교 • 구조대 • 미끄럼대 • 피난용트랩 • 다수인 피난장비 • 승강식 피난기
노유자시설		• 피난교 • 구조대 • 미끄럼대 • 다수인 피난장비 • 승강식 피난기

※ **피난기구의 종류**
① 피난사다리
② 구조대
③ 완강기
④ 소방청장이 정하여 고시하는 화재안전기준으로 정하는 것 (미끄럼대, 피난교, 공기안전매트, 피난용 트랩, 다수인 피난장비, 승강식 피난기, 간이완강기, 하향식 피난구용 내림식 사다리)

제3장 소화활동설비 및 소화용수설비

38 제연구역의 구획 (NFPC 501 4조, NFTC 501 2.1.1)

① 1제연구역의 면적은 1,000m² 이내로 할 것
② 거실과 통로는 **각각 제연구획**할 것
③ 통로상의 제연구역은 보행중심선의 길이가 **60m**를 초과하지 않을 것
④ 1제연구역은 직경 **60m** 원내에 들어갈 것
⑤ 1제연구역은 **2개** 이상의 층에 미치지 않을 것

※ 제연구획에서 제연경계의 폭은 **0.6m** 이상, 수직거리는 **2m** 이내이어야 한다.

39 풍 속 (잊지 말라!) (NFPC 501 9·10조, NFTC 501 2.6.2.2, 2.7.1)

① 배출기의 **흡입**측 풍속 : **15m/s** 이하
② 배출기 배출측 풍속 ┐
③ 유입 풍도안의 풍속 ┘ **20m/s** 이하

※ 연소방지설비 : **지하구**에 설치한다.

● 초스피드 기억법

5입(옷 입어.)

※ **연소방지설비**
지하구의 화재시 지하구의 진입이 곤란하므로 지상에 설치된 송수구를 통하여 소방펌프차로 가압수를 공급하여 설치된 지하구 내의 살수헤드에서 방수가 이루어져 화재를 소화하기 위한 연결살수설비의 일종이다.

※ **지하구**
지하의 케이블 통로

40 헤드의 수평거리 (NFPC 503 6조, NFTC 503 2.3.2.2)

스프링클러헤드	살수헤드
2.3m 이하	3.7m 이하

※ 연결살수설비에서 하나의 송수구역에 설치하는 개방형 헤드수는 **10개** 이하로 하여야 한다.

● 초스피드 기억법

살37(살상은 칠거지악 중의 하나다.)

41 연결송수관설비의 설치순서 (NFTC 502 2.1.1.8.1~2.1.1.8.2)

습 식	건 식
송수구→**자**동배수밸브→**체**크밸브	송수구→자동배수밸브→체크밸브→자동배수밸브

※ **연결송수관설비**
건물 외부에 설치된 송수구를 통하여 소화용수를 공급하고, 이를 건물 내에 설치된 방수구를 통하여 화재 발생장소에 공급하여 소방관이 소화할 수 있도록 만든 설비

● 초스피드 기억법

송자체습(송자는 채식주의자)

42 연결송수관설비의 방수구 (NFPC 502 6조, NFTC 502 2.3.1)

1. **층**마다 설치(**아파트**인 경우 3층부터 설치)
2. 11층 이상에는 **쌍구형**으로 설치(**아파트**인 경우 **단구형** 설치 가능)
3. 방수구는 **개폐기능**을 가진 것일 것
4. 방수구는 구경 65mm로 한다.
5. 방수구는 바닥에서 0.5~1m 이하에 설치한다.

❋ **방수구의 설치장소**
비교적 연소의 우려가 적고 접근이 용이한 계단실과 같은 곳

43 수평거리 및 보행거리 (다 외웠으면 용타!)

1. 수평거리

구 분	수평거리
예상제연구역(NFPC 501 7조, NFTC 501 2.4.2)	10m 이하
분말**호**스릴(NFPC 108 11조, NFTC 108 2.8.4.1)	15m 이하
포**호**스릴(NFPC 105 12조, NFTC 105 2.9.3.5)	
CO_2 **호**스릴(NFPC 106 10조, NFTC 106 2.7.4.1)	
할론 호스릴(NFPC 107 10조, NFTC 107 2.7.4.1)	20m 이하
옥내소화전 방수구	25m 이하
옥내소화전 **호**스릴	
포소화전 방수구	
연결송수관 방수구(지하가)	
연결송수관 방수구(지하층 바닥면적 3,000m² 이상)	
옥외소화전 방수구	40m 이하
연결송수관 방수구(사무실)	50m 이하

❋ 수평거리
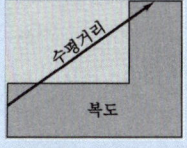

❋ 보행거리
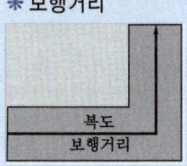

2. 보행거리 (NFPC 101 4조, NFTC 101 2.1.1.4.2)

구 분	보행거리
소형소화기	20m 이하
대형소화기	30m 이하

비교

수평거리	보행거리
직선거리로서 반경을 의미하기도 한다.	걸어선 간 거리

● 초스피드 기억법

호15(호일 오려)
옥호25

바르게 앉는 자세

1. 엉덩이를 등받이까지 바짝 붙이고 상체를 편다.
2. 몸통과 허벅지, 허벅지와 종아리, 종아리와 발이 옆에서 볼 때 직각이 되어야 한다.
3. 등이 등받이에서 떨어지지 않는다(바닥과 90도 각도인 등받이가 좋다).
4. 발바닥이 편하게 바닥에 닿는다.
5. 되도록 책상 가까이 앉는다.
6. 시선은 정면을 유지해 고개나 가슴이 앞으로 수그러지지 않게 한다.

CBT 기출복원문제
2025년
소방설비기사 필기(기계분야)

■ 2025. 2. 7 시행 ·················· 25- 2
■ 2025. 5. 21 시행 ·················· 25-32
■ 2025. 9. 1 시행 ·················· 25-62

** 수험자 유의사항 **

1. 문제지를 받는 즉시 **본인**이 **응시한 종목**이 맞는지 확인하시기 바랍니다.
2. 문제지 표지에 본인의 **수험번호**와 **성명**을 기재하여야 합니다.
3. 문제지의 **총면수, 문제번호 일련순서, 인쇄상태, 중복 및 누락 페이지 유무**를 확인하시기 바랍니다.
4. 답안은 각 문제마다 요구하는 가장 적합하거나 가까운 답 1개만을 선택하여야 합니다.
5. 답안카드는 뒷면의 「수험자 유의사항」에 따라 작성하시고, 답안카드 작성 시 형별누락, 마킹착오로 인한 불이익은 전적으로 수험자에게 책임이 있음을 알려드립니다.
6. 문제지는 시험 종료 후 본인이 가져갈 수 있습니다.

** 안내사항 **

- 가답안/최종정답은 큐넷(www.q-net.or.kr)에서 확인하실 수 있습니다. 가답안에 대한 의견은 큐넷의 [가답안 의견 제시]를 통해 제시할 수 있으며, 확정된 답안은 최종정답으로 갈음합니다.
- 공단에서 제공하는 자격검정서비스에 대해 개선할 점이 있으시면 고객참여(http://hrdkorea.or.kr/7/1/1)를 통해 건의하여 주시기 바랍니다.

2025. 2. 7 시행

2025년 기사 제1회 필기시험 CBT 기출복원문제

자격종목	종목코드	시험시간	형별
소방설비기사(기계분야)		2시간	

수험번호	성명

※ 각 문항은 4지택일형으로 질문에 가장 적합한 보기 항을 선택하여 체크하여야 합니다.

제1과목 소방원론

01 탄화칼슘이 물과 반응할 때 발생되는 기체는?

19.03.문17
18.04.문18
17.05.문09
11.10.문05
10.09.문12

① 일산화탄소
② 아세틸렌
③ 황화수소
④ 수소

해설 (1) 탄화칼슘과 물의 반응식 보기 ②

$$CaC_2 + 2H_2O \rightarrow Ca(OH)_2 + C_2H_2 \uparrow$$
탄화칼슘   물   수산화칼슘   아세틸렌

(2) 탄화알루미늄과 물의 반응식

$$Al_4C_3 + 12H_2O \rightarrow 4Al(OH)_3 + 3CH_4 \uparrow$$
탄화알루미늄   물   수산화알루미늄   메탄

(3) 인화칼슘과 물의 반응식

$$Ca_3P_2 + 6H_2O \rightarrow 3Ca(OH)_2 + 2PH_3 \uparrow$$
인화칼슘   물   수산화칼슘   포스핀

(4) 수소화리튬과 물의 반응식

$$LiH + H_2O \rightarrow LiOH + H_2$$
수소화리튬   물   수산화리튬   수소

답 ②

02 분말소화약제로서 ABC급 화재에 적용성이 있는 소화약제의 종류는?

22.04.문18
21.05.문07
20.09.문07
19.03.문01
18.04.문06
17.09.문10
17.03.문18
16.10.문06
16.10.문10
16.05.문15

① $NH_4H_2PO_4$
② $NaHCO_3$
③ Na_2CO_3
④ $KHCO_3$

해설 분말소화약제

종별	분자식	착색	적응화재	비고
제1종	탄산수소나트륨 ($NaHCO_3$)	백색	BC급	**식용유** 및 **지방질유**의 화재에 적합 **기억법** 1식분(일식 분식)
제2종	탄산수소칼륨 ($KHCO_3$)	담자색 (담회색)	BC급	-
제3종	제1인산암모늄 ($NH_4H_2PO_4$) 보기 ①	담홍색	ABC급	**차고·주차장**에 적합 **기억법** 3분 차주 (삼보 컴퓨터 차주)
제4종	탄산수소칼륨+요소 ($KHCO_3$+$(NH_2)_2CO$)	회(백)색	BC급	-

답 ①

03 Fourier법칙(전도)에 대한 설명으로 틀린 것은?

23.09.문18
18.03.문13
17.09.문35
17.05.문33
16.10.문40

① 이동열량은 전열체의 단면적에 비례한다.
② 이동열량은 전열체의 두께에 비례한다.
③ 이동열량은 전열체의 열전도도에 비례한다.
④ 이동열량은 전열체 내·외부의 온도차에 비례한다.

해설 ② 비례 → 반비례

공식
(1) 전도

$$Q = \frac{kA(T_2 - T_1)}{l} \quad \leftarrow 비례 \\ \leftarrow 반비례$$

여기서, Q : 전도열[W]
k : 열전도율[W/m·K]
A : 단면적[m²]
$(T_2 - T_1)$: 온도차[K]
l : 벽체 두께[m]

(2) 대류

$$Q = h(T_2 - T_1)$$

여기서, Q : 대류열[W/m²]
h : 열전달률[W/m²·℃]
$(T_2 - T_1)$: 온도차[℃]

(3) 복사

$$Q = aAF(T_1^4 - T_2^4)$$

여기서, Q : 복사열[W]

a : 스테판-볼츠만 상수[W/m² · K⁴]
A : 단면적[m²]
F : 기하학적 Factor
T_1 : 고온[K]
T_2 : 저온[K]

중요

열전달의 종류

종류	설명	관련 법칙
전도 (conduction)	하나의 물체가 다른 물체와 직접 **접촉**하여 열이 이동하는 현상	푸리에(Fourier)의 법칙
대류 (convection)	**유체**의 흐름에 의하여 열이 이동하는 현상	**뉴턴**의 법칙
복사 (radiation)	① 화재시 화원과 **격리**된 인접 가연물에 불이 옮겨 붙는 현상 ② 열전달 **매질**이 없이 열이 전달되는 형태 ③ 열에너지가 **전자파**의 형태로 옮겨지는 현상으로, **가장 크게 작용**한다.	스테판-볼츠만의 법칙

답 ②

04 탄산가스에 대한 일반적인 설명으로 옳은 것은?

① 산소와 반응시 흡열반응을 일으킨다.
② 산소와 반응하여 불연성 물질을 발생시킨다.
③ 산화하지 않으나 산소와는 반응한다.
④ 산소와 반응하지 않는다.

해설 가연물이 될 수 없는 물질(불연성 물질)

특 징	불연성 물질
주기율표의 0족 원소	• 헬륨(He) • 네온(Ne) • 아르곤(Ar) • 크립톤(Kr) • 크세논(Xe) • 라돈(Rn)
산소와 더 이상 반응하지 않는 물질	• 물(H₂O) • **이산화탄소(CO₂)** 보기 ④ • 산화알루미늄(Al₂O₃) • 오산화인(P₂O₅)
흡열반응 물질	질소(N₂)

• 탄산가스=이산화탄소(CO₂)

답 ④

05 같은 원액으로 만들어진 포의 특성에 관한 설명으로 옳지 않은 것은?

① 발포배율이 커지면 환원시간은 짧아진다.
② 환원시간이 길면 내열성이 떨어진다.
③ 유동성이 좋으면 내열성이 떨어진다.
④ 발포배율이 작으면 유동성이 떨어진다.

해설 ② 떨어진다 → 좋아진다

포의 특성
(1) 발포배율이 커지면 환원시간은 짧아진다. 보기 ①
(2) 환원시간이 길면 내열성이 **좋아진다**. 보기 ②
(3) 유동성이 좋으면 내열성이 떨어진다. 보기 ③
(4) 발포배율이 작으면 유동성이 떨어진다. 보기 ④

• 발포배율=팽창비

용어

용어	설명
발포배율	수용액의 포가 팽창하는 비율
환원시간	발포된 포가 원래의 포수용액으로 되돌아가는 데 걸리는 시간
유동성	포가 잘 움직이는 성질

답 ②

06 메탄 80vol%, 에탄 15vol%, 프로판 5vol%인 혼합가스의 공기 중 폭발하한계는 약 몇 vol%인가? (단, 메탄, 에탄, 프로판의 공기 중 폭발하한계는 5.0vol%, 3.0vol%, 2.1vol%이다.)

① 4.28
② 3.61
③ 3.23
④ 4.02

해설 혼합가스의 폭발하한계

$$\frac{100}{L} = \frac{V_1}{L_1} + \frac{V_2}{L_2} + \frac{V_3}{L_3}$$

여기서, L : 혼합가스의 폭발하한계[vol%]
L_1, L_2, L_3 : 가연성 가스의 폭발하한계[vol%]
V_1, V_2, V_3 : 가연성 가스의 용량[vol%]

$$\frac{100}{L} = \frac{V_1}{L_1} + \frac{V_2}{L_2} + \frac{V_3}{L_3}$$

$$\frac{100}{L} = \frac{80}{5.0} + \frac{15}{3.0} + \frac{5}{2.1}$$

$$\frac{100}{\frac{80}{5.0} + \frac{15}{3.0} + \frac{5}{2.1}} = L$$

$$L = \frac{100}{\frac{80}{5.0} + \frac{15}{3.0} + \frac{5}{2.1}} ≒ 4.28\text{vol\%}$$

• 단위가 원래는 [vol%] 또는 [v%], [vol.%]인데 줄여서 [%]로 쓰기도 한다.

답 ①

07. 할로겐원소의 소화효과가 큰 순서대로 배열된 것은?

① I > Br > Cl > F
② Br > I > F > Cl
③ Cl > F > I > Br
④ F > Cl > Br > I

해설 할론소화약제

부촉매효과(소화효과) 크기	전기음성도(친화력) 크기
I > Br > Cl > F 보기 ①	F > Cl > Br > I

- 소화효과=소화능력
- 전기음성도 크기=수소와의 결합력 크기

중요 할로젠족 원소
(1) 불소 : F
(2) 염소 : Cl
(3) 브로민(취소) : Br
(4) 아이오딘(옥소) : I

기억법 FClBrI

답 ①

08. 연면적이 1000m² 이상인 건축물에 설치하는 방화벽이 갖추어야 할 기준으로 틀린 것은?

① 내화구조로서 홀로 설 수 있는 구조일 것
② 방화벽의 양쪽 끝과 위쪽 끝을 건축물의 외벽면 및 지붕면으로부터 0.1m 이상 튀어나오게 할 것
③ 방화벽에 설치하는 출입문의 너비는 2.5m 이하로 할 것
④ 방화벽에 설치하는 출입문의 높이는 2.5m 이하로 할 것

해설 ② 0.1m → 0.5m

건축령 57조, 피난·방화구조 21조
방화벽의 구조

대상 건축물	주요구조부가 내화구조 또는 불연재료가 아닌 연면적 1000m² 이상인 건축물
구획단지	연면적 1000m² 미만마다 구획
방화벽의 구조	① **내화구조**로서 홀로 설 수 있는 구조일 것 보기 ① ② 방화벽의 양쪽 끝과 위쪽 끝을 건축물의 외벽면 및 지붕면으로부터 **0.5m** 이상 튀어나오게 할 것 보기 ② ③ 방화벽에 설치하는 **출입문**의 **너비** 및 높이는 각각 **2.5m** 이하로 하고 해당 출입문에는 60분+방화문 또는 60분 방화문을 설치할 것 보기 ③④

답 ②

09. 주요구조부가 내화구조로 된 건축물에서 거실 각 부분으로부터 하나의 직통계단에 이르는 보행거리는 피난자의 안전상 몇 m 이하이어야 하는가?

① 50
② 60
③ 70
④ 80

해설 건축령 34조
직통계단의 설치거리
(1) 일반건축물 : 보행거리 30m 이하
(2) 16층 이상인 공동주택 : 보행거리 40m 이하
(3) 내화구조 또는 불연재료로 된 건축물 : 50m 이하
보기 ①

답 ①

10. 할론(Halon) 1301의 분자식은?

① CH_3Cl
② CH_3Br
③ CF_3Cl
④ CF_3Br

해설 할론소화약제의 약칭 및 분자식

종류	약칭	분자식
할론 1011	CB	CH_2ClBr
할론 104	CTC	CCl_4
할론 1211	BCF	CF_2ClBr
할론 1301	BTM	CF_3Br 보기 ④
할론 2402	FB	$C_2F_4Br_2$

답 ④

11. 물체의 표면온도가 250℃에서 650℃로 상승하면 열복사량은 약 몇 배 정도 상승하는가?

① 2.5
② 5.7
③ 7.5
④ 9.7

해설 스테판-볼츠만의 법칙(Stefan–Boltzman's law)

$$\frac{Q_2}{Q_1} = \frac{(273+t_2)^4}{(273+t_1)^4} = \frac{(273+650)^4}{(273+250)^4} ≒ 9.7배$$

- 열복사량은 복사체의 **절대온도**의 **4제곱**에 비례하고, **단면적**에 비례한다.

> **참고**
>
> **스테판-볼츠만의 법칙**(Stefan-Boltzman's law)
> $$Q = aAF(T_1^4 - T_2^4)$$
> 여기서, Q : 복사열[W]
> a : 스테판-볼츠만 상수[W/m² · K⁴]
> A : 단면적[m²]
> F : 기하학적 Factor
> T_1 : 고온(273+t_1)[K]
> T_2 : 저온(273+t_2)[K]
> t_1 : 저온[℃]
> t_2 : 고온[℃]

답 ④

12 화재의 분류방법 중 유류화재를 나타낸 것은?

① A급 화재
② B급 화재
③ C급 화재
④ D급 화재

해설 화재의 종류

구 분	표시색	적응물질
일반화재(A급)	백색	• 일반가연물 • 종이류 화재 • 목재 · 섬유화재
유류화재(B급) 보기 ②	황색	• 가연성 액체 • 가연성 가스 • 액화가스화재 • 석유화재
전기화재(C급)	청색	• 전기설비
금속화재(D급)	무색	• 가연성 금속
주방화재(K급)	–	• 식용유화재

• 요즘은 표시색의 의무규정은 없음

답 ②

13 가연물이 연소가 잘 되기 위한 구비조건으로 틀린 것은?

① 열전도율이 클 것
② 산소와 화학적으로 친화력이 클 것
③ 표면적이 클 것
④ 활성화에너지가 작을 것

해설
① 클 것 → 작을 것

가연물이 연소하기 쉬운 조건
(1) 산소와 **친화력**이 클 것 보기 ②
(2) **발열량**이 클 것
(3) **표면적**이 넓을 것 보기 ③
(4) **열전도율**이 작을 것 보기 ①
(5) **활성화에너지**가 작을 것 보기 ④

(6) **연쇄반응**을 일으킬 수 있을 것
(7) 산소가 포함된 **유기물**일 것

• **활성화에너지** : 가연물이 처음 연소하는 데 필요한 열

답 ①

14 화재 표면온도(절대온도)가 2배로 되면 복사에너지는 몇 배로 증가되는가?

① 2
② 4
③ 8
④ 16

해설 스테판-볼츠만의 법칙(Stefan-Boltzman's law)
$$\frac{Q_2}{Q_1} = \frac{(273+T_2)^4}{(273+T_1)^4} = (2배)^4 = 16배$$

• 열복사량은 복사체의 **절대온도**의 **4제곱**에 비례하고, **단면적**에 비례한다.

답 ④

15 연기감지기가 작동할 정도이고 가시거리가 20~30m에 해당하는 감광계수는 얼마인가?

① 0.1m⁻¹
② 1.0m⁻¹
③ 2.0m⁻¹
④ 10m⁻¹

해설 감광계수와 가시거리

감광계수 [m⁻¹]	가시거리 [m]	상 황
0.1 보기 ①	20~30	연기**감**지기가 작동할 때의 농도(연기감지기가 작동하기 직전의 농도)
0.3	5	건물 내부에 **익**숙한 사람이 피난에 지장을 느낄 정도의 농도
0.5	3	**어**두운 것을 느낄 정도의 농도
1	1~2	앞이 거의 **보**이지 않을 정도의 농도
10	0.2~0.5	화재 **최**성기 때의 농도
30	–	출화실에서 연기가 **분**출할 때의 농도

기억법		
0123	감	
035	익	
053	어	
112	보	
100205	최	
30	분	

답 ①

16. 물속에 저장할 때 안전한 물질은?

21.03.문15
17.03.문11
16.05.문19
16.03.문07
10.03.문09
09.03.문16

① 나트륨
② 수소화칼슘
③ 탄화칼슘
④ 이황화탄소

해설 물질에 따른 저장장소

물 질	저장장소
황린, **이**황화탄소(CS₂) 보기 ④	**물**속
나이트로셀룰로오스	알코올 속
칼륨(K), 나트륨(Na), 리튬(Li)	석유류(등유) 속
알킬알루미늄	벤젠액 속
아세틸렌(C₂H₂)	디메틸포름아미드(DMF), 아세톤에 용해
수소화칼슘	환기가 잘 되는 내화성 냉암소에 보관
탄화칼슘(칼슘카바이드)	습기가 없는 밀폐용기에 저장하는 곳

기억법 황물이(황토색 물이 나온다.)

중요

산화프로필렌, 아세트알데하이드
구리, **마**그네슘, **은**, **수**은 및 그 합금과 저장 금지
기억법 구마은수

답 ④

17. 물에 황산을 넣어 묽은 황산을 만들 때 발생되는 열은?

16.03.문17
15.03.문04

① 연소열
② 분해열
③ 용해열
④ 자연발열

해설 화학열

종 류	설 명
연소열	어떤 물질이 완전히 **산**화되는 과정에서 발생하는 열
용해열	어떤 물질이 액체에 **용해**될 때 발생하는 열(농**황**산, **묽은 황산**) 보기 ③
분해열	화합물이 **분해**할 때 발생하는 열
생성열	발열반응에 의한 화합물이 **생성**할 때의 열
자연발열 (자연발화)	어떤 물질이 **외**부로부터 열의 공급을 받지 아니하고 온도가 상승하는 현상

기억법 연산, 용황, 자외

답 ③

18. 다음 중 자연발화의 방지방법이 아닌 것은 어느 것인가?

20.09.문05
18.04.문02
16.10.문05
16.03.문14
15.05.문19
15.03.문09
14.09.문09
14.09.문17
12.03.문09
10.03.문13

① 통풍이 잘 되도록 한다.
② 퇴적 및 수납시 열이 쌓이지 않게 한다.
③ 높은 습도를 유지한다.
④ 저장실의 온도를 낮게 한다.

해설 ③ 높은 습도를 → 건조하게(낮은 습도를)

(1) **자연발화**의 **방지법**
㉠ **습**도가 높은 곳을 **피**할 것(건조하게 유지할 것) 보기 ③
㉡ 저장실의 온도를 낮출 것 보기 ④
㉢ 통풍이 잘 되게 할 것(**환기**를 원활히 시킨다) 보기 ①
㉣ 퇴적 및 수납시 열이 쌓이지 않게 할 것(**열축적 방지**) 보기 ②
㉤ 산소와의 접촉을 차단할 것(**촉매물질**과의 접촉을 피한다)
㉥ **열전도성**을 좋게 할 것

기억법 자습피

(2) 자연발화 조건
㉠ 열전도율이 작을 것
㉡ 발열량이 클 것
㉢ 주위의 온도가 높을 것
㉣ 표면적이 넓을 것

답 ③

19. 표준상태에서 44.8m³의 용적을 가진 이산화탄소가스를 모두 액화하면 몇 kg인가? (단, 이산화탄소의 분자량은 44이다.)

24.05.문18
20.08.문18
19.03.문18

① 88
② 44
③ 22
④ 11

해설 (1) 주어진 값
- 용적 : 44.8m³=44800L(1m³=1000L)
- 질량 : ?
- 분자량 : 44

(2) 증기밀도

$$증기밀도(g/L) = \frac{분자량}{22.4}$$

여기서, 22.4 : 공기의 부피(L)

$$증기밀도(g/L) = \frac{분자량}{22.4}$$

$$\frac{g(질량)}{44800L} = \frac{44}{22.4}$$

$$g(질량) = \frac{44}{22.4} \times 44800L = 88000g = 88kg$$

• 단위를 보고 계산하면 쉽다.

답 ①

20 인화점이 낮은 것부터 높은 순서로 옳게 나열된 것은?

① 에틸알코올 < 이황화탄소 < 아세톤
② 이황화탄소 < 에틸알코올 < 아세톤
③ 에틸알코올 < 아세톤 < 이황화탄소
④ 이황화탄소 < 아세톤 < 에틸알코올

해설

물 질	인화점	착화점
• 프로필렌	-107℃	497℃
• 에틸에터 다이에틸에터	-45℃	180℃
• 가솔린(휘발유)	-43℃	300℃
• **이황화탄소**	**-30℃**	**100℃**
• 아세틸렌	-18℃	335℃
• **아세톤**	**-18℃**	**538℃**
• 벤젠	-11℃	562℃
• 톨루엔	4.4℃	480℃
• **에틸알코올**	**13℃**	**423℃**
• 아세트산	40℃	-
• 등유	43~72℃	210℃
• 경유	50~70℃	200℃
• 적린	-	260℃

답 ④

제2과목 소방유체역학

21 양정 220m, 유량 0.025m³/s, 회전수 2900rpm인 4단 원심 펌프의 비교회전도(비속도)[m³/min · m/rpm]는 얼마인가?

① 23   ② 45
③ 167 ④ 176

해설 (1) 기호

- H : 220m
- Q : 0.025m³/s = 0.025m³ $\left|\dfrac{1}{60}\right.$ min
  = (0.025×60)m³/min
  $\left(1\text{min}=60\text{s},\ 1\text{s}=\dfrac{1}{60}\text{min}\right)$
- N : 2900rpm
- n : 4
- N_s : ?

(2) 비교회전도(비속도)

$$N_s = N\dfrac{\sqrt{Q}}{\left(\dfrac{H}{n}\right)^{\frac{3}{4}}}$$

여기서, N_s : 펌프의 비교회전도(비속도)
  [m³/min · m/rpm]
 N : 회전수[rpm]
 Q : 유량[m³/min]
 H : 양정[m]
 n : 단수

펌프의 비교회전도 N_s 는

$N_s = N\dfrac{\sqrt{Q}}{\left(\dfrac{H}{n}\right)^{\frac{3}{4}}}$

$= 2900\text{rpm} \times \dfrac{\sqrt{(0.025\times60)\text{m}^3/\text{min}}}{\left(\dfrac{220\text{m}}{4}\right)^{\frac{3}{4}}}$

$= 175.8 ≒ 176\text{m}^3/\text{min} \cdot \text{m/rpm}$

• **rpm**(revolution per minute) : 분당 회전속도

용어

비속도
펌프의 성능을 나타내거나 가장 적합한 **회전수**를 결정하는 데 이용되며, **회전자의 형상**을 나타내는 척도가 된다.

답 ④

22 이산화탄소가 압력 2×10⁵Pa, 비체적 0.04m³/kg 상태로 저장되었다가 온도가 일정한 상태로 압축되어 압력이 8×10⁵Pa이 되었다면 변화 후 비체적은 몇 m³/kg인가?

① 0.01   ② 0.02
③ 0.16   ④ 0.32

해설 (1) 기호

- P_1 : 2×10⁵Pa
- v_1 : 0.04m³/kg
- P_2 : 8×10⁵Pa

(2) 등온과정

$$\dfrac{P_2}{P_1} = \dfrac{v_1}{v_2}$$

여기서, P_1, P_2 : 변화 전후의 압력[Pa]
 v_1, v_2 : 변화 전후의 비체적[m³/kg]

변화 후 비체적 v_2 는

$v_2 = \dfrac{v_1}{\dfrac{P_2}{P_1}} = \dfrac{0.04\text{m}^3/\text{kg}}{\dfrac{8\times10^5\text{Pa}}{2\times10^5\text{Pa}}} = 0.01\text{m}^3/\text{kg}$

답 ①

23

지름이 150mm인 원관에 비중이 0.85, 동점성계수가 $1.33 \times 10^{-4} \text{m}^2/\text{s}$인 기름이 $0.01\text{m}^3/\text{s}$의 유량으로 흐르고 있다. 이때 관마찰계수는? (단, 임계 레이놀즈수는 2100이다.)

① 0.10　　② 0.14
③ 0.18　　④ 0.22

 (1) 기호
- D : 150mm=0.15m
- S : 0.85
- γ : $1.33 \times 10^{-4}\text{m}^2/\text{s}$
- Q : $0.01\text{m}^3/\text{s}$
- f : ?
- Re : 2100

(2) 유량

$$Q = AV = \left(\frac{\pi D^2}{4}\right)V$$

여기서, Q : 유량[m^3/s]
　　　　A : 단면적[m^2]
　　　　V : 유속[m/s]
　　　　D : 내경[m]

유속 V는

$$V = \frac{Q}{\frac{\pi D^2}{4}} = \frac{0.01\text{m}^3/\text{s}}{\frac{\pi \times (0.15\text{m})^2}{4}} = 0.565\text{m/s}$$

(3) 레이놀즈수

$$Re = \frac{DV\rho}{\mu} = \frac{DV}{\nu}$$

여기서, Re : 레이놀즈수
　　　　D : 내경[m]
　　　　V : 유속[m/s]
　　　　ρ : 밀도[kg/m^3]
　　　　μ : 점도[kg/m·s]
　　　　ν : 동점성계수$\left(\frac{\mu}{\rho}\right)$[$\text{m}^2/\text{s}$]

레이놀즈수 Re는

$$Re = \frac{DV}{\nu} = \frac{0.15\text{m} \times 0.565\text{m/s}}{1.33 \times 10^{-4}\text{m}^2/\text{s}} = 637.218$$

(4) 관마찰계수

$$f = \frac{64}{Re}$$

여기서, f : 관마찰계수
　　　　Re : 레이놀즈수

관마찰계수 f는

$$f = \frac{64}{Re} = \frac{64}{637.218} ≒ 0.10$$

답 ①

24

질량 4kg의 어떤 기체로 구성된 밀폐계가 열을 받아 100kJ의 일을 하고, 이 기체의 온도가 10℃ 상승하였다면 이 계가 받은 열은 몇 kJ인가? (단, 이 기체의 정적비열은 5kJ/kg·K, 정압비열은 6kJ/kg·K이다.)

① 200　　② 240
③ 300　　④ 340

$$Q = (U_2 - U_1) + W$$

(1) 기호
- m : 4kg
- w : 100kJ
- $T_2 - T_1$: 10℃=10K(변화 전후의 온도일 때는 ℃와 K가 같은 단위가 됨)
- Q : ?
- C_V : 5kJ/kg·K
- C_P : 6kJ/kg·K

(2) 내부에너지 변화(정적과정)

$$U_2 - U_1 = C_V(T_2 - T_1)$$

여기서, $U_2 - U_1$: 내부에너지 변화[kJ/kg]
　　　　C_V : 정적비열[KJ/K]
　　　　T_1, T_2 : 변화 전후의 온도(273+℃)[K]

내부에너지 변화 $U_2 - U_1$은
$U_2 - U_1 = C_V(T_2 - T_1)$
　　　　　$= 5\text{kJ/kg·K} \times 10\text{K} = 50\text{kJ/kg}$

문제에서 질량 4kg이므로
$U_2 - U_1 = 50\text{kJ/kg} \times 4\text{kg} = 200\text{kJ}$

- 온도가 10℃ 상승했으므로 변화 전후의 온도차는 10℃이다. 또한 온도차는 ℃로 나타내던지 K로 나타내던지 계산해 보면 값은 같다. 그러므로 여기서는 단위를 일치시키기 위해 10K로 쓰기로 한다.
- 예) 50℃−40℃=10℃
　　(273+50℃)−(273+40℃)=10K

(3) 열

$$Q = (U_2 - U_1) + W$$

여기서, Q : 열[kJ]
　　　　$U_2 - U_1$: 내부에너지 변화[kJ]
　　　　W : 일[kJ]

열 Q는
$Q = (U_2 - U_1) + W = 200\text{kJ} + 100\text{kJ} = 300\text{kJ}$

답 ③

25 유속 6m/s로 정상류의 물이 화살표 방향으로 흐르는 배관에 압력계와 피토계가 설치되어 있다. 이때 압력계의 계기압력이 300kPa이었다면 피토계의 계기압력은 약 몇 kPa인가?

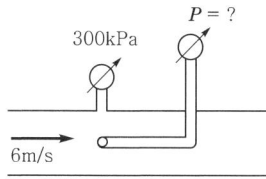

① 180 ② 280
③ 318 ④ 336

해설 (1) 기호
- V : 6m/s
- P_o : 300kPa
- P : ?

(2) 속도수두

$$H = \frac{V^2}{2g}$$

여기서, H : 속도수두(m)
  V : 유속(m/s)
  g : 중력가속도(9.8m/s²)

속도수두 H는

$$H = \frac{V^2}{2g} = \frac{(6\text{m/s})^2}{2 \times 9.8 \text{m/s}^2} ≒ 1.836\text{m}$$

(3) 피토계 계기압력

$$P = P_o + \gamma H$$

여기서, P : 피토계 계기압력(kPa)
  P_o : 압력계 계기압력(kPa)
  γ : 비중량(물의 비중량 9.8kN/m³)
  H : 수두(속도수두)(m)

피토계 계기압력 P는
$P = P_o + \gamma H = 300\text{kPa} + 9.8\text{kN/m}^3 \times 1.836\text{m}$
  $= 300\text{kPa} + 17.99\text{kN/m}^2$
  $= 300\text{kPa} + 17.99\text{kPa}(1\text{kN/m}^2 = 1\text{kPa})$
  $≒ 318\text{kPa}$

답 ③

26 밑면이 3m×5m인 물탱크에 물이 5m 깊이로 채워져 있을 때, 밑면에 작용하는 물에 의한 힘은 몇 kN인가? (단, 물의 비중량은 9800N/m³이다.)

① 706
② 714
③ 726
④ 735

해설 (1) 기호
- A : (3m×5m)
- h : 5m
- F : ?
- γ : 9800N/m³

(2) 밑면에 작용하는 힘

$$F = \gamma h A$$

여기서, F : 밑면에 작용하는 힘(N)
  γ : 비중량(물의 비중량 9800N/m³)
  h : 물의 깊이(m)
  A : 단면적(m²)

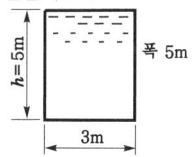

밑면에 작용하는 힘 F는
$F = \gamma h A$
  $= 9800\text{N/m}^3 \times 5\text{m} \times (3\text{m} \times 5\text{m}) = 735000\text{N}$
  $= 735\text{kN}$

- 1kN = 1000N

답 ④

27 다음 중 수력지름이 가장 큰 것은? (단, 모든 덕트나 관은 완전히 채워져 흐른다고 가정한다.)

① 지름 5cm인 원형 덕트
② 한 변이 5cm인 정사각형 덕트
③ 가로 4cm, 세로 7cm인 직사각형 덕트
④ 바깥지름 10cm, 안지름 6cm인 동심이중관

해설 (1) 수력반경(hydraulic radius)

$$R_h = \frac{A}{l} = \frac{1}{4}(D-d)$$

여기서, R_h : 수력반경(m)
  A : 단면적(m²)
  l : 접수길이(m)
  D : 관의 외경(m)
  d : 관의 내경(m)

(2) 수력직경(수력지름)

$$D_h = 4R_h$$

여기서, D_h : 수력직경(m)
  R_h : 수력반경(m)

① 지름 5cm인 원형 덕트
- 지름이 5cm이므로 반지름은 2.5cm

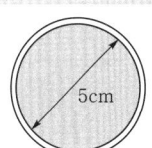

수력반경

$$R_h = \frac{A}{l} = \frac{\pi r^2}{2\pi r (\text{원둘레})}$$

$$= \frac{\pi \times (2.5\text{cm})^2}{2\pi \times 2.5\text{cm}} = 1.25\text{cm}$$

- 원형이므로 단면적 $A = \pi r^2$, 원둘레 $l = 2\pi r$
  여기서, r : 반지름[cm]

수력지름

$D_h = 4R_h = 4 \times 1.25\text{cm} = $ **5cm**

② 한 변이 5cm인 정사각형 덕트

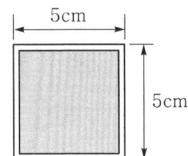

수력반경

$$R_h = \frac{A}{l} = \frac{(5 \times 5)\text{cm}^2}{(5 \times 4\text{면})\text{cm}} = 1.25\text{cm}$$

수력지름

$D_h = 4R_h = 4 \times 1.25\text{cm} = $ **5cm**

③ 가로 4cm, 세로 7cm인 직사각형 덕트

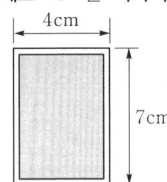

수력반경

$$R_h = \frac{A}{l} = \frac{(4 \times 7)\text{cm}^2}{(4 \times 2\text{면})\text{cm} + (7 \times 2\text{면})\text{cm}} \fallingdotseq 1.27\text{cm}$$

수력지름

$D_h = 4R_h = 4 \times 1.27\text{cm} = $ **5.08cm**

④ 바깥지름 10cm, 안지름 6cm인 동심이중관

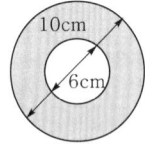

수력반경

$$R_h = \frac{A}{l} = \frac{\pi \times (5^2 - 3^2)\text{cm}^2}{2\pi \times (5+3)\text{cm}} = 1\text{cm}$$

수력지름

$D_h = 4R_h = 4 \times 1\text{cm} = $ **4cm**

∴ ③이 수력지름이 가장 크다.

답 ③

---

28 다음 중 이상기체에서 폴리트로픽 지수(n)가 1인 과정은?

23.03.문30
19.09.문30
19.03.문28
18.09.문21
13.09.문25
04.03.문24
03.08.문31

① 단열 과정
② 정압 과정
③ 등온 과정
④ 정적 과정

해설 폴리트로픽 변화

구 분	내 용
$PV^n = $ 정수 ($n=0$)	등압변화(정압변화)
$PV^n = $ 정수 ($n=1$)	등온변화 보기 ③
$PV^n = $ 정수 ($n=K$)	단열변화
$PV^n = $ 정수 ($n=\infty$)	정적변화

여기서, P : 압력[kJ/m³]
V : 체적[m³]
n : 폴리트로픽 지수
K : 비열비

답 ③

---

29 수평 하수도관에 $\frac{1}{2}$만 물이 차 있다. 관의 안지름이 1m, 길이가 3m인 하수도관 내 물과 접촉하는 곡면에서 받는 압력의 수직방향(중력방향) 성분은 약 몇 kN인가? (단, 대기압의 효과는 무시한다.)

24.03.문32
20.08.문32
19.09.문22
19.03.문35
18.04.문28
17.03.문23
15.03.문30
12.03.문39

① 11.55
② 23.09
③ 46.18
④ 92.36

해설 (1) 기호

- D : 1m(∴ 반지름 r = 0.5m)
- L : 3m
- F_V : ?

(2) **수직분력**(곡선에서 받는 압력의 수직방향 성분)

$$F_V = \gamma V = \gamma (\pi r^2 L)$$

여기서, F_V : 수직분력[kN]
γ : 비중량(물의 비중량 9.8kN/m³)
V : 체적[m³]
r : 반지름[m]
L : 길이[m]

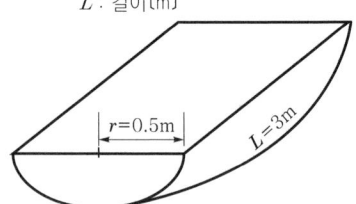

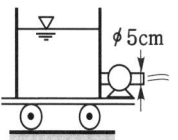

수직분력 F_V는
$F_V = \gamma(\pi r^2 L) = 9.8\text{kN/m}^3 \times \pi \times (0.5\text{m})^2 \times 3\text{m}$

물이 $\frac{1}{2}$만 차 있으면

$F_V = 9.8\text{kN/m}^3 \times \dfrac{\pi \times (0.5\text{m})^2 \times 3\text{m}}{2} ≒ 11.55\text{kN}$

답 ①

30 모세관에 일정한 압력차를 가함에 따라 발생하는 층류유동의 유량을 측정함으로써 유체의 점도를 측정할 수 있다. 같은 압력차에서 두 유체의 유량의 비 $\dfrac{Q_2}{Q_1}=2$이고 밀도비 $\dfrac{\rho_2}{\rho_1}=2$일 때, 점성계수비 $\dfrac{\mu_2}{\mu_1}$은?

22.03.문25
21.03.문25
19.04.문29

① $\dfrac{1}{4}$ ② $\dfrac{1}{2}$
③ 1 ④ 2

해설 (1) 기호
- $\dfrac{Q_2}{Q_1}=2$
- $\dfrac{\rho_2}{\rho_1}=2$
- $\dfrac{\mu_2}{\mu_1}=?$

(2) 일정한 압력차를 가함에 따라 층류유동의 유량을 측정하므로 **하겐-포아젤의 법칙(Hargen-Poiselle's law, 층류)**을 적용하여

$$\Delta P = \dfrac{128\mu Ql}{\pi D^4}$$

여기서, ΔP : 압력차(압력강하)(kPa)
　　　　μ : 점도(kg/m·s)
　　　　Q : 유량(m³/s)
　　　　l : 길이(m)
　　　　D : 내경(m)

문제에서 $\dfrac{Q_2}{Q_1}=2$이고, 위 공식에서 $\mu \propto \dfrac{1}{Q}$

$\mu \propto \dfrac{1}{Q} = \dfrac{1}{2}$

- 밀도비 $\dfrac{\rho_2}{\rho_1}=2$는 적용되지 않는다. 주의!

답 ②

31 그림과 같이 차 위에 물탱크와 펌프가 장치되어 펌프 끝의 지름 5cm의 노즐에서 매초 0.09m³의 물이 수평으로 분출된다고 하면 그 추력(N)은 얼마인가?

21.09.문40
19.03.문28
17.09.문29
02.09.문32

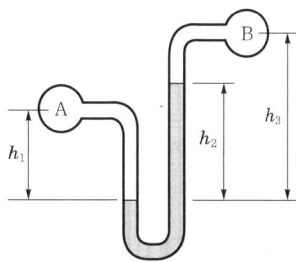

① 4125 ② 2079
③ 412   ④ 212

해설 (1) 기호
- D : 5cm=0.05m(100cm=1m)
- Q : 0.09m³/s(매초 0.09m³)
- F : ?

(2) 유량

$$Q = AV = \dfrac{\pi D^2}{4} V$$

여기서, Q : 방수량(m³/s)
　　　　A : 단면적(m²)
　　　　V : 유속(m/s)
　　　　D : 내경(m)

유속 V는
$V = \dfrac{Q}{\dfrac{\pi D^2}{4}} = \dfrac{0.09\text{m}^3/\text{s}}{\dfrac{\pi \times (0.05\text{m})^2}{4}} ≒ 45.84\text{m/s}$

(3) 힘

$$F = \rho Q V$$

여기서, F : 힘(N)
　　　　ρ : 밀도(물의 밀도 1000N·s²/m⁴)
　　　　Q : 방수량(m³/s)
　　　　V : 유속(m/s)

힘 F는
$F = \rho Q V$
　$= 1000\text{N·s}^2/\text{m}^4 \times 0.09\text{m}^3/\text{s} \times 45.84\text{m/s}$
　$≒ 4125\text{N}$

답 ①

32 관 A에는 물이, 관 B에는 비중 0.9의 기름이 흐르고 있으며 그 사이에 마노미터 액체는 비중이 13.6인 수은이 들어 있다. 그림에서 $h_1=120$mm, $h_2=180$mm, $h_3=300$mm일 때 두 관의 압력차 $(P_A - P_B)$는 약 몇 kPa인가?

24.07.문38
23.09.문31
21.09.문37
21.03.문22
20.06.문38
19.09.문36
19.03.문24
19.03.문30
18.03.문37
15.09.문26
10.03.문35

① 12.3 ② 18.4
③ 23.9 ④ 33.4

해설 (1) 기호
- s_1 : 1(물이므로)
- s_3 : 0.9
- s_2 : 13.6
- h_1 : 120mm = 0.12m (1000mm = 1m)
- h_2 : 180mm = 0.18m (1000mm = 1m)
- h_3' : $(h_3 - h_2) = (300 - 180)$mm
  $= 120$mm
  $= 0.12$m (1000mm = 1m)
- $P_A - P_B$: ?

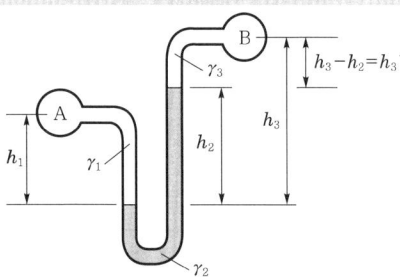

(2) 비중
$$s = \frac{\gamma}{\gamma_w}$$

여기서, s : 비중
γ : 어떤 물질의 비중량[kN/m³]
γ_w : 물의 비중량(9.8kN/m³)

물의 비중량 $s_1 = 9.8$kN/m³
기름의 비중량 γ_3는
$\gamma_3 = s_3 \times \gamma_w = 0.9 \times 9.8$kN/m³ $= 8.82$kN/m³
수은의 비중량 γ_2는
$\gamma_2 = s_2 \times \gamma_w = 13.6 \times 9.8$kN/m³ $= 133.28$kN/m³

(3) 압력차
$P_A + \gamma_1 h_1 - \gamma_2 h_2 - \gamma_3 h_3' = P_B$
$P_A - P_B = -\gamma_1 h_1 + \gamma_2 h_2 + \gamma_3 h_3'$
$= -9.8$kN/m³ $\times 0.12$m $+ 133.28$kN/m³
$\times 0.18$m $+ 8.82$kN/m³ $\times 0.12$m
$\fallingdotseq 23.87 \fallingdotseq 23.9$kN/m²
$= 23.9$kPa (1kN/m² = 1kPa)

중요

시차액주계의 압력계산방법
점 a를 기준으로 내려가면 더하고, 올라가면 빼면 된다.

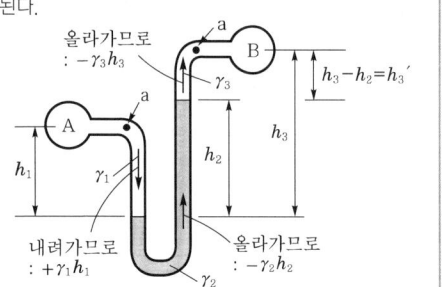

올라가므로 : $-\gamma_3 h_3$
내려가므로 : $+\gamma_1 h_1$
올라가므로 : $-\gamma_2 h_2$

답 ③

---

33 반지름 R인 원관에서의 물의 속도분포가 $u = u_0\left[1 - \left(\dfrac{r}{R}\right)^2\right]$과 같을 때, 벽면에서의 전단응력의 크기는 얼마인가? (단, μ는 점성계수, ν는 동점성계수, u_0는 관 중앙에서의 속도, r은 관 중심으로부터의 거리이다.)

23.03.문24
18.09.문28
16.03.문30
14.03.문25

① $\dfrac{\mu u_0}{R}$ ② $\dfrac{2\mu u_0}{R}$

③ $\dfrac{\nu u_0}{R}$ ④ $\dfrac{2\nu u_0}{R}$

해설 (1) 전단응력

층류	난류
$\tau = \dfrac{P_A - P_B}{l} \cdot \dfrac{r}{2}$	$\tau = \mu \dfrac{du}{dy}$
여기서, τ : 전단응력[N/m²] $P_A - P_B$: 압력강하 [N/m²] l : 관의 길이[m] r : 반경[m]	여기서, τ : 전단응력[N/m² 또는 Pa] μ : 점성계수 [N·s/m² 또는 kg/m·s] $\dfrac{du}{dy}$: 속도구배(속도변화율)$\left(\dfrac{1}{s}\right)$ du : 속도[m/s] dy : 높이[m]

원관은 일반적으로 난류이므로
$\tau = \mu \dfrac{du}{dy} = \mu \dfrac{du}{dr}$

(2) 물의 속도분포
$$u = u_0\left[1 - \left(\dfrac{r}{R}\right)^2\right]$$

여기서, u : 물의 속도분포[m/s]
u_0 : 관의 중심에서의 속도[m/s]
r : 관 중심으로부터의 거리[m]
R : 관의 반지름[m]

u를 r에 대하여 미분하면 다음과 같다.
$\dfrac{du}{dr} = \left(u_0 - u_0 \times \dfrac{r^2}{R^2}\right)' = -\dfrac{2ru_0}{R^2}$

관벽에서는 $R = r$이므로 r에 R를 대입하여 정리하면
$\dfrac{du}{dr} = -\dfrac{2u_0}{R}$

$\therefore \tau = -\mu \times \dfrac{2u_0}{R} = \dfrac{2\mu u_0}{R}$ ($-$는 전단응력의 방향성을 나타내는 것으로 생략 가능)

답 ②

34

지름이 13mm인 옥내소화전의 노즐에서 10분간 방사된 물의 양이 1.7m³이었다면 노즐의 방사압력(계기압력)은 약 몇 kPa인가?

① 17
② 27
③ 228
④ 456

해설 (1) 기호

- D : 13mm=0.013m(1000mm=1m)
- Q : 1.7m³/10min=1.7m³/600s(1min=60s)
- P : ?

(2) 유량

$$Q = AV = \left(\frac{\pi D^2}{4}\right)V$$

여기서, Q : 유량(방사량)[m³/s]
A : 단면적[m²]
V : 유속[m/s]
D : 내경[m]

유속 V는

$$V = \frac{Q}{\frac{\pi D^2}{4}} = \frac{1.7\text{m}^3/600\text{s}}{\frac{\pi \times (0.013\text{m})^2}{4}} ≒ 21.346\text{m/s}$$

- 1min=60s이므로 1.7m³/10min=1.7m³/600s
- 1000mm=1m이므로 13mm=0.013m

(3) 속도수두

$$H = \frac{V^2}{2g}$$

여기서, H : 속도수두[m]
V : 유속[m/s]
g : 중력가속도(9.8m/s²)

속도수두 H는

$$H = \frac{V^2}{2g} = \frac{(21.346\text{m/s})^2}{2 \times 9.8\text{m/s}^2} ≒ 23.247\text{m}$$

방사압력으로 환산하면 다음과 같다.

$$10.332\text{mH}_2\text{O} = 10.332\text{m} = 101.325\text{kPa}$$

$$23.247\text{m} = \frac{23.247\text{m}}{10.332\text{m}} \times 101.325\text{kPa} ≒ 228\text{kPa}$$

- **표준대기압**
  1atm=760mmHg=1.0332kg$_f$/cm²
  =10.332mH₂O(mAq)
  =14.7PSI(lb$_f$/in²)
  =101.325kPa(kN/m²)
  =1013mbar

답 ③

35

외부지름이 30cm이고, 내부지름이 20cm인 길이 10m의 환형(annular)관에 물이 2m/s의 평균속도로 흐르고 있다. 이때 손실수두가 1m일 때, 수력직경에 기초한 마찰계수는 얼마인가?

① 0.049
② 0.054
③ 0.065
④ 0.078

해설 (1) 기호

- $D_외$: 30cm=0.3m
- $D_내$: 20cm=0.2m
- L : 10m
- V : 2m/s
- H : 1m
- f : ?

(2) **수력반경**(hydraulic radius)

$$R_h = \frac{A}{L}$$

여기서, R_h : 수력반경[m]
A : 단면적[m²]
L : 접수길이(단면둘레의 길이)[m]

(3) **수력직경**(수력지름)

$$D_h = 4R_h$$

여기서, D_h : 수력직경[m]
R_h : 수력반경[m]

외경 30cm(반지름 15cm=0.15m)
내경 20cm(반지름 10cm=0.1m)인 환형관

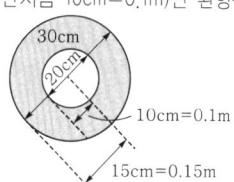

수력반경

$$R_h = \frac{A}{L} = \frac{\pi(r_1^2 - r_2^2)}{2\pi(r_1 + r_2)}$$

$$= \frac{\pi \times (0.15^2 - 0.1^2)\text{m}^2}{2\pi \times (0.15 + 0.1)\text{m}} = 0.025\text{m}$$

- 단면적 $\boxed{A = \pi r^2}$
  여기서, A : 단면적[m²]
  r : 반지름[m]

- 접수길이(원둘레) $\boxed{L = 2\pi r}$
  여기서, L : 접수길이[m]
  r : 반지름[m]

수력지름

$$D_h = 4R_h = 4 \times 0.025\text{m} = 0.1\text{m}$$

(4) 손실수두

$$H = \frac{fLV^2}{2gD}$$

여기서, H : 손실수두(마찰손실)[m]
f : 관마찰계수(마찰계수)
L : 길이[m]
V : 유속[m/s]
g : 중력가속도(9.8m/s²)
$D(D_h)$: 내경(수력지름)[m]

마찰계수 f는

$$f = \frac{2gD_h H}{LV^2}$$

$$= \frac{2 \times 9.8\text{m/s}^2 \times 0.1\text{m} \times 1\text{m}}{10\text{m} \times (2\text{m/s})^2} = 0.049$$

답 ①

36 ★★★

비중이 0.88인 벤젠에 안지름 1mm의 유리관을 세웠더니 벤젠이 유리관을 따라 9.8mm를 올라갔다. 유리와의 접촉각이 0°라 하면 벤젠의 표면장력은 몇 N/m인가?

23.09.문22
23.05.문37
19.03.문25
18.09.문22
15.03.문25
14.05.문29
06.09.문36

① 0.021
② 0.042
③ 0.084
④ 0.128

해설 (1) 기호
- h : 9.8mm
- γ : 0.88×9800N/m³
- D : 1mm
- θ : 0°
- σ : ?

(2) 상승높이

$$h = \frac{4\sigma \cos\theta}{\gamma D}$$

여기서, h : 상승높이[m]
σ : 표면장력[N/m]
θ : 각도
γ : 비중량(비중×9800N/m³)
D : 내경[m]

표면장력 σ는

$$\sigma = \frac{h\gamma D}{4\cos\theta}$$

$$= \frac{9.8\text{mm} \times (0.88 \times 9800\text{N/m}^3) \times 1\text{mm}}{4 \times \cos 0°}$$

$$= \frac{9.8 \times 10^{-3}\text{m} \times (0.88 \times 9800\text{N/m}^3) \times (1 \times 10^{-3})\text{m}}{4 \times \cos 0°}$$

$$\approx 0.021\text{N/m}$$

답 ①

37 ★★

비중이 0.85이고 동점성계수가 3×10^{-4}m²/s인 기름이 직경 10cm의 수평원형관 내에 20L/s로 흐른다. 이 원형관의 100m 길이에서의 수두손실[m]은? (단, 정상 비압축성 유동이다.)

22.03.문28
20.06.문31
20.06.문36
19.03.문22
17.09.문36

① 16.6
② 25.0
③ 49.8
④ 82.2

해설 (1) 기호
- s : 0.85
- ν : 3×10^{-4}m²/s
- D : 10cm=0.1m(100cm=1m)
- Q : 20L/s=0.02m³/s(1000L=1m³)
- L : 100m
- H : ?

(2) 비중

$$s = \frac{\rho}{\rho_w} = \frac{\gamma}{\gamma_w}$$

여기서, s : 비중
ρ : 어떤 물질의 밀도(기름의 밀도)[kg/m³] 또는 [N·s²/m⁴]
ρ_w : 물의 밀도(1000kg/m³ 또는 1000N·s²/m⁴)
γ : 어떤 물질의 비중량(기름의 비중량)[N/m³]
γ_w : 물의 비중량(9800N/m³)

기름의 밀도 ρ는
$$\rho = s \times \rho_w = 0.85 \times 1000\text{kg/m}^3 = 850\text{kg/m}^3$$

(3) 유량(flowrate, 체적유량, 용량유량)

$$Q = AV = \left(\frac{\pi D^2}{4}\right)V$$

여기서, Q : 유량[m³/s]
A : 단면적[m²]
V : 유속[m/s]
D : 직경(안지름)[m]

유속 V는

$$V = \frac{Q}{\frac{\pi D^2}{4}} = \frac{0.02\text{m}^3/\text{s}}{\frac{\pi \times (0.1)^2}{4}} \approx 2.546\text{m/s}$$

(4) 레이놀즈수

$$Re = \frac{DV\rho}{\mu} = \frac{DV}{\nu}$$

여기서, Re : 레이놀즈수
D : 내경[m]
V : 유속[m/s]
ρ : 밀도[kg/m³]
μ : 점성계수[g/cm·s] 또는 [kg/m·s]
ν : 동점성계수$\left(\frac{\mu}{\rho}\right)$[cm²/s] 또는 [m²/s]

레이놀즈수 Re는

$$Re = \frac{DV}{\nu} = \frac{0.1\text{m} \times 2.546\text{m/s}}{3 \times 10^{-4} \text{m}^2/\text{s}} \approx 848.7(\text{층류})$$

레이놀즈수		
층류	천이영역(임계영역)	난류
$Re < 2100$	$2100 < Re < 4000$	$Re > 4000$

(5) **관마찰계수**(**층류**일 때만 적용 가능)

$$f = \frac{64}{Re}$$

여기서, f : 관마찰계수
Re : 레이놀즈수

관마찰계수 f는

$$f = \frac{64}{Re} = \frac{64}{848.7} \approx 0.075$$

(6) **달시 – 웨버의 식**(Darcy-Weisbach formula, 층류)

$$H = \frac{\Delta p}{\gamma} = \frac{fLV^2}{2gD}$$

여기서, H : 마찰손실수두(전양정, 수두손실)[m]
Δp : 압력차[Pa] 또는 [N/m²]
γ : 비중량(물의 비중량 9800N/m³)
f : 관마찰계수
L : 길이[m]
V : 유속[m/s]
g : 중력가속도(9.8m/s²)
D : 내경[m]

마찰손실수두 H는

$$H = \frac{fLV^2}{2gD}$$

$$= \frac{0.075 \times 100\text{m} \times (2.546\text{m/s})^2}{2 \times 9.8\text{m/s}^2 \times 0.1\text{m}} = 24.8 \approx 25\text{m}$$

답 ②

★★★ 38

안지름 4cm, 바깥지름 6cm인 동심 이중관의 수력직경(hydraulic diameter)은 몇 cm인가?

22.03.문38
19.03.문39
18.03.문40
17.09.문28
17.05.문22
17.03.문36
16.10.문37
15.03.문33
14.03.문24
08.05.문33
07.03.문36
06.09.문31

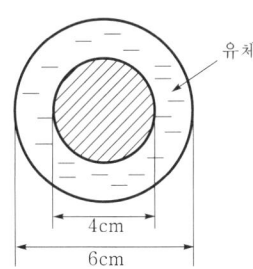

① 2　　　　② 3
③ 4　　　　④ 5

해설 (1) 기호
  • D_2 : 4cm → r_2 : 2cm
  • D_1 : 6cm → r_1 : 3cm

(2) **수력반경**(hydraulic radius)

$$R_h = \frac{A}{L}$$

여기서, R_h : 수력반경[cm]
A : 단면적[cm²]
L : 접수길이(단면둘레의 길이)[cm]

(3) **수력직경**(수력지름)

$$D_h = 4R_h$$

여기서, D_h : 수력직경[cm]
R_h : 수력반경[cm]

바깥지름 6cm, 안지름 4cm인 환형관

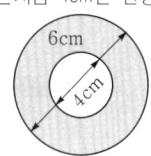

수력반경

$$R_h = \frac{A}{L} = \frac{\pi(r_1^2 - r_2^2)}{2\pi(r_1 + r_2)}$$

$$= \frac{\cancel{\pi} \times (3^2 - 2^2)\text{cm}^2}{2\cancel{\pi} \times (3+2)\text{cm}} = 0.5\text{cm}$$

• 수력직경을 cm로 물어보았으므로 안지름, 바깥지름을 m로 환산하지 말고 cm 그대로 두고 계산하면 편함

• 단면적 $A = \pi r^2$
  여기서, A : 단면적[cm²]
  r : 반지름[cm]

• 접수길이(원둘레) $L = 2\pi r$
  여기서, L : 접수길이[cm]
  r : 반지름[cm]

수력지름

$$D_h = 4R_h = 4 \times 0.5\text{cm} = 2\text{cm}$$

답 ①

★★★ 39

그림에서 $h_1 = 300$mm, $h_2 = 150$mm, $h_3 = 350$mm 일 때 A와 B의 압력차 $(p_A - p_B)$는 약 몇 kPa인가? (단, A, B의 액체는 물이고, 그 사이의 액주계 유체는 비중이 13.6인 수은이다.)

24.07.문29
24.05.문22
23.05.문21
23.03.문23
22.03.문32
21.09.문33
20.06.문38
19.03.문24
18.03.문37
17.03.문35
16.03.문28
15.09.문26
15.03.문21
14.09.문23
14.05.문36
11.10.문22
08.05.문29
08.03.문32

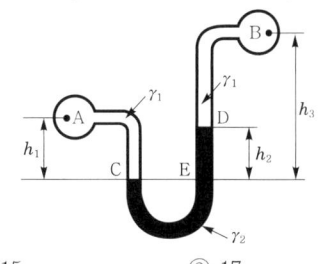

① 15　　　　② 17
③ 19　　　　④ 21

해설

(1) 기호
- h_1 : 300mm=0.3m(100mm=0.1m)
- h_2 : 150mm=0.15m
- h_3 : 350mm=0.35m
- s : 13.6
- $p_A - p_B$: ?

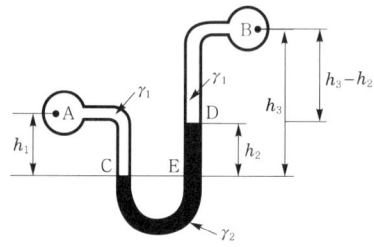

(2) 압력차

$p_A + \gamma_1 h_1 - \gamma_2 h_2 - \gamma_1 (h_3 - h_2) = p_B$

$p_A - p_B = -\gamma_1 h_1 + \gamma_2 h_2 + \gamma_1 (h_3 - h_2)$

$= -9.8 \text{kN/m}^3 \times 0.3\text{m} + 133.28 \text{kN/m}^3$
$\quad \times 0.15\text{m} + 9.8\text{kN/m}^3 \times (0.35 - 0.15)\text{m}$

$\fallingdotseq 19 \text{kN/m}^2$

$= 19 \text{kPa}$

- 물의 비중량 : 9.8kN/m^3
- 수은의 비중 : $13.6 = 133.28 \text{kN/m}^3$

$$s = \frac{\gamma}{\gamma_w}$$

여기서, s : 비중
γ : 어떤 물질의 비중량[kN/m³]
γ_w : 물의 비중량(9.8kN/m³)

수은의 비중량 γ는
$\gamma = s \times \gamma_w$
$= 13.6 \times 9.8 \text{kN/m}^3$
$= 133.28 \text{kN/m}^3$

- $1\text{kN/m}^2 = 1\text{kPa}$이므로 $19\text{kN/m}^2 = 19\text{kPa}$

중요

시차액주계의 압력계산방법
점 a를 기준으로 내려가면 더하고, 올라가면 빼면 된다.

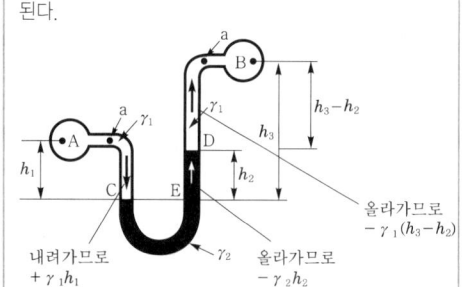

답 ③

---

40 ★★★

낙구식 점도계는 어떤 법칙을 이론적 근거로 하는가?

① Stokes의 법칙
② 열역학 제1법칙
③ Hagen-Poiseuille의 법칙
④ Boyle의 법칙

해설 점도계

(1) 세관법
　㉠ 하겐-포아젤(Hagen-Poiseuille)의 **법칙** 이용 보기 ③
　㉡ 세이볼트(Saybolt) 점도계
　㉢ 레드우드(Redwood) 점도계
　㉣ 엥글러(Engler) 점도계
　㉤ 바베이(Barbey) 점도계
　㉥ 오스트발트(Ostwald) 점도계

(2) 회전원통법
　㉠ 뉴턴(Newton)의 **점성법칙** 이용
　㉡ 스토머(Stormer) 점도계
　㉢ 맥 마이클(Mac Michael) 점도계

기억법 뉴점스맥

(3) 낙구법
　㉠ 스토크스(Stokes)의 **법칙** 이용 보기 ①
　㉡ 낙구식 점도계

용어

점도계
점성계수를 측정할 수 있는 기기

답 ①

제3과목 　소방관계법규

41 ★★

소방시설 설치 및 관리에 관한 법령상 간이스프링클러설비를 설치하여야 하는 특정소방대상물의 기준으로 옳은 것은?

① 근린생활시설로 사용하는 부분의 바닥면적 합계가 1000m² 이상인 것은 모든 층
② 교육연구시설 내에 있는 합숙소로서 연면적 500m² 이상인 것
③ 의료재활시설을 제외한 요양병원으로 사용되는 바닥면적의 합계가 300m² 이상 600m² 미만인 시설
④ 정신의료기관 또는 의료재활시설로 사용되는 바닥면적의 합계가 600m² 미만인 시설

해설 소방시설법 시행령 [별표 4]
간이스프링클러설비의 설치대상

설치대상	조건
교육연구시설 내 합숙소	• 연면적 100m² 이상 보기 ②
노유자시설 · 정신의료기관 · 의료재활시설	• 창살설치 : 300m² 미만 • 기타 : 300m² 이상 600m² 미만 보기 ④
숙박시설	• 바닥면적 합계 300m² 이상 600m² 미만
종합병원, 병원, 치과병원, 한방병원 및 요양병원 (의료재활시설 제외)	• 바닥면적 합계 600m² 미만 보기 ③
근린생활시설	• 바닥면적 합계 1000m² 이상은 전층 보기 ① • 의원, 치과의원 및 한의원으로서 입원실 또는 인공신장실이 있는 시설 • 조산원 및 산후조리원으로서 연면적 600m² 미만
연립주택, 다세대주택	주택 전용 간이스프링클러설비 설치

② 500m² 이상 → 100m² 이상
③ 300m² 이상 600m² 미만 → 600m² 미만
④ 600m² 미만 → 300m² 이상 600m² 미만

답 ①

42 ★★★
21.03.문42
18.09.문47
18.03.문54
15.03.문07
14.05.문45
08.09.문58

위험물안전관리법령상 인화성 액체 위험물(이황화탄소를 제외)의 옥외탱크저장소의 탱크 주위에 설치하여야 하는 방유제의 기준 중 틀린 것은?

① 방유제의 용량은 방유제 안에 설치된 탱크가 하나인 때에는 그 탱크용량의 110% 이상으로 할 것
② 방유제의 용량은 방유제 안에 설치된 탱크가 2기 이상인 때에는 그 탱크 중 용량이 최대인 것의 용량의 110% 이상으로 할 것
③ 방유제는 높이 1m 이상 2m 이하, 두께 0.2m 이상, 지하매설깊이 0.5m 이상으로 할 것
④ 방유제 내의 면적은 80000m² 이하로 할 것

해설
③ 1m 이상 2m 이하 → 0.5 이상 3m 이하,
0.5m → 1m

위험물규칙 [별표 6]
(1) 옥외탱크저장소의 방유제

구분	설명
높이	0.5~3m 이하(두께 0.2m 이상, 지하매설깊이 1m 이상) 보기 ③
탱크	10기(모든 탱크용량이 20만L 이하, 인화점이 70~200℃ 미만은 20기) 이하
면적	80000m² 이하 보기 ④
용량	① 1기 이상 : **탱크용량**×110% 이상 보기 ① ② 2기 이상 : **최대탱크용량**×110% 이상 보기 ②

(2) 높이가 1m를 넘는 방유제 및 간막이 둑의 안팎에는 방유제 내에 출입하기 위한 계단 또는 경사로를 약 50m마다 설치할 것

답 ③

43 ★★★
22.09.문56
20.09.문57
13.09.문46

소방기본법령상 소방안전교육사의 배치대상별 배치기준으로 틀린 것은?
① 소방청 : 2명 이상 배치
② 소방본부 : 2명 이상 배치
③ 소방서 : 1명 이상 배치
④ 한국소방안전원(본회) : 1명 이상 배치

해설
④ 1명 이상 → 2명 이상

기본령 [별표 2의 3]
소방안전교육사의 배치대상별 배치기준

배치대상	배치기준
소방서	• 1명 이상 보기 ③
한국소방안전원	• 시 · 도지부 : 1명 이상 • 본회 : 2명 이상 보기 ④
소방본부	• 2명 이상 보기 ②
소방청	• 2명 이상 보기 ①
한국소방산업기술원	• 2명 이상

답 ④

44 ★★
소방안전관리자 및 소방안전관리보조자에 대한 실무교육의 교육대상, 교육일정 등 실무교육에 필요한 계획을 수립하여 매년 누구의 승인을 얻어 교육을 실시하는가?
① 한국소방안전원장
② 소방본부장
③ 소방청장
④ 시 · 도지사

해설 공사업법 33조
권한의 위탁

업무	위탁	권한
• 실무교육 [보기 ③]	• 한국소방안전원 • 실무교육기관	• 소방청장
• 소방기술과 관련된 자격·학력·경력의 인정 • 소방기술자 양성·인정 교육훈련 업무	• 소방시설업자협회 • 소방기술과 관련된 법인 또는 단체	• 소방청장
• 시공능력평가	• 소방시설업자협회	• 소방청장 • 시·도지사

답 ③

45 소방기본법령상 용어의 정의로 옳은 것은?

21.03.문41
19.09.문52
19.04.문46
13.03.문42
10.03.문45
05.09.문44
05.03.문57

① 소방서장이란 시·도에서 화재의 예방·진압·조사 및 구조·구급 등의 업무를 담당하는 부서의 장을 말한다.
② 관계인이란 소방대상물의 소유자·관리자 또는 점유자를 말한다.
③ 소방대란 화재를 진압하고 화재, 재난·재해, 그 밖의 위급한 상황에서 구조·구급 활동 등을 하기 위하여 소방공무원으로만 구성된 조직체를 말한다.
④ 소방대상물이란 건축물과 공작물만을 말한다.

해설
① 소방서장 → 소방본부장
③ 소방공무원으로만 → 소방공무원, 의무소방원, 의용소방대원
④ 건축물과 공작물만을 → 건축물, 차량, 선박(매어둔 것), 선박건조구조물, 산림, 인공구조물, 물건

(1) 기본법 2조 6호 [보기 ①]
소방본부장
시·도에서 화재의 예방·진압·조사 및 구조·구급 등의 업무를 담당하는 **부서의 장**

(2) 기본법 2조 [보기 ②]
관계인
㉠ **소**유자
㉡ **관**리자
㉢ **점**유자

기억법 소관점

(3) 기본법 2조 [보기 ③]
소방대
㉠ 소방**공**무원
㉡ **의**무소방원
㉢ **의**용소방대원

기억법 소공의

(4) 기본법 2조 1호 [보기 ④]
소방대상물 : 소방차가 출동해서 불을 끌 수 있는 범위
㉠ **건**축물
㉡ **차**량
㉢ **선**박(매어둔 것)
㉣ 선박건조구조물
㉤ **산**림
㉥ **인**공구조물
㉦ **물**건

기억법 건차선 산인물

답 ②

46 화재의 예방 및 안전관리에 관한 법령상 시·도지사는 화재가 발생할 우려가 높거나 화재가 발생하는 경우 그로 인하여 피해가 클 것으로 예상되는 지역을 화재예방강화지구로 지정할 수 있는데 다음 중 지정대상지역에 대한 기준으로 틀린 것은? (단, 소방청장·소방본부장 또는 소방서장이 화재예방강화지구로 지정할 필요가 있다고 별도로 인정하는 지역은 제외한다.)

22.03.문44
20.09.문55
19.09.문50
17.09.문24
16.05.문53
13.09.문56

① 소방출동로가 없는 지역
② 석유화학제품을 생산하는 공장이 있는 지역
③ 석조건물이 2채 이상 밀집한 지역
④ 공장이 밀집한 지역

해설
③ 해당 없음

화재예방법 18조
화재예방강화지구의 지정
(1) **지정권자** : 시·도지사
(2) **지정지역**
㉠ **시장지역**
㉡ **공장·창고** 등이 밀집한 지역 [보기 ④]
㉢ **목조건물**이 밀집한 지역
㉣ **노후·불량** 건축물이 밀집한 지역
㉤ **위험물**의 저장 및 **처리시설**이 **밀집**한 지역
㉥ **석유화학제품**을 생산하는 공장이 있는 지역 [보기 ②]
㉦ **소방시설·소방용수시설** 또는 **소방출동로**가 **없는** 지역 [보기 ①]
㉧ 「산업입지 및 개발에 관한 법률」에 따른 산업단지
㉨ 「물류시설의 개발 및 운영에 관한 법률」에 따른 **물류단지**
㉩ **소방청장·소방본부장·소방서장**(소방관서장)이 화재예방강화지구로 지정할 필요가 있다고 인정하는 지역

※ **화재예방강화지구** : 화재발생 우려가 크거나 화재가 발생할 경우 피해가 클 것으로 예상되는 지역에 대하여 화재의 예방 및 안전관리를 강화하기 위해 지정·관리하는 지역

비교
기본법 19조
화재로 오인할 만한 불을 피우거나 연막소독시 신고지역
(1) **시장**지역
(2) **공장·창고**가 밀집한 지역
(3) **목조건물**이 밀집한 지역
(4) **위험물**의 **저장** 및 **처리시설**이 **밀집**한 지역
(5) **석유화학제품**을 생산하는 공장이 있는 지역
(6) 그 밖에 **시·도**의 **조례**로 정하는 지역 또는 장소

답 ③

47
17.05.문45
06.05.문56

제조소 등의 위치·구조 및 설비의 기준 중 위험물을 취급하는 건축물의 환기설비 설치기준으로 다음 ( ) 안에 알맞은 것은?

급기구는 당해 급기구가 설치된 실의 바닥면적 (㉠)m²마다 1개 이상으로 하되, 급기구의 크기는 (㉡)cm² 이상으로 할 것

① ㉠ 100, ㉡ 800
② ㉠ 150, ㉡ 800
③ ㉠ 100, ㉡ 1000
④ ㉠ 150, ㉡ 1000

해설 위험물규칙〔별표 4〕
위험물제조소의 환기설비
(1) 환기는 **자연배기방식**으로 할 것
(2) 급기구는 바닥면적 **150m²**마다 1개 이상으로 하되, 그 크기는 **800cm²** 이상일 것 보기 ㉠㉡

바닥면적	급기구의 면적
60m² 미만	150cm² 이상
60~90m² 미만	300cm² 이상
90~120m² 미만	450cm² 이상
120~150m² 미만	600cm² 이상

(3) 급기구는 **낮은 곳**에 설치하고, **인화방지망**을 설치할 것
(4) 환기구는 지붕 위 또는 지상 **2m** 이상의 높이에 **회전식 고정 벤틸레이터** 또는 **루프팬방식**으로 설치할 것

답 ②

48
22.04.문56
21.03.문44
12.03.문48

다음 중 소방신호의 종류가 아닌 것은?

① 경계신호 ② 발화신호
③ 경보신호 ④ 훈련신호

해설 ③ 해당 없음

기본규칙 10조
소방신호의 종류

소방신호	설명
경계신호 보기①	화재예방상 필요하다고 인정되거나 화재위험경보시 발령
발화신호 보기②	화재가 발생한 때 발령
해제신호	소화활동이 필요없다고 인정되는 때 발령
훈련신호 보기④	훈련상 필요하다고 인정되는 때 발령

중요
기본규칙〔별표 4〕
소방신호표

신호방법 종별	타종신호	사이렌 신호
경계신호	**1**타와 연 **2**타를 반복	**5**초 간격을 두고 **30**초씩 **3**회
발화신호	**난**타	**5**초 간격을 두고 **5**초씩 **3**회
해제신호	상당한 간격을 두고 **1**타씩 반복	**1**분간 **1**회
훈련신호	연 **3**타 반복	**10**초 간격을 두고 **1**분씩 **3**회

기억법
	타	사
경계	1+2	5+30=3
발	난	5+5=3
해	1	1=1
훈	3	10+1=3

답 ③

49
22.06.문48
19.03.문59
18.03.문56
16.10.문54
16.03.문55
11.03.문56

위험물안전관리법령에 따라 위험물안전관리자를 해임하거나 퇴직한 때에는 해임하거나 퇴직한 날부터 며칠 이내에 다시 안전관리자를 선임하여야 하는가?

① 30일 ② 35일
③ 40일 ④ 55일

해설 30일
(1) 소방시설업 등록사항 변경신고(공사업규칙 6조)
(2) **위험물안전관리자의 재선임**(위험물안전관리법 15조) 보기①
(3) 소방안전관리자의 재선임(화재예방법 시행규칙 14조)
(4) 도급계약 해지(공사업법 23조)
(5) 소방시설공사 중요사항 변경시의 신고일(공사업규칙 12조)
(6) 소방기술자 실무교육기관 지정서 발급(공사업규칙 32조)
(7) 소방공사감리자 변경서류 제출(공사업규칙 15조)
(8) 승계(위험물법 10조)
(9) 위험물안전관리자의 직무대행(위험물법 15조)
(10) 탱크시험자의 변경신고일(위험물법 16조)

답 ①

50 소방용수시설 중 소화전과 급수탑의 설치기준으로 틀린 것은?

① 급수탑 급수배관의 구경은 100mm 이상으로 할 것
② 소화전은 상수도와 연결하여 지하식 또는 지상식의 구조로 할 것
③ 소방용 호스와 연결하는 소화전의 연결금속구의 구경은 65mm로 할 것
④ 급수탑의 개폐밸브는 지상에서 1.5m 이상 1.8m 이하의 위치에 설치할 것

해설 ④ 1.8m 이하 → 1.7m 이하

기본규칙 〔별표 3〕
소방용수시설별 설치기준

소화전	급수탑
• 65mm : 연결금속구의 구경 〔보기 ③〕	• 100mm : 급수배관의 구경 〔보기 ①〕 • 1.5~1.7m 이하 : 개폐밸브 높이 〔보기 ④〕

기억법 57탑(57층 탑)

답 ④

51 소방시설 설치 및 관리에 관한 법률상 주택의 소유자가 설치하여야 하는 소방시설의 설치대상으로 틀린 것은?

① 다세대주택
② 다가구주택
③ 아파트
④ 연립주택

해설 소방시설법 10조
주택의 소유자가 설치하는 소방시설의 설치대상
(1) 단독주택
(2) 공동주택(아파트 및 기숙사 제외) : 연립주택, 다세대주택, 다가구주택 〔보기 ①②④〕

답 ③

52 위험물안전관리법령상 관계인이 예방규정을 정하여야 하는 위험물을 취급하는 제조소의 지정수량 기준으로 옳은 것은?

① 지정수량의 10배 이상
② 지정수량의 100배 이상
③ 지정수량의 150배 이상
④ 지정수량의 200배 이상

해설 위험물령 15조
예방규정을 정하여야 할 제조소 등

배 수	제조소 등
10배 이상	• **제**조소 〔보기 ①〕 • **일**반취급소
100배 이상	• 옥**외**저장소
150배 이상	• 옥**내**저장소
200배 이상	• 옥외**탱**크저장소
모두 해당	• 이송취급소 • 암반탱크저장소

기억법	1	제일
	0	외
	5	내
	2	탱

※ **예방규정** : 제조소 등의 화재예방과 화재 등 재해발생시의 비상조치를 위한 규정

답 ①

53 특정소방대상물의 관계인이 소방안전관리자를 해임한 경우 재선임을 해야 하는 기준은? (단, 해임한 날부터를 기준일로 한다.)

① 10일 이내
② 20일 이내
③ 30일 이내
④ 40일 이내

해설 화재예방법 시행규칙 14조
소방안전관리자의 재선임
30일 이내

답 ③

54 소방시설 설치 및 관리에 관한 법령상 제조 또는 가공공정에서 방염처리를 한 물품 중 방염대상물품이 아닌 것은?

① 카펫
② 전시용 합판
③ 창문에 설치하는 커튼류
④ 두께 2mm 미만인 종이벽지

해설 ④ 종이벽지 → 종이벽지 제외

소방시설법 시행령 31조
방염대상물품

제조 또는 가공 공정에서 방염처리를 한 물품	건축물 내부의 천장이나 벽에 부착하거나 설치하는 것
① 창문에 설치하는 **커튼류**(블라인드 포함) 보기 ③ ② 카펫 보기 ① ③ **벽지류**(두께 2mm 미만인 종이벽지 제외) 보기 ④ ④ 전시용 합판·목재 또는 섬유판 보기 ② ⑤ 무대용 합판·목재 또는 섬유판 ⑥ **암막·무대막**(영화상영관·가상체험 체육시설업의 스크린 포함) ⑦ 섬유류 또는 합성수지류 등을 원료로 하여 제작된 소파·의자(단란주점영업, 유흥주점영업 및 노래연습장업의 영업장에 설치하는 것만 해당)	① 종이류(두께 2mm 이상), 합성수지류 또는 섬유류를 주원료로 한 물품 ② **합판이나 목재** ③ 공간을 구획하기 위하여 설치하는 **간이칸막이** ④ **흡음재**(흡음용 커튼 포함) 또는 **방음재**(방음용 커튼 포함) ※ 가구류(옷장, 찬장, 식탁, 식탁용 의자, 사무용 책상, 사무용 의자, 계단대)와 너비 10cm 이하인 반자돌림대, 내부 마감재료 제외

> **참고**
> 시·도지사
> (1) 특별시장
> (2) 광역시장
> (3) 특별자치시장
> (4) 도지사
> (5) 특별자치도지사
>
> 답 ①

답 ④

55 ★★★
18.03.문43
17.05.문46
14.05.문24
13.09.문60
06.03.문58

위험물안전관리법상 시·도지사의 허가를 받지 아니하고 당해 제조소 등을 설치할 수 있는 기준 중 다음 (　) 안에 알맞은 것은?

농예용·축산용 또는 수산용으로 필요한 난방시설 또는 건조시설을 위한 지정수량 (　)배 이하의 저장소

① 20
② 30
③ 40
④ 50

해설 위험물법 6조
제조소 등의 설치허가
(1) 설치허가자 : 시·도지사
(2) 설치허가 제외장소
   ㉠ 주택의 난방시설(공동주택의 중앙난방시설은 제외)을 위한 **저장소** 또는 **취급소**
   ㉡ 지정수량 **20배** 이하의 **농예용·축산용·수산용** 난방시설 또는 건조시설의 **저장소** 보기 ①
(3) 제조소 등의 변경신고 : 변경하고자 하는 날의 **1일** 전까지

기억법 농축수2

56 ★★★
20.08.문52
18.04.문51
14.09.문50

소방시설공사업법령상 공사감리자 지정대상 특정소방대상물의 범위가 아닌 것은?

① 물분무등소화설비(호스릴방식의 소화설비는 제외)를 신설·개설하거나 방호·방수구역을 증설할 때
② 제연설비를 신설·개설하거나 제연구역을 증설할 때
③ 연소방지설비를 신설·개설하거나 살수구역을 증설할 때
④ 캐비닛형 간이스프링클러설비를 신설·개설하거나 방호·방수구역을 증설할 때

해설 ④ 캐비닛형 간이스프링클러설비를 → 스프링클러설비(캐비닛형 간이스프링클러설비 제외)를

공사업령 10조
소방공사감리자 지정대상 특정소방대상물의 범위
(1) **옥내소화전설비**를 신설·개설 또는 증설할 때
(2) **스프링클러설비** 등(캐비닛형 간이스프링클러설비 제외)을 신설·개설하거나 방호·**방수구역을 증설**할 때 보기 ④
(3) **물분무등소화설비**(호스릴방식의 소화설비 제외)를 신설·개설하거나 방호·방수구역을 **증설**할 때 보기 ①
(4) **옥외소화전설비**를 신설·개설 또는 **증설**할 때
(5) **자동화재탐지설비**를 신설 또는 개설할 때
(6) **화재알림설비**를 신설 또는 개설할 때
(7) **비상방송설비**를 신설 또는 개설할 때
(8) **통합감시시설**을 신설 또는 **개설**할 때
(9) **소화용수설비**를 신설 또는 **개설**할 때
(10) 다음의 **소화활동설비**에 대하여 시공할 때
   ㉠ **제연설비**를 신설·개설하거나 제연구역을 증설할 때 보기 ②
   ㉡ 연결송수관설비를 신설 또는 개설할 때
   ㉢ 연결살수설비를 신설·개설하거나 송수구역을 증설할 때
   ㉣ 비상콘센트설비를 신설·개설하거나 전용회로를 증설할 때
   ㉤ 무선통신보조설비를 신설 또는 개설할 때
   ㉥ **연소방지설비**를 신설·개설하거나 살수구역을 증설할 때 보기 ③

답 ④

57. 소방시설 설치 및 관리에 관한 법령상 무창층으로 판정하기 위한 개구부가 갖추어야 할 요건으로 틀린 것은?

① 크기는 반지름 30cm 이상의 원이 통과할 수 있을 것
② 해당 층의 바닥면으로부터 개구부 밑부분까지 높이가 1.2m 이내일 것
③ 도로 또는 차량이 진입할 수 있는 빈터를 향할 것
④ 화재시 건축물로부터 쉽게 피난할 수 있도록 창살이나 그 밖의 장애물이 설치되지 않을 것

해설
① 반지름 → 지름, 30cm 이상 → 50cm 이상

소방시설법 시행령 2조
무창층의 개구부의 기준
(1) 개구부의 크기는 지름 **50cm 이상**의 원이 통과할 수 있을 것 보기 ①
(2) 해당 층의 바닥면으로부터 개구부 밑부분까지의 높이가 **1.2m 이내**일 것 보기 ②
(3) 개구부는 **도로** 또는 **차량**이 진입할 수 있는 **빈터**를 향할 것 보기 ③
(4) 화재시 건축물로부터 **쉽게 피난**할 수 있도록 개구부에 창살, 그 밖의 장애물이 설치되지 않을 것 보기 ④
(5) 내부 또는 외부에서 **쉽게 부수거나 열 수** 있을 것

용어
소방시설법 시행령 2조
무창층
지상층 중 기준에 의해 개구부의 면적의 합계가 해당 층의 바닥면적의 $\frac{1}{30}$ 이하가 되는 층

답 ①

58. 위험물안전관리법령상 위험물을 취급함에 있어서 정전기가 발생할 우려가 있는 설비에 설치할 수 있는 정전기 제거설비 방법이 아닌 것은?

① 접지에 의한 방법
② 공기를 이온화하는 방법
③ 자동적으로 압력의 상승을 정지시키는 방법
④ 공기 중의 상대습도를 70% 이상으로 하는 방법

해설
위험물규칙 〔별표 4〕
정전기 제거방법
(1) **접지**에 의한 방법 보기 ①
(2) 공기 중의 상대습도를 **70%** 이상으로 하는 방법 보기 ④
(3) **공기**를 **이온화**하는 방법 보기 ②

비교
위험물규칙 〔별표 4〕
위험물을 가압하는 설비 또는 그 취급하는 위험물의 압력이 상승할 우려가 있는 설비에 설치하는 안전장치
(1) 자동적으로 **압력**의 **상승**을 **정지**시키는 장치 보기 ③
(2) 감압측에 **안전밸브**를 부착한 **감압밸브**
(3) **안전밸브**를 겸하는 **경보장치**
(4) 파괴판

답 ③

59. 화재의 예방 및 안전관리에 관한 법령상 특수가연물의 저장 및 취급기준이 아닌 것은? (단, 석탄 · 목탄류를 발전용으로 저장하는 경우는 제외)

① 품명별로 구분하여 쌓는다.
② 쌓는 높이는 20m 이하가 되도록 한다.
③ 쌓는 부분의 바닥면적 사이는 실내의 경우 1.2m 또는 쌓는 높이의 $\frac{1}{2}$ 중 큰 값 이상이 되도록 한다.
④ 특수가연물을 저장 또는 취급하는 장소에는 품명 · 최대저장수량, 단위부피당 질량 또는 단위체적당 질량, 관리책임자 성명, 직책, 연락처 및 화기취급의 금지표지를 설치해야 한다.

해설
② 20m 이하 → 10m 이하

화재예방법 시행령 〔별표 3〕
특수가연물의 저장 · 취급기준
(1) **품명**별로 구분하여 쌓을 것 보기 ①
(2) 쌓는 높이는 **10m 이하**가 되도록 할 것 보기 ②
(3) 쌓는 부분의 바닥면적은 **50m²**(석탄 · 목탄류는 **200m²**) 이하가 되도록 할 것(단, 살수설비를 설치하거나 대형 수동식 소화기를 설치하는 경우에는 높이 **15m 이하**, 바닥면적 **200m²**(석탄 · 목탄류는 **300m²**) 이하)
(4) 쌓는 부분의 바닥면적 사이는 실내의 경우 **1.2m** 또는 **쌓는 높이**의 $\frac{1}{2}$ 중 **큰 값**(실외 3m 또는 쌓는 높이 중 **큰 값**) 이상으로 간격을 둘 것 보기 ③

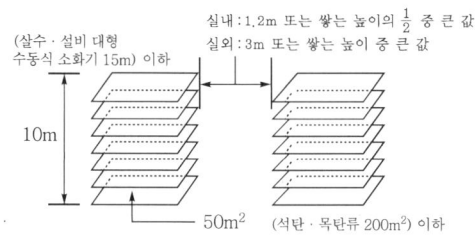

| 살수・설비 대형 수동식 소화기 200m² |
| (석탄・목탄류 300m² 이하) |

(5) 취급장소에는 **품명, 최대저장수량, 단위부피당 질량 또는 단위체적당 질량, 관리책임자 성명・직책・연락처** 및 화기취급의 **금지표지** 설치 보기 ④

답 ②

 60 소방기본법령상 저수조의 설치기준으로 틀린 것은?

16.10.문52
16.05.문44
16.03.문41
13.03.문49

① 지면으로부터의 낙차가 4.5m 이상일 것
② 흡수부분의 수심이 0.5m 이상일 것
③ 흡수에 지장이 없도록 토사 및 쓰레기 등을 제거할 수 있는 설비를 갖출 것
④ 흡수관의 투입구가 사각형의 경우에는 한 변의 길이가 60cm 이상, 원형의 경우에는 지름이 60cm 이상일 것

해설 ① 4.5m 이상 → 4.5m 이하

기본규칙 [별표 3]
소방용수시설의 저수조에 대한 설치기준
(1) **낙**차 : **4.5m** 이하 보기 ①
(2) **수**심 : **0.5m** 이상 보기 ②
(3) 투입구의 길이 또는 지름 : **60cm** 이상 보기 ④
(4) 소방펌프자동차가 **쉽게 접근**할 수 있도록 할 것
(5) 흡수에 지장이 없도록 **토사 및 쓰레기** 등을 제거할 수 있는 설비를 갖출 것 보기 ③
(6) 저수조에 물을 공급하는 방법은 **상수도**에 연결하여 **자동**으로 **급수**되는 구조일 것

기억법 수5(수호천사)

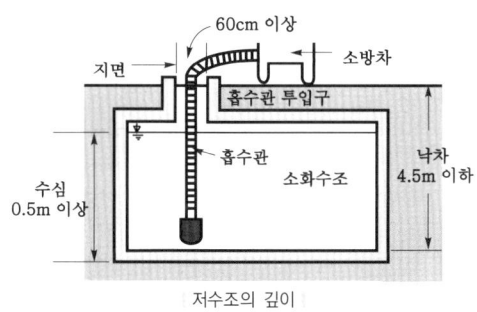

답 ①

제4과목   소방기계시설의 구조 및 원리

61 포소화설비에서 펌프의 토출관에 압입기를 설치하여 포소화약제 압입용 펌프로 포소화약제를 압입시켜 혼합하는 방식은?

23.09.문72
23.05.문65
22.04.문74
21.05.문71
21.05.문74
16.05.문61
16.03.문64
15.09.문74
15.09.문76
15.05.문80
12.05.문64

① 라인 프로포셔너
② 펌프 프로포셔너
③ 프레져 프로포셔너
④ 프레져사이드 프로포셔너

해설 **포소화약제**의 **혼합장치**
(1) **펌프 프로포셔너방식**(펌프 혼합방식) 보기 ②
  ㉠ 펌프 토출측과 흡입측에 바이패스를 설치하고, 그 바이패스의 도중에 설치한 어댑터(Adaptor)로 펌프 토출측 수량의 일부를 통과시켜 공기포 용액을 만드는 방식
  ㉡ 펌프의 **토출관**과 **흡입관** 사이의 배관 도중에 설치한 흡입기에 펌프에서 토출된 물의 일부를 보내고 **농도조정밸브**에서 조정된 포소화약제의 필요량을 포소화약제 탱크에서 펌프 흡입측으로 보내어 약제를 혼합하는 방식

기억법 펌농

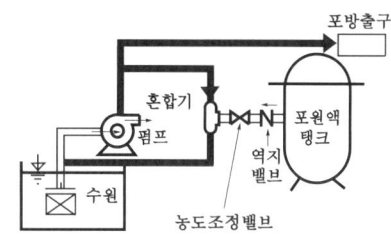

펌프 프로포셔너방식

(2) **프레져 프로포셔너방식**(차압 혼합방식) 보기 ③
  ㉠ 가압송수관 도중에 공기포 소화원액 혼합조(P.P.T)와 혼합기를 접속하여 사용하는 방법
  ㉡ **격막방식 휨탱크**를 사용하는 에어휨 혼합방식
  ㉢ 펌프와 발포기의 중간에 설치된 벤투리관의 **벤투리작용**과 펌프 가압수의 **포소화약제 저장탱크**에 대한 압력에 의하여 포소화약제를 흡입・혼합하는 방식

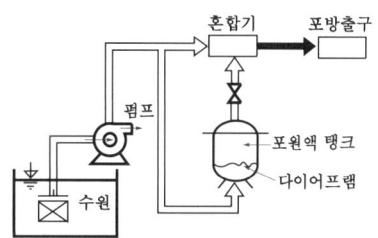

프레져 프로포셔너방식

(3) 라인 프로포셔너방식(관로 혼합방식) 보기 ①
  ㉠ 급수관의 배관 도중에 포소화약제 흡입기를 설치하여 그 흡입관에서 소화약제를 흡입하여 혼합하는 방식
  ㉡ 펌프와 발포기의 중간에 설치된 **벤**투리관의 **벤**투리 **작용**에 의하여 포소화약제를 흡입·혼합하는 방식

기억법 라벤벤

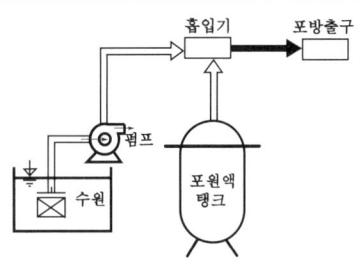

∥라인 프로포셔너방식∥

(4) 프레져사이드 프로포셔너방식(압입 혼합방식)
  보기 ④
  ㉠ 소화원액 가압펌프(압입용 펌프)를 별도로 사용하는 방식
  ㉡ 펌프 **토출관**에 압입기를 설치하여 포소화약제 **압입용 펌프**로 포소화약제를 압입시켜 혼합하는 방식

기억법 프사압

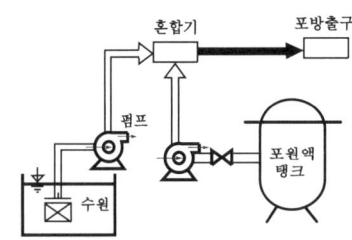

∥프레져사이드 프로포셔너방식∥

(5) 압축공기포 믹싱챔버방식
  포수용액에 공기를 강제로 주입시켜 **원거리 방수**가 가능하고 물 사용량을 줄여 **수손피해**를 **최소화**할 수 있는 방식

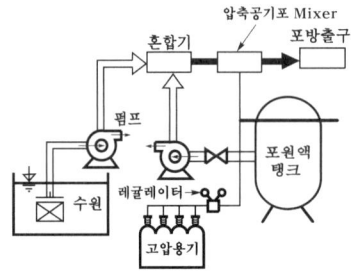

∥압축공기포 믹싱챔버방식∥

답 ④

---

62 ★★★
물분무소화설비를 설치하는 차고 또는 주차장의 배수설비 설치기준 중 틀린 것은?

23.03.문80
21.03.문65
19.04.문62
19.03.문70
17.09.문72
16.10.문67
16.05.문79
15.05.문78
10.03.문63

① 차량이 주차하는 장소의 적당한 곳에 높이 10cm 이상 경계턱으로 배수구를 설치할 것
② 배수구에는 새어 나온 기름을 모아 소화할 수 있도록 길이 30m 이하마다 집수관, 소화피트 등 기름분리장치를 설치할 것
③ 차량이 주차하는 바닥은 배수구를 향하여 100분의 2 이상의 기울기를 유지할 것
④ 배수설비는 가압송수장치의 최대송수능력의 수량을 유효하게 배수할 수 있는 크기 및 기울기로 할 것

해설 ② 30m 이하 → 40m 이하

물분무소화설비의 **배수설비**(NFPC 104 11조, NFTC 104 2.8)
(1) **10cm** 이상의 경계턱으로 배수구 설치(차량이 주차하는 곳) 보기 ①
(2) **40m** 이하마다 기름분리장치 설치 보기 ②
(3) 차량이 주차하는 바닥은 $\dfrac{2}{100}$ 이상의 기울기 유지 보기 ③
(4) **배수설비** : 가압송수장치의 최대송수능력의 수량을 유효하게 배수할 수 있는 크기 및 기울기로 할 것 보기 ④

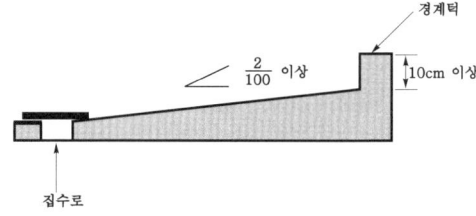

∥배수설비∥

참고

기울기	
구 분	설 명
$\dfrac{1}{100}$ 이상	연결살수설비의 수평주행배관
$\dfrac{2}{100}$ 이상	물분무소화설비의 배수설비
$\dfrac{1}{250}$ 이상	습식·부압식 설비 외 설비의 가지배관
$\dfrac{1}{500}$ 이상	습식·부압식 설비 외 설비의 수평주행배관

답 ②

63
방호대상물 주변에 설치된 벽면적의 합계가 20m², 방호공간의 벽면적 합계가 50m², 방호공간체적이 30m³인 장소에 국소방출방식의 분말소화설비를 설치할 때 저장할 소화약제량은 약 몇 kg인가? (단, 소화약제의 종별에 따른 X, Y의 수치에서 X의 수치는 5.2, Y의 수치는 3.9로 하며, 여유율(K)은 1.1로 한다.)

① 120　② 199
③ 314　④ 349

해설 분말소화설비(국소방출방식)(NFPC 108 6조, NFTC 108 2.3.2.2)

(1) 기호
- X : 5.2
- Y : 3.9
- a : 20m²
- A : 50m²
- Q : ?

(2) 방호공간 1m³에 대한 분말소화약제량

$$Q = \left(X - Y\frac{a}{A}\right) \times 1.1$$

여기서, Q : 방호공간 1m³에 대한 분말소화약제의 양[kg/m³]
a : 방호대상물의 주변에 설치된 벽면적의 합계[m²]
A : 방호공간의 벽면적의 합계[m²]
X, Y : 주어진 수치

방호공간 1m³에 대한 분말소화약제량 Q는

$$Q = \left(X - Y\frac{a}{A}\right) \times 1.1$$
$$= \left(5.2 - 3.9 \times \frac{20m^2}{50m^2}\right) \times 1.1 ≒ 4kg/m^3$$

(3) 분말소화약제량

$$Q' = Q \times 방호공간체적$$

여기서, Q' : 분말소화약제량[kg]
Q : 방호공간 1m³에 대한 분말소화약제의 양[kg/m³]

분말소화약제량 Q'는
$Q' = Q \times$ 방호공간체적
$= 4kg/m^3 \times 30m^3 = 120kg$

용어
방호공간
방호대상물의 각 부분으로부터 0.6m의 거리에 의하여 둘러싸인 공간

답 ①

64
다음 중 화재조기진압용 스프링클러설비의 화재안전기준상 헤드의 설치기준 중 ( ) 안에 알맞은 것은?

헤드 하나의 방호면적은 (㉠)m² 이상 (㉡)m² 이하로 할 것

① ㉠ 2.4, ㉡ 3.7　② ㉠ 3.7, ㉡ 9.1
③ ㉠ 6.0, ㉡ 9.3　④ ㉠ 9.1, ㉡ 13.7

해설 화재조기진압용 스프링클러헤드의 적합기준(NFPC 103B 10조, NFTC 103B 2.7)

(1) 헤드 하나의 방호면적은 **6.0~9.3m²** 이하로 할 것
　보기 ③
(2) 가지배관의 헤드 사이의 거리는 천장의 높이가 9.1m 미만인 경우에는 **2.4~3.7m** 이하로, 9.1~13.7m 이하인 경우에는 **3.1m** 이하로 할 것

천장높이	가지배관 헤드 사이의 거리
9.1m 미만	2.4~3.7m 이하
9.1~13.7m 이하	3.1m 이하

(3) 헤드의 반사판은 천장 또는 반자와 평행하게 설치하고 저장물의 최상부와 **914mm** 이상 확보되도록 할 것
(4) **하향식** 헤드의 반사판의 위치는 천장이나 반자 아래 **125~355mm** 이하일 것
(5) **상향식** 헤드의 감지부 중앙은 천장 또는 반자와 **101~152mm** 이하이어야 하며, 반사판의 위치는 스프링클러배관의 윗부분에서 최소 **178mm** 상부에 설치되도록 할 것
(6) 헤드와 벽과의 거리는 헤드 상호간 거리의 $\frac{1}{2}$을 초과하지 않아야 하며 최소 **102mm** 이상일 것
(7) 헤드의 작동온도는 **74℃ 이하**일 것(단, 헤드 주위의 온도가 **38℃ 이상**의 경우에는 그 온도에서의 화재시험 등에서 헤드작동에 관하여 공인기관의 시험을 거친 것을 사용할 것)

답 ③

65
스프링클러헤드를 설치하지 않을 수 있는 장소로만 나열된 것은?

① 계단, 병실, 목욕실, 냉동창고의 냉동실, 아파트(대피공간 제외)
② 발전실, 수술실, 응급처치실, 통신기기실, 관람석이 없는 테니스장
③ 냉동창고의 냉동실, 변전실, 병실, 목욕실, 수영장 관람석
④ 수술실, 관람석이 없는 테니스장, 변전실, 발전실, 아파트(대피공간 제외)

해설 스프링클러헤드 설치제외장소(NFTC 103 2.12)
(1) 발전실
(2) 수술실
(3) 응급처치실
(4) 통신기기실
(5) 관람석이 없는 테니스장
(6) 직접 외기에 개방된 복도

비교

스프링클러헤드 설치장소
(1) **보**일러실
(2) 복도
(3) 슈퍼마켓
(4) 소매시장
(5) 위험물·특수가연물 취급장소
(6) 아파트

기억법 보스(BOSS)

답 ②

66. 최대방수구역의 바닥면적이 $60m^2$인 주차장에 물분무소화설비를 설치하려고 하는 경우 수원의 최소저수량은 몇 m^3인가?

① 12
② 16
③ 20
④ 24

해설 물분무소화설비의 수원(NFPC 104 4조, NFTC 104 2.1.1)

특정소방대상물	토출량	최소기준	비고
컨베이어벨트	10L/min·m²	-	벨트부분의 바닥면적
절연유 봉입변압기	10L/min·m²	-	표면적을 합한 면적(바닥면적 제외)
특수가연물	10L/min·m²	최소 50m²	최대방수구역의 바닥면적 기준
케이블트레이·덕트	12L/min·m²	-	투영된 바닥면적
차고·주차장	20L/min·m²	최소 50m²	최대방수구역의 바닥면적 기준
위험물 저장탱크	37L/min·m	-	위험물탱크 둘레길이(원주길이): 위험물규칙 [별표 6] Ⅱ

※ 모두 **20분**간 방수할 수 있는 양 이상으로 하여야 한다.

기억법
컨 0
절 0
특 0
케 2
차 0
위 37

차고·주차장의 토출량: 20L/min·m²
=바닥면적(최소 50m²)×토출량×20min

주차장 방사량 =바닥면적(최소 50m²)×20L/min·m²×20min
=60m²×20L/min·m²×20min
=24000L
=24m³

• 1000L=1m³이므로 24000L=24m³

답 ④

67. 스프링클러설비의 화재안전기준상 가압송수장치에서 폐쇄형 스프링클러헤드까지 배관 내에 항상 물이 가압되어 있다가 화재로 인한 열로 폐쇄형 스프링클러헤드가 개방되면 배관 내에 유수가 발생하여 습식 유수검지장치가 작동하게 되는 스프링클러설비는?

① 건식 스프링클러설비
② 습식 스프링클러설비
③ 부압식 스프링클러설비
④ 준비작동식 스프링클러설비

해설 스프링클러설비의 종류

종류	설명	헤드
습식 스프링클러설비 〈보기 ②〉	**습식** 밸브의 **1차측** 및 **2차측** 배관 내에 항상 **가압수**가 충수되어 있다가 화재발생시 열에 의해 헤드가 개방되어 소화한다.	폐쇄형
건식 스프링클러설비	**건식** 밸브의 **1차측**에는 **가압수**, **2차측**에는 **공기**가 압축되어 있다가 화재발생시 열에 의해 헤드가 개방되어 소화한다.	폐쇄형
준비작동식 스프링클러설비	① **준비작동밸브**의 **1차측**에는 **가압수**, 2차측에는 **대기압** 상태로 있다가 화재발생시 감지기에 의하여 **준비작동밸브**(preaction valve)를 개방하여 헤드까지 가압수를 송수시켜 놓고 열에 의해 헤드가 개방되면 소화한다. ② **화재감지기**의 작동에 의해 밸브가 개방되고 다시 **열**에 의해 **헤드**가 개방되는 방식이다. • 준비작동밸브=준비작동식 밸브	폐쇄형
부압식 스프링클러설비	준비작동식 밸브의 **1차측**에는 **가압수**, **2차측**에는 **부압**(진공) 상태로 있다가 화재발생시 감지기에 의하여 준비작동식 밸브(preaction valve)를 개방하여 헤드까지 가압수를 송수시켜 놓고 열에 의해 헤드가 개방되면 소화한다.	폐쇄형
일제살수식 스프링클러설비	**일제개방밸브**의 1차측에는 **가압수**, 2차측에는 **대기압**상태로 있다가 화재발생시 감지기에 의하여 **일제개방밸브**(deluge valve)가 개방되어 소화한다.	개방형

답 ②

68. 화재조기진압용 스프링클러설비를 설치할 장소의 구조기준 중 틀린 것은?

① 천장의 기울기가 $\frac{168}{1000}$을 초과하지 않아야 하고, 이를 초과하는 경우에는 반자를 지면과 수평으로 설치할 것

② 천장은 평평하여야 하며 철재나 목재트러스 구조인 경우 철재나 목재의 돌출부분이 102mm를 초과하지 않을 것

③ 보로 사용되는 목재·콘크리트 및 철재 사이의 간격이 0.9m 이상 2.3m 이하일 것. 다만, 보의 간격이 2.3m 이상인 경우에는 화재조기진압용 스프링클러헤드의 동작을 원활히 하기 위하여 보로 구획된 부분의 천장 및 반자의 넓이가 28m²를 초과하지 않을 것

④ 해당층의 높이가 10m 이하일 것. 다만, 2층 이상일 경우에는 해당층의 바닥을 내화구조로 하고 다른 부분과 방화구획할 것

해설 ④ 10m 이하 → 13.7m 이하

화재조기진압용 스프링클러설비의 설치장소의 구조(NFPC 103B 4조, NFTC 103B 2.1)

(1) 해당층의 높이가 **13.7m** 이하일 것(단, **2층** 이상일 경우에는 해당층의 바닥을 **내화구조**로 하고 다른 부분과 **방화구획**할 것) 보기 ④

(2) 천장의 기울기가 $\frac{168}{1000}$을 초과하지 않아야 하고, 이를 초과하는 경우에는 반자를 지면과 **수평**으로 설치할 것 보기 ①

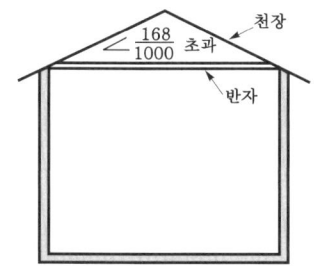

기울어진 천장의 경우

(3) 천장은 평평하여야 하며 철재나 목재트러스 구조인 경우 철재나 목재의 돌출부분이 **102mm**를 초과하지 않을 것 보기 ②

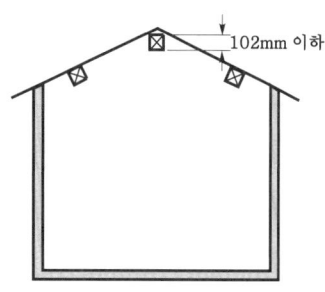

철재 또는 목재의 돌출치수

(4) 보로 사용되는 목재·콘크리트 및 철재 사이의 간격이 **0.9~2.3m 이하**일 것(단, 보의 간격이 2.3m 이상인 경우에는 화재조기진압형 스프링클러헤드의 동작을 원활히 하기 위하여 보로 구획된 부분의 천장 및 반자의 넓이가 **28m²**를 초과하지 않을 것) 보기 ③

(5) 창고 내의 선반의 형태는 하부로 **물**이 **침투**되는 구조로 할 것

용어

화재조기진압형 스프링클러헤드(early suppression fast-response sprinkler)
화재를 **초기**에 **진압**할 수 있도록 정해진 면적에 충분한 물을 방사할 수 있는 빠른 작동능력의 스프링클러헤드로서 일반적으로 최대 **360L/min**의 물을 방사한다.

화재조기진압형 스프링클러헤드

답 ④

69. 연결송수관설비의 방수용 기구함 설치기준 중 다음 ( ) 안에 알맞은 것은?

> 방수기구함은 피난층과 가장 가까운 층을 기준으로 (㉠)개층마다 설치하되, 그 층의 방수구마다 보행거리 (㉡)m 이내에 설치할 것

① ㉠ 2, ㉡ 3
② ㉠ 3, ㉡ 5
③ ㉠ 3, ㉡ 2
④ ㉠ 5, ㉡ 3

해설 **연결송수관설비의 설치기준**(NFPC 502 5~7조, NFTC 502 2.2~2.4)

(1) **층**마다 설치(**아파트**인 경우 **3층**부터 설치)
(2) **11층** 이상에는 **쌍구형**으로 설치(아파트인 경우 **단구형** 설치 가능)

(3) 방수구는 **개폐기능**을 가진 것으로 한다.
(4) 방수구는 구경 **65mm**로 한다.
(5) 방수구는 바닥에서 **0.5~1m** 이하에 설치
(6) 높이 **70m** 이상 소방대상물에는 **가**압송수장치를 설치
(7) 방수**기**구함은 피난층과 가장 가까운 층을 기준으로 **3개층**마다 설치하되, 그 층의 방수구마다 보행거리 **5m** 이내에 설치할 것 〈보기 ②〉
(8) 주배관의 구경은 **100mm** 이상(단, 주배관의 구경이 100mm 이상인 옥내소화전설비의 배관과 겸용 가능)

기억법 연송65, 송7가(송치가 가능한가?), 방기3(방에서 기상)

답 ②

70 다음은 포소화설비에서 배관 등 설치기준에 관한 내용이다. ( ) 안에 들어갈 내용으로 옳은 것은?

> 펌프의 성능은 체절운전시 정격토출압력의 (㉠)%를 초과하지 않고, 정격토출량의 150%로 운전시 정격토출압력의 (㉡)% 이상이 되어야 한다.

① ㉠ 120, ㉡ 65
② ㉠ 120, ㉡ 75
③ ㉠ 140, ㉡ 65
④ ㉠ 140, ㉡ 75

해설 (1) **포소화설비**의 **배관**(NFPC 105 7조, NFTC 105 2.4)
㉠ 급수개폐밸브: **탬퍼스위치** 설치
㉡ 펌프의 흡입측 배관: **버터플라이밸브** 외의 개폐표시형 밸브 설치
㉢ 송액관: **배액밸브** 설치

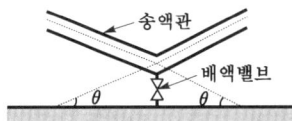

| 송액관의 기울기 |

(2) **소화펌프**의 **성능시험 방법** 및 **배관**
㉠ 펌프의 성능은 체절운전시 정격토출압력의 **140%**를 초과하지 않을 것 〈보기 ㉠〉
㉡ 정격토출량의 **150%**로 운전시 정격토출압력의 **65%** 이상이어야 할 것 〈보기 ㉡〉
㉢ 성능시험배관은 펌프의 토출측에 설치된 **개폐밸브 이전**에서 분기할 것

㉢ 유량측정장치는 펌프 정격토출량의 **175%** 이상 측정할 수 있는 성능이 있을 것

답 ③

71 소화기구 및 자동소화장치의 화재안전기준에 따라 대형소화기를 설치할 때 특정소방대상물의 각 부분으로부터 1개의 소화기까지의 보행거리가 최대 몇 m 이내가 되도록 배치하여야 하는가?

23.05.문76
23.03.문77
21.09.문69
19.04.문73
19.04.문77
15.04.문79
13.06.문74

① 20
② 25
③ 30
④ 40

해설 수평거리 및 보행거리
(1) 수평거리

구 분	설 명
수평거리 10m 이하	• 예상제연구역~배출구
수평거리 15m 이하	• 분말호스릴 • 포호스릴 • CO_2호스릴
수평거리 20m 이하	• 할론호스릴
수평거리 25m 이하	• 옥내소화전 방수구(호스릴 포함) • 포소화전 방수구 • 연결송수관 방수구(지하가, 지하층 바닥면적 3000m² 이상)
수평거리 40m 이하	• 옥외소화전 방수구
수평거리 50m 이하	• 연결송수관 방수구(사무실)

(2) 보행거리

구 분	설 명
보행거리 20m 이하	소형소화기
보행거리 30m 이하	**대형소화기** 〈보기 ③〉

기억법 대3(**대상**을 받다.)

답 ③

72 스프링클러설비의 화재안전기준상 스프링클러설비의 교차배관에서 분기되는 지점을 기점으로 한쪽 가지배관에 설치되는 헤드의 개수는 최대 몇 개 이하인가? (단, 방호구역 안에서 칸막이 등으로 구획하여 헤드를 증설하는 경우와 격자형 배관방식을 채택하는 경우는 제외한다.)

23.03.문64
21.05.문66
19.09.문74
18.04.문77
17.05.문69
15.09.문73
09.03.문75

① 8
② 10
③ 12
④ 15

해설 **스프링클러설비**
한쪽 가지배관에 설치되는 헤드의 개수는 **8개** 이하로 한다. 보기 ①

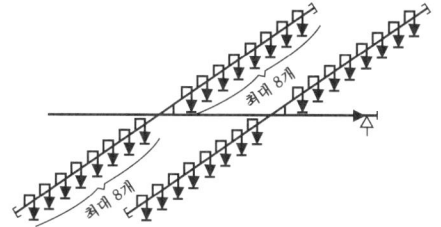

가지배관의 헤드개수

비교

연결살수설비
연결살수설비에서 하나의 송수구역에 설치하는 개방형 헤드의 수는 **10개** 이하로 한다.

답 ①

73 소화수조 및 저수조의 화재안전기준에 따라 소화용수 소요수량이 120m³일 때 소화용수설비에 설치하는 채수구는 몇 개가 소요되는가?

① 2
② 3
③ 4
④ 5

해설 **소화수조 · 저수조**(NFPC 402 4조, NFTC 402 2.1.3)

(1) 흡수관 투입구

소요수량	80m³ 미만	80m³ 이상
흡수관 투입구의 수	1개 이상	2개 이상

(2) 채수구

소요수량	20~40m³ 미만	40~100m³ 미만	100m³ 이상
채수구의 수	1개	2개	3개

용어

채수구
소방차의 소방호스와 접결되는 흡입구

답 ②

74 포소화설비의 화재안전기준상 특수가연물을 저장 · 취급하는 공장 또는 창고에 적응성이 없는 포소화설비는?

① 고정포방출설비
② 포소화전설비
③ 압축공기포소화설비
④ 포워터 스프링클러설비

해설 **포소화설비**의 적응대상(NFPC 105 4조, NFTC 105 2.1.1)

특정소방대상물	설비 종류
• 차고 · 주차장 • 항공기 격납고 • 공장 · 창고(특수가연물 저장 · 취급)	• 포워터 스프링클러설비 보기 ④ • 포헤드설비 • 고정포방출설비 보기 ① • 압축공기포소화설비 보기 ③
• 완전개방된 옥상주차장(주된 벽이 없고 기둥뿐이거나 주위가 위해방지용 철주 등으로 둘러싸인 부분) • 지상 1층으로서 지붕이 없는 차고 · 주차장 • 고가 밑의 주차장(주된 벽이 없고 기둥뿐이거나 주위가 위해방지용 철주 등으로 둘러싸인 부분)	• 호스릴포소화설비 • 포소화전설비 보기 ②
• 발전기실 • 엔진펌프실 • 변압기 • 전기케이블실 • 유압설비	• 고정식 압축공기포소화설비(바닥면적 합계 300m² 미만)

답 ②

75 소화용수설비의 소화수조가 옥상 또는 옥탑부분에 설치된 경우 지상에 설치된 채수구에서의 압력은 얼마 이상이어야 하는가?

① 0.15MPa
② 0.20MPa
③ 0.25MPa
④ 0.35MPa

해설 **소화수조 및 저수조의 설치기준**(NFPC 402 4~5조, NFTC 402 2.1.1, 2.2)

(1) 소화수조 또는 저수조가 지표면으로부터 깊이가 **4.5m** 이상인 지하에 있는 경우에는 소요수량을 고려하여 가압송수장치를 설치할 것
(2) 소화수조 및 저수조의 채수구 또는 흡수관 투입구는 소방차가 **2m** 이내의 지점까지 접근할 수 있는 위치에 설치할 것
(3) 소화수조가 **옥상** 또는 옥탑부분에 설치된 경우에는 지상에 설치된 채수구에서의 압력 **0.15MPa** 이상 되도록 한다. 보기 ①

기억법 옥15

답 ①

76 대형소화기로 인정되는 소화능력단위의 적합한 기준은?

22.03.문61
20.09.문74
19.04.문74
17.03.문71
16.05.문72
13.09.문62

① A급 10단위 이상, B급 10단위 이상
② A급 20단위 이상, B급 10단위 이상
③ A급 10단위 이상, B급 20단위 이상
④ A급 20단위 이상, B급 20단위 이상

해설 **소화능력단위**에 의한 **분류**(소화기 형식 4조)

소화기 분류		능력단위
소형소화기		1단위 이상
대형소화기	A급	10단위 이상
	B급	20단위 이상

기억법 **대2B(데이빗!)**

답 ③

77 포소화설비의 화재안전기준에 따라 포소화설비 송수구의 설치기준에 대한 설명으로 옳은 것은?

① 구경 65mm의 쌍구형으로 할 것
② 지면으로부터 높이가 0.5m 이상 1.5m 이하의 위치에 설치할 것
③ 하나의 층의 바닥면적이 2000m²를 넘을 때마다 1개 이상을 설치할 것
④ 송수구의 가까운 부분에 자동배수밸브(또는 직경 3mm의 배수공) 및 안전밸브를 설치할 것

해설
② 1.5m 이하 → 1m 이하
③ 2000m² → 3000m²
④ 3mm → 5mm

포소화설비 송수구 설치기준(NFPC 105 7조, NFTC 105 2.4.14)
(1) 화재층으로부터 지면으로 떨어지는 유리창 등이 송수 및 그 밖의 소화작업에 지장을 주지 않는 장소에 설치
(2) 포소화설비의 주배관에 이르는 연결배관에 **개폐밸브**를 설치한 때에는 그 **개폐상태**를 **쉽게 확인** 및 조작할 수 있는 **옥외** 또는 **기계실** 등의 장소에 설치
(3) 구경 **65mm**의 **쌍구형**으로 할 것 보기 ①
(4) 그 가까운 곳의 보기 쉬운 곳에 **송수압력범위**를 **표시**한 표지를 할 것
(5) 하나의 층의 바닥면적이 **3000m²**를 넘을 때마다 1개(5개를 넘을 경우에는 **5개**로 한다)를 설치 보기 ③
(6) 지면으로부터 **0.5~1m** 이하의 위치에 설치 보기 ②
(7) 가까운 부분에 **자동배수밸브**(또는 직경 **5mm**의 배수공) 및 **체크밸브**를 설치 보기 ④
(8) 이물질을 막기 위한 **마개**를 씌울 것

답 ①

78 상수도 소화용수설비는 호칭지름 75mm의 수도배관에 호칭지름 몇 mm 이상의 소화전을 접속하여야 하는가?

23.09.문61
19.09.문64
17.03.문64
14.03.문63
07.03.문70

① 50
② 65
③ 75
④ 100

해설 **상수도 소화용수설비**의 **기준**(NFPC 401 4조, NFTC 401 2.1.1)
(1) **호칭지름**

수도배관	소화전
75mm 이상	100mm 이상 보기 ④

(2) 소화전은 소방자동차 등의 진입이 쉬운 **도로변** 또는 **공지**에 설치
(3) 소화전은 특정소방대상물의 수평투영면의 각 부분으로부터 **140m** 이하에 설치
(4) 지상식 소화전의 호스접결구는 지면으로부터 높이가 0.5m 이상 1m 이하가 되도록 설치

답 ④

79 스프링클러설비의 화재안전기준에 따른 스프링클러설비에 설치하는 음향장치 및 기동장치에 대한 설명으로 틀린 것은?

23.03.문71

① 음향장치는 경종 또는 사이렌(전자식 사이렌을 포함한다)으로 하되, 주위의 소음 및 다른 용도의 경보와 구별이 가능한 음색으로 할 것
② 준비작동식 유수검지장치 또는 일제개방밸브를 사용하는 설비에는 화재감지기의 감지에 따른 음향장치가 경보되도록 할 것
③ 습식 유수검지장치 또는 건식 유수검지장치를 사용하는 설비에 있어서는 헤드가 개방되면 유수검지장치가 화재신호를 발신하고 그에 따라 음향장치가 경보되도록 할 것
④ 음향장치는 정격전압의 90% 전압에서 음향을 발할 수 있는 것으로 할 것

해설 ④ 90% → 80%

음향장치의 구조 및 성능기준

스프링클러설비 음향장치의 구조 및 성능기준 • 간이스프링클러설비 음향장치의 구조 및 성능기준 • 화재조기진압용 스프링클러설비 음향장치의 구조 및 성능기준	자동화재탐지설비 음향장치의 구조 및 성능기준	비상방송설비 음향장치의 구조 및 성능기준
① 정격전압의 80% 전압에서 음향을 발할 것 보기 ④ ② 음량은 1m 떨어진 곳에서 90dB 이상일 것	① 정격전압의 80% 전압에서 음향을 발할 것 ② 음량은 1m 떨어진 곳에서 90dB 이상일 것 ③ 감지기·발신기의 작동과 연동하여 작동할 것	① 정격전압의 80% 전압에서 음향을 발할 것 ② 자동화재탐지설비의 작동과 연동하여 작동할 것

답 ④

80 간이스프링클러설비의 화재안전기준상 간이스프링클러설비의 배관 및 밸브 등의 설치순서로 맞는 것은? (단, 수원이 펌프보다 낮은 경우이다.)

17.09.문71
17.03.문71
14.05.문67

① 상수도직결형은 수도용 계량기, 급수차단장치, 개폐표시형 밸브, 체크밸브, 압력계, 유수검지장치, 2개의 시험밸브 순으로 설치할 것
② 펌프 설치시에는 수원, 연성계 또는 진공계, 펌프 또는 압력수조, 압력계, 체크밸브, 개폐표시형 밸브, 유수검지장치, 2개의 시험밸브 순으로 설치할 것
③ 가압수조 이용시에는 수원, 가압수조, 압력계, 체크밸브, 개폐표시형 밸브, 유수검지장치, 1개의 시험밸브 순으로 설치할 것
④ 캐비닛형인 경우 수원, 펌프 또는 압력수조, 압력계, 체크밸브, 연성계 또는 진공계, 개폐표시형 밸브 순으로 설치할 것

해설
② 개폐표시형 밸브, 유수검지장치, 2개의 시험밸브 → 성능시험배관, 개폐표시형 밸브, 유수검지장치, 시험밸브
③ 개폐표시형 밸브, 유수검지장치, 1개의 시험밸브 → 성능시험배관, 개폐표시형 밸브, 유수검지장치, 2개의 시험밸브
④ 펌프 또는 압력수조, 압력계, 체크밸브, 연성계 및 진공계, 개폐표시형 밸브 → 연성계 또는 진공계, 펌프 또는 압력수조, 압력계, 체크밸브, 개폐표시형 밸브, 2개의 시험밸브

(1) **간이스프링클러설비**(상수도직결형) 보기 ①
수도용 계량기-급수차단장치-개폐표시형 밸브-체크밸브-압력계-유수검지장치-시험밸브(2개)

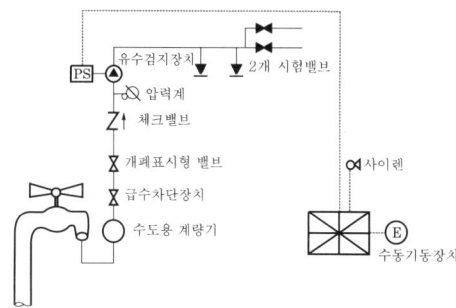

| 상수도직결형 |

(2) **펌프** 보기 ②
수원, **연성계** 또는 **진공계**(수원이 펌프보다 높은 경우 제외), **펌프** 또는 **압력수조**, **압력계**, **체크밸브**, **성능시험배관**, **개폐표시형 밸브**, **유수검지장치**, **시험밸브**

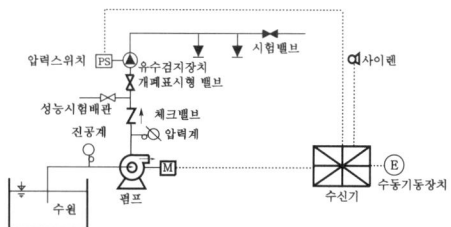

| 펌프 등의 가압송수장치 이용 |

(3) **가압수조** 보기 ③
수원, **가압수조**, **압력계**, **체크밸브**, **성능시험배관**, **개폐표시형 밸브**, **유수검지장치**, **시험밸브(2개)**

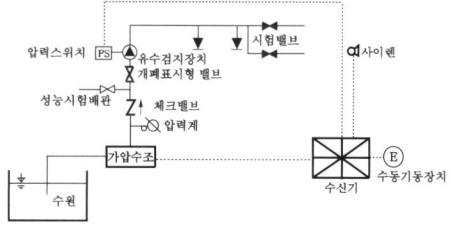

| 가압수조를 가압송수장치로 이용 |

(4) **캐비닛형** 보기 ④
수원, **연성계** 또는 **진공계**(수원이 펌프보다 높은 경우 제외), **펌프** 또는 **압력수조**, **압력계**, **체크밸브**, **개폐표시형 밸브**, **시험밸브(2개)**

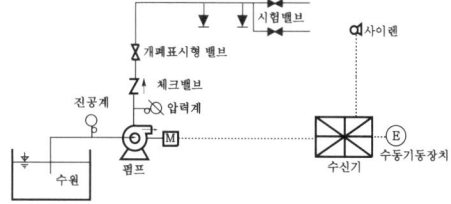

| 캐비닛형의 가압송수장치 이용 |

답 ①

2025. 5. 21 시행

2025년 기사 제2회 필기시험 CBT 기출복원문제

자격종목	종목코드	시험시간	형별	수험번호	성명
소방설비기사(기계분야)		2시간			

※ 각 문항은 4지택일형으로 질문에 가장 적합한 보기 항을 선택하여 체크하여야 합니다.

제1과목 소방원론

01 프로판 50vol%, 부탄 40vol%, 프로필렌 10vol%로 된 혼합가스의 폭발하한계는 약 몇 vol%인가? (단, 각 가스의 폭발하한계는 프로판은 2.2vol%, 부탄은 1.9vol%, 프로필렌은 2.4vol%이다.)

24.05.문13
23.09.문08
22.09.문15
21.05.문20
17.05.문03

① 0.83 ② 2.09
③ 5.05 ④ 9.44

해설 (1) 기호
- V_1 : 50vol%
- V_2 : 40vol%
- V_3 : 10vol%
- L_1 : 2.2vol%
- L_2 : 1.9vol%
- L_3 : 2.4vol%

(2) 혼합가스의 폭발하한계

$$\frac{100}{L} = \frac{V_1}{L_1} + \frac{V_2}{L_2} + \frac{V_3}{L_3}$$

여기서, L : 혼합가스의 폭발하한계[vol%]
L_1, L_2, L_3 : 가연성 가스의 폭발하한계[vol%]
V_1, V_2, V_3 : 가연성 가스의 용량[vol%]

$$\frac{100}{L} = \frac{V_1}{L_1} + \frac{V_2}{L_2} + \frac{V_3}{L_3}$$

$$\frac{100}{L} = \frac{50}{2.2} + \frac{40}{1.9} + \frac{10}{2.4}$$

$$\frac{100}{\frac{50}{2.2} + \frac{40}{1.9} + \frac{10}{2.4}} = L$$

$$L = \frac{100}{\frac{50}{2.2} + \frac{40}{1.9} + \frac{10}{2.4}} ≒ 2.09\%$$

- 단위가 원래는 [vol%] 또는 [v%], [vol.%]인데 줄여서 [%]로 쓰기도 한다.

답 ②

02 할로젠원소의 소화효과가 큰 순서대로 배열된 것은?

24.03.문05
23.09.문16
17.09.문15
15.03.문16
12.03.문04

① I > Br > Cl > F   ② Br > I > F > Cl
③ Cl > F > I > Br   ④ F > Cl > Br > I

해설 할론소화약제

부촉매효과(소화효과) 크기	전기음성도(친화력) 크기
I > Br > Cl > F 보기 ①	F > Cl > Br > I

- 소화효과=소화능력
- 전기음성도 크기=수소와의 결합력 크기

중요

할로젠족 원소
(1) 불소 : F
(2) 염소 : Cl
(3) 브로민(취소) : Br
(4) 아이오딘(옥소) : I

기억법 FClBrI

답 ①

03 위험물의 유별에 따른 대표적인 성질의 연결이 옳지 않은 것은?

24.03.문07
19.04.문44
16.05.문46
16.05.문52
15.09.문03
15.09.문18
15.05.문10
15.05.문42
15.03.문51
14.09.문18
14.03.문18
11.06.문54

① 제1류 : 산화성 고체
② 제2류 : 가연성 고체
③ 제4류 : 인화성 액체
④ 제5류 : 산화성 액체

해설 ④ 산화성 액체 → 자기반응성 물질

위험물령 [별표 1]
위험물

유별	성질	품명
제1류	산화성 고체 보기 ①	• 아염소산염류 • 염소산염류(**염소산나트륨**) • 과염소산염류 • 질산염류 • 무기과산화물 **기억법** 1산고염나
제2류	가연성 고체 보기 ②	• 황화인 • 적린 • 황 • 마그네슘
제3류	자연발화성 물질 및 금수성 물질	• 황린 • 칼륨 • 나트륨 • 알칼리토금속 • 트리에틸알루미늄 **기억법** 황칼나알트

제4류	인화성 액체 [보기 ③]	• 특수인화물 • 석유류(벤젠) • 알코올류 • 동식물유류
제5류	**자**기반응성 물질 [보기 ④]	• **유**기과산화물 • **나**이트로화합물 • **나**이트로소화합물 • **아**조화합물 • **질**산에스터류(셀룰로이드) [기억법] 5**자**(오**자**탈**자**)
제6류	산화성 액체	• 과염소산 • 과산화수소 • 질산

답 ④

04 물과 반응하여 가연성 기체를 발생하지 않는 것은?

① 칼륨
② 인화아연
③ 산화칼슘
④ 탄화알루미늄

해설 **분진폭발**을 일으키지 않는 물질
물과 반응하여 가연성 기체를 발생하지 않는 것
(1) **시**멘트
(2) **석**회석
(3) **탄**산칼슘($CaCO_3$)
(4) **생**석회(CaO)=산화칼슘 [보기 ③]

[기억법] 분시석탄생

답 ③

05 화재의 종류에 따른 분류가 틀린 것은?

① A급 : 일반화재
② B급 : 유류화재
③ C급 : 가스화재
④ D급 : 금속화재

해설 ③ 가스화재 → 전기화재

화재의 종류

구 분	표시색	적응물질
일반화재(A급) [보기 ①]	백색	• 일반가연물 • 종이류 화재 • 목재 · 섬유화재
유류화재(B급) [보기 ②]	황색	• 가연성 액체 • 가연성 가스 • 액화가스화재 • 석유화재
전기화재(C급) [보기 ③]	청색	• 전기설비
금속화재(D급) [보기 ④]	무색	• 가연성 금속
주방화재(K급)	-	• 식용유화재

• 요즘은 표시색의 의무규정은 없음

답 ③

06 폭굉(detonation)에 관한 설명으로 틀린 것은?

① 연소속도가 음속보다 느릴 때 나타난다.
② 온도의 상승은 충격파의 압력에 기인한다.
③ 압력상승은 폭연의 경우보다 크다.
④ 폭굉의 유도거리는 배관의 지름과 관계가 있다.

해설 ① 느릴 때 → 빠를 때

연소반응(전파형태에 따른 분류)

폭연(deflagration)	폭굉(detonation)
연소속도가 음속보다 느릴 때 발생	① 연소속도가 음속보다 **빠**를 때 발생 [보기 ①] ② 온도의 상승은 **충격파**의 압력에 기인한다. [보기 ②] ③ 압력상승은 폭연의 경우보다 **크**다. [보기 ③] ④ 폭굉의 **유도거리**는 배관의 **지름**과 관계가 있다. [보기 ④]

※ **음속** : 소리의 속도로서 약 340m/s이다.

답 ①

07 다음 중 화학적 에너지에 해당하지 않는 것은?

① 분해열
② 산화열
③ 연소열
④ 압축열

해설 ④ 압축열 → 기계열

열에너지원의 종류

기계열 (기계적 에너지)	전기열 (전기적 에너지)	화학열 (화학적 에너지)
압축열, **마**찰열, **마**찰 스파크	유도열, 유전열, 저항열, 아크열, 정전기열, 낙뢰에 의한 열	**연**소열, **용**해열, **분**해열, **생**성열, **자**연발화열
[기억법] 기압마		[기억법] 화연용분생자

• 기계열=기계적 에너지=기계에너지
• 전기열=전기적 에너지=전기에너지
• 화학열=화학적 에너지=화학에너지
• 유도열=유도가열
• 유전열=유전가열

답 ④

08 독성이 매우 높은 가스로서 석유제품, 유지(油脂) 등이 연소할 때 생성되는 알데하이드계통의 가스는?

① 시안화수소 ② 암모니아
③ 포스겐 ④ 아크롤레인

해설 연소가스

구 분	설 명
일산화탄소 (CO)	화재시 흡입된 일산화탄소(CO)의 화학적 작용에 의해 **헤모글로빈**(Hb)이 혈액의 산소운반작용을 저해하여 사람을 질식·사망하게 한다.
이산화탄소 (CO_2)	연소가스 중 **가장 많은 양**을 차지하고 있으며 가스 그 자체의 독성은 거의 없으나 다량이 존재할 경우 호흡속도를 증가시키고, 이로 인하여 화재가스에 혼합된 유해가스의 흡입을 증가시켜 위험을 가중시키는 가스이다.
암모니아 (NH_3)	나무, 페놀수지, 멜라민수지 등의 **질소함유물**이 연소할 때 발생하며, 냉동시설의 **냉매**로 쓰인다.
포스겐 ($COCl_2$)	매우 독성이 강한 가스로서 소화제인 **사염화탄소**(CCl_4)를 화재시에 사용할 때도 발생한다.
황화수소 (H_2S)	달걀 썩는 냄새가 나는 특성이 있다.
아크롤레인 ($CH_2=CHCHO$) 보기 ④	독성이 매우 높은 가스로서 **석유제품**, **유지** 등이 연소할 때 생성되는 가스이다.

기억법 유아석

용어

유지(油脂)
들기름 및 지방을 통틀어 일컫는 말

답 ④

09 제3종 분말소화약제의 주성분은?

① 인산암모늄
② 탄산수소칼륨
③ 탄산수소나트륨
④ 탄산수소칼륨과 요소

해설 (1) 분말소화약제

종별	주성분	착색	적응화재	비 고
제1종	중탄산나트륨 ($NaHCO_3$)	백색	BC급	**식용유** 및 **지방질유**의 화재에 적합
제2종	중탄산칼륨 ($KHCO_3$)	담자색 (담회색)	BC급	—
제3종	제1인산암모늄 ($NH_4H_2PO_4$) 보기 ①	담홍색 (황색)	ABC급	**차고·주차장**에 적합
제4종	중탄산칼륨 +요소 ($KHCO_3$+ $(NH_2)_2CO$)	회(백)색	BC급	—

기억법 1식분(**일식 분식**)
3분 차주(**삼보컴퓨터 차주**)

• 제1인산암모늄=인산암모늄=인산염

(2) 이산화탄소 소화약제

주성분	적응화재
이산화탄소(CO_2)	BC급

답 ①

10 가연성 액체로부터 발생한 증기가 액체표면에서 연소범위의 하한계에 도달할 수 있는 최저온도를 의미하는 것은?

① 비점
② 연소점
③ 발화점
④ 인화점

해설 발화점, 인화점, 연소점

구 분	설 명
발화점 (ignition point)	• 가연성 물질에 불꽃을 접하지 아니하였을 때 연소가 가능한 **최저온도** • 점화원 없이 스스로 불이 붙는 **최저온도**
인화점 (flash point)	• 휘발성 물질에 **불꽃**을 접하여 연소가 가능한 **최저온도** • 가연성 증기를 발생하는 액체가 공기와 혼합하여 기상부에 다른 불꽃이 닿았을 때 연소가 일어나는 **최저온도** • 점화원에 의해 불이 붙는 **최저온도** • 연소범위의 **하**한계 보기 ④
	기억법 불인하(**불임하**면 안돼!)
연소점 (fire point)	• 인화점보다 **10℃** 높으며 연소를 **5초** 이상 지속할 수 있는 온도 • 어떤 인화성 액체가 공기 중에서 열을 받아 점화원의 존재하에 **지**속적인 연소를 일으킬 수 있는 온도 • 가연성 액체에 점화원을 가져가서 인화된 후에 점화원을 제거하여도 가연물이 **계속** 연소되는 **최저온도**

기억법 연105초지계

답 ④

11. 소화에 필요한 CO₂의 이론소화농도가 공기 중에서 37vol%일 때 한계산소농도는 약 몇 vol%인가?

① 13.2 ② 14.5
③ 15.5 ④ 16.5

해설 CO_2의 농도(이론소화농도)

$$CO_2 = \frac{21 - O_2}{21} \times 100$$

여기서, CO_2 : CO_2의 이론소화농도[vol%]
  O_2 : 한계산소농도[vol%]

$$CO_2 = \frac{21 - O_2}{21} \times 100$$

$$37 = \frac{21 - O_2}{21} \times 100, \quad \frac{37}{100} = \frac{21 - O_2}{21}$$

$$0.37 = \frac{21 - O_2}{21}, \quad 0.37 \times 21 = 21 - O_2$$

$$O_2 + (0.37 \times 21) = 21$$

$$O_2 = 21 - (0.37 \times 21) ≒ 13.2 \text{vol}\%$$

용어

vol%
어떤 공간에 차지하는 부피를 백분율로 나타낸 것

답 ①

12. 물소화약제를 어떠한 상태로 주수할 경우 전기화재의 진압에서도 소화능력을 발휘할 수 있는가?

① 물에 의한 봉상주수
② 물에 의한 적상주수
③ 물에 의한 무상주수
④ 어떤 상태의 주수에 의해서도 효과가 없다.

해설 **전기화재**(변전실화재) **적응방법**
(1) **무상주수** 보기 ③
(2) 할론소화약제 방사
(3) 분말소화설비
(4) 이산화탄소 소화설비
(5) 할로겐화물 및 불활성기체 소화설비

참고

물을 주수하는 방법

주수방법	설 명
봉상주수	화점이 멀리 있을 때 또는 고체가연물의 대규모 화재시 사용 예 옥내소화전
적상주수	일반 고체가연물의 화재시 사용 예 스프링클러헤드
무상주수	화점이 가까이 있을 때 또는 질식효과, 에멀션효과를 필요로 할 때 사용 예 물분무헤드

답 ③

13. 포소화약제가 갖추어야 할 조건이 아닌 것은?

① 부착성이 있을 것
② 유동성과 내열성이 있을 것
③ 응집성과 안정성이 있을 것
④ 소포성이 있고 기화가 용이할 것

해설 ④ 있고 → 없고, 용이할 것 → 용이하지 않을 것

포소화약제의 **구비조건**
(1) **부착성**이 있을 것 보기 ①
(2) **유동성**을 가지고 **내열성**이 있을 것 보기 ②
(3) **응집성**과 **안정성**이 있을 것 보기 ③
(4) 소포성이 **없고** 기화가 용이하지 않을 것 보기 ④
(5) **독성**이 적을 것
(6) 바람에 견디는 힘이 클 것
(7) 수용액의 침전량이 **0.1%** 이하일 것

용어

수용성과 소포성

용어	설 명
수용성	어떤 물질이 물에 녹는 성질
소포성	포가 깨지는 성질

답 ④

14. 포소화약제 중 고팽창포로 사용할 수 있는 것은?

① 단백포
② 불화단백포
③ 내알코올포
④ 합성계면활성제포

해설 포소화약제

저팽창포	고팽창포
• 단백포소화약제 • 수성막포소화약제 • 내알코올형포소화약제 • 불화단백포소화약제 • 합성계면활성제포소화약제	• **합**성계면활성제포소화약제 보기 ④ **기억법** 고합(고합그룹)

• 저팽창포=저발포
• 고팽창포=고발포

중요

포소화약제의 특징

약제의 종류	특 징
단백포	• 흑갈색이다. • 냄새가 지독하다. • 포안정제로서 **제1철염**을 첨가한다. • 다른 포약제에 비해 **부식성**이 **크다**.

구분	설명
수성막포	• 안전성이 좋아 장기보관이 가능하다. • 내약품성이 좋아 **분말소화약제**와 **겸용** 사용이 가능하다. • 석유류 표면에 신속히 피막을 형성하여 유류증발을 억제한다. • 일명 AFFF(**A**queous **F**ilm **F**orming **F**oam)라고 한다. • 점성이 작기 때문에 가연성 기름의 표면에서 쉽게 피막을 형성한다. • 단백포 소화약제와도 병용이 가능하다. 기억법 **분수**
내알코올형포 (내알코올포)	• 알코올류 위험물(**메탄올**)의 소화에 사용한다. • 수용성 유류화재(**아세트알데하이드, 에스터류**)에 사용한다. • 가연성 액체에 사용한다.
불화단백포	• 소화성능이 가장 우수하다. • 단백포와 수성막포의 결점인 열안정성을 보완시킨다. • **표면하 주입방식**에도 적합하다.
합성계면 활성제포	• **저**팽창포와 **고**팽창포 모두 사용 가능하다. • 유동성이 좋다. • 카바이트 저장소에는 부적합하다. 기억법 **합저고**

답 ④

15. 다음 중 건축물의 방재기능 설정요소로 틀린 것은?

24.05.문03
① 배치계획　　② 굴토계획
③ 단면계획　　④ 평면계획

해설 (1) **건축물**의 **방재기능 설정요소**(건물을 지을 때 내·외부 및 부지 등의 방재계획을 고려한 계획)

구 분	설 명
부지선정, 배치계획 보기 ①	소화활동에 지장이 없도록 적합한 **건물 배치**를 하는 것
평면계획 보기 ④	**방연구획**과 **제연구획**을 설정하여 화재예방·소화·피난 등을 유효하게 하기 위한 계획
단면계획 보기 ③	불이나 연기가 **다른 층**으로 이동하지 않도록 구획하는 계획
입면계획	불이나 연기가 **다른 건물**로 이동하지 않도록 구획하는 계획(입면계획의 가장 큰 요소 : 벽과 개구부)
재료계획	불연성능·내화성능을 가진 재료를 사용하여 화재를 예방하기 위한 계획

(2) **건축물 내부**의 **연소확대방지**를 위한 **방화계획**
㉠ 수평구획
㉡ 수직구획
㉢ 용도구획

답 ②

16. 목조건축물의 온도와 시간에 따른 화재특성으로 옳은 것은?

22.04.문01
21.05.문01
19.09.문11
① 저온단기형　　② 저온장기형
③ 고온단기형　　④ 고온장기형

해설

목조건물의 화재온도 표준곡선	내화건물의 화재온도 표준곡선
• 화재성상 : **고온단**기형 보기 ③ • 최고온도(최성기온도) : **1300**℃	• 화재성상 : 저온장기형 • 최고온도(최성기온도) : 900~1000℃

기억법 **목고단 13**

• 목조건물=목재건물

답 ③

17. 프로판가스의 공기 중 폭발범위는 약 몇 vol%인가?

24.03.문06
24.05.문05
23.05.문16
① 2.1~9.5
② 15~25.5
③ 20.5~32.1
④ 33.1~63.5

해설 (1) **공기 중의 폭발범위**(상온 1atm)

가 스	하한계 [vol%]	상한계 [vol%]
아세틸렌(C_2H_2)	**2.5**	**81**
수소(H_2)	**4**	**75**
일산화탄소(CO)	12	75
에틸렌(C_2H_4)	**2.7**	**36**
암모니아(NH_3)	15	25
메탄(CH_4)	**5**	**15**
에탄(C_2H_6)	**3**	**12.4**
프로판(C_3H_8) 보기 ①	**2.1**	**9.5**
부탄(C_4H_{10})	**1.8**	**8.4**

기억법	아	25	81(이오 팔 하나)
	수	4	75(수사 후 치료하세요.)
	일	12	75
	에	27	36
	암	15	25
	메	5	15
	에	3	124
	프	21	95(둘 하나 구오)
	부	18	84(부자의 일반적인 팔자)

(2) 폭발한계와 같은 의미
 ㉠ 폭발범위
 ㉡ 연소한계
 ㉢ 연소범위
 ㉣ 가연한계
 ㉤ 가연범위

답 ①

18
표준상태에서 44.8m3의 용적을 가진 이산화탄소가스를 모두 액화하면 몇 kg인가? (단, 이산화탄소의 분자량은 44이다.)

① 88 ② 44
③ 22 ④ 11

해설 (1) 주어진 값
- 용적 : $44.8m^3 = 44800L (1m^3 = 1000L)$
- 질량 : ?
- 분자량 : 44

(2) 증기밀도

$$증기밀도[g/L] = \frac{분자량}{22.4}$$

여기서, 22.4 : 공기의 부피[L]

$$증기밀도[g/L] = \frac{분자량}{22.4}$$

$$\frac{g(질량)}{44800L} = \frac{44}{22.4}$$

$$g(질량) = \frac{44}{22.4} \times 44800L = 88000g = 88kg$$

• 단위를 보고 계산하면 쉽다.

답 ①

19
기체상태의 Halon 1301은 공기보다 약 몇 배 무거운가? (단, 공기의 평균분자량은 28.84이다.)

① 4.05배 ② 5.17배
③ 6.12배 ④ 7.01배

해설 (1) 원자량

원소	원자량
H	1
C	12
N	14
O	16
F	19
S	32
Cl	35
Br	80

(2) 분자량
Halon 1301(CF_3Br) = 12 + 19×3 + 80 = 149

(3) 증기비중

$$증기비중 = \frac{분자량}{28.84} ≒ \frac{분자량}{29}$$

여기서, 29 : 공기의 평균분자량

$$증기비중 = \frac{분자량}{29} = \frac{149}{28.84} ≒ 5.17$$

비교
증기밀도

$$증기밀도[g/L] = \frac{분자량}{22.4}$$

여기서, 22.4 : 기체 1몰의 부피[L]

중요
할론소화약제의 약칭 및 분자식

종류	약칭	분자식
Halon 1011	CB	CH_2ClBr
Halon 104	CTC	CCl_4
Halon 1211	BCF	$CF_2ClBr(CF_2BrCl, CBrClF_2)$
Halon 1301	BTM	CF_3Br
Halon 2402	FB	$C_2F_4Br_2$

답 ②

20
감광계수에 따른 가시거리 및 상황에 대한 설명으로 틀린 것은?

① 감광계수 $0.1m^{-1}$는 연기감지기가 작동할 정도의 연기농도이고, 가시거리는 20~30m이다.
② 감광계수 $0.5m^{-1}$는 거의 앞이 보이지 않을 정도의 농도이고, 가시거리는 1~2m이다.
③ 감광계수 $10m^{-1}$는 화재 최성기 때의 연기농도를 나타낸다.
④ 감광계수 $30m^{-1}$는 출화실에서 연기가 분출할 때의 농도이다.

해설 ② 0.5m⁻¹ → 1m⁻¹

감광계수에 따른 가시거리 및 상황

감광계수 [m⁻¹]	가시거리 [m]	상 황
0.1	20~30	연기감지기가 작동할 때의 농도 보기 ①
0.3	5	건물 내부에 익숙한 사람이 피난에 지장을 느낄 정도의 농도
0.5	3	어두운 것을 느낄 정도의 농도
1	1~2	거의 앞이 보이지 않을 정도의 농도 보기 ②
10	0.2~0.5	화재 최성기 때의 농도 보기 ③
30	–	출화실에서 연기가 분출할 때의 농도 보기 ④

답 ②

제 2 과목 소방유체역학

21 스프링클러헤드의 방수압이 4배가 되면 방수량은 몇 배가 되는가?

① $\sqrt{2}$ 배
② 2배
③ 4배
④ 8배

해설 **방수량**

$$Q = 0.653D^2\sqrt{10P} = 0.6597CD^2\sqrt{10P}$$

여기서, Q : 방수량[L/min]
D : 구경[mm]
P : 방수압[MPa]
C : 노즐의 흐름계수(유량계수)

방수량 Q는
$Q \propto \sqrt{P} = \sqrt{4배} = 2배$

답 ②

22 역 Carnot 사이클로 작동하는 냉동기가 300K의 고온열원과 250K의 저온열원 사이에서 작동한다. 이 냉동기의 성능계수는 얼마인가?

① 6
② 2
③ 5
④ 3

해설 (1) **기호**
- T_H : 300K
- T_L : 250K
- β : ?

(2) **냉동기의 성능계수**

$$\beta = \frac{Q_L}{Q_H - Q_L} = \frac{T_L}{T_H - T_L}$$

여기서, β : 냉동기의 성능계수
Q_L : 저열[kJ]
Q_H : 고열[kJ]
T_L : 저온[K]
T_H : 고온[K]

냉동기의 성능계수
$$\beta = \frac{T_L}{T_H - T_L} = \frac{250K}{300K - 250K} = 5$$

답 ③

23 펌프의 공동현상(cavitation)을 방지하기 위한 방법이 아닌 것은?

① 펌프의 설치위치를 되도록 낮게 하여 흡입양정을 짧게 한다.
② 펌프의 회전수를 크게 한다.
③ 펌프의 흡입관경을 크게 한다.
④ 단흡입펌프보다는 양흡입펌프를 사용한다.

해설 ② 크게 → 작게

공동현상(cavitation, 캐비테이션)

개요	펌프의 흡입측 배관 내의 물의 정압이 기존의 증기압보다 낮아져서 기포가 발생되어 물이 흡입되지 않는 현상
발생현상	• **소음**과 **진동** 발생 • 관 **부식** • **임펠러**의 손상(수차의 날개를 해친다) • 펌프의 성능저하
발생원인	• 펌프의 흡입수두가 클 때(소화펌프의 흡입고가 클 때) • 펌프의 마찰손실이 클 때 • 펌프의 임펠러속도가 클 때 • 펌프의 설치위치가 수원보다 높을 때 • 관 내의 수온이 높을 때(물의 온도가 높을 때) • 관 내의 물의 정압이 그때의 **증기압**보다 낮을 때 • 흡입관의 **구경**이 작을 때 • 흡입거리가 길 때 • 유량이 증가하여 펌프물이 과속으로 흐를 때

방지대책	• 펌프의 흡입수두를 작게 한다(흡입양정을 짧게 한다). 보기 ① • 펌프의 마찰손실을 작게 한다. • 펌프의 임펠러속도(회전수)를 낮추어 흡입비속도를 낮게 한다. 보기 ② • 펌프의 설치위치를 수원보다 낮게 한다. 보기 ① • **양흡입펌프**를 사용한다(펌프의 흡입측을 가압한다). 보기 ④ • 관 내의 물의 정압을 그때의 증기압보다 **높게** 한다. • 흡입관의 구경(관경)을 **크게** 한다. 보기 ③ • 펌프를 2개 이상 설치한다. • 입형펌프를 사용하고, 회전차를 수중에 완전히 잠기게 한다.

중요

비속도(비교회전도)

$$N_s = N \frac{\sqrt{Q}}{\left(\dfrac{H}{n}\right)^{\frac{3}{4}}} \propto N$$

여기서, N_s : 펌프의 비교회전도(비속도)[m³/min·m/rpm]
  N : 회전수[rpm]
  Q : 유량[m³/min]
  H : 양정[m]
  n : 단수

• 공식에서 비속도(N_s)와 회전수(N)는 비례

답 ②

24
안지름이 15cm인 소화용 호스에 물이 질량유량 100kg/s로 흐르는 경우 평균유속은 약 몇 m/s 인가?

① 1　　② 1.41
③ 3.18　　④ 5.66

해설 (1) **기호**
  • D : 15cm=0.15m
  • $\overline{m}$: 100kg/s
  • V : ?
  • ρ : 1000kg/m³

(2) **질량유량**(mass flowrate)

$$\overline{m} = AV\rho = \left(\frac{\pi D^2}{4}\right)V\rho$$

여기서, $\overline{m}$: 질량유량[kg/s]
  A : 단면적[m²]
  V : 유속[m/s]
  ρ : 밀도(물의 밀도 **1000kg/m³**)
  D : 직경[m]

유속 V는

$$V = \frac{\overline{m}}{\dfrac{\pi D^2}{4}\rho} = \frac{100\text{kg/s}}{\dfrac{\pi \times (0.15\text{m})^2}{4} \times 1000\text{kg/m}^3}$$

$$\fallingdotseq 5.66\text{m/s}$$

답 ④

25
질량 4kg의 어떤 기체로 구성된 밀폐계가 열을 받아 100kJ의 일을 하고, 이 기체의 온도가 10℃ 상승하였다면 이 계가 받은 열은 몇 kJ인가? (단, 이 기체의 정적비열은 5kJ/kg·K, 정압비열은 6kJ/kg·K이다.)

① 200　　② 240
③ 300　　④ 340

해설

$$Q = (U_2 - U_1) + W$$

(1) **기호**
  • m : 4kg
  • w : 100kJ
  • $T_2 - T_1$: 10℃=10K
  • Q : ?
  • C_V : 5kJ/kg·K
  • C_P : 6kJ/kg·K

(2) **내부에너지 변화**(정적과정) : 내부에너지 변화는 **정적비열** 밖에 적용할 수 없으므로 **정적과정**이라고 판단

$$U_2 - U_1 = C_V(T_2 - T_1)$$

여기서, $U_2 - U_1$: 내부에너지 변화[kJ/kg]
  C_V : 정적비열[KJ/K]
  T_1, T_2 : 변화 전후의 온도(273+℃)[K]

내부에너지 변화 $U_2 - U_1$은
$U_2 - U_1 = C_V(T_2 - T_1)$
  $= 5\text{kJ/kg·K} \times 10\text{K} = 50\text{kJ/kg}$
문제에서 질량 4kg이므로
$U_2 - U_1 = 50\text{kJ/kg} \times 4\text{kg} = 200\text{kJ}$

• 온도가 10℃ 상승했으므로 변화 전후의 온도차는 10℃이다. 또한 온도차는 ℃로 나타내던지 K로 나타내던지 계산해 보면 값은 같다. 그러므로 여기서는 단위를 일치시키기 위해 10K로 쓰기로 한다.
  예 50℃−40℃=10℃
  (273+50℃)−(273+40℃)=10K

(3) **열**

$$Q = (U_2 - U_1) + W$$

여기서, Q : 열[kJ]
  $U_2 - U_1$: 내부에너지 변화[kJ]
  W : 일[kJ]

열 Q는
$Q = (U_2 - U_1) + W = 200\text{kJ} + 100\text{kJ} = 300\text{kJ}$

답 ③

26. 대기의 압력이 106kPa이라면 게이지압력이 1226kPa인 용기에서 절대압력은 몇 kPa인가?

① 1120
② 1125
③ 1327
④ 1332

해설

(1) 기호
- 대기압력: 106kPa
- 게이지압력: 1226kPa
- 절대압력: ?

(2) 절대압
  ㉠ **절**대압 = **대**기압 + **게**이지압(계기압)
  ㉡ 절대압 = 대기압 − 진공압

기억법 절대게

절대압 = 대기압 + 게이지압(계기압)
    = 106kPa + 1226kPa = 1332kPa

답 ④

27. 다음은 어떤 열역학법칙을 설명한 것인가?

손바닥을 비비면 열이 나지만 반대로 손바닥에 열을 가한다고 해서 손바닥이 비벼지는 않는다.

① 열역학 제0법칙
② 열역학 제1법칙
③ 열역학 제2법칙
④ 열역학 제3법칙

해설 열역학의 법칙

(1) **열역학 제0법칙** (열평형의 법칙)
  ㉠ 온도가 높은 물체에 낮은 물체를 접촉시키면 온도가 높은 물체에서 낮은 물체로 열이 이동하여 두 물체의 **온도**는 **평형**을 이루게 된다.
  ㉡ 어떤 두 물체 A와 B가 제3의 물체 C와 각각 열평형상태에 있을 때, 두 물체 A와 B도 서로 열평형상태이다.

(2) **열역학 제1법칙** (에너지보존의 법칙)
  ㉠ 기체의 공급에너지는 **내부에너지**와 외부에서 한 일의 합과 같다.
  ㉡ 사이클 과정에서 **시스템(계)**이 한 **총일**은 시스템이 받은 **총열량**과 같다.

(3) **열역학 제2법칙** 보기 ③
  ㉠ 열은 스스로 **저온**에서 **고온**으로 절대로 흐르지 않는다(일을 가하면 **저온**부로부터 **고온**부로 열을 이동시킬 수 있다).
  ㉡ 열은 그 스스로 저열원체에서 고열원체로 이동할 수 없다.
  ㉢ 자발적인 변화는 **비가역적**이다.
  ㉣ 열을 완전히 일로 바꿀 수 있는 **열기관**을 만들 수 **없다**(일을 100% 열로 변환시킬 수 없다).

(4) **열역학 제3법칙**
  ㉠ 순수한 물질이 1atm하에서 결정상태이면 엔트로피는 0K에서 0이다.
  ㉡ 단열과정에서 시스템의 **엔트로피**는 변하지 않는다.

답 ③

28. 유량 2m³/min, 전양정 25m인 원심펌프의 축동력은 약 몇 kW인가? (단, 펌프의 전효율은 0.78이고, 유체의 밀도는 1000kg/m³이다.)

① 9.52
② 10.47
③ 11.52
④ 13.47

해설

(1) 기호
- Q: 2m³/min = 2m³/60s (1min=60s)
- H: 25m
- P: ?
- η: 0.78
- ρ: 1000kg/m³ = 1000N·s²/m⁴ (1kg/m³ = 1N·s²/m⁴)

(2) 비중량

$$\gamma = \rho g$$

여기서, γ: 비중량[N/m³]
  ρ: 밀도[N·s²/m⁴]
  g: 중력가속도(9.8m/s²)

비중량 γ는
$\gamma = \rho g$ = 1000N·s²/m⁴ × 9.8m/s² = 9800N/m³

(3) 축동력

$$P = \frac{\gamma Q H}{1000\eta}$$

여기서, P: 축동력[kW]
  γ: 비중량[N/m³]
  Q: 유량[m³/s]
  H: 전양정[m]
  η: 효율

축동력 P는
$$P = \frac{\gamma Q H}{1000\eta} = \frac{9800\text{N/m}^3 \times 2\text{m}^3/60\text{s} \times 25\text{m}}{1000 \times 0.78} ≒ 10.47\text{kW}$$

용어

축동력
전달계수(K)를 고려하지 않은 동력

별해

축동력
원칙적으로 밀도가 주어지지 않을 때 적용

$$P = \frac{0.163 Q H}{\eta}$$

여기서, P: 축동력[kW]
  Q: 유량[m³/min]
  H: 전양정(수두)[m]
  η: 효율

펌프의 축동력 P는
$$P = \frac{0.163 Q H}{\eta} = \frac{0.163 \times 2\text{m}^3/\text{min} \times 25\text{m}}{0.78} = 10.448 ≒ 10.45\text{kW}$$
(정확하지는 않지만 유사한 값이 나옴)

답 ②

29 다음 중 단위와 차원에 대한 설명으로 맞게 짝지어진 것은?

① MLT^{-1} - 동점성계수
② MLT^{-2} - 부력
③ M^2LT^{-2} - 표면장력
④ ML^2T^{-3} - 압력

해설
① MLT^{-1} → L^2T^{-1}
③ M^2LT^{-2} → MT^{-2}
④ ML^2T^{-3} → $ML^{-1}T^{-2}$

단위와 차원

차 원	중력단위[차원]	절대단위[차원]
길이	m[L]	m[L]
시간	s[T]	s[T]
운동량	N·s[FT]	kg·m/s[MLT^{-1}]
속도	m/s[LT^{-1}]	m/s[LT^{-1}]
가속도	m/s²[LT^{-2}]	m/s²[LT^{-2}]
질량	N·s²/m[$FL^{-1}T^2$]	kg[M]
압력	N/m²[FL^{-2}]	kg/m·s²[$ML^{-1}T^{-2}$] 보기 ④
밀도	N·s²/m⁴[$FL^{-4}T^2$]	kg/m³[ML^{-3}]
비중	무차원	무차원
비중량	N/m³[FL^{-3}]	kg/m²·s²[$ML^{-2}T^{-2}$]
비체적	m⁴/N·s²[$F^{-1}L^4T^{-2}$]	m³/kg[$M^{-1}L^3$]
점성계수	N·s/m²[$FL^{-2}T$]	kg/m·s[$ML^{-1}T^{-1}$]
동점성계수	m²/s[L^2T^{-1}]	m²/s[L^2T^{-1}] 보기 ①
부력(힘)	N[F]	kg·m/s²[MLT^{-2}] 보기 ②
일(에너지·열량)	N·m[FL]	kg·m²/s²[ML^2T^{-2}]
동력(일률)	N·m/s[FLT^{-1}]	kg·m²/s³[ML^2T^{-3}]
표면장력	N/m[FL^{-1}]	kg/s²[MT^{-2}] 보기 ③

답 ②

30 관 A에는 물이, 관 B에는 비중 0.9의 기름이 흐르고 있으며 그 사이에 마노미터 액체는 비중이 13.6인 수은이 들어 있다. 그림에서 $h_1=120mm$, $h_2=180mm$, $h_3=300mm$일 때 두 관의 압력차 (P_A-P_B)는 약 몇 kPa인가?

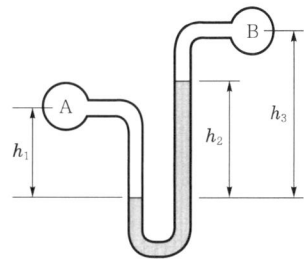

① 12.3　② 18.4
③ 23.9　④ 33.4

해설 (1) 기호
- s_1 : 1(물이므로)
- s_3 : 0.9
- s_2 : 13.6
- h_1 : 120mm=0.12m(1000mm=1m)
- h_2 : 180mm=0.18m(1000mm=1m)
- $h_3{'}$: (h_3-h_2)=(300−180)mm
  =120mm
  =0.12m(1000mm=1m)
- P_A-P_B : ?

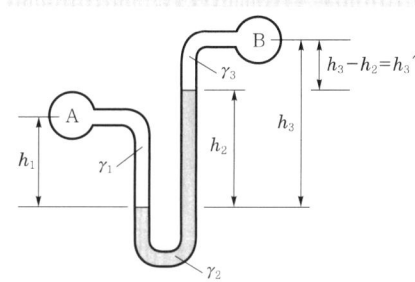

(2) 비중
$$s=\frac{\gamma}{\gamma_w}$$

여기서, s : 비중
γ : 어떤 물질의 비중량[kN/m³]
γ_w : 물의 비중량(9.8kN/m³)

물의 비중량 $s_1=9.8kN/m^3$
기름의 비중량 γ_3는
$\gamma_3=s_3 \times \gamma_w=0.9 \times 9.8kN/m^3=8.82kN/m^3$
수은의 비중량 γ_2는
$\gamma_2=s_2 \times \gamma_w=13.6 \times 9.8kN/m^3=133.28kN/m^3$

(3) 압력차
$P_A+\gamma_1 h_1-\gamma_2 h_2-\gamma_3 h_3{'}=P_B$
$P_A-P_B=-\gamma_1 h_1+\gamma_2 h_2+\gamma_3 h_3{'}$
$\quad=-9.8kN/m^3 \times 0.12m+133.28kN/m^3$
$\quad\quad \times 0.18m+8.82kN/m^3 \times 0.12m$
$\quad ≒23.87 ≒23.9kN/m^2=23.9kPa$
$\quad (1kN/m^2=1kPa)$

시차액주계의 압력계산방법
점 a를 기준으로 내려가면 더하고, 올라가면 빼면 된다.

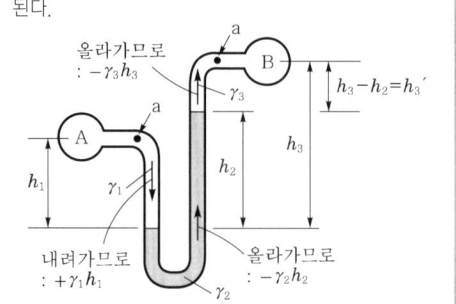

답 ③

31
중앙부분에 구멍이 뚫린 원판에 지름 D의 원형 물제트가 대기압 상태에서 V의 속도로 충돌하여 원판 뒤로 지름 $\dfrac{D}{2}$의 원형 물제트가 V의 속도로 흘러나가고 있을 때, 이 원판이 받는 힘을 구하는 계산식으로 옳은 것은? (단, ρ는 물의 밀도이다.)

① $\dfrac{3}{16}\rho\pi V^2 D^2$ ② $\dfrac{3}{8}\rho\pi V^2 D^2$

③ $\dfrac{3}{4}\rho\pi V^2 D^2$ ④ $3\rho\pi V^2 D^2$

해설 (1) 유량

$$Q = AV = \left(\dfrac{\pi D^2}{4}\right)V$$

여기서, Q : 유량[m³/s]
A : 단면적[m²]
V : 유속[m/s]
D : 지름[m]

(2) 원판이 받는 힘

$$F = \rho QV$$

여기서, F : 원판이 받는 힘[N]
ρ : 밀도(물의 밀도 1000N·s²/m⁴)
Q : 유량[m³/s]
V : 유속[m/s]

원판이 받는 힘 F는

$$F = \rho QV$$
$$= \rho(AV)V$$
$$= \rho AV^2$$
$$= \rho\left(\dfrac{\pi D^2}{4}\right)V^2 = \dfrac{\rho\pi V^2 D^2}{4}$$

$\therefore$ 변형식 $F = \dfrac{\rho\pi V^2\left(D^2 - \left(\dfrac{D}{2}\right)^2\right)}{4}$

$= \dfrac{\rho\pi V^2\left(D^2 - \dfrac{D^2}{4}\right)}{4}$

$= \dfrac{\rho\pi V^2\left(\dfrac{4D^2}{4} - \dfrac{D^2}{4}\right)}{4}$

$= \dfrac{\rho\pi V^2\left(\dfrac{3D^2}{4}\right)}{4}$

$= \rho\pi V^2\dfrac{3D^2}{16}$

$= \dfrac{3}{16}\rho\pi V^2 D^2$

답 ①

32
그림과 같이 비중이 0.8인 기름이 흐르고 있는 관에 U자관이 설치되어 있다. A점에서의 계기압력이 200kPa일 때 높이 h[m]는 얼마인가? (단, U자관 내의 유체의 비중은 13.6이다.)

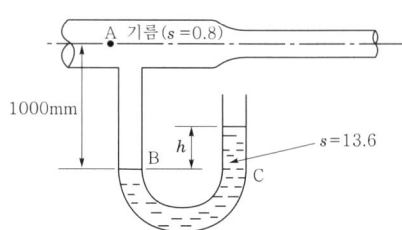

① 1.42 ② 1.56
③ 2.43 ④ 3.20

해설 (1) 기호

- s : 0.8
- s' : 13.6
- ΔP : 200kPa=200kN/m²(1kPa=1kN/m²)
- $R(h)$: ?

(2) 비중

$$s = \dfrac{\gamma}{\gamma_w}$$

여기서, s : 비중
γ : 어떤 물질의 비중량[kN/m³]
γ_w : 물의 비중량(9.8kN/m³)

비중량 $\gamma = s \times \gamma_w = 0.8 \times 9.8\text{kN/m}^3$
$= 7.84\text{kN/m}^3$

비중량 $\gamma' = s' \times \gamma_w = 13.6 \times 9.8\text{kN/m}^3$
$= 133.28\text{kN/m}^3$

(3) 압력차

$$\Delta P = p_2 - p_1 = R(\gamma - \gamma_w)$$

여기서, ΔP : U자관 마노미터의 압력차[Pa] 또는 [N/m²]
 p_2 : 출구압력[Pa] 또는 [N/m²]
 p_1 : 입구압력[Pa] 또는 [N/m²]
 R : 마노미터 읽음[m]
 γ : 어떤 물질의 비중량[N/m³]
 γ_w : 물의 비중량(9800N/m³)

압력차 $\Delta P = R(\gamma - \gamma_w)$를 문제에 맞게 변형하면 다음과 같다.
$\Delta P = R(\gamma' - \gamma)$
높이(마노미터 읽음) R는

$$R = \frac{\Delta P}{\gamma' - \gamma} = \frac{200 \text{kN/m}^2}{(133.28 - 7.84) \text{kN/m}^3} ≒ 1.59 \text{m}$$

∴ 근사값인 1.56m가 정답

답 ②

33 2MPa, 400℃의 과열증기를 단면확대 노즐을 통하여 20kPa로 분출시킬 경우 최대속도는 약 몇 m/s인가? (단, 노즐입구에서 엔탈피는 3243.3kJ/kg이고, 출구에서 엔탈피는 2345.8kJ/kg이며, 입구속도는 무시한다.)

22.04.문21
14.05.문33

① 1340   ② 1349
③ 1402   ④ 1412

해설 (1) 기호

- P_1 : 2MPa
- T : 400℃
- P_2 : 20kPa
- H_1 : 3243.3kJ/kg
- H_2 : 2345.8kJ/kg
- V_1 : 0m/s(입구속도 무시)
- V_2 : ?

문제에서 **입구**에서의 **속도**는 **무시**한다고 했으므로 $V_1 = 0$

- **표준대기압**

$$1\text{atm} = 760\text{mmHg} = 1.0332\text{kg}_f/\text{cm}^2$$
$$= 10.332\text{mH}_2\text{O}(\text{mAq})$$
$$= 14.7\text{PSI}(\text{lb}_f/\text{in}^2)$$
$$= 101.325\text{kPa}(\text{kN/m}^2)$$
$$= 101325\text{Pa}(\text{N/m}^2)$$
$$= 1013\text{mbar}$$

(2) **에너지 보존의 법칙**

$$H_1 + \frac{V_1^2}{2} = H_2 + \frac{V_2^2}{2}$$

여기서, H_1 : 입구에서의 엔탈피[J/kg]
 H_2 : 출구에서의 엔탈피[J/kg]
 V_1 : 입구에서의 유속[m/s]
 V_2 : 출구에서의 유속[m/s]

$$H_1 = H_2 + \frac{V_2^2}{2}$$
$$H_2 + \frac{V_2^2}{2} = H_1$$
$$\frac{V_2^2}{2} = H_1 - H_2$$
$$V_2^2 = 2(H_1 - H_2)$$
$$\sqrt{V_2^2} = \sqrt{2(H_1 - H_2)}$$
$$V_2 = \sqrt{2(H_1 - H_2)}$$
$$= \sqrt{2 \times [(3243.3 - 2345.8) \times 10^3 \text{J/kg}]}$$
$$≒ 1340 \text{m/s}$$

- 1kJ = 10³J이므로 (3243.3 - 2345.8)kJ/kg = (3243.3 - 2345.8) × 10³J/kg

용어

엔탈피
어떤 물질이 가지고 있는 총에너지

답 ①

34 파이프 단면적이 2.5배로 급격하게 확대되는 구간을 지난 후의 유속이 1.2m/s이다. 부차적 손실계수가 0.36이라면 급격확대로 인한 손실수두는 몇 m인가?

22.09.문31
18.09.문35
11.03.문22

① 0.165   ② 0.056
③ 0.0264 ④ 0.331

해설 (1) 기호

- A_1 : 1m²($A_1 = 1$m²로 가정)
- A_2 : 2.5m²(문제에서 2.5배이므로)
- V_2 : 1.2m/s(확대되는 구간을 지난 후 유속이므로 확대관 유속)
- K_1 : 0.36
- H : ?

(2) 손실계수

$$K_1 = \left(1 - \frac{A_1}{A_2}\right)^2, \quad K_2 = \left(1 - \frac{A_2}{A_1}\right)^2$$

여기서, K_1 : 작은 관을 기준으로 한 손실계수
 K_2 : 큰 관을 기준으로 한 손실계수
 A_1 : 작은 관 단면적[m²]
 A_2 : 큰 관 단면적[m²]

큰 관을 기준으로 한 손실계수 K_2는

$$K_2 = \left(1 - \frac{A_2}{A_1}\right)^2 = \left(1 - \frac{2.5\text{m}^2}{1\text{m}^2}\right)^2 = 2.25$$

(3) **돌연확대관에서의 손실**

$$H = K \frac{(V_1 - V_2)^2}{2g}$$

$$H = K_1 \frac{V_1^2}{2g}, \quad H = K_2 \frac{V_2^2}{2g}$$

여기서, H : 손실수두[m]
K : 손실계수
K_1 : 작은 관을 기준으로 한 손실계수
K_2 : 큰 관을 기준으로 한 손실계수
V_1 : 축소관 유속[m/s]
V_2 : 확대관 유속[m/s]
g : 중력가속도(9.8m/s²)

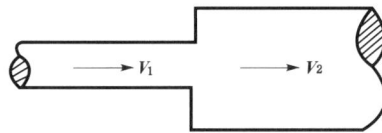

돌연확대관

• 이 문제에서 K_1은 적용하지 않아도 된다.

$$H = K_2 \frac{V_2^2}{2g} = 2.25 \times \frac{(1.2\text{m/s})^2}{2 \times 9.8\text{m/s}^2} ≒ 0.165\text{m}$$

별해

$A_2 = 2.5A_1$ 이므로
$A_1V_1 = A_2V_2$
$A_1V_1 = (2.5A_1)V_2$
$V_1 = \frac{2.5A_1}{A_1}V_2 = 2.5V_2$

$H = K_1 \frac{V_1^2}{2g} = K_1 \frac{(2.5V_2)^2}{2g}$
$= 0.36 \times \frac{(2.5 \times 1.2\text{m/s})^2}{2 \times 9.8\text{m/s}^2} ≒ 0.165\text{m}$

답 ①

35 ★★
22.09.문32
19.03.문38
13.03.문27

온도차이 20℃, 열전도율 5W/(m·K), 두께 20cm인 벽을 통한 열유속(heat flux)과 온도차이 40℃, 열전도율 10W/(m·K), 두께 t'인 같은 면적을 가진 벽을 통한 열유속이 같다면 두께 t'는 약 몇 cm인가?

① 10　　　② 40
③ 20　　　④ 80

해설 (1) 기호
• $(T_2 - T_1)$: 20℃ (또는 20K)
• k : 5W/(m·K)
• $l(t)$: 20cm=0.2m(100cm=1m)
• $(T_2 - T_1)'$: 40℃ (또는 40K)
• k' : 10W/(m·K)
• $l'(t')$: ?

(2) 전도
$$\mathring{q}'' = \frac{k(T_2 - T_1)}{l}$$

여기서, $\mathring{q}''$: 열전달량[W/m²]
k : 열전도율[W/(m·K)]
$(T_2 - T_1)$: 온도차[℃] 또는 [K]
$l(t)$: 벽체두께[m]

• 열전달량=열전달률=열유동률=열흐름률

열전달량 $\mathring{q}''$는
$$\mathring{q}'' = \frac{k(T_2 - T_1)}{l} = \frac{5\text{W/(m·K)} \times 20\text{K}}{0.2\text{m}}$$
$$= 500\text{W/m}^2$$

• 온도차이를 나타낼 때는 ℃와 K를 계산하면 같다 (20℃=20K).

두께 $l'(t')$는
$$l'(t') = \frac{k'(T_2 - T_1)'}{\mathring{q}''} = \frac{10\text{W/(m·K)} \times 40\text{K}}{500\text{W/m}^2}$$
$$= 0.8\text{m} = 80\text{cm}$$

• 1m=100cm이므로 0.8m=80cm

답 ④

36 ★★★
21.09.문40
19.03.문28

그림과 같이 수조차의 탱크 측벽에 안지름이 25cm인 노즐을 설치하여 노즐로부터 물이 분사되고 있다. 노즐 중심은 수면으로부터 3m 아래에 있다고 할 때 수조차가 받는 추력 F는 약 몇 kN인가? (단, 노면과의 마찰은 무시한다.)

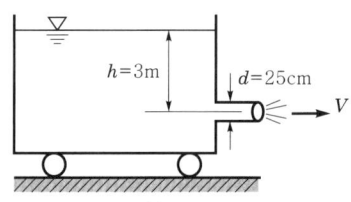

① 1.77　　　② 2.89
③ 4.56　　　④ 5.21

해설 (1) 기호
• $d(D)$: 25cm=0.25m(100cm=1m)
• $h(H)$: 3m
• F : ?

(2) 토리첼리의 식
$$V = \sqrt{2gH}$$

여기서, V : 유속[m/s]
g : 중력가속도(9.8m/s²)
H : 높이[m]

유속 V는
$V = \sqrt{2gH}$
$= \sqrt{2 \times 9.8\text{m/s}^2 \times 3\text{m}} ≒ 7.668\text{m/s}$

(3) 유량
$$Q = AV$$

여기서, Q : 유량[m³/s]
A : 단면적[m²]
V : 유속[m/s]

(4) 추력(힘)

$$F = \rho QV$$

여기서, F : 추력(힘)[N]
ρ : 밀도(물의 밀도 1000N·s²/m⁴)
Q : 유량[m³/s]
V : 유속[m/s]

추력 F는

$$F = \rho QV = \rho(AV)V = \rho AV^2 = \rho\left(\frac{\pi D^2}{4}\right)V^2$$

$$= 1000\text{N}\cdot\text{s}^2/\text{m}^4 \times \frac{\pi \times (0.25\text{m})^2}{4} \times (7.668\text{m/s})^2$$

$$= 2886\text{N} = 2.886\text{kN} ≒ 2.89\text{kN}$$

• $Q = AV$이므로 $F = \rho QV = \rho(AV)V$

• $A = \dfrac{\pi D^2}{4}$ (여기서, D : 지름[m])

답 ②

37 ★★

24.07.문40
22.09.문37
18.04.문25

지름 6cm, 길이 15m, 관마찰계수 0.025인 수평 원관 속을 물이 층류로 흐를 때 관 출구와 입구의 압력차가 9810Pa이면 유량은 약 몇 m³/s인가?

① 5.0 ② 5.0×10⁻³
③ 0.5 ④ 0.5×10⁻³

해설 (1) 기호

• D : 6cm = 0.06m (100cm = 1m)
• L : 15m
• f : 0.025
• ΔP : 9810Pa(N/m²)
• Q : ?

(2) 마찰손실(다르시-웨버의 식, Darcy-Weisbach formula)

$$H = \frac{\Delta P}{\gamma} = \frac{fLV^2}{2gD}$$

여기서, H : 마찰손실(수두)[m]
ΔP : 압력차[Pa 또는 N/m²]
γ : 비중량(물의 비중량 9800N/m³)
f : 관마찰계수
L : 길이[m]
V : 유속(속도)[m/s]
g : 중력가속도(9.8m/s²)
D : 내경[m]

$$\frac{\Delta P}{\gamma} = \frac{fLV^2}{2gD}$$

좌우변을 이항하면 다음과 같다.

$$\frac{fLV^2}{2gD} = \frac{\Delta P}{\gamma}$$

$$V^2 = \frac{2gD\Delta P}{fL\gamma}$$

$$\sqrt{V^2} = \sqrt{\frac{2gD\Delta P}{fL\gamma}}$$

$$V = \sqrt{\frac{2gD\Delta P}{fL\gamma}}$$

$$= \sqrt{\frac{2 \times 9.8\text{m/s}^2 \times 0.06\text{m} \times 9810\text{N/m}^2}{0.025 \times 15\text{m} \times 9800\text{N/m}^3}}$$

$$≒ 1.7718\text{m/s}$$

• 1Pa = 1N/m²이므로 9810Pa = 9810N/m²

(3) 유량

$$Q = AV = \left(\frac{\pi D^2}{4}\right)V$$

여기서, Q : 유량[m³/s]
A : 단면적[m²]
V : 유속[m/s]
D : 지름(안지름)[m]

유량 Q는

$$Q = \frac{\pi D^2}{4}V$$

$$= \frac{\pi \times (0.06\text{m})^2}{4} \times 1.7718\text{m/s}$$

$$≒ 5.0 \times 10^{-3} \text{m}^3/\text{s}$$

답 ②

38 ★★★

18.03.문32

비중이 0.75인 액체와 비중량이 6700N/m³인 액체를 부피비 1:2로 혼합한 혼합액의 밀도는 약 몇 kg/m³인가?

① 688 ② 706
③ 727 ④ 748

해설 (1) 기호

• s : 0.75
• γ_B : 6700N/m³
• ρ : ?

(2) 비중

$$s = \frac{\gamma}{\gamma_w} = \frac{\rho}{\rho_w}$$

여기서, s : 비중
γ : 어떤 물질의 비중량[N/m³]
γ_w : 물의 비중량(9800N/m³)
ρ : 어떤 물질의 밀도[kg/m³]
ρ_w : 물의 밀도(1000kg/m³)

어떤 물질의 비중량 $\gamma = s \times \gamma_w$

비중이 0.75인 액체를 γ_A, $\gamma_B = 6700\text{N/m}^3$이라 하면

$\gamma_A = s \cdot \gamma_w = 0.75 \times 9800\text{N/m}^3 = 7350\text{N/m}^3$

γ_A와 γ_B를 1:2로 혼합했으므로 혼합액의 비중량 γ는

$$\gamma = \frac{\gamma_A \times 1 + \gamma_B \times 2}{3}$$

$$= \frac{7350\text{N/m}^3 \times 1 + 6700\text{N/m}^3 \times 2}{3} ≒ 6916.67\text{N/m}^3$$

$\dfrac{\gamma}{\gamma_w} = \dfrac{\rho}{\rho_w}$ 에서

혼합액의 밀도 ρ는

$$\rho = \frac{\gamma \times \rho_w}{\gamma_w}$$

$$= \frac{6916.67\text{N/m}^3 \times 1000\text{kg/m}^3}{9800\text{N/m}^3} ≒ 706\text{kg/m}^3$$

답 ②

39 ★★

24.05.문28
22.03.문35
18.09.문33

밑면은 한 변의 길이가 2m인 정사각형이고 높이가 4m인 직육면체 탱크에 비중이 0.8인 유체를 가득 채웠다. 유체에 의해 탱크의 한쪽 측면에 작용하는 힘은 약 몇 kN인가?

① 125.44 ② 169.2
③ 178.4   ④ 186.2

해설

$$F = \gamma h A$$

(1) 기호
- A : (2m×4m)
- h : $\dfrac{4\text{m}}{2} = 2\text{m}$
- s : 0.8
- F : ?

(2) 비중

$$s = \dfrac{\gamma}{\gamma_w}$$

여기서, s : 비중
 γ : 어떤 물질의 비중량[N/m³]
 γ_w : 물의 비중량(9800N/m³)

비중 0.8인 유체의 비중량 γ는
$\gamma = s \cdot \gamma_w$
 $= 0.8 \times 9800\text{N/m}^3$
 $= 7840\text{N/m}^3$
 $= 7.84\text{kN/m}^3$

- 1000N=1kN이므로 7840N/m³=7.84kN/m³

(3) 전압력(한쪽 측면에 작용하는 힘)

$$F = \gamma h A$$

여기서, F : 전압력[N]
 γ : 비중량(물의 비중량 9800N/m³)
 h : 표면에서 수문 중심까지의 수직거리[m]
 A : 단면적[m²]

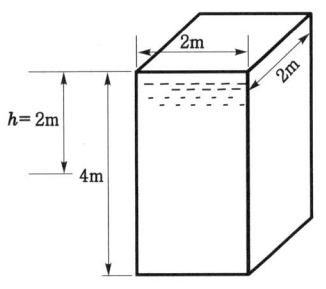

한쪽 측면에 작용하는 **힘** F는
$F = \gamma h A$
 $= 7.84\text{kN/m}^3 \times 2\text{m} \times (2\text{m} \times 4\text{m})$
 $= 125.44\text{kN}$

답 ①

40 ★
23.03.문37
18.03.문24
17.09.문25

그림과 같이 물 제트가 정지하고 있는 사각판의 중앙부분에 직각방향으로 부딪히도록 분사하고 있다. 이때 분사속도(V_j)를 점차 증가시켰더니 2m/s의 속도가 될 때 사각판이 넘어졌다면, 이 판의 중량은 약 몇 N인가? (단, 제트의 단면적은 0.01m²이다.)

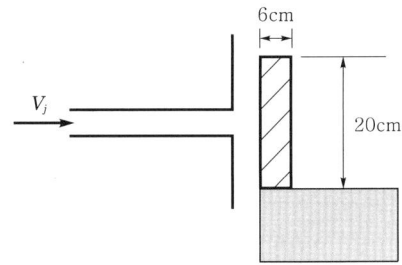

① 4.1N   ② 133.3N
③ 16.4N   ④ 40.0N

해설 (1) 이해도

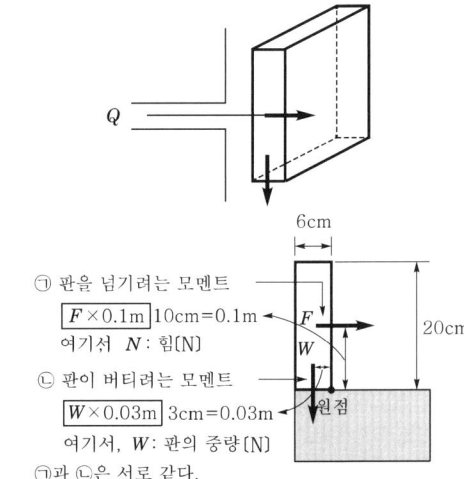

㉠ 판을 넘기려는 모멘트
$\boxed{F \times 0.1\text{m}}$ 10cm=0.1m
여기서 N : 힘[N]

㉡ 판이 버티려는 모멘트
$\boxed{W \times 0.03\text{m}}$ 3cm=0.03m
여기서, W : 판의 중량[N]

㉠과 ㉡은 서로 같다.

(2) 힘

$$F = \rho Q V \quad \cdots\cdots ①$$

여기서, F : 힘[N]
 ρ : 밀도(물의 밀도 1000N·s²/m⁴)
 Q : 유량[m³/s]
 V : 유속[m/s]

(3) 유량

$$Q = AV \quad \cdots\cdots ②$$

여기서, Q : 유량[m³/s]
 A : 단면적[m²]
 V : 유속[m/s]

(4) 모멘트
식 ①, 식 ②를 적용하면

$$F \times 0.1\text{m} = \rho QV \times 0.1\text{m} = \rho(AV)V \times 0.1\text{m}$$
$$= \rho AV^2 \times 0.1\text{m}$$
$$= 1000\text{N} \cdot \text{s}^2/\text{m}^4 \times 0.01\text{m}^2 \times (2\text{m/s})^2$$
$$\times 0.1\text{m}$$
$$= 4\text{N} \cdot \text{m}$$

㉠=㉡이므로
$$F \times 0.1\text{m} = W \times 0.03\text{m}$$
$$4\text{N} \cdot \text{m} = W \times 0.03\text{m}$$
$$W = \frac{4\text{N} \cdot \text{m}}{0.03\text{m}} = 133.3\text{N}$$

답 ②

제3과목 소방관계법규

41 위험물안전관리법상 위험물의 정의 중 다음 ( ) 안에 알맞은 것은?

24.03.문01
23.09.문03
23.05.문04
17.03.문52
13.03.문47

위험물이라 함은 (㉠) 또는 발화성 등의 성질을 가지는 것으로서 (㉡)이/가 정하는 물품을 말한다.

① ㉠ 인화성, ㉡ 대통령령
② ㉠ 휘발성, ㉡ 국무총리령
③ ㉠ 인화성, ㉡ 국무총리령
④ ㉠ 휘발성, ㉡ 대통령령

해설 **위험물법 2조**
용어의 정의

용 어	뜻
위험물	**인화성** 또는 **발화성** 등의 성질을 가지는 것으로서 **대통령령**이 정하는 물품 보기 ①
지정수량	위험물의 종류별로 위험성을 고려하여 대통령령이 정하는 수량으로서 제조소 등의 설치허가 등에 있어서 **최저**의 기준이 되는 **수량**
제조소	위험물을 제조할 목적으로 **지정수량 이상**의 위험물을 취급하기 위하여 허가를 받은 장소
저장소	지정수량 이상의 위험물을 저장하기 위한 **대통령령**이 정하는 장소
취급소	지정수량 이상의 위험물을 제조 외의 목적으로 취급하기 위한 대통령령이 정하는 장소
제조소 등	제조소·저장소·취급소

답 ①

42 소방시설 설치 및 관리에 관한 법령상 대통령령 또는 화재안전기준이 변경되어 그 기준이 강화되는 경우 기존 특정소방대상물의 소방시설 중 강화된 기준을 적용하여야 하는 소방시설은?

24.05.문45
21.03.문45
17.03.문48

① 비상경보설비
② 비상방송설비
③ 비상콘센트설비
④ 옥내소화전설비

해설 **소방시설법 13조**
변경강화기준 적용설비
(1) 소화기
(2) **비**상**경**보설비 보기 ①
(3) 자동화재탐지설비
(4) **자**동화재속보설비
(5) **피**난구조설비
(6) 소방시설(공동구 설치용, 전력 및 통신사업용 지하구)
(7) **노**유자시설
(8) 의료시설

기억법 강비경 자속피노

중요

소방시설법 시행령 13조
변경강화기준 적용설비

공동구, 전력 및 통신사업용 지하구	노유자시설에 설치하여야 하는 소방시설	의료시설에 설치하여야 하는 소방시설
• 소화기 • 자동소화장치 • 자동화재탐지설비 • 통합감시시설 • 유도등 및 연소방지설비	• 간이스프링클러설비 • 자동화재탐지설비 • 단독경보형 감지기	• 간이스프링클러설비 • 스프링클러설비 • 자동화재탐지설비 • 자동화재속보설비

답 ①

43 위험물안전관리법령상 위험물 및 지정수량에 대한 기준 중 다음 ( ) 안에 알맞은 것은?

24.05.문51
22.03.문57

금속분이라 함은 알칼리금속·알칼리토류금속·철 및 마그네슘 외의 금속의 분말을 말하고, 구리분·니켈분 및 (㉠)마이크로미터의 체를 통과하는 것이 (㉡)중량퍼센트 미만인 것은 제외한다.

① ㉠ 150, ㉡ 50
② ㉠ 53, ㉡ 50
③ ㉠ 50, ㉡ 150
④ ㉠ 50, ㉡ 53

해설 **위험물령 [별표 1]**
금속분
알칼리금속·알칼리토류금속·철 및 마그네슘 외의 금속의 분말을 말하고, 구리분·니켈분 및 150μm의 체를 통과하는 것이 50wt% 미만인 것은 제외한다. 보기 ①

- μm =마이크로미터
- wt%=중량퍼센트

답 ①

44 소방기본법에 따른 출동한 소방대의 소방장비를 파손하거나 그 효용을 해하여 화재진압·인명구조 또는 구급활동을 방해하는 행위를 한 사람에 대한 벌칙기준은?

① 5년 이하의 징역 또는 5000만원 이하의 벌금
② 5년 이하의 징역 또는 3000만원 이하의 벌금
③ 3년 이하의 징역 또는 3000만원 이하의 벌금
④ 3년 이하의 징역 또는 1500만원 이하의 벌금

해설 **기본법 50조**
5년 이하의 징역 또는 5000만원 이하의 벌금
(1) 소방자동차의 **출**동 방해
(2) 사람**구**출 방해(화재진압, 구급활동 방해) 보기 ①
(3) **소방용수시설** 또는 **비상소화장치**의 효용 방해

기억법 출구용5

답 ①

45 소방용수시설 중 소화전과 급수탑의 설치기준으로 틀린 것은?

① 소화전은 상수도와 연결하여 지하식 또는 지상식의 구조로 할 것
② 소방용 호스와 연결하는 소화전의 연결금속구의 구경은 65mm로 할 것
③ 급수탑 급수배관의 구경은 100mm 이상으로 할 것
④ 급수탑의 개폐밸브는 지상에서 1.5m 이상 1.8m 이하의 위치에 설치할 것

해설 ④ 1.5m 이상 1.8m 이하 → 1.5m 이상 1.7m 이하

기본규칙 [별표 3]
소방용수시설별 설치기준

소화전	급수탑
• 65mm : 연결금속구의 구경	• 100mm : 급수배관의 구경 • 1.5~1.7m 이하 : 개폐밸브 높이 보기 ④

답 ④

46 다음 중 소방시설 설치 및 관리에 관한 법령상 소방시설관리업을 등록할 수 있는 자는?

① 피성년후견인
② 소방시설관리업의 등록이 취소된 날부터 2년이 경과된 자
③ 금고 이상의 형의 집행유예를 선고받고 그 유예기간 중에 있는 자
④ 금고 이상의 실형을 선고받고 그 집행이 면제된 날부터 2년이 지나지 아니한 자

해설 **소방시설법 30조**
소방시설관리업의 등록결격사유
(1) 피성년후견인 보기 ①
(2) 금고 이상의 실형을 선고받고 그 집행이 끝나거나 집행이 면제된 날부터 **2년**이 지나지 아니한 사람 보기 ④
(3) 금고 이상의 형의 집행유예를 선고받고 그 유예기간 중에 있는 사람 보기 ③
(4) 관리업의 등록이 취소된 날부터 **2년**이 지나지 아니한 자

답 ②

47 관리의 권원이 분리된 특정소방대상물의 기준이 아닌 것은?

① 판매시설 중 도매시장 및 소매시장
② 복합건축물로서 층수가 11층 이상인 것(단, 지하층 제외)
③ 지하층을 제외한 층수가 7층 이상인 고층건축물
④ 복합건축물로서 연면적이 30000m² 이상인 것

해설 ③ 7층 이상 고층건축물 → 11층 이상 복합건축물

화재예방법 35조, 화재예방법 시행령 35조
관리의 권원이 분리된 특정소방대상물의 소방안전관리
(1) **복합건축물**(지하층을 제외한 11층 이상, 또는 연면적 30000m² 이상인 건축물) 보기 ②③④
(2) 지하가
(3) 도매시장, 소매시장, 전통시장 보기 ①

답 ③

48 위험물안전관리법령상 제조소 등의 관계인은 위험물의 안전관리에 관한 직무를 수행하게 하기 위하여 제조소 등마다 위험물의 취급에 관한 자격이 있는 자를 위험물안전관리자로 선임하여야 한다. 이 경우 제조소 등의 관계인이 지켜야 할 기준으로 틀린 것은?

① 제조소 등의 관계인은 안전관리자를 해임하거나 안전관리자가 퇴직한 때에는 해임하거나 퇴직한 날부터 15일 이내에 다시 안전관리자를 선임하여야 한다.

② 제조소 등의 관계인이 안전관리자를 선임한 경우에는 선임한 날부터 14일 이내에 소방본부장 또는 소방서장에게 신고하여야 한다.

③ 제조소 등의 관계인은 안전관리자가 여행·질병, 그 밖의 사유로 인하여 일시적으로 직무를 수행할 수 없는 경우에는 국가기술자격법에 따른 위험물의 취급에 관한 자격취득자 또는 위험물안전에 관한 기본지식과 경험이 있는 자를 대리자로 지정하여 그 직무를 대행하게 하여야 한다. 이 경우 대행하는 기간은 30일을 초과할 수 없다.

④ 안전관리자는 위험물을 취급하는 작업을 하는 때에는 작업자에게 안전관리에 관한 필요한 지시를 하는 등 위험물의 취급에 관한 안전관리와 감독을 하여야 하고, 제조소 등의 관계인은 안전관리자의 위험물안전관리에 관한 의견을 존중하고 그 권고에 따라야 한다.

해설
① 15일 이내 → 30일 이내

위험물안전관리법 15조
위험물안전관리자의 재선임
30일 이내 보기 ①

중요

30일
(1) 소방시설업 등록사항 변경신고(공사업규칙 6조)
(2) **위험물안전관리자의 재선임**(위험물안전관리법 15조)
(3) **소방안전관리자의 재선임**(화재예방법 시행규칙 14조)
(4) 도급계약 해지(공사업법 23조)
(5) 소방시설공사 중요사항 변경시의 신고일(공사업규칙 12조)
(6) 소방기술자 실무교육기관 지정서 발급(공사업규칙 32조)
(7) 소방공사감리자 변경서류 제출(공사업규칙 15조)
(8) **승계**(위험물법 10조)
(9) 위험물안전관리자의 직무대행(위험물법 15조)
(10) 탱크시험자의 변경신고일(위험물법 16조)

답 ①

49 다음 중 중급기술자의 학력·경력자에 대한 기준으로 옳은 것은? (단, "학력·경력자"란 고등학교·대학 또는 이와 같은 수준 이상의 교육기관의 소방관련학과의 정해진 교육과정을 이수하고 졸업하거나 그 밖의 관계법령에 따라 국내 또는 외국에서 이와 같은 수준 이상의 학력이 있다고 인정되는 사람을 말한다.)

① 일반 고등학교를 졸업 후 10년 이상 소방관련업무를 수행한 자
② 학사학위를 취득한 후 5년 이상 소방관련업무를 수행한 자
③ 석사학위를 취득한 후 1년 이상 소방관련업무를 수행한 자
④ 박사학위를 취득한 후 1년 이상 소방관련업무를 수행한 자

해설
① 10년 → 12년
③ 1년 → 2년
④ 박사학위만 소지해도 중급(1년 이상 경력이 필요 없음) 기술자

공사업규칙 〔별표 4의 2〕
소방기술자

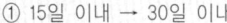

구분	기술자격	학력·경력	경력
특급 기술자	① 소방기술사 ② 소방시설관리사+5년 ③ 건축사, 건축기계설비기술사, 건축전기설비기술사, 건설기계기술사, 공조냉동기계기술사, 화공기술사, 가스기술사+5년 ④ 소방설비기사+8년 ⑤ 소방설비산업기사+11년 ⑥ 위험물기능장+13년	① 박사+3년 ② 석사+7년 ③ 학사+11년 ④ 전문학사+15년	
고급 기술자	① 소방시설관리사 ② 건축사, 건축기계설비기술사, 건축전기설비기술사, 건설기계기술사, 공조냉동기계기술사, 화공기술사, 가스기술사+3년 ③ 소방설비기사+5년 ④ 소방설비산업기사+8년 ⑤ 위험물기능장+11년 ⑥ 위험물산업기사+13년	① 박사+1년 ② 석사+4년 ③ 학사+7년 ④ 전문학사+10년 ⑤ 고등학교(소방)+13년 ⑥ 고등학교(일반)+15년	① 학사+12년 ② 전문학사+15년 ③ 고등학교+18년 ④ 실무경력+22년

중급 기술자	① 건축사, 건축기계설비기술사, 건축전기설비기술사, 건설기계기술사, 공조냉동기계기술사, 화공기술사, 가스기술사 ② 소방설비기사 ③ 소방설비산업기사+3년 ④ 위험물기능장+5년 ⑤ 위험물산업기사+8년	① 박사 보기 ④ ② 석사+2년 보기 ③ ③ 학사+5년 보기 ② ④ 전문학사+8년 ⑤ 고등학교(소방)+10년 ⑥ 고등학교(일반)+12년 보기 ①	① 학사+9년 ② 전문학사+12년 ③ 고등학교+15년 ④ 실무경력+18년
초급 기술자	① 소방설비산업기사 ② 위험물기능장+2년 ③ 위험물산업기사+4년 ④ 위험물기능사+6년	① 석사 ② 학사 ③ 전문학사+2년 ④ 고등학교(소방)+3년 ⑤ 고등학교(일반)+5년	① 학사+3년 ② 전문학사+5년 ③ 고등학교+7년 ④ 실무경력+9년

답 ②

50
화재의 예방 및 안전관리에 관한 법령상 화재가 발생할 우려가 높거나 화재가 발생하는 경우 그로 인하여 피해가 클 것으로 예상되는 지역을 화재예방강화지구로 지정할 수 있는 자는?

① 한국소방안전협회장
② 소방시설관리사
③ 소방본부장
④ 시·도지사

해설 화재예방법 18조
화재예방강화지구의 지정
(1) 지정권자 : 시·도지사 보기 ④
(2) 지정지역
  ㉠ 시장지역
  ㉡ 공장·창고 등이 밀집한 지역
  ㉢ 목조건물이 밀집한 지역
  ㉣ 노후·불량 건축물이 밀집한 지역
  ㉤ 위험물의 저장 및 처리시설이 밀집한 지역
  ㉥ 석유화학제품을 생산하는 공장이 있는 지역
  ㉦ 소방시설·소방용수시설 또는 소방출동로가 없는 지역
  ㉧ 「산업입지 및 개발에 관한 법률」에 따른 산업단지
  ㉨ 「물류시설의 개발 및 운영에 관한 법률」에 따른 물류단지
  ㉩ 소방청장·소방본부장·소방서장(소방관서장)이 화재예방강화지구로 지정할 필요가 있다고 인정하는 지역

용어 소방관서장
소방청장·소방본부장·소방서장

답 ④

51
제3류 위험물 중 금수성 물품에 적응성이 있는 소화약제는?

① 물
② 강화액
③ 팽창질석
④ 인산염류분말

해설 금수성 물품에 적응성이 있는 소화약제
(1) 마른모래
(2) 팽창질석 보기 ③
(3) 팽창진주암

참고
위험물령 〔별표 1〕
금수성 물품(금수성 물질)
(1) 칼륨
(2) 나트륨
(3) 알킬알루미늄
(4) 알킬리튬
(5) 알칼리금속(칼륨 및 나트륨 제외) 및 알칼리토금속
(6) 유기금속화합물(알킬알루미늄 및 알킬리튬 제외)
(7) 금속의 수소화물
(8) 금속의 인화물
(9) 칼슘 또는 알루미늄의 탄화물

답 ③

52
산화성 고체인 제1류 위험물에 해당되지 않는 것은?

① 질산염류
② 과염소산염류
③ 과염소산
④ 아염소산염류

해설 ③ 제6류 위험물

위험물령 〔별표 1〕
위험물

유별	성질	품명
제1류	산화성 고체	• 아염소산염류 • 염소산염류 보기 ④ • 과염소산염류 보기 ② • 질산염류 보기 ① • 무기과산화물 **기억법** 1산고(일산GO), ~염류, 무기과산화
제2류	가연성 고체	• 황화인 • 적린 • 황 • 마그네슘 • 금속분 **기억법** 2황화적황마
제3류	자연발화성 물질 및 금수성 물질	• 황린 • 칼륨 • 나트륨 • 트리에틸알루미늄 • 금속의 수소화물 **기억법** 황칼나트알

제4류	인화성 액체	• 특수인화물 • 석유류(벤젠) • 알코올류 • 동식물유류
제5류	자기반응성 물질	• 유기과산화물 • 나이트로화합물 • 나이트로소화합물 • 아조화합물 • 질산에스터류(셀룰로이드)
제6류	산화성 액체	• 과염소산 보기 ③ • 과산화수소 • 질산

답 ③

53 화재의 예방 및 안전관리에 관한 법령상 특수가연물의 저장 및 취급기준이 아닌 것은? (단, 석탄·목탄류를 발전용으로 저장하는 경우는 제외)

21.05.문45
19.03.문55
18.03.문60
14.05.문46
14.03.문46
13.03.문60

① 품명별로 구분하여 쌓는다.
② 쌓는 높이는 20m 이하가 되도록 한다.
③ 쌓는 부분의 바닥면적 사이는 실내의 경우 1.2m 또는 쌓는 높이의 $\frac{1}{2}$ 중 큰 값 이상이 되도록 한다.
④ 특수가연물을 저장 또는 취급하는 장소에는 품명, 최대저장수량, 단위부피당 질량 또는 단위체적당 질량, 관리책임자 성명·직책·연락처 및 화기취급의 금지표지를 설치해야 한다.

해설 ② 20m 이하 → 10m 이하

화재예방법 시행령 〔별표 3〕
특수가연물의 저장·취급기준
(1) **품명별**로 구분하여 쌓을 것 보기 ①
(2) 쌓는 높이는 **10m** 이하가 되도록 할 것 보기 ②
(3) 쌓는 부분의 바닥면적은 **50m²**(석탄·목탄류는 **200m²**) 이하가 되도록 할 것(단, 살수설비를 설치하거나 대형 수동식 소화기를 설치하는 경우에는 높이 **15m** 이하, 바닥면적 **200m²**(석탄·목탄류는 **300m²**) 이하)
(4) 쌓는 부분의 바닥면적 사이는 실내의 경우 **1.2m** 또는 **쌓는 높이의 $\frac{1}{2}$ 중 큰 값**(실외 **3m** 또는 쌓는 높이 중 큰 값) 이상으로 간격을 둘 것 보기 ③

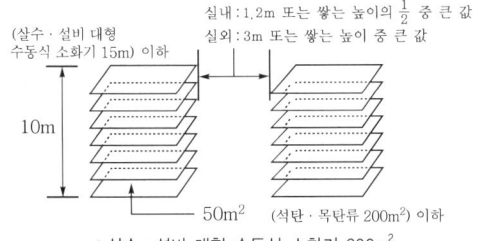

살수·설비 대형 수동식 소화기 200m²
(석탄·목탄류 300m²) 이하

(5) 취급장소에는 **품명, 최대저장수량**, 단위부피당 질량 또는 단위체적당 질량, 관리책임자 성명·직책·연락처 및 화기취급의 **금지표지** 설치 보기 ④

답 ②

54 제4류 위험물제조소의 경우 사용전압이 22kV인 특고압가공전선이 지나갈 때 제조소의 외벽과 가공전선 사이의 수평거리(안전거리)는 몇 m 이상이어야 하는가?

24.07.문49
15.09.문55
11.10.문59

① 2   ② 3
③ 5   ④ 10

해설 **위험물규칙 〔별표 4〕**
위험물제조소의 안전거리

안전거리	대상
3m 이상	• 7~35kV 이하의 특고압가공전선 보기 ②
5m 이상	• 35kV를 초과하는 특고압가공전선
10m 이상	• **주거용**으로 사용되는 것
20m 이상	• 고압가스 **제조시설**(용기에 충전하는 것 포함) • 고압가스 **사용시설**(1일 30m³ 이상 용적 취급) • 고압가스 **저장시설** • 액화산소 **소비시설** • 액화석유가스 제조·저장시설 • 도시가스 공급시설
30m 이상	• 학교 • 병원급 의료기관 • 공연장 ┐ • 영화상영관 ┘ 300명 이상 수용시설 • 아동복지시설 • 노인복지시설 • 장애인복지시설 • 한부모가족 복지시설 • 어린이집 • 성매매 피해자 등을 위한 지원시설 • 정신건강증진시설 • 가정폭력 피해자 보호시설 ┘ 20명 이상 수용시설
50m 이상	• 지정문화유산 • 천연기념물 등

답 ②

55 화재의 예방 및 안전관리에 관한 법령상 소방안전관리대상물의 소방안전관리자의 업무가 아닌 것은?

23.03.문51
21.03.문47
19.09.문01
18.04.문45
14.09.문52
14.03.문53
13.06.문48

① 자위소방대의 구성·운영·교육
② 소방시설공사
③ 소방계획서의 작성 및 시행
④ 소방훈련 및 교육

② 소방시설공사 : 소방시설공사업체

화재예방법 24조 ⑤항
관계인 및 소방안전관리자의 업무

특정소방대상물 (관계인)	소방안전관리대상물 (소방안전관리자)
① **피**난시설 · **방**화구획 및 방화시설의 관리 ② **소**방시설, 그 밖의 소방관련 시설의 관리 ③ **화**기취급의 감독 ④ 소방안전관리에 필요한 업무 ⑤ 화재발생시 초기대응	① **피**난시설 · **방**화구획 및 방화시설의 관리 ② **소**방시설, 그 밖의 소방관련 시설의 관리 ③ **화**기취급의 감독 ④ 소방안전관리에 필요한 업무 ⑤ **소**방계획서의 작성 및 시행(대통령령으로 정하는 사항 포함) 보기 ③ ⑥ **자**위소방대 및 **초**기대응체계의 구성 · 운영 · 교육 보기 ① ⑦ 소방훈련 및 교육 보기 ④ ⑧ 소방안전관리에 관한 업무 수행에 관한 기록 · 유지 ⑨ 화재발생시 초기대응

용어

특정소방대상물	소방안전관리대상물
① 다수인이 출입하는 곳으로서 소방시설 설치장소 ② 건축물 등의 규모 · 용도 및 수용인원 등을 고려하여 소방시설을 설치하여야 하는 소방대상물로서 대통령령으로 정하는 것	① 특급, 1급, 2급 또는 3급 소방안전관리자를 배치하여야 하는 건축물 ② **대통령령**으로 정하는 특정소방대상물

답 ②

56 소방시설 설치 및 관리에 관한 법령상 방염성능기준 이상의 실내장식물 등을 설치하여야 하는 특정소방대상물의 기준으로 틀린 것은?

22.09.문55
22.04.문47
18.04.문50
16.10.문48
16.03.문58
15.09.문54
15.05.문54
14.05.문48

① 층수가 11층 이상인 아파트
② 건축물의 옥내에 있는 시설로서 종교시설
③ 의료시설 중 종합병원
④ 노유자시설

해설 ① 아파트 제외

소방시설법 시행령 30조
방염성능기준 이상 적용 특정소방대상물
(1) 체력단련장, 공연장 및 종교집회장
(2) 문화 및 집회시설
(3) **종**교시설 보기 ②
(4) 운동시설(수영장은 제외)
(5) 의료시설(종합병원, 정신의료기관) 보기 ③
(6) 의원, 치과의원, 한의원, 조산원, 산후조리원
(7) 교육연구시설 중 합숙소
(8) **노**유자시설 보기 ④
(9) **숙**박이 가능한 **수**련시설
⑽ **숙**박시설
⑾ 방송국 및 촬영소
⑿ 다중이용업소(단란주점영업, 유흥주점영업, 노래연습장업의 연습장 등)
⒀ 층수가 11층 이상인 것(아파트는 제외 : 2026. 12. 1. 삭제)

기억법 방숙 노종수

답 ①

57 위험물안전관리법령상 제4류 위험물 중 경유의 지정수량은 몇 리터인가?

21.09.문47
20.09.문46
17.09.문42

① 1500
② 2000
③ 500
④ 1000

해설 **위험물령 〔별표 1〕**
제4류 위험물

성질	품명		지정수량	대표물질
인화성액체	특수인화물		50L	•다이에틸에터 •이황화탄소
	제1석유류	비수용성	200L	•휘발유 •콜로디온
		수용성	400L	•아세톤
	알코올류		400L	•변성알코올
	제2석유류	비수용성	1000L	•등유 •경유 보기 ④
		수용성	2000L	•아세트산
	제3석유류	비수용성	2000L	•중유 •크레오소트유
		수용성	4000L	•글리세린
	제4석유류		6000L	•기어유 •실린더유
	동식물유류		10000L	•아마인유

답 ④

58 소방시설공사업법상 소방시설공사 결과 소방시설의 하자발생시 통보를 받은 공사업자는 며칠 이내에 하자를 보수해야 하는가?

24.03.문41
23.05.문56
20.08.문56
17.03.문51
11.06.문59

① 3
② 5
③ 7
④ 10

해설 **공사업법 15조**
소방시설공사의 하자보수기간 : 3일 이내

중요

3일
(1) **하**자보수기간(공사업법 15조)
(2) 소방시설업 **등**록증 **분**실 등의 **재**발급(공사업규칙 4조)
(3) 소방시설 등의 자체점검 면제 또는 연기신청(소방시설법 시행규칙 22조)
(4) 소방안전관리자 선임연기신청서 관계인 통보(화재예방법 시행규칙 14조)

기억법 3하등분재(**상하**이에서 **동**생이 **분재**를 가져왔다.)

답 ①

59 소방시설 설치 및 관리에 관한 법률상 무창층 여부 판단시 개구부 요건에 대한 기준으로 맞는 것은?

22.04.문53
19.09.문43
18.09.문09
14.03.문48
12.09.문54
11.06.문49
05.09.문46

① 도로 또는 차량이 진입할 수 없는 빈터를 향할 것
② 내부 또는 외부에서 쉽게 부수거나 열 수 없을 것
③ 크기는 지름 50cm 이상의 원이 통과할 수 있을 것
④ 해당 층의 바닥면으로부터 개구부 밑부분까지의 높이가 1.5m 이내일 것

해설
① 없는 → 있는
② 없을 것 → 있을 것
④ 1.5m 이내 → 1.2m 이내

소방시설법 시행령 2조
무창층의 개구부의 기준
(1) 개구부의 크기는 지름 **50cm** 이상의 원이 통과할 수 있을 것 보기 ③
(2) 해당 층의 바닥면으로부터 개구부 밑부분까지의 높이가 **1.2m** 이내일 것 보기 ④
(3) 개구부는 **도**로 또는 **차**량이 진입할 수 있는 **빈터를** 향할 것 보기 ①
(4) 화재시 건축물로부터 **쉽게 피난**할 수 있도록 개구부에 창살, 그 밖의 장애물이 설치되지 않을 것
(5) 내부 또는 외부에서 **쉽게** 부수거나 열 수 있을 것 보기 ②

기억법 무125

답 ③

60 위험물안전관리법상 제조소 등을 설치하고자 하는 자는 누구의 허가를 받아 설치할 수 있는가?

23.05.문45
21.03.문49
20.06.문56
19.04.문47
14.03.문58

① 소방서장
② 소방청장
③ 시·도지사
④ 안전관리자

해설 **위험물법 6조**
제조소 등의 설치허가
(1) 설치허가자 : 시·도지사 보기 ③
(2) 설치허가 제외장소
 ㉠ 주택의 난방시설(공동주택의 중앙난방시설은 제외)을 위한 저장소 또는 취급소
 ㉡ 지정수량 **20배** 이하의 **농예용·축산용·수산용** 난방시설 또는 건조시설의 **저장소**
(3) 제조소 등의 변경신고 : 변경하고자 하는 날의 **1일** 전까지

참고

시·도지사
(1) 특별시장
(2) 광역시장
(3) 특별자치시장
(4) 도지사
(5) 특별자치도지사

답 ③

제 4 과목   소방기계시설의 구조 및 원리

61 물분무소화설비의 화재안전기준상 송수구의 설치기준으로 틀린 것은?

21.05.문71
17.05.문64
16.10.문80
13.03.문66

① 구경 65mm의 쌍구형으로 할 것
② 지면으로부터 높이가 0.5m 이상 1m 이하의 위치에 설치할 것
③ 송수구는 하나의 층의 바닥면적이 1500m² 를 넘을 때마다 1개(5개를 넘을 경우에는 5개로 한다) 이상을 설치할 것
④ 가연성 가스의 저장·취급시설에 설치하는 송수구는 그 방호대상물로부터 20m 이상의 거리를 두거나 방호대상물에 면하는 부분이 높이 1.5m 이상, 폭 2.5m 이상의 철근콘크리트 벽으로 가려진 장소에 설치할 것

해설
③ 1500m² → 3000m²

물분무소화설비의 송수구의 설치기준(NFPC 104 7조, NFTC 104 2.4)
(1) 구경 **65mm**의 **쌍구형**으로 할 것 보기 ①
(2) 지면으로부터 높이가 **0.5~1m** 이하의 위치에 설치할 것 보기 ②
(3) 가연성 가스의 저장·취급시설에 설치하는 송수구는 그 방호대상물로부터 **20m** 이상의 거리를 두거나 방호대상물에 면하는 부분이 높이 **1.5m** 이상, 폭 **2.5m** 이상의 **철근콘크리트 벽**으로 가려진 장소에 설치하여야 한다. 보기 ④

(4) 송수구는 하나의 층의 바닥면적이 <u>3000m²</u>를 넘을 때마다 1개(5개를 넘을 경우에는 **5개**로 한다) 이상을 설치할 것 보기 ③
(5) 송수구의 가까운 부분에 **자동배수밸브**(또는 직경 5mm 의 **배수공**) 및 **체크밸브**를 설치할 것

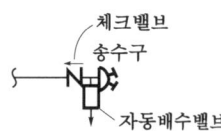
|자동배수밸브 및 체크밸브|

중요

설치높이		
0.5~1m 이하	0.8~1.5m 이하	1.5m 이하
① <u>연</u>결송수관 설비의 송수구	① <u>수</u>동식 <u>기</u>동 장치 조작부	① <u>옥내</u>소화전설비의 방수구
② <u>연</u>결살수설비의 송수구	② <u>제</u>어밸브(수동식 개방밸브)	② <u>호</u>스릴함
③ 물분무소화설비의 송수구	③ <u>유</u>수검지장치	③ <u>소</u>화기(투척용 소화기)
④ <u>소</u>화용수설비의 채수구	④ 일제개방밸브	

기억법
수기8(수기 팔아요) 제유일 85(제가 유일하게 팔았어요.)

기억법
옥내호소5(옥내에서 호소하시오.)

기억법
연송용51(연송용 오일은 잘 탄다.)

답 ③

62 ★★ 포소화설비의 화재안전기준상 포소화설비의 배관 등의 설치기준으로 틀린 것은?
21.05.문70

① 포워터스프링클러설비 또는 포헤드설비의 가지배관의 배열은 토너먼트방식이 아니어야 한다.
② 송액관은 전용으로 하여야 한다. 다만, 포소화전의 기동장치의 조작과 동시에 다른 설비의 용도에 사용하는 배관의 송수를 차단할 수 있거나, 포소화설비의 성능에 지장이 없는 경우에는 겸용으로 할 수 있다.
③ 송액관은 포의 방출 종료 후 배관 안의 액을 배출하기 위하여 적당한 기울기를 유지하도록 하고 그 낮은 부분에 배액밸브를 설치하여야 한다.
④ 송수구는 지면으로부터 높이가 0.8m 이상 1.5m 이하의 위치에 설치하여야 한다.

해설
④ 0.8m 이상 1.5m 이하 → 0.5m 이상 1m 이하

포소화설비의 배관(NFPC 105 7조, NFTC 105 2.4.3)
(1) 송액관은 포의 방출 종료 후 배관 안의 액을 배출하기 위하여 적당한 기울기를 유지하도록 하고 그 낮은 부분에 **배액밸브** 설치 보기 ③

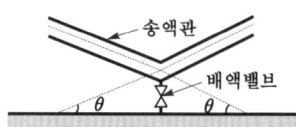
|송액관의 기울기|

(2) **포워터스프링클러설비** 또는 **포헤드설비**의 가지배관의 배열은 **토너먼트방식**이 아니어야 하며, 교차배관에서 분기하는 지점을 기점으로 한쪽 가지배관에 설치하는 헤드의 수 **8개 이하** 보기 ①

• 포워터스프링클러설비 • 포헤드설비	• 압축공기포소화설비
토너먼트방식이 아닐 것	토너먼트방식

(3) 송액관은 **전용**(단, 포소화전의 기동장치의 조작과 동시에 다른 설비의 용도에 사용하는 배관의 송수를 차단할 수 있거나, 포소화설비의 성능에 지장이 없는 경우에는 다른 설비와 **겸용** 가능) 보기 ②
(4) 송수구는 지면으로부터 높이가 **0.5m 이상 1m 이하**의 위치에 설치할 것

답 ④

63 ★★ 분말소화설비의 화재안전기준에 따라 화재시 현저하게 연기가 찰 우려가 없는 장소로서 호스릴분말소화설비를 설치할 수 있는 기준 중 다음 ( ) 안에 알맞은 것은?
22.09.문72
19.04.문68
18.04.문63

• 지상 1층 및 피난층에 있는 부분으로서 지상에서 수동 또는 원격조작에 따라 개방할 수 있는 개구부의 유효면적의 합계가 바닥면적의 (㉠)% 이상이 되는 부분
• 전기설비가 설치되어 있는 부분 또는 다량의 화기를 사용하는 부분의 바닥면적이 해당 설비가 설치되어 있는 구획의 바닥면적의 (㉡) 미만이 되는 부분

① ㉠ 15, ㉡ $\frac{1}{2}$ ② ㉠ 15, ㉡ $\frac{1}{5}$
③ ㉠ 20, ㉡ $\frac{1}{5}$ ④ ㉠ 20, ㉡ $\frac{1}{2}$

해설
호스릴 분말 · 호스릴 이산화탄소 · 호스릴 할론소화설비 설치장소(NFPC 108 11조(NFTC 108 2.8.3), NFPC 106 10조(NFTC 106 2.7.3), NFPC 107 10조(NFTC 107 2.7.3))
(1) **지상 1층** 및 **피난층**에 있는 부분으로서 지상에서 수동 또는 원격조작에 따라 개방할 수 있는 개구부의 유효면적의 합계가 바닥면적의 **15% 이상**이 되는 부분 보기 ㉠
(2) 전기설비가 설치되어 있는 부분 또는 다량의 화기를 사용하는 부분(해당 설비의 주위 **5m 이내**의 부분 포함)의 바닥면적이 해당 설비가 설치되어 있는 구획의 바닥면적 $\frac{1}{5}$ **미만**이 되는 부분 보기 ㉡

답 ②

64 포소화설비의 화재안전기준상 포소화설비의 자동식 기동장치에 화재감지기를 사용하는 경우, 화재감지기 회로의 발신기 설치기준 중 ( ) 안에 알맞은 것은? (단, 자동화재탐지설비의 수신기가 설치된 장소에 상시 사람이 근무하고 있고, 화재시 즉시 해당 조작부를 작동시킬 수 있는 경우는 제외한다.)

> 특정소방대상물의 층마다 설치하되, 해당 특정소방대상물의 각 부분으로부터 수평거리가 (㉠)m 이하가 되도록 할 것. 다만, 복도 또는 별도로 구획된 실로서 보행거리가 (㉡)m 이상일 경우에는 추가로 설치하여야 한다.

① ㉠ 25, ㉡ 30   ② ㉠ 25, ㉡ 40
③ ㉠ 15, ㉡ 30   ④ ㉠ 15, ㉡ 40

해설 **발신기**의 **설치기준**(NFTC 105 2.8.2.2.2)
(1) 조작이 쉬운 장소에 설치하고, 스위치는 바닥으로부터 **0.8~1.5m** 이하의 높이에 설치할 것
(2) 특정소방대상물의 **층**마다 설치하되, 해당 특정소방대상물의 각 부분으로부터 **수평거리가 25m** 이하가 되도록 할 것(단, 복도 또는 별도로 구획된 실로서 **보행거리가 40m** 이상일 경우에는 추가 설치) 보기 ②
(3) 발신기의 위치를 표시하는 **표시등**은 함의 **상부**에 설치하되, 그 불빛은 부착면으로부터 **15° 이상**의 범위 안에서 부착지점으로부터 **10m** 이내의 어느 곳에서도 쉽게 식별할 수 있는 **적색등**으로 할 것

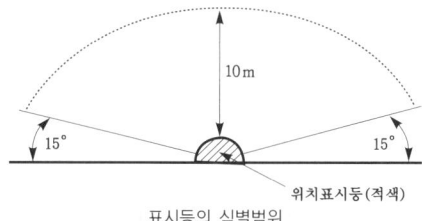
표시등의 식별범위

답 ②

65 물분무소화설비의 화재안전기준상 수원의 저수량 설치기준으로 틀린 것은?

① 특수가연물을 저장 또는 취급하는 특정소방대상물 또는 그 부분에 있어서 그 바닥면적(최대방수구역의 바닥면적을 기준으로 하며, 50m² 이하인 경우에는 50m²) 1m²에 대하여 10L/min로 20분간 방수할 수 있는 양 이상으로 할 것

② 차고 또는 주차장은 그 바닥면적(최대방수구역의 바닥면적을 기준으로 하며, 50m² 이하인 경우에는 50m²) 1m²에 대하여 20L/min로 20분간 방수할 수 있는 양 이상으로 할 것

③ 케이블트레이, 케이블덕트 등은 투영된 바닥면적 1m²에 대하여 12L/min로 20분간 방수할 수 있는 양 이상으로 할 것

④ 컨베이어벨트 등은 벨트부분의 바닥면적 1m²에 대하여 20L/min로 20분간 방수할 수 있는 양 이상으로 할 것

해설 **물분무소화설비**의 **수원**(NFPC 104 4조, NFTC 104 2.1.1)

특정소방대상물	토출량	비 고
컨베이어벨트	10L/min·m² 보기 ④	벨트부분의 바닥면적
절연유 봉입변압기	10L/min·m²	표면적을 합한 면적(바닥면적 제외)
특수가연물	10L/min·m² (최소 50m²)	최대방수구역의 바닥면적 기준
케이블트레이·덕트	12L/min·m²	투영된 바닥면적
차고·주차장	20L/min·m² (최소 50m²)	최대방수구역의 바닥면적 기준
위험물 저장탱크	37L/min	위험물탱크 둘레길이(원주길이) : 위험물규칙 [별표 6] Ⅱ

※ 모두 **20분간** 방수할 수 있는 양 이상으로 하여야 한다.

기억법	컨	0
	절	0
	특	0
	케	2
	차	0
	위	37

답 ④

66 스프링클러설비의 화재안전기준상 스프링클러설비의 교차배관에서 분기되는 지점을 기점으로 한쪽 가지배관에 설치되는 헤드의 개수는 최대 몇 개 이하인가? (단, 방호구역 안에서 칸막이 등으로 구획하여 헤드를 증설하는 경우와 격자형 배관방식을 채택하는 경우는 제외한다.)

① 8   ② 10
③ 12   ④ 15

해설 **스프링클러설비**
한쪽 가지배관에 설치되는 헤드의 개수는 **8개** 이하로 한다. 보기 ①

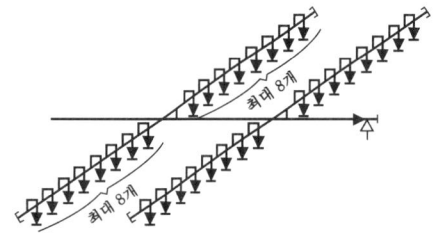

│ 가지배관의 헤드개수 │

비교
연결살수설비
연결살수설비에서 하나의 송수구역에 설치하는 개방형 헤드의 수는 **10개** 이하로 한다.

답 ①

67
상수도소화용수설비의 화재안전기준상 소화전은 특정소방대상물의 수평투영면의 각 부분으로부터 몇 m 이하가 되도록 설치해야 하는가?

23.03.문79
22.03.문70
21.03.문77
20.08.문68
19.04.문74
19.03.문69
18.04.문79
17.03.문64
14.03.문63
13.03.문61
07.03.문70

① 25
② 40
③ 75
④ 140

해설 **상수도소화용수설비**의 **기준**(NFPC 401 4조, NFTC 401 2.1)
(1) 호칭지름

수도배관	소화전
75mm 이상	**100mm** 이상
기억법 수75(수지침으로 치료)	기억법 소1(소일거리)

(2) 소화전은 소방자동차 등의 진입이 쉬운 **도로변** 또는 **공지**에 설치
(3) 소화전은 특정소방대상물의 수평투영면의 각 부분으로부터 **140m** 이하가 되도록 설치 보기 ④
(4) 지상식 소화전의 호스접결구는 지면으로부터 높이가 0.5m 이상 1m 이하가 되도록 설치할 것

기억법 용14

답 ④

68
포소화약제의 혼합장치에 대한 설명 중 옳은 것은?

18.04.문72
16.03.문64
15.09.문76
15.05.문80
12.05.문64

① 라인 프로포셔너방식이란 펌프의 토출관과 흡입관 사이의 배관 도중에 설치한 흡입기에 펌프에서 토출된 물의 일부를 보내고, 농도 조정밸브에서 조정된 포소화약제의 필요량을 포소화약제 탱크에서 펌프 흡입측으로 보내어 이를 혼합하는 방식을 말한다.

② 프레져사이드 프로포셔너방식이란 펌프의 토출관에 압입기를 설치하여 포소화약제 압입용 펌프로 포소화약제를 압입시켜 혼합하는 방식을 말한다.

③ 프레져 프로포셔너방식이란 펌프와 발포기의 중간에 설치된 벤투리관의 벤투리작용에 따라 포소화약제를 흡입·혼합하는 방식을 말한다.

④ 펌프 프로포셔너방식이란 펌프와 발포기의 중간에 설치된 벤투리관의 벤투리작용과 펌프 가압수의 포소화약제 저장탱크에 대한 압력에 따라 포소화약제를 흡입·혼합하는 방식을 발한다.

해설 ① 라인 프로포셔너방식 → 펌프 프로포셔너방식
③ 프레져 프로포셔너방식 → 라인 프로포셔너방식
④ 펌프 프로포셔너방식 → 프레져 프로포셔너방식

포소화약제의 혼합장치
(1) **펌프 프로포셔너방식**(**펌프 혼합방식**)
 ㉠ 펌프 토출측과 흡입측에 바이패스를 설치하고, 그 바이패스의 도중에 설치한 어댑터(adaptor)로 펌프 토출측 수량의 일부를 통과시켜 공기포 용액을 만드는 방식
 ㉡ 펌프의 **토출관**과 **흡입관** 사이의 배관 도중에 설치한 흡입기에 펌프에서 토출된 물의 일부를 보내고 **농도조정밸브**에서 조정된 포소화약제의 필요량을 포소화약제 탱크에서 펌프 흡입측으로 보내어 약제를 혼합하는 방식

기억법 펌농

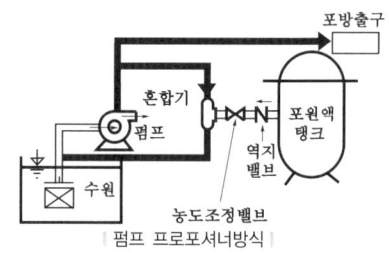

│ 펌프 프로포셔너방식 │

(2) **프레져 프로포셔너방식**(**차압 혼합방식**)
 ㉠ 가압송수관 도중에 공기포 소화원액 혼합조(P.P.T)와 혼합기를 접속하여 사용하는 방법
 ㉡ **격막방식 휨탱크**를 사용하는 에어휨 혼합방식
 ㉢ 펌프와 발포기의 중간에 설치된 벤투리관의 **벤투리작용**과 펌프 가압수의 **포소화약제 저장탱크**에 대한 압력에 의하여 포소화약제를 흡입·혼합하는 방식

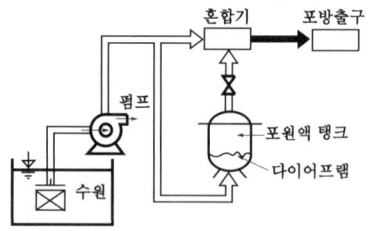

│ 프레져 프로포셔너방식 │

(3) 라인 프로포셔너방식(관로 혼합방식)
 ㉠ 급수관의 배관 도중에 포소화약제 흡입기를 설치하여 그 흡입관에서 소화약제를 흡입하여 혼합하는 방식
 ㉡ 펌프와 발포기의 중간에 설치된 **벤**투리관의 **벤**투리 **작용**에 의하여 포소화약제를 흡입·혼합하는 방식

| 기억법 | 라벤벤 |

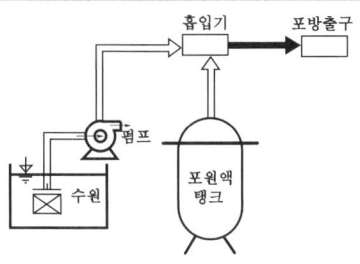

라인 프로포셔너방식

(4) 프레져사이드 프로포셔너방식(압입 혼합방식)
 ㉠ 소화원액 가압펌프(압입용 펌프)를 별도로 사용하는 방식
 ㉡ 펌프 **토출관**에 압입기를 설치하여 포소화약제 **압입용 펌프**로 포소화약제를 압입시켜 혼합하는 방식 보기 ②

| 기억법 | 프사압 |

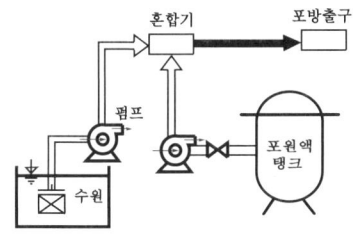

프레져사이드 프로포셔너방식

(5) 압축공기포 믹싱챔버방식
포수용액에 공기를 강제로 주입시켜 **원거리 방수**가 가능하고 물 사용량을 줄여 **수손피해**를 **최소화**할 수 있는 방식

답 ②

69 피난기구의 화재안전기준상 층별과 설치장소가 피난기구의 적응성에 다르게 짝지어진 것은?
① 의료시설 3층 – 구조대
② 노유자시설 3층 – 다수인 피난장비
③ 의료시설 4층 – 피난교
④ 노유자시설 4층 – 미끄럼대

해설 ④ 미끄럼대는 해당 안 됨

피난기구의 적응성(NFTC 301 2.1.1)

층별 설치 장소별 구분	1층	2층	3층	4층 이상 10층 이하
노유자시설	• 미끄럼대 • 구조대 • 피난교 • 다수인 피난장비 • 승강식 피난기	• 미끄럼대 • 구조대 • 피난교 • 다수인 피난장비 • 승강식 피난기	• 미끄럼대 • 구조대 • 피난교 • 다수인 피난장비 • 승강식 피난기	• 구조대[1] • 피난교 보기 ① • 다수인 피난장비 보기 ② • 승강식 피난기 보기 ③
의료시설·입원실이 있는 의원·접골원·조산원	–	–	• 미끄럼대 • 구조대 • 피난교 • 피난용 트랩 • 다수인 피난장비 • 승강식 피난기	• 구조대 • 피난교 • 피난용 트랩 • 다수인 피난장비 • 승강식 피난기
영업장의 위치가 4층 이하인 다중이용업소	–	• 미끄럼대 • 피난사다리 • 구조대 • 완강기 • 다수인 피난장비 • 승강식 피난기	• 미끄럼대 • 피난사다리 • 구조대 • 완강기 • 다수인 피난장비 • 승강식 피난기	• 미끄럼대 • 피난사다리 • 구조대 • 완강기 • 다수인 피난장비 • 승강식 피난기
그 밖의 것 (근린생활시설 사무실 등)	–	–	• 미끄럼대 • 피난사다리 • 구조대 • 완강기 • 피난교 • 피난용 트랩 • 간이완강기[2] • 공기안전매트 • 다수인 피난장비 • 승강식 피난기	• 피난사다리 • 구조대 • 완강기 • 피난교 • 간이완강기[2] • 공기안전매트 • 다수인 피난장비 • 승강식 피난기

[비고] 1) 구조대의 적응성은 장애인 관련 시설로서 주된 사용자 중 스스로 피난이 불가한 자가 있는 경우 추가로 설치하는 경우에 한한다.
2) 간이완강기의 적응성은 숙박시설의 3층 이상에 있는 객실에 추가로 설치하는 경우에 한한다.

중요

의무관리대상 공동주택(NFPC 608 13조, NFTC 608 2.9.1.3)
공동주택 구역마다 공기안전매트 1개 이상 추가 설치

비교

피난기구 적응성		
간이완강기	공기안전매트	구조대
숙박시설의 3층 이상에 있는 객실	공동주택	장애인 관련 시설

답 ④

70. 피난설비 중 올림식과 내림식 사다리의 구조에 대한 설명 중 틀린 것은?

① 내림식 사다리는 종봉 끝부분에 가변식 걸고리 또는 걸림장치를 부착해야 한다.
② 내림식 사다리를 사용시 소방대상물로부터 10cm 이상의 거리를 유지하기 위한 돌자를 횡봉의 위치미다 설치해야 한다.
③ 올림식 사다리의 상부지점에서는 미끄러짐을 막는 장치를 설치해야 한다.
④ 올림식 사다리의 신축하는 구조는 사용할 때 자동적으로 작동하는 축제방지장치를 설치해야 한다.

해설 ③ 상부지지점 → 하부지지점

사다리의 구조

올림식 사다리의 구조	내림식 사다리의 구조
① **상부지지점**(끝부분으로부터 60cm 이내의 임의의 부분)에 미끄러지거나 넘어지지 아니하도록 하기 위하여 **안전장치** 설치	① 사용시 소방대상물로부터 **10cm 이상**의 거리를 유지하기 위한 유효한 돌자를 횡봉의 위치마다 설치 보기②
② **하부지지점**에서는 **미끄러짐을 막는 장치** 설치 보기③	② 종봉의 끝부분에는 가변식 걸고리 또는 걸림장치가 부착되어 있을 것 보기①
③ **신축하는 구조**인 것은 사용할 때 자동적으로 작동하는 **축제방지장치** 설치 보기④	③ 걸림장치 등은 쉽게 이탈하거나 파손되지 아니하는 구조일 것
④ **접어지는 구조**인 것은 사용할 때 자동적으로 작동하는 **접힘방지장치** 설치	④ 하향식 피난구용 내림식 사다리는 사다리를 접거나 천천히 펼쳐지게 하는 완강장치를 부착할 수 있다.
	⑤ 하향식 피난구용 내림식 사다리는 한 번의 동작으로 사용 가능한 구조일 것

중요) 피난사다리의 중량기준(피난사다리의 형식승인 및 제품검사의 기술기준 9조)

올림식 사다리	내림식 사다리 (하향식 피난구용 제외)
35kgf 이하	20kgf 이하

답 ③

71. 다음은 포소화설비에서 배관 등 설치기준에 관한 내용이다. ( ) 안에 들어갈 내용으로 옳은 것은?

펌프의 성능은 체절운전시 정격토출압력의 (㉠)%를 초과하지 않고, 정격토출량의 150%로 운전시 정격토출압력의 (㉡)% 이상이 되어야 한다.

① ㉠ 120, ㉡ 65
② ㉠ 120, ㉡ 75
③ ㉠ 140, ㉡ 65
④ ㉠ 140, ㉡ 75

해설 (1) **포소화설비**의 **배관**(NFPC 105 7조, NFTC 105 2.4)
㉠ 급수개폐밸브 : **탬퍼스위치** 설치
㉡ 펌프의 흡입측 배관 : **버터플라이밸브** 외의 개폐표시형 밸브 설치
㉢ 송액관 : **배액밸브** 설치

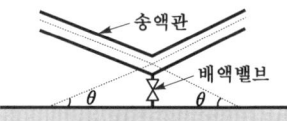

송액관의 기울기

(2) **소화펌프**의 **성능시험 방법** 및 **배관**
㉠ 펌프의 성능은 체절운전시 정격토출압력의 **140%**를 초과하지 않을 것 보기 ㉠
㉡ 정격토출량의 **150%**로 운전시 정격토출압력의 **65%** 이상이어야 할 것 보기 ㉡
㉢ 성능시험배관은 펌프의 토출측에 설치된 **개폐밸브 이전**에서 분기할 것
㉣ 유량측정장치는 펌프 정격토출량의 **175%** 이상 측정할 수 있는 성능이 있을 것

답 ③

72. 이산화탄소 소화설비의 화재안전기준상 저압식 이산화탄소 소화약제 저장용기에 설치하는 안전밸브의 작동압력은 내압시험압력의 몇 배에서 작동해야 하는가?

① 0.24~0.4
② 0.44~0.6
③ 0.64~0.8
④ 0.84~1

해설 **이산화탄소 소화설비**의 **저장용기**(NFPC 106 4조, NFTC 106 2.1.2)

자동냉동장치	2.1MPa, -18℃ 이하	
압력경보장치	2.3MPa 이상 1.9MPa 이하	
선택밸브 또는 개폐밸브의 안전장치	배관의 최소사용설계압력과 최대허용압력 사이의 압력	
저장용기	고압식	25MPa 이상
	저압식	3.5MPa 이상
안전밸브	내압시험압력의 **0.64~0.8배** 보기 ③	
봉판	내압시험압력의 0.8~내압시험압력	
충전비	고압식	1.5~1.9 이하
	저압식	1.1~1.4 이하

답 ③

73. 특별피난계단의 계단실 및 부속실 제연설비의 안전기준에 대한 내용으로 틀린 것은?

① 제연구역과 옥내와의 사이에 유지하여야 하는 최소 차압은 40Pa 이상으로 하여야 한다.
② 제연설비가 가동되었을 경우 출입문의 개방에 필요한 힘은 130N 이하로 하여야 한다.
③ 계단실과 부속실을 동시에 제연하는 경우 부속실의 기압은 계단실과 같게 하거나 부속실과 계단실의 압력차이가 5Pa 이하가 되도록 하여야 한다.
④ 계단실 및 그 부속실을 동시에 제연하거나 또는 계단실만 단독으로 제연할 때의 방연풍속은 0.5m/s 이상이어야 한다.

해설
② 130N 이하 → 110N 이하

차압(NFPC 501A 6·10조, NFTC 501A 2.3, 2.7.1)
(1) 제연구역과 옥내와의 사이에 유지하여야 하는 최소 차압은 **40Pa**(옥내에 **스프링클러설비**가 설치된 경우는 **12.5Pa**) 이상 보기 ①
(2) 제연설비가 가동되었을 경우 출입문의 개방에 필요한 힘은 **110N 이하** 보기 ②
(3) 계단실과 부속실을 동시에 제연하는 경우 부속실의 기압은 계단실과 같게 하거나 계단실의 기압보다 낮게 할 경우에는 부속실과 계단실의 압력차이는 **5Pa 이하** 보기 ③
(4) 계단실 및 그 부속실을 동시에 제연하는 것 또는 계단실만 단독으로 제연할 때의 방연풍속은 **0.5m/s 이상** 보기 ④
(5) 피난을 위하여 제연구역의 출입문이 일시적으로 개방되는 경우 개방되지 아니하는 제연구역과 옥내와의 차압은 기준 차압의 70% 이상이어야 한다.

답 ②

74. 연결살수설비의 화재안전기준에 따른 건축물에 설치하는 연결살수설비의 헤드에 대한 기준 중 다음 ( ) 안에 알맞은 것은?

천장 또는 반자의 각 부분으로부터 하나의 살수헤드까지의 수평거리가 연결살수설비 전용헤드의 경우는 (㉠)m 이하, 스프링클러헤드의 경우는 (㉡)m 이하로 할 것. 다만, 살수헤드의 부착면과 바닥과의 높이가 (㉢)m 이하인 부분은 살수헤드의 살수분포에 따른 거리로 할 수 있다.

① ㉠ 3.7, ㉡ 2.3, ㉢ 2.1
② ㉠ 3.7, ㉡ 2.1, ㉢ 2.3
③ ㉠ 2.3, ㉡ 3.7, ㉢ 2.3
④ ㉠ 2.3, ㉡ 3.7, ㉢ 2.1

해설
연결살수설비헤드의 수평거리(NFPC 503 6조, NFTC 503 2.3.2.2)

연결살수설비 전용헤드	스프링클러헤드
3.7m 이하 보기 ㉠	2.3m 이하 보기 ㉡

살수헤드의 부착면과 바닥과의 높이가 **2.1m** 이하인 부분에 있어서는 살수헤드의 살수분포에 따른 거리로 할 수 있다. 보기 ㉢

(1) 연결살수설비에서 하나의 송수구역에 설치하는 **개방형 헤드수는 10개 이하**
(2) 연결살수설비에서 하나의 송수구역에 설치하는 **단구형 살수헤드수도 10개 이하**

비교

연소방지설비 헤드 간의 수평거리

연소방지설비 전용헤드	스프링클러헤드
2m 이하	1.5m 이하

답 ①

75. 이산화탄소 소화설비의 화재안전기준에 따른 이산화탄소 소화설비 기동장치의 설치기준으로 틀린 것은?

① 가스압력식 기동장치 기동용 가스용기의 체적은 5L 이상으로 한다.
② 수동식 기동장치는 전역방출방식에 있어서 방호대상물마다 설치한다.
③ 수동식 기동장치의 부근에는 소화약제의 방출을 지연시킬 수 있는 방출지연스위치를 설치해야 한다.
④ 전기식 기동장치로서 7병의 저장용기를 동시에 개방하는 설비는 2병 이상의 저장용기에 전자개방밸브를 부착해야 한다.

해설
② 방호대상물 → 방호구역

이산화탄소 소화설비의 기동장치
(1) 자동식 기동장치는 **자동화재탐지설비 감지기**의 작동과 **연동**
(2) 전역방출방식에 있어서 수동식 기동장치는 **방호구역**마다 설치 보기 ②
(3) 가스압력식 자동기동장치의 기동용 가스용기 체적은 **5L 이상** 보기 ①
(4) 수동식 기동장치의 조작부는 **0.8~1.5m 이하** 높이에 설치

(5) 전기식 기동장치는 **7병** 이상의 경우에 **2병** 이상이 전자개방밸브 설치 보기 ④
(6) 수동식 기동장치의 부근에는 소화약제의 방출을 지연시킬 수 있는 **방출지연스위치** 설치 보기 ③

중요

이산화탄소 소화설비 가스압력식 기동장치

구 분	기 준
비활성 기체 충전압력	6MPa 이상(21℃ 기준)
기동용 가스용기의 체적	5L 이상
기동용 가스용기 안전장치의 압력	내압시험압력의 0.8~ 내압시험압력 이하
기동용 가스용기 및 해당 용기에 사용하는 밸브의 견디는 압력	25MPa 이상

비교

분말소화설비 가스압력식 기동장치

구 분	기 준
기동용 가스용기의 체적	5L 이상(단, 1L 이상시 CO_2량 0.6kg 이상)

답 ②

76 고압의 전기기기가 있는 장소의 전기기기와 물분무헤드의 이격거리 기준으로 틀린 것은?
24.03.문71
19.04.문61
15.09.문79
① 110kV 초과 154kV 이하 : 150cm 이상
② 154kV 초과 181kV 이하 : 180cm 이상
③ 181kV 초과 220kV 이하 : 200cm 이상
④ 220kV 초과 275kV 이하 : 260cm 이상

해설 **물분무헤드**의 **이격거리**

전 압	거 리
66kV 이하	**70**cm 이상
67~**77**kV 이하	**80**cm 이상
78~**110**kV 이하	**110**cm 이상
111~**154**kV 이하 보기 ①	**150**cm 이상
155~**181**kV 이하 보기 ②	**180**cm 이상
182~**220**kV 이하 보기 ③	**210**cm 이상
221~**275**kV 이하 보기 ④	**260**cm 이상

기억법
66 → 70
77 → 80
110 → 110
154 → 150
181 → 180
220 → 210
275 → 260

답 ③

77 포소화설비의 화재안전기준에 따른 포소화설비 설치기준에 대한 설명으로 틀린 것은?
21.03.문69
15.03.문79
① 포워터스프링클러헤드는 바닥면적 $8m^2$마다 1개 이상 설치하여야 한다.
② 포헤드를 정방형으로 배치하든 장방형으로 배치하든 간에 그 유효반경은 2.1m로 한다.
③ 포헤드는 특정소방대상물의 천장 또는 반자에 설치하되, 바닥면적 $7m^2$마다 1개 이상으로 한다.
④ 전역방출방식의 고발포용 고정포방출구는 바닥면적 $500m^2$ 이내마다 1개 이상을 설치하여야 한다.

해설 ③ $7m^2$마다 → $9m^2$마다

(1) **헤드**의 **설치개수**(NFPC 105 12조, NFTC 105 2.9.2)

헤드 종류	바닥면적 /설치개수
포워터스프링클러헤드	$8m^2$/개 보기 ①
포헤드	$9m^2$/개 보기 ③
압축공기포 소화설비 — 특수가연물 저장소	$9.3m^2$/개
압축공기포 소화설비 — 유류탱크 주위	$13.9m^2$/개
고정포방출구	$500m^2$/1개

(2) **포헤드 상호간의 거리기준**(NFPC 105 12조, NFTC 105 2.9.2.5)

정방형(정사각형)	장방형(직사각형)
$S = 2r \times \cos 45°$ $L = S$ 여기서, S : 포헤드 상호간의 거리[m] r : 유효반경(2.1m) L : 배관간격[m]	$P_t = 2r$ 여기서, P_t : 대각선의 길이[m] r : 유효반경(2.1m) 보기 ②

(3) **전역방출방식**의 **고발포용 고정포방출구**(NFPC 105 12조, NFTC 105 2.9.4.1)
㉠ 개구부에 **자동폐쇄장치**를 설치할 것
㉡ 고정포방출구는 바닥면적 **$500m^2$**마다 1개 이상으로 할 것 보기 ④
㉢ 고정포방출구는 방호대상물의 **최고부분보다 높은 위치**에 설치할 것
㉣ 해당 방호구역의 관포체적 $1m^3$에 대한 포수용액 방출량은 소방대상물 및 포의 팽창비에 따라 달라진다.

기억법 고5(GO)

답 ③

78
물분무소화설비를 설치하는 차고 또는 주차장의 배수설비 중 배수구에서 새어나온 기름을 모아 소화할 수 있도록 최대 몇 m 이하마다 집수관·소화피트 등 기름분리장치를 설치하여야 하는가?

① 10 ② 40
③ 50 ④ 100

해설 물분무소화설비의 배수설비

구분	설명
배수구	10cm 이상의 경계턱으로 배수구 설치(차량이 주차하는 곳)
기름분리장치	40m 이하마다 기름분리장치 설치 보기 ②
기울기	차량이 주차하는 바닥은 $\frac{2}{100}$ 이상의 기울기 유지
배수설비	배수설비는 가압송수장치의 **최대송수능력**의 수량을 유효하게 배수할 수 있는 크기 및 기울기일 것

중요
기울기

구분	배관 및 설비
$\frac{1}{100}$ 이상	연결살수설비의 수평주행배관
$\frac{2}{100}$ 이상	물분무소화설비의 배수설비
$\frac{1}{250}$ 이상	습식·부압식 설비 외 설비의 가지배관
$\frac{1}{500}$ 이상	습식·부압식 설비 외 설비의 수평주행배관

답 ②

79
소화용수설비의 소요수량이 40m³ 이상 100m³ 미만일 경우에 채수구는 몇 개를 설치하여야 하는가?

① 1 ② 2
③ 3 ④ 4

해설 소화수조·저수조

(1) 흡수관 투입구

소요수량	80m³ 미만	80m³ 이상
흡수관 투입구의 수	1개 이상	2개 이상

(2) 채수구

소요수량	20~40m³ 미만	40~100m³ 미만	100m³ 이상
채수구의 수	1개	2개 보기 ②	3개

용어
채수구
소방차의 소방호스와 접결되는 흡입구

답 ②

80
미분무소화설비의 화재안전기준에 따른 용어의 정리 중 다음 ( ) 안에 알맞은 것은?

미분무란 물만을 사용하여 소화하는 방식으로 최소설계압력에서 헤드로부터 방출되는 물입자 중 (㉠)%의 누적체적분포가 (㉡)μm 이하로 분무되고 A, B, C급 화재에 적응성을 갖는 것을 말한다.

① ㉠ 30, ㉡ 200 ② ㉠ 50, ㉡ 200
③ ㉠ 60, ㉡ 400 ④ ㉠ 99, ㉡ 400

해설 미분무소화설비의 용어정의 (NFPC 104A 3조, NFTC 104A 1.7)

용어	설명
미분무소화설비	가압된 물이 헤드 통과 후 미세한 입자로 분무됨으로써 소화성능을 가지는 설비를 말하며, 소화력을 증가시키기 위해 강화액 등을 첨가할 수 있다.
미분무	물만을 사용하여 소화하는 방식으로 최소설계압력에서 헤드로부터 방출되는 물입자 중 **99%**의 누적체적분포가 **400**μm 이하로 분무되고 A, B, C급 화재에 적응성을 갖는 것 보기 ④
미분무헤드	하나 이상의 오리피스를 가지고 미분무소화설비에 사용되는 헤드

답 ④

2025. 9. 1 시행

2025년 기사 제3회 필기시험 CBT 기출복원문제

자격종목	종목코드	시험시간	형별
소방설비기사(기계분야)		2시간	

※ 각 문항은 4지택일형으로 질문에 가장 적합한 보기 항을 선택하여 체크하여야 합니다.

제1과목 소방원론

01 건물의 주요구조부에 해당되지 않는 것은?
17.09.문19
15.03.문18
13.09.문18
① 바닥   ② 천장
③ 기둥   ④ 주계단

해설 주요구조부
(1) 내력**벽**
(2) **보**(작은 보 제외)
(3) **지**붕틀(차양 제외)
(4) **바**닥(최하층 바닥 제외) 보기 ①
(5) **주**계단(옥외계단 제외) 보기 ④
(6) **기**둥(사잇기둥 제외) 보기 ③

기억법 벽보지 바주기

답 ②

02 제1종 분말소화약제의 열분해반응식으로 옳은 것은?
19.03.문01
18.04.문06
17.09.문10
16.10.문06
16.10.문10
16.10.문11
16.05.문15
16.05.문17
16.03.문09
15.09.문08
15.05.문06
14.09.문10

① $2NaHCO_3 \rightarrow Na_2CO_3 + CO_2 + H_2O$
② $2KHCO_3 \rightarrow K_2CO_3 + CO_2 + H_2O$
③ $2NaHCO_3 \rightarrow Na_2CO_3 + 2CO_2 + H_2O$
④ $2KHCO_3 \rightarrow K_2CO_3 + 2CO_2 + H_2O$

해설 분말소화기(질식효과)

종별	소화약제	약제의 착색	화학반응식	적응화재
제1종	탄산수소 나트륨 ($NaHCO_3$)	백색	$2NaHCO_3 \rightarrow Na_2CO_3 + CO_2 + H_2O$ 보기 ①	BC급
제2종	탄산수소 칼륨 ($KHCO_3$)	담자색 (담회색)	$2KHCO_3 \rightarrow K_2CO_3 + CO_2 + H_2O$	
제3종	인산암모늄 ($NH_4H_2PO_4$)	담홍색	$NH_4H_2PO_4 \rightarrow HPO_3 + NH_3 + H_2O$	AB C급
제4종	탄산수소 칼륨+요소 ($KHCO_3$+ $(NH_2)_2CO$)	회(백)색	$2KHCO_3 + (NH_2)_2CO \rightarrow K_2CO_3 + 2NH_3 + 2CO_2$	BC급

• 탄산수소나트륨=중탄산나트륨
• 탄산수소칼륨=중탄산칼륨
• 제1인산암모늄=인산암모늄=인산염
• 탄산수소칼륨+요소=중탄산칼륨+요소

답 ①

03 다음 중 연기에 의한 감광계수가 0.1m⁻¹, 가시거리가 20~30m일 때의 상황으로 옳은 것은?
22.04.문15
21.09.문02
20.06.문01
17.03.문10
16.10.문16
16.03.문03
14.05.문06
13.09.문11

① 건물 내부에 익숙한 사람이 피난에 지장을 느낄 정도
② 연기감지기가 작동할 정도
③ 어두운 것을 느낄 정도
④ 앞이 거의 보이지 않을 정도

해설 감광계수와 가시거리

감광계수 [m⁻¹]	가시거리 [m]	상황
0.1	20~30	연기**감**지기가 작동할 때의 농도(연기감지기가 작동하기 직전의 농도) 보기 ②
0.3	5	건물 내부에 **익**숙한 사람이 피난에 지장을 느낄 정도의 농도 보기 ①
0.5	3	**어**두운 것을 느낄 정도의 농도 보기 ③
1	1~2	앞이 거의 **보**이지 않을 정도의 농도 보기 ④
10	0.2~0.5	화재 **최**성기 때의 농도
30	-	출화실에서 연기가 **분**출할 때의 농도

기억법
0123 감
035   익
053   어
112   보
100205 최
30   분

답 ②

04 화재하중 계산시 목재의 단위 발열량은 약 몇 kcal/kg인가?

① 3000
② 4500
③ 9000
④ 12000

해설
$$q = \frac{\Sigma G_t H_t}{HA} = \frac{\Sigma Q}{4500A}$$

여기서, q : 화재하중[kg/m²]
G_t : 가연물의 양[kg]
H_t : 가연물의 단위 발열량[kcal/kg]
H : 목재의 단위 발열량[kcal/kg]
A : 바닥면적[m²]
ΣQ : 가연물의 전체 발열량[kcal]

• 목재의 단위발열량 : **4500kcal/kg**

답 ②

05 물의 물리·화학적 성질로 틀린 것은?

① 증발잠열은 539.6cal/g으로 다른 물질에 비해 매우 큰 편이다.
② 대기압하에서 100℃의 물이 액체에서 수증기로 바뀌면 체적은 약 1603배 정도 증가한다.
③ 수소 1분자와 산소 1/2분자로 이루어져 있으며 이들 사이의 화학결합은 극성 공유결합이다.
④ 분자 간의 결합은 쌍극자-쌍극자 상호작용의 일종인 산소결합에 의해 이루어진다.

해설
④ 산소결합 → 수소결합

물 분자의 결합
(1) 물 분자 간 결합은 분자 간 인력인 **수소결합**이다. 보기 ④
(2) 물 분자 내의 결합은 수소원자와 산소원자 사이의 결합인 **공유결합**이다.
(3) **공유결합**은 수소결합보다 **강한 결합**이다.

답 ④

06 불연성 물질로만 이루어진 것은?

① 황린, 나트륨
② 적린, 황
③ 이황화탄소, 나이트로글리세린
④ 과산화나트륨, 질산

해설
불연성 물질

제1류 위험물	제6류 위험물
• 과산화칼륨	• 과염소산
• 과산화나트륨 보기 ④	• 과산화수소
• 과산화바륨	• 질산 보기 ④

중요
(1) **과산화나트륨**(Na_2O_2)
① 제1류 위험물(무기과산화물)
② 자신은 **불연성** 물질이지만 **산소공급원** 역할을 하는 물질

기억법 과나불산

(2) 질산
① 제6류 위험물
② **부식성**이 있다.
③ **불연성** 물질이다.
④ **산화제**이다.
⑤ 산화성 물질과의 접촉을 피할 것

답 ④

07 플래시오버(flash over)현상에 대한 설명으로 옳은 것은?

① 실내에서 가연성 가스가 축적되어 발생되는 폭발적인 착화현상
② 실내에서 에너지가 느리게 집적되는 현상
③ 실내에서 가연성 가스가 분해되는 현상
④ 실내에서 가연성 가스가 방출되는 현상

해설
플래시오버(flash over) : 순발연소
(1) **실내**에서 폭발적인 착화현상 보기 ①
(2) 폭발적인 **화재확대현상**
(3) 건물화재에서 발생한 가연성 가스가 일시에 인화하여 화염이 **충**만하는 단계
(4) 실내의 가연물이 연소됨에 따라 생성되는 가연성 가스가 실내에 누적되어 **폭**발적으로 연소하여 실 전체가 순간적으로 불길에 싸이는 현상
(5) **옥내화재**가 서서히 진행하여 열이 축적되었다가 일시에 화염이 크게 발생하는 상태
(6) **다량**의 **가연성 가스**가 동시에 연소되면서 **급**격한 온도상승을 유발하는 현상
(7) 건축물에서 한순간에 폭발적으로 화재가 확산되는 현상

기억법 플확충 폭급

• 플래시오버=플래쉬오버

비교
(1) 패닉(panic)현상
인간의 비이성적인 또는 부적합한 **공포반응행동**으로서 무모하게 높은 곳에서 뛰어내리는 행위라든지, 몸이 굳어서 움직이지 못하는 행동

(2) **굴뚝효과**(stack effect)
㉠ 건물 내외의 **온도차**에 따른 공기의 흐름현상이다.
㉡ 굴뚝효과는 **고층건물**에서 주로 나타난다.
㉢ 평상시 건물 내의 기류분포를 지배하는 중요 요소이며 화재시 **연기**의 **이동**에 큰 영향을 미친다.

ⓔ 건물 외부의 온도가 내부의 온도보다 높은 경우 저층부에서는 내부에서 외부로 공기의 흐름이 생긴다.

(3) **블레비(BLEVE) = 블레이브(BLEVE)현상**
과열상태의 탱크에서 내부의 액화가스가 분출하여 기화되어 폭발하는 현상
ⓐ 가연성 액체
ⓑ 화구(fire ball)의 형성
ⓒ 복사열의 대량 방출

답 ①

08 자연발화 방지대책에 대한 설명 중 틀린 것은?

① 저장실의 온도를 낮게 유지한다.
② 저장실의 환기를 원활히 시킨다.
③ 촉매물질과의 접촉을 피한다.
④ 저장실의 습도를 높게 유지한다.

해설 ④ 높게 → 낮게

(1) **자연발화의 방지법**
ⓐ **습**도가 높은 곳을 **피**할 것(건조하게 유지할 것) 보기 ④
ⓑ **저**장실의 온도를 낮출 것 보기 ①
ⓒ 통풍이 잘 되게 할 것(**환기**를 원활히 시킨다) 보기 ②
ⓓ 퇴적 및 수납시 열이 쌓이지 않게 할 것(**열축적 방지**)
ⓔ 산소와의 접촉을 차단할 것(**촉매물질**과의 접촉을 피한다) 보기 ③
ⓕ **열전도성**을 좋게 할 것

기억법 자습피

(2) **자연발화 조건**
ⓐ 열전도율이 작을 것
ⓑ 발열량이 클 것
ⓒ 주위의 온도가 높을 것
ⓓ 표면적이 넓을 것

답 ④

09 인화점이 낮은 것부터 높은 순서로 옳게 나열된 것은?

① 에틸알코올<이황화탄소<아세톤
② 이황화탄소<에틸알코올<아세톤
③ 에틸알코올<아세톤<이황화탄소
④ 이황화탄소<아세톤<에틸알코올

해설

물 질	인화점	착화점
• 프로필렌	-107℃	497℃
• 에틸에터 • 다이에틸에터	-45℃	180℃
• 가솔린(휘발유)	-43℃	300℃
• 이황화탄소	**-30℃**	**100℃**
• 아세틸렌	-18℃	335℃
• 아세톤	**-18℃**	**538℃**
• 벤젠	-11℃	562℃
• 톨루엔	4.4℃	480℃
• 에틸알코올	**13℃**	**423℃**
• 아세트산	40℃	-
• 등유	43~72℃	210℃
• 경유	50~70℃	200℃
• 적린	-	260℃

답 ④

10 촛불의 주된 연소 형태에 해당하는 것은?

① 표면연소 ② 분해연소
③ 증발연소 ④ 자기연소

해설 **연소의 형태**

연소 형태	종류	
표면연소	• **숯** • **목탄**	• **코**크스 • **금**속분
분해연소	• **석**탄 • **플**라스틱 • **고**무 • **아**스팔트	• **종**이 • **목**재 • **중**유
증발연소 보기 ③	• **황** • **파**라핀(**양**초) • **가**솔린(휘발유) • **경**유 • **아**세톤	• **왁**스 • **나**프탈렌 • **등**유 • **알**코올
자기연소	• 나이트로글리세린 • 나이트로셀룰로오스(질화면) • TNT • 피크린산	
액적연소	• 벙커C유	
확산연소	• 메탄(CH_4) • 암모니아(NH_3) • 아세틸렌(C_2H_2) • 일산화탄소(CO) • 수소(H_2)	

기억법 표숯코 목탄금, 분석종플 목고중아, 증황왁파양 나가등경알아

※ 파라핀 : 양초(초)의 주성분

답 ③

11 상온, 상압에서 액체상태인 할론소화약제는?

① 할론 2402 ② 할론 1301
③ 할론 1211 ④ 할론 1400

해설 ④ 할론 1400 : 이런 소화약제는 없음

상온에서의 상태

기체상태	액체상태
① 할론 1301 보기 ②	① 할론 1011
② 할론 1211 보기 ③	② 할론 104
③ 탄산가스(CO_2)	③ 할론 2402 보기 ①

기억법 132탄기

답 ①

12 비수용성 유류의 화재시 물로 소화할 수 없는 이유는?
19.03.문04
15.09.문06
15.09.문13
14.03.문06
12.09.문16
12.05.문05

① 인화점이 변하기 때문
② 발화점이 변하기 때문
③ 연소면이 확대되기 때문
④ 수용성으로 변하여 인화점이 상승하기 때문

해설 경유화재시 주수소화가 부적당한 이유
물보다 비중이 가벼워 물 위에 떠서 **화재면 확대**의 우려가 있기 때문이다(연소면 확대).

중요

주수소화(물소화)시 위험한 물질

위험물	발생물질
• 무기과산화물	산소(O_2) 발생
• 금속분 • 마그네슘 • 알루미늄 • 칼륨 • 나트륨 • 수소화리튬	수소(H_2) 발생
• 가연성 액체의 유류화재 (경유)	연소면(화재면) 확대 보기 ③

답 ③

13 소화방법 중 제거소화에 해당되지 않는 것은?
17.03.문16
16.10.문07
16.03.문12
11.03.문04

① 산불이 발생하면 화재의 진행방향을 앞질러 벌목
② 방 안에서 화재가 발생하면 이불이나 담요로 덮음
③ 가스화재시 밸브를 잠궈 가스흐름을 차단
④ 불타고 있는 장작더미 속에서 아직 타지 않은 것을 안전한 곳으로 운반

해설 ② **질식소화** : 방 안에서 화재가 발생하면 이불이나 담요로 덮는다.

중요

제거소화의 예
(1) **가연성 기체**화재시 **주밸브**를 **차단**한다.
(2) **가연성 액체**화재시 펌프를 이용하여 **연료**를 제거한다.
(3) **연료탱크**를 **냉각**하여 가연성 가스의 발생속도를 작게 하여 연소를 억제한다.
(4) 금속화재시 **불활성 물질**로 가연물을 덮는다.
(5) **목재**를 **방염처리**한다.
(6) 전기화재시 **전원**을 **차단**한다.
(7) 산불이 발생하면 화재의 진행방향을 앞질러 **벌목**한다. 보기 ①
(8) 가스화재시 **밸브**를 **잠궈** 가스흐름을 차단한다. 보기 ③
(9) 불타고 있는 장작더미 속에서 아직 타지 않은 것을 안전한 곳으로 **운반**한다. 보기 ④
(10) 유류탱크화재시 주변에 있는 유류탱크의 유류를 다른 곳으로 이동시킨다.
(11) **양초**를 입으로 불어서 끈다.

※ **제거효과** : 가연물을 반응계에서 제거하든지 또는 반응계로의 공급을 정지시켜 소화하는 효과

답 ②

14 나이트로셀룰로오스의 용도, 성상 및 위험성과 저장·취급에 대한 설명 중 틀린 것은?
16.10.문02

① 질화도가 낮을수록 위험성이 크다.
② 운반시 물, 알코올을 첨가하여 습윤시킨다.
③ 무연화약의 원료로 사용된다.
④ 햇빛에서 황갈색으로 변하고 물에 녹지 않지만 아세톤, 초산에스터, 나이트로벤젠에 녹는다.

해설 ① 질화도가 클수록 위험성이 크다.

중요

질화도

구 분	설 명
정의	나이트로셀룰로오스의 질소 함유율이다.
특징	질화도가 높을수록 위험하다. 보기 ①

답 ①

15 연소시 불꽃의 온도가 가장 높을 때 불꽃의 색상은 무엇인가?

① 암적색
② 휘적색
③ 황적색
④ 휘백색

25. 09. 시행 / 기사(기계)

해설 연소의 색과 온도

색	온도[℃]
암적색(진홍색)	700~750 보기 ①
적색	850
휘적색(주황색)	925~950 보기 ②
황적색	1100 보기 ③
백적색(백색)	1200~1300
휘백색	1500 보기 ④

답 ④

16 ★★★ 공기의 평균 분자량이 29일 때 이산화탄소 기체의 증기비중은 얼마인가?

19.03.문18
16.03.문01
15.03.문05
14.09.문15
12.09.문18
07.05.문17

① 1.44 ② 1.52
③ 2.88 ④ 3.24

해설 (1) 분자량

원소	원자량
H	1
C	12
N	14
O	16

이산화탄소(CO_2) : $12+16\times2=44$

(2) 증기비중

$$증기비중 = \frac{분자량}{29}$$

여기서, 29 : 공기의 평균 분자량[g/mol]

이산화탄소 증기비중 $= \frac{분자량}{29} = \frac{44}{29} ≒ 1.52$

비교

증기밀도

$$증기밀도 = \frac{분자량}{22.4}$$

여기서, 22.4 : 기체 1몰의 부피[L]

중요

이산화탄소의 물성

구 분	물 성
임계압력	72.75atm
임계온도	31.35℃(약 31.1℃)
3중점	**-56**.3℃(약 -56℃)
승화점(**비**점)	**-78**.5℃
허용농도	0.5%
증기비중	1.**5**29
수분	0.05% 이하(함량 99.5% 이상)

기억법 이356, 이비78, 이증15

답 ②

17 ★★★ 할로겐화합물 소화약제에 관한 설명으로 옳지 않은 것은?

20.06.문09
19.09.문13
18.09.문19
17.05.문06
16.03.문08
15.03.문17
14.03.문19
11.10.문19
03.08.문11

① 연쇄반응을 차단하여 소화한다.
② 할로겐족(할로젠족) 원소가 사용된다.
③ 전기에 도체이므로 전기화재에 효과가 있다.
④ 소화약제의 변질분해 위험성이 낮다.

해설 ③ 도체 → 부도체(불량도체)

할론소화설비(할로겐화합물 소화약제)의 **특징**

(1) **연쇄반응**을 **차단**하여 소화한다. 보기 ①
(2) **할로겐족**(할로젠족) 원소가 사용된다. 보기 ②
(3) 전기에 **부도체**이므로 전기화재에 효과가 있다. 보기 ③
(4) 소화약제의 **변질분해** 위험성이 **낮다**. 보기 ④
(5) **오존층**을 **파괴**한다.
(6) 연소 **억제작용**이 크다(가연물과 산소의 화학반응을 억제한다).
(7) **소화능력**이 **크다**(소화속도가 빠르다).
(8) **금속**에 대한 **부식성**이 **작다**.

답 ③

18 ★★★ 다음 중 발화점이 가장 높은 물질은?

20.08.문06
19.09.문02
18.03.문07
15.09.문02

① 이황화탄소 ② 황린
③ 가솔린 ④ 메탄

해설

물 질	인화점	발화점
● **황린** 보기 ②	20℃ 미만	**30~50℃**
● 아세트산	40℃	-
● **이황화탄소** 보기 ①	-30℃	**100℃**
● 에틸에터 다이에틸에터	-45℃	180℃
● 아세트알데하이드	-37.8℃	185℃
● 경유	50~70℃	200℃
● 등유	43~72℃	210℃
● 적린	-	260℃
● **가솔린(휘발유)** 보기 ③	-43℃	**300℃**
● 아세틸렌	-18℃	335℃
● 에틸알코올	13℃	423℃
● 메틸알코올	11℃	464℃
● 산화프로필렌	-37℃	465℃
● 톨루엔	4.4℃	480℃
● 프로필렌	-107℃	497℃
● 아세톤	-18℃	538℃
● **메탄** 보기 ④	-188℃	**540℃**
● 벤젠	-11℃	562℃

- 착화점＝발화점＝착화온도＝발화온도
- 인화점＝인화온도

답 ④

19. 메탄 80vol%, 에탄 15vol%, 프로판 5vol%인 혼합가스의 공기 중 폭발하한계는 약 몇 vol%인가? (단, 메탄, 에탄, 프로판의 공기 중 폭발하한계는 5.0vol%, 3.0vol%, 2.1vol%이다.)

① 4.28 ② 3.61
③ 3.23 ④ 4.02

해설 혼합가스의 폭발하한계

$$\frac{100}{L} = \frac{V_1}{L_1} + \frac{V_2}{L_2} + \frac{V_3}{L_3}$$

여기서, L : 혼합가스의 폭발하한계〔vol%〕
L_1, L_2, L_3 : 가연성 가스의 폭발하한계〔vol%〕
V_1, V_2, V_3 : 가연성 가스의 용량〔vol%〕

$$\frac{100}{L} = \frac{V_1}{L_1} + \frac{V_2}{L_2} + \frac{V_3}{L_3}$$

$$\frac{100}{L} = \frac{80}{5.0} + \frac{15}{3.0} + \frac{5}{2.1}$$

$$\frac{100}{\frac{80}{5.0} + \frac{15}{3.0} + \frac{5}{2.1}} = L$$

$$L = \frac{100}{\frac{80}{5.0} + \frac{15}{3.0} + \frac{5}{2.1}} ≒ 4.28\text{vol}\%$$

- 단위가 원래는 vol% 또는 v%, vol.%인데 줄여서 %로 쓰기도 한다.

답 ①

20. 유류탱크 화재시 기름 표면에 물을 살수하면 기름이 탱크 밖으로 비산하여 화재가 확대되는 현상은?

① 슬롭오버(Slop over)
② 플래시오버(Flash over)
③ 프로스오버(Froth over)
④ 블레비(BLEVE)

해설 유류탱크, 가스탱크에서 발생하는 현상

구 분	설 명
블래비＝블레비 (BLEVE)	• 과열상태의 탱크에서 내부의 액화가스가 분출하여 기화되어 폭발하는 현상
보일오버 (Boil over)	• 중질유의 석유탱크에서 장시간 조용히 연소하다 탱크 내의 잔존기름이 갑자기 분출하는 현상 • 유류탱크에서 **탱크바닥**에 물과 기름의 **에멀션**이 섞여 있을 때 이로 인하여 화재가 발생하는 현상 • 연소유면으로부터 100℃ 이상의 열파가 탱크 저부에 고여 있는 물을 비등하게 하면서 연소유를 탱크 밖으로 비산시키며 연소하는 현상
오일오버 (Oil over)	• 저장탱크에 저장된 유류저장량이 내용적의 50% 이하로 충전되어 있을 때 화재로 인하여 탱크가 폭발하는 현상
프로스오버 (Froth over)	• 물이 점성의 뜨거운 기름표면 아래에서 끓을 때 화재를 수반하지 않고 용기가 넘치는 현상
슬롭오버 (Slop over)	• **유류탱크 화재시** 기름 표면에 물을 살수하면 **기름이 탱크 밖으로 비산**하여 화재가 확대되는 현상(연소유가 비산되어 탱크 외부까지 화재가 확산) 보기 ① • 물이 연소유의 뜨거운 표면에 들어갈 때 기름 표면에서 화재가 발생하는 현상 • 유화제로 소화하기 위한 물이 수분의 급격한 증발에 의하여 액면이 거품을 일으키면서 열유층 밑의 냉유가 급히 열팽창하여 기름의 일부가 불이 붙은 채 탱크벽을 넘어서 일출하는 현상 • 연소면의 온도가 100℃ 이상일 때 물을 주수하면 발생 • 소화시 외부에서 방사하는 포에 의해 발생

답 ①

제2과목   소방유체역학

21. 다음은 어떤 열역학법칙을 설명한 것인가?

열은 고온열원에서 저온의 물체로 이동하나, 반대로 스스로 돌아갈 수 없는 비가역 변화이다.

① 열역학 제0법칙 ② 열역학 제1법칙
③ 열역학 제2법칙 ④ 열역학 제3법칙

해설 **열역학의 법칙**
(1) 열역학 제0법칙 (열평형의 법칙)
① 온도가 높은 물체에 낮은 물체를 접촉시키면 온도가 높은 물체에서 낮은 물체로 열이 이동하여 두 물체의 **온도**는 **평형**을 이루게 된다.
② 어떤 두 물체 A와 B가 제3의 물체 C와 각각 열평형상태에 있을 때, 두 물체 A와 B도 서로 열평형상태이다.

(2) 열역학 제1법칙 (에너지보존의 법칙)
㉠ 기체의 공급에너지는 **내부에너지**와 외부에서 한 일의 합과 같다.
㉡ 사이클 과정에서 **시스템(계)**이 한 **총일**은 시스템이 받은 **총열량**과 같다.

(3) 열역학 제2법칙 [보기 ③]
㉠ 열은 스스로 **저온**에서 **고온**으로 절대로 흐르지 않는다(일을 가하면 **저온**부로부터 **고온**부로 열을 이동시킬 수 있다).
㉡ 열은 그 스스로 저열원체에서 고열원체로 이동할 수 없다.
㉢ 자발적인 변화는 **비가역적**이다.
㉣ 열을 완전히 일로 바꿀 수 있는 **열기관**을 만들 수 **없다**(일을 100% 열로 변환시킬 수 없다).

(4) 열역학 제3법칙
㉠ 순수한 물질이 1atm하에서 결정상태이면 엔트로피는 0K에서 0이다.
㉡ 단열과정에서 시스템의 **엔트로피**는 변하지 않는다.

답 ③

22 그림에 표시된 원형 관로로 비중이 0.8, 점성계수가 0.4Pa·s인 기름이 층류로 흐른다. ㉠지점의 압력이 111.8kPa이고, ㉡지점의 압력이 206.9kPa일 때 유체의 유량은 약 몇 L/s인가?
[21.09.호35]

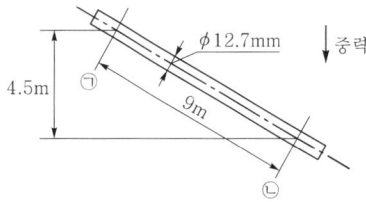

① 0.0149
② 0.0138
③ 0.0121
④ 0.0106

해설 (1) 기호
- s : 0.8
- μ : 0.4Pa·s
- $P_㉠$: 111.8kPa=111800Pa(1kPa=1000Pa)
- $P_㉡$: 206.9kPa=206900Pa(1kPa=1000Pa)
- Q : ?
- D : 12.7mm=0.0127m(1000mm=1m)
- L : 9m

(2) 비중

$$s = \frac{\rho}{\rho_w} = \frac{\gamma}{\gamma_w}$$

여기서, s : 비중
ρ : 어떤 물질의 밀도[kg/m³]
ρ_w : 물의 밀도(1000kg/m³)
γ : 어떤 물질의 비중량[N/m³]
γ_w : 물의 비중량(9800N/m³)

어떤 물질의 비중량 γ는
$\gamma = s \times \gamma_w = 0.8 \times 9800\text{N/m}^3$
$= 7840\text{N/m}^3$

(3) 압력차

$$\Delta P = \gamma H$$

여기서, ΔP : 압력차[N/m²]
γ : 비중량(물의 비중량 9800N/m³)
H : 위치수두[m]

$\Delta P = \gamma H = 7840\text{N/m}^3 \times 4.5\text{m}$
$= 35280\text{N/m}^2$
$= 35280\text{Pa}(1\text{N/m}^2 = 1\text{Pa})$

총압력차 $\Delta P = P_㉡ - P_㉠ - \Delta P$
$= (206900 - 111800 - 35280)\text{Pa}$
$= 59820\text{Pa}$

(4) **층류** : 손실수두

유체의 속도를 알 수 있는 경우	유체의 속도를 알 수 없는 경우
$H = \dfrac{\Delta P}{\gamma} = \dfrac{flV^2}{2gD}$ [m] (다르시-바이스바하의 식)	$H = \dfrac{\Delta P}{\gamma} = \dfrac{128\mu Q l}{\gamma \pi D^4}$ [m] (하겐-포아젤의 식)

여기서,
H : 마찰손실(손실수두)[m]
ΔP : 압력차(Pa) 또는 [N/m²]
γ : 비중량(물의 비중량 9800 N/m³)
f : 관마찰계수
l : 길이[m]
V : 유속[m/s]
g : 중력가속도(9.8m/s²)
D : 내경[m]

여기서,
ΔP : 압력차(압력강하, 압력손실)[N/m²]
γ : 비중량(물의 비중량 9800 N/m³)
μ : 점성계수[N·s/m²]
Q : 유량[m³/s]
l : 길이[m]
D : 내경[m]

(5) 하겐-포아젤의 식
$\dfrac{\Delta P}{\gamma} = \dfrac{128\mu QL}{\gamma \pi D^4}$

$\dfrac{\cancel{\gamma}\pi D^4 \Delta P}{\cancel{\gamma} 128 \mu L} = Q$

$Q = \dfrac{\pi D^4 \Delta P}{128 \mu L}$ ← 좌우 이항

$= \dfrac{\pi \times (0.0127\text{m})^4 \times 59820\text{Pa}}{128 \times 0.4\text{Pa·s} \times 9\text{m}}$
$= 1.06 \times 10^{-5} \text{m}^3/\text{s}$
$= 0.0106 \times 10^{-3} \text{m}^3/\text{s}$
$= 0.0106 \text{L/s}(1000\text{L} = 1\text{m}^3, 10^{-3}\text{m}^3 = 1\text{L})$

답 ④

23 펌프에 대한 설명 중 틀린 것은?

① 회전식 펌프는 대용량에 적당하며 고장 수리가 간단하다.
② 기어펌프는 회전식 펌프의 일종이다.
③ 플런저펌프는 왕복식 펌프이다.
④ 터빈펌프는 고양정, 대용량에 적당하다.

해설
① 대용량에 적당 → 저용량에 적당

회전식 펌프	터빈펌프
저양정, 저용량 보기①	고양정, 대용량

답 ①

24 그림과 같은 수조에 0.3m×1.0m 크기의 사각 수문을 통하여 유출되는 유량은 몇 m³/s인가? (단, 마찰손실은 무시하고 수조의 크기는 매우 크다고 가정한다.)

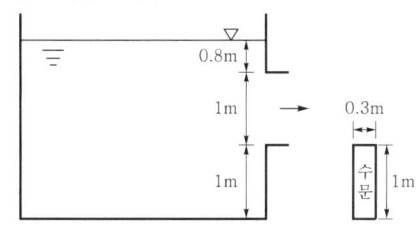

① 1.3   ② 1.5
③ 1.7   ④ 1.9

해설

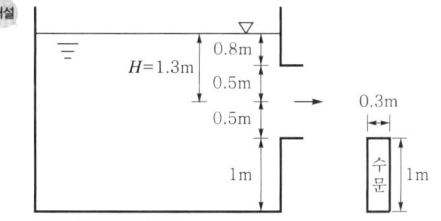

(1) 토리첼리의 식
$$V = \sqrt{2gH}$$
여기서, V : 유속(m/s)
g : 중력가속도(9.8m/s²)
H : 높이(m)

유속 V는
$V = \sqrt{2gH} = \sqrt{2 \times 9.8 \text{m/s}^2 \times 1.3\text{m}} ≒ 5\text{m/s}$

(2) 유량
$$Q = AV$$
여기서, Q : 유량(m³/s)
A : 단면적(m²)
V : 유속(m/s)

단면적 $A = 0.3\text{m} \times 1\text{m} = 0.3\text{m}^2$

유량 Q는
$Q = AV = 0.3\text{m}^2 \times 5\text{m/s} ≒ 1.5\text{m}^3/\text{s}$

답 ②

25 무한한 두 평판 사이에 유체가 채워져 있고 한 평판은 정지해 있고 또 다른 평판은 일정한 속도로 움직이는 Couette 유동을 하고 있다. 유체 A만 채워져 있을 때 평판을 움직이기 위한 단위면적당 힘을 τ_1이라 하고 같은 평판 사이에 점성이 다른 유체 B만 채워져 있을 때 필요한 힘을 τ_2라 하면 유체 A와 B가 반반씩 위아래로 채워져 있을 때 평판을 같은 속도로 움직이기 위한 단위면적당 힘에 대한 표현으로 옳은 것은?

① $\dfrac{\tau_1 + \tau_2}{2}$ ② $\sqrt{\tau_1 \tau_2}$

③ $\dfrac{2\tau_1\tau_2}{\tau_1 + \tau_2}$ ④ $\tau_1 + \tau_2$

해설 단위면적당 힘

$$\tau = \frac{2\tau_1\tau_2}{\tau_1 + \tau_2}$$

여기서, τ : 단위면적당 힘(N)
τ_1 : 평판을 움직이기 위한 단위면적당 힘(N)
τ_2 : 평판 사이에 다른 유체만 채워져 있을 때 필요한 힘(N)

답 ③

26 비중이 0.85이고 동점성계수가 3×10⁻⁴ m²/s인 기름이 직경 10cm의 수평원형관 내에 20L/s로 흐른다. 이 원형관의 100m 길이에서의 수두손실(m)은? (단, 정상 비압축성 유동이다.)

① 16.6   ② 25.0
③ 49.8   ④ 82.2

해설 (1) 기호
• s : 0.85
• ν : 3×10⁻⁴ m²/s
• D : 10cm=0.1m(100cm=1m)
• Q : 20L/s=0.02m³/s(1000L=1m³)
• L : 100m
• H : ?

(2) 비중

$$s = \frac{\rho}{\rho_w} = \frac{\gamma}{\gamma_w}$$

여기서, s : 비중
  ρ : 어떤 물질의 밀도(기름의 밀도)[kg/m³] 또는 [N·s²/m⁴]
  ρ_w : 물의 밀도(1000kg/m³ 또는 1000N·s²/m⁴)
  γ : 어떤 물질의 비중량(기름의 비중량)[N/m³]
  γ_w : 물의 비중량(9800N/m³)

기름의 밀도 ρ는
$\rho = s \times \rho_w = 0.85 \times 1000\text{kg/m}^3 = 850\text{kg/m}^3$

(3) 유량(flowrate, 체적유량, 용량유량)

$$Q = AV = \left(\frac{\pi D^2}{4}\right)V$$

여기서, Q : 유량[m³/s]
  A : 단면적[m²]
  V : 유속[m/s]
  D : 직경(안지름)[m]

유속 V는
$V = \dfrac{Q}{\dfrac{\pi D^2}{4}} = \dfrac{0.02\text{m}^3/\text{s}}{\dfrac{\pi \times (0.1\text{m})^2}{4}} ≒ 2.546\text{m/s}$

(4) 레이놀즈수

$$Re = \frac{DV\rho}{\mu} = \frac{DV}{\nu}$$

여기서, Re : 레이놀즈수
  D : 내경[m]
  V : 유속[m/s]
  ρ : 밀도[kg/m³]
  μ : 점성계수[g/cm·s] 또는 [kg/m·s]
  ν : 동점성계수$\left(\dfrac{\mu}{\rho}\right)$[cm²/s] 또는 [m²/s]

레이놀즈수 Re는
$Re = \dfrac{DV}{\nu} = \dfrac{0.1\text{m} \times 2.546\text{m/s}}{3 \times 10^{-4}\text{m}^2/\text{s}} ≒ 848.7$(층류)

레이놀즈수		
층류	천이영역(임계영역)	난류
$Re < 2100$	$2100 < Re < 4000$	$Re > 4000$

(5) 관마찰계수(**층류**일 때만 적용 가능)

$$f = \frac{64}{Re}$$

여기서, f : 관마찰계수
  Re : 레이놀즈수

관마찰계수 f는
$f = \dfrac{64}{Re} = \dfrac{64}{848.7} ≒ 0.075$

(6) 달시-웨버의 식(Darcy-Weisbach formula, 층류)

$$H = \frac{\Delta p}{\gamma} = \frac{fLV^2}{2gD}$$

여기서, H : 마찰손실수두(전양정, 수두손실)[m]
  Δp : 압력차[Pa] 또는 [N/m²]
  γ : 비중량(물의 비중량 9800N/m³)
  f : 관마찰계수
  L : 길이[m]
  V : 유속[m/s]
  g : 중력가속도(9.8m/s²)
  D : 내경[m]

마찰손실수두 H는
$H = \dfrac{fLV^2}{2gD}$
$= \dfrac{0.075 \times 100\text{m} \times (2.546\text{m/s})^2}{2 \times 9.8\text{m/s}^2 \times 0.1\text{m}} = 24.8 ≒ 25\text{m}$

답 ②

27 ★★★

20.06.문33
19.03.문34
17.05.문29
14.09.문23
11.06.문35
11.03.문35
05.09.문29
00.10.문61

회전속도 N[rpm]일 때 송출량 Q[m³/min], 전양정 H[m]인 원심펌프를 상사한 조건에서 회전속도를 $1.4N$[rpm]으로 바꾸어 작동할 때 (㉠) 유량과 (㉡) 전양정은?

① ㉠ $1.4Q$, ㉡ $1.4H$
② ㉠ $1.4Q$, ㉡ $1.96H$
③ ㉠ $1.96Q$, ㉡ $1.4H$
④ ㉠ $1.96Q$, ㉡ $1.96H$

해설 (1) 기호
- N_1 : N[rpm]
- Q_1 : Q[m³/min]
- H_1 : H[m]
- N_2 : $1.4N$[rpm]
- Q_2 : ?
- H_2 : ?

(2) 펌프의 상사법칙
㉠ 유량(송출량)

$$Q_2 = Q_1\left(\frac{N_2}{N_1}\right)$$

㉡ 전양정

$$H_2 = H_1\left(\frac{N_2}{N_1}\right)^2$$

㉢ 축동력

$$P_2 = P_1\left(\frac{N_2}{N_1}\right)^3$$

여기서, Q_2, Q_1 : 변경 전후의 유량(송출량)[m³/min]
  H_2, H_1 : 변경 전후의 전양정[m]
  P_2, P_1 : 변경 전후의 축동력[kW]
  N_2, N_1 : 변경 전후의 회전수(회전속도)[rpm]

$$\therefore 유량\ Q_2 = Q_1\left(\frac{N_2}{N_1}\right) = Q\frac{1.4N}{N} = 1.4Q$$

$$전양정\ H_2 = H_1\left(\frac{N_2}{N_1}\right)^2 = H\left(\frac{1.4\cancel{N}}{\cancel{N}}\right)^2 = 1.96H$$

용어
상사법칙
기하학적으로 유사하거나 같은 펌프에 적용하는 법칙

답 ②

28
비중이 1.03인 바닷물에 전체 부피의 90%가 잠겨 있는 빙산이 있다. 이 빙산의 비중은 얼마인가?

① 0.856 ② 0.956
③ 0.927 ④ 0.882

해설 (1) 기호
- s : 1.03
- V : 90%=0.9
- s_s : ?

(2) 잠겨 있는 체적(부피) 비율

$$V = \frac{s_s}{s}$$

여기서, V : 잠겨 있는 체적(부피) 비율
s_s : 어떤 물질의 비중(빙산의 비중)
s : 표준물질의 비중(바닷물의 비중)

빙산의 비중 s_s는

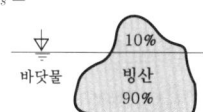

$s_s = s \cdot V = 1.03 \times 0.9 ≒ 0.927$

답 ③

29
운동량의 차원을 MLT계로 옳게 나타낸 것은? (단, M은 질량, L은 길이, T는 시간을 나타낸다.)

① MLT^{-1} ② MLT
③ MLT^2 ④ MLT^{-2}

해설

차 원	중력단위[차원]	절대단위[차원]
길이	m[L]	m[L]
시간	s[T]	s[T]
운동량	N·s[FT]	kg·m/s[MLT⁻¹] 보기 ①
힘	N[F]	kg·m/s²[MLT⁻²]
속도	m/s[LT⁻¹]	m/s[LT⁻¹]
가속도	m/s²[LT⁻²]	m/s²[LT⁻²]
질량	N·s²/m[FL⁻¹T²]	kg[M]

압력	N/m²[FL⁻²]	kg/m·s²[ML⁻¹T⁻²]
밀도	N·s²/m⁴[FL⁻⁴T²]	kg/m³[ML⁻³]
비중	무차원	무차원
비중량	N/m³[FL⁻³]	kg/m²·s²[ML⁻²T⁻²]
비체적	m⁴/N·s²[F⁻¹L⁴T⁻²]	m³/kg[M⁻¹L³]
일률	N·m/s[FLT⁻¹]	kg·m²/s³[ML²T⁻³]
일	N·m[FL]	kg·m²/s²[ML²T⁻²]
점성계수	N·s/m²[FL⁻²T]	kg·m/s[ML⁻¹T⁻¹]

답 ①

30
수평배관설비에서 상류 지점인 A지점의 배관을 조사해 보니 지름 100mm, 압력 0.45MPa, 평균 유속 1m/s이었다. 또, 하류의 B지점을 조사해 보니 지름 50mm, 압력 0.4MPa이었다면 두 지점 사이의 손실수두는 약 몇 m인가? (단, 배관 내 유체의 비중은 1이다.)

① 4.34 ② 4.95
③ 5.87 ④ 8.67

해설 (1) 기호
- D_A : 100mm
- P_A : 0.45MPa=450kPa=450kN/m²(1kPa=1kN/m²)
- V : 1m/s
- D_B : 50mm
- P_B : 0.4MPa=400kPa=400kN/m²(1kPa=1kN/m²)
- H : ?
- S : 1

(2) 표준대기압

1atm=760mmHg=1.0332kg_f/cm²
=10.332mH₂O(mAq)
=14.7PSI(lb_f/in²)
=101.325kPa(kN/m²)
=1013mbar

101.325kPa = 0.101325MPa
= 1.0332kg_f/cm² = 10332kg_f/m²

$$0.45\text{MPa} = \frac{0.45\text{MPa}}{0.101325\text{MPa}} \times 101.325\text{kPa} ≒ 450\text{kPa}$$

$$0.4\text{MPa} = \frac{0.4\text{MPa}}{0.101325\text{MPa}} \times 101.325\text{kPa} ≒ 400\text{kPa}$$

(3) 손실수두

$$H = \frac{V^2}{2g} + \frac{P}{\gamma} + Z$$

여기서, H : 손실수두[m]
V : 유속[m/s]
g : 중력가속도(9.8m/s²)
P : 압력[kPa]
γ : 비중량(물의 비중량 9.8kN/m³)
Z : 높이[m]

• 1kPa=1kN/m²

(4) A지점의 **손실수두**

$$H_A = \frac{V_A^2}{2g} + \frac{P_A}{\gamma} + Z_A$$

$$= \frac{(1\text{m/s})^2}{2\times 9.8\text{m/s}^2} + \frac{450\text{kN/m}^2}{9.8\text{kN/m}^3} \fallingdotseq 45.94\text{m}$$

• Z(높이) : 주어지지 않았으므로 **무시**

(5) 유속

$$\frac{V_A}{V_B} = \frac{A_B}{A_A} = \left(\frac{D_B}{D_A}\right)^2$$

여기서, V_A, V_B : 유속[m/s]
A_A, A_B : 단면적[m²]
D_A, D_B : 직경[m]

B지점의 유속 V_B는

$$V_B = V_A \times \left(\frac{D_A}{D_B}\right)^2 = 1\text{m/s} \times \left(\frac{100\text{mm}}{50\text{mm}}\right)^2 = 4\text{m/s}$$

(6) B지점의 **손실수두**

$$H_B = \frac{V_B^2}{2g} + \frac{P_B}{\gamma} + Z_B$$

$$= \frac{(4\text{m/s})^2}{2\times 9.8\text{m/s}^2} + \frac{400\text{kN/m}^2}{9.8\text{kN/m}^3} \fallingdotseq 41.6\text{m}$$

(7) 두 점 사이의 **손실수두**

$$H = H_A - H_B$$

여기서, H : 두 점 사이의 손실수두[m]
H_A : A지점의 손실수두[m]
H_B : B지점의 손실수두[m]

두 점 사이의 손실수두 H는
$H = H_A - H_B = 45.94\text{m} - 41.6\text{m} = 4.34\text{m}$

답 ①

31. 다음 중 이상기체에서 폴리트로픽 지수(n)가 1인 과정은?

① 단열 과정
② 정압 과정
③ 등온 과정
④ 정적 과정

해설 폴리트로픽 변화

구 분	내 용
PV^n=정수($n=0$)	등압변화(정압변화)
PV^n=정수($n=1$) →	등온변화 보기 ③
PV^n=정수($n=K$)	단열변화
PV^n=정수($n=\infty$)	정적변화

여기서, P : 압력[kJ/m³]
V : 체적[m³]
n : 폴리트로픽 지수
K : 비열비

답 ③

32. 펌프의 공동현상(cavitation)을 방지하기 위한 방법이 아닌 것은?

① 펌프의 설치위치를 되도록 낮게 하여 흡입양정을 짧게 한다.
② 펌프의 회전수를 크게 한다.
③ 펌프의 흡입관경을 크게 한다.
④ 단흡입펌프보다는 양흡입펌프를 사용한다.

해설 ② 크게 → 작게

공동현상(cavitation, 캐비테이션)

개요	펌프의 흡입측 배관 내의 물의 정압이 기존의 증기압보다 낮아져서 기포가 발생되어 물이 흡입되지 않는 현상
발생현상	• **소음**과 **진동** 발생 • 관 **부식** • **임펠러**의 손상(수차의 날개를 해친다) • 펌프의 성능저하
발생원인	• 펌프의 흡입수두가 클 때(소화펌프의 흡입고가 클 때) • 펌프의 마찰손실이 클 때 • 펌프의 임펠러속도가 클 때 • 펌프의 설치위치가 수원보다 높을 때 • 관 내의 수온이 높을 때(물의 온도가 높을 때) • 관 내의 물의 정압이 그때의 **증기압**보다 낮을 때 • 흡입관의 **구경**이 작을 때 • 흡입거리가 길 때 • 유량이 증가하여 펌프물이 과속으로 흐를 때

방지대책	• 펌프의 흡입수두를 작게 한다(흡입양정을 짧게 한다). 보기 ① • 펌프의 마찰손실을 작게 한다. • 펌프의 임펠러속도(회전수)를 낮추어 흡입비속도를 낮게 한다. 보기 ② • 펌프의 설치위치를 수원보다 낮게 한다. 보기 ① • **양흡입펌프**를 사용한다(펌프의 흡입측을 가압한다). 보기 ④ • 관 내의 물의 정압을 그때의 증기압보다 **높게** 한다. • 흡입관의 구경(관경)을 **크게** 한다. 보기 ③ • 펌프를 2개 이상 설치한다. • 입형펌프를 사용하고, 회전차를 수중에 완전히 잠기게 한다.

중요

비속도(비교회전도)

$$N_s = N \frac{\sqrt{Q}}{\left(\frac{H}{n}\right)^{\frac{3}{4}}} \propto N$$

여기서, N_s : 펌프의 비교회전도(비속도)[m³/min·m/rpm]
  N : 회전수[rpm]
  Q : 유량[m³/min]
  H : 양정[m]
  n : 단수

• 공식에서 비속도(N_s)와 회전수(N)는 비례

답 ②

33 직경 20cm의 소화용 호스에 물이 392N/s 흐른다. 이때의 평균유속[m/s]은?

① 2.96
② 4.34
③ 3.68
④ 1.27

해설 (1) 기호
  • D : 20cm=0.2m(100cm=1m)
  • G : 392N/s
  • V : ?

(2) **중량유량**(Weight flowrate)

$$G = AV\gamma = \left(\frac{\pi}{4}D^2\right)V\gamma$$

여기서, G : 중량유량[N/s]
  A : 단면적[m²]
  V : 유속[m/s]
  γ : 비중량(물의 비중량 9800N/m³)
  D : 직경[m]

유속 V는

$$V = \frac{G}{\left(\frac{\pi}{4}D^2\right)\gamma}$$

$$= \frac{392\text{N/s}}{\frac{\pi}{4} \times (0.2\text{m})^2 \times 9800\text{N/m}^3} ≒ 1.27\text{m/s}$$

비교

질량유량 (mass flowrate)	유량(flowrate) = 체적유량
$\overline{m} = AV\rho = \left(\frac{\pi D^2}{4}\right)V\rho$	$Q = AV$

여기서, $\overline{m}$: 질량유량[kg/s]
  A : 단면적[m²]
  V : 유속[m/s]
  ρ : 밀도(물의 밀도 1000kg/m³)
  D : 직경[m]
	여기서, Q : 유량[m³/s]
	  A : 단면적[m²]
	  V : 유속[m/s]

답 ④

34 그림에서 $h_1 = 120$mm, $h_2 = 180$mm, $h_3 = 100$mm일 때 A에서의 압력과 B에서의 압력의 차이($P_A - P_B$)를 구하면? (단, A, B 속의 액체는 물이고, 차압액주계에서의 중간 액체는 수은(비중 13.6)이다.)

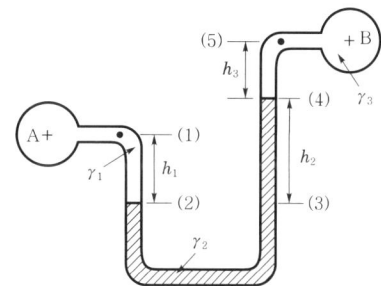

① 20.4kPa
② 23.8kPa
③ 26.4kPa
④ 29.8kPa

해설 (1) 기호
  • h_1 : 120mm=0.12m
  • h_2 : 180mm=0.18m
  • h_3 : 100mm=0.1m
  • S_2 : 13.6(수은)
  • r_1 : 9.8kN/m³(물)
  • r_3 : 9.8kN/m³(물)
  • $P_A - P_B$: ?
  • 1000mm=1m

계산의 편의를 위해 기호를 수정하면

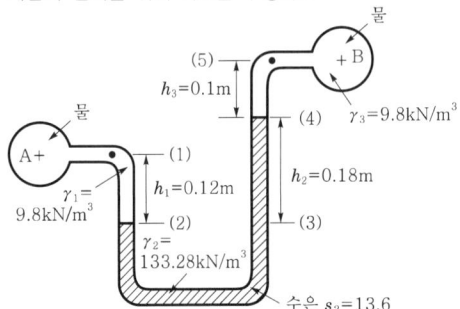

(2) 비중

$$s = \frac{\gamma}{\gamma_w}$$

여기서, s : 비중
 γ : 어떤 물질(수은)의 비중량 [kN/m³]
 γ_w : 물의 비중량 (9.8kN/m³)

수은의 비중량 $\gamma_2 = s_2 \times \gamma_w$
 $= 13.6 \times 9.8 \text{kN/m}^3$
 $= 133.28 \text{kN/m}^3$

(3) 압력차

$$P_A + \gamma_1 h_1 - \gamma_2 h_2 - \gamma_3 h_3 = P_B$$

$P_A - P_B = -\gamma_1 h_1 + \gamma_2 h_2 + \gamma_3 h_3$
 $= -9.8 \text{kN/m}^3 \times 0.12\text{m}$
 $\quad + 133.28 \text{kN/m}^3 \times 0.18\text{m}$
 $\quad + 9.8 \text{kN/m}^3 \times 0.1\text{m}$
 $\approx 23.8 \text{kN/m}^2$
 $= 23.8 \text{kPa}$

• $1\text{N/m}^2 = 1\text{Pa}$, $1\text{kN/m}^2 = 1\text{kPa}$이므로
 $23.8\text{kN/m}^2 = 23.8\text{kPa}$

중요

시차액주계의 압력계산방법
점 a를 기준으로 내려가면 **더하고**, 올라가면 **빼면** 된다.

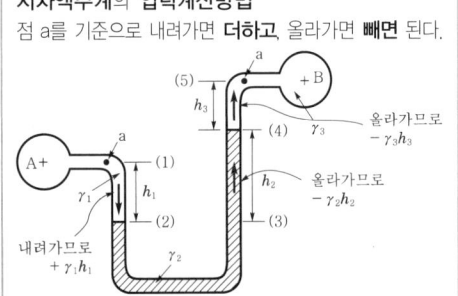

답 ②

35 ★★★
23.03.문35
19.09.문40
16.03.문23
15.05.문32
14.09.문39

부차적 손실계수가 5인 밸브를 관마찰계수가 0.035이고, 관지름이 3cm인 관으로 환산한다면 관의 상당길이[m]는 얼마인가?

① 4.15 ② 4.21
③ 4.29 ④ 4.35

해설

$$L_e = \frac{KD}{f}$$

여기서, L_e : 관의 상당관길이 [m]
 K : 손실계수
 D : 내경 [m]
 f : 마찰손실계수

관의 상당관길이 L_e 는
$$L_e = \frac{KD}{f} = \frac{5 \times 3\text{cm}}{0.035} = \frac{5 \times 0.03\text{m}}{0.035} \approx 4.29\text{m}$$

상당관길이 = 등가길이

• 100cm = 1m이므로 3cm = 0.03m

답 ③

36 ★★★
19.09.문39
19.03.문30
17.05.문26
05.03.문22

그림에서 두 피스톤의 지름이 각각 30cm와 5cm이다. 큰 피스톤이 1cm 아래로 움직이면 작은 피스톤은 위로 몇 cm 움직이는가?

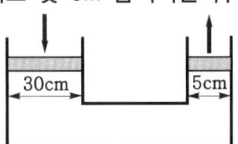

① 1   ② 5
③ 30   ④ 36

해설
(1) 기호
• D_1 : 30cm
• D_2 : 5cm
• h_1 : 1cm
• h_2 : ?

(2) 압력

$$P = \gamma h = \frac{F}{A}, \quad P_1 = P_2, \quad V_1 = V_2$$

여기서, P : 압력 [N/cm²]
 γ : 비중량 [N/cm³]
 h : 움직인 높이 [cm]
 F : 힘 [N]
 A : 단면적 [cm²]
 P_1, P_2 : 압력 [kPa] 또는 [kN/m²]
 V_1, V_2 : 체적 [m³]

$\boxed{V_1 = V_2}$ 에서
$V_1 : h_1 A_1$, $V_2 : h_2 A_2$
$V_1 = V_2$
$h_1 A_1 = h_2 A_2$

작은 피스톤이 움직인 거리 h_2 는

$$h_2 = \frac{A_1}{A_2} h_1 = \frac{\frac{\pi}{4}D_1^2}{\frac{\pi}{4}D_2^2} h_1$$

$$= \frac{\frac{\pi}{4} \times (30\text{cm})^2}{\frac{\pi}{4} \times (5\text{cm})^2} \times 1\text{cm} = 36\text{cm}$$

답 ④

37.

직사각형 단면의 덕트에서 가로와 세로가 각각 a 및 $1.5a$이고, 길이가 L이며, 이 안에서 공기가 V의 평균속도로 흐르고 있다. 이때 손실수두를 구하는 식으로 옳은 것은? (단, f는 이 수력지름에 기초한 마찰계수이고, g는 중력가속도를 의미한다.)

① $f\dfrac{L}{a}\dfrac{V^2}{2.4g}$
② $f\dfrac{L}{a}\dfrac{V^2}{2g}$
③ $f\dfrac{L}{a}\dfrac{V^2}{1.4g}$
④ $f\dfrac{L}{a}\dfrac{V^2}{g}$

해설

(1) 기호

- $A : a \times 1.5a$

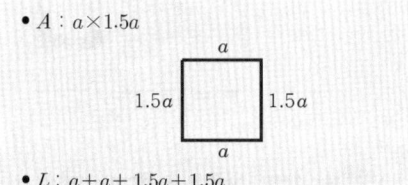

- $L : a + a + 1.5a + 1.5a$
- $H : ?$

(2) 수력반경(hydraulic radius)

$$R_h = \dfrac{A}{L} \quad \cdots\cdots\cdots ㉠$$

여기서, R_h : 수력반경[m]
A : 단면적[m²]
L : 접수길이(단면둘레의 길이)[m]

(3) 수력직경(수력지름)

$$D_h = 4R_h \quad \cdots\cdots\cdots ㉡$$

여기서, D_h : 수력직경[m]
R_h : 수력반경[m]

㉠식을 ㉡식에 대입하면

$$D_h = 4R_h = \dfrac{4A}{L}$$

수력반경 $R_h = \dfrac{A}{L}$ 에서
$A = (가로 \times 세로) = a \times 1.5a$
$L = a + a + 1.5a + 1.5a$

수력직경 D_h 는

$$D_h = 4R_h = \dfrac{4A}{L} = \dfrac{4 \times (a \times 1.5a)}{a + a + 1.5a + 1.5a}$$

$$= \dfrac{6a^2}{2a + 3a} = \dfrac{6a^2}{5a} = 1.2a$$

(4) 손실수두

$$H = \dfrac{fLV^2}{2gD} = \dfrac{fLV^2}{2gD_h}$$

여기서, H : 손실수두(마찰손실)[m]
f : 관마찰계수
L : 길이[m]
V : 유속[m/s]
g : 중력가속도(9.8m/s²)
$D(D_h)$: 내경(수력직경)[m]

위에서 $D_h = 1.2a$이므로

$$H = \dfrac{fLV^2}{2gD_h} = \dfrac{fLV^2}{2g(1.2a)} = \dfrac{fLV^2}{a \cdot 2.4g} = f\dfrac{L}{a}\dfrac{V^2}{2.4g}$$

답 ①

38.

안지름 50mm의 원관에 기름이 2.5m/s의 평균속도로 흐를 때 관마찰계수는? (단, 기름의 동점성계수는 1.31×10^{-4} m²/s이다.)

① 0.013
② 0.067
③ 0.125
④ 0.954

해설

(1) 기호

- D : 50mm=0.05m(1000mm=1m)
- V : 2.5m/s
- ν : 1.31×10^{-4} m²/s
- f : ?

(2) 레이놀즈수

$$Re = \dfrac{DV\rho}{\mu} = \dfrac{DV}{\nu}$$

여기서, Re : 레이놀즈수
D : 내경[m]
V : 유속[m/s]
ρ : 밀도[kg/m³]
μ : 점성계수[kg/m·s]
ν : 동점성계수$\left(\dfrac{\mu}{\rho}\right)$[m²/s]

레이놀즈수 Re 는

$$Re = \dfrac{DV}{\nu}$$

$$= \dfrac{0.05\text{m} \times 2.5\text{m/s}}{1.31 \times 10^{-4}\text{m}^2/\text{s}} \fallingdotseq 954$$

(3) 관마찰계수

$$f = \dfrac{64}{Re}$$

여기서, f : 관마찰계수
Re : 레이놀즈수

관마찰계수 f 는

$$f = \dfrac{64}{Re} = \dfrac{64}{954} \fallingdotseq 0.067$$

답 ②

39.

다음 중 배관의 유량을 측정하는 계측장치가 아닌 것은?

① 로터미터(rotameter)
② 유동노즐(flow nozzle)
③ 마노미터(manometer)
④ 오리피스(orifice)

해설 ③ 마노미터 : 배관의 **압력** 측정

유량 · 유속 측정

배관의 **유량** 또는 **유속** 측정	개수로의 유량 측정
① 벤투리미터(벤투리관) ② 오리피스 [보기 ④] ③ 로터미터 [보기 ①] ④ 노즐(유동노즐) [보기 ②] ⑤ 피토관	위어(삼각위어)

중요

측정기구의 용도

측정기구	설 명
피토관 (pitot tube)	유체의 **국부속도**를 측정하는 장치 〔피토관〕
로터미터 (rotameter)	**부자**(float)의 오르내림에 의해서 배관 내의 **유량** 및 **유속**을 측정할 수 있는 기구 〔로터미터〕
오리피스 (orifice)	① 두 점 간의 압력차를 측정하여 유속 및 유량을 측정하는 기구 ② **저가**이나 압력손실이 크다. 〔오리피스〕
벤투리미터 (venturimeter)	**고가**이고 유량·유속의 손실이 적은 유체의 **유량** 측정 장치 〔벤투리미터〕

액주계 (manometer, 마노미터)	유체의 압력차를 측정하여 유량을 계산하는 계기 〔액주계〕
피에조미터 (piezometer)	매끄러운 표면에 수직으로 작은 구멍이 뚫어져서 액주계와 연결되어 있으며, **유동**하고 있는 유체의 **정압** 측정 〔피에조미터〕

답 ③

40 ★★★

18.03.문40
17.09.문28
17.05.문22
17.03.문36
14.03.문24
08.05.문33
07.03.문36
06.09.문31

안지름 4cm, 바깥지름 6cm인 동심 이중관의 수력직경(hydraulic diameter)은 몇 cm인가?

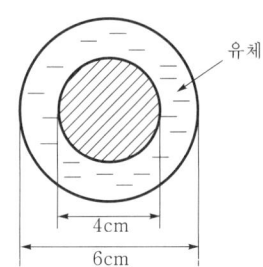

① 2   ② 3
③ 4   ④ 5

해설 (1) 기호
- D_2 : 4cm → r_2 : 2cm
- D_1 : 6cm → r_1 : 3cm

(2) **수력반경**(hydraulic radius)

$$R_h = \frac{A}{L}$$

여기서, R_h : 수력반경[cm]
　　　　A : 단면적[cm²]
　　　　L : 접수길이(단면둘레의 길이)[cm]

(3) **수력직경**(수력지름)

$$D_h = 4R_h$$

여기서, D_h : 수력직경[cm]
　　　　R_h : 수력반경[cm]

바깥지름 6cm, 안지름 4cm인 환형관

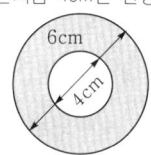

수력반경

$$R_h = \frac{A}{L} = \frac{\pi(r_1^2 - r_2^2)}{2\pi(r_1 + r_2)} = \frac{\pi \times (3^2 - 2^2)\text{cm}^2}{2\pi \times (3+2)\text{cm}} = 0.5\text{cm}$$

- 수력직경을 cm로 물어보았으므로 안지름, 바깥지름을 m로 환산하지 말고 cm를 그대로 두고 계산하면 편함
- 단면적 $A = \pi r^2$
  여기서, A : 단면적[cm²]
  　　　　r : 반지름[cm]
- 접수길이(원둘레) $L = 2\pi r$
  여기서, L : 접수길이[cm]
  　　　　r : 반지름[cm]

수력지름
$D_h = 4R_h = 4 \times 0.5\text{cm} = 2\text{cm}$

답 ①

제3과목 소방관계법규

41 화재의 예방 및 안전관리에 관한 법령상 시·도지사는 화재가 발생할 우려가 높거나 화재가 발생하는 경우 그로 인하여 피해가 클 것으로 예상되는 지역을 화재예방강화지구로 지정할 수 있는데 다음 중 지정대상지역에 대한 기준으로 틀린 것은? (단, 소방청장·소방본부장 또는 소방서장이 화재예방강화지구로 지정할 필요가 있다고 별도로 인정하는 지역은 제외한다.)

① 소방용수시설이 없는 지역
② 시장지역
③ 목조건물이 밀집한 지역
④ 섬유공장이 분산되어 있는 지역

해설
④ 분산되어 있는 → 밀집한

화재예방법 18조
화재예방강화지구의 지정
(1) **지정권자** : 시·도지사
(2) **지정지역**
　㉠ **시장**지역 [보기 ②]
　㉡ **공장·창고** 등이 밀집한 지역 [보기 ④]
　㉢ **목조건물**이 밀집한 지역 [보기 ③]
　㉣ **노후·불량** 건축물이 밀집한 지역
　㉤ **위험물**의 **저장** 및 **처리시설**이 밀집한 지역
　㉥ **석유화학제품**을 생산하는 공장이 있는 지역
　㉦ **소방시설·소방용수시설** 또는 **소방출동로가 없는** 지역 [보기 ①]
　㉧ 「**산업입지 및 개발**에 관한 **법률**」에 따른 산업단지
　㉨ 「**물류시설의 개발 및 운영에 관한 법률**」에 따른 물류단지
　㉩ **소방청장·소방본부장·소방서장**(소방관서장)이 화재예방강화지구로 지정할 필요가 있다고 인정하는 지역

※ **화재예방강화지구** : 화재발생 우려가 크거나 화재가 발생할 경우 피해가 클 것으로 예상되는 지역에 대하여 화재의 예방 및 안전관리를 강화하기 위해 지정·관리하는 지역

 비교

기본법 19조
화재로 오인할 만한 불을 피우거나 연막소독시 신고지역
(1) **시장**지역
(2) **공장·창고**가 밀집한 지역
(3) **목조건물**이 밀집한 지역
(4) **위험물**의 **저장** 및 **처리시설**이 밀집한 지역
(5) **석유화학제품**을 생산하는 공장이 있는 지역
(6) 그 밖에 **시·도**의 **조례**로 정하는 지역 또는 장소

답 ④

42 소방시설공사업법령상 하자를 보수하여야 하는 소방시설과 소방시설별 하자보수 보증기간으로 옳은 것은?

① 유도등 : 1년
② 자동소화장치 : 3년
③ 자동화재탐지설비 : 2년
④ 소화용수설비 : 2년

해설
① 2년
③, ④ 3년

공사업령 6조
소방시설공사의 하자보수 보증기간

보증기간	소방시설
2년	① **유도등·피난기구** [보기 ①] ② **비상조명등·비상경보설비·비상방송설비** ③ **무**선통신보조설비
3년	① 자동소화장치 [보기 ②] ② 옥내·외소화전설비 ③ 스프링클러설비 ④ 물분무등소화설비·소화용수설비 [보기 ④] ⑤ 자동화재탐지설비·소화활동설비(무선통신보조설비 제외) [보기 ③] ⑥ 화재알림설비

기억법 유비 조경방무피2

답 ②

43
★★★
24.07.문46
22.04.문49
21.05.문45
19.03.문55
18.03.문60

화재의 예방 및 안전관리에 관한 법령상 특수가연물의 저장기준 중 ㉠, ㉡, ㉢에 알맞은 것은? (단, 석탄·목탄류를 발전용으로 저장하는 경우는 제외한다.)

쌓는 높이는 10m 이하가 되도록 하고, 쌓는 부분의 바닥면적은 (㉠)m² 이하가 되도록 할 것. 다만, 살수설비를 설치하거나, 방사능력 범위에 해당 특수가연물이 포함되도록 대형 수동식 소화기를 설치하는 경우에는 쌓는 높이를 (㉡)m 이하, 쌓는 부분의 바닥면적을 (㉢)m² 이하로 할 수 있다.

① ㉠ 200, ㉡ 20, ㉢ 400
② ㉠ 200, ㉡ 15, ㉢ 300
③ ㉠ 50, ㉡ 20, ㉢ 100
④ ㉠ 50, ㉡ 15, ㉢ 200

해설 화재예방법 시행령 〔별표 3〕
특수가연물의 저장 및 취급의 기준
(1) 특수가연물을 저장 또는 취급하는 장소에는 품명, 최대저장수량, 단위부피당 질량 또는 단위체적당 질량, 관리책임자 성명·직책·연락처 및 화기취급의 금지표지가 포함된 특수가연물 표지를 설치할 것
(2) 쌓아 저장하는 기준(단, 석탄·목탄류를 발전용으로 저장하는 것 제외)
  ㉠ 품명별로 구분하여 쌓을 것
  ㉡ 쌓는 높이는 **10m** 이하가 되도록 하고, 쌓는 부분의 바닥면적은 **50m²**(석탄·목탄류는 **200m²**) 이하가 되도록 할 것(단, 살수설비를 설치하거나, 방사능력 범위에 해당 특수가연물이 포함되도록 대형 수동식 소화기를 설치하는 경우에는 쌓는 높이를 **15m** 이하, 쌓는 부분의 바닥면적을 **200m²**(석탄·목탄류는 **300m²**) 이하로 할 수 있다.) 보기 ④
  ㉢ 쌓는 부분 바닥면적의 사이는 실내의 경우 **1.2m** 또는 쌓는 높이의 $\frac{1}{2}$ 중 **큰 값** 이상으로 간격을 두어야 하며, **실외**의 경우 **3m** 또는 쌓는 높이 중 큰 값 이상으로 간격을 둘 것

답 ④

44
★★★
18.09.문53
17.09.문51
16.10.문45
10.03.문52

위험물안전관리법령에 따른 정기점검의 대상인 제조소 등의 기준 중 틀린 것은?

① 암반탱크저장소
② 지하탱크저장소
③ 이동탱크저장소
④ 지정수량의 150배 이상의 위험물을 저장하는 옥외탱크저장소

해설 ④ 150배 → 200배

위험물령 15·16조
정기점검의 대상인 제조소 등
(1) 예방규정을 정하여야 할 제조소 등
  ㉠ **10**배 이상의 **제조소·일반취급소**
  ㉡ **100**배 이상의 **옥외저장소**
  ㉢ **150**배 이상의 **옥내저장소**
  ㉣ **200**배 이상의 **옥외탱크저장소** 보기 ④
  ㉤ **이송취급소**
  ㉥ **암반탱크저장소** 보기 ①

  기억법 0 제일
         0 외
         5 내
         2 탱

(2) **지하탱크**저장소 보기 ②
(3) **이동탱크**저장소 보기 ③
(4) 위험물을 취급하는 탱크로서 지하에 매설된 탱크가 있는 **제조소·주유취급소** 또는 **일반취급소**

기억법 정 지이

답 ④

45
★★★
22.09.문45
20.06.문24
17.09.문56
10.05.문41

소방기본법령에 따른 소방용수시설의 설치기준상 소방용수시설을 주거지역·상업지역 및 공업지역에 설치하는 경우 소방대상물과의 수평거리를 몇 m 이하가 되도록 해야 하는가?

① 280   ② 100
③ 140   ④ 200

해설 기본규칙 〔별표 3〕
소방용수시설의 설치기준

거리기준	지역
수평거리 100m 이하 보기 ②	• 공업지역 • 상업지역 • 주거지역 기억법 주상공100(주상공 백지에 사인을 하시오.)
수평거리 140m 이하	• 기타지역

답 ②

46
★
19.09.문60

화재의 예방 및 안전관리에 관한 법령상 소방대상물의 개수·이전·제거, 사용의 금지 또는 제한, 사용폐쇄, 공사의 정지 또는 중지, 그 밖의 필요한 조치로 인하여 손실을 받은 자가 손실보상청구서에 첨부하여야 하는 서류로 틀린 것은?

① 손실보상합의서
② 손실을 증명할 수 있는 사진
③ 손실을 증명할 수 있는 증빙자료
④ 소방대상물의 관계인임을 증명할 수 있는 서류(건축물대장은 제외)

해설 ① 해당없음

화재예방법 시행규칙 6조
손실보상 청구자가 제출하여야 하는 서류
(1) 소방대상물의 **관계인**임을 증명할 수 있는 서류(건축물대장 제외) 보기 ④
(2) 손실을 증명할 수 있는 **사진**, 그 밖의 **증빙자료**
보기 ②③

기억법 사증관손(**사**정관의 **손**)

답 ①

47. 소방시설공사업법령상 전문 소방시설공사업의 등록기준 및 영업범위의 기준에 대한 설명으로 틀린 것은?

24.07.문51
22.04.문54
16.10.문58

① 법인인 경우 자본금은 최소 1억원 이상이다.
② 개인인 경우 자산평가액은 최소 1억원 이상이다.
③ 주된 기술인력 최소 1명 이상, 보조기술인력 최소 3명 이상을 둔다.
④ 영업범위는 특정소방대상물에 설치되는 기계분야 및 전기분야 소방시설의 공사·개설·이전 및 정비이다.

해설 ③ 3명 이상 → 2명 이상

공사업령 [별표 1]
소방시설공사업

종류	기술인력	자본금	영업범위
전문	• 주된 기술인력 : 1명 이상 • 보조기술인력 : 2명 이상 보기 ③	법인 : 1억원 이상 개인 : 1억원 이상	특정소방대상물
일반	• 주된 기술인력 : 1명 이상 • 보조기술인력 : 1명 이상	법인 : 1억원 이상 개인 : 1억원 이상	연면적 10000m² 미만 위험물제조소 등

답 ③

48. 소방시설공사업법령상 소방공사감리를 실시함에 있어 용도와 구조에서 특별히 안전성과 보안성이 요구되는 소방대상물로서 소방시설물에 대한 감리를 감리업자가 아닌 자가 감리할 수 있는 장소는?

23.03.문46
20.06.문54

① 정보기관의 청사
② 교도소 등 교정관련시설
③ 국방 관계시설 설치장소
④ 원자력안전법상 관계시설이 설치되는 장소

해설 (1) **공사업법 시행령 8조**
감리업자가 아닌 자가 감리할 수 있는 보안성 등이 요구되는 소방대상물의 시공장소 「**원자력안전법**」 제2조 제10호에 따른 **관계시설**이 설치되는 장소 보기 ④
(2) **원자력안전법 2조 10호**
"**관계시설**"이란 원자로의 안전에 관계되는 **시설**로서 **대통령령**으로 정하는 것을 말한다.

답 ④

49. 다음 중 소방신호의 종류가 아닌 것은?

22.04.문56
21.03.문44
12.03.문48

① 경계신호
② 발화신호
③ 경보신호
④ 훈련신호

해설 **기본규칙 10조**
소방신호의 종류

소방신호	설명
경계신호 보기 ①	화재예방상 필요하다고 인정되거나 화재위험경보시 발령
발화신호 보기 ②	화재가 발생한 때 발령
해제신호	소화활동이 필요없다고 인정되는 때 발령
훈련신호 보기 ④	훈련상 필요하다고 인정되는 때 발령

 중요

기본규칙 [별표 4]
소방신호표

신호방법 종별	타종신호	사이렌 신호
경계신호	**1**타와 연 **2**타를 반복	**5**초 간격을 두고 **30**초씩 **3**회
발화신호	난타	**5**초 간격을 두고 **5**초씩 **3**회
해제신호	상당한 간격을 두고 **1**타씩 반복	**1**분간 **1**회
훈련신호	연 **3**타 반복	**10**초 간격을 두고 **1**분씩 **3**회

기억법
      타   사
경계 1+2 5+30=3
발   난   5+5=3
해   1   1=1
훈   3   10+1=3

답 ③

50. 소방기본법령상 이웃하는 다른 시·도지사와 소방업무에 관하여 시·도지사가 체결할 상호응원협정 사항이 아닌 것은?

① 화재조사활동
② 응원출동의 요청방법
③ 소방교육 및 응원출동훈련
④ 응원출동 대상지역 및 규모

해설
③ 소방교육은 해당없음

기본규칙 8조
소방업무의 상호응원협정
(1) 다음의 **소방활동**에 관한 사항
  ㉠ 화재의 경계·진압활동
  ㉡ 구조·구급업무의 지원
  ㉢ 화재**조**사활동 [보기 ①]
(2) **응원출동 대상지역** 및 **규모** [보기 ④]
(3) **소요경비**의 **부담**에 관한 사항
  ㉠ 출동대원의 수당·식사 및 의복의 수선
  ㉡ 소방장비 및 기구의 정비와 연료의 보급
(4) **응원출동**의 **요청방법** [보기 ②]
(5) **응원출동 훈련** 및 **평가**

기억법 조응(조아?)

답 ③

51. 소방시설 설치 및 관리에 관한 법령상 스프링클러설비를 설치하여야 하는 특정소방대상물의 기준으로 틀린 것은? (단, 위험물 저장 및 처리 시설 중 가스시설 또는 지하구는 제외한다.)

① 복합건축물로서 연면적 3500m² 이상인 경우에는 모든 층
② 창고시설(물류터미널은 제외)로서 바닥면적 합계가 5000m² 이상인 경우에는 모든 층
③ 숙박이 가능한 수련시설 용도로 사용되는 시설의 바닥면적의 합계가 600m² 이상인 것은 모든 층
④ 판매시설, 운수시설 및 창고시설(물류터미널에 한정)로서 바닥면적의 합계가 5000m² 이상이거나 수용인원이 500명 이상인 경우에는 모든 층

해설
① 3500m² → 5000m²

소방시설법 시행령 [별표 4]
스프링클러설비의 설치대상

설치대상	조 건
① 문화 및 집회시설, 운동시설 ② 종교시설	•수용인원 : 100명 이상 •영화상영관 : 지하층·무창층 500m²(기타 1000m²) 이상 •무대부 - 지하층·무창층·**4층** 이상 300m² 이상 - 1~3층 500m² 이상
③ 판매시설 ④ 운수시설 ⑤ 물류터미널	•수용인원 : 500명 이상 •바닥면적 합계 : 5000m² 이상 [보기 ④]
⑥ 노유자시설 ⑦ 정신의료기관 ⑧ 수련시설(숙박 가능한 것) ⑨ 종합병원, 병원, 치과병원, 한방병원 및 요양병원(정신병원 제외) ⑩ 숙박시설	•바닥면적 합계 600m² 이상 [보기 ③]
⑪ 지하층·무창층·**4층** 이상	•바닥면적 1000m² 이상
⑫ 창고시설(물류터미널 제외)	•바닥면적 합계 : 5000m² 이상 : 전층 [보기 ②]
⑬ 지하상가	•연면적 1000m² 이상
⑭ 10m 넘는 랙식 창고	•연면적 1500m² 이상
⑮ 복합건축물 ⑯ 기숙사	•연면적 5000m² 이상 : 전층 [보기 ①]
⑰ 6층 이상	•전층
⑱ 보일러실·연결통로	•전부
⑲ 특수가연물 저장·취급	•지정수량 1000배 이상
⑳ 발전시설	•전기저장시설 : 전부

답 ①

52. 소방시설 설치 및 관리에 관한 법령상 제조 또는 가공공정에서 방염처리를 한 물품 중 방염대상물품이 아닌 것은?

① 카펫
② 전시용 합판
③ 창문에 설치하는 커튼류
④ 두께 2mm 미만인 종이벽지

해설
④ 두께 2mm 미만인 종이벽지 → 두께 2mm 미만인 종이벽지 제외

소방시설법 시행령 31조
방염대상물품

제조 또는 가공 공정에서 방염처리를 한 물품	건축물 내부의 천장이나 벽에 부착하거나 설치하는 것
① 창문에 설치하는 **커튼류**(블라인드 포함) 보기 ③ ② **카펫** 보기 ① ③ **벽지류**(두께 2mm 미만인 종이벽지 제외) 보기 ④ ④ **전시용 합판·목재 또는 섬유판** 보기 ② ⑤ **무대용 합판·목재 또는 섬유판** ⑥ **암막·무대막**(영화상영관·가상체험 체육시설업의 **스크린** 포함) ⑦ 섬유류 또는 합성수지류 등을 원료로 하여 제작된 **소파·의자**(단란주점영업, 유흥주점영업 및 노래연습장업의 영업장에 설치하는 것만 해당)	① **종이류**(두께 **2mm** 이상), **합성수지류** 또는 **섬유류**를 주원료로 한 물품 ② **합판**이나 **목재** ③ 공간을 구획하기 위하여 설치하는 **간이칸막이** ④ **흡음재**(흡음용 커튼 포함) 또는 **방음재**(방음용 커튼 포함) ※ 가구류(옷장, 찬장, 식탁, 식탁용 의자, 사무용 책상, 사무용 의자, 계산대)와 너비 10cm 이하인 반자돌림대, 내부 마감재료 제외

답 ④

---

53 피난시설, 방화구획 및 방화시설을 폐쇄·훼손·변경 등의 행위를 3차 이상 위반한 자에 대한 과태료는?

21.09.문52
19.04.문49
18.04.문58
15.09.문57
10.03.문57

① 200만원 ② 300만원
③ 500만원 ④ 1000만원

해설 소방시설법 61조
300만원 이하의 과태료
(1) 소방시설을 **화재안전기준**에 따라 설치·관리하지 아니한 자
(2) 피난시설, 방화구획 또는 방화시설의 **폐쇄·훼손·변경** 등의 행위를 한 자 보기 ②
(3) **임시소방시설**을 설치·관리하지 아니한 자
(4) **점검기록표**를 기록하지 아니하거나 특정소방대상물의 출입자가 쉽게 볼 수 있는 장소에 게시하지 아니한 관계인

비교

소방시설법 시행령 [별표 10]
피난시설, 방화구획 또는 방화시설을 폐쇄·훼손·변경 등의 행위

1차 위반	2차 위반	3차 이상 위반
100만원	200만원	300만원

답 ②

---

54 소방시설 설치 및 관리에 관한 법령상 스프링클러설비를 설치하여야 하는 특정소방대상물의 기준으로 틀린 것은? (단, 위험물 저장 및 처리 시설 중 가스시설 또는 지하구를 제외한다.)

24.07.문54
23.09.문41
20.08.문47
19.03.문48
15.03.문56

① 물류터미널로서 바닥면적 합계가 2000m² 이상인 경우에는 모든 층
② 숙박이 가능한 수련시설에 해당하는 용도로 사용되는 시설의 바닥면적의 합계가 600m² 이상인 것은 모든 층
③ 종교시설(주요구조부가 목조인 것은 제외)로서 수용인원이 100명 이상인 것에 해당하는 경우에는 모든 층
④ 지하상가로서 연면적 1000m² 이상인 것

해설 ① 2000m² → 5000m²

소방시설법 시행령 [별표 4]
스프링클러설비의 설치대상

설치대상	조건

• 문화 및 집회시설, 운동시설
• 종교시설 보기 ③
	• 수용인원 : **100명** 이상
	• 영화상영관 : 지하층·무창층 500m²(기타 1000m²) 이상
	• 무대부
	  – 지하층·무창층·4층 이상 : 300m² 이상
	  – 1~3층 : 500m² 이상

• 판매시설 • 운수시설 • 물류터미널 보기 ①	• 수용인원 : **500명** 이상 • 바닥면적 합계 5000m² 이상
창고시설(물류터미널 제외)	바닥면적 합계 5000m² 이상 : 전층
• 노유자시설 • 정신의료기관 • 수련시설(숙박 가능한 곳) 보기 ② • 종합병원, 병원, 치과병원, 한방병원 및 요양병원(정신병원 제외) • 숙박시설	바닥면적 합계 600m² 이상
지하상가 보기 ④	연면적 1000m² 이상
지하층·무창층·4층 이상	바닥면적 1000m² 이상
10m 넘는 랙식 창고	연면적 1500m² 이상

• 복합건축물 • 기숙사	연면적 5000m² 이상 : 전층
6층 이상	

6층 이상 ① 건축허가 동의 ② 자동화재탐지설비 ③ 스프링클러설비	전층
보일러실·연결통로	전부
특수가연물 저장·취급	지정수량 1000배 이상
발전시설	전기저장시설 : 전층

지정수량 500배 이상	지정수량 750배 이상	지정수량 1000배 이상
① 자동화재탐지설비 ② 스프링클러설비 (지붕 또는 외벽이 불연재료가 아니거나 내화구조가 아닌 공장 또는 창고시설)	① 옥내·외 소화전설비 ② 물분문등소화설비 ③ 건축허가 동의	스프링클러설비 (공장 또는 창고시설)

답 ①

55 다음 중 한국소방안전원의 업무에 해당하지 않는 것은?
[13.03.문41]

① 소방용 기계·기구의 형식승인
② 소방업무에 관하여 행정기관이 위탁하는 업무
③ 화재예방과 안전관리의식 고취를 위한 대국민 홍보
④ 소방기술과 안전관리에 관한 교육, 조사·연구 및 각종 간행물 발간

해설 ① 한국소방산업기술원의 업무

기본법 41조
한국소방안전원의 업무
(1) 소방기술과 안전관리에 관한 **교육** 및 **조사·연구** 보기 ④
(2) 소방기술과 안전관리에 관한 각종 **간행물**의 **발간** 보기 ④
(3) 화재예방과 안전관리의식의 고취를 위한 **대국민 홍보** 보기 ③
(4) 소방업무에 관하여 **행정기관**이 위탁하는 **사업** 보기 ②
(5) 소방안전에 관한 **국제협력**
(6) **회원**에 대한 **기술지원** 등 정관이 정하는 사항

답 ①

56 소방시설공사업법령에 따른 소방시설업 등록이 가능한 사람은?
[15.03.문41]
[12.09.문44]
[11.03.문53]

① 피성년후견인
② 위험물안전관리법에 따른 금고 이상의 형의 집행유예를 선고받고 그 유예기간 중에 있는 사람
③ 등록하려는 소방시설업 등록이 취소된 날부터 3년이 지난 사람
④ 소방기본법에 따른 금고 이상의 실형을 선고받고 그 집행이 면제된 날부터 1년이 지난 사람

해설 ③ 2년이 지났으므로 등록 가능

공사업법 5조
소방시설업의 등록결격사유
(1) 피성년후견인 보기 ①
(2) 금고 이상의 실형을 선고받고 그 집행이 끝나거나 집행이 면제된 날부터 **2년**이 지나지 아니한 사람 보기 ④
(3) 금고 이상의 형의 집행유예를 선고받고 그 유예기간 중에 있는 사람 보기 ②
(4) 시설업의 등록이 취소된 날부터 **2년**이 지나지 아니한 자 보기 ③
(5) **법인**의 **대표자**가 위 (1)~(4)에 해당되는 경우
(6) **법인**의 **임원**이 위 (2)~(4)에 해당되는 경우

비교

소방시설법 30조
소방시설관리업의 등록결격사유
(1) 피성년후견인
(2) 금고 이상의 실형을 선고받고 그 집행이 끝나거나 집행이 면제된 날부터 **2년**이 지나지 아니한 사람
(3) 금고 이상의 형의 집행유예를 선고받고 그 유예기간 중에 있는 사람
(4) 관리업의 등록이 취소된 날부터 **2년**이 지나지 아니한 자

답 ③

57 소방안전교육사를 배치하지 않아도 되는 곳은 어느 것인가?
[24.05.문53]
[22.03.문51]
[21.09.문42]

① 소방청
② 한국소방안전원
③ 소방체험관
④ 한국소방산업기술원

해설 기본령 〔별표 2의 3〕
소방안전교육사의 배치대상별 배치기준

배치대상	배치기준
소방서	● 1명 이상
한국소방안전원 보기 ②	● 시·도지부 : 1명 이상 ● 본회 : 2명 이상
소방본부	● 2명 이상
소방청 보기 ①	● 2명 이상
한국소방산업기술원 보기 ④	● 2명 이상

기억법 서본기안

답 ③

58
화재의 예방 및 안전관리에 관한 법령상 소방청장, 소방본부장 또는 소방서장은 관할구역에 있는 소방대상물에 대하여 화재안전조사를 실시할 수 있다. 화재안전조사 대상과 거리가 먼 것은? (단, 개인 주거에 대하여는 관계인의 승낙을 득한 경우이다.)

① 화재예방강화지구 등 법령에서 화재안전조사를 하도록 규정되어 있는 경우
② 관계인이 법령에 따라 실시하는 소방시설 등, 방화시설, 피난시설 등에 대한 자체점검 등이 불성실하거나 불완전하다고 인정되는 경우
③ 화재가 발생할 우려는 없으나 소방대상물의 정기점검이 필요한 경우
④ 국가적 행사 등 주요 행사가 개최되는 장소에 대하여 소방안전관리 실태를 조사할 필요가 있는 경우

해설 ③ 해당없음

화재예방법 7조
화재안전조사 실시대상
(1) **관계인**이 이 법 또는 다른 법령에 따라 실시하는 소방시설 등, 방화시설, 피난시설 등에 대한 자체점검이 불성실하거나 불완전하다고 인정되는 경우 보기 ②
(2) **화재예방강화지구** 등 법령에서 화재안전조사를 하도록 규정되어 있는 경우 보기 ①
(3) 화재예방안전진단이 불성실하거나 불완전하다고 인정되는 경우
(4) **국가적 행사** 등 주요 행사가 개최되는 장소 및 그 주변의 관계지역에 대하여 소방안전관리 실태를 조사할 필요가 있는 경우 보기 ④

(5) 화재가 **자주 발생**하였거나 발생할 우려가 뚜렷한 곳에 대한 조사가 필요한 경우
(6) **재난예측정보, 기상예보** 등을 분석한 결과 소방대상물에 화재의 발생 위험이 크다고 판단되는 경우
(7) 화재, 그 밖의 긴급한 상황이 발생할 경우 인명 또는 재산피해의 우려가 현저하다고 판단되는 경우

기억법 화관국안

중요

화재예방법 7·8조
화재안전조사
소방대상물에 대한 화재예방을 위하여 관계인에게 필요한 자료제출을 명하거나 위치·구조·설비 또는 관리의 상황을 조사하는 것
(1) 실시자 : 소방청장·소방본부장·소방서장
(2) 관계인의 승낙이 필요한 곳 : **주거**(주택)

답 ③

59
위험물안전관리법령상 제조소의 기준에 따라 건축물의 외벽 또는 이에 상당하는 공작물의 외측으로부터 제조소의 외벽 또는 이에 상당하는 공작물의 외측까지의 안전거리기준으로 틀린 것은? (단, 제6류 위험물을 취급하는 제조소를 제외하고, 건축물에 불연재료로 된 방화상 유효한 담 또는 벽을 설치하지 않은 경우이다.)

① 의료법에 의한 종합병원에 있어서는 30m 이상
② 도시가스사업법에 의한 가스공급시설에 있어서는 20m 이상
③ 사용전압 35000V를 초과하는 특고압가공전선에 있어서는 5m 이상
④ 문화유산의 보존 및 활용에 관한 법률에 따른 지정문화유산과 자연유산의 보존 및 활용에 관한 법률에 따른 천연기념물 등에 있어서는 30m 이상

해설 ④ 30m → 50m

위험물규칙 〔별표 4〕
위험물제조소의 안전거리

안전거리	대상
3m 이상	● 7~35kV 이하의 특고압가공전선
5m 이상	● 35kV를 초과하는 특고압가공전선 보기 ③
10m 이상	● **주거용**으로 사용되는 것

20m 이상	• 고압가스 **제조**시설(용기에 충전하는 것 포함) • 고압가스 **사용**시설(1일 30m³ 이상 용적취급) • 고압가스 **저장**시설 • 액화산소 소비시설 • 액화석유가스 제조·저장시설 • 도시가스 공급시설 보기 ②
30m 이상	• 학교 • 병원급 의료기관 보기 ① • 공연장 ┐ • 영화상영관 ┘ 300명 이상 수용시설 • 아동복지시설 ┐ • 노인복지시설 │ • 장애인복지시설 │ • 한부모가족 복지시설 ├ 20명 이상 수용시설 • 어린이집 │ • 성매매 피해자 등을 위한 지원시설 │ • 정신건강증진시설 │ • 가정폭력 피해자 보호시설 ┘
50m 이상	• 지정문화유산 • 천연기념물 등 보기 ④

답 ④

60 ★★★ 소방용수시설 저수조의 설치기준으로 틀린 것은?

16.10.문52
16.05.문44
13.03.문49

① 지면으로부터의 낙차가 4.5m 이하일 것
② 흡수부분의 수심이 0.3m 이상일 것
③ 흡수관의 투입구가 사각형의 경우에는 한 변의 길이가 60cm 이상일 것
④ 흡수관의 투입구가 원형의 경우에는 지름이 60cm 이상일 것

해설 ② 0.3m 이상 → 0.5m 이상

기본규칙 [별표 3]
소방용수시설의 저수조에 대한 설치기준
(1) 낙차: **4.5m 이하** 보기 ①
(2) **수심**: **0.5m 이상** 보기 ②
(3) 투입구의 길이 또는 지름: **60cm 이상** 보기 ③④
(4) 소방펌프자동차가 **쉽게 접근**할 수 있도록 할 것
(5) 흡수에 지장이 없도록 **토사** 및 **쓰레기** 등을 제거할 수 있는 설비를 갖출 것
(6) 저수조에 물을 공급하는 방법은 **상수도**에 연결하여 **자동**으로 **급수**되는 구조일 것

기억법 수5(**수호**천사)

답 ②

제 4 과목 소방기계시설의 구조 및 원리

61 ★★★ 물분무소화설비를 설치하는 차고 또는 주차장의 배수설비 설치기준 중 틀린 것은?

19.03.문70
17.09.문72
16.10.문67
16.05.문79
15.05.문78
10.03.문63

① 차량이 주차하는 장소의 적당한 곳에 높이 10cm 이상 경계턱으로 배수구를 설치할 것
② 배수구에는 새어 나온 기름을 모아 소화할 수 있도록 길이 30m 이하마다 집수관, 소화피트 등 기름분리장치를 설치할 것
③ 차량이 주차하는 바닥은 배수구를 향하여 100분의 2 이상의 기울기를 유지할 것
④ 배수설비는 가압송수장치의 최대송수능력의 수량을 유효하게 배수할 수 있는 크기 및 기울기로 할 것

해설 ② 30m 이하 → 40m 이하

물분무소화설비의 **배수설비**(NFPC 104 11조, NFTC 104 2.8)
(1) **10cm 이상**의 **경계턱**으로 배수구 설치(차량이 주차하는 곳) 보기 ①
(2) **40m 이하**마다 기름분리장치 설치 보기 ②
(3) 차량이 주차하는 바닥은 $\frac{2}{100}$ 이상의 기울기 유지 보기 ③
(4) **배수설비**: 가압송수장치의 최대송수능력의 수량을 유효하게 배수할 수 있는 크기 및 기울기로 할 것 보기 ④

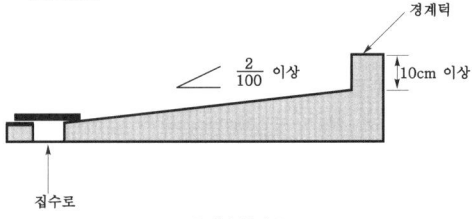

| 배수설비 |

참고

기울기

구 분	설 명
$\frac{1}{100}$ 이상	연결살수설비의 수평주행배관
$\frac{2}{100}$ 이상	물분무소화설비의 배수설비
$\frac{1}{250}$ 이상	습식·부압식 설비 외 설비의 가지배관
$\frac{1}{500}$ 이상	습식·부압식 설비 외 설비의 수평주행배관

답 ②

62 다음은 포소화설비에서 배관 등 설치기준에 관한 내용이다. ( ) 안에 들어갈 내용으로 옳은 것은?

> 펌프의 성능은 체절운전시 정격토출압력의 (㉠)%를 초과하지 않고, 정격토출량의 150%로 운전시 정격토출압력의 (㉡)% 이상이 되어야 한다.

① ㉠ 120, ㉡ 65
② ㉠ 120, ㉡ 75
③ ㉠ 140, ㉡ 65
④ ㉠ 140, ㉡ 75

해설 (1) **포소화설비**의 배관(NFPC 105 7조, NFTC 105 2.4)
 ㉠ 급수개폐밸브 : **탬퍼스위치** 설치
 ㉡ 펌프의 흡입측 배관 : **버터플라이밸브** 외의 개폐표시형 밸브 설치
 ㉢ 송액관 : **배액밸브** 설치

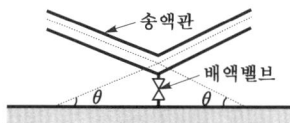

|송액관의 기울기|

(2) **소화펌프**의 **성능시험 방법** 및 배관
 ㉠ 펌프의 성능은 체절운전시 정격토출압력의 **140%**를 초과하지 않을 것 보기 ㉠
 ㉡ 정격토출량의 **150%**로 운전시 정격토출압력의 **65%** 이상이어야 할 것 보기 ㉡
 ㉢ 성능시험배관은 펌프의 토출측에 설치된 **개폐밸브 이전**에서 분기할 것
 ㉣ 유량측정장치는 펌프 정격토출량의 **175%** 이상 측정할 수 있는 성능이 있을 것

답 ③

63 포소화설비에서 펌프의 토출관에 압입기를 설치하여 포소화약제 압입용 펌프로 포소화약제를 압입시켜 혼합하는 방식은?

① 라인 프로포셔너
② 펌프 프로포셔너
③ 프레져 프로포셔너
④ 프레져사이드 프로포셔너

해설 **포소화약제**의 **혼합장치**(NFPC 105 3·9조, NFTC 105 1.7, 2.6.1)

(1) **펌프 프로포셔너방식**(펌프 혼합방식)
 ㉠ 펌프 토출측과 흡입측에 바이패스를 설치하고, 그 바이패스의 도중에 설치한 어댑터(Adaptor)로 펌프 토출측 수량의 일부를 통과시켜 공기포 용액을 만드는 방식
 ㉡ 펌프의 **토출관**과 **흡입관** 사이의 배관 도중에 설치한 흡입기에 펌프에서 토출된 물의 일부를 보내고 **농도조정밸브**에서 조정된 포소화약제의 필요량을 포소화약제 탱크에서 펌프 흡입측으로 보내어 약제를 혼합하는 방식

기억법 **펌농**

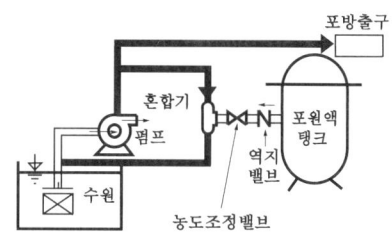

|펌프 프로포셔너방식|

(2) **프레져 프로포셔너방식**(차압 혼합방식)
 ㉠ 가압송수관 도중에 공기포 소화원액 혼합조(P.P.T)와 혼합기를 접속하여 사용하는 방법
 ㉡ **격막방식 휨탱크**를 사용하는 에어휨 혼합방식
 ㉢ 펌프와 발포기의 중간에 설치된 벤투리관의 **벤투리 작용**과 펌프 가압수의 **포소화약제 저장탱크**에 대한 압력에 의하여 포소화약제를 흡입·혼합하는 방식

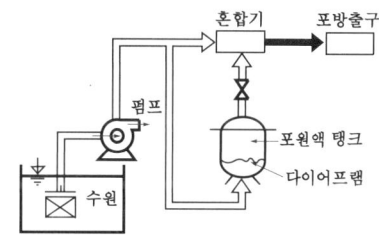

|프레져 프로포셔너방식|

(3) **라인 프로포셔너방식**(관로 혼합방식)
 ㉠ 급수관의 배관 도중에 포소화약제 흡입기를 설치하여 그 흡입관에서 소화약제를 흡입하여 혼합하는 방식
 ㉡ 펌프와 발포기의 중간에 설치된 **벤**투리관의 **벤투리 작용**에 의하여 포소화약제를 흡입·혼합하는 방식

기억법 **라벤벤**

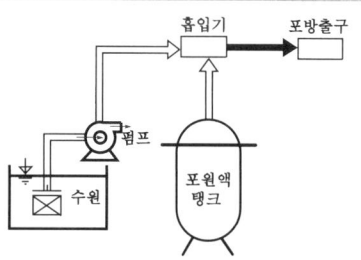

|라인 프로포셔너방식|

(4) 프레져사이드 프로포셔너방식(압입 혼합방식)

보기 ④

㉠ 소화원액 가압펌프(압입용 펌프)를 별도로 사용하는 방식
㉡ 펌프 **토출관**에 압입기를 설치하여 포소화약제 **압입용 펌프**로 포소화약제를 입입시켜 혼합하는 방식

기억법 프사압

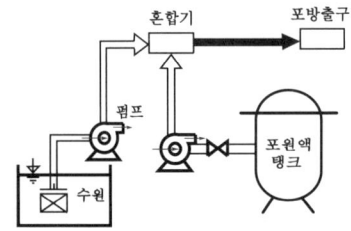

| 프레져사이드 프로포셔너방식 |

(5) 압축공기포 믹싱챔버방식
포수용액에 공기를 강제로 주입시켜 **원거리 방수**가 가능하고 물 사용량을 줄여 **수손피해**를 **최소화**할 수 있는 방식

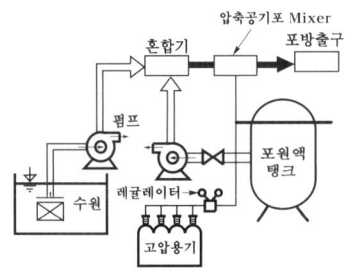

| 압축공기포 믹싱챔버방식 |

답 ④

★★★
64 이산화탄소 소화약제의 저장용기 설치기준 중 옳은 것은?

19.03.문67
18.04.문62
16.03.문77
15.03.문74
12.09.문69

① 저장용기의 충전비는 고압식은 1.9 이상 2.3 이하, 저압식은 1.5 이상 1.9 이하로 할 것
② 저압식 저장용기에는 액면계 및 압력계와 2.1MPa 이상 1.7MPa 이하의 압력에서 작동하는 압력경보장치를 설치할 것
③ 저장용기는 고압식은 25MPa 이상, 저압식은 3.5MPa 이상의 내압시험압력에 합격한 것으로 할 것
④ 저압식 저장용기에는 내압시험압력의 1.8배의 압력에서 작동하는 안전밸브와 내압시험압력의 0.8배부터 내압시험압력까지의 범위에서 작동하는 봉판을 설치할 것

해설
① 1.9 이상 2.3 이하 → 1.5 이상 1.9 이하, 1.5 이상 1.9 이하 → 1.1 이상 1.4 이하
② 2.1MPa 이상 1.7MPa 이하 → 2.3MPa 이상 1.9MPa 이하
④ 1.8배 → 0.64배 이상 0.8배 이하

이산화탄소 소화설비의 저장용기(NFPC 106 4조, NFTC 106 2.1.2)

자동냉동장치	2.1MPa 유지, -18℃ 이하	
압력경보장치 보기 ②	2.3MPa 이상 1.9MPa 이하	
선택밸브 또는 개폐밸브의 안전장치	배관의 최소사용설계압력과 최대허용압력 사이의 압력	
저장용기 보기 ③	고압식	25MPa 이상
	저압식	3.5MPa 이상
안전밸브 보기 ④	내압시험압력의 0.64~0.8배	
봉 판	내압시험압력의 0.8~내압시험압력	
충전비 보기 ①	고압식	1.5~1.9 이하
	저압식	1.1~1.4 이하

답 ③

★★★
65 인명구조기구의 화재안전기준상 특정소방대상물의 용도 및 장소별로 설치하여야 할 인명구조기구 종류의 기준 중 다음 ( ) 안에 알맞은 것은?

21.03.문80
18.09.문75
17.03.문75

특정소방대상물	인명구조기구의 종류
물분무등소화설비 중 ( )를 설치하여야 하는 특정소방대상물	공기호흡기

① 분말소화설비
② 할론소화설비
③ 이산화탄소소화설비
④ 할로겐화합물 및 불활성기체소화설비

해설 **특정소방대상물**의 용도 및 장소별로 설치하여야 할 **인명구조기구**(NFTC 302 2.1.1.1)

특정소방대상물	인명구조기구의 종류	설치수량
7층 이상인 **관광호텔** 및 **5층** 이상인 **병원**(지하층 포함)	• 방열복 또는 방화복(안전모, 보호장갑, 안전화 포함) • 공기호흡기 • 인공소생기	각 2개 이상 비치할 것(단, 병원의 경우에는 인공소생기 설치 제외 가능)

• 문화 및 집회시설 중 수용인원 100명 이상의 영화상영관 • 대규모 점포 • 지하역사 • 지하상가	공기호흡기		층마다 2개 이상 비치할 것(단, 각 층마다 갖추어 두어야 할 공기호흡기 중 일부를 직원이 상주하는 인근 사무실에 갖추어 둘 수 있음)
이산화탄소소화설비(호스릴 이산화탄소소화설비 제외)를 설치하여야 하는 특정소방대상물 보기 ③	공기호흡기		이산화탄소소화설비가 설치된 장소의 출입구 외부 인근에 1대 이상 비치할 것

답 ③

66 스프링클러설비의 화재안전기준상 스프링클러설비의 배관 내 사용압력이 몇 MPa 이상일 때 압력배관용 탄소강관을 사용해야 하는가?

① 0.1
② 0.5
③ 0.8
④ 1.2

해설 스프링클러설비 배관 내 사용압력(NFPC 103 8조, NFTC 103 2.5)

1.2MPa 미만	1.2MPa 이상
① 배관용 탄소강관 ② 이음매 없는 구리 및 구리합금관(단, 습식 배관에 한함) ③ 배관용 스테인리스강관 또는 일반배관용 스테인리스강관 ④ 덕타일 주철관	① 압력배관용 탄소강관 보기 ④ ② 배관용 아크용접 탄소강관

답 ④

67 피난기구의 화재안전기준에 따른 피난기구의 설치 및 유지에 관한 사항 중 틀린 것은?

① 4층 이상의 층에 설치하는 피난사다리는 고강도 경량폴리에틸렌 재질을 사용할 것
② 완강기 로프 길이는 부착위치에서 피난상 유효한 착지면까지의 길이로 할 것
③ 피난기구는 특정소방대상물의 기둥·바닥 및 보 등 구조상 견고한 부분에 볼트조임·매입 및 용접 기타의 방법으로 견고하게 부착할 것
④ 피난기구를 설치하는 개구부는 서로 동일 직선상이 아닌 위치에 있을 것

해설 ① 고강도 경량폴리에틸렌 재질을 사용할 것 → 금속성 고정사다리를 설치할 것

피난기구의 설치기준(NFPC 301 5조, NFTC 301 2.1.3)

(1) 피난기구는 계단·피난구 기타 피난시설로부터 적당한 거리에 있는 안전한 구조로 된 피난 또는 소화활동상 유효한 개구부(가로 0.5m 이상, 세로 1m 이상)에 고정하여 설치하거나 필요한 때에 신속하고 유효하게 설치할 수 있는 상태에 둘 것
(2) 피난기구는 특정소방대상물의 **기둥·바닥** 및 **보** 등 구조상 견고한 부분에 볼트조임·매입 및 용접 등의 방법으로 견고하게 부착할 것 보기 ③
(3) **4층 이상**의 층에 피난사다리(하향식 피난구용 내림식사다리 제외)를 설치하는 경우에는 **금속성 고정사다리**를 설치하고, 당해 고정사다리에는 쉽게 피난할 수 있는 구조의 **노대**를 설치할 것 보기 ①
(4) 완강기는 강하시 로프가 건축물 또는 구조물 등과 접촉하여 손상되지 않도록 하고, 로프의 길이는 부착위치에서 지면 또는 기타 피난상 유효한 **착지면**까지의 **길이**로 할 것 보기 ②
(5) 피난기구를 설치하는 **개구부**는 서로 **동일 직선상**이 아닌 위치에 있을 것 보기 ④

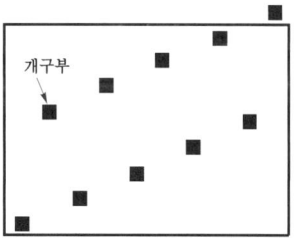

동일 직선상이 아닌 위치

답 ①

68 분말소화설비의 분말소화약제 1kg당 저장용기의 내용적 기준으로 틀린 것은?

① 제1종 분말 : 0.8L
② 제2종 분말 : 1.0L
③ 제3종 분말 : 1.0L
④ 제4종 분말 : 1.0L

해설 ④ 1.0L → 1.25L

분말소화약제

종별	소화약제	충전비 [L/kg]	적응 화재	비 고
제**1**종	중탄산나트륨 (NaHCO$_3$)	0.8	BC급	**식**용유 및 지방질유의 화재에 적합
제2종	중탄산칼륨 (KHCO$_3$)	1.0	BC급	-
제**3**종	인산암모늄 (NH$_4$H$_2$PO$_4$)		ABC급	**차**고·**주**차장에 적합
제4종	중탄산칼륨+요소 (KHCO$_3$+(NH$_2$)$_2$CO)	1.25	BC급	-

기억법 1식분(일식 분식)
3분 차주(삼보컴퓨터 차주)

- 1kg당 저장용기의 내용적=충전비

답 ④

69 포소화설비의 화재안전기준에 따른 포소화설비 설치기준에 대한 설명으로 틀린 것은?

① 포워터스프링클러헤드는 바닥면적 $8m^2$ 마다 1개 이상 설치하여야 한다.
② 포헤드를 정방형으로 배치하든 장방형으로 배치하든 간에 그 유효반경은 2.1m로 한다.
③ 포헤드는 특정소방대상물의 천장 또는 반자에 설치하되, 바닥면적 $7m^2$ 마다 1개 이상으로 한다.
④ 전역방출방식의 고발포용 고정포방출구는 바닥면적 $500m^2$ 이내마다 1개 이상을 설치하여야 한다.

해설 ③ $7m^2$ 마다 → $9m^2$ 마다

헤드의 **설치개수**(NFPC 105 12조, NFTC 105 2.9.2)

헤드 종류	바닥면적/설치개수
포워터스프링클러헤드	$8m^2$/개
포헤드	$9m^2$/개
압축공기포 소화설비	특수가연물 저장소	$9.3m^2$/개
	유류탱크 주위	$13.9m^2$/개
고정포방출구	$500m^2$/1개

답 ③

70 상수도 소화용수설비의 화재안전기준에 따른 설치기준 중 다음 ( ) 안에 알맞은 것은?

호칭지름 (㉠)mm 이상의 수도배관에 호칭지름 (㉡)mm 이상의 소화전을 접속하여야 하며, 소화전은 특정소방대상물의 수평투영면의 각 부분으로부터 (㉢)m 이하가 되도록 설치할 것

① ㉠ 65, ㉡ 80, ㉢ 120
② ㉠ 65, ㉡ 100, ㉢ 140
③ ㉠ 75, ㉡ 80, ㉢ 120
④ ㉠ 75, ㉡ 100, ㉢ 140

해설 **상수도 소화용수설비의 기준**(NFPC 401 4조, NFTC 401 2.1)
(1) 호칭지름

수도배관	소화전
75mm 이상 보기 ㉠	**100mm** 이상 보기 ㉡

(2) 소화전은 소방자동차 등의 진입이 쉬운 **도로변** 또는 **공지**에 설치할 것
(3) 소화전은 특정소방대상물의 수평투영면의 각 부분으로부터 **140m** 이하가 되도록 설치할 것 보기 ㉢
(4) 지상식 소화전의 호스접결구는 지면으로부터 높이가 0.5m 이상 1m 이하가 되도록 설치할 것

기억법 수75(수지침으로 치료), 소1(소일거리)

답 ④

71 할론소화설비의 화재안전기준에 따른 할론소화설비의 수동식 기동장치의 설치기준으로 틀린 것은?

① 국소방출방식은 방호대상물마다 설치할 것
② 기동장치의 방출용 스위치는 음향경보장치와 개별적으로 조작될 수 있는 것으로 할 것
③ 전기를 사용하는 기동장치에는 전원표시등을 설치할 것
④ 조작부는 바닥으로부터 높이 0.8m 이상 1.5m 이하의 위치에 설치할 것

해설 ② 개별적으로 → 연동하여

할론소화설비 수동식 기동장치 설치기준(NFTC 107 2.3.1)
(1) **전역방출방식**은 **방호구역**마다, **국소방출방식**은 **방호대상물**마다 설치할 것 보기 ①
(2) 해당 방호구역의 출입구 부분 등 조작을 하는 자가 쉽게 피난할 수 있는 장소에 설치할 것
(3) 기동장치의 조작부는 바닥으로부터 높이 **0.8m 이상 1.5m 이하**의 위치에 설치하고, 보호판 등에 따른 보호장치를 설치할 것 보기 ④
(4) 기동장치에는 그 가까운 곳의 보기 쉬운 곳에 "할론소화설비 기동장치"라고 표시한 표지를 할 것
(5) 전기를 사용하는 기동장치에는 **전원표시등**을 설치할 것 보기 ③
(6) 기동장치의 **방출용 스위치**는 음향경보장치와 **연동**하여 조작될 수 있는 것으로 할 것 보기 ②

답 ②

72 포소화설비의 화재안전기준에 따라 포소화설비의 자동식 기동장치로 폐쇄형 스프링클러헤드를 사용하고자 하는 경우 다음 ( ) 안에 알맞은 내용은?

부착면의 높이는 바닥으로부터 (㉠)m 이하로 하고, 1개의 스프링클러헤드의 경계면적은 (㉡)m^2 이하로 할 것

① ㉠ 5, ㉡ 18
② ㉠ 4, ㉡ 18
③ ㉠ 5, ㉡ 20
④ ㉠ 4, ㉡ 20

해설 **자동식 기동장치**(폐쇄형 헤드 개방방식)(NFTC 105 2.8.2)
(1) 표시온도가 **79℃** 미만인 것을 사용하고, 1개의 스프링클러헤드의 **경**계면적은 **20㎡** 이하 보기 ⓒ
(2) 부착면의 높이는 바닥으로부터 **5m** 이하로 하고, 화재를 유효하게 감지할 수 있도록 함 보기 ㉠
(3) 하나의 감지장치 경계구역은 하나의 **층**이 되도록 함

  기억법 경27 자동(**경**이롭다. **자동**차!)

답 ③

73
소화기구 및 자동소화장치의 화재안전기준상 바닥면적이 280㎡인 발전실에 부속용도별로 추가하여야 할 적응성이 있는 소화기의 최소 수량은 몇 개인가?

18.03.문78
15.03.문65
12.05.문62

① 2
② 4
③ 6
④ 12

해설 전기설비(발전실) 부속용도 추가 소화기

전기설비 = $\dfrac{\text{바닥면적}}{50\text{m}^2}$

= $\dfrac{280\text{m}^2}{50\text{m}^2}$

= 5.6 ≒ 6개(절상)

  용어
절상
'소수점은 끊어 올린다'는 뜻

  중요
전기설비
발전실 · 변전실 · 송전실 · 변압기실 · 배전반실 · 통신기기실 · 전산기기실

  공식
소화기 추가 설치개수(NFTC 101 2.1.1.3)

보일러 · 음식점 · 의료시설 · 업무시설 등	전기설비 (발전실, 통신기기실)
$\dfrac{\text{해당 바닥면적}}{25\text{m}^2}$	$\dfrac{\text{해당 바닥면적}}{50\text{m}^2}$

답 ③

74
다음 중 제연설비의 화재안전기준에 따른 제연구역 구획에 관한 기준으로 옳은 것은?

17.03.문76
05.05.문68

① 하나의 제연구역은 직경 50m 원 내에 들어갈 수 있어야 한다. 다만, 구조상 불가피한 경우에는 그 직경을 70m까지로 할 수 있다.

② 통로상의 제연구역은 보행중심선의 길이가 50m를 초과하지 않는다. 다만, 구조상 불가피한 경우에는 70m까지로 할 수 있다.
③ 거실과 통로는 하나의 제연구획으로 한다.
④ 하나의 제연구역의 면적은 1000㎡ 이내로 한다.

해설
① 50m 원 내 → 60m 원 내, 다만~ 삭제
② 50m를 초과 → 60m를 초과, 다만~ 삭제
③ 하나의 제연구획 → 각각 제연구획

제연구역의 **기준**(NFPC 501 4조, NFTC 501 2.1.1)
(1) 하나의 제연구역의 면적은 **1000㎡** 이내로 한다. 보기 ④
(2) 거실과 통로(복도 포함)는 **각각 제연구획**한다. 보기 ③
(3) 통로상의 제연구역은 보행중심선의 길이가 **60m**를 초과하지 않아야 한다. 보기 ②

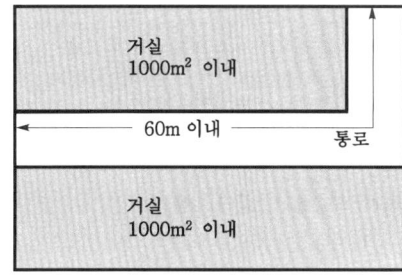

제연구역의 구획(Ⅰ)

(4) 하나의 제연구역은 직경 **60m** 원 내에 들어갈 수 있도록 한다. 보기 ①

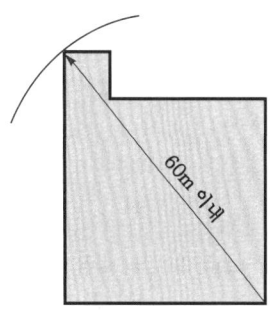

제연구역의 구획(Ⅱ)

(5) 하나의 제연구역은 **2개** 이상의 층에 미치지 않도록 한다(단, 층의 구분이 불분명한 부분은 다른 부분과 별도로 제연구획할 것).

답 ④

75 연결송수관설비의 화재안전기준에 따라 송수구가 부설된 옥내소화전을 설치한 특정소방대상물로서 연결송수관설비의 방수구를 설치하지 아니할 수 있는 층의 기준 중 다음 ( ) 안에 알맞은 것은? (단, 집회장·관람장·백화점·도매시장·소매시장·판매시설·공장·창고시설 또는 지하가를 제외한다.)

- 지하층을 제외한 층수가 (㉠)층 이하이고 연면적이 (㉡)m² 미만인 특정소방대상물의 지상층
- 지하층의 층수가 (㉢) 이하인 특정소방대상물의 지하층

① ㉠ 3, ㉡ 5000, ㉢ 3
② ㉠ 4, ㉡ 6000, ㉢ 2
③ ㉠ 5, ㉡ 3000, ㉢ 3
④ ㉠ 6, ㉡ 4000, ㉢ 2

해설 연결송수관설비의 방수구 설치제외 장소(NFPC 502 6조, NFTC 502 2.3)
(1) 아파트의 1층 및 2층
(2) 소방차의 접근이 가능하고 소방대원이 소방차로부터 각 부분에 쉽게 도달할 수 있는 피난층
(3) 송수구가 부설된 옥내소화전을 설치한 특정소방대상물(집회장·관람장·백화점·도매시장·소매시장·판매시설·공장·창고시설 또는 지하가 제외)로서 다음에 해당하는 층
  ㉠ 지하층을 제외한 **4층** 이하이고 연면적이 **6000m²** 미만인 특정소방대상물의 지상층 [보기 ㉠㉡]
  ㉡ 지하층의 층수가 **2** 이하인 특정소방대상물의 지하층 [보기 ㉢]

기억법 송426(송사리로 육포를 만들다.)

답 ②

76 스프링클러설비의 화재안전기준에 따라 연소할 우려가 있는 개구부에 드렌처설비를 설치한 경우 해당 개구부에 한하여 스프링클러헤드를 설치하지 아니할 수 있다. 관련 기준으로 틀린 것은?

① 드렌처헤드는 개구부 위측에 2.5m 이내마다 1개를 설치할 것
② 제어밸브는 특정소방대상물 층마다에 바닥면으로부터 0.5m 이상 1.5m 이하의 위치에 설치할 것
③ 드렌처헤드가 가장 많이 설치된 제어밸브에 설치된 드렌처헤드를 동시에 사용하는 경우에 각 헤드 선단의 방수압력은 0.1MPa 이상이 되도록 할 것
④ 드렌처헤드가 가장 많이 설치된 제어밸브에 설치된 드렌처헤드를 동시에 사용하는 경우에 각 헤드 선단의 방수량은 80L/min 이상이 되도록 할 것

해설 ② 0.5m 이상 1.5m 이하 → 0.8m 이상 1.5m 이하

설치높이

0.5~1m 이하	• **연**결송수관설비의 송수구·방수구 • **연**결살수설비의 송수구 • **소**화용수설비의 채수구 기억법 연소용 51(**연소용 오일**은 잘 탄다.)
0.8~1.5m 이하	• **제**어밸브(개폐표시형 밸브 및 수동조작부를 합한 것) [보기 ②] • **유**수검지장치 • **일**제개방밸브 기억법 제유일 85(**제**가 **유일**하게 **팔**았어요.)
1.5m 이하	• **옥내**소화전설비의 방수구 • **호**스릴함 • **소**화기 기억법 옥내호소 5(**옥내**에서 **호소**하시**오**.)

답 ②

77 소화기구 및 자동소화장치의 화재안전기준상 노유자시설에 대한 소화기구의 능력단위기준으로 옳은 것은? (단, 건축물의 주요구조부, 벽 및 반자의 실내에 면하는 부분에 대한 조건은 무시한다.)

① 해당 용도의 바닥면적 30m²마다 능력단위 1단위 이상
② 해당 용도의 바닥면적 50m²마다 능력단위 1단위 이상
③ 해당 용도의 바닥면적 100m²마다 능력단위 1단위 이상
④ 해당 용도의 바닥면적 200m²마다 능력단위 1단위 이상

특정소방대상물별 소화기구의 능력단위기준 (NFTC 101 2.1.1.2)

특정소방대상물	소화기구의 능력단위	건축물의 주요 구조부가 내화구조이고, 벽 및 반자의 실내에 면하는 부분이 불연재료·준불연재료 또는 난연재료로 된 특정소방대상물의 능력단위
• 위락시설 기억법 위3(위상)	바닥면적 30m²마다 1단위 이상	바닥면적 60m²마다 1단위 이상
• 공연장 • 집회장 • 관람장 및 문화재 • 의료시설·장례식장 기억법 5공연장 문의 집관람 (손오공 연장 문의 집관람)	바닥면적 50m²마다 1단위 이상	바닥면적 100m²마다 1단위 이상
• 근린생활시설 • 판매시설 • 운수시설 • 숙박시설 • 노유자시설 • 전시장 • 공동주택 • 업무시설 • 방송통신시설 • 공장·창고 • 항공기 및 자동차 관련시설 및 관광휴게시설 기억법 근판숙노전 주업방차창 1항관광(근판숙노전 주업방차창 일본항 관광)	바닥면적 100m²마다 1단위 이상	바닥면적 200m²마다 1단위 이상
• 그 밖의 것	바닥면적 200m²마다 1단위 이상	바닥면적 400m²마다 1단위 이상

용어

소화능력단위
소화기구의 소화능력을 나타내는 수치

답 ③

78
스프링클러설비의 화재안전기준상 건식 스프링클러설비에서 헤드를 향하여 상향으로 수평주행배관의 기울기가 최소 몇 이상이 되어야 하는가?

① 0 ② $\frac{1}{250}$ ③ $\frac{1}{500}$ ④ $\frac{1}{1000}$

해설 기울기

기울기	설비
$\frac{1}{100}$ 이상	연결살수설비의 수평주행배관
$\frac{2}{100}$ 이상	물분무소화설비의 배수설비
$\frac{1}{250}$ 이상	습식·부압식 설비 외 설비의 **가지배관**
$\frac{1}{500}$ 이상 보기③	습식·부압식 설비 외 설비의 **수평주행배관**

답 ③

79
차고·주차장의 부분에 호스릴포소화설비 또는 포소화전설비를 설치할 수 있는 기준 중 틀린 것은?

① 지상 1층으로서 지붕이 없는 부분
② 고가 밑의 주차장 등으로서 주된 벽이 없고 기둥뿐이거나 주위가 위해방지용 철주 등으로 둘러싸인 부분
③ 옥외로 통하는 개구부가 상시 개방된 구조의 부분으로서 그 개방된 부분의 합계면적이 해당 차고 또는 주차장의 바닥면적의 20% 이상인 부분
④ 완전개방된 옥상주차장

해설 ③ 무관한 내용

포소화설비의 적응대상 (NFPC 105 4조, NFTC 105 2.1.1)

특정소방대상물	설비 종류
• 차고·주차장 • 항공기격납고 • 공장·창고(특수가연물 저장·취급)	• 포워터스프링클러설비 • 포헤드설비 • 고정포방출설비 • 압축공기포소화설비
• 완전개방된 옥상주차장(주된 벽이 없고 기둥뿐이거나 주위가 위해방지용 철주 등으로 둘러싸인 부분) 보기④ • **지상 1층**으로서 지붕이 없는 차고·주차장 보기① • 고가 밑의 주차장(주된 벽이 없고 기둥뿐이거나 주위가 위해방지용 철주 등으로 둘러싸인 부분) 보기②	• 호스릴포소화설비 • 포소화전설비
• 발전기실 • 엔진펌프실 • 변압기 • 전기케이블실 • 유압설비	• 고정식 압축공기포소화설비(바닥면적 합계 300m² 미만)

답 ③

80
물분무소화설비의 화재안전기준에 따라 차고 또는 주차장에 물분무소화설비 설치시 저수량은 바닥면적 1m²에 대하여 최소 몇 L/min으로 20분간 방수할 수 있는 양 이상으로 해야 하는가?

23.09.문80
20.06.문61
19.04.문75
17.03.문77
16.03.문63

① 20   ② 30
③ 10   ④ 40

해설 **물분무소화설비**의 **수원**(NFPC 104 4조, NFTC 104 2.1.1)

특정소방대상물	토출량	최소 기준	비 고
컨베이어벨트	1**0**L/min·m²	-	벨트부분의 바닥면적
절연유 봉입변압기	1**0**L/min·m²	-	표면적을 합한 면적(바닥면적 제외)
특수가연물	1**0**L/min·m²	최소 50m²	최대방수구역의 바닥면적 기준
케이블트레이 · 덕트	1**2**L/min·m²	-	투영된 바닥면적
차고 · 주차장	2**0**L/min·m²	최소 50m²	최대방수구역의 바닥면적 기준
위험물 저장탱크	**37**L/min·m	-	위험물탱크 둘레길이(원주길이) : 위험물규칙 〔별표 6〕 Ⅱ

※ 모두 **20분**간 방수할 수 있는 양 이상으로 하여야 한다.

기억법	
컨	0
절	0
특	0
케	2
차	0
위	37

답 ①

CBT 기출복원문제
2024년
소방설비기사 필기(기계분야)

- 2024. 3. 1 시행 ·················· 24- 2
- 2024. 5. 9 시행 ·················· 24-31
- 2024. 7. 5 시행 ·················· 24-60

** 수험자 유의사항 **

1. 문제지를 받는 즉시 **본인**이 **응시한 종목**이 맞는지 확인하시기 바랍니다.
2. 문제지 표지에 본인의 **수험번호**와 **성명**을 기재하여야 합니다.
3. 문제지의 **총면수, 문제번호 일련순서, 인쇄상태, 중복 및 누락 페이지 유무**를 확인하시기 바랍니다.
4. 답안은 각 문제마다 요구하는 가장 적합하거나 가까운 답 1개만을 선택하여야 합니다.
5. 답안카드는 뒷면의 「수험자 유의사항」에 따라 작성하시고, 답안카드 작성 시 형별누락, 마킹착오로 인한 불이익은 전적으로 수험자에게 책임이 있음을 알려드립니다.
6. 문제지는 시험 종료 후 본인이 가져갈 수 있습니다.

** 안내사항 **

- 가답안/최종정답은 큐넷(www.q-net.or.kr)에서 확인하실 수 있습니다. 가답안에 대한 의견은 큐넷의 [가답안 의견 제시]를 통해 제시할 수 있으며, 확정된 답안은 최종정답으로 갈음합니다.
- 공단에서 제공하는 자격검정서비스에 대해 개선할 점이 있으시면 고객참여(http://hrdkorea.or.kr/7/1/1)를 통해 건의하여 주시기 바랍니다.

2024. 3. 1 시행

2024년 기사 제1회 필기시험 CBT 기출복원문제

자격종목	종목코드	시험시간	형별
소방설비기사(기계분야)		2시간	

※ 각 문항은 4지택일형으로 질문에 가장 적합한 보기 항을 선택하여 체크하여야 합니다.

제1과목 소방원론

01 위험물안전관리법상 위험물의 정의 중 다음 ( ) 안에 알맞은 것은?

> 위험물이라 함은 (㉠) 또는 발화성 등의 성질을 가지는 것으로서 (㉡)이/가 정하는 물품을 말한다.

① ㉠ 인화성, ㉡ 대통령령
② ㉠ 휘발성, ㉡ 국무총리령
③ ㉠ 인화성, ㉡ 국무총리령
④ ㉠ 휘발성, ㉡ 대통령령

해설 위험물법 2조
용어의 정의

용어	뜻
위험물	**인화성** 또는 **발화성** 등의 성질을 가지는 것으로서 **대통령령**이 정하는 물품 보기 ①
지정수량	위험물의 종류별로 위험성을 고려하여 대통령령이 정하는 수량으로서 제조소 등의 설치허가 등에 있어서 **최저의 기준이 되는 수량**
제조소	위험물을 제조할 목적으로 **지정수량 이상**의 위험물을 취급하기 위하여 허가를 받은 장소
저장소	지정수량 이상의 위험물을 저장하기 위한 **대통령령**이 정하는 장소
취급소	지정수량 이상의 위험물을 제조 외의 목적으로 취급하기 위한 대통령령이 정하는 장소
제조소 등	제조소·저장소·취급소

답 ①

02 인화점이 낮은 것부터 높은 순서로 옳게 나열된 것은?

① 에틸알코올 < 이황화탄소 < 아세톤
② 이황화탄소 < 에틸알코올 < 아세톤
③ 에틸알코올 < 아세톤 < 이황화탄소
④ 이황화탄소 < 아세톤 < 에틸알코올

해설

물질	인화점	착화점
프로필렌	-107℃	497℃
에틸에터 다이에틸에터	-45℃	180℃
가솔린(휘발유)	-43℃	300℃
이황화탄소 보기 ④	-30℃	100℃
아세틸렌	-18℃	335℃
아세톤 보기 ④	-18℃	538℃
벤젠	-11℃	562℃
톨루엔	4.4℃	480℃
에틸알코올 보기 ④	13℃	423℃
아세트산	40℃	-
등유	43~72℃	210℃
경유	50~70℃	200℃
적린	-	260℃

답 ④

03 분말소화약제의 열분해 반응식 중 옳은 것은?

① $2KHCO_3 \rightarrow K_2CO_3 + 2CO_2 + H_2O$
② $2NaHCO_3 \rightarrow Na_2CO_3 + 2CO_2 + H_2O$
③ $NH_4H_2PO_4 \rightarrow HPO_3 + NH_3 + H_2O$
④ $KHCO_3 + (NH_2)_2CO \rightarrow K_2CO_3 + NH_2 + CO_2$

해설
① $2CO_2 \rightarrow CO_2$
② $2CO_2 \rightarrow CO_2$
④ $NH_2 \rightarrow 2NH_3, CO_2 \rightarrow 2CO_2$

분말소화기 : 질식효과

종별	소화약제	약제의 착색	화학반응식	적응화재
제1종	탄산수소 나트륨 ($NaHCO_3$)	백색	$2NaHCO_3 \rightarrow$ $Na_2CO_3 + CO_2 + H_2O$ 보기 ②	BC급
제2종	탄산수소 칼륨 ($KHCO_3$)	담자색 (담회색)	$2KHCO_3 \rightarrow$ $K_2CO_3 + CO_2 + H_2O$ 보기 ①	BC급
제3종	인산암모늄 ($NH_4H_2PO_4$)	담홍색	$NH_4H_2PO_4 \rightarrow$ $HPO_3 + NH_3 + H_2O$ 보기 ③	ABC급

| 제4종 | 탄산수소
칼륨+요소
(KHCO₃+
(NH₂)₂CO) | 회(백)색 | 2KHCO₃+
(NH₂)₂CO →
K₂CO₃+
2NH₃+2CO₂
보기 ④ | BC급 |

- 탄산수소나트륨=중탄산나트륨
- 탄산수소칼륨=중탄산칼륨
- 제1인산암모늄=인산암모늄=인산염
- 탄산수소칼륨+요소=중탄산칼륨+요소

답 ③

04 제4류 위험물의 물리·화학적 특성에 대한 설명으로 틀린 것은?

① 증기비중은 공기보다 크다.
② 정전기에 의한 화재발생위험이 있다.
③ 인화성 액체이다.
④ 인화점이 높을수록 증기발생이 용이하다.

해설 ④ 높을수록 → 낮을수록

제4류 위험물
(1) 증기비중은 공기보다 크다. 보기 ①
(2) 정전기에 의한 화재발생위험이 있다. 보기 ②
(3) 인화성 액체이다. 보기 ③
(4) 인화점이 **낮을수록** 증기발생이 용이하다. 보기 ④
(5) 상온에서 **액체상태**이다(**가연성 액체**).
(6) 상온에서 **안정**하다.

답 ④

05 할로젠원소의 소화효과가 큰 순서대로 배열된 것은?

① I > Br > Cl > F
② Br > I > F > Cl
③ Cl > F > I > Br
④ F > Cl > Br > I

해설 **할론소화약제**

부촉매효과(소화효과) 크기	전기음성도(친화력) 크기
I > Br > Cl > F 보기 ①	F > Cl > Br > I

- 소화효과=소화능력
- 전기음성도 크기=수소와의 결합력 크기

중요
할로젠족 원소
(1) 불소 : <u>F</u>
(2) 염소 : <u>Cl</u>
(3) 브로민(취소) : <u>Br</u>
(4) 아이오딘(옥소) : <u>I</u>

기억법 FClBrI

답 ①

06 프로판가스의 연소범위[vol%]에 가장 가까운 것은?

① 9.8~28.4
② 2.5~81
③ 4.0~75
④ 2.1~9.5

해설 (1) 공기 중의 **폭발한계**

가스	하한계 (하한점, [vol%])	상한계 (상한점, [vol%])
아세틸렌(C_2H_2)	2.5	81
수소(H_2)	4	75
일산화탄소(CO)	12	75
에터($C_2H_5OC_2H_5$)	1.7	48
이황화탄소(CS_2)	1	50
에틸렌(C_2H_4)	2.7	36
암모니아(NH_3)	15	25
메탄(CH_4)	5	15
에탄(C_2H_6)	3	12.4
프로판(C_3H_8) 보기 ④	2.1	9.5
부탄(C_4H_{10})	1.8	8.4

(2) **폭발한계**와 같은 의미
㉠ 폭발범위
㉡ 연소한계
㉢ 연소범위
㉣ 가연한계
㉤ 가연범위

답 ④

07 위험물의 유별에 따른 대표적인 성질의 연결이 옳지 않은 것은?

① 제1류 : 산화성 고체
② 제2류 : 가연성 고체
③ 제4류 : 인화성 액체
④ 제5류 : 산화성 액체

해설 ④ 산화성 액체 → 자기반응성 물질

위험물령〔별표 1〕
위험물

유별	성질	품명
제1류	<u>**산**</u>화성 <u>**고**</u>체 보기 ①	• 아<u>염</u>소산염류 • 염소산염류(**염소산나트륨**) • 과염소산염류 • 질산염류 • 무기과산화물

기억법 1산고염나

24. 03. 시행 / 기사(기계)

제2류	가연성 고체 보기②	• 황화인 • 황	• 적린 • 마그네슘
제3류	자연발화성 물질 및 금수성 물질	• **황**린 • **나**트륨 • **트**리에틸알루미늄	• **칼**륨 • **알**칼리토금속
		기억법 황칼나알트	
제4류	인화성 액체 보기③	• 특수인화물 • 석유류(벤젠) • 알코올류 • 동식물유류	
제5류	**자**기반응성 물질 보기④	• 유기과산화물 • 나이트로화합물 • 나이트로소화합물 • 아조화합물 • 질산에스터류(셀룰로이드)	
		기억법 5자(**오자**탈자)	
제6류	산화성 액체	• 과염소산 • 과산화수소 • 질산	

답 ④

08 ★★★
21.03.문03
17.03.문09
12.03.문06
08.05.문20

중앙코어방식으로 피난자들의 집중으로 패닉(panic) 현상이 발생할 우려가 있는 피난형태는?

① X형 ② T형
③ Z형 ④ CO형

해설 피난형태

형 태	피난방향	상 황
X형	↕↔	**확실한 피난통로**가 보장되어 신속한 피난이 가능하다.
Y형	Y	
CO형	▭	피난자들의 집중으로 **패닉(Panic) 현상**이 일어날 수 있다. 보기④
H형	▭	

• 보기에 H형이 있다면 H형도 정답

중요

패닉(panic)의 **발생원인**
(1) 연기에 의한 시계제한
(2) 유독가스에 의한 호흡장애
(3) 외부와 단절되어 고립

답 ④

09 ★★★
20.06.문02
19.03.문08
17.09.문07
16.05.문09
15.09.문19
13.09.문07

종이, 나무, 섬유류 등에 의한 화재에 해당하는 것은?

① A급 화재 ② B급 화재
③ C급 화재 ④ D급 화재

해설 화재의 종류

구 분	표시색	적응물질
일반화재(A급) 보기①	백색	• 일반가연물 • 종이류 화재 • 목재(나무) · 섬유화재(섬유류)
유류화재(B급)	황색	• 가연성 액체 • 가연성 가스 • 액화가스화재 • 석유화재
전기화재(C급)	청색	• 전기설비
금속화재(D급)	무색	• 가연성 금속
주방화재(K급)	–	• 식용유화재

※ 요즘은 표시색의 의무규정은 없음

답 ①

10 ★★★
22.09.문06
20.09.문14
14.05.문18
14.03.문11
13.06.문17
11.06.문11

플래시오버(flash over)현상에 대한 설명으로 옳은 것은?

① 실내에서 가연성 가스가 축적되어 발생되는 폭발적인 착화현상
② 실내에서 에너지가 느리게 집적되는 현상
③ 실내에서 가연성 가스가 분해되는 현상
④ 실내에서 가연성 가스가 방출되는 현상

해설 플래시오버(flash over) : 순발연소
(1) **실내**에서 폭발적인 착화현상 보기①
(2) 폭발적인 **화재확대현상**
(3) 건물화재에서 발생한 가연성 가스가 일시에 인화하여 화염이 **충**만하는 단계
(4) 실내의 가연물이 연소됨에 따라 생성되는 가연성 가스가 실내에 누적되어 **폭**발적으로 연소하여 실 전체가 순간적으로 불길에 싸이는 현상
(5) **옥내화재**가 서서히 진행하여 열이 축적되었다가 일시에 화염이 크게 발생하는 상태
(6) **다량**의 **가연성 가스**가 동시에 연소되면서 **급**격한 온도상승을 유발하는 현상
(7) 건축물에서 한순간에 폭발적으로 화재가 확산되는 현상

기억법 플확충 폭급

• 플래시오버=플래쉬오버

비교

(1) **패닉(panic)현상**
  인간의 비이성적인 또는 부적합한 **공포반응행동**으로서 무모하게 높은 곳에서 뛰어내리는 행위라든지, 몸이 굳어서 움직이지 못하는 행동

(2) **굴뚝효과**(stack effect)
  ㉠ 건물 내외의 **온도차**에 따른 공기의 흐름현상이다.
  ㉡ 굴뚝효과는 **고층건물**에서 주로 나타난다.
  ㉢ 평상시 건물 내의 기류분포를 지배하는 중요 요소이며 화재시 연기의 **이동**에 큰 영향을 미친다.
  ㉣ 건물 외부의 온도가 내부의 온도보다 높은 경우 저층부에서는 내부에서 외부로 공기의 흐름이 생긴다.

(3) **블레비(BLEVE) = 블레이브(BLEVE)현상**
  과열상태의 탱크에서 내부의 액화가스가 분출하여 기화되어 폭발하는 현상
  ㉠ 가연성 액체
  ㉡ 화구(fire ball)의 형성
  ㉢ 복사열의 대량 방출

답 ①

---

11 ★★★ 화재발생시 인간의 피난특성으로 틀린 것은?

20.09.문10
18.04.문03
16.05.문03
12.05.문15
11.10.문09
10.09.문11

① 본능적으로 평상시 사용하는 출입구를 사용한다.
② 최초로 행동을 개시한 사람을 따라서 움직인다.
③ 공포감으로 인해서 빛을 피하여 어두운 곳으로 몸을 숨긴다.
④ 무의식 중에 발화장소의 반대쪽으로 이동한다.

해설 ③ 공포감으로 인해서 빛을 따라 외부로 달아나려는 경향이 있다.

화재발생시 인간의 피난 특성

구 분	설 명
귀소본능	• **친숙한 피난경로**를 선택하려는 행동 • 무의식 중에 **평상시 사용**하는 출입구나 통로를 사용하려는 행동 보기①
지광본능	• **밝은 쪽**을 지향하는 행동 • 화재의 공포감으로 인하여 **빛**을 따라 외부로 달아나려고 하는 행동 보기③
퇴피본능	• 화염, 연기에 대한 공포감으로 **발화의 반대방향**으로 이동하려는 행동 보기④
추종본능	• 많은 사람이 달아나는 방향으로 쫓아가려는 행동 • 화재시 최초로 행동을 개시한 사람을 따라 전체가 움직이려는 행동 보기②

좌회본능	• **좌측통행**을 하고 시계반대방향으로 회전하려는 행동
폐쇄공간 지향본능	• 가능한 넓은 공간을 찾아 이동하다가 위험성이 높아지면 의외의 좁은 공간을 찾는 본능
초능력 본능	• 비상시 상상도 못할 힘을 내는 본능
공격본능	• **이상심리현상**으로서 구조용 헬리콥터를 부수려고 한다든지 무차별적으로 주변사람과 구조인력 등에게 공격을 가하는 본능
패닉 (panic) 현상	• 인간의 비이성적인 또는 부적합한 **공포반응행동**으로서 무모하게 높은 곳에서 뛰어내리는 행위라든지, 몸이 굳어서 움직이지 못하는 행동

답 ③

---

12 ★★★ 화재시 이산화탄소를 방출하여 산소농도를 13vol%로 낮추어 소화하기 위한 공기 중 이산화탄소의 농도는 약 몇 vol%인가?

19.09.문10
15.05.문13
14.05.문07
13.09.문16
12.05.문14

① 9.5
② 25.8
③ 38.1
④ 61.5

해설
(1) 주어진 값
  • O_2 농도 : 13vol%
  • CO_2 농도 : ?

(2) 이산화탄소의 농도

$$CO_2 = \frac{21 - O_2}{21} \times 100$$

여기서, CO_2 : CO_2의 농도〔vol%〕
  O_2 : O_2의 농도〔vol%〕

$$CO_2 = \frac{21 - O_2}{21} \times 100 = \frac{21 - 13}{21} \times 100 ≒ 38.1 vol\%$$

중요

이산화탄소 소화설비와 관련된 식

$$CO_2 = \frac{\text{방출가스량}}{\text{방호구역체적} + \text{방출가스량}} \times 100$$
$$= \frac{21 - O_2}{21} \times 100$$

여기서, CO_2 : CO_2의 농도〔vol%〕
  O_2 : O_2의 농도〔vol%〕

$$\text{방출가스량} = \frac{21 - O_2}{O_2} \times \text{방호구역체적}$$

여기서, O_2 : O_2의 농도〔vol%〕

답 ③

13. 건축물의 피난·방화구조 등의 기준에 관한 규칙상 불연재료에 대한 설명이다. 다음 중 빈칸에 들어가지 않는 것은?

( )·( )·( )·( )·( )·( )·( )·시멘트모르타르 및 회, 이 경우 시멘트 모르타르 또는 회 등 미장재료를 사용하는 경우에는 「건설기술 진흥법」 제44조 제1항 제2호에 따라 제정된 건축공사표준시방서에서 정한 두께 이상인 것에 한한다.

① 콘크리트
② 석재
③ 벽돌
④ 철근

해설 ④ 철근 → 철강

건축령 2조, 피난·방화구조 5~7조
불연·준불연재료·난연재료

구분	불연재료	준불연재료	난연재료
정의	불에 타지 않는 재료	불연재료에 준하는 방화성능을 가진 재료	불에 잘 타지 아니하는 성능을 가진 재료
종류	① 콘크리트 보기① ② 석재 보기② ③ 벽돌 보기③ ④ 기와 ⑤ 유리(그라스울) ⑥ 철강 보기④ ⑦ 알루미늄 ⑧ 모르타르(시멘트 모르타르) ⑨ 회	① 석고보드 ② 목모시멘트판	① 난연 합판 ② 난연 플라스틱판

용어

철강	철근
철에 탄소나 다른 합금원소를 첨가해 만든 합금	철강을 특정한 형태로 가공한 것

답 ④

14. 휘발유 화재시 물을 사용하여 소화할 수 없는 이유로 가장 옳은 것은?

① 인화점이 물보다 낮기 때문이다.
② 비중이 물보다 작아 연소면이 확대되기 때문이다.
③ 수용성이므로 물에 녹아 폭발이 일어나기 때문이다.
④ 물과 반응하여 수소가스를 발생하기 때문이다.

해설 주수소화(물소화)시 위험한 물질

구분	현상
• 무기과산화물	산소 발생
• 금속분 • 마그네슘 • 알루미늄 • 칼륨 • 나트륨 • 수소화리튬 • 부틸리튬	수소 발생
• 가연성 액체(휘발유)의 유류 화재	연소면(화재면) 확대 보기②

기억법 금마수

답 ②

15. 백드래프트(back draft)에 관한 설명으로 틀린 것은?

① 내화조건물의 화재 초기에 주로 발생한다.
② 새로운 공기가 공급되면 화염이 숨 쉬듯이 분출되는 현상이다.
③ 화재진압 과정에서 갑작스런 폭발의 위험이 있다.
④ 공기가 지속적으로 원활하게 공급되는 경우에는 발생 가능성이 낮다.

해설 ① 초기 → 감쇠기

백드래프트(back draft)
(1) 내화조건물의 화재 **감쇠기**에 주로 발생한다. 보기①

플래시오버	백드래프트
성장기~최성기	감쇠기

(2) 새로운 공기가 공급되면 **화염**이 **숨** 쉬듯이 분출되는 현상이다. 보기②
(3) **화재진압** 과정에서 갑작스런 **폭발**의 위험이 있다. 보기③
(4) **공기**가 지속적으로 **원활**하게 공급되는 경우에는 발생 가능성이 **낮다**. 보기④
(5) **산소**의 **공급**이 **원활하지 못한** 화재실에 급격히 **산소**가 **공급**이 될 경우 순간적으로 연소하여 화재가 폭풍을 동반하여 **실외**로 **분출**하는 현상
(6) 소방대가 소화활동을 위하여 화재실의 문을 개방할 때 신선한 공기가 유입되어 실내에 축적되었던 가연성 가스가 **단시간**에 **폭발적**으로 **연소**함으로써 화재가 폭풍을 동반하며 **실외**로 분출되는 현상으로 **감쇠기**에 나타난다.
(7) 화재로 인하여 **산소**가 **부족**한 건물 내에 산소가 새로 유입된 때 **고열가스**의 **폭발** 또는 급속한 **연소**가 발생하는 현상
(8) **통기력**이 좋지 않은 상태에서 연소가 계속되어 산소가 심히 부족한 상태가 되었을 때 **개구부**를 통하여 산소가 공급되면 실내의 가연성 혼합기가 공급되는 **산소**의 **방향**과 **반대**로 흐르며 급격히 연소하는 현상으로서 "역화현상"이라고 하며 이때에는 **화염**이 산소의 공급통로로 분출되는 현상을 눈으로 확인할 수 있다.

기억법 백감

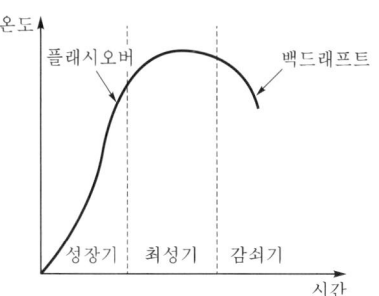

백드래프트와 플래시오버의 발생시기

답 ①

16 CO₂ 소화약제의 장점으로 틀린 것은?

21.05.문03
14.09.문03
① 한냉지에서도 사용이 가능하다.
② 자체압력으로도 방사가 가능하다.
③ 전기적으로 비전도성이다.
④ 인체에 무해하고 GWP가 0이다.

해설 ④ 무해 → 유해, 0 → 1

이산화탄소 소화설비

구 분	설 명
장점	• **한냉지**에서도 사용이 가능하다. 보기 ① • 자체압력으로도 방사가 가능하다. 보기 ② • 화재진화 후 깨끗하다. • **심부화재**에 적합하다. • **증거보존**이 **양호**하여 화재원인조사가 쉽다. • 전기의 **부도체**(비전도성)로서 전기절연성이 높다(**전기설비**에 사용 가능). 보기 ③ • 화학적으로 안정하다. • **불연성**이다. • **전기절연성**이 우수하다. • **비전도성**이다. 보기 ③ • **장시간** 저장이 가능하다. • 소화약제에 의한 **오손**이 **없다**. • **무색**이고 **무취**이다.
단점	• 인체의 **질식**이 **우려**된다. 보기 ④ • 소화약제의 방출시 인체에 닿으면 **동상**이 **우려**된다. • 소화약제의 방사시 **소리**가 **요란**하다.

용어

GWP

지구온난화지수
(GWP; Glrobal Warming Potential)

• 지구온난화에 기여하는 정도를 나타내는 지표로 CO₂(이산화탄소)의 GWP를 1로 하여 다음과 같이 구한다. 보기 ④

$$GWP = \frac{어떤\ 물질\ 1kg이\ 기여하는\ 온난화\ 정도}{CO_2의\ 1kg이\ 기여하는\ 온난화\ 정도}$$

• 지구온난화지수가 **작을수록** 좋은 소화약제이다.

답 ④

17 수소의 공기 중 폭발한계는 약 몇 vol.%인가?

17.03.문03
16.03.문13
15.09.문14
13.06.문04
09.03.문02
① 1.05~6.7   ② 4~75
③ 5~15   ④ 12.5~54

해설 (1) 공기 중의 폭발한계(읽시천러로 나와야 한다.)

가 스	하한계 [vol%]	상한계 [vol%]
아세틸렌(C₂H₂)	2.5	81
수소(H₂) 보기 ②	**4**	**75**
일산화탄소(CO)	12	75
암모니아(NH₃)	15	25
메탄(CH₄)	5	15
에탄(C₂H₆)	3	12.4
프로판(C₃H₈)	2.1	9.5
부탄(C₄H₁₀)	**1.8**	**8.4**

vol%=vol.%

기억법 **수475**(**수사** 후 **치료**하세요.)
부18(**부자**의 일반적인 팔자)

(2) 폭발한계와 같은 의미
㉠ 폭발범위
㉡ 연소한계
㉢ 연소범위
㉣ 가연한계
㉤ 가연범위

답 ②

18 유류탱크의 화재시 탱크 저부의 물이 뜨거운 열류층에 의하여 수증기로 변하면서 급작스런 부피팽창을 일으켜 유류가 탱크 외부로 분출하는 현상을 무엇이라고 하는가?

23.05.문15
20.06.문10
17.05.문04
① 보일오버   ② 프로스오버
③ 블래비   ④ 플래시오버

해설 유류탱크, 가스탱크에서 발생하는 현상

구 분	설 명
블래비=블레비 (BLEVE)	• 과열상태의 탱크에서 내부의 액화가스가 분출하여 기화되어 폭발하는 현상
보일오버 (boil over)	• 중질유의 석유탱크에서 장시간 조용히 연소하다 탱크 내의 잔존기름이 갑자기 분출하는 현상 • 유류탱크에서 **탱크바닥**에 물과 기름의 **에멀션**이 섞여 있을 때 이로 인하여 화재가 발생하는 현상 • 연소유면으로부터 100℃ 이상의 열파가 **탱크 저부**에 고여 있는 물을 비등하게 하면서 연소유를 탱크 밖으로 비산시키며 연소하는 현상 보기 ①

현상	정의
오일오버 (oil over)	• 저장탱크에 저장된 유류저장량이 내용적의 **50%** 이하로 충전되어 있을 때 화재로 인하여 탱크가 폭발하는 현상
프로스오버 (froth over)	• 물이 점성의 뜨거운 기름표면 아래에서 끓을 때 화재를 수반하지 않고 용기가 넘치는 현상
슬롭오버 (slop over)	• **유류탱크 화재시 기름** 표면에 물을 살수하면 **기름**이 **탱크** 밖으로 **비산**하여 화재가 확대되는 현상(연소유가 비산되어 탱크 외부까지 화재가 확산) • 물이 연소유의 뜨거운 표면에 들어갈 때 기름 표면에서 화재가 발생하는 현상 • 유화제로 소화하기 위한 물이 수분의 급격한 증발에 의하여 액면이 거품을 일으키면서 열유층 밑의 냉유가 급히 열팽창하여 기름의 일부가 불이 붙은 채 탱크벽을 넘어서 일출하는 현상 • 연소면의 온도가 100℃ 이상일 때 물을 주수하면 발생 • 소화시 외부에서 방사하는 포에 의해 발생

건축물 내에서 발생하는 현상

현상	정의
플래시오버 (flash over)	• 화재로 인하여 실내의 온도가 급격히 상승하여 화재가 순간적으로 실내 전체에 확산되어 연소되는 현상
백드래프트 (back draft)	• **통기력**이 좋지 않은 상태에서 연소가 계속되어 산소가 심히 부족한 상태가 되었을 때 **개구부**를 통하여 산소가 공급되면 실내의 가연성 혼합기가 공급되는 **산소의 방향**과 **반대**로 흐르며 급격히 연소하는 현상 • 소방대가 소화활동을 위하여 화재실의 문을 개방할 때 신선한 공기가 유입되어 실내에 축적되었던 가연성 가스가 단시간에 폭발적으로 **연소**함으로써 화재가 폭풍을 동반하며 **실외**로 분출되는 현상

답 ①

19 방화구조의 기준으로 틀린 것은?
16.05.문05
15.05.문02
14.05.문12
07.05.문19

① 심벽에 흙으로 맞벽치기한 것
② 철망모르타르로서 그 바름 두께가 2cm 이상인 것
③ 시멘트모르타르 위에 타일을 붙인 것으로서 그 두께의 합계가 1.5cm 이상인 것
④ 석고판 위에 시멘트모르타르 또는 회반죽을 바른 것으로서 그 두께의 합계가 2.5cm 이상인 것

해설 ③ 1.5cm 이상 → 2.5cm 이상

피난·방화구조 4조
방화구조의 기준

구조 내용	기 준
① **철망모르타르** 바르기 보기 ②	두께 2cm 이상
② 석고판 위에 시멘트모르타르를 바른 것 보기 ④	두께 2.5cm 이상
③ 석고판 위에 회반죽을 바른 것 보기 ④	
④ 시멘트모르타르 위에 타일을 붙인 것 보기 ③	
⑤ 심벽에 흙으로 맞벽치기 한 것 보기 ①	모두 해당

비교

피난·방화구조 3조
내화구조의 기준

내화 구분	기 준
벽·바닥	철골·철근 콘크리트조로서 두께가 10cm 이상인 것
기둥	철골을 두께 5cm 이상의 콘크리트로 덮은 것
보	두께 5cm 이상의 콘크리트로 덮은 것

기억법 벽바내1(**벽**을 **바**라보면 **내일**이 보인다.)

답 ③

20 연소시 암적색 불꽃의 온도는 약 몇 ℃인가?
① 700℃
② 950℃
③ 1100℃
④ 1300℃

해설 연소의 색과 온도

색	온도(℃)
암적색(진홍색)	700~750 보기 ①
적색	850
휘적색(주황색)	925~950
황적색	1100
백적색(백색)	1200~1300
휘백색	1500

답 ①

제2과목 소방유체역학

21 유량 2m³/min, 전양정 25m인 원심펌프의 축동력은 약 몇 kW인가? (단, 펌프의 전효율은 0.78이고, 유체의 밀도는 1000kg/m³이다.)

① 9.52 ② 10.47
③ 11.52 ④ 13.47

해설 (1) 기호
- Q : 2m³/min=2m³/60s(1min=60s)
- H : 25m
- P : ?
- η : 0.78
- ρ : 1000kg/m³=1000N·s²/m⁴(1kg/m³=1N·s²/m⁴)

(2) 비중량
$$\gamma = \rho g$$

여기서, γ : 비중량[N/m³]
ρ : 밀도[N·s²/m⁴]
g : 중력가속도(9.8m/s²)

비중량 γ는
$\gamma = \rho g = 1000\text{N}\cdot\text{s}^2/\text{m}^4 \times 9.8\text{m/s}^2 = 9800\text{N/m}^3$

(3) 축동력
$$P = \frac{\gamma QH}{1000\eta}$$

여기서, P : 축동력[kW]
γ : 비중량[N/m³]
Q : 유량[m³/s]
H : 전양정[m]
η : 효율

축동력 P는
$P = \frac{\gamma QH}{1000\eta}$
$= \frac{9800\text{N/m}^3 \times 2\text{m}^3/60\text{s} \times 25\text{m}}{1000 \times 0.78} \fallingdotseq 10.47\text{kW}$

용어

축동력
전달계수(K)를 고려하지 않은 동력

별해

원칙적으로 밀도가 주어지지 않을 때 적용
축동력
$$P = \frac{0.163QH}{\eta}$$

여기서, P : 축동력[kW]
Q : 유량[m³/min]
H : 전양정(수두)[m]
η : 효율

펌프의 축동력 P는
$P = \frac{0.163QH}{\eta}$
$= \frac{0.163 \times 2\text{m}^3/\text{min} \times 25\text{m}}{0.78} = 10.448 \fallingdotseq 10.45\text{kW}$

(정확하지는 않지만 유사한 값이 나옴)

답 ②

22 펌프운전 중 발생하는 수격작용의 발생을 예방하기 위한 방법에 해당되지 않는 것은?

① 밸브를 가능한 펌프송출구에서 멀리 설치한다.
② 서지탱크를 관로에 설치한다.
③ 밸브의 조작을 천천히 한다.
④ 관 내의 유속을 낮게 한다.

해설 ① 멀리 → 가까이

수격작용(water hammering)

개요	• 배관 속의 물흐름을 급히 차단하였을 때 동압이 정압으로 전환되면서 일어나는 쇼크(shock)현상 • 배관 내를 흐르는 유체의 유속을 급격하게 변화시키므로 압력이 상승 또는 하강하여 **관로**의 **벽면**을 **치는 현상**
발생 원인	• 펌프가 갑자기 정지할 때 • 급히 밸브를 개폐할 때 • 정상운전시 유체의 압력변동이 생길 때
방지 대책	• 관로의 **관경**을 크게 한다. • 관로 내의 유속을 낮게 한다.(관로에서 일부 고압수를 방출한다.) 보기 ④ • **서지탱크**(조압수조)를 설치하여 적정압력을 유지한다. 보기 ② • **플라이 휠**(fly wheel)을 설치한다. • 펌프송출구 **가까이**에 밸브를 **설치**한다. 보기 ① • 펌프송출구에 **수격**을 **방지**하는 **체크밸브**를 달아 역류를 막는다. • **에어챔버**(air chamber)를 설치한다. • 회전체의 **관성모멘트**를 **크게** 한다. • 밸브조작을 천천히 한다. 보기 ③

답 ①

23 다음 중 열전달 매질이 없이도 열이 전달되는 형태는?

① 전도 ② 자연대류
③ 복사 ④ 강제대류

해설 **열전달의 종류**

종류	설명	관련 법칙
전도 (conduction)	하나의 물체가 다른 물체와 직접 **접촉**하여 열이 이동하는 현상	**푸리에**(Fourier)의 법칙

대류 (convection)	**유체**의 흐름에 의하여 열이 이동하는 현상	**뉴턴**의 법칙
복사 (radiation)	① 화재시 화원과 **격리**된 인접 가연물에 불이 옮겨 붙는 현상 ② **열전달 매질이 없이 열이 전달되는 형태** 보기 ③ ③ 열에너지가 **전자파**의 형태로 옮겨지는 현상으로, **가장 크게 작용**한다.	**스테판-볼츠만**의 법칙

공식

(1) 전도

$$Q = \frac{kA(T_2 - T_1)}{l}$$

여기서, Q : 전도열[W]
k : 열전도율[W/m·K]
A : 단면적[m²]
$(T_2 - T_1)$: 온도차[K]
l : 벽체 두께[m]

(2) 대류

$$Q = h(T_2 - T_1)$$

여기서, Q : 대류열[W/m²]
h : 열전달률[W/m²·℃]
$(T_2 - T_1)$: 온도차[℃]

(3) 복사

$$Q = aAF(T_1^4 - T_2^4)$$

여기서, Q : 복사열[W]
a : 스테판-볼츠만 상수[W/m²·K⁴]
A : 단면적[m²]
F : 기하학적 Factor
T_1 : 고온[K]
T_2 : 저온[K]

참고

대류의 종류

강제대류	자연대류
송풍기, **펌프** 또는 바람들의 외부 사단에 의해 표면 위의 유동이 **강제**적으로 생길 때의 대류	강제대류와 달리 유체의 **온도** 차이로 인한 **밀도** 차이에 의해 발생하는 부력이 유체의 유동을 생기게 할 때의 대류

답 ③

24 양정 220m, 유량 0.025m³/s, 회전수 2900rpm인 4단 원심 펌프의 비교회전도(비속도)[m³/min·m/rpm]는 얼마인가?

① 23 ② 45
③ 167 ④ 176

해설 (1) 기호

- H : 220m
- Q : 0.025m³/s = 0.025m³ / $\frac{1}{60}$min
  = (0.025×60)m³/min
  (1min=60s, 1s=$\frac{1}{60}$min)
- N : 2900rpm
- n : 4
- N_s : ?

(2) 비교회전도(비속도)

$$N_s = N\frac{\sqrt{Q}}{\left(\frac{H}{n}\right)^{\frac{3}{4}}}$$

여기서, N_s : 펌프의 비교회전도(비속도) [m³/min·m/rpm]
N : 회전수[rpm]
Q : 유량[m³/min]
H : 양정[m]
n : 단수

펌프의 비교회전도 N_s 는

$$N_s = N\frac{\sqrt{Q}}{\left(\frac{H}{n}\right)^{\frac{3}{4}}}$$

$$= 2900\text{rpm} \times \frac{\sqrt{(0.025 \times 60)\text{m}^3/\text{min}}}{\left(\frac{220\text{m}}{4}\right)^{\frac{3}{4}}}$$

$$= 175.8 ≒ 176\text{m}^3/\text{min·rpm}$$

- **rpm**(revolution per minute) : 분당 회전속도

용어

비속도
펌프의 성능을 나타내거나 가장 적합한 **회전수**를 결정하는 데 이용되며, **회전자**의 **형상**을 나타내는 척도가 된다.

답 ④

25 펌프로부터 분당 150L의 소방용수가 토출되고 있다. 토출 배관의 내경이 65mm일 때 레이놀즈수는 약 얼마인가? (단, 물의 점성계수는 0.001kg/m·s로 한다.)

① 1300 ② 5400
③ 49000 ④ 82000

해설 (1) 기호

- Q : 150L/분=150L/min=0.15m³/60s(1000L=1m³, 1min=60s)
- D : 65mm=0.065m(1000mm=1m)
- Re : ?
- μ : 0.001kg/m·s

(2) 유량

$$Q = AV = \left(\frac{\pi}{4}D^2\right)V$$

여기서, Q : 유량[m³/s]
A : 단면적[m²]
D : 직경[m]
V : 유속[m/s]

유속 V는

$$V = \frac{Q}{\frac{\pi}{4}D^2} = \frac{0.15\text{m}^3/60\text{s}}{\frac{\pi}{4} \times (0.065\text{m})^2} = 0.753\text{m/s}$$

(3) 레이놀즈수

$$Re = \frac{DV\rho}{\mu}$$

여기서, Re : 레이놀즈수
D : 내경[m]
V : 유속[m/s]
ρ : 밀도(물의 밀도 1000kg/m³)
μ : 점성계수(점도)[kg/m·s=N·s/m²]

레이놀즈수 Re는

$$Re = \frac{DV\rho}{\mu}$$
$$= \frac{0.065\text{m} \times 0.753\text{m/s} \times 1000\text{kg/m}^3}{0.001\text{kg/m·s}}$$
$$\fallingdotseq 49000$$

- ρ : 물의 밀도 1000kg/m³

답 ③

26 유체의 압축률에 관한 설명으로 올바른 것은?

21.05.문37
13.03.문32

① 압축률= 밀도×체적탄성계수

② 압축률= $\dfrac{1}{\text{체적탄성계수}}$

③ 압축률= $\dfrac{\text{밀도}}{\text{체적탄성계수}}$

④ 압축률= $\dfrac{\text{체적탄성계수}}{\text{밀도}}$

해설 압축률 보기 ②

$$\beta = \frac{1}{K}$$

여기서, β : 압축률[1/kPa]
K : 체적탄성계수[kPa]

중요

압축률
(1) 체적탄성계수의 역수
(2) 단위압력변화에 대한 체적의 변형도
(3) 압축률이 적은 것은 압축하기 어렵다.

답 ②

27 10kg의 수증기가 들어 있는 체적 2m³의 단단한

19.04.문27
용기를 냉각하여 온도를 200℃에서 150℃로 낮추었다. 나중 상태에서 액체상태의 물은 약 몇 kg 인가? (단, 150℃에서 물의 포화액 및 포화증기의 비체적은 각각 0.0011m³/kg, 0.3925m³/kg 이다.)

① 0.508
② 1.24
③ 4.92
④ 7.86

해설 (1) 기호

- m_1 : 10kg
- V : 2m³
- v_{S2} : 0.0011m³/kg
- v_{S1} : 0.3925m³/kg
- m_2 : ?

(2) 계산 : 문제를 잘 읽어보고 식을 만들면 된다.

$$v_{S2}m_2 + v_{S1}(m_1 - m_2) = V$$

여기서, v_{S2} : 물의 포화액 비체적[m³/kg]
m_2 : 액체상태의 질량[kg]
v_{S1} : 물의 포화증기 비체적[m³/kg]
m_1 : 수증기상태 물의 질량[kg]
V : 체적[m³]

$v_{S2} \cdot m_2 + v_{S1}(m_1 - m_2) = V$
$0.0011\text{m}^3/\text{kg} \cdot m_2 + 0.3925\text{m}^3/\text{kg} \cdot (10 - m_2) = 2\text{m}^3$
계산의 편의를 위해 단위를 없애면 다음과 같다.
$0.0011m_2 + 0.3925(10 - m_2) = 2$
$0.0011m_2 + 3.925 - 0.3925m_2 = 2$
$0.0011m_2 - 0.3925m_2 = 2 - 3.925$
$-0.3914m_2 = -1.925$
$m_2 = \dfrac{-1.925}{-0.3914} \fallingdotseq 4.92\text{kg}$

답 ③

28 물의 온도에 상응하는 증기압보다 낮은 부분이

19.04.문22
15.03.문35
14.03.문32
발생하면 물은 증발되고 물속에 있던 공기와 물이 분리되어 기포가 발생하는 펌프의 현상은?

① 피드백(feed back)
② 서징현상(surging)
③ 공동현상(cavitation)
④ 수격작용(water hammering)

해설

용 어	설 명
공동현상 (cavitation)	펌프의 흡입측 배관 내의 물의 정압이 기존의 증기압보다 낮아져서 **기**포가 발생되어 물이 흡입되지 않는 현상 [기억법] **공기**
수격작용 (water hammering)	• 배관 속 물흐름을 급히 차단하였을 때 동압이 정압으로 전환되면서 일어나는 쇼크(shock)현상 • 배관 내를 흐르는 유체의 유속을 급격하게 변화시키므로 압력이 상승 또는 하강하여 **관로**의 **벽면**을 **치는** 현상
서징현상 (surging)	유량이 단속적으로 변하여 펌프 입출구에 설치된 **진공계 · 압력계**가 흔들리고 **진동**과 **소음**이 일어나며 펌프의 **토출유량**이 **변하는 현상**

• 서징현상 = 맥동현상
• 펌프의 현상에는 피드백(feed back)이란 것은 없다.

답 ③

★★ 29
검사체적(control volume)에 대한 운동량 방정식(momentum equation)과 가장 관계가 깊은 법칙은?

19.09.문21
15.09.문29

① 열역학 제2법칙
② 질량보존의 법칙
③ 에너지보존의 법칙
④ 뉴턴(Newton)의 운동법칙

해설 **뉴**턴의 운동법칙 : 검사체적에 대한 **운동량 방정식** 보기 ④

구 분	설 명
제1법칙 (관성의 법칙)	물체가 외부에서 작용하는 힘이 없으면, 정지해 있는 물체는 **계속 정지**해 있고, 운동하고 있는 물체는 **계속 운동**상태를 유지하려는 성질
제**2**법칙 (가속도의 법칙)	① 물체에 힘을 가하면 힘의 방향으로 가속도가 생기고 물체에 가한 힘은 **질량**과 **가속도**에 **비례**한다는 법칙 ② **운동량 방정식**의 근원이 되는 법칙 [기억법] **뉴2운**

제3법칙 (작용 · 반작용의 법칙)	물체에 힘을 가하면 다른 물체에는 **반작용**이 일어나고, 힘의 크기와 작용선은 서로 같으나 **방향**이 서로 **반대**이다라는 법칙

비교

연속방정식
질량보존법칙을 만족하는 법칙

답 ④

★★ 30
유량이 2m³/min인 5단의 다단펌프가 2000rpm의 회전으로 50m의 양정이 필요하다면 비속도 [m³/min · m/rpm]는?

21.05.문29
13.03.문28

① 403
② 425
③ 503
④ 525

해설 (1) 기호
- Q : 2m³/min
- n : 5
- N : 2000rpm
- H : 50m
- N_s : ?

(2) 비교회전도(비속도)

$$N_s = N \frac{\sqrt{Q}}{\left(\dfrac{H}{n}\right)^{\frac{3}{4}}}$$

여기서, N_s : 펌프의 비교회전도(비속도)
　　　　　　[m³/min · m/rpm]
　　　N : 회전수[rpm]
　　　Q : 유량[m³/min]
　　　H : 양정[m]
　　　n : 단수

펌프의 비교회전도 N_s 는

$$N_s = N \frac{\sqrt{Q}}{\left(\dfrac{H}{n}\right)^{\frac{3}{4}}}$$

$$= 2000\text{rpm} \times \frac{\sqrt{2\text{m}^3/\text{min}}}{\left(\dfrac{50\text{m}}{5}\right)^{\frac{3}{4}}}$$

$$= 502.97 ≒ 503\text{m}^3/\text{min} \cdot \text{m/rpm}$$

• rpm(revolution per minute) : 분당 회전속도

용어

비속도
펌프의 성능을 나타내거나 가장 적합한 **회전수**를 결정하는 데 이용되며, **회전자**의 **형상**을 나타내는 척도가 된다.

답 ③

31

무한한 두 평판 사이에 유체가 채워져 있고 한 평판은 정지해 있고 또 다른 평판은 일정한 속도로 움직이는 Couette 유동을 하고 있다. 유체 A만 채워져 있을 때 평판을 움직이기 위한 단위면적당 힘을 τ_1이라 하고 같은 평판 사이에 점성이 다른 유체 B만 채워져 있을 때 필요한 힘을 τ_2라 하면 유체 A와 B가 반반씩 위아래로 채워져 있을 때 평판을 같은 속도로 움직이기 위한 단위면적당 힘에 대한 표현으로 옳은 것은?

① $\dfrac{\tau_1 + \tau_2}{2}$ ② $\sqrt{\tau_1 \tau_2}$

③ $\dfrac{2\tau_1 \tau_2}{\tau_1 + \tau_2}$ ④ $\tau_1 + \tau_2$

해설 단위면적당 힘

$$\tau = \dfrac{2\tau_1 \tau_2}{\tau_1 + \tau_2}$$

여기서, τ : 단위면적당 힘[N]
τ_1 : 평판을 움직이기 위한 단위면적당 힘[N]
τ_2 : 평판 사이에 다른 유체만 채워져 있을 때 필요한 힘[N]

답 ③

32

그림과 같이 반경 2m, 폭(y 방향) 3m의 곡면 AB가 수문으로 이용된다. 물에 의하여 AB에 작용하는 힘의 수직성분(z방향)의 크기는 약 몇 kN인가?

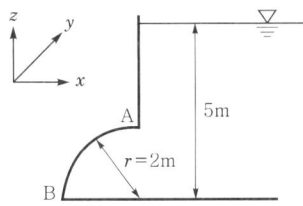

① 75.7   ② 92.3
③ 202   ④ 294

해설 (1) 기호
- r : 2m
- b : 3m
- F_z : ?

(2) 수직분력
$$F_z = \gamma V$$

여기서, F_z : 수직분력[N]
γ : 비중량(물의 비중량 9800N/m³)
V : 체적[m³]

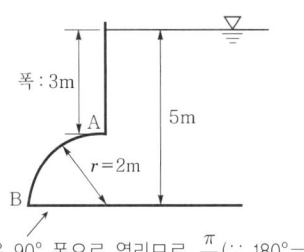

수문은 90° 폭으로 열리므로 $\dfrac{\pi}{2}$ (∵ 180° = π)

$F_z = \gamma V$
$= 9800\text{N/m}^3 \times \left(\dfrac{br^2}{2} \times 수문폭(각도)\right)$
$= 9800\text{N/m}^3 \times \left(\dfrac{3\text{m} \times (2\text{m})^2}{2} \times \dfrac{\pi}{2}\right)$
$≒ 92362.82\text{N} ≒ 92.3\text{kN}$

답 ②

33

직경이 $\dfrac{D}{2}$인 출구를 통해 유체가 대기로 방출될 때, 이음매에 작용하는 힘은? (단, 마찰손실과 중력의 영향은 무시하고, 유체의 밀도 = ρ, 단면적 $A = \dfrac{\pi}{4}D^2$)

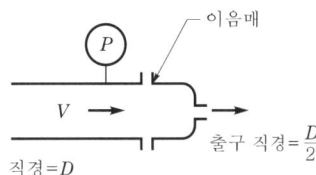

① $\dfrac{1}{2}\rho V^2 A$ ② $3\rho V^2 A$

③ $\dfrac{9}{2}\rho V^2 A$ ④ $\dfrac{15}{2}\rho V^2 A$

해설 (1) 단면적
$$A = \dfrac{\pi}{4}D^2 \propto D^2$$

여기서, A : 단면적[m²]
D : 직경[m]

출구직경이 $\dfrac{D}{2}$인 경우
출구단면적 A_2는

$A : D^2 = A_2 : \left(\dfrac{D}{2}\right)^2$

$A_2 D^2 = A \times \dfrac{D^2}{4}$

$A_2 = A \times \dfrac{D^2}{4} \times \dfrac{1}{D^2}$

∴ $A_2 = \dfrac{A}{4}$

직경 D는 입구직경이므로 $D = D_1$으로 나타낼 수 있다.
단서에서 $A = \dfrac{\pi}{4}D^2$이므로 $A_1 = \dfrac{\pi}{4}D_1^2 = \dfrac{\pi}{4}D^2$

$$\therefore A = A_1$$

(2) 유량

$$Q = AV = \left(\frac{\pi D^2}{4}\right)V$$

여기서, Q : 유량[m³/s]
　　　　A : 단면적[m²]
　　　　V : 유속[m/s]
　　　　D : 지름[m]

(3) 비중량

$$\gamma = \rho g$$

여기서, γ : 비중량[N/m³]
　　　　ρ : 밀도(물의 밀도 1000kg/m³ 또는 1000N·s²/m⁴)
　　　　g : 중력가속도(9.8m/s²)

(4) 이음매 또는 플랜지볼트에 작용하는 힘

$$F = \frac{\gamma Q^2 A_1}{2g}\left(\frac{A_1 - A_2}{A_1 A_2}\right)^2$$

여기서, F : 이음매 또는 플랜지볼트에 작용하는 힘[N]
　　　　γ : 비중량(물의 비중량 9800N/m³)
　　　　Q : 유량[m³/s]
　　　　A_1 : 호스의 단면적[m²]
　　　　A_2 : 노즐의 출구단면적[m²]
　　　　g : 중력가속도(9.8m/s²)

이음매에 작용하는 힘 F는

$$F = \frac{\gamma Q^2 A_1}{2g}\left(\frac{A_1 - A_2}{A_1 A_2}\right)^2$$

$$= \frac{\rho g (AV)^2 A}{2g}\left(\frac{A - \frac{A}{4}}{A \times \frac{A}{4}}\right)^2 \rightarrow \begin{array}{l}\gamma = \rho g \\ Q = AV \\ A_1 = A \text{ 대입} \\ A_2 = \frac{A}{4}\end{array}$$

$$\left(\frac{\frac{4A}{4} - \frac{A}{4}}{\frac{A^2}{4}}\right)^2 = \left(\frac{\frac{4A - A}{4}}{\frac{A^2}{4}}\right)^2 = \left(\frac{\frac{3A}{4}}{\frac{A^2}{4}}\right)^2$$

$$= \left(\frac{3}{A}\right)^2 = \frac{9}{A^2}$$

$$= \frac{\rho g A^2 V^2 A}{2g} \times \frac{9}{A^2} = \frac{9}{2}\rho V^2 A$$

답 ③

34 ★★★

2cm 떨어진 두 수평한 판 사이에 기름이 차있고, 두 판 사이의 정중앙에 두께가 매우 얇은 한 변의 길이가 10cm인 정사각형 판이 놓여 있다. 이 판을 10cm/s의 일정한 속도로 수평하게 움직이는 데 0.02N의 힘이 필요하다면, 기름의 점도는 약 N·s/m²인가? (단, 정사각형 판의 두께는 무시한다.)

① 0.01　　② 0.02
③ 0.1　　　④ 0.2

해설 Newton의 점성법칙

$$\tau = \frac{F}{A} = \mu \frac{du}{dy}$$

여기서, τ : 전단응력[N/m²]
　　　　F : 힘[N]
　　　　A : 단면적[m²]
　　　　μ : 점성계수(점도)[N·s/m²]
　　　　du : 속도의 변화[m/s]
　　　　dy : 거리의 변화[m]

문제에서 정중앙에 판이 놓여있으므로 F와 거리는 $\frac{1}{2}$로 해야 한다.
$F = 0.01\text{N}, \ dy = 0.01\text{m}$
점도 μ는

$$\mu = \frac{Fdy}{Adu} = \frac{0.01\text{N} \times 0.01\text{m}}{(0.1 \times 0.1)\text{m}^2 \times 0.1\text{m/s}} = 0.1\text{N}\cdot\text{s/m}^2$$

비교

Newton의 점성법칙(층류)

$$\tau = \frac{p_A - p_B}{l} \cdot \frac{r}{2}$$

여기서, τ : 전단응력[N/m²]
　　　　$p_A - p_B$: 압력강하[N/m²]
　　　　l : 관의 길이[m]
　　　　r : 반경[m]

답 ③

35 ★★

그림과 같이 물탱크에서 2m²의 단면적을 가진 파이프를 통해 터빈으로 물이 공급되고 있다. 송출되는 터빈은 수면으로부터 30m 아래에 위치하고, 유량은 10m³/s이고 터빈효율이 80%일 때 터빈출력은 약 몇 kW인가? (단, 밴드나 밸브 등에 의한 부차적 손실계수는 2로 가정한다.)

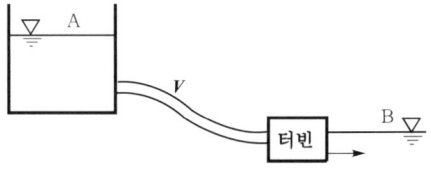

① 1254　　② 2690
③ 2152　　④ 3363

해설

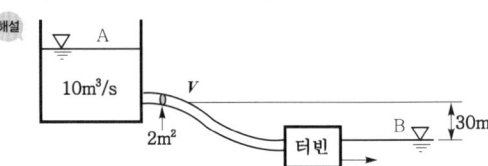

(1) 기호
- A : 2m²
- Z_2 : -30m
- Q : 10m³/s
- η : 80%=0.8
- P : ?
- K : 2

(2) 유량

$$Q = AV$$

여기서, Q : 유량[m³/s]
　　　　A : 단면적[m²]
　　　　V : 유속[m/s]

유속 V는

$$V = \frac{Q}{A} = \frac{10\text{m}^3/\text{s}}{2\text{m}^2} = 5\text{m/s}$$

(3) 돌연축소관에서의 손실

$$H = K\frac{V_2^2}{2g}$$

여기서, H : 손실수두(단위중량당 손실)[m]
　　　　K : 손실계수
　　　　V_2 : 축소관유속[m/s]
　　　　g : 중력가속도(9.8m/s²)

손실수두 H는

$$H = K\frac{V_2^2}{2g} = K\frac{V^2}{2g}$$
$$= 2 \times \frac{(5\text{m/s})^2}{2 \times 9.8\text{m/s}^2} ≒ 2.55\text{m}$$

(4) 기계에너지 방정식

$$\frac{V_1^2}{2g} + \frac{P_1}{\gamma} + Z_1 = \frac{V_2^2}{2g} + \frac{P_2}{\gamma} + Z_2 + h_L + h_s$$

여기서, V_1, V_2 : 유속[m/s]
　　　　P_1, P_2 : 압력[kN/m²]
　　　　g : 중력가속도(9.8m/s²)
　　　　γ : 비중량[N/m³]
　　　　Z_1, Z_2 : 높이[m]
　　　　h_L : 단위중량당 손실[m]
　　　　h_s : 단위중량당 축일[m]

$P_1 = P_2$
$Z_1 = 0\text{m}$
$Z_2 = -30\text{m}$
$V_1 ≒ V_2$ 매우 작으므로 무시

$$\frac{V_1^2}{2g} + \frac{P_1}{\gamma} + Z_1 = \frac{V_2^2}{2g} + \frac{P_2}{\gamma} + Z_2 + h_L + h_s$$

$$0 + \frac{P_1}{\gamma} + 0\text{m} = 0 + \frac{P_2}{\gamma} - 30\text{m} + 2.55\text{m} + h_s$$

$P_1 = P_2$ 이므로 $\frac{P_1}{\gamma}$과 $\frac{P_2}{\gamma}$를 생략하면

$0 + 0\text{m} = 0 - 30\text{m} + 2.55\text{m} + h_s$

$h_s = 30\text{m} - 2.55\text{m} = 27.45\text{m}$

(5) 터빈의 동력(출력)

$$P = \frac{\gamma h_s Q \eta}{1000}$$

여기서, P : 터빈의 동력[kW]
　　　　γ : 비중량(물의 비중량 9800N/m³)
　　　　h_s : 단위중량당 축일[m]
　　　　Q : 유량[m³/s]
　　　　η : 효율

터빈의 출력 P는

$$P = \frac{\gamma h_s Q \eta}{1000}$$
$$= \frac{9800\text{N/m}^3 \times 27.45\text{m} \times 10\text{m}^3/\text{s} \times 0.8}{1000}$$
$$≒ 2152\text{kW}$$

- 터빈은 유체의 흐름으로부터 에너지를 얻어내는 것이므로 효율을 곱해야 하고 전동기처럼 에너지가 소비된다면 효율을 나누어야 한다.

답 ③

36 ★★

직경이 40mm인 비눗방울의 내부초과압력이 30N/m²일 때 비눗방울의 표면장력은 몇 N/m인가?

① 0.075　　② 0.15
③ 0.2　　　④ 0.3

해설

(1) 기호
- D : 40mm=0.04m(1000mm=1m)
- ΔP : 30N/m²
- σ : ?

(2) 비눗방울의 표면장력(surface tension)

$$\sigma = \frac{\Delta p D}{8}$$

여기서, σ : 비눗방울의 표면장력[N/m]
　　　　Δp : 압력차(내부초과 압력)[Pa] 또는 [N/m²]
　　　　D : 직경[m]

$$\sigma = \frac{\Delta p D}{8}$$
$$= \frac{30\text{N/m}^2 \times 40\text{mm}}{8} = \frac{30\text{N/m}^2 \times 0.04\text{m}}{8}$$
$$= 0.15\text{N/m}$$

- Pa=N/m²
- 1000mm=1m이므로 40mm=0.04m

비교

물방울의 표면장력(surface tension)

$$\sigma = \frac{\Delta p D}{4}$$

여기서, σ : 물방울의 표면장력[N/m]
　　　　Δp : 압력차[Pa] 또는 [N/m²]
　　　　D : 직경[m]

답 ②

37 수면에 잠긴 무게가 490N인 매끈한 쇠구슬을 줄에 매달아서 일정한 속도로 내리고 있다. 쇠구슬이 물속으로 내려갈수록 들고 있는 데 필요한 힘은 어떻게 되는가? (단, 물은 정지된 상태이며, 쇠구슬은 완전한 구형체이다.)

16.10.문33

① 적어진다.
② 동일하다.
③ 수면 위보다 커진다.
④ 수면 바로 아래보다 커진다.

해설 **부력**은 배제된 부피만큼의 유체의 무게에 해당하는 힘이다. 부력은 항상 **중력**의 **반대방향**으로 **작용**하므로 쇠구슬이 물속으로 내려갈수록 들고 있는 데 필요한 힘은 **동일하다**.

중요

부력	물체의 무게
$F_B = \gamma V$	$F_w = \gamma V$
여기서, F_B : 부력(N) γ : 액체의 비중량 (N/m³) V : 물속에 잠긴 부피(m³)	여기서, F_w : 물체의 무게 (N) γ : 물체의 비중량 (N/m³) V : 전체 부피(m³)

답 ②

38 단면적이 A와 $2A$인 U자형 관에 밀도가 d인 기름이 담겨져 있다. 단면적이 $2A$인 관에 관벽과는 마찰이 없는 물체를 놓았더니 그림과 같이 평형을 이루었다. 이때 이 물체의 질량은?

23.05.문37
19.04.문23
12.09.문21
09.05.문39

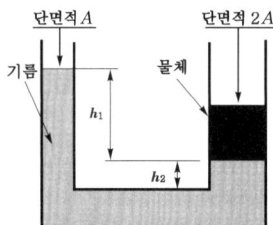

① $2Ah_1d$
② Ah_1d
③ $A(h_1+h_2)d$
④ $A(h_1-h_2)d$

해설 (1) 중량

$$F = mg$$

여기서, F : 중량(힘)(N)
m : 질량(kg)
g : 중력가속도(9.8m/s²)
$F = mg \propto m$
질량은 중량(힘)에 비례하므로 파스칼의 원리식 적용

(2) 파스칼의 원리

$$\frac{F_1}{A_1} = \frac{F_2}{A_2}, \quad p_1 = p_2$$

여기서, F_1, F_2 : 가해진 힘(kN)
A_1, A_2 : 단면적(m²)
p_1, p_2 : 압력(kPa)

$\dfrac{F_1}{A_1} = \dfrac{F_2}{A_2}$ 에서 $A_2 = 2A_1$ 이므로

$F_2 = \dfrac{A_2}{A_1} \times F_1 = \dfrac{2A_1}{A_1} \times F_1 = 2F_1$

질량은 중량(힘)에 비례하므로 $F_2 = 2F_1$ 를 $m_2 = 2m_1$로 나타낼 수 있다.

(3) 물체의 **질량**

$$m_1 = dh_1A$$

여기서, m_1 : 물체의 질량(kg)
d : 밀도(kg/m³)
h_1 : 깊이(m)
A : 단면적(m²)
$m_2 = 2m_1 = 2 \times dh_1A = 2Ah_1d$

답 ①

39 그림과 같이 노즐이 달린 수평관에서 계기압력이 0.49MPa이었다. 이 관의 안지름이 6cm이고 관의 끝에 달린 노즐의 지름이 2cm라면 노즐의 분출속도는 몇 m/s인가? (단, 노즐에서의 손실은 무시하고, 관마찰계수는 0.025이다.)

21.09.문25

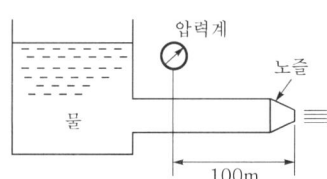

① 16.8
② 20.4
③ 25.5
④ 28.4

해설

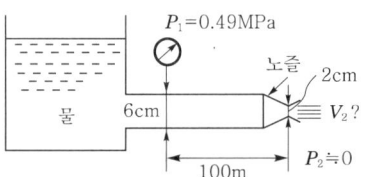

(1) 기호

- P_1 : 0.49MPa=0.49×10⁶Pa=0.49×10⁶N/m²
  =490×10³N/m²=490kN/m²
- D_1 : 6cm=0.06m(100cm=1m)
- D_2 : 2cm=0.02m(100cm=1m)
- V_2 : ?
- f : 0.025
- L : 100m

(2) 유량

$$Q = AV = \frac{\pi D^2}{4} V$$

여기서, Q : 유량[m³/s]
A : 단면적[m²]
V : 유속[m/s]
D : 지름(안지름)[m]

식을 변형하면

$$Q = A_1 V_1 = A_2 V_2 = \frac{\pi D_1^2}{4} V_1 = \frac{\pi D_2^2}{4} V_2 \text{에서}$$

$$\frac{\pi D_1^2}{4} V_1 = \frac{\pi D_2^2}{4} V_2$$

$$\left(\frac{\pi \times 0.06^2}{4}\right) m^2 \times V_1 = \left(\frac{\pi \times 0.02^2}{4}\right) m^2 \times V_2$$

$$\therefore V_2 = 9 V_1$$

(3) 마찰손실수두

$$\Delta H = \frac{\Delta P}{\gamma} = \frac{fLV^2}{2gD}$$

여기서, ΔH : 마찰손실(수두)[m]
ΔP : 압력차[kPa] 또는 [kN/m²]
γ : 비중량(물의 비중량 9800N/m³)
f : 관마찰계수
L : 길이[m]
V : 유속[m/s]
g : 중력가속도(9.8m/s²)
D : 내경[m]

배관의 **마찰손실** ΔH는

$$\Delta H = \frac{fLV_1^2}{2gD_1} = \frac{0.025 \times 100m \times V_1^2}{2 \times 9.8m/s^2 \times 0.06m} ≒ 2.12 V_1^2$$

(4) 베르누이 방정식(비압축성 유체)

$$\frac{V_1^2}{2g} + \frac{P_1}{\gamma} + Z_1 = \frac{V_2^2}{2g} + \frac{P_2}{\gamma} + Z_2 + \Delta H$$

속도수두 압력수두 위치수두

여기서, V_1, V_2 : 유속[m/s]
P_1, P_2 : 압력[N/m²]
Z_1, Z_2 : 높이[m]
g : 중력가속도(9.8m/s²)
γ : 비중량(물의 비중량 9.8kN/m³)
ΔH : 마찰손실(수두)[m]

- 수평관이므로 $Z_1 = Z_2$
- 노즐을 통해 대기로 분출되므로 노즐로 분출되는 계기압 $P_2 ≒ 0$

$$\frac{V_1^2}{2g} + \frac{P_1}{\gamma} + \cancel{Z_1} = \frac{V_2^2}{2g} + \frac{0}{\gamma} + \cancel{Z_2} + \Delta H$$

$$\frac{V_1^2}{2 \times 9.8m/s^2} + \frac{490kN/m^2}{9.8kN/m^3}$$

$$= \frac{(9V_1)^2}{2 \times 9.8m/s^2} + 0m + 2.12 V_1^2$$

$$\frac{490kN/m^2}{9.8kN/m^3} = \frac{(9V_1)^2}{2 \times 9.8m/s^2} - \frac{V_1^2}{2 \times 9.8m/s^2} + 2.12 V_1^2$$

$$\frac{490kN/m^2}{9.8kN/m^3} = \frac{81 V_1^2 - V_1^2}{2 \times 9.8m/s^2} + 2.12 V_1^2$$

$$\frac{490kN/m^2}{9.8kN/m^3} = \frac{80 V_1^2}{2 \times 9.8m/s^2} + 2.12 V_1^2$$

$$50m = 4.081 V_1^2 + 2.12 V_1^2$$

$$50m = 6.201 V_1^2$$

$$6.201 V_1^2 = 50m$$

$$V_1^2 = \frac{50m}{6.201}$$

$$\sqrt{V_1^2} = \sqrt{\frac{50m}{6.201}}$$

$$V_1 = \sqrt{\frac{50m}{6.201}} ≒ 2.84m/s$$

노즐에서의 **유속** V_2는

$$V_2 = 9V_1 = 9 \times 2.84m/s ≒ 25.5m/s$$

답 ③

★★★ 40 단위 및 차원에 대한 설명으로 틀린 것은?

23.05.문39
22.04.문31
21.05.문30
19.04.문40
17.05.문40
16.05.문25

① 밀도의 단위로 kg/m³을 사용한다.
② 운동량의 차원은 MLT이다.
③ 점성계수의 차원은 $ML^{-1}T^{-1}$이다.
④ 압력의 단위로 N/m²을 사용한다.

해설

② MTL → MTL⁻¹
- 1N=1kg·m/s²만 알면 중력단위에서 절대단위로 쉽게 단위변환이 된다.

차 원	중력단위[차원]	절대단위[차원]
길이	m[L]	m[L]
시간	s[T]	s[T]
운동량	N·s[FT]	kg·m/s[MLT⁻¹] 보기 ②
힘	N[F]	kg·m/s²[MLT⁻²]
속도	m/s[LT⁻¹]	m/s[LT⁻¹]
가속도	m/s²[LT⁻²]	m/s²[LT⁻²]
질량	N·s²/m[FL⁻¹T²]	kg[M]
압력	N/m²[FL⁻²] 보기 ④	kg/m·s²[ML⁻¹T⁻²]
밀도	N·s²/m⁴[FL⁻⁴T²]	kg/m³[ML⁻³] 보기 ①
비중	무차원	무차원
비중량	N/m³[FL⁻³]	kg/m²·s²[ML⁻²T⁻²]
비체적	m⁴/N·s²[F⁻¹L⁴T⁻²]	m³/kg[M⁻¹L³]
일률	N·m/s[FLT⁻¹]	kg·m²/s³[ML²T⁻³]
일	N·m[FL]	kg·m²/s²[ML²T⁻²]
점성계수	N·s/m²[FL⁻²T]	kg/m·s[ML⁻¹T⁻¹] 보기 ③

답 ②

제3과목 소방관계법규

41 소방시설의 하자가 발생한 경우 통보를 받은 공사업자는 며칠 이내에 이를 보수하거나 보수일정을 기록한 하자보수계획을 관계인에게 서면으로 알려야 하는가?

① 3일 ② 7일
③ 14일 ④ 30일

해설 3일
(1) **하**자보수기간(공사업법 15조) 보기 ①
(2) 소방시설업 등록증 **분**실 등의 **재**발급(공사업규칙 4조)
(3) 소방시설 등의 자체점검 면제 또는 연기신청(소방시설법 시행규칙 22조)
(4) 소방안전관리자 선임연기신청서 관계인 통보(화재예방법 시행규칙 14조)

기억법 3하분재(**상하**이에서 **분재**를 가져왔다.)

답 ①

42 소방시설 설치 및 관리에 관한 법령상 자동화재탐지설비를 설치하여야 하는 특정소방대상물의 기준으로 틀린 것은?

① 공장 및 창고시설로서 「소방기본법 시행령」에서 정하는 수량의 500배 이상의 특수가연물을 저장·취급하는 것
② 지하상가로서 연면적 600m² 이상인 것
③ 숙박시설이 있는 수련시설로서 수용인원 100명 이상인 것
④ 장례시설 및 복합건축물로서 연면적 600m² 이상인 것

해설 ② 600m² 이상 → 1000m² 이상

소방시설법 시행령 [별표 4]
자동화재탐지설비의 설치대상

설치대상	조건
① 정신의료기관·의료재활시설	• 창살설치 : 바닥면적 300m² 미만 • 기타 : 바닥면적 300m² 이상
② 노유자시설	• 연면적 400m² 이상
③ **근**린생활시설·**위**락시설	• 연면적 600m² 이상
④ **의**료시설(정신의료기관, 요양병원 제외)	
⑤ **복**합건축물·장례시설 보기 ④	

기억법 근위의복6

⑥ 목욕장·문화 및 집회시설, 운동시설 ⑦ 종교시설 ⑧ 방송통신시설·관광휴게시설 ⑨ 업무시설·판매시설 ⑩ 항공기 및 자동차 관련시설·공장·창고시설 ⑪ 지하상가·운수시설·발전시설·위험물 저장 및 처리시설 보기 ② ⑫ 교정 및 군사시설 중 국방·군사시설	• 연면적 1000m² 이상
⑬ **교**육연구시설·**동**식물관련시설 ⑭ **자**원순환관련시설·**교**정 및 군사시설(국방·군사시설 제외) ⑮ **수**련시설(숙박시설이 있는 것 제외) ⑯ 묘지관련시설	• 연면적 2000m² 이상

기억법 교동자교수 2

⑰ 터널	• 길이 1000m 이상
⑱ 지하구 ⑲ 노유자생활시설 ⑳ 아파트 등 기숙사 ㉑ 숙박시설 ㉒ 6층 이상인 건축물 ㉓ 조산원 및 산후조리원 ㉔ 전통시장 ㉕ 요양병원(정신병원, 의료재활시설 제외)	• 전부
㉖ 특수가연물 저장·취급 보기 ①	• 지정수량 500배 이상
㉗ 수련시설(숙박시설이 있는 것) 보기 ③	• 수용인원 100명 이상
㉘ 발전시설	• 전기저장시설

답 ②

43 소방기본법령상 소방대장은 화재, 재난·재해 그 밖의 위급한 상황이 발생한 현장에 소방활동구역을 정하여 소방활동에 필요한 자로서 대통령령으로 정하는 사람 외에는 그 구역에의 출입을 제한할 수 있다. 다음 중 소방활동구역에 출입할 수 없는 사람은?

① 소방활동구역 안에 있는 소방대상물의 소유자·관리자 또는 점유자
② 전기·가스·수도·통신·교통의 업무에 종사하는 사람으로서 원활한 소방활동을 위하여 필요한 사람
③ 시·도지사가 소방활동을 위하여 출입을 허가한 사람
④ 의사·간호사 그 밖에 구조·구급업무에 종사하는 사람

해설 ③ 시·도지사 → 소방대장

기본령 8조
소방활동구역 출입자
(1) **소방활동구역** 안에 있는 **소유자·관리자** 또는 **점유자** 보기 ①
(2) **전기·가스·수도·통신·교통**의 업무에 종사하는 자로서 원활한 **소방활동**을 위하여 필요한 자 보기 ②
(3) **의사·간호사**, 그 밖에 구조·구급업무에 종사하는 자 보기 ④
(4) **취재인력** 등 보도업무에 종사하는 자
(5) **수사업무**에 종사하는 자
(6) **소방대장**이 소방활동을 위하여 **출입**을 **허가**한 자 보기 ③

용어
소방활동구역
화재, 재난·재해 그 밖의 위급한 상황이 발생한 현장에 정하는 구역

답 ③

44 특정소방대상물의 소방시설 등에 대한 자체점검 기술자격자의 범위에서 '행정안전부령으로 정하는 기술자격자'는?
23.05.문45
① 소방안전관리자로 선임된 소방설비산업기사
② 소방안전관리자로 선임된 소방설비기사
③ 소방안전관리자로 선임된 전기기사
④ 소방안전관리자로 선임된 소방시설관리사 및 소방기술사

해설 **소방시설법 시행규칙 19조**
소방시설 등 자체점검 기술자격자
(1) 소방안전관리자로 선임된 **소방시설관리사** 보기 ④
(2) 소방안전관리자로 선임된 **소방기술사** 보기 ④

답 ④

45 화재의 예방 및 안전관리에 관한 법령상 특정소방대상물 중 1급 소방안전관리대상물의 해당기준이 아닌 것은?
19.03.문60
17.09.문55
16.03.문52
15.03.문60
13.09.문51
① 연면적이 1만 5천m² 이상인 것(아파트 및 연립주택 제외)
② 층수가 11층 이상인 것(아파트는 제외)
③ 가연성 가스를 1천톤 이상 저장·취급하는 시설
④ 10층 이상이거나 지상으로부터 높이가 40m 이상인 아파트

해설 ④ 10층 이상이거나 지상으로부터 높이가 40m 이상인 아파트 → 30층 이상(지하층 제외) 또는 120m 이상 아파트

화재예방법 시행령 〔별표 4〕
소방안전관리자를 두어야 할 특정소방대상물
(1) **특급 소방안전관리대상물** : 동식물원, 철강 등 불연성 물품 저장·취급창고, 지하구, 위험제조소 등 제외
  ㉠ **50층 이상**(지하층 제외) 또는 지상 **200m 이상 아파트**
  ㉡ **30층 이상**(지하층 포함) 또는 지상 **120m 이상**(아파트 제외)
  ㉢ 연면적 **10만m² 이상**(아파트 제외)
(2) **1급 소방안전관리대상물** : 동식물원, 철강 등 불연성 물품 저장·취급창고, 지하구, 위험제조소 등 제외
  ㉠ **30층 이상**(지하층 제외) 또는 지상 **120m 이상 아파트**
  ㉡ 연면적 **15000m² 이상**인 것(아파트 및 연립주택 제외) 보기 ①
  ㉢ **11층 이상**(아파트 제외) 보기 ②
  ㉣ **가연성 가스**를 **1000t 이상** 저장·취급하는 시설 보기 ③
(3) **2급 소방안전관리대상물**
  ㉠ 지하구
  ㉡ 가스제조설비를 갖추고 도시가스사업 허가를 받아야 하는 시설 또는 가연성 가스를 100~1000t 미만 저장·취급하는 시설
  ㉢ 옥내소화전설비·스프링클러설비 설치대상물
  ㉣ 물분무등소화설비(호스릴방식의 물분무등소화설비만을 설치한 경우 제외) 설치대상물
  ㉤ **공동주택**(옥내소화전설비 또는 스프링클러설비가 설치된 공동주택 한정)
  ㉥ **목조건축물**(국보·보물)
(4) **3급 소방안전관리대상물**
  ㉠ **자동화재탐지설비** 설치대상물
  ㉡ 간이스프링클러설비(주택전용 간이스프링클러설비 제외) 설치대상물

답 ④

46 화재의 예방 및 안전관리에 관한 법령상 소방안전관리대상물의 소방안전관리자의 업무가 아닌 것은?
23.03.문51
21.03.문47
19.09.문01
18.04.문45
14.09.문52
14.03.문53
13.06.문48
① 자위소방대의 구성·운영·교육
② 소방시설공사
③ 소방계획서의 작성 및 시행
④ 소방훈련 및 교육

해설 ② 소방시설공사 : 소방시설공사업체

화재예방법 24조 ⑤항
관계인 및 소방안전관리자의 업무

특정소방대상물 (관계인)	소방안전관리대상물 (소방안전관리자)
① 피난시설·방화구획 및 방화시설의 관리	① 피난시설·방화구획 및 방화시설의 관리
② 소방시설, 그 밖의 소방관련 시설의 관리	② 소방시설, 그 밖의 소방관련 시설의 관리
③ 화기취급의 감독	③ 화기취급의 감독
④ 소방안전관리에 필요한 업무	④ 소방안전관리에 필요한 업무
⑤ 화재발생시 초기대응	⑤ **소방계획서의 작성 및 시행**(대통령령으로 정하는 사항 포함) 보기 ③
	⑥ **자위소방대** 및 **초기대응체계**의 구성·운영·교육 보기 ①
	⑦ 소방훈련 및 교육 보기 ④
	⑧ 소방안전관리에 관한 업무수행에 관한 기록·유지
	⑨ 화재발생시 초기대응

용어

특정소방대상물	소방안전관리대상물
① 다수인이 출입하는 곳으로서 소방시설 설치장소 ② 건축물 등의 규모·용도 및 수용인원 등을 고려하여 소방시설을 설치하여야 하는 소방대상물로서 **대통령령**으로 정하는 것	① 특급, 1급, 2급 또는 3급 소방안전관리자를 배치하여야 하는 건축물 ② **대통령령**으로 정하는 특정소방대상물

답 ②

47 ★★
화재의 예방 및 안전관리에 관한 법률상 소방안전특별관리시설물의 대상기준 중 틀린 것은?

18.03.문58
12.05.문42

① 수련시설
② 항만시설
③ 전력용 및 통신용 지하구
④ 지정문화유산인 시설(시설이 아닌 지정문화유산을 보호하거나 소장하고 있는 시설을 포함)

해설
① 해당없음

화재예방법 40조
소방안전특별관리시설물의 안전관리
(1) 공항시설
(2) 철도시설
(3) 도시철도시설
(4) **항만시설** 보기 ②
(5) **지정문화유산** 및 **천연기념물** 등인 시설(시설이 아닌 지정문화유산 및 천연기념물 등을 보호하거나 소장하고 있는 시설 포함) 보기 ④
(6) 산업기술단지
(7) 산업단지
(8) 초고층 건축물 및 지하연계 복합건축물
(9) 영화상영관 중 수용인원 **1000명** 이상인 영화상영관
(10) **전력용 및 통신용 지하구** 보기 ③
(11) 석유비축시설
(12) 천연가스 인수기지 및 공급망
(13) 전통시장(**대통령령**으로 정하는 전통시장)

답 ①

48 ★
위험물안전관리법령상 제조소 또는 일반취급소의 위험물취급탱크 노즐 또는 맨홀을 신설하는 경우, 노즐 또는 맨홀의 직경이 몇 mm를 초과하는 경우에 변경허가를 받아야 하는가?

23.03.문42

① 250   ② 300
③ 450   ④ 600

해설
위험물규칙 [별표 1의 2]
제조소 또는 일반취급소의 변경허가
(1) **제조소** 또는 **일반취급소의 위치를 이전**하는 경우
(2) 건축물의 벽·기둥·바닥·보 또는 지붕을 **증설** 또는 **철거**하는 경우
(3) **배출설비를 신설**하는 경우
(4) 위험물취급탱크를 신설·교체·철거 또는 보수(탱크의 본체를 절개)하는 경우

(5) 위험물취급탱크의 **노즐** 또는 **맨홀**을 신설하는 경우(노즐 또는 맨홀의 직경이 **250mm**를 초과하는 경우) 보기 ①

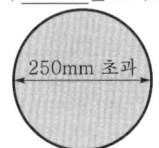

250mm 초과

맨홀 변경허가

(6) 위험물취급탱크의 **방유제**의 **높이** 또는 방유제 내의 **면적**을 **변경**하는 경우
(7) 위험물취급탱크의 탱크전용실을 **증설** 또는 **교체**하는 경우
(8) **300m**(지상에 설치하지 아니하는 배관은 30m)를 초과하는 위험물배관을 신설·교체·철거 또는 보수(배관 절개)하는 경우
(9) 불활성기체의 봉입장치를 **신설**하는 경우

기억법 노맨 250mm

답 ①

49 ★★★
다음 중 소방기본법령에 따라 화재예방상 필요하다고 인정되거나 화재위험경보시 발령하는 소방신호의 종류로 옳은 것은?

22.04.문56
21.03.문44
12.03.문48

① 경계신호   ② 발화신호
③ 경보신호   ④ 훈련신호

해설
기본규칙 10조
소방신호의 종류

소방신호	설명
경계신호 보기 ①	**화재예방**상 필요하다고 인정되거나 화재위험경보시 발령
발화신호	**화재**가 발생한 때 발령
해제신호	**소화활동**이 **필요없다고** 인정되는 때 발령
훈련신호	**훈련**상 필요하다고 인정되는 때 발령

중요

기본규칙 [별표 4]
소방신호표

신호방법 종별	타종신호	사이렌 신호
경계신호	**1타**와 연 **2타**를 반복	**5초** 간격을 두고 **30초**씩 **3회**
발화신호	난타	**5초** 간격을 두고 **5초**씩 **3회**
해제신호	상당한 간격을 두고 **1타**씩 반복	**1분간 1회**
훈련신호	연 **3타** 반복	**10초** 간격을 두고 **1분씩 3회**

기억법
	타	사
경계	1+2	5+30=3
발	난	5+5=3
해	1	1=1
훈	3	10+1=3

답 ①

50. 소방기본법령상 소방안전교육사의 배치대상별 배치기준에서 소방본부의 배치기준은 몇 명 이상인가?

① 1
② 2
③ 3
④ 4

해설 기본령 〔별표 2의 3〕
소방안전교육사의 배치대상별 배치기준

배치대상	배치기준
소방서	• 1명 이상
한국소방안전원	• 시·도지부 : 1명 이상 • 본회 : 2명 이상
소방본부	• 2명 이상 보기②
소방청	• 2명 이상
한국소방산업기술원	• 2명 이상

답 ②

51. 소방시설공사업법령상 일반 소방시설설계업(기계분야)의 영업범위에 대한 기준 중 ( )에 알맞은 내용은? (단, 공장의 경우는 제외한다.)

연면적 ( )m² 미만의 특정소방대상물(제연설비가 설치되는 특정소방대상물은 제외한다)에 설치되는 기계분야 소방시설의 설계

① 10000
② 20000
③ 30000
④ 50000

해설 공사업령 〔별표 1〕
소방시설설계업

종류	기술인력	영업범위
전문	• 주된기술인력 : 1명 이상 • 보조기술인력 : 1명 이상	• 모든 특정소방대상물
일반	• 주된기술인력 : 1명 이상 • 보조기술인력 : 1명 이상	• 아파트(기계분야 제연설비 제외) • 연면적 30000m²(공장 10000m²) 미만(기계분야 제연설비 제외) 보기③ • 위험물제조소 등

답 ③

52. 화재의 예방 및 안전관리에 관한 법령상 옮긴 물건 등의 보관기간은 해당 소방관서의 인터넷 홈페이지에 공고하는 기간의 종료일 다음 날부터 며칠로 하는가?

① 3
② 4
③ 5
④ 7

해설 7일
(1) 옮긴 물건 등의 보관기간(화재예방법 시행령 17조) 보기④
(2) 건축허가 등의 취소통보(소방시설법 시행규칙 3조)
(3) **소방공사 감리원의 배치통보일**(공사업규칙 17조)
(4) 소방공사 감리결과 통보·보고일(공사업규칙 19조)

기억법 감배7(감 배치)

7일	14일
옮긴 물건 등의 보관기간	옮긴 물건 등의 공고기간

답 ④

53. 화재의 예방 및 안전관리에 관한 법령상 소방대상물의 개수·이전·제거, 사용의 금지 또는 제한, 사용폐쇄, 공사의 정지 또는 중지, 그 밖의 필요한 조치로 인하여 손실을 받은 자가 손실보상청구서에 첨부하여야 하는 서류로 틀린 것은?

① 손실보상합의서
② 손실을 증명할 수 있는 사진
③ 손실을 증명할 수 있는 증빙자료
④ 소방대상물의 관계인임을 증명할 수 있는 서류(건축물대장은 제외)

해설 ① 해당없음

화재예방법 시행규칙 6조
손실보상 청구자가 제출하여야 하는 서류
(1) 소방대상물의 **관계인**을 증명할 수 있는 서류(건축물대장 제외) 보기④
(2) 손실을 증명할 수 있는 **사진**, 그 밖의 **증빙자료** 보기②③

기억법 사증관손(사정관의 손)

답 ①

54. 소방시설 설치 및 관리에 관한 법령상 시·도지사가 실시하는 방염성능검사 대상으로 옳은 것은?

① 설치현장에서 방염처리를 하는 합판·목재
② 제조 또는 가공공정에서 방염처리를 한 카펫
③ 제조 또는 가공공정에서 방염처리를 한 창문에 설치하는 블라인드
④ 설치현장에서 방염처리를 하는 암막·무대막

해설 소방시설법 시행령 32조
시·도지사가 실시하는 방염성능검사
설치현장에서 방염처리를 하는 **합판·목재류** 보기 ①

중요

소방시설법 시행령 31조 방염대상물품	
제조 또는 가공 공정에서 방염처리를 한 물품	건축물 내부의 천장이나 벽에 부착하거나 설치하는 것
① 창문에 설치하는 **커튼류** (블라인드 포함) ② 카펫 ③ **벽지류**(두께 2mm 미만인 **종이벽지 제외**) ④ **전시용 합판·목재 또는 섬유판** ⑤ **무대용 합판·목재 또는 섬유판** ⑥ **암막·무대막**(영화상영관·가상체험 체육시설업의 **스크린** 포함) ⑦ 섬유류 또는 합성수지류 등을 원료로 하여 제작된 소파·의자(단란주점영업, 유흥주점영업 및 노래연습장업의 영업장에 설치하는 것만 해당)	① 종이류(두께 **2mm 이상**), 합성수지류 또는 섬유류를 주원료로 한 물품 ② **합판이나 목재** ③ 공간을 구획하기 위하여 설치하는 **간이칸막이** ④ **흡음재**(흡음용 커튼 포함) 또는 **방음재**(방음용 커튼 포함) ※ 가구류(옷장, 찬장, 식탁, 식탁용 의자, 사무용 책상, 사무용 의자, 계산대)와 너비 10cm 이하인 반자돌림대, 내부 마감재료 제외

답 ①

55 복도통로유도등의 설치기준으로 틀린 것은?

19.09.문69
16.10.문64
14.09.문66
14.05.문67
14.03.문80
11.03.문68
08.05.문69

① 바닥으로부터 높이 1.5m 이하의 위치에 설치할 것
② 구부러진 모퉁이 및 입체형 또는 바닥에 설치된 통로유도등을 기점으로 보행거리 20m마다 설치할 것
③ 지하역사, 지하상가인 경우에는 복도·통로 중앙부분의 바닥에 설치할 것
④ 바닥에 설치하는 통로유도등은 하중에 따라 파괴되지 아니하는 강도의 것으로 할 것

해설 ① 1.5m 이하 → 1m 이하

(1) 설치높이

구 분	설치높이
• **계단통로유도등** • **복도통로유도등** 보기 ① • **통로유도표지**	바닥으로부터 높이 **1m** 이하
• **피난구유도등**	피난구의 바닥으로부터 높이 **1.5m 이상**
• **거실통로유도등**	바닥으로부터 높이 **1.5m 이상** (단, 거실통로의 기둥은 1.5m 이하)
• **피난구유도표지**	출입구 상단

기억법 계복1, 피유15상

(2) 설치거리

구 분	설치거리
복도통로유도등	구부러진 모퉁이 및 피난구유도등이 설치된 출입구의 맞은편 복도에 입체형 또는 바닥에 설치한 통로유도등을 기점으로 보행거리 20m마다 설치
거실통로유도등	구부러진 모퉁이 및 **보행거리 20m**마다 설치
계단통로유도등	각 층의 **경사로참** 또는 **계단참**마다 설치

답 ①

56 다음 위험물 중 자기반응성 물질은 어느 것인가?

23.09.문53
21.09.문11
19.04.문44
16.05.문46
15.09.문03
15.09.문18
15.05.문10
15.05.문42
15.03.문51
14.09.문18

① 황린
② 염소산염류
③ 특수인화물
④ 질산에스터류

해설 위험물령 [별표 1]
위험물

유 별	성 질	품 명
제1류	산화성 고체	• 아염소산염류 • 염소산염류 보기 ② • 과염소산염류 • 질산염류 • 무기과산화물
제2류	가연성 고체	• 황화인 • **적린** • **황** • **철분** • 마그네슘
제3류	자연발화성 물질 및 금수성 물질	• 황린 보기 ① • 칼륨 • 나트륨
제4류	**인화성 액체**	• 특수인화물 보기 ③ • 알코올류 • 석유류 • 동식물유류
제5류	자기반응성 물질	• 나이트로화합물 • 유기과산화물 • 나이트로소화합물 • 아조화합물 • 질산에스터류(셀룰로이드) 보기 ④
제6류	산화성 액체	• 과염소산 • 과산화수소 • 질산

답 ④

57. 위험물안전관리법령상 제조소와 사용전압이 35000V를 초과하는 특고압가공전선에 있어서 안전거리는 몇 m 이상을 두어야 하는가? (단, 제6류 위험물을 취급하는 제조소는 제외한다.)

① 3
② 5
③ 20
④ 30

해설 위험물규칙 〔별표 4〕
위험물제조소의 안전거리

안전거리	대상
3m 이상	7000~35000V 이하의 특고압가공전선
5m 이상 〔보기 ②〕	35000V를 초과하는 특고압가공전선
10m 이상	주거용으로 사용되는 것
20m 이상	• 고압가스 제조시설(용기에 충전하는 것 포함) • 고압가스 사용시설(1일 30m³ 이상 용적 취급) • 고압가스 저장시설 • 액화산소 소비시설 • 액화석유가스 제조·저장시설 • 도시가스 공급시설
30m 이상	• 학교 • 병원급 의료기관 • 공연장 ─┐ • 영화상영관 ─┤ 300명 이상 수용시설 • 아동복지시설 ─┐ • 노인복지시설 │ • 장애인복지시설 │ 20명 • 한부모가족복지시설 ├ 이상 • 어린이집 │ 수용 • 성매매피해자 등을 위한 지원시설 │ 시설 • 정신건강증진시설 │ • 가정폭력피해자 보호시설 ─┘
50m 이상	• 지정문화유산 • 천연기념물 등

기억법 문5(문어)

답 ②

58. 다음 중 소방시설 설치 및 관리에 관한 법령상 소방시설관리업을 등록할 수 있는 자는?

① 피성년후견인
② 소방시설관리업의 등록이 취소된 날부터 2년이 경과된 자
③ 금고 이상의 형의 집행유예를 선고받고 그 유예기간 중에 있는 자
④ 금고 이상의 실형을 선고받고 그 집행이 면제된 날부터 2년이 지나지 아니한 자

해설 ② 2년이 경과된 자는 등록 가능

소방시설법 30조
소방시설관리업의 등록결격사유
(1) 피성년후견인 〔보기 ①〕
(2) 금고 이상의 실형을 선고받고 그 집행이 끝나거나 집행이 면제된 날부터 2년이 지나지 아니한 사람 〔보기 ④〕
(3) 금고 이상의 형의 집행유예를 선고받고 그 유예기간 중에 있는 사람 〔보기 ③〕
(4) 관리업의 등록이 취소된 날부터 2년이 지나지 아니한 자

용어

피성년후견인
사무처리능력이 지속적으로 결여된 사람

답 ②

59. 일반공사감리대상의 경우 감리현장 연면적의 총 합계가 10만m² 이하일 때 1인의 책임감리원이 담당하는 소방공사감리현장은 몇 개 이하인가?

① 2개
② 3개
③ 4개
④ 5개

해설 공사업규칙 16조
소방공사감리원의 세부배치기준

감리대상	책임감리원
일반공사감리대상	• 주 1회 이상 방문감리 • 담당감리현장 5개 이하로서 연면적 총 합계 100000m² 이하 〔보기 ④〕

답 ④

60. 위험물안전관리법령에 따른 정기점검의 대상인 제조소 등의 기준 중 틀린 것은?

① 암반탱크저장소
② 지하탱크저장소
③ 이동탱크저장소
④ 지정수량의 150배 이상의 위험물을 저장하는 옥외탱크저장소

해설 ④ 해당없음

위험물령 15·16조
정기점검의 대상인 제조소 등
(1) 예방규정을 정하여야 할 제조소 등
 ㉠ 10배 이상의 제조소·일반취급소
 ㉡ 100배 이상의 옥외저장소
 ㉢ 150배 이상의 옥내저장소
 ㉣ 200배 이상의 옥외탱크저장소
 ㉤ 이송취급소
 ㉥ 암반탱크저장소 〔보기 ①〕

기억법	0 제일 0 외 5 내 2 탱

(2) 지하탱크저장소 〔보기 ②〕
(3) 이동탱크저장소 〔보기 ③〕
(4) 위험물을 취급하는 탱크로서 지하에 매설된 탱크가 있는 제조소·주유취급소 또는 일반취급소

기억법 정 지이

답 ④

제4과목　소방기계시설의 구조 및 원리

61 다음은 포소화설비에서 배관 등 설치기준에 관한 내용이다. (　) 안에 들어갈 내용으로 옳은 것은?

> 펌프의 성능은 체절운전시 정격토출압력의 (㉠)%를 초과하지 않고, 정격토출량의 150%로 운전시 정격토출압력의 (㉡)% 이상이 되어야 한다.

① ㉠ 120, ㉡ 65
② ㉠ 120, ㉡ 75
③ ㉠ 140, ㉡ 65
④ ㉠ 140, ㉡ 75

해설 (1) **포소화설비**의 **배관**(NFPC 105 7조, NFTC 105 2.4)
　㉠ 급수개폐밸브 : **탬퍼스위치** 설치
　㉡ 펌프의 흡입측 배관 : **버터플라이밸브 외**의 **개폐표시형 밸브** 설치
　㉢ 송액관 : **배액밸브** 설치

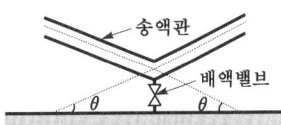

|송액관의 기울기|

(2) **소화펌프**의 **성능시험 방법** 및 **배관**
　㉠ 펌프의 성능은 체절운전시 정격토출압력의 **140%**를 초과하지 않을 것 보기 ㉠
　㉡ 정격토출량의 150%로 운전시 정격토출압력의 **65%** 이상이어야 할 것 보기 ㉡
　㉢ 성능시험배관은 펌프의 토출측에 설치된 **개폐밸브 이전**에서 분기할 것
　㉣ 유량측정장치는 펌프 정격토출량의 **175%** 이상 측정할 수 있는 성능이 있을 것

답 ③

62 평면도와 같이 반자가 있는 어느 실내에 전등이나 공조용 디퓨저 등의 시설물에 구애됨이 없이 수평거리를 2.1m로 하여 스프링클러헤드를 정방형으로 설치하고자 할 때 최소한 몇 개의 헤드를 설치하면 될 것인가? (단, 반자 속에는 헤드를 설치하지 아니하는 것으로 한다.)

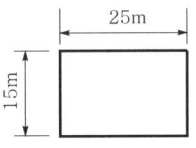

① 24개　② 42개
③ 54개　④ 72개

해설 (1) **기호**
　• R : 2.1m
　• 헤드개수 : ?

(2) **정방형(정사각형) 헤드 간격**

$$S = 2R\cos 45°$$

여기서, S : 헤드 간격[m]
　　　　R : 수평거리[m]

헤드 간격 S는
$S = 2R\cos 45°$
　$= 2 \times 2.1\text{m} \times \cos 45°$
　$= 2.97\text{m}$

가로 설치 헤드개수 $= \dfrac{\text{가로길이}}{S} = \dfrac{25\text{m}}{2.97\text{m}} = 9$개

세로 설치 헤드개수 $= \dfrac{\text{세로길이}}{S} = \dfrac{15\text{m}}{2.97\text{m}} = 6$개

∴ 9×6 = 54개

답 ③

63 스프링클러설비의 화재안전기준상 건식 스프링클러설비에서 헤드를 향하여 상향으로 수평주행배관의 기울기가 최소 몇 이상이 되어야 하는가?

① 0
② $\dfrac{1}{250}$
③ $\dfrac{1}{500}$
④ $\dfrac{1}{1000}$

해설 **기울기**

기울기	설 비
$\dfrac{1}{100}$ 이상	연결살수설비의 수평주행배관
$\dfrac{2}{100}$ 이상	물분무소화설비의 배수설비
$\dfrac{1}{250}$ 이상	습식·부압식 설비 외 설비의 **가지배관**
$\dfrac{1}{500}$ 이상 보기 ③	습식·부압식 설비 외 설비의 **수평주행배관**

답 ③

64. 피난기구의 화재안전기준에 따른 피난기구의 설치 및 유지에 관한 사항 중 틀린 것은?

① 4층 이상의 층에 설치하는 피난사다리는 고강도 경량폴리에틸렌 재질을 사용할 것
② 완강기 로프 길이는 부착위치에서 피난상 유효한 착지면까지의 길이로 할 것
③ 피난기구는 특정소방대상물의 기둥·바닥 및 보 등 구조상 견고한 부분에 볼트조임·매입 및 용접 기타의 방법으로 견고하게 부착할 것
④ 피난기구를 설치하는 개구부는 서로 동일 직선상이 아닌 위치에 있을 것

해설
① 고강도 경량폴리에틸렌 재질을 사용할 것 → 금속성 고정사다리를 설치할 것

피난기구의 설치기준 (NFPC 301 5조, NFTC 301 2.1.3)
(1) 피난기구는 계단·피난구 기타 피난시설로부터 적당한 거리에 있는 안전한 구조로 된 피난 또는 소화활동상 유효한 개구부(가로 **0.5m** 이상, 세로 **1m** 이상)에 고정하여 설치하거나 필요한 때에 신속하고 유효하게 설치할 수 있는 상태에 둘 것
(2) 피난기구는 특정소방대상물의 **기둥·바닥** 및 **보** 등 구조상 견고한 부분에 볼트조임·매입 및 용접 등의 방법으로 견고하게 부착할 것 보기 ③
(3) **4층 이상**의 층에 피난사다리(하향식 피난구용 내림식사다리 제외)를 설치하는 경우에는 **금속성 고정사다리**를 설치하고, 당해 고정사다리에는 쉽게 피난할 수 있는 구조의 **노대**를 설치할 것 보기 ①
(4) 완강기는 강하시 로프가 건축물 또는 구조물 등과 접촉하여 손상되지 않도록 하고, 로프의 길이는 부착위치에서 지면 또는 기타 피난상 유효한 **착지면**까지의 **길이**로 할 것 보기 ②
(5) 피난기구를 설치하는 **개구부**는 서로 **동일 직선상**이 아닌 위치에 있을 것 보기 ④

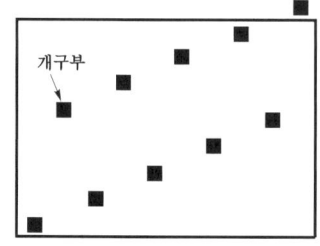

동일 직선상이 아닌 위치

답 ①

65. 하향식 폐쇄형 스프링클러 헤드의 살수에 방해가 되지 않도록 헤드 주위 반경 몇 센티미터 이상의 살수공간을 확보하여야 하는가?

① 30   ② 40
③ 50   ④ 60

해설
(1) **스프링클러설비헤드**의 **설치기준** (NFPC 103 10조, NFTC 103 2.7.7)
㉠ 살수가 방해되지 아니하도록 스프링클러헤드로부터 반경 **60cm** 이상의 공간을 보유할 것(단, **벽과 스프링클러헤드**간의 공간은 **10cm** 이상) 보기 ④
㉡ 스프링클러헤드와 그 부착면과의 거리는 **30cm 이하**로 할 것
㉢ 측벽형 스프링클러헤드를 설치하는 경우 긴 변의 한쪽 벽에 일렬로 설치(폭이 **4.5~9m** 이하인 실에 있어서는 긴 변의 양쪽에 각각 일렬로 설치하되 마주 보는 스프링클러헤드가 나란히 꼴이 되도록 설치)하고 **3.6m** 이내마다 설치할 것
㉣ 상부에 설치된 헤드의 방출수에 따라 감열부에 영향을 받을 우려가 있는 헤드에는 방출수를 차단할 수 있는 유효한 **차폐판**을 설치할 것

(2) **스프링클러헤드**

거리	적용
10cm 이상	**벽과 스프링클러헤드** 간의 공간
60cm 이상	스프링클러헤드의 공간 보기 ④
30cm 이하	스프링클러헤드와 부착면과의 거리

헤드와 부착면과의 이격거리

답 ④

66. 할로겐화합물 및 불활성기체소화설비의 화재안전기준상 저장용기 설치기준으로 틀린 것은?

① 온도가 40℃ 이하이고 온도의 변화가 작은 곳에 설치할 것
② 용기 간의 간격은 점검에 지장이 없도록 3cm 이상의 간격을 유지할 것
③ 직사광선 및 빗물이 침투할 우려가 없는 곳에 설치할 것
④ 저장용기를 방호구역 외에 설치한 경우에는 방화문으로 구획된 실에 설치할 것

① 40℃ 이하 → 55℃ 이하

저장용기 온도(NFTC 107A 2.3.1.2)

40℃ 이하	55℃ 이하 보기 ①
• 이산화탄소소화설비 • 할론소화설비 • 분말소화설비	• 할로겐화합물 및 불활성 기체소화설비

답 ①

67 포소화설비의 화재안전기준상 펌프의 토출관에 압입기를 설치하여 포소화약제 압입용 펌프로 포소화약제를 압입시켜 혼합하는 방식은?

21.05.문74
16.03.문64
15.09.문76
15.05.문80
12.05.문64

① 라인 프로포셔너방식
② 펌프 프로포셔너방식
③ 프레져 프로포셔너방식
④ 프레져사이드 프로포셔너방식

해설 **포소화약제**의 **혼합장치**(NFPC 105 3·9조, NFTC 105 1.7, 2.6.1)

(1) 펌프 프로포셔너방식(펌프 혼합방식)
  ㉠ 펌프 토출측과 흡입측에 바이패스를 설치하고, 그 바이패스의 도중에 설치한 어댑터(adaptor)로 펌프 토출측 수량의 일부를 통과시켜 공기포 용액을 만드는 방식
  ㉡ 펌프 **토출관**과 **흡입관** 사이의 배관 도중에 설치한 흡입기에 펌프에서 토출된 물의 일부를 보내고 **농도조정밸브**에서 조정된 포소화약제의 필요량을 포소화약제 탱크에서 펌프 흡입측으로 보내어 약제를 혼합하는 방식

기억법 펌농

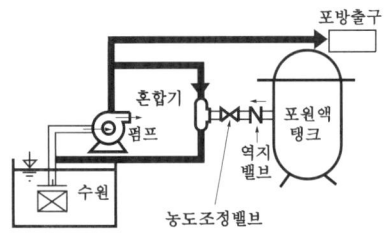

| 펌프 프로포셔너방식 |

(2) 프레져 프로포셔너방식(차압 혼합방식)
  ㉠ 가압송수관 도중에 공기포 소화원액 혼합조(P.P.T)와 혼합기를 접속하여 사용하는 방법
  ㉡ **격막방식 휨탱크**를 사용하는 에어휨 혼합방식
  ㉢ 펌프와 발포기의 중간에 설치된 벤투리관의 **벤투리작용**과 펌프 가압수의 **포소화약제 저장탱크**에 대한 압력에 의하여 포소화약제를 흡입·혼합하는 방식

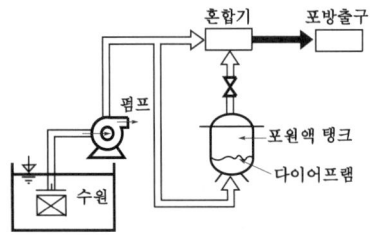

| 프레져 프로포셔너방식 |

(3) 라인 프로포셔너방식(관로 혼합방식)
  ㉠ 급수관의 배관 도중에 포소화약제 흡입기를 설치하여 그 흡입관에서 소화약제를 흡입하여 혼합하는 방식
  ㉡ 펌프와 발포기의 중간에 설치된 **벤**투리관의 **벤**투리작용에 의하여 포소화약제를 흡입·혼합하는 방식

기억법 라벤벤

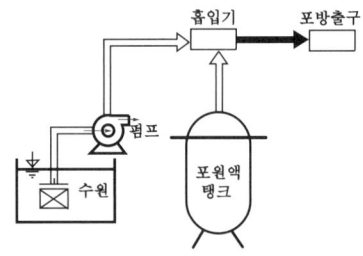

| 라인 프로포셔너방식 |

(4) 프레져사이드 프로포셔너방식(압입 혼합방식) 보기 ④
  ㉠ 소화원액 가압펌프(**압입용 펌프**)를 별도로 사용하는 방식
  ㉡ 펌프 **토출관**에 압입기를 설치하여 포소화약제 **압입용 펌프**로 포소화약제를 압입시켜 혼합하는 방식

기억법 프사압

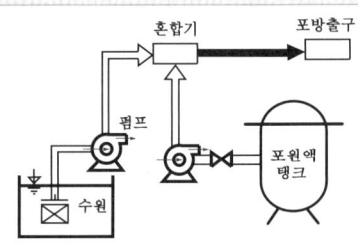

| 프레져사이드 프로포셔너방식 |

(5) 압축공기포 믹싱챔버방식
  포수용액에 공기를 강제로 주입시켜 **원거리 방수**가 가능하고 물 사용량을 줄여 **수손피해**를 **최소화**할 수 있는 방식

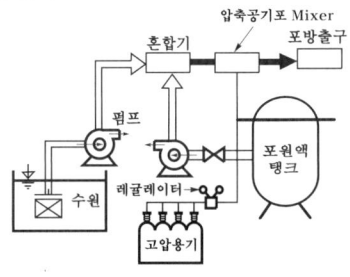

| 압축공기포 믹싱챔버방식 |

답 ④

68 물분무소화설비의 소화작용이 아닌 것은?

19.09.문71
14.03.문79
12.03.문11

① 부촉매작용
② 냉각작용
③ 질식작용
④ 희석작용

해설 **소화설비의 소화작용**

소화설비	소화작용	주된 소화작용
물(스프링클러)	• 냉각작용 • 희석작용	냉각작용 (냉각소화)
물분무	• 냉각작용 보기 ② • 질식작용 보기 ③ • 유화작용 • 희석작용 보기 ④	질식작용 (질식소화)
포	• 냉각작용 • 질식작용	
분말	• 질식작용 • 부촉매작용 (억제작용) • 방사열 차단 효과	
이산화탄소	• 냉각작용 • 질식작용 • 피복작용	
할론	• 질식작용 • 부촉매작용 (억제작용)	부촉매작용 (연쇄반응 차단소화)

중요

부촉매 작용
(1) 분말
(2) 할론
(3) 할로젠화합물

답 ①

69 다음 중 피난기구의 화재안전기준에 따라 피난기구를 설치하지 아니하여도 되는 소방대상물로 틀린 것은?

21.09.문70
13.09.문79

① 갓복도식 아파트 또는 4층 이상인 층에서 발코니에 해당하는 구조 또는 시설을 설치하여 인접세대로 피난할 수 있는 아파트
② 주요구조부가 내화구조로서 거실의 각 부분으로 직접 복도로 피난할 수 있는 학교(강의실 용도로 사용되는 층에 한함)
③ 무인공장 또는 자동창고로서 사람의 출입이 금지된 장소
④ 문화·집회 및 운동시설·판매시설 및 영업시설 또는 노유자시설의 용도로 사용되는 층으로서 그 층의 바닥면적이 1000m² 이상인 것

해설 • 문제는 미설치장소가 아닌 것을 물어보는 것이므로 설치장소를 찾으면 된다. 그러므로 ④번이 정답!

피난기구의 설치장소(NFTC 301 2.2.1.3)
문화·집회 및 **운동시설·판매시설** 및 **영업시설** 또는 **노유자시설**의 용도로 사용되는 층으로서 그 층의 바닥면적이 **1000m²** 이상 보기 ④

기억법 피설문1000(피설문천)

답 ④

70 소화기구 및 자동소화장치의 화재안전기준상 소형소화기를 설치하여야 할 특정소방대상물 또는 그 부분에 옥내소화전설비·스프링클러설비·물분무등소화설비·옥외소화전설비를 설치한 경우에는 해당 설비의 유효범위의 부분에 대하여 소화기의 3분의 2를 감소할 수 있다. 이에 해당하는 대상물은?

23.03.문72

① 숙박시설 ② 관광 휴게시설
③ 공장·창고시설 ④ 교육연구시설

해설 **소형소화기 감소기준 적용 제외**(NFPC 101 5조, NFTC 101 2.2.1)
(1) 11층 이상
(2) 근린생활시설
(3) 위락시설
(4) 문화 및 집회시설
(5) 운동시설
(6) 판매시설
(7) 운수시설
(8) 숙박시설 보기 ①
(9) 노유자시설
(10) 의료시설
(11) 업무시설(무인변전소 제외)
(12) 방송통신시설
(13) 교육연구시설 보기 ④
(14) 항공기 및 자동차관련 시설
(15) 관광 휴게시설 보기 ②

비교

소화기의 감소기준

감소대상	감소기준	적용설비
소형소화기	$\frac{1}{2}$	• 대형소화기
	$\frac{2}{3}$	• 옥내·외소화전설비 • 스프링클러설비 • 물분무등소화설비

답 ③

71 물분무헤드의 설치에서 전압이 110kV 초과 154kV 이하일 때 전기기기와 물분무헤드 사이에 몇 cm 이상의 거리를 확보하여 설치하여야 하는가?

19.04.문61
15.09.문79
14.09.문78
02.03.문68

① 80cm ② 110cm
③ 150cm ④ 180cm

해설 **물분무헤드**의 **이격거리**(NFPC 104 10조, NFTC 104 2.7.2)

전 압	거 리
<u>66</u>kV 이하	<u>70</u>cm 이상
66kV 초과 <u>77</u>kV 이하	<u>80</u>cm 이상
77kV 초과 <u>110</u>kV 이하	<u>110</u>cm 이상
110kV 초과 <u>154</u>kV 이하 →	<u>150</u>cm 이상 보기 ③
154kV 초과 <u>181</u>kV 이하	<u>180</u>cm 이상
181kV 초과 <u>220</u>kV 이하	<u>210</u>cm 이상
220kV 초과 <u>275</u>kV 이하	<u>260</u>cm 이상

기억법
66 → 70
77 → 80
110 → 110
154 → 150
181 → 180
220 → 210
275 → 260

답 ③

72 분말소화약제 저장용기의 설치기준으로 틀린 것은?
17.05.문74

① 설치장소의 온도가 40℃ 이하이고, 온도변화가 작은 곳에 설치할 것
② 용기간의 간격은 점검에 지장이 없도록 5cm 이상의 간격을 유지할 것
③ 저장용기의 충전비는 0.8 이상으로 할 것
④ 저장용기에는 가압식은 최고사용압력의 1.8배 이하, 축압식은 용기의 내압시험압력의 0.8배 이하의 압력에서 작동하는 안전밸브를 설치할 것

해설 ② 5cm 이상 → 3cm 이상

분말소화약제의 **저장용기 설치장소기준**(NFPC 108 4조, NFTC 108 2.1)
(1) **방호구역 외**의 장소에 설치할 것(단, 방호구역 내에 설치할 경우에는 피난 및 조작이 용이하도록 피난구 부근에 설치)
(2) 온도가 **40℃** 이하이고, 온도변화가 작은 곳에 설치할 것 보기 ①
(3) 직사광선 및 빗물이 침투할 우려가 없는 곳에 설치할 것
(4) 방화문으로 구획된 실에 설치할 것
(5) 용기의 설치장소에는 해당용기가 설치된 곳임을 표시하는 표지를 할 것
(6) 용기간의 간격은 점검에 지장이 없도록 **3cm** 이상의 간격을 유지할 것 보기 ②

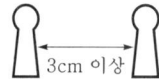
3cm 이상

(7) 저장용기와 집합관을 연결하는 연결배관에는 **체크밸브**를 설치할 것
(8) 저장용기의 **충전비**는 **0.8 이상** 보기 ③
(9) 안전밸브의 설치 보기 ④

가압식	축압식
최고사용압력의 <u>1.8배</u> 이하	내압시험압력의 <u>0.8배</u> 이하

답 ②

73 배출풍도의 설치기준 중 다음 ( ) 안에 알맞은 것은?
16.10.문70
15.03.문80
10.05.문76

배출기 흡입측 풍도 안의 풍속은 (㉠)m/s 이하로 하고 배출측 풍속은 (㉡)m/s 이하로 할 것

① ㉠ 15, ㉡ 10   ② ㉠ 10, ㉡ 15
③ ㉠ 20, ㉡ 15   ④ ㉠ 15, ㉡ 20

해설 **제연설비**의 **풍속**(NFPC 501 8~10조, NFTC 501 2.5.5, 2.6.2.2, 2.7.1)

조 건	풍 속
• 유입구가 바닥에 설치시 상향 분출 가능	1m/s 이하
• 예상제연구역의 공기유입 풍속	5m/s 이하
• 배출기의 흡입측 풍속	15m/s 이하 보기 ㉠
• 배출기의 **배출측** 풍속 • **유**입풍도 안의 풍속	20m/s 이하 보기 ㉡

※ 흡입측보다 배출측 풍속을 빠르게 하여 역류를 방지한다.

기억법 배2유(배이다 아파! 이유)

용어
풍도
공기가 유동하는 덕트

답 ④

74 거실제연설비 설계 중 배출량 선정에 있어서 고려하지 않아도 되는 사항은?
19.04.문63
13.06.문61

① 예상제연구역의 수직거리
② 예상제연구역의 바닥면적
③ 제연설비의 배출방식
④ 자동식 소화설비 및 피난구조설비의 설치 유무

해설 ④ 해당없음

거실제연설비 설계 중 **배출량** 선정시 고려사항
(1) 예상제연구역의 **수직거리** 보기 ①
(2) 예상제연구역의 **면적**(**바닥면적**)과 형태 보기 ②
(3) **공기**의 **유입방식**과 **제연설비**의 **배출방식** 보기 ③

답 ④

75 소화기구 및 자동소화장치의 화재안전기준상 건축물의 주요구조부가 내화구조이고, 벽 및 반자의 실내에 면하는 부분이 불연재료로 된 바닥면적이 600m² 인 노유자시설에 필요한 소화기구의 능력단위는 최소 얼마 이상으로 하여야 하는가?
21.09.문65
18.09.문79
16.05.문65
15.09.문78
14.03.문71
05.03.문72

① 2단위   ② 3단위
③ 4단위   ④ 6단위

해설 **특정소방대상물별 소화기구의 능력단위기준**(NFTC 101 2.1.1.2)

특정소방대상물	소화기구의 능력단위	건축물의 주요구조부가 내화구조이고, 벽 및 반자의 실내에 면하는 부분이 불연재료·준불연재료 또는 난연재료로 된 특정소방대상물의 능력단위
• **위**락시설 기억법 위3(위상)	바닥면적 30m²마다 1단위 이상	바닥면적 60m²마다 1단위 이상
• **공**연장 • **집**회장 • **관**람장 및 **문**화재 • **의**료시설·**장**례시설 기억법 5공연장 문의 집관람(손오공 연장 문의 집관람)	바닥면적 50m²마다 1단위 이상	바닥면적 100m²마다 1단위 이상
• **근**린생활시설 • **판**매시설 • **운**수시설 • **숙**박시설 • **노**유자시설 • **전**시장 • 공동**주**택 • **업**무시설 • **방**송통신시설 • 공**장**·**창**고 • **항**공기 및 자동**차** 관련 시설 및 **관광**휴게시설 기억법 근판숙노전 주업방차창 1항관광(근판숙노전 주업방차창 일본항 관광)	바닥면적 100m²마다 1단위 이상	바닥면적 200m²마다 1단위 이상
• 그 밖의 것	바닥면적 200m²마다 1단위 이상	바닥면적 400m²마다 1단위 이상

노유자시설로서 **내화구조**이고 **불연재료**를 사용하므로 바닥면적 200m²마다 1단위 이상

노유자시설 최소능력단위=$\frac{600\text{m}^2}{200\text{m}^2}$=3단위

답 ②

76
특정소방대상물에 할론 1301 소화약제를 이용하여 할론소화설비의 화재안전기준에 따른 전역방출방식의 할론소화설비를 설치할 경우 단위체적당 최소 약제량이 가장 많이 요구되는 곳은?
① 합성수지류를 저장·취급하는 장소
② 차고 또는 주차장
③ 가연성고체 또는 액체류를 저장·취급하는 장소
④ 면화류, 목재 가공품 또는 대팻밥을 저장·취급하는 장소

해설
①, ②, ③ : 0.32kg
④ : 0.52kg

할론 1301(NFPC 107 5조, NFTC 107 2.2.1.1.1)

방호대상물	약제량	개구부 가산량 (자동폐쇄장치 미설치시)
• **차고**·**주차장**·전기실·전산실·통신기기실 보기 ② • **가연성고체류**·가연성액체류 보기 ③ • 합성수지류 보기 ①	0.32 ~0.64 kg/m³	2.4kg/m²
• 면화류·나무껍질 및 대팻밥·넝마 및 종이부스러기·사류·볏짚류·목재가공품 및 나무부스러기 보기 ④	0.52 ~0.64 kg/m³	3.9kg/m²

답 ④

77
구조대의 돛천을 구조대의 가로방향으로 봉합하는 경우 아래 그림과 같이 돛천을 겹치도록 하는 것이 좋다고 하는데 그 이유에 대해서 가장 적합한 것은?

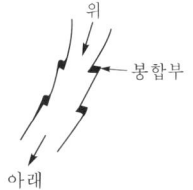

① 둘레길이가 밑으로 갈수록 작아지는 것을 방지하기 위하여
② 사용자가 강하시 봉합부분에 걸리지 않게 하기 위하여
③ 봉합부가 몹시 굳어지는 것을 방지하기 위하여
④ 봉합부의 인장강도를 증가시키기 위하여

② 구조대의 돛천을 가로방향으로 봉합하는 경우 돛천을 겹치도록 하는데 그 이유는 사용자가 강하 중 봉합부분에 **걸리지 않게** 하기 위해서이다.

답 ②

78 이산화탄소 소화약제의 저장용기 설치기준 중 옳은 것은?

① 저장용기의 충전비는 고압식은 1.9 이상 2.3 이하, 저압식은 1.5 이상 1.9 이하로 할 것
② 저압식 저장용기에는 액면계 및 압력계와 2.1MPa 이상 1.7MPa 이하의 압력에서 작동하는 압력경보장치를 설치할 것
③ 저장용기는 고압식은 25MPa 이상, 저압식은 3.5MPa 이상의 내압시험압력에 합격한 것으로 할 것
④ 저압식 저장용기에는 내압시험압력의 1.8배의 압력에서 작동하는 안전밸브와 내압시험압력의 0.8배부터 내압시험압력까지의 범위에서 작동하는 봉판을 설치할 것

해설
① 1.9 이상 2.3 이하 → 1.5 이상 1.9 이하, 1.5 이상 1.9 이하 → 1.1 이상 1.4 이하
② 2.1MPa 이상 1.7MPa 이하 → 2.3MPa 이상 1.9MPa 이하
④ 1.8배 → 0.64배 이상 0.8배 이하

이산화탄소 소화설비의 **저장용기**(NFPC 106 4조, NFTC 106 2.1.2)

자동냉동장치	2.1MPa 유지, -18℃ 이하
압력경보장치 보기 ②	2.3MPa 이상 1.9MPa 이하
선택밸브 또는 개폐밸브의 안전장치	배관의 최소사용설계압력과 최대허용압력 사이의 압력
저장용기 보기 ③	고압식 25MPa 이상
	저압식 3.5MPa 이상
안전밸브 보기 ④	내압시험압력의 0.64~0.8배
봉판	내압시험압력의 0.8~내압시험압력
충전비 보기 ①	고압식 1.5~1.9 이하
	저압식 1.1~1.4 이하

답 ③

79 폐쇄형 스프링클러헤드를 최고주위온도 40℃인 장소(공장 제외)에 설치할 경우 표시온도는 몇 ℃의 것을 설치하여야 하는가?

① 79℃ 미만
② 79℃ 이상 121℃ 미만
③ 121℃ 이상 162℃ 미만
④ 162℃ 이상

해설 폐쇄형 스프링클러헤드(NFTC 103 2.7.6)

설치장소의 최고주위온도	표시온도
39℃ 미만	**79**℃ 미만
39℃ 이상 **64**℃ 미만	→ 79℃ 이상 **121**℃ 미만 보기 ②
64℃ 이상 **106**℃ 미만	121℃ 이상 **162**℃ 미만
106℃ 이상	162℃ 이상

기억법	39	79
	64	121
	106	162

답 ②

80 수원의 수위가 펌프의 흡입구보다 높은 경우에 소화펌프를 설치하려고 한다. 고려하지 않아도 되는 사항은?

① 펌프의 토출측에 압력계 설치
② 펌프의 성능시험 배관 설치
③ 물올림장치를 설치
④ 동결의 우려가 없는 장소에 설치

해설 수원의 수위가 **펌프보다 높은 위치**에 있을 때 제외되는 설비(NFPC 103 5조, NFTC 103 2.2.1.4, 2.2.1.9)
(1) 물올림장치 보기 ③
(2) 풋밸브(foot valve)
(3) 연성계(진공계)

답 ③

2024. 5. 9 시행

2024년 기사 제2회 필기시험 CBT 기출복원문제

자격종목	종목코드	시험시간	형별	수험번호	성명
소방설비기사(기계분야)		2시간			

※ 각 문항은 4지택일형으로 질문에 가장 적합한 보기 항을 선택하여 체크하여야 합니다.

제1과목 소방원론

01 촛불의 주된 연소 형태에 해당하는 것은?
14.09.문01
10.03.문17
① 표면연소
② 분해연소
③ 증발연소
④ 자기연소

해설 연소의 형태

연소 형태	종 류
표면연소	• 숯 • 목탄 • 코크스 • 금속분
분해연소	• 석탄 • 플라스틱 • 고무 • 아스팔트 • 종이 • 목재 • 중유
증발연소 보기 ③	• 황 • 파라핀(양초) • 가솔린(휘발유) • 경유 • 아세톤 • 왁스 • 나프탈렌 • 등유 • 알코올
자기연소	• 나이트로글리세린 • 나이트로셀룰로오스(질화면) • TNT • 피크린산
액적연소	• 벙커C유
확산연소	• 메탄(CH_4) • 암모니아(NH_3) • 아세틸렌(C_2H_2) • 일산화탄소(CO) • 수소(H_2)

기억법 표숯코 목탄금, 분석종플 목고중아, 증황왁파양 나가등경알아

※ 파라핀: 양초(초)의 주성분

답 ③

02 다음 중 상온·상압에서 액체인 것은?
20.06.문05
18.03.문04
13.09.문04
12.03.문17
① 이산화탄소
② 할론 1301
③ 할론 2402
④ 할론 1211

해설

상온·상압에서 **기체상태**	상온·상압에서 **액체상태**
• 할론 1301 • 할론 1211 • 이산화탄소(CO_2)	• 할론 1011 • 할론 104 • 할론 2402 보기 ③

※ **상온·상압**: 평상시의 온도·평상시의 압력

답 ③

03 다음 중 건축물의 방재기능 설정요소로 틀린 것은?
① 배치계획
② 국토계획
③ 단면계획
④ 평면계획

해설 (1) 건축물의 방재기능 설정요소(건물을 지을 때 내·외부 및 부지 등의 방재계획을 고려한 계획)

구 분	설 명
부지선정, 배치계획 보기 ①	소화활동에 지장이 없도록 적합한 **건물 배치**를 하는 것
평면계획 보기 ④	**방연구획**과 **제연구획**을 설정하여 화재예방·소화·피난 등을 유효하게 하기 위한 계획
단면계획 보기 ③	불이나 연기가 **다른 층**으로 이동하지 않도록 구획하는 계획
입면계획	불이나 연기가 **다른 건물**로 이동하지 않도록 구획하는 계획(입면계획의 가장 큰 요소: 벽과 개구부)
재료계획	불연성능·내화성능을 가진 재료를 사용하여 화재를 예방하기 위한 계획

(2) 건축물 내부의 **연소확대방지**를 위한 **방화계획**
  ㉠ 수평구획
  ㉡ 수직구획
  ㉢ 용도구획

답 ②

04 다음 원소 중 전기음성도가 가장 큰 것은?

① F ② Br
③ Cl ④ I

해설 할론소화약제

부촉매효과(소화능력) 크기	전기음성도(친화력, 결합력) 크기 [보기 ①]
I > Br > Cl > F	F > Cl > Br > I

• 전기음성도 크기 = 수소와의 결합력 크기

중요 할로젠족 원소
(1) 불소 : **F**
(2) 염소 : **Cl**
(3) 브로민(취소) : **Br**
(4) 아이오딘(옥소) : **I**

기억법 FClBrI

답 ①

05 프로판가스의 연소범위[vol%]에 가장 가까운 것은?

① 9.8~28.4
② 2.5~81
③ 4.0~75
④ 2.1~9.5

해설 (1) 공기 중의 폭발한계

가 스	하한계 (하한점, [vol%])	상한계 (상한점, [vol%])
아세틸렌(C_2H_2)	2.5	81
수소(H_2)	4	75
일산화탄소(CO)	12	75
에터($C_2H_5OC_2H_5$)	1.7	48
이황화탄소(CS_2)	1	50
에틸렌(C_2H_4)	2.7	36
암모니아(NH_3)	15	25
메탄(CH_4)	5	15
에탄(C_2H_6)	3	12.4
프로판(C_3H_8) [보기 ④]	2.1	9.5
부탄(C_4H_{10})	1.8	8.4

(2) 폭발한계와 같은 의미
㉠ 폭발범위
㉡ 연소한계
㉢ 연소범위
㉣ 가연한계
㉤ 가연범위

답 ④

06 가연물이 연소가 잘 되기 위한 구비조건으로 틀린 것은?

① 열전도율이 클 것
② 산소와 화학적으로 친화력이 클 것
③ 표면적이 클 것
④ 활성화에너지가 작을 것

해설 ① 클 것 → 작을 것

가연물이 **연소**하기 쉬운 조건
(1) 산소와 **친화력**이 클 것 [보기 ②]
(2) **발열량**이 클 것
(3) **표면적**이 넓을 것 [보기 ③]
(4) **열전도율**이 **작을** 것 [보기 ①]
(5) **활성화에너지**가 **작을** 것 [보기 ④]
(6) **연쇄반응**을 일으킬 수 있을 것
(7) 산소가 포함된 **유기물**일 것

※ **활성화에너지** : 가연물이 처음 연소하는 데 필요한 열

답 ①

07 석유, 고무, 동물의 털, 가죽 등과 같이 황성분을 함유하고 있는 물질이 불완전연소될 때 발생하는 연소가스로 계란 썩는 듯한 냄새가 나는 기체는?

① H_2S ② $COCl_2$
③ SO_2 ④ HCN

해설 연소가스

구 분	특 징
일산화탄소 (CO)	화재시 흡입된 일산화탄소(CO)의 화학적 작용에 의해 **헤모글로빈**(Hb)이 혈액의 산소운반작용을 저해하여 사람을 질식·사망하게 한다.
이산화탄소 (CO_2)	연소가스 중 **가장 많은 양**을 차지하고 있으며 가스 그 자체의 독성은 거의 없으나 다량이 존재할 경우 호흡속도를 증가시키고, 이로 인하여 화재가스에 혼합된 유해가스의 혼입을 증가시켜 위험을 가중시키는 가스이다.
암모니아 (NH_3)	나무, 페놀수지, 멜라민수지 등의 **질소함유물**이 연소할 때 발생하며, 냉동시설의 **냉매**로 쓰인다.
포스겐 ($COCl_2$)	매우 독성이 강한 가스로서 소화제인 **사염화탄소**(CCl_4)를 화재시에 사용할 때도 발생한다.
황화수소 (H_2S) [보기 ①]	**달걀**(계란) **썩는 냄새**가 나는 특성이 있다. **기억법** 황달
아크롤레인 ($CH_2=CHCHO$)	독성이 매우 높은 가스로서 **석유제품, 유지** 등이 연소할 때 생성되는 가스이다.

답 ①

08 화재의 분류방법 중 유류화재를 나타낸 것은?

① A급 화재
② B급 화재
③ C급 화재
④ D급 화재

해설 화재의 종류

구 분	표시색	적응물질
일반화재(A급)	백색	• 일반가연물 • 종이류 화재 • 목재·섬유화재
유류화재(B급) 보기 ②	황색	• 가연성 액체 • 가연성 가스 • 액화가스화재 • 석유화재
전기화재(C급)	청색	• 전기설비
금속화재(D급)	무색	• 가연성 금속
주방화재(K급)	–	• 식용유화재

※ 요즘은 표시색의 의무규정은 없음

답 ②

09 일반적으로 공기 중 산소농도를 몇 vol% 이하로 감소시키면 연소속도의 감소 및 질식소화가 가능한가?

① 15
② 21
③ 25
④ 31

해설 소화의 방법

구 분	설 명
냉각소화	다량의 물 등을 이용하여 **점화원**을 냉각시켜 소화하는 방법
질식소화	공기 중의 **산소농도**를 **16%** 또는 **15%** (10~15%) 이하로 희박하게 하여 소화하는 방법 보기 ①
제거소화	가연물을 제거하여 소화하는 방법
화학소화 (부촉매효과)	연쇄반응을 차단하여 소화하는 방법. **억제작용**이라고도 함
희석소화	고체·기체·액체에서 나오는 **분해가스**나 **증기**의 **농도**를 낮추어 연소를 중지시키는 방법
유화소화	물을 무상으로 방사하여 유류표면에 **유화층**의 막을 형성시켜 공기의 접촉을 막아 소화하는 방법
피복소화	비중이 공기의 **1.5배** 정도로 무거운 소화약제를 방사하여 가연물의 구석구석까지 침투·피복하여 소화하는 방법

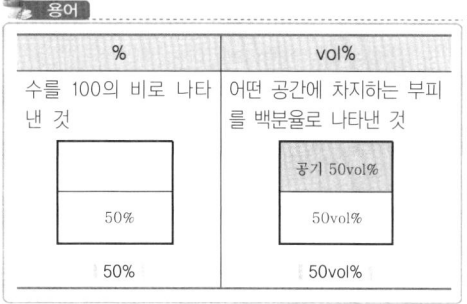

답 ①

10 위험물 탱크에 압력이 0.3MPa이고, 온도가 0℃인 가스가 들어 있을 때 화재로 인하여 100℃까지 가열되었다면 압력은 약 몇 MPa인가? (단, 이상기체로 가정한다.)

① 0.41
② 0.52
③ 0.63
④ 0.74

해설 보일-샤를의 법칙(Boyle-Charl's law)

$$\frac{P_1 V_1}{T_1} = \frac{P_2 V_2}{T_2}$$

여기서, P_1, P_2 : 기압(MPa)
V_1, V_2 : 부피(m³)
T_1, T_2 : 절대온도(273+℃)(K)

기압 P_2는

$$P_2 = P_1 \times \frac{V_1}{V_2} \times \frac{T_2}{T_1}$$
$$= 0.3\text{MPa} \times \frac{(273+100)\text{K}}{(273+0)\text{K}}$$
$$\fallingdotseq 0.41\text{MPa}$$

• 이상기체이므로 **부피**는 일정하여 무시한다.

답 ①

11 실내 화재시 발생한 연기로 인한 감광계수[m⁻¹]와 가시거리에 대한 설명 중 틀린 것은?

① 감광계수가 0.1일 때 가시거리는 20~30m이다.
② 감광계수가 0.3일 때 가시거리는 15~20m이다.
③ 감광계수가 1.0일 때 가시거리는 1~2m이다.
④ 감광계수가 10일 때 가시거리는 0.2~0.5m이다.

해설 ② 15~20m → 5m

감광계수와 가시거리

감광계수 [m⁻¹]	가시거리 [m]	상 황
0.1	20~30 보기 ①	연기감지기가 작동할 때의 농도(연기감지기가 작동하기 직전의 농도)
0.3	5 보기 ②	건물 내부에 익숙한 사람이 피난에 지장을 느낄 정도의 농도
0.5	3	어두운 것을 느낄 정도의 농도
1	1~2 보기 ③	앞이 거의 보이지 않을 정도의 농도
10	0.2~0.5 보기 ④	화재 최성기 때의 농도
30	—	출화실에서 연기가 분출할 때의 농도

기억법
0123 감
035   익
053   어
112   보
100205 최
30   분

답 ②

12 위험물의 저장방법으로 틀린 것은?
① 금속나트륨 – 석유류에 저장
② 이황화탄소 – 수조에 저장
③ 알킬알루미늄 – 벤젠액에 희석하여 저장
④ 산화프로필렌 – 구리용기에 넣고 불연성 가스를 봉입하여 저장

해설 **물질에 따른 저장장소**

물 질	저장장소
황린, 이황화탄소(CS_2)	물속 보기 ②
나이트로셀룰로오스	알코올 속
칼륨(K), 나트륨(Na), 리튬(Li)	석유류(등유) 속 보기 ①
알킬알루미늄	벤젠액 속 보기 ③
아세틸렌(C_2H_2)	디메틸포름아미드(DMF), 아세톤에 용해

기억법 황물이(황토색 물이 나온다.)

중요
산화프로필렌, 아세트알데하이드 보기 ④
구리, 마그네슘, 은, 수은 및 그 합금과 저장 금지
기억법 구마은수

답 ④

13 메탄 80vol%, 에탄 15vol%, 프로판 5vol%인 혼합가스의 공기 중 폭발하한계는 약 몇 vol%인가? (단, 메탄, 에탄, 프로판의 공기 중 폭발하한계는 5.0vol%, 3.0vol%, 2.1vol%이다.)
① 4.28   ② 3.61
③ 3.23   ④ 4.02

해설 **혼합가스의 폭발하한계**

$$\frac{100}{L} = \frac{V_1}{L_1} + \frac{V_2}{L_2} + \frac{V_3}{L_3}$$

여기서, L : 혼합가스의 폭발하한계[vol%]
L_1, L_2, L_3 : 가연성 가스의 폭발하한계[vol%]
V_1, V_2, V_3 : 가연성 가스의 용량[vol%]

$$\frac{100}{L} = \frac{V_1}{L_1} + \frac{V_2}{L_2} + \frac{V_3}{L_3}$$

$$\frac{100}{L} = \frac{80}{5.0} + \frac{15}{3.0} + \frac{5}{2.1}$$

$$\frac{100}{\frac{80}{5.0} + \frac{15}{3.0} + \frac{5}{2.1}} = L$$

$$L = \frac{100}{\frac{80}{5.0} + \frac{15}{3.0} + \frac{5}{2.1}} \fallingdotseq 4.28 \text{vol}\%$$

• 단위가 원래는 vol% 또는 v%, vol.%인데 줄여서 %로 쓰기도 한다.

답 ①

14 위험물의 유별에 따른 분류가 잘못된 것은?
① 제1류 위험물 : 산화성 고체
② 제3류 위험물 : 자연발화성 물질 및 금수성 물질
③ 제4류 위험물 : 인화성 액체
④ 제6류 위험물 : 가연성 액체

해설 ④ 가연성 액체 → 산화성 액체

위험물령 [별표 1]
위험물

유 별	성 질	품 명
제1류	산화성 고체 보기 ①	• 아염소산염류 • 염소산염류(염소산나트륨) • 과염소산염류 • 질산염류 • 무기과산화물 기억법 1산고염나
제2류	가연성 고체	• 황화인 • 적린 • 황 • 마그네슘 기억법 황화적황마

제3류	자연발화성 물질 및 금수성 물질 보기 ②	• **황**린 • **칼**륨 • **나**트륨 • **알**칼리토금속 • **트**리에틸알루미늄 기억법 황칼나알트
제4류	인화성 액체 보기 ③	• 특수인화물 • 석유류(벤젠) • 알코올류 • 동식물유류
제**5**류	**자**기반응성 물질	• 유기과산화물 • 나이트로화합물 • 나이트로소화합물 • 아조화합물 • 질산에스터류(셀룰로이드) 기억법 5자(**오자**탈자)
제6류	산화성 액체 보기 ④	• 과염소산 • 과산화수소 • 질산

답 ④

15 인화점이 낮은 것부터 높은 순서로 옳게 나열된 것은?

21.03.문14
18.04.문05
15.09.문02
14.05.문05
14.03.문10
12.03.문01
11.06.문19
11.03.문12
10.05.문11

① 에틸알코올<이황화탄소<아세톤
② 이황화탄소<에틸알코올<아세톤
③ 에틸알코올<아세톤<이황화탄소
④ 이황화탄소<아세톤<에틸알코올

물 질	인화점	착화점
• 프로필렌	−107℃	497℃
• 에틸에터 • 다이에틸에터	−45℃	180℃
• 가솔린(휘발유)	−43℃	300℃
• **이황화탄소** 보기 ④	−30℃	100℃
• 아세틸렌	−18℃	335℃
• **아세톤** 보기 ④	−18℃	538℃
• 벤젠	−11℃	562℃
• 톨루엔	4.4℃	480℃
• **에틸알코올** 보기 ④	13℃	423℃
• 아세트산	40℃	−
• 등유	43~72℃	210℃
• 경유	50~70℃	200℃
• 적린	−	260℃

답 ④

16 건물의 주요구조부에 해당되지 않는 것은?

17.09.문19
15.03.문18
13.09.문18

① 바닥
② 천장
③ 기둥
④ 주계단

주요구조부
(1) 내력**벽**
(2) **보**(작은 보 제외)

(3) **지**붕틀(차양 제외)
(4) **바**닥(최하층 바닥 제외)
(5) **주**계단(옥외계단 제외)
(6) **기**둥(사잇기둥 제외)

기억법 벽보지 바주기

답 ②

17 제2종 분말소화약제의 열분해반응식으로 옳은 것은?

23.09.문10
19.03.문01
18.04.문06
17.09.문10
16.10.문06
16.10.문10
16.10.문11
16.05.문15
16.05.문17
16.03.문09
15.09.문01
15.05.문08
14.09.문10

① $2NaHCO_3 \rightarrow Na_2CO_3 + CO_2 + H_2O$
② $2KHCO_3 \rightarrow K_2CO_3 + CO_2 + H_2O$
③ $2NaHCO_3 \rightarrow Na_2CO_3 + 2CO_2 + H_2O$
④ $2KHCO_3 \rightarrow K_2CO_3 + 2CO_2 + H_2O$

분말소화기(질식효과)

종 별	소화약제	약제의 착색	화학반응식	적응 화재
제1종	탄산수소 나트륨 ($NaHCO_3$)	백색	$2NaHCO_3 \rightarrow$ $Na_2CO_3+CO_2+H_2O$	BC급
제2종	탄산수소 칼륨 ($KHCO_3$)	담자색 (담회색)	$2KHCO_3 \rightarrow$ $K_2CO_3+CO_2+H_2O$ 보기 ②	BC급
제3종	인산암모늄 ($NH_4H_2PO_4$)	담홍색	$NH_4H_2PO_4 \rightarrow$ $HPO_3+NH_3+H_2O$	AB C급
제4종	탄산수소 칼륨+요소 ($KHCO_3+$ $(NH_2)_2CO$)	회(백)색	$2KHCO_3+$ $(NH_2)_2CO$ $\rightarrow K_2CO_3+$ $2NH_3+2CO_2$	BC급

• 탄산수소나트륨=중탄산나트륨
• 탄산수소칼륨=중탄산칼륨
• 제1인산암모늄=인산암모늄=인산염
• 탄산수소칼륨+요소=중탄산칼륨+요소

답 ②

18 표준상태에서 메탄가스의 밀도는 몇 g/L인가?

15.05.문07
10.09.문16

① 0.21
② 0.41
③ 0.71
④ 0.91

(1) **원자량**

원 소	원자량
H	1
C	12
N	14
O	16

메탄(CH_4)분자량=12+1×4=16

(2) **증기밀도**

$$\text{증기밀도}[g/L] = \frac{\text{분자량}}{22.4}$$

여기서, 22.4 : 공기의 부피[L]

증기밀도$[g/L] = \frac{\text{분자량}}{22.4} = \frac{16}{22.4} ≒ 0.71$

• 단위를 보고 계산하면 쉽다.

비교

증기비중

$$증기비중 = \frac{분자량}{29}$$

여기서, 29 : 공기의 평균 분자량(g/mol)

답 ③

19 화재하중의 단위로 옳은 것은?

20.08.문14
19.03.문20
16.10.문18
15.09.문17
01.06.문06
97.03.문19

① kg/m^2
② $℃/m^2$
③ $kg \cdot L/m^3$
④ $℃ \cdot L/m^3$

해설 화재하중

(1) 가연물 등의 **연소시 건축물**의 **붕괴** 등을 고려하여 설계하는 하중
(2) 화재실 또는 화재구획의 **단위면적당 가연물**의 **양**
(3) 일반건축물에서 가성의 건축구조재와 **가연성 수용물**의 **양**으로서 건물화재시 발열량 및 화재위험성을 나타내는 용어
(4) 화재하중이 크면 단위면적당의 발열량이 크다.
(5) 화재하중이 같더라도 물질의 상태에 따라 가혹도는 달라진다.
(6) 화재하중은 화재구획실 내의 가연물 총량을 목재 중량당비로 환산하여 면적으로 나눈 수치이다.
(7) 건물화재에서 가열온도의 정도를 의미한다.
(8) 건물의 내화설계시 고려되어야 할 사항이다.
(9)

$$q = \frac{\Sigma G_t H_t}{HA} = \frac{\Sigma Q}{4500A}$$

여기서, q : 화재하중[kg/m^2] 또는 [N/m^2]
G_t : 가연물의 양[kg]
H_t : 가연물의 단위발열량[kcal/kg]
H : 목재의 단위발열량[kcal/kg]
(4500kcal/kg)
A : 바닥면적[m^2]
ΣQ : 가연물의 전체 발열량[kcal]

비교

화재가혹도

화재로 인하여 건물 내에 수납되어 있는 재산 및 건물 자체에 손상을 주는 능력의 정도

답 ①

20 물체의 표면온도가 250℃에서 650℃로 상승하면 열복사량은 약 몇 배 정도 상승하는가?

18.04.문15
17.05.문11
14.09.문14
13.06.문08

① 2.5
② 5.7
③ 7.5
④ 9.7

해설 (1) 기호

• t_1 : 250℃
• t_2 : 650℃
• Q : ?

(2) **스테판-볼츠만**의 **법칙**(Stefan-Boltzman's law)

$$\frac{Q_2}{Q_1} = \frac{(273+t_2)^4}{(273+t_1)^4} = \frac{(273+650)^4}{(273+250)^4} ≒ 9.7$$

• 열복사량은 복사체의 **절대온도**의 **4제곱**에 **비례**하고, **단면적**에 비례한다.

참고

스테판-볼츠만의 법칙(Stefan-Boltzman's law)

$$Q = aAF(T_1^4 - T_2^4)$$

여기서, Q : 복사열[W]
a : 스테판-볼츠만 상수[$W/m^2 \cdot K^4$]
A : 단면적[m^2]
F : 기하학적 Factor
T_1 : 고온(273+t_1)[K]
T_2 : 저온(273+t_2)[K]
t_1 : 저온[℃]
t_2 : 고온[℃]

답 ④

제2과목 소방유체역학

21 에너지선(EL)에 대한 설명으로 옳은 것은?

23.05.문40
14.09.문21
14.05.문35
12.03.문28

① 수력구배선보다 아래에 있다.
② 압력수두와 속도수두의 합이다.
③ 속도수두와 위치수두의 합이다.
④ 수력구배선보다 속도수두만큼 위에 있다.

해설 에너지선

(1) 항상 수력기울기선 위에 있다.
(2) 수력구배선=수력기울기선
(3) 수력구배선보다 속도수두만큼 위에 있다. ← 보기 ④

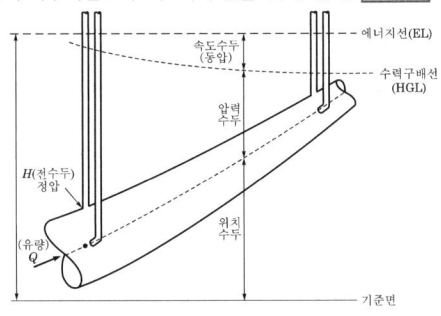

| 에너지선과 수력구배선 |

답 ④

22

그림에서 $h_1=120$mm, $h_2=180$mm, $h_3=100$mm일 때 A에서의 압력과 B에서의 압력의 차이($P_A - P_B$)를 구하면? (단, A, B 속의 액체는 물이고, 차압액주계에서의 중간 액체는 수은(비중 13.6)이다.)

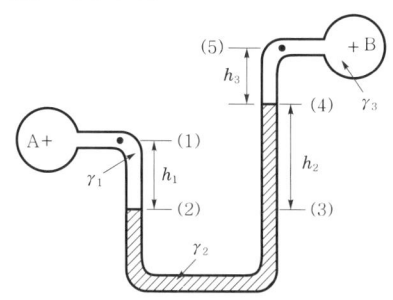

① 20.4kPa
② 23.8kPa
③ 26.4kPa
④ 29.8kPa

해설 (1) 기호

- h_1 : 120mm=0.12m
- h_2 : 180mm=0.18m
- h_3 : 100mm=0.1m
- S_2 : 13.6(수은)
- r_1 : 9.8kN/m³(물)
- r_3 : 9.8kN/m³(물)
- $P_A - P_B$: ?
- 1000mm=1m

계산의 편의를 위해 기호를 수정하면

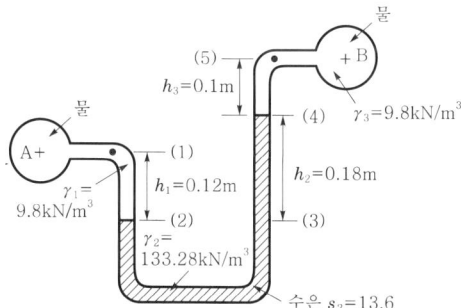

(2) 비중

$$s = \frac{\gamma}{\gamma_w}$$

여기서, s : 비중
γ : 어떤 물질(수은)의 비중량[kN/m³]
γ_w : 물의 비중량(9.8kN/m³)

수은의 비중량 $\gamma_2 = s_2 \times \gamma_w$
$= 13.6 \times 9.8$kN/m³
$= 133.28$kN/m³

(3) 압력차

$$P_A + \gamma_1 h_1 - \gamma_2 h_2 - \gamma_3 h_3 = P_B$$

$P_A - P_B = -\gamma_1 h_1 + \gamma_2 h_2 + \gamma_3 h_3$
$= -9.8$kN/m³ $\times 0.12$m
$+ 133.28$kN/m³ $\times 0.18$m
$+ 9.8$kN/m³ $\times 0.1$m
$\fallingdotseq 23.8$kN/m²
$= 23.8$kPa

- 1N/m²=1Pa, 1kN/m²=1kPa이므로 23.8kN/m²=23.8kPa

중요

시차액주계의 압력계산방법
점 A를 기준으로 내려가면 **더하고**, 올라가면 **빼면** 된다.

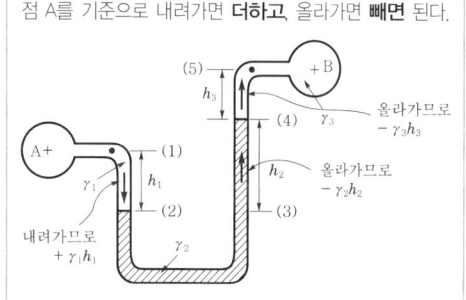

답 ②

23

Newton의 점성법칙에 대한 옳은 설명으로 모두 짝지은 것은?

㉠ 전단응력은 점성계수와 속도기울기의 곱이다.
㉡ 전단응력은 점성계수에 비례한다.
㉢ 전단응력은 속도기울기에 반비례한다.

① ㉠, ㉡
② ㉡, ㉢
③ ㉠, ㉢
④ ㉠, ㉡, ㉢

해설 ㉢ 반비례 → 비례

Newton의 점성법칙 특징
(1) 전단응력은 **점성계수**와 **속도기울기**의 **곱**이다. 보기 ㉠
(2) 전단응력은 **속도기울기**에 비례한다. 보기 ㉢
(3) 속도기울기가 0인 곳에서 전단응력은 0이다.
(4) 전단응력은 **점성계수**에 비례한다. 보기 ㉡
(5) Newton의 점성법칙(난류)

$$\tau = \mu \frac{du}{dy}$$

여기서, τ : 전단응력[N/m²]
μ : 점성계수[N·s/m²]
$\frac{du}{dy}$: 속도구배(속도기울기)$\left[\frac{1}{s}\right]$

비교

Newton의 점성법칙

층류	난류
$\tau = \dfrac{p_A - p_B}{l} \cdot \dfrac{r}{2}$	$\tau = \mu \dfrac{du}{dy}$
여기서, τ : 전단응력[N/m²] $p_A - p_B$: 압력강하[N/m²] l : 관의 길이[m] r : 반경[m]	여기서, τ : 전단응력[N/m²] μ : 점성계수[N·s/m²] 또는 [kg/m·s] $\dfrac{du}{dy}$: 속도구배(속도기울기)$\left[\dfrac{1}{s}\right]$

답 ①

24

[15.09.문32]
[09.05.문34]

그림과 같이 탱크에 비중이 0.8인 기름과 물이 들어있다. 벽면 AB에 작용하는 유체(기름 및 물)에 의한 힘은 약 몇 kN인가? (단, 벽면 AB의 폭(y방향)은 1m이다.)

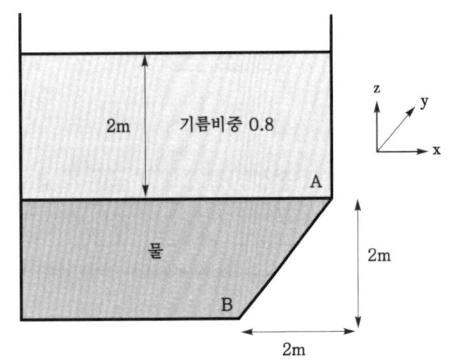

① 50 ② 72
③ 82 ④ 96

해설

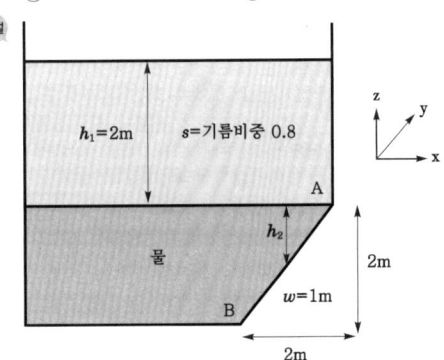

(1) 기호
- s : 0.8
- h_1 : 2m
- h_2 : 경사면 중심에서의 수직거리
- w : 1m(벽면 AB의 폭) → y방향

(2) 전체압력
$$P_0 = P_1 + P_2$$
여기서, P_0 : 전체압력[kN]
P_1 : 기름부분의 압력[kN]
P_2 : 물부분의 경사면에 미치는 압력[kN]

(3) 압력
$$P = \gamma h$$
여기서, P : 압력[N/m²]
γ : 비중량[N/m³]
h : 높이[m]

※ 물의 비중량(γ) : 9800N/m³

$P_1 = \gamma_1 h_1 = (9800\text{N/m}^3 \times 0.8) \times 2\text{m} = 15680\text{N/m}^2$

AB길이 계산(피타고라스 정리 이용)
AB길이 $= \sqrt{A^2 + B^2}$
AB길이 $= \sqrt{2^2 + 2^2} = 2.828\text{m} \fallingdotseq 2\sqrt{2}\text{m}$

경사면 중심길이 $= \dfrac{\text{AB길이}}{2} = \dfrac{2\sqrt{2}\text{m}}{2} = \sqrt{2}\text{m}$

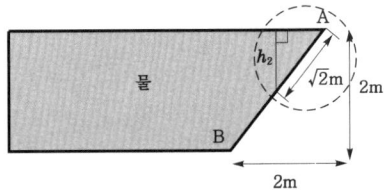

점선 3각형을 바로세워놓으면 아래그림과 같이 되고

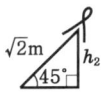

$\dfrac{2\text{m}}{2\text{m}}$ 로 길이가 같으므로 경사각은 45°

$\sin\theta = \dfrac{h_2}{\sqrt{2}}$

$\sqrt{2}\sin\theta = h_2$
$h_2 = \sqrt{2}\sin\theta = \sqrt{2}\sin 45°$
$P_2 = \gamma_2 h_2 = \gamma_2 \times (\sqrt{2}\sin 45°)$
$\quad = 9800\text{N/m}^3 \times (\sqrt{2} \times \sin 45°)\text{m}$
$\quad = 9800\text{N/m}^2$
$P_0 = P_1 + P_2$
$\quad = 15680\text{N/m}^2 + 9800\text{N/m}^2 = 25480\text{N/m}^2$

(4) 경사면의 면적
$A = w(\text{폭}) \times h(\text{높이}) = 1\text{m} \times 2.828\text{m} = 2.828\text{m}^2$

(5) 벽면 AB에 작용하는 유체에 의한 힘 F
$F = P_0(\text{전체압력}) \times A(\text{경사면의 면적})$
$\quad = 25480\text{N/m}^2 \times 2.828\text{m}^2$
$\quad = 72057.44\text{N} \fallingdotseq 72\text{kN}$

답 ②

25. 힘의 차원을 MLT(질량 M, 길이 L, 시간 T)계로 바르게 나타낸 것은?

① MLT^{-1}
② MLT^{-2}
③ M^2LT^{-2}
④ ML^2T^{-3}

해설 단위와 차원

차원	중력단위[차원]	절대단위[차원]
길이	m[L]	m[L]
시간	s[T]	s[T]
운동량	N·s[FT]	kg·m/s[MLT^{-1}]
속도	m/s[LT^{-1}]	m/s[LT^{-1}]
가속도	m/s²[LT^{-2}]	m/s²[LT^{-2}]
질량	N·s²/m[$FL^{-1}T^2$]	kg[M]
압력	N/m²[FL^{-2}]	kg/m·s²[$ML^{-1}T^{-2}$]
밀도	N·s²/m⁴[$FL^{-4}T^2$]	kg/m³[ML^{-3}]
비중	무차원	무차원
비중량	N/m³[FL^{-3}]	kg/m²·s²[$ML^{-2}T^{-2}$]
비체적	m⁴/N·s²[$F^{-1}L^4T^{-2}$]	m³/kg[$M^{-1}L^3$]
점성계수	N·s/m²[$FL^{-2}T$]	kg·m/s[$ML^{-1}T^{-1}$]
동점성계수	m²/s[L^2T^{-1}]	m²/s[L^2T^{-1}]
부력(힘)	N[F]	kg·m/s²[MLT^{-2}] 보기 ②
일(에너지·열량)	N·m[FL]	kg·m²/s²[ML^2T^{-2}]
동력(일률)	N·m/s[FLT^{-1}]	kg·m²/s³[ML^2T^{-3}]
표면장력	N/m[FL^{-1}]	kg/s²[MT^{-2}]

답 ②

26. 유량 2m³/min, 전양정 25m인 원심펌프의 축동력은 약 몇 kW인가? (단, 펌프의 전효율은 0.78이고, 유체의 밀도는 1000kg/m³이다.)

① 11.52
② 9.52
③ 10.47
④ 13.47

해설 (1) 기호
- Q : 2m³/min=2m³/60s(1min=60s)
- H : 25m
- P : ?
- η : 0.78
- ρ : 1000kg/m³=1000N·s²/m⁴(1kg/m³= 1N·s²/m⁴)

(2) 비중량

$$\gamma = \rho g$$

여기서, γ : 비중량[N/m³]
ρ : 밀도[N·s²/m⁴]
g : 중력가속도(9.8m/s²)

비중량 γ는
$\gamma = \rho g = 1000$N·s²/m⁴ × 9.8m/s² = 9800N/m³

(3) 축동력

$$P = \frac{\gamma QH}{1000\eta}$$

여기서, P : 축동력[kW]
γ : 비중량[N/m³]
Q : 유량[m³/s]
H : 전양정[m]
η : 효율

축동력 P는
$$P = \frac{\gamma QH}{1000\eta} = \frac{9800\text{N/m}^3 \times 2\text{m}^3/60\text{s} \times 25\text{m}}{1000 \times 0.78} ≒ 10.47\text{kW}$$

용어
축동력
전달계수(K)를 고려하지 않은 동력

별해
원칙적으로 밀도가 주어지지 않을 때 적용
축동력

$$P = \frac{0.163QH}{\eta}$$

여기서, P : 축동력[kW]
Q : 유량[m³/min]
H : 전양정(수두)[m]
η : 효율

펌프의 축동력 P는
$$P = \frac{0.163QH}{\eta} = \frac{0.163 \times 2\text{m}^3/\text{min} \times 25\text{m}}{0.78} = 10.448 ≒ 10.45\text{kW}$$

(정확하지는 않지만 유사한 값이 나옴)

답 ③

27. 체적탄성계수가 2×10⁹Pa인 물의 체적을 3% 감소시키려면 몇 MPa의 압력을 가하여야 하는가?

① 25
② 30
③ 45
④ 60

해설 (1) 기호
- K : 2×10⁹Pa
- $\Delta V/V$: 3%=0.03

(2) 체적탄성계수

$$K = -\frac{\Delta P}{\Delta V/V}$$

여기서, K : 체적탄성계수(Pa)
ΔP : 가해진 압력(Pa)
$\Delta V/V$: 체적의 감소율

• '−' : −는 압력의 방향을 나타내는 것으로 특별한 의미를 갖지 않아도 된다.

가해진 압력 ΔP는
$\Delta P = K \times \Delta V/V$
$= 2 \times 10^9 \text{Pa} \times 0.03 = 60 \times 10^6 \text{Pa} = 60\text{MPa}$

• $1 \times 10^6 \text{Pa} = 1\text{MPa}$이므로 $60 \times 10^6 \text{Pa} = 60\text{MPa}$

답 ④

28 ★★★
22.03.문35
18.09.문33
09.03.문24
07.05.문29

그림과 같이 수평과 30° 경사된 폭 50cm인 수문 AB가 A점에서 힌지(hinge)로 되어 있다. 이 문을 열기 위한 최소한의 힘 F(수문에 직각방향)는 약 몇 kN인가? (단, 수문의 무게는 무시하고, 유체의 비중은 1이다.)

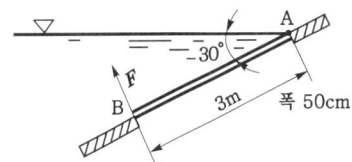

① 11.5   ② 7.35
③ 5.51   ④ 2.71

해설 (1) 기호
• θ : 30°
• A : 3m×50cm=3m×0.5m(100cm=1m)
• F_0 : ?
• s : 1

(2) 비중

$$s = \frac{\rho}{\rho_w} = \frac{\gamma}{\gamma_w}$$

여기서, s : 비중
ρ : 어떤 물질의 밀도(kg/m³)
ρ_w : 물의 밀도(1000kg/m³)
γ : 어떤 물질의 비중량(N/m³)
γ_w : 물의 비중량(9800N/m³)

유체(어떤 물질)의 **비중량** γ는
$\gamma = s \times \gamma_w$
$= 1 \times 9800 \text{N/m}^3 = 9800 \text{N/m}^3 = 9.8 \text{kN/m}^3$

(3) 전압력

$$F = \gamma y \sin\theta A = \gamma h A$$

여기서, F : 전압력(kN)
γ : 비중량(물의 비중량 9.8kN/m³)

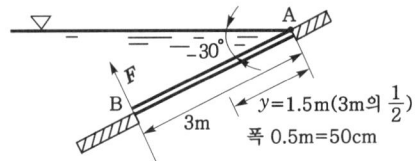

y : 표면에서 수문 중심까지의 경사거리(m)
h : 표면에서 수문 중심까지의 수직거리(m)
A : 수문의 단면적(m²)

전압력 F는
$F = \gamma y \sin\theta A$
$= 9.8 \text{kN/m}^3 \times 1.5\text{m} \times \sin 30° \times (3 \times 0.5)\text{m}^2$
$= 11.025 \text{kN}$

(4) 작용점 깊이

명 칭	구형(rectangle)
형 태	(그림)
A(면적)	$A = bh$
y_c (중심위치)	$y_c = y$
I_c (관성능률)	$I_c = \dfrac{bh^3}{12}$

$$y_p = y_c + \frac{I_c}{Ay_c}$$

여기서, y_p : 작용점 깊이(작용위치)(m)
y_c : 중심위치(m)
I_c : 관성능률 $\left(I_c = \dfrac{bh^3}{12}\right)$
A : 단면적(m²)($A=bh$)

작용점 깊이 y_p는
$y_p = y_c + \dfrac{I_c}{Ay_c} = y + \dfrac{\frac{bh^3}{12}}{(bh)y}$
$= 1.5\text{m} + \dfrac{\frac{0.5\text{m} \times (3\text{m})^3}{12}}{(0.5 \times 3)\text{m}^2 \times 1.5\text{m}} ≒ 2\text{m}$

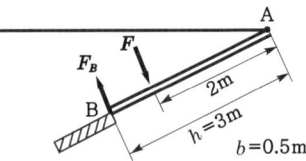

A지점 모멘트의 합이 0이므로
$\Sigma M_A = 0$
$F_B \times 3\text{m} - F \times 2\text{m} = 0$
$F_B \times 3\text{m} - 11.025\text{kN} \times 2\text{m} = 0$
$F_B \times 3\text{m} = 11.025\text{kN} \times 2\text{m}$
$F_B = \dfrac{11.025\text{kN} \times 2\text{m}}{3\text{m}} = 7.35\text{kN}$

답 ②

29

비중이 0.85이고 동점성계수가 $3\times 10^{-4}\,\text{m}^2/\text{s}$인 기름이 직경 10cm의 수평원형관 내에 20L/s로 흐른다. 이 원형관의 100m 길이에서의 수두손실[m]은? (단, 정상 비압축성 유동이다.)

① 16.6
② 25.0
③ 49.8
④ 82.2

해설

(1) 기호
- s : 0.85
- ν : $3\times 10^{-4}\,\text{m}^2/\text{s}$
- D : 10cm=0.1m(100cm=1m)
- Q : 20L/s=0.02m³/s(1000L=1m³)
- L : 100m
- H : ?

(2) 비중

$$s = \frac{\rho}{\rho_w} = \frac{\gamma}{\gamma_w}$$

여기서, s : 비중
ρ : 어떤 물질의 밀도(기름의 밀도)[kg/m³] 또는 [N·s²/m⁴]
ρ_w : 물의 밀도(1000kg/m³ 또는 1000N·s²/m⁴)
γ : 어떤 물질의 비중량(기름의 비중량)[N/m³]
γ_w : 물의 비중량(9800N/m³)

기름의 밀도 ρ는
$\rho = s \times \rho_w = 0.85 \times 1000\,\text{kg/m}^3 = 850\,\text{kg/m}^3$

(3) 유량(flowrate, 체적유량, 용량유량)

$$Q = AV = \left(\frac{\pi D^2}{4}\right)V$$

여기서, Q : 유량[m³/s]
A : 단면적[m²]
V : 유속[m/s]
D : 직경(안지름)[m]

유속 V는
$V = \dfrac{Q}{\dfrac{\pi D^2}{4}} = \dfrac{0.02\,\text{m}^3/\text{s}}{\dfrac{\pi \times (0.1\,\text{m})^2}{4}} \fallingdotseq 2.546\,\text{m/s}$

(4) 레이놀즈수

$$Re = \frac{DV\rho}{\mu} = \frac{DV}{\nu}$$

여기서, Re : 레이놀즈수
D : 내경[m]
V : 유속[m/s]
ρ : 밀도[kg/m³]
μ : 점성계수[g/cm·s] 또는 [kg/m·s]
ν : 동점성계수$\left(\dfrac{\mu}{\rho}\right)$[cm²/s] 또는 [m²/s]

레이놀즈수 Re는
$Re = \dfrac{DV}{\nu} = \dfrac{0.1\,\text{m} \times 2.546\,\text{m/s}}{3\times 10^{-4}\,\text{m}^2/\text{s}} \fallingdotseq 848.7(층류)$

레이놀즈수		
층류	천이영역(임계영역)	난류
$Re < 2100$	$2100 < Re < 4000$	$Re > 4000$

(5) 관마찰계수(층류일 때만 적용 가능)

$$f = \frac{64}{Re}$$

여기서, f : 관마찰계수
Re : 레이놀즈수

관마찰계수 f는
$f = \dfrac{64}{Re} = \dfrac{64}{848.7} \fallingdotseq 0.075$

(6) 달시-웨버의 식(Darcy-Weisbach formula, 층류)

$$H = \frac{\Delta p}{\gamma} = \frac{fLV^2}{2gD}$$

여기서, H : 마찰손실수두(전양정, 수두손실)[m]
Δp : 압력차[Pa] 또는 [N/m²]
γ : 비중량(물의 비중량 9800N/m³)
f : 관마찰계수
L : 길이[m]
V : 유속[m/s]
g : 중력가속도(9.8m/s²)
D : 내경[m]

마찰손실수두 H는
$H = \dfrac{fLV^2}{2gD}$
$= \dfrac{0.075 \times 100\,\text{m} \times (2.546\,\text{m/s})^2}{2 \times 9.8\,\text{m/s}^2 \times 0.1\,\text{m}} = 24.8 \fallingdotseq 25\,\text{m}$

답 ②

30

질량 4kg의 어떤 기체로 구성된 밀폐계가 열을 받아 100kJ의 일을 하고, 이 기체의 온도가 10℃ 상승하였다면 이 계가 받은 열은 몇 kJ인가? (단, 이 기체의 정적비열은 5kJ/kg·K, 정압비열은 6kJ/kg·K이다.)

① 200
② 240
③ 300
④ 340

해설

$$Q = (U_2 - U_1) + W$$

(1) 기호
- m : 4kg
- w : 100kJ
- $T_2 - T_1$: 10℃=10K
- Q : ?
- C_V : 5kJ/kg·K
- C_P : 6kJ/kg·K

(2) 내부에너지 변화(정적과정) : 내부에너지 변화는 **정적비열** 밖에 적용할 수 없으므로 **정적과정**이라고 판단

$$U_2 - U_1 = C_V(T_2 - T_1)$$

여기서, $U_2 - U_1$: 내부에너지 변화[kJ/kg]
C_V : 정적비열[KJ/K]
T_1, T_2 : 변화 전후의 온도(273+℃)[K]

내부에너지 변화 $U_2 - U_1$ 은
$U_2 - U_1 = C_V(T_2 - T_1)$
$= 5\text{kJ/kg·K} \times 10\text{K} = 50\text{kJ/kg}$

문제에서 질량 4kg이므로
$U_2 - U_1 = 50\text{kJ/kg} \times 4\text{kg} = 200\text{kJ}$

- 온도가 10℃ 상승했으므로 변화 전후의 온도차는 10℃이다. 또한 온도차는 ℃로 나타내던지 K로 나타내던지 계산해 보면 값은 같다. 그러므로 여기서는 단위를 일치시키기 위해 10K로 쓰기로 한다.
  예) 50℃-40℃=10℃
  (273+50℃)-(273+40℃)=10K

(3) 열
$$Q = (U_2 - U_1) + W$$

여기서, Q : 열[kJ]
$U_2 - U_1$: 내부에너지 변화[kJ]
W : 일[kJ]

열 Q는
$Q = (U_2 - U_1) + W = 200\text{kJ} + 100\text{kJ} = 300\text{kJ}$

답 ③

31
18.03.문28
11.10.문39
10.05.문40

비압축성 유체의 2차원 정상유동에서, x방향의 속도를 u, y방향의 속도를 v라고 할 때 다음에 주어진 식들 중에서 연속방정식을 만족하는 것은 어느 것인가?

① $u = 2x + 2y$, $v = 2x - 2y$
② $u = x + 2y$, $v = x^2 - 2y$
③ $u = 2x + y$, $v = x^2 + 2y$
④ $u = x + 2y$, $v = 2x - y^2$

해설 비압축성 2차원 정상유동
$\dfrac{du}{dx} = 2x + 2y = 2$
$\dfrac{dv}{dy} = 2x - 2y = -2$

답 ①

32
17.09.문36
12.09.문28

이상적인 교축과정(throttling process)에 대한 설명 중 옳은 것은?

① 압력이 변하지 않는다.
② 온도가 변하지 않는다.
③ 엔탈피가 변하지 않는다.
④ 엔트로피가 변하지 않는다.

해설 **교축과정**(throttling process) : 이상기체의 **엔탈피**가 변하지 않는 과정 보기 ③

용어
엔탈피와 엔트로피	
엔탈피	엔트로피
어떤 물질이 가지고 있는 총에너지	어떤 물질의 정렬상태를 나타내는 수치

답 ③

33
22.09.문30
13.09.문35

공기가 수평노즐을 통하여 대기 중에 정상적으로 유출된다. 노즐의 입구 면적이 0.1m²이고, 출구면적은 0.02m²이다. 노즐 출구에서 50m/s의 속도를 유지하기 위하여 노즐 입구에서 요구되는 계기 압력[kPa]은 얼마인가? (단, 유동은 비압축성이고 마찰은 무시하며 공기의 밀도는 1.23kg/m³이다.)

① 1.35
② 1.20
③ 1.48
④ 1.55

해설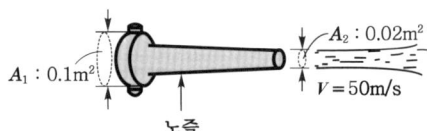

(1) 기호
- A_1 : 0.1m²
- A_2 : 0.02m²
- V_2 : 50m/s
- P_1 : ?
- ρ : 1.23kg/m³=1.23N·s²/m⁴(1kg/m³=1N·s²/m⁴)

(2) 유량

$$Q = A_1 V_1 = A_2 V_2$$

여기서, Q : 유량[m³/s]
$A_1 \cdot A_2$: 단면적[m²]
$V_1 \cdot V_2$: 유속[m/s]

$$V_1 = \frac{A_2}{A_1} V_2 = \frac{0.02\text{m}^2}{0.1\text{m}^2} \times 50\text{m/s} = 10\text{m/s}$$

(3) 베르누이 방정식

$$\frac{V_1^2}{2g} + \frac{P_1}{\gamma} + Z_1 = \frac{V_2^2}{2g} + \frac{P_2}{\gamma} + Z_2$$

여기서, $V_1 \cdot V_2$: 유속[m/s]
$P_1 \cdot P_2$: 압력[kPa] 또는 [kN/m²]
$Z_1 \cdot Z_2$: 높이[m]
g : 중력가속도(9.8m/s²)
γ : 비중량[kN/m³]

$Z_1 = Z_2$, $P_2 = 0$(대기압)이므로

$$\frac{V_1^2}{2g} + \frac{P_1}{\gamma} + \cancel{Z_1} = \frac{V_2^2}{2g} + \frac{0}{\gamma} + \cancel{Z_2}$$

$$\frac{P_1}{\gamma} = \frac{V_2^2}{2g} - \frac{V_1^2}{2g}$$

$$P_1 = \gamma \left(\frac{V_2^2 - V_1^2}{2g} \right)$$

$$= \rho g \left(\frac{V_2^2 - V_1^2}{2g} \right)$$

$$= \rho \left(\frac{V_2^2 - V_1^2}{2} \right)$$

$$= 1.23 \text{N} \cdot \text{s}^2/\text{m}^4 \left(\frac{(50\text{m/s})^2 - (10\text{m/s})^2}{2} \right)$$

$$\fallingdotseq 1476\text{N/m}^2 = 1476\text{Pa} \fallingdotseq 1480\text{Pa} = 1.48\text{kPa}$$

$$\boxed{\gamma = \rho g}$$

여기서, γ : 비중량[N/m³]
ρ : 밀도[N·s²/m⁴]
g : 중력가속도(9.8m/s²)

답 ③

34 ★★★
22.04.문38
13.09.문26
12.09.문24

어떤 물체가 공기 중에서 무게는 588N이고, 수중에서 무게는 98N이었다. 이 물체의 체적(V)과 비중(s)은?

① $V = 0.05\text{m}^3$, $s = 1.2$
② $V = 0.05\text{m}^3$, $s = 1.5$
③ $V = 0.5\text{m}^3$, $s = 1.2$
④ $V = 0.5\text{m}^3$, $s = 1.5$

해설 (1) 기호
- 공기 중 무게 : 588N
- 수중무게 : 98N
- W_1 : 물체의 무게(공기 중 무게 – 수중무게)

(2) 물체의 무게

$$W_1 = \gamma V$$

여기서, W_1 : 물체의 무게(공기 중 무게–수중무게)[N]
γ : 비중량(물의 비중량 9800N/m³)
V : 물체의 체적[m³]

물체의 체적 V는

$$V = \frac{W_1}{\gamma} = \frac{(588-98)\text{N}}{9800\text{N/m}^3} = 0.05\text{m}^3$$

(3) 비중

$$s = \frac{\gamma}{\gamma_w}$$

여기서, s : 비중
γ : 어떤 물체의 비중량[N/m³]
γ_w : 물의 비중량(9800N/m³)

어떤 유체의 비중량 γ는
$\gamma = s \times \gamma_w = 9800s$

(4) 물체의 비중

$$W_2 = \gamma V = (9800s)V$$

여기서, W_2 : 공기 중 무게[N]
γ : 어떤 물체의 비중량[N/m³]
V : 물체의 체적[m³]
s : 비중

$W_2 = 9800sV$

$$\frac{W_2}{9800V} = s$$

$$s = \frac{W_2}{9800V} = \frac{588\text{N}}{9800 \times 0.05\text{m}^3} = 1.2$$

답 ①

35 ★★★
19.09.문24
18.09.문26
12.03.문34

지름이 150mm인 원관에 비중이 0.85, 동점성계수가 $1.33 \times 10^{-4}\text{m}^2/\text{s}$인 기름이 $0.01\text{m}^3/\text{s}$의 유량으로 흐르고 있다. 이때 관마찰계수는? (단, 임계 레이놀즈수는 2100이다.)

① 0.10
② 0.14
③ 0.18
④ 0.22

해설 (1) 기호
- D : 150mm = 0.15m
- S : 0.85
- ν : $1.33 \times 10^{-4}\text{m}^2/\text{s}$
- Q : $0.01\text{m}^3/\text{s}$
- f : ?
- Re : 2100

(2) 유량

$$Q = AV = \left(\frac{\pi D^2}{4} \right) V$$

여기서, Q : 유량[m³/s]
A : 단면적[m²]
V : 유속[m/s]
D : 내경[m]

유속 V는

$$V = \frac{Q}{\frac{\pi D^2}{4}} = \frac{0.01\text{m}^3/\text{s}}{\frac{\pi \times (0.15\text{m})^2}{4}} = 0.565\text{m/s}$$

(3) 레이놀즈수

$$Re = \frac{DV\rho}{\mu} = \frac{DV}{\nu}$$

여기서, Re : 레이놀즈수
 D : 내경[m]
 V : 유속[m/s]
 ρ : 밀도[kg/m³]
 μ : 점도[kg/m·s]
 ν : 동점성계수$\left(\dfrac{\mu}{\rho}\right)$[m²/s]

레이놀즈수 Re 는

$$Re = \frac{DV}{\nu} = \frac{0.15\text{m} \times 0.565\text{m/s}}{1.33 \times 10^{-4}\text{m}^2/\text{s}} = 637.218$$

(4) 관마찰계수

$$f = \frac{64}{Re}$$

여기서, f : 관마찰계수
 Re : 레이놀즈수

관마찰계수 f 는

$$f = \frac{64}{Re} = \frac{64}{637.218} ≒ 0.10$$

답 ①

36 ★★★ 다음은 어떤 열역학법칙을 설명한 것인가?

19.09.문25
19.03.문21
14.09.문30
13.06.문40

열은 고온열원에서 저온의 물체로 이동하나, 반대로 스스로 돌아갈 수 없는 비가역 변화이다.

① 열역학 제0법칙
② 열역학 제1법칙
③ 열역학 제2법칙
④ 열역학 제3법칙

해설 **열역학**의 **법칙**

(1) **열역학 제0법칙** (열평형의 법칙)
① 온도가 높은 물체에 낮은 물체를 접촉시키면 온도가 높은 물체에서 낮은 물체로 열이 이동하여 두 물체의 **온도**는 **평형**을 이루게 된다.
② 어떤 두 물체 A와 B가 제3의 물체 C와 각각 열평형상태에 있을 때, 두 물체 A와 B도 서로 열평형상태이다.

(2) **열역학 제1법칙** (에너지보존의 법칙)
㉠ 기체의 공급에너지는 **내부에너지**와 외부에서 한 일의 합과 같다.
㉡ 사이클 과정에서 **시스템(계)**이 한 **총일**은 시스템이 받은 **총열량**과 같다.

(3) **열역학 제2법칙**
㉠ 열은 스스로 **저온**에서 **고온**으로 절대로 흐르지 않는다(일을 가하면 **저온**부로부터 **고온**부로 열을 이동시킬 수 있다).
㉡ 열은 그 스스로 저열원체에서 고열원체로 이동할 수 없다.
㉢ 자발적인 변화는 **비가역**적이다.
㉣ 열을 완전히 일로 바꿀 수 있는 **열기관**을 만들 수 **없다**(일을 100% 열로 변환시킬 수 없다).

(4) **열역학 제3법칙**
㉠ 순수한 물질이 1atm하에서 결정상태이면 **엔트로피**는 0K에서 **0**이다.
㉡ 단열과정에서 시스템의 **엔트로피**는 변하지 않는다.

답 ③

37 ★★★ 어떤 팬이 1750rpm으로 회전할 때의 전압은 155mmAq, 풍량은 240m³/min이다. 이것과 상사한 팬을 만들어 1650rpm, 전압 200mmAq로 작동할 때 풍량은 약 몇 m³/min인가? (단, 공기의 밀도와 비속도는 두 경우에 같다고 가정한다.)

23.03.문21
22.09.문24
21.05.문29
15.05.문24
13.03.문28

① 396
② 386
③ 356
④ 366

해설 (1) 기호

• N_1 : 1750rpm
• H_1 : 155mmAq=0.155mAq=0.155m
 (1000mm=1m, Aq 생략 가능)
• Q_1 : 240m³/min
• N_2 : 1650rpm
• H_2 : 200mmAq=0.2mAq=0.2m(1000mm=1m, Aq 생략 가능)
• Q_2 : ?

(2) 비교회전도(비속도)

$$N_s = N \frac{\sqrt{Q}}{\left(\dfrac{H}{n}\right)^{\frac{3}{4}}}$$

여기서, N_s : 펌프의 비교회전도(비속도)
 [m³/min·m/rpm]
 N : 회전수[rpm]
 Q : 유량[m³/min]
 H : 양정[m]
 n : 단수

펌프의 비교회전도 N_s 는

$$N_s = N_1 \frac{\sqrt{Q_1}}{\left(\dfrac{H_1}{n}\right)^{\frac{3}{4}}} = 1750\text{rpm} \times \frac{\sqrt{240\text{m}^3/\text{min}}}{(0.155\text{m})^{\frac{3}{4}}}$$

$$= 109747.5\text{m}^3/\text{min}\cdot\text{m/rpm}$$

• n : 주어지지 않았으므로 무시

펌프의 비교회전도 N_{s2} 는

$$N_{s2} = N_2 \frac{\sqrt{Q_2}}{\left(\dfrac{H_2}{n}\right)^{\frac{3}{4}}}$$

$$109747.5\text{m}^3/\text{min}\cdot\text{m/rpm} = 1650\text{rpm} \times \frac{\sqrt{Q_2}}{(0.2\text{m})^{\frac{3}{4}}}$$

$$\frac{109747.5\text{m}^3/\text{min}\cdot\text{m/rpm} \times (0.2\text{m})^{\frac{3}{4}}}{1650\text{rpm}} = \sqrt{Q_2}$$

$$\sqrt{Q_2} = \frac{109747.5\text{m}^3/\text{min}\cdot\text{m/rpm} \times (0.2\text{m})^{\frac{3}{4}}}{1650\text{rpm}} \quad \text{← 좌우 이항}$$

$$\left(\sqrt{Q_2}\right)^2 = \left(\frac{109747.5 \times (0.2\text{m})^{\frac{3}{4}}}{1650\text{rpm}}\right)^2$$

$Q_2 \fallingdotseq 396\text{m}^3/\text{min}$

[기억법] 396m³/min(369! 369! 396)

[용어]

비속도(비교회전도)
펌프의 성능을 나타내거나 가장 적합한 **회전수**를 결정하는 데 이용되며, **회전자**의 **형상**을 나타내는 척도가 된다.

답 ①

38 유체의 거동을 해석하는 데 있어서 비점성 유체에 대한 설명으로 옳은 것은?

① 실제유체를 말한다.
② 전단응력이 존재하는 유체를 말한다.
③ 유체 유동시 마찰저항이 속도기울기에 비례하는 유체이다.
④ 유체 유동시 마찰저항을 무시한 유체를 말한다.

[해설]
① 실제유체 → 이상유체
② 존재하는 → 존재하지 않는
③ 마찰저항이 속도기울기에 비례하는 → 마찰저항을 무시한

비점성 유체
(1) 이상유체
(2) 전단응력이 존재하지 않는 유체
(3) 유체 유동시 마찰저항을 무시한 유체 [보기 ④]

[중요]

유체의 종류

종류	설명
실제유체	**점성**이 **있**으며, **압축성**인 유체
이상유체	점성이 없으며, **비압축성**인 유체
압축성 유체	**기체**와 같이 체적이 변화하는 유체
비압축성 유체	**액체**와 같이 체적이 변화하지 않는 유체

[기억법] 실점있압(**실점**이 있는 사람만 **압**박해!) 기압(기압)

[비교]

비압축성 유체
(1) 밀도가 압력에 의해 변하지 않는 유체
(2) **굴뚝둘레**를 흐르는 **공기흐름**
(3) **정지**된 **자동차 주위**의 **공기흐름**
(4) **체적탄성계수**가 큰 유체
(5) **액체**와 같이 체적이 변화하지 않는 유체

답 ④

39 20℃ 물 100L를 화재현장의 화염에 살수하였다. 물이 모두 끓는 온도(100℃)까지 가열되는 동안 흡수하는 열량은 약 몇 kJ인가? (단, 물의 비열은 4.2kJ/(kg·K)이다.)

① 500
② 2000
③ 8000
④ 33600

[해설] (1) 기호
- ΔT : (100−20)℃ 또는 (373−293)K
  $273+100$ $273+20$
- m : 100L=100kg(물 1L=1kg이므로 100L=100kg)
- C : 4.2kJ/(kg·K)
- Q : ?

(2) 열량

$$Q = r_1 m + mC\Delta T + r_2 m$$

여기서, Q : 열량(kJ)
m : 질량(kg)
C : 비열(kJ/kg·K)
ΔT : 온도차(273+℃)(K) 또는 (K)
r_1 : 융해열(융해잠열)(kJ/kg)
r_2 : 기화열(증발잠열)(kJ/kg)

- 융해열(얼음), 기화열(수증기)는 존재하지 않으므로 $r_1 m$, $r_2 m$ 삭제

열량 Q는
$Q = mC\Delta T$
$= 100\text{kg} \times 4.2\text{kJ}/(\text{kg}\cdot\text{K}) \times (373-293)\text{K}$
$= 33600\text{kJ}$

답 ④

40 공기의 온도 T_1에서의 음속 c_1과 이보다 20K 높은 온도 T_2에서의 음속 c_2의 비가 $c_2/c_1 = 1.05$이면 T_1은 약 몇 도인가?

① 97K
② 195K
③ 273K
④ 300K

[해설] (1) 기호
- c_1 : 처음 음속(m/s)
- c_2 : 나중 음속(m/s)
- T_1 : 처음 온도(K)
- T_2 : 나중 온도(K)

(2) 음속과 온도

$$\frac{c_2}{c_1} = \sqrt{\frac{T_2}{T_1}}$$

문제에서 $T_2 = T_1 + 20$ 이므로

$$1.05 = \sqrt{\frac{T_1+20}{T_1}}$$

$$1.05^2 = \left(\sqrt{\frac{T_1+20}{T_1}}\right)^2 \leftarrow \text{계산의 편의를 위해 양변에 제곱을 곱함}$$

$$1.05^2 = \frac{T_1+20}{T_1}$$

$$1.05^2 \, T_1 = T_1 + 20$$

$$1.05^2 \, T_1 - T_1 = 20$$

$$1.1025 \, T_1 - T_1 = 20$$

$$0.1025 \, T_1 = 20$$

$$T_1 = \frac{20}{0.1025} \fallingdotseq 195\text{K}$$

답 ②

제3과목 소방관계법규

41 위험물안전관리법령상 제조소 등의 관계인은 위험물의 안전관리에 관한 직무를 수행하게 하기 위하여 제조소 등마다 위험물의 취급에 관한 자격이 있는 자를 위험물안전관리자로 선임하여야 한다. 이 경우 제조소 등의 관계인이 지켜야 할 기준으로 틀린 것은?

① 제조소 등의 관계인은 안전관리자를 해임하거나 안전관리자가 퇴직한 때에는 해임하거나 퇴직한 날부터 15일 이내에 다시 안전관리자를 선임하여야 한다.

② 제조소 등의 관계인이 안전관리자를 선임한 경우에는 선임한 날부터 14일 이내에 소방본부장 또는 소방서장에게 신고하여야 한다.

③ 제조소 등의 관계인은 안전관리자가 여행·질병 그 밖의 사유로 인하여 일시적으로 직무를 수행할 수 없는 경우에는 국가기술자격법에 따른 위험물의 취급에 관한 자격취득자 또는 위험물안전에 관한 기본지식과 경험이 있는 자를 대리자로 지정하여 그 직무를 대행하게 하여야 한다. 이 경우 대행하는 기간은 30일을 초과할 수 없다.

④ 안전관리자는 위험물을 취급하는 작업을 하는 때에는 작업자에게 안전관리에 관한 필요한 지시를 하는 등 위험물의 취급에 관한 안전관리와 감독을 하여야 하고, 제조소 등의 관계인은 안전관리자의 위험물안전관리에 관한 의견을 존중하고 그 권고에 따라야 한다.

해설 ① 15일 이내 → 30일 이내

위험물안전관리법 15조
위험물안전관리자의 재선임
30일 이내 보기 ①

중요

30일
(1) 소방시설업 등록사항 변경신고(공사업규칙 6조)
(2) **위험물안전관리자**의 **재선임**(위험물안전관리법 15조) 보기 ①
(3) **소방안전관리자**의 **재선임**(화재예방법 시행규칙 14조)
(4) 도급계약 해지(공사업법 23조)
(5) 소방시설공사 중요사항 변경시의 신고일(공사업규칙 12조)
(6) 소방기술자 실무교육기관 지정서 발급(공사업규칙 32조)
(7) 소방공사감리자 변경서류 제출(공사업규칙 15조)
(8) **승계**(위험물법 10조)
(9) 위험물안전관리자의 직무대행(위험물법 15조)
(10) 탱크시험자의 변경신고일(위험물법 16조)

답 ①

42 화재의 예방 및 안전관리에 관한 법령상 소방안전관리대상물의 소방안전관리자의 업무가 아닌 것은?

① 자위소방대의 구성·운영·교육
② 소방시설공사
③ 소방계획서의 작성 및 시행
④ 소방훈련 및 교육

해설 ② 소방시설공사 : 소방시설공사업체

화재예방법 24조 ⑤항
관계인 및 소방안전관리자의 업무

특정소방대상물 (관계인)	소방안전관리대상물 (소방안전관리자)
① **피난시설·방화구획** 및 방화시설의 관리	① **피난시설·방화구획** 및 방화시설의 관리
② **소방시설**, 그 밖의 소방관련 시설의 관리	② **소방시설**, 그 밖의 소방 관련 시설의 관리
③ **화기취급**의 감독	③ **화기취급**의 감독
④ 소방안전관리에 필요한 업무	④ 소방안전관리에 필요한 업무
⑤ 화재발생시 초기대응	⑤ **소방계획서**의 작성 및 시행(대통령령으로 정하는 사항 포함) 보기 ③
	⑥ **자위소방대** 및 **초기대응체계**의 구성·운영·교육 보기 ①
	⑦ 소방훈련 및 교육 보기 ④
	⑧ 소방안전관리에 관한 업무수행에 관한 기록·유지
	⑨ 화재발생시 초기대응

용어

특정소방대상물	소방안전관리대상물
① 다수인이 출입하는 곳으로서 소방시설 설치장소 ② 건축물 등의 규모·용도 및 수용인원 등을 고려하여 소방시설을 설치하여야 하는 소방대상물로서 대통령령으로 정하는 것	① 특급, 1급, 2급 또는 3급 소방안전관리자를 배치하여야 하는 건축물 ② **대통령령**으로 정하는 특정소방대상물

답 ②

43 화재의 예방 및 안전관리에 관한 법령상 1급 소방안전관리대상물에 해당되지 않는 건축물은?

20.08.문44
19.03.문60
17.09.문55
16.03.문52
15.03.문60
13.09.문51

① 지하구
② 가연성 가스를 2000톤 저장·취급하는 시설
③ 연면적 15000m² 이상인 금융업소
④ 30층 이상 또는 지상으로부터 높이가 120m 이상 아파트

해설
① 2급 소방안전관리대상물
② 1000톤 이상이므로 2000톤은 1급 소방안전관리 대상물

화재예방법 시행령〔별표 4〕
소방안전관리자를 두어야 할 특정소방대상물
(1) 특급 소방안전관리대상물 : 동식물원, 철강 등 불연성 물품 저장·취급창고, 지하구, 위험물제조소 등 제외
  ㉠ 50층 이상(지하층 제외) 또는 지상 **200m** 이상 아파트
  ㉡ 30층 이상(지하층 포함) 또는 지상 120m 이상(아파트 제외)
  ㉢ 연면적 **10만m²** 이상(아파트 제외)
(2) 1급 소방안전관리대상물 : 동식물원, 철강 등 불연성 물품 저장·취급창고, 지하구, 위험물제조소 등 제외
  ㉠ **30층** 이상(지하층 제외) 또는 지상 120m 이상 아파트 보기 ④
  ㉡ 연면적 15000m² 이상인 것(아파트 및 연립주택 제외) 보기 ③
  ㉢ **11층** 이상(아파트 제외)
  ㉣ 가연성 가스를 **1000t** 이상 저장·취급하는 시설 보기 ②
(3) 2급 소방안전관리대상물
  ㉠ 지하구 보기 ①
  ㉡ 가스제조설비를 갖추고 도시가스사업 허가를 받아야 하는 시설 또는 가연성 가스를 **100~1000t** 미만 저장·취급하는 시설
  ㉢ **옥내소화전설비·스프링클러설비** 설치대상물
  ㉣ **물분무등소화설비**(호스릴방식의 물분무등소화설비만을 설치한 경우 제외) 설치대상물
  ㉤ 공동주택(옥내소화전설비 또는 스프링클러설비가 설치된 공동주택 한정)
  ㉥ 목조건축물(국보·보물)

(4) 3급 소방안전관리대상물
  ㉠ 자동화재탐지설비 설치대상물
  ㉡ 간이스프링클러설비(주택전용 간이스프링클러설비 제외) 설치대상물

답 ①

44 소방시설 설치 및 관리에 관한 법령상 특정소방대상물의 소방시설 설치의 면제기준에 따라 연결살수설비를 설치 면제받을 수 있는 경우는?

22.03.문52
21.05.문50
17.09.문48
14.09.문78
14.03.문53

① 송수구를 부설한 간이스프링클러설비를 설치하였을 때
② 송수구를 부설한 옥내소화전설비를 설치하였을 때
③ 송수구를 부설한 옥외소화전설비를 설치하였을 때
④ 송수구를 부설한 연결송수관설비를 설치하였을 때

해설 **소방시설법 시행령〔별표 5〕**
소방시설 면제기준

면제대상	대체설비
스프링클러설비	•물분무등소화설비
물분무등소화설비	•스프링클러설비
간이스프링클러설비	•스프링클러설비 •물분무소화설비 •미분무소화설비
비상**경**보설비 또는 **단**독경보형 감지기	•자동화재탐지설비 기억법 탐경단
비상**경**보설비	•2개 이상 단독경보형 감지기 연동 기억법 경단2
비상방송설비	•자동화재탐지설비 •비상경보설비
연결살수설비	•스프링클러설비 •간이스프링클러설비 보기 ① •물분무소화설비 •미분무소화설비
제연설비	•공기조화설비
연소방지설비	•스프링클러설비 •물분무소화설비 •미분무소화설비
연결송수관설비	•옥내소화전설비 •스프링클러설비 •간이스프링클러설비 •연결살수설비

자동화재탐지설비	• 자동화재탐지설비의 기능을 가진 스프링클러설비 • 물분무등소화설비
옥내소화전설비	• 옥외소화전설비 • 미분무소화설비(호스릴방식)

중요

물분무등소화설비
(1) **분**말소화설비
(2) **포**소화설비
(3) **할**론소화설비
(4) **이**산화탄소 소화설비
(5) **할**로겐화합물 및 불활성기체 소화설비
(6) **강**화액소화설비
(7) **미**분무소화설비
(8) 물분무소화설비
(9) **고**체에어로졸 소화설비

기억법 분포할이 할강미고

답 ①

45 ★★
21.03.문45
17.03.문48

소방시설 설치 및 관리에 관한 법령상 대통령령 또는 화재안전기준이 변경되어 그 기준이 강화되는 경우 기존 특정소방대상물의 소방시설 중 강화된 기준을 적용하여야 하는 소방시설은?

① 비상경보설비
② 비상방송설비
③ 비상콘센트설비
④ 옥내소화전설비

해설 **소방시설법 13조**
변경**강화기준** 적용설비
(1) 소화기구
(2) **비**상**경**보설비 보기 ①
(3) 자동화재탐지설비
(4) **자**동화재**속**보설비
(5) **피**난구조설비
(6) 소방시설(공동구 설치용, 전력 및 통신사업용 지하구)
(7) **노**유자시설
(8) 의료시설

기억법 강비경 자속피노

중요

소방시설법 시행령 13조
변경강화기준 적용설비

공동구, 전력 및 통신사업용 지하구	노유자시설에 설치하여야 하는 소방시설	의료시설에 설치하여야 하는 소방시설
• 소화기 • 자동소화장치 • 자동화재탐지설비 • 통합감시시설 • 유도등 및 연소방지설비	• 간이스프링클러설비 • 자동화재탐지설비 • 단독경보형 감지기	• 간이스프링클러설비 • 스프링클러설비 • 자동화재탐지설비 • 자동화재속보설비

답 ①

46 ★★★
22.04.문56
21.03.문44
12.03.문48

다음 중 소방신호의 종류가 아닌 것은?

① 경계신호
② 발화신호
③ 경보신호
④ 훈련신호

해설 **기본규칙 10조**
소방신호의 종류

소방신호	설 명
경계신호 보기 ①	화재예방상 필요하다고 인정되거나 화재위험경보시 발령
발화신호 보기 ②	화재가 발생한 때 발령
해제신호	소화활동이 필요없다고 인정되는 때 발령
훈련신호 보기 ④	훈련상 필요하다고 인정되는 때 발령

중요

기본규칙〔별표 4〕
소방신호표

신호방법 종 별	**타**종신호	**사**이렌 신호
경계신호	1타와 연 2타를 반복	5초 간격을 두고 30초씩 3회
발화신호	난타	5초 간격을 두고 5초씩 3회
해제신호	상당한 간격을 두고 1타씩 반복	1분간 1회
훈련신호	연 3타 반복	10초 간격을 두고 1분씩 3회

기억법	타	사
경계	1+2	5+30=3
발	난	5+5=3
해	1	1=1
훈	3	10+1=3

답 ③

47 ★★★
19.04.문54
19.03.문57
15.05.문56
15.03.문57
13.06.문42
05.05.문46

화재안전조사 결과 화재예방을 위하여 필요한 때 관계인에게 소방대상물의 개수·이전·제거, 사용의 금지 또는 제한 등의 필요한 조치를 명할 수 있는 사람이 아닌 것은?

① 소방서장
② 소방본부장
③ 소방청장
④ 시·도지사

해설 **화재예방법 14조**
화재안전조사 결과에 따른 조치명령
(1) **명령권자**: 소방청장·소방본부장·소방서장-소방관서장
(2) **명령사항**
  ㉠ 화재안전조사 조치명령
  ㉡ 개수명령
  ㉢ 이전명령
  ㉣ 제거명령
  ㉤ **사용**의 **금지** 또는 제한명령, 사용폐쇄
  ㉥ **공사**의 **정지** 또는 중지명령

답 ④

48 소방기본법에서 정의하는 용어에 대한 설명으로 틀린 것은?

① "소방대상물"이란 건축물, 차량, 항해 중인 모든 선박과 산림 그 밖의 인공구조물 또는 물건을 말한다.
② "관계지역"이란 소방대상물이 있는 장소 및 그 이웃지역으로서 화재의 예방·경계·진압, 구조·구급 등의 활동에 필요한 지역을 말한다.
③ "소방본부장"이란 특별시·광역시·도 또는 특별자치도에서 화재의 예방·경계·진압·조사 및 구조·구급 등의 업무를 담당하는 부서의 장을 말한다.
④ "소방대장"이란 소방본부장 또는 소방서장 등 화재, 재난·재해 그 밖의 위급한 상황이 발생한 현장에서 소방대를 지휘하는 사람을 말한다.

해설 ① 항해 중인 모든 선박 → 항해 중인 선박 제외

기본법 2조
소방대상물
소방차가 출동해서 불을 끌 수 있는 범위
(1) **건**축물
(2) **차**량
(3) **선**박(항구에 매어둔 것) 보기 ①
(4) **선**박건조구조물
(5) **산**림
(6) **인**공구조물
(7) **물**건

기억법 건차선 산인물

답 ①

49 화재의 예방 및 안전관리에 관한 법령상 시·도지사는 화재가 발생할 우려가 높거나 화재가 발생하는 경우 그로 인하여 피해가 클 것으로 예상되는 지역을 화재예방강화지구로 지정할 수 있는데 다음 중 지정대상지역에 대한 기준으로 틀린 것은? (단, 소방청장·소방본부장 또는 소방서장이 화재예방강화지구로 지정할 필요가 있다고 별도로 인정하는 지역은 제외한다.)

① 소방용수시설이 없는 지역
② 시장지역
③ 목조건물이 밀집한 지역
④ 섬유공장이 분산되어 있는 지역

해설 ④ 분산되어 있는 → 밀집한

화재예방법 18조
화재예방강화지구의 지정
(1) **지정권자** : 시·도지사
(2) **지정지역**
 ㉠ **시장**지역 보기 ②
 ㉡ **공장·창고** 등이 밀집한 지역 보기 ④
 ㉢ **목조건물**이 밀집한 지역 보기 ③
 ㉣ **노후·불량** 건축물이 밀집한 지역
 ㉤ **위험물**의 **저장** 및 **처리시설**이 밀집한 지역
 ㉥ **석유화학제품**을 생산하는 공장이 있는 지역
 ㉦ **소방시설·소방용수시설** 또는 **소방출동로**가 **없**는 지역 보기 ①
 ㉧ 「**산업입지 및 개발에 관한 법률**」에 따른 산업단지
 ㉨ 「**물류시설의 개발 및 운영에 관한 법률**」에 따른 물류단지
 ㉩ **소방청장·소방본부장·소방서장**(소방관서장)이 화재예방강화지구로 지정할 필요가 있다고 인정하는 지역

※ **화재예방강화지구** : 화재발생 우려가 크거나 화재가 발생할 경우 피해가 클 것으로 예상되는 지역에 대하여 화재의 예방 및 안전관리를 강화하기 위해 지정·관리하는 지역

비교

기본법 19조
화재로 오인할 만한 불을 피우거나 연막소독시 신고지역
(1) **시장**지역
(2) **공장·창고**가 밀집한 지역
(3) **목조건물**이 밀집한 지역
(4) **위험물**의 **저장** 및 **처리시설**이 밀집한 지역
(5) **석유화학제품**을 생산하는 공장이 있는 지역
(6) 그 밖에 **시·도**의 **조례**로 정하는 지역 또는 장소

답 ④

50 소방시설 설치 및 관리에 관한 법령상 제조 또는 가공공정에서 방염처리를 한 물품 중 방염대상물품이 아닌 것은?

① 카펫
② 전시용 합판
③ 창문에 설치하는 커튼류
④ 두께 2mm 미만인 종이벽지

해설 ④ 종이벽지 → 종이벽지 제외

소방시설법 시행령 31조 방염대상물품

제조 또는 가공 공정에서 방염처리를 한 물품	건축물 내부의 천장이나 벽에 부착하거나 설치하는 것
① 창문에 설치하는 **커튼류**(블라인드 포함) 보기 ③ ② **카펫** 보기 ① ③ **벽지류**(두께 2mm 미만인 종이벽지 제외) 보기 ④ ④ 전시용 **합판·목재** 또는 **섬유판** 보기 ② ⑤ 무대용 **합판·목재** 또는 **섬유판** ⑥ **암막·무대막**(영화상영관·가상체험 체육시설업의 **스크린** 포함) ⑦ 섬유류 또는 합성수지류 등을 원료로 하여 제작된 **소파·의자**(단란주점영업, 유흥주점영업 및 노래연습장업의 영업장에 설치하는 것만 해당)	① 종이류(두께 **2mm 이상**), 합성수지류 또는 **섬유류**를 주원료로 한 물품 ② **합판**이나 **목재** ③ 공간을 구획하기 위하여 설치하는 **간이칸막이** ④ **흡음재**(흡음용 커튼 포함) 또는 **방음재**(방음용 커튼 포함) ※ 가구류(옷장, 찬장, 식탁, 식탁용 의자, 사무용 책상, 사무용 의자, 계산대)와 너비 10cm 이하인 반자돌림대, 내부 마감재료 제외

답 ④

51 위험물안전관리법령상 위험물 및 지정수량에 대한 기준 중 다음 ( ) 안에 알맞은 것은?

22.03.문57

> 금속분이라 함은 알칼리금속·알칼리토류금속·철 및 마그네슘 외의 금속의 분말을 말하고, 구리분·니켈분 및 (㉠)마이크로미터의 체를 통과하는 것이 (㉡)중량퍼센트 미만인 것은 제외한다.

① ㉠ 150, ㉡ 50
② ㉠ 53, ㉡ 50
③ ㉠ 50, ㉡ 150
④ ㉠ 50, ㉡ 53

해설 **위험물령 [별표 1]**
금속분
알칼리금속·알칼리토류 금속·철 및 마그네슘 외의 금속의 분말을 말하고, **구리분·니켈분** 및 **150μm**의 체를 통과하는 것이 **50wt%** 미만인 것은 제외한다. 보기 ①

- μm = 마이크로 미터
- wt% = 중량퍼센트

답 ①

52 화재의 예방 및 안전관리에 관한 법령상 옮긴 물건 등의 보관기간은 해당 소방관서의 인터넷 홈페이지에 공고하는 기간의 종료일 다음 날부터 며칠로 하는가?

21.09.문55
19.04.문48
19.04.문56
18.04.문56
16.05.문49
14.03.문58
11.06.문49

① 3   ② 4
③ 5   ④ 7

해설 **7일**
(1) **옮긴 물건 등의 보관기간**(화재예방법 시행령 17조) 보기 ④
(2) 건축허가 등의 취소통보(소방시설법 시행규칙 5조)
(3) **소방공사 감리원의 배치통보일**(공사업규칙 17조)
(4) 소방공사 감리결과 통보·보고일(공사업규칙 19조)

기억법 감배7(감 배치)

중요

7일	14일
옮긴 물건 등의 보관기간	옮긴 물건 등의 공고기간

답 ④

53 소방시설 설치 및 관리에 관한 법령상 음료수 공장의 충전을 하는 작업장 등과 같이 화재안전기준을 적용하기 어려운 특정소방대상물에 설치하지 않을 수 있는 소방시설의 종류가 아닌 것은?

21.05.문55
18.03.문50
17.03.문53
16.03.문43

① 상수도소화용수설비
② 스프링클러설비
③ 연결송수관설비
④ 연결살수설비

해설 **소방시설법 시행령 [별표 6]**
소방시설을 설치하지 않을 수 있는 특정소방대상물 및 소방시설의 범위

구 분	특정소방대상물	소방시설
화재위험도가 낮은 특정소방대상물	**석재, 불연성 금속, 불연성 건축재료** 등의 가공공장·기계조립공장 또는 불연성 물품을 저장하는 창고	① 옥외소화전설비 ② 연결살수설비 기억법 석불금외
화재안전기준을 적용하기 어려운 특정소방대상물	**펄프공장의 작업장, 음료수 공장**의 세정 또는 충전을 하는 작업장, 그 밖에 이와 비슷한 용도로 사용하는 것	① 스프링클러설비 보기 ② ② 상수도소화용수설비 보기 ① ③ 연결살수설비 보기 ④
	정수장, 수영장, 목욕장, 어류양식용 시설, 그 밖에 이와 비슷한 용도로 사용되는 것	① 자동화재탐지설비 ② 상수도소화용수설비 ③ 연결살수설비

화재안전기준을 달리 적용해야 하는 특수한 용도 또는 구조를 가진 특정소방대상물	원자력발전소, 중·저준위 방사성 폐기물의 저장시설	① 연결송수관설비 ② 연결살수설비
자체소방대가 설치된 특정소방대상물	자체소방대가 설치된 위험물제조소 등에 부속된 사무실	① 옥내소화전설비 ② 소화용수설비 ③ 연결살수설비 ④ 연결송수관설비

중요

소방시설법 시행령 [별표 6]
소방시설을 설치하지 않을 수 있는 소방시설의 범위
(1) **화재위험도**가 낮은 특정소방대상물
(2) 화재안전기준을 적용하기가 어려운 특정소방대상물
(3) 화재안전기준을 달리 적용하여야 하는 특수한 용도·구조를 가진 특정소방대상물
(4) **자체소방대**가 설치된 특정소방대상물

답 ③

54 소방서장은 소방대상물에 대한 위치·구조·설비 등에 관하여 화재가 발생하는 경우 인명피해가 클 것으로 예상되는 때에는 소방대상물의 개수·사용의 금지 등의 필요한 조치를 명할 수 있는데 이때 그 손실에 따른 보상을 하여야 하는 바, 해당되지 않은 사람은?
① 특별시장 ② 도지사
③ 행정안전부장관 ④ 광역시장

해설 소방기본법 49조의 2
소방대상물의 개수명령 손실보상
소방청장, 시·도지사

중요

시·도지사
(1) 특별시장 [보기 ①]
(2) 광역시장 [보기 ④]
(3) 도지사 [보기 ②]
(4) 특별자치도지사
(5) 특별자치시장

답 ③

55 일반 소방시설설계업(기계분야)의 영업범위는 공장의 경우 연면적 몇 m² 미만의 특정소방대상물에 설치되는 기계분야 소방시설의 설계에 한하는가? (단, 제연설비가 설치되는 특정소방대상물은 제외한다.)
① 10000m² ② 20000m²
③ 30000m² ④ 40000m²

해설 공사업령 [별표 1]
소방시설설계업

종류	기술인력	영업범위
전문	• 주된기술인력 : 1명 이상 • 보조기술인력 : 1명 이상	• 모든 특정소방대상물
일반	• 주된기술인력 : 1명 이상 • 보조기술인력 : 1명 이상	• 아파트(기계분야 제연설비 제외) • 연면적 30000m²(공장 10000m²) 미만(기계분야 제연설비 제외) [보기 ①] • 위험물제조소 등

답 ①

56 소방시설 설치 및 관리에 관한 법령상 자동화재탐지설비를 설치하여야 하는 특정소방대상물 기준으로 틀린 것은?
① 연면적 2000m² 이상인 수련시설
② 특수가연물을 저장·취급하는 곳으로서 지정수량 500배 이상
③ 연면적 500m² 이상인 판매시설
④ 연면적 1000m² 이상인 군사시설

해설 ③ 500m² 이상 → 1000m² 이상

소방시설법 시행령 [별표 4]
자동화재탐지설비의 설치대상

설치대상	조 건
① 정신의료기관·의료재활시설	• 창살설치 : 바닥면적 300m² 미만 • 기타 : 바닥면적 300m² 이상
② 노유자시설	• 연면적 400m² 이상
③ **근**린생활시설·**위**락시설	• 연면적 600m² 이상
④ **의**료시설(정신의료기관, 요양병원 제외), 숙박시설 ⑤ **복**합건축물·장례시설	
⑥ 목욕장·문화 및 집회시설, 운동시설 ⑦ 종교시설 ⑧ 방송통신시설·관광휴게시설 ⑨ 업무시설·판매시설 [보기 ③] ⑩ 항공기 및 자동차 관련시설·공장·창고시설 ⑪ 지하상가·운수시설·발전시설·위험물 저장 및 처리시설 ⑫ 교정 및 군사시설 중 국방·군사시설 [보기 ④]	• 연면적 1000m² 이상

⑬ **교**육연구시설·**동**식물관련시설	• 연면적 2000m² 이상
⑭ **자**원순환관련시설·교정 및 군사시설(국방·군사시설 제외)	
⑮ **수**련시설(숙박시설이 있는 것 제외) 보기 ①	
⑯ 묘지관련시설	
⑰ 터널	• 길이 1000m 이상
⑱ 지하구	• 전부
⑲ 노유자생활시설	
⑳ 아파트 등 기숙사	
㉑ 숙박시설	
㉒ **6층** 이상인 건축물	
㉓ 조산원 및 산후조리원	
㉔ 전통시장	
㉕ 요양병원(정신병원, 의료재활시설 제외)	
㉖ 특수가연물 저장·취급 보기 ②	• 지정수량 500배 이상
㉗ 수련시설(숙박시설이 있는 것)	• 수용인원 100명 이상
㉘ 발전시설	• 전기저장시설

기억법 근위의복6, 교동자교수2

답 ③

57 ★★
17.05.문45
06.05.문56

제조소 등의 위치·구조 및 설비의 기준 중 위험물을 취급하는 건축물의 환기설비 설치기준으로 다음 ( ) 안에 알맞은 것은?

급기구는 당해 급기구가 설치된 실의 바닥면적 (㉠)m²마다 1개 이상으로 하되, 급기구의 크기는 (㉡)cm² 이상으로 할 것

① ㉠ 100, ㉡ 800
② ㉠ 150, ㉡ 800
③ ㉠ 100, ㉡ 1000
④ ㉠ 150, ㉡ 1000

해설 위험물규칙 [별표 4]
위험물제조소의 환기설비
(1) 환기는 **자연배기방식**으로 할 것
(2) 급기구는 바닥면적 **150m²**마다 1개 이상으로 하되, 그 크기는 **800cm²** 이상일 것 보기 ㉠㉡

바닥면적	급기구의 면적
60m² 미만	150cm² 이상
60~90m² 미만	300cm² 이상
90~120m² 미만	450cm² 이상
120~150m² 미만	600cm² 이상

(3) 급기구는 **낮은 곳**에 설치하고, **인화방지망**을 설치할 것
(4) 환기구는 지붕 위 또는 지상 **2m** 이상의 높이에 **회전식 고정 벤틸레이터** 또는 **루프팬방식**으로 설치할 것

답 ②

58 ★★★
23.03.문44
22.09.문56
20.09.문57
13.09.문46

소방기본법령상 소방안전교육사의 배치대상별 배치기준으로 틀린 것은?

① 소방청 : 2명 이상 배치
② 소방본부 : 2명 이상 배치
③ 소방서 : 1명 이상 배치
④ 한국소방안전원(본회) : 1명 이상 배치

해설 ④ 1명 이상 → 2명 이상

기본령 [별표 2의 3]
소방안전교육사의 배치대상별 배치기준

배치대상	배치기준
소방서	• **1명** 이상 보기 ③
한국소방안전원	• 시·도지부 : **1명** 이상 • 본회 : **2명** 이상 보기 ④
소방본부	• **2명** 이상 보기 ②
소방청	• **2명** 이상 보기 ①
한국소방산업기술원	• **2명** 이상

답 ④

59 ★★★
23.05.문59
21.05.문60
19.04.문42
15.03.문43
11.06.문48
06.03.문44

소방기본법령상 소방대장은 화재, 재난·재해 그 밖의 위급한 상황이 발생한 현장에 소방활동구역을 정하여 소방활동에 필요한 자로서 대통령령으로 정하는 사람 외에는 그 구역에의 출입을 제한할 수 있다. 다음 중 소방활동구역에 출입할 수 없는 사람은?

① 소방활동구역 안에 있는 소방대상물의 소유자·관리자 또는 점유자
② 전기·가스·수도·통신·교통의 업무에 종사하는 사람으로서 원활한 소방활동을 위하여 필요한 사람
③ 시·도지사가 소방활동을 위하여 출입을 허가한 사람
④ 의사·간호사 그 밖에 구조·구급업무에 종사하는 사람

해설 ③ 시·도지사 → 소방대장

기본령 8조
소방활동구역 출입자
(1) 소방활동구역 안에 있는 **소유자·관리자** 또는 **점유자** 보기 ①

(2) 전기 · 가스 · 수도 · 통신 · 교통의 업무에 종사하는 자로서 원활한 **소방활동**을 위하여 필요한 자 보기 ②
(3) **의사 · 간호사**, 그 밖에 구조 · 구급업무에 종사하는 자 보기 ④
(4) **취재인력** 등 보도업무에 종사하는 자
(5) **수사업무**에 종사하는 자
(6) **소방대장**이 소방활동을 위하여 **출입**을 **허가**한 **자** 보기 ③

용어

소방활동구역
화재, 재난 · 재해 그 밖의 위급한 상황이 발생한 현장에 정하는 구역

답 ③

★★★
60 소방시설 설치 및 관리에 관한 법령상 소방청장 또는 시 · 도지사가 청문을 하여야 하는 처분이 아닌 것은?

22.04.문58
19.04.문60
16.10.문41
15.05.문46

① 소방시설관리사 자격의 정지
② 소방안전관리자 자격의 취소
③ 소방시설관리업의 등록취소
④ 소방용품의 형식승인취소

해설 **소방시설법 49조**
청문실시 대상
(1) **소방시설관리사 자격**의 **취소** 및 **정지** 보기 ①
(2) **소방시설관리업**의 **등록취소** 및 영업정지 보기 ③
(3) **소방용품**의 **형식승인취소** 및 제품검사중지 보기 ④
(4) 소방용품의 **제품검사 전문기관**의 **지정취소** 및 업무정지
(5) 우수품질인증의 취소
(6) 소방용품의 성능인증 취소

기억법 청사 용업(청사 용역)

답 ②

제 4 과목　소방기계시설의 구조 및 원리

★★★
61 포소화설비에서 펌프의 토출관에 압입기를 설치하여 포소화약제 압입용 펌프로 포소화약제를 압입시켜 혼합하는 방식은?

23.09.문72
22.04.문74
21.05.문74
16.03.문64
15.09.문76
15.05.문80
12.05.문64

① 라인 프로포셔너
② 펌프 프로포셔너
③ 프레져 프로포셔너
④ 프레져사이드 프로포셔너

해설 **포소화약제**의 **혼합장치**(NFPC 105 3 · 9조, NFTC 105 1.7, 2.6.1)
(1) **펌프 프로포셔너방식**(펌프 혼합방식)
  ㉠ 펌프 토출측과 흡입측에 바이패스를 설치하고, 그 바이패스의 도중에 설치한 어댑터(Adaptor)로 펌프 토출측 수량의 일부를 통과시켜 공기포 용액을 만드는 방식
  ㉡ 펌프의 **토출관**과 **흡입관** 사이의 배관 도중에 설치한 흡입기에 펌프에서 토출된 물의 일부를 보내고 **농도조정밸브**에서 조정된 포소화약제의 필요량을 포소화약제 탱크에서 펌프 흡입측으로 보내어 약제를 혼합하는 방식

기억법 펌농

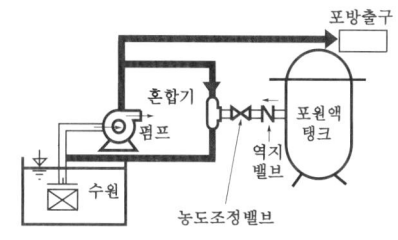

[펌프 프로포셔너방식]

(2) **프레져 프로포셔너방식**(차압 혼합방식)
  ㉠ 가압송수관 도중에 공기포 소화원액 혼합조(P.P.T)와 혼합기를 접속하여 사용하는 방법
  ㉡ **격막방식 휨탱크**를 사용하는 에어휨 혼합방식
  ㉢ 펌프와 발포기의 중간에 설치된 벤투리관의 **벤투리 작용**과 펌프 가압수의 **포소화약제 저장탱크**에 대한 압력에 의하여 포소화약제를 흡입 · 혼합하는 방식

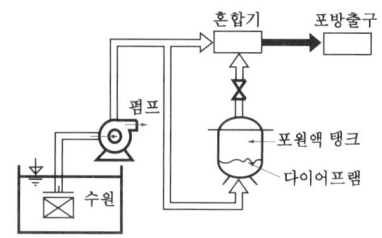

[프레져 프로포셔너방식]

(3) **라인 프로포셔너방식**(관로 혼합방식)
  ㉠ 급수관의 배관 도중에 포소화약제 흡입기를 설치하여 그 흡입관에서 소화약제를 흡입하여 혼합하는 방식
  ㉡ 펌프와 발포기의 중간에 설치된 **벤**투리관의 **벤투리 작용**에 의하여 포소화약제를 흡입 · 혼합하는 방식

기억법 라벤벤

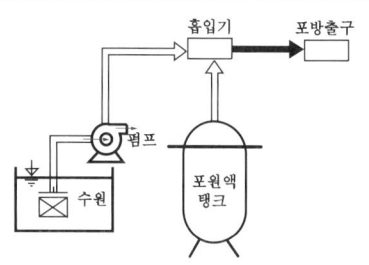

[라인 프로포셔너방식]

(4) 프레져사이드 프로포셔너방식(압입 혼합방식)
보기 ④
㉠ 소화원액 가압펌프(압입용 펌프)를 별도로 사용하는 방식
㉡ 펌프 **토출관**에 압입기를 설치하여 포소화약제 **압입용 펌프**로 포소화약제를 압입시켜 혼합하는 방식

기억법 프사압

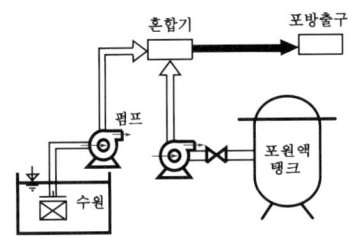

| 프레져사이드 프로포셔너방식 |

(5) 압축공기포 믹싱챔버방식
포수용액에 공기를 강제로 주입시켜 **원거리 방수**가 가능하고 물 사용량을 줄여 **수손피해**를 **최소화**할 수 있는 방식

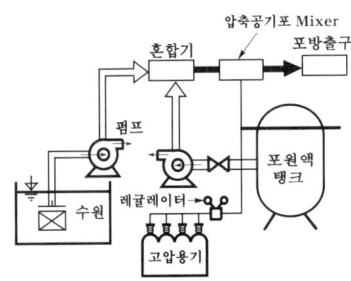

| 압축공기포 믹싱챔버방식 |

답 ④

62 ★★★
23.09.문63
19.09.문67
18.09.문68
15.09.문72
11.10.문72
02.03.문62

다음은 포소화설비에서 배관 등 설치기준에 관한 내용이다. ( ) 안에 들어갈 내용으로 옳은 것은?

> 펌프의 성능은 체절운전시 정격토출압력의 (㉠)%를 초과하지 않고, 정격토출량의 150%로 운전시 정격토출압력의 (㉡)% 이상이 되어야 한다.

① ㉠ 120, ㉡ 65
② ㉠ 120, ㉡ 75
③ ㉠ 140, ㉡ 65
④ ㉠ 140, ㉡ 75

해설 (1) **포소화설비**의 배관(NFPC 105 7조, NFTC 105 2.4)
㉠ 급수개폐밸브 : **탬퍼스위치** 설치
㉡ 펌프의 흡입측 배관 : **버터플라이밸브 외**의 개폐표시형 밸브 설치
㉢ 송액관 : **배액밸브** 설치

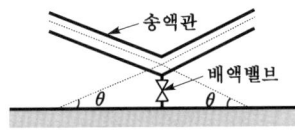

| 송액관의 기울기 |

(2) **소화펌프**의 **성능시험 방법** 및 **배관**
㉠ 펌프의 성능은 체절운전시 정격토출압력의 **140%**를 초과하지 않을 것 보기 ㉠
㉡ 정격토출량의 150%로 운전시 정격토출압력의 **65%** 이상이어야 할 것 보기 ㉡
㉢ 성능시험배관은 펌프의 토출측에 설치된 **개폐밸브 이전**에서 분기할 것
㉣ 유량측정장치는 펌프 정격토출량의 **175%** 이상 측정할 수 있는 성능이 있을 것

답 ③

63 ★★★
19.03.문70
17.09.문72
16.10.문67
16.05.문79
15.05.문78
10.03.문63

물분무소화설비를 설치하는 차고 또는 주차장의 배수설비 설치기준 중 틀린 것은?

① 차량이 주차하는 장소의 적당한 곳에 높이 10cm 이상 경계턱으로 배수구를 설치할 것
② 배수구에는 새어 나온 기름을 모아 소화할 수 있도록 길이 30m 이하마다 집수관, 소화피트 등 기름분리장치를 설치할 것
③ 차량이 주차하는 바닥은 배수구를 향하여 100분의 2 이상의 기울기를 유지할 것
④ 배수설비는 가압송수장치의 최대송수능력의 수량을 유효하게 배수할 수 있는 크기 및 기울기로 할 것

해설 ② 30m 이하 → 40m 이하

물분무소화설비의 **배수설비**(NFPC 104 11조, NFTC 104 2.8)
(1) **10cm** 이상의 경계턱으로 배수구 설치(차량이 주차하는 곳) 보기 ①
(2) **40m** 이하마다 기름분리장치 설치
(3) 차량이 주차하는 바닥은 $\dfrac{2}{100}$ 이상의 기울기 유지 보기 ③
(4) **배수설비** : 가압송수장치의 최대송수능력의 수량을 유효하게 배수할 수 있는 크기 및 기울기로 할 것 보기 ④

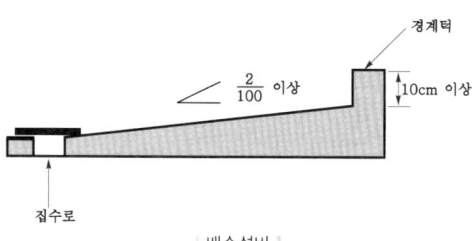

| 배수설비 |

참고

기울기

구 분	설 명
$\frac{1}{100}$ 이상	연결살수설비의 수평주행배관
$\frac{2}{100}$ 이상	물분무소화설비의 배수설비
$\frac{1}{250}$ 이상	습식·부압식 설비 외 설비의 가지배관
$\frac{1}{500}$ 이상	습식·부압식 설비 외 설비의 수평주행배관

답 ②

64 피난사다리의 형식승인 및 제품검사의 기술기준 상 피난사다리의 일반구조 기준으로 옳은 것은?
[22.03.문74]

① 피난사다리는 2개 이상의 횡봉으로 구성되어야 한다. 다만, 고정식 사다리인 경우에는 횡봉의 수를 1개로 할 수 있다.
② 피난사다리(종봉이 1개인 고정식 사다리는 제외)의 종봉의 간격은 최외각 종봉 사이의 안치수가 15cm 이상이어야 한다.
③ 피난사다리의 횡봉은 지름 15mm 이상 25mm 이하의 원형인 단면이거나 또는 이와 비슷한 손으로 잡을 수 있는 형태의 단면이 있는 것이어야 한다.
④ 피난사다리의 횡봉은 종봉에 동일한 간격으로 부착한 것이어야 하며, 그 간격은 25cm 이상 35cm 이하이어야 한다.

해설
① 횡봉 → 종봉 및 횡봉
② 15cm → 30cm
③ 15mm 이상 25mm 이하 → 14mm 이상 35mm 이하

피난사다리의 **구조**(피난사다리의 형식승인 및 제품검사의 기술기준 3조)
(1) 안전하고 확실하며 쉽게 사용할 수 있는 구조
(2) 피난사다리는 **2개** 이상의 **종봉** 및 **횡봉**으로 구성(고정식 사다리는 종봉의 수 1개 가능) 보기 ①

(3) 피난사다리(종봉이 1개인 고정식 사다리 제외)의 종봉의 간격은 최외각 종봉 사이의 안치수가 30cm 이상 보기 ②
(4) 피난사다리의 **횡봉**은 지름 14~35mm 이하의 원형인 단면이거나 또는 이와 비슷한 손으로 잡을 수 있는 형태의 단면이 있는 것 보기 ③
(5) 피난사다리의 **횡봉**은 종봉에 동일한 간격으로 부착한 것이어야 하며, 그 간격은 25~35cm 이하 보기 ④
(6) 피난사다리 횡봉의 디딤면은 미끄러지지 아니하는 구조

종봉간격	횡봉간격
안치수 30cm 이상	25~35cm 이하

(7) 절단 또는 용접 등으로 인한 **모서리** 부분은 사람에게 해를 끼치지 않도록 조치

답 ④

65 스프링클러설비의 화재안전기준에 따라 폐쇄형 스프링클러헤드를 최고 주위온도 40℃인 장소(공장 제외)에 설치할 경우 표시온도는 몇 ℃의 것을 설치하여야 하는가?
[21.09.문77]
[19.04.문64]
[13.09.문80]
[04.05.문69]

① 79℃ 미만
② 79℃ 이상 121℃ 미만
③ 121℃ 이상 162℃ 미만
④ 162℃ 이상

해설 **폐쇄형 스프링클러헤드**(NFTC 103 2.7.6)

설치장소의 최고주위온도	표시온도
39℃ 미만	79℃ 미만
39℃ 이상 64℃ 미만	79℃ 이상 121℃ 미만
64℃ 이상 106℃ 미만	121℃ 이상 162℃ 미만
106℃ 이상	162℃ 이상

기억법	39	79
	64	121
	106	162

답 ②

66 전역방출방식의 할론소화설비의 분사헤드에 대한 내용 중 잘못된 것은?
[13.06.문64]

① 할론 1211을 방사하는 분사헤드 방사압력은 0.7MPa 이상이어야 한다.
② 할론 1301을 방사하는 분사헤드 방사압력은 0.9MPa 이상이어야 한다.
③ 할론 2402를 방출하는 분사헤드는 약제가 무상으로 분무되어야 한다.
④ 할론 2402를 방사하는 분사헤드 방사압력은 0.1MPa 이상이어야 한다.

해설
① 할론 1211을 방사하는 분사헤드의 방사압력은 0.2MPa 이상으로 할 것

할론소화약제(NFPC 107 4·10조, NFTC 107 2.1.2.1, 2.1.2.2, 2.7)

구 분		할론 1301	할론 1211	할론 2402
저장압력		2.5 MPa 또는 4.2 MPa	1.1 MPa 또는 2.5 MPa	—
방사압력		0.9 MPa 보기②	0.2 MPa	0.1 MPa 보기④
충전비	가압식	0.9~1.6 이하	0.7~1.4 이하	0.51~0.67 미만
	축압식			0.67~2.75 이하

답 ①

67 제연설비의 화재안전기준상 유입풍도 및 배출풍도에 관한 설명으로 맞는 것은?

① 유입풍도 안의 풍속은 25m/s 이하로 한다.
② 배출풍도는 석면재료와 같은 내열성의 단열재로 유효한 단열 처리를 한다.
③ 배출풍도와 유입풍도의 아연도금강판 최소 두께는 0.45mm 이상으로 하여야 한다.
④ 배출기 흡입측 풍도 안의 풍속은 15m/s 이하로 하고 배출측 풍속은 20m/s 이하로 한다.

해설 **제연설비**의 **풍속**(NFPC 501 8~10조, NFTC 501 2.5.5, 2.6.2.2, 2.7.1)

조 건	풍 속
• 유입구가 바닥에 설치시 상향분출 가능	1m/s 이하
• 예상제연구역의 공기유입 풍속	5m/s 이하
• 배출기의 흡입측 풍속	15m/s 이하 보기④
• 배출기의 **배출측** 풍속 • **유입**풍도 안의 풍속	20m/s 이하 보기④

기억법 배2유(배이다 아파! 이유)

용어
풍도
공기가 유동하는 덕트

답 ④

68 분말소화약제의 가압용 가스용기의 설치기준 중 틀린 것은?

① 분말소화약제의 저장용기에 접속하여 설치하여야 한다.
② 가압용 가스는 질소가스 또는 이산화탄소로 하여야 한다.
③ 가압용 가스용기를 3병 이상 설치한 경우에 있어서는 2개 이상의 용기에 전자개방밸브를 부착하여야 한다.
④ 가압용 가스용기에는 2.5MPa 이상의 압력에서 압력조정이 가능한 압력조정기를 설치하여야 한다.

해설 ④ 2.5MPa 이상 → 2.5MPa 이하

압력조정장치(압력조정기)의 **압력**(NFTC 108 2.2.3, NFPC 107 4조, NFTC 107 2.1.5, NFPC 108 5조)

할론소화설비	분말소화설비(분말소화약제)
2MPa 이하	2.5MPa 이하

기억법 분압25(분압이오.)

중요

(1) **전자개방밸브** 부착(NFPC 106 2.3.2.2 / NFPC 108 5·7조, NFTC 108 2.2.2, 2.4.2.2)

분말소화약제 가압용 가스용기	이산화탄소·분말소화 설비 전기식 기동장치
3병 이상 설치한 경우 **2개** 이상 보기③	**7병** 이상 개방시 **2병** 이상

기억법 이7(이치)

(2) **가압식**과 **축압식**의 **설치기준**(35℃에서 1기압의 압력상태로 환산한 것)(NFPC 108 5조, NFTC 108 2.2.4)

구 분 사용 가스	가압식 보기②	축압식
N₂(질소)	40L/kg 이상	10L/kg 이상
CO₂(이산화탄소)	20g/kg+배관청소 필요량 이상	20g/kg+배관청소 필요량 이상

※ 배관청소용 가스는 별도의 용기에 저장한다.

답 ④

69 미분무소화설비의 화재안전기준상 용어의 정의 중 다음 ( ) 안에 알맞은 것은?

"미분무"란 물만을 사용하여 소화하는 방식으로 최소설계압력에서 헤드로부터 방출되는 물입자 중 99%의 누적체적분포가 (㉠)μm 이하로 분무되고 (㉡)급 화재에 적응성을 갖는 것을 말한다.

① ㉠ 400, ㉡ A, B, C
② ㉠ 400, ㉡ B, C
③ ㉠ 200, ㉡ A, B, C
④ ㉠ 200, ㉡ B, C

해설 **미분무소화설비**의 용어정의(NFPC 104A 3조, NFTC 104A 1.7)

용어	설명
미분무 소화설비	가압된 물이 헤드 통과 후 **미세한 입자**로 분무됨으로써 소화성능을 가지는 설비를 말하며, **소화력**을 **증가**시키기 위해 **강화액** 등을 첨가할 수 있다.
미분무	물만을 사용하여 소화하는 방식으로 최소 설계압력에서 헤드로부터 방출되는 물입자 중 **99%**의 누적체적분포가 **400μm** 이하로 분무되고 A, B, C급 화재에 적응성을 갖는 것 보기 ①
미분무 헤드	하나 이상의 **오리피스**를 가지고 미분무 소화설비에 사용되는 헤드

답 ①

70 스프링클러헤드의 감도를 반응시간지수(RTI) 값에 따라 구분할 때 RTI 값이 51 초과 80 이하일 때의 헤드감도는?
16.03.문61
13.09.문74

① Fast response
② Special response
③ Standard response
④ Quick response

해설 **반응시간지수(RTI) 값**(스프링클러헤드의 형식승인 및 제품검사의 기술기준 13조)

구 분	RTI 값
조기반응 (fast response)	**5**0(m·s)$^{1/2}$ 이하
특수반응 (special response)	**5**1~**8**0(m·s)$^{1/2}$ 이하 보기 ②
표준반응 (standard response)	81~350(m·s)$^{1/2}$ 이하

기억법 조5(**조로**증), 특58(**특수오판**)

답 ②

71 완강기의 형식승인 및 제품검사의 기술기준상 완강기의 최대사용하중은 최소 몇 N 이상의 하중이어야 하는가?
20.06.문67
18.04.문69

① 800 ② 1000
③ 1200 ④ 1500

해설 **완강기의 하중**(완강기의 형식승인 및 제품검사의 기술기준 4조)
(1) 250N 이상(최소사용하중)
(2) 750N
(3) **1500N 이상**(**최대사용하중**) 보기 ④

🔔 중요

완강기의 최대사용자수

최대사용자수 = 최대사용하중 / 1500N

답 ④

72 고압의 전기기기가 있는 장소에 있어서 전기의 절연을 위한 전기기기와 물분무헤드 사이의 최소 이격거리 기준 중 옳은 것은?
20.08.문65
19.04.문61
18.09.문69
17.03.문74
15.09.문79
14.09.문78
12.09.문79

① 66kV 이하―60cm 이상
② 66kV 초과 77kV 이하―80cm 이상
③ 77kV 초과 110kV 이하―100cm 이상
④ 110kV 초과 154kV 이하―140cm 이상

해설
① 60cm → 70cm
③ 100cm → 110cm
④ 140cm → 150cm

물분무헤드의 이격거리(NFPC 104 10조, NFTC 104 2.7.2)

전압[kV]	거리[cm]
66 이하	**70** 이상
66 초과 **77** 이하	**80** 이상
77 초과 **110** 이하	**110** 이상
110 초과 **154** 이하	**150** 이상
154 초과 **181** 이하	**180** 이상
181 초과 **220** 이하	**210** 이상
220 초과 **275** 이하	**260** 이상

기억법
66 → 70
77 → 80
110 → 110
154 → 150
181 → 180
220 → 210
275 → 260

답 ②

73 차고·주차장의 부분에 호스릴포소화설비 또는 포소화전설비를 설치할 수 있는 기준 중 틀린 것은?
23.05.문78
18.03.문64
17.03.문80
16.05.문67
13.06.문62
09.03.문79

① 지상 1층으로서 지붕이 없는 부분
② 고가 밑의 주차장 등으로서 주된 벽이 없고 기둥뿐이거나 주위가 위해방지용 철주 등으로 둘러싸인 부분
③ 옥외로 통하는 개구부가 상시 개방된 구조의 부분으로서 그 개방된 부분의 합계면적이 해당 차고 또는 주차장의 바닥면적의 20% 이상인 부분
④ 완전개방된 옥상주차장

해설 ③ 무관한 내용

포소화설비의 **적응대상**(NFPC 105 4조, NFTC 105 2.1.1)

특정소방대상물	설비 종류
• 차고 · 주차장 • 항공기격납고 • 공장 · 창고(특수가연물 저장 · 취급)	• 포워터스프링클러설비 • 포헤드설비 • 고정포방출설비 • 압축공기포소화설비
• 완전개방된 옥상주차장(주된 벽이 없고 기둥뿐이거나 주위가 위해방지용 철주 등으로 둘러싸인 부분) 보기 ④ • **지상 1층**으로서 지붕이 없는 차고 · 주차장 보기 ① • 고가 밑의 주차장(주된 벽이 없고 기둥뿐이거나 주위가 위해방지용 철주 등으로 둘러싸인 부분) 보기 ②	• 호스릴포소화설비 • 포소화전설비
• 발전기실 • 엔진펌프실 • 변압기 • 전기케이블실 • 유압설비	• 고정식 압축공기포소화설비(바닥면적 합계 300m² 미만)

답 ③

74 스프링클러설비의 화재안전기준상 고가수조를 이용한 가압송수장치의 설치기준 중 고가수조에 설치하지 않아도 되는 것은?

23.03.문68
22.03.문69
15.09.문71
14.09.문66
12.03.문69
05.09.문70

① 수위계　　② 배수관
③ 압력계　　④ 오버플로우관

해설 ③ 압력수조에 설치

필요설비(NFTC 103 2.2.2.2, 2.2.3.2)

고가수조	압력수조
① 수위계 보기 ① ② 배수관 보기 ② ③ 급수관 ④ 맨홀 ⑤ 오버플로우관 보기 ④	① 수위계 ② 배수관 ③ 급수관 ④ 맨홀 ⑤ 급기관 ⑥ 압력계 보기 ③ ⑦ 안전장치 ⑧ 자동식 공기압축기

기억법 **고오(GO!)**

답 ③

75 분말소화설비의 화재안전기준에 따라 분말소화약제 가압식 저장용기는 최고사용압력의 몇 배 이하의 압력에서 작동하는 안전밸브를 설치해야 되는가?

23.03.문61
20.09.문79
18.09.문78

① 0.8　　② 1.2
③ 1.8　　④ 2.0

해설 **분말소화약제의 저장용기 설치장소기준**(NFPC 108 4조, NFTC 108 2.1)

(1) **방호구역 외**의 장소에 설치할 것(단, 방호구역 내에 설치할 경우에는 피난 및 조작이 용이하도록 피난구 부근에 설치)
(2) 온도가 **40℃** 이하이고, 온도변화가 작은 곳에 설치할 것
(3) 직사광선 및 빗물이 침투할 우려가 없는 곳에 설치할 것
(4) 방화문으로 구획된 실에 설치할 것
(5) 용기의 설치장소에는 해당용기가 설치된 곳임을 표시하는 표지를 할 것
(6) 용기 간의 간격은 점검에 지장이 없도록 **3cm** 이상의 간격을 유지할 것
(7) 저장용기와 집합관을 연결하는 연결배관에는 **체크밸브**를 설치할 것
(8) 주밸브를 개방하는 **정압작동장치** 설치
(9) 저장용기의 **충전비**는 0.8 이상

저장용기의 내용적

소화약제의 종별	소화약제 1kg당 저장용기의 내용적
제1종 분말(탄산수소나트륨을 주성분으로 한 분말)	0.8L
제2종 분말(탄산수소칼륨을 주성분으로 한 분말)	1L
제3종 분말(인산염을 주성분으로 한 분말)	1L
제4종 분말(탄산수소칼륨과 요소가 화합된 분말)	1.25L

(10) 안전밸브의 설치

가압식	축압식
최고사용압력의 **1.8배** 이하 보기 ③	내압시험압력의 **0.8배** 이하

답 ③

76 연결살수설비의 배관에 관한 설치기준 중 옳은 것은?

17.05.문80
12.03.문63

① 개방형 헤드를 사용하는 연결살수설비의 수평주행배관은 헤드를 향하여 상향으로 100분의 5 이상의 기울기로 설치한다.
② 가지배관 또는 교차배관을 설치하는 경우에는 가지배관의 배열은 토너먼트방식이어야 한다.
③ 교차배관에는 가지배관과 가지배관 사이마다 1개 이상의 행거를 설치하되, 가지배관 사이의 거리가 4.5m를 초과하는 경우에는 4.5m 이내마다 1개 이상 설치한다.
④ 가지배관은 교차배관 또는 주배관에서 분기되는 지점을 기점으로 한쪽 가지배관에 설치되는 헤드의 개수는 6개 이하로 하여야 한다.

해설
① 100분의 5 이상 → 100분의 1 이상
② 토너먼트방식이어야 한다. → 토너먼트방식이 아니어야 한다.
④ 6개 이하 → 8개 이하

행거의 설치 (NFPC 503 5조, NFTC 503 2.2.10)
(1) 가지배관 : 3.5m 이내마다 설치
(2) 교차배관 ┐
(3) 수평주행배관 ┘ 4.5m 이내마다 설치 보기 ③
(4) 헤드와 행거 사이의 간격 : 8cm 이상

답 ③

77 ★★★
스프링클러헤드를 설치하는 천장과 반자 사이, 덕트, 선반 등의 각 부분으로부터 하나의 스프링클러헤드까지의 수평거리 적용기준으로 잘못된 항목은?

① 특수가연물 저장 랙식 창고 : 2.5m 이하
② 공동주택(아파트) 세대 : 2.6m 이하
③ 내화구조의 사무실 : 2.3m 이하
④ 비내화구조의 판매시설 : 2.1m 이하

해설
① 특수가연물 저장 랙식 창고 : 1.7m 이하

수평거리(R) (NFPC 103 10조, NFTC 103 2.7.3 · 274/NFPC 608 7조, NFTC 608 2.3.1.4)

설치장소	설치기준
무대부 · **특**수가연물 (창고 포함)	수평거리 **1.7**m 이하
기타구조(창고 포함)	수평거리 **2.1**m 이하 보기 ④
내화구조(창고 포함)	수평거리 **2.3**m 이하 보기 ③
공동주택(**아**파트) 세대 내	수평거리 **2.6**m 이하 보기 ②

기억법 무특 7
         기   1
         내   3
         아   6

답 ①

78 ★★★
연결살수설비의 화재안전기준상 배관의 설치기준 중 하나의 배관에 부착하는 살수헤드의 개수가 7개인 경우 배관의 구경은 최소 몇 mm 이상으로 설치해야 하는가? (단, 연결살수설비 전용헤드를 사용하는 경우이다.)

① 40
② 50
③ 65
④ 80

해설
연결살수설비 (NFPC 503 5조, NFTC 503 2.2.3.1)

배관의 구경	32mm	40mm	50mm	65mm	80mm
살수헤드 개수	1개	2개	3개	4개 또는 5개	6~10개 이하

기억법 80610살

답 ④

79 ★★★
물분무헤드를 설치하지 아니할 수 있는 장소의 기준 중 다음 ( ) 안에 알맞은 것은?

운전시에 표면의 온도가 ( )℃ 이상으로 되는 등 직접 분무를 하는 경우 그 부분에 손상을 입힐 우려가 있는 기계장치 등이 있는 장소

① 160
② 200
③ 260
④ 300

해설
물분무헤드 설치제외장소 (NFPC 104 15조, NFTC 104 2.12)
(1) 물과 심하게 반응하는 물질 취급장소
(2) 고온물질 취급장소
(3) 표면온도 **260**℃ 이상 보기 ③

기억법 물표26(물표 이륙)

답 ③

80 ★★★
국소방출방식의 분말소화설비 분사헤드는 기준저장량의 소화약제를 몇 초 이내에 방사할 수 있는 것이어야 하는가?

① 60
② 30
③ 20
④ 10

해설
약제방사시간

소화설비		전역방출방식		국소방출방식	
		일반건축물	위험물제조소	일반건축물	위험물제조소
할론소화설비		10초 이내	30초 이내	10초 이내	30초 이내
분말소화설비		30초 이내			
CO₂ 소화설비	표면화재	1분 이내	60초 이내	30초 이내	
	심부화재	7분 이내 (단, 설계농도가 2분 이내에 30% 도달)			

※ 문제에서 특정한 조건이 없으면 '일반건축물'을 적용하면 된다.

답 ②

2024. 7. 5 시행

2024년 기사 제3회 필기시험 CBT 기출복원문제

자격종목	종목코드	시험시간	형별	수험번호	성명
소방설비기사(기계분야)		2시간			

※ 각 문항은 4지택일형으로 질문에 가장 적합한 보기 항을 선택하여 체크하여야 합니다.

제1과목 소방원론

01 화재시 이산화탄소를 방출하여 산소농도를 13vol%로 낮추어 소화하기 위한 공기 중 이산화탄소의 농도는 약 몇 vol%인가?

19.09.문10
15.05.문13
14.05.문07
13.09.문16
12.05.문14

① 9.5   ② 25.8
③ 38.1   ④ 61.5

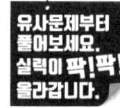

해설 이산화탄소의 농도

$$CO_2 = \frac{21 - O_2}{21} \times 100$$

여기서, CO_2 : CO_2의 농도[vol%]
  O_2 : O_2의 농도[vol%]

$$CO_2 = \frac{21 - O_2}{21} \times 100 = \frac{21 - 13}{21} \times 100 ≒ 38.1 vol\%$$

중요

이산화탄소 소화설비와 관련된 식

$$CO_2 = \frac{방출가스량}{방호구역체적 + 방출가스량} \times 100$$
$$= \frac{21 - O_2}{21} \times 100$$

여기서, CO_2 : CO_2의 농도[vol%]
  O_2 : O_2의 농도[vol%]

$$방출가스량 = \frac{21 - O_2}{O_2} \times 방호구역체적$$

여기서, O_2 : O_2의 농도[vol%]

답 ③

02 할론(Halon) 1301의 분자식은?

23.05.문09
19.09.문07
17.03.문05
16.10.문08
15.03.문04
14.09.문04
14.03.문02

① CH_3Cl
② CH_3Br
③ CF_3Cl
④ CF_3Br

해설 할론소화약제의 약칭 및 분자식

종류	약칭	분자식
할론 1011	CB	CH_2ClBr
할론 104	CTC	CCl_4
할론 1211	BCF	CF_2ClBr
할론 1301	BTM	CF_3Br 보기 ④
할론 2402	FB	$C_2F_4Br_2$

답 ④

03 같은 원액으로 만들어진 포의 특성에 관한 설명으로 옳지 않은 것은?

15.09.문16

① 발포배율이 커지면 환원시간은 짧아진다.
② 환원시간이 길면 내열성이 떨어진다.
③ 유동성이 좋으면 내열성이 떨어진다.
④ 발포배율이 작으면 유동성이 떨어진다.

해설 ② 떨어진다 → 좋아진다

포의 특성
(1) 발포배율이 커지면 환원시간은 짧아진다. 보기 ①
(2) 환원시간이 길면 내열성이 **좋아진다**. 보기 ②
(3) 유동성이 좋으면 내열성이 떨어진다. 보기 ③
(4) 발포배율이 작으면 유동성이 떨어진다. 보기 ④

• 발포배율=팽창비

용어

용어	설명
발포배율	수용액의 포가 팽창하는 비율
환원시간	발포된 포가 원래의 포수용액으로 되돌아가는 데 걸리는 시간
유동성	포가 잘 움직이는 성질

답 ②

04 건축물의 피난·방화구조 등의 기준에 관한 규칙상 방화구획의 설치기준 중 스프링클러를 설치한 10층 이하의 층은 바닥면적 몇 m² 이내마다 방화구획을 구획하여야 하는가?

23.05.문03
22.03.문11
19.03.문15
18.04.문04

① 1000   ② 1500
③ 2000   ④ 3000

해설 ④ 스프링클러소화설비를 설치했으므로 1000m²× 3배=3000m²

건축령 46조, 피난·방화구조 14조
방화구획의 기준

대상 건축물	대상 규모	층 및 구획방법	구획부분의 구조
주요 구조부가 내화구조 또는 불연재료로 된 건축물	연면적 1000m² 넘는 것	10층 이하	• 바닥면적 1000m² 이내마다	• 내화구조로 된 바닥·벽 • 60분+방화문, 60분 방화문 • 자동방화셔터
		매 층 마다	• 지하 1층에서 지상으로 직접 연결하는 경사로 부위는 제외	
		11층 이상	• 바닥면적 200m² 이내 마다(실내마감을 불연재료로 한 경우 500m² 이내 마다)	

• **스프링클러**, 기타 이와 유사한 **자동식 소화설비**를 설치한 경우 바닥면적은 위의 **3배** 면적으로 산정한다.
• **필로티**나 그 밖의 비슷한 구조의 부분을 주차장으로 사용하는 경우 그 부분은 건축물의 다른 부분과 구획할 것

답 ④

05 건축물의 내화구조에서 바닥의 경우에는 철근콘크리트의 두께가 몇 cm 이상이어야 하는가?

20.08.문04
16.05.문05
14.05.문12

① 7
② 10
③ 12
④ 15

해설 피난·방화구조 3조
내화구조의 기준

구 분	기 준
벽·바닥	철골·철근콘크리트조로서 두께가 **10cm** 이상인 것 〈보기 ②〉
기둥	철골을 두께 **5cm** 이상의 콘크리트로 덮은 것
보	두께 **5cm** 이상의 콘크리트로 덮은 것

기억법 벽바내1(**벽**을 **바**라보면 **내일**이 보인다.)

비교 피난·방화구조 4조
방화구조의 기준

구조 내용	기 준
• **철망모르타르** 바르기	두께 **2cm** 이상
• 석고판 위에 시멘트모르타르를 바른 것 • 석고판 위에 회반죽을 바른 것 • 시멘트모르타르 위에 타일을 붙인 것	두께 **2.5cm** 이상
• 심벽에 흙으로 맞벽치기 한 것	모두 해당

답 ②

06 할로젠원소의 소화효과가 큰 순서대로 배열된 것은?

23.09.문16
17.09.문15
15.03.문16
12.03.문04

① I > Br > Cl > F
② Br > I > F > Cl
③ Cl > F > I > Br
④ F > Cl > Br > I

해설 할론소화약제

부촉매효과(소화효과) 크기	전기음성도(친화력) 크기
I > Br > Cl > F 〈보기 ①〉	F > Cl > Br > I

• 소화효과=소화능력
• 전기음성도 크기=수소와의 결합력 크기

중요
할로젠족 원소
(1) 불소 : F
(2) 염소 : Cl
(3) 브로민(취소) : Br
(4) 아이오딘(옥소) : I

기억법 FClBrI

답 ①

07 경유화재가 발생했을 때 주수소화가 오히려 위험할 수 있는 이유는?

18.09.문17
15.09.문13
15.09.문06
14.03.문06
12.09.문16
04.05.문06
03.03.문15

① 경유는 물과 반응하여 유독가스를 발생하므로
② 경유의 연소열로 인하여 산소가 방출되어 연소를 돕기 때문에
③ 경유는 물보다 비중이 가벼워 화재면의 확대 우려가 있으므로
④ 경유가 연소할 때 수소가스를 발생하여 연소를 돕기 때문에

24. 07. 시행 / 기사(기계)

해설 경유화재시 주수소화가 부적당한 이유
물보다 비중이 가벼워 물 위에 떠서 **화재 확대**의 우려가 있기 때문이다. 보기 ③

중요
주수소화(물소화)시 위험한 물질

위험물	발생물질
• 무기과산화물	**산소**(O_2) 발생
• 금속분 • 마그네슘 • 알루미늄 • 칼륨 • 나트륨 • 수소화리튬	**수소**(H_2) 발생
• 가연성 액체의 유류화재(경유)	**연소면**(화재면) 확대

답 ③

중요
열전달의 종류

종류	설명	관련 법칙
전도 (conduction)	하나의 물체가 다른 물체와 직접 **접촉**하여 열이 이동하는 현상	**푸리에**(Fourier)의 법칙
대류 (convection)	**유체**의 흐름에 의하여 열이 이동하는 현상	**뉴턴**의 법칙
복사 (radiation)	① 화재시 화원과 **격리**된 인접 가연물에 불이 옮겨 붙는 현상 ② 열전달 **매질**이 **없이** 열이 전달되는 형태 ③ 열에너지가 **전자파**의 형태로 옮겨지는 현상으로, **가장 크게 작용**한다.	**스테판-볼츠만**의 법칙

답 ②

08 Fourier법칙(전도)에 대한 설명으로 틀린 것은?
23.09.문18
18.03.문13
① 이동열량은 전열체의 단면적에 비례한다.
② 이동열량은 전열체의 두께에 비례한다.
③ 이동열량은 전열체의 열전도도에 비례한다.
④ 이동열량은 전열체 내·외부의 온도차에 비례한다.

해설 ② 비례 → 반비례

공식
(1) 전도

$$Q = \dfrac{kA(T_2 - T_1)}{l} \quad \begin{array}{l}\leftarrow \text{비례} \\ \leftarrow \text{반비례}\end{array}$$

여기서, Q : 전도열[W]
k : 열전도율[W/m·K]
A : 단면적[m^2]
$(T_2 - T_1)$: 온도차[K]
l : 벽체 두께[m]

(2) 대류

$$Q = h(T_2 - T_1)$$

여기서, Q : 대류열[W/m^2]
h : 열전달률[W/m^2·℃]
$(T_2 - T_1)$: 온도차[℃]

(3) 복사

$$Q = aAF(T_1^4 - T_2^4)$$

여기서, Q : 복사열[W]
a : 스테판-볼츠만 상수[W/m^2·K^4]
A : 단면적[m^2]
F : 기하학적 Factor
T_1 : 고온[K]
T_2 : 저온[K]

09 폭굉(detonation)에 관한 설명으로 틀린 것은?
23.09.문13
16.05.문14
03.05.문10
① 연소속도가 음속보다 느릴 때 나타난다.
② 온도의 상승은 충격파의 압력에 기인한다.
③ 압력상승은 폭연의 경우보다 크다.
④ 폭굉의 유도거리는 배관의 지름과 관계가 있다.

해설 ① 느릴 때 → 빠를 때

연소반응(전파형태에 따른 분류)

폭연(deflagration)	폭굉(detonation)
연소속도가 음속보다 느릴 때 발생	① 연소속도가 음속보다 **빠를 때** 발생 보기 ① ② 온도의 상승은 **충격파**의 압력에 기인한다. 보기 ② ③ 압력상승은 **폭연**의 경우보다 **크다**. 보기 ③ ④ 폭굉의 **유도거리**는 배관의 **지름**과 **관계**가 있다. 보기 ④

※ **음속** : 소리의 속도로서 약 **340m/s**이다.

답 ①

10 대체 소화약제의 물리적 특성을 나타내는 용어 중 지구온난화지수를 나타내는 약어는?
23.03.문03
17.09.문06
16.10.문12
15.03.문20
14.03.문15
① ODP
② GWP
③ LOAEL
④ NOAEL

용 어	설 명
오존파괴지수 (ODP ; Ozone Depletion Potential)	오존파괴지수는 어떤 물질의 **오존파괴능력**을 상대적으로 나타내는 지표
지구온난화지수 보기② (GWP ; Global Warming Potential)	지구온난화지수는 **지구온난화**에 기여하는 정도를 나타내는 지표
LOAEL (Least Observable Adverse Effect Level)	인체에 **독성**을 주는 **최소농도**
NOAEL (No Observable Adverse Effect Level)	인체에 **독성**을 주지 않는 **최대농도**

기억법 G온O오 (지온!오온!)

중요

공식

오존파괴지수(ODP)	지구온난화지수(GWP)
ODP = 어떤 물질 1kg이 파괴하는 오존량 / CFC 11의 1kg이 파괴하는 오존량	GWP = 어떤 물질 1kg이 기여하는 온난화 정도 / CO_2 1kg이 기여하는 온난화 정도

답 ②

11 화재의 종류에 따른 분류가 틀린 것은?

① A급 : 일반화재
② B급 : 유류화재
③ C급 : 가스화재
④ D급 : 금속화재

해설 ③ 가스화재 → 전기화재

화재의 종류

구 분	표시색	적응물질
일반화재(A급)	백색	• 일반가연물 • 종이류 화재 • 목재 · 섬유화재
유류화재(B급)	황색	• 가연성 액체 • 가연성 가스 • 액화가스화재 • 석유화재
전기화재(C급)	청색	• 전기설비
금속화재(D급)	무색	• 가연성 금속
주방화재(K급)	-	• 식용유화재

• 요즘은 표시색의 의무규정은 없음

답 ③

12 방호공간 안에서 화재의 세기를 나타내고 화재가 진행되는 과정에서 온도에 따라 변하는 것으로 온도-시간 곡선으로 표시할 수 있는 것은?

① 화재저항
② 화재가혹도
③ 화재하중
④ 화재플럼

구 분	화재하중 (fire load)	화재가혹도 (fire severity)
정의	화재실 또는 화재구획의 단위바닥면적에 대한 등가 가연물량값	① 화재의 양과 질을 반영한 화재의 강도 ② 방호공간 안에서 화재의 세기를 나타냄 보기②
계산식	화재하중 $q = \dfrac{\Sigma G_t H_t}{HA} = \dfrac{\Sigma Q}{4500A}$ 여기서, q : 화재하중(kg/m²) G_t : 가연물의 양(kg) H_t : 가연물의 단위발열량(kcal/kg) H : 목재의 단위발열량(kcal/kg) A : 바닥면적(m²) ΣQ : 가연물의 전체 발열량(kcal)	화재가혹도 = 지속시간×최고온도 보기② 화재시 지속시간이 긴 것은 가연물량이 많은 양적 개념이며, 연소시 최고온도는 최성기 때의 온도로서 화재의 질적 개념이다.
비교	① 화재의 **규모**를 판단하는 척도 ② **주수시간**을 결정하는 인자	① 화재의 **강도**를 판단하는 척도 ② **주수율**을 결정하는 인자

용어

화재플럼	화재저항
상승력이 커진 부력에 의해 연소가스와 유입공기가 상승하면서 화염이 섞인 연기기둥형태를 나타내는 현상	화재시 최고온도의 지속시간을 견디는 내력

답 ②

13 다음은 위험물의 정의이다. 다음 ( ) 안에 알맞은 것은?

"위험물"이라 함은 (㉠) 또는 발화성 등의 성질을 가지는 것으로서 (㉡)이 정하는 물품을 말한다.

① ㉠ 인화성, ㉡ 국무총리령
② ㉠ 휘발성, ㉡ 국무총리령
③ ㉠ 휘발성, ㉡ 대통령령
④ ㉠ 인화성, ㉡ 대통령령

해설 위험물법 2조
"위험물"이라 함은 **인화성** 또는 **발화성** 등의 성질을 가지는 것으로서 **대통령령**이 정하는 물품

답 ④

14
가스 A가 40vol%, 가스 B가 60vol%로 혼합된 가스의 연소하한계는 몇 vol%인가? (단, 가스 A의 연소하한계는 4.9vol%이며, 가스 B의 연소하한계는 4.15vol%이다.)

① 1.82　　② 2.02
③ 3.22　　④ 4.42

해설 폭발하한계

$$\frac{100}{L} = \frac{V_1}{L_1} + \frac{V_2}{L_2} + \cdots + \frac{V_n}{L_n}$$

여기서, L : 혼합가스의 폭발하한계[vol%]
L_1, L_2, L_n : 가연성 가스의 폭발하한계[vol%]
V_1, V_2, V_n : 가연성 가스의 용량[vol%]

폭발하한계 L 은

$$L = \frac{100}{\frac{V_1}{L_1} + \frac{V_2}{L_2} + \cdots + \frac{V_n}{L_n}}$$

$$= \frac{100}{\frac{40}{4.9} + \frac{60}{4.15}}$$

$$≒ 4.42 \text{vol}\%$$

연소하한계 = 폭발하한계

답 ④

15
인화알루미늄의 화재시 주수소화하면 발생하는 물질은?

① 수소　　② 메탄
③ 포스핀　　④ 아세틸렌

해설 인화알루미늄과 물과의 반응식 **보기 ③**
　　AlP + 3H₂O → Al(OH)₃ + PH₃
　인화알루미늄　물　　수산화알루미늄　포스핀=인화수소

비교

(1) 인화칼슘과 물의 반응식
　　Ca₃P₂ + 6H₂O → 3Ca(OH)₂ + 2PH₃↑
　인화칼슘　물　　수산화칼슘　　포스핀

(2) 탄화알루미늄과 물의 반응식
　　Al₄C₃ + 12H₂O → 4Al(OH)₃ + 3CH₄↑
　탄화알루미늄　물　　수산화알루미늄　메탄

답 ③

16
고비점 유류의 탱크화재시 열류층에 의해 탱크 아래의 물이 비등·팽창하여 유류를 탱크 외부로 분출시켜 화재를 확대시키는 현상은?

① 보일오버(Boil over)
② 롤오버(Roll over)
③ 백드래프트(Back draft)
④ 플래시오버(Flash over)

해설 보일오버(Boil over)
(1) 중질유의 탱크에서 장시간 조용히 연소하다 탱크 내의 잔존기름이 갑자기 분출하는 현상
(2) 유류탱크에서 탱크바닥에 물과 기름의 에멀션이 섞여 있을 때 이로 인하여 화재가 발생하는 현상
(3) 연소유면으로부터 100℃ 이상의 **열파**가 탱크 저부에 고여 있는 물을 비등하게 하면서 연소유를 탱크 밖으로 비산시키며 연소하는 현상
(4) **고비점 유류**의 탱크화재시 열류층에 의해 **탱크 아래의 물**이 비등·팽창하여 유류를 탱크 외부로 분출시켜 화재를 확대시키는 현상

※ **에멀션** : 물의 미립자가 기름과 섞여서 기름의 증발능력을 떨어뜨려 연소를 억제하는 것

기억법 보중에열

유류탱크, 가스탱크에서 발생하는 현상

여러 가지 현상	정의
블래비 (BLEVE)	• 과열상태의 탱크에서 내부의 액화가스가 분출하여 기화되어 폭발하는 현상
보일오버 (Boil over)	• 중질유의 탱크에서 장시간 조용히 연소하다 탱크 내의 잔존기름이 갑자기 분출하는 현상 • 유류탱크에서 탱크바닥에 물과 기름의 에멀션이 섞여 있을 때 이로 인하여 화재가 발생하는 현상 • 연소유면으로부터 100℃ 이상의 열파가 탱크 저부에 고여 있는 물을 비등하게 하면서 연소유를 탱크 밖으로 비산시키며 연소하는 현상 • 탱크 저부의 물이 급격히 증발하여 기름이 탱크 밖으로 화재를 동반하여 방출하는 현상
	기억법 보저(보자기)
오일오버 (Oil over)	• 저장탱크에 저장된 유류저장량이 내용적의 **50%** 이하로 충전되어 있을 때 화재로 인하여 탱크가 폭발하는 현상
프로스오버 (Froth over)	• 물이 점성의 뜨거운 **기름표면 아래**에서 끓을 때 화재를 수반하지 않고 용기가 넘치는 현상
슬롭오버 (Slop over)	• 물이 연소유의 뜨거운 표면에 들어갈 때 기름표면에서 화재가 발생하는 현상 • 유화제로 소화하기 위한 물이 수분의 급격한 증발에 의하여 액면이 거품을 일으키면서 열유층 밑의 냉유가 급히 열팽창하여 기름의 일부가 불이 붙은 채 탱크벽을 넘어서 일출하는 현상

답 ①

17
화재의 지속시간 및 온도에 따라 목재건물과 내화건물을 비교했을 때, 목재건물의 화재성상으로 가장 적합한 것은?

① 저온장기형이다. ② 저온단기형이다.
③ 고온장기형이다. ④ 고온단기형이다.

해설 (1) **목조건물**(목재건물)
  ㉠ 화재성상: **고온단**기형
  ㉡ 최고온도(최성기온도): **1300**℃

  [기억법] 목고단 13

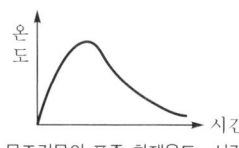
목조건물의 표준 화재온도-시간곡선

(2) **내화건물**
  ㉠ 화재성상: 저온장기형
  ㉡ 최고온도(최성기온도): 900~1000℃

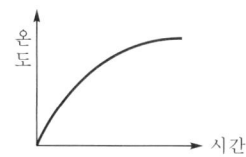
내화건물의 표준 화재온도-시간곡선

답 ④

18
물체의 표면온도가 250℃에서 650℃로 상승하면 열복사량은 약 몇 배 정도 상승하는가?

① 2.5 ② 5.7
③ 7.5 ④ 9.7

해설 스테판-볼츠만의 법칙(Stefan-Boltzman's law)

$$\frac{Q_2}{Q_1} = \frac{(273+t_2)^4}{(273+t_1)^4} = \frac{(273+650)^4}{(273+250)^4} \fallingdotseq 9.7$$

• 열복사량은 복사체의 **절대온도**의 **4제곱**에 **비례**하고, **단면적**에 비례한다.

참고

스테판-볼츠만의 법칙(Stefan-Boltzman's law)
$$Q = aAF(T_1^4 - T_2^4)$$
여기서, Q: 복사열[W]
  a: 스테판-볼츠만 상수[W/m²·K⁴]
  A: 단면적[m²]
  F: 기하학적 Factor
  T_1: 고온(273+t_1)[K]
  T_2: 저온(273+t_2)[K]
  t_1: 저온[℃]
  t_2: 고온[℃]

답 ④

19
유류탱크 화재시 기름 표면에 물을 살수하면 기름이 탱크 밖으로 비산하여 화재가 확대되는 현상은?

① 슬롭오버(Slop over)
② 플래시오버(Flash over)
③ 프로스오버(Froth over)
④ 블레비(BLEVE)

해설 유류탱크, 가스탱크에서 **발생**하는 **현상**

구 분	설 명
블래비=블레비 (BLEVE)	• 과열상태의 탱크에서 내부의 액화가스가 분출하여 기화되어 폭발하는 현상
보일오버 (Boil over)	• 중질유의 석유탱크에서 장시간 조용히 연소하다 탱크 내의 잔존기름이 갑자기 분출하는 현상 • 유류탱크에서 **탱크바닥**에 **물**과 기름의 **에멀션**이 섞여 있을 때 이로 인하여 화재가 발생하는 현상 • 연소유면으로부터 100℃ 이상의 열파가 탱크 저부에 고여 있는 물을 비등하게 하면서 연소유를 탱크 밖으로 비산시키며 연소하는 현상
오일오버 (Oil over)	• 저장탱크에 저장된 유류저장량이 내용적의 50% 이하로 충전되어 있을 때 화재로 인하여 탱크가 폭발하는 현상
프로스오버 (Froth over)	• 물이 점성의 뜨거운 기름표면 아래에서 끓을 때 화재를 수반하지 않고 용기가 넘치는 현상
슬롭오버 (Slop over)	• **유류탱크 화재시 기름** 표면에 물을 살수하면 기름이 **탱크 밖으로 비산**하여 화재가 확대되는 현상(연소유가 비산되어 탱크 외부까지 화재가 확산) 보기 ① • 물이 연소유의 뜨거운 표면에 들어갈 때 기름 표면에서 화재가 발생하는 현상 • 유화제로 소화하기 위한 물이 수분의 급격한 증발에 의하여 액면이 거품을 일으키면서 열유층 밑의 냉유가 급히 열팽창하여 기름의 일부가 불이 붙은 채 탱크벽을 넘어서 일출하는 현상 • 연소면의 온도가 100℃ 이상일 때 물을 주수하면 발생 • 소화시 외부에서 방사하는 포에 의해 발생

답 ①

20 다음 중 할론소화약제의 가장 주된 소화효과에 해당하는 것은?

15.05.문12
14.03.문04

① 냉각효과 ② 제거효과
③ 부촉매효과 ④ 분해효과

해설 소화약제의 소화작용

소화약제	소화효과	주된 소화효과
• 물(스프링클러)	• 냉각효과 • 희석효과	• 냉각효과 (냉각소화)
• 물(무상)	• 냉각효과 • 질식효과 • 유화효과 • 희석효과	• 질식효과 (질식소화)
• 포	• 냉각효과 • 질식효과	
• 분말	• 질식효과 • 부촉매효과 (억제효과) • 방사열 차단효과	
• 이산화탄소	• 냉각효과 • 질식효과 • 피복효과	
• **할론**	• 질식효과 • 부촉매효과 (억제효과)	• **부**촉매효과 (연쇄반응차단 소화)

기억법 할부(할아버지)

답 ③

제2과목   소방유체역학

21 점성계수의 단위가 아닌 것은?

23.09.문21
17.03.문28
05.05.문23

① poise ② dyne·s/cm²
③ N·s/m² ④ cm²/s

해설 ④ 동점성계수의 단위

점도(점성계수)
• 1poise=1p=1g/cm·s=**1dyne·s/cm²** 보기 ①②
• 1N·s/m² 보기 ③
• 1cp=0.01g/cm·s

비교
동점성계수
1stokes=1cm²/s 보기 ④

답 ④

22 그림과 같이 피스톤의 지름이 각각 25cm와 5cm이다. 작은 피스톤을 화살표방향으로 20cm만큼 움직일 경우 큰 피스톤이 움직이는 거리는 약 몇 mm인가? (단, 누설은 없고, 비압축성이라고 가정한다.)

23.09.문24
19.03.문30
18.09.문25
17.05.문26
10.03.문27
05.09.문28
05.03.문22

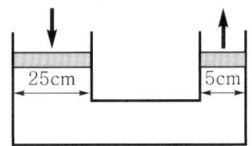

① 2 ② 4
③ 8 ④ 10

해설 (1) 기호
• D_1 : 25cm
• D_2 : 5cm
• h_2 : 20cm
• h_1 : ?

(2) 압력
$$P = \gamma h = \frac{F}{A} = \frac{F}{\frac{\pi D^2}{4}}$$

여기서, P : 압력[N/cm²]
γ : 비중량[N/cm³]
h : 움직인 높이[cm]
F : 힘[N]
A : 단면적[cm²]
D : 지름(직경)[cm]

힘 $F = \gamma h A$ 에서
$\gamma h_1 A_1 = \gamma h_2 A_2$
$h_1 A_1 = h_2 A_2$

큰 피스톤이 움직인 거리 h_1은
$$h_1 = \frac{A_2}{A_1} h_2$$
$$= \frac{\frac{\pi}{4} \times (5\text{cm})^2}{\frac{\pi}{4} \times (25\text{cm})^2} \times 20\text{cm}$$
$$= 0.8\text{cm} = 8\text{mm} \; (1\text{cm}=10\text{mm})$$

답 ③

23 다음 그림과 같이 설치한 피토 정압관의 액주계 눈금 $R=100$mm일 때 ㉠에서의 물의 유속은 약 몇 m/s인가? (단, 액주계에 사용된 수은의 비중은 13.6이다.)

23.09.문25
17.09.문23
17.03.문29
13.03.문26
13.03.문37

① 15.7
② 5.35
③ 5.16
④ 4.97

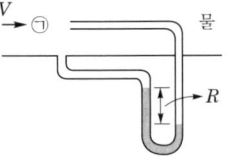

해설 (1) 기호
- R : 100mm=0.1m(1000mm=1m)
- V : ?
- s : 13.6

(2) 비중
$$s = \frac{\gamma}{\gamma_w}$$

여기서, s : 비중
γ : 어떤 물질의 비중량[N/m³]
γ_w : 물의 비중량(9800N/m³)

수은의 비중량 γ는
$\gamma = s \times \gamma_w = 13.6 \times 9800\text{N/m}^3 = 133280\text{N/m}^3$

(3) 압력차
$$\Delta P = p_2 - p_1 = (\gamma_s - \gamma)R$$

여기서, ΔP : U자관 마노미터의 압력차[Pa] 또는 [N/m²]
p_2 : 출구압력[Pa] 또는 [N/m²]
p_1 : 입구압력[Pa] 또는 [N/m²]
R : 마노미터 읽음[m]
γ_s : 어떤 물질의 비중량[N/m³]
γ : 비중량(물의 비중량 9800N/m³)

압력차 ΔP는
$\Delta P = (\gamma_s - \gamma)R = (133280 - 9800)\text{N/m}^3 \times 0.1\text{m}$
$= 12348\text{N/m}^2$

- R : 100mm=0.1m(1000mm=1m)

(4) 높이(압력수두)
$$H = \frac{P}{\gamma}$$

여기서, H : 압력수두[m]
P : 압력[N/m²]
γ : 비중량(물의 비중량 9800N/m³)

압력수두 H는
$H = \frac{P}{\gamma} = \frac{12348\text{N/m}^2}{9800\text{N/m}^3} = 1.26\text{m}$

(5) 피토관(pitot tube)
$$V = \sqrt{2gH}$$

여기서, V : 유속[m/s]
g : 중력가속도(9.8m/s²)
H : 높이[m]

$V = \sqrt{2gH} = \sqrt{2 \times 9.8\text{m/s}^2 \times 1.26\text{m}} ≒ 4.97\text{m/s}$

답 ④

★★★
24 스프링클러설비헤드의 방수량이 2배가 되면 방수압은 몇 배가 되는가?
23.09.문32
19.03.문31
05.09.문23
98.07.문39
① $\sqrt{2}$ 배　　② 2배
③ 4배　　　　④ 8배

해설 (1) 기호
- Q : 2배
- P : ?

(2) 방수량
$Q = 0.653D^2\sqrt{10P}$
$= 0.6597CD^2\sqrt{10P} \propto \sqrt{P}$

여기서, Q : 방수량[L/min]
D : 구경[mm]
P : 방수압[MPa]
C : 노즐의 흐름계수(유량계수)

방수량 Q는
$Q \propto \sqrt{P}$
$Q^2 \propto (\sqrt{P})^2$
$Q^2 \propto P$
$P \propto Q^2 = 2^2 = 4$배

답 ③

★
25 폭 2m의 수로 위에 그림과 같이 높이 3m의 판이
23.09.문38 수직으로 설치되어 있다. 유속이 매우 느리고 상류의 수위는 3.5m 하류의 수위는 2.5m일 때, 물이 판에 작용하는 힘은 약 몇 kN인가?

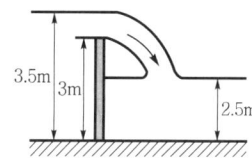

① 26.9　　　② 56.4
③ 76.2　　　④ 96.8

해설
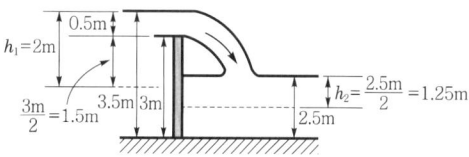

(1) 기호
- h_1 : 2m
- h_2 : 1.25m
- A_1 : (폭×판이 물에 닿는 높이)=(2×3)m²
- A_2 : (폭×판이 물에 닿는 높이)=(2×2.5)m²
- F_H : ?

(2) 수평분력(기본식)
$$F_H = \gamma h A$$

여기서, F_H : 수평분력[N]
γ : 비중량(물의 비중량 9800N/m³)
h : 표면에서 판 중심까지의 수직거리[m]
A : 판의 단면적[m²]

(3) **수평분력**(변형식)

$$F_H = \gamma h_1 A_1 - \gamma h_2 A_2$$

여기서, F_H : 수평분력[N]
γ : 비중량(물의 비중량 9800N/m³)
h_1, h_2 : 표면에서 판 중심까지의 수직거리[m]
A_1, A_2 : 판의 단면적[m²]

수평분력 F_H는
$F_H = \gamma h_1 A_1 - \gamma h_2 A_2$
   $= 9800\text{N/m}^3 \times 2\text{m} \times (2\times 3)\text{m}^2 - 9800\text{N/m}^3 \times 1.25\text{m}$
   $\times (2\times 2.5)\text{m}^2$
   $= 56350\text{N}$
   $= 56.35\text{kN}$
   $≒ 56.4\text{kN}$(소수점 반올림한 값)

답 ②

26 ★
23.09.문40

그림과 같은 벤투리관에 유량 3m³/min으로 물이 흐르고 있다. 단면 1의 직경이 20cm, 단면 2의 직경이 10cm일 때 벤투리효과에 의한 물의 높이차 Δh는 약 몇 m인가? (단, 주어지지 않은 손실은 무시한다.)

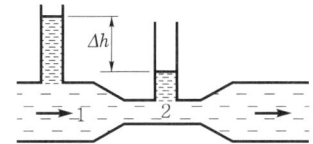

① 1.2
② 1.61
③ 1.94
④ 6.37

해설 (1) 기호
- Q : 3m³/min=3m³/60s (1min=60s)
- D_1 : 20cm=0.2m (100cm=1m)
- D_2 : 10cm=0.1m (100cm=1m)
- $\Delta h(Z_1 - Z_2)$: ?

(2) 베르누이 방정식

$$\frac{V_1^2}{2g} + \frac{P_1}{\gamma} + Z_1 = \frac{V_2^2}{2g} + \frac{P_2}{\gamma} + Z_2$$

여기서, V_1, V_2 : 유속[m/s]
P_1, P_2 : 압력[N/m²]
Z_1, Z_2 : 높이[m]
g : 중력가속도[9.8m/s²]
γ : 비중량(물의 비중량 9.8kN/m³)

[단서]에서 주어지지 않은 손실은 무시하라고 했으므로 문제에서 주어지지 않은 P_1, P_2를 무시하면

$$\frac{V_1^2}{2g} + \cancel{\frac{P_1}{\gamma}} + Z_1 = \frac{V_2^2}{2g} + \cancel{\frac{P_2}{\gamma}} + Z_2$$

$$\frac{V_1^2}{2g} + Z_1 = \frac{V_2^2}{2g} + Z_2$$

$$Z_1 - Z_2 = \frac{V_2^2}{2g} - \frac{V_1^2}{2g} = \frac{V_2^2 - V_1^2}{2g}$$

(3) 유량

$$Q = AV = \left(\frac{\pi D^2}{4}\right)V$$

여기서, Q : 유량[m³/s]
A : 단면적[m²]
V : 유속[m/s]
D : 지름[m]

유속 V_1은

$$V_1 = \frac{Q}{\frac{\pi D_1^2}{4}} = \frac{3\text{m}^3/60\text{s}}{\frac{\pi \times (0.2\text{m})^2}{4}} = \frac{(3\div 60)\text{m}^3/\text{s}}{\frac{\pi \times (0.2\text{m})^2}{4}} ≒ 1.59\text{m/s}$$

유속 V_2는

$$V_2 = \frac{Q}{\frac{\pi D_2^2}{4}} = \frac{3\text{m}^3/60\text{s}}{\frac{\pi \times (0.1\text{m})^2}{4}} = \frac{(3\div 60)\text{m}^3/\text{s}}{\frac{\pi \times (0.1\text{m})^2}{4}} ≒ 6.37\text{m/s}$$

높이차 $Z_1 - Z_2 = \dfrac{V_2^2 - V_1^2}{2g}$

$= \dfrac{(6.37\text{m/s})^2 - (1.59\text{m/s})^2}{2 \times 9.8\text{m/s}^2}$

$≒ 1.94\text{m}$

답 ③

27 ★★★
23.03.문36
21.03.문30
17.09.문40
16.03.문31
15.03.문23
12.03.문31
07.03.문30

Newton의 점성법칙에 대한 옳은 설명으로 모두 짝지은 것은?

㉠ 전단응력은 점성계수와 속도기울기의 곱이다.
㉡ 전단응력은 점성계수에 비례한다.
㉢ 전단응력은 속도기울기에 반비례한다.

① ㉠, ㉡
② ㉡, ㉢
③ ㉠, ㉢
④ ㉠, ㉡, ㉢

해설
㉢ 반비례 → 비례

Newton의 점성법칙 특징
(1) 전단응력은 **점성계수**와 **속도기울기**의 **곱**이다. 보기 ㉠
(2) 전단응력은 **속도기울기**에 **비례**한다. 보기 ㉡

(3) 속도기울기가 0인 곳에서 전단응력은 0이다.
(4) 전단응력은 **점성계수**에 비례한다. 보기 ㉡
(5) Newton의 **점성법칙(난류)**

$$\tau = \mu \frac{du}{dy}$$

여기서, τ : 전단응력[N/m²]
μ : 점성계수[N·s/m²]
$\frac{du}{dy}$: 속도구배(속도기울기)$\left[\frac{1}{s}\right]$

비교

Newton의 점성법칙

층류	난류
$\tau = \frac{p_A - p_B}{l} \cdot \frac{r}{2}$	$\tau = \mu \frac{du}{dy}$
여기서, τ : 전단응력[N/m²] $p_A - p_B$: 압력강하[N/m²] l : 관의 길이[m] r : 반경[m]	여기서, τ : 전단응력[N/m²] μ : 점성계수[N·s/m²] 또는 [kg/m·s] $\frac{du}{dy}$: 속도구배(속도기울기)$\left[\frac{1}{s}\right]$

답 ①

28 에너지선(EL)에 대한 설명으로 옳은 것은?

23.05.문40
14.09.문21
14.05.문35
12.03.문28

① 수력구배선보다 아래에 있다.
② 압력수두와 속도수두의 합이다.
③ 속도수두와 위치수두의 합이다.
④ 수력구배선보다 속도수두만큼 위에 있다.

해설 에너지선
(1) 항상 수력기울기선 위에 있다.
(2) 수력구배선=수력기울기선
(3) 수력구배선보다 속도수두만큼 위에 있다. 보기 ④

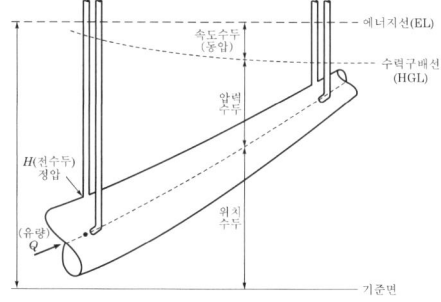

에너지선과 수력구배선

답 ④

29 그림과 같은 U자관 차압액주계에서 A와 B에 있는

19.03.문24
18.03.문37
15.09.문26
10.03.문35

유체는 물이고 그 중간의 유체는 수은(비중 13.6)이다. 또한 그림에서 $h_1 = 20\text{cm}$, $h_2 = 30\text{cm}$, $h_3 = 15\text{cm}$일 때 A의 압력(P_A)과 B의 압력(P_B)의 차이($P_A - P_B$)는 약 몇 kPa인가?

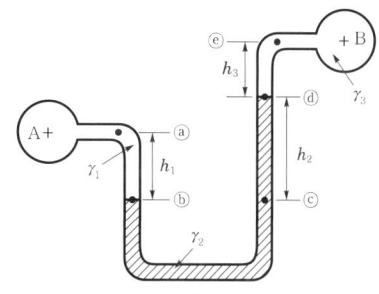

① 35.4 ② 39.5
③ 44.7 ④ 49.8

해설 (1) 기호
- h_1 : 20cm=0.2m (100cm=1m)
- h_2 : 30cm=0.3m (100cm=1m)
- h_3 : 15cm=0.15m (100cm=1m)
- s_2 : 13.6
- $P_A - P_B$: ?

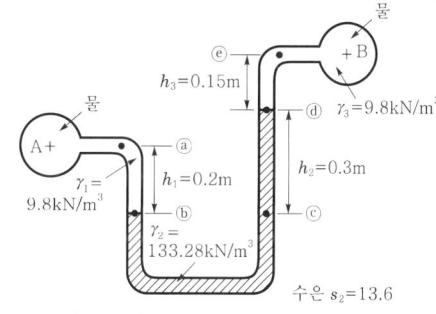

- 100cm=1m이므로 20cm=0.2m, 30cm=0.3m, 15cm=0.15m

(2) 비중

$$s = \frac{\gamma}{\gamma_w}$$

여기서, s : 비중
γ : 어떤 물질(수은)의 비중량[kN/m³]
γ_w : 물의 비중량(9.8kN/m³)

수은의 비중량 $\gamma_2 = s_2 \times \gamma_w$
$= 13.6 \times 9.8\text{kN/m}^3$
$= 133.28\text{kN/m}^3$

(3) 압력차

$$P_A + \gamma_1 h_1 - \gamma_2 h_2 - \gamma_3 h_3 = P_B$$

$P_A - P_B = -\gamma_1 h_1 + \gamma_2 h_2 + \gamma_3 h_3$
$= -9.8\text{kN/m}^3 \times 0.2\text{m} + 133.28\text{kN/m}^3$
$\times 0.3\text{m} + 9.8\text{kN/m}^3 \times 0.15\text{m}$

≒ 39.5kN/m² = 39.5kPa

- 1N/m²=1Pa, 1kN/m²=1kPa이므로 39.5kN/m²=39.5kPa
- 시차액주계=차압액주계

중요 시차액주계의 압력계산방법
점 A를 기준으로 내려가면 **더하고**, 올라가면 **빼면** 된다.

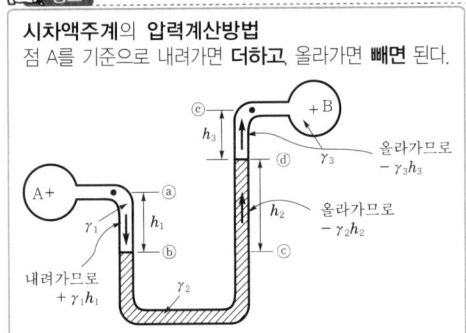

답 ②

30 ★★★
지름이 150mm인 원관에 비중이 0.85, 동점성계수가 $1.33 \times 10^{-4} \text{m}^2/\text{s}$인 기름이 0.01m³/s의 유량으로 흐르고 있다. 이때 관마찰계수는? (단, 임계 레이놀즈수는 2100이다.)

① 0.10 ② 0.14
③ 0.18 ④ 0.22

해설 (1) 기호
- D : 150mm=0.15m
- S : 0.85
- ν : $1.33 \times 10^{-4} \text{m}^2/\text{s}$
- Q : 0.01m³/s
- f : ?
- Re : 2100

(2) 유량

$$Q = AV = \left(\frac{\pi D^2}{4}\right)V$$

여기서, Q : 유량[m³/s]
A : 단면적[m²]
V : 유속[m/s]
D : 내경[m]

유속 V는

$$V = \frac{Q}{\frac{\pi D^2}{4}} = \frac{0.01 \text{m}^3/\text{s}}{\frac{\pi \times (0.15)^2}{4}} = 0.565 \text{m/s}$$

(3) 레이놀즈수

$$Re = \frac{DV\rho}{\mu} = \frac{DV}{\nu}$$

여기서, Re : 레이놀즈수
D : 내경[m]
V : 유속[m/s]
ρ : 밀도[kg/m³]

μ : 점도[kg/m·s]
ν : 동점성계수$\left(\frac{\mu}{\rho}\right)$[m²/s]

레이놀즈수 Re는

$$Re = \frac{DV}{\nu} = \frac{0.15 \text{m} \times 0.565 \text{m/s}}{1.33 \times 10^{-4} \text{m}^2/\text{s}} = 637.218$$

(4) 관마찰계수

$$f = \frac{64}{Re}$$

여기서, f : 관마찰계수
Re : 레이놀즈수

관마찰계수 f는

$$f = \frac{64}{Re} = \frac{64}{637.218} ≒ 0.10$$

답 ①

31 ★★★
지름 0.4m인 관에 물이 0.5m³/s로 흐를 때 길이 300m에 대한 동력손실은 60kW이었다. 이때 관마찰계수(f)는 얼마인가?

① 0.0151 ② 0.0202
③ 0.0256 ④ 0.0301

해설

$$H = \frac{\Delta P}{\gamma} = \frac{fLV^2}{2gD}$$

(1) 기호
- D : 0.4m
- Q : 0.5m³/s
- L : 300m
- P : 60kW
- f : ?

(2) 유량

$$Q = AV = \left(\frac{\pi D^2}{4}\right)V$$

여기서, Q : 유량[m³/s]
A : 단면적[m²]
V : 유속[m/s]
D : 지름[m]

유속 V는

$$V = \frac{Q}{\frac{\pi D^2}{4}} = \frac{0.5 \text{m}^3/\text{s}}{\frac{\pi \times (0.4)^2}{4}} ≒ 3.979 \text{m/s}$$

(3) 전동력

$$P = \frac{0.163QH}{\eta}K$$

여기서, P : 전동력 또는 동력손실[kW]
Q : 유량[m³/min]
H : 전양정 또는 손실수두[m]
K : 전달계수
η : 효율

손실수두 H는

$$H = \frac{P\cancel{\eta}}{0.163Q\cancel{K}}$$

$$H = \frac{60\text{kW}}{0.163 \times (0.5 \times 60)\text{m}^3/\text{min}} = 12.269\text{m}$$

- η, K : 주어지지 않았으므로 무시
- 1min=60s, 1s=$\frac{1}{60}$min 이므로

  $0.5\text{m}^3/\text{s} = 0.5\text{m}^3 / \frac{1}{60}\text{min} = (0.5 \times 60)\text{m}^3/\text{min}$

(4) **마찰손실**(달시-웨버의 식, Darcy-Weisbach formula)

$$H = \frac{\Delta P}{\gamma} = \frac{fLV^2}{2gD}$$

여기서, H : 마찰손실(수두)[m]
ΔP : 압력차[kPa] 또는 [kN/m²]
γ : 비중량(물의 비중량 9.8kN/m³)
f : 관마찰계수
L : 길이[m]
V : 유속(속도)[m/s]
g : 중력가속도(9.8m/s²)
D : 내경[m]

관마찰계수 f 는

$f = \frac{2gDH}{LV^2}$

$= \frac{2 \times 9.8\text{m/s}^2 \times 0.4\text{m} \times 12.269\text{m}}{300\text{m} \times (3.979\text{m/s})^2} ≒ 0.0202$

답 ②

32
다음과 같은 유동형태를 갖는 파이프 입구영역의 유동에서 부차적 손실계수가 가장 큰 것은?

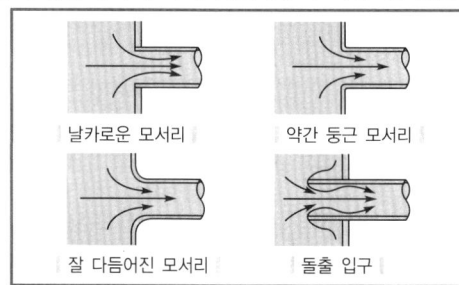

① 날카로운 모서리
② 약간 둥근 모서리
③ 잘 다듬어진 모서리
④ 돌출 입구

해설 **부차적 손실계수**

입구 유동조건	손실계수
잘 다듬어진 모서리 (많이 둥근 모서리)	0.04
약간 둥근 모서리 (조금 둥근 모서리)	0.2
날카로운 모서리 (직각 모서리)	0.5
돌출 입구	0.8

답 ④

33
관 내 물의 속도가 12m/s, 압력이 103kPa이다. 속도수두(H_v)와 압력수두(H_p)는 각각 약 몇 m인가?

① $H_v = 7.35$, $H_p = 9.8$
② $H_v = 7.35$, $H_p = 10.5$
③ $H_v = 6.52$, $H_p = 9.8$
④ $H_v = 6.52$, $H_p = 10.5$

해설 (1) 기호

- V : 12m/s
- P : 103kPa
- H_v : ?
- H_p : ?

(2) 수두

$$H_v = \frac{V^2}{2g}, \quad H_p = \frac{P}{\gamma}$$

여기서, H_v : 속도수두[m]
V : 유속[m/s]
g : 중력가속도(9.8m/s²)
H_p : 압력수두[m]
P : 압력[kN/m²]
γ : 비중량(물의 비중량 9.8kN/m³)

속도수두 H_v는

$H_v = \frac{V^2}{2g} = \frac{(12\text{m/s})^2}{2 \times 9.8\text{m/s}^2} ≒ 7.35\text{m}$

압력수두 H_p는

$H_p = \frac{P}{\gamma} = \frac{103\text{kPa}}{9.8\text{kN/m}^3} = \frac{103\text{kN/m}^2}{9.8\text{kN/m}^3} ≒ 10.5\text{m}$

- 물의 **비중량**(γ) = 9800N/m³ = 9.8kN/m³
- 1kPa=1kN/m²이므로 103kPa=103kN/m²

중요 **베르누이 정리**

$$\frac{V^2}{2g} + \frac{P}{\gamma} + Z = 일정$$

(속도수두)(압력수두)(위치수두)

- 물의 **속도수두**와 **압력수두**의 총합은 배관의 모든 부분에서 같다.

답 ②

34
다음 중 동점성계수의 차원을 옳게 표현한 것은? (단, 질량 M, 길이 L, 시간 T로 표시한다.)

① $[ML^{-1}T^{-1}]$ ② $[L^2T^{-1}]$
③ $[ML^{-2}T^{-2}]$ ④ $[ML^{-1}T^{-2}]$

해설

차 원	중력단위[차원]	절대단위[차원]
길이	m[L]	m[L]
시간	s[T]	s[T]
운동량	N·s[FT]	kg·m/s[MLT^{-1}]
힘	N[F]	kg·m/s^2[MLT^{-2}]
속도	m/s[LT^{-1}]	m/s[LT^{-1}]
가속도	m/s^2[LT^{-2}]	m/s^2[LT^{-2}]
질량	N·s^2/m[FL^{-1}T^2]	kg[M]
압력	N/m^2[FL^{-2}]	kg/m·s^2[ML^{-1}T^{-2}]
밀도	N·s^2/m^4[FL^{-4}T^2]	kg/m^3[ML^{-3}]
비중	무차원	무차원
비중량	N/m^3[FL^{-3}]	kg/m^2·s^2[ML^{-2}T^{-2}]
비체적	m^4/N·s^2[F^{-1}L^{4}T^{-2}]	m^3/kg[M^{-1}L^3]
일률	N·m/s[FLT^{-1}]	kg·m^2/s^3[ML^{2}T^{-3}]
일	N·m[FL]	kg·m^2/s^2[ML^{2}T^{-2}]
점성계수	N·s/m^2[FL^{-2}T]	kg/m·s[ML^{-1}T^{-1}]
동점성계수	m^2/s[L^{2}T^{-1}]	m^2/s[L^{2}T^{-1}] 보기 ②

답 ②

35 ★★★

초기 상태에서 압력 100kPa, 온도 15℃인 공기가 있다. 공기의 부피가 초기 부피의 $\frac{1}{20}$이 될 때까지 가역단열 압축할 때 압축 후의 온도는 약 몇 ℃인가? (단, 공기의 비열비는 1.4이다.)

① 54
② 348
③ 682
④ 912

21.09.문31
20.06.문30
18.04.문29
18.03.문25
13.03.문28
04.09.문32

해설

(1) 기호
- P_1 : 100kPa
- T_1 : 15℃=(273+15)K
- V_1 : 1m^3
- V_2 : $\frac{1}{20}$ m^3 〔공기의 부피(v_2)가 초기 부피(v_1)의 $\frac{1}{20}$이므로〕
- T_2 : ?
- K : 1.4

(2) 단열변화

$$\frac{T_2}{T_1}=\left(\frac{v_1}{v_2}\right)^{K-1}=\left(\frac{V_1}{V_2}\right)^{K-1}=\left(\frac{P_2}{P_1}\right)^{\frac{K-1}{K}}$$

여기서, T_1, T_2 : 변화 전후의 온도(273+℃)[K]
v_1, v_2 : 변화 전후의 비체적[m^3/kg]
V_1, V_2 : 변화 전후의 체적[m^3]
P_1, P_2 : 변화 전후의 압력[kJ/m^3 또는 [kPa]
K : 비열비

$$\frac{T_2}{T_1}=\left(\frac{V_1}{V_2}\right)^{K-1}$$

압축 후의 온도 T_2는

$$T_2=T_1\left(\frac{V_1}{V_2}\right)^{K-1}$$

$$T_2=(273+15)K\times\left(\frac{1m^3}{\frac{1}{20}m^3}\right)^{1.4-1}≒955K$$

(3) 절대온도

$$K=273+℃$$

여기서, K : 절대온도[K]
℃ : 섭씨온도[℃]
K = 273+℃
955 = 273+℃
℃ = 955−273 = 682℃

답 ③

36 ★★★

회전속도 N[rpm]일 때 송출량 Q[m^3/min], 전양정 H[m]인 원심펌프를 상사한 조건에서 회전속도를 1.4N[rpm]으로 바꾸어 작동할 때 (㉠) 유량과 (㉡) 전양정은?

20.06.문33
19.03.문34
17.05.문29
14.09.문23
11.06.문35
11.03.문35
05.09.문29
00.10.문61

① ㉠ 1.4Q, ㉡ 1.4H
② ㉠ 1.4Q, ㉡ 1.96H
③ ㉠ 1.96Q, ㉡ 1.4H
④ ㉠ 1.96Q, ㉡ 1.96H

해설

(1) 기호
- N_1 : N[rpm]
- Q_1 : Q[m^3/min]
- H_1 : H[m]
- N_2 : 1.4N[rpm]
- Q_2 : ?
- H_2 : ?

(2) 펌프의 상사법칙

㉠ 유량(송출량)

$$Q_2=Q_1\left(\frac{N_2}{N_1}\right)$$

㉡ 전양정

$$H_2=H_1\left(\frac{N_2}{N_1}\right)^2$$

㉢ 축동력

$$P_2=P_1\left(\frac{N_2}{N_1}\right)^3$$

여기서, Q_2, Q_1 : 변경 전후의 유량(송출량)[m^3/min]
H_2, H_1 : 변경 전후의 전양정[m]
P_2, P_1 : 변경 전후의 축동력[kW]
N_2, N_1 : 변경 전후의 회전수(회전속도)[rpm]

∴ 유량 $Q_2=Q_1\left(\frac{N_2}{N_1}\right)=Q\frac{1.4N}{N}=1.4Q$

전양정 $H_2=H_1\left(\frac{N_2}{N_1}\right)^2=H\left(\frac{1.4\cancel{N}}{\cancel{N}}\right)^2=1.96H$

용어

상사법칙
기하학적으로 유사하거나 같은 펌프에 적용하는 법칙

답 ②

37. 비중이 0.89이며 중량이 35N인 유체의 체적은 약 몇 m³인가?

① 0.13×10^{-3}
② 2.43×10^{-3}
③ 3.03×10^{-3}
④ 4.01×10^{-3}

해설

(1) 기호
- s : 0.89
- W : 35N
- V : ?

(2) 비중

$$s = \frac{\gamma}{\gamma_w}$$

여기서, s : 비중
γ : 어떤 물질의 비중량[N/m³]
γ_w : 물의 비중량(9800N/m³)

$\gamma = s \times \gamma_w = 0.89 \times 9800\text{N/m}^3 = 8722\text{N/m}^3$

(3) 비중량

$$\gamma = \frac{W}{V}$$

여기서, γ : 비중량[N/m³]
W : 중량[N]
V : 체적[m³]

$V = \frac{W}{\gamma} = \frac{35\text{N}}{8722\text{N/m}^3} ≒ 0.00401 = 4.01 \times 10^{-3}\text{m}^3$

답 ④

38. 열전도도가 0.08W/m·K인 단열재의 고온부가 75℃, 저온부가 20℃이다. 단위면적당 열손실이 200W/m²인 경우의 단열재 두께는 몇 mm인가?

① 22
② 45
③ 55
④ 80

해설

(1) 기호
- $℃_1$: 20℃
- $℃_2$: 75℃
- K : 0.08W/m·K
- $\mathring{q}''$: 200W/m²
- l : ?

(2) 절대온도

$$T = 273 + ℃$$

여기서, T : 절대온도[K]
$℃$: 섭씨온도[℃]

절대온도 T는
$T_2 = 273 + ℃_2 = 273 + 75℃ = 348\text{K}$
$T_1 = 273 + ℃_1 = 273 + 20℃ = 293\text{K}$

(3) 전도

$$\mathring{q}'' = \frac{K(T_2 - T_1)}{l}$$

여기서, $\mathring{q}''$: 단위면적당 열량(열손실)[W/m²]
K : 열전도율[W/m·K]
$T_2 - T_1$: 온도차[℃] 또는 [K]
l : 두께[m]

두께 l은

$l = \frac{K(T_2 - T_1)}{\mathring{q}''}$
$= \frac{0.08\text{W/m·K} \times (348-293)\text{K}}{200\text{W/m}^2}$
$= 0.022\text{m} = 22\text{mm}(1\text{m} = 1000\text{mm})$

답 ①

39. 다음은 어떤 열역학법칙을 설명한 것인가?

열은 고온열원에서 저온의 물체로 이동하나, 반대로 스스로 돌아갈 수 없는 비가역 변화이다.

① 열역학 제0법칙
② 열역학 제1법칙
③ 열역학 제2법칙
④ 열역학 제3법칙

해설 열역학의 법칙

(1) **열역학 제0법칙** (열평형의 법칙)
① 온도가 높은 물체에 낮은 물체를 접촉시키면 온도가 높은 물체에서 낮은 물체로 열이 이동하여 두 물체의 **온도**는 **평형**을 이루게 된다.
② 어떤 두 물체 A와 B가 제3의 물체 C와 각각 열평형상태에 있을 때, 두 물체 A와 B도 서로 열평형상태이다.

(2) **열역학 제1법칙** (에너지보존의 법칙)
㉠ 기체의 공급에너지는 **내부에너지**와 외부에서 한 일의 합과 같다.
㉡ 사이클 과정에서 **시스템(계)**이 한 **총일**은 시스템이 받은 **총열량**과 같다.

(3) **열역학 제2법칙**
㉠ 열은 스스로 **저온**에서 **고온**으로 절대로 흐르지 않는다(일을 가하면 **저온**부로부터 **고온**부로 열을 이동시킬 수 있다).
㉡ 열은 그 스스로 저열원체에서 고열원체로 이동할 수 없다.
㉢ 자발적인 변화는 **비가역적**이다. 보기 ③
㉣ 열을 완전히 일로 바꿀 수 있는 **열기관**을 만들 수 **없다**(일을 100% 열로 변환시킬 수 없다).

(4) **열역학 제3법칙**
㉠ 순수한 물질이 1atm하에서 결정상태이면 **엔트로피**는 0K에서 **0**이다.
㉡ 단열과정에서 시스템의 **엔트로피**는 변하지 않는다.

답 ③

40

내경이 20cm인 원판 속을 평균유속 7m/s로 물이 흐른다. 관의 길이 15m에 대한 마찰손실수두는 몇 m인가?(단, 관마찰계수는 0.013이다.)

① 4.88
② 23.9
③ 2.44
④ 1.22

해설

(1) 기호
- D : 20cm = 0.2m (100cm = 1m)
- V : 7m/s
- L : 15m
- H : ?
- f : 0.013

(2) **마찰손실**(달시-웨버의 식 ; Darcy–Weisbach formula)

$$H = \frac{\Delta P}{\gamma} = \frac{fLV^2}{2gD}$$

여기서, H : 마찰손실수두[m]
ΔP : 압력차[kPa] 또는 [kN/m²]
γ : 비중량(물의 비중량 9.8kN/m³)
f : 관마찰계수
L : 길이[m]
V : 유속(속도)[m/s]
g : 중력가속도(9.8m/s²)
D : 내경[m]

마찰손실수두 H는

$$H = \frac{fLV^2}{2gD}$$

$$= \frac{0.013 \times 15\text{m} \times (7\text{m/s})^2}{2 \times 9.8\text{m/s}^2 \times 0.2\text{m}} = 2.437 ≒ 2.44\text{m}$$

비교

층류 : 손실수두

유체의 속도를 알 수 있는 경우	유체의 속도를 알 수 없는 경우
$H = \dfrac{\Delta P}{\gamma} = \dfrac{fLV^2}{2gD}$ [m] (다르시-바이스바하의 식)	$H = \dfrac{\Delta P}{\gamma} = \dfrac{128\mu QL}{\gamma \pi D^4}$ [m] (하젠-포아젤의 식)
여기서, H : 마찰손실(손실수두)[m] ΔP : 압력차[Pa] 또는 [N/m²] γ : 비중량(물의 비중량 9800N/m³) f : 관마찰계수 L : 길이[m] V : 유속[m/s] g : 중력가속도(9.8m/s²) D : 내경[m]	여기서, ΔP : 압력차(압력강하, 압력손실)[N/m²] γ : 비중량(물의 비중량 9800N/m³) μ : 점성계수[N·s/m²] Q : 유량[m³/s] L : 길이[m] D : 내경[m]

답 ③

제3과목 소방관계법규

41

소방기본법에 따른 출동한 소방대의 소방장비를 파손하거나 그 효용을 해하여 화재진압·인명구조 또는 구급활동을 방해하는 행위를 한 사람에 대한 벌칙기준은?

① 5년 이하의 징역 또는 5000만원 이하의 벌금
② 5년 이하의 징역 또는 3000만원 이하의 벌금
③ 3년 이하의 징역 또는 3000만원 이하의 벌금
④ 3년 이하의 징역 또는 1500만원 이하의 벌금

해설 기본법 50조

<u>5</u>년 이하의 징역 또는 **5000**만원 이하의 벌금

(1) 소방자동차의 **출**동 방해 보기 ①
(2) 사람**구**출 방해(화재진압, 구급활동 방해)
(3) 소방**용**수시설 또는 비상소화장치의 효용 방해

기억법 출구용5

답 ①

42

소방기본법령상 인접하고 있는 시·도 간 소방업무의 상호응원협정을 체결하고자 할 때, 포함되어야 하는 사항으로 틀린 것은?

① 소방교육·훈련의 종류에 관한 사항
② 화재의 경계·진압활동에 관한 사항
③ 출동대원의 수당·식사 및 의복의 수선의 소요경비의 부담에 관한 사항
④ 화재조사활동에 관한 사항

해설 ① 소방교육·훈련의 종류는 해당없음

기본규칙 8조
소방업무의 상호응원협정
(1) 다음의 **소방활동**에 관한 사항
  ㉠ 화재의 경계·진압활동 보기 ②
  ㉡ 구조·구급업무의 지원
  ㉢ 화재조사활동 보기 ④
(2) 응원출동 대상지역 및 규모
(3) 소요경비의 **부담**에 관한 사항
  ㉠ 출동대원의 수당·식사 및 의복의 수선 보기 ③
  ㉡ 소방장비 및 기구의 정비와 연료의 보급
(4) 응원출동의 요청방법
(5) 응원출동 훈련 및 평가

답 ①

43. 소방용수시설 중 소화전과 급수탑의 설치기준으로 틀린 것은?

① 소화전은 상수도와 연결하여 지하식 또는 지상식의 구조로 할 것
② 소방용 호스와 연결하는 소화전의 연결금속구의 구경은 65mm로 할 것
③ 급수탑 급수배관의 구경은 100mm 이상으로 할 것
④ 급수탑의 개폐밸브는 지상에서 1.5m 이상 1.8m 이하의 위치에 설치할 것

해설
④ 1.5m 이상 1.8m 이하 → 1.5m 이상 1.7m 이하

기본규칙〔별표 3〕
소방용수시설별 설치기준

소화전	급수탑
• 65mm : 연결금속구의 구경	• 100mm : 급수배관의 구경 • 1.5~1.7m 이하 : 개폐밸브 높이 보기 ④

답 ④

---

44. 소방시설공사업법령상 소방공사감리를 실시함에 있어 용도와 구조에서 특별히 안전성과 보안성이 요구되는 소방대상물로서 소방시설물에 대한 감리를 감리업자가 아닌 자가 감리할 수 있는 장소는?

① 정보기관의 청사
② 교도소 등 교정관련시설
③ 국방 관계시설 설치장소
④ 원자력안전법상 관계시설이 설치되는 장소

해설
(1) 공사업법 시행령 8조
감리업자가 아닌 자가 감리할 수 있는 보안성 등이 요구되는 소방대상물의 시공장소 「원자력안전법」 제2조 제10호에 따른 **관계시설**이 설치되는 장소 보기 ④
(2) 원자력안전법 2조 10호
"관계시설"이란 원자로의 안전에 관계되는 시설로서 대통령령으로 정하는 것을 말한다.

답 ④

---

45. 다음 중 소방시설 설치 및 관리에 관한 법령상 소방시설관리업을 등록할 수 있는 자는?

① 피성년후견인
② 소방시설관리업의 등록이 취소된 날부터 2년이 경과된 자
③ 금고 이상의 형의 집행유예를 선고받고 그 유예기간 중에 있는 자
④ 금고 이상의 실형을 선고받고 그 집행이 면제된 날부터 2년이 지나지 아니한 자

해설
소방시설법 30조
소방시설관리업의 등록결격사유
(1) 피성년후견인 보기 ①
(2) 금고 이상의 실형을 선고받고 그 집행이 끝나거나 집행이 면제된 날부터 **2년**이 지나지 아니한 사람 보기 ④
(3) 금고 이상의 형의 집행유예를 선고받고 그 유예기간 중에 있는 사람 보기 ③
(4) 관리업의 등록이 취소된 날부터 **2년**이 지나지 아니한 자

답 ②

---

46. 화재의 예방 및 안전관리에 관한 법령상 특수가연물의 저장 및 취급의 기준 중 ( )에 들어갈 내용으로 옳은 것은? (단, 석탄·목탄류의 경우는 제외한다.)

쌓는 높이는 (㉠)m 이하가 되도록 하고, 쌓는 부분의 바닥면적은 (㉡)m² 이하가 되도록 할 것

① ㉠ 15, ㉡ 200
② ㉠ 15, ㉡ 300
③ ㉠ 10, ㉡ 30
④ ㉠ 10, ㉡ 50

해설
화재예방법 시행령〔별표 3〕
특수가연물의 저장·취급기준
(1) **품명별**로 구분하여 쌓을 것
(2) 쌓는 높이는 **10m** 이하가 되도록 할 것 보기 ④
(3) 쌓는 부분의 바닥면적은 **50m²**(석탄·목탄류는 200m²) 이하가 되도록 할 것(단, 살수설비를 설치하거나 대형 수동식 소화기를 설치하는 경우에는 높이 15m 이하, 바닥면적 200m²(석탄·목탄류는 300m²) 이하) 보기 ④
(4) 쌓는 부분의 바닥면적 사이는 실내의 경우 **1.2m** 또는 쌓는 높이의 $\frac{1}{2}$ 중 **큰 값**(실외 3m 또는 쌓는 높이 중 **큰 값**) 이상으로 간격을 둘 것
(5) 취급장소에는 **품명, 최대저장수량, 단위부피당 질량 또는 단위체적당 질량, 관리책임자 성명·직책·연락처** 및 **화기취급의 금지표지** 설치

답 ④

24. 07. 시행 / 기사(기계)

47 소방기본법령에 따른 소방용수시설의 설치기준상 소방용수시설을 주거지역·상업지역 및 공업지역에 설치하는 경우 소방대상물과의 수평거리를 몇 m 이하가 되도록 해야 하는가?

① 280
② 100
③ 140
④ 200

해설 기본규칙 [별표 3]
소방용수시설의 설치기준

거리기준	지 역
수평거리 100m 이하 보기 ②	• 공업지역 • 상업지역 • 주거지역 기억법 주상공100(주상공 백지에 사인을 하시오.)
수평거리 140m 이하	• 기타지역

답 ②

48 위험물안전관리법령상 정기점검의 대상인 제조소 등의 기준으로 틀린 것은?

① 지하탱크저장소
② 이동탱크저장소
③ 지정수량의 10배 이상의 위험물을 취급하는 제조소
④ 지정수량의 20배 이상의 위험물을 저장하는 옥외탱크저장소

해설 ④ 20배 이상 → 200배 이상

위험물령 15·16조
정기점검의 대상인 제조소 등
(1) 제조소 등(이송취급소·암반탱크저장소)
(2) 지하탱크저장소 보기 ①
(3) 이동탱크저장소 보기 ②
(4) 위험물을 취급하는 탱크로서 지하에 매설된 탱크가 있는 제조소·주유취급소 또는 일반취급소

기억법 정이암 지이

(5) 예방규정을 정하여야 할 제조소 등

배 수	제조소 등
10배 이상	• 제조소 보기 ③ • 일반취급소
100배 이상	• 옥외저장소
150배 이상	• 옥내저장소
200배 이상	• 옥외탱크저장소 보기 ④
모두 해당	• 이송취급소 • 암반탱크저장소

기억법 1 제일
0 외
5 내
2 탱

※ **예방규정**: 제조소 등의 화재예방과 화재 등 재해발생시의 비상조치를 위한 규정

답 ④

49 제4류 위험물제조소의 경우 사용전압이 22kV인 특고압가공전선이 지나갈 때 제조소의 외벽과 가공전선 사이의 수평거리(안전거리)는 몇 m 이상이어야 하는가?

① 2
② 3
③ 5
④ 10

해설 위험물규칙 [별표 4]
위험물제조소의 안전거리

안전거리	대 상
3m 이상	• 7~35kV 이하의 특고압가공전선 보기 ②
5m 이상	• 35kV를 초과하는 특고압가공전선
10m 이상	• 주거용으로 사용되는 것
20m 이상	• 고압가스 제조시설(용기에 충전하는 것 포함) • 고압가스 사용시설(1일 30m³ 이상 용적 취급) • 고압가스 저장시설 • 액화산소 소비시설 • 액화석유가스 제조·저장시설 • 도시가스 공급시설
30m 이상	• 학교 • 병원급 의료기관 • 공연장 ┐ • 영화상영관 ┘ 300명 이상 수용시설 • 아동복지시설 • 노인복지시설 • 장애인복지시설 • 한부모가족 복지시설 • 어린이집 • 성매매 피해자 등을 위한 지원시설 • 정신건강증진시설 • 가정폭력 피해자 보호시설 ┘ 20명 이상 수용시설
50m 이상	• 지정문화유산 • 천연기념물 등

답 ②

50. 화재의 예방 및 안전관리에 관한 법률상 소방안전관리대상물의 소방안전관리자 업무가 아닌 것은?

① 소방훈련 및 교육
② 피난시설, 방화구획 및 방화시설의 관리
③ 자위소방대 및 본격대응체계의 구성·운영·교육
④ 피난계획에 관한 사항과 대통령령으로 정하는 사항이 포함된 소방계획서의 작성 및 시행

해설
③ 본격대응체계 → 초기대응체계

화재예방법 24조 ⑤항
관계인 및 소방안전관리자의 업무

특정소방대상물 (관계인)	소방안전관리대상물 (소방안전관리자)
• 피난시설·방화구획 및 방화시설의 관리 • 소방시설, 그 밖의 소방관련 시설의 관리 • **화기취급**의 감독 • 소방안전관리에 필요한 업무 • 화재발생시 초기대응	• 피난시설·방화구획 및 방화시설의 관리 보기② • 소방시설, 그 밖의 소방관련 시설의 관리 • **화기취급**의 감독 • 소방안전관리에 필요한 업무 • **소방계획서**의 작성 및 시행(대통령령으로 정하는 사항 포함) 보기④ • **자위소방대** 및 **초기대응체계**의 구성·운영·교육 보기③ • 소방훈련 및 교육 보기① • 소방안전관리에 관한 업무 수행에 관한 기록·유지 • 화재발생시 초기대응

용어

특정소방대상물	소방안전관리대상물
건축물 등의 규모·용도 및 수용인원 등을 고려하여 소방시설을 설치하여야 하는 소방대상물로서 대통령령으로 정하는 것	대통령령으로 정하는 특정소방대상물

답 ③

51. 소방시설공사업법령상 일반 소방시설설계업(기계분야)의 영업범위에 대한 기준 중 ( )에 알맞은 내용은? (단, 공장의 경우는 제외한다.)

연면적 ( )m² 미만의 특정소방대상물(제연설비가 설치되는 특정소방대상물은 제외한다)에 설치되는 기계분야 소방시설의 설계

① 10000 ② 20000
③ 30000 ④ 50000

해설
공사업령〔별표 1〕
소방시설설계업

종류	기술인력	영업범위
전문	• 주된기술인력: 1명 이상 • 보조기술인력: 1명 이상	• 모든 특정소방대상물
일반	• 주된기술인력: 1명 이상 • 보조기술인력: 1명 이상	• 아파트(기계분야 제연설비 제외) • 연면적 30000m²(공장 10000m²) 미만(기계분야 제연설비 제외) 보기③ • 위험물제조소 등

답 ③

52. 화재의 예방 및 안전관리에 관한 법령상 시·도지사는 화재가 발생할 우려가 높거나 화재가 발생하는 경우 그로 인하여 피해가 클 것으로 예상되는 지역을 화재예방강화지구로 지정할 수 있는데 다음 중 지정대상지역에 대한 기준으로 틀린 것은? (단, 소방청장·소방본부장 또는 소방서장이 화재예방강화지구로 지정할 필요가 있다고 별도로 인정하는 지역은 제외한다.)

① 소방출동로가 없는 지역
② 석유화학제품을 생산하는 공장이 있는 지역
③ 석조건물이 2채 이상 밀집한 지역
④ 공장이 밀집한 지역

해설
③ 해당없음

화재예방법 18조
화재예방강화지구의 지정
(1) **지정권자**: 시·도지사
(2) **지정지역**
  ㉠ **시장**지역
  ㉡ **공장**·**창고** 등이 밀집한 지역 보기④
  ㉢ **목조건물**이 밀집한 지역
  ㉣ **노후**·**불량** 건축물이 밀집한 지역
  ㉤ **위험물**의 저장 및 처리시설이 **밀집**한 지역
  ㉥ **석유화학제품**을 생산하는 공장이 있는 지역 보기②
  ㉦ **소방시설**·**소방용수시설** 또는 **소방출동로**가 없는 지역 보기①
  ㉧ 「산업입지 및 개발에 관한 **법률**」에 따른 산업단지
  ㉨ 「물류시설의 개발 및 운영에 관한 법률」에 따른 **물류단지**
  ㉩ **소방청장**·**소방본부장**·**소방서장**(소방관서장)이 화재예방강화지구로 지정할 필요가 있다고 인정하는 지역

※ **화재예방강화지구** : 화재발생 우려가 크거나 화재가 발생할 경우 피해가 클 것으로 예상되는 지역에 대하여 화재의 예방 및 안전관리를 강화하기 위해 지정·관리하는 지역

비교

기본법 19조
화재로 오인할 만한 불을 피우거나 연막소독시 신고지역
(1) 시장지역
(2) 공장·창고가 밀집한 지역
(3) 목조건물이 밀집한 지역
(4) 위험물의 저장 및 처리시설이 밀집한 지역
(5) 석유화학제품을 생산하는 공장이 있는 지역
(6) 그 밖에 시·도의 조례로 정하는 지역 또는 장소

답 ③

53

위험물안전관리법령상 제조소 또는 일반 취급소의 위험물취급탱크 노즐 또는 맨홀을 신설하는 경우, 노즐 또는 맨홀의 직경이 몇 mm를 초과하는 경우에 변경허가를 받아야 하는가?

① 500   ② 450
③ 250   ④ 600

해설 위험물규칙〔별표 1의 2〕
제조소 등의 변경허가를 받아야 하는 경우
(1) 제조소 또는 일반취급소의 위치를 이전
(2) 건축물의 벽·기둥·바닥·보 또는 지붕을 증설 또는 철거
(3) 배출설비를 신설
(4) 위험물취급탱크를 신설·교체·철거 또는 보수
(5) 위험물취급탱크의 노즐 또는 맨홀의 직경이 **250mm**를 초과하는 경우에 신설 보기 ③
(6) 위험물취급탱크의 방유제의 높이 또는 방유제 내의 면적을 변경
(7) 위험물취급탱크의 탱크전용실을 증설 또는 교체
(8) **300m**(지상에 설치하지 아니하는 배관의 경우에는 **30m**)를 초과하는 위험물배관을 신설·교체·철거 또는 보수(배관을 절개하는 경우에 한한다)하는 경우

답 ③

54

소방시설 설치 및 관리에 관한 법령상 스프링클러설비를 설치하여야 하는 특정소방대상물의 기준으로 틀린 것은? (단, 위험물 저장 및 처리 시설 중 가스시설 또는 지하구는 제외한다.)

① 복합건축물로서 연면적 3500m² 이상인 경우에는 모든 층
② 창고시설(물류터미널은 제외)로서 바닥면적 합계가 5000m² 이상인 경우에는 모든 층
③ 숙박이 가능한 수련시설 용도로 사용되는 시설의 바닥면적의 합계가 600m² 이상인 것은 모든 층
④ 판매시설, 운수시설 및 창고시설(물류터미널에 한정)로서 바닥면적의 합계가 5000m² 이상이거나 수용인원이 500명 이상인 경우에는 모든 층

해설 ① 3500m² → 5000m²

소방시설법 시행령〔별표 4〕
스프링클러설비의 설치대상

설치대상	조 건
① 문화 및 집회시설, 운동시설 ② 종교시설	• 수용인원 : 100명 이상 • 영화상영관 : 지하층·무창층 500m²(기타 1000m²) 이상 • 무대부 – 지하층·무창층·4층 이상 300m² 이상 – 1~3층 500m² 이상
③ 판매시설 ④ 운수시설 ⑤ 물류터미널	• 수용인원 : 500명 이상 • 바닥면적 합계 : 5000m² 이상 보기 ④
⑥ 노유자시설 ⑦ 정신의료기관 ⑧ 수련시설(숙박 가능한 것) ⑨ 종합병원, 병원, 치과병원, 한방병원 및 요양병원(정신병원 제외) ⑩ 숙박시설	• 바닥면적 합계 600m² 이상 보기 ③
⑪ 지하층·무창층·4층 이상	• 바닥면적 1000m² 이상
⑫ 창고시설(물류터미널 제외)	• 바닥면적 합계 : 5000m² 이상 : 전층 보기 ②
⑬ **지하상가**	• 연면적 1000m² 이상
⑭ 10m 넘는 랙식 창고	• 연면적 1500m² 이상
⑮ 복합건축물 ⑯ 기숙사	• 연면적 5000m² 이상 : 전층 보기 ①
⑰ 6층 이상	• 전층
⑱ 보일러실·연결통로	• 전부
⑲ 특수가연물 저장·취급	• 지정수량 1000배 이상
⑳ 발전시설	• 전기저장시설 : 전부

답 ①

55

소방기본법령상 소방안전교육사의 배치대상별 배치기준에서 소방본부의 배치기준은 몇 명 이상인가?

① 1   ② 2
③ 3   ④ 4

해설 **기본령 〔별표 2의 3〕**
소방안전교육사의 배치대상별 배치기준

배치대상	배치기준
소방서	• 1명 이상
한국소방안전원	• 시·도지부 : 1명 이상 • 본회 : 2명 이상
소방본부	• 2명 이상 보기 ②
소방청	• 2명 이상
한국소방산업기술원	• 2명 이상

답 ②

56 ★★★ 소방기본법령상 소방대상물에 해당하지 않는 것은?

23.09.문60
21.03.문58
15.05.문54
12.05.문48

① 차량
② 운항 중인 선박
③ 선박건조구조물
④ 건축물

해설 ② 운항 중인 → 매어둔

기본법 2조 1호
소방대상물
소방차가 출동해서 불을 끌 수 있는 범위
(1) **건**축물 보기 ④
(2) **차**량 보기 ①
(3) **선**박(매어둔 것) 보기 ②
(4) **선**박건조구조물 보기 ③
(5) **인**공구조물
(6) **물**건
(7) **산**림

기억법 건차선 인물산

비교

위험물법 3조
위험물의 저장·운반·취급에 대한 적용 제외
(1) 항공기
(2) 선박
(3) 철도(기차)
(4) 궤도

답 ②

57 ★★★ 하자보수대상 소방시설 중 하자보수 보증기간이 3년인 것은?

22.09.문60
21.09.문49
21.05.문59
17.05.문51
16.10.문56
15.05.문59
15.03.문52
12.05.문59

① 유도등
② 피난기구
③ 비상방송설비
④ 스프링클러설비

해설 ①, ②, ③ 2년
④ 3년

공사업령 6조
소방시설공사의 하자보수 보증기간

보증기간	소방시설
2년	① **유**도등·**피**난기구 보기 ①② ② **비**상**조**명등·비상**경**보설비·비상**방**송설비 보기 ③ ③ **무**선통신보조설비 기억법 유비조경방무피2
3년	① 자동소화장치 ② 옥내·외소화전설비 ③ 스프링클러설비 보기 ④ ④ 물분무등소화설비·소화용수설비 ⑤ 자동화재탐지설비·소화활동설비(무선통신보조설비 제외) ⑥ 화재알림설비

답 ④

58 ★★★ 소방기본법령상 소방서 종합상황실의 실장이 서면·모사전송 또는 컴퓨터통신 등으로 소방본부의 종합상황실에 지체 없이 보고하여야 하는 화재의 기준으로 틀린 것은?

22.09.문57
21.09.문51
20.08.문52
18.04.문41
17.05.문53
16.03.문46
05.09.문55

① 이재민이 50인 이상 발생한 화재
② 재산피해액이 50억원 이상 발생한 화재
③ 층수가 11층 이상인 건축물에서 발생한 화재
④ 사망자가 5인 이상 발생하거나 사상자가 10인 이상 발생한 화재

해설 ① 50인 → 100인

기본규칙 3조
종합상황실 실장의 보고화재
(1) 사망자 **5인** 이상 화재 보기 ④
(2) 사상자 **10인** 이상 화재 보기 ④
(3) 이재민 **100인** 이상 화재 보기 ①
(4) 재산피해액 **50억원** 이상 화재 보기 ②
(5) 관광호텔, 층수가 11층 이상인 건축물, 지하상가, 시장, 백화점 보기 ③
(6) 5층 이상 또는 객실 30실 이상인 **숙박시설**
(7) 5층 이상 또는 병상 30개 이상인 **종합병원·정신병원·한방병원·요양소**
(8) 1000t 이상인 선박(항구에 매어둔 것), 철도차량, 항공기, 발전소 또는 변전소
(9) 지정수량 **3000배** 이상의 위험물 제조소·저장소·취급소
(10) 연면적 **15000㎡** 이상인 **공장** 또는 화재예방강화지구에서 발생한 화재
(11) **가스** 및 **화약류**의 폭발에 의한 화재
(12) **관공서·학교·정부미** 도정공장·문화재·지하철 또는 지하구의 **화재**
(13) 다중이용업소의 화재

※ **종합상황실** : 화재·재난·재해·구조·구급 등이 필요한 때에 신속한 소방활동을 위한 정보를 수집·전파하는 소방서 또는 소방본부의 지령관제실

답 ①

59 관리의 권원이 분리된 특정소방대상물의 기준이 아닌 것은?
① 판매시설 중 도매시장 및 소매시장
② 복합건축물로서 층수가 11층 이상인 것(단, 지하층 제외)
③ 지하층을 제외한 층수가 7층 이상인 고층건축물
④ 복합건축물로서 연면적이 30000m² 이상인 것

해설 ③ 7층 이상 고층건축물 → 11층 이상 복합건축물

화재예방법 35조, 화재예방법 시행령 35조
관리의 권원이 분리된 특정소방대상물의 소방안전관리
(1) **복합건축물**(지하층을 제외한 **11층** 이상, 또는 연면적 **30000m²** 이상인 건축물) 보기 ②③④
(2) 지하가
(3) 도매시장, 소매시장, 전통시장 보기 ①

답 ③

60 소방시설 설치 및 관리에 관한 법률상 지방소방기술심의위원회의 심의사항은?
① 화재안전기준에 관한 사항
② 소방시설의 성능위주설계에 관한 사항
③ 소방시설에 하자가 있는지의 판단에 관한 사항
④ 소방시설의 설계 및 공사감리의 방법에 관한 사항

해설 ③ 지방소방기술심의위원회의 심의사항

소방시설법 18조
소방기술심의위원회의 심의사항

중앙소방기술심의위원회	지방소방기술심의위원회
① 화재안전기준에 관한 사항 보기 ① ② 소방시설의 구조 및 원리 등에서 공법이 특수한 설계 및 시공에 관한 사항 보기 ② ③ 소방시설의 설계 및 공사감리의 방법에 관한 사항 보기 ④ ④ **소방시설공사**의 하자를 판단하는 기준에 관한 사항 ⑤ 신기술·신공법 등 검토평가에 고도의 기술이 필요한 경우로서 중앙위원회에 심의를 요청한 상태	**소방시설**에 하자가 있는지의 판단에 관한 사항 보기 ③

답 ③

제 4 과목 소방기계시설의 구조 및 원리

61 스프링클러설비의 화재안전기준상 스프링클러헤드를 설치하는 천장·반자·천장과 반자 사이·덕트·선반 등의 각 부분으로부터 하나의 스프링클러헤드까지의 수평거리 기준으로 틀린 것은? (단, 성능이 별도로 인정된 스프링클러헤드를 수리계산에 따라 설치하는 경우는 제외한다.)
① 무대부에 있어서는 1.7m 이하
② 공동주택(아파트) 세대 내에 있어서는 2.6m 이하
③ 특수가연물을 저장 또는 취급하는 장소에 있어서는 2.1m 이하
④ 특수가연물을 저장 또는 취급하는 랙식 창고의 경우에는 1.7m 이하

해설 ③ 2.1m → 1.7m

수평거리(R)(NFPC 103 10조, NFTC 103 2.7.3·274/NFPC 608 7조, NFTC 608 2.3.1.4)

설치장소	설치기준
무대부·**특**수가연물 (창고 포함)	수평거리 **1.7m** 이하 보기 ①③④
기타구조(창고 포함)	수평거리 **2.1m** 이하
내화구조(창고 포함)	수평거리 **2.3m** 이하
공동주택(**아**파트) 세대 내	수평거리 **2.6m** 이하 보기 ②

| 기억법 | 무특 7
 기 1
 내 3
 아 6 |

답 ③

62 피난기구를 설치하여야 할 소방대상물 중 피난기구의 2분의 1을 감소할 수 있는 조건이 아닌 것은?
① 주요구조부가 내화구조로 되어 있다.
② 특별피난계단이 2 이상 설치되어 있다.
③ 소방구조용(비상용) 엘리베이터가 설치되어 있다.
④ 직통계단인 피난계단이 2 이상 설치되어 있다.

해설 피난기구의 $\frac{1}{2}$을 감소할 수 있는 경우(NFPC 301 7조, NFTC 301 2.3.1.)
(1) 주요구조부가 **내화구조**로 되어 있을 것
(2) 직통계단인 **피난계단**이 2 이상 설치되어 있을 것
(3) 직통계단인 **특별피난계단**이 2 이상 설치되어 있을 것

답 ③

63

인명구조기구의 화재안전기준상 특정소방대상물의 용도 및 장소별로 설치하여야 할 인명구조기구 종류의 기준 중 다음 ( ) 안에 알맞은 것은?

특정소방대상물	인명구조기구의 종류
물분무등소화설비 중 ( )를 설치하여야 하는 특정소방대상물	공기호흡기

① 분말소화설비
② 할론소화설비
③ 이산화탄소소화설비
④ 할로겐화합물 및 불활성기체소화설비

해설 특정소방대상물의 용도 및 장소별로 설치하여야 할 인명구조기구(NFTC 302 2.1.1.1)

특정소방대상물	인명구조기구의 종류	설치수량
7층 이상인 관광호텔 및 5층 이상인 병원(지하층 포함)	• 방열복 또는 방화복(안전모, 보호장갑, 안전화 포함) • 공기호흡기 • 인공소생기	각 2개 이상 비치할 것(단, 병원의 경우에는 인공소생기 설치 제외 가능)
• 문화 및 집회시설 중 수용인원 100명 이상의 영화상영관 • 대규모 점포 • 지하역사 • 지하상가	공기호흡기	층마다 2개 이상 비치할 것(단, 각 층마다 갖추어 두어야 할 공기호흡기 중 일부를 직원이 상주하는 인근 사무실에 갖추어 둘 수 있음)
이산화탄소소화설비(호스릴 이산화탄소소화설비 제외)를 설치하여야 하는 특정소방대상물 보기 ③	공기호흡기	이산화탄소소화설비가 설치된 장소의 출입구 외부 인근에 1대 이상 비치할 것

답 ③

64

개방형 스프링클러설비에서 하나의 방수구역을 담당하는 헤드의 개수는 몇 개 이하로 해야 하는가? (단, 방수구역은 나누어져 있지 않고 하나의 구역으로 되어 있다.)

① 50
② 40
③ 30
④ 20

해설 개방형 설비의 방수구역(NFPC 103 7조, NFTC 103 2.4.1)
(1) 하나의 방수구역은 2개층에 미치지 아니할 것
(2) 방수구역마다 **일제개방밸브**를 설치
(3) 하나의 방수구역을 담당하는 헤드의 개수는 **50개** 이하(단, 2개 이상의 방수구역으로 나눌 경우에는 **25개** 이상)

기억법 5개(오골개)

(4) 표지는 '일제개방밸브실'이라고 표시한다.

답 ①

65

스프링클러설비의 교차배관에서 분기되는 지점을 기점으로 한쪽 가지배관에 설치되는 헤드는 몇 개 이하로 설치하여야 하는가? (단, 수리학적 배관방식의 경우는 제외한다.)

① 8
② 10
③ 12
④ 18

해설 한쪽 가지배관에 설치되는 헤드의 개수는 **8개** 이하로 한다. 보기 ① (NFPC 103 8조, NFTC 103 2.5.9.2)

기억법 한8(한팔)

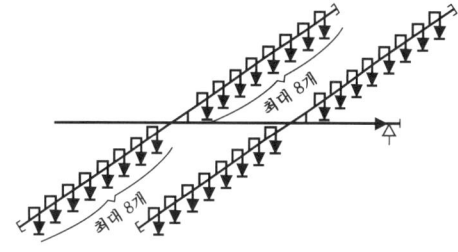

가지배관의 헤드 개수

비교
연결살수설비(NFPC 503 4조, NFTC 503 2.1.4)
연결살수설비에서 하나의 송수구역에 설치하는 **개방형 헤드**의 수는 **10개** 이하로 한다.

중요
헤드개수

한쪽 가지배관	연결살수설비	개방형 방수구역
8개	10개	50개

답 ①

66

소화용수설비의 소화수조가 옥상 또는 옥탑부분에 설치된 경우 지상에 설치된 채수구에서의 압력은 얼마 이상이어야 하는가?

① 0.15MPa
② 0.20MPa
③ 0.25MPa
④ 0.35MPa

해설 **소화수조 및 저수조의 설치기준**(NFPC 402 4~5조, NFTC 402 2.1.1, 2.2)
(1) 소화수조 또는 저수조가 지표면으로부터의 깊이가 **4.5m** 이상인 지하에 있는 경우에는 소요수량을 고려하여 가압송수장치를 설치할 것
(2) 소화수조 및 저수조의 채수구 또는 흡수관투입구는 소방차가 **2m** 이내의 지점까지 접근할 수 있는 위치에 설치할 것
(3) 소화수조가 **옥상** 또는 옥탑부분에 설치된 경우에는 지상에 설치된 채수구에서의 압력 **0.15MPa** 이상 되도록 한다. 보기 ①

기억법 옥15

용어
채수구
소방대상물의 펌프에 의하여 양수된 물을 소방차가 흡입하는 구멍

답 ①

67 ★★★
포소화설비에서 펌프의 토출관에 압입기를 설치하여 포소화약제 압입용 펌프로 포소화약제를 압입시켜 혼합하는 방식은?
23.09.문72
22.04.문74
21.05.문74
16.03.문64
15.09.문76
15.05.문80
12.05.문64
① 라인 프로포셔너
② 펌프 프로포셔너
③ 프레져 프로포셔너
④ 프레져사이드 프로포셔너

해설 **포소화약제의 혼합장치**(NFPC 105 3·9조, NFTC 105 1.7, 2.6.1)
(1) **펌프 프로포셔너방식**(펌프 혼합방식)
㉠ 펌프 토출측과 흡입측에 바이패스를 설치하고, 그 바이패스의 도중에 설치한 어댑터(Adaptor)로 펌프 토출측 수량의 일부를 통과시켜 공기포 용액을 만드는 방식
㉡ 펌프의 **토출관**과 **흡입관** 사이의 배관 도중에 설치한 흡입기에 펌프에서 토출된 물의 일부를 보내고 **농도조정밸브**에서 조정된 포소화약제의 필요량을 포소화약제 탱크에서 펌프 흡입측으로 보내어 약제를 혼합하는 방식

기억법 펌농

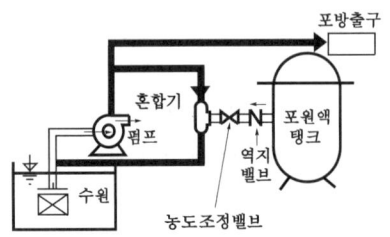
┃펌프 프로포셔너방식┃

(2) **프레져 프로포셔너방식**(차압 혼합방식)
㉠ 가압송수관 도중에 공기포 소화원액 혼합조(P.P.T)와 혼합기를 접속하여 사용하는 방법
㉡ **격막방식 휨탱크**를 사용하는 에어휨 혼합방식
㉢ 펌프와 발포기의 중간에 설치된 벤투리관의 **벤투리작용**과 펌프 가압수의 **포소화약제 저장탱크**에 대한 압력에 의하여 포소화약제를 흡입·혼합하는 방식

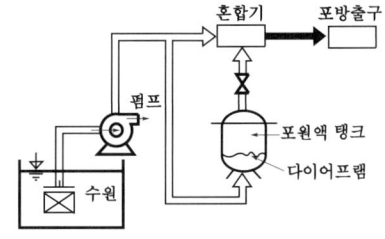
┃프레져 프로포셔너방식┃

(3) **라인 프로포셔너방식**(관로 혼합방식)
㉠ 급수관의 배관 도중에 포소화약제 흡입기를 설치하여 그 흡입관에서 소화약제를 흡입하여 혼합하는 방식
㉡ 펌프와 발포기의 중간에 설치된 **벤**투리관의 **벤**투리**작용**에 의하여 포소화약제를 흡입·혼합하는 방식

기억법 라벤벤

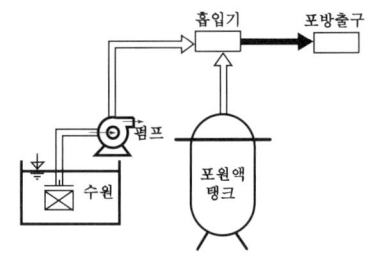
┃라인 프로포셔너방식┃

(4) **프레져사이드 프로포셔너방식**(압입 혼합방식)
보기 ④
㉠ 소화원액 가압펌프(압입용 펌프)를 별도로 사용하는 방식
㉡ 펌프 **토출관**에 압입기를 설치하여 포소화약제 **압입용 펌프**로 포소화약제를 압입시켜 혼합하는 방식

기억법 프사압

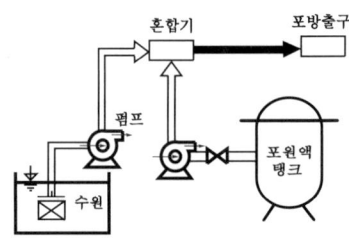
┃프레져사이드 프로포셔너방식┃

(5) 압축공기포 믹싱챔버방식
포수용액에 공기를 강제로 주입시켜 **원거리** 방수가 가능하고 물 사용량을 줄여 **수손피해**를 **최소화**할 수 있는 방식

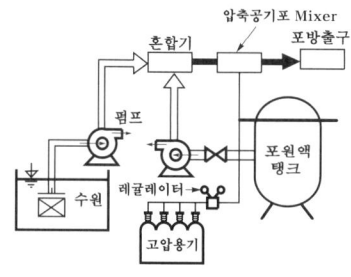

압축공기포 믹싱챔버방식

답 ④

68 분말소화설비의 화재안전기준상 분말소화약제의 가압용 가스 또는 축압용 가스의 설치기준으로 틀린 것은?

① 가압용 가스에 질소가스를 사용하는 것의 질소가스는 소화약제 1kg마다 40L(35℃에서 1기압의 압력상태로 환산한 것) 이상으로 할 것

② 가압용 가스에 이산화탄소를 사용하는 것의 이산화탄소는 소화약제 1kg에 대하여 20g에 배관의 청소에 필요한 양을 가산한 양 이상으로 할 것

③ 축압용 가스에 질소가스를 사용하는 것의 질소가스는 소화약제 1kg에 대하여 40L (35℃에서 1기압의 압력상태로 환산한 것) 이상으로 할 것

④ 축압용 가스에 이산화탄소를 사용하는 것의 이산화탄소는 소화약제 1kg에 대하여 20g에 배관의 청소에 필요한 양을 가산한 양 이상으로 할 것

해설 ③ 40L → 10L

분말소화약제 가압식과 **축압식**의 **설치기준**(35℃에서 1기압의 압력상태로 환산한 것)(NFPC 108 5조, NFTC 108 2.2.4)

구 분 사용가스	가압식	축압식
N_2(질소)	40L/kg 이상 보기 ①	10L/kg 이상 보기 ③
CO_2 (이산화탄소)	20g/kg + 배관청소 필요량 이상 보기 ②	20g/kg + 배관청소 필요량 이상 보기 ④

• 배관청소용 가스는 별도의 용기에 저장한다.

답 ③

69 다음은 포소화설비에서 배관 등 설치기준에 관한 내용이다. ( ) 안에 들어갈 내용으로 옳은 것은?

펌프의 성능은 체절운전시 정격토출압력의 (㉠)%를 초과하지 않고, 정격토출량의 150%로 운전시 정격토출압력의 (㉡)% 이상이 되어야 한다.

① ㉠ 120, ㉡ 65
② ㉠ 120, ㉡ 75
③ ㉠ 140, ㉡ 65
④ ㉠ 140, ㉡ 75

해설 (1) **포소화설비**의 **배관**(NFPC 105 7조, NFTC 105 2.4)
㉠ 급수개폐밸브 : **탬퍼스위치** 설치
㉡ 펌프의 흡입측 배관 : **버터플라이밸브 외**의 개폐표시형 밸브 설치
㉢ 송액관 : **배액밸브** 설치

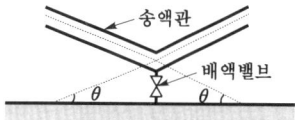

송액관의 기울기

(2) **소화펌프**의 **성능시험 방법** 및 **배관**
㉠ 펌프의 성능은 체절운전시 정격토출압력의 **140%**를 초과하지 않을 것 보기 ㉠
㉡ 정격토출량의 **150%**로 운전시 정격토출압력의 **65%** 이상이어야 할 것 보기 ㉡
㉢ 성능시험배관은 펌프의 토출측에 설치된 **개폐밸브 이전**에서 분기할 것
㉣ 유량측정장치는 펌프 정격토출량의 **175%** 이상 측정할 수 있는 성능이 있을 것

답 ③

70 지하구의 화재안전기준에 따른 지하구의 통합감시시설 설치기준으로 틀린 것은?

① 소방관서와 지하구의 통제실 간에 화재 등 소방활동과 관련된 정보를 상시 교환할 수 있는 정보통신망을 구축할 것
② 수신기는 방재실과 공동구의 입구 및 연소방지설비 송수구가 설치된 장소(지상)에 설치할 것
③ 정보통신망(무선통신망 포함)은 광케이블 또는 이와 유사한 성능을 가진 선로일 것
④ 수신기는 화재신호, 경보, 발화지점 등 수신기에 표시되는 정보가 기준에 적합한 방식으로 119상황실이 있는 관할소방서의 정보통신장치에 표시되도록 할 것

해설 **지하구 통합감시시설 설치기준**(NFPC 605 12조, NFTC 605 2.8)

(1) **소방관서**와 지하구의 통제실 간에 화재 등 소방활동과 관련된 정보를 상시 교환할 수 있는 **정보통신망**을 구축할 것 [보기 ①]
(2) 정보통신망(무선통신망 포함)은 **광케이블** 또는 이와 유사한 성능을 가진 선로일 것 [보기 ③]
(3) 수신기는 지하구의 통제실에 설치하되 **화재신호, 경보, 발화지점** 등 수신기에 표시되는 정보가 기준에 적합한 방식으로 119상황실이 있는 관할**소방관서**의 정보통신장치에 표시되도록 할 것 [보기 ④]

답 ②

71 전역방출방식 분말소화설비에서 방호구역의 개구부에 자동폐쇄장치를 설치하지 아니한 경우에 개구부의 면적 1제곱미터에 대한 분말소화약제의 가산량으로 잘못 연결된 것은?

① 제1종 분말 – 4.5kg
② 제2종 분말 – 2.7kg
③ 제3종 분말 – 2.5kg
④ 제4종 분말 – 1.8kg

해설 ③ 2.5kg → 2.7kg

(1) **분말소화설비**(전역방출방식)(NFPC 108 6조, NFTC 108 2.3)

약제 종별	약제량	개구부가산량 (자동폐쇄장치 미설치시)
제1종 분말	0.6kg/m³	4.5kg/m² [보기 ①]
제2·3종 분말	0.36kg/m³	2.7kg/m² [보기 ②③]
제4종 분말	0.24kg/m³	1.8kg/m² [보기 ④]

기억법 개2327

(2) **호스릴방식**(분말소화설비)

약제 종·별	약제 저장량	약제 방사량
제1종 분말	50kg	45kg/min
제2·3종 분말	30kg	27kg/min
제4종 분말	20kg	18kg/min

기억법 호분418

답 ③

72 다음 평면도와 같이 반자가 있는 어느 실내에 전등이나 공조용 디퓨져 등의 시설물을 무시하고 수평거리를 2.1m로 하여 스프링클러헤드를 정방형으로 설치하고자 할 때 최소 몇 개의 헤드를 설치해야 하는가? (단, 반자 속에는 헤드를 설치하지 아니하는 것으로 본다.)

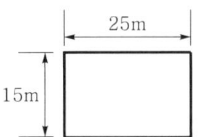

① 24개
② 42개
③ 54개
④ 72개

해설 (1) 기호
- R : 2.1m

(2) 정방형 헤드간격

$$S = 2R\cos 45°$$

여기서, S : 헤드간격[m]
R : 수평거리[m]

헤드간격 S는
$S = 2R\cos 45°$
$= 2 \times 2.1\text{m} \times \cos 45°$
$= 2.97\text{m}$

가로 설치 헤드개수 : 25÷2.97m=8.4≒9개(절상)
세로 설치 헤드개수 : 15÷2.97m=5.05≒6개(절상)
∴ 9×6=54개

답 ③

73 구조대의 형식승인 및 제품검사의 기술기준에 따른 경사강하식 구조대의 구조에 대한 설명으로 틀린 것은?

① 구조대 본체는 강하방향으로 봉합부가 설치되어야 한다.
② 연속하여 활강할 수 있는 구조로 안전하고 쉽게 사용할 수 있어야 한다.
③ 땅에 닿을 때 충격을 받는 부분에는 완충장치로서 받침포 등을 부착하여야 한다.
④ 입구틀 및 고정틀의 입구는 지름 60cm 이상의 구체가 통과할 수 있어야 한다.

해설
① 설치되어야 한다. → 설치 금지

경사강하식 구조대의 기준(구조대의 형식승인 및 제품검사의 기술기준 3조)
(1) 구조대 본체는 **강하방향**으로 **봉합부 설치 금지** 보기 ①
(2) 손잡이는 출구 부근에 좌우 각 **3개** 이상 균일한 간격으로 견고하게 부착
(3) 구조대 본체의 끝부분에는 길이 **4m** 이상, 지름 **4mm** 이상의 유도선을 부착하여야 하며, 유도선 끝에는 중량 **3N(300g)** 이상의 모래주머니 등 설치
(4) 본체의 포지는 **하부지지장치**에 인장력이 균등하게 걸리도록 부착하여야 하며 하부지지장치는 쉽게 조작 가능
(5) 입구틀 및 고정틀의 입구는 지름 **60cm** 이상의 구체가 통과할 수 있을 것 보기 ④
(6) 구조대 본체의 활강부는 낙하방지를 위해 포를 **2중구조**로 하거나 망목의 변의 길이가 **8cm** 이하인 망 설치 (단, 구조상 낙하방지의 성능을 갖고 있는 구조대의 경우는 제외)
(7) **연속**하여 **활강**할 수 있는 구조로 안전하고 쉽게 사용할 수 있을 것 보기 ②
(8) 땅에 닿을 때 충격을 받는 부분에는 **완충장치**로서 **받침포** 등 부착 보기 ③

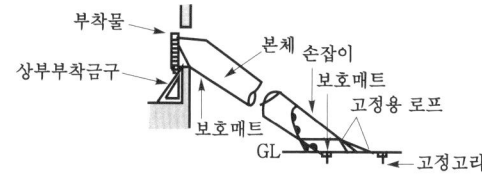

경사강하식 구조대

답 ①

74 소화기구 및 자동소화장치의 화재안전기준상 일반화재, 유류화재, 전기화재 모두에 적응성이 있는 소화약제는?

① 마른모래
② 인산염류소화약제
③ 중탄산염류소화약제
④ 팽창질석·팽창진주암

해설
② 인산암모늄=인산염류

분말소화약제

종별	소화약제	충전비 (L/kg)	적응 화재	비 고
제**1**종	중탄산나트륨 (NaHCO₃)	0.8	BC급	**식**용유 및 지방질유의 화재에 적합 기억법 **1식분**(**일식분식**)
제**2**종	중탄산칼륨 (KHCO₃)		BC급	–
제**3**종	인산암모늄 (NH₄H₂PO₄)	1.0	ABC 급	**차**고·**주**차장에 적합 기억법 **3분 차주**(**삼보컴퓨터 차주**)
제**4**종	중탄산칼륨+요소 (KHCO₃+(NH₂)₂CO)	1.25	BC급	–

• ABC급 : 일반화재, 유류화재, 전기화재

답 ②

75 물분무소화설비를 설치하는 차고의 배수설비 설치기준 중 틀린 것은?

① 차량이 주차하는 장소의 적당한 곳에 높이 10cm 이상의 경계턱으로 배수구를 설치할 것
② 길이 40m 이하마다 집수관, 소화피트 등 기름분리장치를 설치할 것
③ 차량이 주차하는 바닥은 배수구를 향하여 100분의 1 이상의 기울기를 유지할 것
④ 배수설비는 가압송수장치의 최대송수능력의 수량을 유효하게 배수할 수 있는 크기 및 기울기로 할 것

③ 100분의 1 이상 → 100분의 2 이상

물분무소화설비의 배수설비(NFPC 104 11조, NFTC 104 2.8)

구 분	설 명
경계턱	10cm 이상의 경계턱으로 배수구 설치 (차량이 주차하는 곳) 보기 ①
기름분리장치	40m 이하마다 설치 보기 ②
기울기	차량이 주차하는 바닥은 $\frac{2}{100}$ 이상 유지 보기 ③
배수설비	가압송수장치의 **최대송수능력의 수량**을 유효하게 배수할 수 있는 크기 및 기울기로 할 것 보기 ④

참고

기울기

구 분	설 명
$\frac{1}{100}$ 이상	연결살수설비의 수평주행배관
$\frac{2}{100}$ 이상	물분무소화설비의 배수설비
$\frac{1}{250}$ 이상	습식·부압식 설비 외 설비의 가지배관
$\frac{1}{500}$ 이상	습식·부압식 설비 외 설비의 수평주행배관

답 ③

76 포소화설비의 화재안전기준상 전역방출방식 고발포용 고정포방출구의 설치기준으로 옳은 것은? (단, 해당 방호구역에서 외부로 새는 양 이상의 포수용액을 유효하게 추가하여 방출하는 설비가 있는 경우는 제외한다.)

20.08.문80
16.10.문76
07.03.문62

① 개구부에 자동폐쇄장치를 설치할 것
② 바닥면적 600m²마다 1개 이상으로 할 것
③ 방호대상물의 최고부분보다 낮은 위치에 설치할 것
④ 특정소방대상물 및 포의 팽창비에 따른 종별에 관계없이 해당 방호구역의 관포체적 1m³에 대한 1분당 포수용액 방출량은 1L 이상으로 할 것

② 600m² → 500m²
③ 낮은 → 높은
④ 따른 종별에 관계없이 → 따라

전역방출방식의 **고발포용 고정포방출구**(NFPC 105 12조, NFTC 105 2.9.4)

(1) 개구부에 **자동폐쇄장치**를 설치할 것 보기 ①
(2) 고발포용 고정포방출구는 바 닥면적 **500m²**마다 1개 이상으로 할 것 보기 ②
(3) 고발포용 고정포방출구는 방호대상물의 **최고부분**보다 **높은 위치**에 설치할 것 보기 ③
(4) 해당 방호구역의 관포체적 1m³에 대한 1분당 포수용액 방출량은 특정소방대상물 및 포의 팽창비에 따라 달라진다. 보기 ④

답 ①

77 미분무소화설비의 화재안전기준상 용어의 정의 중 다음 ( ) 안에 알맞은 것은?

23.03.문76
22.03.문78
20.09.문78
18.04.문74

"미분무"란 물만을 사용하여 소화하는 방식으로 최소설계압력에서 헤드로부터 방출되는 물입자 중 99%의 누적체적분포가 (㉠)μm 이하로 분무되고 (㉡)급 화재에 적응성을 갖는 것을 말한다.

① ㉠ 400, ㉡ A, B, C
② ㉠ 400, ㉡ B, C
③ ㉠ 200, ㉡ A, B, C
④ ㉠ 200, ㉡ B, C

미분무소화설비의 **용어정의**(NFPC 104A 3조, NFTC 104A 1.7)

용어	설명
미분무 소화설비	가압된 물이 헤드 통과 후 **미세**한 **입자**로 분무됨으로써 소화성능을 가지는 설비를 말하며, **소화력**을 **증가**시키기 위해 **강화액** 등을 첨가할 수 있다.
미분무	물만을 사용하여 소화하는 방식으로 최소설계압력에서 헤드로부터 방출되는 물입자 중 **99%**의 누적체적분포가 **400μm** 이하로 분무되고 A, B, C급 화재에 적응성을 갖는 것 보기 ①
미분무 헤드	**하나 이상**의 **오리피스**를 가지고 미분무소화설비에 사용되는 헤드

답 ①

78 제연설비의 설치장소에 따른 제연구역의 구획기준으로 틀린 것은?

19.09.문72
14.05.문69
13.06.문76
13.03.문63

① 거실과 통로는 각각 제연구획할 것
② 하나의 제연구역의 면적은 600m² 이내로 할 것
③ 하나의 제연구역은 직경 60m 원 내에 들어갈 수 있을 것
④ 하나의 제연구역은 2개 이상 층에 미치지 아니하도록 할 것

해설 ② 600m² 이내 → 1000m² 이내

제연구역의 구획 (NFPC 501 4조, NFTC 501 2.1.1)
(1) 1제연구역의 면적은 **1000m²** 이내로 할 것 보기 ②
(2) 거실과 통로는 **각각 제연구획**할 것 보기 ①
(3) 통로상의 제연구역은 보행중심선의 길이가 **60m**를 초과하지 않을 것
(4) 1제연구역은 직경 **60m** 원 내에 들어갈 것 보기 ③
(5) 1제연구역은 **2개** 이상의 층에 미치지 않을 것 보기 ④

기억법 제10006(충북 제천에 육교 있음)
2개제(이게 제목이야!)

답 ②

79 스프링클러설비헤드의 설치기준 중 다음 (   ) 안에 알맞은 것은?

살수가 방해되지 아니하도록 스프링클러헤드로부터 반경 (㉠)cm 이상의 공간을 보유할 것. 다만, 벽과 스프링클러헤드 간의 공간은 (㉡)cm 이상으로 한다.

① ㉠ 10, ㉡ 60
② ㉠ 30, ㉡ 10
③ ㉠ 60, ㉡ 10
④ ㉠ 90, ㉡ 60

해설 **스프링클러헤드** (NFPC 103 10조, NFTC 103 2.7.7)

거리	적용
10cm 이상	벽과 스프링클러헤드 간의 공간
60cm 이상	스프링클러헤드의 공간
30cm 이하	스프링클러헤드와 부착면과의 거리

답 ③

80 바닥면적이 1300m²인 관람장에 소화기구를 설치할 경우 소화기구의 최소능력단위는? (단, 주요구조부가 내화구조이고, 벽 및 반자의 실내와 면하는 부분이 불연재료로 된 특정소방대상물이다.)

① 7단위
② 13단위
③ 22단위
④ 26단위

해설 **특정소방대상물별 소화기구의 능력단위기준** (NFTC 101 2.1.1.2)

특정소방대상물	소화기구의 능력단위	건축물의 주요구조부가 내화구조이고, 벽 및 반자의 실내에 면하는 부분이 불연재료·준불연재료 또는 난연재료로 된 특정소방대상물의 능력단위
• **위**락시설 기억법 위3(위상)	바닥면적 **30m²**마다 1단위 이상	바닥면적 **60m²**마다 1단위 이상
• **공**연장 • **집**회장 • **관**람장 및 **문**화재 • **의**료시설·**장**례시설 기억법 5공연장 문의 집관람 (손오공 연장 문의 집관람)	바닥면적 **50m²**마다 1단위 이상	바닥면적 **100m²**마다 1단위 이상
• **근**린생활시설 • **판**매시설 • **운**수시설 • **숙**박시설 • **노**유자시설 • **전**시장 • 공동**주**택 • **업**무시설 • **방**송통신시설 • 공장·**창**고 • **항**공기 및 자동**차** 관련시설 및 **관광**휴게시설 기억법 근판숙노전 주업방차창 1항관광(근판숙노전 주업방차창 일본항 관광)	바닥면적 **100m²**마다 1단위 이상	바닥면적 **200m²**마다 1단위 이상
• 그 밖의 것	바닥면적 **200m²**마다 1단위 이상	바닥면적 **400m²**마다 1단위 이상

관람장으로서 **내화구조**이고 **불연재료**를 사용하므로 바닥면적 100m²마다 1단위 이상

관람장 최소능력단위 = $\dfrac{1300\text{m}^2}{100\text{m}^2}$ = 13단위(소수점이 발생하면 절상)

답 ②

좋은 습관 3가지

1. 남보다 먼저 하루를 계획하라.
2. 메모를 생활화하라.
3. 항상 웃고 남을 칭찬하라.

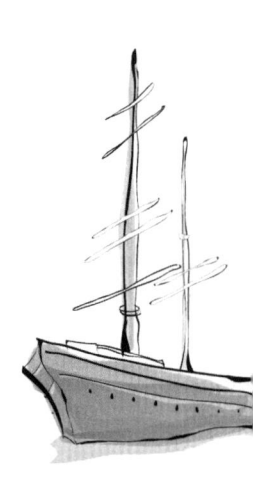

CBT 기출복원문제
2023년
소방설비기사 필기(기계분야)

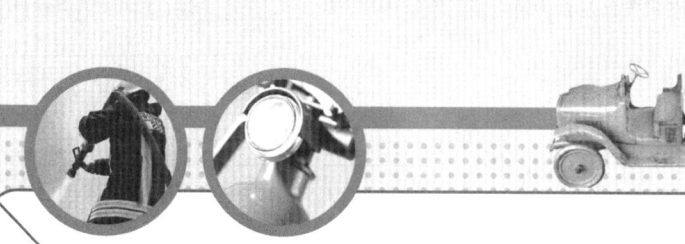

■ 2023. 3. 1 시행 ·················· 23- 2
■ 2023. 5. 13 시행 ·················· 23-29
■ 2023. 9. 2 시행 ·················· 23-57

** 수험자 유의사항 **

1. 문제지를 받는 즉시 **본인**이 **응시한 종목**이 맞는지 확인하시기 바랍니다.
2. 문제지 표지에 본인의 **수험번호**와 **성명**을 기재하여야 합니다.
3. 문제지의 **총면수, 문제번호 일련순서, 인쇄상태, 중복 및 누락 페이지 유무**를 확인하시기 바랍니다.
4. 답안은 각 문제마다 요구하는 가장 적합하거나 가까운 답 1개만을 선택하여야 합니다.
5. 답안카드는 뒷면의 「수험자 유의사항」에 따라 작성하시고, 답안카드 작성 시 형별누락, 마킹착오로 인한 불이익은 전적으로 수험자에게 책임이 있음을 알려드립니다.
6. 문제지는 시험 종료 후 본인이 가져갈 수 있습니다.

** 안내사항 **

• 가답안/최종정답은 큐넷(www.q-net.or.kr)에서 확인하실 수 있습니다. 가답안에 대한 의견은 큐넷의 [가답안 의견 제시]를 통해 제시할 수 있으며, 확정된 답안은 최종정답으로 갈음합니다.
• 공단에서 제공하는 자격검정서비스에 대해 개선할 점이 있으시면 고객참여(http://hrdkorea.or.kr/7/1/1)를 통해 건의하여 주시기 바랍니다.

2023. 3. 1 시행

2023년 기사 제1회 필기시험 CBT 기출복원문제

자격종목	종목코드	시험시간	형별	수험번호	성명
소방설비기사(기계분야)		2시간			

※ 각 문항은 4지택일형으로 질문에 가장 적합한 보기 항을 선택하여 체크하여야 합니다.

제 1 과목 소방원론

01 다음 중 폭굉(detonation)의 화염전파속도는?

22.04.문20
16.05.문14
03.05.문10

① 0.1~10m/s
② 10~100m/s
③ 1000~3500m/s
④ 5000~10000m/s

해설 연소반응(전파형태에 따른 분류)

폭연(deflagration)	폭굉(detonation)
0.1~10m/s	1000~3500m/s 보기 ③
연소속도가 음속보다 느릴 때 발생	① 연소속도가 음속보다 빠를 때 발생 ② 온도의 상승은 **충격파**의 압력에 기인한다. ③ 압력상승은 **폭연**의 경우보다 **크**다. ④ 폭굉의 **유도거리**는 배관의 **지름**과 **관계**가 있다.

※ **음속** : 소리의 속도로서 약 340m/s이다.

답 ③

02 다음 중 휘발유의 인화점은?

21.03.문14
18.04.문05
15.09.문02
14.05.문05
14.03.문10
12.03.문01
11.06.문09
11.03.문12
10.05.문11

① -18℃
② -43℃
③ 11℃
④ 70℃

해설

물 질	인화점	착화점
프로필렌	-107℃	497℃
에틸에터 다이에틸에터	-45℃	180℃
가솔린(휘발유)	-43℃ 보기 ②	300℃
이황화탄소	-30℃	**100℃**
아세틸렌	-18℃	335℃
아세톤	-18℃	**538℃**
벤젠	-11℃	562℃
톨루엔	4.4℃	480℃
에틸알코올	13℃	**423℃**
아세트산	40℃	-
등유	43~72℃	210℃
경유	50~70℃	200℃
적린	-	260℃

● 인화점=인화온도
● 착화점=발화점=착화온도=발화온도

답 ②

03 다음 중 연기에 의한 감광계수가 0.1m⁻¹, 가시거리가 20~30m일 때의 상황으로 옳은 것은?

22.04.문15
21.09.문02
20.06.문01
17.03.문10
16.10.문16
16.03.문03
14.05.문06
13.09.문11

① 건물 내부에 익숙한 사람이 피난에 지장을 느낄 정도
② 연기감지기가 작동할 정도
③ 어두운 것을 느낄 정도
④ 앞이 거의 보이지 않을 정도

해설 감광계수와 가시거리

감광계수 (m^{-1})	가시거리 (m)	상 황
0.1	20~30	연기**감**지기가 작동할 때의 농도(연기감지기가 작동하기 직전의 농도) 보기 ②
0.3	5	건물 내부에 **익**숙한 사람이 피난에 지장을 느낄 정도의 농도 보기 ①
0.5	3	**어**두운 것을 느낄 정도의 농도 보기 ③
1	1~2	앞이 거의 **보**이지 않을 정도의 농도 보기 ④
10	0.2~0.5	화재 **최**성기 때의 농도
30	-	출화실에서 연기가 **분**출할 때의 농도

기억법	0123	감
	035	익
	053	어
	112	보
	100205	최
	30	분

답 ②

04. 분진폭발의 위험성이 가장 낮은 것은?

① 알루미늄분
② 황
③ 팽창질석
④ 소맥분

해설 ③ 팽창질석 : 소화약제

분진폭발의 **위험성**이 있는 것
(1) 알루미늄분 보기 ①
(2) 황 보기 ②
(3) 소맥분(밀가루) 보기 ④
(4) 석탄분말

중요

분진폭발을 **일으키지 않는 물질**
(1) **시**멘트(시멘트가루)
(2) **석**회석
(3) **탄**산칼슘($CaCO_3$)
(4) **생**석회(CaO)=산화칼슘

기억법 분시석탄생

답 ③

05. 다음 중 가연물의 제거를 통한 소화방법과 무관한 것은?

① 산불의 확산방지를 위하여 산림의 일부를 벌채한다.
② 화학반응기의 화재시 원료공급관의 밸브를 잠근다.
③ 전기실 화재시 IG-541 약제를 방출한다.
④ 유류탱크 화재시 주변에 있는 유류탱크의 유류를 다른 곳으로 이동시킨다.

해설 ③ **질식소화** : IG-541(불활성기체 소화약제)

제거소화의 예
(1) **가연성 기체** 화재시 **주밸브**를 **차단**한다(화학반응기의 화재시 원료공급관의 **밸브**를 **잠금**). 보기 ②
(2) **가연성 액체** 화재시 펌프를 이용하여 **연료**를 제거한다.
(3) **연료탱크**를 **냉각**하여 가연성 가스의 발생속도를 작게 하여 연소를 억제한다.

(4) 금속화재시 **불활성** 물질로 가연물을 덮는다.
(5) **목재**를 **방염**처리한다.
(6) 전기화재시 **전원**을 **차단**한다.
(7) 산불이 발생하면 화재의 진행방향을 앞질러 **벌목**한다(산불의 확산방지를 위하여 **산림**의 **일부**를 **벌채**). 보기 ①
(8) 가스화재시 **밸브**를 **잠궈** 가스흐름을 차단한다(가스화재시 중간밸브를 잠금).
(9) 불타고 있는 장작더미 속에서 아직 타지 않은 것을 안전한 곳으로 **운반**한다.
(10) 유류탱크 화재시 주변에 있는 유류탱크의 유류를 다른 곳으로 이동시킨다. 보기 ④
(11) 양초를 입으로 불어서 끈다.

용어

제거효과
가연물을 반응계에서 제거하든지 또는 반응계로의 공급을 정지시켜 소화하는 효과

답 ③

06. 분말소화약제로서 ABC급 화재에 적용성이 있는 소화약제의 종류는?

① $NH_4H_2PO_4$
② $NaHCO_3$
③ Na_2CO_3
④ $KHCO_3$

해설 분말소화약제

종별	분자식	착색	적응화재	비고
제1종	탄산수소나트륨 ($NaHCO_3$)	백색	BC급	**식용유** 및 **지방질유**의 화재에 적합 기억법 1**식**분(**일식 분식**)
제2종	탄산수소칼륨 ($KHCO_3$)	담자색 (담회색)	BC급	-
제3종	제1인산암모늄 ($NH_4H_2PO_4$) 보기 ①	담홍색	ABC급	**차고**·**주차장**에 적합 기억법 3**분** 차주(**삼보** 컴퓨터 **차주**)
제4종	탄산수소칼륨 +요소 ($KHCO_3$+ $(NH_2)_2CO$)	회(백)색	BC급	-

답 ①

07 ★★★

19.09.문15
18.09.문08
17.03.문17
16.05.문02
15.03.문01
14.09.문12
14.03.문01
09.05.문10
05.09.문07
05.05.문07
03.03.문11
02.03.문20

액화가스 저장탱크의 누설로 부유 또는 확산된 액화가스가 착화원과 접촉하여 액화가스가 공기 중으로 확산, 폭발하는 현상은?

① 블래비(BLEVE)
② 보일오버(boill over)
③ 슬롭오버(slop over)
④ 프로스오버(forth over)

해설 가스탱크 · 건축물 내에서 발생하는 현상

(1) 가스탱크 보기 ①

현상	정의
블래비 (BLEVE)	• 과열상태의 탱크에서 내부의 액화가스가 분출하여 기화되어 폭발하는 현상 • 탱크 주위 화재로 탱크 내 인화성 액체가 비등하고 가스부분의 압력이 상승하여 탱크가 파괴되고 폭발을 일으키는 현상

(2) 건축물 내

현상	정의
플래시오버 (flash over)	• 화재로 인하여 실내의 온도가 급격히 상승하여 화재가 순간적으로 실내 전체에 확산되어 연소되는 현상
백드래프트 (back draft)	• **통기력**이 좋지 않은 상태에서 연소가 계속되어 산소가 심히 부족한 상태가 되었을 때 **개구부**를 통하여 산소가 공급되면 실내의 가연성 혼합기가 공급되는 **산소**의 **방향**과 **반대**로 흐르며 급격히 연소하는 현상 • 소방대가 소화활동을 위하여 화재실의 문을 개방할 때 신선한 공기가 유입되어 실내에 축적되었던 가연성 가스가 **단시간**에 **폭발적**으로 **연소**함으로써 화재가 폭풍을 동반하며 **실외**로 **분출**되는 현상

중요

유류탱크에서 발생하는 현상

현상	정의
보일오버 (boil over) 보기 ②	• 중질유의 석유탱크에서 장시간 조용히 연소하다 탱크 내의 잔존기름이 갑자기 분출하는 현상 • 유류탱크에서 탱크바닥에 물과 기름의 **에멀션**이 섞여 있을 때 이로 인하여 화재가 발생하는 현상 • 연소유면으로부터 100℃ 이상의 열파가 탱크 **저부**에 고여 있는 물을 비등하게 하면서 연소유를 탱크 밖으로 비산시키며 연소하는 현상

기억법 보저(보자기)

오일오버 (oil over)	• 저장탱크에 저장된 유류저장량이 내용적의 50% 이하로 충전되어 있을 때 화재로 인하여 탱크가 폭발하는 현상
프로스오버 (froth over) 보기 ④	• 물이 점성의 뜨거운 기름 표면 아래에서 끓을 때 화재를 수반하지 않고 용기가 넘치는 현상
슬롭오버 (slop over) 보기 ③	• 물이 연소유의 뜨거운 표면에 들어갈 때 기름 표면에서 화재가 발생하는 현상 • 유화제로 소화하기 위한 물이 수분의 급격한 증발에 의하여 액면이 거품을 일으키면서 열유층 밑의 냉유가 급히 열팽창하여 기름의 일부가 불이 붙은 채 탱크벽을 넘어서 일출하는 현상

답 ①

08 ★★★

19.09.문14
17.09.문16
13.03.문16
12.03.문10

방화벽의 구조 기준 중 다음 ( ) 안에 알맞은 것은?

• 방화벽의 양쪽 끝과 위쪽 끝을 건축물의 외벽면 및 지붕면으로부터 (㉠)m 이상 튀어 나오게 할 것
• 방화벽에 설치하는 출입문의 너비 및 높이는 각각 (㉡)m 이하로 하고, 해당 출입문에는 60분+방화문 또는 60분 방화문을 설치할 것

① ㉠ 0.3, ㉡ 2.5
② ㉠ 0.3, ㉡ 3.0
③ ㉠ 0.5, ㉡ 2.5
④ ㉠ 0.5, ㉡ 3.0

해설 건축령 57조, 피난 · 방화구조 21조
방화벽의 구조

구 분	설 명
대상 건축물	• 주요 구조부가 내화구조 또는 불연재료가 아닌 연면적 1000m² 이상인 건축물
구획단지	• 연면적 **1000m²** 미만마다 구획
방화벽의 구조	• **내화구조**로서 홀로 설 수 있는 구조일 것 • 방화벽의 양쪽 끝과 위쪽 끝을 건축물의 외벽면 및 지붕면으로부터 **0.5m** 이상 튀어나오게 할 것 보기 ㉠ • 방화벽에 설치하는 **출입문**의 **너비** 및 높이는 각각 **2.5m** 이하로 하고 해당 출입문에는 60분+방화문 또는 60분 방화문을 설치할 것 보기 ㉡

답 ③

09. 다음 물질 중 연소범위를 통해 산출한 위험도값이 가장 높은 것은?

① 수소
② 에틸렌
③ 메탄
④ 이황화탄소

해설 위험도

$$H = \frac{U-L}{L}$$

여기서, H: 위험도
U: 연소상한계
L: 연소하한계

① 수소 = $\frac{75-4}{4}$ = 17.75 보기 ①

② 에틸렌 = $\frac{36-2.7}{2.7}$ = 12.33 보기 ②

③ 메탄 = $\frac{15-5}{5}$ = 2 보기 ③

④ 이황화탄소 = $\frac{50-1}{1}$ = 49(가장 높음) 보기 ④

중요 공기 중의 폭발한계(상온, 1atm)

가 스	하한계 [vol%]	상한계 [vol%]
아세틸렌(C_2H_2)	2.5	81
수소(H_2) 보기 ①	4	75
일산화탄소(CO)	12	75
에터((C_2H_5)$_2$O)	1.7	48
이황화탄소(CS_2) 보기 ④	1	50
에틸렌(C_2H_4) 보기 ②	2.7	36
암모니아(NH_3)	15	25
메탄(CH_4) 보기 ③	5	15
에탄(C_2H_6)	3	12.4
프로판(C_3H_8)	2.1	9.5
부탄(C_4H_{10})	1.8	8.4

기억법
아 2581
수 475
일 1275
터 1748
황 150
틸 2736
암 1525
메 515
에 3124
프 2195
부 1884

• 연소한계=연소범위=가연한계=가연범위=폭발한계=폭발범위

답 ④

10. 알킬알루미늄 화재시 사용할 수 있는 소화약제로 가장 적당한 것은?

① 이산화탄소
② 물
③ 할로젠화합물
④ 마른모래

해설 위험물의 소화약제

위험물	소화약제
• 알킬알루미늄 • 알킬리튬	• 마른모래 보기 ④ • 팽창질석 • 팽창진주암

답 ④

11. 인화성 액체의 연소점, 인화점, 발화점을 온도가 높은 것부터 옳게 나열한 것은?

① 발화점 > 연소점 > 인화점
② 연소점 > 인화점 > 발화점
③ 인화점 > 발화점 > 연소점
④ 인화점 > 연소점 > 발화점

해설 인화성 액체의 온도가 높은 순서
발화점 > 연소점 > 인화점 보기 ①

용어 연소와 관계되는 용어

용어	설명
발화점	가연성 물질에 불꽃을 접하지 아니하였을 때 연소가 가능한 **최저온도**
인화점	휘발성 물질에 불꽃을 접하여 연소가 가능한 **최저온도**
연소점	① 인화점보다 **10℃** 높으며 연소를 **5초** 이상 지속할 수 있는 온도 ② 어떤 인화성 액체가 공기 중에서 열을 받아 점화원의 존재하에 **지속적인** 연소를 일으킬 수 있는 온도 ③ 가연성 액체에 점화원을 가져가서 인화된 후에 점화원을 제거하여도 가연물이 **계속** 연소되는 **최저온도**

답 ①

12. 다음 물질의 저장창고에서 화재가 발생하였을 때 주수소화를 할 수 없는 물질은?

① 부틸리튬
② 질산에틸
③ 나이트로셀룰로오스
④ 적린

해설 주수소화(물소화)시 위험한 물질

구 분	현 상
• 무기과산화물	산소(O_2) 발생
• **금**속분 • **마**그네슘 • 알루미늄 • 칼륨 • 나트륨 • 수소화리튬 • **부**틸리튬 보기 ①	**수**소(H_2) 발생
• 가연성 액체의 유류화재	연소면(화재면) 확대

기억법 금마수

※ **주수소화**: 물을 뿌려 소화하는 방법

답 ①

13 피난계획의 일반원칙 중 페일 세이프(fail safe)에 대한 설명으로 옳은 것은?
20.09.문01
16.10.문14
14.03.문07
① 본능적 상태에서도 쉽게 식별이 가능하도록 그림이나 색채를 이용하는 것
② 피난구조설비를 반드시 이동식으로 하는 것
③ 피난수단을 조작이 간편한 원시적 방법으로 설계하는 것
④ 한 가지 피난기구가 고장이 나도 다른 수단을 이용할 수 있도록 고려하는 것

해설
① Fool proof
② Fool proof : 이동식 → 고정식
③ Fool proof
④ Fail safe

페일 세이프(fail safe)와 풀 프루프(fool proof)

용 어	설 명
페일 세이프 (fail safe)	• 한 가지 피난기구가 고장이 나도 다른 수단을 이용할 수 있도록 고려하는 것 보기 ④ • 한 가지가 고장이 나도 다른 수단을 이용하는 원칙 • **두 방향**의 피난동선을 항상 확보하는 원칙
풀 프루프 (fool proof)	• 피난경로는 **간단명료**하게 한다. • 피난구조설비는 **고정식 설비**를 위주로 설치한다. 보기 ② • 피난수단은 **원시적 방법**에 의한 것을 원칙으로 한다. 보기 ③ • 피난통로를 **완전불연화**한다. • 막다른 복도가 없도록 계획한다. • 간단한 **그림**이나 **색채**를 이용하여 표시한다. 보기 ①

기억법 풀그색 간고원

답 ④

14 다음 중 열전도율이 가장 작은 것은?
17.05.문14
09.05.문15
① 알루미늄
② 철재
③ 은
④ 암면(광물섬유)

해설 27℃에서 **물질**의 열전도율

물 질	열전도율
암면(광물섬유) 보기 ④	0.046W/m・℃
철재 보기 ②	80.3W/m・℃
알루미늄 보기 ①	237W/m・℃
은 보기 ③	427W/m・℃

중요

열전도와 관계있는 것
(1) 열전도율[kcal/m・h・℃, W/m・deg]
(2) 비열[cal/g・℃]
(3) 밀도[kg/m³]
(4) 온도[℃]

답 ④

15 정전기에 의한 발화과정으로 옳은 것은?
21.05.문04
16.10.문11
① 방전 → 전하의 축적 → 전하의 발생 → 발화
② 전하의 발생 → 전하의 축적 → 방전 → 발화
③ 전하의 발생 → 방전 → 전하의 축적 → 발화
④ 전하의 축적 → 방전 → 전하의 발생 → 발화

해설 정전기의 발화과정

전하의 발생 → 전하의 축적 → 방전 → 발화

기억법 발축방

답 ②

16 0℃, 1atm 상태에서 부탄(C_4H_{10}) 1mol을 완전 연소시키기 위해 필요한 산소의 mol수는?
14.09.문19
07.09.문10
① 2
② 4
③ 5.5
④ 6.5

해설 연소시키기 위해서는 O_2가 필요하므로
$aC_4H_{10} + bO_2 \rightarrow cCO_2 + dH_2O$
C : $4a = c \atop 8$
H : $10a = 2d \atop 10$
O : $2b = 2c + d \atop 13 \quad 8 \quad 10$

$$②C_4H_{10} + ⑬O_2 \rightarrow 8CO_2 + 10H_2O$$

2몰   13몰
1몰 x
$2x = 13$
$x = \dfrac{13}{2} = 6.5$몰

발생물질

완전연소	불완전연소
$CO_2 + H_2O$	$CO + H_2O$

답 ④

17. 다음 중 연소시 아황산가스를 발생시키는 것은?
① 적린
② 황
③ 트리에틸알루미늄
④ 황린

해설 $S + O_2 \rightarrow SO_2$
   황 산소 아황산가스

답 ②

18. pH 9 정도의 물을 보호액으로 하여 보호액 속에 저장하는 물질은?
① 나트륨
② 탄화칼슘
③ 칼륨
④ 황린

해설 저장물질

물질의 종류	보관장소
• 황린 보기 ④ • 이황화탄소(CS_2)	• 물속 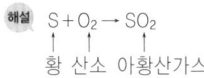 황이물
• 나이트로셀룰로오스	• 알코올 속
• 칼륨(K) 보기 ③ • 나트륨(Na) 보기 ① • 리튬(Li)	• 석유류(등유) 속
• 탄화칼슘(CaC_2) 보기 ②	• 습기가 없는 밀폐용기
• 아세틸렌(C_2H_2)	• 디메틸포름아미드(DMF) • 아세톤 문제 19

참고

물질의 발화점

물질의 종류	발화점
• 황린	30~50℃
• 황화인 • 이황화탄소	100℃
• 나이트로셀룰로오스	180℃

답 ④

19. 아세틸렌 가스를 저장할 때 사용되는 물질은?
① 벤젠
② 톨루엔
③ 아세톤
④ 에틸알코올

해설 문제 18 참조

답 ③

20. 연소의 4대 요소로 옳은 것은?
① 가연물-열-산소-발열량
② 가연물-열-산소-순조로운 연쇄반응
③ 가연물-발화온도-산소-반응속도
④ 가연물-산화반응-발열량-반응속도

해설 **연소의 3요소와 4요소**

연소의 3요소	연소의 4요소
• 가연물(연료) • 산소공급원(산소, 공기) • 점화원(점화에너지, 열)	• **가연물**(연료) • 산소공급원(**산소**, 공기) • 점화원(점화에너지, **열**) • **연쇄반응**(순조로운 연쇄반응)

기억법 연4(연사)

답 ②

제 2 과목   소방유체역학

21. 어떤 팬이 1750rpm으로 회전할 때의 전압은 155mmAq, 풍량은 240m³/min이다. 이것과 상사한 팬을 만들어 1650rpm, 전압 200mmAq로 작동할 때 풍량은 약 몇 m³/min인가? (단, 공기의 밀도와 비속도는 두 경우에 같다고 가정한다.)
① 396
② 386
③ 356
④ 366

해설 (1) 기호
• N_1 : 1750rpm
• H_1 : 155mmAq=0.155mAq=0.155m
  (1000mm=1m, Aq 생략 가능)
• Q_1 : 240m³/min
• N_2 : 1650rpm
• H_2 : 200mmAq=0.2mAq=0.2m(1000mm= 1m, Aq 생략 가능)
• Q_2 : ?

(2) 비교회전도(비속도)

$$N_s = N \frac{\sqrt{Q}}{\left(\frac{H}{n}\right)^{\frac{3}{4}}}$$

여기서, N_s : 펌프의 비교회전도(비속도)
〔m^3/min · m/rpm〕
N : 회전수〔rpm〕
Q : 유량〔m^3/min〕
H : 양정〔m〕
n : 단수

펌프의 비교회전도 N_s 는

$$N_s = N_1 \frac{\sqrt{Q_1}}{\left(\frac{H_1}{n}\right)^{\frac{3}{4}}} = 1750 \text{rpm} \times \frac{\sqrt{240 m^3/\text{min}}}{(0.155m)^{\frac{3}{4}}}$$

$= 109747.5 m^3/\text{min} \cdot \text{m/rpm}$

• n : 주어지지 않았으므로 무시

펌프의 비교회전도 N_{s2} 는

$$N_{s2} = N_2 \frac{\sqrt{Q_2}}{\left(\frac{H_2}{n}\right)^{\frac{3}{4}}}$$

$109747.5 m^3/\text{min} \cdot \text{m/rpm} = 1650 \text{rpm} \times \frac{\sqrt{Q_2}}{(0.2m)^{\frac{3}{4}}}$

$\frac{109747.5 m^3/\text{min} \cdot \text{m/rpm} \times (0.2m)^{\frac{3}{4}}}{1650 \text{rpm}} = \sqrt{Q_2}$

$\sqrt{Q_2} = \frac{109747.5 m^3/\text{min} \cdot \text{m/rpm} \times (0.2m)^{\frac{3}{4}}}{1650 \text{rpm}}$ ← 좌우이항

$(\sqrt{Q_2})^2 = \left(\frac{109747.5 \times (0.2m)^{\frac{3}{4}}}{1650 \text{rpm}}\right)^2$

$Q_2 ≒ 396 m^3/\text{min}$

기억법 $396 m^3/\text{min}$(369! 369! 396)

용어

비속도(비교회전도)
펌프의 성능을 나타내거나 가장 적합한 **회전수**를 결정하는 데 이용되며, **회전자**의 **형상**을 나타내는 척도가 된다.

답 ①

22 게이지압력이 1225kPa인 용기에서 대기의 압력이 105kPa이었다면, 이 용기의 절대압력〔kPa〕은?
22.03.문39
20.06.문21
17.03.문39
14.05.문34
14.03.문33
13.06.문22
08.05.문38
① 1142
② 1250
③ 1330
④ 1450

해설 (1) 기호
• 게이지압력 : 1225kPa
• 대기압력 : 105kPa
• 절대압력 : ?

(2) 절대압
㉠ **절**대압 = **대**기압 + **게**이지압(계기압)
㉡ 절대압 = 대기압 - 진공압

기억법 절대게

절대압 = 대기압 + 게이지압(계기압)
= 105kPa + 1225kPa = 1330kPa

답 ③

23 관 A에는 물이, 관 B에는 비중 0.9의 기름이 흐르고 있으며 그 사이에 마노미터 액체는 비중이 13.6인 수은이 들어 있다. 그림에서 $h_1 = 120$mm, $h_2 = 180$mm, $h_3 = 300$mm일 때 두 관의 압력차 $(P_A - P_B)$는 약 몇 kPa인가?
20.06.문38
19.03.문24
18.03.문37
15.09.문26
10.03.문35

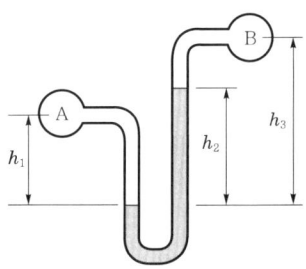

① 12.3
② 18.4
③ 23.9
④ 33.4

해설 (1) 기호
• s_1 : 1(물이므로)
• s_3 : 0.9
• s_2 : 13.6
• h_1 : 120mm = 0.12m(1000mm = 1m)
• h_2 : 180mm = 0.18m(1000mm = 1m)
• h_3' : $(h_3 - h_2)$ = (300 - 180)mm
  = 120mm
  = 0.12m(1000mm = 1m)
• $P_A - P_B$: ?

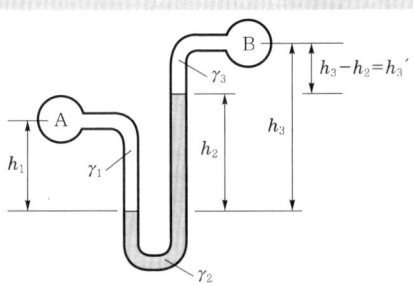

(2) 비중

$$s = \frac{\gamma}{\gamma_w}$$

여기서, s : 비중
γ : 어떤 물질의 비중량[kN/m³]
γ_w : 물의 비중량(9.8kN/m³)

물의 비중량 $s_1 = 9.8\text{kN/m}^3$

기름의 비중량 γ_3는
$\gamma_3 = s_3 \times \gamma_w = 0.9 \times 9.8\text{kN/m}^3 = 8.82\text{kN/m}^3$

수은의 비중량 γ_2는
$\gamma_2 = s_2 \times \gamma_w = 13.6 \times 9.8\text{kN/m}^3 = 133.28\text{kN/m}^3$

(3) 압력차

$P_A + \gamma_1 h_1 - \gamma_2 h_2 - \gamma_3 h_3{'} = P_B$
$P_A - P_B = -\gamma_1 h_1 + \gamma_2 h_2 + \gamma_3 h_3{'}$
$= -9.8\text{kN/m}^3 \times 0.12\text{m} + 133.28\text{kN/m}^3$
$\times 0.18\text{m} + 8.82\text{kN/m}^3 \times 0.12\text{m}$
$\fallingdotseq 23.87 \fallingdotseq 23.9\text{kN/m}^2$
$= 23.9\text{kPa}(1\text{kN/m}^2 = 1\text{kPa})$

중요

시차액주계의 **압력계산방법**
점 A를 기준으로 내려가면 더하고, 올라가면 빼면 된다.

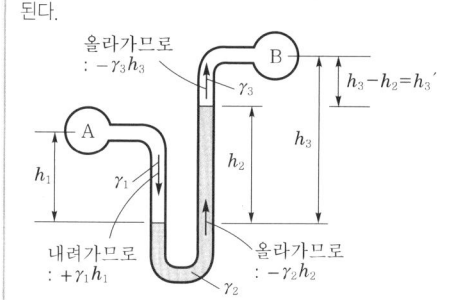

답 ③

★
24 안지름 60cm의 수평 원관에 정상류의 층류흐름이 있다. 이 관의 길이 60m에 대한 수두손실이 9m였다면 이 관에 대하여 관 벽으로부터 10cm 떨어진 지점에서의 전단응력의 크기[N/m²]는?

① 98 ② 147
③ 196 ④ 294

해설 (1) 기호
- r : 30cm=0.3m(안지름이 60cm이므로 반지름은 30cm, 100cm=1m)
- $r{'}$: (30-10)cm=20cm=0.2m(100cm=1m)
- l : 60m
- h : 9m
- τ : ?

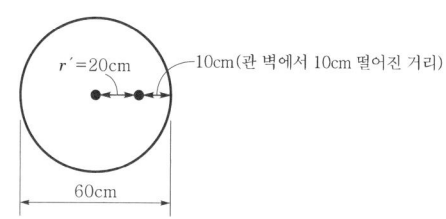

(2) 압력차

$$\Delta P = \gamma h$$

여기서, ΔP : 압력차[N/m²] 또는 [Pa]
γ : 비중량(물의 비중량 9800N/m³)
h : 높이(수두손실)[m]

압력차 ΔP는
$\Delta P = \gamma h = 9800\text{N/m}^3 \times 9\text{m} = 88200\text{N/m}^2$

(3) **뉴턴**의 **점성법칙**

$$\tau = \frac{P_A - P_B}{l} \cdot \frac{r}{2}$$

여기서, τ : 전단응력[N/m²] 또는 [Pa]
$P_A - P_B$: 압력강하[N/m²] 또는 [Pa]
l : 관의 길이[m]
r : 반경[m]

중심에서 **20cm** 떨어진 지점에서의 **전단응력** τ는
$\tau = \frac{P_A - P_B}{l} \cdot \frac{r{'}}{2}$
$= \frac{88200\text{N/m}^2}{60\text{m}} \times \frac{0.2\text{m}}{2}$
$= 147\text{N/m}^2$

- 전단응력=전단력

중요

전단응력	
층류	난류
$\tau = \dfrac{P_A - P_B}{l} \cdot \dfrac{r}{2}$	$\tau = \mu \dfrac{du}{dy}$
여기서, τ : 전단응력[N/m²] $P_A - P_B$: 압력강하 [N/m²] l : 관의 길이[m] r : 반경[m]	여기서, τ : 전단응력[N/m²] 또는 [Pa] μ : 점성계수 [N·s/m²] 또는 [kg/m·s] $\dfrac{du}{dy}$: 속도구배속도 변화율$\left(\dfrac{1}{\text{s}}\right)$ du : 속도[m/s] dy : 높이[m]

답 ②

25 대기에 노출된 상태로 저장 중인 20℃의 소화용수 500kg을 연소 중인 가연물에 분사하였을 때 소화용수가 모두 100℃인 수증기로 증발하였다. 이때 소화용수가 증발하면서 흡수한 열량 [MJ]은? (단, 물의 비열은 4.2kJ/kg·℃, 기화열은 2250kJ/kg이다.)

① 2.59   ② 168
③ 1125   ④ 1293

해설 (1) 기호
- m : 500kg
- ΔT : (100−20)℃
- Q : ?
- C : 4.2kJ/kg·℃
- r_2 : 2250kJ/kg

(2) 열량
$$Q = r_1 m + mC\Delta T + r_2 m$$

여기서, Q : 열량[cal]
- r_1 : 융해열[cal/g]
- r_2 : 기화열[cal/g]
- m : 질량[kg]
- C : 비열[cal/g·℃]
- ΔT : 온도차[℃]

열량 Q는
$Q = \cancel{r_1 m} + mC\Delta T + r_2 m$ ← 융해열은 없으므로 $r_1 m$ 삭제
$= mC\Delta T + r_2 m$
$= 500\text{kg} \times 4.2\text{kJ/kg}\cdot℃ \times (100-20)℃$
$\quad + 2250\text{kJ/kg} \times 500\text{kg}$
$= 1293000\text{kJ} = 1293\text{MJ} (1000\text{kJ} = 1\text{MJ})$

답 ④

26 설계규정에 의하면 어떤 장치에서의 원형관의 유체속도는 2m/s 내외이다. 이 관을 이용하여 물을 1m³/min 유량으로 수송하려면 관의 안지름[mm]은?

① 13   ② 25
③ 103   ④ 505

해설 (1) 기호
- V : 2m/s
- Q : 1m³/min=1m³/60s
- D : ?

(2) 유량
$$Q = AV = \left(\frac{\pi D^2}{4}\right)V$$

여기서, Q : 유량[m³/s]
- A : 단면적[m²]
- V : 유속[m/s]
- D : 직경[m]

유량 Q는
$Q = \left(\frac{\pi D^2}{4}\right)V$
$\frac{4Q}{\pi V} = D^2$
$D^2 = \frac{4Q}{\pi V}$ ← 좌우 이항
$\sqrt{D^2} = \sqrt{\frac{4Q}{\pi V}}$
$D = \sqrt{\frac{4Q}{\pi V}} = \sqrt{\frac{4 \times 1\text{m}^3/60\text{s}}{\pi \times 2\text{m/s}}}$
$\fallingdotseq 0.103\text{m} = 103\text{mm}(1\text{m} = 1000\text{mm})$

답 ③

27 안지름이 150mm인 금속구(球)의 질량을 내부가 진공일 때와 875kPa까지 미지의 가스로 채워졌을 때 각각 측정하였다. 이때 질량의 차이가 0.00125kg이었고 실온은 25℃이었다. 이 가스를 순수물질이라고 할 때 이 가스는 무엇으로 추정되는가? (단, 일반기체상수는 8314J/kmol·K이다.)

① 수소(H₂, 분자량 약 2)
② 헬륨(He, 분자량 약 4)
③ 산소(O₂, 분자량 약 32)
④ 아르곤(Ar, 분자량 약 40)

해설 (1) 기호
- D : 150mm=0.15m(1000mm=1m)
- P : 875kPa=875kN/m²(1kPa=1kN/m²)
- m : 0.00125kg
- T : 25℃=(273+25)K
- $\overline{R}$: 8314J/kmol·K=8.314kJ/kmol·K (1000J=1kJ)
- M : ?

(2) 구의 부피(체적)
$$V = \frac{\pi}{6}D^3$$

여기서, V : 구의 부피[m³]
D : 구의 안지름[m]

구의 부피 V는
$V = \frac{\pi}{6}D^3 = \frac{\pi}{6} \times (0.15\text{m})^3$

(3) 이상기체상태 방정식
$$PV = mRT$$

여기서, P : 기압[kPa]
V : 부피[m³]
m : 질량[kg]
R : 기체상수[kJ/kg · K]
T : 절대온도(273 + ℃)[K]

기체상수 R는

$$R = \frac{PV}{mT}$$

$$= \frac{875\text{kN/m}^2 \times \frac{\pi}{6} \times (0.15\text{m})^3}{0.00125\text{kg} \times (273+25)\text{K}}$$

$$\fallingdotseq 4.15 \text{kN} \cdot \text{m/kg} \cdot \text{K}$$

$$= 4.15 \text{kJ/kg} \cdot \text{K} (1\text{kN} \cdot \text{m} = 1\text{kJ})$$

(4) **기체상수**

$$R = C_P - C_V = \frac{\overline{R}}{M}$$

여기서, R : 기체상수[kJ/kg · K]
C_P : 정압비열[kJ/kg · K]
C_V : 정적비열[kJ/kg · K]
$\overline{R}$: 일반기체상수[kJ/kmol · K]
M : 분자량[kg/kmol]

분자량 M은

$$M = \frac{\overline{R}}{R} = \frac{8.314 \text{kJ/kmol} \cdot \text{K}}{4.15 \text{kJ/kg} \cdot \text{K}} \fallingdotseq 2\text{kg/kmol}$$

(∴ 분자량 약 2kg/kmol인 ①번 정답)

답 ①

28 그림과 같은 사이펀(Siphon)에서 흐를 수 있는 유량[m³/min]은? (단, 관의 안지름은 50mm이며, 관로 손실은 무시한다.)
19.04.문24
12.05.문30

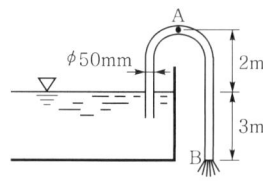

① 0.015 ② 0.903
③ 15   ④ 60

해설 (1) **기호**

- Q : ?
- D : 50mm = 0.05m(1000mm = 1m)
- H : 3m(그림)

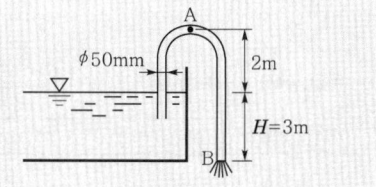

(2) **토리첼리의 식**

$$V = C\sqrt{2gH}$$

여기서, V : 유속[m/s]
C : 유량계수
g : 중력가속도(9.8m/s²)
H : 높이[m]

유속 V는

$$V = C\sqrt{2gH}$$

$$= \sqrt{2 \times 9.8\text{m/s}^2 \times 3\text{m}}$$

$$\fallingdotseq 7.668 \text{m/s}$$

- C : 주어지지 않았으므로 무시

(3) **유량**

$$Q = AV = \left(\frac{\pi D^2}{4}\right)V$$

여기서, Q : 유량[m³/s]
A : 단면적[m²]
V : 유속[m/s]
D : 직경[m]

유량 Q는

$$Q = \left(\frac{\pi D}{4}\right)^2 V$$

$$= \frac{\pi \times (0.05\text{m})^2}{4} \times 7.668\text{m/s}$$

$$= 0.01505 \text{m}^3/\text{s}$$

$$= 0.01505 \text{m}^3 / \frac{1}{60}\text{min} \left(1\text{min} = 60\text{s}, 1\text{s} = \frac{1}{60}\text{min}\right)$$

$$= 0.01505 \times 60 \text{m}^3/\text{min}$$

$$= 0.903 \text{m}^3/\text{min}$$

답 ②

29 물탱크에 담긴 물의 수면의 높이가 10m인데, 물탱크 바닥에 원형 구멍이 생겨서 10L/s만큼 물이 유출되고 있다. 원형 구멍의 지름은 약 몇 cm인가? (단, 구멍의 유량보정계수는 0.6이다.)
18.04.문26
14.09.문34
12.05.문32

① 2.7   ② 3.1
③ 3.5   ④ 3.9

해설 (1) **기호**

- H : 10m
- Q : 10L/s = 0.01m³/s(1000L = 1m³이므로 10L/s = 0.01m³/s)
- C : 0.6
- D : ?

(2) **토리첼리의 식**

$$V = C\sqrt{2gH}$$

여기서, V : 유속[m/s]
C : 보정계수
g : 중력가속도(9.8m/s²)
H : 수면의 높이[m]

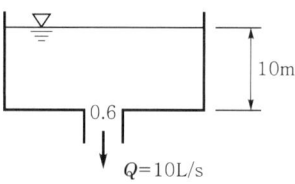

$V = C\sqrt{2gH} = 0.6 \times \sqrt{2 \times 9.8\text{m/s}^2 \times 10\text{m}} = 8.4\text{m/s}$

(3) 유량

$$Q = AV = \left(\frac{\pi}{4}D^2\right)V$$

여기서, Q : 유량[m³/s]
A : 단면적[m²]
V : 유속[m/s]
D : 직경[m]

$Q = \frac{\pi}{4}D^2 V$

$\frac{Q}{V} \times \frac{4}{\pi} = D^2$

$D^2 = \frac{Q}{V} \times \frac{4}{\pi}$

$\sqrt{D^2} = \sqrt{\frac{Q}{V} \times \frac{4}{\pi}}$

$D = \sqrt{\frac{Q}{V} \times \frac{4}{\pi}} = \sqrt{\frac{0.01\text{m}^3/\text{s}}{8.4\text{m/s}} \times \frac{4}{\pi}}$

$\fallingdotseq 0.039\text{m} = 3.9\text{cm}$

• 1000L=1m³이므로 10L/s=0.01m³/s
• 1m=100cm이므로 0.039m=3.9cm

답 ④

30 ★★★
18.04.문26
14.09.문34
12.05.문32

수조의 수면으로부터 20m 아래에 설치된 지름 5cm의 오리피스에서 30초 동안 분출된 유량[m³]은? (단, 수심은 일정하게 유지된다고 가정하고 오리피스의 유량계수 $C = 0.98$로 하여 다른 조건은 무시한다.)

① 1.14   ② 3.46
③ 11.4   ④ 31.6

해설 (1) 기호
• H : 20m
• D : 5cm=0.05m(100cm=1m)
• t : 30s
• Q : ?
• C : 0.98

(2) 토리첼리의 식

$V = C\sqrt{2gH}$

여기서, V : 유속[m/s]
C : 유량계수
g : 중력가속도(9.8m/s²)
H : 물의 높이[m]

유속 V는
$V = C\sqrt{2gH}$
$= 0.98 \times \sqrt{2 \times 9.8\text{m/s}^2 \times 20\text{m}} \fallingdotseq 19.4\text{m/s}$

(3) 유량

$$Q = AV = \left(\frac{\pi D^2}{4}\right)V$$

여기서, Q : 유량[m³/s]
A : 단면적[m²]
V : 유속[m/s]
D : 지름[m]

유량 Q는
$Q = \left(\frac{\pi D^2}{4}\right)V$
$= \frac{\pi \times (0.05\text{m})^2}{4} \times 19.4\text{m/s} = 0.038\text{m}^3/\text{s}$

$0.038\text{m}^3/\text{s} \times 30\text{s} = 1.14\text{m}^3$

답 ①

31 ★★★
22.04.문31
21.05.문30
19.04.문40
17.05.문40
16.05.문25
13.09.문40
12.03.문25
10.03.문37

동력(power)의 차원을 MLT(질량 M, 길이 L, 시간 T)계로 바르게 나타낸 것은?

① MLT^{-1}
② MLT^{-2}
③ M^2LT^{-2}
④ ML^2T^{-3}

해설 단위와 차원

차 원	중력단위[차원]	절대단위[차원]
길이	m[L]	m[L]
시간	s[T]	s[T]
운동량	N·s[FT]	kg·m/s[MLT⁻¹]
속도	m/s[LT⁻¹]	m/s[LT⁻¹]
가속도	m/s²[LT⁻²]	m/s²[LT⁻²]
질량	N·s²/m[FL⁻¹T²]	kg[M]
압력	N/m²[FL⁻²]	kg/m·s²[ML⁻¹T⁻²]
밀도	N·s²/m⁴[FL⁻⁴T²]	kg/m³[ML⁻³]
비중	무차원	무차원
비중량	N/m³[FL⁻³]	kg/m²·s²[ML⁻²T⁻²]
비체적	m⁴/N·s²[F⁻¹L⁴T⁻²]	m³/kg[M⁻¹L³]
점성계수	N·s/m²[FL⁻²T]	kg/m·s[ML⁻¹T⁻¹]
동점성계수	m²/s[L²T⁻¹]	m²/s[L²T⁻¹]
부력(힘)	N[F]	kg·m/s²[MLT⁻²]
일(에너지·열량)	N·m[FL]	kg·m²/s²[ML²T⁻²]
동력(일률)	N·m/s[FLT⁻¹]	kg·m²/s³[ML²T⁻³] 보기 ④
표면장력	N/m[FL⁻¹]	kg/s²[MT⁻²]

답 ④

32.
진공계기압력이 19kPa, 20℃인 기체가 계기압력 800kPa로 등온압축되었다면 처음 체적에 대한 최후의 체적비는? (단, 대기압은 100kPa이다.)

① $\dfrac{1}{11.1}$ ② $\dfrac{1}{9.8}$

③ $\dfrac{1}{8.4}$ ④ $\dfrac{1}{7.8}$

해설 등온과정
(1) 기호
- 진공압 : 19kPa
- 계기압 : 800kPa
- $\dfrac{V_2}{V_1}$: ?
- 대기압 : 100kPa

(2) 절대압
㉠ **절**대압=**대**기압+**게**이지압(계기압)
㉡ 절대압=대기압−진공압

기억법 절대게

P_1 : 절대압=대기압−진공압=(100−19)kPa = **81kPa**
P_2 : 절대압=대기압+게이지압(계기압)=(100+800)kPa = **900kPa**

(3) 압력과 비체적

$$\dfrac{P_2}{P_1}=\dfrac{v_1}{v_2}$$

여기서, P_1, P_2 : 변화 전후의 압력[kJ/m³] 또는 [kPa]
v_1, v_2 : 변화 전후의 비체적[m³/kg]

(4) 변형식

$$\dfrac{P_2}{P_1}=\dfrac{V_1}{V_2}$$

여기서, P_1, P_2 : 변화 전후의 압력[kJ/m³] 또는 [kPa]
V_1, V_2 : 변화 전후의 체적[m³]

$$\dfrac{V_2}{V_1}=\dfrac{P_1}{P_2}$$

처음 체적에 대한 최후 체적의 비 $\dfrac{V_2}{V_1}$ 는

$\dfrac{V_2}{V_1}=\dfrac{P_1}{P_2}=\dfrac{81\text{kPa}}{900\text{kPa}}=\dfrac{9}{100}=0.09 ≒ \dfrac{1}{11.1}$

답 ①

33.
비중 0.92인 빙산이 비중 1.025의 바닷물 수면에 떠 있다. 수면에 나온 빙산의 체적이 150m³이면 빙산의 전체 체적은 약 몇 m³인가?

① 1314 ② 1464
③ 1725 ④ 1875

해설 비중

$$V=\dfrac{s_s}{s_w}$$

여기서, V : 바닷물에 잠겨진 부피
s_s : 어떤 물질의 비중(**빙**산의 비중)
s_w : 표준 물질의 비중(**바**닷물의 비중)

기억법 빙바(빙수바)

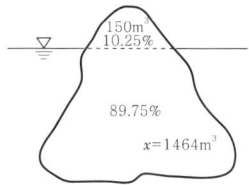

바닷물에 잠겨진 부피 V는

$V=\dfrac{s_s}{s_w}=\dfrac{0.92}{1.025}=0.8975=89.75\%$

수면 위에 나온 빙산의 부피=100%−89.75%=10.25%
수면 위에 나온 빙산의 체적이 150m³이므로 비례식으로 풀면

10.25% : 150m³ = 100% : x

$10.25\% x = 150\text{m}^3 \times 100\%$

$x=\dfrac{150\text{m}^3 \times 100\%}{10.25\%} ≒ 1464\text{m}^3$

답 ②

34.
체적이 200L인 용기에 압력이 800kPa이고 온도가 200℃의 공기가 들어 있다. 공기를 냉각하여 압력을 500kPa로 낮추기 위해 제거해야 하는 열 [kJ]은? (단, 공기의 정적비열은 0.718kJ/kg·K 이고, 기체상수는 0.287kJ/kg·K이다.)

① 150 ② 570
③ 990 ④ 1400

해설 (1) 기호
- V : 200L=0.2m³(1000L=1m³)
- P_1 : 800kPa=800kN/m²(1kPa=1kN/m²)
- T_1 : 200℃=(273+200)K
- P_2 : 500kPa
- Q : ?
- C_V : 0.718kJ/kg·K
- R : 0.287kJ/kg·K=0.287kN·m/kg·K
  (1kJ=1kN·m)

(2) 이상기체상태 방정식

$$PV=mRT$$

여기서, P : 압력[kPa]
V : 체적[m³]
m : 질량[kg]
R : 기체상수[kJ/kg·K]
T : 절대온도(273+℃)[K]

질량 m은

$m = \dfrac{PV}{RT}$

$= \dfrac{800\text{kN/m}^2 \times 0.2\text{m}^3}{0.287\text{kN}\cdot\text{m/kg}\cdot\text{K}\times(273+200)\text{K}} \fallingdotseq 1.18\text{kg}$

(3) 정적과정(체적이 변하지 않으므로)시의 온도와 압력과의 관계

$\dfrac{P_2}{P_1} = \dfrac{T_2}{T_1}$

여기서, P_1, P_2 : 변화 전후의 압력[kJ/m³]
T_1, T_2 : 변화 전후의 온도(273+℃)[K]

변화 후의 온도 T_2는

$T_2 = \dfrac{P_2}{P_1} \times T_1$

$= \dfrac{500\text{kPa}}{800\text{kPa}} \times (273+200)\text{K} \fallingdotseq 295.6\text{K}$

(4) 열

$Q = mC_V(T_2 - T_1)$

여기서, Q : 열[kJ]
m : 질량[kg]
C_V : 정적비열[kJ/kg·K]
$(T_2 - T_1)$: 온도차 [K] 또는 [℃]

열 Q는

$Q = mC_V(T_2 - T_1)$

$= 1.18\text{kg}\times 0.718\text{kJ/kg}\cdot\text{K}$
$\times [295.6-(273+200)]\text{K}$

$\fallingdotseq -150\text{kJ}$

- '-'는 제거열에 해당

답 ①

35 ★★★

19.09.문40
16.03.문23
15.05.문32
14.09.문39
11.06.문22

지름 60cm, 관마찰계수가 0.3인 배관에 설치한 밸브의 부차적 손실계수(K)가 10이라면 이 밸브의 상당길이[m]는?

① 20　　　② 22
③ 24　　　④ 26

해설 (1) 기호
- D : 60cm=0.6m(100cm=1m)
- f : 0.3
- K : 10
- L_e : ?

(2) 관의 등가길이

$L_e = \dfrac{KD}{f}$

여기서, L_e : 관의 등가길이[m]
K : (부차적) 손실계수
D : 내경[m]
f : 마찰손실계수(마찰계수)

관의 등가길이 L_e는

$L_e = \dfrac{KD}{f}$

$= \dfrac{10\times 0.6\text{m}}{0.3} = 20\text{m}$

- 등가길이=상당길이=상당관길이
- 마찰계수=마찰손실계수=관마찰계수

답 ①

36 ★★★

21.03.문30
17.09.문40
16.03.문31
15.03.문23
12.03.문31
07.03.문30

Newton의 점성법칙에 대한 옳은 설명으로 모두 짝지은 것은?

㉠ 전단응력은 점성계수와 속도기울기의 곱이다.
㉡ 전단응력은 점성계수에 비례한다.
㉢ 전단응력은 속도기울기에 반비례한다.

① ㉠, ㉡　　　② ㉡, ㉢
③ ㉠, ㉢　　　④ ㉠, ㉡, ㉢

해설 ㉢ 반비례 → 비례

Newton의 점성법칙 특징
(1) 전단응력은 **점성계수**와 **속도기울기**의 곱이다. 보기 ㉠
(2) 전단응력은 **속도기울기**에 비례한다. 보기 ㉢
(3) 속도기울기가 0인 곳에서 전단응력은 0이다.
(4) 전단응력은 **점성계수**에 비례한다. 보기 ㉡
(5) Newton의 점성법칙(난류)

$\tau = \mu\dfrac{du}{dy}$

여기서, τ : 전단응력[N/m²]
μ : 점성계수[N·s/m²]
$\dfrac{du}{dy}$: 속도구배(속도기울기)$\left[\dfrac{1}{s}\right]$

 비교

Newton의 점성법칙	
층류	난류
$\tau = \dfrac{p_A-p_B}{l}\cdot\dfrac{r}{2}$	$\tau = \mu\dfrac{du}{dy}$
여기서, τ : 전단응력[N/m²] p_A-p_B : 압력강하[N/m²] l : 관의 길이[m] r : 반경[m]	여기서, τ : 전단응력[N/m²] μ : 점성계수[N·s/m²] 또는 [kg/m·s] $\dfrac{du}{dy}$: 속도구배(속도기울기)$\left[\dfrac{1}{s}\right]$

답 ①

37

그림과 같이 수직평판에 속도 2m/s로 단면적이 0.01m²인 물 제트가 수직으로 세워진 벽면에 충돌하고 있다. 벽면의 오른쪽에서 물 제트를 왼쪽 방향으로 쏘아 벽면의 평형을 이루게 하려면 물 제트의 속도를 약 몇 m/s로 해야 하는가? (단, 오른쪽에서 쏘는 물 제트의 단면적은 0.005m²이다.)

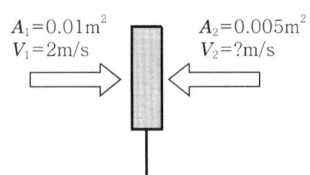

① 1.42
② 2.00
③ 2.83
④ 4.00

해설 (1) 기호
- A_1 : 0.01m²
- V_1 : 2m/s
- A_2 : 0.005m²
- V_2 : ?

벽면이 평형을 이루므로 힘 $F_1 = F_2$

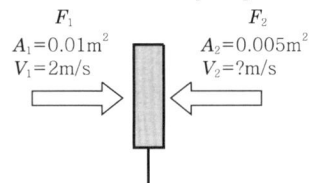

(2) 유량
$$Q = AV = \frac{\pi}{4}D^2 V \quad \cdots \cdots \text{㉠}$$
여기서, Q : 유량[m³/s]
A : 단면적[m²]
V : 유속[m/s]
D : 직경[m]

(3) 힘
$$F = \rho QV \quad \cdots \cdots \text{㉡}$$
여기서, F : 힘[N]
ρ : 밀도(물의 밀도 1000N·s²/m⁴)
Q : 유량[m³/s]
V : 유속[m/s]

㉡식에 ㉠식을 대입하면
$F = \rho QV = \rho(AV)V = \rho AV^2$

$F_1 = F_2$

$\rho A_1 V_1^2 = \rho A_2 V_2^2$

$\dfrac{A_1 V_1^2}{A_2} = V_2^2$

$V_2^2 = \dfrac{A_1 V_1^2}{A_2}$

$\sqrt{V_2^2} = \sqrt{\dfrac{A_1 V_1^2}{A_2}}$

$V_2 = \sqrt{\dfrac{A_1 V_1^2}{A_2}} = \sqrt{\dfrac{0.01\text{m}^2 \times (2\text{m/s})^2}{0.005\text{m}^2}} ≒ 2.83\text{m/s}$

답 ③

38

그림과 같이 물이 수조에 연결된 원형 파이프를 통해 분출되고 있다. 수면과 파이프의 출구 사이에 총 손실수두가 200mm이라고 할 때 파이프에서의 방출유량은 약 몇 m³/s인가? (단, 수면 높이의 변화속도는 무시한다.)

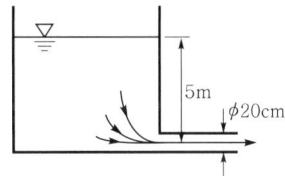

① 0.285
② 0.295
③ 0.305
④ 0.315

해설 (1) 기호
- H_2 : 5m
- H_1 : 200mm = 0.2m(1000mm=1m)
- Q : ?
- D : 20cm = 0.2m(100cm=1m)

(2) 토리첼리의 식
$$V = \sqrt{2gH} = \sqrt{2g(H_2 - H_1)}$$
여기서, V : 유속[m/s]
g : 중력가속도(9.8m/s²)
H_2 : 높이[m]
H_1 : 수면과 파이프 출구 사이 손실수두[m]

유속 V는
$V = \sqrt{2g(H_2 - H_1)}$
$= \sqrt{2 \times 9.8\text{m/s}^2 \times (5-0.2)\text{m}} = 9.669\text{m/s}$

(3) 유량
$$Q = AV = \left(\dfrac{\pi D^2}{4}\right)V$$
여기서, Q : 유량[m³/s]
A : 단면적[m²]
V : 유속[m/s]
D : 직경[m]

유량 Q는
$Q = AV = \dfrac{\pi D^2}{4}V$
$= \dfrac{\pi \times (0.2)^2}{4} \times 9.699\text{m/s} = 0.3047 ≒ 0.305\text{m}^3/\text{s}$

답 ③

39 하겐-포아젤(Hagen-Poiseuille)식에 관한 설명으로 옳은 것은?

① 수평 원관 속의 난류 흐름에 대한 유량을 구하는 식이다.
② 수평 원관 속의 층류 흐름에서 레이놀즈수와 유량과의 관계식이다.
③ 수평 원관 속의 층류 및 난류 흐름에서 마찰손실을 구하는 식이다.
④ 수평 원관 속의 층류 흐름에서 유량, 관경, 점성계수, 길이, 압력강하 등의 관계식이다.

해설 하겐-포아젤(Hagen-Poiseuille)식
수평 원관 속의 층류 흐름에서 유량, 관경, 점성계수, 길이, 압력강하 등의 관계식

$$\Delta P = \frac{128\mu Q l}{\pi D^4}$$

여기서, ΔP : 압력차(압력강하)[N/m²]
 μ : 점성계수[N·s/m²]
 Q : 유량[m³/s]
 l : 길이[m]
 D : 내경[m]

비교

층류 : 손실수두

유체의 속도를 알 수 있는 경우	유체의 속도를 알 수 없는 경우
$H = \frac{\Delta P}{\gamma} = \frac{flV^2}{2gD}$ [m] (다르시-바이스바하의 식)	$H = \frac{\Delta P}{\gamma} = \frac{128\mu Q l}{\gamma \pi D^4}$ [m] (하겐-포아젤의 식)
여기서, H : 마찰손실(손실수두)[m] ΔP : 압력차[Pa] 또는 [N/m²] γ : 비중량(물의 비중량 9800N/m³) f : 관마찰계수 l : 길이[m] V : 유속[m/s] g : 중력가속도(9.8m/s²) D : 내경[m]	여기서, ΔP : 압력차(압력강하, 압력손실)[N/m²] γ : 비중량(물의 비중량 9800N/m³) μ : 점성계수[N·s/m²] Q : 유량[m³/s] l : 길이[m] D : 내경[m]

답 ④

40 펌프에 의하여 유체에 실제로 주어지는 동력은? (단, L_w는 동력[kW], γ는 물의 비중량[N/m³], Q는 토출량[m³/min], H는 전양정[m], g는 중력가속도[m/s²]이다.)

① $L_w = \frac{\gamma Q H}{102 \times 60}$ ② $L_w = \frac{\gamma Q H}{1000 \times 60}$
③ $L_w = \frac{\gamma Q H g}{102 \times 60}$ ④ $L_w = \frac{\gamma Q H g}{1000 \times 60}$

해설 수동력

$$L_w = \frac{\gamma Q H}{1000 \times 60} = \frac{9800 Q H}{1000 \times 60} ≒ 0.163 Q H$$

여기서, L_w : 수동력[kW]
 γ : 비중량(물의 비중량 9800N/m³)
 Q : 유량[m³/min]
 H : 전양정[m]

• 지문에서 **전달계수**(K)와 **효율**(η)은 주어지지 않았으므로 **수동력**을 적용하면 됨

용어 수동력
전달계수(K)와 효율(η)을 고려하지 않은 동력

답 ②

제3과목 소방관계법규

41 위험물안전관리법령에 따라 위험물안전관리자를 해임하거나 퇴직한 때에는 해임하거나 퇴직한 날부터 며칠 이내에 다시 안전관리자를 선임하여야 하는가?

① 30일   ② 35일
③ 40일   ④ 55일

해설 30일
(1) 소방시설업 등록사항 변경신고(공사규칙 6조)
(2) **위험물안전관리자의 재선임**(위험물안전관리법 15조) 보기 ①
(3) 소방안전관리자의 재선임(화재예방법 시행규칙 14조)
(4) **도급계약 해지**(공사업법 23조)
(5) 소방시설공사 중요사항 변경시의 신고일(공사업규칙 12조)
(6) 소방기술자 실무교육기관 지정서 발급(공사업규칙 32조)
(7) 소방공사감리자 변경서류 제출(공사업규칙 15조)
(8) **승계**(위험물법 10조)
(9) 위험물안전관리자의 직무대행(위험물법 15조)
(10) 탱크시험자의 변경신고일(위험물법 16조)

답 ①

42 위험물안전관리법령상 제조소 또는 일반취급소의 위험물취급탱크 노즐 또는 맨홀을 신설하는 경우, 노즐 또는 맨홀의 직경이 몇 mm를 초과하는 경우에 변경허가를 받아야 하는가?

① 250   ② 300
③ 450   ④ 600

해설
위험물규칙〔별표 1의 2〕
제조소 또는 일반취급소의 변경허가
(1) **제조소** 또는 **일반취급소**의 **위치**를 **이전**하는 경우
(2) 건축물의 벽·기둥·바닥·보 또는 지붕을 증설 또는 **철거**하는 경우
(3) **배출설비**를 **신설**하는 경우
(4) 위험물취급탱크를 신설·교체·철거 또는 보수(탱크의 본체를 절개)하는 경우
(5) 위험물취급탱크의 **노즐** 또는 **맨홀**을 신설하는 경우(노즐 또는 맨홀의 직경이 **250mm**를 초과하는 경우) 보기 ①
(6) 위험물취급탱크의 **방유제**의 **높이** 또는 방유제 내의 **면적**을 **변경**하는 경우
(7) 위험물취급탱크의 탱크전용실을 **증설** 또는 **교체**하는 경우
(8) **300m**(지상에 설치하지 아니하는 배관은 **30m**)를 초과하는 위험물배관을 신설·교체·철거 또는 보수(배관 절개)하는 경우
(9) 불활성기체의 봉입장치를 **신설**하는 경우

기억법 노맨 250mm

답 ①

43 ★★★
화재의 예방 및 안전관리에 관한 법령에 따라 소방안전관리대상물의 관계인이 소방안전관리업무에서 소방안전관리자를 선임하지 아니하였을 때 벌금기준은?
19.04.문49
15.09.문57
10.03.문57
① 100만원 이하   ② 1000만원 이하
③ 200만원 이하   ④ 300만원 이하

해설 300만원 이하의 벌금
(1) 화재안전조사를 정당한 사유없이 거부·방해·기피(화재예방법 50조)
(2) **소방안전관리자, 총괄소방안전관리자** 또는 **소방안전관리보조자 미선임**(화재예방법 50조) 보기 ④
(3) 위탁받은 업무종사자의 **비밀누설**(소방시설법 59조)
(4) 성능위주설계평가단 비밀누설(소방시설법 59조)
(5) 방염성능검사 합격표시 위조(소방시설법 59조)
(6) 다른 자에게 자기의 성명이나 상호를 사용하여 소방시설공사 등을 수급 또는 시공하게 하거나 소방시설업의 등록증·**등록수첩을 빌려준 자**(공사업법 37조)
(7) **감리원 미배치자**(공사업법 37조)
(8) 소방기술인정 자격수첩을 빌려준 자(공사업법 37조)
(9) **2 이상의 업체에 취업**한 자(공사업법 37조)
(10) 소방시설업자나 관계인 감독시 관계인의 업무를 방해하거나 비밀누설(공사업법 37조)

기억법 비3(비상)

답 ④

44 ★★★
소방기본법령상 소방안전교육사의 배치대상별 배치기준으로 틀린 것은?
22.09.문56
20.09.문57
13.09.문46
① 소방청 : 2명 이상 배치
② 소방본부 : 2명 이상 배치
③ 소방서 : 1명 이상 배치
④ 한국소방안전원(본회) : 1명 이상 배치

해설
④ 1명 이상 → 2명 이상

기본령〔별표 2의 3〕
소방안전교육사의 배치대상별 배치기준

배치대상	배치기준
소방서	• 1명 이상 보기 ③
한국소방안전원	• 시·도지부 : 1명 이상 • 본회 : 2명 이상 보기 ④
소방본부	• 2명 이상 보기 ②
소방청	• 2명 이상 보기 ①
한국소방산업기술원	• 2명 이상

답 ④

45 ★★★
피난시설, 방화구획 및 방화시설을 폐쇄·훼손·변경 등의 행위를 3차 이상 위반한 자에 대한 과태료는?
21.09.문52
19.04.문49
18.04.문58
15.09.문57
10.03.문57
① 200만원   ② 300만원
③ 500만원   ④ 1000만원

해설 소방시설법 61조
300만원 이하의 과태료
(1) 소방시설을 **화재안전기준**에 따라 설치·관리하지 아니한 자
(2) 피난시설, 방화구획 또는 방화시설의 **폐쇄·훼손·변경** 등의 행위를 한 자 보기 ②
(3) **임시소방시설**을 설치·관리하지 아니한 자
(4) **점검기록표**를 기록하지 아니하거나 특정소방대상물의 출입자가 쉽게 볼 수 있는 장소에 게시하지 아니한 관계인

비교
소방시설법 시행령〔별표 10〕
피난시설, 방화구획 또는 방화시설을 폐쇄·훼손·변경 등의 행위

1차 위반	2차 위반	3차 이상 위반
100만원	200만원	300만원

답 ②

46 ★
소방시설공사업법령상 소방공사감리를 실시함에 있어 용도와 구조에서 특별히 안전성과 보안성이 요구되는 소방대상물로서 소방시설물에 대한 감리를 감리업자가 아닌 자가 감리할 수 있는 장소는?
20.06.문54
① 정보기관의 청사
② 교도소 등 교정관련시설
③ 국방 관계시설 설치장소
④ 원자력안전법상 관계시설이 설치되는 장소

해설 (1) 공사업법 시행령 8조
감리업자가 아닌 자가 감리할 수 있는 보안성 등이 요구되는 소방대상물의 시공장소 「원자력안전법」 제2조 제10호에 따른 관계시설이 설치되는 장소 보기 ④

(2) 원자력안전법 2조 10호
"관계시설"이란 원자로의 안전에 관계되는 시설로서 대통령령으로 정하는 것을 말한다.

답 ④

47 ★★★
22.03.문44
20.09.문55
19.09.문50
17.09.문49
16.05.문53
13.09.문56

화재의 예방 및 안전관리에 관한 법령상 시·도지사는 화재가 발생할 우려가 높거나 화재가 발생하는 경우 그로 인하여 피해가 클 것으로 예상되는 지역을 화재예방강화지구로 지정할 수 있는데 다음 중 지정대상지역에 대한 기준으로 틀린 것은? (단, 소방청장·소방본부장 또는 소방서장이 화재예방강화지구로 지정할 필요가 있다고 별도로 인정하는 지역은 제외한다.)

① 소방출동로가 없는 지역
② 석유화학제품을 생산하는 공장이 있는 지역
③ 석조건물이 2채 이상 밀집한 지역
④ 공장이 밀집한 지역

해설 ③ 해당 없음

화재예방법 18조
화재예방강화지구의 지정
(1) 지정권자 : 시·도지사
(2) 지정지역
 ㉠ 시장지역
 ㉡ 공장·창고 등이 밀집한 지역 보기 ④
 ㉢ 목조건물이 밀집한 지역
 ㉣ 노후·불량 건축물이 밀집한 지역
 ㉤ 위험물의 저장 및 처리시설이 밀집한 지역
 ㉥ 석유화학제품을 생산하는 공장이 있는 지역 보기 ②
 ㉦ 소방시설·소방용수시설 또는 소방출동로가 없는 지역 보기 ①
 ㉧ 「산업입지 및 개발에 관한 법률」에 따른 산업단지
 ㉨ 「물류시설의 개발 및 운영에 관한 법률」에 따른 물류단지
 ㉩ 소방청장·소방본부장·소방서장(소방관서장)이 화재예방강화지구로 지정할 필요가 있다고 인정하는 지역

※ 화재예방강화지구 : 화재발생 우려가 크거나 화재가 발생할 경우 피해가 클 것으로 예상되는 지역에 대하여 화재의 예방 및 안전관리를 강화하기 위해 지정·관리하는 지역

비교
기본법 19조
화재로 오인할 만한 불을 피우거나 연막소독시 신고지역
(1) 시장지역
(2) 공장·창고가 밀집한 지역
(3) 목조건물이 밀집한 지역
(4) 위험물의 저장 및 처리시설이 밀집한 지역
(5) 석유화학제품을 생산하는 공장이 있는 지역
(6) 그 밖에 시·도의 조례로 정하는 지역 또는 장소

답 ③

48 ★★★
22.09.문54
21.09.문54
17.09.문43

소방기본법령상 최대 200만원 이하의 과태료 처분 대상이 아닌 것은?

① 한국소방안전원 또는 이와 유사한 명칭을 사용한 자
② 소방활동구역을 대통령령으로 정하는 사람 외에 출입한 사람
③ 화재진압 구조·구급 활동을 위해 사이렌을 사용하여 출동하는 소방자동차에 진로를 양보하지 아니하여 출동에 지장을 준 자
④ 화재, 재난·재해, 그 밖의 위급한 상황이 발생한 구역에 소방본부장의 피난명령을 위반한 사람

해설 ④ 100만원 이하의 벌금

200만원 이하의 과태료
(1) 소방용수시설·소화기구 및 설비 등의 설치명령 위반 (화재예방법 52조)
(2) 특수가연물의 저장·취급 기준 위반(화재예방법 52조)
(3) 한국119청소년단 또는 이와 유사한 명칭을 사용한 자 (기본법 56조)
(4) 소방활동구역 출입(기본법 56조) 보기 ②
(5) 소방자동차의 출동에 지장을 준 자(기본법 56조) 보기 ③
(6) 한국소방안전원 또는 이와 유사한 명칭을 사용한 자 (기본법 56조) 보기 ①
(7) 관계서류 미보관자(공사업법 40조)
(8) **소방기술자 미배치자**(공사업법 40조)
(9) 완공검사를 받지 아니한 자(공사업법 40조)
(10) 방염성능기준 미만으로 방염한 자(공사업법 40조)
(11) 하도급 미통지자(공사업법 40조)
(12) 관계인에게 지위승계·행정처분·휴업·폐업 사실을 거짓으로 알린 자(공사업법 40조)

비교
100만원 이하의 벌금
(1) 관계인의 소방활동 미수행(기본법 20조)
(2) **피난명령** 위반(기본법 54조) 보기 ④
(3) 위험시설 등에 대한 긴급조치 방해(기본법 54조)
(4) 거짓보고 또는 자료 미제출자(공사업법 38조)
(5) 관계공무원의 출입·조사·검사 방해(공사업법 38조)

기억법 피1(차일피일)

답 ④

49 위험물안전관리법령상 제조소 또는 일반취급소에서 취급하는 제4류 위험물의 최대수량의 합이 지정수량의 24만배 이상 48만배 미만인 사업소의 관계인이 두어야 하는 화학소방자동차와 자체소방대원의 수의 기준으로 옳은 것은? (단, 화재, 그 밖의 재난발생시 다른 사업소 등과 상호응원에 관한 협정을 체결하고 있는 사업소는 제외한다.)

① 화학소방자동차-2대, 자체소방대원의 수-10인
② 화학소방자동차-3대, 자체소방대원의 수-10인
③ 화학소방자동차-3대, 자체소방대원의 수-15인
④ 화학소방자동차-4대, 자체소방대원의 수-20인

해설 위험물령 [별표 8]
자체소방대에 두는 화학소방자동차 및 인원

구 분	화학소방자동차	자체소방대원의 수
지정수량 3천~12만배 미만	1대	5인
지정수량 12~24만배 미만	2대	10인
지정수량 24~48만배 미만 보기 ③	3대	15인
지정수량 48만배 이상	4대	20인
옥외탱크저장소에 저장하는 제4류 위험물의 최대수량이 지정수량의 50만배 이상	2대	10인

답 ③

50 소방기본법령상 화재, 재난·재해 그 밖의 위급한 사항이 발생한 경우 소방대가 현장에 도착할 때까지 관계인의 소방활동에 포함되지 않는 것은?

① 불을 끄거나 불이 번지지 아니하도록 필요한 조치
② 소방활동에 필요한 보호장구 지급 등 안전을 위한 조치
③ 경보를 울리는 방법으로 사람을 구출하는 조치
④ 대피를 유도하는 방법으로 사람을 구출하는 조치

해설 ② 소방본부장·소방서장·소방대장의 업무 기본법 24조

기본법 20조
관계인의 소방활동
(1) 불을 끔 보기 ①
(2) 불이 번지지 않도록 조치 보기 ①
(3) 사람구출(경보를 울리는 방법) 보기 ③
(4) 사람구출(대피유도 방법) 보기 ④

답 ②

51 화재의 예방 및 안전관리에 관한 법령상 소방안전관리대상물의 소방안전관리자의 업무가 아닌 것은?

① 자위소방대의 구성·운영·교육
② 소방시설공사
③ 소방계획서의 작성 및 시행
④ 소방훈련 및 교육

해설 ② 소방시설공사 : 소방시설공사업체

화재예방법 24조 ⑤항
관계인 및 소방안전관리자의 업무

특정소방대상물 (관계인)	소방안전관리대상물 (소방안전관리자)
① 피난시설·방화구획 및 방화시설의 관리	① 피난시설·방화구획 및 방화시설의 관리
② 소방시설, 그 밖의 소방관련 시설의 관리	② 소방시설, 그 밖의 소방관련 시설의 관리
③ 화기취급의 감독	③ 화기취급의 감독
④ 소방안전관리에 필요한 업무	④ 소방안전관리에 필요한 업무
⑤ 화재발생시 초기대응	⑤ 소방계획서의 작성 및 시행(대통령령으로 정하는 사항 포함) 보기 ③
	⑥ 자위소방대 및 초기대응체계의 구성·운영·교육 보기 ①
	⑦ 소방훈련 및 교육 보기 ④
	⑧ 소방안전관리에 관한 업무 수행에 관한 기록·유지
	⑨ 화재발생시 초기대응

용어

특정소방대상물	소방안전관리대상물
① 다수인이 출입하는 곳으로서 소방시설 설치장소 ② 건축물 등의 규모·용도 및 수용인원 등을 고려하여 소방시설을 설치하여야 하는 소방대상물로서 대통령령으로 정하는 것	① 특급, 1급, 2급 또는 3급 소방안전관리자를 배치하여야 하는 건축물 ② **대통령령**으로 정하는 특정소방대상물

답 ②

52 ★★★
위험물안전관리법령상 관계인이 예방규정을 정하여야 하는 제조소 등의 기준이 아닌 것은?

① 지정수량의 10배 이상의 위험물을 취급하는 제조소
② 지정수량의 200배 이상의 위험물을 저장하는 옥외탱크저장소
③ 지정수량의 50배 이상의 위험물을 저장하는 옥외저장소
④ 지정수량의 150배 이상의 위험물을 저장하는 옥내저장소

해설
③ 50배 이상 → 100배 이상

위험물령 15조
예방규정을 정하여야 할 제조소 등

배 수	제조소 등
10배 이상	• 제조소 보기 ① • 일반취급소
100배 이상	• 옥외저장소 보기 ③
150배 이상	• 옥내저장소 보기 ④
200배 이상	• 옥외탱크저장소 보기 ②
모두 해당	• 이송취급소 • 암반탱크저장소

기억법 1 제일 / 0 외 / 5 내 / 2 탱

※ **예방규정**: 제조소 등의 화재예방과 화재 등 재해발생시의 비상조치를 위한 규정

답 ③

53 ★★
소방기본법령상 소방기관이 소방업무를 수행하는 데에 필요한 인력과 장비 등에 관한 기준은 어느 영으로 정하는가?

① 대통령령
② 행정안전부령
③ 시·도의 조례
④ 국토교통부장관령

해설 기본법 8·9조
(1) 소방력의 기준: **행정안전부령**
(2) 소방장비 등에 대한 국고보조 기준: **대통령령**

※ **소방력**: 소방기관이 소방업무를 수행하는 데 필요한 **인력**과 **장비**

답 ②

54 ★★★
소방시설 설치 및 관리에 관한 법령에 따른 방염성능기준 이상의 실내장식물 등을 설치하여야 하는 특정소방대상물의 기준 중 틀린 것은?

① 체력단련장
② 11층 이상인 아파트
③ 종합병원
④ 노유자시설

해설
② 아파트 제외

소방시설법 시행령 30조
방염성능기준 이상 적용 특정소방대상물
(1) 층수가 **11층 이상**인 것(아파트 제외 : 2026. 12. 1. 삭제) 보기 ②
(2) 체력단련장, 공연장 및 종교집회장 보기 ①
(3) 문화 및 집회시설
(4) 종교시설
(5) 운동시설(수영장은 제외)
(6) 의료시설(종합병원, 정신의료기관) 보기 ③
(7) 의원, 치과의원, 한의원, 조산원, 산후조리원
(8) 교육연구시설 중 합숙소
(9) 노유자시설 보기 ④
(10) 숙박이 가능한 수련시설
(11) 숙박시설
(12) 방송국 및 촬영소
(13) 다중이용업소(단란주점영업, 유흥주점영업, 노래연습장의 영업장 등)

답 ②

55 ★★★
위험물안전관리법령상 점포에서 위험물을 용기에 담아 판매하기 위하여 지정수량의 40배 이하의 위험물을 취급하는 장소의 취급소 구분으로 옳은 것은? (단, 위험물을 제조 외의 목적으로 취급하기 위한 장소이다.)

① 판매취급소
② 주유취급소
③ 일반취급소
④ 이송취급소

해설 위험물령 [별표 3]
위험물취급소의 구분

구 분	설 명
주유 취급소	고정된 주유설비에 의하여 **자동차·항공기** 또는 **선박** 등의 연료탱크에 직접 주유하기 위하여 위험물을 취급하는 장소
판매 취급소	**점포**에서 위험물을 용기에 담아 판매하기 위하여 지정수량의 **40배** 이하의 위험물을 취급하는 장소 보기 ① **기억법** 판4(판사) 검사)
이송 취급소	배관 및 이에 부속된 설비에 의하여 위험물을 **이송**하는 장소
일반 취급소	주유취급소·판매취급소·이송취급소 이외의 장소

답 ①

56
소방시설 설치 및 관리에 관한 법령상 제조 또는 가공공정에서 방염처리를 한 물품 중 방염대상물품이 아닌 것은?

① 카펫
② 전시용 합판
③ 창문에 설치하는 커튼류
④ 두께 2mm 미만인 종이벽지

해설
④ 두께 2mm 미만인 종이벽지 → 두께 2mm 미만인 종이벽지 제외

소방시설법 시행령 31조
방염대상물품

제조 또는 가공 공정에서 방염처리를 한 물품	건축물 내부의 천장이나 벽에 부착하거나 설치하는 것
① 창문에 설치하는 커튼류(블라인드 포함) 보기 ③	① 종이류(두께 2mm 이상), 합성수지류 또는 섬유류를 주원료로 한 물품
② 카펫 보기 ①	② 합판이나 목재
③ 벽지류(두께 2mm 미만인 종이벽지 제외) 보기 ④	③ 공간을 구획하기 위하여 설치하는 간이칸막이
④ 전시용 합판·목재 또는 섬유판 보기 ②	④ 흡음재(흡음용 커튼 포함) 또는 방음재(방음용 커튼 포함)
⑤ 무대용 합판·목재 또는 섬유판	※ 가구류(옷장, 찬장, 식탁, 식탁용 의자, 사무용 책상, 사무용 의자, 계산대)와 너비 10cm 이하인 반자돌림대, 내부 마감재료 제외
⑥ 암막·무대막(영화상영관·가상체험 체육시설업의 스크린 포함)	
⑦ 섬유류 또는 합성수지류 등을 원료로 하여 제작된 소파·의자(단란주점영업, 유흥주점영업 및 노래연습장업의 영업장에 설치하는 것만 해당)	

답 ④

57
소방시설공사업법령상 지하층을 포함한 층수가 16층 이상 40층 미만인 특정소방대상물의 소방시설 공사현장에 배치하여야 할 소방공사 책임감리원의 배치기준에서 ( ) 안에 들어갈 등급으로 옳은 것은?

행정안전부령으로 정하는 ( )감리원 이상의 소방공사감리원(기계분야 및 전기분야)

① 특급   ② 중급
③ 고급   ④ 초급

해설
공사업령〔별표 4〕
소방공사감리원의 배치기준

공사현장	배치기준	
	책임감리원	보조감리원
• 연면적 5천m² 미만 • 지하구	초급감리원 이상 (기계 및 전기)	
• 연면적 5천~3만m² 미만	중급감리원 이상 (기계 및 전기)	
• 물분무등소화설비(호스릴 제외) 설치 • 제연설비 설치 • 연면적 3만~20만m² 미만(아파트)	고급감리원 이상 (기계 및 전기)	초급감리원 이상 (기계 및 전기)
• 연면적 3만~20만m² 미만(아파트 제외) • 16~40층 미만(지하층 포함) 보기 ①	특급감리원 이상 (기계 및 전기)	초급감리원 이상 (기계 및 전기)
• 연면적 20만m² 이상 • 40층 이상(지하층 포함)	특급감리원 중 소방기술사	초급감리원 이상 (기계 및 전기)

비교

공사업령〔별표 2〕
소방기술자의 배치기준

공사현장	배치기준
• 연면적 1천m² 미만	소방기술인정자격수첩 발급자
• 연면적 1천~5천m² 미만(아파트 제외) • 연면적 1천~1만m² 미만(아파트) • 지하구	초급기술자 이상 (기계 및 전기분야)
• 물분무등소화설비(호스릴 제외) 또는 제연설비 설치 • 연면적 5천~3만m² 미만(아파트 제외) • 연면적 1만~20만m² 미만(아파트)	중급기술자 이상 (기계 및 전기분야)
• 연면적 3만~20만m² 미만(아파트 제외) • 16~40층 미만(지하층 포함)	고급기술자 이상 (기계 및 전기분야)
• 연면적 20만m² 이상 • 40층 이상(지하층 포함)	특급기술자 이상 (기계 및 전기분야)

답 ①

58
소방시설 설치 및 관리에 관한 법률상 시·도지사는 소방시설관리업자에게 영업정지를 명하는 경우로서 그 영업정지가 국민에게 심한 불편을 주거나 그 밖에 공익을 해칠 우려가 있을 때에는 영업정지처분을 갈음하여 얼마 이하의 과징금을 부과할 수 있는가?

① 1000만원
② 2000만원
③ 3000만원
④ 5000만원

해설 소방시설법 36조, 위험물법 13조, 공사업법 10조
과징금

3000만원 이하 보기 ③	2억원 이하
• 소방시설관리업 영업정지처분 갈음	• 제조소 사용정지처분 갈음 • 소방시설업 영업정지처분 갈음

중요

소방시설업
(1) 소방시설설계업
(2) 소방시설공사업
(3) 소방공사감리업
(4) 방염처리업

답 ③

59 소방기본법 제1장 총칙에서 정하는 목적의 내용으로 거리가 먼 것은?

21.09.문50
15.05.문50
13.06.문60

① 구조, 구급 활동 등을 통하여 공공의 안녕 및 질서유지
② 풍수해의 예방, 경계, 진압에 관한 계획, 예산지원 활동
③ 구조, 구급 활동 등을 통하여 국민의 생명, 신체, 재산 보호
④ 화재, 재난, 재해 그 밖의 위급한 상황에서의 구조, 구급 활동

해설 기본법 1조
소방기본법의 목적
(1) 화재의 **예방·경계·진압**
(2) 국민의 **생명·신체** 및 **재산보호** 보기 ③
(3) 공공의 안녕 및 질서유지와 **복리증진** 보기 ①
(4) **구조·구급활동** 보기 ④

기억법 예경진(경진이한테 예를 갖춰라!)

답 ②

60 소방용수시설 중 소화전과 급수탑의 설치기준으로 틀린 것은?

19.03.문58
17.03.문54
16.10.문55
09.08.문43

① 급수탑 급수배관의 구경은 100mm 이상으로 할 것
② 소화전은 상수도와 연결하여 지하식 또는 지상식의 구조로 할 것
③ 소방용 호스와 연결하는 소화전의 연결금속구의 구경은 65mm로 할 것
④ 급수탑의 개폐밸브는 지상에서 1.5m 이상 1.8m 이하의 위치에 설치할 것

해설 ④ 1.8m 이하 → 1.7m 이하

기본규칙 [별표 3]
소방용수시설별 설치기준

소화전	급수탑
• 65mm : 연결금속구의 구경	• 100mm : 급수배관의 구경 • 1.5~1.7m 이하 : 개폐밸브 높이

기억법 57탑(57층 탑)

답 ④

제 4 과목 소방기계시설의 구조 및 원리

61 분말소화설비의 화재안전기준에 따라 분말소화약제 가압식 저장용기는 최고사용압력의 몇 배 이하의 압력에서 작동하는 안전밸브를 설치해야 되는가?

20.09.문79
18.09.문78

① 0.8 ② 1.2
③ 1.8 ④ 2.0

해설 분말소화약제의 저장용기 설치장소기준(NFPC 108 4조, NFTC 108 2.1)

(1) **방호구역 외**의 장소에 설치할 것(단, 방호구역 내에 설치할 경우에는 피난 및 조작이 용이하도록 피난구 부근에 설치)
(2) 온도가 **40℃** 이하이고, 온도변화가 작은 곳에 설치할 것
(3) 직사광선 및 빗물이 침투할 우려가 없는 곳에 설치할 것
(4) 방화문으로 구획된 실에 설치할 것
(5) 용기의 설치장소에는 해당용기가 설치된 곳임을 표시하는 표지를 할 것
(6) 용기 간의 간격은 점검에 지장이 없도록 **3cm** 이상의 간격을 유지할 것
(7) 저장용기와 집합관을 연결하는 연결배관에는 **체크밸브**를 설치할 것
(8) 주밸브를 개방하는 **정압작동장치** 설치
(9) 저장용기의 **충전비**는 0.8 이상

저장용기의 내용적	
소화약제의 종별	소화약제 1kg당 저장용기의 내용적
제1종 분말(탄산수소나트륨을 주성분으로 한 분말)	0.8L
제2종 분말(탄산수소칼륨을 주성분으로 한 분말)	1L
제3종 분말(인산염을 주성분으로 한 분말)	1L
제4종 분말(탄산수소칼륨과 요소가 화합된 분말)	1.25L

(10) 안전밸브의 설치

가압식	축압식
최고사용압력의 **1.8배** 이하 보기 ③	내압시험압력의 **0.8배** 이하

답 ③

62. 이산화탄소소화설비의 화재안전기준상 이산화탄소소화설비의 배관설치기준으로 적합하지 않은 것은?

① 고압식의 1차측(개폐밸브 또는 선택밸브 이전) 배관부속의 최소 사용설계압력은 9.5MPa로 할 것
② 동관 사용시 이음이 없는 동 및 동합금관으로서 고압식은 16.5MPa 이상의 압력에 견딜 수 있는 것
③ 배관의 호칭구경이 20mm 이하인 경우에는 스케줄 20 이상인 것을 사용할 것
④ 배관은 전용으로 할 것

해설 ③ 스케줄 20 이상 → 스케줄 40 이상

이산화탄소소화설비의 배관(NFPC 106 8조, NFTC 106 2.5)

구분	고압식	저압식
강관	스케줄 80(호칭구경 20mm 이하 스케줄 40) 이상 보기 ③	스케줄 40 이상
동관	16.5MPa 이상 보기 ②	3.75MPa 이상
배관부속	• 1차측 배관부속 : 9.5MPa 보기 ① • 2차측 배관부속 : 4.5MPa	4.5MPa

• 배관은 **전용**일 것 보기 ④

답 ③

63. 분말소화설비의 분말소화약제 1kg당 저장용기의 내용적 기준으로 틀린 것은?

① 제1종 분말 : 0.8L
② 제2종 분말 : 1.0L
③ 제3종 분말 : 1.0L
④ 제4종 분말 : 1.0L

해설 ④ 1.0L → 1.25L

분말소화약제

종별	소화약제	충전비 (L/kg)	적응화재	비고
제**1**종	중탄산나트륨 (NaHCO₃)	0.8	BC급	**식**용유 및 지방질유의 화재에 적합
제2종	중탄산칼륨 (KHCO₃)	1.0	BC급	–
제**3**종	인산암모늄 (NH₄H₂PO₄)	1.0	ABC급	**차**고·**주**차장에 적합
제4종	중탄산칼륨+요소 (KHCO₃+(NH₂)₂CO)	1.25	BC급	

기억법 1식분(**일식 분식**)
3분 차주(**삼보**컴퓨터 **차주**)

• 1kg당 저장용기의 내용적=충전비

답 ④

64. 스프링클러설비의 화재안전기준에 따라 층수가 16층인 아파트 건축물에 각 세대마다 12개의 폐쇄형 스프링클러헤드를 설치하였다. 이때 소화펌프의 토출량은 몇 L/min 이상인가?

① 800
② 960
③ 1600
④ 2400

해설 스프링클러설비의 펌프의 토출량(폐쇄형 헤드)(NFPC 103 4조, NFTC 103 2.1.1.1 / NFPC 608 7조, NFTC 608 2.3.1.1)

$$Q = N \times 80 \text{L/min}$$

여기서, Q : 펌프의 토출량(L/min)
N : 폐쇄형 헤드의 기준개수(설치개수가 기준개수보다 적으면 그 설치개수)

폐쇄형 헤드의 기준개수

특정소방대상물		폐쇄형 헤드의 기준개수
지하가·지하역사		30
11층 이상		
10층 이하	공장(특수가연물), 창고시설	
	판매시설(슈퍼마켓, 백화점 등), 복합건축물(판매시설이 설치된 것)	
	근린생활시설, 운수시설	20
	8m 이상	
	8m 미만	10
공동주택(아파트 등)		10(각 동이 주차장으로 연결된 주차장 : 30)

펌프의 토출량 Q는
$Q = N \times 80 \text{L/min} = 10 \text{개} \times 80 \text{L/min} = 800 \text{L/min}$

비교

스프링클러설비의 수원의 저수량(폐쇄형 헤드)
$Q = 1.6N(30{\sim}49$층 이하$) = 3.2N, 50$층 이상$= 4.8N$

여기서, Q : 수원의 저수량(m³)
N : 폐쇄형 헤드의 기준개수(설치개수가 기준개수보다 적으면 그 설치개수)

답 ①

65. 물분무소화설비의 화재안전기준상 물분무헤드를 설치하지 아니할 수 있는 장소의 기준 중 다음 ( ) 안에 알맞은 것은?

운전시에 표면의 온도가 ( )℃ 이상으로 되는 등 직접 분무를 하는 경우 그 부분에 손상을 입힐 우려가 있는 기계장치 등이 있는 장소

① 160
② 200
③ 260
④ 300

해설 물분무헤드 설치제외 장소(NFPC 104 15조, NFTC 104 2.12)
(1) 물과 심하게 **반응**하는 **물질** 취급장소
(2) 물과 반응하여 **위험한 물질을 생성**하는 물질저장·취급장소
(3) **고온물질** 취급장소
(4) 표면온도 **260**℃ 이상 보기 ③

기억법 물표26(물표 이륙)

답 ③

66 다음 중 일반화재(A급 화재)에 적응성을 만족하지 못한 소화약제는?
18.04.문75
16.03.문80
① 포소화약제
② 강화액소화약제
③ 할론소화약제
④ 이산화탄소소화약제

해설 ④ 이산화탄소소화약제 : BC급 화재

소화기구 및 **자동소화장치**(NFTC 101 2.1.1.1)
일반화재(A급 화재)에 적응성이 있는 소화약제
(1) 할론소화약제 보기 ③
(2) 할로겐화합물 및 불활성기체 소화약제
(3) **인산염류**소화약제(분말)
(4) **산알칼리**소화약제
(5) 강화액소화약제 보기 ②
(6) 포소화약제 보기 ①
(7) 물·침윤소화약제
(8) **고체에어로졸**화합물
(9) 마른모래
(10) 팽창질석·팽창진주암

비교

전기화재(C급 화재)에 적응성이 있는 소화약제
(1) 이산화탄소소화약제 보기 ④
(2) 할론소화약제
(3) 할로겐화합물 및 불활성기체 소화약제
(4) **인산염류**소화약제(분말)
(5) **중탄산염류**소화약제(분말)
(6) 고체에어로졸화합물

답 ④

67 건물 내의 제연계획으로 자연제연방식의 특징이 아닌 것은?
16.03.문68
14.09.문65
06.03.문12
① 기구가 간단하다.
② 연기의 부력을 이용하는 원리이므로 외부의 바람에 영향을 받지 않는다.
③ 건물 외벽에 제연구나 창문 등을 설치해야 하므로 건축계획에 제약을 받는다.
④ 고층건물은 계절별로 연돌효과에 의한 상하 압력차가 달라 제연효과가 불안정하다.

해설 ② 영향을 받지 않는다. → 영향을 받는다.

자연제연방식의 특징
(1) **기구**가 간단하다. 보기 ①
(2) 외부의 **바람**에 영향을 받는다. 보기 ②
(3) 건물 외벽에 제연구나 창문 등을 설치해야 하므로 **건축계획**에 **제약**을 받는다. 보기 ③
(4) **고층건물**은 계절별로 연돌효과에 의한 상하압력차가 달라 **제연효과**가 **불안정**하다. 보기 ④

 중요

제연방식
(1) 자연제연방식 : **개구부** 이용
(2) 스모크타워 제연방식 : **루프모니터** 이용
(3) 기계제연방식 ┬ 제1종 기계제연방식
　　　　　　　　　 : **송풍기**＋**제연기**
　　　　　　　　├ 제2종 기계제연방식 : **송풍기**
　　　　　　　　└ 제3종 기계제연방식 : **제연기**

제3종 기계제연방식

장점	단점
화재 초기에 화재실의 **내압**을 낮추고 연기를 다른 구역으로 누출시키지 않는다.	연기온도가 상승하면 기기의 **내열성**에 한계가 있다.

※ **자연제연방식** : 실의 상부에 설치된 **창** 또는 **전용 제연구**로부터 연기를 옥외로 배출하는 방식으로 전원이나 복잡한 장치가 필요하지 않으며, 평상시 **환기 겸용**으로 방재설비의 유휴화 방지에 이점이 있다.

답 ②

68 스프링클러설비의 화재안전기준상 고가수조를 이용한 가압송수장치의 설치기준 중 고가수조에 설치하지 않아도 되는 것은?
22.03.문69
15.09.문71
14.09.문66
12.03.문69
05.09.문70
① 수위계
② 배수관
③ 압력계
④ 오버플로우관

해설 ③ 압력수조에 설치

필요설비(NFTC 103 2.2.2.2, 2.2.3.2)

고가수조	압력수조
① 수위계 보기 ①	① 수위계
② 배수관 보기 ②	② 배수관
③ 급수관	③ 급수관
④ 맨홀	④ 맨홀
⑤ 오버플로우관 보기 ④	⑤ **급기관**
	⑥ 압력계 보기 ③
	⑦ 안전장치
	⑧ **자동식 공기압축기**

기억법 고오(GO!)

답 ③

69 스프링클러설비의 화재안전기준상 건식 스프링클러설비에서 헤드를 향하여 상향으로 수평주행배관의 기울기가 최소 몇 이상이 되어야 하는가?

① 0
② $\frac{1}{250}$
③ $\frac{1}{500}$
④ $\frac{1}{1000}$

해설 기울기

기울기	설비
$\frac{1}{100}$ 이상	연결살수설비의 수평주행배관
$\frac{2}{100}$ 이상	물분무소화설비의 배수설비
$\frac{1}{250}$ 이상	습식·부압식 설비 외 설비의 **가지배관**
$\frac{1}{500}$ 이상	습식·부압식 설비 외 설비의 **수평주행배관** 보기 ③

답 ③

70 연결살수설비의 화재안전기준에 따른 건축물에 설치하는 연결살수설비의 헤드에 대한 기준 중 다음 ( ) 안에 알맞은 것은?

천장 또는 반자의 각 부분으로부터 하나의 살수헤드까지의 수평거리가 연결살수설비 전용헤드의 경우는 (㉠)m 이하, 스프링클러헤드의 경우는 (㉡)m 이하로 할 것. 다만, 살수헤드의 부착면과 바닥과의 높이가 (㉢)m 이하인 부분은 살수헤드의 살수분포에 따른 거리로 할 수 있다.

① ㉠ 3.7, ㉡ 2.3, ㉢ 2.1
② ㉠ 3.7, ㉡ 2.3, ㉢ 2.3
③ ㉠ 2.3, ㉡ 3.7, ㉢ 2.3
④ ㉠ 2.3, ㉡ 3.7, ㉢ 2.1

해설 **연결살수설비헤드의 수평거리** (NFPC 503 6조, NFTC 503 2.3.2.2)

연결살수설비 전용헤드	스프링클러헤드
3.7m 이하 보기 ㉠	2.3m 이하 보기 ㉡

살수헤드의 부착면과 바닥과의 높이가 **2.1m** 이하인 부분에 있어서는 살수헤드의 살수분포에 따른 거리로 할 수 있다. 보기 ㉢

(1) 연결살수설비에서 하나의 송수구역에 설치하는 **개방형 헤드수**는 10개 이하

(2) 연결살수설비에서 하나의 송수구역에 설치하는 **단구형 살수헤드수**도 10개 이하

비교

연소방지설비 헤드 간의 수평거리	
연소방지설비 전용헤드	스프링클러헤드
2m 이하	1.5m 이하

답 ①

71 스프링클러설비의 화재안전기준에 따른 스프링클러설비에 설치하는 음향장치 및 기동장치에 대한 설명으로 틀린 것은?

① 음향장치는 경종 또는 사이렌(전자식사이렌을 포함한다)으로 하되, 주위의 소음 및 다른 용도의 경보와 구별이 가능한 음색으로 할 것
② 준비작동식 유수검지장치 또는 일제개방밸브를 사용하는 설비에는 화재감지기의 감지에 따른 음향장치가 경보되도록 할 것
③ 습식 유수검지장치 또는 건식 유수검지장치를 사용하는 설비에 있어서는 헤드가 개방되면 유수검지장치가 화재신호를 발신하고 그에 따라 음향장치가 경보되도록 할 것
④ 음향장치는 정격전압의 90% 전압에서 음향을 발할 수 있는 것으로 할 것

해설 ④ 90% → 80%

음향장치의 구조 및 성능기준

• 스프링클러설비 음향장치의 구조 및 성능기준 • 간이스프링클러설비 음향장치의 구조 및 성능기준 • 화재조기진압용 스프링클러설비 음향장치의 구조 및 성능기준	자동화재탐지설비 음향장치의 구조 및 성능기준	비상방송설비 음향장치의 구조 및 성능기준
① 정격전압의 80% 전압에서 음향을 발할 것 보기 ④ ② 음량은 1m 떨어진 곳에서 90dB 이상일 것	① **정격전압**의 80% 전압에서 음향을 발할 것 ② **음량**은 1m 떨어진 곳에서 90dB 이상일 것 ③ **감지기·발신기**의 작동과 **연동**하여 작동할 것	① 정격전압의 80% 전압에서 음향을 발할 것 ② 자동화재탐지설비의 작동과 연동하여 작동할 것

답 ④

72 소화기구 및 자동소화장치의 화재안전기준에 따라 옥내소화전설비가 설치된 특정소방대상물에서 소형소화기 감면기준은?

① 소화기의 2분의 1을 감소할 수 있다.
② 소화기의 4분의 3을 감소할 수 있다.
③ 소화기의 3분의 1을 감소할 수 있다.
④ 소화기의 3분의 2를 감소할 수 있다.

해설 **소화기**의 **감소기준**(NFPC 101 5조, NFTC 101 2.2)

감소대상	감소기준	적용설비
소형소화기	$\frac{1}{2}$	• 대형소화기
	$\frac{2}{3}$ 보기 ④	• 옥내·외소화전설비 • 스프링클러설비 • 물분무등소화설비

비교
대형소화기의 **설치면제기준**

면제대상	대체설비
대형소화기	• **옥**내·**외**소화전설비 • **스**프링클러설비 • **물**분무등소화설비

기억법 옥내외 스물대

답 ④

73 분말소화설비의 화재안전기준상 제1종 분말(탄산수소나트륨을 주성분으로 한 분말)의 경우 소화약제 1kg당 저장용기의 내용적은 몇 L인가?

① 0.5 ② 0.8
③ 1 ④ 1.25

해설 **분말소화약제**

종별	소화약제	충전비 (L/kg)	적응 화재	비고
제**1**종	탄산수소나트륨 (NaHCO₃)	0.8	BC급	**식**용유 및 지 방질유의 화재 에 적합
제2종	탄산수소칼륨 (KHCO₃)	1.0	BC급	-
제**3**종	인산암모늄 (NH₄H₂PO₄)		ABC급	**차**고·**주**차장 에 적합
제4종	탄산수소칼륨+요소 (KHCO₃+(NH₂)₂CO)	1.25	BC급	-

기억법 **1식분**(**일식 분식**)
3분 차주(**삼보**컴퓨터 **차주**)

• 1kg당 저장용기의 내용적=충전비

답 ②

74 스프링클러설비의 화재안전기준에 따라 폐쇄형 스프링클러헤드를 사용하는 설비 하나의 방호구역의 바닥면적은 몇 m² 를 초과하지 않아야 하는가? (단, 격자형 배관방식은 제외한다.)

① 1000 ② 2000
③ 2500 ④ 3000

해설 **폐쇄형 설비**의 **방호구역** 및 **유수검지장치**(NFPC 103 6조, NFTC 103 2.3.1)
(1) 하나의 방호구역의 바닥면적은 3000m²를 초과하지 않을 것 보기 ④
(2) 하나의 방호구역에는 1개 이상의 유수검지장치 설치
(3) 하나의 방호구역은 2개층에 미치지 아니하도록 하되, 1개층에 설치되는 스프링클러헤드의 수가 10개 이하 및 복층형 구조의 공동주택에는 3개층 이내
(4) 유수검지장치는 바닥에서 0.8~1.5m 이하의 높이에 설치하여야 하며, 개구부가 가로 0.5m 이상 세로 1m 이상의 출입문을 설치하고 그 출입문 상단에 "유수검지장치실"이라고 표시한 표지 설치

답 ④

75 연결살수설비의 화재안전기준상 배관의 설치기준 중 하나의 배관에 부착하는 살수헤드의 개수가 7개인 경우 배관의 구경은 최소 몇 mm 이상으로 설치해야 하는가? (단, 연결살수설비 전용헤드를 사용하는 경우이다.)

① 40 ② 50
③ 65 ④ 80

해설 **연결살수설비**(NFPC 503 5조, NFTC 503 2.2.3.1)

배관의 구경	32mm	40mm	50mm	65mm	80mm
살수헤드 개수	1개	2개	3개	4개 또는 5개	6~10개 이하

기억법 80610살

답 ④

76 미분무소화설비의 화재안전기준상 용어의 정의 중 다음 ( ) 안에 알맞은 것은?

"미분무"란 물만을 사용하여 소화하는 방식으로 최소설계압력에서 헤드로부터 방출되는 물입자 중 99%의 누적체적분포가 (㉠)μm 이하로 분무되고 (㉡)급 화재에 적응성을 갖는 것을 말한다.

① ㉠ 400, ㉡ A, B, C
② ㉠ 400, ㉡ B, C
③ ㉠ 200, ㉡ A, B, C
④ ㉠ 200, ㉡ B, C

해설 미분무소화설비의 용어정의 (NFPC 104A 3조, NFTC 104A 1.7)

용어	설명
미분무 소화설비	가압된 물이 헤드 통과 후 **미세한 입자**로 분무됨으로써 소화성능을 가지는 설비를 말하며, **소화력을 증가**시키기 위해 **강화액** 등을 첨가할 수 있다.
미분무	물만을 사용하여 소화하는 방식으로 최소 설계압력에서 헤드로부터 방출되는 물입자 중 **99%**의 누적체적분포가 **400μm** 이하로 분무되고 **A, B, C급 화재**에 적응성을 갖는 것 보기 ①
미분무 헤드	하나 이상의 **오리피스**를 가지고 미분무 소화설비에 사용되는 헤드

답 ①

77
다음 중 불소, 염소, 브로민 또는 아이오딘 중 하나 이상의 원소를 포함하고 있는 유기화합물을 기본 성분으로 하는 할로겐화합물 소화약제가 아닌 것은?

① HFC-227ea
② HCFC BLEND A
③ HFC-125
④ IG-541

해설 ④ 불활성기체 소화약제

할로겐화합물 및 불활성기체 소화약제의 종류

구분	할로겐화합물 소화약제	불활성기체 소화약제
정의	**불소, 염소, 브로민 또는 아이오딘** 중 하나 이상의 원소를 포함하고 있는 유기화합물을 기본성분으로 하는 소화약제	**헬륨, 네온, 아르곤** 또는 **질소가스** 중 하나 이상의 원소를 기본성분으로 하는 소화약제
종류	① FC-3-1-10 ② HCFC BLEND A 보기 ② ③ HCFC-124 ④ HFC-125 보기 ③ ⑤ HFC-227ea 보기 ① ⑥ HFC-23 ⑦ HFC-236fa ⑧ FIC-13I1 ⑨ FK-5-1-12	① IG-01 ② IG-100 ③ IG-541 보기 ④ ④ IG-55
저장 상태	액체	기체
효과	부촉매효과 (연쇄반응 차단)	질식효과

답 ④

78
소화용수설비의 저수조 소요수량이 120m³인 경우 채수구의 수는 몇 개인가?

① 1
② 2
③ 3
④ 4

해설 채수구의 수 (NFPC 402 4조, NFTC 402 2.1.3.2.1)

소화수조 소요수량	20~40m³ 미만	40~100m³ 미만	100m³ 이상
채수구의 수	1개	2개	3개 보기 ③

용어 채수구
소방대상물의 펌프에 의하여 양수된 물을 소방차가 흡입하는 구멍

비교 흡수관 투입구 (NFPC 402 4조, NFTC 402 2.1.3.1)

소요수량	80m³ 미만	80m³ 이상
흡수관 투입구의 수	1개 이상	2개 이상

답 ③

79
상수도소화용수설비의 화재안전기준상 소화전은 특정소방대상물의 수평투영면의 각 부분으로부터 몇 m 이하가 되도록 설치해야 하는가?

① 25
② 40
③ 75
④ 140

해설 상수도소화용수설비의 기준 (NFPC 401 4조, NFTC 401 2.1)
(1) 호칭지름

수도배관	소화전
75mm 이상	**100**mm 이상
기억법 수75(수지침으로 치료)	기억법 소1(소일거리)

(2) 소화전은 소방자동차 등의 진입이 쉬운 **도로변** 또는 **공지**에 설치
(3) 소화전은 특정소방대상물의 수평투영면의 각 부분으로부터 **140m** 이하가 되도록 설치 보기 ④
(4) 지상식 소화전의 호스접결구는 지면으로부터 높이가 0.5m 이상 1m 이하가 되도록 설치할 것

기억법 용14

답 ④

80 할로겐화합물 및 불활성기체 소화설비의 화재안전기준에 따른 할로겐화합물 및 불활성기체 소화약제의 저장용기에 대한 기준으로 틀린 것은?

① 저장용기는 약제명·저장용기의 자체중량과 총중량·충전일시·충전압력 및 약제의 체적을 표시할 것
② 집합관에 접속되는 저장용기는 동일한 내용적을 가진 것으로 충전량 및 충전압력이 같도록 할 것
③ 저장용기에 충전량 및 충전압력을 확인할 수 있는 장치를 하는 경우에는 해당 소화약제에 적합한 구조로 할 것
④ 불활성기체 소화약제 저장용기의 약제량 손실이 10%를 초과할 경우에는 재충전하거나 저장용기를 교체할 것

해설

④ 10% → 5%

할로겐화합물 및 불활성기체 소화약제 저장용기 설치기준(NFPC 107A 6조, NFTC 107A 2.3.1, 2.3.2)

(1) **방호구역 외**의 장소에 설치할 것(단, 방호구역 내에 설치할 경우에는 피난 및 조작이 용이하도록 **피난구 부근**에 설치할 것)
(2) 온도가 **55℃** 이하이고 온도의 변화가 작은 곳에 설치할 것
(3) 직사광선 및 빗물이 침투할 우려가 없는 곳에 설치할 것
(4) **방화문**으로 구획된 실에 설치할 것
(5) 용기의 설치장소에는 해당 용기가 설치된 곳임을 표시하는 표지를 할 것
(6) 용기 간의 간격은 점검에 지장이 없도록 **3cm** 이상의 간격을 유지할 것
(7) 저장용기와 집합관을 연결하는 연결배관에는 **체크밸브**를 설치할 것(단, 저장용기가 하나의 방호구역만을 담당하는 경우는 제외)
(8) 저장용기는 약제명·저장용기의 자체중량과 **총중량**·**충전일시**·**충전압력** 및 **약제의 체적**을 표시할 것 보기 ①
(9) 집합관에 접속되는 저장용기는 **동일**한 **내용적**을 가진 것으로 충전량 및 충전압력이 같도록 할 것 보기 ②
(10) 저장용기에 **충전량** 및 **충전압력**을 확인할 수 있는 장치를 하는 경우에는 해당 소화약제에 적합한 구조로 할 것 보기 ③
(11) 저장용기의 **약제량 손실**이 **5%**를 초과하거나 **압력손실**이 **10%**를 초과할 경우에는 재충전하거나 저장용기를 교체할 것 보기 ④

답 ④

2023. 5. 13 시행

■ 2023년 기사 제2회 필기시험 CBT 기출복원문제 ■

자격종목	종목코드	시험시간	형별	수험번호	성명
소방설비기사(기계분야)		2시간			

※ 각 문항은 4지택일형으로 질문에 가장 적합한 보기 항을 선택하여 체크하여야 합니다.

제1과목 소방원론

01 자연발화가 일어나기 쉬운 조건이 아닌 것은?
① 열전도율이 클 것
② 적당량의 수분이 존재할 것
③ 주위의 온도가 높을 것
④ 표면적이 넓을 것

해설
① 클 것 → 작을 것

자연발화 조건
(1) 열전도율이 작을 것 보기 ①
(2) 발열량이 클 것
(3) 주위의 온도가 높을 것 보기 ③
(4) 표면적이 넓을 것 보기 ④
(5) 적당량의 수분이 존재할 것 보기 ②

비교
자연발화의 방지법
(1) 습도가 높은 곳을 피할 것(건조하게 유지할 것)
(2) 저장실의 온도를 낮출 것
(3) 통풍이 잘 되게 할 것
(4) 퇴적 및 수납시 열이 쌓이지 않게 할 것 (**열 축적 방지**)
(5) 산소와의 접촉을 차단할 것
(6) **열전도성을 좋게 할 것**

답 ①

02 정전기로 인한 화재를 줄이고 방지하기 위한 대책 중 틀린 것은?
① 공기 중 습도를 일정값 이상으로 유지한다.
② 기기의 전기절연성을 높이기 위하여 부도체로 차단공사를 한다.
③ 공기 이온화 장치를 설치하여 가동시킨다.
④ 정전기 축적을 막기 위해 접지선을 이용하여 대지로 연결작업을 한다.

해설
② 도체 사용으로 전류가 잘 흘러가도록 해야 함

위험물규칙 [별표 4]
정전기 제거방법
(1) **접지**에 의한 방법 보기 ④
(2) 공기 중의 상대습도를 **70%** 이상으로 하는 방법 보기 ①
(3) 공기를 **이온화**하는 방법 보기 ③

비교
위험물규칙 [별표 4]
위험물을 가압하는 설비 또는 그 취급하는 위험물의 압력이 상승할 우려가 있는 설비에 설치하는 안전장치
(1) 자동적으로 **압력의 상승**을 정지시키는 장치
(2) 감압측에 **안전밸브**를 부착한 **감압밸브**
(3) **안전밸브**를 겸하는 **경보장치**
(4) 파괴판

답 ②

03 건축물의 피난·방화구조 등의 기준에 관한 규칙상 방화구획의 설치기준 중 스프링클러를 설치한 10층 이하의 층은 바닥면적 몇 m² 이내마다 방화구획을 구획하여야 하는가?
① 1000
② 1500
③ 2000
④ 3000

해설
④ 스프링클러소화설비를 설치했으므로 1000m² × 3배 = 3000m²

건축령 46조, 피난·방화구조 14조
방화구획의 기준

대상 건축물	대상 규모	층 및 구획방법		구획부분의 구조
주요 구조부가 내화구조 또는 불연재료로 된 건축물	연면적 1000m² 넘는 것	10층 이하	• 바닥면적 1000m² 이내마다	• 내화구조로 된 바닥·벽 • 60분+방화문, 60분 방화문 • 자동방화셔터
		매 층 마다	• 지하 1층에서 지상으로 직접 연결하는 경사로 부위는 제외	
		11층 이상	• 바닥면적 200m² 이내마다(실내 마감을 불연재료로 한 경우 500m² 이내마다)	

- **스프링클러**, 기타 이와 유사한 **자동식 소화설비**를 설치한 경우 바닥면적은 위의 **3배** 면적으로 산정한다.
  문제 7
- **필로티**나 그 밖의 비슷한 구조의 부분을 주차장으로 사용하는 경우 그 부분은 건축물의 다른 부분과 구획할 것

답 ④

04 ★ 다음은 위험물의 정의이다. 다음 ( ) 안에 알맞은 것은?
13.03.문47

> "위험물"이라 함은 (㉠) 또는 발화성 등의 성질을 가지는 것으로서 (㉡)이 정하는 물품을 말한다.

① ㉠ 인화성, ㉡ 국무총리령
② ㉠ 휘발성, ㉡ 국무총리령
③ ㉠ 휘발성, ㉡ 대통령령
④ ㉠ 인화성, ㉡ 대통령령

해설 위험물법 2조
"위험물"이라 함은 **인화성** 또는 **발화성** 등의 성질을 가지는 것으로서 **대통령령**이 정하는 물품

답 ④

05 ★★ 화재강도(fire intensity)와 관계가 없는 것은?
19.09.문19
15.05.문01
① 가연물의 비표면적
② 발화원의 온도
③ 화재실의 구조
④ 가연물의 발열량

해설 화재강도(fire intensity)에 영향을 미치는 인자
(1) 가연물의 비표면적
(2) 화재실의 구조
(3) 가연물의 배열상태(발열량)

용어 화재강도
열의 집중 및 방출량을 상대적으로 나타낸 것. 즉, **화재의 온도**가 높으면 화재강도는 커진다(발화원의 온도가 아님).

답 ②

06 ★★★ 소화약제로 물을 사용하는 주된 이유는?
18.03.문19
15.05.문04
99.08.문06
① 촉매역할을 하기 때문에
② 증발잠열이 크기 때문에
③ 연소작용을 하기 때문에
④ 제거작용을 하기 때문에

해설 물의 소화능력
(1) **비열**이 크다.
(2) **증발잠열**(기화잠열)이 크다.

(3) 밀폐된 장소에서 증발가열하면 수증기에 의해서 **산소희석작용** 또는 **질식소화작용**을 한다.
(4) **무상**으로 주수하면 **중질유** 화재에도 사용할 수 있다.

참고 물이 소화약제로 많이 쓰이는 이유

장 점	단 점
① 쉽게 구할 수 있다.	① 가스계 소화약제에 비해 사용 후 **오염**이 크다.
② 증발잠열(기화잠열)이 크다.	② 일반적으로 **전기화재**에는 **사용**이 **불가**하다.
③ 취급이 간편하다.	

답 ②

07 ★★ 건축물에 설치하는 방화구획의 설치기준 중 스프링클러설비를 설치한 11층 이상의 층은 바닥면적 몇 m^2 이내마다 방화구획을 하여야 하는가? (단, 벽 및 반자의 실내에 접하는 부분의 마감은 불연재료가 아닌 경우이다.)
19.03.문15
18.04.문04
① 200
② 600
③ 1000
④ 3000

해설 ② 스프링클러설비를 설치했으므로 $200m^2 \times 3$배$= 600m^2$

답 ②

08 ★★ 탄산가스에 대한 일반적인 설명으로 옳은 것은?
14.03.문16
10.09.문14
① 산소와 반응시 흡열반응을 일으킨다.
② 산소와 반응하여 불연성 물질을 발생시킨다.
③ 산화하지 않으나 산소와는 반응한다.
④ 산소와 반응하지 않는다.

해설 가연물이 될 수 없는 물질(불연성 물질)

특 징	불연성 물질
주기율표의 0족 원소	• 헬륨(He) • 네온(Ne) • 아르곤(Ar) • 크립톤(Kr) • 크세논(Xe) • 라돈(Rn)
산소와 더 이상 반응하지 않는 물질	• 물(H_2O) • **이산화탄소**(CO_2) • 산화알루미늄(Al_2O_3) • 오산화인(P_2O_5)
흡열반응 물질	질소(N_2)

- 탄산가스=이산화탄소(CO_2)

답 ④

09 할론(Halon) 1301의 분자식은?

① CH₃Cl
② CH₃Br
③ CF₃Cl
④ CF₃Br

해설 할론소화약제의 약칭 및 분자식

종류	약칭	분자식
할론 1011	CB	CH₂ClBr
할론 104	CTC	CCl₄
할론 1211	BCF	CF₂ClBr
할론 1301	BTM	CF₃Br 보기 ④
할론 2402	FB	C₂F₄Br₂

답 ④

10 소화약제로서 물 1g이 1기압, 100℃에서 모두 증기로 변할 때 열의 흡수량은 몇 cal인가?

① 429
② 499
③ 539
④ 639

해설 ③ 물의 기화잠열 539cal : 1기압 100℃의 물 1g이 모두 기체로 변화하는 데 539cal의 열량이 필요

물(H₂O)

기화잠열(증발잠열)	융해잠열
539cal/g 보기 ③	80cal/g
① 100℃의 물 1g이 수증기로 변화하는 데 필요한 열량 ② 물 1g이 1기압, 100℃에서 모두 증기로 변할 때 열의 흡수량	0℃의 얼음 1g이 물로 변화하는 데 필요한 열량

기억법 기53, 융8

답 ③

11 소화약제인 IG-541의 성분이 아닌 것은?

① 질소
② 아르곤
③ 헬륨
④ 이산화탄소

해설 ③ 해당 없음

불활성기체 소화약제

구분	화학식
IG-01	• Ar(아르곤)
IG-100	• N₂(질소)
IG-541	• N₂(질소) : 52% 보기 ① • Ar(아르곤) : 40% 보기 ② • CO₂(이산화탄소) : 8% 보기 ④ 기억법 NACO(내코) 5240
IG-55	• N₂(질소) : 50% • Ar(아르곤) : 50%

답 ③

12 이산화탄소의 증기비중은 약 얼마인가? (단, 공기의 분자량은 29이다.)

① 0.81
② 1.52
③ 2.02
④ 2.51

해설 (1) 증기비중

$$증기비중 = \frac{분자량}{29}$$

여기서, 29 : 공기의 평균 분자량

(2) 분자량

원소	원자량
H	1
C	12
N	14
O	16

이산화탄소(CO₂) 분자량 = 12 + 16×2 = 44

$$증기비중 = \frac{44}{29} ≒ 1.52$$

• 증기비중 = 가스비중

중요

이산화탄소의 물성

구분	물성
임계압력	72.75atm
임계온도	31.35℃(약 31.1℃)
3중점	-56.3℃(약 -56℃)
승화점(비점)	-78.5℃
허용농도	0.5%
증기비중	1.529
수분	0.05% 이하(함량 99.5% 이상)

기억법 이356, 이비78, 이증15

답 ②

13 다음 중 가연성 물질에 해당하는 것은?

① 질소
② 이산화탄소
③ 아황산가스
④ 일산화탄소

해설 가연성 물질과 지연성 물질

가연성 물질	지연성 물질(조연성 물질)
• **수**소 • **메**탄 • **일**산화탄소 보기 ④ • **천**연가스 • **부**탄 • **에**탄	• 산소 • 공기 • 염소 • 오존 • 불소

기억법 가수메 일천부에

용어

가연성 물질과 지연성 물질

가연성 물질	지연성 물질(조연성 물질)
물질 자체가 연소하는 것	자기 자신은 연소하지 않지만 연소를 도와주는 것

답 ④

14 가연성 액체로부터 발생한 증기가 액체표면에서 연소범위의 하한계에 도달할 수 있는 최저온도를 의미하는 것은?

14.09.문05
14.05.문15
11.06.문05

① 비점
② 연소점
③ 발화점
④ 인화점

해설 발화점, 인화점, 연소점

구 분	설 명
발화점 (ignition point)	• 가연성 물질에 불꽃을 접하지 아니하였을 때 연소가 가능한 **최저온도** • **점화원 없이** 스스로 불이 붙는 **최저온도**
인화점 (flash point)	• 휘발성 물질에 **불**꽃을 접하여 연소가 가능한 **최저온도** • 가연성 증기를 발생하는 액체가 공기와 혼합하여 기상부에 다른 불꽃이 닿았을 때 연소가 일어나는 **최저온도** • **점화원**에 의해 불이 붙는 **최저온도** • 연소범위의 **하**한계 보기 ④ 기억법 불인하(불임하면 안돼!)
연소점 (fire point)	• 인화점보다 **10**℃ 높으며 연소를 **5초** 이상 지속할 수 있는 온도 • 어떤 인화성 액체가 공기 중에서 열을 받아 점화원의 존재하에 **지**속적인 연소를 일으킬 수 있는 온도 • 가연성 액체에 점화원을 가져가서 인화된 후에 점화원을 제거하여도 가연물이 **계속** 연소되는 **최저온도** 기억법 연105초지계

답 ④

15 유류탱크의 화재시 탱크 저부의 물이 뜨거운 열류층에 의하여 수증기로 변하면서 급작스런 부피팽창을 일으켜 유류가 탱크 외부로 분출하는 현상을 무엇이라고 하는가?

20.06.문10
17.05.문04

① 보일오버
② 슬롭오버
③ 브레이브
④ 파이어볼

해설 유류탱크, 가스탱크에서 발생하는 현상

구 분	설 명
블래비=블레비 (BLEVE)	• 과열상태의 탱크에서 내부의 액화가스가 분출하여 기화되어 폭발하는 현상
보일오버 (boil over)	• 중질유의 석유탱크에서 장시간 조용히 연소하다 탱크 내의 잔존기름이 갑자기 분출하는 현상 • 유류탱크에서 **탱크바닥**에 **물**과 기름의 **에멀션**이 섞여 있을 때 이로 인하여 화재가 발생하는 현상 • 연소유면으로부터 100℃ 이상의 열파가 **탱크 저부**에 고여 있는 물을 비등하게 하면서 연소유를 탱크 밖으로 비산시키며 연소하는 현상 보기 ①
오일오버 (oil over)	• 저장탱크에 저장된 유류저장량이 내용적의 **50%** 이하로 충전되어 있을 때 화재로 인하여 탱크가 폭발하는 현상
프로스오버 (froth over)	• 물이 점성의 뜨거운 기름표면 아래에서 끓을 때 화재를 수반하지 않고 용기가 넘치는 현상
슬롭오버 (slop over)	• **유류탱크 화재시** 기름 표면에 물을 실수하면 **기름**이 **탱크** 밖으로 **비산**하여 화재가 확대되는 현상(연소유가 비산되어 탱크 외부까지 화재가 확산) • 물이 연소유의 뜨거운 표면에 들어갈 때 기름 표면에서 화재가 발생하는 현상 • 유화제로 소화하기 위한 물이 수분의 급격한 증발에 의하여 액면이 거품을 일으키면서 열유층 밑의 냉유가 급히 열팽창하여 기름의 일부가 불이 붙은 채 탱크벽을 넘어서 일출하는 현상 • 연소면의 온도가 100℃ 이상일 때 물을 주수하면 발생 • 소화시 외부에서 방사하는 포에 의해 발생

답 ①

16 프로판가스의 연소범위[vol%]에 가장 가까운 것은?

19.09.문09
14.09.문16
12.03.문12
10.09.문02

① 9.8~28.4
② 2.5~81
③ 4.0~75
④ 2.1~9.5

해설 (1) 공기 중의 **폭발한계**

가 스	하한계 (하한점, [vol%])	상한계 (상한점, [vol%])
아세틸렌(C_2H_2)	2.5	81
수소(H_2)	4	75
일산화탄소(CO)	12	75
에터($C_2H_5OC_2H_5$)	1.7	48
이황화탄소(CS_2)	1	50
에틸렌(C_2H_4)	2.7	36
암모니아(NH_3)	15	25
메탄(CH_4)	5	15
에탄(C_2H_6)	3	12.4
프로판(C_3H_8) 보기 ④ →	2.1	9.5
부탄(C_4H_{10})	1.8	8.4

(2) **폭발한계**와 **같은 의미**
  ㉠ 폭발범위
  ㉡ 연소한계
  ㉢ 연소범위
  ㉣ 가연한계
  ㉤ 가연범위

답 ④

17 다음 중 제거소화 방법과 무관한 것은?

① 산불의 확산방지를 위하여 산림의 일부를 벌채한다.
② 화학반응기의 화재시 원료 공급관의 밸브를 잠근다.
③ 유류화재시 가연물을 포(泡)로 덮는다.
④ 유류탱크 화재시 주변에 있는 유류탱크의 유류를 다른 곳으로 이동시킨다.

해설 ③ **질식소화** : 포 사용

제거소화의 예
(1) **가연성 기체** 화재시 **주밸브**를 **차단**한다(화학반응기의 화재시 원료공급관의 **밸브**를 **잠금**). 보기 ②
(2) **가연성 액체** 화재시 펌프를 이용하여 **연료**를 제거한다.
(3) **연료탱크**를 **냉각**하여 가연성 가스의 발생속도를 작게 하여 연소를 억제한다.
(4) 금속화재시 **불활성 물질**로 가연물을 덮는다.
(5) **목재**를 **방염처리**한다.
(6) 전기화재시 **전원**을 **차단**한다.
(7) 산불이 발생하면 화재의 진행방향을 앞질러 **벌목**한다(산불의 확산방지를 위하여 **산림**의 **일부**를 **벌채**). 보기 ①
(8) 가스화재시 **밸브**를 **잠가** 가스흐름을 차단한다(가스화재시 중간밸브를 잠금).

(9) 불타고 있는 장작더미 속에서 아직 타지 않은 것을 안전한 곳으로 **운반**한다.
(10) 유류탱크 화재시 주변에 있는 유류탱크의 유류를 다른 곳으로 이동시킨다. 보기 ④
(11) 양초를 입으로 불어서 끈다.

 용어

제거효과
가연물을 반응계에서 제거하든지 또는 반응계로의 공급을 정지시켜 소화하는 효과

답 ③

18 분말소화약제 중 A급, B급, C급에 모두 사용할 수 있는 것은?

① 제1종 분말
② 제2종 분말
③ 제3종 분말
④ 제4종 분말

해설 **분말소화기(질식효과)**

종 별	소화약제	약제의 착색	화학반응식	적응 화재
제1종	탄산수소 나트륨 ($NaHCO_3$)	백색	$2NaHCO_3 \rightarrow$ $Na_2CO_3+CO_2+H_2O$	BC급
제2종	탄산수소 칼륨 ($KHCO_3$)	담자색 (담회색)	$2KHCO_3 \rightarrow$ $K_2CO_3+CO_2+H_2O$	BC급
제3종 보기 ③	인산암모늄 ($NH_4H_2PO_4$)	담홍색	$NH_4H_2PO_4 \rightarrow$ $HPO_3+NH_3+H_2O$	AB C급
제4종	탄산수소 칼륨+요소 ($KHCO_3+$ $(NH_2)_2CO)$	회(백)색	$2KHCO_3+$ $(NH_2)_2CO \rightarrow$ K_2CO_3+ $2NH_3+2CO_2$	BC급

• 탄산수소나트륨=중탄산나트륨
• 탄산수소칼륨=중탄산칼륨
• 제1인산암모늄=인산암모늄=인산염
• 탄산수소칼륨+요소=중탄산칼륨+요소

답 ③

19 휘발유 화재시 물을 사용하여 소화할 수 없는 이유로 가장 옳은 것은?

① 인화점이 물보다 낮기 때문이다.
② 비중이 물보다 작아 연소면이 확대되기 때문이다.
③ 수용성이므로 물에 녹아 폭발이 일어나기 때문이다.
④ 물과 반응하여 수소가스를 발생하기 때문이다.

해설 주수소화(물소화)시 위험한 물질

구 분	현 상
• 무기과산화물	산소 발생
• **금**속분 • **마**그네슘 • 알루미늄 • 칼륨 • 나트륨 • **수**소화리튬 • **부**틸리튬	**수**소 발생
• 가연성 액체(휘발유)의 유류화재	**연소면**(화재면) 확대 보기 ②

기억법 금마수

답 ②

20 다음 중 가연성 가스가 아닌 것은?

① 메탄
② 수소
③ 산소
④ 암모니아

해설 ③ 산소 : 지연성 가스

가연성 가스와 지연성 가스

가연성 가스	지연성 가스(조연성 가스)
• **수**소 보기 ② • **메**탄 보기 ① • **일**산화탄소 • **천**연가스 • **부**탄 • **에**탄 • **암**모니아 보기 ④ • **프**로판	• **산**소 • **공**기 • **염**소 • **오**존 • **불**소 **기억법** 조산공 염불오

기억법 가수일천 암부 메에프

용어 가연성 가스와 지연성 가스

가연성 가스	지연성 가스(조연성 가스)
물질 자체가 연소하는 것	자기 자신은 연소하지 않지만 연소를 도와주는 가스

답 ③

제2과목 소방유체역학

21 관 A에는 물이, 관 B에는 비중 0.9의 기름이 흐르고 있으며 그 사이에 마노미터 액체는 비중이 13.6인 수은이 들어 있다. 그림에서 $h_1 = 120$mm, $h_2 = 180$mm, $h_3 = 300$mm일 때 두 관의 압력차 $(P_A - P_B)$는 약 몇 kPa인가?

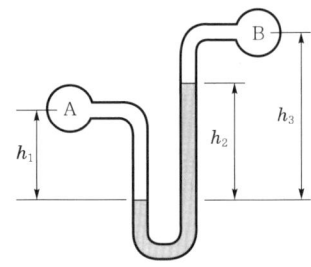

① 33.4
② 18.4
③ 12.3
④ 23.9

해설 (1) 기호

- s_1 : 1(물이므로)
- s_3 : 0.9
- s_2 : 13.6
- h_1 : 120mm = 0.12m(1000mm = 1m)
- h_2 : 180mm = 0.18m(1000mm = 1m)
- h_3' : $(h_3 - h_2) = (300 - 180)$mm
  = 120mm
  = 0.12m(1000mm = 1m)
- $P_A - P_B$: ?

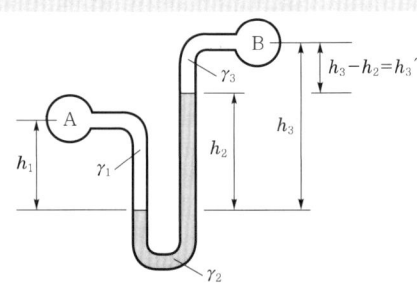

(2) 비중

$$s = \frac{\gamma}{\gamma_w}$$

여기서, s : 비중
γ : 어떤 물질의 비중량[kN/m³]
γ_w : 물의 비중량(9.8kN/m³)

물의 비중량 $s_1 = 9.8$kN/m³
기름의 비중량 γ_3는
$\gamma_3 = s_3 \times \gamma_w = 0.9 \times 9.8$kN/m³ $= 8.82$kN/m³
수은의 비중량 γ_2는
$\gamma_2 = s_2 \times \gamma_w = 13.6 \times 9.8$kN/m³ $= 133.28$kN/m³

(3) 압력차

$P_A + \gamma_1 h_1 - \gamma_2 h_2 - \gamma_3 h_3' = P_B$

$P_A - P_B = -\gamma_1 h_1 + \gamma_2 h_2 + \gamma_3 h_3'$
$= -9.8 \text{kN/m}^3 \times 0.12\text{m} + 133.28 \text{kN/m}^3$
$\times 0.18\text{m} + 8.82 \text{kN/m}^3 \times 0.12\text{m}$
$≒ 23.87 ≒ 23.9 \text{kN/m}^2$
$= 23.9 \text{kPa}(1\text{kN/m}^2 = 1\text{kPa})$

중요

시차액주계의 압력계산방법
점 A를 기준으로 내려가면 더하고, 올라가면 빼면 된다.

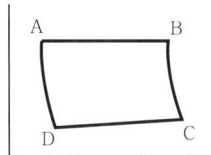

답 ④

22 주어진 물리량의 단위로 옳지 않은 것은?
13.03.문30
① 펌프의 양정 : m
② 동압 : MPa
③ 속도수두 : m/s
④ 밀도 : kg/m³

해설 물리량의 단위

물리량	단 위
펌프의 양정	m 보기 ①
동압	MPa 보기 ②
속도수두	m
속도	m/s
가속도	m/s²
밀도	kg/m³ 보기 ④

답 ③

23 이상적인 열기관 사이클인 카르노사이클(Carnot cycle)의 특징으로 맞는 것은?
19.03.문27
16.05.문39
13.03.문31
① 비가역 사이클이다.
② 공급열량과 방출열량의 비는 고온부의 절대온도와 저온부의 절대온도비와 같지 않다.
③ 이론 열효율은 고열원 및 저열원의 온도만으로 표시된다.
④ 두 개의 등압 변화와 두 개의 단열 변화로 둘러싸인 사이클이다.

해설 카르노사이클
(1) 이상적인 카르노사이클

단열압축	등온압축
엔트로피 변화가 없다.	엔트로피 변화는 **감소**한다.

(2) 이상적인 카르노사이클의 특징
㉠ **가역사이클**이다.
㉡ 공급열량과 방출열량의 비는 고온부의 절대온도와 저온부의 절대온도비와 같다.
㉢ 이론 효율은 **고열원** 및 **저열원**의 온도만으로 표시된다.
㉣ 두 개의 **등온변화**와 두 개의 **단열변화**로 둘러싸인 사이클이다.

(3) 카르노사이클의 순서

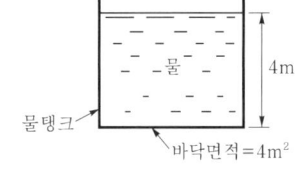

등온팽창 → 단열팽창 → 등온압축 → 단열압축
(A → B)   (B → C)   (C → D)   (D → A)

용어

엔트로피	엔탈피
어떤 물질의 정렬상태를 나타내는 수치	어떤 물질이 가지고 있는 총에너지

답 ③

24 그림과 같이 바닥면적이 4m²인 어느 물탱크에 차있는 물의 수위가 4m일 때 탱크의 바닥이 받는 물에 의한 힘(kN)은?
① 156.8
② 15.68
③ 39.1
④ 3.91

해설 (1) 기호
• $V : 4\text{m}^2 \times 4\text{m} = 16\text{m}^3$
• $F : ?$

(2) 힘

$$F = \gamma V$$

여기서, F : 힘(N)
γ : 비중량(물의 비중량 9.8kN/m³)
V : 체적(m³)

힘 F는
$F = \gamma V = 9.8\text{kN/m}^3 \times 16\text{m}^3 = 156.8\text{kN}$

답 ①

25 터보기계 해석에 사용되는 속도 삼각형에 직접 포함되지 않는 것은?
13.09.문32
12.09.문37
① 날개속도 : U
② 날개에 대한 상대속도 : W
③ 유체의 실제속도 : V
④ 날개의 각속도 : ω

해설 터보기계 해석에 사용되는 속도 삼각형에 직접 포함되는 것

(1) 날개속도 : U 보기 ①
(2) 날개에 대한 상대속도 : W 보기 ②
(3) 유체의 실제속도 : V 보기 ③

중요

펌프의 성능해석에 사용되는 속도 삼각형

$$\vec{V} = \vec{W} + \vec{U}$$

여기서, $\vec{V}$: 절대속도(펌프로 유입되는 물의 속도)[m/s]
$\vec{W}$: 상대속도[m/s]
$\vec{U}$: 날개(원주)속도[m/s]

답 ④

26 ★★★
22.09.문28
21.03.문37
19.09.문29

안지름 19mm인 옥외소화전 노즐로 방수량을 측정하기 위하여 노즐 출구에서의 방수압을 측정한 결과 압력계가 608kPa로 측정되었다. 이때 방수량[m³/min]은?

① 0.891 ② 0.435
③ 0.742 ④ 0.593

해설 (1) 기호
- D : 19mm=0.019m(1000mm=1m)
- P : 608kPa=$\dfrac{608\text{kPa}}{101.325\text{kPa}} \times 10.332\text{m} = 61.997\text{m}$
- 표준대기압
  1atm=760mmHg=1.0332kg$_f$/cm²
  =10.332mH₂O(mAq)=10.332m
  =14.7PSI(lb$_f$/in²)
  =101.325kPa(kN/m²)
  =1013mbar
- Q : ?

(2) 토리첼리의 식

$$V = \sqrt{2gH}$$

여기서, V : 유속[m/s]
g : 중력가속도(9.8m/s²)
H : 높이[m]

유속 V는
$V = \sqrt{2gH}$
$= \sqrt{2 \times 9.8\text{m/s}^2 \times 61.997\text{m}} = 34.858\text{m/s}$

(3) 유량(flowrate, 체적유량, 용량유량)

$$Q = AV = \left(\dfrac{\pi D^2}{4}\right)V$$

여기서, Q : 유량[m³/s]
A : 단면적[m²]
V : 유속[m/s]
D : 직경(안지름)[m]

유량 Q는
$Q = \dfrac{\pi D^2}{4}V$
$= \dfrac{\pi \times (0.019)^2}{4} \times 34.858\text{m/s}$
$= 9.883 \times 10^{-3}\text{m}^3/\text{s}$
$= 9.883 \times 10^{-3}\text{m}^3/\dfrac{1}{60}\text{min}$
$= (9.883 \times 10^{-3} \times 60)\text{m}^3/\text{min}$
$= 0.593\text{m}^3/\text{min}$

별해

(1) 기호
- D : 19mm
- P : 608kPa=0.608MPa
       (1000kPa=1MPa)
- Q : ?

(2) 방수량

$$Q = 0.653D^2\sqrt{10P} = 0.6597CD^2\sqrt{10P}$$

여기서, Q : 방수량[L/min]
C : 유량계수(노즐의 흐름계수)
D : 내경[mm]
P : 방수압력[MPa]

방수량 Q는
$Q = 0.653D^2\sqrt{10P}$
$= 0.653 \times (19\text{mm})^2 \times \sqrt{10 \times 0.608\text{MPa}}$
$≒ 581\text{L/min}$
$= 0.581\text{m}^3/\text{min}(1000\text{L}=1\text{m}^3)$

- 여기서는 근접한 ④ 0.593m³/min이 답

답 ④

27 ★★★
22.04.문31
21.05.문30
19.04.문40
17.05.문40
16.05.문25

운동량의 차원을 MLT계로 옳게 나타낸 것은? (단, M은 질량, L은 길이, T는 시간을 나타낸다.)

① MLT^{-1} ② MLT
③ MLT^2 ④ MLT^{-2}

해설

차원	중력단위[차원]	절대단위[차원]
길이	m[L]	m[L]
시간	s[T]	s[T]
운동량	N·s[FT]	kg·m/s[MLT^{-1}] 보기 ①
힘	N[F]	kg·m/s²[MLT^{-2}]
속도	m/s[LT^{-1}]	m/s[LT^{-1}]
가속도	m/s²[LT^{-2}]	m/s²[LT^{-2}]
질량	N·s²/m[FL^{-1}T^2]	kg[M]
압력	N/m²[FL^{-2}]	kg/m·s²[ML^{-1}T^{-2}]

밀도	N·s²/m⁴[FL⁻⁴T²]	kg/m³[ML⁻³]
비중	무차원	무차원
비중량	N/m³[FL⁻³]	kg/m²·s²[ML⁻²T⁻²]
비체적	m⁴/N·s²[F⁻¹L⁴T⁻²]	m³/kg[M⁻¹L³]
일률	N·m/s[FLT⁻¹]	kg·m²/s³[ML²T⁻³]
일	N·m[FL]	kg·m²/s²[ML²T⁻²]
점성계수	N·s/m²[FL⁻²T]	kg/m·s[ML⁻¹T⁻¹]

답 ①

28

직경이 $D/2$인 출구를 통해 유체가 대기로 방출될 때, 이음매에 작용하는 힘은? (단, 마찰손실과 중력의 영향은 무시하고, 유체의 밀도= ρ, 단면적 $A = \frac{\pi}{4}D^2$)

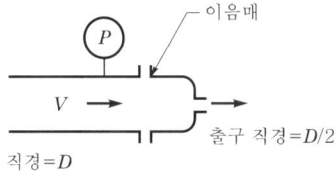

① $\frac{1}{2}\rho V^2 A$ ② $3\rho V^2 A$

③ $\frac{9}{2}\rho V^2 A$ ④ $\frac{15}{2}\rho V^2 A$

해설 (1) 단면적

$$A = \frac{\pi}{4}D^2 \propto D^2$$

여기서, A : 단면적(m²)
D : 직경(m)

출구직경이 $\frac{D}{2}$인 경우

출구단면적 A_2는

$A : D^2 = A_2 : \left(\frac{D}{2}\right)^2$

$A_2 D^2 = A \times \frac{D^2}{4}$

$A_2 = A \times \frac{D^2}{4} \times \frac{1}{D^2}$

$\therefore A_2 = \frac{A}{4}$

직경 D는 입구직경이므로 $D = D_1$으로 나타낼 수 있다.

단서에서 $A = \frac{\pi}{4}D^2$이므로 $A_1 = \frac{\pi}{4}D_1^2 = \frac{\pi}{4}D^2$

$\therefore A = A_1$

(2) 유량

$$Q = AV = \left(\frac{\pi D^2}{4}\right)V$$

여기서, Q : 유량(m³/s)
A : 단면적(m²)
V : 유속(m/s)
D : 지름(m)

(3) 비중량

$$\gamma = \rho g$$

여기서, γ : 비중량(N/m³)
ρ : 밀도(물의 밀도 1000kg/m³ 또는 1000N·s²/m⁴)
g : 중력가속도(m/s²)

(4) 이음매 또는 플랜지볼트에 작용하는 힘

$$F = \frac{\gamma Q^2 A_1}{2g}\left(\frac{A_1 - A_2}{A_1 A_2}\right)^2$$

여기서, F : 이음매 또는 플랜지볼트에 작용하는 힘(N)
γ : 비중량(물의 비중량 9800N/m³)
Q : 유량(m³/s)
A_1 : 호스의 단면적(m²)
A_2 : 노즐의 출구단면적(m²)
g : 중력가속도(9.8m/s²)

이음매에 작용하는 힘 F는

$F = \frac{\gamma Q^2 A_1}{2g}\left(\frac{A_1 - A_2}{A_1 A_2}\right)^2$

$= \frac{\rho g(AV)^2 A}{2g}\left(\frac{A - \frac{A}{4}}{A \times \frac{A}{4}}\right)^2$ → $\gamma = \rho g$, $Q = AV$, $A_1 = A$ 대입, $A_2 = \frac{A}{4}$

$\left(\frac{\frac{4A}{4} - \frac{A}{4}}{\frac{A^2}{4}}\right)^2 = \left(\frac{\frac{4A - A}{4}}{\frac{A^2}{4}}\right)^2 = \left(\frac{3A}{A^2}\right)^2$

$= \left(\frac{3}{A}\right)^2 = \frac{9}{A^2}$

$= \frac{\rho g A^2 V^2}{2g} \times \frac{9}{A^2} = \frac{9}{2}\rho V^2 A$

답 ③

29

체적 또는 비체적이 일정하게 유지되면서 상태가 변하는 정적과정에서 밀폐계가 한 일은?

① 내부에너지 감소량과 같다.
② 평균압력과 체적의 곱과 같다.
③ 0
④ 엔탈피 증가량과 같다.

해설 ③ 밀폐계는 절대일이므로 정적과정 $_1W_2 = 0$

정적과정

구 분	공 식
① 압력과 온도	$\dfrac{P_2}{P_1} = \dfrac{T_2}{T_1}$ 여기서, $P_1 \cdot P_2$: 변화전후의 압력[kJ/m³] $T_1 \cdot T_2$: 변화전후의 온도(273+℃)[K]
② 절대일 =밀폐계 (압축일)	$_1W_2 = 0$ 보기 ③ 여기서, $_1W_2$: 절대일[kJ]
③ 공업일 =개방계	$_1W_{t2} = -V(P_2 - P_1)$ $= V(P_1 - P_2)$ $= mR(T_1 - T_2)$ 여기서, $_1W_{t2}$: 공업일[kJ] V : 체적[m³] $P_1 \cdot P_2$: 변화전후의 압력[kJ/m³] R : 기체상수[kJ/kg·K] m : 질량[kg] $T_1 \cdot T_2$: 변화전후의 온도(273+℃)[K]

용어

밀폐계 VS 개방계

밀폐계	개방계
① 절대일	① 공업일
② 팽창일	② 압축일
③ 비유동일	③ 유동일
④ 가역일	④ 소비일
	⑤ 정상휴일
	⑥ 가역일

답 ③

30 액체와 고체가 접촉하면 상호 부착하려는 성질을 갖는데 이 부착력과 액체의 응집력의 크기의 차이에 의해 일어나는 현상은 무엇인가?

21.03.문23
15.05.문33
13.09.문27
10.05.문35

① 모세관현상
② 공동현상
③ 점성
④ 뉴턴의 마찰법칙

해설 **모세관현상**(capillarity in tube)
(1) 액체분자들 사이의 **응집력**과 고체면에 대한 **부착력**의 차이에 의하여 관내 액체표면과 자유표면 사이에 **높이** 차이가 나타나는 것
(2) 액체와 고체가 접촉하면 상호 **부착**하려는 **성질**을 갖는데 이 **부착력**과 액체의 **응집력**의 **상대적 크기**에 의해 일어나는 현상 보기 ①

$$h = \dfrac{4\sigma \cos\theta}{\gamma D}$$

여기서, h : 상승높이[m]
σ : 표면장력[N/m]
θ : 각도(접촉각)
γ : 비중량(물의 비중량 9800N/m³)
D : 관의 내경[m]

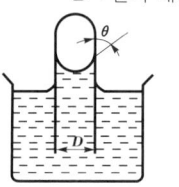
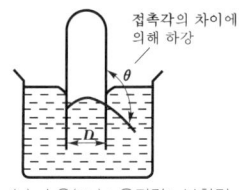

(a) 물(H₂O) : 응집력<부착력　(b) 수은(Hg) : 응집력>부착력

∥모세관현상∥

답 ①

31 유체의 마찰에 의하여 발생하는 성질을 점성이라 한다. 뉴턴의 점성법칙을 설명한 것으로 옳지 않은 것은?

21.03.문30
21.09.문23
17.09.문40
16.03.문31
15.03.문23
12.03.문31
07.03.문30

① 전단응력은 속도기울기에 비례한다.
② 속도기울기가 크면 전단응력이 크다.
③ 점성계수가 크면 전단응력이 작다.
④ 전단응력과 속도기울기가 선형적인 관계를 가지면 뉴턴 유체라고 한다.

해설 **Newton**의 **점성법칙 특징**
(1) 전단응력은 **점성계수**와 **속도기울기**의 **곱**이다.
(2) 전단응력은 **속도기울기에 비례**한다. 보기 ①②
(3) 속도기울기가 0인 곳에서 전단응력은 0이다.
(4) 전단응력은 **점성계수**에 **비례**한다.
(5) Newton의 점성법칙(난류) 보기 ④

$$\tau = \mu \dfrac{du}{dy}$$

여기서, τ : 전단응력[N/m²]
μ : 점성계수[N·s/m²]
$\dfrac{du}{dy}$: 속도구배(속도기울기)$\left[\dfrac{1}{s}\right]$

비교

Newton의 점성법칙

층 류	난 류
$\tau = \dfrac{p_A - p_B}{l} \cdot \dfrac{r}{2}$	$\tau = \mu \dfrac{du}{dy}$
여기서, τ : 전단응력[N/m²] $p_A - p_B$: 압력강하[N/m²] l : 관의 길이[m] r : 반경[m]	여기서, τ : 전단응력[N/m²] μ : 점성계수[N·s/m²] 또는 [kg/m·s] $\dfrac{du}{dy}$: 속도구배(속도기울기)$\left[\dfrac{1}{s}\right]$

답 ③

32. 펌프의 흡입양정이 클 때 발생될 수 있는 현상은?

① 공동현상(cavitation)
② 서징현상(surging)
③ 역회전현상
④ 수격현상(water hammering)

해설 공동현상의 발생원인
(1) 펌프의 흡입수두(흡입양정)가 클 때(소화펌프의 흡입고가 클 때)
(2) 펌프의 마찰손실이 클 때
(3) 펌프의 임펠러속도가 클 때
(4) 펌프의 설치위치가 수원보다 높을 때
(5) 관내의 수온이 높을 때(물의 온도가 높을 때)
(6) 관내의 물의 정압이 그때의 증기압보다 낮을 때
(7) 흡입관의 구경이 작을 때
(8) 흡입거리가 길 때
(9) 유량이 증가하여 펌프물이 과속으로 흐를 때

기억법 흡공클

답 ①

33. 댐 수위가 2m 올라갈 때 한 변이 1m인 정사각형 연직수문이 받는 정수력이 20% 늘어난다면 댐 수위가 올라가기 전의 수문의 중심과 자유표면의 거리는? (단, 대기압 효과는 무시한다.)

① 2m
② 4m
③ 5m
④ 10m

해설 정수력

$$F = \gamma h A$$

여기서, F : 정수력[N]
γ : 비중량(물의 비중량 9800N/m³)
h : 표면에서 수문중심까지의 수직거리[m]
A : 수문의 단면적[m²]

• 연직수문 : 수직으로 수문이 있다는 뜻

(1) 댐 수위가 2m 올라갈 때 정수력

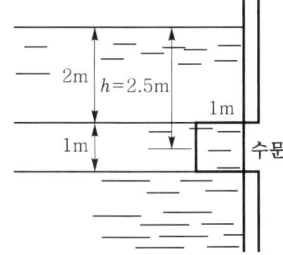

정수력 $F_2 = \gamma h A$
$= 9800\text{N/m}^3 \times 2.5\text{m} \times (1 \times 1)\text{m}^2 = 24500\text{N}$

(2) 댐 수위가 올라가기 전의 정수력

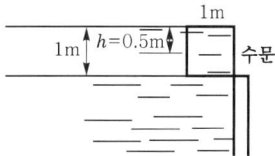

정수력 $F_1 = \gamma h A$
$= 9800\text{N/m}^3 \times 0.5\text{m} \times (1 \times 1)\text{m}^2 = 4900\text{N}$

(3) 댐수위가 2m 올라갈 때 정수력 20% 늘어나므로
$F_2 = (1 + 0.2)F_1 = 1.2F_1$
$F_2 - F_1 = F_2 - F_1$
$1.2F_1 - F_1 = (24500 - 4900)\text{N}$
$0.2F_1 = 19600\text{N}$
$F_1 = \dfrac{19600\text{N}}{0.2} = 98000\text{N}$

(4) 표면에서 수문중심까지의 수직거리
$h = \dfrac{F_1}{\gamma A} = \dfrac{98000\text{N}}{9800\text{N/m}^3 \times (1 \times 1)\text{m}^2} = 10\text{m}$

답 ④

34. 펌프의 공동현상(cavitation)을 방지하기 위한 방법이 아닌 것은?

① 펌프의 설치위치를 되도록 낮게 하여 흡입양정을 짧게 한다.
② 펌프의 회전수를 크게 한다.
③ 펌프의 흡입관경을 크게 한다.
④ 단흡입펌프보다는 양흡입펌프를 사용한다.

해설 ② 크게 → 작게

공동현상(cavitation, 캐비테이션)

개요	펌프의 흡입측 배관 내의 물의 정압이 기존의 증기압보다 낮아져서 기포가 발생되어 물이 흡입되지 않는 현상
발생현상	• **소음**과 **진동** 발생 • 관 **부식** • **임펠러**의 손상(수차의 날개를 해친다) • 펌프의 성능저하
발생원인	• 펌프의 흡입수두가 클 때(소화펌프의 흡입고가 클 때) • 펌프의 마찰손실이 클 때 • 펌프의 임펠러속도가 클 때 • 펌프의 설치위치가 수원보다 높을 때 • 관 내의 수온이 높을 때(물의 온도가 높을 때) • 관 내의 물의 정압이 그때의 **증기압**보다 낮을 때 • 흡입관의 **구경**이 작을 때 • 흡입거리가 길 때 • 유량이 증가하여 펌프물이 과속으로 흐를 때

방지대책	• 펌프의 흡입수두를 작게 한다(흡입양정을 짧게 한다). 보기 ① • 펌프의 마찰손실을 작게 한다. • 펌프의 임펠러속도(회전수)를 낮추어 흡입속도를 낮게 한다. 보기 ② • 펌프의 설치위치를 수원보다 낮게 한다. 보기 ① • **양흡입펌프**를 사용한다(펌프의 흡입측을 가압한다). 보기 ④ • 관 내의 물의 정압을 그때의 증기압보다 **높게** 한다. • 흡입관의 구경(관경)을 **크게** 한다. 보기 ③ • 펌프를 2개 이상 설치한다. • 입형펌프를 사용하고, 회전차를 수중에 완전히 잠기게 한다.

중요

비속도(비교회전도)

$$N_s = N \frac{\sqrt{Q}}{\left(\dfrac{H}{n}\right)^{\frac{3}{4}}} \propto N$$

여기서, N_s : 펌프의 비교회전도(비속도)[m³/min · m/rpm]
 N : 회전수[rpm]
 Q : 유량[m³/min]
 H : 양정[m]
 n : 단수

• 공식에서 비속도(N_s)와 회전수(N)는 비례

답 ②

35 ★

22.09.문35

유량 2m³/min, 전양정 25m인 원심펌프의 축동력은 약 몇 kW인가? (단, 펌프의 전효율은 0.78이고, 유체의 밀도는 1000kg/m³이다.)

① 11.52 ② 9.52
③ 10.47 ④ 13.47

해설 (1) 기호

• Q : 2m³/min=2m³/60s(1min=60s)
• H : 25m
• P : ?
• η : 0.78
• ρ : 1000kg/m³=1000N · s²/m⁴(1kg/m³= 1N · s²/m⁴)

(2) 비중량

$$\gamma = \rho g$$

여기서, γ : 비중량[N/m³]
 ρ : 밀도[N · s²/m⁴]
 g : 중력가속도(9.8m/s²)

비중량 γ는
$\gamma = \rho g = 1000\text{N} \cdot \text{s}^2/\text{m}^4 \times 9.8\text{m/s}^2 = 9800\text{N/m}^3$

(3) 축동력

$$P = \frac{\gamma QH}{1000\eta}$$

여기서, P : 축동력[kW]
 γ : 비중량[N/m³]
 Q : 유량[m³/s]
 H : 전양정[m]
 η : 효율

축동력 P는
$$P = \frac{\gamma QH}{1000\eta}$$
$$= \frac{9800\text{N/m}^3 \times 2\text{m}^3/60\text{s} \times 25\text{m}}{1000 \times 0.78} ≒ 10.47\text{kW}$$

용어

축동력
전달계수(K)를 고려하지 않은 동력

별해

원칙적으로 밀도가 주어지지 않을 때 적용

축동력

$$P = \frac{0.163QH}{\eta}$$

여기서, P : 축동력[kW]
 Q : 유량[m³/min]
 H : 전양정(수두)[m]
 η : 효율

펌프의 축동력 P는
$$P = \frac{0.163QH}{\eta}$$
$$= \frac{0.163 \times 2\text{m}^3/\text{min} \times 25\text{m}}{0.78} = 10.448 ≒ 10.45\text{kW}$$

(정확하지는 않지만 유사한 값이 나옴)

답 ③

36 ★

다음 물성량 중 길이의 단위로 표시할 수 없는 것은?

① 수차의 유효낙차
② 속도수두
③ 물의 밀도
④ 펌프 전양정

해설 ③ 물의 밀도의 단위는 [kg/m³=N · s²/m⁴]으로 즉, 질량/체적이므로 길이의 단위가 아니다.

길이의 단위[m]
(1) 수차의 유효낙차[m] 보기 ①
(2) 속도수두[m] 보기 ②
(3) 위치수두[m]
(4) 압력수두[m]
(5) 펌프 전양정[m] 보기 ④

답 ③

37.
단면적이 A와 $2A$인 U자형 관에 밀도가 d인 기름이 담겨져 있다. 단면적이 $2A$인 관에 관벽과는 마찰이 없는 물체를 놓았더니 그림과 같이 평형을 이루었다. 이때 이 물체의 질량은?

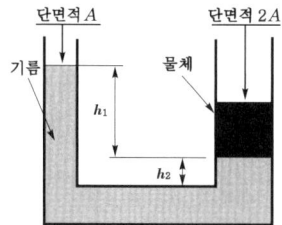

① $2Ah_1d$
② Ah_1d
③ $A(h_1 + h_2)d$
④ $A(h_1 - h_2)d$

해설 (1) 중량

$$F = mg$$

여기서, F : 중량(힘)[N]
m : 질량[kg]
g : 중력가속도[9.8m/s²]

$F = mg \propto m$
질량은 중량(힘)에 비례하므로 파스칼의 원리식 적용

(2) 파스칼의 원리

$$\frac{F_1}{A_1} = \frac{F_2}{A_2}, \quad p_1 = p_2$$

여기서, F_1, F_2 : 가해진 힘[kN]
A_1, A_2 : 단면적[m²]
p_1, p_2 : 압력[kPa]

$\dfrac{F_1}{A_1} = \dfrac{F_2}{A_2}$에서 $A_2 = 2A_1$이므로

$F_2 = \dfrac{A_2}{A_1} \times F_1 = \dfrac{2A_1}{A_1} \times F_1 = 2F_1$

질량은 중량(힘)에 비례하므로 $F_2 = 2F_1$를 $m_2 = 2m_1$로 나타낼 수 있다.

(3) 물체의 질량

$$m_1 = dh_1A$$

여기서, m_1 : 물체의 질량[kg]
d : 밀도[kg/m³]
h_1 : 깊이[m]
A : 단면적[m²]

$m_2 = 2m_1 = 2 \times dh_1A = 2Ah_1d$

답 ①

38.
그림에서 물에 의하여 점 B에서 힌지된 사분원 모양의 수문이 평형을 유지하기 위하여 잡아당겨야 하는 힘 T는 몇 kN인가? (단, 폭은 1m, 반지름($r = \overline{OB}$)은 2m, 4분원의 중심은 O점에서 왼쪽으로 $\dfrac{4r}{3\pi}$인 곳에 있으며, 물의 밀도는 1000kg/m³이다.)

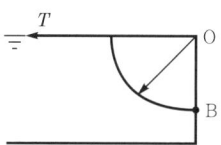

① 1.96
② 9.8
③ 19.6
④ 29.4

해설 수평분력

$$F_H = \gamma h A$$

여기서, F_H : 수평분력[N]
γ : 비중량(물의 비중량 9800N/m³)
h : 표면에서 수문 중심까지의 수직거리[m]
A : 수문의 단면적[m²]

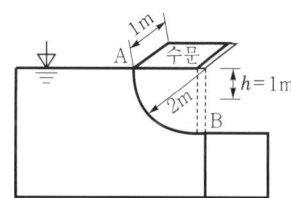

$h = \dfrac{2\text{m}}{2} = 1\text{m}$

$A = 가로 \times 세로(폭) = 2\text{m} \times 1\text{m} = 2\text{m}^2$

$F_H = \gamma h A = 9800\text{N/m}^3 \times 1\text{m} \times 2\text{m}^2 = 19600\text{N} = 19.6\text{kN}$

• 1000N = 1kN이므로 19600N = 19.6kN

답 ③

39. 단위 및 차원에 대한 설명으로 틀린 것은?
① 밀도의 단위로 kg/m^3을 사용한다.
② 운동량의 차원은 MLT이다.
③ 점성계수의 차원은 $ML^{-1}T^{-1}$이다.
④ 압력의 단위로 N/m^2을 사용한다.

해설

② MTL → MTL⁻¹

차원	중력단위[차원]	절대단위[차원]
길이	m[L]	m[L]
시간	s[T]	s[T]
운동량	N·s[FT]	kg·m/s[MLT⁻¹] 보기 ②
힘	N[F]	kg·m/s²[MLT⁻²]
속도	m/s[LT⁻¹]	m/s[LT⁻¹]
가속도	m/s²[LT⁻²]	m/s²[LT⁻²]
질량	N·s²/m[FL⁻¹T²]	kg[M]
압력	N/m²[FL⁻²] 보기 ④	kg·m·s²[ML⁻¹T⁻²]
밀도	N·s²/m⁴[FL⁻⁴T²]	kg/m³[ML⁻³] 보기 ①
비중	무차원	무차원
비중량	N/m³[FL⁻³]	kg/m²·s²[ML⁻²T⁻²]
비체적	m⁴/N·s²[F⁻¹L⁴T⁻²]	m³/kg[M⁻¹L³]
일률	N·m/s[FLT⁻¹]	kg·m²/s³[ML²T⁻³]
일	N·m[FL]	kg·m²/s²[ML²T⁻²]
점성계수	N·s/m²[FL⁻²T]	kg/m·s[ML⁻¹T⁻¹] 보기 ③

답 ②

40 에너지선(EL)에 대한 설명으로 옳은 것은?

24.07.문28
14.09.문21
14.05.문35
12.03.문28

① 수력구배선보다 아래에 있다.
② 압력수두와 속도수두의 합이다.
③ 속도수두와 위치수두의 합이다.
④ 수력구배선보다 속도수두만큼 위에 있다.

해설 에너지선
(1) 항상 수력기울기선 위에 있다.
(2) 수력구배선=수력기울기선
(3) 수력구배선보다 속도수두만큼 위에 있다. 보기 ④

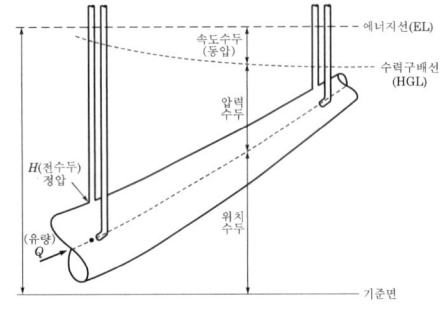

| 에너지선과 수력구배선 |

답 ④

제3과목 소방관계법규

41 소방서장은 소방대상물에 대한 위치·구조·설비 등에 관하여 화재가 발생하는 경우 인명피해가 클 것으로 예상되는 때에는 소방대상물의 개수·사용의 금지 등의 필요한 조치를 명할 수 있는데 이때 그 손실에 따른 보상을 하여야 하는 바, 해당되지 않은 사람은?

19.03.문53

① 특별시장
② 도지사
③ 행정안전부장관
④ 광역시장

해설 소방기본법 49조의 2
소방대상물의 개수명령 손실보상
소방청장, 시·도지사

중요

시·도지사
(1) 특별시장 보기 ①
(2) 광역시장 보기 ④
(3) 도지사 보기 ②
(4) 특별자치도지사
(5) 특별자치시장

답 ③

42 소방본부장이나 소방서장이 소방시설공사가 공사감리 결과보고서대로 완공되었는지 완공검사를 위한 현장을 확인할 수 있는 대통령령으로 정하는 특정소방대상물이 아닌 것은?

21.05.문49
18.03.문51
17.03.문43
15.03.문59
14.05.문54

① 노유자시설
② 문화 및 집회시설, 운동시설
③ 1000m² 미만의 공동주택
④ 지하상가

해설 ③ 공동주택, 아파트는 해당 없음

공사업령 5조
완공검사를 위한 현장확인 대상 특정소방대상물의 범위
(1) **문**화 및 집회시설, **종**교시설, **판**매시설, **노**유자시설, **수**련시설, **운**동시설, **숙**박시설, **창**고시설, 지하**상**가 및 다중이용업소 보기 ①②④
(2) 다음의 어느 하나에 해당하는 설비가 설치되는 특정소방대상물
  ㉠ 스프링클러설비 등
  ㉡ 물분무등소화설비(호스릴방식의 소화설비 제외)
(3) 연면적 **10000m²** 이상이거나 **11층** 이상인 특정소방대상물(아파트 제외) 보기 ③

(4) 가연성 가스를 제조·저장 또는 취급하는 시설 중 지상에 노출된 가연성 가스탱크의 저장용량 합계가 1000t 이상인 시설

기억법 문종판 노수운 숙창상현

답 ③

43 소방시설 설치 및 관리에 관한 법령상 소방용품 중 피난구조설비를 구성하는 제품 또는 기기에 속하지 않는 것은?

① 통로유도등 ② 소화기구
③ 공기호흡기 ④ 피난사다리

해설 ② 소화설비

소방시설법 시행령〔별표 3〕
소방용품

소방시설	제품 또는 기기
소화용	① 소화**약**제 ② **방**염제(방염액·방염도료·방염성 물질) **기억법** 소약방
피난구조설비	① **피난사다리**, 구조대, 완강기(간이완강기 및 지지대 포함) 보기 ④ ② **공기호흡기**(충전기를 포함) 보기 ③ ③ 피난구유도등, **통로유도등**, 객석유도등 및 예비전원이 내장된 비상조명등 보기 ①
소화설비	① 소화기구 보기 ② ② 자동소화장치 ③ 간이소화용구(소화약제 외의 것을 이용한 간이소화용구 제외) ④ 소화전 ⑤ 송수구 ⑥ 관창 ⑦ 소방호스 ⑧ 스프링클러헤드 ⑨ 기동용 수압개폐장치 ⑩ 유수제어밸브 ⑪ 가스관 선택밸브

답 ②

44 소방상 필요할 때 소방본부장, 소방서장 또는 소방대장이 할 수 있는 명령에 해당되는 것은?

① 화재현장에 이웃한 소방서에 소방응원을 하는 명령
② 그 관할구역 안에 사는 사람 또는 화재 현장에 있는 사람으로 하여금 소화에 종사하도록 하는 명령
③ 관계 보험회사로 하여금 화재의 피해조사에 협력하도록 하는 명령
④ 소방대상물의 관계인에게 화재에 따른 손실을 보상하게 하는 명령

해설 소방본부장·소방서장·소방대장
(1) 소방활동 **종**사명령(기본법 24조) 보기 ②
(2) **강**제처분·제거(기본법 25조)
(3) **피**난명령(기본법 26조)
(4) 댐·저수지 사용 등 위험시설 등에 대한 긴급조치(기본법 27조)

기억법 소대종강피(소대의 종강파티)

용어

소방활동 종사명령
화재, 재난·재해, 그 밖의 위급한 상황이 발생한 현장에서 소방활동을 위하여 필요할 때에는 그 관할구역에 사는 사람 또는 그 현장에 있는 사람으로 하여금 사람을 구출하는 일 또는 불을 끄거나 불이 번지지 아니하도록 하는 일을 하게 할 수 있는 것

답 ②

45 특정소방대상물의 소방시설 등에 대한 자체점검 기술자격자의 범위에서 '행정안전부령으로 정하는 기술자격자'는?

① 소방안전관리자로 선임된 소방설비산업기사
② 소방안전관리자로 선임된 소방설비기사
③ 소방안전관리자로 선임된 전기기사
④ 소방안전관리자로 선임된 소방시설관리사 및 소방기술사

해설 소방시설법 시행규칙 19조
소방시설 등 자체점검 기술자격자
(1) 소방안전관리자로 선임된 **소방시설관리사** 보기 ④
(2) 소방안전관리자로 선임된 **소방기술사** 보기 ④

답 ④

46 명예직 소방대원으로 위촉할 수 있는 권한이 있는 사람은?

① 도지사 ② 소방청장
③ 소방대장 ④ 소방서장

해설 기본법 7조
명예직 소방대원 위촉: 소방청장
소방행정 발전에 공로가 있다고 인정되는 사람

답 ②

47 화재의 예방 및 안전관리에 관한 법률상 소방안전관리대상물의 소방안전관리자의 업무가 아닌 것은?

① 소방시설공사
② 소방훈련 및 교육
③ 소방계획서의 작성 및 시행
④ 자위소방대의 구성·운영·교육

해설
① 소방시설공사 : 소방시설공사업자

화재예방법 24조 ⑤항
관계인 및 소방안전관리자의 업무

특정소방대상물 (관계인)	소방안전관리대상물 (소방안전관리자)
① 피난시설·방화구획 및 방화시설의 관리 ② 소방시설, 그 밖의 소방관련 시설의 관리 ③ 화기취급의 감독 ④ 소방안전관리에 필요한 업무 ⑤ 화재발생시 초기대응	① 피난시설·방화구획 및 방화시설의 관리 ② 소방시설, 그 밖의 소방관련 시설의 관리 ③ 화기취급의 감독 ④ 소방안전관리에 필요한 업무 ⑤ **소방계획서**의 작성 및 시행(**대통령령**으로 정하는 사항 포함) 보기 ③ ⑥ **자위소방대** 및 **초기대응체계**의 구성·운영·교육 보기 ④ ⑦ 소방훈련 및 교육 보기 ② ⑧ 소방안전관리에 관한 업무수행에 관한 기록·유지 ⑨ 화재발생시 초기대응

용어

특정소방대상물	소방안전관리대상물
건축물 등의 규모·용도 및 수용인원 등을 고려하여 소방시설을 설치하여야 하는 소방대상물로서 대통령령으로 정하는 것	**대통령령**으로 정하는 특정소방대상물

답 ①

48 ★★★
소방시설을 구분하는 경우 소화설비에 해당되지 않는 것은?

19.04.문59
12.09.문60
08.09.문55
08.03.문53

① 스프링클러설비
② 제연설비
③ 자동확산소화기
④ 옥외소화전설비

해설 ② 소화활동설비

소방시설법 시행령〔별표 1〕
소화설비
(1) 소화기구·자동확산소화기·자동소화장치(주거용 주방자동소화장치)
(2) 옥내소화전설비·옥외소화전설비
(3) 스프링클러설비·간이스프링클러설비·화재조기진압용 스프링클러설비
(4) 물분무소화설비·강화액소화설비

비교

소방시설법 시행령〔별표 1〕
소화활동설비
화재를 진압하거나 인명구조활동을 위하여 사용하는 설비
(1) **연**결송수관설비
(2) **연**결살수설비
(3) **연**소방지설비
(4) **무**선통신보조설비
(5) **제**연설비
(6) **비**상콘센트설비

기억법 3연무제비콘

답 ②

49 ★★★
위험물안전관리법령상 산화성 고체인 제1류 위험물에 해당되는 것은?

22.03.문02
19.04.문44
16.05.문46
16.05.문52
15.09.문03
15.09.문18
15.05.문10
15.05.문42
15.03.문51
14.09.문18
14.03.문18
11.06.문54

① 질산염류
② 과염소산
③ 특수인화물
④ 유기과산화물

해설 **위험물령〔별표 1〕**
위험물

유별	성질	품명
제1류	**산**화성 **고**체	• 아염소산염류 • 염소산염류(**염**소산**나**트**륨**) • 과염소산염류 • 질산염류 보기 ① • 무기과산화물 기억법 1산고염나
제2류	가연성 고체	• **황**화인 • **적**린 • **황** • **마**그네슘 기억법 황화적황마
제3류	자연발화성 물질 및 금수성 물질	• **황**린 • **칼**륨 • **나**트륨 • **알**칼리토금속 • **트**리에틸알루미늄 기억법 황칼나알트
제4류	인화성 액체	• 특수인화물 보기 ③ • 석유류(벤젠) • 알코올류 • 동식물유류

| 제5류 | 자기반응성 물질 | • 유기과산화물 보기 ④
• 나이트로화합물
• 나이트로소화합물
• 아조화합물
• 질산에스터류(셀룰로이드)
기억법 5자(오자탈자) |
| 제6류 | 산화성 액체 | • 과염소산 보기 ②
• 과산화수소
• 질산 |

답 ①

50. 위험물안전관리법령상 제조소 또는 일반 취급소의 위험물취급탱크 노즐 또는 맨홀을 신설하는 경우, 노즐 또는 맨홀의 직경이 몇 mm를 초과하는 경우에 변경허가를 받아야 하는가?

① 500
② 450
③ 250
④ 600

해설 위험물규칙 〔별표 1의 2〕
제조소 등의 변경허가를 받아야 하는 경우
(1) 제조소 또는 일반취급소의 위치를 이전
(2) 건축물의 벽·기둥·바닥·보 또는 지붕을 증설 또는 철거
(3) 배출설비를 신설
(4) 위험물취급탱크를 신설·교체·철거 또는 보수
(5) 위험물취급탱크의 노즐 또는 맨홀의 직경이 **250mm**를 초과하는 경우에 신설 보기 ③
(6) 위험물취급탱크의 방유제의 높이 또는 방유제 내의 면적을 변경
(7) 위험물취급탱크의 탱크전용실을 증설 또는 교체
(8) **300m**(지상에 설치하지 아니하는 배관의 경우에는 **30m**)를 초과하는 위험물배관을 신설·교체·철거 또는 보수(배관을 절개하는 경우에 한한다)하는 경우

답 ③

51. 소방시설 설치 및 관리에 관한 법령상 자동화재탐지설비를 설치하여야 하는 특정소방대상물 기준으로 틀린 것은?

① 길이 500m 이상의 터널
② 숙박시설로서 연면적 600m² 이상인 것
③ 의료시설(정신의료기관·요양병원 제외)로서 연면적 600m² 이상인 것
④ 지하구

해설 ① 500m 이상 → 1000m 이상

소방시설법 시행령 〔별표 4〕
자동화재탐지설비의 설치대상

설치대상	조건
① 정신의료기관·의료재활시설	• 창살설치 : 바닥면적 300m² 미만 • 기타 : 바닥면적 300m² 이상
② 노유자시설	• 연면적 400m² 이상
③ **근**린생활시설·**위**락시설	• 연면적 600m² 이상
④ **의**료시설(정신의료기관, 요양병원 제외) 보기 ③, 숙박시설 보기 ②	
⑤ **복**합건축물·장례시설	
⑥ 목욕장·문화 및 집회시설, 운동시설	• 연면적 1000m² 이상
⑦ 종교시설	
⑧ 방송통신시설·관광휴게시설	
⑨ 업무시설·판매시설	
⑩ 항공기 및 자동차 관련시설·공장·창고시설	
⑪ 지하상가·운수시설·발전시설·위험물 저장 및 처리시설	
⑫ 교정 및 군사시설 중 국방·군사시설	
⑬ **교**육연구시설·**동**식물관련시설	• 연면적 2000m² 이상
⑭ **자**원순환관련시설·**교**정 및 군사시설(국방·군사시설 제외)	
⑮ **수**련시설(숙박시설이 있는 것 제외)	
⑯ 묘지관련시설	
⑰ 터널	• 길이 1000m 이상 보기 ①
⑱ 지하구 보기 ④	• 전부
⑲ 노유자생활시설	
⑳ 아파트 등 기숙사	
㉑ 숙박시설	
㉒ 6층 이상인 건축물	
㉓ 조산원 및 산후조리원	
㉔ 전통시장	
㉕ 요양병원(정신병원, 의료재활시설 제외)	
㉖ 특수가연물 저장·취급	• 지정수량 500배 이상
㉗ 수련시설(숙박시설이 있는 것)	• 수용인원 100명 이상
㉘ 발전시설	• 전기저장시설

기억법 근위의복6, 교동자교수2

답 ①

52. 소방기본법령상 소방용수시설에서 저수조의 설치기준으로 틀린 것은?

① 흡수에 지장이 없도록 토사 및 쓰레기 등을 제거할 수 있는 설비를 갖출 것
② 소방펌프자동차가 쉽게 접근할 수 있도록 할 것
③ 흡수부분의 수심이 0.5m 이상일 것
④ 지면으로부터의 낙차가 6m 이하일 것

해설
④ 6m 이하 → 4.5m 이하

기본규칙 〔별표 3〕
소방용수시설의 저수조에 대한 설치기준
(1) 낙차 : **4.5m** 이하 보기 ④
(2) **수심** : 0.5m 이상 보기 ③
(3) 투입구의 길이 또는 지름 : 60cm 이상

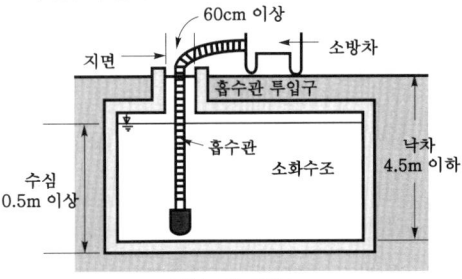

저수조의 깊이

(4) 소방펌프자동차가 **쉽게 접근**할 수 있도록 할 것 보기 ②
(5) 흡수에 지장이 없도록 **토사** 및 **쓰레기** 등을 제거할 수 있는 설비를 갖출 것 보기 ①
(6) 저수조에 물을 공급하는 방법은 **상수도**에 연결하여 **자동**으로 **급수**되는 구조일 것

기억법 수5(**수호**천사)

답 ④

53. 화재의 예방 및 안전관리에 관한 법령상 화재예방을 위하여 불의 사용에 있어서 지켜야 하는 사항에 따라 이동식 난로를 사용하여서는 안 되는 장소로 틀린 것은? (단, 난로를 받침대로 고정시키거나 즉시 소화되고 연료 누출 차단이 가능한 경우는 제외한다.)

① 역·터미널   ② 슈퍼마켓
③ 가설건축물   ④ 한의원

해설
② 해당 없음

화재예방법 시행령 〔별표 1〕
이동식 난로를 설치할 수 없는 장소
(1) 학원
(2) 종합병원
(3) 역·터미널 보기 ①
(4) 가설건축물 보기 ③
(5) 한의원 보기 ④

답 ②

54. 화재의 예방 및 안전관리에 관한 법령상 소방청장, 소방본부장 또는 소방서장은 관할구역에 있는 소방대상물에 대하여 화재안전조사를 실시할 수 있다. 화재안전조사 대상과 거리가 먼 것은? (단, 개인 주거에 대하여는 관계인의 승낙을 득한 경우이다.)

① 화재예방강화지구 등 법령에서 화재안전조사를 하도록 규정되어 있는 경우
② 관계인이 법령에 따라 실시하는 소방시설 등, 방화시설, 피난시설 등에 대한 자체점검 등이 불성실하거나 불완전하다고 인정되는 경우
③ 화재가 발생할 우려는 없으나 소방대상물의 정기점검이 필요한 경우
④ 국가적 행사 등 주요 행사가 개최되는 장소에 대하여 소방안전관리 실태를 조사할 필요가 있는 경우

해설
③ 해당 없음

화재예방법 7조
화재안전조사 실시대상
(1) **관계인**이 이 법 또는 다른 법령에 따라 실시하는 소방시설 등, 방화시설, 피난시설 등에 대한 자체점검이 불성실하거나 불완전하다고 인정되는 경우 보기 ②
(2) **화재예방강화지구** 등 법령에서 화재안전조사를 하도록 규정되어 있는 경우 보기 ①
(3) 화재예방안전진단이 불성실하거나 불완전하다고 인정되는 경우
(4) **국가적 행사** 등 주요 행사가 개최되는 장소 및 그 주변의 관계지역에 대하여 소방안전관리 실태를 조사할 필요가 있는 경우 보기 ④
(5) 화재가 **자주 발생**하였거나 발생할 우려가 뚜렷한 곳에 대한 조사가 필요한 경우
(6) **재난예측정보**, **기상예보** 등을 분석한 결과 소방대상물에 화재의 발생 위험이 크다고 판단되는 경우
(7) 화재, 그 밖의 긴급한 상황이 발생할 경우 인명 또는 재산 피해의 우려가 현저하다고 판단되는 경우

기억법 화관국안

화재예방법 7·8조
화재안전조사
소방대상물에 대한 화재예방을 위하여 관계인에게 필요한 자료제출을 명하거나 위치·구조·설비 또는 관리의 상황을 조사하는 것
(1) 실시자 : 소방청장·소방본부장·소방서장
(2) 관계인의 승낙이 필요한 곳 : **주거**(주택)

답 ③

55. 성능위주설계를 실시하여야 하는 특정소방대상물의 범위 기준으로 틀린 것은?

① 연면적 200000m² 이상인 특정소방대상물(아파트 등은 제외)
② 지하층을 포함한 층수가 30층 이상인 특정소방대상물(아파트 등은 제외)
③ 건축물의 높이가 120m 이상인 특정소방대상물(아파트 등은 제외)
④ 하나의 건축물에 영화상영관이 5개 이상인 특정소방대상물

해설 ④ 5개 이상 → 10개 이상

소방시설법 시행령 9조
성능위주설계를 해야 할 특정소방대상물의 범위
(1) 연면적 **20만**m² 이상인 특정소방대상물(아파트 등 제외) 보기 ①
(2) **50층** 이상(지하층 제외)이거나 지상으로부터 높이가 **200m** 이상인 아파트
(3) **30층** 이상(지하층 포함)이거나 지상으로부터 높이가 **120m** 이상인 특정소방대상물(아파트 등 제외) 보기 ②③
(4) 연면적 **3만**m² 이상인 철도 및 도시철도 시설, **공항시설**
(5) 하나의 건축물에 관련법에 따른 **영화상영관**이 **10개** 이상인 특정소방대상물 보기 ④
(6) 연면적 **10만**m² 이상이거나 **지하 2층** 이하이고 지하층의 바닥면적의 합이 **3만**m² 이상인 창고시설
(7) 지하연계 복합건축물에 해당하는 특정소방대상물
(8) 터널 중 수저터널 또는 길이가 **5000m** 이상인 것

답 ④

56. 소방시설의 하자가 발생한 경우 통보를 받은 공사업자는 며칠 이내에 이를 보수하거나 보수 일정을 기록한 하자보수 계획을 관계인에게 서면으로 알려야 하는가?

① 3일   ② 7일
③ 14일   ④ 30일

공사업법 15조
소방시설공사의 하자보수기간 : 3일 이내 보기 ①

3일
(1) **하**자보수기간(공사업법 15조)
(2) 소방시설업 **등**록증 **분**실 등의 **재**발급(공사업규칙 4조)
(3) 소방시설 등의 자체점검 면제 또는 연기신청(소방시설법 시행규칙 22조)
(4) 소방안전관리자 선임연기신청서 관계인 통보(화재예방법 시행규칙 14조)

기억법 3하등분재(**상하**이에서 **동생**이 **분재**를 가져왔다.)

답 ①

57. 위험물안전관리법령상 인화성 액체 위험물(이황화탄소를 제외)의 옥외탱크저장소의 탱크 주위에 설치하여야 하는 방유제의 기준 중 틀린 것은?

① 방유제의 용량은 방유제 안에 설치된 탱크가 하나인 때에는 그 탱크용량의 110% 이상으로 할 것
② 방유제의 용량은 방유제 안에 설치된 탱크가 2기 이상인 때에는 그 탱크 중 용량이 최대인 것의 용량의 110% 이상으로 할 것
③ 방유제는 높이 1m 이상 2m 이하, 두께 0.2m 이상, 지하매설깊이 0.5m 이상으로 할 것
④ 방유제 내의 면적은 80000m² 이하로 할 것

해설 ③ 1m 이상 2m 이하 → 0.5m 이상 3m 이하, 0.5m → 1m

위험물규칙 [별표 6]
(1) 옥외탱크저장소의 방유제

구 분	설 명
높이	0.5~3m 이하(두께 0.2m 이상, 지하매설깊이 1m 이상) 보기 ③
탱크	10기(모든 탱크용량이 20만L 이하, 인화점이 70~200℃ 미만은 20기) 이하
면적	80000m² 이하 보기 ④
용량	① 1기 이상 : **탱크용량**×110% 이상 보기 ① ② 2기 이상 : **최대탱크용량**×110% 이상 보기 ②

(2) 높이가 1m를 넘는 방유제 및 간막이 둑의 안팎에는 방유제 내에 출입하기 위한 계단 또는 경사로를 약 **50m**마다 설치할 것

답 ③

58 소방시설 설치 및 관리에 관한 법령상 자동화재탐지설비를 설치하여야 하는 특정소방대상물의 기준으로 틀린 것은?

① 공장 및 창고시설로서 「소방기본법 시행령」에서 정하는 수량의 500배 이상의 특수가연물을 저장·취급하는 것
② 지하상가로서 연면적 600m² 이상인 것
③ 숙박시설이 있는 수련시설로서 수용인원 100명 이상인 것
④ 장례시설 및 복합건축물로서 연면적 600m² 이상인 것

해설

② 600mm² 이상 → 1000m² 이상

소방시설법 시행령 [별표 4]
자동화재탐지설비의 설치대상

설치대상	조건
① 정신의료기관·의료재활시설	• 창살설치 : 바닥면적 300m² 미만 • 기타 : 바닥면적 300m² 이상
② 노유자시설	• 연면적 400m² 이상
③ **근**린생활시설·**위**락시설 ④ **의**료시설(정신의료기관, 요양병원 제외) ⑤ **복**합건축물·장례시설 보기 ④	• 연면적 600m² 이상
⑥ 목욕장·문화 및 집회시설, 운동시설 ⑦ 종교시설 ⑧ 방송통신시설·관광휴게시설 ⑨ 업무시설·판매시설 ⑩ 항공기 및 자동차 관련시설·공장·창고시설 ⑪ 지하상가 보기 ② ·운수시설·발전시설·위험물 저장 및 처리시설 ⑫ 국방·군사시설	• 연면적 1000m² 이상
⑬ **교**육연구시설·**동**식물관련시설 ⑭ **자**원순환관련시설·**교**정 및 군사시설(국방·군사시설 제외) ⑮ **수**련시설(숙박시설이 있는 것 제외) ⑯ 묘지관련시설	• 연면적 2000m² 이상
⑰ 터널	• 길이 1000m 이상
⑱ 지하구 ⑲ 노유자생활시설 ⑳ 아파트 등 기숙사 ㉑ 숙박시설 ㉒ **6층** 이상인 건축물 ㉓ 조산원 및 산후조리원 ㉔ 전통시장 ㉕ 요양병원(정신병원, 의료재활시설 제외)	• 전부
㉖ 특수가연물 저장·취급	• 지정수량 500배 이상 보기 ①
㉗ 수련시설(숙박시설이 있는 것)	• 수용인원 100명 이상 보기 ③
㉘ 발전시설	• 전기저장시설

기억법 근위의복6, 교동자교수2

답 ②

59 소방기본법령상 소방대장은 화재, 재난·재해 그 밖의 위급한 상황이 발생한 현장에 소방활동구역을 정하여 소방활동에 필요한 자로서 대통령으로 정하는 사람 외에는 그 구역에의 출입을 제한할 수 있다. 다음 중 소방활동구역에 출입할 수 없는 사람은?

① 소방활동구역 안에 있는 소방대상물의 소유자·관리자 또는 점유자
② 전기·가스·수도·통신·교통의 업무에 종사하는 사람으로서 원활한 소방활동을 위하여 필요한 사람
③ 시·도지사가 소방활동을 위하여 출입을 허가한 사람
④ 의사·간호사 그 밖에 구조·구급업무에 종사하는 사람

해설

③ 시·도지사 → 소방대장

기본령 8조
소방활동구역 출입자
(1) **소방활동구역** 안에 있는 **소유자·관리자** 또는 **점유자** 보기 ①
(2) **전기·가스·수도·통신·교통**의 업무에 종사하는 자로서 원활한 **소방활동**을 위하여 필요한 자 보기 ②
(3) **의사·간호사**, 그 밖에 구조·구급업무에 종사하는 자 보기 ④
(4) **취재인력** 등 보도업무에 종사하는 자
(5) **수사업무**에 종사하는 자
(6) **소방대장**이 소방활동을 위하여 **출입**을 **허가**한 자 보기 ③

용어

소방활동구역
화재, 재난·재해 그 밖의 위급한 상황이 발생한 현장에 정하는 구역

답 ③

60 소방기본법령상 소방업무의 응원에 관한 설명으로 옳은 것은?

① 소방청장은 소방활동을 할 때에 필요한 경우에는 시·도지사에게 소방업무의 응원을 요청해야 한다.
② 소방업무의 응원을 위하여 파견된 소방대원은 응원을 요청한 소방본부장 또는 소방서장의 지휘에 따라야 한다.
③ 소방업무의 응원요청을 받은 소방서장은 정당한 사유가 있어도 그 요청을 거절할 수 없다.
④ 소방서장은 소방업무의 응원을 요청하는 경우를 대비하여 출동 대상지역 및 규모와 소요경비의 부담 등에 관하여 필요한 사항을 대통령령으로 정하는 바에 따라 이웃하는 소방서장과 협의하여 미리 규약으로 정하여야 한다.

해설 **기본법 제11조**
소방업무의 응원
(1) **소방본부장**이나 **소방서장**은 소방활동을 할 때에 긴급한 경우에는 이웃한 소방본부장 또는 소방서장에게 소방업무의 응원을 요청할 수 있다. 보기 ①
(2) 소방업무의 응원요청을 받은 **소방본부장** 또는 **소방서장**은 정당한 사유 없이 그 요청을 거절하여서는 아니 된다. 보기 ③
(3) 소방업무의 응원을 위하여 파견된 소방대원은 응원을 **요청한 소방본부장** 또는 **소방서장**의 지휘에 따라야 한다. 보기 ②
(4) **시·도지사**는 소방업무의 응원을 요청하는 경우를 대비하여 출동 대상지역 및 규모와 소요경비의 부담 등에 관하여 필요한 사항을 **행정안전부령**으로 정하는 바에 따라 이웃하는 **시·도지사**와 협의하여 미리 규약으로 정하여야 한다. 보기 ④

① 소방청장 → 소방본부장이나 소방서장
③ 정당한 사유가 있어도 → 정당한 사유 없이
④ 소방서장 → 시·도지사, 대통령령 → 행정안전부령

답 ②

제 4 과목 소방기계시설의 구조 및 원리

61 하향식 폐쇄형 스프링클러 헤드의 살수에 방해가 되지 않도록 헤드 주위 반경 몇 센티미터 이상의 살수공간을 확보하여야 하는가?

① 30 ② 40
③ 50 ④ 60

해설 (1) **스프링클러설비헤드**의 **설치기준**(NFPC 103 10조, NFTC 103 2.7.7)
㉠ 살수가 방해되지 않도록 스프링클러헤드로부터 반경 **60cm 이상**의 공간을 보유할 것(단, **벽과 스프링클러헤드**간의 공간은 **10cm 이상**) 보기 ④
㉡ 스프링클러헤드와 그 부착면과의 거리는 **30cm 이하**로 할 것
㉢ 측벽형 스프링클러헤드를 설치하는 경우 긴 변의 한쪽 벽에 일렬로 설치(폭이 **4.5~9m** 이하인 실에 있어서는 긴 변의 양쪽에 각각 일렬로 설치하되 마주 보는 스프링클러헤드가 나란히 꼴이 되도록 설치)하고 **3.6m** 이내마다 설치할 것
㉣ 상부에 설치된 헤드의 방출수에 따라 감열부에 영향을 받을 우려가 있는 헤드에는 방출수를 차단할 수 있는 유효한 **차폐판**을 설치할 것

(2) **스프링클러헤드**

거 리	적 용
10cm 이상	벽과 스프링클러헤드 간의 공간
60cm 이상 보기 ④	스프링클러헤드의 공간
30cm 이하	스프링클러헤드와 부착면과의 거리

답 ④

62 소화기구 및 자동소화장치의 화재안전기준에 따라 옥내소화전설비가 설치된 특정소방대상물에서 소형소화기 감면기준은?

① 소화기의 2분의 1을 감소할 수 있다.
② 소화기의 4분의 3을 감소할 수 있다.
③ 소화기의 3분의 1을 감소할 수 있다.
④ 소화기의 3분의 2를 감소할 수 있다.

해설 **소화기**의 **감소기준**(NFPC 101 5조, NFTC 101 2.2)

감소대상	감소기준	적용설비
소형소화기	$\frac{1}{2}$	• 대형소화기
	$\frac{2}{3}$ 보기 ④	• 옥내·외소화전설비 • 스프링클러설비 • 물분무등소화설비

비교
대형소화기의 설치면제기준

면제대상	대체설비
대형소화기	• **옥**내 · **외**소화전설비 • **스**프링클러설비 • **물**분무등소화설비

기억법 옥내외 스물대

답 ④

63 스프링클러헤드를 설치하는 천장과 반자 사이, 덕트, 선반 등의 각 부분으로부터 하나의 스프링클러헤드까지의 수평거리 적용기준으로 잘못된 항목은?
16.03.문78
12.05.문73
① 특수가연물 저장 랙식 창고 : 2.5m 이하
② 공동주택(아파트) 세대 : 2.6m 이하
③ 내화구조의 사무실 : 2.3m 이하
④ 비내화구조의 판매시설 : 2.1m 이하

해설 ① 특수가연물 저장 랙식 창고 : 1.7m 이하

수평거리(R)

설치장소	설치기준
무대부 · **특**수가연물 (창고 포함)	수평거리 **1.7**m 이하
기타구조(창고 포함)	수평거리 **2.1**m 이하 보기 ④
내화구조(창고 포함)	수평거리 **2.3**m 이하 보기 ③
공동주택(**아**파트) 세대 내	수평거리 **2.6**m 이하 보기 ②

기억법 **무특기내아**(**무기 내**려놔 **아**!) 7136

답 ①

64 폐쇄형 스프링클러 70개를 담당할 수 있는 급수관의 구경은 몇 mm인가?
20.06.문66
10.03.문65
① 65   ② 80
③ 90   ④ 100

해설 **스프링클러헤드 수별 급수관의 구경**(NFTC 103 2.5.3.3)

급수관의 구경 구 분	25 mm	32 mm	40 mm	50 mm	65 mm	80 mm	90 mm	100 mm	125 mm	150 mm
폐쇄형 헤드수	2개	3개	5개	10개	30개	60개	80개	100개	160개	161개 이상
개방형 헤드수	1개	2개	5개	8개	15개	27개	40개	55개	90개	91개 이상

※ 폐쇄형 스프링클러헤드 : 최대면적 3000m² 이하

비교
옥내소화전설비

배관구경	40mm	50mm	65mm	80mm	100mm
방수량	130 L/min	260 L/min	390 L/min	520 L/min	650 L/min
소화전수	1개	2개	3개	4개	5개

• 폐쇄형 헤드로 70개보다 크거나 같은 값을 표에서 찾아보면 80개이므로 90mm 선택

답 ③

65 스프링클러설비의 누수로 인한 유수검지장치의 오작동을 방지하기 위한 목적으로 설치하는 것은?
19.09.문79
15.05.문79
12.09.문68
11.10.문65
98.07.문68
① 솔레노이드밸브   ② 리타딩챔버
③ 물올림장치   ④ 성능시험배관

해설 **리타딩챔버의 역할**
(1) **오**작동(오보) 방지
(2) 안전밸브의 역할
(3) 배관 및 압력스위치의 손상보호

기억법 **오**리(**오리** 꽥!꽥!)

참고
리타딩챔버(retarding chamber)
• 누수로 인한 유수검지장치의 오동작을 방지하기 위한 안전장치로서 안전밸브의 역할, 배관 및 압력스위치가 손상되는 것을 방지한다.
• 리타딩챔버의 용량은 **7.5ℓ** 형이 주로 사용되며, 압력스위치의 작동지연시간은 약 **20초** 정도이다.

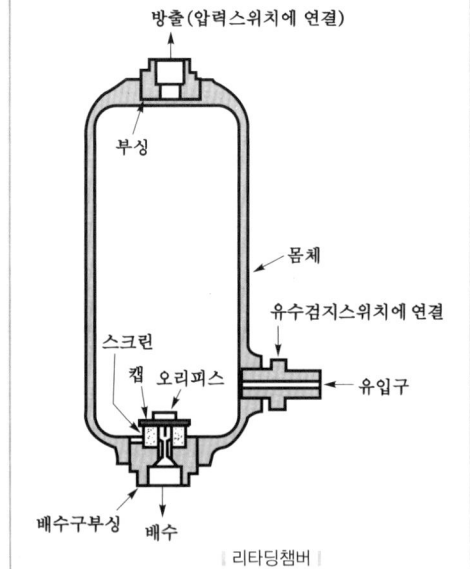

리타딩챔버

답 ②

66 다음 중 연결송수관설비의 구조와 관계가 없는 것은?

① 송수구
② 방수기구함
③ 방수구
④ 유수검지장치

해설

④ 유수검지장치 : 스프링클러설비의 구성요소

연결송수관설비 주요구성
① 가압송수장치
② 송수구 보기 ①
③ 방수구 보기 ③
④ 방수기구함 보기 ②
⑤ 배관
⑥ 전원 및 배선

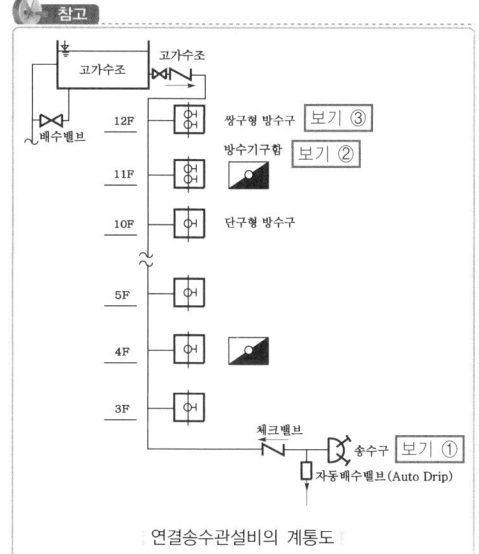

연결송수관설비의 계통도

답 ④

67 지하구의 화재안전기준에 따라 연소방지설비의 살수구역은 환기구 등을 기준으로 환기구 사이의 간격으로 최대 몇 m 이내마다 1개 이상의 방수헤드를 설치하여야 하는가?

20.09.문67
17.03.문73
14.03.문62

① 150
② 350
③ 700
④ 1000

해설 **연소방지설비 헤드**의 **설치기준**(NFPC 605 8조, NFTC 605 2.4.2)
(1) **천장** 또는 **벽면**에 설치하여야 한다.
(2) 헤드 간의 수평거리

스프링클러헤드	연소방지설비 전용헤드
1.5m 이하	2m 이하

(3) 소방대원의 출입이 가능한 환기구·작업구마다 지하구의 양쪽 방향으로 살수헤드를 설정하되, 한쪽 방향의 살수구역의 길이는 3m 이상으로 할 것(단, 환기구 사이의 간격이 **700m**를 초과할 경우에는 700m 이내마다 살수구역을 설정하되, 지하구의 구조를 고려하여 방화벽을 설치한 경우에는 제외) 보기 ③

기억법 연방70

비교

연결살수설비 헤드 간 수평거리

스프링클러헤드	연결살수설비 전용헤드
2.3m 이하	3.7m 이하

참고

연소방지설비
이 설비는 700m **이하**마다 헤드를 설치하여 **지하구**의 화재를 진압하는 것이 목적이 아니고 **화재확산**을 막는 것을 주목적으로 한다.

$$살수구역수 = \frac{환기구 \ 사이의 \ 간격(m)}{700m} - 1(절상)$$

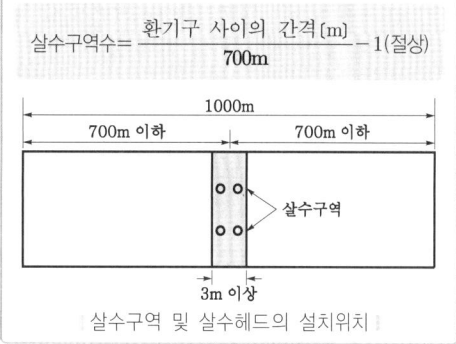

살수구역 및 살수헤드의 설치위치

답 ③

68 다음 소화기구 및 자동소화장치의 화재안전기준에 관한 설명 중 ( ) 안에 해당하는 설비가 아닌 것은?

07.05.문62

대형소화기를 설치하여야 할 특정소방대상물 또는 그 부분에 ( ), ( ), ( ) 또는 옥외소화전설비를 설치한 경우에는 해당 설비의 유효범위 안의 부분에 대하여는 대형소화기를 설치하지 아니할 수 있다.

① 스프링클러설비
② 제연설비
③ 물분무등소화설비
④ 옥내소화전설비

해설 대형소화기의 설치면제기준(NFPC 101 5조, NFTC 101 2.2)

면제대상	대체설비
대형소화기	• **옥**내 · **외**소화전설비 보기 ④ • **스**프링클러설비 보기 ① • **물**분무등소화설비 보기 ③

기억법 옥내외 스물대

비교
소화기의 감소기준

감소대상	감소기준	적용설비
소형소화기	$\frac{1}{2}$	• 대형소화기
	$\frac{2}{3}$	• 옥내 · 외소화전설비 • 스프링클러설비 • 물분무등소화설비

답 ②

69 차고 및 주차장에 단백포 소화약제를 사용하는 포소화설비를 하려고 한다. 바닥면적 1m²에 대한 포소화약제의 1분당 방사량의 기준은?

① 3.7L 이상   ② 5.0L 이상
③ 6.5L 이상   ④ 8.0L 이상

해설 소방대상물별 약제저장량(소화약제 기준)(NFPC 105 제12조, NFTC 105 2.9.2)

소방대상물	포소화약제의 종류	방사량
• 차고 · 주차장 • 항공기 격납고	• 수성막포	3.7L/m²분
	• 단백포	6.5L/m²분 보기 ③
	• 합성계면활성제포	8.0L/m²분
• 특수가연물 저장 · 취급소	• 수성막포 • 단백포 • 합성계면활성제포	6.5L/m²분

답 ③

70 다음 중 건식 연결송수관설비에서의 설치순서로 옳은 것은?

① 송수구 → 자동배수밸브 → 체크밸브 → 자동배수밸브
② 송수구 → 체크밸브 → 자동배수밸브 → 체크밸브
③ 송수구 → 체크밸브 → 자동배수밸브 → 개폐밸브
④ 송수구 → 자동배수밸브 → 체크밸브 → 개폐밸브

해설 자동배수밸브 및 체크밸브의 설치(NFPC 502 2.1.1.8.1, 2.1.1.8.2)

습 식	건 식
송수구-자동배수밸브-체크밸브	**송**수구-**자**동배수밸브-**체**크밸브-**자**동배수밸브
	기억법 송자체자건

비교
연결살수설비(NFPC 503 제4조, NFTC 503 2.1.3)

폐쇄형 헤드사용설비	개방형 헤드사용설비
송수구 → 자동배수밸브 → 체크밸브	**송**수구 → **자**동배수밸브 기억법 송자개

답 ①

71 옥내소화전설비의 압력수조를 이용한 가압송수장치에 있어서 압력수조에 설치하는 것이 아닌 것은?

① 물올림장치
② 수위계
③ 맨홀
④ 자동식 공기압축기

해설 물올림장치 : 수원의 수위가 펌프보다 낮은 위치에 있을 때 설치하며 **펌프**와 **풋밸브** 사이의 흡입관 내에 항상 **물**을 **충만**시켜 펌프가 물을 흡입할 수 있도록 하는 설비

필요설비(NFTC 103 2.2.2.2, 2.2.3.2)

고가수조	압력수조
• 수위계 • 배수관 • 급수관 • 맨홀 • 오버플로우관	• **수**위계 보기 ② • **배**수관 • **급**수관 • **맨**홀 보기 ③ • 급기관 • 압력계 • 안전장치 • 자동식 공기압축기 보기 ④

기억법 고오(GO!), 기안자 배급수맨

답 ①

72 5층 건물의 연면적 65000m²인 소방대상물에 설치되어야 하는 소화수조 또는 저수조의 저수량은 최소 얼마 이상이 되어야 하는가? (단, 각 층의 바닥면적은 동일하다.)

① 180m³ 이상
② 200m³ 이상
③ 220m³ 이상
④ 240m³ 이상

해설 (1) 1~2층 면적합계

$$65000 \times \frac{2층}{5층} = 26000m^2$$

(2) 소화수조 또는 **저수조**의 저수량 산출(NFTC 402 2.1.2)

구 분	기준면적
지상 1층 및 2층의 바닥면적의 합계가 15000m² 이상인 소방대상물	7500m²
기 타	12500m²

15000m² 이상이므로 7500m²적용

(3) 저수량

$$저수량 = \frac{연면적}{기준면적}(절상) \times 20m^3$$

$$= \frac{65000}{7500} ≒ 8.67 = 9(절상)$$

$$= 9 \times 20m^3$$

$$= 180m^3$$

답 ①

73 소화수조 및 저수조의 화재안전기준에 따라 소화용수 소요수량이 50m³일 때 소화용수설비에 설치하는 채수구는 몇 개가 소요되는가?

① 1
② 2
③ 3
④ 4

해설 소화수조 · 저수조(NFPC 402 4조, NFTC 402 2.1.3)

(1) 흡수관 투입구

소요수량	80m³ 미만	80m³ 이상
흡수관 투입구의 수	1개 이상	2개 이상

(2) 채수구

소요수량	20~40m³ 미만	40~100m³ 미만	100m³ 이상
채수구의 수	1개	2개 (보기②)	3개

용어
채수구
소방차의 소방호스와 접결되는 흡입구

답 ②

74 할로겐 화합물 소화약제의 저장용기에서 가압용 가스용기는 질소가스가 충전된 것으로 하고, 그 압력은 21℃에서 최대 얼마의 압력으로 축압되어야 하는가?

① 2.2MPa
② 3.2MPa
③ 4.2MPa
④ 5.2MPa

해설 소화약제의 **저장용기** 등(NFPC 107 4조, NFTC 107 2.1.3, 2.1.5, 2.1.6)

(1) 가압용 가스용기는 질소가스가 충전된 것으로 하고, 그 압력은 21℃에서 **2.5MPa** 또는 **4.2MPa**이 되도록 할 것 보기 ③
(2) 가압식 저장용기에는 **2.0MPa** 이하의 압력으로 조정할 수 있는 **압력조정장치**를 설치할 것
(3) 하나의 구역을 담당하는 소화약제 저장용기의 소화약제량의 체적합계보다 그 소화약제 방출시 방출경로가 되는 배관(집합관 포함)의 내용적이 **1.5배 이상**일 경우에는 해당 방호구역에 대한 설비는 **별도 독립방식**으로 할 것

중요

할론소화약제 저장용기의 설치기준(NFPC 107 4·10조, NFTC 107 2.1.2.1, 2.1.2.2, 2.7)

구 분		할론 1301	할론 1211	할론 2402
저장압력		2.5MPa 또는 4.2MPa	1.1MPa 또는 2.5MPa	—
방출압력		0.9MPa	0.2MPa	0.1MPa
충전비	가압식	0.9~1.6 이하	0.7~1.4 이하	0.51~0.67 미만
	축압식			0.67~2.75 이하

(1) 축압식 저장용기의 압력은 온도 20℃에서 **할론 1211**을 저장하는 것은 **1.1MPa** 또는 **2.5MPa**, **할론 1301**을 저장하는 것은 **2.5MPa** 또는 **4.2MPa**이 되도록 **질소가스**로 축압할 것
(2) 저장용기의 충전비는 할론 2402를 저장하는 것 중 **가압식 저장용기**는 0.51 이상 0.67 미만, 축압식 저장용기는 0.67 이상 2.75 이하, 할론 1211은 0.7 이상 1.4 이하, 할론 1301은 0.9 이상 1.6 이하로 할 것

답 ③

75 스프링클러설비의 화재안전기준상 가압송수장치에서 폐쇄형 스프링클러헤드까지 배관 내에 항상 물이 가압되어 있다가 화재로 인한 열로 폐쇄형 스프링클러헤드가 개방되면 배관 내에 유수가 발생하여 습식 유수검지장치가 작동하게 되는 스프링클러설비는?

① 건식 스프링클러설비
② 습식 스프링클러설비
③ 부압식 스프링클러설비
④ 준비작동식 스프링클러설비

해설 스프링클러설비의 종류

종류	설명	헤드
습식 스프링클러설비 보기 ②	습식 밸브의 **1차측** 및 **2차측** 배관 내에 항상 **가압수**가 충수되어 있다가 화재발생시 열에 의해 헤드가 개방되어 소화한다.	폐쇄형
건식 스프링클러설비	건식 밸브의 **1차측**에는 **가압수**, **2차측**에는 공기가 압축되어 있다가 화재발생시 열에 의해 헤드가 개방되어 소화한다.	폐쇄형
준비작동식 스프링클러설비	① 준비작동밸브의 **1차측**에는 **가압수**, 2차측에는 **대기압** 상태로 있다가 화재발생시 감지기에 의하여 **준비작동밸브**(preaction valve)를 개방하여 헤드까지 가압수를 송수시켜 놓고 열에 의해 헤드가 개방되면 소화한다. ② **화재감지기**의 작동에 의해 밸브가 개방되고 다시 열에 의해 **헤드**가 개방되는 방식이다. • 준비작동밸브=준비작동식 밸브	폐쇄형
부압식 스프링클러설비	준비작동식 밸브의 **1차측**에는 **가압수**, 2차측에는 **부압(진공)** 상태로 있다가 화재발생시 감지기에 의하여 준비작동식 밸브(preaction valve)를 개방하여 헤드까지 가압수를 송수시켜 놓고 열에 의해 헤드가 개방되면 소화한다.	폐쇄형
일제살수식 스프링클러설비	**일제개방밸브**의 **1차측**에는 **가압수**, 2차측에는 대기압상태로 있다가 화재발생시 감지기에 의하여 **일제개방밸브**(deluge valve)가 개방되어 소화한다.	개방형

답 ②

76 할로겐화합물 및 불활성기체 소화설비의 화재안전기준에 따른 할로겐화합물 및 불활성기체 소화설비의 배관설치기준으로 틀린 것은?

① 강관을 사용하는 경우의 배관은 압력배관용 탄소강관(KS D 3562) 또는 이와 동등 이상의 강도를 가진 것으로 사용할 것
② 강관을 사용하는 경우의 배관은 아연도금 등에 따라 방식처리된 것을 사용할 것
③ 배관은 전용으로 할 것
④ 동관을 사용하는 경우 배관은 이음이 많고 동 및 동합금관(KS D 5301)의 것을 사용할 것

해설

④ 이음이 많고 → 이음이 없는

할로겐화합물 및 불활성기체 소화설비의 배관설치기준
(NFPC 107A 10조, NFTC 107A 2.7.1.2)

강관	동관
압력배관용 탄소강관(KS D 3562) 또는 이와 동등 이상의 강도를 가진 것으로서 **아연도금** 등에 따라 방식처리된 것	**이음이 없는 동** 및 동합금관 (KS D 5301) 보기 ④

답 ④

77 분말소화설비의 소화약제 중 차고 또는 주차장에 사용할 수 있는 것은?

① 탄산수소나트륨을 주성분으로 한 분말
② 탄산수소칼륨을 주성분으로 한 분말
③ 탄산수소칼륨과 요소가 화합된 분말
④ 인산염을 주성분으로 한 분말

해설 분말소화약제

종별	분자식	착색	적응화재	비고
제1종	중탄산나트륨 (NaHCO₃)	백색	BC급	**식용유** 및 **지방질유**의 화재에 적합
제**2**종	중탄산칼륨 (KHCO₃)	담자색 (담회색)	BC급	-
제3종	제1인산암모늄 (NH₄H₂PO₄) 보기 ④	담홍색	ABC급	**차고·주차장**에 적합
제4종	중탄산칼륨 +요소 (KHCO₃+ (NH₂)₂CO)	회(백)색	BC급	-

- 중탄산나트륨 = 탄산수소나트륨
- 중탄산칼륨 = 탄산**수소칼륨**
- 제1인산암모늄 = 인산암모늄 = 인산염 보기 ④
- 중탄산칼륨 + 요소 = 탄산수소칼륨 + 요소

기억법 2수칼(이수역에 칼이 있다.)

답 ④

78
차고·주차장의 부분에 호스릴포소화설비 또는 포소화전설비를 설치할 수 있는 기준 중 틀린 것은?

① 지상 1층으로서 지붕이 없는 부분
② 고가 밑의 주차장 등으로서 주된 벽이 없고 기둥뿐이거나 주위가 위해방지용 철주 등으로 둘러싸인 부분
③ 옥외로 통하는 개구부가 상시 개방된 구조의 부분으로서 그 개방된 부분의 합계면적이 해당 차고 또는 주차장의 바닥면적의 20% 이상인 부분
④ 완전개방된 옥상주차장

해설 ③ 무관한 내용

포소화설비의 **적응대상**(NFPC 105 4조, NFTC 105 2.1.1)

특정소방대상물	설비 종류
• 차고·주차장 • 항공기격납고 • 공장·창고(특수가연물 저장·취급)	• 포워터스프링클러설비 • 포헤드설비 • 고정포방출설비 • 압축공기포소화설비
• 완전개방된 옥상주차장(주된 벽이 없고 기둥뿐이거나 주위가 위해방지용 철주 등으로 둘러싸인 부분) 보기 ④ • **지상 1층**으로서 지붕이 없는 차고·주차장 보기 ① • 고가 밑의 주차장(주된 벽이 없고 기둥뿐이거나 주위가 위해방지용 철주 등으로 둘러싸인 부분) 보기 ②	• 호스릴포소화설비 • 포소화전설비
• 발전기실 • 엔진펌프실 • 변압기 • 전기케이블실 • 유압설비	• 고정식 압축공기포소화설비(바닥면적 합계 300m² 미만)

답 ③

79
건축물의 층수가 40층인 특별피난계단의 계단실 및 부속실 제연설비의 비상전원은 몇 분 이상 유효하게 작동할 수 있어야 하는가?

① 20 ② 30
③ 40 ④ 60

해설 **비상전원 용량**

설비의 종류	비상전원 용량
• **자**동화재탐지설비 • 비상**경**보설비 • **자**동화재속보설비	10분 이상
• 유도등 • 비상콘센트설비 • 제연설비 • 물분무소화설비 • 옥내소화전설비(30층 미만) • 특별피난계단의 계단실 및 부속실 제연설비(30층 미만)	20분 이상
• 무선통신보조설비의 **증폭기**	30분 이상
• 옥내소화전설비(30~49층 이하) • 특별피난계단의 계단실 및 부속실 제연설비(30~49층 이하) • 연결송수관설비(30~49층 이하) • 스프링클러설비(30~49층 이하)	40분 이상 보기 ③
• 유도등·비상조명등(지하상가 및 11층 이상) • 옥내소화전설비(50층 이상) • 특별피난계단의 계단실 및 부속실 제연설비(50층 이상) • 연결송수관설비(50층 이상) • 스프링클러설비(50층 이상)	60분 이상

기억법 경자비1(경자라는 이름은 비일비재하게 많다.)
         3증(3중고)

답 ③

80
피난기구의 화재안전기준에 따른 피난기구의 설치 및 유지에 관한 사항 중 틀린 것은?

① 피난기구를 설치하는 개구부는 서로 동일 직선상이 아닌 위치에 있을 것
② 4층 이상의 층에 설치하는 피난사다리는 고강도 경량폴리에틸렌 재질을 사용할 것
③ 피난기구는 특정소방대상물의 기둥·바닥 및 보 등 구조상 견고한 부분에 볼트조임·매입 및 용접 기타의 방법으로 견고하게 부착할 것
④ 완강기 로프 길이는 부착위치에서 피난상 유효한 착지면까지의 길이로 할 것

해설 ② 고강도 경량폴리에틸렌 재질을 사용할 것 → 금속성 고정사다리를 설치할 것

피난기구의 **설치기준**(NFPC 301 5조, NFTC 301 2.1.3)
(1) 피난기구는 계단·피난구 기타 피난시설로부터 적당한 거리에 있는 안전한 구조로 된 피난 또는 소화활동상 유효한 개구부(가로 **0.5m** 이상, 세로 **1m** 이상)에 고정하여 설치하거나 필요한 때에 신속하고 유효하게 설치할 수 있는 상태에 둘 것

(2) 피난기구는 특정소방대상물의 **기둥·바닥** 및 **보** 등 구조상 견고한 부분에 볼트조임·매입 및 용접 등의 방법으로 견고하게 부착할 것 보기 ③

(3) **4층 이상**의 층에 피난사다리(하향식 피난구용 내림식사다리 제외)를 설치하는 경우에는 **금속성 고정사다리**를 설치하고, 당해 고정사다리에는 쉽게 피난할 수 있는 구조의 **노대**를 설치할 것 보기 ②

(4) 완강기는 강하시 로프가 건축물 또는 구조물 등과 접촉하여 손상되지 않도록 하고, 로프의 길이는 부착위치에서 지면 또는 기타 피난상 유효한 **착지면**까지의 **길이**로 할 것 보기 ④

(5) 피난기구를 설치하는 **개구부**는 서로 **동일 직선상이 아닌 위치**에 있을 것 보기 ①

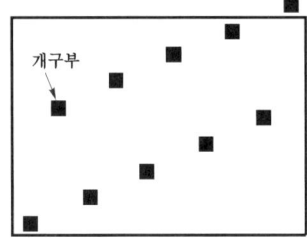

동일 직선상이 아닌 위치

답 ②

2023. 9. 2 시행

2023년 기사 제4회 필기시험 CBT 기출복원문제

자격종목	종목코드	시험시간	형별	수험번호	성명
소방설비기사(기계분야)		2시간			

※ 각 문항은 4지택일형으로 질문에 가장 적합한 보기 항을 선택하여 체크하여야 합니다.

제1과목 소방원론

01 방호공간 안에서 화재의 세기를 나타내고 화재가 진행되는 과정에서 온도에 따라 변하는 것으로 온도-시간 곡선으로 표시할 수 있는 것은?

① 화재저항
② 화재가혹도
③ 화재하중
④ 화재플럼

해설

구분	화재하중 (fire load)	화재가혹도 (fire severity)
정의	화재실 또는 화재구획의 단위바닥면적에 대한 등가 가연물량값	① 화재의 양과 질을 반영한 화재의 강도 ② 방호공간 안에서 화재의 세기를 나타냄 보기②
계산식	화재하중 $q = \dfrac{\Sigma G_t H_t}{HA}$ $= \dfrac{\Sigma Q}{4500 A}$ 여기서, q : 화재하중[kg/m²] G_t : 가연물의 양[kg] H_t : 가연물의 단위발열량 [kcal/kg] H : 목재의 단위발열량 [kcal/kg] A : 바닥면적[m²] ΣQ : 가연물의 전체 발열량[kcal]	화재가혹도 =지속시간×최고온도 보기② 화재시 지속시간이 긴 것은 가연물량이 많은 양적 개념이며, 연소시 최고온도는 최성기 때의 온도로서 화재의 질적 개념이다.
비교	① 화재의 **규모**를 판단하는 척도 ② **주수시간**을 결정하는 인자	① 화재의 **강도**를 판단하는 척도 ② **주수율**을 결정하는 인자

용어

화재플럼	화재저항
상승력이 커진 부력에 의해 연소가스와 유입공기가 상승하면서 화염이 섞인 연기 기둥형태를 나타내는 현상	화재시 최고온도의 지속시간을 견디는 내력

답 ②

02 소화원리에 대한 일반적인 소화효과의 종류가 아닌 것은?

① 질식소화
② 기압소화
③ 제거소화
④ 냉각소화

해설 소화의 형태

구분	설명
냉각소화 보기④	① **점화원**을 냉각하여 소화하는 방법 ② **증발잠열**을 이용하여 열을 빼앗아 가연물의 온도를 떨어뜨려 화재를 진압하는 소화방법 ③ 다량의 **물**을 뿌려 소화하는 방법 ④ 가연성 물질을 **발화점 이하**로 **냉각**하여 소화하는 방법 ⑤ 식용유화재에 신선한 **야채**를 넣어 소화하는 방법 ⑥ 용융잠열에 의한 **냉각효과**를 이용하여 소화하는 방법 **기억법** 냉점증발
질식소화 보기①	① 공기 중의 **산소농도**를 16%(10~15%) 이하로 희박하게 하여 소화하는 방법 ② 산화제의 농도를 낮추어 연소가 지속될 수 없도록 소화하는 방법 ③ 산소공급을 차단하여 소화하는 방법 ④ 산소의 농도를 낮추어 소화하는 방법 ⑤ 화학반응으로 발생한 **탄산가스**에 의한 소화방법 **기억법** 질산
제거소화 보기③	**가연물**을 **제거**하여 소화하는 방법

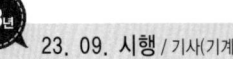

부촉매 소화 (=화학 소화)	① **연쇄반응**을 **차단**하여 소화하는 방법 ② 화학적인 방법으로 화재를 억제하여 소화하는 방법 ③ **활성기**(free radical, 자유라디칼)의 **생성**을 **억제**하여 소화하는 방법 ④ 할론계 소화약제 [기억법] 부억(부엌)	
희석소화	① 기체·고체·액체에서 나오는 분해가스나 증기의 농도를 낮춰 소화하는 방법 ② 불연성 가스의 **공기** 중 **농도**를 높여 소화하는 방법	

답 ②

03 위험물안전관리법상 위험물의 정의 중 다음 ( ) 안에 알맞은 것은?

[17.03.문52]

위험물이라 함은 (㉠) 또는 발화성 등의 성질을 가지는 것으로서 (㉡)이/가 정하는 물품을 말한다.

① ㉠ 인화성, ㉡ 대통령령
② ㉠ 휘발성, ㉡ 국무총리령
③ ㉠ 인화성, ㉡ 국무총리령
④ ㉠ 휘발성, ㉡ 대통령령

해설 위험물법 2조
용어의 정의

용어	뜻
위험물	**인화성** 또는 **발화성** 등의 성질을 가지는 것으로서 **대통령령**이 정하는 물품 보기 ①
지정수량	위험물의 종류별로 위험성을 고려하여 대통령령이 정하는 수량으로서 제조소 등의 설치허가 등에 있어서 **최저**의 기준이 되는 **수량**
제조소	위험물을 제조할 목적으로 **지정수량 이상**의 위험물을 취급하기 위하여 허가를 받은 장소
저장소	지정수량 이상의 위험물을 저장하기 위한 **대통령령**이 정하는 장소
취급소	지정수량 이상의 위험물을 제조 외의 목적으로 취급하기 위한 대통령령이 정하는 장소
제조소 등	제조소·저장소·취급소

답 ①

04 인화점이 낮은 것부터 높은 순서로 옳게 나열된 것은?

[21.03.문14 / 18.04.문05 / 15.09.문02 / 14.05.문05 / 14.03.문10 / 12.03.문01 / 11.06.문09 / 11.03.문12 / 10.05.문11]

① 에틸알코올<이황화탄소<아세톤
② 이황화탄소<에틸알코올<아세톤
③ 에틸알코올<아세톤<이황화탄소
④ 이황화탄소<아세톤<에틸알코올

해설

물질	인화점	착화점
• 프로필렌	-107℃	497℃
• 에틸에터 • 다이에틸에터	-45℃	180℃
• 가솔린(휘발유)	-43℃	300℃
• **이황화탄소**	**-30℃**	**100℃**
• 아세틸렌	-18℃	335℃
• **아세톤**	**-18℃**	**538℃**
• 벤젠	-11℃	562℃
• 톨루엔	4.4℃	480℃
• **에틸알코올**	**13℃**	**423℃**
• 아세트산	40℃	-
• 등유	43~72℃	210℃
• 경유	50~70℃	200℃
• 적린	-	260℃

답 ④

05 상온·상압의 공기 중에서 탄화수소류의 가연물을 소화하기 위한 이산화탄소 소화약제의 농도는 약 몇 %인가? (단, 탄화수소류는 산소농도가 10%일 때 소화된다고 가정한다.)

[22.03.문09 / 21.09.문09 / 19.04.문13 / 15.03.문14 / 14.05.문07 / 12.05.문14]

① 28.57
② 35.48
③ 49.56
④ 52.38

해설 (1) 기호
 • O_2 : 10%

(2) CO_2의 농도(이론소화농도)

$$CO_2 = \frac{21-O_2}{21} \times 100$$

여기서, CO_2 : CO_2의 이론소화농도[vol%] 또는 약식으로 [%]
 O_2 : 한계산소농도[vol%] 또는 약식으로 [%]

$$CO_2 = \frac{21-O_2}{21} \times 100 = \frac{21-10}{21} \times 100 ≒ 52.38\%$$

답 ④

06 건축물에 설치하는 방화벽의 구조에 대한 기준 중 틀린 것은?

[19.09.문14 / 19.04.문02 / 18.03.문14 / 17.09.문16 / 13.03.문16 / 12.03.문10 / 08.09.문05]

① 내화구조로서 홀로 설 수 있는 구조이어야 한다.
② 방화벽의 양쪽 끝은 지붕면으로부터 0.2m 이상 튀어나오게 하여야 한다.
③ 방화벽의 위쪽 끝은 지붕면으로부터 0.5m 이상 튀어나오게 하여야 한다.
④ 방화벽에 설치하는 출입문은 너비 및 높이가 각각 2.5m 이하로 해당 출입문에는 60분+방화문 또는 60분 방화문을 설치하여야 한다.

해설 ② 0.2m → 0.5m

건축령 제57조
방화벽의 구조

대상 건축물	• 주요구조부가 내화구조 또는 불연재료가 아닌 연면적 1000m² 이상인 건축물
구획단지	• 연면적 1000m² 미만마다 구획
방화벽의 구조	• 내화구조로서 홀로 설 수 있는 구조일 것 보기 ① • 방화벽의 양쪽 끝과 위쪽 끝을 건축물의 외벽면 및 지붕면으로부터 **0.5m** 이상 튀어나오게 할 것 보기 ②③ • 방화벽에 설치하는 **출입문**의 너비 및 높이는 각각 **2.5m** 이하로 하고 해당 출입문에는 60분+방화문 또는 60분 방화문을 설치할 것 보기 ④

답 ②

07. 분말소화약제 중 탄산수소칼륨(KHCO₃)과 요소((NH₂)₂CO)와의 반응물을 주성분으로 하는 소화약제는?

① 제1종 분말
② 제2종 분말
③ 제3종 분말
④ 제4종 분말

해설 **분말소화약제**

종별	분자식	착색	적응화재	비고
제**1**종	탄산수소나트륨 (NaHCO₃)	백색	BC급	**식용유** 및 **지방질유**의 화재에 적합 기억법 **1식분**(일식 분식)
제**2**종	탄산수소칼륨 (KHCO₃)	담자색 (담회색)	BC급	-
제**3**종	제1인산암모늄 (NH₄H₂PO₄)	담홍색	ABC급	**차고·주차장**에 적합 기억법 **3분 차주**(삼보 컴퓨터 차주)
제**4**종	탄산수소칼륨 +요소 (KHCO₃+ (NH₂)₂CO) 보기 ④	회(백)색	BC급	-

답 ④

08. 가스 A가 40vol%, 가스 B가 60vol%로 혼합된 가스의 연소하한계는 몇 vol%인가? (단, 가스 A의 연소하한계는 4.9vol%이며, 가스 B의 연소하한계는 4.15vol%이다.)

① 1.82
② 2.02
③ 3.22
④ 4.42

해설 **폭발하한계**

$$\frac{100}{L} = \frac{V_1}{L_1} + \frac{V_2}{L_2} + \cdots\cdots + \frac{V_n}{L_n}$$

여기서, L: 혼합가스의 폭발하한계[vol%]
L_1, L_2, L_n: 가연성 가스의 폭발하한계[vol%]
V_1, V_2, V_n: 가연성 가스의 용량[vol%]

폭발하한계 L은

$$L = \frac{100}{\frac{V_1}{L_1} + \frac{V_2}{L_2} + \cdots\cdots + \frac{V_n}{L_n}}$$

$$= \frac{100}{\frac{40}{4.9} + \frac{60}{4.15}}$$

≒ 4.42vol%

연소하한계 = 폭발하한계

답 ④

09. BLEVE 현상을 설명한 것으로 가장 옳은 것은?

① 물이 뜨거운 기름 표면 아래에서 끓을 때 화재를 수반하지 않고 Over flow되는 현상
② 물이 연소유의 뜨거운 표면에 들어갈 때 발생되는 Over flow 현상
③ 탱크바닥에 물과 기름의 에멀션이 섞여 있을 때 물의 비등으로 인하여 급격하게 Over flow되는 현상
④ 탱크 주위 화재로 탱크 내 인화성 액체가 비등하고 가스부분의 압력이 상승하여 탱크가 파괴되고 폭발을 일으키는 현상

해설 **가스탱크·건축물 내에서 발생하는 현상**
(1) 가스탱크

현상	정의
블래비 (BLEVE)	• 과열상태의 탱크에서 내부의 액화가스가 분출하여 기화되어 폭발하는 현상 • 탱크 주위 화재로 탱크 내 인화성 액체가 비등하고 가스부분의 압력이 상승하여 탱크가 파괴되고 폭발을 일으키는 현상 보기 ④

(2) 건축물 내

현상	정의
플래시오버 (flash over)	• 화재로 인하여 실내의 온도가 급격히 상승하여 화재가 순간적으로 실내 전체에 확산되어 연소되는 현상
백드래프트 (back draft)	• **통기력**이 좋지 않은 상태에서 연소가 계속되어 산소가 심히 부족한 상태가 되었을 때 **개구부**를 통하여 산소가 공급되면 실내의 가연성 혼합기가 공급되는 **산소의 방향**과 **반대**로 흐르며 급격히 연소하는 현상 • 소방대가 소화활동을 위하여 화재실의 문을 개방할 때 신선한 공기가 유입되어 실내에 축적되었던 가연성 가스가 **단시간**에 **폭발적**으로 **연소**함으로써 화재가 폭풍을 동반하며 **실외**로 **분출**되는 현상

중요

유류탱크에서 발생하는 현상

현상	정의
보일오버 (boil over)	• 중질유의 석유탱크에서 장시간 조용히 연소하다 탱크 내의 잔존기름이 갑자기 분출하는 현상 • 유류탱크에서 탱크바닥에 물과 기름의 **에멀션**이 섞여 있을 때 이로 인하여 화재가 발생하는 현상 • 연소유면으로부터 100℃ 이상의 열파가 탱크 **저부**에 고여 있는 물을 비등하게 하면서 연소유를 탱크 밖으로 비산시키며 연소하는 현상 [기억법] 보저(보자기)
오일오버 (oil over)	• 저장탱크에 저장된 유류저장량이 내용적의 50% 이하로 충전되어 있을 때 화재로 인하여 탱크가 폭발하는 현상
프로스오버 (froth over)	• 물이 점성의 뜨거운 기름 표면 아래에서 끓을 때 화재를 수반하지 않고 용기가 넘치는 현상
슬롭오버 (slop over)	• 물이 연소유의 뜨거운 표면에 들어갈 때 기름 표면에서 화재가 발생하는 현상 • 유화제로 소화하기 위한 물이 수분의 급격한 증발에 의하여 액면이 거품을 일으키면서 열유층 밑의 냉유가 급히 열팽창하여 기름의 일부가 불이 붙은 채 탱크벽을 넘어서 일출하는 현상

답 ④

★★★ 10 제1종 분말소화약제의 열분해반응식으로 옳은 것은?

19.03.문01
18.04.문06
17.09.문10
16.10.문06
16.10.문10
16.10.문11
16.05.문15
16.05.문17
16.03.문09
15.09.문01
15.05.문08
14.09.문10

① $2NaHCO_3 \rightarrow Na_2CO_3 + CO_2 + H_2O$
② $2KHCO_3 \rightarrow K_2CO_3 + CO_2 + H_2O$
③ $2NaHCO_3 \rightarrow Na_2CO_3 + 2CO_2 + H_2O$
④ $2KHCO_3 \rightarrow K_2CO_3 + 2CO_2 + H_2O$

해설 분말소화기(질식효과)

종 별	소화약제	약제의 착색	화학반응식	적응 화재
제1종	탄산수소 나트륨 ($NaHCO_3$)	백색	$2NaHCO_3 \rightarrow$ $Na_2CO_3 + CO_2 + H_2O$ 보기 ①	BC급
제2종	탄산수소 칼륨 ($KHCO_3$)	담자색 (담회색)	$2KHCO_3 \rightarrow$ $K_2CO_3 + CO_2 + H_2O$	BC급
제3종	인산암모늄 ($NH_4H_2PO_4$)	담홍색	$NH_4H_2PO_4 \rightarrow$ $HPO_3 + NH_3 + H_2O$	AB C급
제4종	탄산수소 칼륨+요소 ($KHCO_3$+ $(NH_2)_2CO$)	회(백)색	$2KHCO_3 +$ $(NH_2)_2CO \rightarrow$ $K_2CO_3 +$ $2NH_3 + 2CO_2$	BC급

• 탄산수소나트륨 = 중탄산나트륨
• 탄산수소칼륨 = 중탄산칼륨
• 제1인산암모늄 = 인산암모늄 = 인산염
• 탄산수소칼륨 + 요소 = 중탄산칼륨 + 요소

답 ①

★★★ 11 열경화성 플라스틱에 해당하는 것은?

20.09.문04
18.03.문03
13.06.문15
10.09.문07
06.05.문20

① 폴리에틸렌
② 염화비닐수지
③ 페놀수지
④ 폴리스티렌

해설 합성수지의 화재성상

열가소성 수지	열경화성 수지
• PVC수지 • 폴리에틸렌수지 • 폴리스티렌수지	• 페놀수지 보기 ③ • 요소수지 • 멜라민수지

• 수지 = 플라스틱

용어

열가소성 수지	열경화성 수지
열에 의해 변형되는 수지	열에 의해 변형되지 않는 수지

[기억법] 열가P폴

답 ③

12. 제4류 위험물의 물리·화학적 특성에 대한 설명으로 틀린 것은?

① 증기비중은 공기보다 크다.
② 정전기에 의한 화재발생위험이 있다.
③ 인화성 액체이다.
④ 인화점이 높을수록 증기발생이 용이하다.

해설

④ 인화점이 높을수록 → 인화점이 낮을수록

제4류 위험물
(1) 증기비중은 공기보다 크다. 보기①
(2) 정전기에 의한 화재발생위험이 있다. 보기②
(3) 인화성 액체이다. 보기③
(4) 인화점이 낮을수록 증기발생이 용이하다. 보기④
(5) 상온에서 **액체상태**이다(**가연성 액체**).
(6) 상온에서 **안정**하다.

답 ④

13. 폭굉(detonation)에 관한 설명으로 틀린 것은?

① 연소속도가 음속보다 느릴 때 나타난다.
② 온도의 상승은 충격파의 압력에 기인한다.
③ 압력상승은 폭연의 경우보다 크다.
④ 폭굉의 유도거리는 배관의 지름과 관계가 있다.

해설

① 느릴 때 → 빠를 때

연소반응(전파형태에 따른 분류)

폭연(deflagration)	폭굉(detonation)
연소속도가 음속보다 느릴 때 발생	① 연소속도가 음속보다 빠를 때 발생 보기① ② 온도의 상승은 **충격파**의 압력에 기인한다. 보기② ③ 압력상승은 **폭연**의 경우보다 **크다**. 보기③ ④ 폭굉의 **유도거리**는 배관의 **지름**과 **관계**가 있다. 보기④

※ **음속** : 소리의 속도로서 약 340m/s이다.

답 ①

14. 비수용성 유류의 화재시 물로 소화할 수 없는 이유는?

① 인화점이 변하기 때문
② 발화점이 변하기 때문
③ 연소면이 확대되기 때문
④ 수용성으로 변하여 인화점이 상승하기 때문

해설

경유화재시 주수소화가 부적당한 이유
물보다 비중이 가벼워 물 위에 떠서 **화재면 확대**의 우려가 있기 때문이다.(연소면 확대)

중요

주수소화(물소화)시 위험한 물질

위험물	발생물질
• 무기과산화물	산소(O_2) 발생
• 금속분 • 마그네슘 • 알루미늄 • 칼륨 • 나트륨 • 수소화리튬	수소(H_2) 발생
• 가연성 액체의 유류화재(경유)	**연소면**(화재면) 확대

답 ③

15. 포소화약제 중 고팽창포로 사용할 수 있는 것은?

① 단백포
② 불화단백포
③ 내알코올포
④ 합성계면활성제포

해설

포소화약제

저팽창포	고팽창포
• 단백포소화약제 • 수성막포소화약제 • 내알코올형포소화약제 • 불화단백포소화약제 • 합성계면활성제포소화약제	• **합**성 계면활성제포 소화약제 보기④ **기억법** 고합(고합그룹)

• 저팽창포=저발포
• 고팽창포=고발포

중요

포소화약제의 특징

약제의 종류	특 징
단백포	• 흑갈색이다. • 냄새가 지독하다. • 포안정제로서 **제1철염**을 첨가한다. • 다른 포약제에 비해 **부식성**이 **크다**.
수성막포	• 안전성이 좋아 장기보관이 가능하다. • 내약품성이 좋아 **분말소화약제**와 **겸용** 사용이 가능하다. • 석유류 표면에 신속히 피막을 형성하여 유류증발을 억제한다. • 일명 AFFF(Aqueous Film Forming Foam)라고 한다. • 점성이 작기 때문에 가연성 기름의 표면에서 쉽게 피막을 형성한다. • 단백포 소화약제와도 병용이 가능하다.

기억법 분수

내알코올형포 (내알코올포)	• 알코올류 위험물(**메탄올**)의 소화에 사용한다. • 수용성 유류화재(**아세트알데하이드**, **에스터류**)에 사용한다. • 가연성 액체에 사용한다.
불화단백포	• 소화성능이 가장 우수하다. • 단백포와 수성막포의 결점인 열안정성을 보완시킨다. • **표면하 주입방식**에도 적합하다.
합성계면 활성제포	• **저**팽창포와 **고**팽창포 모두 사용 가능하다. • 유동성이 좋다. • 카바이트 저장소에는 부적합하다. 기억법 **합저고**

답 ④

비교
(1) 인화칼슘과 물의 반응식
$Ca_3P_2 + 6H_2O \rightarrow 3Ca(OH)_2 + 2PH_3 \uparrow$
인화칼슘   물   수산화칼슘   포스핀
(2) 탄화알루미늄과 물의 반응식
$Al_4C_3 + 12H_2O \rightarrow 4Al(OH)_3 + 3CH_4 \uparrow$
탄화알루미늄 물   수산화알루미늄 메탄

답 ③

16 ★★★ 할로젠원소의 소화효과가 큰 순서대로 배열된 것은?
17.09.문15
15.03.문16
12.03.문04

① I > Br > Cl > F
② Br > I > F > Cl
③ Cl > F > I > Br
④ F > Cl > Br > I

해설 할론소화약제

부촉매효과(소화효과) 크기	전기음성도(친화력) 크기
I > Br > Cl > F	F > Cl > Br > I

• 소화효과=소화능력
• 전기음성도 크기=수소와의 결합력 크기

중요
할로젠족 원소
(1) 불소 : **F**
(2) 염소 : **Cl**
(3) 브로민(취소) : **Br**
(4) 아이오딘(옥소) : **I**
기억법 **FClBrI**

답 ①

17 ★★ 인화알루미늄의 화재시 주수소화하면 발생하는 물질은?
20.06.문12
18.04.문18

① 수소   ② 메탄
③ 포스핀   ④ 아세틸렌

해설 인화알루미늄과 물의 반응식 보기 ③
$AlP + 3H_2O \rightarrow Al(OH)_3 + PH_3$
인화알루미늄 물 수산화알루미늄 포스핀=인화수소

18 ★★★ Fourier법칙(전도)에 대한 설명으로 틀린 것은?
18.03.문13
17.09.문35
17.05.문33
16.10.문40

① 이동열량은 전열체의 단면적에 비례한다.
② 이동열량은 전열체의 두께에 비례한다.
③ 이동열량은 전열체의 열전도도에 비례한다.
④ 이동열량은 전열체 내·외부의 온도차에 비례한다.

해설 ② 비례 → 반비례

공식
(1) 전도
$$Q = \frac{kA(T_2 - T_1)}{l} \begin{matrix} \leftarrow 비례 \\ \leftarrow 반비례 \end{matrix}$$

여기서, Q : 전도열[W]
k : 열전도율[W/m·K]
A : 단면적[m²]
$(T_2 - T_1)$: 온도차[K]
l : 벽체 두께[m]

(2) 대류
$$Q = h(T_2 - T_1)$$

여기서, Q : 대류열[W/m²]
h : 열전달률[W/m²·℃]
$(T_2 - T_1)$: 온도차[℃]

(3) 복사
$$Q = aAF(T_1^4 - T_2^4)$$

여기서, Q : 복사열[W]
a : 스테판-볼츠만 상수[W/m²·K⁴]
A : 단면적[m²]
F : 기하학적 Factor
T_1 : 고온[K]
T_2 : 저온[K]

중요
열전달의 종류

종류	설명	관련 법칙
전도 (conduction)	하나의 물체가 다른 물체와 직접 **접촉**하여 열이 이동하는 현상	**푸리에**(Fourier) 의 법칙

대류 (convection)	유체의 흐름에 의하여 열이 이동하는 현상	뉴턴의 법칙
복사 (radiation)	① 화재시 화원과 격리된 인접 가연물에 불이 옮겨 붙는 현상 ② 열전달 매질이 없이 열이 전달되는 형태 ③ 열에너지가 전자파의 형태로 옮겨지는 현상으로, 가장 크게 작용한다.	스테판-볼츠만의 법칙

답 ②

19. 위험물의 유별 성질이 자연발화성 및 금수성 물질은 제 몇류 위험물인가?

① 제1류 위험물
② 제2류 위험물
③ 제3류 위험물
④ 제4류 위험물

해설 위험물령〔별표 1〕
위험물

유 별	성 질	품 명
제1류	산화성 고체	• 아염소산염류 • 염소산염류 • 과염소산염류 • 질산염류 • 무기과산화물
제2류	가연성 고체	• 황화인 • 적린 • 황 • 철분 • 마그네슘
제3류	자연발화성 물질 및 금수성 물질 보기 ③	• 황린 • 칼륨 • 나트륨
제4류	인화성 액체	• 특수인화물 • 알코올류 • 석유류 • 동식물유류
제5류	자기반응성 물질	• 나이트로화합물 • 유기과산화물 • 나이트로소화합물 • 아조화합물 • 질산에스터류(셀룰로이드)
제6류	산화성 액체	• 과염소산 • 과산화수소 • 질산

답 ③

20. 물소화약제를 어떠한 상태로 주수할 경우 전기화재의 진압에서도 소화능력을 발휘할 수 있는가?

① 물에 의한 봉상주수
② 물에 의한 적상주수
③ 물에 의한 무상주수
④ 어떤 상태의 주수에 의해서도 효과가 없다.

해설 전기화재(변전실화재) 적응방법
(1) 무상주수 보기 ③
(2) 할론소화약제 방사
(3) 분말소화설비
(4) 이산화탄소 소화설비
(5) 할로겐화합물 및 불활성기체 소화설비

참고

물을 주수하는 방법	
주수방법	설 명
봉상주수	화점이 멀리 있을 때 또는 고체가연물의 대규모 화재시 사용 예 옥내소화전
적상주수	일반 고체가연물의 화재시 사용 예 스프링클러헤드
무상주수	화점이 가까이 있을 때 또는 질식효과, 에멀션효과를 필요로 할 때 사용 예 물분무헤드

답 ③

제 2 과목 — 소방유체역학

21. 점성계수의 단위가 아닌 것은?

① poise
② dyne·s/cm^2
③ N·s/m^2
④ cm^2/s

해설 ④ 동점성계수의 단위

점도(점성계수)
1poise=1p=1g/cm·s=1dyne·s/cm^2 보기 ①②
1N·s/m^2 보기 ③
1cp=0.01g/cm·s

비교

동점성계수
1stokes=1cm^2/s 보기 ④

답 ④

22

그림과 같이 매끄러운 유리관에 물이 채워져 있을 때 모세관 상승높이 h는 약 몇 m인가?

[조건]
- ㉠ 액체의 표면장력 $\sigma = 0.073$N/m
- ㉡ $R = 1$mm
- ㉢ 매끄러운 유리관의 접촉각 $\theta \approx 0°$

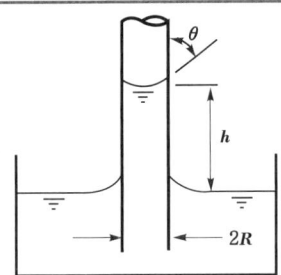

① 0.007　② 0.015
③ 0.07　④ 0.15

해설

(1) 기호
- h : ?
- D : 2mm (반지름 $R = 1$mm이므로 직경(내경) $D = 2$mm 주의!)
- 1000mm = 1m이므로 2mm = 0.002m
- $\theta \approx 0°$ ($\approx$ '약', '거의'라는 뜻)

(2) 모세관현상(capillarity in tube)

$$h = \frac{4\sigma \cos\theta}{\gamma D}$$

여기서, h : 상승높이[m]
　　　　σ : 표면장력[N/m]
　　　　θ : 각도
　　　　γ : 비중량(물의 비중량 9800N/m³)
　　　　D : 관의 내경[m]

상승높이 h는

$$h = \frac{4\sigma \cos\theta}{\gamma D}$$

$$= \frac{4 \times 0.073 \text{N/m} \times \cos 0°}{9800 \text{N/m}^3 \times 2\text{mm}}$$

$$= \frac{4 \times 0.073 \text{N/m} \times \cos 0°}{9800 \text{N/m}^3 \times 0.002\text{m}} \fallingdotseq 0.015\text{m}$$

용어

모세관현상
액체와 고체가 접촉하면 상호 **부착**하려는 **성질**을 갖는데 이 **부착력**과 액체의 **응집력**의 **상대적 크기**에 의해 일어나는 현상

답 ②

23

지름이 5cm인 소방노즐에서 물제트가 40m/s의 속도로 건물벽에 수직으로 충돌하고 있다. 벽이 받는 힘은 약 몇 N인가?

① 1204　② 2253
③ 2570　④ 3141

해설

(1) 기호
- D : 5cm = 0.05m (100cm = 1m)
- V : 40m/s
- F : ?

(2) 유량

$$Q = AV = \frac{\pi}{4}D^2 V$$

여기서, Q : 유량[m³/s]
　　　　A : 단면적[m²]
　　　　V : 유속[m/s]
　　　　D : 직경[m]

유량 Q는

$$Q = \frac{\pi}{4}D^2 V$$

$$= \frac{\pi}{4}(5\text{cm})^2 \times 40\text{m/s}$$

$$= \frac{\pi}{4}(5 \times 10^{-2}\text{m})^2 \times 40\text{m/s} \fallingdotseq 0.0786\text{m}^3/\text{s}$$

(3) 힘

$$F = \rho Q V$$

여기서, F : 힘[N]
　　　　ρ : 밀도(물의 밀도 1000N·s²/m⁴)
　　　　Q : 유량[m³/s]
　　　　V : 유속[m/s]

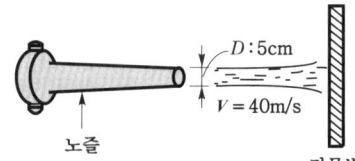

벽이 받는 힘 F는
$F = \rho Q V$
　 $= 1000$N·s²/m⁴ $\times 0.0786$m³/s $\times 40$m/s
　 $= 3144$N (∴ 3141N 정답)

답 ④

24

그림과 같이 피스톤의 지름이 각각 25cm와 5cm이다. 작은 피스톤을 화살표방향으로 20cm만큼 움직일 경우 큰 피스톤이 움직이는 거리는 약 몇 mm인가? (단, 누설은 없고, 비압축성이라고 가정한다.)

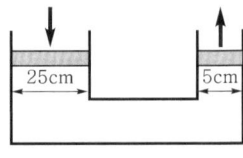

① 2　② 4
③ 8　④ 10

해설 (1) 기호
- D_1 : 25cm
- D_2 : 5cm
- h_2 : 20cm
- h_1 : ?

(2) 압력

$$P = \gamma h = \frac{F}{A} = \frac{F}{\dfrac{\pi D^2}{4}}$$

여기서, P : 압력[N/cm²]
γ : 비중량[N/cm³]
h : 움직인 높이[cm]
F : 힘[N]
A : 단면적[cm²]
D : 지름(직경)[cm]

힘 $F = \gamma h A$ 에서
$\gamma h_1 A_1 = \gamma h_2 A_2$
$h_1 A_1 = h_2 A_2$

큰 피스톤이 움직인 거리 h_1은

$$h_1 = \frac{A_2}{A_1} h_2$$
$$= \frac{\frac{\pi}{4} \times (5cm)^2}{\frac{\pi}{4} \times (25cm)^2} \times 20cm$$
$$= 0.8cm = 8mm \quad (1cm = 10mm)$$

답 ③

25 다음 그림과 같이 설치한 피토 정압관의 액주계 눈금 $R=100mm$일 때 ㉠에서의 물의 유속은 약 몇 m/s인가? (단, 액주계에 사용된 수은의 비중은 13.6이다.)

17.09.문23
17.03.문29
13.03.문26
13.03.문37

① 15.7
② 5.35
③ 5.16
④ 4.97

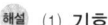

해설 (1) 기호
- R : 100mm = 0.1m(1000mm = 1m)
- V : ?
- s : 13.6

(2) 비중

$$s = \frac{\gamma}{\gamma_w}$$

여기서, s : 비중
γ : 어떤 물질의 비중량[N/m³]
γ_w : 물의 비중량(9800N/m³)

수은의 비중량 γ는
$\gamma = s \times \gamma_w = 13.6 \times 9800N/m^3 = 133280N/m^3$

(3) 압력차

$$\Delta P = p_2 - p_1 = (\gamma_s - \gamma)R$$

여기서, ΔP : U자관 마노미터의 압력차[Pa] 또는 [N/m²]
p_2 : 출구압력[Pa] 또는 [N/m²]
p_1 : 입구압력[Pa] 또는 [N/m²]
R : 마노미터 읽음[m]
γ_s : 어떤 물질의 비중량[N/m³]
γ : 비중량(물의 비중량 9800N/m³)

압력차 ΔP는
$\Delta P = (\gamma_s - \gamma)R = (133280 - 9800)N/m^3 \times 0.1m$
$= 12348N/m^2$

- R : 100mm = 0.1m(1000mm = 1m)

(4) 높이(압력수두)

$$H = \frac{P}{\gamma}$$

여기서, H : 압력수두[m]
P : 압력[N/m²]
γ : 비중량(물의 비중량 9800N/m³)

압력수두 H는

$$H = \frac{P}{\gamma} = \frac{12348N/m^2}{9800N/m^3} = 1.26m$$

(5) 피토관(pitot tube)

$$V = \sqrt{2gH}$$

여기서, V : 유속[m/s]
g : 중력가속도(9.8m/s²)
H : 높이[m]

$V = \sqrt{2gH} = \sqrt{2 \times 9.8m/s^2 \times 1.26m} ≒ 4.97m/s$

답 ④

26 20℃ 물 100L를 화재현장의 화염에 살수하였다. 물이 모두 끓는 온도(100℃)까지 가열되는 동안 흡수하는 열량은 약 몇 kJ인가? (단, 물의 비열은 4.2kJ/(kg·K)이다.)

18.04.문27
13.03.문35
99.04.문32

① 500
② 2000
③ 8000
④ 33600

해설 (1) 기호
- ΔT : (100-20)℃ 또는 (373-293)K
  273+100 273+20
- m : 100L=100kg(물 1L=1kg이므로 100L=100kg)
- C : 4.2kJ/(kg·K)
- Q : ?

(2) 열량

$$Q = r_1 m + m C \Delta T + r_2 m$$

여기서, Q : 열량[kJ]
m : 질량[kg]
C : 비열[kJ/kg·K]
ΔT : 온도차(273+℃)[K] 또는 [K]
r_1 : 융해열(융해잠열)[kJ/kg]
r_2 : 기화열(증발잠열)[kJ/kg]

융해열(얼음), 기화열(수증기)는 존재하지 않으므로 $r_1 m$, $r_2 m$ 삭제

열량 Q는
$Q = mC\Delta T = 100\text{kg} \times 4.2\text{kJ/(kg·K)} \times (373-293)\text{K}$
$= 33600\text{kJ}$

답 ④

27

유체의 거동을 해석하는 데 있어서 비점성 유체에 대한 설명으로 옳은 것은?

20.08.문36
18.04.문32
06.09.문22
01.09.문28
98.03.문34

① 실제유체를 말한다.
② 전단응력이 존재하는 유체를 말한다.
③ 유체 유동시 마찰저항이 속도기울기에 비례하는 유체이다.
④ 유체 유동시 마찰저항을 무시한 유체를 말한다.

해설
① 실제유체 → 이상유체
② 존재하는 → 존재하지 않는
③ 마찰저항이 속도기울기에 비례하는 → 마찰저항을 무시한

비점성 유체
(1) 이상유체
(2) 전단응력이 존재하지 않는 유체
(3) 유체 유동시 마찰저항을 무시한 유체 보기 ④

중요

유체의 종류

종류	설명
실제유체	**점**성이 **있**으며, **압축성**인 유체
이상유체	점성이 없으며, **비압축성**인 유체
압축성 유체	**기체**와 같이 체적이 변화하는 유체
비압축성 유체	**액체**와 같이 체적이 변화하지 않는 유체

기억법 실점있압(실점이 있는 사람만 압박해!)
기압(기압)

비교

비압축성 유체
(1) 밀도가 압력에 의해 변하지 않는 유체
(2) 굴뚝둘레를 흐르는 공기흐름
(3) 정지된 자동차 주위의 공기흐름
(4) 체적탄성계수가 큰 유체
(5) 액체와 같이 체적이 변하지 않는 유체

답 ④

28

다음 관 유동에 대한 일반적인 설명 중 올바른 것은?

19.04.문30
19.03.문37
15.03.문40
13.06.문23
10.09.문40

① 관의 마찰손실은 유속의 제곱에 반비례한다.
② 관의 부차적 손실은 주로 관벽과의 마찰에 의해 발생한다.

③ 돌연확대관의 손실수두는 속도수두에 비례한다.
④ 부차적 손실수두는 압력의 제곱에 비례한다.

해설
① 반비례 → 비례
② 부차적 손실 → 주손실
④ 압력의 제곱에 → 압력에

(1) 돌연확대관에서의 손실

$$H = K \frac{(V_1 - V_2)^2}{2g}$$

여기서, H : 손실수두[m]
K : 손실계수
V_1 : 축소관 유속[m/s]
V_2 : 확대관 유속[m/s]
g : 중력가속도(9.8m/s²)

(2) 속도수두

$$H = \frac{V^2}{2g}$$

여기서, H : 속도수두[m]
V : 유속[m/s]
g : 중력가속도(9.8m/s²)

※ **돌연확대관**에서의 손실수두는 **속도수두**에 비례한다. 보기 ③

비교

(1) 관의 마찰손실은 유속의 제곱에 **비례**한다. 보기 ①

$$H = K \frac{(V_1 - V_2)^2}{2g} \propto V^2$$

(2) 관의 **주손실**은 주로 관벽과의 마찰에 의해 발생한다. 보기 ②

〈배관의 마찰손실〉

주손실	부차적 손실
관로에 의한 마찰손실(관벽과의 마찰에 의한 손실)	• 관의 급격한 확대손실 • 관의 급격한 축소손실 • 관부속품에 의한 손실

(3) 부차적 손실수두는 압력에 **비례**한다. 보기 ④
〈압력수두〉

$$H = \frac{P}{\gamma} \propto P$$

여기서, H : 압력수두[m]
P : 압력[N/m²]
γ : 비중량(물의 비중량 9800N/m³)

답 ③

29

다음 중 동점성계수의 차원을 옳게 표현한 것은?
(단, 질량 M, 길이 L, 시간 T로 표시한다.)

19.04.문40
17.05.문40
16.05.문25
12.03.문25
10.03.문37

① $[ML^{-1}T^{-1}]$
② $[L^2T^{-1}]$
③ $[ML^{-2}T^{-2}]$
④ $[ML^{-1}T^{-2}]$

해설

차 원	중력단위[차원]	절대단위[차원]
길이	m[L]	m[L]
시간	s[T]	s[T]
운동량	N·s[FT]	kg·m/s[MLT^{-1}]
힘	N[F]	kg·m/s^2[MLT^{-2}]
속도	m/s[LT^{-1}]	m/s[LT^{-1}]
가속도	m/s^2[LT^{-2}]	m/s^2[LT^{-2}]
질량	N·s^2/m[F^{-1}T^2]	kg[M]
압력	N/m^2[FL^{-2}]	kg/m·s^2[ML^{-1}T^{-2}]
밀도	N·s^2/m^4[FL^{-4}T^2]	kg/m^3[ML^{-3}]
비중	무차원	무차원
비중량	N/m^3[FL^{-3}]	kg/m^2·s^2[ML^{-2}T^{-2}]
비체적	m^4/N·s^2[F^{-1}L^{4}T^{-2}]	m^3/kg[M^{-1}L^3]
일률	N·m/s[FLT^{-1}]	kg·m^2/s^3[ML^{2}T^{-3}]
일	N·m[FL]	kg·m^2/s^2[ML^{2}T^{-2}]
점성계수	N·s/m^2[FL^{-2}T]	kg/m·s[ML^{-1}T^{-1}]
동점성계수	m^2/s[L^{2}T^{-1}]	m^2/s[L^{2}T^{-1}] 보기 ②

답 ②

30 동점성계수가 0.1×10^{-5}m^2/s인 유체가 안지름 10cm인 원관 내에 1m/s로 흐르고 있다. 관의 마찰계수가 $f = 0.022$이며, 등가길이가 200m일 때의 손실수두는 몇 m인가? (단, 비중량은 9800N/m^{3}이다.)

① 2.24 ② 6.58
③ 11.0 ④ 22.0

해설 (1) 기호
- D : 10cm=0.1m (100cm=1m)
- f : 0.022
- L : 200m
- H : ?
- 동점성계수, 비중량은 필요 없다.

(2) 마찰손실

달시-웨버의 식(Darcy–Weisbach formula) : 층류

$$H = \frac{\Delta P}{\gamma} = \frac{flV^2}{2gD}$$

여기서, H : 마찰손실(수두)[m]
ΔP : 압력차[kPa] 또는 [kN/m^2]
γ : 비중량(물의 비중량 9800N/m^3)
f : 관마찰계수
l : 길이[m]
V : 유속(속도)[m/s]
g : 중력가속도(9.8m/s^2)
D : 내경[m]

마찰손실 H는
$$H = \frac{flV^2}{2gD} = \frac{0.022 \times 200\text{m} \times (1\text{m/s})^2}{2 \times 9.8\text{m/s}^2 \times 0.1\text{m}} ≒ 2.24\text{m}$$

답 ①

31 유량이 0.6m^3/min일 때 손실수두가 7m인 관로를 통하여 10m 높이 위에 있는 저수조로 물을 이송하고자 한다. 펌프의 효율이 90%라고 할 때 펌프에 공급해야 하는 전력은 몇 kW인가?

① 0.45 ② 1.85
③ 2.27 ④ 136

해설 (1) 기호
- Q : 0.6m^3/min
- K : 주어지지 않았으므로 무시
- H : (7+10)m
- η : 90%=0.9
- P : ?

(2) 전동력

$$P = \frac{0.163QH}{\eta}K$$

여기서, P : 전동력[kW]
Q : 유량[m^3/min]
H : 전양정[m]
K : 전달계수
η : 효율

전동력 P는
$$P = \frac{0.163QH}{\eta}K = \frac{0.163 \times 0.6\text{m}^3/\text{min} \times (7+10)\text{m}}{0.9} ≒ 1.85\text{kW}$$

답 ②

32 스프링클러설비헤드의 방수량이 2배가 되면 방수압은 몇 배가 되는가?

① $\sqrt{2}$배 ② 2배
③ 4배 ④ 8배

해설 (1) 기호
- Q : 2배
- P : ?

(2) 방수량

$$Q = 0.653D^2\sqrt{10P}$$
$$= 0.6597CD^2\sqrt{10P} \propto \sqrt{P}$$

여기서, Q : 방수량[L/min]
D : 구경[mm]
P : 방수압[MPa]
C : 노즐의 흐름계수(유량계수)

방수량 Q는
$Q \propto \sqrt{P}$
$Q^2 \propto (\sqrt{P})^2$
$Q^2 \propto P$
$P \propto Q^2 = 2^2 = 4$배

답 ③

33 ★★ 실제기체가 이상기체에 가까워지는 조건은?

19.03.문31
05.09.문23
98.07.문39

① 온도가 낮을수록, 압력이 높을수록
② 온도가 높을수록, 압력이 낮을수록
③ 온도가 낮을수록, 압력이 낮을수록
④ 온도가 높을수록, 압력이 높을수록

해설 **이상기체화**
(1) **고온**(온도가 높을수록) 보기 ②
(2) **저압**(압력이 낮을수록) 보기 ②

답 ②

34 ★★★ 온도 50℃, 압력 100kPa인 공기가 지름 10mm

15.03.문32
인 관 속을 흐르고 있다. 임계 레이놀즈수가 2100일 때 층류로 흐를 수 있는 최대평균속도 (V)와 유량(Q)은 각각 약 얼마인가? (단, 공기의 점성계수는 19.5×10^{-6}kg/m·s이며, 기체상수는 287J/kg·K이다.)

① $V = 0.6$m/s, $Q = 0.5 \times 10^{-4}$m³/s
② $V = 1.9$m/s, $Q = 1.5 \times 10^{-4}$m³/s
③ $V = 3.8$m/s, $Q = 3.0 \times 10^{-4}$m³/s
④ $V = 5.8$m/s, $Q = 6.1 \times 10^{-4}$m³/s

해설 (1) **기호**
- t : 50℃
- P : 100kPa
- D : 10mm
- Re : 2100
- $V_{\max}$: ?
- Q : ?
- μ : 19.5×10^{-6}kg/m·s
- R : 287J/kg·K

(2) **밀도**

$$\rho = \frac{P}{RT}$$

여기서, ρ : 밀도[kg/m³]
  P : 압력[Pa]
  R : 기체상수[N·m/kg·K]
  T : 절대온도(273+℃)[K]

밀도 ρ는
$\rho = \dfrac{P}{RT} = \dfrac{100\text{kPa}}{287\text{N·m/kg·K} \times (273+50)\text{K}}$
$= \dfrac{100 \times 10^3 \text{Pa}}{287\text{N·m/kg·K} \times (273+50)\text{K}}$
$\fallingdotseq 1.0787$kg/m³

- 1J = 1N·m이므로 287J/kg·K = 287N·m/kg·K
- 1kPa = 10^3Pa이므로 100kPa = 100×10^3Pa

(3) **최대평균속도**

$$V_{\max} = \frac{Re\mu}{D\rho}$$

여기서, $V_{\max}$: 최대평균속도[m/s]
  Re : 레이놀즈수
  μ : 점성계수[kg/m·s]
  D : 직경(관경)[m]
  ρ : 밀도[kg/m³]

최대평균속도 $V_{\max}$는
$V_{\max} = \dfrac{Re\mu}{D\rho} = \dfrac{2100 \times 19.5 \times 10^{-6}\text{kg/m·s}}{10\text{mm} \times 1.0787\text{kg/m}^3}$
$= \dfrac{2100 \times 19.5 \times 10^{-6}\text{kg/m·s}}{0.01\text{m} \times 1.0787\text{kg/m}^3} \fallingdotseq 3.8$m/s

- 1000mm = 1m이므로 10mm = 0.01m

(4) **유량**

$$Q = AV = \left(\frac{\pi D^2}{4}\right)V$$

여기서, Q : 유량[m³/s]
  A : 단면적[m²]
  V : 유속[m/s]
  D : 내경[m]

유량 Q는
$Q = \dfrac{\pi D^2}{4}V = \dfrac{\pi \times (10\text{mm})^2}{4} \times 3.8\text{m/s}$
$= \dfrac{\pi \times (0.01\text{m})^2}{4} \times 3.8\text{m/s} \fallingdotseq 3.0 \times 10^{-4}$m³/s

중요

R(기체상수)의 단위에 따른 밀도공식

[J/kg·K]	[atm·m³/kmol·K]
$\rho = \dfrac{P}{RT}$	$\rho = \dfrac{PM}{RT}$
여기서, ρ : 밀도[kg/m³] P : 압력[Pa] 또는 [N/m²] R : 기체상수 [J/kg·K] T : 절대온도 (273+℃)[K]	여기서, ρ : 밀도[kg/m³] P : 압력[atm] M : 분자량 [kg/kmol] R : 기체상수 [atm·m³/kmol·K] T : 절대온도 (273+℃)[K]

답 ③

35

외부표면의 온도가 24℃, 내부표면의 온도가 24.5℃일 때 높이 1.5m, 폭 1.5m, 두께 0.5cm인 유리창을 통한 열전달률은 약 몇 W인가? (단, 유리창의 열전도계수는 0.8W/(m·K)이다.)

① 180
② 200
③ 1800
④ 2000

해설

(1) 기호
- T_1 : 273+℃=273+24℃=297K
- T_2 : 273+℃=273+24.5℃=297.5K
- A : $(1.5 \times 1.5)\text{m}^2$
- l : 0.5cm=0.005m(100cm=1m)
- $\overset{\circ}{q}$: ?
- K : 0.8W/(m·K)

(2) 절대온도

$$K = 273 + ℃$$

여기서, K : 절대온도[K]
　　　　℃ : 섭씨온도[℃]
외부온도 $T_1 = 297\text{K}$
내부온도 $T_2 = 297.5\text{K}$

(3) 열전달량

$$\overset{\circ}{q} = \frac{KA(T_2 - T_1)}{l}$$

여기서, $\overset{\circ}{q}$: 열전달량(열전달률)[W]
　　　　K : 열진도율(열전도계수)[W/(m·K)]
　　　　A : 단면적[m^2]
　　　　$(T_2 - T_1)$: 온도차(273+℃)[K]
　　　　l : 벽체두께[m]

- 열전달량=열전달률=열유동률=열흐름률

$$\overset{\circ}{q} = \frac{KA(T_2 - T_1)}{l}$$
$$= \frac{0.8\text{W}/(\text{m·K}) \times (1.5 \times 1.5)\text{m}^2 \times (297.5 - 297)\text{K}}{0.005\text{m}}$$
$$= 180\text{W}$$

답 ①

36

수은이 채워진 U자관에 어떤 액체를 넣었다. 수은과 액체의 계면으로부터 액체측 자유표면까지의 높이(l_B)가 24cm, 수은측 자유표면까지의 높이(l_A)가 6cm일 때 이 액체의 비중은 약 얼마인가? (단, 수은의 비중은 13.6이다.)

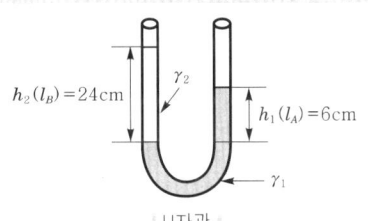

① 3.14　② 3.28
③ 3.4　④ 3.6

해설

(1) 기호
- $h_2(l_B)$: 24cm
- $h_1(l_A)$: 6cm
- s_2 : ?
- s_1 : 13.6

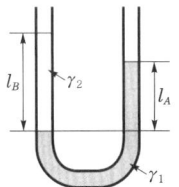

U자관

(2) 물질의 높이와 비중량 관계식

$$\gamma_1 h_1 = \gamma_2 h_2$$
$$s_1 h_1 = s_2 h_2$$

여기서, γ_1, γ_2 : 비중량[N/m^3]
　　　　h_1, h_2 : 높이[m]
　　　　s_1, s_2 : 비중

액체의 비중 s_2는

$$s_2 = \frac{s_1 h_1}{h_2} = \frac{13.6 \times 6\text{cm}}{24\text{cm}} = 3.4$$

- 수은의 비중 : 13.6

답 ③

37

물탱크의 아래로는 0.05m^3/s로 물이 유출되고, 0.025m^2의 단면적을 가진 노즐을 통해 물탱크로 물이 공급되고 있다. 유속은 8m/s이다. 물의 증가량[m^3/s]은?

① 0.1　② 0.15
③ 0.2　④ 0.35

해설

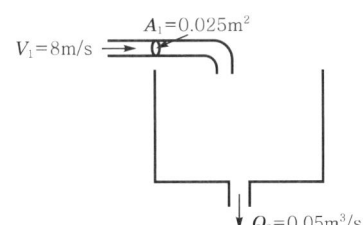

(1) 기호
- Q_2 : 0.05m³/s
- A_1 : 0.025m²
- V_1 : 8m/s
- ΔQ : ?

(2) 유량
$$Q = AV = \left(\frac{\pi D^2}{4}\right)V$$

여기서, Q : 유량[m³/s]
A : 단면적[m²]
V : 유속[m/s]
D : 지름[m]

공급유량 Q_1은
$Q_1 = A_1 V_1 = 0.025\text{m}^2 \times 8\text{m/s} = 0.2\text{m}^3/\text{s}$

(3) 물의 증가량
$$\Delta Q = Q_1 - Q_2$$

여기서, ΔQ : 물의 증가량[m³/s]
Q_1 : 공급유량[m³/s]
Q_2 : 유출유량[m³/s]

물의 증가량 ΔQ는
$\Delta Q = Q_1 - Q_2 = 0.2\text{m}^3/\text{s} - 0.05\text{m}^3/\text{s} = 0.15\text{m}^3/\text{s}$

답 ②

38 ★★ 폭 2m의 수로 위에 그림과 같이 높이 3m의 판이 수직으로 설치되어 있다. 유속이 매우 느리고 상류의 수위는 3.5m 하류의 수위는 2.5m일 때, 물이 판에 작용하는 힘은 약 몇 kN인가?

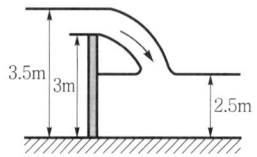

① 26.9 ② 56.4
③ 76.2 ④ 96.8

해설

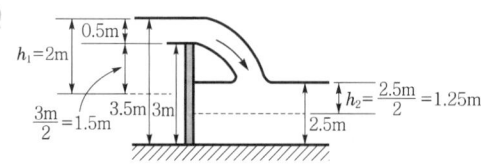

(1) 기호
- A_1 : (폭×판이 물에 닿는 높이)=(2×3)m²
- A_2 : (폭×판이 물에 닿는 높이)=(2×2.5)m²
- F_H : ?

(2) 수평분력(기본식)
$$F_H = \gamma h A$$

여기서, F_H : 수평분력[N]
γ : 비중량(물의 비중량 9800N/m³)
h : 표면에서 판 중심까지의 수직거리[m]
A : 판의 단면적[m²]

(3) 수평분력(변형식)
$$F_H = \gamma h_1 A_1 - \gamma h_2 A_2$$

여기서, F_H : 수평분력[N]
γ : 비중량(물의 비중량 9800N/m³)
h_1, h_2 : 표면에서 판 중심까지의 수직거리[m]
A_1, A_2 : 판의 단면적[m²]

수평분력 F_H는
$F_H = \gamma h_1 A_1 - \gamma h_2 A_2$
$= 9800\text{N/m}^3 \times 2\text{m} \times (2\times3)\text{m}^2 - 9800\text{N/m}^3 \times 1.25\text{m}$
$\times (2\times2.5)\text{m}^2$
$= 56350\text{N}$
$= 56.35\text{kN}$
$\fallingdotseq 56.4\text{kN}$(소수점 반올림한 값)

답 ②

39 ★★ 가로 0.3m, 세로 0.2m인 직사각형 덕트에 유체가 가득차서 흐른다. 이때 수력직경은 약 몇 m인가? (단, P는 유체의 젖은 단면 둘레의 길이, 는 A 관의 단면적이며, $D_h = \dfrac{4A}{P}$로 정의한다.)

21.03.문39
17.09.문28
17.05.문22
14.03.문24
08.05.문33
07.03.문36
06.09.문31

① 0.24 ② 0.92
③ 1.26 ④ 1.56

해설

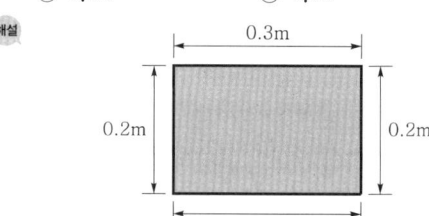

(1) 수력반경(hydraulic radius)
$$R_h = \frac{A}{L}$$

여기서, R_h : 수력반경[m]
A : 단면적[m²]
L : 접수길이(단면둘레의 길이)[m]

수력반경 R_h는
$R_h = \dfrac{A}{L} = \dfrac{(0.3\times0.2)\text{m}^2}{0.3\text{m}\times2\text{개}+0.2\text{m}\times2\text{개}} = 0.06\text{m}$

(2) 수력직경(수력지름)
$$D_h = 4R_h$$

여기서, D_h : 수력직경[m]
R_h : 수력반경[m]

수력직경 D_h는
$D_h = 4R_h = 4\times0.06\text{m} = 0.24\text{m}$

답 ①

40 그림과 같은 벤투리관에 유량 3m³/min으로 물이 흐르고 있다. 단면 1의 직경이 20cm, 단면 2의 직경이 10cm일 때 벤투리효과에 의한 물의 높이차 Δh는 약 몇 m인가? (단, 주어지지 않은 손실은 무시한다.)

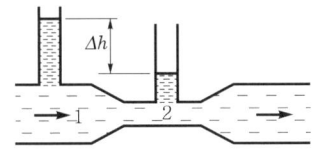

① 1.2
② 1.61
③ 1.94
④ 6.37

해설 (1) 기호
- Q : 3m³/min=3m³/60s (1min=60s)
- D_1 : 20cm=0.2m (100cm=1m)
- D_2 : 10cm=0.1m (100cm=1m)
- $\Delta h(Z_1 - Z_2)$: ?

(2) 베르누이 방정식

$$\frac{V_1^2}{2g} + \frac{P_1}{\gamma} + Z_1 = \frac{V_2^2}{2g} + \frac{P_2}{\gamma} + Z_2$$

여기서, V_1, V_2 : 유속[m/s]
P_1, P_2 : 압력[N/m²]
Z_1, Z_2 : 높이[m]
g : 중력가속도[9.8m/s²]
γ : 비중량(물의 비중량 9.8kN/m³)

[단서]에서 주어지지 않은 손실은 무시하라고 했으므로 문제에서 주어지지 않은 P_1, P_2를 무시하면

$$\frac{V_1^2}{2g} + \cancel{\frac{P_1}{\gamma}} + Z_1 = \frac{V_2^2}{2g} + \cancel{\frac{P_2}{\gamma}} + Z_2$$

$$\frac{V_1^2}{2g} + Z_1 = \frac{V_2^2}{2g} + Z_2$$

$$Z_1 - Z_2 = \frac{V_2^2}{2g} - \frac{V_1^2}{2g}$$

$$= \frac{V_2^2 - V_1^2}{2g}$$

(3) 유량

$$Q = AV = \left(\frac{\pi D^2}{4}\right)V$$

여기서, Q : 유량[m³/s]
A : 단면적[m²]
V : 유속[m/s]
D : 지름[m]

유속 V_1은

$$V_1 = \frac{Q}{\dfrac{\pi D_1^2}{4}}$$

$$= \frac{3\text{m}^3/60\text{s}}{\dfrac{\pi \times (0.2\text{m})^2}{4}} = \frac{(3 \div 60)\text{m}^3/\text{s}}{\dfrac{\pi \times (0.2\text{m})^2}{4}} ≒ 1.59\text{m/s}$$

유속 V_2은

$$V_2 = \frac{Q}{\dfrac{\pi D_2^2}{4}}$$

$$= \frac{3\text{m}^3/60\text{s}}{\dfrac{\pi \times (0.1\text{m})^2}{4}} = \frac{(3 \div 60)\text{m}^3/\text{s}}{\dfrac{\pi \times (0.1\text{m})^2}{4}} ≒ 6.37\text{m/s}$$

높이차 $Z_1 - Z_2 = \dfrac{V_2^2 - V_1^2}{2g}$

$$= \frac{(6.37\text{m/s})^2 - (1.59\text{m/s})^2}{2 \times 9.8\text{m/s}^2}$$

$$≒ 1.94\text{m}$$

답 ③

제3과목 소방관계법규

41 소방시설 설치 및 관리에 관한 법령상 스프링클러설비를 설치하여야 하는 특정소방대상물의 기준으로 틀린 것은? (단, 위험물 저장 및 처리 시설 중 가스시설 또는 지하구는 제외한다.)

20.08.문47
19.03.문48
15.03.문56
12.05.문51

① 복합건축물로서 연면적 3500m² 이상인 경우에는 모든 층
② 창고시설(물류터미널은 제외)로서 바닥면적 합계가 5000m² 이상인 경우에는 모든 층
③ 숙박이 가능한 수련시설 용도로 사용되는 시설의 바닥면적의 합계가 600m² 이상인 것은 모든 층
④ 판매시설, 운수시설 및 창고시설(물류터미널에 한정)로서 바닥면적의 합계가 5000m² 이상이거나 수용인원이 500명 이상인 경우에는 모든 층

해설 ① 3500m² → 5000m²

소방시설법 시행령 〔별표 4〕
스프링클러설비의 설치대상

설치대상	조건
① 문화 및 집회시설, 운동시설 ② 종교시설	• 수용인원 : **100명** 이상 • 영화상영관 : 지하층·무창층 **500m²**(기타 **1000m²**) 이상 • 무대부 - 지하층·무창층·**4층** 이상 **300m²** 이상 - 1~3층 **500m²** 이상

③ 판매시설 ④ 운수시설 ⑤ 물류터미널	• 수용인원 : 500명 이상 • 바닥면적 합계 : 5000m² 이상 보기 ④
⑥ 노유자시설 ⑦ 정신의료기관 ⑧ 수련시설(숙박 가능한 것) ⑨ 종합병원, 병원, 치과병원, 한방병원 및 요양병원(정신병원 제외) ⑩ 숙박시설	• 바닥면적 합계 600m² 이상 보기 ③
⑪ 지하층·무창층·4층 이상	• 바닥면적 1000m² 이상
⑫ 창고시설(물류터미널 제외)	• 바닥면적 합계 : 5000m² 이상 : 전층 보기 ②
⑬ 지하상가	• 연면적 1000m² 이상
⑭ 10m 넘는 랙식 창고	• 연면적 1500m² 이상
⑮ 복합건축물 ⑯ 기숙사	• 연면적 5000m² 이상 : 전층 보기 ①
⑰ 6층 이상	• 전층
⑱ 보일러실·연결통로	• 전부
⑲ 특수가연물 저장·취급	• 지정수량 1000배 이상
⑳ 발전시설	• 전기저장시설 : 전부

답 ①

42 소방시설공사업법령상 소방공사감리를 실시함에 있어 용도와 구조에서 특별히 안전성과 보안성이 요구되는 소방대상물로서 소방시설물에 대한 감리를 감리업자가 아닌 자가 감리할 수 있는 장소는?
20.06.문54

① 정보기관의 청사
② 교도소 등 교정관련시설
③ 국방 관계시설 설치장소
④ 원자력안전법상 관계시설이 설치되는 장소

해설 (1) **공사업법 시행령 8조**
감리업자가 아닌 자가 감리할 수 있는 보안성 등이 요구되는 소방대상물의 시공장소 「**원자력안전법**」 **2조 10호**에 따른 **관계시설**이 설치되는 장소

(2) **원자력안전법 2조 10호**
"**관계시설**"이란 **원자로**의 **안전**에 **관계**되는 **시설**로서 **대통령령**으로 정하는 것을 말한다.

답 ④

43 소방기본법령에 따라 주거지역·상업지역 및 공업지역에 소방용수시설을 설치하는 경우 소방대상물과의 수평거리를 몇 m 이하가 되도록 해야 하는가?
20.06.문46
17.09.문56
10.05.문41

① 50 ② 100
③ 150 ④ 200

해설 **기본규칙** 〔**별표 3**〕
소방용수시설의 설치기준

거리기준	지 역
수평거리 **100m** 이하 보기 ②	• **공**업지역 • **상**업지역 • **주**거지역 기억법 주상공100(주상공 백지에 사인을 하시오.)
수평거리 **140m** 이하	• 기타지역

답 ②

44 소방시설 설치 및 관리에 관한 법령상 관리업자가 소방시설 등의 점검을 마친 후 점검기록표에 기록하고 이를 해당 특정소방대상물에 부착하여야 하나 이를 위반하고 점검기록표를 기록하지 아니하거나 특정소방대상물의 출입자가 쉽게 볼 수 있는 장소에 게시하지 아니하였을 때 벌칙기준은?
21.09.문52
19.04.문49
15.09.문57
10.03.문57

① 100만원 이하의 과태료
② 200만원 이하의 과태료
③ 300만원 이하의 과태료
④ 500만원 이하의 과태료

해설 **소방시설법 61조**
300만원 이하의 과태료
(1) 소방시설을 화재안전기준에 따라 설치·관리하지 아니한 자
(2) 피난시설, 방화구획 또는 방화시설의 **폐쇄**·**훼손**·**변경** 등의 행위를 한 자
(3) 임시소방시설을 설치·관리하지 아니한 자
(4) 점검기록표를 기록하지 아니하거나 특정소방대상물의 출입자가 쉽게 볼 수 있는 장소에 게시하지 아니한 관계인 보기 ③

답 ③

45 소방대라 함은 화재를 진압하고 화재, 재난·재해, 그 밖의 위급한 상황에서 구조·구급 활동 등을 하기 위하여 구성된 조직체를 말한다. 소방대의 구성원으로 틀린 것은?
19.04.문46
13.03.문42
10.03.문45

① 소방공무원   ② 소방안전관리원
③ 의무소방원   ④ 의용소방대원

해설 **기본법 2조**
소방대
(1) 소방공무원 보기 ①
(2) 의무소방원 보기 ③
(3) 의용소방대원 보기 ④

답 ②

46. 다음 중 소방시설 설치 및 관리에 관한 법령상 소방시설관리업을 등록할 수 있는 자는?

① 피성년후견인
② 소방시설관리업의 등록이 취소된 날부터 2년이 경과된 자
③ 금고 이상의 형의 집행유예를 선고받고 그 유예기간 중에 있는 자
④ 금고 이상의 실형을 선고받고 그 집행이 면제된 날부터 2년이 지나지 아니한 자

해설 소방시설법 30조
소방시설관리업의 등록결격사유
(1) 피성년후견인 보기 ①
(2) 금고 이상의 실형을 선고받고 그 집행이 끝나거나 집행이 면제된 날부터 **2년**이 지나지 아니한 사람 보기 ④
(3) 금고 이상의 형의 집행유예를 선고받고 그 유예기간 중에 있는 사람 보기 ③
(4) 관리업의 등록이 취소된 날부터 **2년**이 지나지 아니한 자

답 ②

47. 화재의 예방 및 안전관리에 관한 법령상 소방대상물의 개수·이전·제거, 사용의 금지 또는 제한, 사용폐쇄, 공사의 정지 또는 중지, 그 밖의 필요한 조치로 인하여 손실을 받은 자가 손실보상청구서에 첨부하여야 하는 서류로 틀린 것은?

① 손실보상합의서
② 손실을 증명할 수 있는 사진
③ 손실을 증명할 수 있는 증빙자료
④ 소방대상물의 관계인임을 증명할 수 있는 서류(건축물대장은 제외)

해설 화재예방법 시행규칙 6조
손실보상 청구자가 제출하여야 하는 서류
(1) 소방대상물의 **관계인**임을 증명할 수 있는 서류(건축물대장 제외) 보기 ④
(2) 손실을 증명할 수 있는 **사진**, 그 밖의 **증빙자료** 보기 ②③

기억법 사증관손(사정관의 손)

답 ①

48. 소방시설 설치 및 관리에 관한 법률상 특정소방대상물의 피난시설, 방화구획 또는 방화시설의 폐쇄·훼손·변경 등의 행위를 한 자에 대한 과태료 기준으로 옳은 것은?

① 200만원 이하의 과태료
② 300만원 이하의 과태료
③ 500만원 이하의 과태료
④ 600만원 이하의 과태료

해설 소방시설법 61조
300만원 이하의 과태료
(1) 소방시설을 화재안전기준에 따라 설치·관리하지 아니한 자
(2) **피난시설·방화구획** 또는 **방화시설**의 **폐쇄·훼손·변경** 등의 행위를 한 자 보기 ②
(3) 임시소방시설을 설치·관리하지 아니한 자

비교
(1) **300만원 이하의 벌금**
  ㉠ 화재안전조사를 정당한 사유없이 거부·방해·기피(화재예방법 50조)
  ㉡ 소방안전관리자, 총괄소방안전관리자 또는 소방안전관리보조자 미선임(화재예방법 50조)
  ㉢ 성능위주설계평가단 비밀누설(소방시설법 59조)
  ㉣ 방염성능검사 합격표시 위조(소방시설법 59조)
  ㉤ 위탁받은 업무종사자의 비밀누설(소방시설법 59조)
  ㉥ 다른 자에게 자기의 성명이나 상호를 사용하여 소방시설공사 등을 수급 또는 시공하게 하거나 소방시설업의 등록증·등록수첩을 빌려준 자(공사업법 37조)
  ㉦ 감리원 미배치자(공사업법 37조)
  ㉧ 소방기술인정 자격수첩을 빌려준 자(공사업법 37조)
  ㉨ 2 이상의 업체에 취업한 자(공사업법 37조)
  ㉩ 소방시설업자나 관계인 감독시 관계인의 업무를 방해하거나 비밀누설(공사업법 37조)

(2) **200만원 이하의 과태료**
  ㉠ 소방용수시설·소화기구 및 설비 등의 설치명령 위반(화재예방법 52조)
  ㉡ **특수가연물의 저장·취급 기준 위반**(화재예방법 52조)
  ㉢ 한국119청소년단 또는 이와 유사한 명칭을 사용한 자(기본법 56조)
  ㉣ **소방활동구역 출입**(기본법 56조)
  ㉤ 소방자동차의 출동에 지장을 준 자(기본법 56조)
  ㉥ 한국소방안전원 또는 이와 유사한 명칭을 사용한 자(기본법 56조)
  ㉦ 관계서류 미보관자(공사업법 40조)
  ㉧ 소방기술자 미배치자(공사업법 40조)
  ㉨ 하도급 미통지자(공사업법 40조)

답 ②

49. 위험물안전관리법령상 위험물의 안전관리와 관련된 업무를 수행하는 자로서 소방청장이 실시하는 안전교육대상자가 아닌 것은?

① 안전관리자로 선임된 자
② 탱크시험자의 기술인력으로 종사하는 자
③ 위험물운송자로 종사하는 자
④ 제조소 등의 관계인

[해설] 위험물령 20조
안전교육대상자
(1) **안전관리자**로 선임된 자 [보기 ①]
(2) 탱크시험자의 **기술인력**으로 종사하는 자 [보기 ②]
(3) **위험물운반자**로 종사하는 자
(4) **위험물운송자**로 종사하는 자 [보기 ③]

답 ④

50. 화재의 예방 및 안전관리에 관한 법률상 소방안전관리대상물의 소방안전관리자 업무가 아닌 것은?

① 소방훈련 및 교육
② 피난시설, 방화구획 및 방화시설의 관리
③ 자위소방대 및 본격대응체계의 구성·운영·교육
④ 피난계획에 관한 사항과 대통령령으로 정하는 사항이 포함된 소방계획서의 작성 및 시행

[해설] ③ 본격대응체계 → 초기대응체계

화재예방법 24조 ⑤항
관계인 및 소방안전관리자의 업무

특정소방대상물 (관계인)	소방안전관리대상물 (소방안전관리자)
• 피난시설·방화구획 및 방화시설의 관리 • 소방시설, 그 밖의 소방관련시설의 관리 • **화기취급**의 감독 • 소방안전관리에 필요한 업무 • 화재발생시 초기대응	• 피난시설·방화구획 및 방화시설의 관리 [보기 ②] • 소방시설, 그 밖의 소방관련시설의 관리 • **화기취급**의 감독 • 소방안전관리에 필요한 업무 • **소방계획서**의 작성 및 시행(대통령령으로 정하는 사항 포함) [보기 ④] • **자위소방대** 및 **초기대응체계**의 구성·운영·교육 [보기 ③] • 소방훈련 및 교육 [보기 ①] • 소방안전관리에 관한 업무수행에 관한 기록·유지 • 화재발생시 초기대응

용어

특정소방대상물	소방안전관리대상물
건축물 등의 규모·용도 및 수용인원 등을 고려하여 소방시설을 설치하여야 하는 소방대상물로서 대통령령으로 정하는 것	대통령령으로 정하는 특정소방대상물

답 ③

51. 소방시설 설치 및 관리에 관한 법령상 시·도지사가 실시하는 방염성능검사 대상으로 옳은 것은?

① 설치현장에서 방염처리를 하는 합판·목재
② 제조 또는 가공공정에서 방염처리를 한 카펫
③ 제조 또는 가공공정에서 방염처리를 한 창문에 설치하는 블라인드
④ 설치현장에서 방염처리를 하는 암막·무대막

[해설] **소방시설법 시행령 32조**
시·도지사가 실시하는 방염성능검사
설치현장에서 방염처리를 하는 **합판·목재류**

중요

소방시설법 시행령 31조
방염대상물품

제조 또는 가공 공정에서 방염처리를 한 물품	건축물 내부의 천장이나 벽에 부착하거나 설치하는 것
① 창문에 설치하는 **커튼류**(블라인드 포함) ② 카펫 ③ 벽지류(두께 2mm 미만인 종이벽지 제외) ④ 전시용 합판·목재 또는 섬유판 ⑤ 무대용 합판·목재 또는 섬유판 ⑥ 암막·무대막(영화상영관·가상체험 체육시설업의 스크린 포함) ⑦ 섬유류 또는 합성수지류 등을 원료로 하여 제작된 소파·의자(단란주점영업, 유흥주점영업 및 노래연습장업의 영업장에 설치하는 것만 해당)	① 종이류(두께 2mm 이상), 합성수지류 또는 섬유류를 주원료로 한 물품 ② 합판이나 목재 ③ 공간을 구획하기 위하여 설치하는 간이칸막이 ④ 흡음재(흡음용 커튼 포함) 또는 방음재(방음용 커튼 포함) ※ 가구류(옷장, 찬장, 식탁, 식탁용 의자, 사무용 책상, 사무용 의자, 계산대)와 너비 10cm 이하인 반자돌림대, 내부 마감재료 제외

답 ①

52. 지하층으로서 특정소방대상물의 바닥부분 중 최소 몇 면이 지표면과 동일한 경우에 무선통신보조설비의 설치를 제외할 수 있는가?

① 1면 이상
② 2면 이상
③ 3면 이상
④ 4면 이상

해설 **무선통신보조설비**의 **설치 제외**(NFPC 505 4조, NFTC 505 2.1)
(1) **지**하층으로서 특정소방대상물의 바닥부분 **2면** 이상이 지표면과 동일한 경우의 해당층 〔보기 ②〕
(2) 지하층으로서 지표면으로부터의 깊이가 **1m** 이하인 경우의 해당층

> 기억법 2면무지(이면 계약의 무지)

답 ②

53. 다음 위험물 중 자기반응성 물질은 어느 것인가?

① 황린
② 염소산염류
③ 알칼리토금속
④ 질산에스터류

해설 위험물령 〔별표 1〕
위험물

유별	성질	품명
제1류	산화성 고체	• 아염소산염류 • 염소산염류 〔보기 ②〕 • 과염소산염류 • 질산염류 • 무기과산화물
제2류	가연성 고체	• 황화인 • **적린** • **황** • **철분** • 마그네슘
제3류	자연발화성 물질 및 금수성 물질	• 황린 〔보기 ①〕 • 칼륨 • 나트륨
제4류	**인화성 액체**	• 특수인화물 • 알코올류 • 석유류 • 동식물유류
제5류	자기반응성 물질	• 나이트로화합물 • 유기과산화물 • 나이트로소화합물 • 아조화합물 • 질산에스터류(셀룰로이드) 〔보기 ④〕
제6류	산화성 액체	• 과염소산 • 과산화수소 • 질산

답 ④

54. 화재의 예방 및 안전관리에 관한 법률상 화재예방강화지구의 지정대상이 아닌 것은? (단, 소방청장·소방본부장 또는 소방서장이 화재예방강화지구로 지정할 필요가 있다고 인정하는 지역은 제외한다.)

① 시장지역
② 농촌지역
③ 목조건물이 밀집한 지역
④ 공장·창고가 밀집한 지역

해설 ② 해당 없음

화재예방법 18조
화재예방강화지구의 지정
(1) **지정권자** : 시·도지사
(2) **지정지역**
  ㉠ **시장**지역 〔보기 ①〕
  ㉡ **공장·창고** 등이 밀집한 지역 〔보기 ④〕
  ㉢ **목조건물**이 밀집한 지역 〔보기 ③〕
  ㉣ 노후·불량 건축물이 밀집한 지역
  ㉤ **위험물**의 **저장** 및 **처리시설**이 밀집한 지역
  ㉥ **석유화학제품**을 생산하는 공장이 있는 지역
  ㉦ **소방시설·소방용수시설** 또는 **소방출동로**가 **없는** 지역
  ㉧ 「산업입지 및 개발에 관한 법률」에 따른 산업단지
  ㉨ 「물류시설의 개발 및 운영에 관한 법률」에 따른 **물류단지**
  ㉩ **소방청장·소방본부장·소방서장**(소방관서장)이 화재예방강화지구로 지정할 필요가 있다고 인정하는 지역

> ※ **화재예방강화지구** : 화재발생 우려가 크거나 화재가 발생할 경우 피해가 클 것으로 예상되는 지역에 대하여 화재의 예방 및 안전관리를 강화하기 위해 지정·관리하는 지역

답 ②

55. 소방시설공사업법령상 소방시설업자가 소방시설공사 등을 맡긴 특정소방대상물의 관계인에게 지체 없이 그 사실을 알려야 하는 경우가 아닌 것은?

① 소방시설업자의 지위를 승계한 경우
② 소방시설업의 등록취소처분 또는 영업정지처분을 받은 경우
③ 휴업하거나 폐업한 경우
④ 소방시설업의 주소지가 변경된 경우

해설 공사업법 8조
소방시설업자의 관계인 통지사항
(1) **소방시설업자**의 **지위**를 **승계**한 때 〔보기 ①〕
(2) 소방시설업의 **등록취소** 또는 **영업정지**의 처분을 받은 때 〔보기 ②〕
(3) **휴업** 또는 **폐업**을 한 때 〔보기 ③〕

답 ④

56. 위험물안전관리법령상 정기점검의 대상인 제조소 등의 기준으로 틀린 것은?

① 지하탱크저장소
② 이동탱크저장소
③ 지정수량의 10배 이상의 위험물을 취급하는 제조소
④ 지정수량의 20배 이상의 위험물을 저장하는 옥외탱크저장소

해설 ④ 20배 이상 → 200배 이상

위험물령 15·16조
정기점검의 대상인 제조소 등
(1) 제조소 등(이송취급소·암반탱크저장소)
(2) 지하탱크저장소 〔보기 ①〕
(3) 이동탱크저장소 〔보기 ②〕
(4) 위험물을 취급하는 탱크로서 지하에 매설된 탱크가 있는 제조소·주유취급소 또는 일반취급소

기억법 정이암 지이

(5) 예방규정을 정하여야 할 제조소 등

배 수	제조소 등
10배 이상	• 제조소 〔보기 ③〕 • 일반취급소
100배 이상	• 옥외저장소
150배 이상	• 옥내저장소
200배 이상 ←	• 옥외탱크저장소 〔보기 ④〕
모두 해당	• 이송취급소 • 암반탱크저장소

기억법
1 제일
0 외
5 내
2 탱

※ **예방규정**: 제조소 등의 화재예방과 화재 등 재해발생시의 비상조치를 위한 규정

답 ④

57. 특정소방대상물의 관계인이 소방안전관리자를 해임한 경우 재선임을 해야 하는 기준은? (단, 해임한 날부터를 기준일로 한다.)

① 10일 이내
② 20일 이내
③ 30일 이내
④ 40일 이내

해설 화재예방법 시행규칙 14조
소방안전관리자의 재선임
30일 이내

답 ③

58. 산화성 고체인 제1류 위험물에 해당되는 것은?

① 질산염류
② 특수인화물
③ 과염소산
④ 유기과산화물

해설
② 제4류 위험물
③ 제6류 위험물
④ 제5류 위험물

위험물령〔별표 1〕
위험물

유 별	성 질	품 명
제1류	산화성 고체	• 아염소산**염류** • 염소산**염류** • 과염소산**염류** • 질산**염류** 〔보기 ①〕 • 무기과산화물 **기억법** 1산고(일산GO), ~염류, 무기과산화물
제2류	가연성 고체	• **황**화인 • **적**린 • **황** • **마**그네슘 • 금속분 **기억법** 2황화적황마
제3류	자연발화성 물질 및 금수성 물질	• **황**린 • **칼**륨 • **나**트륨 • 트리에틸**알**루미늄 • 금속의 수소화물 **기억법** 황칼나트알
제4류	인화성 액체	• 특수인화물 〔보기 ②〕 • 석유류(벤젠) • 알코올류 • 동식물유류
제5류	자기반응성 물질	• 유기과산화물 〔보기 ④〕 • 나이트로화합물 • 나이트로소화합물 • 아조화합물 • 질산에스터류(셀룰로이드)
제6류	산화성 액체	• 과염소산 〔보기 ③〕 • 과산화수소 • 질산

답 ①

59 다음 소방시설 중 경보설비가 아닌 것은?

① 통합감시시설
② 가스누설경보기
③ 비상콘센트설비
④ 자동화재속보설비

해설 ③ 비상콘센트설비 : 소화활동설비

소방시설법 시행령〔별표 1〕
경보설비
(1) 비상경보설비 ─ 비상벨설비
　　　　　　　　└ 자동식 사이렌설비
(2) 단독경보형 감지기
(3) 비상방송설비
(4) 누전경보기
(5) 자동화재탐지설비 및 시각경보기
(6) 자동화재속보설비 보기 ④
(7) 가스누설경보기 보기 ②
(8) 통합감시시설 보기 ①
(9) 화재알림설비

※ **경보설비** : 화재발생 사실을 통보하는 기계·기구 또는 설비

비교
소방시설법 시행령〔별표 1〕
소화활동설비
화재를 진압하거나 인명구조활동을 위하여 사용하는 설비
(1) **연**결송수관설비
(2) **연**결살수설비
(3) **연**소방지설비
(4) **무**선통신보조설비
(5) **제**연설비
(6) **비상콘**센트설비 보기 ③

기억법 3연무제비콘

답 ③

60 소방기본법에서 정의하는 소방대상물에 해당되지 않는 것은?

① 산림
② 차량
③ 건축물
④ 항해 중인 선박

해설 **기본법 2조 1호**
소방대상물
(1) **건**축물 보기 ③
(2) **차**량 보기 ②
(3) **선**박(매어둔 것) 보기 ④
(4) 선박건조구조물
(5) **산**림 보기 ①

(6) **인**공구조물
(7) **물**건

기억법 건차선 산인물

비교
위험물법 3조
위험물의 저장·운반·취급에 대한 적용 제외
(1) 항공기
(2) 선박
(3) 철도
(4) 궤도

답 ④

제 4 과목   소방기계시설의 구조 및 원리

61 다음은 상수도 소화용수설비의 설치기준에 관한 설명이다. ( ) 안에 들어갈 내용으로 알맞은 것은?

호칭지름 75mm 이상의 수도배관에 호칭지름 (　)mm 이상의 소화전을 접속할 것

① 50
② 80
③ 100
④ 125

해설 **상수도 소화용수설비**의 **설치기준**(NFPC 401 4조, NFTC 401 2.1)
(1) 호칭지름

수도배관	소화전
75mm 이상	100mm 이상 보기 ③

기억법 수75(수지침으로 치료), 소1(소일거리)

(2) 소화전은 소방자동차 등의 진입이 쉬운 **도로변** 또는 **공지**에 설치
(3) 소화전은 특정소방대상물의 수평투영면의 각 부분으로부터 **140m** 이하가 되도록 설치
(4) 지상식 소화전의 호스접결구는 지면으로부터 높이가 0.5m 이상 1m 이하가 되도록 설치할 것

답 ③

62 스프링클러설비의 교차배관에서 분기되는 지점을 기점으로 한쪽 가지배관에 설치되는 헤드는 몇 개 이하로 설치하여야 하는가? (단, 수리학적 배관방식의 경우는 제외한다.)

① 8
② 10
③ 12
④ 18

해설 **한**쪽 가지배관에 설치되는 헤드의 개수는 **8개** 이하로 한다.(NFPC 103 8조, NFTC 103 2.5.9.2) 보기 ①

기억법 한8(한팔)

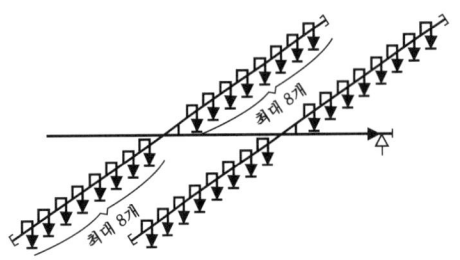

| 가지배관의 헤드 개수 |

비교
연결살수설비(NFPC 503 4조, NFTC 503 2.1.4)
연결살수설비에서 하나의 송수구역에 설치하는 **개방형 헤드의 수는 10개** 이하로 한다.

답 ①

63 다음은 포소화설비에서 배관 등 설치기준에 관한 내용이다. ( ) 안에 들어갈 내용으로 옳은 것은?

> 펌프의 성능은 체절운전시 정격토출압력의 (㉠)%를 초과하지 않고, 정격토출량의 150%로 운전시 정격토출압력의 (㉡)% 이상이 되어야 한다.

① ㉠ 120, ㉡ 65
② ㉠ 120, ㉡ 75
③ ㉠ 140, ㉡ 65
④ ㉠ 140, ㉡ 75

해설 (1) **포소화설비**의 **배관**(NFPC 105 7조, NFTC 105 2.4)
㉠ 급수개폐밸브: **탬퍼스위치** 설치
㉡ 펌프의 흡입측 배관: **버터플라이밸브** 외의 개폐표시형 밸브 설치
㉢ 송액관: **배액밸브** 설치

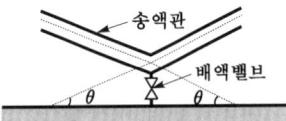

| 송액관의 기울기 |

(2) **소화펌프**의 **성능시험 방법** 및 **배관**
㉠ 펌프의 성능은 체절운전시 정격토출압력의 **140%**를 초과하지 않을 것 보기 ㉠
㉡ 정격토출량의 **150%**로 운전시 정격토출압력의 **65%** 이상이어야 할 것 보기 ㉡

㉢ 성능시험배관은 펌프의 토출측에 설치된 **개폐밸브 이전**에서 분기할 것
㉣ 유량측정장치는 펌프 정격토출량의 **175%** 이상 측정할 수 있는 성능이 있을 것

답 ③

64 전역방출방식 분말소화설비에서 방호구역의 개구부에 자동폐쇄장치를 설치하지 아니한 경우에 개구부의 면적 1제곱미터에 대한 분말소화약제의 가산량으로 잘못 연결된 것은?

① 제1종 분말 – 4.5kg
② 제2종 분말 – 2.7kg
③ 제3종 분말 – 2.5kg
④ 제4종 분말 – 1.8kg

해설 ③ 2.5kg → 2.7kg

(1) **분말소화설비**(전역방출방식)(NFPC 108 6조, NFTC 108 2.3)

약제 종별	약제량	개구부가산량 (자동폐쇄장치 미설치시)
제1종 분말	0.6kg/m³	4.5kg/m² 보기 ①
제2·3종 분말	0.36kg/m³	2.7kg/m² 보기 ②③
제4종 분말	0.24kg/m³	1.8kg/m² 보기 ④

기억법 개2327

(2) **호스릴방식**(분말소화설비)

약제 종별	약제 저장량	약제 방사량
제1종 분말	50kg	45kg/min
제2·3종 분말	30kg	27kg/min
제**4**종 분말	20kg	**18**kg/min

기억법 호분418

답 ③

65 체적 100m³의 면화류창고에 전역방출방식의 이산화탄소 소화설비를 설치하는 경우에 소화약제는 몇 kg 이상 저장하여야 하는가? (단, 방호구역의 개구부에 자동폐쇄장치가 부착되어 있다.)

① 12
② 27
③ 120
④ 270

이산화탄소 소화설비 저장량[kg]
= **방**호구역체적[m³]×**약**제량[kg/m³]+**개**구부면적[m²]
×개구부가**산**량(10kg/m²)

> 기억법 방약+개산

=100m³×2.7kg/m³
=270kg

이산화탄소 소화설비 심부화재의 약제량 및 개구부가산량
(NFPC 106 5조, NFTC 106 2.2.1.2)

방호대상물	약제량	개구부 가산량 (자동폐쇄 장치 미설치시)	설계농도
전기설비	1.3kg/m³		
전기설비 (55m³ 미만)	1.6kg/m³		50%
서고, 박물관, 목재가공품창고, 전자제품창고	2.0kg/m³	10kg/m²	65%
석탄창고, 면화류창고, 고무류, 모피창고, 집진설비	→ 2.7kg/m³		75%

- 방호구역체적 : 100m³
- 단서에서 개구부에 **자동폐쇄장치**가 **부착**되어 있다고 하였으므로 **개구부면적** 및 **개구부가산량**은 제외
- 면화류창고의 경우 약제량은 **2.7kg/m³**

답 ④

66
다음 평면도와 같이 반자가 있는 어느 실내에 전등이나 공조용 디퓨져 등의 시설물을 무시하고 수평거리를 2.1m로 하여 스프링클러헤드를 정방형으로 설치하고자 할 때 최소 몇 개의 헤드를 설치해야 하는가? (단, 반자 속에는 헤드를 설치하지 아니하는 것으로 본다.)

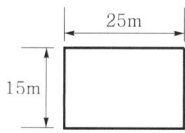

① 24개   ② 42개
③ 54개   ④ 72개

해설 (1) 기호
- R : 2.1m

(2) 정방형 헤드간격
$$S = 2R\cos 45°$$
여기서, S : 헤드간격[m]
R : 수평거리[m]

헤드간격 S는
$S = 2R\cos 45°$
$= 2 \times 2.1m \times \cos 45°$
$= 2.97m$

가로 설치 헤드개수 = 25÷2.97m = 9개
세로 설치 헤드개수 = 15÷2.97m = 6개
∴ 9×6 = 54개

답 ③

67
소화용수설비의 소화수조가 옥상 또는 옥탑부분에 설치된 경우 지상에 설치된 채수구에서의 압력은 얼마 이상이어야 하는가?

① 0.15MPa   ② 0.20MPa
③ 0.25MPa   ④ 0.35MPa

해설 **소화수조** 및 **저수조**의 설치기준(NFPC 402 4~5조, NFTC 402 2.1.1, 2.2)

(1) 소화수조 또는 저수조가 지표면으로부터의 깊이가 **4.5m** 이상인 지하에 있는 경우에는 소요수량을 고려하여 가압송수장치를 설치할 것
(2) 소화수조 및 저수조의 채수구 또는 흡수관투입구는 소방차가 **2m** 이내의 지점까지 접근할 수 있는 위치에 설치할 것
(3) 소화수조가 **옥상** 또는 옥탑부분에 설치된 경우에는 지상에 설치된 채수구에서의 압력 **0.15MPa** 이상 되도록 한다. 보기 ①

> 기억법 옥15

용어

채수구
소방대상물의 펌프에 의하여 양수된 물을 소방차가 흡입하는 구멍

답 ①

68
오피스텔에서는 주거용 주방자동소화장치를 설치해야 하는데, 몇 층 이상인 경우 이러한 조치를 취해야 하는가?

① 6층 이상   ② 20층 이상
③ 25층 이상   ④ 모든 층

해설 **소화설비**의 설치대상(소방시설법 시행령 [별표 4])

종 류	설치대상
소화기구	① 연면적 **33m²** 이상(단, 노유자시설은 투척용 소화용구 등을 산정된 소화기 수량의 $\frac{1}{2}$ 이상으로 설치 가능) ② 국가유산 ③ 가스시설 ④ 터널 ⑤ 지하구 ⑥ 전기저장시설
주거용 주방자동소화장치	① 아파트 등(모든 층) ② **오피스텔**(모든 층) 보기 ④

답 ④

69. 피난기구의 화재안전기준상 노유자시설의 4층 이상 10층 이하에서 적응성이 있는 피난기구가 아닌 것은?

① 피난교
② 다수인 피난장비
③ 승강식 피난기
④ 미끄럼대

해설 피난기구의 적응성 (NFTC 301 2.1.1)

층별 설치 장소별 구분	1층	2층	3층	4층 이상 10층 이하

노유자시설	• 미끄럼대
	• 구조대
	• 피난교
	• 다수인 피난장비
	• 승강식 피난기
		• 미끄럼대
		• 구조대
		• 피난교
		• 다수인 피난장비
		• 승강식 피난기
			• 미끄럼대
			• 구조대
			• 피난교
			• 다수인 피난장비
			• 승강식 피난기
				• 구조대¹⁾
				• 피난교
				  보기 ①
				• 다수인 피난장비
				  보기 ②
				• 승강식 피난기
				  보기 ③

의료시설· 입원실이 있는 의원·접골원 ·조산원	–	–	• 미끄럼대 • 구조대 • 피난교 • 피난용 트랩 • 다수인 피난장비 • 승강식 피난기	• 구조대 • 피난교 • 피난용 트랩 • 다수인 피난장비 • 승강식 피난기
영업장의 위치가 4층 이하인 다중 이용업소		• 미끄럼대 • 피난사다리 • 구조대 • 완강기 • 다수인 피난장비 • 승강식 피난기	• 미끄럼대 • 피난사다리 • 구조대 • 완강기 • 다수인 피난장비 • 승강식 피난기	• 미끄럼대 • 피난사다리 • 구조대 • 완강기 • 다수인 피난장비 • 승강식 피난기
그 밖의 것 (근린생활시 설 사무실 등)	–	–	• 미끄럼대 • 피난사다리 • 구조대 • 완강기 • 피난교 • 피난용 트랩 • 간이완강기²⁾ • 공기안전매트	• 피난사다리 • 구조대 • 완강기 • 피난교 • 간이완강기²⁾ • 공기안전매트 • 다수인 피난장비 • 승강식 피난기

[비고] 1) 구조대의 적응성은 장애인 관련 시설로서 주된 사용자 중 스스로 피난이 불가한 자가 있는 경우 추가로 설치하는 경우에 한한다.
2) 간이완강기의 적응성은 숙박시설의 3층 이상에 있는 객실에 추가로 설치하는 경우에 한한다.

중요 의무관리대상 공동주택(NFPC 608 13조, NFTC 608 2.9.1.3)
공동주택 구역마다 공기안전매트 1개 이상 추가 설치

비교 피난기구의 적응성

	간이완강기	공기안전매트	구조대
	숙박시설의 3층 이상에 있는 객실	공동주택	장애인관련시설

답 ④

70. 소화수조 및 저수조의 화재안전기준에 따라 소화용수설비에 설치하는 채수구의 수는 소요수량이 $40m^3$ 이상 $100m^3$ 미만인 경우 몇 개를 설치해야 하는가?

① 1
② 2
③ 3
④ 4

해설 채수구의 수 (NFPC 402 4조, NFTC 402 2.1.3.2.1)

소화수조 소요수량	20~40m³ 미만	40~100m³ 미만	100m³ 이상
채수구의 수	1개	2개 보기 ②	3개

용어 채수구
소방대상물의 펌프에 의하여 양수된 물을 소방차가 흡입하는 구멍

비교 흡수관 투입구 (NFPC 402 4조, NFTC 402 2.1.3.1)

소요수량	80m³ 미만	80m³ 이상
흡수관 투입구의 수	1개 이상	2개 이상

답 ②

71. 포소화설비의 화재안전기준상 특수가연물을 저장·취급하는 공장 또는 창고에 적응성이 없는 포소화설비는?

① 고정포방출설비
② 포소화전설비
③ 압축공기포소화설비
④ 포워터 스프링클러설비

해설 포소화설비의 적응대상 (NFPC 105 4조, NFTC 105 2.1.1)

특정소방대상물	설비 종류

• 차고·주차장
• 항공기 격납고
• 공장·창고(특수가연물 저장·취급)
	• 포워터 스프링클러설비
	  보기 ④
	• 포헤드설비
	• 고정포방출설비
	  보기 ①
	• 압축공기포소화설비
	  보기 ③

• 완전개방된 옥상주차장(주된 벽이 없고 기둥뿐이거나 주위가 위해방지용 철주 등으로 둘러싸인 부분) • **지상 1층**으로서 지붕이 없는 차고·주차장 • 고가 밑의 주차장(주된 벽이 없고 기둥뿐이거나 주위가 위해방지용 철주 등으로 둘러싸인 부분)	• 호스릴포소화설비 • 포소화전설비
• 발전기실 • 엔진펌프실 • 변압기 • 전기케이블실 • 유압설비	• 고정식 압축공기포소화설비(바닥면적 합계 **300㎡** 미만)

답 ②

72 ★★★
포소화설비에서 펌프의 토출관에 압입기를 설치하여 포소화약제 압입용 펌프로 포소화약제를 압입시켜 혼합하는 방식은?

22.04.문74
21.05.문74
16.03.문64
15.09.문76
15.05.문80
12.05.문64

① 라인 프로포셔너
② 펌프 프로포셔너
③ 프레져 프로포셔너
④ 프레져사이드 프로포셔너

해설 **포소화약제의 혼합장치**(NFPC 105 3·9조, NFTC 105 1.7, 2.6.1)

(1) **펌프 프로포셔너방식**(펌프 혼합방식)
   ㉠ 펌프 토출측과 흡입측에 바이패스를 설치하고, 그 바이패스의 도중에 설치한 어댑터(Adaptor)로 펌프 토출측 수량의 일부를 통과시켜 공기포 용액을 만드는 방식
   ㉡ 펌프의 **토출관**과 **흡입관** 사이의 배관 도중에 설치한 흡입기에 펌프에서 토출된 물의 일부를 보내고 **농도조정밸브**에서 조정된 포소화약제의 필요량을 포소화약제 탱크에서 펌프 흡입측으로 보내어 약제를 혼합하는 방식

   기억법 펌농

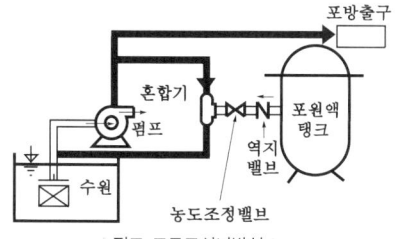

펌프 프로포셔너방식

(2) **프레져 프로포셔너방식**(차압 혼합방식)
   ㉠ 가압송수관 도중에 공기포 소화원액 혼합조(P.P.T)와 혼합기를 접속하여 사용하는 방법
   ㉡ **격막방식 휨탱크**를 사용하는 에어휨 혼합방식
   ㉢ 펌프와 발포기의 중간에 설치된 벤투리관의 **벤투리작용**과 펌프 가압수의 **포소화약제 저장탱크**에 대한 압력에 의하여 포소화약제를 흡입·혼합하는 방식

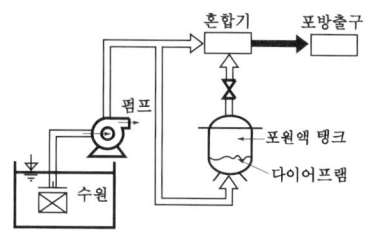

프레져 프로포셔너방식

(3) **라인 프로포셔너방식**(관로 혼합방식)
   ㉠ 급수관의 배관 도중에 포소화약제 흡입기를 설치하여 그 흡입관에서 소화약제를 흡입하여 혼합하는 방식
   ㉡ 펌프와 발포기의 중간에 설치된 벤투리관의 **벤투리 작용**에 의하여 포소화약제를 흡입·혼합하는 방식

   기억법 라벤벤

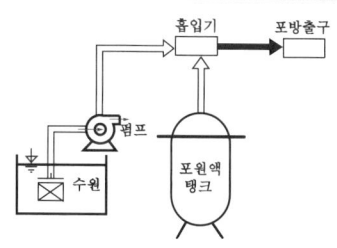

라인 프로포셔너방식

(4) **프레져사이드 프로포셔너방식**(압입 혼합방식) [보기 ④]
   ㉠ 소화액제 가압펌프(압입용 펌프)를 별도로 사용하는 방식
   ㉡ 펌프 **토출관**에 압입기를 설치하여 포소화약제 **압입용 펌프**로 포소화약제를 압입시켜 혼합하는 방식

   기억법 프사압

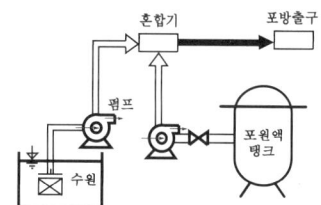

프레져사이드 프로포셔너방식

(5) **압축공기포 믹싱챔버방식**
   포수용액에 공기를 강제로 주입시켜 **원거리** 방수가 가능하고 물 사용량을 줄여 **수손피해**를 **최소화**할 수 있는 방식

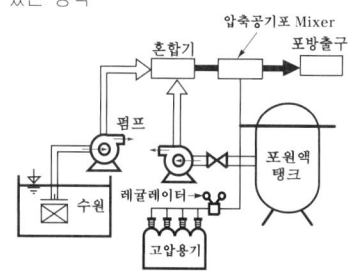

압축공기포 믹싱챔버방식

답 ④

73 제연설비의 화재안전기준상 제연설비 설치장소의 제연구역 구획기준으로 틀린 것은?

① 하나의 제연구역의 면적은 1000m² 이내로 할 것
② 하나의 제연구역은 직경 60m 원 내에 들어갈 수 있을 것
③ 하나의 제연구역은 3개 이상 층에 미치지 아니하도록 할 것
④ 통로상의 제연구역은 보행중심선의 길이가 60m를 초과하지 아니할 것

해설 ③ 3개 이상 → 2개 이상

제연구역의 구획(NFPC 501 4조, NFTC 501 2.1.1)
(1) 1제연구역의 면적은 **1000m²** 이내로 할 것 보기①
(2) 거실과 통로는 **상호제연 구획**할 것
(3) 통로상의 제연구역은 보행중심선의 길이가 **60m**를 초과하지 않을 것 보기④
(4) 1제연구역은 직경 **60m** 원 내에 들어갈 것 보기②
(5) 1제연구역은 **2개** 이상의 층에 미치지 않을 것 보기③

기억법 제10006(충북 제천에 육교 있음)
2개제(이게 제목이야!)

답 ③

74 스프링클러설비의 화재안전기준상 스프링클러헤드 설치시 살수가 방해되지 아니하도록 벽과 스프링클러헤드 간의 공간은 최소 몇 cm 이상으로 하여야 하는가?

① 60 ② 30
③ 20 ④ 10

해설 **스프링클러헤드**(NFTC 103 2.7.7)

거리	적용
10cm 이상 보기④	벽과 스프링클러헤드 간의 공간
60cm 이상	스프링클러헤드의 공간

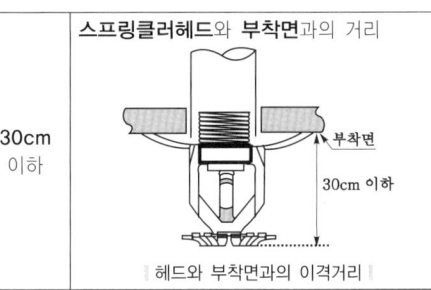

답 ④

75 옥내소화전설비의 화재안전기준에 따라 옥내소화전설비의 표시등 설치기준으로 옳은 것은?

① 가압송수장치의 기동을 표시하는 표시등은 옥내소화전함의 상부 또는 그 직근에 설치한다.
② 가압송수장치의 기동을 표시하는 표시등은 녹색등으로 한다.
③ 자체소방대를 구성하여 운영하는 경우 가압송수장치의 기동표시등을 반드시 설치해야 한다.
④ 옥내소화전설비의 위치를 표시하는 표시등은 함의 하부에 설치하되, 「표시등의 성능인증 및 제품검사의 기술기준」에 적합한 것으로 한다.

해설 ② 녹색등 → 적색등
③ 반드시 설치해야 한다 → 설치하지 않을 수 있다
④ 하부 → 상부

옥내소화전설비의 표시등 설치기준(NFPC 102 7조, NFTC 102 2.4.3)
(1) 옥내소화전설비의 위치를 표시하는 **표시등**은 함의 **상부**에 설치하되, 소방청장이 고시하는 「표시등의 성능인증 및 제품검사의 기술기준」에 적합한 것으로 할 것 보기④
(2) 가압송수장치의 기동을 표시하는 **표시등**은 옥내소화전함의 **상부** 또는 그 **직근**에 설치하되 **적색등**으로 할 것(단, **자체소방대**를 구성하여 운영하는 경우(「위험물안전관리법 시행령」〔별표 8〕에서 정한 소방자동차와 자체소방대원의 규모) **가압송수장치**의 **기동표시등**을 설치하지 않을 수 있다) 보기①②③

답 ①

76. 상수도 소화용수설비의 화재안전기준에 따른 설치기준 중 다음 ( ) 안에 알맞은 것은?

> 호칭지름 (㉠)mm 이상의 수도배관에 호칭지름 (㉡)mm 이상의 소화전을 접속하여야 하며, 소화전은 특정소방대상물의 수평투영면의 각 부분으로부터 (㉢)m 이하가 되도록 설치할 것

① ㉠ 65, ㉡ 80, ㉢ 120
② ㉠ 65, ㉡ 100, ㉢ 140
③ ㉠ 75, ㉡ 80, ㉢ 120
④ ㉠ 75, ㉡ 100, ㉢ 140

해설 상수도 소화용수설비의 기준(NFPC 401 4조, NFTC 401 2.1)

(1) 호칭지름

수도배관	소화전
75mm 이상 [보기 ㉠]	100mm 이상 [보기 ㉡]

(2) 소화전은 소방자동차 등의 진입이 쉬운 **도로변** 또는 **공지**에 설치할 것
(3) 소화전은 특정소방대상물의 수평투영면의 각 부분으로부터 **140m** 이하가 되도록 설치할 것 [보기 ㉢]
(4) 지상식 소화전의 호스접결구는 지면으로부터 높이가 0.5m 이상 1m 이하가 되도록 설치할 것

기억법 수75(수지침으로 치료), 소1(소일거리)

답 ④

77. 피난기구의 화재안전기준상 승강식 피난기 및 하향식 피난구용 내림식 사다리 설치시 2세대 이상일 경우 대피실의 면적은 최소 몇 m² 이상인가?

① 3m² 이상
② 1m² 이상
③ 1.2m² 이상
④ 2m² 이상

해설 승강식 피난기 및 하향식 피난구용 내림식 사다리의 설치기준(NFPC 301 5조, NFTC 301 2.1.3.9)

(1) 대피실의 면적은 **2m²**(2세대 이상일 경우에는 **3m²**) 이상으로 하고, 건축법 시행령 제46조 제4항의 규정에 적합하여야 하며 하강구(개구부) 규격은 직경 **60cm** 이상일 것(단, 외기와 개방된 장소에는 제외) [보기 ①]
(2) 하강구 내측에는 기구의 연결금속구 등이 없어야 하며 전개된 피난기구는 하강구 수평투영면적 공간 내의 범위를 침범하지 않는 구조이어야 할 것(단, 직경 **60cm** 크기의 범위를 벗어난 경우이거나, 직하층의 바닥면으로부터 높이 **50cm** 이하의 범위는 제외)
(3) 착지점과 하강구는 상호 수평거리 **15cm** 이상의 간격을 둘 것

답 ①

78. 연소방지설비 헤드의 설치기준 중 살수구역은 환기구 등을 기준으로 환기구 사이의 간격으로 몇 m 이내마다 1개 이상 설치하여야 하는가?

① 150
② 200
③ 350
④ 700

해설 연소방지설비 헤드의 설치기준(NFPC 605 8조, NFTC 605 2.4.2)

(1) **천장** 또는 **벽면**에 설치하여야 한다.
(2) 헤드 간의 수평거리

스프링클러헤드	연소방지설비 전용헤드
1.5m 이하	2m 이하

(3) 소방대원의 출입이 가능한 환기구·작업구마다 지하구의 양쪽 방향으로 살수헤드를 설정하되, 한쪽 방향의 살수구역의 길이는 **3m** 이상으로 할 것(단, 환기구 사이의 간격이 **700m**를 초과할 경우에는 700m 이내마다 살수구역을 설정하되, 지하구의 구조를 고려하여 방화벽을 설치한 경우에는 제외) [보기 ④]

기억법 연방70

비교

연결살수설비 헤드간 수평거리

스프링클러헤드	연결살수설비 전용헤드
2.3m 이하	3.7m 이하

답 ④

79. 구조대의 형식승인 및 제품검사의 기술기준에 따른 경사강하식 구조대의 구조에 대한 설명으로 틀린 것은?

① 구조대 본체는 강하방향으로 봉합부가 설치되어야 한다.
② 연속하여 활강할 수 있는 구조로 안전하고 쉽게 사용할 수 있어야 한다.
③ 땅에 닿을 때 충격을 받는 부분에는 완충장치로서 받침포 등을 부착하여야 한다.
④ 입구틀 및 고정틀의 입구는 지름 60cm 이상의 구체가 통과할 수 있어야 한다.

해설 ① 설치되어야 한다. → 설치 금지

경사강하식 구조대의 기준(구조대의 형식승인 및 제품검사의 기술기준 3조)

(1) 구조대 본체는 **강하방향**으로 **봉합부 설치 금지** [보기 ①]
(2) 손잡이는 출구 부근에 좌우 각 **3개** 이상 균일한 간격으로 견고하게 부착
(3) 구조대 본체의 끝부분에는 길이 **4m** 이상, 지름 **4mm** 이상의 유도선을 부착하여야 하며, 유도선 끝에는 중량 **3N**(300g) 이상의 모래주머니 등 설치

(4) 본체의 포지는 **하부지지장치**에 인장력이 균등하게 걸리도록 부착하여야 하며 하부지지장치는 쉽게 조작 가능
(5) 입구틀 및 고정틀 입구는 지름 **60cm** 이상의 구체가 통과할 수 있을 것 보기 ④
(6) 구조대 본체의 활강부는 낙하방지를 위해 포를 **2중구조**로 하거나 망목의 변의 길이가 **8cm** 이하인 망 설치 (단, 구조상 낙하방지의 성능을 갖고 있는 구조대의 경우는 제외)
(7) **연속**하여 **활강**할 수 있는 구조로 안전하고 쉽게 사용할 수 있을 것 보기 ②
(8) 땅에 닿을 때 충격을 받는 부분에는 **완충장치**로서 **받침포** 등 부착 보기 ③

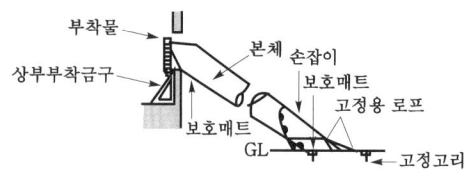

∥ 경사강하식 구조대 ∥

답 ①

80 물분무소화설비의 화재안전기준에 따른 물분무소화설비의 저수량에 대한 기준 중 다음 ( ) 안의 내용으로 맞는 것은?

20.06.문61
19.04.문75
17.03.문77
16.03.문63
15.09.문74

절연유 봉입변압기는 바닥부분을 제외한 표면적을 합한 면적 1m²에 대하여 ( )L/min로 20분간 방수할 수 있는 양 이상으로 할 것

① 4　　　　② 8
③ 10　　　④ 12

해설 **물분무소화설비**의 **수원**(NFPC 104 4조, NFTC 104 2.1.1)

특정소방대상물	토출량	비 고
컨베이어벨트	10L/min·m²	벨트부분의 바닥면적
절연유 봉입변압기	10L/min·m² 보기 ③	표면적을 합한 면적(바닥면적 제외)
특수가연물	10L/min·m² (최소 50m²)	최대방수구역의 바닥면적 기준
케이블트레이·덕트	12L/min·m²	투영된 바닥면적
차고·주차장	20L/min·m² (최소 50m²)	최대방수구역의 바닥면적 기준
위험물 저장탱크	37L/min·m	위험물탱크 둘레길이(원주길이) : 위험물규칙 [별표 6] Ⅱ

※ 모두 **20분**간 방수할 수 있는 양 이상으로 하여야 한다.

기억법		
컨	0	
절	0	
특	0	
케	2	
차	0	
위	37	

답 ③

과년도 기출문제

2022년
소방설비기사 필기(기계분야)

■ 2022. 3. 5 시행 ·························· 22- 2
■ 2022. 4. 24 시행 ·························· 22-31
■ 2022. 9. 14 시행 ·························· 22-62

** 수험자 유의사항 **

1. 문제지를 받는 즉시 **본인**이 **응시한 종목**이 맞는지 확인하시기 바랍니다.
2. 문제지 표지에 본인의 **수험번호**와 **성명**을 기재하여야 합니다.
3. 문제지의 **총면수, 문제번호 일련순서, 인쇄상태, 중복 및 누락 페이지 유무**를 확인하시기 바랍니다.
4. 답안은 각 문제마다 요구하는 가장 적합하거나 가까운 답 1개만을 선택하여야 합니다.
5. 답안카드는 뒷면의 「수험자 유의사항」에 따라 작성하시고, 답안카드 작성 시 형별누락, 마킹착오로 인한 불이익은 전적으로 수험자에게 책임이 있음을 알려드립니다.
6. 문제지는 시험 종료 후 본인이 가져갈 수 있습니다.

** 안내사항 **

- 가답안/최종정답은 큐넷(www.q-net.or.kr)에서 확인하실 수 있습니다. 가답안에 대한 의견은 큐넷의 [가답안 의견제시]를 통해 제시할 수 있으며, 확정된 답안은 최종정답으로 갈음합니다.
- 공단에서 제공하는 자격검정서비스에 대해 개선할 점이 있으시면 고객참여(http://hrdkorea.or.kr/7/1/1)를 통해 건의하여 주시기 바랍니다.

2022. 3. 5 시행

2022년 기사 제1회 필기시험

자격종목	종목코드	시험시간	형별	수험번호	성명
소방설비기사(기계분야)		2시간			

※ 각 문항은 4지택일형으로 질문에 가장 적합한 보기 항을 선택하여 체크하여야 합니다.

제1과목 소방원론

01 소화원리에 대한 설명으로 틀린 것은?

19.09.문13
18.09.문19
17.05.문06
16.03.문08
15.03.문17
14.03.문19
11.10.문19
03.08.문11

① 억제소화 : 불활성기체를 방출하여 연소범위 이하로 낮추어 소화하는 방법
② 냉각소화 : 물의 증발잠열을 이용하여 가연물의 온도를 낮추는 소화방법
③ 제거소화 : 가연성 가스의 분출화재시 연료공급을 차단시키는 소화방법
④ 질식소화 : 포소화약제 또는 불연성기체를 이용해서 공기 중의 산소공급을 차단하여 소화하는 방법

해설 ① 억제소화 → 희석소화

소화의 형태

구 분	설 명
냉각소화	① **점화원**을 냉각하여 소화하는 방법 ② **증**발잠열을 이용하여 열을 빼앗아 가연물의 온도를 떨어뜨려 화재를 진압하는 소화방법 ③ **다**량의 **물**을 뿌려 소화하는 방법 ④ 가연성 물질을 **발화점 이하**로 **냉각**하여 소화하는 방법 ⑤ 식용유화재에 신선한 **야채**를 넣어 소화하는 방법 ⑥ 용융잠열에 의한 **냉각효과**를 이용하여 소화하는 방법 기억법 냉점증발
질식소화	① 공기 중의 **산소농도**를 **16%(10~15%)** 이하로 희박하게 하여 소화하는 방법 ② 산화제의 농도를 낮추어 연소가 지속될 수 없도록 소화하는 방법 ③ 산소공급을 차단하여 소화하는 방법 ④ 산소의 농도를 낮추어 소화하는 방법 ⑤ 화학반응으로 발생한 **탄산가스**에 의한 소화방법 기억법 질산
제거소화	**가연물**을 **제거**하여 소화하는 방법
부촉매소화 (억제소화, 화학소화)	① **연쇄반응**을 **차단**하여 소화하는 방법 ② 화학적인 방법으로 화재를 억제하여 소화하는 방법 ③ **활성기**(free radical, 자유라디칼)의 **생성**을 **억제**하여 소화하는 방법 ④ 할론계 소화약제 기억법 부억(부엌)
희석소화	① 기체·고체·액체에서 나오는 분해가스나 증기의 농도를 낮춰 소화하는 방법 ② 불연성 가스의 **공기** 중 **농도**를 높여 소화하는 방법 ③ 불활성기체를 방출하여 연소범위 이하로 낮추어 소화하는 방법 보기 ①

 중요

화재의 소화원리에 따른 소화방법

소화원리	소화설비
냉각소화	① 스프링클러설비 ② 옥내·외소화전설비
질식소화	① 이산화탄소 소화설비 ② 포소화설비 ③ 분말소화설비 ④ 불활성기체 소화약제
억제소화 (부촉매효과)	① 할론소화약제 ② 할로겐화합물 소화약제

답 ①

02 위험물의 유별에 따른 분류가 잘못된 것은?

19.04.문44
16.05.문46
16.05.문52
15.09.문03
15.09.문18
15.05.문10
15.05.문42
15.03.문51
14.09.문18
14.03.문18
11.06.문54

① 제1류 위험물 : 산화성 고체
② 제3류 위험물 : 자연발화성 물질 및 금수성 물질
③ 제4류 위험물 : 인화성 액체
④ 제6류 위험물 : 가연성 액체

해설 ④ 가연성 액체 → 산화성 액체

위험물령 [별표 1]
위험물

유별	성질	품명
제1류	**산**화성 **고**체	• 아**염**소산염류 • 염소산염류(**염소산나트륨**) • 과염소산염류 • 질산염류 • 무기과산화물 기억법 **1산고염나**
제2류	가연성 고체	• **황화**인 • **적**린 • **황** • **마**그네슘 기억법 **황화적황마**
제3류	자연발화성 물질 및 금수성 물질	• **황**린 • **칼**륨 • **나**트륨 • **알**칼리토금속 • **트**리에틸알루미늄 기억법 **황칼나알트**
제4류	인화성 액체	• 특수인화물 • 석유류(벤젠) • 알코올류 • 동식물유류
제**5**류	**자**기반응성 물질	• 유기과산화물 • 나이트로화합물 • 나이트로소화합물 • 아조화합물 • 질산에스터류(셀룰로이드) 기억법 **5자(오자**탈자)
제6류	산화성 액체	• 과염소산 • 과산화수소 • 질산

답 ④

03 고층건축물 내 연기거동 중 굴뚝효과에 영향을 미치는 요소가 아닌 것은?

17.03.문01
16.05.문16
04.03.문19
01.06.문11

① 건물 내외의 온도차
② 화재실의 온도
③ 건물의 높이
④ 층의 면적

해설 ④ 해당없음

연기거동 중 **굴뚝효과**(연돌효과)와 관계있는 것
(1) 건물 내외의 온도차
(2) 화재실의 온도
(3) 건물의 높이

 용어

굴뚝효과와 같은 의미
(1) 연돌효과
(2) Stack effect

중요

굴뚝효과(stack effect)
(1) 건물 내외의 **온도차**에 따른 공기의 흐름현상이다.
(2) 굴뚝효과는 **고층건물**에서 주로 나타난다.
(3) 평상시 건물 내의 기류분포를 지배하는 중요 요소이며 화재시 **연기**의 **이동**에 큰 영향을 미친다.
(4) 건물 외부의 온도가 내부의 온도보다 높은 경우 저층부에서는 내부에서 외부로 공기의 흐름이 생긴다.

답 ④

04 화재에 관련된 국제적인 규정을 제정하는 단체는?

19.03.문19
① IMO(International Maritime Organization)
② SFPE(Society of Fire Protection Engineers)
③ NFPA(Nation Fire Protection Association)
④ ISO(International Organization for Standardization) TC 92

해설

단체명	설명
IMO(International Maritime Organization)	• 국제해사기구 • 선박의 항로, 교통규칙, 항만시설 등을 국제적으로 통일하기 위하여 설치된 유엔전문기구
SFPE(Society of Fire Protection Engineers)	• 미국소방기술사회
NFPA(National Fire Protection Association)	• 미국방화협회 • 방화·안전설비 및 산업안전 방지장치 등에 대해 약 270규격을 제정
ISO(International Organization for Standardization)	• 국제표준화기구 • 지적 활동이나 과학·기술·경제 활동 분야에서 세계 상호간의 협력을 위해 1946년에 설립한 국제기구 ※ TC 92 : Fire Safety, ISO의 237개 전문기술위원회(TC)의 하나로서, 화재로부터 인명 안전 및 건물 보호, 환경을 보전하기 위하여 건축자재 및 구조물의 **화재**시험 및 시뮬레이션 개발에 필요한 세부지침을 **국제규격**으로 제·개정하는 것 **보기 ④**

답 ④

05 제연설비의 화재안전기준상 예상제연구역에 공기가 유입되는 순간의 풍속은 몇 m/s 이하가 되도록 하여야 하는가?

10.05.문76

① 2
② 3
③ 4
④ 5

해설 **제연설비의 풍속**(NFPC 501 8~10조, NFTC 501 2.5.5, 2.6.2.2, 2.7.1)

조건	풍속
• 유입구가 바닥에 설치시 상향분출 가능	1m/s 이하
• 예상제연구역의 공기유입 풍속	→ 5m/s 이하 보기 ④
• 배출기의 흡입측 풍속	15m/s 이하
• 배출기의 배출측 풍속 • 유입풍도 안의 풍속	20m/s 이하

용어
풍도
공기가 유동하는 덕트

답 ④

06 ★★★ 물에 황산을 넣어 묽은 황산을 만들 때 발생되는 열은?

① 연소열　　② 분해열
③ 용해열　　④ 자연발열

해설 **화학열**

종류	설명
연소열	어떤 물질이 완전히 **산**화되는 과정에서 발생하는 열
용해열	어떤 물질이 액체에 **용해**될 때 발생하는 열 (농**황**산, **묽은 황산**) 보기 ③
분해열	화합물이 **분해**할 때 발생하는 열
생성열	발열반응에 의한 화합물이 **생성**할 때의 열
자연발열 (자연발화)	어떤 물질이 **외**부로부터 열의 공급을 받지 아니하고 온도가 상승하는 현상

기억법 연산, 용황, 자외

답 ③

07 ★★★ 화재의 정의로 옳은 것은?
14.05.문04
11.06.문18

① 가연성 물질과 산소와의 격렬한 산화반응이다.
② 사람의 과실로 인한 실화나 고의에 의한 방화로 발생하는 연소현상으로서 소화할 필요성이 있는 연소현상이다.
③ 가연물과 공기와의 혼합물이 어떤 점화원에 의하여 활성화되어 열과 빛을 발하면서 일으키는 격렬한 발열반응이다.
④ 인류의 문화와 문명의 발달을 가져오게 한 근본 존재로서 인간의 제어수단에 의하여 컨트롤할 수 있는 연소현상이다.

해설 ①③④ 연소의 정의

화재의 정의	연소의 정의
① 자연 또는 인위적인 원인에 의하여 불이 물체를 연소시키고, **인명**과 **재산**에 손해를 주는 현상 ② 불이 그 사용목적을 넘어 다른 곳으로 연소하여 사람들에게 예기치 않은 경제상의 손해를 발생시키는 현상 ③ 사람의 의도에 **반**(反)하여 출화 또는 방화에 의해 불이 발생하고 확대하는 현상 ④ 불을 사용하는 사람의 부주의와 불안정한 상태에서 발생되는 것 ⑤ 실화, 방화로 발생하는 연소현상을 말하며 사람에게 유익하지 못한 **해로운 불** ⑥ 사람의 의사에 반한, 즉 대부분의 사람이 원치 않는 상태의 불 ⑦ 소화의 필요성이 있는 불 보기 ② ⑧ 소화에 효과가 있는 어떤 물건(소화시설)을 사용할 필요가 있다고 판단되는 불	① **가연성 물질**과 산소와의 격렬한 **산화반응**이다. ② 가연물과 공기와의 혼합물이 어떤 점화원에 의하여 활성화되어 **열**과 **빛**을 발하면서 일으키는 격렬한 **발열반응**이다. ③ 인류의 문화와 문명의 발달을 가져오게 한 근본 존재로서 인간의 제어수단에 의하여 컨트롤할 수 있는 연소현상이다.

기억법 화인 재반해

답 ②

08 ★★★ 이산화탄소 소화약제의 임계온도는 약 몇 ℃인가?
19.03.문11
16.03.문15
14.05.문08
13.06.문20
11.03.문06

① 24.4
② 31.4
③ 56.4
④ 78.4

해설 **이산화탄소**의 물성

구분	물성
임계압력	72.75atm
임계온도	→ 31.35℃(약 31.4℃) 보기 ②
3중점	-**56**.3℃(약 -56℃)
승화점(**비**점)	-**78**.5℃
허용농도	0.5%
증기비중	1.**5**29
수분	0.05% 이하(함량 99.5% 이상)

기억법 이356, 이비78, 이증15

답 ②

09. 상온·상압의 공기 중에서 탄화수소류의 가연물을 소화하기 위한 이산화탄소 소화약제의 농도는 약 몇 %인가? (단, 탄화수소류는 산소농도가 10%일 때 소화된다고 가정한다.)

① 28.57 ② 35.48
③ 49.56 ④ 52.38

해설
(1) 기호
- O_2 : 10%

(2) CO_2의 농도(이론소화농도)

$$CO_2 = \frac{21 - O_2}{21} \times 100$$

여기서, CO_2 : CO_2의 이론소화농도[vol%] 또는 약식으로 [%]
O_2 : 한계산소농도[vol%] 또는 약식으로 [%]

$$CO_2 = \frac{21 - O_2}{21} \times 100$$
$$= \frac{21 - 10}{21} \times 100 ≒ 52.38\%$$

답 ④

10. 과산화수소 위험물의 특성이 아닌 것은?

① 비수용성이다.
② 무기화합물이다.
③ 불연성 물질이다.
④ 비중은 물보다 무겁다.

해설
① 비수용성 → 수용성

과산화수소(H_2O_2)의 성질
(1) 비중이 1보다 **크며**(물보다 무겁다), 물에 잘 녹는다. 보기 ④
(2) **산화성 물질**로 다른 물질을 산화시킨다.
(3) **불연성 물질**이다. 보기 ③
(4) 상온에서 **액체**이다.
(5) **무기화합물**이다. 보기 ②
(6) **수용성**이다. 보기 ①

답 ①

11. 건축물의 피난·방화구조 등의 기준에 관한 규칙상 방화구획의 설치기준 중 스프링클러를 설치한 10층 이하의 층은 바닥면적 몇 m² 이내마다 방화구획을 구획하여야 하는가?

① 1000 ② 1500
③ 2000 ④ 3000

해설
④ 스프링클러소화설비를 설치했으므로 1000m² × 3배 = 3000m²

건축령 46조, 피난·방화구조 14조
방화구획의 기준

대상 건축물	대상 규모	층 및 구획방법	구획부분의 구조
주요 구조부가 내화구조 또는 불연재료로 된 건축물	연면적 1000m² 넘는 것	10층 이하 → 바닥면적 **1000m²** 이내마다	• 내화구조로 된 바닥·벽 • 60분+방화문, 60분 방화문 • 자동방화셔터
		매 층마다	• 지하 1층에서 지상으로 직접 연결하는 경사로 부위는 제외
		11층 이상	• 바닥면적 **200m²** 이내마다(실내 마감을 불연재료로 한 경우 500m² 이내마다)

• **스프링클러**, 기타 이와 유사한 **자동식 소화설비**를 설치한 경우 바닥면적은 위의 **3배** 면적으로 산정한다.
• **필로티**나 그 밖의 비슷한 구조의 부분을 주차장으로 사용하는 경우 그 부분은 건축물의 다른 부분과 구획할 것

답 ④

12. 다음 중 분진폭발의 위험성이 가장 낮은 것은 어느 것인가?

① 시멘트가루
② 알루미늄분
③ 석탄분말
④ 밀가루

해설
분진폭발을 일으키지 않는 물질(=물과 반응하여 가연성 기체를 발생하지 않는 것)
(1) **시**멘트(시멘트가루) 보기 ①
(2) **석**회석
(3) **탄**산칼슘($CaCO_3$)
(4) **생**석회(CaO)=산화칼슘

기억법 분시석탄생

중요

분진폭발의 위험성이 있는 것
(1) 알루미늄분
(2) 황
(3) 소맥분(밀가루)
(4) 석탄분말

답 ①

13. 백열전구가 발열하는 원인이 되는 열은?

① 아크열 ② 유도열
③ 저항열 ④ 정전기열

해설 전기열

종류	설 명
유도열	도체 주위에 **자장**이 존재할 때 전류가 흘러 발생하는 열
유전열	전기**절**연불량에 의한 발열
저항열	도체에 전류가 흘렀을 때 전기저항 때문에 발생하는 열(예 **백**열전구)

기억법 유도자
유전절
저백

중요

열에너지원의 종류

기계열 (기계적 에너지)	전기열 (전기적 에너지)	화학열 (화학적 에너지)
압축열, **마**찰열, 마찰 스파크	유도열, 유전열, 저항열, 아크열, 정전기열, 낙뢰에 의한 열	**연**소열, **용**해열, **분**해열, **생**성열, **자**연발화열

기억법 기압마

기억법 화연용분생자

- 기계열=기계적 에너지=기계에너지
- 전기열=전기적 에너지=전기에너지
- 화학열=화학적 에너지=화학에너지
- 유도열=유도가열
- 유전열=유전가열

답 ③

★★★
14 동식물유류에서 "아이오딘값이 크다."라는 의미를 옳게 설명한 것은?
17.05.문07
14.05.문16
11.06.문16
① 불포화도가 높다.
② 불건성유이다.
③ 자연발화성이 낮다.
④ 산소와의 결합이 어렵다.

해설 ② 불건성유 → 건성유
③ 낮다. → 높다.
④ 어렵다. → 쉽다.

"**아이**오딘값이 크다."라는 **의미**
(1) **불포**화도가 높다. 보기 ①
(2) **건**성유이다.
(3) **자**연발화성이 높다.
(4) 산소와 결합이 쉽다.

기억법 아불포

 용어

아이오딘값
(1) 기름 100g에 첨가되는 아이오딘의 g수
(2) 기름에 염화아이오딘을 작용시킬 때 기름 100g에 흡수되는 염화아이오딘의 양에서 아이오딘의 양을 환산하여 그램수로 나타낸 값

답 ①

★★
15 단백포 소화약제의 특징이 아닌 것은?
18.03.문17
15.05.문09
① 내열성이 우수하다.
② 유류에 대한 유동성이 나쁘다.
③ 유류를 오염시킬 수 있다.
④ 변질의 우려가 없어 저장 유효기간의 제한이 없다.

해설 ④ 변질의 우려가 없어 저장 유효기간의 제한이 없다. → 변질에 의한 저장성이 불량하고 유효기간이 존재한다.

(1) **단백포**의 장단점

장 점	단 점
① **내열성** 우수 보기 ①	① 소화기간이 길다.
② **유면봉쇄성** 우수	② 유동성이 좋지 않다. 보기 ②
③ 내화성 향상(우수)	③ 변질에 의한 저장성 불량 보기 ④
④ 내유성 향상(우수)	④ 유류오염 보기 ③

(2) **수성막포**의 장단점

장 점	단 점
① 석유류 표면에 신속히 **피막**을 **형성**하여 유류증발을 억제한다.	① 가격이 비싸다.
② **안전성**이 좋아 장기 보존이 가능하다.	② 내열성이 좋지 않다.
③ **내약품성**이 좋아 타 약제와 겸용사용도 가능하다.	③ 부식방지용 저장설비가 요구된다.
④ **내유염성**이 우수하다 (기름에 의한 오염이 적다).	
⑤ **불소계 계면활성제**가 주성분이다.	

(3) **합성계면활성제포**의 장단점

장 점	단 점
① **유동성**이 우수하다.	① 적열된 기름탱크 주위에는 효과가 적다.
② **저장성**이 우수하다.	② 가연물에 양이온이 있을 경우 발포성능이 저하된다.
	③ 타약제와 겸용시 소화효과가 좋지 않을 수 있다.

답 ④

16. 이산화탄소 소화약제의 주된 소화효과는?

① 제거소화   ② 억제소화
③ 질식소화   ④ 냉각소화

해설 소화약제의 소화작용

소화약제	소화효과	주된 소화효과
① 물(스프링클러)	• 냉각효과 • 희석효과	• 냉각효과 (냉각소화)
② 물(무상)	• 냉각효과 • 질식효과 • 유화효과 • 희석효과	• **질식효과** 보기 ③ (질식소화)
③ 포	• 냉각효과 • 질식효과	
④ 분말	• 질식효과 • 부촉매효과 (억제효과) • 방사열 차단효과	
⑤ 이산화탄소	• 냉각효과 • 질식효과 • 피복효과	
⑥ 할론	• 질식효과 • 부촉매효과 (억제효과)	• **부**촉매효과 (연쇄반응차단 소화)

기억법 할부(할아버지)
이질(이질적이다)

답 ③

17. 전기불꽃, 아크 등이 발생하는 부분을 기름 속에 넣어 폭발을 방지하는 방폭구조는?

① 내압방폭구조
② 유입방폭구조
③ 안전증방폭구조
④ 특수방폭구조

해설 방폭구조의 종류

(1) **내압**(內壓)**방폭구조(압력방폭구조)** : p
용기 내부에 **질소** 등의 보호용 가스를 충전하여 외부에서 폭발성 가스가 침입하지 못하도록 한 구조

내압(內壓)방폭구조(압력방폭구조)

(2) **내압**(耐壓)**방폭구조** : d 보기 ①
폭발성 가스가 용기 내부에서 폭발하였을 때 용기가 그 압력에 견디거나 또는 **외부**의 폭발성 가스에 인화될 우려가 없도록 한 구조

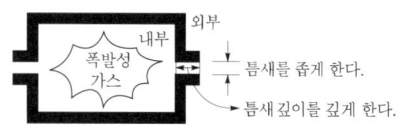

내압(耐壓)방폭구조

(3) **유입방폭구조** : o 보기 ②
전기불꽃, 아크 또는 고온이 발생하는 부분을 **기름** 속에 넣어 폭발성 가스에 의해 인화가 되지 않도록 한 구조

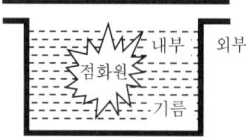

유입방폭구조

기억법 유기(유기 그릇)

(4) **안전증방폭구조** : e 보기 ③
기기의 정상운전 중에 폭발성 가스에 의해 점화원이 될 수 있는 전기불꽃 또는 고온이 되어서는 안 될 부분에 기계적, 전기적으로 특히 **안전도를 증가**시킨 구조

안전증방폭구조

(5) **본질안전방폭구조** : i
폭발성 가스가 **단선, 단락, 지락** 등에 의해 발생하는 전기불꽃, 아크 또는 고온에 의하여 점화되지 않는 것이 확인된 구조

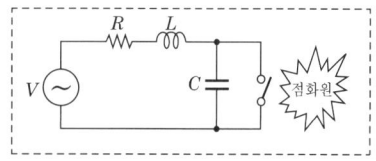

본질안전방폭구조

(6) **특수방폭구조** : s 보기 ④
위에서 설명한 구조 이외의 방폭구조로서 폭발성 가스에 의해 점화되지 않는 것이 시험 등에 의하여 확인된 구조

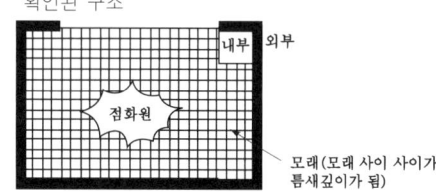

특수방폭구조

답 ②

18. 다음 중 자연발화의 방지방법이 아닌 것은 어느 것인가?

① 통풍이 잘 되도록 한다.
② 퇴적 및 수납시 열이 쌓이지 않게 한다.
③ 높은 습도를 유지한다.
④ 저장실의 온도를 낮게 한다.

해설 ③ 높은 습도를 → 건조하게(낮은 습도를)

(1) **자연발화의 방지법**
  ㉠ **습**도가 높은 곳을 **피**할 것(건조하게 유지할 것) 보기 ③
  ㉡ 저장실의 온도를 낮출 것 보기 ④
  ㉢ 통풍이 잘 되게 할 것(**환기**를 원활히 시킨다) 보기 ①
  ㉣ 퇴적 및 수납시 열이 쌓이지 않게 할 것(**열축적 방지**) 보기 ②
  ㉤ 산소와의 접촉을 차단할 것(**촉매물질**과의 접촉을 피한다)
  ㉥ 열전도성을 좋게 할 것

기억법 자습피

(2) **자연발화 조건**
  ㉠ 열전도율이 작을 것
  ㉡ 발열량이 클 것
  ㉢ 주위의 온도가 높을 것
  ㉣ 표면적이 넓을 것

답 ③

19. 소화약제의 형식승인 및 제품검사의 기술기준상 강화액소화약제의 응고점은 몇 ℃ 이하이어야 하는가?

① 0 ② -20
③ -25 ④ -30

해설 소화약제의 형식승인 및 제품검사의 기술기준 6조 **강화액소화약제**
(1) 알칼리 금속염류의 수용액 : **알칼리성 반응**을 나타낼 것
(2) 응고점 : **-20℃** 이하

중요

소화약제의 형식승인 및 제품검사의 기술기준 36조 소화기의 사용온도

종류	사용온도
• **분**말 • **강**화액	-20~40℃ 이하
• 그 밖의 소화기	0~40℃ 이하

기억법 강분24온(강변에서 이사온 나)

답 ②

20. 상온에서 무색의 기체로서 암모니아와 유사한 냄새를 가지는 물질은?

① 에틸벤젠
② 에틸아민
③ 산화프로필렌
④ 사이클로프로판

해설

물 질	특 징
에틸아민 ($C_2H_5NH_2$) 보기 ②	상온에서 **무색**의 **기체**로서 **암모니아**와 유사한 냄새를 가지는 물질
에틸벤젠 ($C_6H_5CH_2CH_3$) 보기 ①	**유기화합물로, 휘발유**와 비슷한 냄새가 나는 가연성 무색액체
산화프로필렌 (CH_3CHCH_2O) 보기 ③	**급성 독성** 및 **발암성** 유기화합물
사이클로프로판 (C_3H_6) 보기 ④	결합각이 60도여서 불안정하므로 **첨가반응**을 잘하지만 브로민수 탈색반응은 잘 하지 못한다.

답 ②

제 2 과목 소방유체역학

21. 30℃에서 부피가 10L인 이상기체를 일정한 압력으로 0℃로 냉각시키면 부피는 약 몇 L로 변하는가?

① 3 ② 9
③ 12 ④ 18

해설 (1) 기호
  • T_1 : (273+℃)=(273+30)K
  • V_1 : 10L
  • T_2 : (273+℃)=(273+0)K
  • V_2 : ?

(2) 이상기체 상태방정식

$$PV = nRT$$

여기서, P : 기압[atm]
  V : 부피[m³]
  n : 몰수 $\left(n = \dfrac{W(질량)[kg]}{M(분자량)[kg/kmol]}\right)$
  R : 기체상수(0.082atm·m³/kmol·K)
  T : 절대온도(273+℃)[K]

$PV = nRT$에서

$$V \propto T$$

$$V_1 : T_1 = V_2 : T_2$$

$$10\text{L} : (273+30)\text{K} = V_2 : (273+0)\text{K}$$

$$(273+30)V_2 = 10 \times (273+0)$$

$$V_2 = \frac{10 \times (273+0)}{(273+30)} \fallingdotseq 9\text{L}$$

답 ②

22 [12.03.문26]

비중이 0.6이고 길이 20m, 폭 10m, 높이 3m인 직육면체 모양의 소방정 위에 비중이 0.9인 포소화약제 5톤을 실었다. 바닷물의 비중이 1.03일 때 바닷물 속에 잠긴 소방정의 깊이는 몇 m인가?

① 3.54 ② 2.5
③ 1.77 ④ 0.6

해설 (1) 기호
- s_1 : 0.6
- V : $(20 \times 10 \times 3)\text{m}^3$
- s_2 : 0.9
- G : 5톤
- s_3 : 1.03
- h : ?

(2) 비중량

$$\gamma = \rho g \quad \cdots\cdots \text{㉠}$$

여기서, γ : 비중량[N/m³]
 ρ : 밀도[N·s²/m⁴]
 g : 중력가속도[m/s²]

(3) 부력

$$F_B = \gamma V = \rho_o g V_1 = \rho g V$$

여기서, F_B : 부력[N]
 γ : 물질의 비중량[N/m³]
 V : 물체가 잠긴 체적[m³]
 ρ_o : 바닷물의 밀도[N·s²/m⁴]
 g : 중력가속도(9.8m/s²)
 V_1 : 바닷물 속에 잠긴 체적[m³]
 ρ : 소방정의 밀도[N·s²/m⁴]

$$V_1 = Ah \quad \cdots\cdots \text{㉡}$$

여기서, V_1 : 바닷물 속에 잠긴 체적[m³]
 A : 소방정 면적[m²]
 h : 물에 잠긴 소방정의 깊이[m]

$$V = AH \quad \cdots\cdots \text{㉢}$$

여기서, V : 소방정의 체적[m³]
 A : 소방정 면적[m²]
 H : 소방정의 높이[m]

$$F_B = \gamma V = \rho_o g V_1 = \rho g V$$

$$\rho_o g V_1 = \rho g V$$

$$V_1 = \frac{\rho \cancel{g} V}{\rho_o \cancel{g}} = \frac{\rho V}{\rho_o} \quad \cdots\cdots \text{㉣}$$

바닷물

㉣식에 ㉡, ㉢식을 각각 대입하면

$$V_1 = \frac{\rho V}{\rho_o}$$

$$\cancel{A}h = \frac{\rho \cdot \cancel{A} H}{\rho_o}$$

$$h = \frac{\rho H}{\rho_o} \quad \cdots\cdots \text{㉤}$$

(4) 비중

$$s = \frac{\rho}{\rho_w} = \frac{\gamma}{\gamma_w} \quad \cdots\cdots \text{㉥}$$

여기서, s : 비중
 ρ : 물체의 밀도[N·s²/m⁴]
 ρ_w : 물의 밀도(1000kg/m³)
 γ : 어떤 물질의 비중량[N/m³]
 γ_w : 물의 비중량(9800N/m³)

포소화약제의 질량 = 비중 × 5톤 = 0.9 × 5톤
 = 4.5톤 = 4500kg (1톤 = 1000kg)

소방정의 밀도 ρ는
$\rho = s_1 \times \rho_w = 0.6 \times 1000\text{kg/m}^3 = 600\text{kg/m}^3$

(5) 밀도

$$\rho = \frac{m}{V}$$

여기서, ρ : 물체의 밀도[kg/m³]
 m : 질량[kg]
 V : 부피[m³]

소방정 질량 m은
$m = \rho \times V$
 $= 600\text{kg/m}^3 \times (20\text{m} \times 10\text{m} \times 3\text{m}) = 360000\text{kg}$

총질량 = 포소화약제의 질량 + 소방정 질량
 $= 4500\text{kg} + 360000\text{kg} = 364500\text{kg}$

총밀도(포소화약제가 적재된 소방정 밀도)
$= \dfrac{364500\text{kg}}{(20\text{m} \times 10\text{m} \times 3\text{m})} = 607.5\text{kg/m}^3$

㉤식을 ㉥식에 대입하면
바닷물 속에 잠긴 소방정 깊이 h는

$$h = \frac{\rho H}{\rho_o} = \frac{\rho H}{s_3 \times \rho_w}$$

$$= \frac{607.5\text{kg/m}^3 \times 3\text{m}}{1.03 \times 1000\text{kg/m}^3} = 1.769 \fallingdotseq 1.77\text{m}$$

답 ③

23

그림과 같이 대기압 상태에서 V의 균일한 속도로 분출된 직경 D의 원형 물제트가 원판에 충돌할 때 원판이 U의 속도로 오른쪽으로 계속 동일한 속도로 이동하려면 외부에서 원판에 가해야 하는 힘 F는? (단, ρ는 물의 밀도, g는 중력가속도이다.)

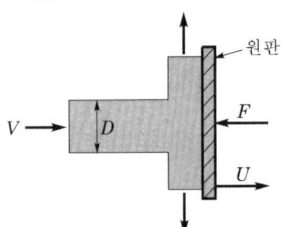

① $\dfrac{\rho \pi D^2}{4}(V-U)^2$

② $\dfrac{\rho \pi D^2}{4}(V+U)^2$

③ $\rho \pi D^2 (V-U)(V+U)$

④ $\dfrac{\rho \pi D^2 (V-U)(V+U)}{4}$

해설

(1) 유량

$$Q = AV = \left(\dfrac{\pi D^2}{4}\right)V \quad \cdots\cdots ㉠$$

여기서, Q : 유량[m³/s], A : 단면적[m²]
V : 유속[m/s], D : 지름[m]

(2) 평판에 작용하는 힘

$$F = \rho A(V-u)^2 \quad \cdots\cdots ㉡$$

여기서, F : 평판에 작용하는 힘[N]
ρ : 밀도(물의 밀도 1000N·s²/m⁴)
V : 액체의 속도[m/s]
u : 평판의 이동속도[m/s]

식 ㉠을 식 ㉡에 대입하면 **평판에 작용하는 힘** F는

$$F = \rho A(V-u)^2 = \dfrac{\rho \pi D^2}{4}(V-U)^2$$

답 ①

24

그림과 같이 폭이 넓은 두 평판 사이를 흐르는 유체의 속도분포 $u(y)$가 다음과 같을 때, 평판 벽에 작용하는 전단응력은 약 몇 Pa인가? (단, $u_m = 1$m/s, $h = 0.01$m, 유체의 점성계수는 0.1N·s/m²이다.)

$$u(y) = u_m\left[1 - \left(\dfrac{y}{h}\right)^2\right]$$

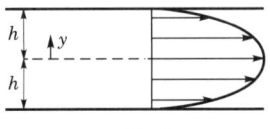

① 1 ② 2
③ 10 ④ 20

해설

(1) 기호
- u_m : 1m/s
- h : 0.01m
- μ : 0.1N·s/m²

(2) 전단응력

$$\tau = \mu \dfrac{du}{dy}$$

여기서, τ : 전단응력[N/m²]
μ : 점성계수[N·s/m²]
$\dfrac{du}{dy}$: 속도구배(속도기울기)$\left[\dfrac{1}{s}\right]$

$$\tau = \mu \dfrac{d}{dy}\left[u_m\left\{1 - \left(\dfrac{y}{h}\right)^2\right\}\right]$$

미분공식 $f(x) = x^n$
$f'(x) = nx^{n-1}$

$$= \mu \cdot u_m \left(\dfrac{-2y}{h^2}\right) = -2\mu \cdot u_m \cdot \dfrac{y}{h^2}$$

평판 벽 전단응력 $y = -h$ 이므로

$$\tau = -2\mu \cdot u_m \cdot \dfrac{-h}{h^2}$$

$$= 2\mu \cdot u_m \cdot \dfrac{1}{h}$$

$$= 2 \times 0.1\text{N·s/m}^2 \times 1\text{m/s} \times \dfrac{1}{0.01\text{m}}$$

$$= 20\text{N/m}^2 = 20\text{Pa} \,(1\text{N/m}^2 = 1\text{Pa})$$

답 ④

25

-15℃의 얼음 10g을 100℃의 증기로 만드는 데 필요한 열량은 약 몇 kJ인가? (단, 얼음의 융해열은 335kJ/kg, 물의 증발잠열은 2256kJ/kg, 얼음의 평균비열은 2.1kJ/kg·K이고, 물의 평균비열은 4.18kJ/kg·K이다.)

① 7.85 ② 27.1
③ 30.4 ④ 35.2

해설

(1) 기호
- r_1 : 335kJ/kg
- r_2 : 2256kJ/kg
- c_i : 2.1kJ/kg·K
- c_w : 4.18kJ/kg·K
- $\Delta T_{-15 \sim 0℃}$: $(0-(-15))$K
- $\Delta T_{0 \sim 100℃}$: $(100-0)$K
- m : 10g = 10×10^{-3}kg (1000g=1kg, 1g=10^{-3}kg)

(2) 열량

$$Q = r_1 m + mc\Delta T + r_2 m$$

여기서, Q : 열량[kJ]
　　　　m : 질량[kg]
　　　　c : 비열[kJ/kg·K]
　　　　ΔT : 온도차[℃]
　　　　r_1 : 융해열(융해잠열)[kJ/kg]
　　　　r_2 : 기화열(증발잠열)[kJ/kg]

㉠ −15℃ 얼음 → 0℃ 얼음
　$Q_1 = mc\Delta T$
　　　$= (10 \times 10^{-3})\text{kg} \times 2.1\text{kJ/kg·K} \times (0-(-15))\text{K}$
　　　$= 0.315\text{kJ}$

㉡ 0℃ 얼음 → 0℃ 물
　$Q_2 = r_1 m = 335\text{kJ/kg} \times (10 \times 10^{-3})\text{kg} = 3.35\text{kJ}$

㉢ 0℃ 물 → 100℃ 물
　$Q_3 = mc\Delta T$
　　　$= (10 \times 10^{-3})\text{kg} \times 4.18\text{kJ/kg·K} \times (100-0)\text{K}$
　　　$= 4.18\text{kJ}$

㉣ 100℃ 물 → 100℃ 수증기
　$Q_4 = r_2 m = 2256\text{kJ/kg} \times (10 \times 10^{-3})\text{kg} = 22.56\text{kJ}$

전열량 $Q = Q_1 + Q_2 + Q_3 + Q_4$
　　　　$= 0.315\text{kJ} + 3.35\text{kJ} + 4.18\text{kJ} + 22.56\text{kJ}$
　　　　$≒ 30.4\text{kJ}$

답 ③

26 포화액−증기 혼합물 300g이 100kPa의 일정한 압력에서 기화가 일어나서 건도가 10%에서 30%로 높아진다면 혼합물의 체적 증가량은 약 몇 m³인가? (단, 100kPa에서 포화액과 포화증기의 비체적은 각각 0.00104m³/kg과 1.694m³/kg이다.)

① 3.386　　② 1.693
③ 0.508　　④ 0.102

해설
(1) 기호
　• m : 300g = 0.3kg (1000g = 1kg)
　• V_f : 0.00104m³/kg
　• V_g : 1.694m³/kg

(2) 포화혼합물의 비체적

$$V_s = V_f + V_g$$

여기서, V_s : 비체적[m³/kg]
　　　　V_f : 포화액의 비체적[m³/kg]
　　　　V_g : 포화증기의 비체적[m³/kg]

㉠ 10% 건도
　$= 10\% \times V_g + 90\% \times V_f$
　$= 0.1 \times 1.694\text{m}^3/\text{kg} + 0.9 \times 0.00104\text{m}^3/\text{kg}$
　$= 0.17\text{m}^3/\text{kg}$

㉡ 30% 건도
　$= 30\% \times V_g + 70\% \times V_f$
　$= 0.3 \times 1.694\text{m}^3/\text{kg} + 0.7 \times 0.00104\text{m}^3/\text{kg}$
　$= 0.5089 ≒ 0.509\text{m}^3/\text{kg}$

(3) 증기체적

$$V = m V_s$$

여기서, V : 증기체적[m³]
　　　　m : 질량[kg]
　　　　V_s : 비체적[m³/kg]

㉠ 10% 건도　$V = mV_s = 0.3\text{kg} \times 0.17\text{m}^3/\text{kg}$
　　　　　　　　　　　　$= 0.051\text{m}^3$

㉡ 30% 건도　$V = mV_s = 0.3\text{kg} \times 0.509\text{m}^3/\text{kg}$
　　　　　　　　　　　　$= 0.1527\text{m}^3$

체적 증가량 = 30% 건도의 증기체적 − 10% 건도의 증기체적
　　　　　　$= 0.1527\text{m}^3 - 0.051\text{m}^3$
　　　　　　$= 0.1017 ≒ 0.102\text{m}^3$

용어

증기건도
증기 중의 기상부분과 액상부분의 중량비율, 즉 증기 속에 포함된 물의 중량

답 ④

27 비중량 및 비중에 대한 설명으로 옳은 것은?
① 비중량은 단위부피당 유체의 질량이다.
② 비중은 유체의 질량 대 표준상태 유체의 질량비이다.
③ 기체인 수소의 비중은 액체인 수은의 비중보다 크다.
④ 압력의 변화에 대한 액체의 비중량 변화는 기체 비중량 변화보다 작다.

해설
① 단위부피당 유체의 질량 → 단위체적당 중량
② 유체의 질량 대 표준상태 유체의 질량비 → 유체의 질량밀도 대 표준상태 유체의 질량밀도비
③ 크다. → 작다.

(1) **비중량** : 단위체적당 중량　보기 ①

$$\gamma = \frac{G}{V}$$

여기서, γ : 비중량[N/m³], G : 중량[N], V : 체적[m³]

(2) 비중
　㉠ 물 4℃를 기준으로 했을 때의 물체의 무게
　㉡ 물 4℃의 비중량에 대한 물질의 비중량의 비
　㉢ 표준유체의 질량밀도 또는 비중에 대한 유체의 질량밀도 또는 비중의 비율　보기 ②

(3) **밀도** : 단위부피당 유체의 질량　보기 ①

$$\rho = \frac{m}{V}$$

여기서, ρ : 밀도[kg/m³], m : 질량[kg], V : 부피(체적)[m³]

(4) 기체인 수소의 비중 : **0.695**, 액체인 수은의 비중 : **13.558**　보기 ③

(5) 압력의 변화에 대한 액체의 비중량 변화는 기체 비중량 변화보다 **작다.**　보기 ④

답 ④

28

물분무소화설비의 가압송수장치로 전동기 구동형 펌프를 사용하였다. 펌프의 토출량 800L/min, 전양정 50m, 효율 0.65, 전달계수 1.1인 경우 적당한 전동기 용량은 몇 kW인가?

① 4.2 ② 4.7
③ 10.0 ④ 11.1

해설 (1) 기호
- Q : 800L/min=0.8m³/min(1000L=1m³)
- H : 50m
- η : 0.65
- K : 1.1
- P : ?

(2) 소요동력

$$P = \frac{0.163QH}{\eta}K$$

여기서, P : 전동력(소요동력)[kW]
Q : 유량[m³/min]
H : 전양정[m]
K : 전달계수
η : 효율

소요동력 P는

$$P = \frac{0.163QH}{\eta}K = \frac{0.163 \times 0.8\text{m}^3/\text{min} \times 50\text{m}}{0.65} \times 1.1$$
$$\fallingdotseq 11.1\text{kW}$$

답 ④

29

수평원관 속을 층류상태로 흐르는 경우 유량에 대한 설명으로 틀린 것은?

① 점성계수에 반비례한다.
② 관의 길이에 반비례한다.
③ 관지름의 4제곱에 비례한다.
④ 압력강하량에 반비례한다.

해설 ④ 반비례 → 비례

층류(하겐-포아젤의 식)

$$H = \frac{\Delta P}{\gamma} = \frac{128\mu QL}{\gamma \pi D^4} \text{[m]}$$

여기서, ΔP : 압력차(압력강하, 압력손실)[N/m²]
γ : 비중량(물의 비중량 9800N/m³)
μ : 점성계수[N·s/m²]
Q : 유량[m³/s]
L : 길이[m]
D : 내경[m]

$$\frac{\Delta P}{\gamma} = \frac{128\mu QL}{\gamma \pi D^4}$$

$$Q = \Delta P \times \frac{\pi D^4 \text{(비례)}}{128\mu L \text{(반비례)}} \propto \Delta P$$

비교

층류 : 손실수두

유체의 속도를 알 수 있는 경우	유체의 속도를 알 수 없는 경우
$H = \frac{\Delta P}{\gamma} = \frac{fLV^2}{2gD}$ [m]	$H = \frac{\Delta P}{\gamma} = \frac{128\mu QL}{\gamma \pi D^4}$ [m]
(다르시-바이스바하의 식)	(하겐-포아젤의 식)

여기서,
H : 마찰손실(손실수두)[m]
ΔP : 압력차[Pa] 또는 [N/m²]
γ : 비중량(물의 비중량 9800N/m³)
f : 관마찰계수
L : 길이[m]
V : 유속[m/s]
g : 중력가속도(9.8m/s²)
D : 내경[m]

여기서,
ΔP : 압력차(압력강하, 압력손실)[N/m²]
γ : 비중량(물의 비중량 9800N/m³)
μ : 점성계수[N·s/m²]
Q : 유량[m³/s]
L : 길이[m]
D : 내경[m]

답 ④

30

부차적 손실계수 K가 2인 관 부속품에서의 손실수두가 2m라면 이때의 유속은 약 몇 m/s인가?

① 4.43 ② 3.14
③ 2.21 ④ 2.00

해설 (1) 기호
- K : 2
- H : 2m
- V : ?

(2) 부차손실

$$H = K\frac{V^2}{2g}$$

여기서, H : 부차손실[m]
K : 부차적 손실계수
V : 유속[m/s]
g : 중력가속도(9.8m/s²)

$$H = K\frac{V^2}{2g}$$

$$\frac{H \cdot 2g}{K} = V^2$$

$$V^2 = \frac{H \cdot 2g}{K} \leftarrow \text{좌우 이항}$$

$$\sqrt{V^2} = \sqrt{\frac{H \cdot 2g}{K}}$$

$$V = \sqrt{\frac{H \cdot 2g}{K}} = \sqrt{\frac{2\text{m} \times 2 \times 9.8\text{m/s}^2}{2}}$$
$$= 4.427 \fallingdotseq 4.43\text{m/s}$$

답 ①

31

관내에 흐르는 유체의 흐름을 구분하는 데 사용되는 레이놀즈수의 물리적인 의미는?

① $\dfrac{관성력}{중력}$ ② $\dfrac{관성력}{점성력}$

③ $\dfrac{관성력}{탄성력}$ ④ $\dfrac{관성력}{압축력}$

해설 레이놀즈수
원관 내에 유체가 흐를 때 유동의 특성을 결정하는 가장 중요한 요소

명칭	물리적 의미	비고
레이놀즈 (Reynolds)수	**관성력** **점성력** 보기 ②	—
프루드 (Froude)수	관성력 중력	—
마하 (Mach)수	관성력 압축력	$\dfrac{V}{C}$ 여기서, V : 유속[m/s] C : 음속[m/s]
코우시스 (Cauchy)수	관성력 탄성력	$\dfrac{\rho V^2}{k}$ 여기서, ρ : 밀도[N·s²/m⁴] k : 탄성계수[Pa] 또는 [N/m²] V : 유속[m/s]
웨버 (Weber)수	관성력 표면장력	—
오일러 (Euler)수	압축력 관성력	—

기억법 레관점

답 ②

32 ★★★
19.03.문24
18.03.문37
15.09.문26
10.03.문35

그림과 같은 U자관 차압액주계에서 $\gamma_1 = 9.8\text{kN/m}^3$, $\gamma_2 = 133\text{kN/m}^3$, $\gamma_3 = 9.0\text{kN/m}^3$, $h_1 = 0.2\text{m}$, $h_3 = 0.1\text{m}$이고, 압력차 $P_A - P_B = 30\text{kPa}$이다. h_2는 몇 m인가?

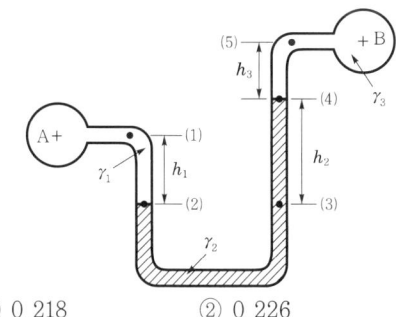

① 0.218 ② 0.226
③ 0.234 ④ 0.247

해설 (1) 기호
- γ_1 : 9.8kN/m³
- γ_2 : 133kN/m³
- γ_3 : 9.0kN/m³
- h_1 : 0.2m
- h_3 : 0.1m
- $P_A - P_B$: 30kPa
- h_2 : ?

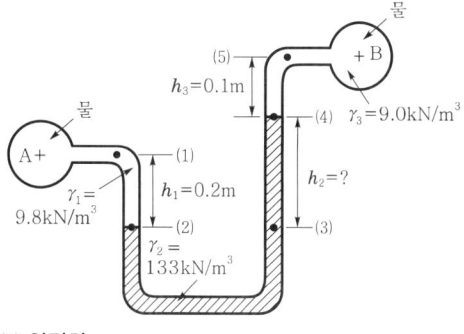

(2) 압력차
$$P_A + \gamma_1 h_1 - \gamma_2 h_2 - \gamma_3 h_3 = P_B$$
$$P_A - P_B = -\gamma_1 h_1 + \gamma_2 h_2 + \gamma_3 h_3$$
$$\gamma_2 h_2 = P_A - P_B + \gamma_1 h_1 - \gamma_3 h_3$$
$$h_2 = \dfrac{P_A - P_B + \gamma_1 h_1 - \gamma_3 h_3}{\gamma_2}$$
$$= \dfrac{30\text{kPa} + 9.8\text{kN/m}^3 \times 0.2\text{m} - 9.0\text{kN/m}^3 \times 0.1\text{m}}{133\text{kN/m}^3}$$
$$= 0.2335 ≒ 0.234\text{m}$$

중요

시차액주계의 압력계산방법
점 A를 기준으로 내려가면 **더하고**, 올라가면 **빼면** 된다.

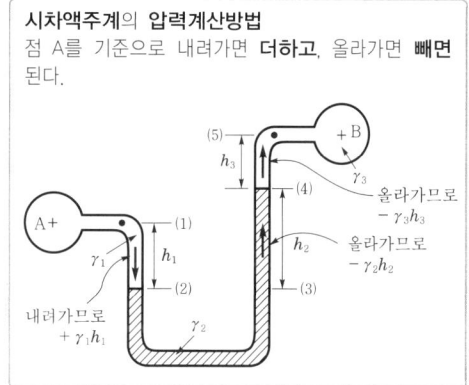

답 ③

33 ★★★
20.08.문26
19.04.문22
18.04.문36
17.09.문35
17.05.문37
16.10.문23
15.03.문35
14.05.문39
14.03.문32

펌프와 관련된 용어의 설명으로 옳은 것은?
① 캐비테이션 : 송출압력과 송출유량이 주기적으로 변하는 현상
② 서징 : 액체가 포화증기압 이하에서 비등하여 기포가 발생하는 현상
③ 수격작용 : 관을 흐르던 물이 갑자기 정지할 때 압력파에 의해 이상음(異常音)이 발생하는 현상
④ NPSH : 펌프에서 상사법칙을 나타내기 위한 비속도

22. 03. 시행 / 기사(기계)

해설
① 캐비테이션 → 서징
② 서징 → 캐비테이션
④ NPSH → 비교회전도

펌프의 현상

용어	설명
공동현상 (캐비테이션, cavitation)	① 펌프의 흡입측 배관 내의 물의 정압이 기존의 증기압보다 낮아져서 **기포**가 발생되어 물이 흡입되지 않는 현상 기억법 공기 ② 액체가 포화증기압 이하에서 비등하여 **기포**가 발생하는 현상 [보기 ②]
수격작용 (water hammering)	① 배관 속의 물흐름을 급히 차단하였을 때 동압이 정압으로 전환되면서 일어나는 쇼크(shock)현상 ② 배관 내를 흐르는 유체의 유속을 급격하게 변화시키므로 압력이 상승 또는 하강하여 **관로의 벽면**을 **치는 현상** ③ 관을 흐르는 **물**이 갑자기 **정지**할 때 압력파에 의해 이상음(異常音)이 발생하는 현상 [보기 ③]
서징현상 (surging, 맥동현상)	① 유량이 단속적으로 변하여 펌프 입출구에 설치된 **진공계·압력계**가 **흔들**리고 진동과 소음이 일어나며 펌프의 **토출유량**이 **변하는 현상** 기억법 서흔(서른) ② 송출압력과 송출유량이 주기적으로 **변하는 현상** [보기 ①]
유효흡입수두 (NPSH)	펌프 운전시 캐비테이션 발생없이 펌프는 운전하고 있는가를 나타내는 척도
비교회전도	펌프에서 **상사법칙**을 나타내기 위한 **비속도** [보기 ④]

답 ③

34 ★★★
17.03.문24
16.10.문27
14.03.문31

베르누이의 정리 $\left(\dfrac{P}{\rho}+\dfrac{V^2}{2}+gZ=\text{constant}\right)$가 적용되는 조건이 아닌 것은?

① 압축성의 흐름이다.
② 정상상태의 흐름이다.
③ 마찰이 없는 흐름이다.
④ 베르누이 정리가 적용되는 임의의 두 점은 같은 유선상에 있다.

해설
① 압축성 → 비압축성

베르누이방정식(정리)의 **적용 조건**
(1) **정**상흐름(정상류)=정상유동=정상상태의 흐름 [보기 ②]
(2) **비**압축성 흐름(비압축성 유체) [보기 ①]
(3) **비**점성 흐름(비점성 유체)=마찰이 없는 유동=마찰이 없는 흐름 [보기 ③]
(4) **이**상유체
(5) 유선을 따라 운동=같은 유선 위의 두 점에 적용 [보기 ④]

기억법 베정비이(배를 정비해서 이곳을 떠나라!)

비교
(1) 오일러 운동방정식의 가정
  ㉠ **정**상유동(정상류)일 경우
  ㉡ 유체의 **마찰**이 **없을** 경우(점성마찰이 없을 경우)
  ㉢ 입자가 **유선**을 따라 **운동**할 경우
(2) 운동량 방정식의 가정
  ㉠ 유동단면에서의 **유속**은 **일정**하다.
  ㉡ **정상유동**이다.

답 ①

35 ★★★
18.09.문33
09.03.문24
07.05.문29

그림과 같이 수평과 30° 경사된 폭 50cm인 수문 AB가 A점에서 힌지(hinge)로 되어 있다. 이 문을 열기 위한 최소한의 힘 F(수문에 직각방향)는 약 몇 kN인가? (단, 수문의 무게는 무시하고, 유체의 비중은 1이다.)

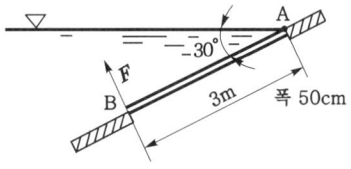

① 11.5
② 7.35
③ 5.51
④ 2.71

해설
(1) 기호
  • θ : 30°
  • A : 3m×50cm=3m×0.5m(100cm=1m)
  • F_0 : ?
  • s : 1

(2) 비중

$$s=\dfrac{\rho}{\rho_w}=\dfrac{\gamma}{\gamma_w}$$

여기서, s : 비중
  ρ : 어떤 물질의 밀도[kg/m³]
  ρ_w : 물의 밀도(1000kg/m³)
  γ : 어떤 물질의 비중량[N/m³]
  γ_w : 물의 비중량(9800N/m³)

유체(어떤 물질)의 비중량 γ는
$\gamma = s \times \gamma_w = 1 \times 9800\text{N/m}^3 = 9800\text{N/m}^3 = 9.8\text{kN/m}^3$

(3) 전압력

$$F = \gamma y \sin\theta A = \gamma h A$$

여기서, F : 전압력(kN)
  γ : 비중량(물의 비중량 9.8kN/m^3)
  y : 표면에서 수문 중심까지의 경사거리(m)
  h : 표면에서 수문 중심까지의 수직거리(m)
  A : 수문의 단면적(m²)

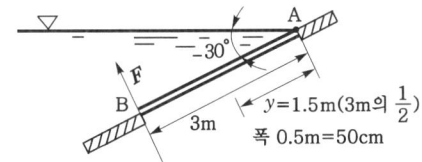

전압력 F는
$F = \gamma y \sin\theta A$
$= 9.8\text{kN/m}^3 \times 1.5\text{m} \times \sin 30° \times (3 \times 0.5)\text{m}^2$
$= 11.025\text{kN}$

(4) 작용점 깊이

명칭	구형(rectangle)
형태	(그림)
A(면적)	$A = bh$
y_c (중심위치)	$y_c = y$
I_c (관성능률)	$I_c = \dfrac{bh^3}{12}$

$$y_p = y_c + \frac{I_c}{A y_c}$$

여기서, y_p : 작용점 깊이(작용위치)(m)
  y_c : 중심위치(m)
  I_c : 관성능률 $\left(I_c = \dfrac{bh^3}{12}\right)$
  A : 단면적(m²) $(A = bh)$

작용점 깊이 y_p는
$y_p = y_c + \dfrac{I_c}{A y_c} = y + \dfrac{\frac{bh^3}{12}}{(bh)y}$
$= 1.5\text{m} + \dfrac{\frac{0.5\text{m} \times (3\text{m})^3}{12}}{(0.5 \times 3)\text{m}^2 \times 1.5\text{m}} \fallingdotseq 2\text{m}$

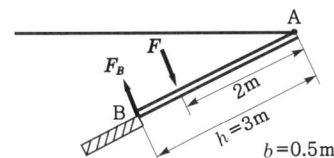

A지점 모멘트의 합이 0이므로
$\Sigma M_A = 0$
$F_B \times 3\text{m} - F \times 2\text{m} = 0$
$F_B \times 3\text{m} - 11.025\text{kN} \times 2\text{m} = 0$
$F_B \times 3\text{m} = 11.025\text{kN} \times 2\text{m}$
$F_B = \dfrac{11.025\text{kN} \times 2\text{m}}{3\text{m}} = 7.35\text{kN}$

답 ②

36 성능이 같은 3대의 펌프를 병렬로 연결하였을 경우 양정과 유량은 얼마인가? (단, 펌프 1대의 유량은 Q, 양정은 H이다.)

① 유량은 $3Q$, 양정은 H
② 유량은 $3Q$, 양정은 $3H$
③ 유량은 $9Q$, 양정은 H
④ 유량은 $9Q$, 양정은 $3H$

해설 펌프의 운전

직렬운전	병렬운전 보기①
• 유량(토출량) : Q • 양정 : $2H$(양정증가)	• 유량(토출량) : $2Q$(유량증가) • 양정 : H
(그래프: 직렬운전)	(그래프: 병렬운전)
• 소요되는 양정이 일정하지 않고 크게 변동될 때	• 유량이 변화가 크고 1대로는 유량이 부족할 때

• 3대 펌프를 병렬운전하면 유량은 $3Q$, 양정은 H가 된다.

답 ①

37 수평배관설비에서 상류 지점인 A지점의 배관을 조사해 보니 지름 100mm, 압력 0.45MPa, 평균유속 1m/s이었다. 또, 하류의 B지점을 조사해 보니 지름 50mm, 압력 0.4MPa이었다면 두 지점 사이의 손실수두는 약 몇 m인가? (단, 배관 내 유체의 비중은 1이다.)

① 4.34
② 4.95
③ 5.87
④ 8.67

해설

(1) 기호
- D_A : 100mm
- P_A : 0.45MPa=450kPa=450kN/m²(1kPa=1kN/m²)
- V : 1m/s
- D_B : 50mm
- P_B : 0.4MPa=400kPa=400kN/m²(1kPa=1kN/m²)
- H : ?
- S : 1

(2) 표준대기압

1atm=760mmHg=1.0332kg$_f$/cm²
　　　=10.332mH₂O(mAq)
　　　=14.7PSI(lb$_f$/in²)
　　　=101.325kPa(kN/m²)
　　　=1013mbar

101.325kPa ≒ 0.101325MPa
　　　　　 ≒ 1.0332kg$_f$/cm² = 10332kg$_f$/m²

$0.45\text{MPa} = \frac{0.45\text{MPa}}{0.101325\text{MPa}} \times 101.325\text{kPa} ≒ 450\text{kPa}$

$0.4\text{MPa} = \frac{0.4\text{MPa}}{0.101325\text{MPa}} \times 101.325\text{kPa} ≒ 400\text{kPa}$

(3) 손실수두

$$H = \frac{V^2}{2g} + \frac{P}{\gamma} + Z$$

여기서, H : 손실수두[m]
　　　　V : 유속[m/s]
　　　　g : 중력가속도(9.8m/s²)
　　　　P : 압력[kPa]
　　　　γ : 비중량(물의 비중량 9.8kN/m³)
　　　　Z : 높이[m]

- 1kPa=1kN/m²

(4) A지점의 손실수두

$H_A = \frac{V_A^2}{2g} + \frac{P_A}{\gamma} + Z_A$

　　$= \frac{(1\text{m/s})^2}{2 \times 9.8\text{m/s}^2} + \frac{450\text{kN/m}^2}{9.8\text{kN/m}^3} ≒ 45.94\text{m}$

- Z(높이) : 주어지지 않았으므로 **무시**

(5) 유속

$$\frac{V_A}{V_B} = \frac{A_B}{A_A} = \left(\frac{D_B}{D_A}\right)^2$$

여기서, V_A, V_B : 유속[m/s]
　　　　A_A, A_B : 단면적[m²]
　　　　D_A, D_B : 직경[m]

B지점의 유속 V_B는

$V_B = V_A \times \left(\frac{D_A}{D_B}\right)^2 = 1\text{m/s} \times \left(\frac{100\text{mm}}{50\text{mm}}\right)^2 = 4\text{m/s}$

(6) B지점의 손실수두

$H_B = \frac{V_B^2}{2g} + \frac{P_B}{\gamma} + Z_B$

　　$= \frac{(4\text{m/s})^2}{2 \times 9.8\text{m/s}^2} + \frac{400\text{kN/m}^2}{9.8\text{kN/m}^3} ≒ 41.6\text{m}$

(7) 두 점 사이의 손실수두

$$H = H_A - H_B$$

여기서, H : 두 점 사이의 손실수두[m]
　　　　H_A : A지점의 손실수두[m]
　　　　H_B : B지점의 손실수두[m]

두 점 사이의 손실수두 H는
$H = H_A - H_B = 45.94\text{m} - 41.6\text{m} = 4.34\text{m}$

답 ①

★★★ 38

원관 속을 난류상태로 흐르는 유체의 속도분포가 다음과 같을 때 관벽에서 30mm 떨어진 곳에서 유체의 속도기울기(속도구배)는 약 몇 s⁻¹인가?

21.03.문30
17.09.문40
16.03.문31
15.03.문23
12.03.문31
07.03.문30

$$u = 3y^{\frac{1}{2}}$$
여기서, u : 유속[m/s]
　　　　y : 관벽으로부터의 거리[m]

① 0.87　　② 2.74
③ 8.66　　④ 27.4

해설

(1) 기호
- y : 30mm=0.03m(1000mm=1m)
- $\frac{du}{dy}$: ?

(2) 뉴턴(Newton)의 점성법칙(난류)

$$\tau = \mu \frac{du}{dy}$$

여기서, τ : 전단응력[N/m²]
　　　　μ : 점성계수[N·s/m²]
　　　　$\frac{du}{dy}$: 속도구배(속도기울기)$\left[\frac{1}{s}\right]$ 또는 [s⁻¹]

미분공식
$f(x) = x^n$
$f'(x) = nx^{n-1}$

$u = 3y^{\frac{1}{2}}$

$du = \frac{1}{2} \times 3 \times y^{\frac{1}{2}-1} = \frac{1}{2} \times 3 \times (0.03\text{m})^{-\frac{1}{2}} = 8.66$

- du : u를 미분한다는 뜻
- dy = 존재하지 않으므로 무시

∴ $\frac{du}{dy} = 8.66\text{s}^{-1}$

비교

Newton의 점성법칙

층류	난류
$\tau = \dfrac{p_A - p_B}{l} \cdot \dfrac{r}{2}$	$\tau = \mu \dfrac{du}{dy}$
여기서, τ : 전단응력[N/m²] $p_A - p_B$: 압력강하[N/m²] l : 관의 길이[m] r : 반경[m]	여기서, τ : 전단응력[N/m²] μ : 점성계수[N·s/m²] 또는 [kg/m·s] $\dfrac{du}{dy}$: 속도구배(속도기울기)$\left[\dfrac{1}{s}\right]$ 또는 [s⁻¹]

답 ③

39. 대기의 압력이 106kPa이라면 게이지압력이 1226kPa인 용기에서 절대압력은 몇 kPa인가?

① 1120
② 1125
③ 1327
④ 1332

해설
(1) 기호
- 대기압력 : 106kPa
- 게이지압력 : 1226kPa
- 절대압력 : ?

(2) 절대압
  ㉠ **절**대압 = **대**기압 + **게**이지압(계기압)
  ㉡ 절대압 = 대기압 - 진공압

기억법 절대게

절대압 = 대기압 + 게이지압(계기압)
= 106kPa + 1226kPa = 1332kPa

답 ④

40. 표면온도 15℃, 방사율 0.85인 40cm×50cm 직사각형 나무판의 한쪽 면으로부터 방사되는 복사열은 약 몇 W인가? (단, 스테판-볼츠만 상수는 5.67×10^{-8} W/m²·K⁴이다.)

① 12
② 66
③ 78
④ 521

해설
(1) 기호
- T : (273+15℃)K = 288K
- F : 0.85
- A : 40cm×50cm = 0.4m×0.5m = 0.2m² (100cm = 1m)
- Q : ?
- a : 5.67×10^{-8} W/m²·K⁴

(2) 스테판-볼츠만의 법칙(Stefan-Boltzman's law)

$$Q = aAF(T_1^4 - T_2^4)$$

여기서, Q : 복사열[W]
a : 스테판-볼츠만 상수[W/m²·K⁴]
A : 단면적[m²]
F : 기하학적 Factor
T_1 : 고온[K]
T_2 : 저온[K]

복사열 Q는
$Q = aAF(T_1^4 - T_2^4)$
$= 5.67 \times 10^{-8}$ W/m²·K⁴ $\times 0.2$m² $\times 0.85 \times (288$K$)^4$
$\fallingdotseq 66$W

답 ②

제3과목 소방관계법규

41. 소방시설 설치 및 관리에 관한 법령상 건축허가 등을 할 때 미리 소방본부장 또는 소방서장의 동의를 받아야 하는 건축물 등의 범위가 아닌 것은?

① 연면적 200m² 이상인 노유자시설 및 수련시설
② 항공기격납고, 관망탑
③ 차고·주차장으로 사용되는 바닥면적이 100m² 이상인 층이 있는 건축물
④ 지하층 또는 무창층이 있는 건축물로서 바닥면적이 150m² 이상인 층이 있는 것

해설 ③ 100m² → 200m²

소방시설법 시행령 7조
건축허가 등의 동의대상물
(1) 연면적 **400m²**(학교시설 : 100m², 수련시설·노유자시설 : 200m², 정신의료기관·장애인 의료재활시설 : 300m²) 이상 보기 ①
(2) **6층** 이상인 건축물
(3) 차고·주차장으로서 바닥면적 **200m²** 이상(**자**동차 **20대** 이상) 보기 ③
(4) **항**공기격납고, 관망탑, 항공관제탑, 방송용 송수신탑 보기 ②
(5) 지하층 또는 무창층의 바닥면적 **150m²**(공연장은 100m²) 이상 보기 ④
(6) **위**험물저장 및 처리시설, 지하구
(7) **결**핵환자나 한센인이 24시간 생활하는 **노유자시설**
(8) 전기저장시설, 풍력발전소
(9) 공동주택·숙박시설
(10) 노인주거복지시설·노인의료복지시설 및 재가노인복지시설·학대피해노인 전용쉼터·아동복지시설·장애인거주시설
(11) 정신질환자 관련시설(공동생활가정을 제외한 재활훈련시설과 종합시설 중 24시간 주거를 제공하지 않는 시설 제외)
(12) 조산원, 산후조리원, 의원(입원실 또는 인공신장실이 있는 것)
(13) 노숙인자활시설, 노숙인재활시설 및 노숙인요양시설
(14) 요양병원(의료재활시설 제외)
(15) 공장 또는 창고시설로서 지정하는 수량의 **750배** 이상의 특수가연물을 저장·취급하는 것

(16) 가스시설로서 지상에 노출된 탱크의 저장용량의 합계가 100t 이상인 것

기억법 2자(이자)

답 ③

42 ★★★
18.03.문42
15.09.문53

화재의 예방 및 안전관리에 관한 법령상 일반음식점에서 음식조리를 위해 불을 사용하는 설비를 설치하는 경우 지켜야 하는 사항으로 틀린 것은?

① 주방시설에는 동물 또는 식물의 기름을 제거할 수 있는 필터 등을 설치할 것
② 열을 발생하는 조리기구는 반자 또는 선반으로부터 0.6미터 이상 떨어지게 할 것
③ 주방설비에 부속된 배출덕트는 0.2밀리미터 이상의 아연도금강판으로 설치할 것
④ 열을 발생하는 조리기구로부터 0.15미터 이내의 거리에 있는 가연성 주요구조부는 단열성이 있는 불연재료로 덮어 씌울 것

해설 ③ 0.2밀리미터 → 0.5밀리미터

화재예방법 시행령 [별표 1]
음식조리를 위하여 설치하는 설비
(1) 주방설비에 부속된 배출덕트(공기배출통로)는 **0.5mm** 이상의 **아연도금강판** 또는 이와 같거나 그 이상의 내식성 **불연재료**로 설치 보기 ③
(2) 열을 발생하는 조리기구로부터 **0.15m** 이내의 거리에 있는 가연성 주요구조부는 **단열성**이 있는 불연재료로 덮어 씌울 것 보기 ④
(3) 주방시설에는 동물 또는 식물의 기름을 제거할 수 있는 **필터** 등을 설치 보기 ①
(4) 열을 발생하는 조리기구는 반자 또는 선반으로부터 **0.6m** 이상 떨어지게 할 것 보기 ②

답 ③

43 ★★★

소방시설공사업법령상 소방시설업의 감독을 위하여 필요할 때에 소방시설업자나 관계인에게 필요한 보고나 자료제출을 명할 수 있는 사람이 아닌 것은?

① 시·도지사   ② 119안전센터장
③ 소방서장   ④ 소방본부장

해설 **시·도지사·소방본부장·소방서장**
(1) 소방**시**설업의 **감**독(공사업법 31조) 보기 ①③④
(2) 탱크시험자에 대한 명령(위험물법 23조)
(3) **무**허가장소의 위험물 조치명령(위험물법 24조)
(4) 소방기본법령상 **과**태료부과(기본법 56조)
(5) 제조소 등의 수리·개조·이전명령(위험물법 14조)

기억법 감무시소과(감나무 아래에 있는 시소에서 과일 먹기)

답 ②

44 ★★★
19.09.문50
17.09.문49
16.05.문53
13.09.문56

화재의 예방 및 안전관리에 관한 법령상 화재가 발생할 우려가 높거나 화재가 발생하는 경우 그로 인하여 피해가 클 것으로 예상되는 지역을 화재예방강화지구로 지정할 수 있는 자는?

① 한국소방안전협회장 ② 소방시설관리사
③ 소방본부장   ④ 시·도지사

해설 **화재예방법 18조**
화재예방강화지구의 지정
(1) **지정권자** : 시·도지사
(2) **지정지역**
  ㉠ **시장**지역
  ㉡ **공장**·**창고** 등이 밀집한 지역
  ㉢ **목조건물**이 밀집한 지역
  ㉣ **노후**·**불량 건축물**이 밀집한 지역
  ㉤ **위험물**의 **저장** 및 **처리시설**이 **밀집**한 지역
  ㉥ **석유화학제품**을 **생산**하는 공장이 있는 지역
  ㉦ **소방시설**·**소방용수시설** 또는 **소방출동로**가 **없**는 지역
  ㉧ 「산업입지 및 개발에 관한 법률」에 따른 산업단지
  ㉨ 「물류시설의 개발 및 운영에 관한 법률」에 따른 물류단지
  ㉩ **소방청장**·**소방본부장**·**소방서장**(소방관서장)이 화재예방강화지구로 지정할 필요가 있다고 인정하는 지역

용어 **소방관서장**
소방청장·소방본부장·소방서장

답 ④

45 ★★
14.03.문50
13.03.문58

소방시설공사업법령상 소방시설업에 대한 행정처분기준에서 1차 행정처분 사항으로 등록취소에 해당하는 것은?

① 거짓이나 그 밖의 부정한 방법으로 등록한 경우
② 소방시설업자의 지위를 승계한 사실을 소방시설공사 등을 맡긴 특정소방대상물의 관계인에게 통지를 하지 아니한 경우
③ 화재안전기준 등에 적합하게 설계·시공을 하지 아니하거나, 법에 따라 적합하게 감리를 하지 아니한 경우
④ 등록을 한 후 정당한 사유 없이 1년이 지날 때까지 영업을 시작하지 아니하거나 계속하여 1년 이상 휴업한 때

해설 **공사업규칙 [별표 1]**
소방시설업에 대한 행정처분기준

행정처분	위반사항
1차 등록취소	• 영업정지기간 중에 소방시설공사 등을 한 경우 • **거짓** 또는 **부정한 방법**으로 등록한 경우 보기 ① • **등록결격사유**에 해당된 경우

답 ①

46 화재의 예방 및 안전관리에 관한 법령에 따라 2급 소방안전관리대상물의 소방안전관리자 선임기준으로 틀린 것은?

① 위험물기능사 자격을 가진 사람으로 2급 소방안전관리자 자격증을 받은 사람
② 소방공무원으로 3년 이상 근무한 경력이 있는 사람으로 2급 소방안전관리자 자격증을 받은 사람
③ 의용소방대원으로 5년 이상 근무한 경력이 있는 사람으로 2급 소방안전관리자 자격증을 받은 사람
④ 위험물산업기사 자격을 가진 사람으로 2급 소방안전관리자 자격증을 받은 사람

해설 ③ 해당없음

화재예방법 시행령 〔별표 4〕
2급 소방안전관리대상물의 소방안전관리자 선임조건

자격	경력	비고
• 위험물기능장 · 위험물산업기사 · 위험물기능사	경력 필요 없음	2급 소방안전관리자 자격증을 받은 사람
• 소방공무원	3년	
• 소방청장이 실시하는 2급 소방안전관리대상물의 소방안전관리에 관한 시험에 합격한 사람	경력 필요 없음	
• 「기업활동 규제완화에 관한 특별조치법」에 따라 소방안전관리자로 선임된 사람(소방안전관리자로 선임된 기간으로 한정)	경력 필요 없음	
• 특급 또는 1급 소방안전관리대상물의 소방안전관리자 자격이 인정되는 사람		

중요
2급 소방안전관리대상물
(1) 지하구
(2) 가연성 가스를 100~1000t 미만 저장·취급하는 시설
(3) 옥내소화전설비·스프링클러설비 설치대상물
(4) 물분무등소화설비(호스릴방식의 물분무등소화설비만을 설치한 경우 제외) 설치대상물
(5) **공동주택**(옥내소화전설비 또는 스프링클러설비가 설치된 공동주택 한정)
(6) **목조건축물**(국보·보물)

답 ③

47 소방시설공사업법령상 소방시설업자가 소방시설공사 등을 맡긴 특정소방대상물의 관계인에게 지체 없이 그 사실을 알려야 하는 경우가 아닌 것은?

① 소방시설업자의 지위를 승계한 경우
② 소방시설업의 등록취소처분 또는 영업정지처분을 받은 경우
③ 휴업하거나 폐업한 경우
④ 소방시설업의 주소지가 변경된 경우

해설 공사업법 8조
소방시설업자의 관계인 통지사항
(1) **소방시설업자**의 **지위**를 **승계**한 때 보기 ①
(2) 소방시설업의 **등록취소** 또는 **영업정지**의 처분을 받은 때 보기 ②
(3) **휴업** 또는 **폐업**을 한 때 보기 ③

답 ④

48 소방시설공사업법령상 감리업자는 소방시설공사가 설계도서 또는 화재안전기준에 적합하지 아니한 때에는 가장 먼저 누구에게 알려야 하는가?

① 감리업체 대표자 ② 시공자
③ 관계인 ④ 소방서장

해설 공사업법 19조
위반사항에 대한 조치 : 관계인에게 먼저 알림
(1) 감리업자는 공사업자에게 **공사**의 **시정** 또는 **보완** 요구
(2) 공사업자가 요구불이행시 행정안전부령이 정하는 바에 따라 **소방본부장**이나 **소방서장**에게 보고

답 ③

49 소방시설 설치 및 관리에 관한 법령상 특정소방대상물의 수용인원 산정방법으로 옳은 것은?

① 침대가 없는 숙박시설은 해당 특정소방대상물의 종사자의 수에 숙박시설의 바닥면적의 합계를 $4.6m^2$로 나누어 얻은 수를 합한 수로 한다.
② 강의실로 쓰이는 특정소방대상물은 해당 용도로 사용하는 바닥면적의 합계를 $4.6m^2$로 나누어 얻은 수로 한다.
③ 관람석이 없을 경우 강당, 문화 및 집회시설, 운동시설, 종교시설은 해당 용도로 사용하는 바닥면적의 합계를 $4.6m^2$로 나누어 얻은 수로 한다.
④ 백화점은 해당 용도로 사용하는 바닥면적의 합계를 $4.6m^2$로 나누어 얻은 수로 한다.

해설
① $4.6m^2$ → $3m^2$
② $4.6m^2$ → $1.9m^2$
④ $4.6m^2$ → $3m^2$

소방시설법 시행령 [별표 7]
수용인원의 산정방법

특정소방대상물	산정방법
• 강의실 • 상담실 • 휴게실 • 교무실 • 실습실	바닥면적 합계 1.9m² 보기 ②
숙박시설 — 침대가 있는 경우	종사자수 + 침대수
숙박시설 — 침대가 없는 경우	종사자수 + 바닥면적 합계 3m² 보기 ①
• 기타(백화점 등)	바닥면적 합계 3m² 보기 ④
• 강당(관람석 ×) • 문화 및 집회시설, 운동시설 (관람석 ×) • 종교시설(관람석 ×)	바닥면적 합계 4.6m²

• 소수점 이하는 반올림한다.

[기억법] 수반(수반! 동반!)

답 ③

50. 위험물안전관리법령상 제조소 등이 아닌 장소에서 지정수량 이상의 위험물 취급에 대한 설명으로 틀린 것은?

20.09.문45
19.09.문43
16.03.문47
07.09.문41

① 임시로 저장 또는 취급하는 장소에서의 저장 또는 취급의 기준은 시·도의 조례로 정한다.
② 필요한 승인을 받아 지정수량 이상의 위험물을 120일 이내의 기간 동안 임시로 저장 또는 취급하는 경우 제조소 등이 아닌 장소에서 지정수량 이상의 위험물을 취급할 수 있다.
③ 제조소 등이 아닌 장소에서 지정수량 이상의 위험물을 취급할 경우 관할소방서장의 승인을 받아야 한다.
④ 군부대가 지정수량 이상의 위험물을 군사목적으로 임시로 저장 또는 취급하는 경우 제조소 등이 아닌 장소에서 지정수량 이상의 위험물을 취급할 수 있다.

해설 ② 120일 → 90일

90일
(1) 소방시설업 **등록**신청 자산평가액·기업진단보고서 **유**효기간(공사업규칙 2조)
(2) 위험물 임시저장·취급 기준(위험물법 5조) 보기 ②

[기억법] 등유9(등유 구해와!)

중요

위험물법 5조
임시저장 승인 : 관할**소방서장**

답 ②

51. 소방시설공사업법령상 소방시설업 등록의 결격사유에 해당되지 않는 법인은?

15.09.문45
15.03.문41
12.09.문44

① 법인의 대표자가 피성년후견인인 경우
② 법인의 임원이 피성년후견인인 경우
③ 법인의 대표자가 소방시설공사업법에 따라 소방시설업 등록이 취소된 지 2년이 지나지 아니한 자인 경우
④ 법인의 임원이 소방시설공사업법에 따라 소방시설업 등록이 취소된 지 2년이 지나지 아니한 자인 경우

해설 **공사업법 5조**
소방시설업의 등록결격사유
(1) 피성년후견인
(2) 금고 이상의 실형을 선고받고 그 집행이 끝나거나 집행이 면제된 날부터 **2년**이 지나지 아니한 사람
(3) 금고 이상의 형의 집행유예를 선고받고 그 유예기간 중에 있는 사람
(4) 시설업의 등록이 취소된 날부터 **2년**이 지나지 아니한 자
(5) **법인**의 **대표자**가 위 (1)~(4)에 해당되는 경우 보기 ①③
(6) **법인**의 **임원**이 위 (2)~(4)에 해당되는 경우 보기 ②④

용어

피성년후견인
질병, 장애, 노령, 그 밖의 사유로 인한 정신적 제약으로 사무를 처리할 능력이 없어서 가정법원에서 판정을 받은 사람

답 ②

52. 소방시설 설치 및 관리에 관한 법령상 특정소방대상물의 소방시설 설치의 면제기준에 따라 연결살수설비를 설치 면제받을 수 있는 경우는?

21.05.문50
17.09.문48
14.09.문78
14.03.문53

① 송수구를 부설한 간이스프링클러설비를 설치하였을 때
② 송수구를 부설한 옥내소화전설비를 설치하였을 때
③ 송수구를 부설한 옥외소화전설비를 설치하였을 때
④ 송수구를 부설한 연결송수관설비를 설치하였을 때

해설 소방시설법 시행령 [별표 5]
소방시설 면제기준

면제대상	대체설비
스프링클러설비	• 물분무등소화설비
물분무등소화설비	• 스프링클러설비
간이스프링클러설비	• 스프링클러설비 • 물분무소화설비 • 미분무소화설비
비상경보설비 또는 단독경보형 감지기	• 자동화재탐지설비 [기억법] 탐경단
비상경보설비	• 2개 이상 단독경보형 감지기 연동 [기억법] 경단2
비상방송설비	• 자동화재탐지설비 • 비상경보설비
연결살수설비 ←	• 스프링클러설비 • 간이스프링클러설비 보기 ① • 물분무소화설비 • 미분무소화설비
제연설비	• 공기조화설비
연소방지설비	• 스프링클러설비 • 물분무소화설비 • 미분무소화설비
연결송수관설비	• 옥내소화전설비 • 스프링클러설비 • 간이스프링클러설비 • 연결살수설비
자동화재탐지설비	• 자동화재탐지설비의 기능을 가진 스프링클러설비 • 물분무등소화설비
옥내소화전설비	• 옥외소화전설비 • 미분무소화설비(호스릴방식)

중요

물분무등소화설비
(1) **분**말소화설비
(2) **포**소화설비
(3) **할**론소화설비
(4) **이**산화탄소 소화설비
(5) **할**로겐화합물 및 불활성기체 소화설비
(6) **강**화액소화설비
(7) **미**분무소화설비
(8) 물분무소화설비
(9) **고**체에어로졸 소화설비

[기억법] 분포할이 할강미고

답 ①

53 소방시설공사업법령상 소방공사감리업을 등록한 자가 수행하여야 할 업무가 아닌 것은?
[16.05.문48]
① 완공된 소방시설 등의 성능시험
② 소방시설 등 설계변경사항의 적합성 검토
③ 소방시설 등의 설치계획표의 적법성 검토
④ 소방용품 형식승인 및 제품검사의 기술기준에 대한 적합성 검토

해설 ④ 형식승인 및 제품검사의 기술기준에 대한 → 위치·규격 및 사용자재에 대한

공사업법 16조
소방공사**감**리업(자)의 업무수행
(1) 소방시설 등의 설치계획표의 적법성 검토 보기 ③
(2) 소방시설 등 설계도서의 적합성 검토
(3) 소방시설 등 설계변경사항의 적합성 검토 보기 ②
(4) 소방용품 등의 위치·규격 및 사용자재에 대한 적합성 검토 보기 ④
(5) 공사업자의 소방시설 등의 시공이 설계도서 및 화재안전기준에 적합한지에 대한 지도·감독
(6) **완공**된 **소방시설** 등의 **성능시험** 보기 ①
(7) 공사업자가 작성한 시공상세도면의 적합성 검토
(8) 피난·방화시설의 적법성 검토
(9) 실내장식물의 불연화 및 방염물품의 적법성 검토

[기억법] 감성

답 ④

54 소방기본법령상 소방업무의 응원에 대한 설명 중 틀린 것은?
[18.03.문44]
[15.05.문55]
[11.03.문54]
① 소방본부장이나 소방서장은 소방활동을 할 때에 긴급한 경우에는 이웃한 소방본부장 또는 소방서장에게 소방업무의 응원을 요청할 수 있다.
② 소방업무의 응원 요청을 받은 소방본부장 또는 소방서장은 정당한 사유 없이 그 요청을 거절하여서는 아니 된다.
③ 소방업무의 응원을 위하여 파견된 소방대원은 응원을 요청한 소방본부장 또는 소방서장의 지휘에 따라야 한다.
④ 시·도지사는 소방업무의 응원을 요청하는 경우를 대비하여 출동 대상지역 및 규모와 필요한 경비의 부담 등에 관하여 필요한 사항을 대통령령으로 정하는 바에 따라 이웃하는 시·도지사와 협의하여 미리 규약으로 정하여야 한다.

해설 ④ 대통령령 → 행정안전부령

기본법 11조
소방업무의 응원
시·도지사는 소방업무의 응원을 요청하는 경우를 대비하여 출동 대상지역 및 규모와 필요한 경비의 부담 등에 관하여 필요한 사항을 **행정안전부령**으로 정하는 바에 따라 이웃하는 **시·도지사**와 **협의**하여 미리 규약으로 정하여야 한다.

답 ④

55 ★★★
19.04.문47
15.05.문55
11.03.문54

소방기본법령상 이웃하는 다른 시·도지사와 소방업무에 관하여 시·도지사가 체결할 상호응원협정 사항이 아닌 것은?

① 화재조사활동
② 응원출동의 요청방법
③ 소방교육 및 응원출동훈련
④ 응원출동 대상지역 및 규모

해설 ③ 소방교육은 해당없음

기본규칙 8조
소방업무의 상호응원협정
(1) 다음의 **소방활동**에 관한 사항
  ㉠ 화재의 경계·진압활동
  ㉡ 구조·구급업무의 지원
  ㉢ 화재**조**사활동
(2) **응**원출동 **대**상지역 및 **규**모
(3) **소**요경비의 **부**담에 관한 사항
  ㉠ 출동대원의 수당·식사 및 의복의 수선
  ㉡ 소방장비 및 기구의 정비와 연료의 보급
(4) 응원출동의 요청방법
(5) 응원출동 훈련 및 평가

기억법 조응(조아?)

답 ③

56 ★★
16.05.문47
12.03.문50

위험물안전관리법령상 옥내주유취급소에 있어서 당해 사무소 등의 출입구 및 피난구와 당해 피난구로 통하는 통로·계단 및 출입구에 설치해야 하는 피난설비는?

① 유도등
② 구조대
③ 피난사다리
④ 완강기

해설 위험물규칙〔별표 17〕
피난구조설비
(1) 옥내주유취급소에 있어서는 해당 사무소 등의 출입구 및 피난구와 해당 피난구로 통하는 통로·계단 및 출입구에 **유도등** 설치 보기 ①
(2) 유도등에는 **비상전원** 설치

답 ①

57 ★
위험물안전관리법령상 위험물 및 지정수량에 대한 기준 중 다음 ( ) 안에 알맞은 것은?

> 금속분이라 함은 알칼리금속·알칼리토류금속·철 및 마그네슘 외의 금속의 분말을 말하고, 구리분·니켈분 및 (㉠)마이크로미터의 체를 통과하는 것이 (㉡)중량퍼센트 미만인 것은 제외한다.

① ㉠ 150, ㉡ 50
② ㉠ 53, ㉡ 50
③ ㉠ 50, ㉡ 150
④ ㉠ 50, ㉡ 53

해설 **위험물령〔별표 1〕**
금속분
알칼리금속·알칼리토류 금속·철 및 마그네슘 외의 금속의 분말을 말하고, **구리분·니켈분** 및 **150μm**의 체를 통과하는 것이 **50wt%** 미만인 것은 제외한다. 보기 ①

답 ①

58 ★★★
19.09.문46
16.03.문55
13.09.문47
11.03.문56

위험물안전관리법령상 제조소 등의 관계인은 위험물의 안전관리에 관한 직무를 수행하게 하기 위하여 제조소 등마다 위험물의 취급에 관한 자격이 있는 자를 위험물안전관리자로 선임하여야 한다. 이 경우 제조소 등의 관계인이 지켜야 할 기준으로 틀린 것은?

① 제조소 등의 관계인은 안전관리자를 해임하거나 안전관리자가 퇴직한 때에는 해임하거나 퇴직한 날부터 15일 이내에 다시 안전관리자를 선임하여야 한다.
② 제조소 등의 관계인이 안전관리자를 선임한 경우에는 선임한 날부터 14일 이내에 소방본부장 또는 소방서장에게 신고하여야 한다.
③ 제조소 등의 관계인은 안전관리자가 여행·질병 그 밖의 사유로 인하여 일시적으로 직무를 수행할 수 없는 경우에는 국가기술자격법에 따른 위험물의 취급에 관한 자격취득자 또는 위험물안전에 관한 기본지식과 경험이 있는 자를 대리자로 지정하여 그 직무를 대행하게 하여야 한다. 이 경우 대행하는 기간은 30일을 초과할 수 없다.
④ 안전관리자는 위험물을 취급하는 작업을 하는 때에는 작업자에게 안전관리에 관한 필요한 지시를 하는 등 위험물의 취급에 관한 안전관리와 감독을 하여야 하고, 제조소 등의 관계인은 안전관리자의 위험물안전관리에 관한 의견을 존중하고 그 권고에 따라야 한다.

해설
① 15일 이내 → 30일 이내

위험물안전관리법 15조
위험물안전관리자의 재선임
30일 이내 보기 ①

🔔 중요

30일
(1) 소방시설업 등록사항 변경신고(공사업규칙 6조)
(2) **위험물안전관리자**의 **재선임**(위험물안전관리법 15조)
(3) **소방안전관리자**의 **재선임**(화재예방법 시행규칙 14조)
(4) 도급계약 해지(공사업법 23조)
(5) 소방시설공사 중요사항 변경시의 신고일(공사업규칙 12조)
(6) 소방기술자 실무교육기관 지정서 발급(공사업규칙 32조)
(7) 소방공사감리자 변경서류 제출(공사업규칙 15조)
(8) **승계**(위험물법 10조)
(9) 위험물안전관리자의 직무대행(위험물법 15조)
(10) 탱크시험자의 변경신고일(위험물법 16조)

답 ①

59. 다음 중 소방기본법령상 한국소방안전원의 업무가 아닌 것은?
19.09.문53
13.03.문41

① 소방기술과 안전관리에 관한 교육 및 조사·연구
② 위험물탱크 성능시험
③ 소방기술과 안전관리에 관한 각종 간행물 발간
④ 화재예방과 안전관리의식 고취를 위한 대국민 홍보

해설
② 한국소방산업기술원의 업무

기본법 41조
한국소방안전원의 업무
(1) 소방기술과 안전관리에 관한 교육 및 **조사·연구** 보기 ①
(2) 소방기술과 안전관리에 관한 각종 **간행물**의 **발간** 보기 ③
(3) 화재예방과 안전관리의식의 고취를 위한 **대국민 홍보** 보기 ④
(4) 소방업무에 관하여 **행정기관**이 위탁하는 **사업**
(5) 소방안전에 관한 **국제협력**
(6) **회원**에 대한 **기술지원** 등 정관이 정하는 사항

답 ②

60. 소방시설 설치 및 관리에 관한 법령상 소방시설의 종류에 대한 설명으로 옳은 것은?
19.04.문59
12.09.문60
12.03.문47
08.09.문55
08.03.문53

① 소화기구, 옥외소화전설비는 소화설비에 해당된다.
② 유도등, 비상조명등은 경보설비에 해당된다.
③ 소화수조, 저수조는 소화활동설비에 해당된다.
④ 연결송수관설비는 소화용수설비에 해당된다.

해설
② 경보설비 → 피난구조설비
③ 소화활동설비 → 소화용수설비
④ 소화용수설비 → 소화활동설비

소화설비	피난구조설비	소화용수설비	소화활동설비
① 소화기구 ② 옥외소화전설비	① 유도등 ② 비상조명등	① 소화수조 ② 저수조	① 연결송수관설비

소방시설법 시행령 [별표 1]
(1) 소화설비
  ㉠ 소화기구·자동확산소화기·자동소화장치(주거용 주방자동소화장치)
  ㉡ 옥내소화전설비·옥외소화전설비
  ㉢ 스프링클러설비·간이스프링클러설비·화재조기진압용 스프링클러설비
  ㉣ 물분무소화설비·강화액소화설비
(2) 소화활동설비
  화재를 진압하거나 인명구조활동을 위하여 사용하는 설비
  ㉠ **연**결송수관설비
  ㉡ **연**결살수설비
  ㉢ **연**소방지설비
  ㉣ **무**선통신보조설비
  ㉤ **제**연설비
  ㉥ **비상콘**센트설비

🔑 기억법 **3연무제비콘**

답 ①

제4과목 소방기계시설의 구조 및 원리

61. 소화기구 및 자동소화장치의 화재안전기준상 대형소화기의 정의 중 다음 (　) 안에 알맞은 것은?
20.09.문74
17.03.문71
16.05.문72
13.03.문68

화재시 사람이 운반할 수 있도록 운반대와 바퀴가 설치되어 있고 능력단위가 A급 (㉠)단위 이상, B급 (㉡)단위 이상인 소화기를 말한다.

① ㉠ 20, ㉡ 10
② ㉠ 10, ㉡ 20
③ ㉠ 10, ㉡ 5
④ ㉠ 5, ㉡ 10

해설
소화능력단위에 의한 **분류**(소화기의 형식승인 및 제품검사의 기술기준 4조)

소화기 분류		능력단위
소형소화기		1단위 이상
대형소화기 보기 ②	A급	10단위 이상
	B급	20단위 이상

🔑 기억법 **대2B(데이빗!)**

답 ②

62. 분말소화설비의 화재안전기준상 분말소화약제의 가압용 가스 또는 축압용 가스의 설치기준으로 틀린 것은?

① 가압용 가스에 질소가스를 사용하는 것의 질소가스는 소화약제 1kg마다 40L(35℃에서 1기압의 압력상태로 환산한 것) 이상으로 할 것
② 가압용 가스에 이산화탄소를 사용하는 것의 이산화탄소는 소화약제 1kg에 대하여 20g에 배관의 청소에 필요한 양을 가산한 양 이상으로 할 것
③ 축압용 가스에 질소가스를 사용하는 것의 질소가스는 소화약제 1kg에 대하여 40L (35℃에서 1기압의 압력상태로 환산한 것) 이상으로 할 것
④ 축압용 가스에 이산화탄소를 사용하는 것의 이산화탄소는 소화약제 1kg에 대하여 20g에 배관의 청소에 필요한 양을 가산한 양 이상으로 할 것

해설 ③ 40L → 10L

분말소화약제 가압식과 축압식의 설치기준(35℃에서 1기압의 압력상태로 환산한 것)(NFPC 108 5조, NFTC 108 2.2.4)

구 분 사용가스	가압식	축압식
N₂(질소)	40L/kg 이상 보기 ①	10L/kg 이상 보기 ③
CO₂ (이산화탄소)	20g/kg + 배관청소 필요량 이상 보기 ②	20g/kg + 배관청소 필요량 이상 보기 ④

※ 배관청소용 가스는 별도의 용기에 저장한다.

답 ③

63. 포소화설비의 화재안전기준상 포소화설비의 자동식 기동장치에 화재감지기를 사용하는 경우, 화재감지기 회로의 발신기 설치기준 중 ( ) 안에 알맞은 것은? (단, 자동화재탐지설비의 수신기가 설치된 장소에 상시 사람이 근무하고 있고, 화재시 즉시 해당 조작부를 작동시킬 수 있는 경우는 제외한다.)

특정소방대상물의 층마다 설치하되, 해당 특정소방대상물의 각 부분으로부터 수평거리가 (㉠)m 이하가 되도록 할 것. 다만, 복도 또는 별도로 구획된 실로서 보행거리가 (㉡)m 이상일 경우에는 추가로 설치하여야 한다.

① ㉠ 25, ㉡ 30
② ㉠ 25, ㉡ 40
③ ㉠ 15, ㉡ 30
④ ㉠ 15, ㉡ 40

해설 **발신기**의 **설치기준**(NFTC 105 2.8.2.2.2)
(1) 조작이 쉬운 장소에 설치하고, 스위치는 바닥으로부터 **0.8~1.5m** 이하의 높이에 설치할 것
(2) 특정소방대상물의 **층**마다 설치하되, 해당 특정소방대상물의 각 부분으로부터 **수평거리가 25m** 이하가 되도록 할 것(단, 복도 또는 별도로 구획된 실로서 **보행거리가 40m** 이상일 경우에는 추가 설치) 보기 ②
(3) 발신기의 위치를 표시하는 **표시등**은 함의 **상부**에 설치하되, 그 불빛은 부착면으로부터 **15°** 이상의 범위 안에서 부착지점으로부터 **10m** 이내의 어느 곳에서도 쉽게 식별할 수 있는 **적색등**으로 할 것

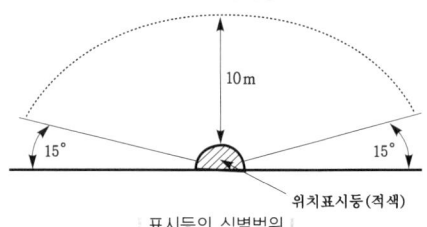

표시등의 식별범위

답 ②

64. 특별피난계단의 계단실 및 부속실 제연설비의 화재안전기준상 급기풍도 단면의 긴 변 길이가 1300mm인 경우, 강판의 두께는 최소 몇 mm 이상이어야 하는가?

① 0.6
② 0.8
③ 1.0
④ 1.2

해설 **급기풍도 단면의 긴 변 또는 직경의 크기**(NFPC 501A 18조, NFTC 501A 2.15.1.2.1)

풍도단면의 긴 변 또는 직경의 크기	450mm 이하	450mm 초과 750mm 이하	750mm 초과 1500mm 이하	1500mm 초과 2250mm 이하	2250mm 초과
강판두께	0.5mm	0.6mm	0.8mm 보기 ②	1.0mm	1.2mm

답 ②

65. 옥외소화전설비의 화재안전기준상 옥외소화전설비에서 성능시험배관의 직관부에 설치된 유량측정장치는 펌프 정격토출량의 최소 몇 % 이상 측정할 수 있는 성능이 있어야 하는가?

① 175
② 150
③ 75
④ 50

해설 ① **유량측정장치**: 펌프의 정격토출량의 **175%** 이상 성능측정

성능시험배관의 **설치기준**(NFPC 109 6조, NFTC 109 2.3.7)
(1) 성능시험배관은 펌프의 토출측에 설치된 **개폐밸브 이전**에 분기하여 설치
(2) 성능시험배관은 유량측정장치를 기준으로 **후단 직관부**에 **유량조절밸브** 설치
(3) **유**량**측**정장치는 펌프의 정격토출량의 **175%** 이상 측정할 수 있는 성능이 있을 것 보기 ①

기억법 유측 175

(4) 성능시험배관은 유량측정장치를 기준으로 **전단 직관부**에 **개폐밸브** 설치

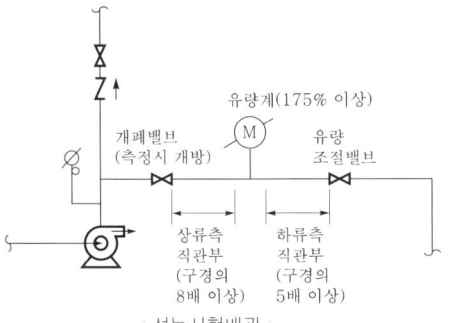

성능시험배관

답 ①

② ③ ④ 유류화재

화재의 종류

구 분	표시색	적응물질
일반화재(A급) : 재가 남음	백색	• 일반가연물 • 종이류 화재 • 목재 · 섬유화재 • 고무 보기 ①
유류화재(B급) : 재가 남지 않음	황색	• 가연성 액체 • 가연성 가스 • 액화가스화재 • 석유화재 • 타르 보기 ② • 솔벤트 보기 ③ • 유성도료 보기 ④ • 래커
전기화재(C급)	청색	• 전기설비
금속화재(D급)	무색	• 가연성 금속
주방화재(K급)	–	• 식용유화재

• 요즘은 표시색의 의무규정은 없음

답 ①

66
할론소화설비의 화재안전기준상 자동차 차고나 주차장에 할론 1301 소화약제로 전역방출방식의 소화설비를 설치한 경우 방호구역의 체적 1m³당 얼마의 소화약제가 필요한가?

① 0.32kg 이상 0.64kg 이하
② 0.36kg 이상 0.71kg 이하
③ 0.40kg 이상 1.10kg 이하
④ 0.60kg 이상 0.71kg 이하

할론 1301의 **약제량** 및 **개구부가산량**(NFPC 107 5조, NFTC 107 2.2.1.1)

방호대상물	약제량	개구부가산량 (자동폐쇄장치 미설치시)
차고 · 주차장 · 전기실 · 전산실 · 통신기기실	0.32~0.64 kg/m³ 보기 ①	2.4kg/m²
고무류 · 면화류	0.52~0.64 kg/m³	3.9kg/m²

답 ①

67
소화기구 및 자동소화장치의 화재안전기준상 타고 나서 재가 남는 일반화재에 해당하는 일반가연물은?

① 고무
② 타르
③ 솔벤트
④ 유성도료

68
특별피난계단의 계단실 및 부속실 제연설비의 화재안전기준상 차압 등에 관한 기준으로 옳은 것은?

① 제연설비가 가동되었을 경우 출입문의 개방에 필요한 힘은 150N 이하로 하여야 한다.
② 제연구역과 옥내와의 사이에 유지하여야 하는 최소차압은 옥내에 스프링클러설비가 설치된 경우에는 40Pa 이상으로 하여야 한다.
③ 계단실과 부속실을 동시에 제연하는 경우 부속실의 기압은 계단실과 같게 하거나 계단실의 기압보다 낮게 할 경우에는 부속실과 계단실의 압력차이는 3Pa 이하가 되도록 하여야 한다.
④ 피난을 위하여 제연구역의 출입문이 일시적으로 개방되는 경우 개방되지 않은 제연구역과 옥내와의 차압은 기준에 따른 차압의 70% 이상이어야 한다.

① 150N → 110N
② 40Pa → 12.5Pa
③ 3Pa → 5Pa

차압(NFPC 501A 6 · 10조, NFTC 501A 2.3, 2.7.1)
(1) 제연구역과 옥내와의 사이에 유지하여야 하는 최소차압은 **40Pa**(옥내에 **스프링클러설비**가 설치된 경우는 **12.5Pa**) 이상 보기 ②

(2) 제연설비가 가동되었을 경우 출입문의 개방에 필요한 힘은 **110N 이하** 보기 ①
(3) 계단실과 부속실을 동시에 제연하는 경우 부속실의 기압은 계단실과 같게 하거나 계단실의 기압보다 낮게 할 경우에는 부속실과 계단실의 압력차이는 **5Pa 이하** 보기 ③
(4) 계단실 및 그 부속실을 동시에 제연하는 것 또는 계단실만 단독으로 제연할 때의 방연풍속은 **0.5m/s 이상**
(5) 피난을 위하여 제연구역의 출입문이 일시적으로 개방되는 경우 개방되지 않는 제연구역과 옥내와의 차압은 기준차압의 **70% 이상**이어야 한다. 보기 ④

답 ④

69 ★★★

스프링클러설비의 화재안전기준상 고가수조를 이용한 가압송수장치의 설치기준 중 고가수조에 설치하지 않아도 되는 것은?

15.09.문71
14.09.문66
12.03.문69
05.09.문70

① 수위계
② 배수관
③ 압력계
④ 오버플로우관

해설 ③ 압력수조에 설치

필요설비(NFTC 103 2.2.2.2, 2.2.3.2)

고가수조	압력수조
① 수위계 보기 ①	① 수위계
② 배수관 보기 ②	② 배수관
③ 급수관	③ 급수관
④ 맨홀	④ 맨홀
⑤ 오버플로우관 보기 ④	⑤ 급기관
	⑥ 압력계 보기 ③
	⑦ 안전장치
	⑧ 자동식 공기압축기

기억법 고오(GO!)

답 ③

70 ★★★

상수도소화용수설비의 화재안전기준상 소화전은 특정소방대상물의 수평투영면의 각 부분으로부터 최대 몇 m 이하가 되도록 설치하여야 하는가?

21.03.문77
20.08.문68
19.04.문74
19.03.문65
18.04.문79
17.03.문64
14.03.문63
13.03.문61
07.03.문70

① 100
② 120
③ 140
④ 150

해설 상수도소화용수설비의 **기준**(NFPC 401 4조, NFTC 401 2.1.1)
(1) 호칭지름

수도배관	소화전
75mm 이상 문제 71	100mm 이상 문제 71
기억법 수75(수지침으로 **치료**)	**기억법** 소1(소일거리)

(2) 소화전은 소방자동차 등의 진입이 쉬운 **도로변** 또는 **공지**에 설치
(3) 소화전은 특정소방대상물의 수평투영면의 각 부분으로부터 **140m** 이하가 되도록 설치 보기 ③
(4) 지상식 소화전의 호스접결구는 지면으로부터 높이가 **0.5m 이상 1m 이하**가 되도록 설치할 것

기억법 용14

답 ③

71 ★★★

상수도소화용수설비의 화재안전기준상 상수도 소화용수설비 소화전의 설치기준 중 다음 ( ) 안에 알맞은 것은?

호칭지름 (㉠)mm 이상의 수도배관에 호칭지름 (㉡)mm 이상의 소화전을 접속할 것

① ㉠ 65, ㉡ 120
② ㉠ 75, ㉡ 100
③ ㉠ 80, ㉡ 90
④ ㉠ 100, ㉡ 100

해설 문제 70 참조

답 ②

72 ★★★

구조대의 형식승인 및 제품검사의 기술기준상 경사강하식 구조대의 구조기준으로 틀린 것은?

20.09.문68
17.09.문63
16.03.문67
14.05.문70
09.08.문78

① 연속하여 활강할 수 있는 구조로 안전하고 쉽게 사용할 수 있어야 한다.
② 구조대 본체는 강하방향으로 봉합부가 설치되지 아니하여야 한다.
③ 입구틀 및 고정틀의 입구는 지름 40cm 이상의 구체가 통할 수 있어야 한다.
④ 본체의 포지는 하부지지장치에 인장력이 균등하게 걸리도록 부착하여야 하며 하부지지장치는 쉽게 조작할 수 있어야 한다.

해설 ③ 40cm → 60cm

경사강하식 구조대의 기준(구조대의 형식승인 및 제품검사의 기술기준 3조)
(1) 구조대 본체는 **강하방향**으로 **봉합부 설치 금지** 보기 ②
(2) 손잡이는 출구 부근에 좌우 각 **3개** 이상 균일한 간격으로 견고하게 부착
(3) 구조대 본체의 끝부분에는 길이 **4m** 이상, 지름 **4mm** 이상의 유도선을 부착하여야 하며, 유도선 끝에는 중량 **3N(300g)** 이상의 모래주머니 등 설치
(4) 본체의 포지는 **하부지지장치**에 인장력이 균등하게 걸리도록 부착하여야 하며 하부지지장치는 쉽게 조작 가능 보기 ④
(5) 입구틀 및 고정틀의 입구는 지름 **60cm** 이상의 구체가 통과할 수 있을 것 보기 ③
(6) 구조대 본체의 활강부는 낙하방지를 위해 포를 **2중구조**로 하거나 망목의 변의 길이가 **8cm** 이하인 망 설치 (단, 구조상 낙하방지의 성능을 갖고 있는 구조대의 경우는 제외)
(7) 연속하여 활강할 수 있는 구조로 안전하고 쉽게 사용할 수 있을 것 보기 ①
(8) 땅에 닿을 때 충격을 받는 부분에는 완충장치로서 받침포 등 부착

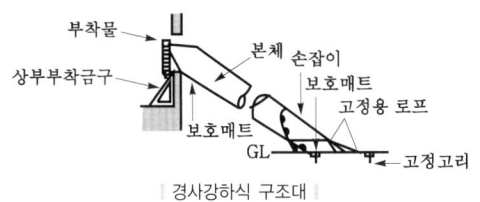
[경사강하식 구조대]
답 ③

73. 분말소화설비의 화재안전기준상 차고 또는 주차장에 설치하는 분말소화설비의 소화약제는 어느 것인가?

① 제1종 분말
② 제2종 분말
③ 제3종 분말
④ 제4종 분말

해설 (1) 분말소화약제

종별	주성분	착색	적응화재	비고
제1종	중탄산나트륨 ($NaHCO_3$)	백색	BC급	**식용유** 및 **지방질유**의 화재에 적합
제2종	중탄산칼륨 ($KHCO_3$)	담자색 (담회색)	BC급	-
제3종	제1인산암모늄 ($NH_4H_2PO_4$)	담홍색	ABC급	**차고·주차장**에 적합 보기 ③
제4종	중탄산칼륨+요소 ($KHCO_3$+ $(NH_2)_2CO$)	회(백)색	BC급	-

기억법 1식분(일식 분식)
3분 차주(삼보컴퓨터 차주)

● 제1인산암모늄=인산염

(2) 이산화탄소 소화약제

주성분	적응화재
이산화탄소(CO_2)	BC급

답 ③

74. 피난사다리의 형식승인 및 제품검사의 기술기준상 피난사다리의 일반구조 기준으로 옳은 것은?

① 피난사다리는 2개 이상의 횡봉으로 구성되어야 한다. 다만, 고정식 사다리인 경우에는 횡봉의 수를 1개로 할 수 있다.
② 피난사다리(종봉이 1개인 고정식 사다리는 제외)의 종봉의 간격은 최외각 종봉 사이의 안치수가 15cm 이상이어야 한다.
③ 피난사다리의 횡봉은 지름 15mm 이상 25mm 이하의 원형인 단면이거나 또는 이와 비슷한 손으로 잡을 수 있는 형태의 단면이 있는 것이어야 한다.
④ 피난사다리의 횡봉은 종봉에 동일한 간격으로 부착한 것이어야 하며, 그 간격은 25cm 이상 35cm 이하이어야 한다.

해설
① 횡봉 → 종봉 및 횡봉
② 15cm → 30cm
③ 15mm 이상 25mm 이하 → 14mm 이상 35mm 이하

피난사다리의 **구조**(피난사다리의 형식승인 및 제품검사의 기술기준 3조)
(1) 안전하고 확실하며 쉽게 사용할 수 있는 구조
(2) 피난사다리는 **2개** 이상의 **종봉** 및 **횡봉**으로 구성(고정식 사다리는 종봉의 수 1개 가능) 보기 ①
(3) 피난사다리(종봉이 1개인 고정식 사다리 제외)의 **종봉의 간격**은 최외각 종봉 사이의 **안치수**가 **30cm** 이상 보기 ②
(4) 피난사다리의 **횡봉**은 **지름 14~35mm 이하**의 원형인 단면이거나 또는 이와 비슷한 손으로 잡을 수 있는 형태의 단면이 있는 것 보기 ③
(5) 피난사다리의 **횡봉**은 종봉에 동일한 간격으로 부착한 것이어야 하며, 그 간격은 **25~35cm 이하** 보기 ④
(6) 피난사다리 횡봉의 디딤면은 미끄러지지 아니하는 구조

종봉간격	횡봉간격
안치수 30cm 이상	25~35cm 이하

(7) 절단 또는 용접 등으로 인한 모서리 부분은 사람에게 해를 끼치지 않도록 조치되어 있어야 한다.
답 ④

75. 간이스프링클러설비의 화재안전기준상 간이스프링클러설비의 배관 및 밸브 등의 설치순서로 맞는 것은? (단, 수원이 펌프보다 낮은 경우이다.)

① 상수도직결형은 수도용 계량기, 급수차단장치, 개폐표시형 밸브, 체크밸브, 압력계, 유수검지장치, 2개의 시험밸브 순으로 설치할 것
② 펌프 설치시에는 수원, 연성계 또는 진공계, 펌프 또는 압력수조, 압력계, 체크밸브, 개폐표시형 밸브, 유수검지장치, 2개의 시험밸브 순으로 설치할 것
③ 가압수조 이용시에는 수원, 가압수조, 압력계, 체크밸브, 개폐표시형 밸브, 유수검지장치, 1개의 시험밸브 순으로 설치할 것
④ 캐비닛형인 경우 수원, 펌프 또는 압력수조, 압력계, 체크밸브, 연성계 또는 진공계, 개폐표시형 밸브 순으로 설치할 것

② 개폐표시형 밸브, 유수검지장치, 2개의 시험밸브
→ 성능시험배관, 개폐표시형 밸브, 유수검지장치, 시험밸브
③ 개폐표시형 밸브, 유수검지장치, 1개의 시험밸브
→ 성능시험배관, 개폐표시형 밸브, 유수검지장치, 2개의 시험밸브
④ 펌프 또는 압력수조, 압력계, 체크밸브, 연성계 및 진공계, 개폐표시형 밸브 → 연성계 또는 진공계, 펌프 또는 압력수조, 압력계, 체크밸브, 개폐표시형 밸브, 2개의 시험밸브

(1) **간이스프링클러설비**(상수도직결형)(NFPC 103A 8조, NFTC 103A 2.5.16) 보기 ①
수도용 계량기-급수차단장치-개폐표시형 밸브-체크밸브-압력계-유수검지장치-시험밸브(2개)

| 상수도직결형 |

(2) **펌프** 보기 ②
수원, **연성계** 또는 **진공계**(수원이 펌프보다 높은 경우 제외), **펌프** 또는 **압력수조**, **압력계**, **체크밸브**, **성능시험배관**, **개폐표시형 밸브**, **유수검지장치**, **시험밸브**

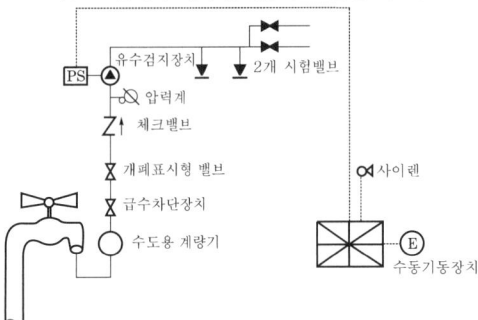

| 펌프 등의 가압송수장치 이용 |

(3) **가압수조** 보기 ③
수원, **가압수조**, **압력계**, **체크밸브**, **성능시험배관**, **개폐표시형 밸브**, **유수검지장치**, **시험밸브(2개)**

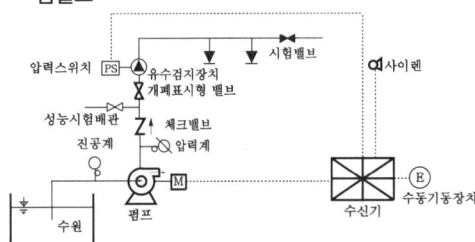

| 가압수조를 가압송수장치로 이용 |

(4) **캐비닛형** 보기 ④
수원, **연성계** 또는 **진공계**(수원이 펌프보다 높은 경우 제외), **펌프** 또는 **압력수조**, **압력계**, **체크밸브**, **개폐표시형 밸브**, **시험밸브(2개)**

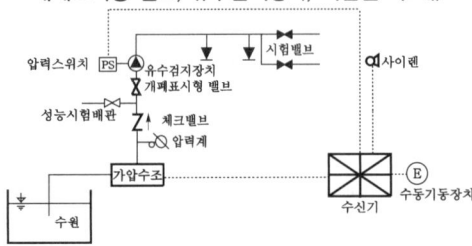

| 캐비닛형의 가압송수장치 이용 |

답 ①

76
스프링클러설비의 화재안전기준상 스프링클러헤드 설치시 살수가 방해되지 아니하도록 벽과 스프링클러헤드 간의 공간은 최소 몇 cm 이상으로 하여야 하는가?

18.04.문71
11.10.문70

① 60
② 30
③ 20
④ 10

스프링클러헤드(NFTC 103 2.7.7)

거리	적용
10cm 이상 보기 ④	**벽**과 **스프링클러헤드** 간의 공간
60cm 이상	스프링클러헤드의 공간 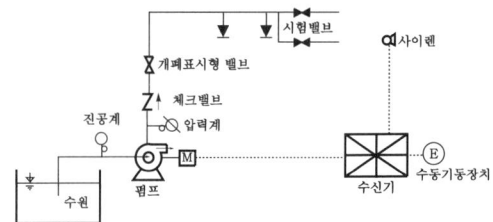 | 헤드 반경 |
30cm 이하	스프링클러헤드와 부착면과의 거리 | 헤드와 부착면과의 이격거리 |

답 ④

77 물분무소화설비의 화재안전기준상 차고 또는 주차장에 설치하는 물분무소화설비의 배수설비 기준으로 틀린 것은?

21.09.문75
19.03.문70
17.09.문72
17.03.문67
16.10.문67
16.05.문79
15.05.문78
10.03.문63

① 차량이 주차하는 바닥은 배수구를 향하여 100분의 2 이상의 기울기를 유지할 것
② 차량이 주차하는 장소의 적당한 곳에 높이 5cm 이상의 경계턱으로 배수구를 설치할 것
③ 배수설비는 가압송수장치의 최대송수능력의 수량을 유효하게 배수할 수 있는 크기 및 기울기로 할 것
④ 배수구에는 새어나온 기름을 모아 소화할 수 있도록 길이 40m 이하마다 집수관·소화피트 등 기름분리장치를 설치할 것

해설 ② 5cm → 10cm

물분무소화설비의 **배수설비**(NFPC 104 11조, NFTC 104 2.8.1)

(1) **10cm** 이상의 경계턱으로 배수구 설치(차량이 주차하는 곳) 보기 ②

(2) **40m** 이하마다 기름분리장치 설치 보기 ④

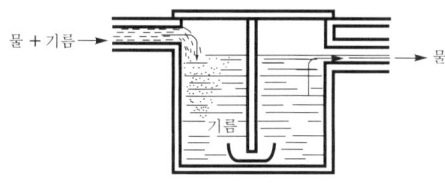

기름분리장치

(3) 차량이 주차하는 바닥은 $\frac{2}{100}$ 이상의 기울기 유지
보기 ①

(4) **배수설비**: 가압송수장치의 최대송수능력의 수량을 유효하게 배수할 수 있는 크기 및 기울기로 할 것
보기 ③

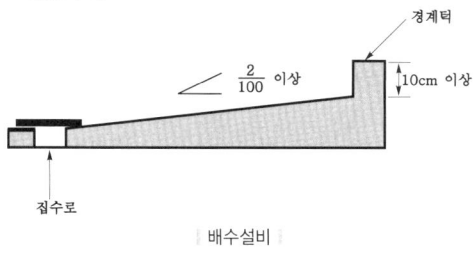

배수설비

참고

기울기

구 분	설 명
$\frac{1}{100}$ 이상	연결살수설비의 수평주행배관
$\frac{2}{100}$ 이상	물분무소화설비의 배수설비
$\frac{1}{250}$ 이상	습식·부압식 설비 외 설비의 가지배관
$\frac{1}{500}$ 이상	습식·부압식 설비 외 설비의 수평주행배관

답 ②

78 미분무소화설비의 화재안전기준상 용어의 정의 중 다음 ( ) 안에 알맞은 것은?

20.09.문78
18.04.문74

"미분무"란 물만을 사용하여 소화하는 방식으로 최소설계압력에서 헤드로부터 방출되는 물입자 중 99%의 누적체적분포가 (㉠)μm 이하로 분무되고 (㉡)급 화재에 적응성을 갖는 것을 말한다.

① ㉠ 400, ㉡ A, B, C
② ㉠ 400, ㉡ B, C
③ ㉠ 200, ㉡ A, B, C
④ ㉠ 200, ㉡ B, C

해설 **미분무소화설비**의 **용어정의**(NFPC 104A 3조, NFTC 104A 1.7)

용어	설 명
미분무 소화설비	가압된 물이 헤드 통과 후 **미세한 입자**로 분무됨으로써 소화성능을 가지는 설비를 말하며, **소화력**을 **증가**시키기 위해 **강화액** 등을 첨가할 수 있다.
미분무	물만을 사용하여 소화하는 방식으로 최소 설계압력에서 헤드로부터 방출되는 물입자 중 **99%**의 누적체적분포가 **400μm** 이하로 분무되고 **A, B, C급 화재**에 적응성을 갖는 것 보기 ①
미분무 헤드	**하나 이상**의 **오리피스**를 가지고 미분무소화설비에 사용되는 헤드

답 ①

79

포소화설비의 화재안전기준상 포소화설비의 자동식 기동장치에 폐쇄형 스프링클러헤드를 사용하는 경우에 대한 설치기준 중 다음 ( ) 안에 알맞은 것은? (단, 자동화재탐지설비의 수신기가 설치된 장소에 상시 사람이 근무하고 있고, 화재시 즉시 해당 조작부를 작동시킬 수 있는 경우는 제외한다.)

19.09.문75
19.04.문77
18.04.문66
17.03.문69
14.05.문65
13.09.문64

- 표시온도가 (㉠)℃ 미만인 것을 사용하고 1개의 스프링클러헤드의 경계면적은 (㉡)m² 이하로 할 것
- 부착면의 높이는 바닥으로부터 (㉢)m 이하로 하고 화재를 유효하게 감지할 수 있도록 할 것

① ㉠ 60, ㉡ 10, ㉢ 7
② ㉠ 60, ㉡ 20, ㉢ 7
③ ㉠ 79, ㉡ 10, ㉢ 5
④ ㉠ 79, ㉡ 20, ㉢ 5

해설 **자동식 기동장치**(폐쇄형 헤드 개방방식)(NFTC 105 2.8.2.1)
(1) 표시온도가 **79**℃ 미만인 것을 사용하고, 1개의 스프링클러헤드의 **경**계면적은 **20**m² 이하 보기 ④
(2) 부착면의 높이는 바닥으로부터 **5**m 이하로 하고, 화재를 유효하게 감지할 수 있도록 함 보기 ④
(3) 하나의 감지장치 경계구역은 하나의 **층**이 되도록 함

기억법 경27 자동(경이롭다. 자동차!)

답 ④

80

할론소화설비의 화재안전기준상 할론소화약제 저장용기의 설치기준 중 다음 ( ) 안에 알맞은 것은?

20.06.문75
17.09.문61
17.03.문70
16.05.문68
12.05.문66
07.05.문70

축압식 저장용기의 압력은 온도 20℃에서 할론 1301을 저장하는 것은 (㉠)MPa 또는 (㉡) MPa이 되도록 질소가스로 축압할 것

① ㉠ 2.5, ㉡ 4.2
② ㉠ 2.0, ㉡ 3.5
③ ㉠ 1.5, ㉡ 3.0
④ ㉠ 1.1, ㉡ 2.5

해설 **할론소화약제**(NFPC 107 4·10조, NFTC 107 2.1.2.1, 2.1.2.2, 2.7)

구 분		할론 1301	할론 1211	할론 2402
저장압력		2.5MPa 또는 4.2MPa 보기 ①	1.1MPa 또는 2.5MPa	-
방출압력		0.9MPa	0.2MPa	0.1MPa
충전비	가압식	0.9~1.6 이하	0.7~1.4 이하	0.51~0.67 미만
	축압식			0.67~2.75 이하

기억법 13 2542(13254둘)

답 ①

2022. 4. 24 시행

2022년 기사 제2회 필기시험

자격종목	종목코드	시험시간	형별	수험번호	성명
소방설비기사(기계분야)		2시간			

※ 각 문항은 4지택일형으로 질문에 가장 적합한 보기 항을 선택하여 체크하여야 합니다.

제1과목 소방원론

01 목조건축물의 화재특성으로 틀린 것은?

21.05.문01
19.09.문11
18.03.문05
16.10.문04
14.05.문01
10.09.문08

① 습도가 낮을수록 연소확대가 빠르다.
② 화재진행속도는 내화건축물보다 빠르다.
③ 화재 최성기의 온도는 내화건축물보다 낮다.
④ 화재성장속도는 횡방향보다 종방향이 빠르다.

해설 ③ 낮다. → 높다.

	목조건물	내화건물
①	화재성상 : **고온단**기형	화재성상 : 저온장기형
②	최고온도(최성기 온도) : 1300℃ 보기 ③	최고온도(최성기 온도) : 900~1000℃ 보기 ③

기억법 목고단 13

• 목조건물=목재건물

답 ③

02 물이 소화약제로서 사용되는 장점이 아닌 것은?

13.03.문08

① 가격이 저렴하다.
② 많은 양을 구할 수 있다.
③ 증발잠열이 크다.
④ 가연물과 화학반응이 일어나지 않는다.

해설 물이 소화작업에 사용되는 이유
(1) 가격이 싸다. 보기 ①
(2) 쉽게 구할 수 있다(많은 양을 구할 수 있다). 보기 ②
(3) 열흡수가 매우 크다(증발잠열이 크다). 보기 ③
(4) 사용방법이 비교적 간단하다.

• 물은 **증발잠열**(기화잠열)이 커서 **냉각소화** 및 무상주수시 **질식소화**가 가능하다.

답 ④

03 정전기로 인한 화재를 줄이고 방지하기 위한 대책 중 틀린 것은?

21.09.문58
13.06.문44
12.09.문53

① 공기 중 습도를 일정값 이상으로 유지한다.
② 기기의 전기절연성을 높이기 위하여 부도체로 차단공사를 한다.
③ 공기 이온화 장치를 설치하여 가동시킨다.
④ 정전기 축적을 막기 위해 접지선을 이용하여 대지로 연결작업을 한다.

해설 ② 도체 사용으로 전류가 잘 흘러가도록 해야 함

위험물규칙 〔별표 4〕
정전기 제거방법
(1) **접지**에 의한 방법 보기 ④
(2) 공기 중의 상대습도를 **70%** 이상으로 하는 방법 보기 ①
(3) 공기를 **이온화**하는 방법 보기 ③

비교

위험물규칙 〔별표 4〕
위험물을 가압하는 설비 또는 그 취급하는 위험물의 압력이 상승할 우려가 있는 설비에 설치하는 안전장치
(1) 자동적으로 **압력**의 **상승**을 **정지**시키는 장치
(2) 감압측에 **안전밸브**를 부착한 **감압밸브**
(3) **안전밸브**를 겸하는 **경보장치**
(4) 파괴판

답 ②

04 프로판가스의 최소점화에너지는 일반적으로 약 몇 mJ 정도되는가?

① 0.25 ② 2.5
③ 25   ④ 250

해설

물 질	최소점화에너지
수소(H_2)	0.011mJ
벤젠(C_6H_6)	0.2mJ
에탄(C_2H_6)	0.24mJ
프로판(C_3H_8)	0.25mJ 보기 ①
부탄(C_4H_{10})	0.25mJ
메탄(CH_4)	0.28mJ

용어

최소점화에너지
가연성 가스 및 공기의 혼합가스, 즉 **가연성 혼합기**에 착화원으로 점화를 시킬 때 발화하기 위하여 필요한 착화원이 갖는 **최저의 에너지**

$$E = \frac{1}{2}CV^2$$

여기서, E : 최소점화에너지(J 또는 mJ)
  C : 정전용량(F)
  V : 전압(V)

• 최소점화에너지=최소착화에너지=최소발화에너지=최소정전기점화에너지

답 ①

05 목재화재시 다량의 물을 뿌려 소화할 경우 기대되는 주된 소화효과는?
[17.09.문03] [12.09.문09]
① 제거효과 ② 냉각효과
③ 부촉매효과 ④ 희석효과

해설 소화의 형태

구 분	설 명
냉각소화	• **점화원**을 냉각하여 소화하는 방법 • **증**발잠열을 이용하여 열을 빼앗아 가연물의 온도를 떨어뜨려 화재를 진압하는 소화방법 • **다량의 물을 뿌려 소화하는 방법** 보기 ② • 가연성 물질을 **발화점** 이하로 **냉각**하여 소화하는 방법 • **식용유화재**에 신선한 **야채**를 넣어 소화하는 방법 • 용융잠열에 의한 **냉각효과**를 이용하여 소화하는 방법 기억법 냉점증발
질식소화	• 공기 중의 **산소농도**를 16%(10~15%) 이하로 희박하게 하여 소화하는 방법 • 산화제의 농도를 낮추어 연소가 지속될 수 없도록 소화하는 방법 • 산소공급을 차단하여 소화하는 방법 • 산소의 농도를 낮추어 소화하는 방법 • 화학반응으로 발생한 **탄산가스**에 의한 소화방법 기억법 질산
제거소화	• **가연물**을 **제거**하여 소화하는 방법
부촉매 소화 (=화학 소화)	• **연쇄반응**을 **차단**하여 소화하는 방법 • 화학적인 방법으로 화재를 억제하여 소화하는 방법 • **활성기**(free radical)의 **생성**을 **억제**하여 소화하는 방법 기억법 부억(부엌)

희석소화	• 기체·고체·액체에서 나오는 분해가스나 증기의 농도를 낮춰 소화하는 방법 • 불연성 가스의 **공기** 중 **농도**를 높여 소화하는 방법

답 ②

06 물질의 연소시 산소공급원이 될 수 없는 것은?
[13.06.문09]
① 탄화칼슘 ② 과산화나트륨
③ 질산나트륨 ④ 압축공기

해설
① 탄화칼슘(CaC_2) : 제3류 위험물

산소공급원
(1) 제1류 위험물 : 과산화나트륨, 질산나트륨 보기 ②③
(2) 제5류 위험물
(3) 제6류 위험물
(4) 공기(압축공기) 보기 ④

답 ①

07 다음 물질 중 공기 중에서의 연소범위가 가장 넓은 것은?
[20.09.문06] [17.09.문20] [17.03.문03] [16.03.문13] [15.09.문14] [13.06.문04] [09.03.문02]
① 부탄
② 프로판
③ 메탄
④ 수소

해설 (1) 공기 중의 폭발한계(익사천러로 나와야 한다.)

가 스	하한계(vol%)	상한계(vol%)
아세틸렌(C_2H_2)	2.5	81
수소(H_2) 보기 ④	4	75
일산화탄소(CO)	12	75
암모니아(NH_3)	15	25
메탄(CH_4) 보기 ③	5	15
에탄(C_2H_6)	3	12.4
프로판(C_3H_8) 보기 ②	2.1	9.5
부탄(C_4H_{10}) 보기 ①	1.8	8.4

기억법
아 2581
수 475
일 1275
암 1525
메 515
에 3124
프 2195
부 1884

(2) 폭발한계와 같은 의미
㉠ 폭발범위
㉡ 연소한계
㉢ 연소범위
㉣ 가연한계
㉤ 가연범위

답 ④

08. 이산화탄소 20g은 약 몇 mol인가?

① 0.23　② 0.45
③ 2.2　④ 4.4

해설 원자량

원소	원자량
H	1
C	12
N	14
O	16

이산화탄소 $CO_2 = 12 + 16 \times 2 = 44g/mol$
그러므로 이산화탄소는 $44g = 1mol$ 이다.
비례식으로 풀면 $44g : 1mol = 20g : x$
$44g \times x = 20g \times 1mol$
$x = \dfrac{20g \times 1mol}{44g} ≒ 0.45mol$

답 ②

09. 플래시오버(flash over)에 대한 설명으로 옳은 것은?

① 도시가스의 폭발적 연소를 말한다.
② 휘발유 등 가연성 액체가 넓게 흘러서 발화한 상태를 말한다.
③ 옥내화재가 서서히 진행하여 열 및 가연성 기체가 축적되었다가 일시에 연소하여 화염이 크게 발생하는 상태를 말한다.
④ 화재층의 불이 상부층으로 올라가는 현상을 말한다.

해설 플래시오버(flash over) : 순발연소
(1) 폭발적인 **착화현상**
(2) 폭발적인 **화재확대현상**
(3) 건물화재에서 발생한 가연성 가스가 일시에 인화하여 화염이 **충**만하는 단계
(4) 실내의 가연물이 연소됨에 따라 생성되는 가연성 가스가 실내에 누적되어 **폭**발적으로 연소하여 실 전체가 순간적으로 불길에 싸이는 현상
(5) **옥내화재**가 서서히 진행하여 열이 축적되었다가 일시에 화염이 크게 발생하는 상태 보기 ③
(6) 다량의 **가연성 가스**가 동시에 연소되면서 **급**격한 온도상승을 유발하는 현상
(7) 건축물에서 한순간에 폭발적으로 화재가 확산되는 현상

기억법 플확충 폭급

- 플래시오버=플래쉬오버

중요

플래시오버(flash over)

구분	설명
발생시간	화재발생 후 5~6분경
발생시점	**성장기~최성기**(성장기에서 최성기로 넘어가는 분기점) **기억법** 플성최
실내온도	약 800~900℃

답 ③

10. 제4류 위험물의 성질로 옳은 것은?

① 가연성 고체
② 산화성 고체
③ 인화성 액체
④ 자기반응성 물질

해설 위험물령 [별표 1]
위험물

유별	성질	품명
제1류	산화성 고체	• 아염소산염류 • 염소산염류 • 과염소산염류 • 질산염류 • 무기과산화물
제2류	가연성 고체	• 황화인 • 적린 • 황 • 철분 • 마그네슘 **기억법** 황화적황철마
제3류	자연발화성 물질 및 금수성 물질	• 황린 • 칼륨 • 나트륨 • 알루미늄 **기억법** 황칼나알
제4류	인화성 액체	• 특수인화물 • 알코올류 • 석유류 • 동식물유류
제5류	자기반응성 물질	• 나이트로화합물 • 유기과산화물 • 나이트로소화합물 • 아조화합물 • 질산에스터류(셀룰로이드)
제6류	산화성 액체	• 과염소산 • 과산화수소 • 질산

답 ③

11 할론소화설비에서 Halon 1211 약제의 분자식은 어느 것인가?

① CBr_2ClF
② CF_2BrCl
③ CCl_2BrF
④ BrC_2ClF

해설 할론소화약제의 약칭 및 분자식

종 류	약 칭	분자식
할론 1011	CB	CH_2ClBr
할론 104	CTC	CCl_4
할론 1211	BCF	$CF_2ClBr(CF_2BrCl)$ 보기 ②
할론 1301	BTM	CF_3Br
할론 2402	FB	$C_2F_4Br_2$

답 ②

12 다음 중 가연물의 제거를 통한 소화방법과 무관한 것은?

① 산불의 확산방지를 위하여 산림의 일부를 벌채한다.
② 화학반응기의 화재시 원료공급관의 밸브를 잠근다.
③ 전기실 화재시 IG-541 약제를 방출한다.
④ 유류탱크 화재시 주변에 있는 유류탱크의 유류를 다른 곳으로 이동시킨다.

해설 ③ 질식소화 : IG-541(불활성기체 소화약제)

제거소화의 예
(1) **가연성 기체** 화재시 **주밸브**를 **차단**한다(화학반응기의 화재시 원료공급관의 **밸브**를 **잠금**). 보기 ②
(2) **가연성 액체** 화재시 펌프를 이용하여 **연료**를 제거한다.
(3) **연료탱크**를 **냉각**하여 가연성 가스의 발생속도를 작게 하여 연소를 억제한다.
(4) 금속화재시 **불활성 물질**로 가연물을 덮는다.
(5) **목재**를 **방염처리**한다.
(6) 전기화재시 **전원**을 **차단**한다.
(7) 산불이 발생하면 화재의 진행방향을 앞질러 **벌목**한다(산불의 확산방지를 위하여 **산림**의 **일부**를 **벌채**). 보기 ①
(8) 가스화재시 **밸브**를 **잠궈** 가스흐름을 차단한다(가스화재시 중간밸브를 잠금).
(9) 불타고 있는 장작더미 속에서 아직 타지 않은 것을 안전한 곳으로 **운반**한다.
(10) 유류탱크 화재시 주변에 있는 유류탱크의 유류를 다른 곳으로 이동시킨다. 보기 ④
(11) 양초를 입으로 불어서 끈다.

용어 제거효과
가연물을 반응계에서 제거하든지 또는 반응계로의 공급을 정지시켜 소화하는 효과

답 ③

13 건물화재의 표준시간-온도곡선에서 화재발생 후 1시간이 경과할 경우 내부온도는 약 몇 ℃ 정도 되는가?

① 125   ② 325
③ 640   ④ 925

해설 시간경과시의 온도

경과시간	온 도
30분 후	840℃
1시간 후	925~**950**℃ 보기 ④
2시간 후	1010℃

기억법 1시 95

답 ④

14 위험물안전관리법령상 위험물로 분류되는 것은?

① 과산화수소
② 압축산소
③ 프로판가스
④ 포스겐

 위험물령〔별표 1〕
위험물

유 별	성 질	품 명
제1류	산화성 고체	• 아염소산염류 • 염소산염류(**염소산나트륨**) • 과염소산염류 • 질산염류 • 무기과산화물 기억법 1산고염나
제2류	가연성 고체	• 황화인 • 적린 • 황 • 철분 • 마그네슘 기억법 황화적황철마
제3류	자연발화성 물질 및 금수성 물질	• 황린 • 칼륨 • 나트륨 • 알칼리토금속 • 트리에틸알루미늄 기억법 황칼나알트

제4류	인화성 액체	• 특수인화물 • 석유류(벤젠) • 알코올류 • 동식물유류
제5류	자기반응성 물질	• 유기과산화물 • 나이트로화합물 • 나이트로소화합물 • 아조화합물 • 질산에스터류(셀룰로이드)
제6류	산화성 액체	• 과염소산 • 과산화수소 보기 ① • 질산

답 ①

15 다음 중 연기에 의한 감광계수가 $0.1m^{-1}$, 가시거리가 20~30m일 때의 상황으로 옳은 것은?

① 건물 내부에 익숙한 사람이 피난에 지장을 느낄 정도
② 연기감지기가 작동할 정도
③ 어두운 것을 느낄 정도
④ 앞이 거의 보이지 않을 정도

해설 감광계수와 가시거리

감광계수 [m^{-1}]	가시거리 [m]	상 황
0.1	20~30	연기감지기가 작동할 때의 농도(연기감지기가 작동하기 직전의 농도) 보기 ②
0.3	5	건물 내부에 익숙한 사람이 피난에 지장을 느낄 정도의 농도 보기 ①
0.5	3	어두운 것을 느낄 정도의 농도 보기 ③
1	1~2	앞이 거의 보이지 않을 정도의 농도 보기 ④
10	0.2~0.5	화재 최성기 때의 농도
30	–	출화실에서 연기가 분출할 때의 농도

기억법	0123	감
	035	익
	053	어
	112	보
	100205	최
	30	분

답 ②

16 Fourier 법칙(전도)에 대한 설명으로 틀린 것은?

① 이동열량은 전열체의 단면적에 비례한다.
② 이동열량은 전열체의 두께에 비례한다.
③ 이동열량은 전열체의 열전도도에 비례한다.
④ 이동열량은 전열체 내·외부의 온도차에 비례한다.

해설 ② 비례 → 반비례

열전달의 종류

종 류	설 명	관련 법칙
전도 (conduction)	하나의 물체가 다른 물체와 직접 접촉하여 열이 이동하는 현상	푸리에(Fourier)의 법칙
대류 (convection)	유체의 흐름에 의하여 열이 이동하는 현상	뉴턴의 법칙
복사 (radiation)	① 화재시 화원과 격리된 인접 가연물에 불이 옮겨 붙는 현상 ② 열전달 매질이 없이 열이 전달되는 형태 ③ 열에너지가 전자파의 형태로 옮겨지는 현상으로, 가장 크게 작용한다.	스테판-볼츠만의 법칙

공식
(1) 전도

$$Q = \frac{kA(T_2 - T_1)}{l} \quad \cdots \text{비례 보기 ①③④} \atop \cdots \text{반비례 보기 ②}$$

여기서, Q : 전도열[W]
k : 열전도율[W/m·K]
A : 단면적[m^2]
$(T_2 - T_1)$: 온도차[K]
l : 벽체 두께[m]

(2) 대류

$$Q = h(T_2 - T_1) \quad \cdots \text{비례}$$

여기서, Q : 대류열[W/m^2]
h : 열전달률[$W/m^2 \cdot ℃$]
$(T_2 - T_1)$: 온도차[℃]

(3) 복사

$$Q = aAF(T_1^4 - T_2^4) \quad \cdots \text{비례}$$

여기서, Q : 복사열[W]
a : 스테판-볼츠만 상수[$W/m^2 \cdot K^4$]
A : 단면적[m^2]
F : 기하학적 Factor
T_1 : 고온[K]
T_2 : 저온[K]

답 ②

17. 물질의 취급 또는 위험성에 대한 설명 중 틀린 것은?

① 융해열은 점화원이다.
② 질산은 물과 반응시 발열반응하므로 주의를 해야 한다.
③ 네온, 이산화탄소, 질소는 불연성 물질로 취급한다.
④ 암모니아를 충전하는 공업용 용기의 색상은 백색이다.

해설 점화원이 될 수 없는 것
(1) 기화열(증발열)
(2) 융해열 보기 ①
(3) 흡착열

기억법 점기융흡

답 ①

18. 분말소화약제 중 탄산수소칼륨($KHCO_3$)과 요소(($NH_2)_2CO$)와의 반응물을 주성분으로 하는 소화약제는?

① 제1종 분말
② 제2종 분말
③ 제3종 분말
④ 제4종 분말

해설 분말소화약제

종별	분자식	착색	적응화재	비고
제1종	탄산수소나트륨 ($NaHCO_3$)	백색	BC급	식용유 및 지방질유의 화재에 적합 **기억법** 1식분(일식 분식)
제2종	탄산수소칼륨 ($KHCO_3$)	담자색 (담회색)	BC급	—
제3종	제1인산암모늄 ($NH_4H_2PO_4$)	담홍색	ABC급	차고·주차장에 적합 **기억법** 3분 차주 (삼보 컴퓨터 차주)
제4종	탄산수소칼륨 +요소 ($KHCO_3$ + ($NH_2)_2CO$) 보기 ④	회(백)색	BC급	—

답 ④

19. 자연발화가 일어나기 쉬운 조건이 아닌 것은?

① 열전도율이 클 것
② 적당량의 수분이 존재할 것
③ 주위의 온도가 높을 것
④ 표면적이 넓을 것

해설 ① 클 것 → 작을 것

자연발화 조건
(1) 열전도율이 작을 것 보기 ①
(2) 발열량이 클 것
(3) 주위의 온도가 높을 것 보기 ③
(4) 표면적이 넓을 것 보기 ④
(5) 적당량의 수분이 존재할 것 보기 ②

비교
자연발화의 방지법
(1) 습도가 높은 곳을 피할 것(건조하게 유지할 것)
(2) 저장실의 온도를 낮출 것
(3) 통풍이 잘 되게 할 것
(4) 퇴적 및 수납시 열이 쌓이지 않게 할 것 (열 축적 방지)
(5) 산소와의 접촉을 차단할 것
(6) 열전도성을 좋게 할 것

답 ①

20. 폭굉(detonation)에 관한 설명으로 틀린 것은?

① 연소속도가 음속보다 느릴 때 나타난다.
② 온도의 상승은 충격파의 압력에 기인한다.
③ 압력상승은 폭연의 경우보다 크다.
④ 폭굉의 유도거리는 배관의 지름과 관계가 있다.

해설 ① 느릴 때 → 빠를 때

연소반응(전파형태에 따른 분류)

폭연(deflagration)	폭굉(detonation)
연소속도가 음속보다 느릴 때 발생	① 연소속도가 음속보다 빠를 때 발생 보기 ① ② 온도의 상승은 **충격파**의 압력에 기인한다. 보기 ② ③ 압력상승은 **폭연**의 경우보다 **크다**. 보기 ③ ④ 폭굉의 **유도거리**는 배관의 **지름**과 **관계**가 있다. 보기 ④

※ **음속**: 소리의 속도로서 약 **340m/s**이다.

답 ①

제2과목 소방유체역학

21 2MPa, 400℃의 과열증기를 단면확대 노즐을 통하여 20kPa로 분출시킬 경우 최대속도는 약 몇 m/s인가? (단, 노즐입구에서 엔탈피는 3243.3kJ/kg이고, 출구에서 엔탈피는 2345.8kJ/kg이며, 입구속도는 무시한다.)

① 1340 ② 1349
③ 1402 ④ 1412

해설 (1) 기호
- P_1 : 2MPa
- T : 400℃
- P_2 : 20kPa
- H_1 : 3243.3kJ/kg
- H_2 : 2345.8kJ/kg
- V_1 : 0m/s(입구속도 무시)
- V_2 : ?

문제에서 **입구**에서의 **속도**는 **무시**한다고 했으므로 $V_1 = 0$

- **표준대기압**
  1atm=760mmHg=1.0332kgf/cm²
  =10.332mH₂O(mAq)
  =14.7PSI(lb_f/in²)
  =101.325kPa(kN/m²)
  =101325Pa(N/m²)
  =1013mbar

(2) 에너지 보존의 법칙

$$H_1 + \frac{V_1^2}{2} = H_2 + \frac{V_2^2}{2}$$

여기서, H_1 : 입구에서의 엔탈피[J/kg]
H_2 : 출구에서의 엔탈피[J/kg]
V_1 : 입구에서의 유속[m/s]
V_2 : 출구에서의 유속[m/s]

$H_1 = H_2 + \dfrac{V_2^2}{2}$

$H_2 + \dfrac{V_2^2}{2} = H_1$

$\dfrac{V_2^2}{2} = H_1 - H_2$

$V_2^2 = 2(H_1 - H_2)$

$\sqrt{V_2^2} = \sqrt{2(H_1 - H_2)}$

$V_2 = \sqrt{2(H_1 - H_2)}$
$= \sqrt{2 \times [(3243.3 - 2345.8) \times 10^3 \text{J/kg}]}$
$\fallingdotseq 1340\text{m/s}$

- 1kJ=10³J이므로 (3243.3-2345.8)kJ/kg=(3243.3-2345.8)×10³J/kg

용어
엔탈피
어떤 물질이 가지고 있는 총에너지

답 ①

22 원형 물탱크의 안지름이 1m이고, 아래쪽 옆면에 안지름 100mm인 송출관을 통해 물을 수송할 때의 순간 유속이 3m/s이었다. 이때 탱크 내 수면이 내려오는 속도는 몇 m/s인가?

① 0.015 ② 0.02
③ 0.025 ④ 0.03

해설 (1) 기호
- D_1 : 1m
- D_2 : 100mm=0.1m(1000mm=1m)
- V_1 : ?
- V_2 : 3m/s

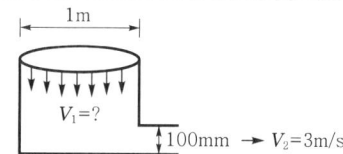

(2) 유량

$$Q = A_1 V_1 = A_2 V_2 = \frac{\pi D_1^2}{4} V_1 = \frac{\pi D_2^2}{4} V_2$$

여기서, Q : 유량[m³/s]
A_1, A_2 : 단면적[m²]
V_1, V_2 : 유속[m/s]

$Q = \dfrac{\pi D_2^2}{4} V_2 = \dfrac{\pi \times (0.1\text{m})^2}{4} \times 3\text{m/s} = 0.0235\text{m}^3/\text{s}$

$\boxed{Q = \dfrac{\pi D_1^2}{4} V_1}$ 에서

$V_1 = \dfrac{Q}{\dfrac{\pi D_1^2}{4}} = \dfrac{0.0235\text{m}^3/\text{s}}{\dfrac{\pi \times (1\text{m})^2}{4}} \fallingdotseq 0.03\text{m/s}$

답 ④

23 지름 5cm인 구가 대류에 의해 열을 외부공기로 방출한다. 이 구는 50W의 전기히터에 의해 내부에서 가열되고 있고 구표면과 공기 사이의 온도차가 30℃라면 공기와 구 사이의 대류열전달계수는 약 몇 W/m²·℃인가?

① 111 ② 212
③ 313 ④ 414

해설 (1) 기호
- r : 2.5cm=0.025m(D : 5cm이므로 반지름 r : 2.5cm)
- A : $4\pi r^2$(구의 표면적)=$4\times\pi\times(0.025\text{m})^2$
- $\overset{\circ}{q}$: 50W
- T_2-T_1 : 30℃
- h : ?

(2) 대류열류

$$\overset{\circ}{q}=Ah(T_2-T_1)$$

여기서, $\overset{\circ}{q}$: 대류열류(열손실)[W]
A : 대류면적[m²]
h : 대류열전달계수[W/m²·K] 또는 [W/m²·℃]
T_2-T_1 : 온도차[K] 또는 [℃]

대류열전달계수 h는

$$h=\frac{\overset{\circ}{q}}{A(T_2-T_1)}$$
$$=\frac{50\text{W}}{4\times\pi\times(0.025\text{m})^2\times 30℃}$$
$$≒212\text{W/m}^2\cdot℃$$

답 ②

24 ★★★

21.09.문24
20.06.문33
19.03.문34
17.05.문29
14.09.문23
11.06.문35
11.03.문35
05.09.문29
00.10.문61

소화펌프의 회전수가 1450rpm일 때 양정이 25m, 유량이 5m³/min이었다. 펌프의 회전수를 1740rpm으로 높일 경우 양정[m]과 유량[m³/min]은? (단, 완전상사가 유지되고, 회전차의 지름은 일정하다.)

① 양정 : 17, 유량 : 4.2
② 양정 : 21, 유량 : 5
③ 양정 : 30.2, 유량 : 5.2
④ 양정 : 36, 유량 : 6

해설 (1) 기호
- N_1 : 1450rpm
- N_2 : 1740rpm
- H_1 : 25m
- Q_1 : 5m³/min
- H_2 : ?
- Q_2 : ?

(2) 전펌프의 상사법칙(송출량)
㉠ 유량(송출량)

$$Q_2=Q_1\left(\frac{N_2}{N_1}\right) \text{ 또는 } Q_1\left(\frac{N_2}{N_1}\right)\left(\frac{D_2}{D_1}\right)^3$$

㉡ 전양정

$$H_2=H_1\left(\frac{N_2}{N_1}\right)^2 \text{ 또는 } H_1\left(\frac{N_2}{N_1}\right)^2\left(\frac{D_2}{D_1}\right)^2$$

㉢ 축동력

$$P_2=P_1\left(\frac{N_2}{N_1}\right)^3 \text{ 또는 } P_1\left(\frac{N_2}{N_1}\right)^3\left(\frac{D_2}{D_1}\right)^5$$

여기서, $Q_1\cdot Q_2$: 변화 전후의 유량(송출량)[m³/min]
$H_1\cdot H_2$: 변화 전후의 전양정[m]
$P_1\cdot P_2$: 변화 전후의 축동력[kW]
$N_1\cdot N_2$: 변화 전후의 회전수(회전속도)[rpm]
$D_1\cdot D_2$: 변화 전후의 직경[m]

- [단서]에서 회전차의 지름은 일정하다고 했으므로 D_1, D_2 생략 가능

유량 $Q_2=Q_1\left(\frac{N_2}{N_1}\right)$
$=5\text{m}^3/\text{min}\times\left(\frac{1740\text{rpm}}{1450\text{rpm}}\right)$
$=6\text{m}^3/\text{min}$

양정 $H_2=H_1\left(\frac{N_2}{N_1}\right)^2$
$=25\text{m}\times\left(\frac{1740\text{rpm}}{1450\text{rpm}}\right)^2$
$=36\text{m}$

용어

상사법칙
기하학적으로 유사하거나 같은 펌프에 적용하는 법칙

답 ④

25 ★★★

19.09.문30
13.09.문25
04.03.문24
03.08.문31

다음 중 이상기체에서 폴리트로픽 지수(n)가 1인 과정은?

① 단열 과정
② 정압 과정
③ 등온 과정
④ 정적 과정

해설 폴리트로픽 변화

구 분	내 용
PV^n=정수($n=0$)	등압변화(정압변화)
PV^n=정수($n=1$)	등온변화 보기 ③
PV^n=정수($n=K$)	단열변화
PV^n=정수($n=\infty$)	정적변화

여기서, P : 압력[kJ/m³]
V : 체적[m³]
n : 폴리트로픽 지수
K : 비열비

답 ③

26 정수력에 의해 수직평판의 힌지(Hinge)점에 작용하는 단위폭당 모멘트를 바르게 표시한 것은? (단, ρ는 유체의 밀도, g는 중력가속도이다.)

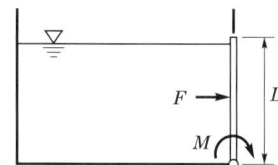

① $\dfrac{1}{6}\rho g L^3$ ② $\dfrac{1}{3}\rho g L^3$

③ $\dfrac{1}{2}\rho g L^3$ ④ $\dfrac{2}{3}\rho g L^3$

해설 단위폭당 모멘트(토크)

$$d\tau = r \times dF$$

여기서, $d\tau$: 토크(N·m)
 r : 힌지점에서 거리[m]
 dF : 거리 r의 dy에 작용하는 힘[N]

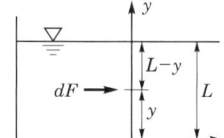

그림에서
$r = y$
$dF = \gamma(L-y)dy$ (여기서, γ : 비중량(N/m³))
$d\tau = r \times dF$
$d\tau = y \times \gamma(L-y)dy$
$\tau = \gamma \int_0^L y(L-y)dy = \gamma \int_0^L (Ly - y^2)dy$

적분공식 = $\int_a^b x^n dx$
$= \left[\dfrac{x^{n+1}}{n+1}\right]_a^b = \left[\dfrac{b^{n+1}}{n+1}\right] - \left[\dfrac{a^{n+1}}{n+1}\right]$

$= \gamma\left[\left(\dfrac{Ly^2}{2} - \dfrac{y^3}{3}\right)\right]_0^L$
$= \gamma\left[\left(\dfrac{L\times L^2}{2} - \dfrac{L^3}{3}\right) - \left(\dfrac{L\times 0^2}{2} - \dfrac{0^3}{3}\right)\right]$
$= \gamma\left(\dfrac{L^3}{2} - \dfrac{L^3}{3}\right) = \gamma\left(\dfrac{3L^3}{2\times 3} - \dfrac{2L^3}{3\times 2}\right) = \gamma\left(\dfrac{3L^3 - 2L^3}{6}\right)$
$= \dfrac{\gamma L^3}{6} = \dfrac{\rho g L^3}{6} \;(\gamma = \rho g)$

$$\tau = \dfrac{1}{6}\rho g L^3$$

여기서, τ : 모멘트(토크)[N·m]
 γ : 비중량[N/m³]
 ρ : 밀도[N·s²/m⁴]
 g : 중력가속도(9.8m/s²)

답 ①

27 그림과 같은 중앙부분에 구멍이 뚫린 원판에 지름 20cm의 원형 물제트가 대기압 상태에서 5m/s의 속도로 충돌하여, 원판 뒤로 지름 10cm의 원형 물제트가 5m/s의 속도로 흘러나가고 있을 때, 원판을 고정하기 위한 힘은 약 몇 N인가?

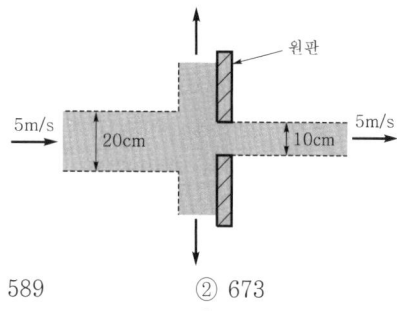

① 589 ② 673
③ 770 ④ 893

해설 (1) 기호
- D : 20cm=0.2m(100cm=1m)
- V : 5m/s
- F : ?

(2) 유량

$$Q = AV = \left(\dfrac{\pi D^2}{4}\right)V$$

여기서, Q : 유량[m³/s]
 A : 단면적[m²]
 V : 유속[m/s]
 D : 지름[m]

(3) 원판이 받는 힘

$$F = \rho QV$$

여기서, F : 원판이 받는 힘[N]
 ρ : 밀도(물의 밀도 1000N·s²/m⁴)
 Q : 유량[m³/s]
 V : 유속[m/s]

원판이 받는 힘 F는
$F = \rho QV$
$= \rho(AV)V$
$= \rho AV^2$
$= \rho\left(\dfrac{\pi D^2}{4}\right)V^2 = \dfrac{\rho \pi V^2 D^2}{4}$

∴ 변형식 $F = \dfrac{\rho \pi V^2\left(D^2 - \left(\dfrac{D}{2}\right)^2\right)}{4} = \dfrac{\rho \pi V^2\left(D^2 - \dfrac{D^2}{4}\right)}{4}$

$= \dfrac{\rho \pi V^2\left(\dfrac{4D^2}{4} - \dfrac{D^2}{4}\right)}{4} = \dfrac{\rho \pi V^2\left(\dfrac{3D^2}{4}\right)}{4}$

$= \rho \pi V^2 \dfrac{3D^2}{16} = \dfrac{3}{16}\rho \pi V^2 D^2$

$= \dfrac{3}{16} \times 1000\text{N}\cdot\text{s}^2/\text{m}^4 \times \pi \times (5\text{m/s})^2$
 $\times (0.2\text{m})^2$

$≒ 589\text{N}$

답 ①

28. 펌프의 공동현상(cavitation)을 방지하기 위한 방법이 아닌 것은?

① 펌프의 설치위치를 되도록 낮게 하여 흡입양정을 짧게 한다.
② 펌프의 회전수를 크게 한다.
③ 펌프의 흡입관경을 크게 한다.
④ 단흡입펌프보다는 양흡입펌프를 사용한다.

해설 ② 크게 → 작게

공동현상(cavitation, 캐비테이션)

개요	펌프의 흡입측 배관 내의 물의 정압이 기존의 증기압보다 낮아져서 기포가 발생되어 물이 흡입되지 않는 현상
발생현상	• **소음**과 **진동** 발생 • 관 **부식** • **임펠러**의 손상(수차의 날개를 해친다) • 펌프의 성능저하
발생원인	• 펌프의 흡입수두가 클 때(소화펌프의 흡입고가 클 때) • 펌프의 마찰손실이 클 때 • 펌프의 임펠러속도가 클 때 • 펌프의 설치위치가 수원보다 높을 때 • 관 내의 수온이 높을 때(물의 온도가 높을 때) • 관 내의 물의 정압이 그때의 증기압보다 낮을 때 • 흡입관의 **구경**이 작을 때 • 흡입거리가 길 때 • 유량이 증가하여 펌프물이 과속으로 흐를 때
방지대책	• 펌프의 흡입수두를 작게 한다(흡입양정을 짧게 한다). 보기 ① • 펌프의 마찰손실을 작게 한다. • 펌프의 임펠러속도(회전수)를 낮추어 흡입비속도를 낮게 한다. 보기 ② • 펌프의 설치위치를 수원보다 낮게 한다. 보기 ① • **양흡입펌프**를 사용한다(펌프의 흡입측을 가압한다). 보기 ④ • 관 내의 물의 정압을 그때의 증기압보다 **높게** 한다. • 흡입관의 구경(관경)을 **크게** 한다. 보기 ③ • 펌프를 2개 이상 설치한다. • 입형펌프를 사용하고, 회전차를 수중에 완전히 잠기게 한다.

중요

비속도(비교회전도)

$$N_s = N \frac{\sqrt{Q}}{\left(\dfrac{H}{n}\right)^{\frac{3}{4}}} \propto N$$

여기서, N_s : 펌프의 비교회전도(비속도)[m³/min·m/rpm]
N : 회전수[rpm]
Q : 유량[m³/min]
H : 양정[m]
n : 단수

• 공식에서 비속도(N_s)와 회전수(N)는 비례

답 ②

29. 물을 송출하는 펌프의 소요축동력이 70kW, 펌프의 효율이 78%, 전양정이 60m일 때, 펌프의 송출유량은 약 몇 m³/min인가?

① 5.57   ② 2.57
③ 1.09   ④ 0.093

해설 (1) 기호
• P : 70kW
• η : 78%=0.78
• H : 60m
• Q : ?

(2) 축동력

$$P = \frac{0.163QH}{\eta}$$

여기서, P : 축동력[kW]
Q : 유량[m³/min]
H : 전양정(수두)[m]
η : 효율

펌프의 **축동력** P는

$P = \dfrac{0.163QH}{\eta}$

$P\eta = 0.163QH$

$\dfrac{P\eta}{0.163H} = Q$

$Q = \dfrac{P\eta}{0.163H}$ ← 좌우 이항

$= \dfrac{70\text{kW} \times 0.78}{0.163 \times 60\text{m}} ≒ 5.57\text{m}^3/\text{min}$

• K(전달계수) : 축동력이므로 K 무시

용어

축동력
전달계수(K)를 고려하지 않은 동력

답 ①

30 그림에 표시된 원형 관로로 비중이 0.8, 점성계수가 0.4Pa·s인 기름이 층류로 흐른다. ㉠지점의 압력이 111.8kPa이고, ㉡지점의 압력이 206.9kPa일 때 유체의 유량은 약 몇 L/s인가?

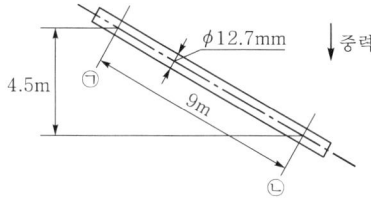

① 0.0149
② 0.0138
③ 0.0121
④ 0.0106

해설 (1) 기호
- s : 0.8
- μ : 0.4Pa·s
- $P_㉠$: 111.8kPa=111800Pa(1kPa=1000Pa)
- $P_㉡$: 206.9kPa=206900Pa(1kPa=1000Pa)
- Q : ?
- D : 12.7mm=0.0127m(1000mm=1m)
- L : 9m

(2) 비중

$$s = \frac{\rho}{\rho_w} = \frac{\gamma}{\gamma_w}$$

여기서, s : 비중
ρ : 어떤 물질의 밀도[kg/m³]
ρ_w : 물의 밀도(1000kg/m³)
γ : 어떤 물질의 비중량[N/m³]
γ_w : 물의 비중량(9800N/m³)

어떤 물질의 비중량 γ는
$\gamma = s \times \gamma_w = 0.8 \times 9800\text{N/m}^3$
$= 7840\text{N/m}^3$

(3) 압력차

$$\Delta P = \gamma H$$

여기서, ΔP : 압력차[N/m²]
γ : 비중량(물의 비중량 9800N/m³)
H : 위치수두[m]

$\Delta P = \gamma H = 7840\text{N/m}^3 \times 4.5\text{m}$
$= 35280\text{N/m}^2$
$= 35280\text{Pa}(1\text{N/m}^2 = 1\text{Pa})$

총압력차 $\Delta P = P_㉡ - P_㉠ - \Delta P$
$= (206900 - 111800 - 35280)\text{Pa}$
$= 59820\text{Pa}$

(4) 층류 : 손실수두

유체의 속도를 알 수 있는 경우	유체의 속도를 알 수 없는 경우
$H = \frac{\Delta P}{\gamma} = \frac{flV^2}{2gD}$[m] (다르시-바이스바하의 식)	$H = \frac{\Delta P}{\gamma} = \frac{128\mu Ql}{\gamma\pi D^4}$[m] (하겐-포아젤의 식)

여기서,
H : 마찰손실(손실수두)[m]
ΔP : 압력차(Pa) 또는 [N/m²]
γ : 비중량(물의 비중량 9800 N/m³)
f : 관마찰계수
l : 길이[m]
V : 유속[m/s]
g : 중력가속도(9.8m/s²)
D : 내경[m]

여기서,
ΔP : 압력차(압력강하, 압력손실)[N/m²]
γ : 비중량(물의 비중량 9800 N/m³)
μ : 점성계수(N·s/m²)
Q : 유량[m³/s]
l : 길이[m]
D : 내경[m]

(5) 하겐-포아젤의 식

$$\frac{\Delta P}{\gamma} = \frac{128\mu QL}{\gamma\pi D^4}$$

$$\frac{\gamma\pi D^4 \Delta P}{\gamma 128\mu L} = Q$$

$Q = \frac{\pi D^4 \Delta P}{128\mu L}$ ← 좌우 이항

$= \frac{\pi \times (0.0127\text{m})^4 \times 59820\text{Pa}}{128 \times 0.4\text{Pa·s} \times 9\text{m}}$
$= 1.06 \times 10^{-5}\text{m}^3/\text{s}$
$= 0.0106 \times 10^{-3}\text{m}^3/\text{s}$
$= 0.0106\text{L/s} (1000\text{L} = 1\text{m}^3, 10^{-3}\text{m}^3 = 1\text{L})$

답 ④

31 다음 중 점성계수 μ의 차원은 어느 것인가? (단, M : 질량, L : 길이, T : 시간의 차원이다.)

① $ML^{-1}T^{-1}$
② $ML^{-1}T^{-2}$
③ $ML^{-2}T^{-1}$
④ $M^{-1}L^{-1}T$

해설 단위와 차원
(1) 중력단위 vs 절대단위

차원	중력단위[차원]	절대단위[차원]
길이	m[L]	m[L]
시간	s[T]	s[T]
운동량	N·s[FT]	kg·m/s[MLT⁻¹]
속도	m/s[LT⁻¹]	m/s[LT⁻¹]
가속도	m/s²[LT⁻²]	m/s²[LT⁻²]
질량	N·s²/m[FL⁻¹T²]	kg[M]
압력	N/m²[FL⁻²]	kg/m·s²[ML⁻¹T⁻²]
밀도	N·s²/m⁴[FL⁻⁴T²]	kg/m³[ML⁻³]
비중	무차원	무차원
비중량	N/m³[FL⁻³]	kg/m²·s²[ML⁻²T⁻²]

비체적	$m^4/N\cdot s^2[F^{-1}L^4T^{-2}]$	$m^3/kg[M^{-1}L^3]$
점성계수	$N\cdot s/m^2[FL^{-2}T]$	$kg/m\cdot s[ML^{-1}T^{-1}]$ 보기 ①
동점성계수	$m^2/s[L^2T^{-1}]$	$m^2/s[L^2T^{-1}]$
부력(힘)	$N[F]$	$kg\cdot m/s^2[MLT^{-2}]$
일(에너지·열량)	$N\cdot m[FL]$	$kg\cdot m^2/s^2[ML^2T^{-2}]$
동력(일률)	$N\cdot m/s[FLT^{-1}]$	$kg\cdot m^2/s^3[ML^2T^{-3}]$
표면장력	$N/m[FL^{-1}]$	$kg/s^2[MT^{-2}]$

(2) 점성계수
 ㉠ 차원은 $ML^{-1}T^{-1}$이다.
 ㉡ 전단응력과 전단변형률이 선형적인 관계를 갖는 유체를 Newton 유체라고 한다.
 ㉢ 온도의 변화에 따라 변화한다.
 ㉣ 공기의 점성계수는 물보다 **작다**.

답 ①

32

20℃의 이산화탄소 소화약제가 체적 $4m^3$의 용기 속에 들어 있다. 용기 내 압력이 1MPa일 때 이산화탄소 소화약제의 질량은 약 몇 kg인가? (단, 이산화탄소의 기체상수는 189J/kg·K이다.)

① 0.069 ② 0.072
③ 68.9   ④ 72.2

(1) 기호
 • T : 20℃=(273+20)K
 • V : $4m^3$
 • P : 1MPa=$10^6 J/m^3$(1MPa=10^6Pa, 1Pa=1J/m^3)
 • m : ?
 • R : 189J/kg·K

(2) 이상기체 상태방정식
$$PV = mRT$$
여기서, P : 압력[J/m^3]
  V : 체적[m^3]
  m : 질량[kg]
  R : 기체상수[J/kg·K]
  T : 절대온도(273+℃)[K]

공기의 **질량** m은
$$m = \frac{PV}{RT} = \frac{10^6 J/m^3 \times 4m^3}{189J/kg\cdot K \times (273+20)K} = 72.2 kg$$

답 ④

33

압축률에 대한 설명으로 틀린 것은?

① 압축률은 체적탄성계수의 역수이다.
② 압축률의 단위는 압력의 단위인 Pa이다.
③ 밀도와 압축률의 곱은 압력에 대한 밀도의 변화율과 같다.
④ 압축률이 크다는 것은 같은 압력변화를 가할 때 압축하기 쉽다는 것을 의미한다.

 ② Pa이다. → Pa의 **역수**이다.

압축률
$$\beta = \frac{1}{K}$$
여기서, β : 압축률[1/kPa]
  K : 체적탄성계수[kPa]

중요

압축률
(1) 체적탄성계수의 역수
(2) 단위압력변화에 대한 체적의 변형도
(3) 압축률이 적은 것은 압축하기 어렵다.

답 ②

34

밸브가 장치된 지름 10cm인 원관에 비중 0.8인 유체가 2m/s의 평균속도로 흐르고 있다. 밸브 전후의 압력차이가 4kPa일 때, 이 밸브의 등가길이는 몇 m인가? (단, 관의 마찰계수는 0.020이다.)

① 10.5   ② 12.5
③ 14.5   ④ 16.5

(1) 기호
 • D : 10cm=0.1m(100cm=1m)
 • s : 0.8
 • V : 2m/s
 • ΔP : 4kPa
 • f : 0.02
 • L : ?

(2) 비중
$$s = \frac{\rho}{\rho_w} = \frac{\gamma}{\gamma_w}$$
여기서, s : 비중
  ρ : 어떤 물질의 밀도[kg/m^3]
  ρ_w : 물의 밀도(1000kg/m^3)
  γ : 어떤 물질의 비중량[N/m^3]
  γ_w : 물의 비중량(9.8kN/m^3)

$s = \dfrac{\gamma}{\gamma_w}$
$\gamma = s \times \gamma_w = 0.8 \times 9.8 kN/m^3$
$= 7.84 kN/m^3$
$= 7.84 kPa/m (1kN/m^2 = 1kPa)$

(3) **마찰손실**(달시-웨버의 식, Darcy-Weisbach formula)
$$H = \frac{\Delta P}{\gamma} = \frac{fLV^2}{2gD}$$
여기서, H : 마찰손실(수두)[m]
  ΔP : 압력차[kPa] 또는 [kN/m^2]
  γ : 비중량(물의 비중량 9.8kN/m^3)
  f : 관마찰계수
  L : 길이[m]
  V : 유속(속도)[m/s]
  g : 중력가속도(9.8m/s^2)
  D : 내경[m]

$$\frac{\Delta P}{\gamma} = \frac{fLV^2}{2gD}$$ 에서 밸브의 등가길이 L은

$$L = \frac{\Delta P}{\gamma} \times \frac{2gD}{fV^2}$$

$$= \frac{4\text{kPa}}{7.84\text{kPa/m}} \times \frac{2 \times 9.8\text{m/s}^2 \times 0.1\text{m}}{0.02 \times (2\text{m/s})^2} = 12.5\text{m}$$

답 ②

★★★ 35

그림과 같이 물이 수조에 연결된 원형 파이프를 통해 분출되고 있다. 수면과 파이프의 출구 사이에 총 손실수두가 200mm이라고 할 때 파이프에서의 방출유량은 약 몇 m³/s인가? (단, 수면 높이의 변화속도는 무시한다.)

21.09.문40
19.03.문28
13.03.문24

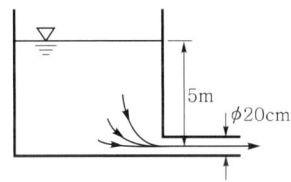

① 0.285
② 0.295
③ 0.305
④ 0.315

해설 (1) 기호

- H_2 : 5m
- H_1 : 200mm=0.2m(1000mm=1m)
- Q : ?
- D : 20cm=0.2m(100cm=1m)

(2) 토리첼리의 식

$$V = \sqrt{2gH} = \sqrt{2g(H_2 - H_1)}$$

여기서, V : 유속[m/s]
g : 중력가속도(9.8m/s²)
H_2 : 높이[m]
H_1 : 수면과 파이프 출구 사이 손실수두[m]

유속 V는

$$V = \sqrt{2g(H_2 - H_1)}$$
$$= \sqrt{2 \times 9.8\text{m/s}^2 (5-0.2)\text{m}} = 9.669\text{m/s}$$

(3) 유량

$$Q = AV = \left(\frac{\pi D^2}{4}\right)V$$

여기서, Q : 유량[m³/s]
A : 단면적[m²]
V : 유속[m/s]
D : 직경[m]

유량 Q는

$$Q = AV = \frac{\pi D^2}{4} V$$
$$= \frac{\pi \times (0.2\text{m})^2}{4} \times 9.699\text{m/s} = 0.3047 ≒ 0.305\text{m}^3/\text{s}$$

답 ③

★★★ 36

유체의 흐름에 적용되는 다음과 같은 베르누이 방정식에 관한 설명으로 옳은 것은?

21.03.문29
17.03.문24
16.10.문27
14.09.문27
14.03.문31

$$\frac{P}{\gamma} + \frac{V^2}{2g} + Z = C(\text{일정})$$

① 비정상상태의 흐름에 대해 적용된다.
② 동일한 유선상이 아니더라도 흐름 유체의 임의점에 대해 항상 적용된다.
③ 흐름 유체의 마찰효과가 충분히 고려된다.
④ 압력수두, 속도수두, 위치수두의 합이 일정함을 표시한다.

해설
① 비정상 → 정상
② 동일한 유선상이 아니더라도 → 동일한 유선상에 있는
③ 충분히 고려된다. → 없다.

(1) 베르누이(Bernoulli)식
'에너지 보존의 법칙'을 유체에 적용하여 얻은 식

(2) 베르누이방정식(정리)의 적용 조건
㉠ **정**상흐름(정상류)=정상유동 보기 ①
㉡ **비**압축성 흐름(비압축성 유체)
㉢ **비**점성 흐름(비점성 유체)=마찰이 없는 유동 보기 ③
㉣ **이**상유체
㉤ 유선을 따라 운동=같은 유선 위의 두 점에 적용 보기 ②

기억법 베정비이(배를 정비해서 이곳을 떠나라!)

중요

베르누이의 정리

$$\frac{V^2}{2g} + \frac{P}{\gamma} + Z = 일정$$

(속도수두)(압력수두)(위치수두)

● 물의 **속도수두**와 **압력수두**의 총합은 배관의 모든 부분에서 같다. 보기 ④

비교

(1) 오일러 운동방정식의 가정
㉠ **정**상유동(정상류)일 경우
㉡ 유체의 **마찰**이 **없을 경우**(점성마찰이 없을 경우)
㉢ 입자가 **유선**을 따라 **운동**할 경우

(2) 운동량방정식의 가정
㉠ 유동단면에서의 유속은 일정하다.
㉡ 정상유동이다.

답 ④

37. 유체의 흐름 중 난류 흐름에 대한 설명으로 틀린 것은?

① 원관 내부 유동에서는 레이놀즈수가 약 4000 이상인 경우에 해당한다.
② 유체의 각 입자가 불규칙한 경로를 따라 움직인다.
③ 유체의 입자가 갖는 관성력이 입자에 작용하는 점성력에 비하여 매우 크다.
④ 원관 내 완전발달 유동에서는 평균속도가 최대속도의 $\frac{1}{2}$ 이다.

해설

④ $\frac{1}{2}$ → 0.8

(1) **층류**와 **난류**

구 분	층 류		난 류
흐름	정상류		비정상류
레이놀즈수	2100 이하		4000 이상 〔보기 ①〕
손실수두	유체의 속도를 알 수 있는 경우 $H=\frac{flV^2}{2gD}$〔m〕 (다르시-바이스바하의 식)	유체의 속도를 알 수 없는 경우 $H=\frac{128\mu Ql}{\gamma\pi D^4}$ (하겐-포아젤의 식)	$H=\frac{2flV^2}{gD}$〔m〕 (패닝의 법칙)
전단응력	$\tau=\frac{p_A-p_B}{l}\cdot\frac{r}{2}$〔N/m²〕		$\tau=\mu\frac{du}{dy}$〔N/m²〕
평균속도	$V=\frac{V_{max}}{2}$		$V=0.8V_{max}$ 〔보기 ④〕
전이길이	$L_t=0.05ReD$〔m〕		$L_t=40\sim50D$〔m〕
관마찰계수	$f=\frac{64}{Re}$		-

● 난류 : 불규칙적으로 운동하면서 흐르는 유체 〔보기 ②〕

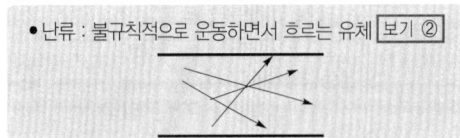

(2) 레이놀즈수

㉠ 원관 내에 유체가 흐를 때 유동의 특성을 결정하는 가장 중요한 요소
㉡ 관성력이 커지면 난류가 되기 쉽고, 점성력이 커지면 층류가 되기 쉽다. 〔보기 ③〕

명 칭	물리적 의미
레이놀즈(Reynolds)수	$\frac{관성력}{점성력}$

기억법 레관점

답 ④

38. 어떤 물체가 공기 중에서 무게는 588N이고, 수중에서 무게는 98N이었다. 이 물체의 체적(V)과 비중(s)은?

① $V=0.05m^3$, $s=1.2$
② $V=0.05m^3$, $s=1.5$
③ $V=0.5m^3$, $s=1.2$
④ $V=0.5m^3$, $s=1.5$

해설 (1) 물체의 무게

$$W_1=\gamma V$$

여기서, W_1 : 물체의 무게(공기 중 무게-수중무게)〔N〕
γ : 비중량(물의 비중량 9800N/m³)
V : 물체의 체적〔m³〕

물체의 체적 V는

$$V=\frac{W_1}{\gamma}=\frac{(588-98)N}{9800N/m^3}=0.05m^3$$

(2) 비중

$$s=\frac{\gamma}{\gamma_w}$$

여기서, s : 비중
γ : 어떤 물체의 비중량〔N/m³〕
γ_w : 물의 비중량(9800N/m³)

어떤 유체의 비중량 γ는
$\gamma=s\times\gamma_w=9800s$

(3) 물체의 비중

$$W_2=\gamma V=(9800s)V$$

여기서, W_2 : 공기 중 무게〔N〕
γ : 어떤 물체의 비중량〔N/m³〕
V : 물체의 체적〔m³〕
s : 비중

$W_2=9800sV$

$\frac{W_2}{9800V}=s$

$s=\frac{W_2}{9800V}=\frac{588N}{9800\times0.05m^3}=1.2$

답 ①

39 유체에 관한 설명 중 옳은 것은?

① 실제 유체는 유동할 때 마찰손실이 생기지 않는다.
② 이상유체는 높은 압력에서 밀도가 변화하는 유체이다.
③ 유체에 압력을 가하면 체적이 줄어드는 유체는 압축성 유체이다.
④ 압력을 가해도 밀도변화가 없으며 점성에 의한 마찰손실만 있는 유체가 이상유체이다.

해설 유체의 종류

종류	설명
실제유체	① **점**성이 **있**으며, **압**축성인 유체 ② 유동시 마찰이 존재하는 유체 보기 ① 기억법 **실점있압**(**실점**이 **있**는 사람만 **압**박해!)
이상유체	① 점성이 없으며, **비**압축성인 유체(**비**점성, 비압축성 유체) ② 압력을 가해도 **밀도변화**가 없으며 점성에 의한 **마찰손실도 없는** 유체 보기 ②④ 기억법 **이비**
압축성 유체	**기체**와 같이 체적이 변화하는 유체 (밀도가 변하는 유체) 보기 ③ 기억법 **기압**(기압)
비압축성 유체	**액체**와 같이 체적이 변화하지 않는 유체
점성 유체	① 유동시 마찰저항이 유발되는 유체 ② 점성으로 인해 **마찰손실**이 생기는 유체
비점성 유체	유동시 마찰저항이 유발되지 않는 유체
뉴턴(Newton) 유체	전단속도의 크기에 관계없이 일정한 점도를 나타내는 유체(**점성 유체**)

답 ③

40 그림에서 물과 기름의 표면은 대기에 개방되어 있고, 물과 기름 표면의 높이가 같을 때 h는 약 몇 m인가? (단, 기름의 비중은 0.8, 액체 A의 비중은 1.6이다.)

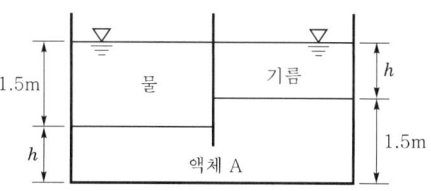

① 1
② 1.1
③ 1.125
④ 1.25

해설 (1) 기호
- $s_{기}$: 0.8
- s_A : 1.6

(2) 비중
$$s = \frac{\gamma}{\gamma_w} = \frac{\rho}{\rho_w}$$

여기서, s : 비중
γ : 어떤 물질의 비중량[kN/m³]
γ_w : 물의 비중량(9.8kN/m³)
ρ : 어떤 물질의 밀도[kg/m³]
ρ_w : 물의 밀도(1000kg/m³)

기름의 비중량 γ는
$\gamma_{기} = s_{기} \times \gamma_w = 0.8 \times 9.8\text{kN/m}^3 = 7.84\text{kN/m}^3$
액체 A의 비중량 γ는
$\gamma_A = s_A \times \gamma_w = 1.6 \times 9.8\text{kN/m}^3 = 15.68\text{kN/m}^3$

(3) 압력
$$P = \gamma h$$

여기서, P : 압력[N/m²]
γ : 비중량(물의 비중량 9.8kN/m³)
h : 높이[m]

물의 압력($\gamma_w h$) + 액체 A의 압력($\gamma_A h$)
= 기름의 압력($\gamma_{기} h$) + 액체 A의 압력($\gamma_A h$)
$9.8\text{kN/m}^3 \times 1.5\text{m} + 15.68\text{kN/m}^3 \times h$
$= 7.84\text{kN/m}^3 \times h + 15.68\text{kN/m}^3 \times 1.5\text{m}$
$9.8 \times 1.5 + 15.68h$ ← 계산편의를 위해 단위생략
$= 7.84h + 15.68 \times 1.5$
$15.68h - 7.84h = 15.68 \times 1.5 - (9.8 \times 1.5)$
$7.84h = 8.82$
$h = \frac{8.82}{7.84} = 1.125\text{m}$

답 ③

제3과목 소방관계법규

41 다음은 소방기본법령상 소방본부에 대한 설명이다. ( )에 알맞은 내용은?

> 소방업무를 수행하기 위하여 ( ) 직속으로 소방본부를 둔다.

① 경찰서장
② 시·도지사
③ 행정안전부장관
④ 소방청장

해설 기본법 3조
소방기관의 설치
시·도에서 소방업무를 수행하기 위하여 **시·도지사** 직속으로 **소방본부**를 둔다.

답 ②

42 위험물안전관리법령상 제4류 위험물을 저장·취급하는 제조소에 "화기엄금"이란 주의사항을 표시하는 게시판을 설치할 경우 게시판의 색상은?

19.04.문58
16.10.문53
16.05.문42
15.03.문44
11.10.문45

① 청색바탕에 백색문자
② 적색바탕에 백색문자
③ 백색바탕에 적색문자
④ 백색바탕에 흑색문자

해설 위험물규칙〔별표 4〕
위험물제조소의 게시판 설치기준

위험물	주의사항	비 고
• 제1류 위험물(알칼리금속의 과산화물) • 제3류 위험물(금수성 물질)	물기엄금	**청색**바탕에 **백색**문자
• 제2류 위험물(인화성 고체 제외)	화기주의	
• 제2류 위험물(인화성 고체) • 제3류 위험물(자연발화성 물질) • **제4류 위험물** • 제5류 위험물	화기엄금	**적색**바탕에 **백색**문자 보기 ②
• 제6류 위험물		별도의 표시를 하지 않는다.

비교
위험물규칙〔별표 19〕
위험물 운반용기의 주의사항

위험물		주의사항
제1류 위험물	알칼리금속의 과산화물	• 화기·충격주의 • 물기엄금 • 가연물 접촉주의
	기타	• 화기·충격주의 • 가연물 접촉주의
제2류 위험물	철분·금속분· 마그네슘	• 화기주의 • 물기엄금
	인화성 고체	• 화기엄금
	기타	• 화기주의
제3류 위험물	자연발화성 물질	• 화기엄금 • 공기접촉엄금
	금수성 물질	• 물기엄금
제4류 위험물		• 화기엄금
제5류 위험물		• 화기엄금 • 충격주의
제6류 위험물		• 가연물 접촉주의

답 ②

43 소방시설공사업법령상 소방시설업의 등록을 하지 아니하고 영업을 한 자에 대한 벌칙기준으로 옳은 것은?

21.03.문54
20.06.문47
19.09.문47
14.09.문58
07.09.문58

① 1년 이하의 징역 또는 1천만원 이하의 벌금
② 2년 이하의 징역 또는 2천만원 이하의 벌금
③ 3년 이하의 징역 또는 3천만원 이하의 벌금
④ 5년 이하의 징역 또는 5천만원 이하의 벌금

해설 3년 이하의 징역 또는 3000만원 이하의 벌금
(1) **화재안전조사** 결과에 따른 조치명령 위반(화재예방법 50조)
(2) **소방시설관리업** 무등록자(소방시설법 57조)
(3) **소방시설업** 무등록자(공사업법 35조) 보기 ③
(4) **부정한 청탁**을 받고 재물 또는 재산상의 이익을 취득하거나 부정한 청탁을 하면서 재물 또는 재산상의 이익을 제공한 자(공사업법 35조)
(5) 형식승인을 받지 않은 **소방용품** 제조·수입자(소방시설법 57조)
(6) **제품검사**를 받지 않은 자(소방시설법 57조)
(7) 거짓이나 그 밖의 **부정한 방법**으로 제품검사 전문기관의 지정을 받은 자(소방시설법 57조)

중요

3년 이하의 징역 또는 3000만원 이하의 벌금	5년 이하의 징역 또는 1억원 이하의 벌금
① 소방시설업 무등록 ② 소방시설관리업 무등록	제조소 무허가(위험물법 34조 2)

답 ③

44 위험물안전관리법령상 유별을 달리하는 위험물을 혼재하여 저장할 수 있는 것으로 짝지어진 것은?

16.10.문09
13.06.문01

① 제1류－제2류
② 제2류－제3류
③ 제3류－제4류
④ 제5류－제6류

해설 **위험물규칙 〔별표 19〕**
위험물의 혼재기준
(1) 제1류＋제6류
(2) 제2류＋제4류
(3) 제2류＋제5류
(4) 제3류＋제4류 보기 ③
(5) 제4류＋제5류

기억법 1－6
2－4, 5
3－4
4－5

답 ③

45 소방기본법령상 상업지역에 소방용수시설 설치 시 소방대상물과의 수평거리 기준은 몇 m 이하인가?

20.06.문46
17.09.문56
10.05.문41

① 100
② 120
③ 140
④ 160

해설 **기본규칙 〔별표 3〕**
소방용수시설의 설치기준

거리기준	지 역
수평거리 100m 이하	• 공업지역 • 상업지역 보기 ① • 주거지역 기억법 주상공100(주상공 백지에 사인을 하시오.)
수평거리 140m 이하	• 기타지역

답 ①

46 소방시설 설치 및 관리에 관한 법령상 종합점검 실시대상이 되는 특정소방대상물의 기준 중 다음 ( ) 안에 알맞은 것은?

20.06.문55
18.03.문41

> 물분무등소화설비[호스릴(Hose Reel)방식의 물분무등소화설비만을 설치한 경우는 제외한다]가 설치된 연면적 ( )m^2 이상인 특정소방대상물(위험물제조소 등은 제외한다)

① 2000
② 3000
③ 4000
④ 5000

해설 소방시설법 시행규칙 [별표 3]
소방시설 등 자체점검의 점검대상, 점검자의 자격, 점검횟수 및 시기

점검 구분	정의	점검대상	점검자의 자격(주된 인력)	점검횟수 및 점검시기
작동점검	소방시설 등을 인위적으로 조작하여 정상적으로 작동하는지를 점검하는 것	① 간이스프링클러설비·자동화재탐지설비	• 관계인 • 소방안전관리자로 선임된 소방시설관리사 또는 소방기술사 • 소방시설관리업에 등록된 기술인력 중 소방시설관리사 또는 「소방시설공사업법 시행규칙」에 따른 특급 점검자	• 작동점검은 **연 1회** 이상 실시하며, 종합점검대상은 종합점검(최초점검 제외)을 받은 달부터 **6개월**이 되는 달에 실시 • 종합점검대상 외의 특정소방대상물은 사용승인일이 속하는 달의 말까지 실시
		② ①에 해당하지 아니하는 특정소방대상물	• 소방시설관리업에 등록된 기술인력 중 소방시설관리사 • 소방안전관리자로 선임된 소방시설관리사 또는 소방기술사	
		③ 작동점검 제외대상 • 특정소방대상물 중 소방안전관리자를 선임하지 않는 대상 • 위험물제조소 등 • 특급 소방안전관리대상물		
종합점검	소방시설 등의 작동점검을 포함하여 소방시설 등의 설비별 주요 구성 부품의 구조기준이 화재안전기준과 「건축법」 등 관련 법령에서 정하는 기준에 적합한지 여부를 점검하는 것 (1) 최초점검 : 특정소방대상물의 소방시설이 신설된 경우 건축물을 사용할 수 있게 된 날부터 **60일** 이내에 점검하는 것 (2) 그 밖의 종합점검 : 최초점검을 제외한 종합점검	④ 소방시설 등이 신설된 경우에 해당하는 특정소방대상물 ⑤ **스프링클러설비**가 설치된 특정소방대상물 ⑥ **물분무등소화설비**(호스릴 방식의 물분무등소화설비만을 설치한 경우는 제외)가 설치된 연면적 **5000m²** 이상인 특정소방대상물(위험물제조소 등 제외) 보기 ④ ⑦ 다중이용업의 영업장이 설치된 특정소방대상물로서 연면적이 **2000m²** 이상인 것 ⑧ **제연설비**가 설치된 터널 ⑨ **공공기관** 중 연면적(터널·지하구의 경우 그 길이와 평균폭을 곱하여 계산된 값)이 **1000m²** 이상인 것으로서 옥내소화전설비 또는 자동화재탐지설비가 설치된 것(단, 소방대가 근무하는 공공기관 제외)	• 소방시설관리업에 등록된 기술인력 중 **소방시설관리사** • 소방안전관리자로 선임된 **소방시설관리사** 또는 **소방기술사**	〈점검횟수〉 ㉠ 연 1회 이상(특급 소방안전관리대상물은 반기에 1회 이상) 실시 ㉡ ㉠에도 불구하고 소방본부장 또는 소방서장은 소방청장이 소방안전관리가 우수하다고 인정한 특정소방대상물에 대해서는 3년의 범위에서 소방청장이 고시하거나 정한 기간 동안 종합점검을 면제할 수 있다(단, 면제기간 중 화재가 발생한 경우는 제외).

점검 구분	정 의	점검대상	점검자의 자격(주된 인력)	점검횟수 및 점검시기
		중요 **종합점검** ① 공공기관 : 1000㎡ ② 다중이용업 : 2000㎡ ③ 물분무등(호스릴 ×) : 5000㎡		〈점검시기〉 ㉠ ④에 해당하는 특정소방대상물은 건축물을 사용할 수 있게 된 날부터 60일 이내 실시 ㉡ ㉠을 제외한 특정소방대상물은 건축물의 사용승인일이 속하는 달에 실시(단, 학교의 경우 해당 건축물의 사용승인일이 1월에서 6월 사이에 있는 경우에는 6월 30일까지 실시할 수 있다) ㉢ 건축물 사용승인일 이후 ㉠에 따라 종합점검대상에 해당하게 된 경우에는 그 다음 해부터 실시 ㉣ 하나의 대지경계선 안에 2개 이상의 자체점검대상 건축물 등이 있는 경우 그 건축물 중 사용승인일이 가장 빠른 연도의 건축물의 사용승인일을 기준으로 점검할 수 있다.

[비고] 작동점검 및 종합점검(최초점검 제외)은 건축물 사용승인 후 그 다음 해부터 실시한다.

답 ④

47 다음 소방기본법령상 용어 정의에 대한 설명으로 옳은 것은?

21.03.문58
19.04.문46
14.09.문44

① 소방대상물이란 건축물, 차량, 선박(항구에 매어둔 선박은 제외) 등을 말한다.
② 관계인이란 소방대상물의 점유예정자를 포함한다.
③ 소방대란 소방공무원, 의무소방원, 의용소방대원으로 구성된 조직체이다.
④ 소방대장이란 화재, 재난·재해, 그 밖의 위급한 상황이 발생한 현장에서 소방대를 지휘하는 사람(소방서장은 제외)이다.

① 매어둔 선박은 제외 → 매어둔 선박
② 포함한다. → 포함하지 않는다.
④ 소방서장은 제외 → 소방서장 포함

(1) 기본법 2조 1호 보기 ①
　소방대상물
　　㉠ 건축물
　　㉡ 차량
　　㉢ 선박(매어둔 것)
　　㉣ 선박건조구조물
　　㉤ 산림
　　㉥ 인공구조물
　　㉦ 물건

기억법 건차선 산인물

(2) 기본법 2조 보기 ②
　관계인
　　㉠ 소유자
　　㉡ 관리자
　　㉢ 점유자

기억법 소관점

(3) 기본법 2조 보기 ③
　소방대
　　㉠ 소방공무원
　　㉡ 의무소방원
　　㉢ 의용소방대원

(4) 기본법 2조 보기 ④
　소방대장
　　소방본부장 또는 **소방서장** 등 화재, 재난·재해, 그 밖의 위급한 상황이 발생한 현장에서 소방대를 지휘하는 사람

답 ③

48 화재의 예방 및 안전관리에 관한 법령상 관리의 권원이 분리된 특정소방대상물에 소방안전관리자를 선임하여야 하는 특정소방대상물 중 복합건축물은 지하층을 제외한 층수가 최소 몇 층 이상인 건축물만 해당되는가?

18.09.문58
16.03.문42

① 6층　　　② 11층
③ 20층　　④ 30층

해설 화재예방법 35조, 화재예방법 시행령 35조
관리의 권원이 분리된 특정소방대상물의 소방안전관리
(1) 복합건축물(**지하층을** 제외한 **11층** 이상, 또는 연면적 **30000㎡** 이상인 건축물) 보기 ②
(2) 지하가
(3) 도매시장, 소매시장, 전통시장

답 ②

49 화재의 예방 및 안전관리에 관한 법령상 특수가연물의 저장 및 취급의 기준 중 ( )에 들어갈 내용으로 옳은 것은? (단, 석탄·목탄류의 경우는 제외한다.)

21.05.문45
19.03.문55
18.03.문60
14.05.문46
14.03.문46
13.03.문60

쌓는 높이는 (㉠)m 이하가 되도록 하고, 쌓는 부분의 바닥면적은 (㉡)㎡ 이하가 되도록 할 것

① ㉠ 15, ㉡ 200　　② ㉠ 15, ㉡ 300
③ ㉠ 10, ㉡ 30　　④ ㉠ 10, ㉡ 50

해설 화재예방법 시행령 [별표 3]
특수가연물의 저장·취급기준
(1) **품명별**로 구분하여 쌓을 것
(2) 쌓는 높이는 **10m** 이하가 되도록 할 것 보기 ④
(3) 쌓는 부분의 바닥면적은 **50㎡**(석탄·목탄류는 **200㎡**) 이하가 되도록 할 것(단, 살수설비를 설치하거나 대형 수동식 소화기를 설치하는 경우에는 높이 **15m** 이하, 바닥면적 **200㎡**(석탄·목탄류는 **300㎡**) 이하) 보기 ④
(4) 쌓는 부분의 바닥면적 사이는 실내의 경우 **1.2m** 또는 쌓는 높이의 $\frac{1}{2}$ 중 **큰 값**(실외 **3m** 또는 쌓는 높이 중 큰 값) 이상으로 간격을 둘 것
(5) 취급장소에는 **품명**, **최대저장수량**, **단위부피당 질량** 또는 **단위체적당 질량**, **관리책임자 성명**·**직책**·**연락처** 및 **화기취급의 금지표지** 설치

답 ④

50 소방시설 설치 및 관리에 관한 법령상 자동화재탐지설비를 설치하여야 하는 특정소방대상물의 기준으로 틀린 것은?

21.03.문57
16.05.문43
16.03.문57
14.03.문79
12.03.문74

① 공장 및 창고시설로서 「화재의 예방 및 안전관리에 관한 법률」에서 정하는 수량의 500배 이상의 특수가연물을 저장·취급하는 것
② 지하상가로서 연면적 600㎡ 이상인 것
③ 숙박시설이 있는 수련시설로서 수용인원 100명 이상인 것
④ 장례시설 및 복합건축물로서 연면적 600㎡ 이상인 것

② 600㎡ 이상 → 1000㎡ 이상

소방시설법 시행령 [별표 4]
자동화재탐지설비의 설치대상

설치대상	조 건
① 정신의료기관·의료재활시설	• 창살설치 : 바닥면적 300m² 미만 • 기 타 : 바닥면적 300m² 이상
② 노유자시설	• 연면적 400m² 이상
③ 근린생활시설·**위**락시설 ④ **의**료시설(정신의료기관, 요양병원 제외) ⑤ **복**합건축물·장례시설 기억법 근위의복 6	• 연면적 600m² 이상 보기 ④
⑥ 목욕장·문화 및 집회시설, 운동시설 ⑦ 종교시설 ⑧ 방송통신시설·관광휴게시설 ⑨ 업무시설·판매시설 ⑩ 항공기 및 자동차관련시설·공장·창고시설 ⑪ **지**하상가·운수시설·발전시설·위험물 저장 및 처리시설 ⑫ 교정 및 군사시설 중 국방·군사시설	• 연면적 1000m² 이상 보기 ②
⑬ **교**육연구시설·**동**식물관련시설 ⑭ **자**원순환관련시설·**교**정 및 군사시설(국방·군사시설 제외) ⑮ **수**련시설(숙박시설이 있는 것 제외) ⑯ 묘지관련시설 기억법 교동자교수 2	• 연면적 2000m² 이상
⑰ 터널	• 길이 1000m 이상
⑱ 지하구 ⑲ 노유자생활시설 ⑳ 아파트 등 기숙사 ㉑ 숙박시설 ㉒ **6층** 이상인 건축물 ㉓ 조산원 및 산후조리원 ㉔ 전통시장 ㉕ 요양병원(정신병원, 의료재활시설 제외)	• 전부
㉖ 특수가연물 저장·취급	• 지정수량 500배 이상 보기 ①
㉗ 수련시설(숙박시설이 있는 것)	• 수용인원 100명 이상 보기 ③
㉘ 발전시설	• 전기저장시설

답 ②

51 위험물안전관리법령에서 정하는 제3류 위험물에 해당하는 것은?
19.04.문44
17.09.문02
16.05.문52
16.05.문46
15.09.문03
15.09.문18
15.05.문10
15.05.문42
15.03.문51
14.09.문18
14.03.문18
11.06.문54
① 나트륨
② 염소산염류
③ 무기과산화물
④ 유기과산화물

해설
② 제1류
③ 제1류
④ 제5류

위험물령 [별표 1]
위험물

유 별	성 질	품 명
제1류	**산**화성 **고**체	• 아염소산염류 • **염**소산염류(염소산나트륨) 보기 ② • 과염소산염류 • 질산염류 • **무**기과산화물 보기 ③ 기억법 1산고염나
제2류	가연성 고체	• **황화**인 • **적**린 • **황** • **마**그네슘 기억법 황화적황마
제3류	자연발화성 물질 및 금수성 물질	• **황**린 • **칼**륨 • **나**트륨 보기 ① • **알**칼리토금속 • **트**리에틸알루미늄 기억법 황칼나알트
제4류	인화성 액체	• 특수인화물 • 석유류(벤젠) • 알코올류 • 동식물유류
제5류	자기반응성 물질	• 유기과산화물 보기 ④ • 나이트로화합물 • 나이트로소화합물 • 아조화합물 • 질산에스터류(셀룰로이드)
제6류	산화성 액체	• 과염소산 • 과산화수소 • 질산

답 ①

52 소방시설 설치 및 관리에 관한 법령상 방염성능기준 이상의 실내장식물 등을 설치하여야 하는 특정소방대상물이 아닌 것은?
17.09.문41
15.09.문42
11.10.문60
① 방송국
② 종합병원
③ 11층 이상의 아파트
④ 숙박이 가능한 수련시설

해설
③ 아파트 제외

소방시설법 시행령 30조
방염성능기준 이상 적용 특정소방대상물
(1) 층수가 **11층 이상**인 것(아파트 제외 : 2026. 12. 1. 삭제) 보기 ③
(2) 체력단련장, 공연장 및 종교집회장
(3) 문화 및 집회시설
(4) 종교시설
(5) 운동시설(수영장은 제외)
(6) 의료시설(종합병원, 정신의료기관) 보기 ②
(7) 의원, 치과의원, 한의원, 조산원, 산후조리원
(8) 교육연구시설 중 합숙소
(9) 노유자시설
(10) 숙박이 가능한 수련시설 보기 ④
(11) 숙박시설
(12) 방송국 및 촬영소 보기 ①
(15) 다중이용업소(단란주점영업, 유흥주점영업, 노래연습장의 영업장 등)

답 ③

53 소방시설 설치 및 관리에 관한 법령상 무창층으로 판정하기 위한 개구부가 갖추어야 할 요건으로 **틀린** 것은?
18.09.문09
10.05.문52
06.09.문57
05.03.문49

① 크기는 반지름 30cm 이상의 원이 통과할 수 있을 것
② 해당 층의 바닥면으로부터 개구부 밑부분까지 높이가 1.2m 이내일 것
③ 도로 또는 차량이 진입할 수 있는 빈터를 향할 것
④ 화재시 건축물로부터 쉽게 피난할 수 있도록 창살이나 그 밖의 장애물이 설치되지 않을 것

해설 반지름 → 지름, 30cm 이상 → 50cm 이상

소방시설법 시행령 2조
무창층의 개구부의 기준
(1) 개구부의 크기는 지름 **50cm 이상**의 원이 통과할 수 있을 것 보기 ①
(2) 해당 층의 바닥면으로부터 개구부 밑부분까지의 높이가 **1.2m 이내**일 것 보기 ②
(3) 개구부는 **도로** 또는 **차량**이 진입할 수 있는 **빈터**를 향할 것 보기 ③
(4) 화재시 건축물로부터 **쉽게 피난**할 수 있도록 개구부에 창살, 그 밖의 장애물이 설치되지 않을 것 보기 ④
(5) 내부 또는 외부에서 **쉽게 부수거나 열 수** 있을 것

용어

소방시설법 시행령 2조
무창층
지상층 중 기준에 의해 개구부의 면적의 합계가 해당 층의 바닥면적의 $\frac{1}{30}$ 이하가 되는 층

답 ①

54 소방시설공사업법령상 일반 소방시설설계업(기계분야)의 영업범위에 대한 기준 중 ( )에 알맞은 내용은? (단, 공장의 경우는 제외한다.)
16.10.문58
05.05.문44

> 연면적 ( )m² 미만의 특정소방대상물(제연설비가 설치되는 특정소방대상물은 제외한다)에 설치되는 기계분야 소방시설의 설계

① 10000 ② 20000
③ 30000 ④ 50000

해설 **공사업령 〔별표 1〕**
소방시설설계업

종류	기술인력	영업범위
전문	• 주된기술인력 : **1명** 이상 • 보조기술인력 : **1명** 이상	• 모든 특정소방대상물
일반	• 주된기술인력 : **1명** 이상 • 보조기술인력 : **1명** 이상	• **아파트**(기계분야 제연설비 제외) • 연면적 **30000m²**(공장 **10000m²**) 미만(기계분야 제연설비 제외) 보기 ③ • **위험물제조소** 등

답 ③

55 소방시설 설치 및 관리에 관한 법령상 건축허가 등을 할 때 미리 소방본부장 또는 소방서장의 동의를 받아야 하는 건축물 등의 범위기준이 **아닌** 것은?
17.09.문53

① 노유자시설 및 수련시설로서 연면적 100m² 이상인 건축물
② 지하층 또는 무창층이 있는 건축물로서 바닥면적이 150m² 이상인 층이 있는 것
③ 차고·주차장으로 사용되는 바닥면적이 200m² 이상인 층이 있는 건축물이나 주차시설
④ 장애인 의료재활시설로서 연면적 300m² 이상인 건축물

해설 100m² 이상 → 200m² 이상

소방시설법 시행령 7조
건축허가 등의 동의대상물
(1) 연면적 **400m²**(학교시설 : **100m²**, 수련시설·노유자시설 : **200m²**, 정신의료기관·장애인 의료재활시설 : **300m²**) 이상
(2) **6층** 이상인 건축물
(3) 차고·주차장으로서 바닥면적 **200m²** 이상(**자**동차 **20대** 이상)
(4) **항**공기격납고, 관망탑, 항공관제탑, 방송용 송수신탑
(5) 지하층 또는 무창층의 바닥면적 **150m²**(공연장은 **100m²**) 이상
(6) 위험물저장 및 처리시설, 지하구
(7) **결핵환자**나 한센인이 24시간 생활하는 **노유자시설**

⑧ 전기저장시설, 풍력발전소
⑨ 공동주택·숙박시설
⑩ 노인주거복지시설·노인의료복지시설 및 재가노인복지시설·학대피해노인 전용쉼터·아동복지시설·장애인거주시설
⑪ 정신질환자 관련시설(공동생활가정을 제외한 재활훈련시설과 종합시설 중 24시간 주거를 제공하지 않는 시설 제외)
⑫ 조산원, 산후조리원, 의원(입원실 또는 인공신장실이 있는 것)
⑬ 노숙인자활시설, 노숙인재활시설 및 노숙인요양시설
⑭ 요양병원(의료재활시설 제외)
⑮ 공장 또는 창고시설로서 지정하는 수량의 **750배** 이상의 특수가연물을 저장·취급하는 것
⑯ 가스시설로서 지상에 노출된 탱크의 저장용량의 합계가 **100t** 이상인 것

기억법 2자(이자)

답 ①

56. 다음 중 소방기본법령에 따라 화재예방상 필요하다고 인정되거나 화재위험경보시 발령하는 소방신호의 종류로 옳은 것은?

① 경계신호
② 발화신호
③ 경보신호
④ 훈련신호

해설 기본규칙 10조
소방신호의 종류

소방신호	설 명
경계신호	화재예방상 필요하다고 인정되거나 화재위험경보시 발령
발화신호	화재가 발생한 때 발령
해제신호	소화활동이 필요없다고 인정되는 때 발령
훈련신호	훈련상 필요하다고 인정되는 때 발령

중요

기본규칙〔별표 4〕
소방신호표

신호방법 종 별	타종신호	사이렌 신호
경계신호	1타와 연 **2**타를 반복	**5**초 간격을 두고 **30**초씩 **3**회
발화신호	난타	**5**초 간격을 두고 **5**초씩 **3**회
해제신호	상당한 간격을 두고 **1**타씩 반복	**1**분간 **1**회
훈련신호	연 **3**타 반복	**10**초 간격을 두고 **1**분씩 **3**회

기억법	타	사
경계	1+2	5+30=3
발	난	5+5=3
해	1	1=1
훈	3	10+1=3

답 ①

57. 화재의 예방 및 안전관리에 관한 법령상 보일러 등의 위치·구조 및 관리와 화재예방을 위하여 불의 사용에 있어서 지켜야 하는 사항 중 보일러에 경유·등유 등 액체연료를 사용하는 경우에 연료탱크는 보일러 본체로부터 수평거리 최소 몇 m 이상의 간격을 두어 설치해야 하는가?

① 0.5
② 0.6
③ 1
④ 2

해설 화재예방법 시행령〔별표 1〕
경유·등유 등 액체연료를 사용하는 경우
(1) 연료탱크는 보일러 본체로부터 수평거리 **1m** 이상의 간격을 둘 것 보기 ③
(2) 연료탱크에는 화재 등 긴급상황이 발생할 때 연료를 차단할 수 있는 개폐밸브를 연료탱크로부터 **0.5m** 이내에 설치할 것

비교

화재예방법 시행령〔별표 1〕
벽·천장 사이의 거리

종 류	벽·천장 사이의 거리
건조설비	0.5m 이상
보일러	0.6m 이상
보일러(경유·등유)	수평거리 1m 이상

답 ③

58. 소방시설 설치 및 관리에 관한 법령상 소방청장 또는 시·도지사가 청문을 하여야 하는 처분이 아닌 것은?

① 소방시설관리사 자격의 정지
② 소방안전관리자 자격의 취소
③ 소방시설관리업의 등록취소
④ 소방용품의 형식승인취소

해설 소방시설법 49조
청문실시 대상
(1) 소방시설**관리사** 자격의 **취소** 및 **정지** 보기 ①
(2) 소방시설**관리업**의 **등록취소** 및 영업정지 보기 ③
(3) **소방용품**의 **형식승인취소** 및 제품검사중지 보기 ④
(4) 소방용품의 **제품검사 전문기관**의 **지정취소** 및 업무정지

(5) 우수품질인증의 취소
(6) 소방용품의 성능인증 취소

기억법 청사 용업(청사 용역)

답 ②

59 ★★★
소방시설 설치 및 관리에 관한 법령상 제조 또는 가공공정에서 방염처리를 한 물품 중 방염대상 물품이 아닌 것은?

15.09.문09
13.09.문52
13.06.문53
12.09.문46
12.05.문46
12.03.문44

① 카펫
② 전시용 합판
③ 창문에 설치하는 커튼류
④ 두께가 2mm 미만인 종이벽지

해설 ④ 제외대상

소방시설법 시행령 31조
방염대상물품

제조 또는 가공 공정에서 방염처리를 한 물품	건축물 내부의 천장이나 벽에 부착하거나 설치하는 것
① 창문에 설치하는 커튼류(블라인드 포함) 보기 ③ ② 카펫 보기 ① ③ 벽지류(두께 2mm 미만인 종이벽지 제외) 보기 ④ ④ 전시용 합판·목재 또는 섬유판 보기 ② ⑤ 무대용 합판·목재 또는 섬유판 ⑥ 암막·무대막(영화상영관·가상체험 체육시설업의 스크린 포함) ⑦ 섬유류 또는 합성수지류 등을 원료로 하여 제작된 소파·의자(단란주점영업, 유흥주점영업 및 노래연습장업의 영업장에 설치하는 것만 해당)	① 종이류(두께 2mm 이상), 합성수지류 또는 섬유류를 주원료로 한 물품 ② 합판이나 목재 ③ 공간을 구획하기 위하여 설치하는 간이칸막이 ④ 흡음재(흡음용 커튼 포함) 또는 방음재(방음용 커튼 포함) ※ 가구류(옷장, 찬장, 식탁, 식탁용 의자, 사무용 책상, 사무용 의자, 계산대)와 너비 10cm 이하인 반자돌림대, 내부 마감재료 제외

답 ④

60 ★★★
위험물안전관리법령상 관계인이 예방규정을 정하여야 하는 위험물제조소 등에 해당하지 않는 것은?

20.09.문48
19.04.문53
17.03.문41
17.03.문55
15.09.문48
15.03.문58
14.05.문41
12.09.문52

① 지정수량 10배의 특수인화물을 취급하는 일반취급소
② 지정수량 20배의 휘발유를 고정된 탱크에 주입하는 일반취급소
③ 지정수량 40배의 제3석유류를 용기에 옮겨 담는 일반취급소
④ 지정수량 15배의 알코올을 버너에 소비하는 장치로 이루어진 일반취급소

해설
① 특수인화물 예방규정대상
② 10배 초과 휘발유 예방규정대상
③ 제3석유류는 해당없음
④ 10배 초과한 알코올류 예방규정대상

위험물령 15조
예방규정을 정하여야 할 제조소 등

배 수	제조소 등
10배 이상	• **제조소** • **일반취급소**[단, 제4류 위험물(**특수인화물** 제외)만을 지정수량의 **50배** 이하로 취급하는 일반취급소(**휘발유** 등 제**1석유류**·**알코올류**의 취급량이 지정수량의 **10배 이하**인 경우)로 다음에 해당하는 것 제외] 보기 ①②④ – 보일러·버너 또는 이와 비슷한 것으로서 위험물을 소비하는 장치로 이루어진 **일반취급소** – 위험물을 용기에 옮겨 담거나 **차량**에 **고정**된 **탱크**에 **주입**하는 **일반취급소**
100배 이상	• 옥**외**저장소
150배 이상	• 옥**내**저장소
200배 이상	• 옥외**탱**크저장소
모두 해당	• 이송취급소 • 암반탱크저장소

기억법
1 제일
0 외
5 내
2 탱

※ **예방규정**: 제조소 등의 화재예방과 화재 등 재해발생시의 비상조치를 위한 규정

답 ③

제4과목　소방기계시설의 구조 및 원리

61 할론소화설비의 화재안전기준에 따른 할론소화설비의 수동식 기동장치의 설치기준으로 틀린 것은?

① 국소방출방식은 방호대상물마다 설치할 것
② 기동장치의 방출용 스위치는 음향경보장치와 개별적으로 조작될 수 있는 것으로 할 것
③ 전기를 사용하는 기동장치에는 전원표시등을 설치할 것
④ 조작부는 바닥으로부터 높이 0.8m 이상 1.5m 이하의 위치에 설치할 것

해설 ② 개별적으로 → 연동하여

할론소화설비 수동식 기동장치 설치기준(NFTC 107 2.3.1)
(1) **전역방출방식**은 **방호구역**마다, **국소방출방식**은 **방호대상물**마다 설치할 것　보기 ①
(2) 해당 방호구역의 출입구 부분 등 조작을 하는 자가 쉽게 피난할 수 있는 장소에 설치할 것
(3) 기동장치의 조작부는 바닥으로부터 높이 **0.8m 이상 1.5m 이하**의 위치에 설치하고, 보호판 등에 따른 보호장치를 설치할 것　보기 ④
(4) 기동장치에는 그 가까운 곳의 보기 쉬운 곳에 "**할론소화설비 기동장치**"라고 표시한 표지를 할 것
(5) 전기를 사용하는 기동장치에는 **전원표시등**을 설치할 것　보기 ③
(6) 기동장치의 **방출용 스위치**는 음향경보장치와 **연동**하여 조작될 수 있는 것으로 할 것　보기 ②

답 ②

62 미분무소화설비의 화재안전기준에 따라 최저사용압력이 몇 MPa를 초과할 때 고압 미분무소화설비로 분류하는가?

① 1.2
② 2.5
③ 3.5
④ 4.2

해설 **미분무소화설비의 종류**(NFPC 104A 3조, NFTC 104A 1.7)

저압	중압	고압
최고사용압력 1.2MPa 이하	사용압력 1.2MPa 초과 3.5MPa 이하	최저사용압력 3.5MPa 초과　보기 ③

답 ③

63 피난기구의 화재안전기준에 따른 피난기구의 설치 및 유지에 관한 사항 중 틀린 것은?

① 피난기구를 설치하는 개구부는 서로 동일 직선상의 위치에 있을 것
② 설치장소에는 피난기구의 위치를 표시하는 발광식 또는 축광식 표지와 그 사용방법을 표시한 표지를 부착할 것
③ 피난기구는 소방대상물의 기둥·바닥·보, 기타 구조상 견고한 부분에 볼트조임·매입·용접 기타의 방법으로 견고하게 부착할 것
④ 피난기구는 계단·피난구, 기타 피난시설로부터 적당한 거리에 있는 안전한 구조로 된 피난 또는 소화활동상 유효한 개구부에 고정하여 설치할 것

해설 ① 동일 직선상의 위치 → 동일 직선상이 아닌 위치

피난기구의 설치기준(NFPC 301 5조, NFTC 301 2.1.3)
(1) 피난기구는 소방대상물의 기둥·바닥·보, 기타 구조상 견고한 부분에 **볼트조임·매입·용접**, 기타의 방법으로 견고하게 부착할 것　보기 ③
(2) **4층 이상**의 층에 피난사다리(**하향식 피난구용 내림식 사다리는 제외**)를 설치하는 경우에는 **금속성 고정사다리**를 설치하고, 당해 고정사다리에는 쉽게 피난할 수 있는 구조의 **노대**를 설치할 것
(3) 설치장소에는 피난기구의 위치를 표시하는 **발광식** 또는 **축광식 표지**와 그 사용방법을 표시한 표지를 부착할 것　보기 ②
(4) 피난기구는 **계단·피난구**, 기타 피난시설로부터 적당한 거리에 있는 안전한 구조로 된 피난 또는 소화활동상 유효한 **개구부**에 고정하여 설치할 것　보기 ④
(5) 승강식 피난기 및 하향식 피난구용 내림식 사다리는 설치경로가 설치층에서 **피난층**까지 연계될 수 있는 구조로 설치할 것(단, 건축물 규모가 **지상 5층 이하**로서 구조 및 설치여건상 불가피한 경우는 제외)
(6) 승강식 피난기 및 하향식 피난구용 내림식 사다리의 하강구 내측에는 기구의 **연결금속구** 등이 없어야 하며 전개된 피난기구는 하강구 수평투영면적 공간 내의 범위를 침범하지 않는 구조이어야 할 것(단, 직경 **60cm** 크기의 범위를 벗어난 경우이거나, 직하층의 바닥면으로부터 높이 **50cm** 이하의 범위는 제외)
(7) 피난기구를 설치하는 개구부는 서로 **동일 직선상이 아닌 위치**에 있을 것　보기 ①

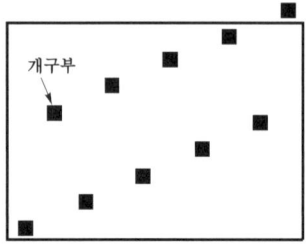

동일 직선상이 아닌 위치

답 ①

64
이산화탄소 소화설비의 화재안전기준에 따라 케이블실에 전역방출방식으로 이산화탄소 소화설비를 설치하고자 한다. 방호구역체적은 750m³, 개구부의 면적은 3m²이고, 개구부에는 자동폐쇄장치가 설치되어 있지 않다. 이때 필요한 소화약제의 양은 최소 몇 kg 이상인가?

① 930
② 1005
③ 1230
④ 1530

해설 **심부화재**의 **약제량** 및 **개구부가산량**(NFPC 106 5조, NFTC 106 2.2.1.2)

방호대상물	약제량	개구부가산량 (자동폐쇄장치 미설치시)	설계농도 [%]
전기설비(55m³ 이상), 케이블실	→ 1.3kg/m³		50
전기설비(55m³ 미만)	1.6kg/m³		
서고, 전자제품 창고, 목재가공 품창고, 박물관	2.0kg/m³	10kg/m²	65
고무류·면화류창고, 모피창고, 석탄창고, 집진설비	2.7kg/m³		75

기억법 **서박목전**(**선박**이 **목전**에 보인다.)
석면고모집(**석면**은 **고모 집**에 있다.)

CO_2 저장량[kg]
= **방**호구역체적[m³]×**약**제량[kg/m³]+**개**구부면적[m²]×개구부**산**량(10kg/m²)
= 750m³×1.3kg/m³+3m²×10kg/m²
= 1005kg

기억법 **방약+개산**

답 ②

65
다음 중 피난기구의 화재안전기준에 따라 의료시설에 구조대를 설치하여야 할 층은?

21.03.문79
19.03.문76
17.05.문62
16.10.문69
16.05.문74
15.05.문75
11.03.문72
10.03.문71

① 지하 2층
② 지하 1층
③ 지상 1층
④ 지상 3층

해설 피난기구의 적응성(NFTC 301 2.1.1)

층별 설치 장소별	1층	2층	3층	4층 이상 10층 이하
노유자 시설	• 미끄럼대 • 구조대 • 피난교 • 다수인 피난 장비 • 승강식 피난기	• 미끄럼대 • 구조대 • 피난교 • 다수인 피난 장비 • 승강식 피난기	• 미끄럼대 • 구조대 • 피난교 • 다수인 피난 장비 • 승강식 피난기	• 구조대[1] • 피난교 • 다수인 피난 장비 • 승강식 피난기
의료시설·입원실이 있는 의원·접골원·조산원	–	–	• 미끄럼대 • 구조대 보기 ④ • 피난교 • 피난용 트랩 • 다수인 피난 장비 • 승강식 피난기	• 구조대 • 피난교 • 피난용 트랩 • 다수인 피난 장비 • 승강식 피난기
영업장의 위치가 4층 이하인 다중이용업소	–	• 미끄럼대 • 피난사다리 • 구조대 • 완강기 • 다수인 피난 장비 • 승강식 피난기	• 미끄럼대 • 피난사다리 • 구조대 • 완강기 • 다수인 피난 장비 • 승강식 피난기	• 미끄럼대 • 피난사다리 • 구조대 • 완강기 • 다수인 피난 장비 • 승강식 피난기
그 밖의 것	–	–	• 미끄럼대 • 피난사다리 • 구조대 • 완강기 • 피난교 • 피난용 트랩 • 간이완강기[2] • 공기안전매트 • 다수인 피난 장비 • 승강식 피난기	• 피난사다리 • 구조대 • 완강기 • 피난교 • 간이완강기[2] • 공기안전매트 • 다수인 피난 장비 • 승강식 피난기

[비고] 1) 구조대의 적응성은 장애인관련시설로서 주된 사용자 중 스스로 피난이 불가한 자가 있는 경우 추가로 설치하는 경우에 한한다.
2) 간이완강기의 적응성은 **숙박시설**의 **3층 이상**에 있는 객실에 추가로 설치하는 경우에 한한다.

중요

의무관리대상 공동주택(NFPC 608 13조, NFTC 608 2.9.1.3)
공동주택 구역마다 공기안전매트 1개 이상 추가 설치

비교

피난기구의 적응성

간이완강기	공기안전매트	구조대
숙박시설의 **3층 이상**에 있는 객실	공동주택	장애인관련시설

답 ④

66. 화재안전기준상 물계통의 소화설비 중 펌프의 성능시험배관에 사용되는 유량측정장치는 펌프의 정격토출량의 몇 % 이상 측정할 수 있는 성능이 있어야 하는가?

① 65 ② 100
③ 120 ④ 175

해설 소화펌프의 성능시험 방법 및 배관
(1) 펌프의 성능은 체절운전시 정격토출압력의 **140%**를 초과하지 않을 것
(2) 정격토출량의 **150%**로 운전시 정격토출압력의 **65%** 이상이어야 할 것
(3) 성능시험배관은 펌프의 토출측에 설치된 **개폐밸브 이전**에서 분기할 것
(4) 유량측정장치는 펌프 정격토출량의 **175%** 이상 측정할 수 있는 성능이 있을 것 보기 ④

답 ④

67. 피난기구의 화재안전기준상 근린생활시설 3층에 적응성이 없는 피난기구는? (단, 근린생활시설 중 입원실이 있는 의원·접골원·조산원에 한한다.)

① 완강기 ② 미끄럼대
③ 구조대 ④ 피난교

해설 피난기구의 적응성 (NFTC 301 2.1.1)

층별 설치 장소별 구분	1층	2층	3층	4층 이상 10층 이하
의료시설·입원실이 있는 의원·접골원·조산원	—	—	• 미끄럼대 • 구조대 • 피난교 • 피난용 트랩 • 다수인 피난장비 • 승강식 피난기	• 구조대 • 피난교 • 피난용 트랩 • 다수인 피난장비 • 승강식 피난기

답 ①

68. 제연설비의 화재안전기준에 따른 배출풍도의 설치기준 중 다음 (　) 안에 알맞은 것은?

> 배출기의 흡입측 풍도 안의 풍속은 (㉠)m/s 이하로 하고 배출측 풍속은 (㉡)m/s 이하로 할 것

① ㉠ 15, ㉡ 10
② ㉠ 10, ㉡ 15
③ ㉠ 20, ㉡ 15
④ ㉠ 15, ㉡ 20

해설 제연설비의 풍속 (NFPC 501 8~10조, NFTC 501 2.5.5, 2.6.2.2, 2.7.1)

조 건	풍 속
• 유입구가 바닥에 설치시 상향분출 가능	1m/s 이하
• 예상제연구역의 공기유입 풍속	5m/s 이하
• 배출기의 흡입측 풍속	15m/s 이하 보기 ④
• 배출기의 **배출측** 풍속 • **유**입풍도 안의 풍속	20m/s 이하 보기 ④

기억법 배2유(배이다 아파! 이유)

용어 풍도
공기가 유동하는 덕트

답 ④

69. 스프링클러헤드에서 이융성 금속으로 융착되거나 이융성 물질에 의하여 조립된 것은?

① 프레임(Frame)
② 디플렉터(Deflector)
③ 유리벌브(Glass bulb)
④ 퓨지블링크(Fusible link)

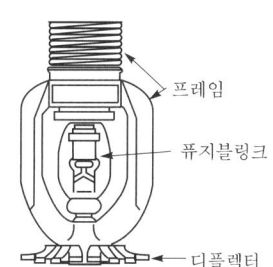
스프링클러헤드

용 어	설 명
프레임	스프링클러헤드의 나사부분과 디플렉터를 연결하는 이음쇠부분
디플렉터 (디프렉타)	스프링클러헤드의 방수구에서 유출되는 **물**을 **세분**시키는 작용을 하는 것 **기억법** 디세(드세다.)
퓨지블링크 보기 ④	감열체 중 **이융성 금속**으로 융착되거나 이융성 물질에 의하여 조립된 것

답 ④

70. 포소화설비의 화재안전기준상 특수가연물을 저장·취급하는 공장 또는 창고에 적응성이 없는 포소화설비는?

① 고정포방출설비
② 포소화전설비
③ 압축공기포소화설비
④ 포워터 스프링클러설비

해설 **포소화설비의 적응대상**(NFPC 105 4조, NFTC 105 2.1.1)

특정소방대상물	설비 종류
• 차고 · 주차장 • 항공기 격납고 • 공장 · 창고(특수가연물 저장 · 취급)	• 포워터 스프링클러설비 보기 ④ • 포헤드설비 • 고정포방출설비 보기 ① • 압축공기포소화설비 보기 ③
• 완전개방된 옥상주차장(주된 벽이 없고 기둥뿐이거나 주위가 위해방지용 철주 등으로 둘러싸인 부분) • **지상 1층**으로서 지붕이 없는 차고 · 주차장 • 고가 밑의 주차장(주된 벽이 없고 기둥뿐이거나 주위가 위해방지용 철주 등으로 둘러싸인 부분)	• 호스릴포소화설비 • 포소화전설비
• 발전기실 • 엔진펌프실 • 변압기 • 전기케이블실 • 유압설비	• 고정식 압축공기포소화설비(바닥면적 합계 300m² 미만)

답 ②

71

★★★
21.09.문66
18.09.문61
17.03.문67
16.10.문61

분말소화설비의 화재안전기준상 자동화재탐지설비의 감지기의 작동과 연동하는 분말소화설비 자동식 기동장치의 설치기준 중 다음 ( ) 안에 알맞은 것은?

- 전기식 기동장치로서 (㉠)병 이상의 저장용기를 동시에 개방하는 설비는 2병 이상의 저장용기에 전자개방밸브를 부착할 것
- 가스압력식 기동장치의 기동용 가스용기 및 해당 용기에 사용하는 밸브는 (㉡)MPa 이상의 압력에 견딜 수 있는 것으로 할 것

① ㉠ 3, ㉡ 2.5
② ㉠ 7, ㉡ 2.5
③ ㉠ 3, ㉡ 25
④ ㉠ 7, ㉡ 25

해설 **전자개방밸브 부착**(NFTC 106 2.3.2.2 / NFPC 108 5 · 7조, NFTC 108 2.2.2, 2.4.2.2)

분말소화약제 가압용 가스용기	이산화탄소 소화설비 전기식 기동장치 · 분말소화설비 전기식 기동장치
3병 이상 설치한 경우 2개 이상	**7병** 이상 개방시 2병 이상 보기 ④

중요

(1) **분말소화설비 가스압력식 기동장치**(NFTC 108 2.4.2.3)

구 분	기 준
기동용 가스용기의 체적	5L 이상(단, 1L 이상시 CO_2량 0.6kg 이상)
기동용 가스용기 충전비	1.5~1.9 이하
기동용 가스용기 안전장치의 압력	내압시험압력의 0.8~내압시험압력 이하
기동용 가스용기 및 해당 용기에 사용하는 밸브의 견디는 압력	25MPa 이상 보기 ④

(2) **이산화탄소 소화설비 가스압력식 기동장치**(NFTC 106 2.3.2.3.3)

구 분	기 준
기동용 가스용기의 체적	5L 이상

답 ④

72

19.03.문63
18.03.문67

분말소화설비의 화재안전기준상 분말소화약제의 가압용 가스용기에 대한 설명으로 틀린 것은?

① 가압용 가스용기를 3병 이상 설치한 경우에는 2개 이상의 용기에 전자개방밸브를 부착할 것
② 가압용 가스용기에는 2.5MPa 이하의 압력에서 조정이 가능한 압력조정기를 설치할 것
③ 가압용 가스에 질소가스를 사용하는 것의 질소가스는 소화약제 1kg마다 20L(35℃에서 1기압의 압력상태로 환산한 것) 이상으로 할 것
④ 축압용 가스에 질소가스를 사용하는 것의 질소가스는 소화약제 1kg에 대하여 10L(35℃에서 1기압의 압력상태로 환산한 것) 이상으로 할 것

해설 ③ 20L → 40L

가압식과 **축압식**의 **설치기준**(NFPC 108 5조, NFTC 108 2.2.4)
35℃에서 1기압의 압력상태로 환산한 것

사용 가스	가압식	축압식
질소(N_2)	40L/kg 이상 보기 ③	10L/kg 이상
이산화탄소 (CO_2)	20g/kg+배관청소 필요량 이상	20g/kg+배관청소 필요량 이상

※ 배관청소용 가스는 별도의 용기에 저장한다.

답 ③

73. 화재조기진압용 스프링클러설비의 화재안전기준상 화재조기진압용 스프링클러설비 가지배관의 배열기준 중 천장의 높이가 9.1m 이상 13.7m 이하인 경우 가지배관 사이의 거리기준으로 옳은 것은?

① 3.1m 이하
② 2.4m 이상 3.7m 이하
③ 6.0m 이상 8.5m 이하
④ 6.0m 이상 9.3m 이하

해설 화재조기진압용 스프링클러설비 가지배관의 배열기준

천장높이	가지배관 헤드 사이의 거리
9.1m 미만	2.4~3.7m 이하
9.1~13.7m 이하	3.1m 이하 [보기 ①]

중요

화재조기진압용 스프링클러헤드의 적합기준(NFPC 103B 10조, NFTC 103B 2.7)
(1) 헤드 하나의 방호면적은 6.0~9.3m² 이하로 할 것
(2) 가지배관의 헤드 사이의 거리는 천장의 높이가 9.1m 미만인 경우에는 2.4~3.7m 이하로, 9.1~13.7m 이하인 경우에는 3.1m 이하로 할 것 [보기 ①]
(3) 헤드의 반사판은 천장 또는 반자와 평행하게 설치하고 저장물의 최상부와 914mm 이상 확보되도록 할 것
(4) 하향식 헤드의 반사판의 위치는 천장이나 반자 아래 125~355mm 이하일 것
(5) 상향식 헤드의 감지부 중앙은 천장 또는 반자와 101~152mm 이하이어야 하며, 반사판의 위치는 스프링클러배관의 윗부분에서 최소 178mm 상부에 설치되도록 할 것
(6) 헤드와 벽과의 거리는 헤드 상호간 거리의 $\frac{1}{2}$을 초과하지 않아야 하며 최소 102mm 이상일 것
(7) 헤드의 작동온도는 74℃ 이하일 것(단, 헤드 주위의 온도가 38℃ 이상의 경우에는 그 온도에서의 화재시험 등에서 헤드작동에 관하여 공인기관의 시험을 거친 것을 사용할 것)

답 ①

74. 포소화설비에서 펌프의 토출관에 압입기를 설치하여 포소화약제 압입용 펌프로 포소화약제를 압입시켜 혼합하는 방식은?

① 라인 프로포셔너
② 펌프 프로포셔너
③ 프레져 프로포셔너
④ 프레져사이드 프로포셔너

해설 포소화약제의 혼합장치(NFPC 105 3·9조, NFTC 105 1.7, 2.6.1)

(1) 펌프 프로포셔너방식(펌프 혼합방식)
  ㉠ 펌프 토출측과 흡입측에 바이패스를 설치하고, 그 바이패스의 도중에 설치한 어댑터(Adaptor)로 펌프 토출측 수량의 일부를 통과시켜 공기포 용액을 만드는 방식
  ㉡ 펌프의 **토출관**과 **흡입관** 사이의 배관 도중에 설치한 흡입기에 펌프에서 토출된 물의 일부를 보내고 **농도조정밸브**에서 조정된 포소화약제의 필요량을 포소화약제 탱크에서 펌프 흡입측으로 보내어 약제를 혼합하는 방식

기억법 펌농

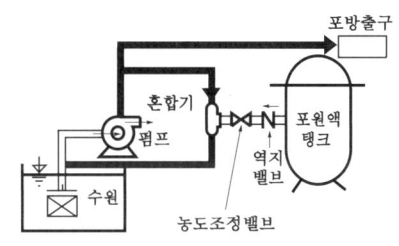
펌프 프로포셔너방식

(2) 프레져 프로포셔너방식(차압 혼합방식)
  ㉠ 가압송수관 도중에 공기포 소화원액 혼합조(P.P.T)와 혼합기를 접속하여 사용하는 방법
  ㉡ **격막방식 휨탱크**를 사용하는 에어휨 혼합방식
  ㉢ 펌프와 발포기의 중간에 설치된 벤투리관의 **벤투리작용**과 펌프 가압수의 **포소화약제 저장탱크**에 대한 압력에 의하여 포소화약제를 흡입·혼합하는 방식

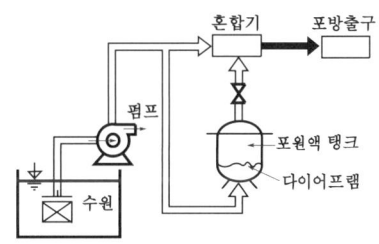
프레져 프로포셔너방식

(3) 라인 프로포셔너방식(관로 혼합방식)
  ㉠ 급수관의 배관 도중에 포소화약제 흡입기를 설치하여 그 흡입관에서 소화약제를 흡입하여 혼합하는 방식
  ㉡ 펌프와 발포기의 중간에 설치된 **벤**투리관의 **벤투리작용**에 의하여 포소화약제를 흡입·혼합하는 방식

기억법 라벤벤

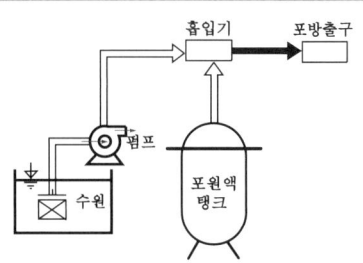
라인 프로포셔너방식

(4) **프레져사이드 프로포셔너방식**(압입 혼합방식) 보기 ④
  ㉠ 소화원액 가압펌프(압입용 펌프)를 별도로 사용하는 방식
  ㉡ 펌프 **토출관**에 압입기를 설치하여 포소화약제 **압입용 펌프**로 포소화약제를 압입시켜 혼합하는 방식

기억법 프사압

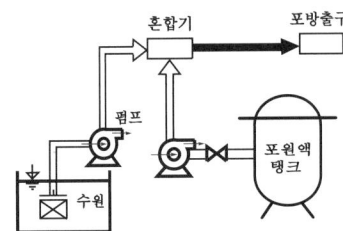

[프레져사이드 프로포셔너방식]

(5) **압축공기포 믹싱챔버방식**
  포수용액에 공기를 강제로 주입시켜 **원거리 방수**가 가능하고 물 사용량을 줄여 **수손피해**를 **최소화**할 수 있는 방식

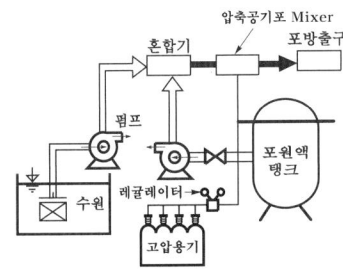

[압축공기포 믹싱챔버방식]

답 ④

75 ★★★
스프링클러설비의 화재안전기준상 스프링클러설비의 배관 내 사용압력이 몇 MPa 이상일 때 압력배관용 탄소강관을 사용해야 하는가?

19.03.문65
15.09.문61
09.05.문73

① 0.1
② 0.5
③ 0.8
④ 1.2

해설 **스프링클러설비 배관 내 사용압력**(NFPC 103 8조, NFTC 103 2.5)

1.2MPa 미만	1.2MPa 이상
① 배관용 탄소강관	① 압력배관용 탄소강관 보기 ④
② 이음매 없는 구리 및 구리 합금관(단, **습식** 배관에 한함)	② 배관용 아크용접 탄소강강관
③ 배관용 스테인리스강관 또는 일반배관용 스테인리스강관	
④ 덕타일 주철관	

답 ④

76 ★★★
지하구의 화재안전기준에 따라 연소방지설비 전용헤드를 사용할 때 배관의 구경이 65mm인 경우 하나의 배관에 부착하는 살수헤드의 최대개수로 옳은 것은?

16.03.문66
13.09.문61
05.09.문79

① 2
② 3
③ 5
④ 6

해설 **연소방지설비**의 **배관구경**(NFPC 605 8조, NFTC 605 2.4.1.3.1)
(1) **연소방지설비 전용헤드**를 사용하는 경우

배관의 구경	32mm	40mm	50mm	65mm	80mm
살수 헤드수	1개	2개	3개	4개 또는 5개 보기 ③	6개 이상

(2) **스프링클러헤드**를 사용하는 경우

배관의 구경 구분	25mm	32mm	40mm	50mm	65mm	80mm	90mm	100mm	125mm	150mm
폐쇄형 헤드수 〔개〕	2	3	5	10	30	60	80	100	160	161 이상
개방형 헤드수 〔개〕	1	2	5	8	15	27	40	55	90	91 이상

답 ③

77 ★
지하구의 화재안전기준에 따른 지하구의 통합감시시설 설치기준으로 틀린 것은?

① 소방관서와 지하구의 통제실 간에 화재 등 소방활동과 관련된 정보를 상시 교환할 수 있는 정보통신망을 구축할 것
② 수신기는 방재실과 공동구의 입구 및 연소방지설비 송수구가 설치된 장소(지상)에 설치할 것
③ 정보통신망(무선통신망 포함)은 광케이블 또는 이와 유사한 성능을 가진 선로일 것
④ 수신기는 화재신호, 경보, 발화지점 등 수신기에 표시되는 정보가 기준에 적합한 방식으로 119상황실이 있는 관할소방관서의 정보통신장치에 표시되도록 할 것

해설 **지하구 통합감시시설 설치기준**(NFPC 605 12조, NFTC 605 2.8)
(1) **소방관서**와 지하구의 통제실 간에 화재 등 소방활동과 관련된 정보를 상시 교환할 수 있는 **정보통신망**을 구축할 것 보기 ①
(2) 정보통신망(무선통신망 포함)은 **광케이블** 또는 이와 유사한 성능을 가진 선로일 것 보기 ③
(3) 수신기는 지하구의 통제실에 설치하되 **화재신호**, **경보**, **발화지점** 등 수신기에 표시되는 정보가 기준에 적합한 방식으로 119상황실이 있는 관할**소방관서**의 정보통신장치에 표시되도록 할 것 보기 ④

답 ②

78
소화수조 및 저수조의 화재안전기준에 따라 소화용수설비에 설치하는 채수구의 지면으로부터 설치높이 기준은?

① 0.3m 이상 1m 이하
② 0.3m 이상 1.5m 이하
③ 0.5m 이상 1m 이하
④ 0.5m 이상 1.5m 이하

해설 설치높이

0.5~1m 이하	0.8~1.5m 이하	1.5m 이하
• **연**결송수관설비의 송수구 • **연**결살수설비의 송수구 • **물**분무소화설비의 송수구 • **소**화용수설비의 채수구 보기 ③	• **제**어밸브(수동식 개방밸브) • **유**수검지장치 • **일**제개방밸브 **기억법** 제유일 85 (**제**가 **유일**하게 팔 았어요.)	• **옥**내소화전설비의 방수구 • **호**스릴함 • **소**화기(투척용 소화기) **기억법** 옥내호소 5 (**옥내**에서 **호소**하시오.)

기억법 연소용 51
(**연소용 오일**은 잘 탄다.)

답 ③

79
다음은 물분무소화설비의 화재안전기준에 따른 수원의 저수량 기준이다. ( )에 들어갈 내용으로 옳은 것은?

특수가연물을 저장 또는 취급하는 특정소방대상물 또는 그 부분에 있어서 수원의 저수량은 그 바닥면적 $1m^2$에 대하여 ( )L/min로 20분간 방수할 수 있는 양 이상으로 할 것

① 10   ② 12
③ 15   ④ 20

해설 물분무소화설비의 수원(NFPC 104 4조, NFTC 104 2.1.1)

특정소방대상물	토출량	비고
컨베이어벨트	$10L/min \cdot m^2$	벨트부분의 바닥면적
절연유 봉입변압기	$10L/min \cdot m^2$	표면적을 합한 면적(바닥면적 제외)
특수가연물	$10L/min \cdot m^2$ (최소 $50m^2$) 보기 ①	최대방수구역의 바닥면적 기준
케이블트레이 · 덕트	$12L/min \cdot m^2$	투영된 바닥면적
차고 · 주차장	$20L/min \cdot m^2$ (최소 $50m^2$)	최대방수구역의 바닥면적 기준
위험물 저장탱크	$37L/min \cdot m$	위험물탱크 둘레길이(원주길이): 위험물규칙 [별표 6] Ⅱ

※ 모두 **20**분간 방수할 수 있는 양 이상으로 하여야 한다.

기억법
컨 0
절 0
특 0
케 2
차 0
위 37

답 ①

80
제연설비의 화재안전기준상 제연설비 설치장소의 제연구역 구획기준으로 틀린 것은?

① 하나의 제연구역의 면적은 $1000m^2$ 이내로 할 것
② 하나의 제연구역은 직경 60m 원 내에 들어갈 수 있을 것
③ 하나의 제연구역은 3개 이상 층에 미치지 아니하도록 할 것
④ 통로상의 제연구역은 보행중심선의 길이가 60m를 초과하지 아니할 것

해설 ③ 3개 이상 → 2개 이상

제연구역의 **구획**(NFPC 501 4조, NFTC 501 2.1.1)
(1) 1제연구역의 면적은 **$1000m^2$** 이내로 할 것 보기 ①
(2) 거실과 통로는 **각각 제연구획**할 것
(3) 통로상의 제연구역은 보행중심선의 길이는 **60m**를 초과하지 않을 것 보기 ④
(4) 1제연구역은 직경 **60m** 원 내에 들어갈 것 보기 ②
(5) 1제연구역은 **2개** 이상의 층에 미치지 않을 것 보기 ③

기억법 제10006(충북 **제천**에 **육**교 있음)
2개제(이게 제목이야!)

답 ③

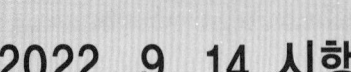

2022. 9. 14 시행

2022년 기사 제4회 필기시험 CBT 기출복원문제

자격종목	종목코드	시험시간	형별	수험번호	성명
소방설비기사(기계분야)		2시간			

※ 각 문항은 4지택일형으로 질문에 가장 적합한 보기 항을 선택하여 체크하여야 합니다.

제1과목 소방원론

01 제5류 위험물인 자기반응성 물질의 성질 및 소화에 관한 사항으로 가장 거리가 먼 것은?

16.05.문10
15.09.문58
14.09.문13

① 연소속도가 빨라 폭발적인 경우가 많다.
② 질식소화가 효과적이며, 냉각소화는 불가능하다.
③ 대부분 산소를 함유하고 있어 자기연소 또는 내부연소를 한다.
④ 가열, 충격, 마찰에 의해 폭발의 위험이 있는 것이 있다.

해설
② 냉각소화가 효과적이며, 질식소화는 불가능하다.

제5류 위험물 : **자**기반응성 물질(자기연소성 물질)

구분	설명
특징	① 연소속도가 빨라 **폭발**적인 경우가 많다. 보기 ① ② 대부분 **산소**를 함유하고 있어 자기연소 또는 내부연소를 한다. 보기 ③ ③ 가열, 충격, 마찰에 의해 **폭발**의 **위험**이 있는 것이 있다. 보기 ④
소화방법	대량의 물에 의한 **냉각소화**가 효과적이다. 보기 ②
종류	① 유기과산화물 · 나이트로화합물 · 나이트로소화합물 ② 질산에스터류(**셀**룰로이드) · 하이드라진유도체 ③ 아조화합물 · 다이아조화합물

기억법 5자셀

> 중요
> 위험물의 소화방법

종류	소화방법
제1류	물에 의한 **냉각소화**(단, 무기과산화물은 마른모래 등에 의한 질식소화)
제2류	물에 의한 **냉각소화**(단, 금속분은 **마른모래** 등에 의한 질식소화)
제3류	마른모래, 팽창질석, 팽창진주암에 의한 소화(마른모래보다 **팽창질석** 또는 **팽창진주암**이 더 효과적)
제4류	포 · 분말 · CO_2 · 할론소화약제에 의한 **질식소화**
제5류	화재 초기에만 대량의 물에 의한 **냉각소화**(단, 화재가 진행되면 자연진화되도록 기다릴 것)
제6류	마른모래 등에 의한 **질식소화**

답 ②

02 0℃, 1기압에서 44.8m³의 용적을 가진 이산화탄소를 액화하여 얻을 수 있는 액화탄산가스의 무게는 약 몇 kg인가?

20.06.문17
18.09.문11
14.09.문07
12.03.문19
06.09.문13
97.03.문03

① 44
② 22
③ 11
④ 88

해설 (1) 기호

- T : 0℃ = (273+0℃)K
- P : 1기압 = 1atm
- V : 44.8m³
- m : ?

(2) 이상기체상태 방정식

$$PV = nRT$$

여기서, P : 기압(atm)
V : 부피(m^3)
n : 몰수 $\left(n=\dfrac{m(질량)[kg]}{M(분자량)[kg/kmol]}\right)$
R : 기체상수(0.082atm · m^3/kmol · K)
T : 절대온도(273+℃)[K]

$PV=\dfrac{m}{M}RT$ 에서

$m=\dfrac{PVM}{RT}$

$=\dfrac{1atm \times 44.8m^3 \times 44kg/kmol}{0.082atm \cdot m^3/kmol \cdot K \times (273+0℃)K}$

≒ 88kg

• 이산화탄소 분자량(M)=44kg/kmol

답 ④

03 부촉매효과에 의한 소화방법으로 옳은 것은?

① 산소의 농도를 낮추어 소화하는 방법이다.
② 용융잠열에 의한 냉각효과를 이용하여 소화하는 방법이다.
③ 화학반응으로 발생한 이산화탄소에 의한 소화방법이다.
④ 활성기(free radical)에 의한 연쇄반응을 억제하는 소화방법이다.

해설
① 질식소화
② 냉각소화
③ 질식소화

소화의 형태

소화형태	설 명
냉각소화	• **점화원**을 냉각하여 소화하는 방법 • **증발잠열**을 이용하여 열을 빼앗아 가연물의 온도를 떨어뜨려 화재를 진압하는 소화 방법 • **다량의 물**을 뿌려 소화하는 방법 • 가연성 물질을 **발화점 이하로 냉각** • **식용유화재**에 신선한 **야채**를 넣어 소화 • 용융잠열에 의한 **냉각효과**를 이용하여 소화하는 방법 보기 ② 기억법 냉점증발
질식소화	• 공기 중의 **산소농도**를 16%(10~15%) 이하로 희박하게 하여 소화하는 방법 • 산화제의 농도를 낮추어 연소가 지속될 수 없도록 하는 방법 • 산소공급을 차단하는 소화방법 • 산소의 농도를 낮추어 소화하는 방법 보기 ① • 화학반응으로 발생한 **탄산가스**(이산화탄소)에 의한 소화방법 보기 ③ 기억법 질산
제거소화	• **가연물**을 **제거**하여 소화하는 방법
부촉매 소화 (화학소화, 부촉매효과)	• **연쇄반응**을 **차단**하여 소화하는 방법 • 화학적인 방법으로 화재억제 • **활성기**(free radical)의 **생성**을 **억제**하는 소화방법 보기 ④ 기억법 부억(부엌)
희석소화	• 기체·고체·액체에서 나오는 분해가스나 증기의 농도를 낮춰 소화하는 방법

답 ④

04 제1종 분말소화약제가 요리용 기름이나 지방질 기름의 화재시 소화효과가 탁월한 이유에 대한 설명으로 가장 옳은 것은?

① 아이오딘화반응을 일으키기 때문이다.
② 비누화반응을 일으키기 때문이다.
③ 브로민화반응을 일으키기 때문이다.
④ 질화반응을 일으키기 때문이다.

해설 **비누화현상**(saponification phenomenon)

구 분	설 명
정의	**소화약제**가 식용유에서 분리된 **지방산**과 **결합**해 **비누거품**처럼 부풀어 오르는 현상
적응소화약제	제1종 분말소화약제
적응성	• 요리용 기름 보기 ② • 지방질 기름 보기 ②
발생원리	에스터가 알칼리에 의해 가수분해되어 알코올과 산의 알칼리염이 됨
화재에 미치는 효과	주방의 식용유화재시에 나트륨이 기름을 둘러싸 외부와 분리시켜 **질식소화** 및 **재발화 억제효과**
화학식	RCOOR′ + NaOH → RCOONa + R′OH

• 비누화반응=비누화현상

답 ②

05 위험물안전관리법령상 제4류 위험물인 알코올류에 속하지 않는 것은?

① C_4H_9OH
② CH_3OH
③ C_2H_5OH
④ C_3H_7OH

해설
① 부틸알코올(C_4H_9OH)은 해당없음

위험물령〔별표 1〕
위험물안전관리법령상 알코올류
(1) 메틸알코올(CH_3OH) 보기 ②
(2) 에틸알코올(C_2H_5OH) 보기 ③
(3) 프로필알코올(C_3H_7OH) 보기 ④
(4) 변성알코올
(5) 퓨젤유

답 ①

06 ★★★ 플래시오버(flash over)현상에 대한 설명으로 옳은 것은?

20.09.문14
14.05.문18
14.03.문11
13.06.문17
11.06.문11

① 실내에서 가연성 가스가 축적되어 발생되는 폭발적인 착화현상
② 실내에서 에너지가 느리게 집적되는 현상
③ 실내에서 가연성 가스가 분해되는 현상
④ 실내에서 가연성 가스가 방출되는 현상

해설 플래시오버(flash over) : 순발연소
(1) **실내**에서 폭발적인 착화현상 보기 ①
(2) 폭발적인 **화재확대현상**
(3) 건물화재에서 발생한 가연성 가스가 일시에 인화하여 화염이 **충**만하는 단계
(4) 실내의 가연물이 연소됨에 따라 생성되는 가연성 가스가 실내에 누적되어 **폭**발적으로 연소하여 실 전체가 순간적으로 불길에 싸이는 현상
(5) **옥내화재**가 서서히 진행하여 열이 축적되었다가 일시에 화염이 크게 발생하는 상태
(6) **다량**의 **가연성 가스**가 동시에 연소되면서 **급**격한 온도상승을 유발하는 현상
(7) 건축물에서 한순간에 폭발적으로 화재가 확산되는 현상

기억법 플확충 폭급

• 플래시오버 = 플래쉬오버

비교

(1) **패닉**(panic)현상
인간의 비이성적인 또는 부적합한 **공포반응행동**으로서 무모하게 높은 곳에서 뛰어내리는 행위라든지, 몸이 굳어서 움직이지 못하는 행동
(2) **굴뚝효과**(stack effect)
㉠ 건물 내외의 **온도차**에 따른 공기의 흐름현상이다.
㉡ 굴뚝효과는 **고층건물**에서 주로 나타난다.
㉢ 평상시 건물 내의 기류분포를 지배하는 중요 요소이며 화재시 **연기**의 **이동**에 큰 영향을 미친다.
㉣ 건물 외부의 온도가 내부의 온도보다 높은 경우 저층부에서는 내부에서 외부로 공기의 흐름이 생긴다.
(3) **블레비**(BLEVE) = **블레이브**(BLEVE)현상
과열상태의 탱크에서 내부의 액화가스가 분출하여 기화되어 폭발하는 현상
㉠ 가연성 액체
㉡ 화구(fire ball)의 형성
㉢ 복사열의 대량 방출

답 ①

07 ★ 다음 중 건물의 화재하중을 감소시키는 방법으로서 가장 적합한 것은?

① 건물 높이의 제한
② 내장재의 불연화
③ 소방시설증강
④ 방화구획의 세분화

해설 화재하중을 감소시키는 방법
(1) **내장재**의 **불연화** 보기 ②
(2) **가연물**의 **수납** : 불연화가 불가능한 서류 등의 가연물은 불연성 밀폐용기에 보관
(3) **가연물**의 **제한** : 가연물을 필요 최소단위로 보관하여 가연물의 양을 줄임

용어

화재하중	화재가혹도
① 가연물 등의 **연소시 건축물의 붕괴** 등을 고려하여 설계하는 하중 ② 화재실 또는 화재구획의 **단위면적당 가연물의 양** ③ 일반건축물에서 가연성의 건축구조재와 **가연성 수용물의 양**으로서 건물 화재시 발열량 및 화재 위험성을 나타내는 용어 ④ 화재하중이 크면 단위면적당의 발열량이 크다. ⑤ 화재하중이 같더라도 물질의 상태에 따라 가혹도는 달라진다. ⑥ 화재하중은 화재구획실 내의 가연물 총량을 목재 중량당비로 환산하여 면적으로 나눈 수치이다. ⑦ 건물화재에서 가열온도의 정도를 의미한다. ⑧ 건물의 내화설계시 고려되어야 할 사항이다.	화재로 인하여 건물 내에 수납되어 있는 재산 및 건물 자체에 손상을 주는 능력의 정도

$$q = \frac{\Sigma G_t H_t}{HA} = \frac{\Sigma Q}{4500A}$$

여기서,
q : 화재하중[kg/m²] 또는 [N/m²]
G_t : 가연물의 양[kg]
H_t : 가연물의 단위발열량[kcal/kg]
H : 목재의 단위발열량[kcal/kg](**4500kcal/kg**)
A : 바닥면적[m²]
ΣQ : 가연물의 전체 발열량[kcal]

답 ②

08 자연발화가 일어나기 쉬운 조건이 아닌 것은?

① 적당량의 수분이 존재할 것
② 열전도율이 클 것
③ 주위의 온도가 높을 것
④ 표면적이 넓을 것

해설 ② 클 것 → 작을 것

자연발화의 방지법	자연발화 조건
① 습도가 높은 곳을 피할 것(**건조**하게 유지할 것)	① 열전도율이 작을 것 보기 ②
② 저장실의 온도를 낮출 것	② 발열량이 클 것
③ 통풍이 잘 되게 할 것	③ 주위의 온도가 높을 것 보기 ③
④ 퇴적 및 수납시 열이 쌓이지 않게 할 것(**열축적방지**)	④ 표면적이 넓을 것 보기 ④
⑤ 산소와의 접촉을 차단할 것	⑤ 적당량의 수분이 존재할 것 보기 ①
⑥ **열전도성**을 좋게 할 것	

답 ②

09 건축물 화재에서 플래시오버(flash over) 현상이 일어나는 시기는?

① 초기에서 성장기로 넘어가는 시기
② 성장기에서 최성기로 넘어가는 시기
③ 최성기에서 감쇠(퇴)기로 넘어가는 시기
④ 감쇠(퇴)기에서 종기로 넘어가는 시기

해설 플래시오버(flash over)

구분	설명
발생시간	화재발생 후 5~6분경
발생시점	**성장기~최성기**(성장기에서 최성기로 넘어가는 분기점) 보기 ② 기억법 플성최
실내온도	약 800~900℃

답 ②

10 물속에 저장할 때 안전한 물질은?

① 나트륨
② 수소화칼슘
③ 탄화칼슘
④ 이황화탄소

해설 물질에 따른 저장장소

물 질	저장장소
황린, **이**황화탄소(CS_2) 보기 ④	물속
나이트로셀룰로오스	알코올 속
칼륨(K), 나트륨(Na), 리튬(Li)	석유류(등유) 속
알킬알루미늄	벤젠액 속
아세틸렌(C_2H_2)	디메틸포름아미드(DMF), 아세톤에 용해
수소화칼슘	**환기**가 잘 되는 내화성 **냉암소**에 보관
탄화칼슘(칼슘카바이드)	습기가 없는 **밀폐용기**에 저장하는 곳

기억법 황물이(황토색 물이 나온다.)

중요
산화프로필렌, 아세트알데하이드
구리, **마**그네슘, **은**, **수**은 및 그 합금과 저장 금지
기억법 구마은수

답 ④

11 화재에 관한 설명으로 옳은 것은?

① PVC 저장창고에서 발생한 화재는 D급 화재이다.
② 연소의 색상과 온도와의 관계를 고려할 때 일반적으로 휘백색보다는 휘적색의 온도가 높다.
③ PVC 저장창고에서 발생한 화재는 B급 화재이다.
④ 연소의 색상과 온도와의 관계를 고려할 때 일반적으로 암적색보다는 휘적색의 온도가 높다.

해설 ① D급 화재 → A급 화재
② 높다 → 낮다
③ B급 화재 → A급 화재

(1) PVC나 폴리에틸렌의 저장창고에서 발생한 화재는 **A급 화재**이다.
(2) **연소**의 색과 온도

색	온 도[℃]
암적색(진홍색)	700~750
적색	850
휘적색(주황색)	925~950
황적색	1100
백적색(백색)	1200~1300
휘백색	1500

답 ④

12 표준상태에서 44g의 프로판 1몰이 완전연소할 경우 발생한 이산화탄소의 부피는 약 몇 L인가?

① 22.4
② 44.8
③ 89.6
④ 67.2

해설 프로판 연소반응식
프로판(C_3H_8)이 **연소**되므로 **산소**(O_2)가 필요함

$aC_3H_8 + bO_2 \rightarrow cCO_2 + dH_2O$

C : $3a = c$ (1, 3)
H : $8a = 2d$ (1)
O : $2b = 2c + d$ (5, 3)

①C_3H_8 + ⑤O_2 → ③CO_2 + ④H_2O

1mol ——— 3mol
22.4L ——— x

• **22.4L** : 표준상태에서 1mol의 기체는 0℃ 기압에서 22.4L를 가짐

$1\text{mol} \times x = 3\text{mol} \times 22.4\text{L}$

$x = \dfrac{3\text{mol} \times 22.4\text{L}}{1\text{mol}} = 67.2\text{L}$

답 ④

13 표면온도가 350℃인 전기히터의 표면온도를 750℃로 상승시킬 경우, 복사에너지는 처음보다 약 몇 배로 상승되는가?

① 1.64
② 2.14
③ 7.27
④ 21.08

해설 (1) 기호
• T_1 : 350℃ = (273+350)K
• T_2 : 750℃ = (273+750)K
• $\dfrac{Q_2}{Q_1}$: ?

(2) 스테판-볼츠만의 법칙(Stefan-Boltzman's law)
$Q = aAF(T_1^4 - T_2^4) \propto T^4$ 이므로

$\dfrac{Q_2}{Q_1} = \dfrac{T_2^4}{T_1^4} = \dfrac{(273+t_2)^4}{(273+t_1)^4} = \dfrac{(273+750)^4}{(273+350)^4} \fallingdotseq 7.27$

• 열복사량은 복사체의 **절대온도**의 **4제곱**에 비례하고, **단면적**에 비례한다.

참고
스테판-볼츠만의 법칙(Stefan-Boltzman's law)

$$Q = aAF(T_1^4 - T_2^4)$$

여기서, Q : 복사열[W]
a : 스테판-볼츠만 상수[W/m²·K⁴]
A : 단면적[m²]
F : 기하학적 Factor
T_1 : 고온[K]
T_2 : 저온[K]

답 ③

14 화재를 발생시키는 에너지인 열원의 물리적 원인으로만 나열한 것은?

① 압축, 분해, 단열
② 마찰, 충격, 단열
③ 압축, 단열, 용해
④ 마찰, 충격, 분해

해설 물리적 원인 vs 화학적 원인

물리적 원인	화학적 원인
① 마찰	① 분해
② 충격	② 중합
③ 단열	③ 흡착
④ 압축	④ 용해

기억법 마충단압

답 ②

15 메탄 80vol%, 에탄 15vol%, 프로판 5vol%인 혼합가스의 공기 중 폭발하한계는 약 몇 vol%인가? (단, 메탄, 에탄, 프로판의 공기 중 폭발하한계는 5.0vol%, 3.0vol%, 2.1vol%이다.)

① 4.28
② 3.61
③ 3.23
④ 4.02

해설 혼합가스의 폭발하한계

$$\dfrac{100}{L} = \dfrac{V_1}{L_1} + \dfrac{V_2}{L_2} + \dfrac{V_3}{L_3}$$

여기서, L : 혼합가스의 폭발하한계[vol%]
L_1, L_2, L_3 : 가연성 가스의 폭발하한계[vol%]
V_1, V_2, V_3 : 가연성 가스의 용량[vol%]

$\dfrac{100}{L} = \dfrac{V_1}{L_1} + \dfrac{V_2}{L_2} + \dfrac{V_3}{L_3}$

$\dfrac{100}{L} = \dfrac{80}{5.0} + \dfrac{15}{3.0} + \dfrac{5}{2.1}$

$$\frac{100}{\frac{80}{5.0}+\frac{15}{3.0}+\frac{5}{2.1}}=L$$

$$L=\frac{100}{\frac{80}{5.0}+\frac{15}{3.0}+\frac{5}{2.1}}≒4.28\text{vol}\%$$

• 단위가 원래는 [vol%] 또는 [v%], [vol.%]인데 줄여서 [%]로 쓰기도 한다.

답 ①

16. Halon 1301의 증기비중은 약 얼마인가? (단, 원자량은 C : 12, F : 19, Br : 80, Cl : 35.5이고, 공기의 평균 분자량은 29이다.)

① 6.14
② 7.14
③ 4.14
④ 5.14

해설 (1) 증기비중

$$증기비중 = \frac{분자량}{29}$$

여기서, 29 : 공기의 평균 분자량

(2) 분자량

원 소	원자량
H	1
C →	12
N	14
O	16
F →	19
Cl	35.5
Br →	80

Halon 1301(CF₃Br) 분자량 = 12+19×3+80 = 149

증기비중 = $\frac{149}{29}$ ≒ 5.14

• 증기비중 = 가스비중

중요

할론소화약제의 약칭 및 분자식

종 류	약 칭	분자식
할론 1011	CB	CH_2ClBr
할론 104	CTC	CCl_4
할론 1211	BCF	$CF_2ClBr(CClF_2Br)$
할론 1301	BTM	CF_3Br
할론 2402	FB	$C_2F_4Br_2$

답 ④

17. 조연성 가스로만 나열한 것은?

① 산소, 이산화탄소, 오존
② 산소, 불소, 염소
③ 질소, 불소, 수증기
④ 질소, 이산화탄소, 염소

해설 가연성 가스와 지연성 가스

가연성 가스	지연성 가스(조연성 가스)
• 수소 • 메탄 • 일산화탄소 • 천연가스 • 부탄 • 에탄 • 암모니아 • 프로판	• 산소 보기② • 공기 • 염소 보기② • 오존 • 불소 보기②

기억법 조산공 염불오

기억법 가수일천 암부 메에프

용어

가연성 가스와 지연성 가스

가연성 가스	지연성 가스(조연성 가스)
물질 자체가 연소하는 것	자기 자신은 연소하지 않지만 연소를 도와주는 가스

답 ②

18. 다음 중 연소범위에 따른 위험도값이 가장 큰 물질은?

① 이황화탄소
② 수소
③ 일산화탄소
④ 메탄

해설 위험도

$$H=\frac{U-L}{L}$$

여기서, H : 위험도(degree of Hazards)
U : 연소상한계(Upper limit)
L : 연소하한계(Lower limit)

(1) 이황화탄소 = $\frac{50-1}{1}$ = 49

(2) 수소 = $\frac{75-4}{4}$ = 17.75

(3) 일산화탄소 = $\frac{75-12}{12}$ = 5.25

(4) 메탄 = $\frac{15-5}{5}$ = 2

공기 중의 폭발한계 (상온, 1atm)

가스	하한계 [vol%]	상한계 [vol%]
아세틸렌(C_2H_2)	2.5	81
수소(H_2) 보기②	4	75
일산화탄소(CO) 보기③	12	75
에터((C_2H_5)$_2$O)	1.7	48
이황화탄소(CS_2) 보기①	1	50
에틸렌(C_2H_4)	2.7	36
암모니아(NH_3)	15	25
메탄(CH_4) 보기④	5	15
에탄(C_2H_6)	3	12.4
프로판(C_3H_8)	2.1	9.5
부탄(C_4H_{10})	1.8	8.4

- 연소한계=연소범위=가연한계=가연범위=폭발한계=폭발범위

답 ①

가연성 가스와 지연성 가스

가연성 가스	지연성 가스(조연성 가스)
• 수소 • 메탄 보기② • 일산화탄소 보기④ • 천연가스 • 부탄 • 에탄 • 암모니아 • 프로판 보기③	• 산소 • 공기 • 염소 • 오존 • 불소 기억법 조산공 염불오

기억법 가수일천 암부 메에프

가연성 가스와 지연성 가스

가연성 가스	지연성 가스(조연성 가스)
물질 자체가 연소하는 것	자기 자신은 연소하지 않지만 연소를 도와주는 가스

답 ①

---

19 알킬알루미늄 화재시 사용할 수 있는 소화약제로 가장 적당한 것은?
21.05.문13
16.05.문20
07.09.문03
① 팽창진주암
② 물
③ Halon 1301
④ 이산화탄소

해설 **위험물의 소화약제**

위험물	소화약제
• 알킬알루미늄 • 알킬리튬	• 마른모래 • 팽창질석 • 팽창진주암 보기①

답 ①

20 다음 중 가연성 가스가 아닌 것은?
21.03.문08
20.09.문20
17.03.문07
16.10.문03
16.03.문04
14.05.문10
12.09.문08
11.10.문02
① 아르곤
② 메탄
③ 프로판
④ 일산화탄소

해설 ① 아르곤 : 불연성 가스(불활성 가스)

제2과목 소방유체역학

21 액체와 고체가 접촉하면 상호 부착하려는 성질을 갖는데 이 부착력과 액체의 응집력의 크기의 차이에 의해 일어나는 현상은 무엇인가?
21.03.문23
15.05.문33
13.09.문27
10.05.문35
① 모세관현상
② 공동현상
③ 점성
④ 뉴턴의 마찰법칙

해설 **모세관현상**(capillary in tube)
(1) 액체분자들 사이의 **응집력**과 고체면에 대한 **부착력**의 차이에 의하여 관내 액체표면과 자유표면 사이에 **높이 차이**가 나타나는 것
(2) 액체와 고체가 접촉하면 상호 **부착**하려는 **성질**을 갖는데 이 **부착력**과 액체의 **응집력**의 **상대적 크기**에 의해 일어나는 현상 보기①

$$h = \frac{4\sigma \cos\theta}{\gamma D}$$

여기서, h : 상승높이[m]
σ : 표면장력[N/m]
θ : 각도(접촉각)
γ : 비중량(물의 비중량 9800N/m³)
D : 관의 내경[m]

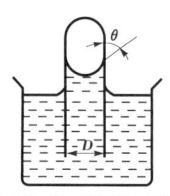
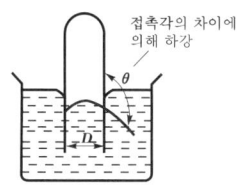

(a) 물(H₂O) : 응집력<부착력   (b) 수은(Hg) : 응집력>부착력
모세관현상

답 ①

22
역 Carnot 사이클로 작동하는 냉동기가 300K의 고온열원과 250K의 저온열원 사이에서 작동한다. 이 냉동기의 성능계수는 얼마인가?

① 6   ② 2
③ 5   ④ 3

해설 (1) 기호
- T_H : 300K
- T_L : 250K
- β : ?

(2) 냉동기의 성능계수

$$\beta = \frac{Q_L}{Q_H - Q_L} = \frac{T_L}{T_H - T_L}$$

여기서, β : 냉동기의 성능계수
 Q_L : 저열(kJ)
 Q_H : 고열(kJ)
 T_L : 저온(K)
 T_H : 고온(K)

냉동기의 성능계수

$$\beta = \frac{T_L}{T_H - T_L} = \frac{250K}{300K - 250K} = 5$$

답 ③

23
그림에서 1m×3m의 사각 평판이 수면과 45° 기울어져 물에 잠겨있다. 한쪽 면에 작용하는 유체력의 크기(F)와 작용점의 위치(y_f)는 각각 얼마인가?

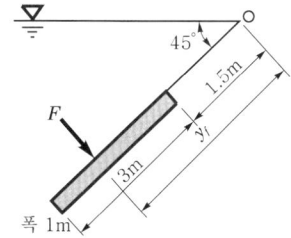

① $F = 62.4$kN, $y_f = 3.25$m
② $F = 132.3$kN, $y_f = 3.25$m
③ $F = 132.3$kN, $y_f = 3.5$m
④ $F = 62.4$kN, $y_f = 3.5$m

해설 (1) 기호
- b : 1m
- h : 3m
- A : $(1 \times 3)m^2$
- θ : 45°
- y : 3m
- F : ?
- y_f : ?

(2) 전압력

$$F = \gamma y \sin\theta A = \gamma h A$$

여기서, F : 전압력(kN)
 γ : 비중량(물의 비중량 9.8kN/m³)
 y : 표면에서 수문 중심까지의 경사거리(m)
 h : 표면에서 수문 중심까지의 수직거리(m)
 A : 수문의 단면적(m²)

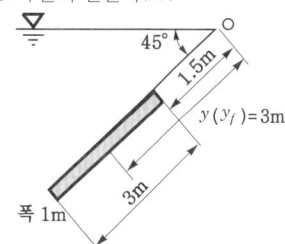

전압력 F는

$F = \gamma y \sin\theta A$
$= 9.8\text{kN/m}^3 \times 3\text{m} \times \sin 45° \times (1 \times 3)\text{m}^2$
$= 62.4\text{kN}$

(3) 작용점 깊이

명 칭	구형(rectangle)
형 태	(그림)
A (면적)	$A = bh$
y_c (중심위치)	$y_c = y$
I_c (관성능률)	$I_c = \dfrac{bh^3}{12}$

$$y_p = y_c + \frac{I_c}{A y_c}$$

여기서, $y_p(y_f)$: 작용점 깊이(작용위치)(m)
 y_c : 중심위치(m)
 I_c : 관성능률 $\left(I_c = \dfrac{bh^3}{12}\right)$
 A : 단면적(m²) ($A = bh$)

작용점 깊이 y_f는

$y_f = y_c + \dfrac{I_c}{A y_c}$

$= y + \dfrac{\frac{bh^3}{12}}{(bh)y} = 3\text{m} + \dfrac{\frac{1\text{m} \times (3\text{m})^3}{12}}{(1 \times 3)\text{m}^2 \times 3\text{m}} ≒ 3.25\text{m}$

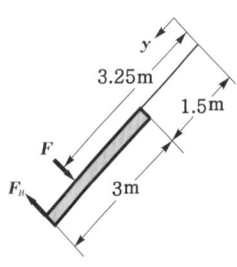

기억법 62.4kN, 3.25m(한국전쟁 625 325)

답 ①

24

★★★
21.05.문29
15.05.문24
13.03.문28

어떤 팬이 1750rpm으로 회전할 때의 전압은 155mmAq, 풍량은 240m³/min이다. 이것과 상사한 팬을 만들어 1650rpm, 전압 200mmAq로 작동할 때 풍량은 약 몇 m³/min인가? (단, 공기의 밀도와 비속도는 두 경우에 같다고 가정한다.)

① 396
② 386
③ 356
④ 366

해설 (1) 기호
- N_1 : 1750rpm
- H_1 : 155mmAq=0.155mAq=0.155m(1000mm= 1m, Aq 생략 가능)
- Q_1 : 240m³/min
- N_2 : 1650rpm
- H_2 : 200mmAq=0.2mAq=0.2m(1000mm=1m, Aq 생략 가능)
- Q_2 : ?

(2) 비교회전도(비속도)

$$N_s = N \frac{\sqrt{Q}}{\left(\frac{H}{n}\right)^{\frac{3}{4}}}$$

여기서, N_s : 펌프의 비교회전도(비속도)
         〔m³/min · m/rpm〕
       N : 회전수〔rpm〕
       Q : 유량〔m³/min〕
       H : 양정〔m〕
       n : 단수

펌프의 비교회전도 N_s 는

$$N_s = N_1 \frac{\sqrt{Q_1}}{\left(\frac{H_1}{n}\right)^{\frac{3}{4}}} = 1750\text{rpm} \times \frac{\sqrt{240\text{m}^3/\text{min}}}{(0.155\text{m})^{\frac{3}{4}}}$$

$= 109747.5\text{m}^3/\text{min} \cdot \text{m/rpm}$

- n : 주어지지 않았으므로 무시

펌프의 비교회전도 N_{s2} 는

$$N_{s2} = N_2 \frac{\sqrt{Q_2}}{\left(\frac{H_2}{n}\right)^{\frac{3}{4}}}$$

$109747.5\text{m}^3/\text{min} \cdot \text{m/rpm} = 1650\text{rpm} \times \dfrac{\sqrt{Q_2}}{(0.2\text{m})^{\frac{3}{4}}}$

$\dfrac{109747.5\text{m}^3/\text{min} \cdot \text{m/rpm} \times (0.2\text{m})^{\frac{3}{4}}}{1650\text{rpm}} = \sqrt{Q_2}$

$\sqrt{Q_2} = \dfrac{109747.5\text{m}^3/\text{min} \cdot \text{m/rpm} \times (0.2\text{m})^{\frac{3}{4}}}{1650\text{rpm}}$ ← 좌우 이항

$(\sqrt{Q_2})^2 = \left(\dfrac{109747.5 \times (0.2\text{m})^{\frac{3}{4}}}{1650\text{rpm}}\right)^2$

$Q_2 ≒ 396\text{m}^3/\text{min}$

기억법 396m³/min(369! 369! 396)

용어

비속도(비교회전도)
펌프의 성능을 나타내거나 가장 적합한 **회전수**를 결정하는 데 이용되며, **회전자의 형상**을 나타내는 척도가 된다.

답 ①

25

★
14.05.문26

그림과 같은 면적 A_1인 원형관의 출구에 노즐이 볼트로 연결되어 있으며 노즐 끝의 면적은 A_2이고 노즐 끝(2 지점)에서 물의 속도는 V, 물의 밀도는 ρ이다. 전체 볼트에 작용하는 힘이 F_B일 때, 1 지점에서의 게이지압력을 구하는 식은?

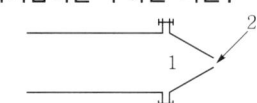

① $\dfrac{F_B}{A_1} - \rho V^2 \left(1 - \dfrac{A_2}{A_1}\right)\dfrac{A_2}{A_1}$

② $\dfrac{F_B}{A_1} - \rho V^2 \left(1 - \dfrac{A_2}{A_1}\right)$

③ $\dfrac{F_B}{A_1} - \rho V^2 \left(1 + \dfrac{A_2}{A_1}\right)$

④ $\dfrac{F_B}{A_1} + \rho V^2 \left(1 - \dfrac{A_2}{A_1}\right)\dfrac{A_2}{A_1}$

해설 (1) 유량

$$Q = AV = \left(\frac{\pi}{4}D^2\right)V \cdots\cdots ㉠$$

여기서, Q : 유량〔m³/s〕
       A : 단면적〔m²〕
       V : 유속〔m/s〕
       D : 지름〔m〕

(2) 힘

$$F = PA = \rho QV \quad \cdots\cdots \text{ⓛ}$$

여기서, F : 힘[N]
　　　　P : 압력[N/m²]
　　　　A : 단면적[m²]
　　　　ρ : 밀도(물의 밀도 1000N·s²/m⁴)
　　　　Q : 유량[m³/s]
　　　　V : 유속[m/s]

(3) 비압축성 유체

$$\frac{V_1}{V_2} = \frac{A_2}{A_1} = \left(\frac{D_2}{D_1}\right)^2 \quad \cdots\cdots \text{ⓒ}$$

여기서, V_1, V_2 : 유속[m/s]
　　　　A_1, A_2 : 단면적[m²]
　　　　D_1, D_2 : 직경[m]

$P_1 A_1 + \rho Q_1 V_1 = P_2 A_2 + \rho Q_2 V_2 + F_B$

(4) 힘

$$P_1 A_1 + \rho A_1 V_1^2 = P_2 A_2 + \rho A_2 V_2^2 + F_B$$

여기서, P_1 : 노즐 상류쪽의 게이지압력[N/m²]
　　　　A_1 : 원형관의 단면적[m²]
　　　　ρ : 밀도(물의 밀도 1000N·s²/m⁴)
　　　　Q_1 : 노즐 상류쪽의 유량[m³/s]
　　　　V_1 : 노즐 상류쪽의 유속[m/s]
　　　　P_2 : 노즐 끝의 게이지압력[N/m²]
　　　　A_2 : 노즐 끝의 단면적[m²]
　　　　Q_2 : 노즐 끝의 유량[m³/s]
　　　　V_2 : 노즐 끝쪽의 유속[m/s]
　　　　F_B : 볼트 전체에 작용하는 힘[N]

$P_1 A_1 + \rho A_1 V_1^2 = P_2 A_2 + \rho A_2 V_2^2 + F_B$

노즐 끝은 대기압 상태이므로 노즐 끝의 게이지압력 $P_2 ≒ 0$

$P_1 A_1 + \rho A_1 V_1^2 = P_2 A_2 + \rho A_2 V_2^2 + F_B$
$P_1 A_1 = F_B + \rho A_2 V_2^2 - \rho A_1 V_1^2$

ⓒ식에서 $\frac{V_1}{V_2} = \frac{A_2}{A_1}$ 이므로 $V_1 = \frac{A_2}{A_1} V_2$

$P_1 A_1 = F_B + \rho A_2 V_2^2 - \rho A_1 \cdot \left(\frac{A_2}{A_1} \cdot V_2\right)^2$

$\quad\quad = F_B + \rho A_2 V_2^2 - \rho A_1 \cdot \frac{A_2^2}{A_1^2} \cdot V_2^2$

$\quad\quad = F_B + \rho V_2^2 \left(A_2 - \frac{A_2^2}{A_1}\right)$

$P_1 = \frac{F_B}{A_1} + \frac{\rho V_2^2}{A_1}\left(A_2 - \frac{A_2^2}{A_1}\right)$

$\quad = \frac{F_B}{A_1} + \rho V^2 \left(\frac{A_2}{A_1} - \frac{A_2^2}{A_1^2}\right) = \frac{F_B}{A_1} + \rho V^2 \left(1 - \frac{A_2}{A_1}\right)\frac{A_2}{A_1}$

비교

(1) 반발력

$$F = P_1 A_1 - \rho Q(V_2 - V_1)$$

여기서, F : 반발력[N]
　　　　P_1 : 노즐 상류 쪽의 게이지압력[N/m²] 또는 [Pa]
　　　　A_1 : 원형 관(호스)의 단면적[m²]
　　　　ρ : 밀도(물의 밀도 1000kg/m³)
　　　　Q : 방수량[m³/s]
　　　　V_2 : 노즐의 평균유속[m/s]
　　　　V_1 : 원형 관(호스)의 평균유속[m/s]

(2) 플랜지볼트에 작용하는 힘

$$F = \frac{\gamma Q^2 A_1}{2g}\left(\frac{A_1 - A_2}{A_1 A_2}\right)^2$$

여기서, F : 플랜지볼트에 작용하는 힘[N]
　　　　γ : 비중량(물의 비중량 9800N/m³)
　　　　Q : 유량[m³/s]
　　　　A_1 : 호스의 단면적[m²]
　　　　A_2 : 노즐의 출구단면적[m²]
　　　　g : 중력가속도(9.8m/s²)

답 ④

26 매분 670kJ의 열량을 공급받아 6kW의 출력을 발생하는 열기관의 열효율은?

① 0.57　　② 0.54
③ 0.72　　④ 0.42

해설 (1) 기호

- Q_H : 670kJ/min
- W : 6kW=6kJ/s=6kJ×$\frac{1}{60}$min=6×60kJ/min
  =360kJ/min(1kW=1kJ/s, 1s=$\frac{1}{60}$min)
- η : ?

(2) 출력(일)

$$W = Q_H\left(1 - \frac{T_L}{T_H}\right) \quad \cdots\cdots \text{⊙}$$

여기서, W : 출력(일)[kJ]
　　　　Q_H : 고온열량[kJ]
　　　　T_L : 저온(273+℃)[K]
　　　　T_H : 고온(273+℃)[K]

(3) 열효율

$$\eta = 1 - \frac{T_L}{T_H} = 1 - \frac{Q_L}{Q_H} \quad \cdots\cdots \text{ⓒ}$$

여기서, η : 카르노사이클의 열효율
T_L : 저온(273+℃)[K]
T_H : 고온(273+℃)[K]
Q_L : 저온열량[kJ]
Q_H : 고온열량[kJ]

ⓒ식에 ⓐ식을 대입하여 정리하면

$$\eta = \frac{W}{Q_H} = 1 - \frac{T_L}{T_H}$$

열효율 η는

$$\eta = \frac{W}{Q_H} = \frac{360\text{kJ/min}}{670\text{kJ/min}} = 0.537 \fallingdotseq 0.54$$

답 ②

27 점성계수가 0.08kg/m·s이고 밀도가 800kg/m³인 유체의 동점성계수는 몇 cm²/s인가?

① 0.08
② 1.0
③ 0.0001
④ 8.0

해설 (1) 기호
- μ : 0.08kg/m·s
- ρ : 800kg/m³
- ν : ?

(2) 동점성계수

$$\nu = \frac{\mu}{\rho}$$

여기서, ν : 동점성계수[m²/s]
μ : 점성계수[kg/m·s]
ρ : 밀도[kg/m³]

동점성계수 $\nu = \frac{\mu}{\rho}$

$$= \frac{0.08\text{kg/m·s}}{800\text{kg/m}^3} = 1 \times 10^{-4}\text{m}^2/\text{s} = 1\text{cm}^2/\text{s}$$

(100cm = 10²cm = 1m, (10²cm)² = 1m² = 10⁴cm²)
$= 10^{-4}\text{m}^2 = 1 \times 10^{-4}\text{m}^2 = 1\text{cm}^2$)

답 ②

28 안지름이 25mm인 노즐 선단에서의 방수압력은 계기압력으로 5.8×10⁵Pa이다. 이때 물의 방수량은 약 m³/s인가?

21.03.문37
19.09.문29
03.08.문30
00.03.문36

① 0.34
② 0.17
③ 0.017
④ 0.034

해설 (1) 기호
- D : 25mm
- P : 5.8×10⁵Pa=0.58×10⁶Pa=0.58MPa
  (10⁶Pa=1MPa)
- Q : ?

(2) 방수량

$$Q = 0.653D^2\sqrt{10P}$$

여기서, Q : 방수량[L/min]
D : 구경[mm]
P : 방수압[MPa]

방수량 Q는
$Q = 0.653D^2\sqrt{10P}$
$= 0.653 \times (25\text{mm})^2 \times \sqrt{10 \times 0.58\text{MPa}}$
$= 983\text{L/min}$
$= 0.983\text{m}^3/60\text{s}$ (1000L = 1m³, 1min = 60s)
$\fallingdotseq 0.0163\text{m}^3/\text{s}$

(∴ 유사한 0.017m³/s 가 정답)

답 ③

29 파이프 내 흐르는 유체의 유량을 측정하는 장치가 아닌 것은?

20.06.문26
18.09.문28
16.03.문28
08.03.문37
01.09.문36
01.06.문25
99.08.문33

① 사각위어
② 로터미터
③ 오리피스미터
④ 벤투리미터

해설 ① 사각위어 : 개수로의 **유량** 측정

유량·유속 측정

배관의 **유량** 또는 **유속** 측정	개수로의 유량 측정
① 벤투리미터(벤투리관) 보기 ④	① 위어(삼각위어)
② 오리피스(오리피스미터) 보기 ③	② 위어(사각위어) 보기 ①
③ 로터미터 보기 ②	
④ 노즐(유동노즐)	
⑤ 피토관	

 중요

측정기구의 용도

측정기구	설 명
피토관 (pitot tube)	유체의 **국부속도**를 측정하는 장치 ┃피토관┃
로터미터 (rotameter)	**부자**(float)의 오르내림에 의해서 배관 내의 **유량** 및 **유속**을 측정할 수 있는 기구

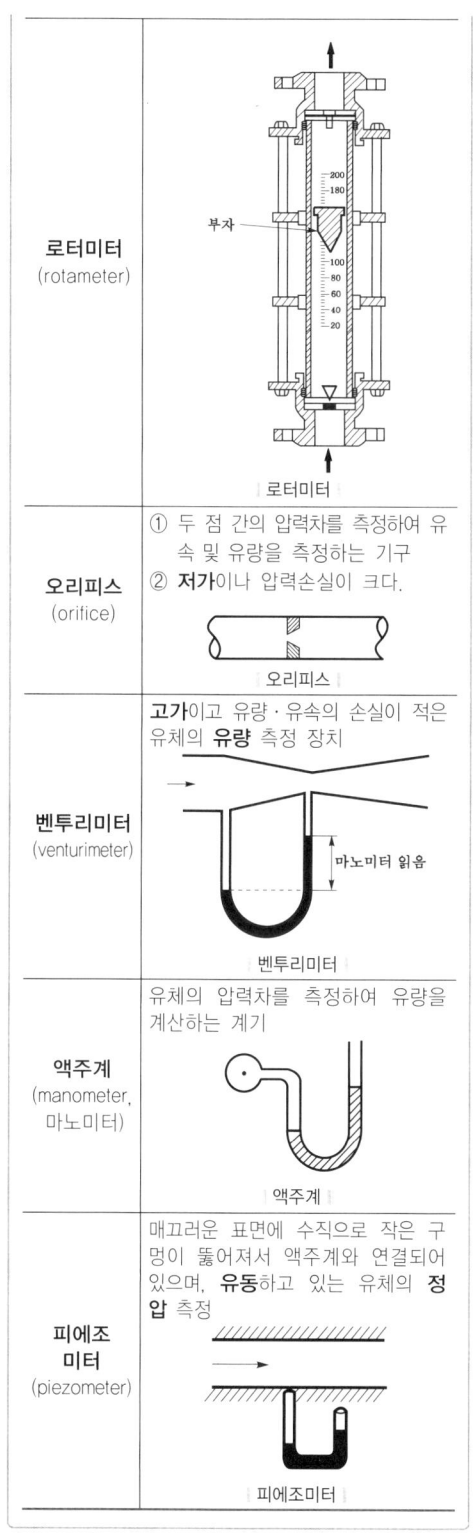

답 ①

30 ★
13.09.문35

공기가 수평노즐을 통하여 대기 중에 정상적으로 유출된다. 노즐의 입구 면적이 0.1m²이고, 출구 면적은 0.02m²이다. 노즐 출구에서 50m/s의 속도를 유지하기 위하여 노즐 입구에서 요구되는 계기 압력[kPa]은 얼마인가? (단, 유동은 비압축성이고 마찰은 무시하며 공기의 밀도는 1.23kg/m³이다.)

① 1.35　② 1.20
③ 1.48　④ 1.55

해설

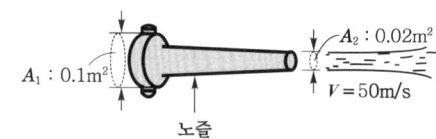

노즐

(1) 기호
- A_1 : 0.1m²
- A_2 : 0.02m²
- V_2 : 50m/s
- P_1 : ?
- ρ : 1.23kg/m³=1.23N·s²/m⁴(1kg/m³=1N·s²/m⁴)

(2) 유량

$$Q = A_1 V_1 = A_2 V_2$$

여기서, Q : 유량[m³/s]
　　　　$A_1 \cdot A_2$: 단면적[m²]
　　　　$V_1 \cdot V_2$: 유속[m/s]

$$V_1 = \frac{A_2}{A_1} V_2 = \frac{0.02\text{m}^2}{0.1\text{m}^2} \times 50\text{m/s} = 10\text{m/s}$$

(3) 베르누이 방정식

$$\frac{V_1^2}{2g} + \frac{P_1}{\gamma} + Z_1 = \frac{V_2^2}{2g} + \frac{P_2}{\gamma} + Z_2$$

여기서, $V_1 \cdot V_2$: 유속[m/s]
　　　　$P_1 \cdot P_2$: 압력[kPa] 또는 [kN/m²]
　　　　$Z_1 \cdot Z_2$: 높이[m]
　　　　g : 중력가속도(9.8m/s²)
　　　　γ : 비중량[kN/m³]

$Z_1 = Z_2$, $P_2 = 0$(대기압)이므로

$$\frac{V_1^2}{2g} + \frac{P_1}{\gamma} + \cancel{Z_1} = \frac{V_2^2}{2g} + \frac{0}{\gamma} + \cancel{Z_2}$$

$$\frac{P_1}{\gamma} = \frac{V_2^2}{2g} - \frac{V_1^2}{2g}$$

$$P_1 = \gamma \left(\frac{V_2^2 - V_1^2}{2g} \right)$$

$$= \rho g \left(\frac{V_2^2 - V_1^2}{2g} \right)$$

$$= \rho \left(\frac{V_2^2 - V_1^2}{2} \right)$$

$$= 1.23\text{N} \cdot \text{s}^2/\text{m}^4 \left(\frac{(50\text{m/s})^2 - (10\text{m/s})^2}{2} \right)$$

$$≒ 1476\text{N/m}^2 = 1476\text{Pa} ≒ 1480\text{Pa} = 1.48\text{kPa}$$

$$\gamma = \rho g$$

여기서, γ : 비중량[N/m³]
ρ : 밀도[N·s²/m⁴]
g : 중력가속도(9.8m/s²)

답 ③

31 ★★

파이프 단면적이 2.5배로 급격하게 확대되는 구간을 지난 후의 유속이 1.2m/s이다. 부차적 손실계수가 0.36이라면 급격확대로 인한 손실수두는 몇 m인가?

① 0.165   ② 0.056
③ 0.0264 ④ 0.331

해설 (1) 기호
- A_1 : 1m²(A_1=1m²로 가정)
- A_2 : 2.5m²(문제에서 2.5배이므로)
- V_2 : 1.2m/s(확대되는 구간을 지난 후 유속이므로 확대관 유속)
- K_1 : 0.36
- H : ?

(2) 손실계수

$$K_1 = \left(1 - \frac{A_1}{A_2}\right)^2, \quad K_2 = \left(1 - \frac{A_2}{A_1}\right)^2$$

여기서, K_1 : 작은 관을 기준으로 한 손실계수
K_2 : 큰 관을 기준으로 한 손실계수
A_1 : 작은 관 단면적[m²]
A_2 : 큰 관 단면적[m²]

큰 관을 기준으로 한 손실계수 K_2는

$$K_2 = \left(1 - \frac{A_2}{A_1}\right)^2 = \left(1 - \frac{2.5m^2}{1m^2}\right)^2 = 2.25$$

(3) 돌연확대관에서의 손실

$$H = K\frac{(V_1 - V_2)^2}{2g}$$

$$H = K_1\frac{V_1^2}{2g}, \quad H = K_2\frac{V_2^2}{2g}$$

여기서, H : 손실수두[m]
K : 손실계수
K_1 : 작은 관을 기준으로 한 손실계수
K_2 : 큰 관을 기준으로 한 손실계수
V_1 : 축소관 유속[m/s]
V_2 : 확대관 유속[m/s]
g : 중력가속도(9.8m/s²)

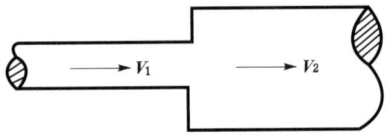

| 돌연확대관 |

- 이 문제에서 K_1은 적용하지 않아도 된다.

$$H = K_2\frac{V_2^2}{2g} = 2.25 \times \frac{(1.2m/s)^2}{2 \times 9.8m/s^2} \fallingdotseq 0.165m$$

별해

$A_2 = 2.5A_1$이므로
$A_1V_1 = A_2V_2$
$A_1V_1 = (2.5A_1)V_2$
$V_1 = \frac{2.5A_1}{A_1}V_2 = 2.5V_2$

$$H = K_1\frac{V_1^2}{2g} = K_1\frac{(2.5V_2)^2}{2g}$$
$$= 0.36 \times \frac{(2.5 \times 1.2m/s)^2}{2 \times 9.8m/s^2} \fallingdotseq 0.165m$$

답 ①

32 ★★

온도차이 20℃, 열전도율 5W/(m·K), 두께 20cm 인 벽을 통한 열유속(heat flux)과 온도차이 40℃, 열전도율 10W/(m·K), 두께 t'인 같은 면적을 가진 벽을 통한 열유속이 같다면 두께 t'는 약 몇 cm인가?

① 10 ② 40
③ 20 ④ 80

해설 (1) 기호
- $(T_2 - T_1)$: 20℃ (또는 20K)
- k : 5W/(m·K)
- $l(t)$: 20cm=0.2m(100cm=1m)
- $(T_2 - T_1)'$: 40℃ (또는 40K)
- k' : 10W/(m·K)
- $l'(t')$: ?

(2) 전도

$$\mathring{q}'' = \frac{k(T_2 - T_1)}{l}$$

여기서, $\mathring{q}''$: 열전달량[W/m²]
k : 열전도율[W/(m·K)]
$(T_2 - T_1)$: 온도차[℃] 또는 [K]
$l(t)$: 벽체두께[m]

- 열전달량=열전달률=열유동률=열흐름률

열전달량 $\mathring{q}''$는

$$\mathring{q}'' = \frac{k(T_2 - T_1)}{l} = \frac{5W/(m·K) \times 20K}{0.2m} = 500W/m^2$$

- **온도차이**를 나타낼 때는 ℃와 K를 계산하면 같다 (20℃=20K).

두께 $l'(t')$는

$$l'(t') = \frac{k'(T_2 - T_1)'}{\mathring{q}''} = \frac{10W/(m·K) \times 40K}{500W/m^2}$$
$$= 0.8m = 80cm$$

- 1m=100cm이므로 0.8m=80cm

답 ④

33. 다음은 유체 운동학과 관련된 설명이다. 옳은 것을 모두 고른 것은?

㉠ 유적선은 유체입자의 이동경로를 그린 선이다.
㉡ 유맥선은 유동장 내의 어느 한 점을 지나는 유체입자들로 만들어지는 선이다.
㉢ 정상유동에서는 유선, 유적선, 유맥선이 모두 일치한다.

① ㉠, ㉡
② ㉠, ㉢
③ ㉡, ㉢
④ ㉠, ㉡, ㉢

해설 유선, 유적선, 유맥선

구분	설명
유선 (stream line)	① 유동장의 한 선상의 모든 점에서 그은 접선이 그 점에서 **속도방향**과 **일치**되는 선이다. ② 유동장 내의 모든 점에서 **속도벡터**에 접하는 가상적인 선이다.
유적선 (path line)	① 유체입자의 이동경로를 그린 선이다. [보기 ㉠] ② 한 유체입자가 일정한 기간 내에 움직여 간 **경로**를 말한다. ③ 일정한 시간 내에 유체입자가 흘러간 **궤적**이다.
유맥선 (streak line)	① 유동장 내의 어느 한 점을 지나는 유체입자들로 만들어지는 선이다. [보기 ㉡] ② 모든 유체입자의 **순간적**인 **부피**를 말하며, **연소**하는 **물질**의 **체적** 등을 말한다.(예 굴뚝에서 나온 연기 형상)
정상유동	유선, 유적선, 유맥선이 모두 일치한다. [보기 ㉢]

기억법 유속일, 맥연(매연)

답 ④

34. 비체적 $v = 0.76 \text{m}^3/\text{kg}$인 기체를 $Pv^k = \text{const}$의 폴리트로픽 과정을 거쳐 1기압에서 3기압으로 압축하였을 때의 비체적은 약 몇 m³/kg인가? (단, 기체의 비열비 k는 1.4이고, P는 압력이다.)

① 0.25
② 0.35
③ 0.5
④ 1.67

해설 (1) 기호
- v_1 : 0.76m³/kg
- P_1 : 1기압=1atm
- P_2 : 3기압=3atm
- v_2 : ?
- $k(n)$: 1.4
  ($Pv^k = \text{const}$, 폴리트로픽 과정 $Pv^n = \text{const}$이므로 $k=n$)

(2) 온도, 비체적과 압력

$$\frac{P_2}{P_1} = \left(\frac{v_1}{v_2}\right)^n, \quad \frac{T_2}{T_1} = \left(\frac{v_1}{v_2}\right)^{n-1} = \left(\frac{P_2}{P_1}\right)^{\frac{n-1}{n}}$$

여기서, P_1, P_2 : 변화 전후의 압력[kJ/m³]
  v_1, v_2 : 변화 전후의 비체적[m³]
  T_1, T_2 : 변화 전후의 온도(273+℃)[K]
  n : 폴리트로픽 지수

$$\frac{P_2}{P_1} = \left(\frac{v_1}{v_2}\right)^n$$

$$\left(\frac{P_2}{P_1}\right)^{\frac{1}{n}} = \left(\frac{v_1}{v_2}\right)^{n \times \frac{1}{n}} \quad \leftarrow \text{양 변에 } \frac{1}{n} \text{승을 함}$$

$$\left(\frac{P_2}{P_1}\right)^{\frac{1}{n}} = \left(\frac{v_1}{v_2}\right)$$

$$v_2 = \frac{v_1}{\left(\frac{P_2}{P_1}\right)^{\frac{1}{n}}} = \frac{0.76 \text{m}^3/\text{kg}}{\left(\frac{3\text{atm}}{1\text{atm}}\right)^{\frac{1}{1.4}}} = 0.346 ≒ 0.35$$

답 ②

35. 유량 2m³/min, 전양정 25m인 원심펌프의 축동력은 약 몇 kW인가? (단, 펌프의 전효율은 0.78이고, 유체의 밀도는 1000kg/m³이다.)

① 11.52
② 9.52
③ 10.47
④ 13.47

해설 (1) 기호
- Q : 2m³/min=2m³/60s(1min=60s)
- H : 25m
- P : ?
- η : 0.78
- ρ : 1000kg/m³=1000N·s²/m⁴(1kg/m³=1N·s²/m⁴)

(2) 비중량

$$\gamma = \rho g$$

여기서, γ : 비중량[N/m³]
  ρ : 밀도[N·s²/m⁴]
  g : 중력가속도(9.8m/s²)

비중량 γ는
$\gamma = \rho g = 1000 \text{N} \cdot \text{s}^2/\text{m}^4 \times 9.8 \text{m/s}^2 = 9800 \text{N/m}^3$

(3) 축동력

$$P = \frac{\gamma QH}{1000\eta}$$

여기서, P : 축동력[kW]
  γ : 비중량[N/m³]
  Q : 유량[m³/s]
  H : 전양정[m]
  η : 효율

축동력 P는
$$P = \frac{\gamma QH}{1000\eta} = \frac{9800 \text{N/m}^3 \times 2\text{m}^3/60\text{s} \times 25\text{m}}{1000 \times 0.78} ≒ 10.47 \text{kW}$$

용어
축동력
전달계수(K)를 고려하지 않은 동력

별해
원칙적으로 밀도가 주어지지 않을 때 적용
축동력
$$P = \frac{0.163QH}{\eta}$$

여기서, P : 축동력[kW]
Q : 유량[m³/min]
H : 전양정(수두)[m]
η : 효율

펌프의 축동력 P는
$$P = \frac{0.163QH}{\eta}$$
$$= \frac{0.163 \times 2\text{m}^3/\text{min} \times 25\text{m}}{0.78} = 10.448 ≒ 10.45\text{kW}$$
(정확하지는 않지만 유사한 값이 나옴)

답 ③

36 ★★
17.03.문39
08.05.문38
표준대기압하에서 게이지압력 190kPa을 절대압력으로 환산하면 몇 kPa이 되겠는가?

① 88.7   ② 291.3
③ 120   ④ 190

해설
(1) 기호
- 대기압 : 표준대기압=101.325kPa
- 게이지압 : 190kPa
- 절대압 : ?

(2) 절대압
㉠ **절**대압=**대**기압+**게**이지압(계기압)
㉡ 절대압=대기압-진공압

기억법 절대게

㉢ 절대압=대기압+게이지압(계기압)
= (101.325+190)kPa=291.325 ≒ 291.3kPa

중요
표준대기압
1atm=760mmHg
=1.0332kg_f/cm²
=10.332mH₂O(mAq)
=14.7PSI(lb_f/in²)
=101.325kPa(kN/m²)
=1013mbar

답 ②

37 ★★★
21.03.문22
18.03.문31
17.05.문39
내경이 20cm인 원판 속을 평균유속 7m/s로 물이 흐른다. 관의 길이 15m에 대한 마찰손실수두는 몇 m인가?(단, 관마찰계수는 0.013이다.)

① 4.88   ② 23.9
③ 2.44   ④ 1.22

해설
(1) 기호
- D : 20cm=0.2m(100cm=1m)
- V : 7m/s
- L : 15m
- H : ?
- f : 0.013

(2) **마찰손실**(달시-웨버의 식 ; Darcy-Weisbach formula)

$$H = \frac{\Delta P}{\gamma} = \frac{fLV^2}{2gD}$$

여기서, H : 마찰손실수두[m]
ΔP : 압력차[kPa] 또는 [kN/m²]
γ : 비중량(물의 비중량 9.8kN/m³)
f : 관마찰계수
L : 길이[m]
V : 유속(속도)[m/s]
g : 중력가속도(9.8m/s²)
D : 내경[m]

마찰손실수두 H는
$$H = \frac{fLV^2}{2gD}$$
$$= \frac{0.013 \times 15\text{m} \times (7\text{m/s})^2}{2 \times 9.8\text{m/s}^2 \times 0.2\text{m}} = 2.437 ≒ 2.44\text{m}$$

비교
층류 : 손실수두

유체의 속도를 알 수 있는 경우	유체의 속도를 알 수 없는 경우
$H = \frac{\Delta P}{\gamma} = \frac{flV^2}{2gD}$ [m] (다르시-바이스바하의 식)	$H = \frac{\Delta P}{\gamma} = \frac{128\mu Ql}{\gamma\pi D^4}$ [m] (하젠-포아젤의 식)
여기서, H : 마찰손실(손실수두)[m] ΔP : 압력차[Pa] 또는 [N/m²] γ : 비중량(물의 비중량 9800N/m³) f : 관마찰계수 l : 길이[m] V : 유속[m/s] g : 중력가속도(9.8m/s²) D : 내경[m]	여기서, ΔP : 압력차(압력강하, 압력손실)[N/m²] γ : 비중량(물의 비중량 9800N/m³) μ : 점성계수[N·s/m²] Q : 유량[m³/s] l : 길이[m] D : 내경[m]

답 ③

38 ★★★
20.08.문36
18.04.문32
01.09.문28
98.03.문34
이상유체에 대한 다음 설명 중 올바른 것은?

① 압축성 유체로서 점성이 없다.
② 압축성 유체로서 점성이 있다.
③ 비압축성 유체로서 점성이 있다.
④ 비압축성 유체로서 점성이 없다.

해설 **유체의 종류**

종류	설명
실제유체	**점**성이 있으며, **압**축성인 유체
이상유체	점성이 없으며, **비압축성**인 유체 보기 ④
압축성 유체	**기**체와 같이 체적이 변화하는 유체
비압축성 유체	**액**체와 같이 체적이 변화하지 않는 유체

기억법 **실점있압**(**실점**이 있는 사람만 **압**박해!)
기압(**기압**)

비교

비점성 유체	비압축성 유체
① 이상유체 ② 전단응력이 존재하지 않는 유체 ③ 유체 유동시 마찰저항을 무시한 유체	① 밀도가 압력에 의해 변하지 않는 유체 ② 굴뚝둘레를 흐르는 공기흐름 ③ 정지된 자동차 주위의 공기흐름 ④ 체적탄성계수가 큰 유체 ⑤ 액체와 같이 체적이 변하지 않는 유체

답 ④

39 그림과 같이 평형 상태를 유지하고 있을 때 오른쪽 관에 있는 유체의 비중(s)은?

16.05.문21
13.09.문37

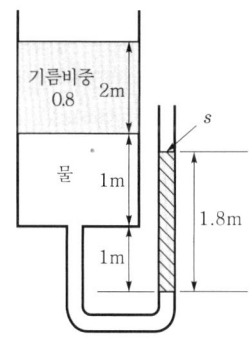

① 0.9　　② 1.8
③ 2.0　　④ 2.2

해설 (1) 기호
- s' : 0.8
- h' : 2m
- s_2 : ?

(2) 높이

$$sh = s'h'$$

여기서, s : 물의 비중($s=1$)
　　　　h : 물의 높이[m]
　　　　s' : 기름의 비중
　　　　h' : 기름의 높이[m]

기름의 높이를 물의 높이로 환산한 h는

$$h = \frac{s'h'}{s} = \frac{0.8 \times 2\text{m}}{1} = 1.6\text{m}$$

(그림: 물 $h=1.6$m, $h_1=3.6$m, 1m, 1m, $h_2=1.8$m, s)

(3) 유체의 비중

$$s_1 h_1 = s_2 h_2$$

여기서, s_1 : 물의 비중($s_1=1$)
　　　　h_1 : 물의 높이[m]
　　　　s_2 : 어떤 물질의 비중
　　　　h_2 : 어떤 물질의 높이[m]

어떤 물질의 비중 s_2는

$$s_2 = \frac{s_1 h_1}{h_2} = \frac{1 \times 3.6\text{m}}{1.8\text{m}} = 2$$

답 ③

40 피토관을 사용하여 일정 속도로 흐르고 있는 물의 유속(V)을 측정하기 위해 그림과 같이 비중 s인 유체를 갖는 액주계를 설치하였다. $s=2$일 때 액주의 높이차이가 $H=h$가 되면, $s=3$일 때 액주의 높이차(H)는 얼마가 되는가?

19.04.문29
09.03.문37

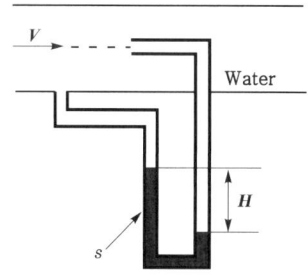

① $\dfrac{h}{9}$　　② $\dfrac{h}{\sqrt{3}}$
③ $\dfrac{h}{3}$　　④ $\dfrac{h}{2}$

해설 유속

$$V = \sqrt{2gh\left(\dfrac{s}{s_w} - 1\right)}$$

여기서, V : 유속[m/s]
g : 중력가속도(9.8m/s²)
h : 높이[m]
s : 어떤 물질의 비중
s_w : 물의 비중

물의 **비중** $s_w = 1$, $s = 2$일 때 $H = h$가 되면

$$V = \sqrt{2gh\left(\dfrac{s}{s_w} - 1\right)}$$
$$= \sqrt{2gh\left(\dfrac{2}{1} - 1\right)} = \sqrt{2gh}$$

$s = 3$일 때 액주의 높이차 H는

$$V = \sqrt{2gH\left(\dfrac{s}{s_w} - 1\right)}$$
$$= \sqrt{2gH\left(\dfrac{3}{1} - 1\right)} = \sqrt{4gH}$$

$\sqrt{2gh} = \sqrt{4gH}$
$(\sqrt{2gh})^2 = (\sqrt{4gH})^2$ ← √ 를 없애기 위해 양변에 제곱
$2gh = 4gH$
$\dfrac{2gh}{4g} = H$
$H = \dfrac{2gh}{4g} = \dfrac{1}{2}h = \dfrac{h}{2}$

답 ④

제 3 과목 소방관계법규

41 화재의 예방 및 안전관리에 관한 법령상 화재안전조사위원회의 구성에 대한 설명 중 틀린 것은?

① 위촉위원의 임기는 2년으로 하고 연임할 수 없다.
② 소방시설관리사는 위원이 될 수 있다.
③ 소방 관련 분야의 석사학위 이상을 취득한 사람은 위원이 될 수 있다.
④ 위원장 1명을 포함한 7명 이내의 위원으로 성별을 고려하여 구성하고, 위원장은 소방관서장이 된다.

해설 ① 연임할 수 없다. → 한 차례만 연임할 수 있다.

화재예방법 시행령 11조
화재안전조사위원회

구 분	설 명
위원	① **과장급** 직위 이상의 **소방공무원** ② **소방기술사** ③ **소방시설관리사** 보기 ② ④ 소방 관련 분야의 **석사학위** 이상을 취득한 사람 보기 ③ ⑤ 소방 관련 법인 또는 단체에서 소방 관련 업무에 **5년** 이상 종사한 사람 ⑥ 소방공무원 교육훈련기관, 학교 또는 연구소에서 소방과 관련한 교육 또는 연구에 **5년** 이상 종사한 사람
위원장	소방관서장 보기 ④
구성	**위원장 1명**을 **포함**한 **7명** 이내의 위원으로 성별을 고려하여 구성 보기 ④
임기	**2년**으로 하고, **한 차례**만 **연임**할 수 있다. 보기 ①

답 ①

42 소방기본법령상 용어의 정의로 옳은 것은?

① 소방서장이란 시·도에서 화재의 예방·진압·조사 및 구조·구급 등의 업무를 담당하는 부서의 장을 말한다.
② 관계인이란 소방대상물의 소유자·관리자 또는 점유자를 말한다.
③ 소방대란 화재를 진압하고 화재, 재난·재해, 그 밖의 위급한 상황에서 구조·구급 활동 등을 하기 위하여 소방공무원으로만 구성된 조직체를 말한다.
④ 소방대상물이란 건축물과 공작물만을 말한다.

해설
① 소방서장 → 소방본부장
③ 소방공무원으로만 → 소방공무원, 의무소방원, 의용소방대원
④ 건축물과 공작물만을 → 건축물, 차량, 선박(매어둔 것), 선박건조구조물, 산림, 인공구조물, 물건 등

(1) **기본법 2조 6호** 보기 ①
소방본부장
  시·도에서 화재의 예방·진압·조사 및 구조·구급 등의 업무를 담당하는 **부서**의 **장**

(2) **기본법 2조** 보기 ②
관계인
  ㉠ **소**유자
  ㉡ **관**리자
  ㉢ **점**유자

기억법 소관점

(3) **기본법 2조** 보기 ③
소방대
㉠ 소방**공**무원
㉡ **의**무소방원
㉢ **의**용소방대원

기억법 소공의

(4) **기본법 2조 1호** 보기 ④
소방대상물
㉠ **건**축물
㉡ **차**량
㉢ **선**박(매어둔 것)
㉣ 선박건조구조물
㉤ **산**림
㉥ **인**공구조물
㉦ **물**건

기억법 건차선 산인물

답 ②

43
★★★
21.03.문53
18.04.문53
18.03.문57
17.05.문41

위험물안전관리법령상 업무상 과실로 제조소 등에서 위험물을 유출·방출 또는 확산시켜 사람의 생명·신체 또는 재산에 대하여 위험을 발생시킨 자에 대한 벌칙기준은?

① 7년 이하의 금고 또는 7000만원 이하의 벌금
② 5년 이하의 금고 또는 2000만원 이하의 벌금
③ 5년 이하의 금고 또는 7000만원 이하의 벌금
④ 7년 이하의 금고 또는 2000만원 이하의 벌금

해설 **위험물법 34조**

벌 칙	행 위
7년 이하의 금고 또는 7천만원 이하의 벌금 보기 ①	업무상 과실로 제조소 등에서 **위험물**을 유출·방출 또는 확산시켜 사람의 생명·신체 또는 재산에 대하여 **위험**을 발생시킨 자 **기억법** 77천위(**위험**한 **칠천**량 해전)
10년 이하의 징역 또는 금고나 1억원 이하의 벌금	업무상 과실로 제조소 등에서 위험물을 유출·방출 또는 확산시켜 사람을 **사상**에 이르게 한 자

비교

소방시설법 56조

벌 칙	행 위
5년 이하의 징역 또는 5천만원 이하의 벌금	소방시설에 폐쇄·차단 등의 **행위**를 한 자
7년 이하의 징역 또는 7천만원 이하의 벌금	소방시설에 폐쇄·차단 등의 행위를 하여 사람을 **상해**에 이르게 한 때
10년 이하의 징역 또는 1억원 이하의 벌금	소방시설에 폐쇄·차단 등의 행위를 하여 사람을 **사망**에 이르게 한 때

답 ①

44
★★
18.03.문42
15.09.문53

화재의 예방 및 안전관리에 관한 법령상 일반음식점에서 음식조리를 위해 불을 사용하는 설비를 설치하는 경우 지켜야 하는 상황으로 틀린 것은?

① 열을 발생하는 조리기구는 반자 또는 선반으로부터 0.6m 이상 떨어지게 할 것
② 주방설비에 부속된 배출덕트는 0.5mm 이상의 아연도금강판으로 설치할 것
③ 주방시설에는 동물 또는 식물의 기름을 제거할 수 있는 필터 등을 설치할 것
④ 열을 발생하는 조리기구로부터 0.5m 이내의 거리에 있는 가연성 주요구조부는 단열성이 있는 불연재료로 덮어 씌울 것

해설 ④ 0.5m 이내 → 0.15m 이내

화재예방법 시행령〔별표 1〕
음식조리를 위하여 설치하는 설비
(1) 주방설비에 부속된 배출덕트(공기배출통로)는 **0.5mm** 이상의 **아연도금강판** 또는 이와 같거나 그 이상의 내식성 **불연재료**로 설치 보기 ②
(2) 열을 발생하는 조리기구로부터 **0.15m** 이내의 거리에 있는 가연성 주요구조부는 **단열성**이 있는 불연재료로 덮어 씌울 것 보기 ④
(3) 주방시설에는 동물 또는 식물의 기름을 제거할 수 있는 **필터** 등을 설치 보기 ③
(4) 열을 발생하는 조리기구는 반자 또는 선반으로부터 **0.6m** 이상 떨어지게 할 것 보기 ①

답 ④

45
★★★
20.06.문46
17.09.문56
10.05.문41

소방기본법령에 따른 소방용수시설의 설치기준상 소방용수시설을 주거지역·상업지역 및 공업지역에 설치하는 경우 소방대상물과의 수평거리를 몇 m 이하가 되도록 해야 하는가?

① 280 ② 100
③ 140 ④ 200

해설 **기본규칙** 〔별표 3〕
소방용수시설의 설치기준

거리기준	지 역
수평거리 100m 이하 보기 ②	• **공**업지역 • **상**업지역 • **주**거지역 기억법 주상공100(주상공 백지에 사인을 하시오.)
수평거리 140m 이하	• 기타지역

답 ②

46 화재의 예방 및 안전관리에 관한 법령상 2급 소방안전관리대상물이 아닌 것은?

20.08.문44
19.03.문60
17.09.문55
16.03.문52
15.03.문60
13.09.문51

① 층수가 10층, 연면적이 6000m²인 복합건축물
② 지하구
③ 25층의 아파트(높이 75m)
④ 11층의 업무시설

해설 ④ 1급 소방안전관리대상물

화재예방법 시행령 〔별표 4〕
소방안전관리자를 두어야 할 특정소방대상물
(1) **특급 소방안전관리대상물** : 동식물원, 철강 등 불연성 물품 저장·취급창고, 지하구, 위험물제조소 등 제외
  ㉠ **50층** 이상(지하층 제외) 또는 지상 **200m** 이상 **아파트**
  ㉡ 30층 이상(지하층 포함) 또는 지상 120m 이상(아파트 제외)
  ㉢ 연면적 10만m² 이상(아파트 제외)
(2) **1급 소방안전관리대상물** : 동식물원, 철강 등 불연성 물품 저장·취급창고, 지하구, 위험물제조소 등 제외
  ㉠ **30층** 이상(지하층 제외) 또는 지상 **120m** 이상 아파트
  ㉡ 연면적 15000m² 이상인 것(아파트 및 연립주택 제외)
  ㉢ **11층** 이상(아파트 제외)
  ㉣ 가연성 가스를 **1000t** 이상 저장·취급하는 시설
(3) 2급 소방안전관리대상물
  ㉠ 지하구 보기 ②
  ㉡ 가스제조설비를 갖추고 도시가스사업 허가를 받아야 하는 시설 또는 가연성 가스를 100~1000t 미만 저장·취급하는 시설
  ㉢ **옥내소화전설비·스프링클러설비** 설치대상물
  ㉣ **물분무등소화설비**(호스릴방식의 물분무등소화설비만을 설치한 경우 제외) 설치대상물
  ㉤ **공동주택**(옥내소화전설비 또는 스프링클러설비가 설치된 공동주택 한정) 보기 ③
  ㉥ **목조건축물**(국보·보물)
  ㉦ 11층 미만 보기 ①
(4) 3급 소방안전관리대상물
  ㉠ 자동화재탐지설비 설치대상물
  ㉡ 간이스프링클러설비(주택전용 간이스프링클러설비 제외) 설치대상물

답 ④

47 소방시설공사업법령상 소방시설업에 속하지 않는 것은?

20.09.문50
15.09.문51
10.09.문48

① 소방시설공사업
② 소방시설관리업
③ 소방시설설계업
④ 소방공사감리업

해설 **공사업법 2조**
소방시설업의 종류

소방시설 설계업 보기 ③	소방시설 공사업 보기 ①	소방공사 감리업 보기 ④	방염처리업
소방시설공사에 기본이 되는 **공사계획**·**설계도면**·**설계설명서**·**기술계산서** 등을 작성하는 영업	설계도서에 따라 소방시설을 **신설**·**증설**·**개설**·**이전**·**정비**하는 영업	소방시설공사에 관한 발주자의 권한을 대행하여 소방시설공사가 설계도서와 관계법령에 따라 **적법**하게 **시공**되는지를 확인하고, 품질·시공관리에 대한 **기술지도**를 하는 영업	방염대상물품에 대하여 **방염처리**하는 영업

답 ②

48 다음 중 위험물안전관리법령에 따른 제3류 자연발화성 및 금수성 위험물이 아닌 것은?

21.05.문53
17.09.문02
16.05.문46
16.05.문52
15.09.문03
15.05.문10
15.03.문51
14.09.문18
11.06.문54

① 적린
② 황린
③ 칼륨
④ 금속의 수소화물

해설 ① 적린 : 제2류 가연성 고체

위험물령 〔별표 1〕
위험물

유 별	성 질	품 명
제1류	<u>산</u>화성 <u>고</u>체	• 아염소산염류 • 염소산염류(**염소산나트륨**) • 과염소산염류 • 질산염류 • 무기과산화물 기억법 1산고염나

류별	성질	품명
제2류	가연성 고체	• 황화인 • 적린 보기 ① • 황 • 마그네슘 기억법 황화적황마
제3류	자연발화성 물질 및 금수성 물질	• 황린 보기 ② • 칼륨 보기 ③ • 나트륨 • 알칼리토금속 • 트리에틸알루미늄 • 금속의 수소화물 보기 ④ 기억법 황칼나알트
제4류	인화성 액체	• 특수인화물 • 석유류(벤젠) • 알코올류 • 동식물유류
제5류	자기반응성 물질	• 유기과산화물 • 나이트로화합물 • 나이트로소화합물 • 아조화합물 • 질산에스터류(셀룰로이드)
제6류	산화성 액체	• 과염소산 • 과산화수소 • 질산

답 ①

 49 소방시설공사업법령상 소방시설업에서 보조기술인력에 해당되는 기준이 아닌 것은?

① 소방설비기사 자격을 취득한 사람
② 소방공무원으로 재직한 경력이 2년 이상인 사람
③ 소방설비산업기사 자격을 취득한 사람
④ 소방기술과 관련된 자격·경력 및 학력을 갖춘 사람으로서 자격수첩을 발급받은 사람

해설

② 2년 이상 → 3년 이상

공사업령 〔별표 1〕
보조기술인력
(1) **소방기술사**, **소방설비기사** 또는 **소방설비산업기사** 자격을 취득하는 사람
(2) **소방공무원**으로 재직한 경력이 **3년** 이상인 사람으로서 자격수첩을 발급받은 사람
(3) **소방기술**과 관련된 자격·경력 및 학력을 갖춘 사람으로서 **자격수첩**을 발급받은 사람

답 ②

★★★
50 위험물안전관리법령상 자체소방대에 대한 기준으로 틀린 것은?
21.09.문41
16.03.문50
08.03.문54

① 시·도지사에게 제조소 등 설치허가를 받았으나 자체소방대를 설치하여야 하는 제조소 등에 자체소방대를 두지 아니한 관계인에 대한 벌칙은 1년 이하의 징역 또는 1천만원 이하의 벌금이다.
② 자체소방대를 설치하여야 하는 사업소로 제4류 위험물을 취급하는 제조소 또는 일반취급소가 있다.
③ 제조소 또는 일반취급소의 경우 자체소방대를 설치하여야 하는 위험물 최대수량의 합 기준은 지정수량의 3만배 이상이다.
④ 자체소방대를 설치하는 사업소의 관계인은 규정에 의하여 자체소방대에 화학소방자동차 및 자체소방대원을 두어야 한다.

해설

③ 3만배 이상 → 3천배 이상

위험물령 18조
자체소방대를 설치하여야 하는 사업소 : 대통령령
(1) **제4류** 위험물을 취급하는 **제조소** 또는 **일반취급소**
(대통령령이 정하는 제조소 등)

제조소 또는 일반취급소에서 취급하는 제4류 위험물의 최대수량의 합이 지정수량의 **3천배** 이상 보기 ②③

(2) **제4류** 위험물을 저장하는 **옥외탱크저장소**

옥외탱크저장소에 저장하는 제4류 위험물의 최대수량이 지정수량의 **50만배** 이상

 중요

(1) **1년** 이하의 징역 또는 **1000만원** 이하의 벌금
 ㉠ 소방시설의 **자체점검** 미실시자(소방시설법 58조)
 ㉡ 소방시설관리사증 대여(소방시설법 58조)
 ㉢ 소방시설관리업의 등록증 또는 등록수첩 대여 (소방시설법 58조)
 ㉣ 제조소 등의 정기점검기록 허위작성(위험물법 35조)
 ㉤ **자체소방대**를 두지 않고 제조소 등의 허가를 받은 자(위험물법 35조) 보기 ①
 ㉥ 위험물 운반용기의 검사를 받지 않고 유통시킨 자(위험물법 35조)
 ㉦ 소방용품 형상 일부 변경 후 변경 미승인(소방시설법 58조)

(2) 위험물령〔별표 8〕
자체소방대에 두는 화학소방자동차 및 인원 보기 ④

구 분	화학소방 자동차	자체소방대 원의 수
지정수량 3천~12만배 미만	1대	5인
지정수량 12~24만배 미만	2대	10인
지정수량 24~48만배 미만	3대	15인
지정수량 48만배 이상	4대	20인
옥외탱크저장소에 저장하는 제4류 위험물의 최대수량이 지정수량의 50만배 이상	2대	10인

답 ③

51 ★★★
21.03.문53
18.04.문53
18.03.문57
17.05.문41

소방시설 설치 및 관리에 관한 법령상 특정소방 대상물의 관계인이 소방시설에 폐쇄(잠금을 포함)·차단 등의 행위를 하여서 사람을 상해에 이르게 한 때에 대한 벌칙기준은?

① 3년 이하의 징역 또는 3천만원 이하의 벌금
② 7년 이하의 징역 또는 7천만원 이하의 벌금
③ 5년 이하의 징역 또는 5천만원 이하의 벌금
④ 10년 이하의 징역 또는 1억원 이하의 벌금

해설 **소방시설법 56조**

벌 칙	행 위
5년 이하의 징역 또는 5천만원 이하의 벌금	소방시설에 폐쇄·차단 등의 **행위**를 한 자
7년 이하의 징역 또는 **7천만원** 이하의 벌금 보기 ②	소방시설에 폐쇄·차단 등의 행위를 하여 사람을 **상해**에 이르게 한 때
10년 이하의 징역 또는 **1억원** 이하의 벌금	소방시설에 폐쇄·차단 등의 행위를 하여 사람을 **사망**에 이르게 한 때

비교

위험물법 34조

벌 칙	행 위
7년 이하의 금고 또는 **7천만원** 이하의 벌금	업무상 과실로 제조소 등에서 **위험물**을 유출·방출 또는 확산시켜 사람의 생명·신체 또는 재산에 대하여 **위험**을 발생시킨 자
	기억법 77천위(위험한 칠천량 해전)
10년 이하의 징역 또는 금고나 **1억원** 이하의 벌금	업무상 과실로 제조소 등에서 위험물을 유출·방출 또는 확산시켜 사람을 **사상**에 이르게 한 자

답 ②

52 ★★
20.06.문59
17.09.문53

소방시설 설치 및 관리에 관한 법령상 건축허가 등의 동의대상물 범위기준으로 옳은 것은?

① 항공기격납고, 관망탑, 항공관제탑, 방송용 송수신탑
② 차고·주차장 또는 주차용도로 사용되는 시설로서 차고·주차장으로 사용되는 층 중 바닥면적이 100제곱미터 이상인 층이 있는 시설
③ 연면적이 300제곱미터 이상인 건축물
④ 지하층 또는 무창층에 공연장이 있는 건축물로서 바닥면적이 150제곱미터의 이상인 층이 있는 것

해설
② 100제곱미터 이상 → 200제곱미터 이상
③ 300제곱미터 이상 → 400제곱미터 이상
④ 150제곱미터 이상 → 100제곱미터 이상

소방시설법 시행령 7조
건축허가 등의 동의대상물
(1) 연면적 **400㎡**(학교시설 : **100㎡**, 수련시설·노유자 시설 : **200㎡**, 정신의료기관·장애인 의료재활시설 : **300㎡**) 이상 보기 ③
(2) **6층** 이상인 건축물
(3) 차고·주차장으로서 바닥면적 **200㎡** 이상(**자**동차 **20대** 이상) 보기 ②
(4) 항공기격납고, 관망탑, 항공관제탑, 방송용 송수신탑
(5) 지하층 또는 무창층의 바닥면적 **150㎡**(공연장은 **100㎡**) 이상 보기 ④
(6) 위험물저장 및 처리시설, 지하구
(7) **결핵환자**나 **한센인**이 24시간 생활하는 **노유자시설**
(8) 전기저장시설, 풍력발전소
(9) 공동주택·숙박시설
(10) 노인주거복지시설·노인의료복지시설 및 재가노인복지시설·학대피해노인 전용쉼터·아동복지시설·장애인거주시설
(11) 정신질환자 관련시설(공동생활가정을 제외한 재활훈련시설과 종합시설 중 24시간 주거를 제공하지 않는 시설 제외)
(12) 조산원, 산후조리원, 의원(입원실 또는 인공신장실이 있는 것)
(13) 노숙인자활시설, 노숙인재활시설 및 노숙인요양시설
(14) 요양병원(의료재활시설 제외)
(15) 공장 또는 창고시설로서 지정하는 수량의 **750배** 이상의 특수가연물을 저장·취급하는 것
(16) 가스시설로서 지상에 노출된 탱크의 저장용량의 합계가 **100t** 이상인 것

기억법 2자(이자)

답 ①

53. 위험물안전관리법령상 관계인이 예방규정을 정하여야 하는 제조소 등의 기준이 아닌 것은?

① 지정수량의 10배 이상의 위험물을 취급하는 제조소
② 지정수량의 200배 이상의 위험물을 저장하는 옥외탱크저장소
③ 지정수량의 50배 이상의 위험물을 저장하는 옥외저장소
④ 지정수량의 150배 이상의 위험물을 저장하는 옥내저장소

해설 ③ 50배 이상 → 100배 이상

위험물령 15조
예방규정을 정하여야 할 제조소 등

배 수	제조소 등
10배 이상	• **제**조소 보기 ① • **일**반취급소
100배 이상	• 옥**외**저장소 보기 ③
150배 이상	• 옥**내**저장소 보기 ④
200배 이상	• 옥외**탱**크저장소 보기 ②
모두 해당	• 이송취급소 • 암반탱크저장소

기억법	1 제일 0 외 5 내 2 탱

※ **예방규정**: 제조소 등의 화재예방과 화재 등 재해발생시의 비상조치를 위한 규정

답 ③

54. 소방시설공사업법령상 소방시설공사업자가 소속 소방기술자를 소방시설공사 현장에 배치하지 않았을 경우의 과태료 기준은?

① 100만원 이하
② 200만원 이하
③ 300만원 이하
④ 400만원 이하

해설 200만원 이하의 과태료
(1) 소방용수시설·소화기구 및 설비 등의 설치명령 위반 (화재예방법 52조)
(2) 특수가연물의 저장·취급 기준 위반 (화재예방법 52조)
(3) 한국119청소년단 또는 이와 유사한 명칭을 사용한 자 (기본법 56조)
(4) 소방활동구역 출입 (기본법 56조)
(5) 소방자동차의 출동에 지장을 준 자 (기본법 56조)
(6) 한국소방안전원 또는 이와 유사한 명칭을 사용한 자 (기본법 56조)
(7) 관계서류 미보관자 (공사업법 40조)
(8) **소방기술자 미배치자** (공사업법 40조) 보기 ②
(9) 완공검사를 받지 아니한 자 (공사업법 40조)
(10) 방염성능기준 미만으로 방염한 자 (공사업법 40조)
(11) 하도급 미통지자 (공사업법 40조)
(12) 관계인에게 지위승계·행정처분·휴업·폐업 사실을 거짓으로 알린 자 (공사업법 40조)

답 ②

55. 위험물안전관리법령상 점포에서 위험물을 용기에 담아 판매하기 위하여 지정수량의 40배 이하의 위험물을 취급하는 장소의 취급소 구분으로 옳은 것은? (단, 위험물을 제조 외의 목적으로 취급하기 위한 장소이다.)

① 판매취급소
② 주유취급소
③ 일반취급소
④ 이송취급소

해설 위험물령〔별표 3〕
위험물취급소의 구분

구 분	설 명
주유 취급소	고정된 주유설비에 의하여 **자동차·항공기** 또는 **선박** 등의 연료탱크에 직접 주유하기 위하여 위험물을 취급하는 장소
판매 취급소 보기 ①	**점포**에서 위험물을 용기에 담아 판매하기 위하여 지정수량의 **40배** 이하의 위험물을 취급하는 장소 기억법 판4(판사 검사)
이송 취급소	배관 및 이에 부속된 설비에 의하여 위험물을 **이송**하는 장소
일반 취급소	주유취급소·판매취급소·이송취급소 이외의 장소

답 ①

56. 소방기본법령상 소방안전교육사의 배치대상별 배치기준에서 소방본부의 배치기준은 몇 명 이상인가?

① 3
② 4
③ 2
④ 1

해설 **기본령 〔별표 2의 3〕**
소방안전교육사의 배치대상별 배치기준

배치대상	배치기준
소방서	• 1명 이상
한국소방안전원	• 시·도지부 : 1명 이상 • 본회 : 2명 이상
소방본부	• 2명 이상 보기 ③
소방청	• 2명 이상
한국소방산업기술원	• 2명 이상

답 ③

57 소방기본법령상 소방본부 종합상황실의 실장이 소방청의 종합상황실에 지체없이 서면·팩스 또는 컴퓨터 통신 등으로 보고해야 할 상황이 아닌 것은?

21.09.문51
18.04.문41
17.05.문53
16.03.문46
05.09.문55

① 위험물안전관리법에 의한 지정수량의 3천배 이상의 위험물의 제조소에서 발생한 화재
② 사망자가 3인 이상 발생한 화재
③ 재산피해액이 50억원 이상 발생한 화재
④ 연면적 1만 5천제곱미터 이상인 공장 또는 화재예방강화지구에서 발생한 화재

해설 ② 사망자가 3인 이상 → 사망자가 5인 이상

기본규칙 3조
종합상황실 실장의 보고화재
(1) 사망자 **5인** 이상 화재 보기 ②
(2) 사상자 **10인** 이상 화재
(3) 이재민 **100인** 이상 화재
(4) 재산피해액 **50억원** 이상 화재 보기 ③
(5) 관광호텔, 층수가 11층 이상인 건축물, 지하상가, 시장, 백화점
(6) 5층 이상 또는 객실 **30실** 이상인 **숙박시설**
(7) 5층 이상 또는 병상 **30개** 이상인 **종합병원·정신병원·한방병원·요양소**
(8) 1000t 이상인 선박(항구에 매어둔 것)
(9) 지정수량 **3000배** 이상의 위험물 제조소·저장소·취급소 보기 ①
(10) 연면적 **15000m²** 이상인 **공장** 또는 **화재예방강화지구**에서 발생한 화재 보기 ④
(11) 가스 및 화약류의 폭발에 의한 화재
(12) 관공서·학교·정부미도정공장·문화재·지하철 또는 지하구의 화재
(13) 철도차량, 항공기, 발전소 또는 변전소에서 발생한 화재
(14) 다중이용업소의 화재

용어 **종합상황실**
화재·재난·재해·구조·구급 등이 필요한 때에 신속한 소방활동을 위한 정보를 수집·전파하는 소방서 또는 소방본부의 지령관제실

답 ②

58 소방시설 설치 및 관리에 관한 법령상 방염성능 기준으로 틀린 것은?

15.05.문11
11.06.문12

① 탄화한 면적은 50cm² 이내, 탄화한 길이는 20cm 이내
② 버너의 불꽃을 제거한 때부터 불꽃을 올리지 않고 연소하는 상태가 그칠 때까지 시간은 30초 이내
③ 버너의 불꽃을 제거한 때부터 불꽃을 올리며 연소하는 상태가 그칠 때까지 시간은 20초 이내
④ 불꽃에 의하여 완전히 녹을 때까지 불꽃의 접촉횟수는 2회 이상

해설 ④ 2회 이상 → 3회 이상

소방시설법 시행령 31조
방염성능기준
(1) 잔염시간 : **20초** 이내 보기 ③
(2) 잔신시간(잔진시간) : **30초** 이내 보기 ②
(3) 탄화길이 : **20cm** 이내 보기 ①
(4) 탄화면적 : **50cm²** 이내 보기 ①
(5) 불꽃 접촉횟수 : **3회** 이상 보기 ④
(6) 최대연기밀도 : **400** 이하

잔신시간(잔진시간) vs 잔염시간		
구 분	잔신시간(잔진시간)	잔염시간
정의	버너의 불꽃을 제거한 때부터 불꽃을 올리지 않고 연소하는 상태가 그칠 때까지의 경과시간	버너의 불꽃을 제거한 때부터 불꽃을 올리며 연소하는 상태가 그칠 때까지의 경과시간
시간	30초 이내	20초 이내

• 잔신시간=잔진시간

기억법 3진(삼진 아웃), 3신(삼신 할머니)

답 ④

59. 소방시설 설치 및 관리에 관한 법령에 따른 비상방송설비를 설치하여야 하는 특정소방대상물의 기준 중 틀린 것은? (단, 위험물 저장 및 처리 시설 중 가스시설, 사람이 거주하지 않는 동물 및 식물 관련시설, 터널, 축사 및 지하구는 제외한다.)

① 층수가 11층 이상인 것
② 연면적 3500m² 이상인 것
③ 연면적 1000m² 미만의 기숙사
④ 지하층의 층수가 3층 이상인 것

해설 ③ 해당없음

소방시설법 시행령〔별표 4〕
비상방송설비의 설치대상
(1) 연면적 **3500m² 이상** 보기 ②
(2) **11층 이상** 보기 ①
(3) **지하 3층 이상** 보기 ④

답 ③

60. 소방시설공사업법령상 소방시설공사의 하자보수 보증기간이 3년이 아닌 것은?

① 자동화재탐지설비
② 자동소화장치
③ 스프링클러설비
④ 무선통신보조설비

해설 ④ 무선통신보조설비 : 2년

공사업령 6조
소방시설공사의 하자보수 보증기간

보증기간	소방시설
2년	① **유**도등·**피**난기구 ② **비**상**조**명등·비상**경**보설비·비상**방**송설비 ③ **무**선통신보조설비 보기 ④ **기억법** 유비 조경방무피2
3년	① 자동소화장치 보기 ② ② 옥내·외소화전설비 ③ 스프링클러설비 보기 ③ ④ 물분무등소화설비·소화용수설비 ⑤ 자동화재탐지설비·소화활동설비(무선통신보조설비 제외) 보기 ① ⑥ 화재알림설비

답 ④

제4과목 소방기계시설의 구조 및 원리

61. 이산화탄소소화설비의 화재안전기준에 따른 소화약제의 저장용기 설치기준으로 틀린 것은?

① 용기 간의 간격은 점검에 지장이 없도록 2cm 이상의 간격을 유지할 것
② 방화문으로 구획된 실에 설치할 것
③ 방호구역 외의 장소에 설치할 것
④ 온도가 40℃ 이하이고, 온도변화가 작은 곳에 설치할 것

해설 ① 2cm 이상 → 3cm 이상

이산화탄소 소화약제 저장용기 설치기준(NFPC 106 4조, NFTC 106 2.1.1)
(1) 온도가 **40℃** 이하인 장소 보기 ④
(2) **방호구역 외**의 장소에 설치할 것 보기 ③
(3) 직사광선 및 빗물이 침투할 우려가 없는 곳
(4) 온도의 변화가 작은 곳에 설치 보기 ④
(5) **방화문**으로 구획된 실에 설치할 것 보기 ②
(6) **방호구역 내에 설치할 경우에는 피난 및 조작이 용이하도록 피난구 부근에 설치**
(7) 용기의 설치장소에는 해당 용기가 설치된 곳임을 표지하는 표지할 것
(8) 용기 간의 간격은 점검에 지장이 없도록 **3cm 이상**의 간격 유지 보기 ①
(9) 저장용기와 집합관을 연결하는 연결배관에는 **체크밸브** 설치

비교

저장용기 온도	
40℃ 이하	55℃ 이하
• 이산화탄소소화설비 • 할론소화설비 • 분말소화설비	할로겐화합물 및 불활성기체소화설비

답 ①

62. 소화수조 및 저수조의 화재안전기준에 따라 소화수조가 옥상 또는 옥탑의 부분에 설치된 경우에는 지상에 설치된 채수구에서의 압력이 몇 MPa 이상이 되도록 하여야 하는가?

① 0.17 ② 0.1
③ 0.15 ④ 0.25

해설 **소화수조 또는 저수조의 설치기준**(NFPC 402 4·5조, NFTC 402 2.1, 2.2)
(1) 소화수조 또는 저수조가 지표면으로부터의 깊이가 **4.5m** 이상인 지하에 있는 경우에는 소요수량을 고려하여 가압송수장치를 설치할 것
(2) 소화수조 및 저수조의 채수구 또는 흡수관투입구는 소방차가 **2m** 이내의 지점까지 접근할 수 있는 위치에 설치할 것

(3) 소화수조는 **옥상**에 **설치**할 수 있다.
(4) 소화수조가 **옥상** 또는 옥탑부분에 설치된 경우에는 지상에 설치된 채수구에서의 압력 **0.15MPa** 이상 되도록 한다. 보기 ③

기억법 옥15

용어
채수구
소방대상물의 펌프에 의하여 양수된 물을 소방차가 흡입하는 구멍

답 ③

63 상수도 소화용수설비의 화재안전기준상 상수도 소화용수설비 설치기준에 따라 소화전은 특정소방대상물의 수평투영면의 각 부분으로부터 몇 m 이하가 되도록 설치해야 하는가?

① 80   ② 140
③ 120 ④ 100

해설 상수도 소화용수설비의 **설치기준**(NFPC 401 4조, NFTC 401 2.1.1.3)
소화전은 특정소방대상물의 수평투영면의 각 부분으로부터 **140m** 이하가 되도록 설치할 것 보기 ②

답 ②

64 피난기구의 화재안전기준에 따른 다수인 피난장비 설치기준 중 틀린 것은?

① 사용시에 보관실 외측 문이 먼저 열리고 탑승기가 외측으로 자동으로 전개될 것
② 피난층에는 해당 층에 설치된 피난기구가 착지에 지장이 없도록 충분한 공간을 확보할 것
③ 보관실의 문은 상시 개방상태를 유지하도록 할 것
④ 하강시에 탑승기가 건물 외벽이나 돌출물에 충돌하지 않도록 설치할 것

해설 ③ 문은 상시 개방상태를 유지하도록 할 것 → 문에는 오작동 방지조치를 하고~

다수인 피난장비의 **설치기준**(NFPC 301 5조, NFTC 301 2.1.3.8)
(1) **피난**에 **용이**하고 안전하게 하강할 수 있는 장소에 적재하중을 충분히 견딜 수 있도록 「건축물의 구조기준 등에 관한 규칙」에서 정하는 구조안전의 확인을 받아 견고하게 설치할 것
(2) 다수인 피난장비 **보관실**은 건물 외측보다 돌출되지 아니하고, 빗물·먼지 등으로부터 장비를 보호할 수 있는 구조일 것
(3) 사용시에 보관실 **외측 문**이 먼저 열리고 **탑승기**가 외측으로 **자동**으로 **전개**될 것 보기 ①
(4) 하강시에 탑승기가 건물 외벽이나 돌출물에 충돌하지 않도록 설치할 것 보기 ④

(5) 상·하층에 설치할 경우에는 탑승기의 **하강경로**가 중첩되지 않도록 할 것
(6) 하강시에는 안전하고 **일정**한 **속도**를 유지하도록 하고 전복, 흔들림, 경로이탈 방지를 위한 안전조치를 할 것
(7) 보관실의 문에는 **오작동 방지조치**를 하고, 문 개방시에는 당해 소방대상물에 설치된 **경보설비**와 연동하여 유효한 경보음을 발하도록 할 것 보기 ③
(8) 피난층에는 해당 층에 설치된 피난기구가 착지에 지장이 없도록 충분한 공간을 확보할 것 보기 ②

용어
다수인 피난장비(NFPC 301 3조, NFTC 301 1.8)
화재시 **2인** 이상의 피난자가 동시에 해당 층에서 **지상** 또는 **피난층**으로 하강하는 피난기구

답 ③

65 간이스프링클러설비의 화재안전기준에 따라 폐쇄형 스프링클러헤드를 사용하는 설비의 경우로서 1개층 중 하나의 급수배관(또는 밸브 등)이 담당하는 구역의 최대면적은 몇 m²를 초과하지 아니하여야 하는가?

① 2500 ② 2000
③ 1000 ④ 3000

해설 **1개층**에 하나의 **급수배관**이 담당하는 구역의 **최대면적**
(NFPC 103A [별표 1], NFTC 103A 2.5.3.3)

간이스프링클러설비 (폐쇄형 헤드)	스프링클러설비 (폐쇄형 헤드)
1000m² 이하 보기 ③	3000m² 이하

기억법 폐간1(폐간일)

답 ③

66 소화기구 및 자동소화장치의 화재안전기준상 자동소화장치의 종류에 따른 설치기준으로 옳은 것은?

① 캐비닛형 자동소화장치 : 감지기는 방호구역 내의 천장 또는 옥내에 면하는 부분에 설치하여야 한다.
② 주거용 주방자동소화장치 : 가스용 주방자동소화장치를 사용하는 경우 탐지부는 수신부와 통합하여 설치하여야 한다.
③ 상업용 주방자동소화장치 : 후드에 방출되는 분사헤드는 후드의 가장 짧은 변의 길이까지 방출될 수 있도록 약제방출방향 및 거리를 고려하여 설치하여야 한다.
④ 고체에어로졸 자동소화장치 : 열감지선의 감지부는 형식승인 받은 최저주위온도범위 내에 설치하여야 한다.

해설
② 통합 → 분리
③ 짧은 변 → 긴 변
④ 최저주위온도범위 → 최고주위온도범위

자동소화장치의 설치기준(NFPC 101 4조, NFTC 101 2.1.2)

(1) 캐비닛형 자동소화장치 : 화재감지기는 방호구역 내의 천장 또는 옥내에 면하는 부분에 설치하되「자동화재탐지설비 및 시각경보장치의 화재안전성능기준(NFPC 203)」제7조에 적합하도록 설치 보기 ①

(2) 주거용 주방자동소화장치 : 가스용 주방자동소화장치를 사용하는 경우 탐지부는 수신부와 **분리**하여 설치하되, 공기보다 **가벼운 가스**를 사용하는 경우 **천장면**으로부터 **30cm** 이하의 위치에 설치하고, 공기보다 **무거운 가스**를 사용하는 장소에는 **바닥면**으로부터 **30cm** 이하의 위치에 설치 보기 ②

(3) 상업용 주방자동소화장치 : 후드에 배출되는 분사헤드는 후드의 **가장 긴 변**의 길이까지 방출될 수 있도록 약제방출 방향 및 거리를 고려하여 설치 보기 ③

(4) 가스, 분말, 고체에어로졸 자동소화장치 : 감지부는 형식승인된 유효설치범위 내에 설치하여야 하며 설치장소의 평상시 최고주위 온도에 따라 규정된 표시온도의 것으로 설치할 것(단, 열감지선의 감지부는 형식승인 받은 **최고주위온도범위** 내에 설치) 보기 ④

답 ①

★★★
67
19.04.문75
16.03.문63
15.09.문74

물분무소화설비의 화재안전기준에 따라 케이블트레이에 물분무소화설비를 설치하는 경우 저장하여야 할 수원의 최소 저수량은 몇 m³인가?(단, 케이블트레이의 투영된 바닥면적은 70m²이다.)

① 12.4
② 14
③ 16.8
④ 28

해설 **물분무소화설비**의 **수원**(NFPC 104 4조, NFTC 104 2.1.1)

특정소방대상물	토출량	비고
컨베이어벨트	10L/min·m²	벨트부분의 바닥면적
절연유 봉입변압기	10L/min·m²	표면적을 합한 면적(바닥면적 제외)
특수가연물	10L/min·m² (최소 50m²)	최대방수구역의 바닥면적 기준
케이블트레이·덕트	12L/min·m²	투영된 바닥면적
차고·주차장	20L/min·m² (최소 50m²)	최대방수구역의 바닥면적 기준
위험물 저장탱크	37L/min·m	위험물탱크 둘레길이(원주길이) : 위험물규칙 [별표 6] Ⅱ

※ 모두 **20분간** 방수할 수 있는 양 이상으로 하여야 한다.

케이블트레이의 **저수량** Q는

Q = 바닥면적(m²) × 토출량(L/min·m²) × 20min
　 = 투영된 바닥면적 × 12L/min·m² × 20min
　 = 70m² × 12L/min·m² × 20min
　 = 16800L = 16.8m³ (1000L = 1m³)

답 ③

★★★
68
17.09.문77
15.03.문76
07.09.문72

물분무소화설비의 화재안전기준상 물분무헤드의 설치제외장소가 아닌 것은?

① 표준방사량으로 방호대상물의 화재를 유효하게 소화하는데 필요한 장소
② 물과 반응하여 위험한 물질을 생성하는 물질을 저장 또는 취급하는 장소
③ 운전시에 표면의 온도가 260℃ 이상으로 되는 등 직접 분무를 하는 경우 그 부분에 손상을 입힐 우려가 있는 기계장치 등이 있는 장소
④ 고온의 물질 및 증류범위가 넓어 끓어 넘치는 위험이 있는 물질을 저장 또는 취급하는 장소

해설 **물분무헤드 설치제외장소**(NFPC 104 15조, NFTC 104 2.12)
(1) 물과 심하게 **반응**하는 **물질** 취급장소
(2) 물과 반응하여 **위험한 물질**을 **생성**하는 물질저장·취급장소 보기 ②
(3) **고온물질** 취급장소 보기 ④
(4) 표면온도 260℃ 이상 보기 ③

답 ①

★★★
69
19.04.문77
17.03.문69
14.05.문65
13.09.문66

포소화설비의 화재안전기준에 따라 포소화설비의 자동식 기동장치로 폐쇄형 스프링클러헤드를 사용하고자 하는 경우 다음 (　)안에 알맞은 내용은?

부착면의 높이는 바닥으로부터 (㉠)m 이하로 하고, 1개의 스프링클러헤드의 경계면적은 (㉡)m² 이하로 할 것

① ㉠ 5, ㉡ 18
② ㉠ 4, ㉡ 18
③ ㉠ 5, ㉡ 20
④ ㉠ 4, ㉡ 20

해설 **자동식 기동장치**(폐쇄형 헤드 개방방식)(NFTC 105 2.8.2)
(1) 표시온도가 **79℃** 미만인 것을 사용하고, 1개의 스프링클러헤드의 **경계면적**은 **20**m² 이하 보기 ㉡
(2) 부착면의 높이는 바닥으로부터 **5m** 이하로 하고, 화재를 유효하게 감지할 수 있도록 함 보기 ㉠
(3) 하나의 감지장치 경계구역은 하나의 **층**이 되도록 함

기억법 경27 자동(경이롭다. 자동차!)

답 ③

70
제연설비의 화재안전기준상 제연설비가 설치된 부분의 거실 바닥면적이 400m² 이상이고 수직거리가 2m 이하일 때, 예상제연구역의 직경이 40m인 원의 범위를 초과한다면 예상제연구역의 배출량은 몇 m³/h 이상이어야 하는가?

① 40000
② 25000
③ 30000
④ 45000

해설 거실의 배출량(NFPC 501 6조, NFTC 501 2.3)
(1) 바닥면적 400m² 미만(최저치 5000m³/h 이상)
   배출량[m³/min]=바닥면적[m²]×1 m³/m² · min
(2) 바닥면적 400m² 이상
   ㉠ 직경 40m 이하 : 40000m³/h 이상

예상제연구역이 제연경계로 구획된 경우	
수직거리	배출량
2m 이하	40000m³/h 이상
2m 초과 2.5m 이하	45000m³/h 이상
2.5m 초과 3m 이하	50000m³/h 이상
3m 초과	60000m³/h 이상

   ㉡ 직경 40m 초과 : 45000m³/h 이상

예상제연구역이 제연경계로 구획된 경우	
수직거리	배출량
2m 이하	→45000m³/h 이상 보기 ④
2m 초과 2.5m 이하	50000m³/h 이상
2.5m 초과 3m 이하	55000m³/h 이상
3m 초과	65000m³/h 이상

답 ④

71
스프링클러설비의 화재안전기준에 따라 사무실에 측벽형 스프링클러헤드를 설치하려고 한다. 긴 변의 양쪽에 각각 일렬로 설치하되 마주보는 헤드가 나란히 꼴이 되도록 설치해야 하는 경우, 사무실 폭의 범위는?

① 6.3m 이상 12.6m 이하
② 9m 이상 15.5m 이하
③ 5.4m 이상 10.8m 이하
④ 4.5m 이상 9m 이하

해설 스프링클러헤드의 설치기준(NFPC 103 10조, NFTC 103 2.7.7)
(1) **연소할 우려가 있는 개구부**에는 그 상하좌우에 **2.5m** 간격으로 스프링클러헤드를 설치하되, 스프링클러헤드와 개구부의 내측면으로부터 직선거리는 **15cm** 이하가 되도록 할 것. 이 경우 사람이 상시 출입하는 개구부로서 통행에 지장이 있는 때에는 개구부의 상부 또는 측면(개구부의 폭이 **9m** 이하인 경우에 한함)에 설치하되, 헤드 상호간의 간격은 **1.2m** 이하로 설치
(2) 살수가 방해되지 않도록 스프링클러헤드로부터 반경 **60cm 이상**의 공간을 보유할 것(단, **벽**과 **스프링클러헤드** 간의 공간은 **10cm 이상**)

(3) 스프링클러헤드와 그 부착면과의 거리는 **30cm 이하**로 할 것
(4) 측벽형 스프링클러헤드를 설치하는 경우 긴 변의 한쪽 벽에 일렬로 설치(폭이 **4.5~9m** 이하인 실에 있어서는 긴 변의 양쪽에 각각 일렬로 설치하되 마주보는 스프링클러헤드가 나란히 꼴이 되도록 설치)하고 **3.6m** 이내마다 설치할 것 보기 ④

답 ④

72
분말소화설비의 화재안전기준에 따라 화재시 현저하게 연기가 찰 우려가 없는 장소로서 호스릴 분말소화설비를 설치할 수 있는 기준 중 다음 ( ) 안에 알맞은 것은?

- 지상 1층 및 피난층에 있는 부분으로서 지상에서 수동 또는 원격조작에 따라 개방할 수 있는 개구부의 유효면적의 합계가 바닥면적의 (㉠)% 이상이 되는 부분
- 전기설비가 설치되어 있는 부분 또는 다량의 화기를 사용하는 부분의 바닥면적이 해당 설비가 설치되어 있는 구획의 바닥면적의 (㉡) 미만이 되는 부분

① ㉠ 15, ㉡ $\frac{1}{2}$
② ㉠ 15, ㉡ $\frac{1}{5}$
③ ㉠ 20, ㉡ $\frac{1}{5}$
④ ㉠ 20, ㉡ $\frac{1}{2}$

해설 호스릴 분말 · 호스릴 이산화탄소 · 호스릴 할론소화설비 설치장소(NFPC 108 11조(NFTC 108 2.8.3), NFPC 106 10조(NFTC 106 2.7.3), NFPC 107 10조(NFTC 107 2.7.3))
(1) **지상 1층 및 피난층**에 있는 부분으로서 지상에서 수동 또는 원격조작에 따라 개방할 수 있는 개구부의 유효면적의 합계가 바닥면적의 **15% 이상**이 되는 부분 보기 ㉠
(2) 전기설비가 설치되어 있는 부분 또는 다량의 화기를 사용하는 부분(해당 설비의 주위 **5m 이내**의 부분 포함)의 바닥면적이 해당 설비가 설치되어 있는 구획의 바닥면적의 $\frac{1}{5}$ 미만이 되는 부분 보기 ㉡

답 ②

73
옥외소화전설비의 화재안전기준에 따라 특정소방대상물의 각 부분으로부터 하나의 호스접결구까지의 수평거리가 최대 몇 m 이하가 되도록 설치하여야 하는가?

① 25
② 35
③ 40
④ 50

해설 수평거리 및 보행거리
(1) 수평거리

구 분	설 명
수평거리 10m 이하	• 예상제연구역~배출구
수평거리 15m 이하	• 분말호스릴 • 포호스릴 • CO_2호스릴
수평거리 20m 이하	• 할론호스릴
수평거리 25m 이하	• 옥내소화전 방수구(호스릴 포함) • 포소화전 방수구 • 연결송수관 방수구(지가, 지하층 바닥면적 $3000m^2$ 이상)
수평거리 40m 이하 ← 보기 ③	• 옥외소화전 방수구
수평거리 50m 이하	• 연결송수관 방수구(사무실)

(2) 보행거리

구 분	설 명
보행거리 20m 이하	소형소화기
보행거리 30m 이하	대형소화기 기억법 대3(대상을 받다.)

답 ③

74 ★★★
19.09.문68
16.03.문65
09.08.문74
07.03.문78
06.03.문70

소화기구 및 자동소화장치의 화재안전기준상 주거용 주방자동소화장치의 설치기준으로 틀린 것은?

① 감지부는 형식 승인받은 유효한 높이 및 위치에 설치할 것
② 소화약제 방출구는 환기구의 청소부분과 분리되어 있을 것
③ 차단장치(전기 또는 가스)는 상시 확인 및 점검이 가능하도록 설치할 것
④ 가스용 주방자동소화장치를 사용하는 경우 탐지부는 수신부와 분리하여 설치하되, 공기보다 무거운 가스를 사용하는 장소에는 바닥면으로부터 20cm 이하의 위치에 설치할 것

해설 ④ 20cm 이하 → 30cm 이하

주거용 주방자동소화장치의 설치기준(NFPC 101 4조, NFTC 101 2.1.2)

사용가스	탐지부 위치
LNG (공기보다 가벼운 가스)	천장면에서 30cm(0.3m) 이하
LPG (공기보다 무거운 가스)	바닥면에서 30cm(0.3m) 이하 보기 ④

(1) 소화약제 방출구는 환기구의 청소부분과 분리되어 있을 것 보기 ②
(2) 감지부는 형식 승인받은 유효한 높이 및 위치에 설치할 것 보기 ①
(3) 차단장치(전기 또는 가스)는 상시 확인 및 점검이 가능하도록 설치할 것 보기 ③
(4) 수신부는 주위의 열기류 또는 습기 등과 주위온도에 영향을 받지 않고 사용자가 상시 볼 수 있는 장소에 설치할 것

답 ④

75 ★★
18.04.문61
13.09.문70

분말소화설비의 화재안전기준상 전역방출방식의 분말소화설비에 있어서 방호구역의 체적이 $500m^3$일 때 적합한 분사헤드의 최소 개수는? (단, 제1종 분말이며, 체적 $1m^3$당 소화약제의 양은 0.60kg이며, 분사헤드 1개의 분당 표준방사량은 18kg이다.)

① 30   ② 34
③ 134 ④ 17

해설 분말저장량

방호구역체적(m^3)×**약**제량(kg/m^3) + **개**구부 면적(m^2)×개구부 가**산**량(kg/m^2)

기억법 방약개산

$= 500m^3 × 0.60kg/m^3 = 300kg$

∴ 분사헤드수 $= \dfrac{300kg}{9kg} ≒ 34$개

• 개구부 면적, 개구부 가산량은 문제에서 주어지지 않았으므로 무시
• 1분당 표준방사량이 18kg이므로 18kg/분이 된다. 따라서 30초에는 그의 50%인 **9kg**을 방사해야 한다. 30초를 적용한 이유는 **전역방출방식의 분말소화설비는 30초** 이내에 방사해야 하기 때문이다.

22. 09. 시행 / 기사(기계)

중요

약제 방사시간				
소화설비	전역방출방식		국소방출방식	
	일반 건축물	위험물 제조소	일반 건축물	위험물 제조소
할론소화설비	10초 이내	30초 이내	10초 이내	30초 이내
분말소화설비	30초 이내			
CO_2 소화 설비 표면 화재	1분 이내	60초 이내	30초 이내	
심부 화재	7분 이내 (단, 설계농 도가 2분 이 내에 30% 도달)			

- 문제에서 '위험물제조소'라는 말이 없으면 **일반건축물** 적용

답 ②

76 ★★★
19.04.문77
17.03.문69
14.05.문65
13.09.문64

포소화설비의 화재안전기준에 따라 포소화설비의 자동식 기동장치에서 폐쇄형 스프링클러헤드를 사용하는 경우의 설치기준에 대한 설명이다. ( ) 안의 내용으로 옳은 것은?

- 표시온도가 (㉠)℃ 미만인 것을 사용하고, 1개의 스프링클러헤드의 경계면적은 (㉡)m² 이하로 할 것
- 부착면의 높이는 바닥으로부터 (㉢)m 이하로 하고, 화재를 유효하게 감지할 수 있도록 할 것

① ㉠ 68, ㉡ 20, ㉢ 5 ② ㉠ 68, ㉡ 30, ㉢ 7
③ ㉠ 79, ㉡ 20, ㉢ 5 ④ ㉠ 79, ㉡ 30, ㉢ 7

해설 **자동식 기동장치**(폐쇄형 헤드 개방방식)(NFTC 105 2.8.2)
(1) 표시온도가 **79℃** 미만인 것을 사용하고, 1개의 스프링클러헤드의 **경**계면적은 **20m²** 이하 보기 ㉠㉡
(2) 부착면의 높이는 바닥으로부터 **5m** 이하로 하고, 화재를 유효하게 감지할 수 있도록 함 보기 ㉢
(3) 하나의 감지장치 경계구역은 하나의 **층**이 되도록 함

기억법 경27 자동(경이롭다. 자동차!)

답 ③

77 ★★★
19.04.문78
18.09.문79
16.05.문65
15.09.문78
14.03.문71
05.03.문72

소화기구 및 자동소화장치의 화재안전기준상 바닥면적이 1500m²인 공연장 시설에 소화기를 설치하려 한다. 소화기구의 최소능력단위는? (단, 주요구조부는 내화구조이고, 벽 및 반자의 실내와 면하는 부분이 불연재료로 되어 있다.)

① 7단위 ② 30단위
③ 9단위 ④ 15단위

해설 특정소방대상물별 소화기구의 능력단위기준(NFTC 101 2.1.1.2)

특정소방대상물	소화기구의 능력단위	건축물의 주 요구조부가 내 화구조이고, 벽 및 반자의 실내에 면하는 부분이 불연 재료·준불 연재료 또는 난연재료로 된 특정소방 대상물의 능력 단위
• **위**락시설 **기억법** 위3(위상)	바닥면적 **30m²**마다 1단위 이상	바닥면적 **60m²**마다 1단위 이상
• **공**연장 • **집**회장 • **관람**장 및 **문**화재 • **의**료시설·**장**례시설 **기억법** 5공연장 문의 집관람 (손오공 연장 문의 집관람)	바닥면적 **50m²**마다 1단위 이상	바닥면적 **100m²**마다 1단위 이상
• **근**린생활시설 • **판**매시설 • 운**수**시설 • **숙**박시설 • **노**유자시설 • **전**시장 • 공동**주**택 • **업**무시설 • **방**송통신시설 • 공**장**·**창**고 • **항**공기 및 자동**차** 관련 시설 및 **관광**휴게시설 **기억법** 근판숙노전 주업방차창 1항관광(근 판숙노전 주 업방차창 일 항항 관광)	바닥면적 **100m²**마다 1단위 이상	바닥면적 **200m²**마다 1단위 이상
• 그 밖의 것	바닥면적 **200m²**마다 1단위 이상	바닥면적 **400m²**마다 1단위 이상

공연장으로서 **내화구조**이고 **불연재료**를 사용하므로 바닥면적 100m²마다 1단위 이상

공연장 최소능력단위 $= \dfrac{1500m^2}{100m^2} = 15$단위

- 소수점이 발생하면 절상한다.

답 ④

78 다음 중 제연설비의 화재안전기준에 따른 제연구역 구획에 관한 기준으로 옳은 것은?

① 하나의 제연구역은 직경 50m 원 내에 들어갈 수 있어야 한다. 다만, 구조상 불가피한 경우에는 그 직경을 70m까지로 할 수 있다.
② 통로상의 제연구역은 보행중심선의 길이가 50m를 초과하지 않는다. 다만, 구조상 불가피한 경우에는 70m까지로 할 수 있다.
③ 거실과 통로는 하나의 제연구획으로 한다.
④ 하나의 제연구역의 면적은 1000m² 이내로 한다.

해설
① 50m 원 내 → 60m 원 내, 다만~ → 삭제
② 50m를 초과 → 60m를 초과, 다만~ → 삭제
③ 하나의 제연구획 → 각각 제연구획

제연구역의 기준 (NFPC 501 4조, NFTC 501 2.1.1)
(1) 하나의 제연구역의 면적은 **1000m²** 이내로 한다. 보기 ④
(2) 거실과 통로(복도 포함)는 **각각 제연구획**한다. 보기 ③
(3) 통로상의 제연구역은 보행중심선의 길이가 **60m**를 초과하지 않아야 한다. 보기 ②

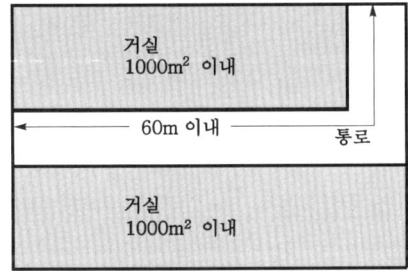

제연구역의 구획(Ⅰ)

(4) 하나의 제연구역은 직경 **60m** 원 내에 들어갈 수 있도록 한다. 보기 ①

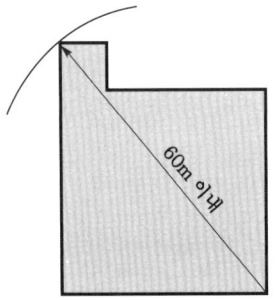

제연구역의 구획(Ⅱ)

(5) 하나의 제연구역은 **2개** 이상의 층에 미치지 않도록 한다(단, 층의 구분이 불분명한 부분은 다른 부분과 별도로 제연구획할 것).

답 ④

79 스프링클러설비의 화재안전기준상 폐쇄형 스프링클러설비의 방호구역 및 유수검지장치에 관한 설명으로 틀린 것은?

① 스프링클러헤드에 공급되는 물은 유수검지장치를 지나도록 한다.
② 유수검지장치란 유수현상을 자동적으로 검지하여 신호 또는 경보를 발하는 장치를 말한다.
③ 하나의 방호구역의 바닥면적은 2500m²를 초과하지 아니한다.
④ 하나의 방호구역에는 1개 이상의 유수검지장치를 설치한다.

해설
③ 2500m² → 3000m²

폐쇄형 설비의 방호구역 및 유수검지장치 (NFPC 103 6조, NFTC 103 2.3)
(1) 하나의 방호구역의 바닥면적은 **3000m²**를 초과하지 않을 것 보기 ③
(2) 하나의 방호구역에는 1개 이상의 유수검지장치 설치 보기 ④
(3) 하나의 방호구역은 **2개층**에 미치지 아니하도록 하되, 1개층에 설치되는 스프링클러헤드의 수가 **10개 이하** 및 복층형 구조의 공동주택에는 **3개층** 이내
(4) 유수검지장치를 실내에 설치하거나 보호용 철망 등으로 구획하여 바닥으로부터 **0.8m 이상 1.5m 이하**의 위치에 설치하되, 그 실 등에는 개구부가 가로 **0.5m** 이상 세로 **1m** 이상의 출입문을 설치하고 그 출입문 상단에 '**유수검지장치실**'이라고 표시한 표지를 설치할 것 (단, 유수검지장치를 기계실(공용용 기계실 포함) 안에 설치하는 경우에는 별도의 실 또는 보호용 철망을 설치하지 않고 기계실 출입문 상단에 "유수검지장치실"이라고 표시한 표지 설치 가능)
(5) 스프링클러헤드에 공급되는 물은 유수검지장치를 지나도록 한다. 보기 ①
(6) 유수검지장치란 유수현상을 자동적으로 검지하여 신호 또는 경보를 발하는 장치를 말한다. 보기 ②

답 ③

80 이산화탄소 소화설비의 화재안전기준에 따라 전역방출방식을 적용하는 이산화탄소 소화설비에서 심부화재 방호대상물별 방호구역의 체적 1m³에 필요한 최소 소화약제량(kg) 및 설계농도(%)로 틀린 것은?

① 고무류·면화류창고, 모피창고, 석탄창고, 집진설비 : 2.7kg, 75%
② 유압기기를 제외한 전기설비, 케이블실 : 1.3kg, 50%
③ 체적 55m² 미만의 전기설비 : 1.5kg, 55%
④ 서고, 전자제품창고, 목재가공품창고, 박물관 : 2.0kg, 65%

해설

③ 1.5kg, 55% → 1.6kg, 50%

심부화재의 약제량 및 개구부가산량
(NFPC 106 5조, NFTC 106 2.2.1.2)

이산화탄소 소화설비 방호대상물	약제량	개구부가산량 (자동폐쇄장치 미설치시)	설계농도 [%]
전기설비(55m³ 이상), 케이블실	1.3kg/m³	10kg/m²	50
전기설비(55m³ 미만) 보기 ③	→1.6kg/m³		
서고, **전**자제품창고, **목**재가공품창고, **박**물관	2.0kg/m³		65
고무류·**면**화류창고, **모**피창고, **석**탄창고, **집**진설비	2.7kg/m³		75

기억법 서박목전(선박이 목전에 보인다.)
석면고모집(석면은 고모 집에 있다.)

답 ③

과년도 기출문제

2021년
소방설비기사 필기(기계분야)

■ 2021. 3. 7 시행 ·················· 21- 2
■ 2021. 5. 15 시행 ·················· 21-31
■ 2021. 9. 12 시행 ·················· 21-61

** 수험자 유의사항 **

1. 문제지를 받는 즉시 **본인**이 **응시한 종목**이 맞는지 확인하시기 바랍니다.
2. 문제지 표지에 본인의 **수험번호**와 **성명**을 기재하여야 합니다.
3. 문제지의 **총면수, 문제번호 일련순서, 인쇄상태, 중복 및 누락 페이지 유무**를 확인하시기 바랍니다.
4. 답안은 각 문제마다 요구하는 가장 적합하거나 가까운 답 1개만을 선택하여야 합니다.
5. 답안카드는 뒷면의 「수험자 유의사항」에 따라 작성하시고, 답안카드 작성 시 형별누락, 마킹착오로 인한 불이익은 전적으로 수험자에게 책임이 있음을 알려드립니다.
6. 문제지는 시험 종료 후 본인이 가져갈 수 있습니다.

** 안내사항 **

• 가답안/최종정답은 큐넷(www.q-net.or.kr)에서 확인하실 수 있습니다. 가답안에 대한 의견은 큐넷의 [가답안 의견 제시]를 통해 제시할 수 있으며, 확정된 답안은 최종정답으로 갈음합니다.
• 공단에서 제공하는 자격검정서비스에 대해 개선할 점이 있으시면 고객참여(http://hrdkorea.or.kr/7/1/1)를 통해 건의하여 주시기 바랍니다.

2021. 3. 7 시행

2021년 기사 제1회 필기시험

자격종목	종목코드	시험시간	형별	수험번호	성명
소방설비기사(기계분야)		2시간			

※ 각 문항은 4지택일형으로 질문에 가장 적합한 보기 항을 선택하여 체크하여야 합니다.

제1과목 소방원론

01 위험물별 저장방법에 대한 설명 중 틀린 것은?
① 황은 정전기가 축적되지 않도록 하여 저장한다.
② 적린은 화기로부터 격리하여 저장한다.
③ 마그네슘은 건조하면 부유하여 분진폭발의 위험이 있으므로 물에 적시어 보관한다.
④ 황화인은 산화제와 격리하여 저장한다.

해설
① 황 : **정전기**가 축적되지 않도록 하여 저장
② 적린 : **화기**로부터 격리하여 저장
③ 마그네슘 : **물**에 적시어 보관하면 **수소**(H_2) 발생
④ 황화인 : **산화제**와 격리하여 저장

중요

주수소화(물소화)시 위험한 **물질**

구 분	현 상
• 무기과산화물	**산소**(O_2) 발생
• **금속분** • **마그네슘** • 알루미늄 • 칼륨 • 나트륨 • 수소화리튬	**수소**(H_2) 발생
• 가연성 액체의 유류화재	**연소면**(화재면) 확대

기억법 금마수

※ **주수소화** : 물을 뿌려 소화하는 방법

답 ③

02 분자식이 CF_2BrCl인 할로겐화합물 소화약제는?
① Halon 1301
② Halon 1211
③ Halon 2402
④ Halon 2021

해설 할론소화약제의 약칭 및 분자식

종 류	약 칭	분자식
할론 1011	CB	CH_2ClBr
할론 104	CTC	CCl_4
할론 1211	BCF	$CF_2ClBr(CClF_2Br)$
할론 1301	BTM	CF_3Br
할론 2402	FB	$C_2F_4Br_2$

답 ②

03 건축물의 화재시 피난자들의 집중으로 패닉(Panic) 현상이 일어날 수 있는 피난방향은?

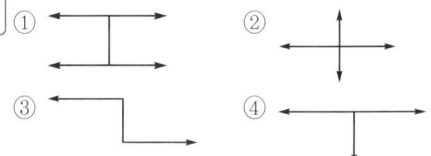

해설 피난형태

형 태	피난방향	상 황
X형		**확실한 피난통로**가 보장되어 신속한 피난이 가능하다.
Y형		
CO형		피난자들의 집중으로 **패닉**(Panic)**현상**이 일어날 수 있다. 보기 ①
H형		

중요

패닉(Panic)**의 발생원인**
(1) 연기에 의한 시계제한
(2) 유독가스에 의한 호흡장애
(3) 외부와 단절되어 고립

답 ①

04. 할로겐화합물 소화약제에 관한 설명으로 옳지 않은 것은?

① 연쇄반응을 차단하여 소화한다.
② 할로겐족(할로젠족) 원소가 사용된다.
③ 전기에 도체이므로 전기화재에 효과가 있다.
④ 소화약제의 변질분해 위험성이 낮다.

해설 ③ 도체 → 부도체(불량도체)

할론소화설비(할로겐화합물 소화약제)의 **특징**
(1) **연쇄반응**을 **차단**하여 소화한다. 보기 ①
(2) **할로겐족**(할로젠족) 원소가 사용된다. 보기 ②
(3) 전기에 **부도체**이므로 전기화재에 효과가 있다. 보기 ③
(4) 소화약제의 **변질분해** 위험성이 **낮다**. 보기 ④
(5) **오존층**을 **파괴**한다.
(6) 연소 **억제작용**이 크다(가연물과 산소의 화학반응을 억제한다).
(7) **소화능력**이 **크다**(소화속도가 빠르다).
(8) **금속**에 대한 **부식성**이 **작다**.

답 ③

05. 스테판-볼츠만의 법칙에 의해 복사열과 절대온도와의 관계를 옳게 설명한 것은?

① 복사열은 절대온도의 제곱에 비례한다.
② 복사열은 절대온도의 4제곱에 비례한다.
③ 복사열은 절대온도의 제곱에 반비례한다.
④ 복사열은 절대온도의 4제곱에 반비례한다.

해설 ② 복사열(열복사량)은 복사체의 **절대온도**의 **4제곱**에 **비례**하고, **단면적**에 비례한다.

스테판-볼츠만의 법칙(Stefan-Boltzman's law)

$$Q = aAF(T_1^4 - T_2^4) \propto T^4$$

여기서, Q : 복사열[W]
a : 스테판-볼츠만 상수[W/m²·K⁴]
A : 단면적[m²]
F : 기하학적 Factor
T_1 : 고온[K]
T_2 : 저온[K]

기억법 복스(복수)

• 스테판-볼츠만의 법칙=스테판-볼쯔만의 법칙

답 ②

06. 일반적으로 공기 중 산소농도를 몇 vol% 이하로 감소시키면 연소속도의 감소 및 질식소화가 가능한가?

① 15 ② 21
③ 25 ④ 31

해설 소화의 방법

구분	설명
냉각소화	다량의 물 등을 이용하여 **점화원**을 **냉각**시켜 소화하는 방법
질식소화	공기 중의 **산소농도**를 **16%** 또는 **15%** (10~15%) 이하로 희박하게 하여 소화하는 방법 보기 ①
제거소화	가연물을 제거하여 소화하는 방법
화학소화 (부촉매효과)	연쇄반응을 차단하여 소화하는 방법, **억제작용**이라고도 함
희석소화	고체·기체·액체에서 나오는 **분해가스**나 **증기**의 **농도**를 낮추어 연소를 중지시키는 방법
유화소화	물을 무상으로 방사하여 유류표면에 **유화층**의 막을 형성시켜 공기의 접촉을 막아 소화하는 방법
피복소화	비중이 공기의 **1.5배** 정도로 무거운 소화약제를 방사하여 가연물의 구석구석까지 침투·피복하여 소화하는 방법

용어

%	vol%
수를 100의 비로 나타낸 것	어떤 공간에 차지하는 부피를 백분율로 나타낸 것

답 ①

07. 이산화탄소의 물성으로 옳은 것은?

① 임계온도 : 31.35℃, 증기비중 : 0.529
② 임계온도 : 31.35℃, 증기비중 : 1.529
③ 임계온도 : 0.35℃, 증기비중 : 1.529
④ 임계온도 : 0.35℃, 증기비중 : 0.529

해설 이산화탄소의 물성

구 분	물 성
임계압력	72.75atm
임계온도	31.35℃
3중점	-56.3℃(약 -57℃)
승화점(비점)	-78.5℃
허용농도	0.5%
증기비중	1.529
수분	0.05% 이하(함량 99.5% 이상)

기억법 이356, 이비78, 이증15

용어

임계온도와 임계압력	
임계온도	임계압력
아무리 큰 압력을 가해도 액화하지 않는 최저온도	임계온도에서 액화하는 데 필요한 압력

답 ②

08 조연성 가스에 해당하는 것은?

20.09.문20
17.03.문07
16.10.문03
16.03.문04
14.05.문10
12.09.문08
11.10.문02

① 일산화탄소
② 산소
③ 수소
④ 부탄

해설 ①③④ 일산화탄소, 수소, 부탄 : 가연성 가스

가연성 가스와 지연성 가스

가연성 가스	지연성 가스(조연성 가스)
• 수소 보기 ③ • 메탄 • 일산화탄소 보기 ① • 천연가스 • 부탄 보기 ④ • 에탄 • 암모니아 • 프로판	• 산소 보기 ② • 공기 • 염소 • 오존 • 불소

기억법 조산공 염오불

기억법 가수일천 암부 메에프

용어

가연성 가스와 지연성 가스	
가연성 가스	지연성 가스(조연성 가스)
물질 자체가 연소하는 것	자기 자신은 연소하지 않지만 연소를 도와주는 가스

답 ②

09 가연물질의 구비조건으로 옳지 않은 것은?

19.09.문08
18.03.문10
17.05.문18
16.10.문05
16.03.문14
15.05.문19
15.03.문09
14.09.문09
14.09.문17
12.03.문09

① 화학적 활성이 클 것
② 열의 축적이 용이할 것
③ 활성화에너지가 작을 것
④ 산소와 결합할 때 발열량이 작을 것

해설 ④ 작을 것 → 클 것

가연물이 연소하기 쉬운 조건(가연물질의 구비조건)
(1) 산소와 친화력이 클 것(좋을 것)
(2) 발열량이 클 것 보기 ④
(3) 표면적이 넓을 것
(4) 열전도율이 작을 것
(5) 활성화에너지가 작을 것 보기 ③
(6) 연쇄반응을 일으킬 수 있을 것
(7) 산소가 포함된 유기물일 것
(8) 연소시 발열반응을 할 것
(9) 화학적 활성이 클 것 보기 ①
(10) 열의 축적이 용이할 것 보기 ②

기억법 가열작 활작(가열작품)

용어

활성화에너지
가연물이 처음 연소하는 데 필요한 열

비교

자연발화의 방지법	자연발화 조건
① 습도가 높은 곳을 피할 것(건조하게 유지할 것) ② 저장실의 온도를 낮출 것 ③ 통풍이 잘 되게 할 것 ④ 퇴적 및 수납시 열이 쌓이지 않게 할 것 (열축적 방지) ⑤ 산소와의 접촉을 차단할 것 ⑥ 열전도성을 좋게 할 것	① 열전도율이 작을 것 ② 발열량이 클 것 ③ 주위의 온도가 높을 것 ④ 표면적이 넓을 것

답 ④

10 가연성 가스이면서도 독성 가스인 것은?

19.04.문10
11.03.문10
09.08.문11
04.09.문14

① 질소
② 수소
③ 염소
④ 황화수소

해설 가연성 가스 + 독성 가스
(1) 황화수소(H_2S) 보기 ④
(2) 암모니아(NH_3)

기억법 가독황암

용어

가연성 가스	독성 가스
물질 자체가 연소하는 것	독한 성질을 가진 가스

연소가스

구 분	특 징
일산화탄소 (CO)	화재시 흡입된 일산화탄소(CO)의 화학적 작용에 의해 **헤모글로빈**(Hb)이 혈액의 산소운반작용을 저해하여 사람을 질식·사망하게 한다.
이산화탄소 (CO_2)	연소가스 중 **가장 많은 양**을 차지하고 있으며 가스 그 자체의 독성은 거의 없으나 다량이 존재할 경우 호흡속도를 증가시키고, 이로 인하여 화재가스에 혼합된 유해가스의 혼입을 증가시켜 위험을 가중시키는 가스이다.
암모니아 (NH_3)	나무, 페놀수지, 멜라민수지 등의 **질소 함유물**이 연소할 때 발생하며, 냉동시설의 **냉매**로 쓰인다.
포스겐 ($COCl_2$)	매우 독성이 강한 가스로서 소화제인 **사염화탄소**(CCl_4)를 화재시에 사용할 때도 발생한다.
황화수소 (H_2S)	**달걀**(계란) **썩는 냄새**가 나는 특성이 있다. **기억법** 황달
아크롤레인 (CH_2=CHCHO)	독성이 매우 높은 가스로서 **석유제품, 유지** 등이 연소할 때 생성되는 가스이다.

답 ④

11 다음 물질 중 연소범위를 통해 산출한 위험도 값이 가장 높은 것은?

① 수소
② 에틸렌
③ 메탄
④ 이황화탄소

해설 위험도

$$H = \frac{U-L}{L}$$

여기서, H : 위험도
U : 연소상한계
L : 연소하한계

① 수소 $= \dfrac{75-4}{4} = 17.75$

② 에틸렌 $= \dfrac{36-2.7}{2.7} = 12.33$

③ 메탄 $= \dfrac{15-5}{5} = 2$

④ 이황화탄소 $= \dfrac{50-1}{1} = 49$ 보기 ④

공기 중의 폭발한계 (상온, 1atm)

가 스	하한계 [vol%]	상한계 [vol%]
아세틸렌(C_2H_2)	2.5	81
수소(H_2) 보기 ①	4	75
일산화탄소(CO)	12	75
에터(($C_2H_5)_2O$)	1.7	48
이황화탄소(CS_2) 보기 ④	1	50
에틸렌(C_2H_4) 보기 ②	2.7	36
암모니아(NH_3)	15	25
메탄(CH_4) 보기 ③	5	15
에탄(C_2H_6)	3	12.4
프로판(C_3H_8)	2.1	9.5
부탄(C_4H_{10})	1.8	8.4

• 연소한계 = 연소범위 = 가연한계 = 가연범위 = 폭발한계 = 폭발범위

답 ④

12 다음 각 물질과 물이 반응하였을 때 발생하는 가스의 연결이 틀린 것은?

① 탄화칼슘 - 아세틸렌
② 탄화알루미늄 - 이산화황
③ 인화칼슘 - 포스핀
④ 수소화리튬 - 수소

해설 ② 이산화황 → 메탄

① 탄화칼슘과 물의 반응식

$$CaC_2 + 2H_2O \rightarrow Ca(OH)_2 + C_2H_2 \uparrow$$
탄화칼슘 물   수산화칼슘 **아세틸렌**

② 탄화알루미늄과 물의 반응식 보기 ②

$$Al_4C_3 + 12H_2O \rightarrow 4Al(OH)_3 + 3CH_4 \uparrow$$
탄화알루미늄 물   수산화알루미늄 **메탄**

③ 인화칼슘과 물의 반응식

$$Ca_3P_2 + 6H_2O \rightarrow 3Ca(OH)_2 + 2PH_3 \uparrow$$
인화칼슘 물   수산화칼슘 **포스핀**

④ 수소화리튬과 물의 반응식

$$LiH + H_2O \rightarrow LiOH + H_2$$
수소화리튬 물   수산화리튬 **수소**

비교
주수소화(물소화)시 **위험**한 물질

구 분	현 상
• 무기과산화물	**산소**(O_2) 발생
• **금**속분 • **마**그네슘 • 알루미늄 • 칼륨 • 나트륨 • 수소화리튬	**수소**(H_2) 발생
• 가연성 액체의 유류화재	**연소면**(화재면) 확대

기억법 금마수

※ **주수소화**: 물을 뿌려 소화하는 방법

답 ②

13 블레비(BLEVE)현상과 관계가 없는 것은?

① 핵분열
② 가연성 액체
③ 화구(Fire ball)의 형성
④ 복사열의 대량 방출

해설 블레비(BLEVE)현상
(1) 가연성 액체 [보기 ②]
(2) 화구(Fire ball)의 형성 [보기 ③]
(3) 복사열의 대량 방출 [보기 ④]

용어 블레비=블레이브(BLEVE)
과열상태의 탱크에서 내부의 액화가스가 분출하여 기화되어 폭발하는 현상

답 ①

14 인화점이 낮은 것부터 높은 순서로 옳게 나열된 것은?

① 에틸알코올<이황화탄소<아세톤
② 이황화탄소<에틸알코올<아세톤
③ 에틸알코올<아세톤<이황화탄소
④ 이황화탄소<아세톤<에틸알코올

해설

물 질	인화점	착화점
• 프로필렌	-107℃	497℃
• 에틸에터 • 다이에틸에터	-45℃	180℃
• 가솔린(휘발유)	-43℃	300℃
• **이황화탄소**	-30℃	**100℃**
• 아세틸렌	-18℃	335℃
• **아세톤**	-18℃	538℃
• 벤젠	-11℃	562℃
• 톨루엔	4.4℃	480℃
• **에틸알코올**	13℃	**423℃**
• 아세트산	40℃	-
• 등유	43~72℃	210℃
• 경유	50~70℃	200℃
• 적린	-	260℃

답 ④

15 물에 저장하는 것이 안전한 물질은?

① 나트륨
② 수소화칼슘
③ 이황화탄소
④ 탄화칼슘

해설 물질에 따른 저장장소

물 질	저장장소
황린, **이**황화탄소(CS_2) [보기 ③]	**물**속
나이트로셀룰로오스	알코올 속
칼륨(K), 나트륨(Na), 리튬(Li)	석유류(등유) 속
알킬알루미늄	벤젠액 속
아세틸렌(C_2H_2)	디메틸포름아미드(DMF), 아세톤에 용해
수소화칼슘	**환기**가 잘 되는 내화성 **냉암소**에 보관
탄화칼슘(칼슘카바이드)	습기가 없는 **밀폐용기**에 저장하는 곳

기억법 황물이(**황**토색 **물이** 나온다.)

중요
산화프로필렌, 아세트알데하이드
구리, **마**그네슘, **은**, **수**은 및 그 합금과 저장 금지
기억법 구마은수

답 ③

16 대두유가 침적된 기름걸레를 쓰레기통에 장시간 방치한 결과 자연발화에 의하여 화재가 발생한 경우 그 이유로 옳은 것은?

① 융해열 축적
② 산화열 축적
③ 증발열 축적
④ 발효열 축적

해설 **자연발화**

구 분	설 명
정의	가연물이 공기 중에서 산화되어 **산화열**의 **축적**으로 발화
일어나는 경우	기름걸레를 쓰레기통에 장기간 방치하면 **산화열**이 **축적**되어 자연발화가 일어남 보기 ②
일어나지 않는 경우	기름걸레를 빨랫줄에 걸어 놓으면 **산화열**이 **축적**되지 않아 **자**연발화는 일어나지 않음 기억법 **자산축**

용어
산화열
물질이 산소와 화합하여 반응하는 과정에서 생기는 열

답 ②

17. 건축법령상 내력벽, 기둥, 바닥, 보, 지붕틀 및 주계단을 무엇이라 하는가?

① 내진구조부
② 건축설비부
③ 보조구조부
④ 주요구조부

해설 **주요구조부** 보기 ④
(1) 내력**벽**
(2) **보**(작은 보 제외)
(3) **지**붕틀(차양 제외)
(4) **바**닥(최하층 바닥 제외)
(5) **주**계단(옥외계단 제외)
(6) **기**둥(사잇기둥 제외)

기억법 **벽보지 바주기**

용어
주요구조부
건물의 구조 내력상 주요한 부분

답 ④

18. 전기화재의 원인으로 거리가 먼 것은?

① 단락
② 과전류
③ 누전
④ 절연 과다

해설 ④ 절연 과다 → 절연저항 감소

전기화재의 **발생원인**
(1) **단락**(합선)에 의한 발화 보기 ①
(2) **과부하**(과전류)에 의한 발화 보기 ②
(3) **절연저항 감소**(누전)로 인한 발화 보기 ③
(4) 전열기기 과열에 의한 발화
(5) 전기불꽃에 의한 발화
(6) 용접불꽃에 의한 발화
(7) **낙뢰**에 의한 발화

답 ④

19. 소화약제로 사용하는 물의 증발잠열로 기대할 수 있는 소화효과는?

① 냉각소화
② 질식소화
③ 제거소화
④ 촉매소화

해설 **소화**의 **형태**

구 분	설 명
냉각소화	① **점화원**을 냉각하여 소화하는 방법 ② **증발잠열**을 이용하여 열을 빼앗아 가연물의 온도를 떨어뜨려 화재를 진압하는 소화방법 보기 ① ③ **다량**의 **물**을 뿌려 소화하는 방법 ④ 가연성 물질을 발화점 이하로 **냉각**하여 소화하는 방법 ⑤ **식용유화재**에 신선한 **야채**를 넣어 소화하는 방법 ⑥ 용융잠열에 의한 **냉각효과**를 이용하여 소화하는 방법 기억법 **냉점증발**
질식소화	① 공기 중의 **산소농도**를 16%(10~15%) 이하로 희박하게 하여 소화하는 방법 ② 산화제의 농도를 낮추어 연소가 지속될 수 없도록 소화하는 방법 ③ 산소 공급을 차단하여 소화하는 방법 ④ 산소의 농도를 낮추어 소화하는 방법 ⑤ 화학반응으로 발생한 **탄산가스**에 의한 소화방법 기억법 **질산**
제거소화	**가연물**을 **제거**하여 소화하는 방법
부촉매 소화 (억제소화, 화학소화)	① **연쇄반응**을 **차단**하여 소화하는 방법 ② 화학적인 방법으로 화재를 억제하여 소화하는 방법 ③ **활성기**(Free radical, 자유라디칼)의 **생성**을 **억제**하여 소화하는 방법 ④ 할론계 소화약제 기억법 **부억(부엌)**
희석소화	① 기체·고체·액체에서 나오는 분해가스나 증기의 농도를 낮춰 소화하는 방법 ② 불연성 가스의 공기 중 **농도**를 높여 소화하는 방법 ③ 불활성기체를 방출하여 연소범위 이하로 낮추어 소화하는 방법

화재의 소화원리에 따른 소화방법

소화원리	소화설비
냉각소화	① 스프링클러설비 ② 옥내·외소화전설비
질식소화	① 이산화탄소 소화설비 ② 포소화설비 ③ 분말소화설비 ④ 불활성기체 소화약제
억제소화 (부촉매효과)	① 할론소화약제 ② 할로겐화합물 소화약제

답 ①

20 1기압 상태에서 100℃ 물 1g이 모두 기체로 변할 때 필요한 열량은 몇 cal인가?
18.03.문06
17.03.문08
14.09.문20
13.09.문09
13.06.문18
10.09.문20
① 429
② 499
③ 539
④ 639

③ 물의 기화잠열 539cal : 1기압 100℃의 물 1g이 모두 기체로 변화하는 데 539cal의 열량이 필요

물(H_2O)

기화잠열(증발잠열)	융해잠열
539cal/g 보기 ③	80cal/g
100℃의 물 1g이 수증기로 변화하는 데 필요한 열량	0℃의 얼음 1g이 물로 변화하는 데 필요한 열량

기억법 기53, 융8

답 ③

제 2 과목 소방유체역학

21 대기압이 90kPa인 곳에서 진공 76mmHg는 절대압력(kPa)으로 약 얼마인가?
17.09.문34
17.05.문35
15.09.문40
15.03.문34
14.05.문34
14.03.문33
13.06.문22
10.09.문33
① 10.1
② 79.9
③ 99.9
④ 101.1

해설 (1) 수치
• 대기압 : 90kPa
• 진공압 : 76mmHg ≒ 10.1kPa

표준대기압
1atm = 760mmHg
= 1.0332kg$_f$/cm^2
= 10.332mH$_2$O(mAq)
= 14.7PSI(lb$_f$/in^2)
= 101.325kPa(kN/m^2)
= 1013mbar

760mmHg = 101.325kPa

$$76mmHg = \frac{76mmHg}{760mmHg} \times 101.325kPa$$
≒ 10.1kPa

(2) 절대압(력) = 대기압 - 진공압
= (90 - 10.1)kPa = 79.9kPa

절대압
(1) **절**대압 = **대**기압 + **게**이지압(계기압)
(2) 절대압 = 대기압 - 진공압

기억법 절대게

답 ②

22 지름 0.4m인 관에 물이 0.5m^3/s로 흐를 때 길이 300m에 대한 동력손실은 60kW이었다. 이때 관마찰계수(f)는 얼마인가?
18.03.문31
17.05.문39
① 0.0151
② 0.0202
③ 0.0256
④ 0.0301

$$H = \frac{\Delta P}{\gamma} = \frac{fLV^2}{2gD}$$

(1) 기호
• D : 0.4m
• Q : 0.5m^3/s
• L : 300m
• P : 60kW
• f : ?

(2) 유량

$$Q = AV = \left(\frac{\pi D^2}{4}\right)V$$

여기서, Q : 유량(m^3/s)
A : 단면적(m^2)
V : 유속(m/s)
D : 지름(m)

유속 V는

$$V = \frac{Q}{\frac{\pi D^2}{4}} = \frac{0.5\text{m}^3/\text{s}}{\frac{\pi \times (0.4\text{m})^2}{4}} ≒ 3.979\text{m/s}$$

(3) **전동력**

$$P = \frac{0.163QH}{\eta}K$$

여기서, P : 전동력 또는 동력손실[kW]
 Q : 유량[m³/min]
 H : 전양정 또는 손실수두[m]
 K : 전달계수
 η : 효율

손실수두 H는

$$H = \frac{P\eta}{0.163QK}$$

$$H = \frac{60\text{kW}}{0.163 \times (0.5 \times 60)\text{m}^3/\text{min}} = 12.269\text{m}$$

- η, K : 주어지지 않았으므로 무시
- 1min=60s, 1s=$\frac{1}{60}$min이므로
 0.5m³/s=0.5m³/$\frac{1}{60}$min=(0.5×60)m³/min

(4) **마찰손실**(달시-웨버의 식, Darcy-Weisbach formula)

$$H = \frac{\Delta P}{\gamma} = \frac{fLV^2}{2gD}$$

여기서, H : 마찰손실(수두)[m]
 ΔP : 압력차[kPa] 또는 [kN/m²]
 γ : 비중량(물의 비중량 9.8kN/m³)
 f : 관마찰계수
 L : 길이[m]
 V : 유속(속도)[m/s]
 g : 중력가속도(9.8m/s²)
 D : 내경[m]

관마찰계수 f는

$$f = \frac{2gDH}{LV^2}$$

$$= \frac{2 \times 9.8\text{m/s}^2 \times 0.4\text{m} \times 12.269\text{m}}{300\text{m} \times (3.979\text{m/s})^2} ≒ 0.0202$$

답 ②

★★★
23 액체 분자들 사이의 응집력과 고체면에 대한 부
15.05.문33
13.09.문27 착력의 차이에 의하여 관내 액체표면과 자유표
10.05.문35 면 사이에 높이 차이가 나타나는 것과 가장 관계
가 깊은 것은?

① 관성력
② 점성
③ 뉴턴의 마찰법칙
④ 모세관현상

해설

용어	설명
관성력	물체가 현재의 **운동상태**를 계속 **유지**하려는 성질
점성	운동하고 있는 유체에 서로 인접하고 있는 층 사이에 **미끄럼**이 생겨 **마찰**이 발생하는 성질
뉴턴의 마찰법칙	레이놀즈수가 큰 경우에 물체가 받는 **마찰력**이 속도의 **제곱**에 **비례**한다는 법칙
모세관 현상	① 액체분자들 사이의 **응집력**과 고체면에 대한 **부착력**의 차이에 의하여 관내 액체표면과 자유표면 사이에 **높이 차이**가 나타나는 것 보기 ④ ② 액체와 고체가 접촉하면 상호 부착하려는 성질을 갖는데 이 **부착력**과 액체의 **응집력**의 상대적 크기에 의해 일어나는 현상

중요

모세관현상(capillarity in tube)
액체와 고체가 접촉하면 상호 **부착**하려는 **성질**을 갖는데 이 **부착력**과 액체의 **응집력**의 **상대적 크기**에 의해 일어나는 현상

$$h = \frac{4\sigma \cos\theta}{\gamma D}$$

여기서, h : 상승높이[m]
 σ : 표면장력[N/m]
 θ : 각도(접촉각)
 γ : 비중량(물의 비중량 9800N/m³)
 D : 관의 내경[m]

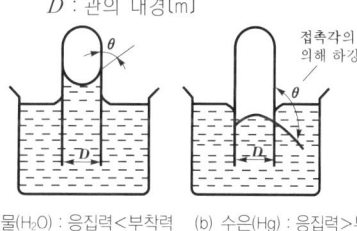

(a) 물(H₂O) : 응집력<부착력 (b) 수은(Hg) : 응집력>부착력
모세관현상

답 ④

★
24 피스톤이 설치된 용기 속에서 1kg의 공기가 일
20.08.문28 정온도 50℃에서 처음 체적의 5배로 팽창되었
다면 이때 전달된 열량[kJ]은 얼마인가? (단,
공기의 기체상수는 0.287kJ/(kg·K)이다.)

① 149.2
② 170.6
③ 215.8
④ 240.3

해설 (1) 기호
- m : 1kg
- T : 50℃ = (273+50)K
- $\dfrac{V_2}{V_1}$: 5배
- $_1W_2$: ?
- R : 0.287kJ/kg·K

(2) 등온과정 : 문제에서 '일정 온도'라고 했으므로 절대일(압축일)

$$_1W_2 = P_1V_1 \ln\frac{V_2}{V_1}$$
$$= mRT \ln\frac{V_2}{V_1}$$
$$= mRT \ln\frac{P_1}{P_2}$$
$$= P_1V_1 \ln\frac{P_1}{P_2}$$

여기서, $_1W_2$: 절대일[kJ]
P_1, P_2 : 변화 전후의 압력[kJ/m³]
V_1, V_2 : 변화 전후의 체적[m³]
m : 질량[kg]
R : 기체상수[kJ/kg·K]
T : 절대온도(273+℃)[K]

열량(절대일) $_1W_2$는
$_1W_2 = mRT\ln\dfrac{V_2}{V_1}$
$= 1\text{kg} \times 0.287\text{kJ/kg}\cdot\text{K} \times (273+50)\text{K} \times \ln5$
$≒ 149.2\text{kJ}$

답 ①

25 ★★★
18.04.문31
14.03.문28
10.05.문37

호주에서 무게가 20N인 어떤 물체를 한국에서 재어보니 19.8N이었다면 한국에서의 중력가속도[m/s²]는 얼마인가? (단, 호주에서의 중력가속도는 9.82m/s²이다.)

① 9.46   ② 9.61
③ 9.72   ④ 9.82

해설 (1) 기호
- $W_호$: 20N
- $W_한$: 19.8N
- $g_한$: ?
- $g_호$: 9.82m/s²

(2) 비례식으로 풀면
호주 호주   한국   한국
20N : 9.82m/s² = 19.8N : x
$9.82 \times 19.8 = 20x$

$20x = 9.82 \times 19.8$ ← 좌우항 위치 바꿈
$x = \dfrac{9.82 \times 19.8}{20} ≒ 9.72\text{m/s}^2$

답 ③

26 ★★★
19.04.문36
14.05.문28
13.09.문36
11.06.문29

두께 20cm이고 열전도율 4W/(m·K)인 벽의 내부 표면온도는 20℃이고, 외부 벽은 -10℃인 공기에 노출되어 있어 대류 열전달이 일어난다. 외부의 대류열전달계수가 20W/(m²·K)일 때, 정상상태에서 벽의 외부 표면온도[℃]는 얼마인가? (단, 복사 열전달은 무시한다.)

① 5   ② 10
③ 15   ④ 20

해설 (1) 기호
- l : 20cm=0.2m(100cm=1m)
- k : 4W/m·K
- $T_{2전}$: 20℃
- $T_{1대}$: -10℃
- h : 20W/m²·K
- $T_{2대}$ 또는 $T_{1전}$: ?

(2) 전도 열전달
$$\mathring{q} = \frac{kA(T_2 - T_1)}{l}$$

여기서, $\mathring{q}$: 열전달량[J/s=W]
k : 열전도율[W/m·K]
A : 단면적[m²]
T_2 : 내부 벽온도(273+℃)[K]
T_1 : 외부 벽온도(273+℃)[K]
l : 두께[m]

- 열전달량=열전달률
- 열전도율=열전달계수

(3) 대류 열전달
$$\mathring{q} = Ah(T_2 - T_1)$$

여기서, $\mathring{q}$: 대류열류[W]
A : 대류면적[m²]
h : 대류전열계수(대류열전달계수)[W/m²·K]
T_2 : 외부 벽온도(273+℃)[K]
T_1 : 대기온도(273+℃)[K]

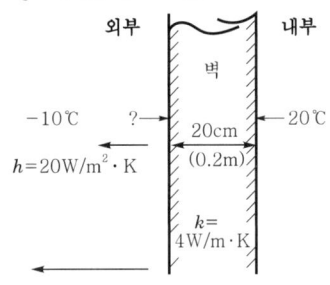

성안당 e러닝에서 합격을 준비하세요!
합격이 쉬워집니다.

공하성 교수

성안당 e러닝 bm.cyber.co.kr

합격전략 보기

소방설비산업기사

꼼꼼한 족집게 강좌로 한방에 합격하자!

Package
소방설비산업기사 필기+실기

수강기간 130일 + 보너스 30일 = **총 160일 수강 가능**
수강료 : **280,000원**
(전기분야·기계분야 동일)

과락 없는 시원한 합격!

Package
소방설비산업기사 필기 [이론 및 과년도 문제풀이]

수강기간 100일 + 보너스 30일 = **총 130일 수강 가능**
수강료 : **130,000원**
(전기분야·기계분야 동일)

어려운 도면도 술술 풀리는
소방설비산업기사 실기 [이론 및 과년도 문제풀이]

수강기간 100일 + 보너스 30일 = **총 130일 수강 가능**
수강료 : **200,000원**
(전기분야·기계분야 동일)

소방시설관리사

쉽다! 빠르다! 확실하다!
소방시설관리사 1차+2차 대비

합격할 때까지 평생 수강 가능!
수강료 : **850,000원**

기술이 있는 내일은 결코 두렵지 않습니다! 단체교육(기업/기관) 문의 031-950-6332

$$\boxed{?℃에서\ -10℃로\ 대류\ 열전달} = \boxed{20℃에서\ ?℃로\ 전도\ 열전달}$$

$$\alpha h(T_2 - T_{1대}) = \frac{k\alpha(T_{2전} - T_1)}{l}$$

$$20\text{W/m}^2 \cdot \text{K} \times (x-(-10))\text{K}$$
$$= \frac{4\text{W/m}\cdot\text{K}(20-x)\text{K}}{0.2\text{m}}$$

$$20x + 200 = \frac{80-4x}{0.2}$$

$$0.2(20x+200) = 80-4x$$
$$4x + 40 = 80 - 4x$$
$$4x + 4x = 80 - 40$$
$$8x = 40$$
$$x = \frac{40}{8} = 5℃$$

● 온도차는 ℃로 나타내든지 K로 나타내든지 계산해 보면 값은 같다. 그러므로 여기서는 단위를 일치시키기 위해 K로 쓰기로 한다.

답 ①

27 ★★

질량 m(kg)의 어떤 기체로 구성된 밀폐계가 Q(kJ)의 열을 받아 일을 하고, 이 기체의 온도가 ΔT(℃) 상승하였다면 이 계가 외부에 한 일 W(kJ)을 구하는 계산식으로 옳은 것은? (단, 이 기체의 정적비열은 C_v(kJ/(kg·K)), 정압비열은 C_p(kJ/kg·K)]이다.)

① $W = Q - mC_v \Delta T$
② $W = Q + mC_v \Delta T$
③ $W = Q - mC_p \Delta T$
④ $W = Q + mC_p \Delta T$

해설 열

$$Q = (U_2 - U_1) + W$$

여기서, Q : 열(kJ)
$U_2 - U_1$: 내부에너지 변화(kJ)
W : 일(kJ)

$Q = (U_2 - U_1) + W$
$Q - (U_2 - U_1) = W$
좌우를 이항하면
$W = Q - (U_2 - U_1)$

밀폐계는 체적이 일정하므로 정적과정

$W = Q - {}_1q_2$
$W = Q - mC_v \Delta T$

● **정적과정**(열량)

$$_1q_2 = U_2 - U_1 = mC_v \Delta T$$

여기서, $_1q_2$: 열량(kJ)
$U_2 - U_1$: 내부에너지 변화(kJ)
m : 질량(kg)
C_v : 정적비열(kJ/kg·K)
ΔT : 온도차(K)

답 ①

28 ★★

정육면체의 그릇에 물을 가득 채울 때, 그릇 밑면이 받는 압력에 의한 수직방향 평균 힘의 크기를 P라고 하면, 한 측면이 받는 압력에 의한 수평방향 평균 힘의 크기는 얼마인가?

① $0.5P$ ② P
③ $2P$ ④ $4P$

해설 작용하는 힘

$$F = \gamma y \sin\theta A = \gamma h A$$

여기서, F : 작용하는 힘(N)
γ : 비중량(물의 비중량 9800N/m³)
y : 표면에서 수문 중심까지의 경사거리(m)
h : 표면에서 수문 중심까지의 수직거리(m)
A : 단면적(m²)

● 문제에서 정육면체이므로 밑면이 받는 힘은 $F = \gamma h A$, 옆면은 밑면을 수직으로 세우면 깊이가 $0.5h$이므로 $F_2 = \gamma 0.5 h A = 0.5 \gamma h A$
∴ 수직방향 평균 힘의 크기 $P = 0.5P$

● 압력은 어느 부분에서나 같은 높이선상이면 동일한 압력이 된다. 그러므로 밑면의 압력이 P라고 하고 이때 옆면이 받는 압력의 평균은 높이의 $\frac{1}{2}$이 적응된 압력이 되므로 $0.5P$가 된다.

※ 추가적으로 높이의 $\frac{1}{2}$을 한 이유를 설명하면 옆면은 맨 위의 압력이 있을 수 있고, 맨 아래의 압력이 있을 수 있으므로 한 면에 작용하는 힘의 작용점은 중심점으로서 맨 위는 0, 맨 아래는 1이라 하면 평균은 **0.5**가 된다.

답 ①

29 ★

베르누이 방정식을 적용할 수 있는 기본 전제조건으로 옳은 것은?

① 비압축성 흐름, 점성 흐름, 정상 유동
② 압축성 흐름, 비점성 흐름, 정상 유동
③ 비압축성 흐름, 비점성 흐름, 비정상 유동
④ 비압축성 흐름, 비점성 흐름, 정상 유동

해설 (1) 베르누이(Bernoulli)식
 '에너지 보존의 법칙'을 유체에 적용하여 얻은 식
(2) 베르누이 방정식의 적용 조건
 ㉠ 정상흐름(정상유동)
 ㉡ 비압축성 흐름
 ㉢ 비점성 흐름
 ㉣ 이상유체

중요

수정 베르누이 방정식(실제유체)

$$\frac{V_1^2}{2g} + \frac{P_1}{\gamma} + Z_1 = \frac{V_2^2}{2g} + \frac{P_2}{\gamma} + Z_2 + \Delta H$$

↑ 속도수두 ↑ 압력수두 ↑ 위치수두

여기서, V_1, V_2 : 유속[m/s]
  P_1, P_2 : 압력[kN/m²] 또는 [kPa]
  Z_1, Z_2 : 높이[m]
  g : 중력가속도(9.8m/s²)
  γ : 비중량(물의 비중량 9.8kN/m³)
  ΔH : 손실수두[m]

비교

오일러의 운동방정식의 가정	운동량 방정식의 가정
① 정상유동(정상류)일 경우 ② 유체의 마찰이 없는 경우(점성 마찰이 없는 경우) ③ 입자가 유선을 따라 운동할 경우	① 유동 단면에서의 유속은 일정하다. ② 정상유동이다.

답 ④

30 ★★★ Newton의 점성법칙에 대한 옳은 설명으로 모두 짝지은 것은?

17.09.문40
16.03.문31
15.03.문23
12.03.문31
07.03.문30

㉠ 전단응력은 점성계수와 속도기울기의 곱이다.
㉡ 전단응력은 점성계수에 비례한다.
㉢ 전단응력은 속도기울기에 반비례한다.

① ㉠, ㉡   ② ㉡, ㉢
③ ㉠, ㉢   ④ ㉠, ㉡, ㉢

해설 Newton의 점성법칙 특징
(1) 전단응력은 점성계수와 속도기울기의 곱이다.
(2) 전단응력은 속도기울기에 비례한다.
(3) 속도기울기가 0인 곳에서 전단응력은 0이다.
(4) 전단응력은 점성계수에 비례한다.
(5) Newton의 점성법칙(난류)

$$\tau = \mu \frac{du}{dy}$$

여기서, τ : 전단응력[N/m²]
  μ : 점성계수[N·s/m²]
  $\frac{du}{dy}$: 속도구배(속도기울기)$\left[\frac{1}{s}\right]$

비교

Newton의 점성법칙

층류	난류
$\tau = \dfrac{p_A - p_B}{l} \cdot \dfrac{r}{2}$	$\tau = \mu \dfrac{du}{dy}$
여기서, τ : 전단응력[N/m²] $p_A - p_B$: 압력강하[N/m²] l : 관의 길이[m] r : 반경[m]	여기서, τ : 전단응력[N/m²] μ : 점성계수[N·s/m²] 또는 [kg/m·s] $\dfrac{du}{dy}$: 속도구배(속도기울기)$\left[\dfrac{1}{s}\right]$

답 ①

31 ★★★ 물이 배관 내에 유동하고 있을 때 흐르는 물속 어느 부분의 정압이 그때 물의 온도에 해당하는 증기압 이하로 되면 부분적으로 기포가 발생하는 현상을 무엇이라고 하는가?

19.04.문22
17.09.문35
17.05.문37
16.10.문23
16.05.문31
15.03.문35
14.05.문39
14.03.문32
11.05.문29

① 수격현상   ② 서징현상
③ 공동현상   ④ 와류현상

해설 펌프의 현상

용어	설명
공동현상 (cavitation)	● 펌프의 흡입측 배관 내의 물의 정압이 기존의 증기압보다 낮아져서 **기**포가 발생되어 물이 흡입되지 않는 현상 **기억법** 공기
수격작용 (water hammering)	● 배관 속의 물흐름을 급히 차단하였을 때 동압이 정압으로 전환되면서 일어나는 쇼크(shock)현상 ● 배관 내를 흐르는 유체의 유속을 급격하게 변화시키므로 압력이 상승 또는 하강하여 **관로**의 **벽면**을 **치는 현상**
서징현상 (surging)	● 유량이 단속적으로 변하여 펌프 입출구에 설치된 **진공계**·**압력계**가 **흔들**리고 **진동**과 **소음**이 일어나며 펌프의 **토출유량**이 변하는 현상 **기억법** 서흔(서른)

- 서징현상=맥동현상

답 ③

32 그림과 같이 사이펀에 의해 용기 속의 물이 $4.8m^3$/min로 방출된다면 전체 손실수두[m]는 얼마인가? (단, 관내 마찰은 무시한다.)

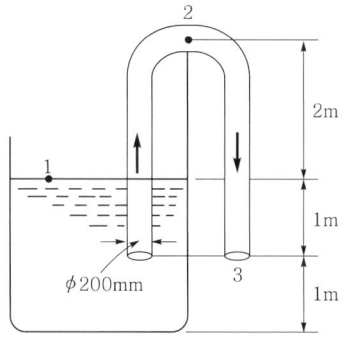

① 0.668　　② 0.330
③ 1.043　　④ 1.826

해설 (1) 기호
- Q : $4.8m^3$/min=$4.8m^3$/60s(1min=60s)
- ΔH : ?
- Z_1 =0m(수면의 높이를 기준으로 해서 0m로 정함)
  Z_2 =-1m(기준보다 아래에 있어서 −로 표시)

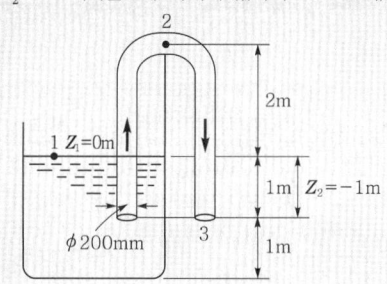

- D : 200mm=0.2m(1000mm=1m) : 그림에서 주어짐

(2) 유량
$$Q = AV = \left(\frac{\pi D^2}{4}\right)V$$

여기서, Q : 유량[m^3/s]
　　　　A : 단면적[m^2]
　　　　V : 유속[m/s]
　　　　D : 직경[m]

방출 전 유속 $V_1 = 0$

방출 시 유속 $V_2 = \dfrac{Q}{\frac{\pi D^2}{4}} = \dfrac{4.8m^3/60s}{\frac{\pi \times (0.2m)^2}{4}} = 2.55m/s$

- 방출 전에는 유속이 없으므로 $V_1 = 0$

(3) 베르누이 방정식
$$\frac{V_1^2}{2g} + \frac{P_1}{\gamma} + Z_1 = \frac{V_2^2}{2g} + \frac{P_2}{\gamma} + Z_2 + \Delta H$$

여기서, V_1, V_2 : 유속[m/s]
　　　　P_1, P_2 : 압력[kPa] 또는 [kN/m^2]
　　　　Z_1, Z_2 : 높이[m]
　　　　g : 중력가속도(9.8m/s^2)
　　　　γ : 비중량(물의 비중량 9.8kN/m^3)
　　　　ΔH : 손실수두[m]

$$\cancel{\frac{V_1^2}{2g}} + \cancel{\frac{P_1}{\gamma}} + Z_1 = \frac{V_2^2}{2g} + \cancel{\frac{P_2}{\gamma}} + Z_2 + \Delta H$$

- [단서]에서 관내 마찰은 무시 $P_1 = P_2$이므로 $\dfrac{P_1}{\gamma}$, $\dfrac{P_2}{\gamma}$ 삭제

- $V_1 = 0$(방출 전 유속은 없으므로)으로 $\dfrac{V_1^2}{2g} = 0$ 이므로 삭제

$$Z_1 = \frac{V_2^2}{2g} + Z_2 + \Delta H$$

$$Z_1 - Z_2 - \frac{V_2^2}{2g} = \Delta H$$

$$\Delta H = Z_1 - Z_2 - \frac{V_2^2}{2g}\ \ \leftarrow\text{좌우항 위치 바꿈}$$

$$= 0-(-1)-\frac{V_2^2}{2g}$$

$$= 1 - \frac{V^2}{2g}$$

$$= 1 - \frac{(2.55m/s)^2}{2 \times 9.8m/s^2} ≒ 0.668m$$

답 ①

33 반지름 R_0인 원형 파이프에 유체가 층류로 흐를 때, 중심으로부터 거리 R에서의 유속 U와 최대 속도 U_{max}의 비에 대한 분포식으로 옳은 것은?

① $\dfrac{U}{U_{max}} = \left(\dfrac{R}{R_0}\right)^2$

② $\dfrac{U}{U_{max}} = 2\left(\dfrac{R}{R_0}\right)^2$

③ $\dfrac{U}{U_{max}} = \left(\dfrac{R}{R_0}\right)^2 - 2$

④ $\dfrac{U}{U_{max}} = 1 - \left(\dfrac{R}{R_0}\right)^2$

해설 국부속도
$$U = U_{max}\left[1 - \left(\frac{R}{R_0}\right)^2\right]$$

여기서, U : 국부속도[cm/s]
U_{max} : 중심속도[cm/s]
R_0 : 반경[cm]
R : 중심에서의 거리[cm]

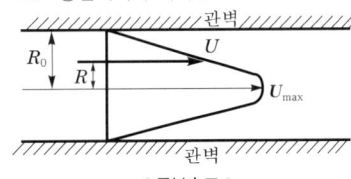

| 국부속도 |

$$\therefore \frac{U}{U_{max}} = 1 - \left(\frac{R}{R_0}\right)^2$$

답 ④

34 이상기체의 기체상수에 대해 옳은 설명으로 모두 짝지어진 것은?

㉠ 기체상수의 단위는 비열의 단위와 차원이 같다.
㉡ 기체상수는 온도가 높을수록 커진다.
㉢ 분자량이 큰 기체의 기체상수가 분자량이 작은 기체의 기체상수보다 크다.
㉣ 기체상수의 값은 기체의 종류에 관계없이 일정하다.

① ㉠
② ㉠, ㉢
③ ㉡, ㉢
④ ㉠, ㉡, ㉣

해설 ㉠ 기체상수와 비열은 차원이 같다.

기체상수의 단위	비열의 단위
① atm·m³/kmol·K	
② kJ/kg·K	kJ/kg·K
③ kJ/kmol·K	

㉡ 이상기체 상태방정식

| 커진다 → 작아진다 |

$$PV = \frac{m}{M}RT$$

여기서, P : 기압[atm]
V : 방출가스량[m³]
m : 질량[kg]
M : 분자량[kg/kmol]
R : 0.082[atm·m³/kmol·K]
T : 절대온도(273+℃)[K]

$$PV = \frac{m}{M}RT$$

$$\frac{PV}{T} = \frac{m}{M}R$$

$$\therefore R \propto \frac{1}{T}(반비례)$$

㉢ 분자량에 관계없이 **동일**하다.
㉣ 관계없이 일정하다. → 따라 다르다.

답 ①

35 그림에서 두 피스톤의 지름이 각각 30cm와 5cm이다. 큰 피스톤이 1cm 아래로 움직이면 작은 피스톤은 위로 몇 cm 움직이는가?

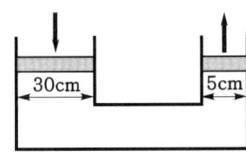

① 1
② 5
③ 30
④ 36

해설 (1) 기호
- D_1 : 30cm
- D_2 : 5cm
- h_1 : 1cm
- h_2 : ?

(2) 압력

$$P = \gamma h = \frac{F}{A}, \quad P_1 = P_2, \quad V_1 = V_2$$

여기서, P : 압력[N/cm²]
γ : 비중량[N/cm³]
h : 움직인 높이[cm]
F : 힘[N]
A : 단면적[cm²]
P_1, P_2 : 압력[kPa] 또는 [kN/m²]
V_1, V_2 : 체적[m³]

$V_1 = V_2$ 에서
$V_1 : h_1 A_1, \quad V_2 : h_2 A_2$
$V_1 = V_2$
$h_1 A_1 = h_2 A_2$

작은 피스톤이 움직인 거리 h_2는

$$h_2 = \frac{A_1}{A_2} h_1$$
$$= \frac{\frac{\pi}{4} D_1^2}{\frac{\pi}{4} D_2^2} h_1$$
$$= \frac{\frac{\pi}{4} \times (30\text{cm})^2}{\frac{\pi}{4} \times (5\text{cm})^2} \times 1\text{cm}$$
$$= 36\text{cm}$$

답 ④

36 흐르는 유체에서 정상류의 의미로 옳은 것은?

① 흐름의 임의의 점에서 흐름특성이 시간에 따라 일정하게 변하는 흐름
② 흐름의 임의의 점에서 흐름특성이 시간에 관계없이 항상 일정한 상태에 있는 흐름
③ 임의의 시각에 유로 내 모든 점의 속도벡터가 일정한 흐름
④ 임의의 시각에 유로 내 각 점의 속도벡터가 다른 흐름

해설 정상류와 비정상류

정상류(steady flow)	비정상류(unsteady flow)
① 유체의 흐름의 특성이 **시간**에 따라 변하지 않는 흐름	① 유체의 흐름의 특성이 **시간**에 따라 변하는 흐름
② 흐름의 임의의 점에서 흐름특성이 시간에 관계없이 항상 일정한 상태에 있는 흐름	② 흐름의 임의의 점에서 흐름특성이 시간에 따라 일정하게 변하는 흐름
$\frac{\partial V}{\partial t}=0,\ \frac{\partial \rho}{\partial t}=0,$ $\frac{\partial p}{\partial t}=0,\ \frac{\partial T}{\partial t}=0$	$\frac{\partial V}{\partial t}\neq 0,\ \frac{\partial \rho}{\partial t}\neq 0,$ $\frac{\partial p}{\partial t}\neq 0,\ \frac{\partial T}{\partial t}\neq 0$
여기서, V : 속도(m/s) ρ : 밀도(kg/m³) p : 압력(kPa) T : 온도(℃) t : 시간(s)	여기서, V : 속도(m/s) ρ : 밀도(kg/m³) p : 압력(kPa) T : 온도(℃) t : 시간(s)

답 ②

37 용량 1000L의 탱크차가 만수 상태로 화재현장에 출동하여 노즐압력 294.2kPa, 노즐구경 21mm를 사용하여 방수한다면 탱크차 내의 물을 전부 방수하는 데 몇 분 소요되는가? (단, 모든 손실은 무시한다.)

① 1.7분
② 2분
③ 2.3분
④ 2.7분

해설 (1) 기호
- Q' : 1000L
- P : 294.2kPa
- D : 21mm
- t : ?

(2) 방수량

$$Q = 0.653 D^2 \sqrt{10P}$$

여기서, Q : 방수량(L/min)
　　　　D : 구경(mm)
　　　　P : 방수압(MPa)

또한

$$Q' = 0.653 D^2 \sqrt{10P}\, t$$

여기서, Q' : 용량(L)
　　　　D : 구경(mm)
　　　　P : 방수압(MPa)
　　　　t : 시간(min)

0.101325MPa=101.325kPa 이므로

$$P = 294.2\text{kPa} = \frac{294.2\text{kPa}}{101.325\text{kPa}} \times 0.101325\text{MPa}$$
$$\fallingdotseq 0.294\text{MPa}$$

시간 t 는

$$t = \frac{Q'}{0.653 D^2 \sqrt{10P}}$$
$$= \frac{1000\text{L}}{0.653 \times (21\text{mm})^2 \times \sqrt{10 \times 0.294\text{MPa}}}$$
$$\fallingdotseq 2\text{분}$$

중요

표준대기압
1atm=760mmHg=1.0332kg$_f$/cm²
　　　=10.332mH₂O(mAq)
　　　=14.7PSI(lb$_f$/in²)
　　　=101.325kPa(kN/m²)
　　　=1013mbar

답 ②

38 그림과 같이 60°로 기울어진 고정된 평판에 직경 50mm의 물 분류가 속도(V) 20m/s로 충돌하고 있다. 분류가 충돌할 때 판에 수직으로 작용하는 충격력 R(N)은?

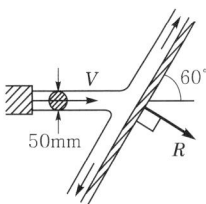

① 296
② 393
③ 680
④ 785

해설 **(1) 기호**
- β : 60°
- D : 50mm=0.05m(1000mm=1m)
- V : 20m/s
- $F(R)$: ?

(2) 유량
$$Q = AV = \left(\frac{\pi}{4}D^2\right)V$$

여기서, Q : 유량[m³/s]
A : 단면적[m²]
D : 직경[m]
V : 유속[m/s]

유량 Q는
$Q = \frac{\pi}{4}D^2V = \frac{\pi}{4} \times (0.05\text{m})^2 \times 20\text{m/s} = 0.039\text{m}^3/\text{s}$

(3) 수직충격력
$$F = \rho QV\sin\beta$$

여기서, F : 수직충격력[N]
ρ : 밀도(물의 밀도 1000N·s²/m⁴)
Q : 유량[m³/s]
V : 속도[m/s]
β : 유출방향

수직충격력 F는
$F = \rho QV\sin\beta$
  $= 1000\text{N}\cdot\text{s}^2/\text{m}^4 \times 0.039\text{m}^3/\text{s} \times 20\text{m/s} \times \sin 60°$
  $= 675 ≒ 680\text{N}$

답 ③

39 ★★★
17.09.문28
17.05.문22
16.10.문37
14.03.문24
08.05.문33
07.03.문36
06.09.문31

외부지름이 30cm이고, 내부지름이 20cm인 길이 10m의 환형(annular)관에 물이 2m/s의 평균속도로 흐르고 있다. 이때 손실수두가 1m일 때, 수력직경에 기초한 마찰계수는 얼마인가?

① 0.049
② 0.054
③ 0.065
④ 0.078

해설 **(1) 기호**
- $D_\text{외}$: 30cm=0.3m
- $D_\text{내}$: 20cm=0.2m
- L : 10m
- V : 2m/s
- H : 1m
- f : ?

(2) 수력반경(hydraulic radius)
$$R_h = \frac{A}{L}$$

여기서, R_h : 수력반경[m]
A : 단면적[m²]
L : 접수길이(단면둘레의 길이)[m]

(3) 수력직경(수력지름)
$$D_h = 4R_h$$

여기서, D_h : 수력직경[m]
R_h : 수력반경[m]

외경 30cm(반지름 15cm=0.15m)
내경 20cm(반지름 10cm=0.1m)인 환형관

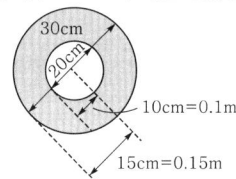

수력반경
$R_h = \frac{A}{L} = \frac{\pi(r_1^2 - r_2^2)}{2\pi(r_1 + r_2)}$
$= \frac{\cancel{\pi} \times (0.15^2 - 0.1^2)\text{m}^2}{\cancel{2\pi} \times (0.15 + 0.1)\text{m}} = 0.025\text{m}$

- 단면적 $A = \pi r^2$
여기서, A : 단면적[m²]
r : 반지름[m]

- 접수길이(원둘레) $L = 2\pi r$
여기서, L : 접수길이[m]
r : 반지름[m]

수력지름
$D_h = 4R_h = 4 \times 0.025\text{m} = 0.1\text{m}$

(4) 손실수두
$$H = \frac{fLV^2}{2gD}$$

여기서, H : 손실수두(마찰손실)[m]
f : 관마찰계수(마찰계수)
L : 길이[m]
V : 유속[m/s]
g : 중력가속도(9.8m/s²)
$D(D_h)$: 내경(수력지름)[m]

마찰계수 f는
$f = \frac{2gD_hH}{LV^2} = \frac{2 \times 9.8\text{m/s}^2 \times 0.1\text{m} \times 1\text{m}}{10\text{m} \times (2\text{m/s})^2} = 0.049$

답 ①

40. 토출량이 0.65m³/min인 펌프를 사용하는 경우 펌프의 소요 축동력[kW]은? (단, 전양정은 40m이고, 펌프의 효율은 50%이다.)

① 4.2 ② 8.5
③ 17.2 ④ 50.9

해설
(1) 기호
- Q : 0.65m³/min
- P : ?
- H : 40m
- η : 50%=0.5

(2) 축동력

$$P = \frac{0.163QH}{\eta}$$

여기서, P : 축동력[kW]
Q : 유량[m³/min]
H : 전양정(수두)[m]
η : 효율

펌프의 축동력 P는

$P = \dfrac{0.163QH}{\eta}$

$= \dfrac{0.163 \times 0.65\text{m}^3/\text{min} \times 40\text{m}}{0.5} \fallingdotseq 8.5\text{kW}$

- K(전달계수) : 축동력이므로 K 무시

용어
축동력
전달계수(K)를 고려하지 않은 동력

답 ②

제3과목 소방관계법규

41. 소방기본법에서 정의하는 소방대의 조직구성원이 아닌 것은?

① 의무소방원
② 소방공무원
③ 의용소방대원
④ 공항소방대원

해설 기본법 2조
소방대
(1) 소방**공**무원
(2) **의**무소방원
(3) **의**용소방대원

기억법 소공의

답 ④

42. 위험물안전관리법령상 인화성 액체 위험물(이황화탄소를 제외)의 옥외탱크저장소의 탱크 주위에 설치하여야 하는 방유제의 기준 중 틀린 것은?

① 방유제의 용량은 방유제 안에 설치된 탱크가 하나인 때에는 그 탱크용량의 110% 이상으로 할 것
② 방유제의 용량은 방유제 안에 설치된 탱크가 2기 이상인 때에는 그 탱크 중 용량이 최대인 것의 용량의 110% 이상으로 할 것
③ 방유제는 높이 1m 이상 2m 이하, 두께 0.2m 이상, 지하매설깊이 0.5m 이상으로 할 것
④ 방유제 내의 면적은 80000m² 이하로 할 것

해설 ③ 1m 이상 2m 이하 → 0.5m 이상 3m 이하, 0.5m → 1m

위험물규칙〔별표 6〕
(1) 옥외탱크저장소의 방유제

구분	설명
높이	0.5~3m 이하, 두께 0.2m 이상, 지하매설깊이 1m 이상 보기 ③
탱크	10기(모든 탱크용량이 20만L 이하, 인화점이 70~200℃ 미만은 20기) 이하
면적	80000m² 이하 보기 ④
용량	① 1기 이상 : **탱크용량**×110% 이상 보기 ① ② 2기 이상 : **최대탱크용량**×110% 이상 보기 ②

(2) 높이가 1m를 넘는 방유제 및 간막이 둑의 안팎에는 방유제 내에 출입하기 위한 계단 또는 경사로를 약 50m마다 설치할 것

답 ③

43. 소방시설공사업법령상 공사감리자 지정대상 특정소방대상물의 범위가 아닌 것은?

① 물분무등소화설비(호스릴방식의 소화설비는 제외)를 신설·개설하거나 방호·방수구역을 증설할 때
② 제연설비를 신설·개설하거나 제연구역을 증설할 때
③ 연소방지설비를 신설·개설하거나 살수구역을 증설할 때
④ 캐비닛형 간이스프링클러설비를 신설·개설하거나 방호·방수구역을 증설할 때

해설
④ 캐비닛형 간이스프링클러설비를 → 스프링클러설비(캐비닛형 간이스프링클러설비 제외)를

공사업령 10조
소방공사감리자 지정대상 특정소방대상물의 범위
(1) **옥내소화전설비**를 신설·개설 또는 **증설**할 때
(2) **스프링클러설비** 등(캐비닛형 간이스프링클러설비 제외)을 신설·개설하거나 방호·**방수구역을 증설**할 때 〔보기 ④〕
(3) **물분무등소화설비**(호스릴방식의 소화설비 제외)를 신설·개설하거나 방호·방수구역을 **증설**할 때 〔보기 ①〕
(4) **옥외소화전설비**를 신설·개설 또는 **증설**할 때
(5) **자동화재탐지설비**를 신설 또는 개설할 때
(6) **화재알림설비**를 신설 또는 개설할 때
(7) **비상방송설비**를 신설 또는 개설할 때
(8) **통합감시시설**을 신설 또는 **개설**할 때
(9) **소화용수설비**를 신설 또는 **개설**할 때
(10) 다음의 **소화활동설비**에 대하여 시공할 때
  ㉠ **제연설비**를 신설·개설하거나 제연구역을 증설할 때 〔보기 ②〕
  ㉡ 연결송수관설비를 신설 또는 개설할 때
  ㉢ 연결살수설비를 신설·개설하거나 송수구역을 증설할 때
  ㉣ 비상콘센트설비를 신설·개설하거나 전용회로를 증설할 때
  ㉤ 무선통신보조설비를 신설 또는 개설할 때
  ㉥ **연소방지설비**를 신설·개설하거나 살수구역을 증설할 때 〔보기 ③〕

답 ④

44 소방기본법령상 소방신호의 방법으로 틀린 것은?
12.03.문48
① 타종에 의한 훈련신호는 연 3타 반복
② 사이렌에 의한 발화신호는 5초 간격을 두고 10초씩 3회
③ 타종에 의한 해제신호는 상당한 간격을 두고 1타씩 반복
④ 사이렌에 의한 경계신호는 5초 간격을 두고 30초씩 3회

해설
② 10초 → 5초

기본규칙 〔별표 4〕
소방신호표

신호방법 종 별	타종 신호	사이렌 신호
경계신호	**1**타와 연 **2**타를 반복	**5초** 간격을 두고 **30**초씩 **3회** 〔보기 ④〕
발화신호	난타	**5초** 간격을 두고 **5초**씩 **3회** 〔보기 ②〕
해제신호	상당한 간격을 두고 **1타**씩 반복 〔보기 ③〕	**1분간 1회**
훈련신호	연 **3타** 반복 〔보기 ①〕	**10초** 간격을 두고 **1분**씩 **3회**

기억법	타	사
경	1+2	5+30=3
발	난	5+5=3
해	1	1=1
훈	3	10+1=3

답 ②

45 소방시설 설치 및 관리에 관한 법령상 대통령령
17.03.문48 또는 화재안전기준이 변경되어 그 기준이 강화되는 경우 기존 특정소방대상물의 소방시설 중 강화된 기준을 적용하여야 하는 소방시설은?
① 비상경보설비
② 비상방송설비
③ 비상콘센트설비
④ 옥내소화전설비

해설 소방시설법 13조
변경강화기준 적용설비
(1) 소화기구
(2) **비**상**경**보설비 〔보기 ①〕
(3) **자**동화재탐지설비
(4) **자**동화재**속**보설비
(5) **피**난구조설비
(6) 소방시설(공동구 설치용, 전력 및 통신사업용 지하구)
(7) **노**유자시설
(8) 의료시설

기억법 강비경 자속피노

 중요

소방시설법 시행령 13조
변경강화기준 적용설비

공동구, 전력 및 통신사업용 지하구	노유자시설에 설치하여야 하는 소방시설	의료시설에 설치하여야 하는 소방시설
• 소화기 • 자동소화장치 • 자동화재탐지설비 • 통합감시시설 • 유도등 및 연소방지설비	• 간이스프링클러설비 • 자동화재탐지설비 • 단독경보형 감지기	• 간이스프링클러설비 • 스프링클러설비 • 자동화재탐지설비 • 자동화재속보설비

답 ①

46 소방시설 설치 및 관리에 관한 법령상 지하상가는
18.04.문47 연면적이 최소 몇 m² 이상이어야 스프링클러설비
15.05.문53 를 설치하여야 하는 특정소방대상물에 해당하
15.03.문56 는가?
14.03.문55
13.06.문43
12.05.문51
① 100 ② 200
③ 1000 ④ 2000

해설 소방시설법 시행령〔별표 4〕
스프링클러설비의 설치대상

설치대상	조 건

① 문화 및 집회시설, 운동시설
② 종교시설
	• 수용인원 : 100명 이상
	• 영화상영관 : 지하층·무창층 500m^2(기타 1000m^2) 이상
	• 무대부
	  - 지하층·무창층·4층 이상 300m^2 이상
	  - 1~3층 500m^2 이상

③ 판매시설 ④ 운수시설 ⑤ 물류터미널	• 수용인원 : 500명 이상 • 바닥면적 합계 5000m^2 이상
⑥ 노유자시설 ⑦ 정신의료기관 ⑧ 수련시설(숙박 가능한 것) ⑨ 종합병원, 병원, 치과병원, 한방병원 및 요양병원(정신병원 제외) ⑩ 숙박시설	• 바닥면적 합계 600m^2 이상
⑪ 지하층·무창층·4층 이상	• 바닥면적 1000m^2 이상
⑫ 창고시설(물류터미널 제외)	• 바닥면적 합계 5000m^2 이상 : 전층
⑬ 지하상가	• 연면적 1000m^2 이상 보기 ③
⑭ 10m 넘는 랙식 창고	• 연면적 1500m^2 이상
⑮ 복합건축물 ⑯ 기숙사	• 연면적 5000m^2 이상 : 전층
⑰ 6층 이상	• 전층
⑱ 보일러실·연결통로	• 전부
⑲ 특수가연물 저장·취급	• 지정수량 1000배 이상
⑳ 발전시설	• 전기저장시설

답 ③

47 화재의 예방 및 안전관리에 관한 법령상 특정소방대상물의 관계인이 수행하여야 하는 소방안전관리 업무가 아닌 것은?

① 소방훈련의 지도·감독
② 화기(火氣)취급의 감독
③ 피난시설, 방화구획 및 방화시설의 관리
④ 소방시설이나 그 밖의 소방 관련 시설의 관리

해설 ① 소방훈련의 지도·감독 : 소방본부장·소방서장
(화재예방법 37조)

화재예방법 24조 ⑤항
관계인 및 소방안전관리자의 업무

특정소방대상물 (관계인)	소방안전관리대상물 (소방안전관리자)
① 피난시설·방화구획 및 방화시설의 관리 보기 ③ ② 소방시설, 그 밖의 소방관련 시설의 관리 보기 ④ ③ 화기취급의 감독 보기 ② ④ 소방안전관리에 필요한 업무 ⑤ 화재발생시 초기대응	① 피난시설·방화구획 및 방화시설의 관리 ② 소방시설, 그 밖의 소방관련 시설의 관리 ③ 화기취급의 감독 ④ 소방안전관리에 필요한 업무 ⑤ 소방계획서의 작성 및 시행(대통령령으로 정하는 사항 포함) ⑥ 자위소방대 및 초기대응체계의 구성·운영·교육 ⑦ 소방훈련 및 교육 ⑧ 소방안전관리에 관한 업무 수행에 관한 기록·유지 ⑨ 화재발생시 초기대응

용어

특정소방대상물	소방안전관리대상물
건축물 등의 규모·용도 및 수용인원 등을 고려하여 소방시설을 설치하여야 하는 소방대상물로서 대통령령으로 정하는 것	**대통령령**으로 정하는 특정소방대상물

답 ①

48 소방기본법령상 저수조의 설치기준으로 틀린 것은?

① 지면으로부터의 낙차가 4.5m 이상일 것
② 흡수부분의 수심이 0.5m 이상일 것
③ 흡수에 지장이 없도록 토사 및 쓰레기 등을 제거할 수 있는 설비를 갖출 것
④ 흡수관의 투입구가 사각형의 경우에는 한 변의 길이가 60cm 이상, 원형의 경우에는 지름이 60cm 이상일 것

해설 ① 4.5m 이상 → 4.5m 이하

기본규칙〔별표 3〕
소방용수시설의 저수조에 대한 설치기준
(1) **낙차** : **4.5m 이하** 보기 ①
(2) **수심** : **0.5m 이상** 보기 ②
(3) 투입구의 길이 또는 지름 : **60cm 이상** 보기 ④
(4) 소방펌프자동차가 **쉽게 접근**할 수 있도록 할 것
(5) 흡수에 지장이 없도록 **토사 및 쓰레기** 등을 제거할 수 있는 설비를 갖출 것 보기 ③
(6) 저수조에 물을 공급하는 방법은 **상수도**에 연결하여 **자동**으로 **급수**되는 구조일 것

기억법 수5(수호천사)

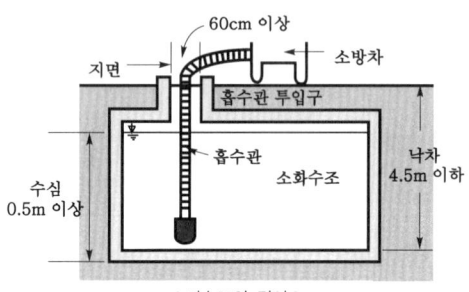

답 ①

49 위험물안전관리법상 시·도지사의 허가를 받지 아니하고 당해 제조소 등을 설치할 수 있는 기준 중 다음 ( ) 안에 알맞은 것은?

18.03.문43
17.05.문46
14.05.문44
13.09.문60
06.03.문58

농예용·축산용 또는 수산용으로 필요한 난방 시설 또는 건조시설을 위한 지정수량 ( )배 이하의 저장소

① 20　　　　② 30
③ 40　　　　④ 50

해설 위험물법 6조
제조소 등의 설치허가
(1) **설치허가자** : **시·도지사**
(2) 설치허가 제외장소
　㉠ **주택**의 난방시설(공동주택의 중앙난방시설은 제외) 을 위한 **저장소** 또는 **취급소**
　㉡ 지정수량 **20배** 이하의 **농예용·축산용·수산용** 난방시설 또는 건조시설의 **저장소** 보기 ①
(3) 제조소 등의 변경신고 : 변경하고자 하는 날의 **1일** 전 까지

기억법 농축수2

참고
시·도지사
(1) 특별시장
(2) 광역시장
(3) 특별자치시장
(4) 도지사
(5) 특별자치도지사

답 ①

50 소방안전교육사가 수행하는 소방안전교육의 업무에 직접적으로 해당되지 않는 것은?

13.09.문42

① 소방안전교육의 분석
② 소방안전교육의 기획
③ 소방안전관리자 양성교육
④ 소방안전교육의 평가

해설 기본법 17조 2
소방안전교육사의 수행업무
(1) 소방안전교육의 **기**획　보기 ②
(2) 소방안전교육의 **진**행
(3) 소방안전교육의 **분**석　보기 ①
(4) 소방안전교육의 **평**가　보기 ④
(5) 소방안전교육의 **교**수업무

기억법 기진분평교

답 ③

51 소방시설 설치 및 관리에 관한 법령상 특정소방대상물의 소방시설 설치의 면제기준 중 다음 ( ) 안에 알맞은 것은?

18.03.문80
17.09.문48
14.09.문78
14.03.문53

물분무등소화설비를 설치하여야 하는 차고·주차장에 ( )를 화재안전기준에 적합하게 설치한 경우에는 그 설비의 유효범위에서 설치가 면제된다.

① 옥내소화전설비
② 스프링클러설비
③ 간이스프링클러설비
④ 청정소화약제소화설비

해설 소방시설법 시행령〔별표 5〕
소방시설 면제기준

면제대상(설치대상)	대체설비
스프링클러설비	• 물분무등소화설비
물분무등소화설비 →	• 스프링클러설비　보기 ②
간이스프링클러설비	• 스프링클러설비 • 물분무소화설비 • 미분무소화설비
비상**경**보설비 또는 **단**독경보형 감지기	• 자동화재탐지설비 **기억법** 탐경단
비상**경**보설비	• 2개 이상 단독경보형 감지기 연동 **기억법** 경단2
비상방송설비	• 자동화재탐지설비 • 비상경보설비
연결살수설비	• 스프링클러설비 • 간이스프링클러설비 • 물분무소화설비 • 미분무소화설비
제연설비	• **공기조화설비**
연소방지설비	• 스프링클러설비 • 물분무소화설비 • 미분무소화설비

연결송수관설비	• 옥내소화전설비 • 스프링클러설비 • 간이스프링클러설비 • 연결살수설비
자동화재탐지설비	• 자동화재탐지설비의 기능을 가진 스프링클러설비 • 물분무등소화설비
옥내소화전설비	• 옥외소화전설비 • 미분무소화설비(호스릴방식)

답 ②

52 화재의 예방 및 안전관리에 관한 법령상 소방안전관리대상물의 소방계획서에 포함되어야 하는 사항이 아닌 것은?

① 소방시설·피난시설 및 방화시설의 점검·정비계획
② 위험물안전관리법에 따라 예방규정을 정하는 제조소 등의 위험물 저장·취급에 관한 사항
③ 특정소방대상물의 근무자 및 거주자의 자위소방대 조직과 대원의 임무에 관한 사항
④ 방화구획, 제연구획, 건축물의 내부 마감재료(불연재료·준불연재료 또는 난연재료로 사용된 것) 및 방염대상물품의 사용현황과 그 밖의 방화구조 및 설비의 유지·관리계획

해설 ② 위험물 관련은 해당 없음

화재예방법 시행령 27조
소방안전관리대상물의 소방계획서 작성
(1) 소방안전관리대상물의 위치·구조·연면적·용도 및 수용인원 등의 **일반현황**
(2) 화재예방을 위한 **자체점검계획** 및 **대응대책**
(3) 특정소방대상물의 **근무자** 및 거주자의 **자위소방대** 조직과 대원의 임무에 관한 사항 보기 ③
(4) **소방시설**·피난시설 및 **방화시설**의 점검·정비계획 보기 ①
(5) **방화구획**, **제연구획**, 건축물의 **내부 마감재료**(불연재료·준불연재료 또는 난연재료로 사용된 것) 및 방염대상물품의 사용현황과 그 밖의 방화구조 및 설비의 유지·관리계획 보기 ④

답 ②

53 위험물안전관리법상 업무상 과실로 제조소 등에서 위험물을 유출·방출 또는 확산시켜 사람의 생명·신체 또는 재산에 대하여 위험을 발생시킨 자에 대한 벌칙기준은?

① 5년 이하의 금고 또는 2000만원 이하의 벌금
② 5년 이하의 금고 또는 7000만원 이하의 벌금
③ 7년 이하의 금고 또는 2000만원 이하의 벌금
④ 7년 이하의 금고 또는 7000만원 이하의 벌금

해설 **위험물법 34조**

벌칙	행위
7년 이하의 금고 또는 **7천만원** 이하의 벌금 보기 ④	업무상 과실로 제조소 등에서 **위험물**을 유출·방출 또는 확산시켜 사람의 생명·신체 또는 재산에 대하여 **위험**을 발생시킨 자 **기억법** 77천위(**위**험한 **칠천량** 해전)
10년 이하의 징역 또는 금고나 **1억원** 이하의 벌금	업무상 과실로 제조소 등에서 위험물을 유출·방출 또는 확산시켜 사람을 **사상**에 이르게 한 자

비교

소방시설법 56조

벌칙	행위
5년 이하의 징역 또는 **5천만원** 이하의 벌금	소방시설에 폐쇄·차단 등의 **행위**를 한 자
7년 이하의 징역 또는 **7천만원** 이하의 벌금	소방시설에 폐쇄·차단 등의 행위를 하여 사람을 **상해**에 이르게 한 때
10년 이하의 징역 또는 **1억원** 이하의 벌금	소방시설에 폐쇄·차단 등의 행위를 하여 사람을 **사망**에 이르게 한 때

답 ④

54 소방시설공사업법령상 소방시설업 등록을 하지 아니하고 영업을 한 자에 대한 벌칙은?

① 500만원 이하의 벌금
② 1년 이하의 징역 또는 1000만원 이하의 벌금
③ 3년 이하의 징역 또는 3000만원 이하의 벌금
④ 5년 이하의 징역

해설 **소방시설법 57조, 공사업법 35조, 화재예방법 50조**
3년 이하의 징역 또는 3000만원 이하의 벌금
(1) **화재안전조사** 결과에 따른 조치명령 위반(화재예방법 50조)
(2) **소방시설관리업** 무등록자(소방시설법 57조)
(3) **소방시설업** 무등록자(공사업법 35조) 보기 ③
(4) 부정한 청탁을 받고 재물 또는 재산상의 이익을 취득하거나 부정한 청탁을 하면서 재물 또는 재산상의 이익을 제공한 자(공사업법 35조)
(5) 형식승인을 받지 않은 **소방용품** 제조·수입자(소방시설법 57조)
(6) **제품검사**를 받지 않은 자(소방시설법 57조)
(7) 거짓이나 그 밖의 **부정한 방법**으로 제품검사 전문기관의 지정을 받은 자(소방시설법 57조)

중요

3년 이하의 징역 또는 3000만원 이하의 벌금	5년 이하의 징역 또는 1억원 이하의 벌금
① 소방시설업 무등록 ② 소방시설관리업 무등록	제조소 무허가(위험물법 34조 2)

답 ③

55 위험물안전관리법령상 위험물의 유별 저장·취급의 공통기준 중 다음 ( ) 안에 알맞은 것은?

( ) 위험물은 산화제와의 접촉·혼합이나 불티·불꽃·고온체와의 접근 또는 과열을 피하는 한편, 철분·금속분·마그네슘 및 이를 함유한 것에 있어서는 물이나 산과의 접촉을 피하고 인화성 고체에 있어서는 함부로 증기를 발생시키지 아니하여야 한다.

① 제1류　　② 제2류
③ 제3류　　④ 제4류

해설 위험물규칙 〔별표 18〕 Ⅱ
위험물의 유별 저장·취급의 공통기준(중요 기준)

위험물	공통기준
제1류 위험물	**가연물**과의 접촉·혼합이나 분해를 촉진하는 물품과의 접근 또는 과열·충격·마찰 등을 피하는 한편, 알칼리금속의 과산화물 및 이를 함유한 것에 있어서는 물과의 접촉을 피할 것
제2류 위험물	**산화제**와의 접촉·혼합이나 불티·불꽃·고온체와의 접근 또는 과열을 피하는 한편, 철분·금속분·마그네슘 및 이를 함유한 것에 있어서는 물이나 산과의 접촉을 피하고 인화성 고체에 있어서는 함부로 증기를 발생시키지 않을 것 보기 ②
제3류 위험물	**자연발화성** 물질에 있어서는 불티·불꽃 또는 고온체와의 접근·과열 또는 공기와의 접촉을 피하고, 금수성 물질에 있어서는 물과의 접촉을 피할 것
제4류 위험물	불티·불꽃·**고온체**와의 접근 또는 과열을 피하고, 함부로 **증기**를 발생시키지 않을 것
제5류 위험물	불티·불꽃·고온체와의 접근이나 과열·충격 또는 **마찰**을 피할 것
제6류 위험물	가연물과의 접촉·혼합이나 분해를 촉진하는 물품과의 접근 또는 과열을 피할 것

답 ②

56 소방기본법령상 소방용수시설의 설치기준 중 급수탑의 급수배관의 구경은 최소 몇 mm 이상이어야 하는가?

① 100　　② 150
③ 200　　④ 250

해설 기본규칙 〔별표 3〕
소방용수시설별 설치기준

소화전	급수탑
• 65mm : 연결금속구의 구경	• 100mm : 급수배관의 구경 보기 ① • 1.5~1.7m 이하 : 개폐밸브 높이

기억법 57탑(57층 탑)

답 ①

57 소방시설 설치 및 관리에 관한 법령상 자동화재탐지설비를 설치하여야 하는 특정소방대상물에 대한 기준 중 ( )에 알맞은 것은?

근린생활시설(목욕장 제외), 의료시설(정신의료기관 또는 요양병원 제외), 위락시설, 장례시설 및 복합건축물로서 연면적 ( )m² 이상인 것

① 400　　② 600
③ 1000　　④ 3500

해설 소방시설법 시행령 〔별표 4〕
자동화재탐지설비의 설치대상

설치대상	조건
① 정신의료기관·의료재활시설	• 창살설치 : 바닥면적 300m² 미만 • 기타 : 바닥면적 300m² 이상
② 노유자시설	• 연면적 400m² 이상
③ 근린생활시설·위락시설 ④ 의료시설(정신의료기관, 요양병원 제외) ⑤ 복합건축물·장례시설 기억법 근위의복 6	• 연면적 600m² 이상 보기 ②
⑥ 목욕장·문화 및 집회시설, 운동시설 ⑦ 종교시설 ⑧ 방송통신시설·관광휴게시설 ⑨ 업무시설·판매시설 ⑩ 항공기 및 자동차관련시설·공장·창고시설 ⑪ **지하상가**·운수시설·발전시설·위험물 저장 및 처리시설 ⑫ 교정 및 군사시설 중 국방·군사시설	• 연면적 1000m² 이상

⑬ 교육연구시설 · 동식물관련시설 ⑭ 자원순환관련시설 · 교정 및 군사시설(국방 · 군사시설 제외) ⑮ 수련시설(숙박시설이 있는 것 제외) ⑯ 묘지관련시설	• 연면적 2000m² 이상
기억법 **교동자교수 2**	
⑰ 터널	• 길이 1000m 이상
⑱ 지하구 ⑲ 노유자생활시설 ⑳ 아파트 등 기숙사 ㉑ 숙박시설 ㉒ 6층 이상인 건축물 ㉓ 조산원 및 산후조리원 ㉔ 전통시장 ㉕ 요양병원(정신병원, 의료재활시설 제외)	• 전부
㉖ 특수가연물 저장 · 취급	• 지정수량 500배 이상
㉗ 수련시설(숙박시설이 있는 것)	• 수용인원 100명 이상
㉘ 발전시설	• 전기저장시설

답 ②

58 소방기본법에서 정의하는 소방대상물에 해당되지 않는 것은?

① 산림
② 차량
③ 건축물
④ 항해 중인 선박

해설 기본법 2조 1호
소방대상물
소방차가 출동해서 불을 끌 수 있는 범위
(1) **건**축물 보기 ③
(2) **차**량 보기 ②
(3) **선**박(매어둔 것) 보기 ④
(4) 선박건조구조물
(5) **산**림 보기 ①
(6) **인**공구조물
(7) **물**건

기억법 **건차선 산인물**

비교

위험물법 3조
위험물의 저장 · 운반 · 취급에 대한 적용 제외
(1) 항공기
(2) 선박
(3) 철도
(4) 궤도

답 ④

59 소방시설 설치 및 관리에 관한 법령상 건축허가 등의 동의대상물의 범위 기준 중 틀린 것은?

① 건축 등을 하려는 학교시설 : 연면적 200m² 이상
② 노유자시설 : 연면적 200m² 이상
③ 정신의료기관(입원실이 없는 정신건강의학과 의원은 제외) : 연면적 300m² 이상
④ 장애인 의료재활시설 : 연면적 300m² 이상

해설 ① 200m² 이상 → 100m² 이상

소방시설법 시행령 7조
건축허가 등의 동의대상물
(1) 연면적 400m²(학교시설 : 100m², 수련시설 · 노유자시설 : 200m², 정신의료기관 · 장애인 의료재활시설 : 300m²) 이상
(2) **6층** 이상인 건축물
(3) 차고 · 주차장으로서 바닥면적 200m² 이상(**자**동차 **20**대 이상)
(4) **항**공기격납고, 관망탑, 항공관제탑, 방송용 송수신탑
(5) 지하층 또는 무창층의 바닥면적 150m²(공연장은 100m²) 이상
(6) **위**험물저장 및 처리시설, 지하구
(7) **결**핵환자나 한센인이 24시간 생활하는 **노**유자시설
(8) 전기저장시설, 풍력발전소
(9) 공동주택 · 숙박시설
(10) 노인주거복지시설 · 노인의료복지시설 및 재가노인복지시설 · 학대피해노인 전용쉼터 · 아동복지시설 · 장애인거주시설
(11) 정신질환자 관련시설(공동생활가정을 제외한 재활훈련시설과 종합시설 중 24시간 주거를 제공하지 않는 시설 제외)
(12) 조산원, 산후조리원, 의원(입원실 또는 인공신장실이 있는 것)
(13) 노숙인자활시설, 노숙인재활시설 및 노숙인요양시설
(14) 요양병원(의료재활시설 제외)
(15) 공장 또는 창고시설로서 지정수량의 **750**배 이상의 특수가연물을 저장 · 취급하는 것
(16) 가스시설로서 지상에 노출된 탱크의 저장용량의 합계가 **100t** 이상인 것

기억법 **2자(이자)**

답 ①

60 소방시설 설치 및 관리에 관한 법령상 형식승인을 받지 아니한 소방용품을 판매하거나 판매 목적으로 진열하거나 소방시설공사에 사용한 자에 대한 벌칙기준은?

① 3년 이하의 징역 또는 3000만원 이하의 벌금
② 2년 이하의 징역 또는 1500만원 이하의 벌금
③ 1년 이하의 징역 또는 1000만원 이하의 벌금
④ 1년 이하의 징역 또는 500만원 이하의 벌금

해설 **소방시설법 57조**
3년 이하의 징역 또는 3000만원 이하의 벌금
(1) 소방시설관리업 무등록자
(2) 형식승인을 받지 않은 **소방용품** 제조·수입자
(3) 제품검사를 받지 않은 자
(4) **제품검사**를 받지 아니하거나 **합격표시**를 하지 아니한 소방용품을 판매·진열하거나 소방시설공사에 사용한 자
(5) 거짓이나 그 밖의 **부정한 방법**으로 제품검사 전문기관의 지정을 받은 자
(6) 소방용품 판매·진열·소방시설공사에 사용한 자 보기 ①

답 ①

제4과목 소방기계시설의 구조 및 원리

61 스프링클러설비의 화재안전기준상 폐쇄형 스프링클러헤드의 방호구역·유수검지장치에 대한 기준으로 틀린 것은?
20.09.문72
15.05.문64

① 하나의 방호구역에는 1개 이상의 유수검지장치를 설치하되, 화재발생시 접근이 쉽고 점검하기 편리한 장소에 설치할 것
② 하나의 방호구역은 2개층에 미치지 아니하도록 할 것. 다만, 1개층에 설치되는 스프링클러헤드의 수가 10개 이하인 경우와 복층형 구조의 공동주택에는 3개층 이내로 할 수 있다.
③ 송수구를 통하여 스프링클러헤드에 공급되는 물은 유수검지장치 등을 지나도록 할 것
④ 조기반응형 스프링클러헤드를 설치하는 경우에는 습식 유수검지장치 또는 부압식 스프링클러설비를 설치할 것

해설 ③ 송수구 제외

폐쇄형 설비의 **방호구역** 및 **유수검지장치**(NFPC 103 6조, NFTC 103 2.3)
(1) 하나의 방호구역의 바닥면적은 **3000m²**를 초과하지 않을 것
(2) 하나의 방호구역에는 1개 이상의 유수검지장치를 설치할 것 보기 ①
(3) 하나의 방호구역은 **2개층**에 미치지 아니하도록 하되, 1개층에 설치되는 스프링클러헤드의 수가 **10개 이하**인 경우와 복층형 구조의 공동주택 **3개층** 이내 보기 ②
(4) 유수검지장치를 실내에 설치하거나 보호용 철망 등으로 구획하여 바닥으로부터 **0.8m 이상 1.5m 이하**의 위치에 설치하되, 그 실 등에는 개구부가 가로 **0.5m 이상** 세로 **1m 이상**의 출입문을 설치하고 그 출입문 상단에 "**유수검지장치실**"이라고 표시한 표지를 설치할 것(단, 유수검지장치를 기계실(공조용 기계실 포함) 안에 설치하는 경우에는 별도의 실 또는 보호용 철망을 설치하지 않고 기계실 출입문 상단에 "**유수검지장치실**"이라고 표시한 표지 설치가능)

(5) 스프링클러헤드에 공급되는 물은 **유수검지장치**를 지나도록 할 것(단, **송수구**를 통하여 공급되는 물은 제외) 보기 ③
(6) **조기반응형** 스프링클러헤드를 설치하는 경우에는 **습식** 유수검지장치 또는 **부압식** 스프링클러설비를 설치할 것 보기 ④

중요

설치높이		
0.5~1m 이하	0.8~1.5m 이하	1.5m 이하
• **연**결송수관설비의 송수구·방수구 • **연**결살수설비의 송수구 • **물**분무소화설비의 송수구 • **소**화용수설비의 채수구 기억법 연소용 51(**연소용 오일**은 잘 탄다.)	• **제**어밸브(수동식 개방밸브) • **유**수검지장치 • **일**제개방밸브 기억법 제유일 85(**제**가 **유일**하게 **팔았어요**.)	• **옥**내소화전설비의 방수구 • **호**스릴함 • **소**화기(투척용 소화기 포함) 기억법 옥내호소 5(**옥내**에서 **호소**하시**오**.)

답 ③

62 스프링클러설비의 화재안전기준상 조기반응형 스프링클러헤드를 설치해야 하는 장소가 아닌 것은?
17.03.문62
12.05.문70

① 수련시설의 침실 ② 공동주택의 거실
③ 오피스텔의 침실 ④ 병원의 입원실

해설 **조기반응형 스프링클러헤드**의 **설치장소**(NFPC 103 10조, NFTC 103 2.7.5)
(1) **공동주택·노유자시설**의 거실
(2) **오피스텔·숙박시설**의 침실
(3) **병원·의원**의 입원실

기억법 조공노 오숙병의

답 ①

63 스프링클러설비의 화재안전기준상 스프링클러설비를 설치하여야 할 특정소방대상물에 있어서 스프링클러헤드를 설치하지 아니할 수 있는 장소 기준으로 틀린 것은?
18.09.문71

① 천장과 반자 양쪽이 불연재료로 되어 있고 천장과 반자 사이의 거리가 2.5m 미만인 부분
② 천장 및 반자가 불연재료 외의 것으로 되어 있고 천장과 반자 사이의 거리가 0.5m 미만인 부분
③ 천장·반자 중 한쪽이 불연재료로 되어 있고 천장과 반자 사이의 거리가 1m 미만인 부분
④ 현관 또는 로비 등으로서 바닥으로부터 높이가 20m 이상인 장소

해설 **스프링클러헤드**의 **설치 제외 장소**(NFTC 103 2.12)
(1) 계단실, 경사로, 승강기의 승강로, 파이프 덕트, 목욕실, 수영장(관람석 제외), 화장실, 직접 외기에 개방되어 있는 복도, 기타 이와 유사한 장소
(2) **통신기기실 · 전자기기실**, 기타 이와 유사한 장소
(3) **발전실 · 변전실 · 변압기**, 기타 이와 유사한 전기설비가 설치되어 있는 장소
(4) **병원의 수술실 · 응급처치실**, 기타 이와 유사한 장소
(5) 천장과 반자 양쪽이 **불연재료**로 되어 있는 경우로서 그 사이의 거리 및 구조가 다음에 해당하는 부분
   ㉠ 천장과 반자 사이의 거리가 **2m** 미만인 부분 보기 ①

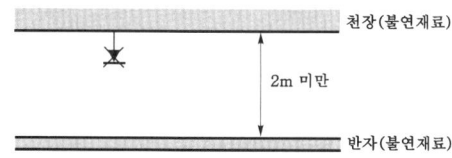

   ㉡ 천장과 반자 사이의 **벽**이 **불연재료**이고 천장과 반자 사이의 거리가 **2m** 이상으로서 그 사이에 **가연물이 존재하지 아니하는 부분**
(6) 천장 · 반자 중 한쪽이 **불연재료**로 되어 있고, 천장과 반자 사이의 거리가 **1m** 미만인 부분 보기 ③

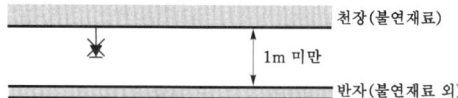

(7) 천장 및 반자가 **불연재료** 외의 것으로 되어 있고, 천장과 반자 사이의 거리가 **0.5m** 미만인 경우 보기 ②

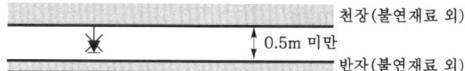

(8) **펌프실 · 물탱크실 · 엘리베이터 권상기실** 그 밖의 이와 비슷한 장소
(9) **현관 · 로비** 등으로서 바닥에서 높이가 **20m** 이상인 장소 보기 ④

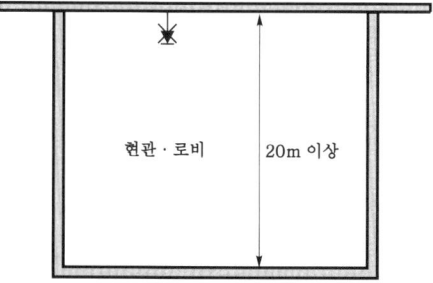

① 2.5m 미만 → 2m 미만

답 ①

64. 물분무소화설비의 화재안전기준상 배관 등의 설치기준으로 틀린 것은?
15.05.문74

① 펌프 흡입측 배관은 공기고임이 생기지 않는 구조로 하고 여과장치를 설치한다.
② 펌프의 흡입측 배관은 수조가 펌프보다 낮게 설치된 경우에는 각 펌프(충압펌프를 포함한다)마다 수조로부터 별도로 설치한다.
③ 배관은 동결방지조치를 하거나 동결의 우려가 없는 장소에 설치한다.
④ 급수배관에 설치되어 급수를 차단할 수 있는 개폐밸브는 개폐표시형으로 할 것. 이 경우 펌프의 흡입측 배관에는 버터플라이밸브의 개폐표시형 밸브를 설치해야 한다.

해설 ④ 버터플라이밸브의 → 버터플라이밸브 외의

물분무소화설비 배관 등 **설치기준**(NFPC 104 6조, NFTC 104 2.3)
(1) **펌프의 흡입측 배관 설치기준**
   ㉠ 공기고임이 생기지 않는 구조로 하고 **여과장치** 설치 보기 ①
   ㉡ 수조가 펌프보다 낮게 설치된 경우에는 각 펌프(**충압펌프 포함**)마다 수조로부터 별도 설치 보기 ②
(2) 배관은 **동결방지조치**를 하거나 동결의 우려가 없는 장소에 설치(단, 보온재를 사용할 경우에는 **난연재료** 성능 이상의 것) 보기 ③
(3) 급수배관에 설치되어 급수를 차단할 수 있는 개폐밸브는 **개폐표시형**으로 할 것. 이 경우 펌프의 **흡입측** 배관에는 **버터플라이밸브 외의** 개폐표시형 밸브를 설치해야 한다. 보기 ④

답 ④

65. 분말소화설비의 화재안전기준상 배관에 관한 기준으로 틀린 것은?
16.03.문78
15.03.문78
10.03.문75

① 배관은 전용으로 할 것
② 배관은 모두 스케줄 40 이상으로 할 것
③ 동관을 사용하는 경우의 배관은 고정압력 또는 최고사용압력의 1.5배 이상의 압력에 견딜 수 있는 것을 사용할 것
④ 밸브류는 개폐위치 또는 개폐방향을 표시한 것으로 할 것

해설 ② 모두 스케줄 40 이상 → 강관의 경우 축압식 중 20℃에서 압력이 **2.5~4.2MPa** 이하인 것만 **스케줄 40** 이상

분말소화설비의 배관(NFPC 108 9조, NFTC 108 2.6.1)
(1) **전용** 보기 ①
(2) **강관** : 아연도금에 의한 **배관용 탄소강관**(단, 축압식 분말소화설비에 사용하는 것 중 20℃에서 압력이 **2.5~4.2MPa** 이하인 것은 **압력배관용 탄소강관**(KS D 3562) 중 이음이 없는 스케줄 40 이상의 것 사용) 보기 ②

(3) **동관**: 고정압력 또는 최고사용압력의 **1.5배** 이상의 압력에 견딜 것 보기 ③
(4) **밸브류**: **개폐위치** 또는 **개폐방향**을 표시한 것 보기 ④
(5) **배관의 관부속 및 밸브류**: 배관과 동등 이상의 강도 및 내식성이 있는 것
(6) 주밸브~헤드까지의 배관의 분기: **토너먼트방식**
(7) 저장용기 등~배관의 굴절부까지의 거리: 배관 내경의 **20배** 이상

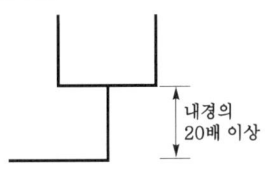

| 배관의 이격거리 |

답 ②

66 ★★★
물분무소화설비의 화재안전기준상 수원의 저수량 설치기준으로 틀린 것은?

20.06.문61
20.06.문62
19.04.문75
17.03.문77
16.03.문63
15.09.문74

① 특수가연물을 저장 또는 취급하는 특정소방대상물 또는 그 부분에 있어서 그 바닥면적(최대방수구역의 바닥면적을 기준으로 하며, 50m² 이하인 경우에는 50m²) 1m²에 대하여 10L/min로 20분간 방수할 수 있는 양 이상으로 할 것
② 차고 또는 주차장은 그 바닥면적(최대방수구역의 바닥면적을 기준으로 하며, 50m² 이하인 경우에는 50m²) 1m²에 대하여 20L/min로 20분간 방수할 수 있는 양 이상으로 할 것
③ 케이블트레이, 케이블덕트 등은 투영된 바닥면적 1m²에 대하여 12L/min로 20분간 방수할 수 있는 양 이상으로 할 것
④ 컨베이어 벨트 등은 벨트부분의 바닥면적 1m²에 대하여 20L/min로 20분간 방수할 수 있는 양 이상으로 할 것

해설 **물분무소화설비**의 **수원**(NFPC 104 4조, NFTC 104 2.1.1)

특정소방대상물	토출량	비고
컨베이어벨트	10L/min·m² 보기 ④	벨트부분의 바닥면적
절연유 봉입변압기	10L/min·m²	표면적을 합한 면적(바닥면적 제외)
특수가연물	10L/min·m²	최대방수구역의 바닥면적 기준(최소 50m²)
케이블트레이·덕트	12L/min·m²	투영된 바닥면적
차고·주차장	20L/min·m²	최대방수구역의 바닥면적 기준(최소 50m²)

| 위험물 저장탱크 | 37L/min·m | 위험물탱크 둘레길이(원주길이): 위험물규칙 [별표 6] Ⅱ |

※ 모두 **20분간** 방수할 수 있는 양 이상으로 하여야 한다.

기억법
컨	0
절	0
특	0
케	2
차	0
위	37

답 ④

67 ★★★
분말소화설비의 화재안전기준상 제1종 분말을 사용한 전역방출방식 분말소화설비에서 방호구역의 체적 1m³에 대한 소화약제의 양은 몇 kg인가?

19.09.문65
14.03.문77
13.03.문73
12.03.문65

① 0.24
② 0.36
③ 0.60
④ 0.72

해설 (1) **분말소화설비**(전역방출방식)(NFPC 108 6조, NFTC 108 2.3)

약제 종별	약제량	**개**구부가산량(자동폐쇄장치 미설치시)
제**1**종 분말 →	0.**6**kg/m³	**4.5**kg/m²
제**2·3**종 분말	0.**36**kg/m³	**2.7**kg/m²
제**4**종 분말	0.**24**kg/m³	**1.8**kg/m²

기억법
1	6	45
23	36	27
4	24	18

(2) **호스릴방식**(분말소화설비)

약제 종별	약제저장량	약제방사량
제1종 분말	50kg	45kg/min
제2·3종 분말	30kg	27kg/min
제**4**종 분말	20kg	**18**kg/min

기억법 **호분418**

답 ③

68 ★★
옥내소화전설비의 화재안전기준상 가압송수장치를 기동용 수압개폐장치로 사용할 경우 압력챔버의 용적 기준은?

17.05.문78
12.05.문65

① 50L 이상
② 100L 이상
③ 150L 이상
④ 200L 이상

해설 **100L 이상**
(1) **압력챔버**(기동용 수압개폐장치)의 용적
(2) **물올림수조**의 용량

물분무소화설비 가압송수장치의 설치기준(NFPC 104 5조, NFTC 104 2.2)

(1) 가압송수장치가 기동이 된 경우에는 **자동**으로 **정지**되지 **않도록** 할 것
(2) 가압송수장치(**충압펌프 제외**)에는 **순환배관** 설치
(3) 가압송수장치에는 펌프의 **성능**을 **시험**하기 위한 배관 설치
(4) 가압송수장치는 점검이 편리하고, 화재 등의 재해로 인한 피해를 받을 우려가 없는 곳에 설치
(5) 기동용 수압개폐장치(압력챔버)를 사용할 경우 그 용적은 **100L 이상**으로 한다.
(6) 수원의 수위가 펌프보다 **낮은 위치**에 있는 가압송수장치에는 물올림장치를 설치한다.
(7) 기동용 수압개폐장치를 기동장치로 사용할 경우에 설치하는 충압펌프의 토출압력은 가압송수장치의 **정격토출압력**과 같게 한다.

답 ②

69. 포소화설비의 화재안전기준상 포헤드를 소방대상물의 천장 또는 반자에 설치하여야 할 경우 헤드 1개가 방호해야 할 바닥면적은 최대 몇 m²인가?

① 3
② 5
③ 7
④ 9

헤드의 설치개수(NFPC 105 12조, NFTC 105 2.9.2)

구 분		설치개수
포워터 스프링클러헤드		$\dfrac{바닥면적}{8m^2}$
포헤드	→	$\dfrac{바닥면적}{9m^2}$
압축공기포 소화설비	특수가연물 저장소	$\dfrac{바닥면적}{9.3m^2}$
	유류탱크 주위	$\dfrac{바닥면적}{13.9m^2}$

답 ④

70. 소화기구 및 자동소화장치의 화재안전기준상 규정하는 화재의 종류가 아닌 것은?

① A급 화재
② B급 화재
③ G급 화재
④ K급 화재

화재의 종류

구 분	표시색	적응물질
일반화재(A급)	백색	• 일반가연물 • 종이류 화재 • 목재 · 섬유화재
유류화재(B급)	황색	• 가연성 액체 • 가연성 가스 • 액화가스화재 • 석유화재
전기화재(C급)	청색	• 전기설비
금속화재(D급)	무색	• 가연성 금속
주방화재(K급)	–	• 식용유화재

• 요즘은 표시색의 의무규정은 없음

답 ③

71. 상수도 소화용수설비의 화재안전기준상 소화전은 구경(호칭지름)이 최소 얼마 이상의 수도배관에 접속하여야 하는가?

① 50mm 이상의 수도배관
② 75mm 이상의 수도배관
③ 85mm 이상의 수도배관
④ 100mm 이상의 수도배관

상수도 소화용수설비의 설치기준(NFPC 401 4조, NFTC 401 2.1)

(1) 호칭지름

수도배관	소화전
75mm 이상	**1**00mm 이상
기억법 수75(수지침으로 치료)	기억법 소1(소일거리)

(2) 소화전은 소방자동차 등의 진입이 쉬운 **도로변** 또는 **공지**에 설치할 것
(3) 소화전은 특정소방대상물의 수평투영면의 각 부분으로부터 **140m** 이하가 되도록 설치할 것
(4) 지상식 소화전의 호스접결구는 지면으로부터 높이가 0.5m 이상 1m 이하가 되도록 설치할 것

기억법 용14

답 ②

72. 할로겐화합물 및 불활성기체소화설비의 화재안전기준상 저장용기 설치기준으로 틀린 것은?

① 온도가 40℃ 이하이고 온도의 변화가 작은 곳에 설치할 것
② 용기 간의 간격은 점검에 지장이 없도록 3cm 이상의 간격을 유지할 것
③ 직사광선 및 빗물이 침투할 우려가 없는 곳에 설치할 것
④ 저장용기를 방호구역 외에 설치한 경우에는 방화문으로 구획된 실에 설치할 것

① 40℃ 이하 → 55℃ 이하

저장용기 온도(NFTC 107A 2.3.1.2)

40℃ 이하	55℃ 이하
• 이산화탄소소화설비 • 할론소화설비 • 분말소화설비	• 할로겐화합물 및 불활성기체소화설비

73. 제연설비의 화재안전기준상 제연풍도의 설치기준으로 틀린 것은?

① 배출기의 전동기 부분과 배풍기 부분은 분리하여 설치할 것
② 배출기와 배출풍도의 접속부분에 사용하는 캔버스는 내열성이 있는 것으로 할 것
③ 배출기의 흡입측 풍도 안의 풍속은 20m/s 이하로 할 것
④ 유입풍도 안의 풍속은 20m/s 이하로 할 것

해설 ③ 20m/s 이하 → 15m/s 이하

제연설비의 풍속 (NFPC 501 8~10조, NFTC 501 2.5.5, 2.6.2.2, 2.7.1)

조건	풍속
• 유입구가 바닥에 설치시 상향분출 가능	1m/s 이하
• 예상제연구역의 공기유입 풍속	5m/s 이하
• 배출기의 흡입측 풍속	15m/s 이하 보기 ③
• 배출기의 **배**출측 풍속 • **유**입풍도 안의 풍속	20m/s 이하

기억법 배2유(**배**이다 아파! **이유**)

용어
풍도
공기가 유동하는 덕트

답 ③

74. 포소화설비의 화재안전기준상 압축공기포소화설비의 분사헤드를 유류탱크 주위에 설치하는 경우 바닥면적 몇 m²마다 1개 이상 설치하여야 하는가?

① 9.3 ② 10.8
③ 12.3 ④ 13.9

해설 **포헤드**의 **설치기준** (NFPC 105 12조, NFTC 105 2.9.2)

구분	설치개수
포워터 스프링클러헤드	바닥면적/8m²
포헤드	바닥면적/9m²
압축공기포 소화설비 - 특수가연물 저장소	바닥면적/9.3m²
압축공기포 소화설비 - 유류탱크 주위	바닥면적/13.9m²

중요

포헤드의 **설치기준** (NFPC 105 12조, NFTC 105 2.9.2)
압축공기포소화설비의 분사헤드는 천장 또는 반자에 설치하되 방호대상물에 따라 측벽에 설치할 수 있으며 유류탱크 주위에는 바닥면적 **13.9m²**마다 1개 이상, **특수가연물** 저장소에는 바닥면적 **9.3m²**마다 1개 이상으로 당해 방호대상물의 화재를 유효하게 소화할 수 있도록 할 것

방호대상물	방호면적 1m²에 대한 1분당 방출량
특수가연물	2.3L
기타의 것	1.63L

답 ④

75. 소화기구 및 자동소화장치의 화재안전기준상 일반화재, 유류화재, 전기화재 모두에 적응성이 있는 소화약제는?

① 마른모래
② 인산염류소화약제
③ 중탄산염류소화약제
④ 팽창질석·팽창진주암

해설 ② 인산암모늄=인산염류

분말소화약제

종별	소화약제	충전비 (L/kg)	적응화재	비고
제1종	중탄산나트륨 (NaHCO₃)	0.8	BC급	**식**용유 및 지방질유의 화재에 적합 **기억법** 1식분(일식 분식)
제2종	중탄산칼륨 (KHCO₃)		BC급	-
제3종	인산암모늄 (NH₄H₂PO₄)	1.0	ABC급	**차**고·**주**차장에 적합 **기억법** 3분 차주 (삼보컴퓨터 차주)
제4종	중탄산칼륨+요소 (KHCO₃+(NH₂)₂CO)	1.25	BC급	

• ABC급 : 일반화재, 유류화재, 전기화재

답 ②

76
소화기구 및 자동소화장치의 화재안전기준상 바닥면적이 280m²인 발전실에 부속용도별로 추가하여야 할 적응성이 있는 소화기의 최소 수량은 몇 개인가?

① 2
② 4
③ 6
④ 12

해설 전기설비(발전실) 부속용도 추가 소화기

전기설비 = $\dfrac{\text{바닥면적}}{50\text{m}^2} = \dfrac{280\text{m}^2}{50\text{m}^2} = 5.6 ≒ 6$개(절상)

용어
절상
'소수점은 끊어 올린다'는 뜻

중요
전기설비
발전실 · 변전실 · 송전실 · 변압기실 · 배전반실 · 통신기기실 · 전산기기실

공식
소화기 추가 설치개수 (NFTC 101 2.1.1.3)

보일러 · 음식점 · 의료시설 · 업무시설 등	전기설비 (발전실, 통신기기실)
해당 바닥면적 25m²	해당 바닥면적 50m²

답 ③

77
상수도 소화용수설비의 화재안전기준상 소화전은 소방대상물의 수평투영면의 각 부분으로부터 최대 몇 m 이하가 되도록 설치하는가?

① 75
② 100
③ 125
④ 140

해설 상수도 소화용수설비의 기준 (NFPC 401 4조, NFTC 401 2.1)

(1) 호칭지름

수도배관	소화전
75mm 이상	100mm 이상

기억법 수75(수지침으로 치료)
기억법 소1(소일거리)

(2) 소화전은 소방자동차 등의 진입이 쉬운 **도로변** 또는 **공지**에 설치
(3) 소화전은 특정소방대상물의 수평투영면의 각 부분으로부터 **140m** 이하가 되도록 설치 보기 ④
(4) 지상식 소화전의 호스접결구는 지면으로부터 높이가 0.5m 이상 1m 이하가 되도록 설치할 것

기억법 용14

답 ④

78
이산화탄소소화설비의 화재안전기준상 배관의 설치기준 중 다음 ( ) 안에 알맞은 것은?

고압식의 1차측(개폐밸브 또는 선택밸브 이전) 배관부속의 최소 사용설계압력은 (㉠)MPa로 하고, 고압식의 2차측과 저압식의 배관부속의 최소 사용설계압력은 (㉡)MPa로 할 것

① ㉠ 8.5, ㉡ 4.5
② ㉠ 9.5, ㉡ 4.5
③ ㉠ 8.5, ㉡ 5.0
④ ㉠ 9.5, ㉡ 5.0

해설 이산화탄소소화설비의 배관 (NFPC 106 8조, NFTC 106 2.5)

구분	고압식	저압식
강관	스케줄 80(호칭구경 20mm 스케줄 40) 이상	스케줄 40 이상
동관	16.5MPa 이상	3.75MPa 이상
배관부속	• 1차측 배관부속 : **9.5MPa** • 2차측 배관부속 : **4.5MPa**	**4.5MPa**

답 ②

79
피난기구의 화재안전기준상 의료시설에 구조대를 설치해야 할 층이 아닌 것은?

① 2
② 3
③ 4
④ 5

해설 피난기구의 적응성 (NFTC 301 2.1.1)

층별 설치 장소별 구분	1층	2층	3층	4층 이상 10층 이하
노유자시설	• 미끄럼대 • 구조대 • 피난교 • 다수인 피난장비 • 승강식 피난기	• 미끄럼대 • 구조대 • 피난교 • 다수인 피난장비 • 승강식 피난기	• 미끄럼대 • 구조대 • 피난교 • 다수인 피난장비 • 승강식 피난기	• 구조대[1] • 피난교 • 다수인 피난장비 • 승강식 피난기
의료시설 · 입원실이 있는 의원 · 접골원 · 조산원	–	–	보기 ①	• 미끄럼대 • 구조대 • 피난교 • 피난용 트랩 • 다수인 피난장비 • 승강식 피난기	• 구조대 • 피난용 트랩 • 다수인 피난장비 • 승강식 피난기
영업장의 위치가 4층 이하인 다중이용업소	–	• 미끄럼대 • 피난사다리 • 구조대 • 완강기 • 다수인 피난장비 • 승강식 피난기	• 미끄럼대 • 피난사다리 • 구조대 • 완강기 • 다수인 피난장비 • 승강식 피난기	• 미끄럼대 • 피난사다리 • 구조대 • 완강기 • 다수인 피난장비 • 승강식 피난기
그 밖의 것 (근린생활시설 사무실 등)	–	–	• 미끄럼대 • 피난사다리 • 구조대 • 완강기 • 피난교 • 피난용 트랩 • 간이완강기[2] • 공기안전매트 • 다수인 피난장비 • 승강식 피난기	• 피난사다리 • 구조대 • 완강기 • 피난교 • 간이완강기[2] • 공기안전매트 • 다수인 피난장비 • 승강식 피난기

[비고] 1) 구조대의 적응성은 장애인 관련 시설로서 주된 사용자 중 스스로 피난이 불가한 자가 있는 경우 추가로 설치하는 경우에 한한다.
2) 간이완강기의 적응성은 숙박시설의 3층 이상에 있는 객실에 추가로 설치하는 경우에 한한다.

중요

의무관리대상 공동주택(NFPC 608 13조, NFTC 608 2.9.1.3)
공동주택 구역마다 공기안전매트 1개 이상 추가 설치

비교

피난기구의 **적응성**		
간이완강기	공기안전매트	구조대
숙박시설의 3층 이상에 있는 객실	공동주택	장애인관련시설

답 ①

80 인명구조기구의 화재안전기준상 특정소방대상물의 용도 및 장소별로 설치하여야 할 인명구조기구 종류의 기준 중 다음 (   ) 안에 알맞은 것은?

특정소방대상물	인명구조기구의 종류
물분무등소화설비 중 ( )를 설치하여야 하는 특정소방대상물	공기호흡기

① 분말소화설비
② 할론소화설비
③ 이산화탄소소화설비
④ 할로겐화합물 및 불활성기체소화설비

해설 특정소방대상물의 용도 및 장소별로 설치하여야 할 인명구조기구(NFTC 302 2.1.1.1)

특정소방대상물	인명구조기구의 종류	설치수량
7층 이상인 **관광호텔** 및 **5층** 이상인 **병원**(지하층 포함)	• **방열복** 또는 **방화복**(안전모, 보호장갑, 안전화 포함) • 공기호흡기 • 인공소생기	각 2개 이상 비치할 것(단, 병원의 경우에는 인공소생기 설치 제외 가능)
• 문화 및 집회시설 중 수용인원 100명 이상의 영화상영관 • 대규모 점포 • 지하역사 • 지하상가	공기호흡기	층마다 2개 이상 비치할 것(단, 각 층마다 갖추어 두어야 할 공기호흡기 중 일부를 직원이 상주하는 인근 사무실에 갖추어 둘 수 있음)
이산화탄소소화설비(호스릴 이산화탄소소화설비 제외)를 설치하여야 하는 특정소방대상물 **보기 ③**	공기호흡기	이산화탄소소화설비가 설치된 장소의 출입구 외부 인근에 **1대** 이상 비치할 것

답 ③

2021. 5. 15 시행

2021년 기사 제2회 필기시험

자격종목	종목코드	시험시간	형별	수험번호	성명
소방설비기사(기계분야)		2시간			

※ 각 문항은 4지택일형으로 질문에 가장 적합한 보기 항을 선택하여 체크하여야 합니다.

제1과목 소방원론

01 내화건축물과 비교한 목조건축물 화재의 일반적인 특징을 옳게 나타낸 것은?

19.09.문11
18.03.문05
16.10.문04
14.05.문01
10.09.문08

① 고온, 단시간형
② 저온, 단시간형
③ 고온, 장시간형
④ 저온, 장시간형

해설 (1) 목조건물의 화재온도 표준곡선
 ㉠ 화재성상 : **고온 단기형** 보기 ①
 ㉡ 최고온도(최성기 온도) : **1300℃**

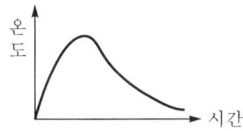

(2) 내화건물의 화재온도 표준곡선
 ㉠ 화재성상 : 저온 장기형
 ㉡ 최고온도(최성기 온도) : 900~1000℃

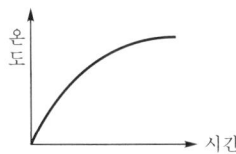

• 목조건물=목재건물

기억법 목고단 13

답 ①

02 다음 중 증기비중이 가장 큰 것은?

16.10.문20
11.06.문06

① Halon 1301
② Halon 2402
③ Halon 1211
④ Halon 104

해설 증기비중이 큰 순서
Halon 2402 > Halon 1211 > Halon 104 > Halon 1301

중요

증기비중

$$증기비중 = \frac{분자량}{29}$$

여기서, 29 : 공기의 평균분자량

답 ②

03 화재발생시 피난기구로 직접 활용할 수 없는 것은?

11.03.문18

① 완강기
② 무선통신보조설비
③ 피난사다리
④ 구조대

해설 ② 무선통신보조설비 : **소화활동설비**

피난기구
(1) **완강기** 보기 ①
(2) **피난사다리** 보기 ③
(3) **구조대**(수직구조대 포함) 보기 ④
(4) 소방청장이 정하여 고시하는 화재안전기준으로 정하는 것(미끄럼대, 피난교, 공기안전매트, 피난용 트랩, 다수인 피난장비, 승강식 피난기, 간이완강기, 하향식 피난구용 내림식 사다리)

답 ②

04 정전기에 의한 발화과정으로 옳은 것은?

16.10.문11

① 방전 → 전하의 축적 → 전하의 발생 → 발화
② 전하의 발생 → 전하의 축적 → 방전 → 발화
③ 전하의 발생 → 방전 → 전하의 축적 → 발화
④ 전하의 축적 → 방전 → 전하의 발생 → 발화

해설 정전기의 발화과정

기억법 발축방

답 ②

05 물리적 소화방법이 아닌 것은?

① 산소공급원 차단
② 연쇄반응 차단
③ 온도냉각
④ 가연물 제거

해설 ② 화학적 소화방법

물리적 소화방법	화학적 소화방법
• 질식소화(산소공급원 차단) • 냉각소화(온도냉각) • 제거소화(가연물 제거)	• 억제소화(연쇄반응의 억제) **기억법** 억화(억화감정)

중요

소화의 방법	
소화방법	설명
냉각소화	• 다량의 물 등을 이용하여 **점화원**을 **냉각**시켜 소화하는 방법 • 다량의 물을 뿌려 소화하는 방법
질식소화	• 공기 중의 **산소농도**를 16%(10~15%) 이하로 희박하게 하여 소화하는 방법
제거소화	• 가연물을 제거하여 소화하는 방법
억제소화 (부촉매효과)	• 연쇄반응을 차단하여 소화하는 방법으로 '화학소화'라고도 함

답 ②

06 탄화칼슘이 물과 반응할 때 발생되는 기체는?

① 일산화탄소
② 아세틸렌
③ 황화수소
④ 수소

해설 (1) **탄화칼슘**과 물의 반응식 보기 ②

$$CaC_2 + 2H_2O \rightarrow Ca(OH)_2 + C_2H_2 \uparrow$$
탄화칼슘   물   수산화칼슘 아세틸렌

(2) **탄화알루미늄**과 물의 반응식

$$Al_4C_3 + 12H_2O \rightarrow 4Al(OH)_3 + 3CH_4 \uparrow$$
탄화알루미늄 물   수산화알루미늄 메탄

(3) **인화칼슘**과 물의 반응식

$$Ca_3P_2 + 6H_2O \rightarrow 3Ca(OH)_2 + 2PH_3 \uparrow$$
인화칼슘   물   수산화칼슘   포스핀

(4) **수소화리튬**과 물의 반응식

$$LiH + H_2O \rightarrow LiOH + H_2$$
수소화리튬 물 수산화리튬 수소

답 ②

07 분말소화약제 중 A급, B급, C급 화재에 모두 사용할 수 있는 것은?

① 제1종 분말
② 제2종 분말
③ 제3종 분말
④ 제4종 분말

해설 분말소화약제

종별	분자식	착색	적응 화재	비고
제**1**종	중탄산나트륨 ($NaHCO_3$)	백색	BC급	**식용유** 및 **지방질유**의 화재에 적합
제**2**종	중탄산칼륨 ($KHCO_3$)	담자색 (담회색)	BC급	–
제**3**종 보기③	제1인산암모늄 ($NH_4H_2PO_4$)	담홍색	ABC급	**차고·주차장**에 적합
제**4**종	중탄산칼륨 +요소 ($KHCO_3$+ $(NH_2)_2CO$)	회(백)색	BC급	–

기억법 1식분(일식 분식)
3분 차주(삼보컴퓨터 차주)

답 ③

08 조연성 가스에 해당하는 것은?

① 수소
② 일산화탄소
③ 산소
④ 에탄

해설 가연성 가스와 지연성 가스

가연성 가스	지연성 가스(조연성 가스)
• 수소 보기① • 메탄 • 일산화탄소 보기② • 천연가스 • 부탄 • 에탄 보기④	• **산**소 보기③ • **공**기 • **염**소 • **오**존 • **불**소

기억법 조산공 염오불

용어

가연성 가스와 지연성 가스	
가연성 가스	지연성 가스(조연성 가스)
물질 자체가 연소하는 것	자기 자신은 연소하지 않지만 연소를 도와주는 가스

답 ③

09 분자 내부에 나이트로기를 갖고 있는 TNT, 나이트로셀룰로오스 등과 같은 제5류 위험물의 연소 형태는?

① 분해연소 ② 자기연소
③ 증발연소 ④ 표면연소

해설 연소의 형태

연소 형태	종 류
표면연소	• **숯**, 코크스 • **목탄**, **금속분**
분해연소	• 석탄, 종이 • 플라스틱, 목재 • 고무, 중유, 아스팔트
증발연소	• 황, 왁스 • 파라핀, 나프탈렌 • 가솔린, 등유 • 경유, 알코올, 아세톤
자기연소 (제5류 위험물) 보기 ②	• 나이트로글리세린, 나이트로셀룰로오스(질화면) • TNT, 피크린산(TNP)
액적연소	• 벙커C유
확산연소	• 메탄(CH_4), 암모니아(NH_3) • 아세틸렌(C_2H_2), 일산화탄소(CO) • 수소(H_2)

기억법 표숯코목탄금

중요

연소 형태	설 명
증발연소	• 가열하면 **고체**에서 **액체**로, **액체**에서 **기체**로 상태가 변하여 그 기체가 연소하는 현상
자기연소 (제5류 위험물)	• 열분해에 의해 **산소**를 발생하면서 연소하는 현상 • 분자 자체 내에 포함하고 있는 **산소**를 이용하여 연소하는 형태
분해연소	• 연소시 **열분해**에 의하여 발생된 가스와 산소가 혼합하여 연소하는 현상
표면연소	• 열분해에 의하여 가연성 가스를 발생하지 않고 그 **물질 자체**가 **연소**하는 현상

기억법 자산

답 ②

10 가연물질의 종류에 따라 화재를 분류하였을 때 섬유류 화재가 속하는 것은?

① A급 화재 ② B급 화재
③ C급 화재 ④ D급 화재

해설

화재의 종류	표시색	적응물질
일반화재(A급)	백색	• 일반가연물 • 종이류 화재 • 목재, **섬유화재**(섬유류 화재) 보기 ①
유류화재(B급)	황색	• 가연성 액체 • 가연성 가스 • 액화가스화재 • 석유화재
전기화재(C급)	청색	• 전기설비
금속화재(D급)	무색	• 가연성 금속
주방화재(K급)	–	• 식용유화재

• 요즘은 표시색의 의무규정은 없음

답 ①

11 위험물안전관리법령상 제6류 위험물을 수납하는 운반용기의 외부에 주의사항을 표시하여야 할 경우, 어떤 내용을 표시하여야 하는가?

① 물기엄금
② 화기엄금
③ 화기주의·충격주의
④ 가연물접촉주의

해설 위험물규칙〔별표 19〕
위험물 운반용기의 주의사항

위험물		주의사항
제1류 위험물	알칼리금속의 과산화물	• 화기·충격주의 • 물기엄금 • 가연물접촉주의
	기타	• 화기·충격주의 • 가연물접촉주의
제2류 위험물	철분·금속분·마그네슘	• 화기주의 • 물기엄금
	인화성 고체	• 화기엄금
	기타	• 화기주의
제3류 위험물	자연발화성 물질	• 화기엄금 • 공기접촉엄금
	금수성 물질	• 물기엄금
제4류 위험물		• 화기엄금
제5류 위험물		• 화기엄금 • 충격주의
제6류 위험물		• **가연물접촉주의** 보기 ④

비교

위험물규칙 [별표 4]
위험물제조소의 게시판 설치기준

위험물	주의사항	비고
• 제1류 위험물(알칼리금속의 과산화물) • 제3류 위험물(금수성 물질)	물기엄금	**청색**바탕에 **백색**문자
• 제2류 위험물(인화성 고체 제외)	화기주의	
• 제2류 위험물(인화성 고체) • 제3류 위험물(자연발화성 물질) • 제4류 위험물 • 제5류 위험물	화기엄금	**적색**바탕에 **백색**문자
• 제6류 위험물	별도의 표시를 하지 않는다.	

답 ④

12 다음 연소생성물 중 인체에 독성이 가장 높은 것은?
① 이산화탄소
② 일산화탄소
③ 수증기
④ 포스겐

해설 **연소가스**

연소가스	설명
일산화탄소(CO)	화재시 흡입된 일산화탄소(CO)의 화학적 작용에 의해 **헤모글로빈**(Hb)이 혈액의 산소운반작용을 저해하여 사람을 질식·사망하게 한다.
이산화탄소(CO_2)	연소가스 중 **가장 많은 양**을 차지하고 있으며 가스 그 자체의 독성은 거의 없으나 다량이 존재할 경우 호흡속도를 증가시키고 이로 인하여 화재가스에 혼합된 유해가스의 혼입을 증가시켜 위험을 가중시키는 가스이다.
암모니아(NH_3)	나무, 페놀수지, 멜라민수지 등의 **질소함유물**이 연소할 때 발생하며, 냉동시설의 **냉매**로 쓰인다.
포스겐($COCl_2$) 보기 ④	**매우 독성이 강한 가스**로서 소화제인 **사염화탄소**(CCl_4)를 화재시에 사용할 때도 발생한다.
황화수소(H_2S)	달걀 썩는 냄새가 나는 특성이 있다.
아크롤레인 (CH_2=CHCHO)	독성이 매우 높은 가스로서 **석유제품, 유지** 등이 연소할 때 생성되는 가스이다.

답 ④

13 알킬알루미늄 화재에 적합한 소화약제는?
① 물
② 이산화탄소
③ 팽창질석
④ 할로젠화합물

해설 **알킬알루미늄 소화약제**

위험물	소화약제
• 알킬알루미늄	• 마른모래 • 팽창질석 보기 ③ • 팽창진주암

답 ③

14 열전도도(Thermal conductivity)를 표시하는 단위에 해당하는 것은?
① $J/m^2 \cdot h$
② $kcal/h \cdot ℃^2$
③ $W/m \cdot K$
④ $J \cdot K/m^3$

해설 **전도**

$$\overset{\circ}{q}'' = \frac{K(T_2 - T_1)}{l}$$

여기서, $\overset{\circ}{q}''$: 단위면적당 열량(열손실)[W/m^2]
K : **열전도율(열전도도)**[W/m · K]
$T_2 - T_1$: 온도차[℃] 또는 [K]
l : 두께[m]

답 ③

15 위험물안전관리법령상 위험물에 대한 설명으로 옳은 것은?
① 과염소산은 위험물이 아니다.
② 황린은 제2류 위험물이다.
③ 황화인의 지정수량은 100kg이다.
④ 산화성 고체는 제6류 위험물의 성질이다.

해설
① 위험물이 아니다. → 위험물이다.
② 제2류 → 제3류
④ 제6류 → 제1류

위험물의 지정수량

위험물	지정수량
• 질산에스터류	제1종 : 10kg, 제2종 : 100kg
• 황린	20kg
• 무기과산화물 • 과산화나트륨	50kg
• 황화인 • 적린	100kg 보기 ③

• 트리나이트로톨루엔	제1종 : 10kg, 제2종 : 100kg	
• 탄화알루미늄	300kg	

중요

위험물령 〔별표 1〕
위험물

유별	성질	품명
제1류	산화성 고체	• 아염소산염류 • 염소산염류(**염소산나트륨**) • 과염소산염류 • 질산염류 • 무기과산화물 **기억법** 1산고염나
제2류	가연성 고체	• 황화인 • 적린 • 황 • 마그네슘 **기억법** 황화적황마
제3류	자연발성 물질 및 금수성 물질	• 황린 • 칼륨 • 나트륨 • 알칼리토금속 • 트리에틸알루미늄 **기억법** 황칼나알트
제4류	인화성 액체	• 특수인화물 • 석유류(벤젠) • 알코올류 • 동식물유류
제5류	자기반응성 물질	• 유기과산화물 • 나이트로화합물 • 나이트로소화합물 • 아조화합물 • 질산에스터류(셀룰로이드)
제6류	산화성 액체	• 과염소산 • 과산화수소 • 질산

답 ③

16 제3종 분말소화약제의 주성분은?

17.09.문10
16.10.문06
16.10.문10
16.05.문15
16.05.문17
16.03.문09
16.03.문11
15.09.문01

① 인산암모늄
② 탄산수소칼륨
③ 탄산수소나트륨
④ 탄산수소칼륨과 요소

해설 (1) **분말소화약제**

종별	주성분	착색	적응화재	비고
제1종	중탄산나트륨 ($NaHCO_3$)	백색	BC급	**식용유** 및 **지방질유**의 화재에 적합
제2종	중탄산칼륨 ($KHCO_3$)	담자색 (담회색)	BC급	-
제3종	제1인산암모늄 ($NH_4H_2PO_4$)	담홍색 (황색)	ABC급	**차고·주차장**에 적합
제4종	중탄산칼륨 +요소 ($KHCO_3$+ $(NH_2)_2CO$)	회(백)색	BC급	-

기억법 1식분(일식 분식)
3분 차주(삼보컴퓨터 차주)

• 제1인산암모늄=인산암모늄=인산염

(2) **이산화탄소 소화약제**

주성분	적응화재
이산화탄소(CO_2)	BC급

답 ①

17 이산화탄소 소화기의 일반적인 성질에서 단점이 아닌 것은?

14.09.문03
03.03.문08

① 밀폐된 공간에서 사용시 질식의 위험성이 있다.
② 인체에 직접 방출시 동상의 위험성이 있다.
③ 소화약제의 방사시 소음이 크다.
④ 전기가 잘 통하기 때문에 전기설비에 사용할 수 없다.

해설 ④ 잘 통하기 때문에 → 통하지 않기 때문에,
없다. → 있다.

이산화탄소 소화설비

구분	설명
장점	• 화재진화 후 깨끗하다. • **심부화재**에 적합하다. • **증거보존**이 **양호**하여 화재원인조사가 쉽다. • 전기의 **부도체**로서 전기절연성이 높다(**전기설비**에 사용 가능).
단점	• 인체의 **질식**이 **우려**된다. 보기 ① • 소화약제의 방출시 인체에 닿으면 **동상**이 우려된다. 보기 ② • 소화약제의 방사시 **소리**가 **요란**하다. 보기 ③

답 ④

18 IG-541이 15℃에서 내용적 50리터 압력용기에 155kgf/cm²으로 충전되어 있다. 온도가 30℃가 되었다면 IG-541 압력은 약 몇 kgf/cm²가 되겠는가? (단, 용기의 팽창은 없다고 가정한다.)

① 78
② 155
③ 163
④ 310

해설 (1) 기호
- T_1 : 15℃=(273+15)K=288K
- $V_1 = V_2$: 50L(용기의 팽창이 없으므로)
- P_1 : 155kgf/cm²
- T_2 : 30℃=(273+30)K=303K
- P_2 : ?

(2) 보일-샤를의 법칙

$$\frac{P_1 V_1}{T_1} = \frac{P_2 V_2}{T_2}$$

여기서, P_1, P_2 : 기압(atm)
V_1, V_2 : 부피(m³)
T_1, T_2 : 절대온도(K)(273+℃)

$V_1 = V_2$ 이므로

$$\frac{P_1 \cancel{V_1}}{T_1} = \frac{P_2 \cancel{V_2}}{T_2}$$

$$\frac{P_1}{T_1} = \frac{P_2}{T_2}$$

$$\frac{155\text{kgf/cm}^2}{288\text{K}} = \frac{x[\text{kgf/cm}^2]}{303\text{K}}$$

$$x[\text{kgf/cm}^2] = \frac{155\text{kgf/cm}^2}{288\text{K}} \times 303\text{K}$$

$$≒ 163\text{kgf/cm}^2$$

용어
보일-샤를의 법칙(Boyle-Charl's law)
기체가 차지하는 **부피**는 압력에 **반비례**하며, 절대**온도**에 **비례**한다.

답 ③

19 소화약제 중 HFC-125의 화학식으로 옳은 것은?

① CHF_2CF_3
② CHF_3
③ CF_3CHFCF_3
④ CF_3I

해설 할로겐화합물 및 불활성기체 소화약제

구 분	소화약제	화학식
할로겐화합물 소화약제	FC-3-1-10 (기억법: FC31(FC 서울의 3.1절))	C_4F_{10}
	HCFC BLEND A	HCFC-123($CHCl_2CF_3$) : **4.75**% HCFC-22($CHClF_2$) : **82**% HCFC-124($CHClFCF_3$) : **9.5**% $C_{10}H_{16}$: **3.75**% (기억법: 475 82 95 375(사시오 빨리 그래서 구어 삼키시오!))
	HCFC-124	$CHClFCF_3$
	HFC-**125** (기억법: 125(이리온))	CHF_2CF_3 보기 ①
	HFC-**227ea** (기억법: 227e(둘둘치 킨이 맛있다))	CF_3CHFCF_3
	HFC-**23**	CHF_3
	HFC-**236fa**	$CF_3CH_2CF_3$
	FIC-13I1	CF_3I
불활성 기체 소화약제	IG-01	Ar
	IG-100	N_2
	IG-541	N_2(질소) : **52**% Ar(아르곤) : **40**% CO_2(이산화탄소) : **8**% (기억법: NACO(내코) 52408)
	IG-55	N_2 : 50%, Ar : 50%
	FK-5-1-12	$CF_3CF_2C(O)CF(CF_3)_2$

답 ①

20 프로판 50vol%, 부탄 40vol%, 프로필렌 10vol%로 된 혼합가스의 폭발하한계는 약 몇 vol%인가? (단, 각 가스의 폭발하한계는 프로판은 2.2vol%, 부탄은 1.9vol%, 프로필렌은 2.4vol%이다.)

① 0.83
② 2.09
③ 5.05
④ 9.44

해설 혼합가스의 폭발하한계

$$\frac{100}{L} = \frac{V_1}{L_1} + \frac{V_2}{L_2} + \frac{V_3}{L_3}$$

여기서, L : 혼합가스의 폭발하한계[vol%]
L_1, L_2, L_3 : 가연성 가스의 폭발하한계[vol%]
V_1, V_2, V_3 : 가연성 가스의 용량[vol%]

$$\frac{100}{L} = \frac{V_1}{L_1} + \frac{V_2}{L_2} + \frac{V_3}{L_3}$$

$$\frac{100}{L} = \frac{50}{2.2} + \frac{40}{1.9} + \frac{10}{2.4}$$

$$\frac{100}{\frac{50}{2.2} + \frac{40}{1.9} + \frac{10}{2.4}} = L$$

$$L = \frac{100}{\frac{50}{2.2} + \frac{40}{1.9} + \frac{10}{2.4}} ≒ 2.09\%$$

- 단위가 원래는 [vol%] 또는 [v%], [vol.%]인데 줄여서 [%]로 쓰기도 한다.

답 ②

제2과목 소방유체역학

21 직경 20cm의 소화용 호스에 물이 392N/s 흐른다. 이때의 평균유속[m/s]은?

① 2.96 ② 4.34
③ 3.68 ④ 1.27

해설 (1) 기호
- D : 20cm=0.2m(100cm=1m)
- G : 392N/s
- V : ?

(2) 중량유량(Weight flowrate)

$$G = AV\gamma = \left(\frac{\pi}{4}D^2\right)V\gamma$$

여기서, G : 중량유량[N/s]
A : 단면적[m²]
V : 유속[m/s]
γ : 비중량(물의 비중량 9800N/m³)
D : 직경[m]

유속 V는

$$V = \frac{G}{\left(\frac{\pi}{4}D^2\right)\gamma} = \frac{392\text{N/s}}{\frac{\pi}{4}\times(0.2\text{m})^2 \times 9800\text{N/m}^3} ≒ 1.27\text{m/s}$$

비교

질량유량 (mass flowrate)	유량(flowrate) =체적유량
$\overline{m} = AV\rho = \left(\frac{\pi D^2}{4}\right)V\rho$	$Q = AV$
여기서, $\overline{m}$: 질량유량[kg/s] A : 단면적[m²] V : 유속[m/s] ρ : 밀도(물의 밀도 1000kg/m³) D : 직경[m]	여기서, Q : 유량[m³/s] A : 단면적[m²] V : 유속[m/s]

답 ④

---

22 수은이 채워진 U자관에 수은보다 비중이 작은 어떤 액체를 넣었다. 액체기둥의 높이가 10cm, 수은과 액체의 자유 표면의 높이 차이가 6cm일 때 이 액체의 비중은? (단, 수은의 비중은 13.6이다.)

① 5.44 ② 8.16
③ 9.63 ④ 10.88

해설 (1) 기호
- h_2 : 10cm
- h_1 : 4cm
- s_2 : ?
- s_1 : 13.6

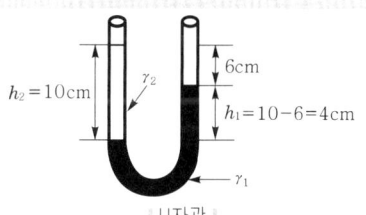

U자관

$$\gamma_1 h_1 = \gamma_2 h_2$$
$$s_1 h_1 = s_2 h_2$$

여기서, γ_1, γ_2 : 비중량[N/m³]
h_1, h_2 : 높이[m]
s_1, s_2 : 비중

액체의 비중 s_2는

$$s_2 = \frac{s_1 h_1}{h_2} = \frac{13.6 \times 4\text{cm}}{10\text{cm}} ≒ 5.44$$

- 수은의 비중 : 13.6

답 ①

23

수압기에서 피스톤의 반지름이 각각 20cm와 10cm이다. 작은 피스톤에 19.6N의 힘을 가하는 경우 평형을 이루기 위해 큰 피스톤에는 몇 N의 하중을 가하여야 하는가?

19.09.문39
19.03.문30
17.09.문37
17.05.문26
05.03.문22

① 4.9
② 9.8
③ 68.4
④ 78.4

 해설

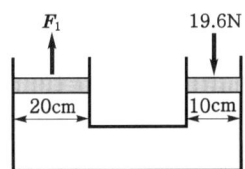

(1) 기호
- D_1 : 20cm
- D_2 : 10cm
- F_2 : 19.6N
- F_1 : ?

(2) 압력

$$P = \gamma h = \frac{F}{A}$$

여기서, P : 압력[N/cm²]
γ : 비중량[N/cm³]
h : 움직인 높이[cm]
F : 힘[N]
A : 단면적[cm²]

힘 $F = \gamma h A = \gamma h\left(\frac{\pi D^2}{4}\right) \propto D^2$

$F_1 : D_1^2 = F_2 : D_2^2$

$F_1 : (20\text{cm})^2 = 19.6\text{N} : (10\text{cm})^2$

$F_1 \times (10\text{cm})^2 = (20\text{cm})^2 \times 19.6\text{N}$

$F_1 \times 100\text{cm}^2 = 7840\text{N} \cdot \text{cm}^2$

$F_1 = \frac{7840\text{N} \cdot \text{cm}^2}{100\text{cm}^2} = 78.4\text{N}$

답 ④

24

그림과 같이 중앙부분에 구멍이 뚫린 원판에 지름 D의 원형 물제트가 대기압 상태에서 V의 속도로 충돌하여 원판 뒤로 지름 $\frac{D}{2}$의 원형 물제트가 V의 속도로 흘러나가고 있을 때, 이 원판이 받는 힘을 구하는 계산식으로 옳은 것은? (단, ρ는 물의 밀도이다.)

18.04.문24
12.05.문25
(산업)

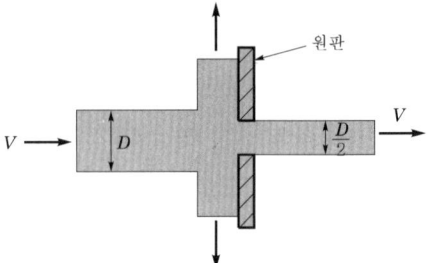

① $\frac{3}{16}\rho\pi V^2 D^2$
② $\frac{3}{8}\rho\pi V^2 D^2$
③ $\frac{3}{4}\rho\pi V^2 D^2$
④ $3\rho\pi V^2 D^2$

해설 (1) 유량

$$Q = AV = \left(\frac{\pi D^2}{4}\right)V$$

여기서, Q : 유량[m³/s]
A : 단면적[m²]
V : 유속[m/s]
D : 지름[m]

(2) 원판이 받는 힘

$$F = \rho Q V$$

여기서, F : 원판이 받는 힘[N]
ρ : 밀도(물의 밀도 1000N·s²/m⁴)
Q : 유량[m³/s]
V : 유속[m/s]

원판이 받는 힘 F는
$F = \rho Q V$
$= \rho(AV)V$
$= \rho A V^2$
$= \rho\left(\frac{\pi D^2}{4}\right)V^2 = \frac{\rho\pi V^2 D^2}{4}$

∴ 변형식 $F = \dfrac{\rho\pi V^2\left(D^2 - \left(\dfrac{D}{2}\right)^2\right)}{4}$

$= \dfrac{\rho\pi V^2\left(D^2 - \dfrac{D^2}{4}\right)}{4}$

$= \dfrac{\rho\pi V^2\left(\dfrac{4D^2}{4} - \dfrac{D^2}{4}\right)}{4}$

$= \dfrac{\rho\pi V^2\left(\dfrac{3D^2}{4}\right)}{4}$

$= \rho\pi V^2 \dfrac{3D^2}{16}$

$= \dfrac{3}{16}\rho\pi V^2 D^2$

답 ①

25

압력 0.1MPa, 온도 250℃ 상태인 물의 엔탈피가 2974.33kJ/kg이고, 비체적은 2.40604m³/kg이다. 이 상태에서 물의 내부에너지[kJ/kg]는 얼마인가?

① 2733.7
② 2974.1
③ 3214.9
④ 3582.7

해설

(1) 기호
- P : 0.1MPa=0.1×10³kPa(1MPa=10³kPa)
- H : 2974.33kJ/kg
- V : 2.40604m³/kg

(2) 엔탈피
$$H = U + PV$$

여기서, H : 엔탈피[kJ/kg]
U : 내부에너지[kJ/kg]
P : 압력[kPa]
V : 비체적[m³/kg]

내부에너지 U는
$U = H - PV$
$= 2974.33\text{kJ/kg} - 0.1 \times 10^3 \text{kPa} \times 2.40604 \text{m}^3/\text{kg}$
$≒ 2733.7\text{kJ/kg}$

답 ①

26

300K의 저온 열원을 가지고 카르노 사이클로 작동하는 열기관의 효율이 70%가 되기 위해서 필요한 고온 열원의 온도[K]는?

① 800
② 900
③ 1000
④ 1100

해설

(1) 기호
- T_L : 300K
- η : 70%=0.7
- T_H : ?

(2) 카르노사이클(열효율)
$$\eta = 1 - \frac{T_L}{T_H} = 1 - \frac{Q_L}{Q_H}$$

여기서, η : 카르노사이클의 열효율
T_L : 저온(273+℃)[K]
T_H : 고온(273+℃)[K]
Q_L : 저온열량[kJ]
Q_H : 고온열량[kJ]

$\eta = 1 - \dfrac{T_L}{T_H}$

$\eta - 1 = -\dfrac{T_L}{T_H}$

$\dfrac{T_L}{T_H} = 1 - \eta$

$\dfrac{T_L}{1-\eta} = T_H$

$T_H = \dfrac{T_L}{1-\eta} = \dfrac{300}{1-0.7} = 1000\text{K}$

답 ③

27

물이 들어 있는 탱크에 수면으로부터 20m 깊이에 지름 50mm의 오리피스가 있다. 이 오리피스에서 흘러나오는 유량[m³/min]은? (단, 탱크의 수면 높이는 일정하고 모든 손실은 무시한다.)

① 1.3
② 2.3
③ 3.3
④ 4.3

해설

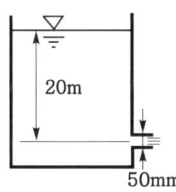

(1) 기호
- H : 20m
- D : 50mm=0.05m(1000mm=1m)
- Q : ?

(2) 유속
$$V = C_0 C_v \sqrt{2gH}$$

여기서, V : 유속[m/s]
C_0 : 수축계수
C_v : 속도계수
g : 중력가속도(9.8m/s²)
H : 깊이(높이)[m]

유속 V는
$V = C_0 C_v \sqrt{2gH}$
$= \sqrt{2 \times 9.8\text{m/s}^2 \times 20\text{m}} ≒ 19.799\text{m/s}$

- 수축계수·속도계수는 주어지지 않았으므로 무시

(3) 유량
$$Q = AV = \left(\frac{\pi}{4}D^2\right)V$$

여기서, Q : 유량[m³/s]
A : 단면적[m²]
V : 유속[m/s]
D : 직경[m]

유량 Q는
$Q = \left(\dfrac{\pi}{4}D^2\right)V$

$= \dfrac{\pi}{4} \times (0.05\text{m})^2 \times 19.799\text{m/s} ≒ 0.038\text{m}^3/\text{s}$

$0.038\text{m}^3/\text{s} = 0.038\text{m}^3 \Big/ \dfrac{1}{60}\text{min} = (0.038 \times 60)\text{m}^3/\text{min}$

$≒ 2.3\text{m}^3/\text{min}$

답 ②

- 1min=60s이고 1s=$\frac{1}{60}$min이므로

  0.038m³/s=0.038m³ $\Big/ \frac{1}{60}$min

답 ②

28 ★★★ 다음 중 열전달 매질이 없이도 열이 전달되는 형태는?

(18.03.문13 / 17.05.문33)

① 전도 ② 자연대류
③ 복사 ④ 강제대류

해설 **열전달의 종류**

종류	설 명	관련 법칙
전도 (conduction)	하나의 물체가 다른 물체와 직접 **접촉**하여 열이 이동하는 현상	**푸리에**(Fourier)의 법칙
대류 (convection)	**유체**의 흐름에 의하여 열이 이동하는 현상	**뉴턴**의 법칙
복사 (radiation)	① 화재시 화원과 **격리**된 인접 가연물에 불이 옮겨 붙는 현상 ② **열전달 매질이 없이 열이 전달되는 형태** ③ 열에너지가 **전자파**의 형태로 옮겨지는 현상으로, **가장 크게 작용**한다.	**스테판-볼츠만**의 법칙

중요

공식

(1) 전도

$$Q = \frac{kA(T_2 - T_1)}{l}$$

여기서, Q : 전도열[W]
k : 열전도율[W/m·K]
A : 단면적[m²]
$(T_2 - T_1)$: 온도차[K]
l : 벽체 두께[m]

(2) 대류

$$Q = h(T_2 - T_1)$$

여기서, Q : 대류열[W/m²]
h : 열전달률[W/m²·℃]
$(T_2 - T_1)$: 온도차[℃]

(3) 복사

$$Q = aAF(T_1^4 - T_2^4)$$

여기서, Q : 복사열[W]
a : 스테판-볼츠만 상수[W/m²·K⁴]
A : 단면적[m²]
F : 기하학적 Factor
T_1 : 고온[K]
T_2 : 저온[K]

참고

대류의 종류

강제대류	자연대류
송풍기, **펌프** 또는 바람들의 외부 사단에 의해 표면 위의 유동이 **강제**적으로 생길 때의 대류	강제대류와 달리 유체의 **온도** 차이로 인한 **밀도** 차이에 의해 발생하는 부력이 유체의 유동을 생기게 할 때의 대류

답 ③

29 ★★ 양정 220m, 유량 0.025m³/s, 회전수 2900rpm인 4단 원심 펌프의 비교회전도(비속도)[m³/min, m, rpm]는 얼마인가?

(23.03.문21 / 22.09.문24 / 15.05.문24 / 13.03.문28)

① 176 ② 167
③ 45   ④ 23

해설 (1) 기호

- H : 220m
- Q : 0.025m³/s=0.025m³ $\Big/ \frac{1}{60}$min
  $=(0.025 \times 60)$m³/min
  (1min=60s, 1s=$\frac{1}{60}$min)
- N : 2900rpm
- n : 4
- N_s : ?

(2) 비교회전도(비속도)

$$N_s = N \frac{\sqrt{Q}}{\left(\frac{H}{n}\right)^{\frac{3}{4}}}$$

여기서, N_s : 펌프의 비교회전도(비속도)
  [m³/min·m/rpm]
N : 회전수[rpm]
Q : 유량[m³/min]
H : 양정[m]
n : 단수

펌프의 **비교회전도** N_s는

$N_s = N \dfrac{\sqrt{Q}}{\left(\dfrac{H}{n}\right)^{\frac{3}{4}}}$

$= 2900\text{rpm} \times \dfrac{\sqrt{(0.025 \times 60)\text{m}^3/\text{min}}}{\left(\dfrac{220\text{m}}{4}\right)^{\frac{3}{4}}}$

$= 175.8 ≒ 176$

- **rpm**(revolution per minute) : 분당 회전속도

용어

비속도
펌프의 성능을 나타내거나 가장 적합한 **회전수**를 결정하는 데 이용되며, 회전자의 **형상**을 나타내는 척도가 된다.

답 ①

30 동력(power)의 차원을 MLT(질량 M, 길이 L, 시간 T)계로 바르게 나타낸 것은?

① MLT^{-1}
② M^2LT^{-2}
③ ML^2T^{-3}
④ MLT^{-2}

해설 단위와 차원

차원	중력단위 [차원]	절대단위 [차원]
부력(힘)	N [F]	kg·m/s² [MLT⁻²]
일 (에너지·열량)	N·m [FL]	kg·m²/s² [ML²T⁻²]
동력(일률)	N·m/s [FLT⁻¹]	kg·m²/s³ [ML²T⁻³]
표면장력	N/m [FL⁻¹]	kg/s² [MT⁻²]

중요

차 원	중력단위[차원]	절대단위[차원]
길이	m[L]	m[L]
시간	s[T]	s[T]
운동량	N·s[FT]	kg·m/s[MLT⁻¹]
속도	m/s[LT⁻¹]	m/s[LT⁻¹]
가속도	m/s²[LT⁻²]	m/s²[LT⁻²]
질량	N·s²/m[FL⁻¹T²]	kg[M]
압력	N/m²[FL⁻²]	kg/m·s²[ML⁻¹T⁻²]
밀도	N·s²/m⁴[FL⁻⁴T²]	kg/m³[ML⁻³]
비중	무차원	무차원
비중량	N/m³[FL⁻³]	kg/m²·s²[ML⁻²T⁻²]
비체적	m⁴/N·s²[F⁻¹L⁴T⁻²]	m³/kg[M⁻¹L³]
점성계수	N·s/m²[FL⁻²T]	kg/m·s[ML⁻¹T⁻¹]
동점성계수	m²/s[L²T⁻¹]	m²/s[L²T⁻¹]

답 ③

31 직사각형 단면의 덕트에서 가로와 세로가 각각 a 및 $1.5a$이고, 길이가 L이며, 이 안에서 공기가 V의 평균속도로 흐르고 있다. 이때 손실수두를 구하는 식으로 옳은 것은? (단, f는 이 수력지름에 기초한 마찰계수이고, g는 중력가속도를 의미한다.)

① $f \dfrac{L}{a} \dfrac{V^2}{2.4g}$
② $f \dfrac{L}{a} \dfrac{V^2}{2g}$
③ $f \dfrac{L}{a} \dfrac{V^2}{1.4g}$
④ $f \dfrac{L}{a} \dfrac{V^2}{g}$

해설 (1) 기호

- $A : a \times 1.5a$

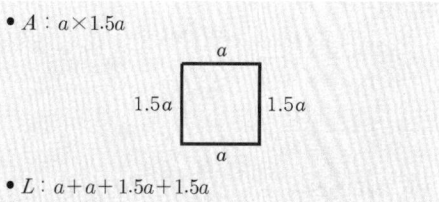

- $L : a + a + 1.5a + 1.5a$
- $H : ?$

(2) **수력반경**(hydraulic radius)

$$R_h = \frac{A}{L} \quad \cdots \cdots \cdots \text{㉠}$$

여기서, R_h : 수력반경[m]
　　　　A : 단면적[m²]
　　　　L : 접수길이(단면둘레의 길이)[m]

(3) **수력직경**(수력지름)

$$D_h = 4R_h \quad \cdots \cdots \cdots \text{㉡}$$

여기서, D_h : 수력직경[m]
　　　　R_h : 수력반경[m]

㉠식을 ㉡식에 대입하면

$D_h = 4R_h = \dfrac{4A}{L}$

수력반경 $R_h = \dfrac{A}{L}$ 에서

$A = (가로 \times 세로) = a \times 1.5a$
$L = a + a + 1.5a + 1.5a$

수력직경 D_h는

$D_h = 4R_h = \dfrac{4A}{L} = \dfrac{4 \times (a \times 1.5a)}{a + a + 1.5a + 1.5a}$
　　$= \dfrac{6a^2}{2a + 3a} = \dfrac{6a^2}{5a} = 1.2a$

(4) 손실수두

$$H = \frac{fLV^2}{2gD} = \frac{fLV^2}{2gD_h}$$

여기서, H : 손실수두(마찰손실)[m]
  f : 관마찰계수
  L : 길이[m]
  V : 유속[m/s]
  g : 중력가속도(9.8m/s²)
  $D(D_h)$: 내경(수력직경)[m]

위에서 $D_h = 1.2a$이므로

$$H = \frac{fLV^2}{2gD_h} = \frac{fLV^2}{2g(1.2a)} = \frac{fLV^2}{a2.4g} = f\frac{L}{a}\frac{V^2}{2.4g}$$

답 ①

32 ★★★ 무차원수 중 레이놀즈수(Reynolds number)의 물리적인 의미는?

20.09.문39
18.03.문22
14.05.문35
12.03.문28
07.09.문30
06.09.문26
06.05.문37
03.05.문25

① 관성력/중력
② 관성력/탄성력
③ 관성력/점성력
④ 관성력/음속

해설 레이놀즈수
원관 내에 유체가 흐를 때 유동의 특성을 결정하는 가장 중요한 요소

요소의 물리적 의미

명칭	물리적 의미	비고
레이놀즈(Reynolds)수	관성력/점성력	–
프루드(Froude)수	관성력/중력	–
마하(Mach)수	관성력/압축력	$\frac{V}{C}$ 여기서, V : 유속[m/s] C : 음속[m/s]
코우시스(Cauchy)수	관성력/탄성력	$\frac{\rho V^2}{k}$ 여기서, ρ : 밀도[N·s²/m⁴] k : 탄성계수[Pa] 또는 [N/m²] V : 유속[m/s]
웨버(Weber)수	관성력/표면장력	–
오일러(Euler)수	압축력/관성력	–

기억법 레관점

답 ③

33 ★★★ 동일한 노즐구경을 갖는 소방차에서 방수압력이 1.5배가 되면 방수량은 몇 배로 되는가?

19.04.문33
17.09.문33
14.03.문23
12.09.문36

① 1.22배
② 1.41배
③ 1.52배
④ 2.25배

해설 (1) 기호
• $P_2 : 1.5P_1$
• $Q_2 : ?$

(2) 방수량

$$Q = 0.653D^2\sqrt{10P} \propto \sqrt{P}$$

여기서, Q : 방수량[L/min]
  D : 구경[mm]
  P : 방수압(계기압력)[MPa]

$Q_1 : Q_2 = \sqrt{P_1} : \sqrt{P_2}$

$Q_1 : xQ_1 = \sqrt{P_1} : \sqrt{1.5P_1}$

$xQ_1\sqrt{P_1} = Q_1 \times \sqrt{1.5P_1}$

$x = \frac{Q_1 \times \sqrt{1.5P_1}}{Q_1\sqrt{P_1}} = 1.22$배

답 ①

34 ★★★ 전양정 80m, 토출량 500L/min인 물을 사용하는 소화펌프가 있다. 펌프효율 65%, 전달계수(K) 1.1인 경우 필요한 전동기의 최소동력 [kW]은?

19.09.문26
17.09.문38
17.03.문38
15.09.문30
13.06.문38

① 9
② 11
③ 13
④ 15

해설 (1) 기호
• $H : 80m$
• $Q : 500L/min = 0.5m^3/min (1000L = 1m^3)$
• $\eta : 65\% = 0.65$
• $K : 1.1$

(2) 소요동력

$$P = \frac{0.163QH}{\eta}K$$

여기서, P : 전동력(소요동력)[kW]
  Q : 유량[m³/min]
  H : 전양정[m]
  K : 전달계수
  η : 효율

소요동력 P는

$P = \frac{0.163QH}{\eta}K$

$= \frac{0.163 \times 0.5m^3/min \times 80m}{0.65} \times 1.1$

$\fallingdotseq 11kW$

답 ②

35

안지름 10cm인 수평 원관의 층류유동으로 4km 떨어진 곳에 원유(점성계수 0.02N·s/m², 비중 0.86)를 0.10m³/min의 유량으로 수송하려 할 때 펌프에 필요한 동력[W]은? (단, 펌프의 효율은 100%로 가정한다.)

① 76
② 91
③ 10900
④ 9100

해설 (1) 기호

- $D = 10\text{cm} = 0.1\text{m}$ (100cm=1m)
- $l = 4\text{km} = 4000\text{m}$ (1km=1000m)
- $\mu = 0.02\text{N·s/m}^2 = 0.02\text{kg/m·s}$
  ($1\text{N·s/m}^2 = 1\text{kg/m·s}$)
- $Q = 0.1\text{m}^3/\text{min} = 0.1\text{m}^3/60\text{s}$
  $= 1.666 \times 10^{-3} \text{m}^3/\text{s}$
- $\eta = 100\% = 1$
- $P : ?$
- $s = 0.86$

(2) 유량

$$Q = AV = \left(\frac{\pi D^2}{4}\right)V$$

여기서, Q : 유량[m³/s]
　　　　A : 단면적[m²]
　　　　V : 유속[m/s]
　　　　D : 지름[m]

유속 V는

$$V = \frac{Q}{\frac{\pi D^2}{4}} = \frac{(1.666 \times 10^{-3})\text{m}^3/\text{s}}{\frac{\pi \times (0.1\text{m})^2}{4}} ≒ 0.212\text{m/s}$$

(3) 비중

$$s = \frac{\rho}{\rho_w} = \frac{\gamma}{\gamma_w}$$

여기서, s : 비중
　　　　ρ : 어떤 물질의 밀도[kg/m³]
　　　　ρ_w : 물의 밀도(1000kg/m³)
　　　　γ : 어떤 물질의 비중량[N/m³]
　　　　γ_w : 물의 비중량(9800N/m³)

원유의 밀도 ρ는
$\rho = s \cdot \rho_w$
　$= 0.86 \times 1000\text{kg/m}^3 = 860\text{kg/m}^3$

원유의 비중량 γ는
$\gamma = s \cdot \gamma_w$
　$= 0.86 \times 9800\text{N/m}^3 = 8428\text{N/m}^3$

(4) 레이놀즈수

$$Re = \frac{DV\rho}{\mu} = \frac{DV}{\nu}$$

여기서, Re : 레이놀즈수
　　　　D : 내경[m]
　　　　V : 유속[m/s]
　　　　ρ : 밀도[kg/m³]
　　　　μ : 점도[kg/m·s] = [N·s/m²]
　　　　ν : 동점성계수$\left(\frac{\mu}{\rho}\right)$[m²/s]

레이놀즈수 Re는

$$Re = \frac{DV\rho}{\mu}$$
$$= \frac{0.1\text{m} \times 0.212\text{m/s} \times 860\text{kg/m}^3}{0.02\text{kg/m·s}} = 911.6$$

(5) 관마찰계수

$$f = \frac{64}{Re}$$

여기서, f : 관마찰계수
　　　　Re : 레이놀즈수

관마찰계수 f는

$$f = \frac{64}{Re} = \frac{64}{911.6} ≒ 0.07$$

(6) 마찰손실

달시-웨버의 식(Darcy-Weisbach formula) : 층류

$$H = \frac{\Delta p}{\gamma} = \frac{flV^2}{2gD}$$

여기서, H : 마찰손실(수두)[m]
　　　　Δp : 압력차[kPa] 또는 [kN/m²]
　　　　γ : 비중량(물의 비중량 9800N/m³)
　　　　f : 관마찰계수
　　　　l : 길이[m]
　　　　V : 유속(속도)[m/s]
　　　　g : 중력가속도(9.8m/s²)
　　　　D : 내경[m]

마찰손실 H는

$$H = \frac{flV^2}{2gD} = \frac{0.07 \times 4000\text{m} \times (0.212\text{m/s})^2}{2 \times 9.8\text{m/s}^2 \times 0.1\text{m}} ≒ 6.42\text{m}$$

(7) 전동력(전동기의 용량)

$$P = \frac{\gamma QH}{1000\eta}K$$

여기서, P : 전동력[kW]
　　　　γ : 비중량(물의 비중량 9800N/m³)
　　　　Q : 유량[m³/s]
　　　　H : 전양정[m]
　　　　K : 전달계수
　　　　η : 효율

전동기의 용량 P는

$$P = \frac{\gamma QH}{1000\eta}K$$
$$= \frac{8428\text{N/m}^3 \times (1.666 \times 10^{-3})\text{m}^3/\text{s} \times 6.42\text{m}}{1000 \times 1}$$
$$≒ 0.09\text{kW}$$
$$= 90\text{W}(\therefore \text{소수점 등을 고려하면 91W 정답})$$

- K : 주어지지 않았으므로 무시
- γ : 원유의 비중량 8428N/m³(물의 비중량이 아님을 주의!)

답 ②

36 유속 6m/s로 정상류의 물이 화살표 방향으로 흐르는 배관에 압력계와 피토계가 설치되어 있다. 이때 압력계의 계기압력이 300kPa이었다면 피토계의 계기압력은 약 몇 kPa인가?

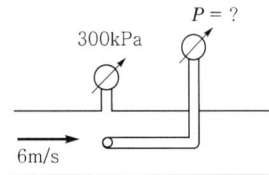

① 180　　② 280
③ 318　　④ 336

해설
(1) 기호
- V : 6m/s
- P_o : 300kPa
- P : ?

(2) 속도수두

$$H = \frac{V^2}{2g}$$

여기서, H : 속도수두[m]
V : 유속[m/s]
g : 중력가속도(9.8m/s²)

속도수두 H 는
$H = \dfrac{V^2}{2g} = \dfrac{(6\text{m/s})^2}{2 \times 9.8\text{m/s}^2} \fallingdotseq 1.836\text{m}$

(3) 피토계 계기압력

$$P = P_o + \gamma H$$

여기서, P : 피토계 계기압력[kPa]
P_o : 압력계 계기압력[kPa]
γ : 비중량(물의 비중량 9.8kN/m³)
H : 수두(속도수두)[m]

피토계 계기압력 P 는
$P = P_o + \gamma H = 300\text{kPa} + 9.8\text{kN/m}^3 \times 1.836\text{m}$
　　$= 300\text{kPa} + 17.99\text{kN/m}^2$
　　$= 300\text{kPa} + 17.99\text{kPa}(1\text{kN/m}^2 = 1\text{kPa})$
　　$\fallingdotseq 318\text{kPa}$

답 ③

37 유체의 압축률에 관한 설명으로 올바른 것은?

① 압축률 = 밀도 × 체적탄성계수
② 압축률 = $\dfrac{1}{체적탄성계수}$
③ 압축률 = $\dfrac{밀도}{체적탄성계수}$
④ 압축률 = $\dfrac{체적탄성계수}{밀도}$

해설 압축률

$$\beta = \frac{1}{K}$$

여기서, β : 압축률[1/kPa]
K : 체적탄성계수[kPa]

 중요

압축률
(1) 체적탄성계수의 역수
(2) 단위압력변화에 대한 체적의 변형도
(3) 압축률이 적은 것은 압축하기 어렵다.

답 ②

38 질량이 5kg인 공기(이상기체)가 온도 333K로 일정하게 유지되면서 체적이 10배가 되었다. 이 계(system)가 한 일[kJ]은? (단, 공기의 기체상수는 287J/kg·K이다.)

① 220　　② 478
③ 1100　　④ 4779

해설
(1) 기호
- m : 5kg
- T : 333K
- V_2 : $10V_1$
- $_1W_2$: ?
- R : 287J/kg·K = 0.287kJ/kg·K(1000J=1kJ)

(2) 등온과정 : 문제에서 온도가 일정하게 유지되므로 절대일(압축일)

$$\begin{aligned}_1W_2 &= P_1 V_1 \ln \frac{V_2}{V_1} \\ &= mRT \ln \frac{V_2}{V_1} \\ &= mRT \ln \frac{P_1}{P_2} \\ &= P_1 V_1 \ln \frac{P_1}{P_2}\end{aligned}$$

여기서, $_1W_2$: 절대일[kJ]
P_1, P_2 : 변화 전후의 압력[kJ/m³]
V_1, V_2 : 변화 전후의 체적[m³]
m : 질량[kg]
R : 기체상수[kJ/kg·K]
T : 절대온도(273+℃)[K]

절대일 $_1W_2$는

$$_1W_2 = mRT\ln\frac{V_2}{V_1}$$
$$= mRT\ln\frac{10V_1}{V_1}$$
$$= 5\text{kg} \times 0.287\text{kJ/kg}\cdot\text{K} \times 333\text{K} \times \ln 10$$
$$= 1100\text{kJ}$$

답 ③

39 무한한 두 평판 사이에 유체가 채워져 있고 한 평판은 정지해 있고 또 다른 평판은 일정한 속도로 움직이는 Couette 유동을 하고 있다. 유체 A만 채워져 있을 때 평판을 움직이기 위한 단위면적당 힘을 τ_1이라 하고 같은 평판 사이에 점성이 다른 유체 B만 채워져 있을 때 필요한 힘을 τ_2라 하면 유체 A와 B가 반반씩 위아래로 채워져 있을 때 평판을 같은 속도로 움직이기 위한 단위면적당 힘에 대한 표현으로 옳은 것은?

① $\dfrac{\tau_1 + \tau_2}{2}$ ② $\sqrt{\tau_1 \tau_2}$

③ $\dfrac{2\tau_1 \tau_2}{\tau_1 + \tau_2}$ ④ $\tau_1 + \tau_2$

해설 단위면적당 힘

$$\tau = \frac{2\tau_1 \tau_2}{\tau_1 + \tau_2}$$

여기서, τ : 단위면적당 힘[N]
τ_1 : 평판을 움직이기 위한 단위면적당 힘[N]
τ_2 : 평판 사이에 다른 유체만 채워져 있을 때 필요한 힘[N]

답 ③

40 2m 깊이로 물이 차있는 물탱크 바닥에 한 변이 20cm인 정사각형 모양의 관측창이 설치되어 있다. 관측창이 물로 인하여 받는 순 힘(net force)은 몇 N인가? (단, 관측창 밖의 압력은 대기압이다.)

① 784 ② 392
③ 196 ④ 98

해설

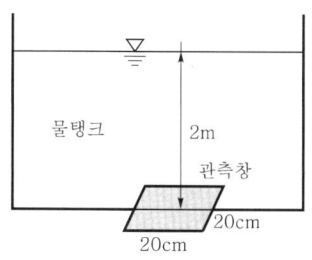

(1) 기호
- h : 2m
- A : 20cm×20cm=0.2m×0.2m=0.04m² (100cm=1m)
- F : ?

(2) 정수력

$$F = \gamma h A$$

여기서, F : 정수력[N]
γ : 비중량(물의 비중량 9800N/m³)
h : 표면에서 수문 중심까지의 수직거리[m]
A : 수문의 단면적[m²]

정수력 F는
$F = \gamma h A = 9800\text{N/m}^3 \times 2\text{m} \times 0.04\text{m}^2 ≒ 784\text{N}$

답 ①

제3과목　소방관계법규

41 소방기본법의 정의상 소방대상물의 관계인이 아닌 자는?

① 감리자 ② 관리자
③ 점유자 ④ 소유자

해설 기본법 2조
관계인
(1) **소**유자　보기 ④
(2) **관**리자　보기 ②
(3) **점**유자　보기 ③

기억법 소관점

답 ①

42 화재의 예방 및 안전관리에 관한 법령상 화재의 예방상 위험하다고 인정되는 행위를 하는 사람에게 행위의 금지 또는 제한명령을 할 수 있는 사람은?

① 소방본부장
② 시·도지사
③ 의용소방대원
④ 소방대상물의 관리자

해설 **소방청장·소방본부장·소방서장** : 소방관서장
(1) **화재의 예방조치**(화재예방법 17조)　보기 ①
(2) 옮긴 물건 등의 보관
(3) 화재예방강화지구의 화재안전조사·소방훈련 및 교육 (화재예방법 18조)
(4) 화재위험경보발령(화재예방법 20조)

답 ①

43. 위험물안전관리법령상 위험물제조소에서 취급하는 위험물의 최대수량이 지정수량의 10배 이하인 경우 공지의 너비기준은?

① 2m 이하
② 2m 이상
③ 3m 이하
④ 3m 이상

해설 위험물규칙 〔별표 4〕
위험물제조소의 보유공지

지정수량의 10배 이하	지정수량의 10배 초과
3m 이상	5m 이상

비교

보유공지

(1) 옥외탱크저장소의 보유공지 (위험물규칙 〔별표 6〕)

위험물의 최대수량	공지의 너비
지정수량의 500배 이하	3m 이상
지정수량의 501~1000배 이하	5m 이상
지정수량의 1001~2000배 이하	9m 이상
지정수량의 2001~3000배 이하	12m 이상
지정수량의 3001~4000배 이하	15m 이상
지정수량의 4000배 초과	당해 탱크의 수평단면의 **최대지름**(가로형인 경우에는 긴 변)과 **높이** 중 **큰 것**과 같은 거리 이상(단, 30m 초과의 경우에는 **30m 이상**으로 할 수 있고, 15m 미만의 경우에는 **15m 이상**)

(2) 옥내저장소의 보유공지 (위험물규칙 〔별표 5〕)

위험물의 최대수량	공지의 너비	
	내화구조	기타구조
지정수량의 5배 이하	–	0.5m 이상
지정수량의 5배 초과 10배 이하	1m 이상	1.5m 이상
지정수량의 10배 초과 20배 이하	2m 이상	3m 이상
지정수량의 20배 초과 50배 이하	3m 이상	5m 이상
지정수량의 50배 초과 200배 이하	5m 이상	10m 이상
지정수량의 200배 초과	10m 이상	15m 이상

(3) 옥외저장소의 보유공지 (위험물규칙 〔별표 11〕)

위험물의 최대수량	공지의 너비
지정수량의 10배 이하	3m 이상
지정수량의 11~20배 이하	5m 이상
지정수량의 21~50배 이하	9m 이상
지정수량의 51~200배 이하	12m 이상
지정수량의 200배 초과	15m 이상

답 ④

44. 위험물안전관리법령상 제조소 또는 일반취급소에서 취급하는 제4류 위험물의 최대수량의 합이 지정수량의 48만배 이상인 사업소의 자체소방대에 두는 화학소방자동차 및 인원기준으로 다음 ( ) 안에 알맞은 것은?

화학소방자동차	자체소방대원의 수
(㉠)	(㉡)

① ㉠ 1대, ㉡ 5인
② ㉠ 2대, ㉡ 10인
③ ㉠ 3대, ㉡ 15인
④ ㉠ 4대, ㉡ 20인

해설 위험물령 〔별표 8〕
자체소방대에 두는 화학소방자동차 및 인원

구 분	화학소방자동차	자체소방대원의 수
지정수량 3천~12만배 미만	1대	5인
지정수량 12~24만배 미만	2대	10인
지정수량 24~48만배 미만	3대	15인
지정수량 48만배 이상	4대	20인
옥외탱크저장소에 저장하는 제4류 위험물의 최대수량이 지정수량의 50만배 이상	2대	10인

답 ④

45. 화재의 예방 및 안전관리에 관한 법령상 특수가연물의 저장 및 취급기준이 아닌 것은? (단, 석탄·목탄류를 발전용으로 저장하는 경우는 제외)

① 품명별로 구분하여 쌓는다.
② 쌓는 높이는 20m 이하가 되도록 한다.
③ 쌓는 부분의 바닥면적 사이는 실내의 경우 1.2m 또는 쌓는 높이의 $\frac{1}{2}$ 중 큰 값 이상이 되도록 한다.
④ 특수가연물을 저장 또는 취급하는 장소에는 품명, 최대저장수량, 단위부피당 질량 또는 단위체적당 질량, 관리책임자 성명·직책·연락처 및 화기취급의 금지표지를 설치해야 한다.

해설 화재예방법 시행령 〔별표 3〕
특수가연물의 저장·취급기준
(1) **품명별**로 구분하여 쌓을 것 보기 ①
(2) 쌓는 높이는 **10m** 이하가 되도록 할 것 보기 ②
(3) 쌓는 부분의 바닥면적은 **50m²**(석탄·목탄류는 **200m²**) 이하가 되도록 할 것(단, 살수설비를 설치하거나 대형수동식 소화기를 설치하는 경우에는 높이 **15m** 이하, 바닥면적 **200m²**(석탄·목탄류는 **300m²**) 이하)

(4) 쌓는 부분의 바닥면적 사이는 실내의 경우 **1.2m** 또는 **쌓는 높이의 $\frac{1}{2}$ 중 큰 값**(실외 3m 또는 쌓는 높이 중 큰 값) 이상으로 간격을 둘 것 보기 ③

```
                실내 : 1.2m 또는 쌓는 높이의 1/2 중 큰 값
                실외 : 3m 또는 쌓는 높이 중 큰 값
(살수·설비 대형
수동식 소화기 15m) 이하

10m

            50m²  (석탄·목탄류 200m²) 이하
살수·설비 대형 수동식 소화기 200m²
            (석탄·목탄류 300m²) 이하
```

(5) 취급장소에는 **품명, 최대저장수량, 단위부피당 질량 또는 단위체적당 질량, 관리책임자 성명·직책·연락처** 및 **화기취급**의 **금지표지** 설치 보기 ④

② 20m 이하 → 10m 이하

답 ②

46. 소방시설 설치 및 관리에 관한 법령상 소화설비를 구성하는 제품 또는 기기에 해당하지 않는 것은?

① 가스누설경보기
② 소방호스
③ 스프링클러헤드
④ 분말자동소화장치

해설 소방시설법 시행령 〔별표 3〕
소방용품

구 분	설 명
소화설비를 구성하는 제품 또는 기기	• 소화기구(소화약제 외의 것을 이용한 간이소화용구 제외) 보기 ④ • 소화전 • 자동소화장치 • 관창(菅槍) • 소방호스 보기 ② • 스프링클러헤드 보기 ③ • 기동용 수압개폐장치 • 유수제어밸브 • 가스관선택밸브
경보설비를 구성하는 제품 또는 기기	• 누전경보기 • 가스누설경보기 • 발신기 • 수신기 • 중계기 • 감지기 및 음향장치(경종만 해당)
피난구조설비를 구성하는 제품 또는 기기	• 피난사다리 • 구조대 • 완강기(간이완강기 및 지지대 포함) • 공기호흡기(충전기 포함) • 유도등 • 예비전원이 내장된 비상조명등
소화용으로 사용하는 제품 또는 기기	• 소화약제 • 방염제

① 가스누설경보기는 소화설비가 아니고 **경보설비**

답 ①

47. 소방기본법령상 출동한 소방대원에게 폭행 또는 협박을 행사하여 화재진압·인명구조 또는 구급활동을 방해한 사람에 대한 벌칙기준은?

① 500만원 이하의 과태료
② 1년 이하의 징역 또는 1000만원 이하의 벌금
③ 3년 이하의 징역 또는 3000만원 이하의 벌금
④ 5년 이하의 징역 또는 5000만원 이하의 벌금

해설 기본법 50조
5년 이하의 징역 또는 5000만원 이하의 벌금
(1) 소방자동차의 **출동** 방해
(2) **사람구출** 방해
(3) **소방용수시설** 또는 **비상소화장치**의 효용 방해
(4) 출동한 소방대의 화재진압·인명구조 또는 구급활동 **방해**
(5) 소방대의 현장출동 방해
(6) 출동한 소방대원에게 **폭행·협박** 행사 보기 ④

답 ④

48. 소방시설 설치 및 관리에 관한 법령상 건축허가 등의 동의대상물의 범위로 틀린 것은?

① 항공기 격납고
② 방송용 송·수신탑
③ 연면적이 400제곱미터 이상인 건축물
④ 지하층 또는 무창층이 있는 건축물로서 바닥면적이 50제곱미터 이상인 층이 있는 것

해설 ④ 50제곱미터 → 150제곱미터

소방시설법 시행령 7조
건축허가 등의 동의대상물
(1) 연면적 **400m²**(학교시설 : **100m²**, 수련시설·노유자시설 : **200m²**, 정신의료기관·장애인의료재활시설 : **300m²**) 이상 보기 ③
(2) **6층** 이상인 건축물
(3) 차고·주차장으로서 바닥면적 **200m²** 이상(**자동차 20대** 이상)
(4) **항공기 격납고, 관망탑, 항공관제탑, 방송용 송수신탑** 보기 ①②
(5) 지하층 또는 무창층의 바닥면적 **150m²**(공연장은 100m²) 이상 보기 ④
(6) **위험물저장** 및 **처리시설, 지하구**
(7) **결핵환자**나 **한센인**이 24시간 생활하는 **노유자시설**
(8) 전기저장시설, 풍력발전소
(9) 공동주택·숙박시설
(10) 노인주거복지시설·노인의료복지시설 및 재가노인복지시설·학대피해노인 전용쉼터·아동복지시설·장애인거주시설
(11) 정신질환자 관련시설(공동생활가정을 제외한 재활훈련시설과 종합시설 중 24시간 주거를 제공하지 않는 시설 제외)
(12) 조산원, 산후조리원, 의원(입원실 또는 인공신장실이 있는 것)
(13) 노숙인자활시설, 노숙인재활시설 및 노숙인요양시설
(14) 요양병원(의료재활시설 제외)

(15) 공장 또는 창고시설로서 지정수량의 **750배** 이상의 특수 가연물을 저장·취급하는 것
(16) 가스시설로서 지상에 노출된 탱크의 저장용량의 합계가 **100t** 이상인 것

기억법 **2자(이자)**

답 ④

49 소방시설공사업법령에 따른 완공검사를 위한 현장확인 대상 특정소방대상물의 범위기준으로 틀린 것은?

18.03.문51
17.03.문43
15.03.문59
14.05.문54

① 연면적 1만제곱미터 이상이거나 11층 이상인 특정소방대상물(아파트는 제외)
② 가연성 가스를 제조·저장 또는 취급하는 시설 중 지상에 노출된 가연성 가스탱크의 저장용량 합계가 1천톤 이상인 시설
③ 호스릴방식의 소화설비가 설치되는 특정소방대상물
④ 문화 및 집회시설, 종교시설, 판매시설, 노유자시설, 수련시설, 운동시설, 숙박시설, 창고시설, 지하상가

해설 ③ 호스릴방식 **제외**

공사업령 5조
완공검사를 위한 **현장확인** 대상 특정소방대상물의 범위
(1) **문**화 및 집회시설, **종**교시설, **판**매시설, **노**유자시설, **수**련시설, **운**동시설, **숙**박시설, **창**고시설, 지하**상**가 및 다중이용업소 보기 ④
(2) 다음의 어느 하나에 해당하는 설비가 설치되는 특정소방대상물
  ㉠ 스프링클러설비 등
  ㉡ 물분무등소화설비(호스릴방식의 소화설비 제외) 보기 ③
(3) 연면적 **10000㎡** 이상이거나 **11층** 이상인 특정소방대상물(아파트 제외) 보기 ①
(4) 가연성 가스를 제조·저장 또는 취급하는 시설 중 지상에 노출된 가연성 가스탱크의 저장용량 합계가 **1000t** 이상인 시설 보기 ②

기억법 **문종판 노수운 숙창상현**

답 ③

50 소방시설 설치 및 관리에 관한 법령상 스프링클러설비를 설치하여야 할 특정소방대상물에 다음 중 어떤 소방시설을 화재안전기준에 적합하게 설치할 때 면제받을 수 없는 소화설비는?

17.09.문48
14.09.문78
14.03.문53

① 포소화설비
② 물분무소화설비
③ 간이스프링클러설비
④ 이산화탄소 소화설비

해설 **소방시설법 시행령 〔별표 5〕**
소방시설 면제기준

면제대상	대체설비
스프링클러설비	• 물분무등소화설비
물분무등소화설비	• 스프링클러설비
간이스프링클러설비	• 스프링클러설비 • 물분무소화설비 • 미분무소화설비
비상**경**보설비 또는 **단**독경보형 감지기	• 자동화재탐지설비 기억법 **탐경단**
비상**경**보설비	• 2개 이상 단독경보형 감지기 연동 기억법 **경단2**
비상방송설비	• 자동화재탐지설비 • 비상경보설비
연결살수설비	• 스프링클러설비 • 간이스프링클러설비 • 물분무소화설비 • 미분무소화설비
제연설비	• **공기조화설비**
연소방지설비	• 스프링클러설비 • 물분무소화설비 • 미분무소화설비
연결송수관설비	• 옥내소화전설비 • 스프링클러설비 • 간이스프링클러설비 • 연결살수설비
자동화재탐지설비	• 자동화재탐지설비의 기능을 가진 스프링클러설비 • 물분무등소화설비
옥내소화전설비	• 옥외소화전설비 • 미분무소화설비(호스릴방식)

 중요

물분무등소화설비
(1) **분**말소화설비
(2) **포**소화설비 보기 ①
(3) **할**론소화설비
(4) **이**산화탄소 소화설비 보기 ④
(5) **할**로겐화합물 및 불활성기체 소화설비
(6) **강**화액소화설비
(7) **미**분무소화설비
(8) 물분무소화설비 보기 ②
(9) **고**체에어로졸 소화설비

기억법 **분포할이 할강미고**

답 ③

51

소방시설 설치 및 관리에 관한 법령상 대통령령 또는 화재안전기준이 변경되어 그 기준이 강화되는 경우 기존 특정소방대상물의 소방시설 중 강화된 기준을 설치장소와 관계없이 항상 적용하여야 하는 것은? (단, 건축물의 신축·개축·재축·이전 및 대수선 중인 특정소방대상물을 포함한다.)

① 제연설비
② 비상경보설비
③ 옥내소화전설비
④ 화재조기진압용 스프링클러설비

해설 소방시설법 13조
변경강화기준 적용설비
(1) **소**화기구
(2) **비**상**경**보설비 [보기 ②]
(3) **자**동화재탐지설비
(4) **자**동화재**속**보설비
(5) **피**난구조설비
(6) 소방시설(공동구 설치용, 전력 및 통신사업용 지하구)
(7) **노**유자시설
(8) **의**료시설

기억법 강비경 자속피노

중요

소방시설법 시행령 13조
변경강화기준 적용설비

공동구, 전력 및 통신사업용 지하구	노유자시설에 설치하여야 하는 소방시설	의료시설에 설치하여야 하는 소방시설
• 소화기 • 자동소화장치 • 자동화재탐지설비 • 통합감시시설 • 유도등 및 연소방지설비	• 간이스프링클러설비 • 자동화재탐지설비 • 단독경보형 감지기	• 간이스프링클러설비 • 스프링클러설비 • 자동화재탐지설비 • 자동화재속보설비

답 ②

52

소방시설 설치 및 관리에 관한 법령상 시·도지사가 소방시설 등의 자체점검을 하지 아니한 관리업자에게 영업정지를 명할 수 있으나, 이로 인해 국민에게 심한 불편을 줄 때에는 영업정지처분을 갈음하여 과징금 처분을 한다. 과징금의 기준은?

① 1000만원 이하
② 2000만원 이하
③ 3000만원 이하
④ 5000만원 이하

해설 소방시설법 36조, 위험물법 13조, 소방공사업법 10조
과징금

3000만원 이하	2억원 이하
• **소방시설관리업** 영업정지처분 갈음	• **제조소** 사용정지처분 갈음 • **소방시설업** 영업정지처분 갈음

중요

소방시설업
(1) 소방시설설계업
(2) 소방시설공사업
(3) 소방공사감리업
(4) 방염처리업

답 ③

53

위험물안전관리법령상 위험물별 성질로서 틀린 것은?

① 제1류 : 산화성 고체
② 제2류 : 가연성 고체
③ 제4류 : 인화성 액체
④ 제6류 : 인화성 고체

해설 ④ 인화성 고체 → 산화성 액체

위험물령〔별표 1〕
위험물

유별	성질	품명
제**1**류	**산**화성 **고**체	• 아**염**소산염류 • 염소산염류(**염소산나트륨**) • 과염소산염류 • 질산염류 • 무기과산화물 **기억법** 1산고염나
제2류	가연성 고체	• **황**화인 • **적**린 • **황** • **마**그네슘 **기억법** 황화적황마
제3류	자연발화성 물질 및 금수성 물질	• **황**린 • **칼**륨 • **나**트륨 • **알**칼리토금속 • **트**리에틸알루미늄 **기억법** 황칼나알트
제4류	인화성 액체	• 특수인화물 • 석유류(벤젠) • 알코올류 • 동식물유류
제5류	자기반응성 물질	• 유기과산화물 • 나이트로화합물 • 나이트로소화합물 • 아조화합물 • 질산에스터류(셀룰로이드)

| 제6류 | 산화성 액체 | • 과염소산
• 과산화수소
• 질산 |

답 ④

54. 소방시설 설치 및 관리에 관한 법령상 소방시설 등의 종합점검 대상 기준에 맞게 ( )에 들어갈 내용으로 옳은 것은?

> 물분무등소화설비(호스릴방식의 물분무등소화설비만을 설치한 경우는 제외)가 설치된 연면적 ( )m² 이상인 특정소방대상물(위험물제조소 등은 제외)

① 2000
② 3000
③ 4000
④ 5000

해설 소방시설법 시행규칙〔별표 3〕
소방시설 등 자체점검의 구분과 대상, 점검자의 자격

점검구분	정의	점검대상	점검자의 자격 (주된 인력)
작동점검	소방시설 등을 인위적으로 조작하여 정상적으로 작동하는지를 점검하는 것	① 간이스프링클러설비 ② 자동화재탐지설비	① 관계인 ② 소방안전관리자로 선임된 **소방시설관리사 또는 소방기술사** ③ 소방시설관리업에 등록된 소방시설관리사 또는 **특급점검자**
		③ 간이스프링클러설비 또는 자동화재탐지설비가 미설치된 특정소방대상물	① 소방시설관리업에 등록된 기술인력 중 소방시설관리사 ② 소방안전관리자로 선임된 소방시설관리사 또는 소방기술사
	④ **작동점검**대상 제외 ㉠ 특정소방대상물 중 소방안전관리자를 선임하지 않는 대상 ㉡ 위험물제조소 등 ㉢ 특급소방안전관리대상물		
종합점검	소방시설 등의 작동점검을 포함하여 소방시설 등의 설비별 주요구성부품의 구조기준이 관련법령에서 정하는 기준에 적합한지 여부를 점검하는 것 (1) 최초점검 : 특정소방대상물의 소방시설이 신설된 경우 건축물을 사용할 수 있게 된 날부터 **60일** 이내 점검하는 것 (2) 그 밖의 종합점검 : 최초점검을 제외한 종합점검	① 소방시설 등이 신설된 경우에 해당하는 특정소방대상물 ② 스프링클러설비가 설치된 특정소방대상물 ③ **물분무등소화설비**(호스릴방식의 물분무등소화설비만을 설치한 경우는 제외)가 설치된 연면적 **5000m²** 이상인 특정소방대상물(위험물제조소 등 제외) 보기 ④ ④ 다중이용업의 영업장이 설치된 특정소방대상물로서 연면적이 2000m² 이상인 것 ⑤ 제연설비가 설치된 터널 ⑥ 공공기관 중 연면적(터널·지하구의 경우 그 길이와 평균폭을 곱하여 계산된 값을 말한다)이 1000m² 이상인 것으로서 옥내소화전설비 또는 자동화재탐지설비가 설치된 것(단, 소방대가 근무하는 공공기관 제외)	① 소방시설관리업에 등록된 기술인력 중 소방시설관리사 ② 소방안전관리자로 선임된 소방시설관리사 또는 소방기술사

답 ④

55. 소방시설 설치 및 관리에 관한 법령상 음료수 공장의 충전을 하는 작업장 등과 같이 화재안전기준을 적용하기 어려운 특정소방대상물에 설치하지 않을 수 있는 소방시설의 종류가 아닌 것은?

① 상수도소화용수설비
② 스프링클러설비
③ 연결송수관설비
④ 연결살수설비

해설 소방시설법 시행령〔별표 6〕
소방시설을 설치하지 않을 수 있는 특정소방대상물 및 소방시설의 범위

구 분	특정소방대상물	소방시설
화재위험도가 낮은 특정소방대상물	석재, 불연성 금속, 불연성 건축재료 등의 가공공장·기계 조립공장 또는 불연성 물품을 저장하는 창고	① 옥외소화전설비 ② 연결살수설비 기억법 석불금외
화재안전기준을 적용하기 어려운 특정소방대상물	펄프공장의 작업장, 음료수 공장의 세정 또는 충전을 하는 작업장, 그 밖에 이와 비슷한 용도로 사용하는 것	① 스프링클러설비 ② 상수도소화용수설비 ③ 연결살수설비 보기 ③
	정수장, 수영장, 목욕장, 어류양식용 시설, 그 밖에 이와 비슷한 용도로 사용되는 것	① 자동화재탐지설비 ② 상수도소화용수설비 ③ 연결살수설비
화재안전기준을 달리 적용하여야 하는 특수한 용도 또는 구조를 가진 특정소방대상물	원자력발전소, 중·저준위방사성폐기물의 저장시설	① 연결송수관설비 ② 연결살수설비
자체소방대가 설치된 특정소방대상물	자체소방대가 설치된 위험물제조소 등에 부속된 사무실	① 옥내소화전설비 ② 소화용수설비 ③ 연결살수설비 ④ 연결송수관설비

중요

소방시설법 시행령〔별표 6〕
소방시설을 설치하지 않을 수 있는 소방시설의 범위
(1) **화재위험도**가 낮은 특정소방대상물
(2) **화재안전기준**을 적용하기가 어려운 특정소방대상물
(3) 화재안전기준을 달리 적용하여야 하는 특수한 **용도·구조**를 가진 특정소방대상물
(4) **자체소방대**가 설치된 특정소방대상물

답 ③

56 화재의 예방 및 안전관리에 관한 법령에 따른 특수가연물의 기준 중 다음 ( ) 안에 알맞은 것은?

품 명	수 량
나무껍질 및 대팻밥	(㉠)kg 이상
면화류	(㉡)kg 이상

① ㉠ 200, ㉡ 400
② ㉠ 200, ㉡ 1000
③ ㉠ 400, ㉡ 200
④ ㉠ 400, ㉡ 1000

해설 화재예방법 시행령〔별표 2〕
특수가연물

품 명		수 량
가연성 **액**체류		**2**m³ 이상
목재가공품 및 나무부스러기		**10**m³ 이상
면화류 기억법 면2(면이 맛있다.)		**2**00kg 이상
나무껍질 및 대팻밥		**4**00kg 이상
넝마 및 종이부스러기		
사류(絲類)		1000kg 이상
볏짚류		
가연성 **고**체류		**3**000kg 이상
고무류·플라스틱류	발포시킨 것	**20**m³ 이상
	그 밖의 것	**3**000kg 이상
석탄·목탄류		**10000**kg 이상

용어

특수가연물
화재가 발생하면 그 확대가 빠른 물품

기억법 가액목면나 넝사볏가고 고석
         2 1 2 4   1   3   3 1

답 ③

57 화재의 예방 및 안전관리에 관한 법령상 화재안전조사위원회의 위원에 해당하지 아니하는 사람은?

① 소방기술사
② 소방시설관리사
③ 소방 관련 분야의 석사학위 이상을 취득한 사람
④ 소방 관련 법인 또는 단체에서 소방 관련 업무에 3년 이상 종사한 사람

해설 ④ 3년 → 5년

화재예방법 시행령 11조
화재안전조사위원회의 구성
(1) **과장급** 직위 이상의 소방공무원
(2) 소방기술사 보기 ①
(3) 소방시설관리사 보기 ②
(4) 소방 관련 분야의 **석사**학위 이상을 취득한 사람 보기 ③
(5) 소방 관련 법인 또는 단체에서 소방 관련 업무에 **5년** 이상 종사한 사람 보기 ④
(6) 소방공무원 교육훈련기관, 학교 또는 연구소에서 소방과 관련한 교육 또는 연구에 **5년** 이상 종사한 사람

답 ④

58 위험물안전관리법령상 소화난이도 등급 I의 옥내탱크저장소에서 황만을 저장·취급할 경우 설치하여야 하는 소화설비로 옳은 것은?
① 물분무소화설비 ② 스프링클러설비
③ 포소화설비 ④ 옥내소화전설비

해설 위험물규칙 〔별표 17〕
황만을 저장·취급하는 옥내·외탱크저장소·암반탱크저장소에 설치해야 하는 소화설비
물분무소화설비 보기 ①

기억법 황물

답 ①

59 소방시설공사업법령상 하자보수를 하여야 하는 소방시설 중 하자보수 보증기간이 3년이 아닌 것은?
① 자동소화장치 ② 비상방송설비
③ 스프링클러설비 ④ 소화용수설비

해설 ② 2년
공사업령 6조
소방시설공사의 하자보수 보증기간

보증기간	소방시설
2년	① **유**도등·**피**난기구 ② **비**상**조**명등·비상**경**보설비·비상**방**송설비 보기 ② ③ **무**선통신보조설비 기억법 유비 조경방무피2
3년	① 자동소화장치 ② 옥내·외소화전설비 ③ 스프링클러설비 ④ 물분무등소화설비·소화용수설비 ⑤ 자동화재탐지설비·소화활동설비(무선통신보조설비 제외) ⑥ 화재알림설비

답 ②

60 소방기본법령상 소방대장은 화재, 재난·재해 그 밖의 위급한 상황이 발생한 현장에 소방활동구역을 정하여 소방활동에 필요한 자로서 대통령령으로 정하는 사람 외에는 그 구역에의 출입을 제한할 수 있다. 다음 중 소방활동구역에 출입할 수 없는 사람은?
① 소방활동구역 안에 있는 소방대상물의 소유자·관리자 또는 점유자
② 전기·가스·수도·통신·교통의 업무에 종사하는 사람으로서 원활한 소방활동을 위하여 필요한 사람
③ 시·도지사가 소방활동을 위하여 출입을 허가한 사람
④ 의사·간호사 그 밖에 구조·구급업무에 종사하는 사람

해설 ③ 시·도지사가 → 소방대장이

기본령 8조
소방활동구역 출입자
(1) **소방활동구역 안**에 있는 **소유자·관리자** 또는 **점유자** 보기 ①
(2) **전기·가스·수도·통신·교통**의 업무에 종사하는 자로서 원활한 **소방활동**을 위하여 필요한 자 보기 ②
(3) **의사·간호사**, 그 밖에 구조·구급업무에 종사하는 자 보기 ④
(4) **취재인력** 등 보도업무에 종사하는 자
(5) **수사업무**에 종사하는 자
(6) **소방대장**이 소방활동을 위하여 **출입**을 **허가**한 자 보기 ③

용어
소방활동구역
화재, 재난·재해 그 밖의 위급한 상황이 발생한 현장에 정하는 구역

답 ③

제4과목 소방기계시설의 구조 및 원리

61 다음 중 화재조기진압용 스프링클러설비의 화재안전기준상 헤드의 설치기준 중 ( ) 안에 알맞은 것은?

헤드 하나의 방호면적은 (㉠)m² 이상 (㉡)m² 이하로 할 것

① ㉠ 2.4, ㉡ 3.7 ② ㉠ 3.7, ㉡ 9.1
③ ㉠ 6.0, ㉡ 9.3 ④ ㉠ 9.1, ㉡ 13.7

해설 화재조기진압용 스프링클러헤드의 적합기준(NFPC 103B 10조, NFTC 103B 2.7)
(1) 헤드 하나의 방호면적은 **6.0~9.3m²** 이하로 할 것
(2) 가지배관의 헤드 사이의 거리는 천장의 높이가 9.1m 미만인 경우에는 **2.4~3.7m** 이하로, **9.1~13.7m** 이하인 경우에는 **3.1m** 이하로 할 것

천장높이	가지배관 헤드 사이의 거리
9.1m 미만	2.4~3.7m 이하
9.1~13.7m 이하	3.1m 이하

(3) 헤드의 반사판은 천장 또는 반자와 평행하게 설치하고 저장물의 최상부와 **914mm** 이상 확보되도록 할 것
(4) **하향식 헤드**의 반사판의 위치는 천장이나 반자 아래 **125~355mm** 이하일 것
(5) **상향식 헤드**의 감지부 중앙은 천장 또는 반자와 **101~152mm** 이하이어야 하며, 반사판의 위치는 스프링클러배관의 윗부분에서 최소 **178mm** 상부에 설치되도록 할 것

(6) 헤드와 벽과의 거리는 헤드 상호 간 거리의 $\frac{1}{2}$을 초과하지 않아야 하며 최소 **102mm 이상**일 것
(7) 헤드의 작동온도는 **74℃ 이하**일 것(단, 헤드 주위의 온도가 **38℃ 이상**의 경우에는 그 온도에서의 화재시험 등에서 헤드작동에 관하여 공인기관의 시험을 거친 것을 사용할 것)

답 ③

62 분말소화설비의 화재안전기준상 수동식 기동장치의 부근에 설치하는 비상스위치에 대한 설명으로 옳은 것은?
[12.05.문61]
① 자동복귀형 스위치로서 수동식 기동장치의 타이머를 순간 정지시키는 기능의 스위치를 말한다.
② 자동복귀형 스위치로서 수동식 기동장치가 수신기를 순간 정지시키는 기능의 스위치를 말한다.
③ 수동복귀형 스위치로서 수동식 기동장치의 타이머를 순간 정지시키는 기능의 스위치를 말한다.
④ 수동복귀형 스위치로서 수동식 기동장치가 수신기를 순간 정지시키는 기능의 스위치를 말한다.

해설 **방출지연 스위치**
자동복귀형 스위치로서 수동식 기동장치의 **타이머**를 **순간 정지**시키는 기능의 스위치

• 방출지연 스위치=방출지연 비상스위치

답 ①

63 할론소화설비의 화재안전기준상 화재표시반의 설치기준이 아닌 것은?
① 소화약제 방출지연 비상스위치를 설치할 것
② 소화약제의 방출을 명시하는 표시등을 설치할 것
③ 수동식 기동장치는 그 방출용 스위치의 작동을 명시하는 표시등을 설치할 것
④ 자동식 기동장치는 자동·수동의 절환을 명시하는 표시등을 설치할 것

해설 ① 방출지연 비상스위치는 화재표시반이 아니고 수동식 기동장치의 부근에 설치

할론소화설비 화재표시반의 설치기준(NFTC 107 2.4.1.2)
(1) 각 방호구역마다 **음향경보장치**의 조작 및 **감지기**의 작동을 명시하는 표시등과 이와 연동하여 작동하는 벨·버저 등의 **경보기**를 설치할 것. 이 경우 음향경보장치의 조작 및 감지기의 작동을 명시하는 **표시등**을 **겸용**할 수 있다.
(2) 수동식 기동장치는 그 **방출용 스위치**의 작동을 명시하는 **표시등**을 설치할 것 보기 ③
(3) 소화약제의 **방출**을 **명시**하는 **표시등**을 설치할 것 보기 ②
(4) 자동식 기동장치는 **자동·수동**의 **절환**을 명시하는 **표시등**을 설치할 것 보기 ④

답 ①

64 피난기구의 화재안전기준상 노유자시설의 4층 이상 10층 이하에서 적응성이 있는 피난기구가 아닌 것은?
[19.03.문76]
[17.05.문62]
[16.10.문69]
[16.05.문74]
[11.03.문72]
① 피난교
② 다수인 피난장비
③ 승강식 피난기
④ 미끄럼대

해설 **피난기구의 적응성**(NFTC 301 2.1.1)

층별 설치 장소별 구분	1층	2층	3층	4층 이상 10층 이하
노유자시설	• 미끄럼대 • 구조대 • 피난교 • 다수인 피난장비 • 승강식 피난기	• 미끄럼대 • 구조대 • 피난교 • 다수인 피난장비 • 승강식 피난기	• 미끄럼대 • 구조대 • 피난교 • 다수인 피난장비 • 승강식 피난기	• 구조대[1] • 피난교 보기 ① • 다수인 피난장비 보기 ② • 승강식 피난기 보기 ③
의료시설·입원실이 있는 의원·접골원·조산원	–	–	• 미끄럼대 • 구조대 • 피난교 • 피난용 트랩 • 다수인 피난장비 • 승강식 피난기	• 구조대 • 피난교 • 피난용 트랩 • 다수인 피난장비 • 승강식 피난기
영업장의 위치가 4층 이하인 다중이용업소	–	• 미끄럼대 • 피난사다리 • 구조대 • 완강기 • 다수인 피난장비 • 승강식 피난기	• 미끄럼대 • 피난사다리 • 구조대 • 완강기 • 다수인 피난장비 • 승강식 피난기	• 미끄럼대 • 피난사다리 • 구조대 • 완강기 • 다수인 피난장비 • 승강식 피난기
그 밖의 것 (근린생활시설 사무실 등)	–	–	• 미끄럼대 • 피난사다리 • 구조대 • 완강기 • 피난교 • 피난용 트랩 • 간이완강기[2] • 공기안전매트 • 다수인 피난장비 • 승강식 피난기	• 피난사다리 • 구조대 • 완강기 • 피난교 • 간이완강기[2] • 공기안전매트 • 다수인 피난장비 • 승강식 피난기

[비고] 1) 구조대의 적응성은 장애인 관련 시설로서 주된 사용자 중 스스로 피난이 불가한 자가 있는 경우 추가로 설치하는 경우에 한한다.
2) 간이완강기의 적응성은 숙박시설의 3층 이상에 있는 객실에 추가로 설치하는 경우에 한한다.

중요
의무관리대상 공동주택(NFPC 608 13조, NFTC 608 2.9.1.3)
공동주택 구역마다 공기안전매트 1개 이상 추가 설치

비교
피난기구의 적응성

간이완강기	공기안전매트	구조대
숙박시설의 3층 이상에 있는 객실	공동주택	장애인관련시설

답 ④

---

65 분말소화설비의 화재안전기준상 다음 ( ) 안에 알맞은 것은?

19.04.문69
18.03.문67
13.09.문77

> 분말소화약제의 가압용 가스 용기에는 ( )의 압력에서 조정이 가능한 압력조정기를 설치하여야 한다.

① 2.5MPa 이하 ② 2.5MPa 이상
③ 25MPa 이하   ④ 25MPa 이상

해설 (1) **압력조정기(압력조정장치)의 압력**(NFPC 107 4조, NFTC 107 2.1.5 / NFPC 108 5조, NFTC 108 2.2.3)

할론소화설비	**분말소화설비(분말소화약제)**
2MPa 이하	**2.5MPa 이하**

기억법 분압25(분압이오.)

(2) **전자개방밸브 부착**(NFTC 106 2.3.2.2 / NFPC 108 5·7조, NFTC 108 2.2.2, 2.4.2.2)

분말소화약제 가압용 가스용기	• 이산화탄소소화설비 전기식 기동장치 • 분말소화설비 전기식 기동장치
3병 이상 설치한 경우 2개 이상	**7병** 이상 개방시 2병 이상

기억법 이7(이치)

답 ①

---

66 스프링클러설비의 화재안전기준상 개방형 스프링클러설비에서 하나의 방수구역을 담당하는 헤드의 개수는 최대 몇 개 이하로 해야 하는가? (단, 방수구역은 나누어져 있지 않고 하나의 구역으로 되어 있다.)

19.03.문62
17.03.문78
16.05.문66
11.10.문62

① 50   ② 40
③ 30   ④ 20

해설 **개방형 설비**의 **방수구역**(NFPC 103 7조, NFTC 103 2.4.1)
(1) 하나의 방수구역은 **2개층**에 미치지 아니할 것
(2) 방수구역마다 **일제개방밸브**를 설치

(3) 하나의 방수구역을 담당하는 헤드의 개수는 **50개** 이하
(단, 2개 이상의 방수구역으로 나눌 경우에는 **25개** 이상)

기억법 5개(오골개)

(4) 표지는 '**일제개방밸브실**'이라고 표시한다.

답 ①

---

67 연결살수설비의 화재안전기준상 배관의 설치기준 중 하나의 배관에 부착하는 살수헤드의 개수가 3개인 경우 배관의 구경은 최소 몇 mm 이상으로 설치해야 하는가? (단, 연결살수설비 전용 헤드를 사용하는 경우이다.)

17.03.문72
14.03.문73
13.03.문64

① 40   ② 50
③ 65   ④ 80

해설 **연결살수설비**(NFPC 503 5조, NFTC 503 2.2.3.1)

배관의 구경	32mm	40mm	**50mm**	65mm	80mm
살수헤드 개수	1개	2개	**3개**	4개 또는 5개	6~10개 이하

기억법 503살

답 ②

---

68 이산화탄소소화설비의 화재안전기준상 수동식 기동장치의 설치기준에 적합하지 않은 것은?

20.06.문79
19.09.문61
17.05.문70
15.05.문63
12.03.문70
98.07.문73

① 전역방출방식에 있어서는 방호대상물마다 설치
② 전기를 사용하는 기동장치에는 전원표시등을 설치할 것
③ 기동장치의 조작부는 바닥으로부터 높이 0.8m 이상 1.5m 이하의 위치에 설치하고, 보호판 등에 따른 보호장치를 설치할 것
④ 기동장치의 방출용 스위치는 음향경보장치와 연동하여 조작될 수 있는 것으로 할 것

해설
> ① 방호대상물 → 방호구역

이산화탄소소화설비의 **기동장치**(NFPC 106 6조, NFTC 106 2.3)
(1) **자동식 기동장치**는 **자동화재탐지설비 감지기**의 작동과 **연동**
(2) **전역방출방식**에 있어서 수동식 기동장치는 **방호구역**마다 설치 보기 ①
(3) 가스압력식 자동기동장치의 기동용 가스용기 용적은 **5L 이상**
(4) 수동식 기동장치의 조작부는 **0.8~1.5m** 이하 높이에 설치 보기 ③
(5) 전기식 기동장치는 **7병** 이상의 경우에 **2병** 이상이 전자개방밸브 설치
(6) 수동식 기동장치의 부근에는 소화약제의 방출을 지연시킬 수 있는 **방출지연스위치** 설치

(7) **전기**를 사용하는 기동장치에는 **전원표시등**을 설치할 것 보기 ②
(8) 기동장치의 **방출용 스위치**는 음향경보장치와 연동하여 조작될 수 있는 것으로 할 것 보기 ④

답 ①

69
옥내소화전설비의 화재안전기준상 옥내소화전 펌프의 풋밸브를 소방용 설비 외의 다른 설비의 풋밸브보다 낮은 위치에 설치한 경우의 유효수량으로 옳은 것은? (단, 옥내소화전설비와 다른 설비 수원을 저수조로 겸용하여 사용한 경우이다.)

① 저수조의 바닥면과 상단 사이의 전체 수량
② 옥내소화전설비 풋밸브와 소방용 설비 외의 다른 설비의 풋밸브 사이의 수량
③ 옥내소화전설비의 풋밸브와 저수조 상단 사이의 수량
④ 저수조의 바닥면과 소방용 설비 외의 다른 설비의 풋밸브 사이의 수량

해설 **유효수량**(NFPC 102 4조, NFTC 102 2.1.5)
일반급수펌프의 풋밸브와 옥내소화전용 펌프의 풋밸브 사이의 수량

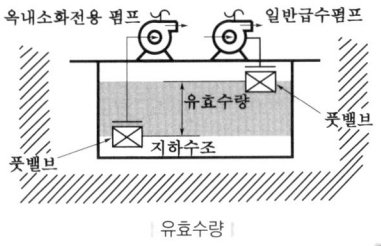

|유효수량|

답 ②

70
포소화설비의 화재안전기준상 포소화설비의 배관 등의 설치기준으로 옳은 것은?

① 포워터스프링클러설비 또는 포헤드설비의 가지배관의 배열은 토너먼트방식으로 한다.
② 송액관은 겸용으로 하여야 한다. 다만, 포소화전의 기동장치의 조작과 동시에 다른 설비의 용도에 사용하는 배관의 송수를 차단할 수 있거나, 포소화설비의 성능에 지장이 없는 경우에는 전용으로 할 수 있다.
③ 송액관은 포의 방출 종료 후 배관 안의 액을 배출하기 위하여 적당한 기울기를 유지하도록 하고 그 낮은 부분에 배액밸브를 설치하여야 한다.
④ 송수구는 지면으로부터 높이가 1.5m 이하의 위치에 설치하여야 한다.

해설 ① 토너먼트방식으로 한다 → 토너먼트방식이 아니어야 한다.
② 겸용 → 전용, 전용 → 겸용
④ 1.5m 이하 → 0.5m 이상 1m 이하

포소화설비의 **배관**(NFPC 105 7조, NFTC 105 2.4)
(1) 송액관은 포의 방출 종료 후 배관 안의 액을 배출하기 위하여 적당한 기울기를 유지하도록 하고 그 낮은 부분에 **배액밸브** 설치 보기 ③

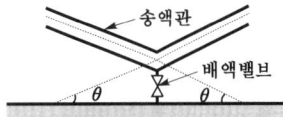

|송액관의 기울기|

(2) **포워터스프링클러설비** 또는 **포헤드설비**의 가지배관의 배열은 **토너먼트방식**이 **아니어야** 하며, 교차배관에서 분기하는 지점을 기점으로 한쪽 가지배관에 설치하는 헤드의 수 **8개 이하** 보기 ①

• 포워터스프링클러설비 • 포헤드설비	• 압축공기포소화설비
토너먼트방식이 아닐 것	토너먼트방식

(3) 송액관은 **전용**(단, 포소화전의 기동장치의 조작과 동시에 다른 설비의 용도에 사용하는 배관의 송수를 차단할 수 있거나, 포소화설비의 성능에 지장이 없는 경우에는 다른 설비와 겸용 가능) 보기 ②
(4) 송수구는 지면으로부터 높이가 0.5m 이상 1m 이하의 위치에 설치할 것

답 ③

71
물분무소화설비의 화재안전기준상 송수구의 설치기준으로 틀린 것은?

① 구경 65mm의 쌍구형으로 할 것
② 지면으로부터 높이가 0.5m 이상 1m 이하의 위치에 설치할 것
③ 송수구는 하나의 층의 바닥면적이 1500m² 를 넘을 때마다 1개(5개를 넘을 경우에는 5개로 한다) 이상을 설치할 것
④ 가연성 가스의 저장·취급시설에 설치하는 송수구는 그 방호대상물로부터 20m 이상의 거리를 두거나 방호대상물에 면하는 부분이 높이 1.5m 이상, 폭 2.5m 이상의 철근콘크리트 벽으로 가려진 장소에 설치할 것

해설 ③ 1500m² → 3000m²

물분무소화설비의 **송수구**의 **설치기준**(NFPC 104 7조, NFTC 104 2.4)
(1) 구경 **65mm**의 **쌍구형**으로 할 것 보기 ①
(2) 지면으로부터 높이가 **0.5~1m** 이하의 위치에 설치할 것 보기 ②

(3) 가연성 가스의 저장·취급시설에 설치하는 송수구는 그 방호대상물로부터 **20m** 이상의 거리를 두거나 방호대상물에 면하는 부분이 높이 **1.5m** 이상, 폭 **2.5m** 이상의 **철근콘크리트 벽**으로 가려진 장소에 설치하여야 한다. 보기 ④

(4) 송수구는 하나의 층의 바닥면적이 **3000m²**를 넘을 때마다 1개(5개를 넘을 경우에는 **5개**로 한다) 이상을 설치할 것 보기 ③

(5) 송수구의 가까운 부분에 **자동배수밸브**(또는 직경 5mm의 **배수공**) 및 **체크밸브**를 설치할 것

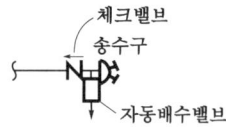

자동배수밸브 및 체크밸브

중요

설치높이		
0.5~1m 이하	0.8~1.5m 이하	1.5m 이하
① **연**결송수관 설비의 송수구 ② **연**결살수설비의 송수구 ③ 물분무소화설비의 송수구 ④ **소**화용수설비의 채수구	① **수**동식 **기**동장치 조작부 ② **제**어밸브(수동식 개방밸브) ③ **유**수검지장치 ④ **일**제개방밸브	① **옥내**소화전설비의 방수구 ② **호**스릴함 ③ **소**화기(투척용 소화기)
기억법 연소용51(연소용 오일은 잘 탄다.)	기억법 수기8(수기 팔아요.) 제유일 85(제가 유일하게 팔았어요.)	기억법 옥내호소5(옥내에서 호소하시오.)

답 ③

72 미분무소화설비의 화재안전기준상 미분무소화설비의 성능을 확인하기 위하여 하나의 발화원을 가정한 설계도서 작성시 고려하여야 할 인자를 모두 고른 것은?

ㄱ 화재 위치
ㄴ 점화원의 형태
ㄷ 시공 유형과 내장재 유형
ㄹ 초기 점화되는 연료 유형
ㅁ 공기조화설비, 자연형(문, 창문) 및 기계형 여부
ㅂ 문과 창문의 초기상태(열림, 닫힘) 및 시간에 따른 변화상태

① ㄱ, ㄷ, ㅂ
② ㄱ, ㄴ, ㄷ, ㅁ

③ ㄱ, ㄴ, ㄹ, ㅁ, ㅂ
④ ㄱ, ㄴ, ㄷ, ㄹ, ㅁ, ㅂ

해설 미분무소화설비의 성능확인을 위한 설계도서의 작성 (NFTC 104A 2.1.1)
(1) 점화원의 형태 ㄴ
(2) 초기 점화되는 연료 유형 ㄹ
(3) 화재 위치 ㄱ
(4) 문과 창문의 초기상태(열림, 닫힘) 및 시간에 따른 변화상태 ㅂ
(5) 공기조화설비, 자연형(문, 창문) 및 기계형 여부 ㅁ
(6) 시공 유형과 내장재 유형 ㄷ

답 ④

73 특별피난계단의 계단실 및 부속실 제연설비의 화재안전기준상 차압 등에 관한 기준 중 다음 ( ) 안에 알맞은 것은?

제연설비가 가동되었을 경우 출입문의 개방에 필요한 힘은 ( )N 이하로 하여야 한다.

① 12.5
② 40
③ 70
④ 110

해설 차압(NFPC 501A 6·10조, NFTC 501A 2.3, 2.7.1)
(1) 제연구역과 옥내와의 사이에 유지하여야 하는 최소차압은 **40Pa**(옥내에 **스프링클러설비**가 설치된 경우는 **12.5Pa**) 이상
(2) 제연설비가 가동되었을 경우 출입문의 개방에 필요한 힘은 **110N 이하** 보기 ④
(3) 계단실과 부속실을 동시에 제연하는 경우 부속실의 기압은 계단실과 같게 하거나 계단실의 기압보다 낮게 할 경우에는 부속실과 계단실의 압력차이는 **5Pa 이하**
(4) 계단실 및 그 부속실을 동시에 제연하는 것 또는 계단실만 단독으로 제연할 때의 방연풍속은 **0.5m/s 이상**
(5) 피난을 위하여 제연구역의 출입문이 일시적으로 개방되는 경우 개방되지 않은 제연구역과 옥내와의 차압은 기준 차압의 70% 이상이어야 한다.

답 ④

74 포소화설비의 화재안전기준상 펌프의 토출관에 압입기를 설치하여 포소화약제 압입용 펌프로 포소화약제를 압입시켜 혼합하는 방식은?

① 라인 프로포셔너방식
② 펌프 프로포셔너방식
③ 프레져 프로포셔너방식
④ 프레져사이드 프로포셔너방식

해설 **포소화약제의 혼합장치**(NFPC 105 3·9조, NFTC 105 1.7, 2.6.1)

(1) **펌프 프로포셔너방식**(펌프 혼합방식)
  ㉠ 펌프 토출측과 흡입측에 바이패스를 설치하고, 그 바이패스의 도중에 설치한 어댑터(adaptor)로 펌프 토출측 수량의 일부를 통과시켜 공기포 용액을 만드는 방식
  ㉡ 펌프의 **토출관**과 **흡입관** 사이의 배관 도중에 설치한 흡입기에 펌프에서 토출된 물의 일부를 보내고 **농도조정밸브**에서 조정된 포소화약제의 필요량을 포소화약제 탱크에서 펌프 흡입측으로 보내어 약제를 혼합하는 방식

  기억법 펌농

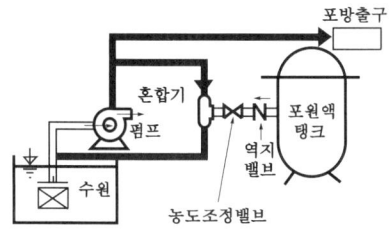

| 펌프 프로포셔너방식 |

(2) **프레져 프로포셔너방식**(차압 혼합방식)
  ㉠ 가압송수관 도중에 공기포 소화원액 혼합조(P.P.T)와 혼합기를 접속하여 사용하는 방법
  ㉡ **격막방식 휨탱크**를 사용하는 에어휨 혼합방식
  ㉢ 펌프와 발포기의 중간에 설치된 벤투리관의 **벤투리작용**과 펌프 가압수의 **포소화약제 저장탱크**에 대한 압력에 의하여 포소화약제를 흡입·혼합하는 방식

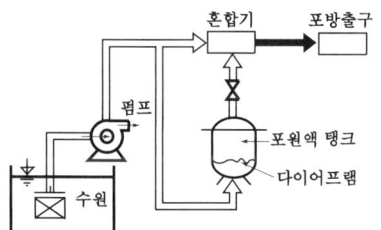

| 프레져 프로포셔너방식 |

(3) **라인 프로포셔너방식**(관로 혼합방식)
  ㉠ 급수관의 배관 도중에 포소화약제 흡입기를 설치하여 그 흡입관에서 소화약제를 흡입하여 혼합하는 방식
  ㉡ 펌프와 발포기의 중간에 설치된 **벤**투리관의 **벤투리작용**에 의하여 포소화약제를 흡입·혼합하는 방식

  기억법 라벤벤

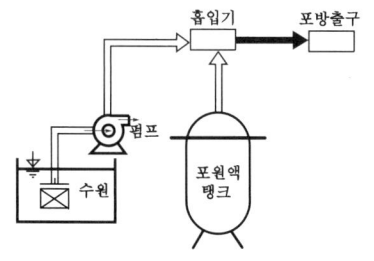

| 라인 프로포셔너방식 |

(4) **프레져사이드 프로포셔너방식**(압입 혼합방식) 보기 ④
  ㉠ 소화원액 가압펌프(압입용 펌프)를 별도로 사용하는 방식
  ㉡ 펌프 **토출관**에 압입기를 설치하여 포소화약제 **압입용 펌프**로 포소화약제를 압입시켜 혼합하는 방식

  기억법 프사압

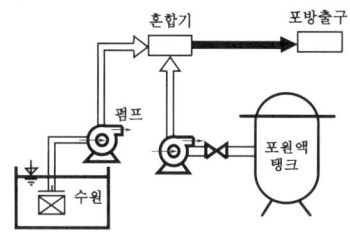

| 프레져사이드 프로포셔너방식 |

(5) **압축공기포 믹싱챔버방식**
  포수용액에 공기를 강제로 주입시켜 **원거리 방수**가 가능하고 물 사용량을 줄여 **수손피해**를 **최소화**할 수 있는 방식

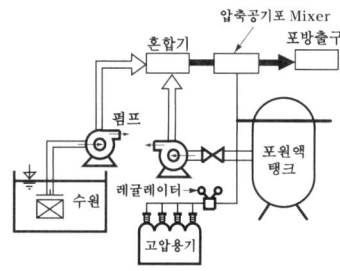

| 압축공기포 믹싱챔버방식 |

답 ④

---

75 ★★★

18.04.문76
17.09.문76
15.03.문02
13.06.문78

소화기구 및 자동소화장치의 화재안전기준에 따라 다음과 같이 간이소화용구를 비치하였을 경우 능력단위의 합은?

- 삽을 상비한 마른모래 50L포 2개
- 삽을 상비한 팽창질석 80L포 1개

① 1단위 ② 1.5단위
③ 2.5단위 ④ 3단위

해설 **간이소화용구**의 **능력단위**(NFTC 101 1.7.1.6)

간이소화용구		능력단위
마른모래	삽을 상비한 50L 이상의 것 1포	0.5단위
팽창질석 또는 팽창진주암	삽을 상비한 80L 이상의 것 1포	

기억법 마 0.5

마른모래 50L포 2개×0.5단위=1단위
팽창질석 80L포 1개×0.5단위=0.5단위
합계 1.5단위

비교

위험물규칙 [별표 17] 능력단위

소화설비	용량	능력단위
소화전용 물통	8L	0.3단위
수조(소화전용 물통 3개 포함)	80L	1.5단위
수조(소화전용 물통 6개 포함)	190L	2.5단위

답 ②

---

76 소화수조 및 저수조의 화재안전기준상 연면적이 40000m²인 특정소방대상물에 소화용수설비를 설치하는 경우 소화수조의 최소저수량은 몇 m³인가? (단, 지상 1층 및 2층의 바닥면적 합계가 15000m² 이상인 경우이다.)

① 53.3 ② 60
③ 106.7 ④ 120

해설 저수량

$$저수량 = \frac{연면적}{기준면적}(절상) \times 20m^3$$

$$\frac{연면적}{기준면적} = \frac{40000m^2}{7500m^2}(절상) = 5.3 ≒ 6$$

$$저수량 = 6 \times 20m^3 = 120m^3$$

• 단서 조건에 의해 기준면적은 7500m² 적용

중요

소화수조 및 저수조의 저수량 산출 (NFPC 402 4조, NFTC 402 2.1.2)

구분	기준면적
지상 1층 및 2층 바닥면적 합계 15000m² 이상	7500m²
기타	12500m²

답 ④

---

77 소화기구 및 자동소화장치의 화재안전기준에 따른 용어에 대한 정의로 틀린 것은?

① "소화약제"란 소화기구 및 자동소화장치에 사용되는 소화성능이 있는 고체·액체 및 기체의 물질을 말한다.
② "대형소화기"란 화재시 사람이 운반할 수 있도록 운반대와 바퀴가 설치되어 있고 능력단위가 A급 20단위 이상, B급 10단위 이상인 소화기를 말한다.
③ "전기화재(C급 화재)"란 전류가 흐르고 있는 전기기기, 배선과 관련된 화재를 말한다.
④ "능력단위"란 소화기 및 소화약제에 따른 간이소화용구에 있어서는 소방시설법에 따라 형식승인된 수치를 말한다.

해설 ② 20단위 → 10단위, 10단위 → 20단위

소화능력단위에 의한 **분류**(소화기의 형식승인 및 제품검사의 기술기준 4조)

소화기 분류		능력단위
소형소화기		1단위 이상
대형소화기 보기②	A급	10단위 이상
	B급	20단위 이상

기억법 대2B(데이빗!)

답 ②

---

78 옥내소화전설비의 화재안전기준상 배관 등에 관한 설명으로 옳은 것은?

① 펌프의 토출측 주배관의 구경은 유속이 5m/s 이하가 될 수 있는 크기 이상으로 하여야 한다.
② 연결송수관설비의 배관과 겸용할 경우의 주배관은 구경 80mm 이상, 방수구로 연결되는 배관의 구경은 65mm 이상의 것으로 하여야 한다.
③ 성능시험배관은 펌프의 토출측에 설치된 개폐밸브 이전에서 분기하여 설치하고, 유량측정장치를 기준으로 전단 직관부에 개폐밸브를, 후단 직관부에는 유량조절밸브를 설치하여야 한다.
④ 가압송수장치의 체절운전시 수온의 상승을 방지하기 위하여 체크밸브와 펌프 사이에서 분기한 구경 20mm 이상의 배관에 체절압력 이상에서 개방되는 릴리프밸브를 설치하여야 한다.

해설
① 5m/s 이하 → 4m/s 이하
② 80mm 이상 → 100mm 이상
④ 체절압력 이상 → 체절압력 미만

옥내소화전설비의 배관(NFPC 102 6조, NFTC 102 2.3)
(1) 펌프의 토출측 주배관의 구경은 유속이 **4m/s** 이하가 될 수 있는 크기 이상으로 하여야 하고, 옥내소화전방수구와 연결되는 **가지배관**의 구경은 **40mm**

(**호스릴**옥내소화전설비의 경우에는 25mm) 이상으로 하여야 하며, 주배관 중 **수직배관**의 구경은 50mm (**호스릴**옥내소화전설비의 경우에는 32mm) 이상으로 하여야 한다. 보기 ①

설 비		유 속
옥내소화전설비		4m/s 이하
스프링클러설비	가지배관	6m/s 이하
	기타의 배관	10m/s 이하

(2) **연결송수관설비**의 배관과 겸용할 경우의 **주배관**은 구경 100mm 이상, 방수구로 연결되는 배관의 구경은 65mm 이상 보기 ②

주배관	방수구로 연결되는 배관
구경 100mm 이상	구경 65mm 이상

(3) 성능시험배관은 펌프의 토출측에 설치된 **개폐밸브 이전**에서 분기하여 설치하고, 유량측정장치를 기준으로 **전단 직관부**에 **개폐밸브**를, **후단 직관부**에는 **유량조절밸브**를 설치 보기 ③

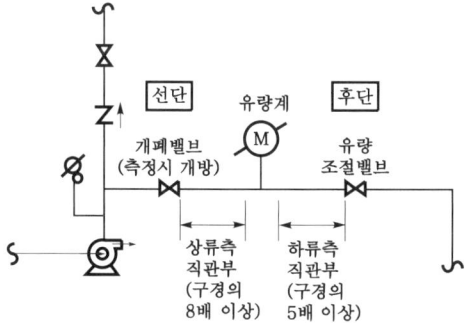

| 성능시험배관 |

(4) 가압송수장치의 체절운전시 수온의 상승을 방지하기 위하여 체크밸브와 펌프 사이에서 분기한 구경 20mm 이상의 배관에 **체절압력 미만**에서 개방되는 **릴리프밸브**를 설치 보기 ④

답 ③

79 소화전함의 성능인증 및 제품검사의 기술기준상 옥내소화전함의 재질을 합성수지 재료로 할 경우 두께는 최소 몇 mm 이상이어야 하는가?

① 1.5 ② 2.0
③ 3.0 ④ 4.0

해설 **옥내소화전함**의 **재질**(소화전함의 성능인증 및 제품검사의 기술기준 3조)

현무암 무기질 복합소재	합성수지재
1.5mm 이상	**4**mm 이상 보기 ④

기억법 내합4(**내**가 **합**한 **사**과)

답 ④

80 소화설비용 헤드의 성능인증 및 제품검사의 기술기준상 소화설비용 헤드의 분류 중 수류를 살수판에 충돌하여 미세한 물방울을 만드는 물분무헤드 형식은?

① 디프렉타형
② 충돌형
③ 슬리트형
④ 분사형

해설 물분무헤드의 종류

종 류	설 명
충돌형	유수와 유수의 충돌에 의해 미세한 물방울을 만드는 물분무헤드
분사형	소구경의 오리피스로부터 고압으로 분사하여 미세한 물방울을 만드는 물분무헤드
선회류형	선회류에 의해 확산 방출하든가 선회류와 직선류의 충돌에 의해 확산 방출하여 미세한 물방울을 만드는 물분무헤드

디프렉타형 (디플렉터형)	수류를 **살**수판에 충돌하여 미세한 물방울을 만드는 물분무헤드 보기 ① 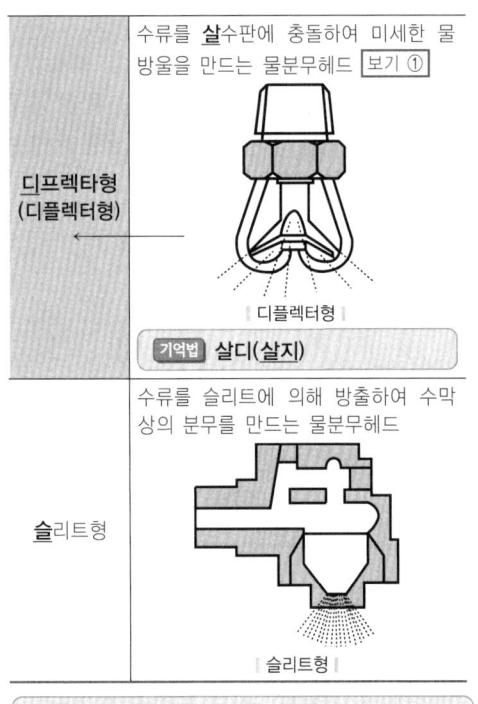 | 디플렉터형 | 기억법 **살디(살지)**
슬리트형	수류를 슬리트에 의해 방출하여 수막상의 분무를 만드는 물분무헤드 | 슬리트형 |

기억법 **충분선디슬**

답 ①

2021. 9. 12 시행

2021년 기사 제4회 필기시험

자격종목	종목코드	시험시간	형별	수험번호	성명
소방설비기사(기계분야)		2시간			

※ 각 문항은 4지택일형으로 질문에 가장 적합한 보기 항을 선택하여 체크하여야 합니다.

제1과목 소방원론

01 다음 중 피난자의 집중으로 패닉현상이 일어날 우려가 가장 큰 형태는?

① T형
② X형
③ Z형
④ H형

해설 피난형태

형 태	피난방향	상 황
X형		확실한 피난통로가 보장되어 신속한 피난이 가능하다.
Y형		
CO형		피난자들의 집중으로 패닉(Panic)현상이 일어날 수가 있다.
H형		

답 ④

02 연기감지기가 작동할 정도이고 가시거리가 20~30m에 해당하는 감광계수는 얼마인가?

① 0.1m^{-1}
② 1.0m^{-1}
③ 2.0m^{-1}
④ 10m^{-1}

해설 감광계수와 가시거리

감광계수 (m^{-1})	가시거리 (m)	상 황
0.1	20~30	연기**감**지기가 작동할 때의 농도(연기감지기가 작동하기 직전의 농도)
0.3	5	건물 내부에 **익**숙한 사람이 피난에 지장을 느낄 정도의 농도
0.5	3	**어**두운 것을 느낄 정도의 농도
1	1~2	앞이 거의 **보**이지 않을 정도의 농도
10	0.2~0.5	화재 **최**성기 때의 농도
30	–	출화실에서 연기가 **분**출할 때의 농도

기억법		
0123	감	
035	익	
053	어	
112	보	
100205	최	
30	분	

답 ①

03 소화에 필요한 CO_2의 이론소화농도가 공기 중에서 37vol%일 때 한계산소농도는 약 몇 vol%인가?

① 13.2
② 14.5
③ 15.5
④ 16.5

해설 CO_2의 농도(이론소화농도)

$$CO_2 = \frac{21 - O_2}{21} \times 100$$

여기서, CO_2 : CO_2의 이론소화농도[vol%]
　　　　O_2 : 한계산소농도[vol%]

$$CO_2 = \frac{21 - O_2}{21} \times 100$$

21. 09. 시행 / 기사(기계)

$$37 = \frac{21-O_2}{21} \times 100, \quad \frac{37}{100} = \frac{21-O_2}{21}$$

$$0.37 = \frac{21-O_2}{21}, \quad 0.37 \times 21 = 21-O_2$$

$$O_2 + (0.37 \times 21) = 21$$

$$O_2 = 21 - (0.37 \times 21) ≒ 13.2 vol\%$$

용어
vol%
어떤 공간에 차지하는 부피를 백분율로 나타낸 것

답 ①

04 건물화재시 패닉(Panic)의 발생원인과 직접적인 관계가 없는 것은?
① 연기에 의한 시계제한
② 유독가스에 의한 호흡장애
③ 외부와 단절되어 고립
④ 불연내장재의 사용

해설 패닉(Panic)의 발생원인
(1) 연기에 의한 시계제한 보기 ①
(2) 유독가스에 의한 호흡장애 보기 ②
(3) 외부와 단절되어 고립 보기 ③

용어
패닉(Panic)
인간이 극도로 긴장되어 돌출행동을 하는 것

답 ④

05 소화기구 및 자동소화장치의 화재안전기준에 따르면 소화기구(자동확산소화기는 제외)는 거주자 등이 손쉽게 사용할 수 있는 장소에 바닥으로부터 높이 몇 m 이하의 곳에 비치하여야 하는가?
① 0.5
② 1.0
③ 1.5
④ 2.0

해설 설치높이

0.5~1m 이하	0.8~1.5m 이하	1.5m 이하
① **연**결송수관설비의 송수구	① **수**동식 **기**동장치 조작부	① **옥**내소화전설비의 방수구
② **연**결살수설비의 송수구	② **제**어밸브(수동식 개방밸브)	② **호**스릴함
③ 물분무소화설비의 송수구	③ **유**수검지장치	③ **소**화기(투척용 소화기) 보기 ③
④ **소**화용수설비의 채수구	④ 일제개방밸브	

기억법
연소용51(**연소용 오일**은 잘 탄다.)

기억법
수기8(**수기** 팔아요.)
제유일 85(**제가유**일하게 팔았어요.)

기억법
옥내호소5(**옥내**에서 **호소**하시오.)

답 ③

06 물리적 폭발에 해당하는 것은?
① 분해폭발
② 분진폭발
③ 중합폭발
④ 수증기폭발

해설 폭발의 종류

화학적 폭발	물리적 폭발
• 가스폭발 • 유증기폭발 • 분진폭발 • 화약류의 폭발 • 산화폭발 • 분해폭발 • 중합폭발 • 증기운폭발	• 증기폭발(수증기폭발) 보기 ④ • 전선폭발 • 상전이폭발 • 압력방출에 의한 폭발

답 ④

07 소화약제로 사용되는 이산화탄소에 대한 설명으로 옳은 것은?
① 산소와 반응시 흡열반응을 일으킨다.
② 산소와 반응하여 불연성 물질을 발생시킨다.
③ 산화하지 않으나 산소와는 반응한다.
④ 산소와 반응하지 않는다.

해설 가연물이 될 수 없는 물질(불연성 물질)

특징	불연성 물질
주기율표의 0족 원소	• 헬륨(He) • 네온(Ne) • 아르곤(Ar) • 크립톤(Kr) • 크세논(Xe) • 라돈(Rn)
산소와 더 이상 반응하지 않는 물질 보기 ④	• 물(H_2O) • 이산화탄소(CO_2) • 산화알루미늄(Al_2O_3) • 오산화인(P_2O_5)
흡열반응 물질	질소(N_2)

• 탄산가스 = 이산화탄소(CO_2)

답 ④

08 Halon 1211의 화학식에 해당하는 것은?
① CH_2BrCl
② CF_2ClBr
③ CH_2BrF
④ CF_2HBr

해설 할론소화약제의 약칭 및 분자식

종 류	약 칭	분자식
할론 1011	CB	CH_2ClBr
할론 104	CTC	CCl_4
할론 1211	BCF	CF_2ClBr 보기 ②
할론 1301	BTM	CF_3Br
할론 2402	FB	$C_2F_4Br_2$

답 ②

09 건축물 화재에서 플래시오버(Flash over) 현상이 일어나는 시기는?

① 초기에서 성장기로 넘어가는 시기
② 성장기에서 최성기로 넘어가는 시기
③ 최성기에서 감쇠기로 넘어가는 시기
④ 감쇠기에서 종기로 넘어가는 시기

해설 플래시오버(Flash over)

구 분	설 명
발생시간	화재발생 후 5~6분경
발생시점	**성장기~최성기**(성장기에서 최성기로 넘어가는 분기점) 보기 ② 기억법 플성최
실내온도	약 800~900℃

답 ②

10 인화칼슘과 물이 반응할 때 생성되는 가스는?

① 아세틸렌
② 황화수소
③ 황산
④ 포스핀

해설 (1) **탄화칼슘**과 물의 반응식

$$CaC_2 + 2H_2O \rightarrow Ca(OH)_2 + C_2H_2\uparrow$$
탄화칼슘   물   수산화칼슘 아세틸렌

(2) **탄화알루미늄**과 물의 반응식

$$Al_4C_3 + 12H_2O \rightarrow 4Al(OH)_3 + 3CH_4\uparrow$$
탄화알루미늄 물   수산화알루미늄 메탄

(3) **인화칼슘**과 물의 반응식 보기 ④

$$Ca_3P_2 + 6H_2O \rightarrow 3Ca(OH)_2 + 2PH_3\uparrow$$
인화칼슘   물   수산화칼슘   포스핀

(4) **수소리튬**과 물의 반응식

$$LiH + H_2O \rightarrow LiOH + H_2$$
수소리튬 물 수산화리튬 수소

답 ④

11 위험물안전관리법령상 자기반응성 물질의 품명에 해당하지 않는 것은?

① 나이트로화합물
② 할로젠간화합물
③ 질산에스터류
④ 하이드록실아민염류

해설 ② 산화성 액체

위험물규칙 3조, 위험물령 [별표 1]
위험물

유별	성질	품명
제1류	산화성 고체	• 아염소산**염류** • 염소산**염류** • 과염소산**염류** • 질산**염류** • **무기과산화물** • 과아이오딘산염류 • 과아이오딘산 • 크로뮴, 납 또는 아이오딘의 산화물 • 아질산염류 • 차아염소산염류 • 염소화아이소사이아누르산 • 퍼옥소이황산염류 • 퍼옥소붕산염류 기억법 1산고(일산GO), ~염류, 무기과산화물
제2류	가연성 고체	• 황화인 • 적린 • 황 • 마그네슘 • 금속분 기억법 2황화적황마
제3류	자연발화성 물질 및 금수성 물질	• 황린 • 칼륨 • 나트륨 • 트리에틸**알**루미늄 • 금속의 수소화물 • 염소화규소화합물 기억법 황칼나트알
제4류	인화성 액체	• 특수인화물 • 석유류(벤젠) • 알코올류 • 동식물유류
제5류	자기반응성 물질	• 유기과산화물 • 나이트로화합물 보기 ① • 나이트로소화합물 • 아조화합물 • 질산에스터류(셀룰로이드) 보기 ③ • 하이드록실아민염류 보기 ④ • 금속의 아지화합물 • 질산구아니딘

제6류	산화성 액체	• 과염소산 • 과산화수소 • 질산 • 할로젠간화합물 보기 ②		

답 ②

12 마그네슘의 화재에 주수하였을 때 물과 마그네슘의 반응으로 인하여 생성되는 가스는?

19.03.문04
15.09.문06
15.09.문13
14.03.문06
12.09.문16
12.05.문05

① 산소
② 수소
③ 일산화탄소
④ 이산화탄소

해설 **주수소화**(물소화)시 위험한 물질

위험물	발생물질
• **무**기과산화물	**산소**(O_2) 발생 기억법 **무산**(무산되다.)
• 금속분 • **마그네슘** → • 알루미늄 • 칼륨 문제 14 • 나트륨 • 수소화리튬	**수소**(H_2) 발생 기억법 **마수**
• 가연성 액체의 유류화재 (경유)	**연소면**(화재면) 확대

답 ②

13 제2종 분말소화약제의 주성분으로 옳은 것은?

20.08.문15
19.03.문01
18.04.문06
17.09.문10
16.10.문06
16.05.문15
16.03.문09
15.09.문01

① NaH_2PO_4
② KH_2PO_4
③ $NaHCO_3$
④ $KHCO_3$

해설 (1) **분말소화약제**

종별	주성분	착색	적응 화재	비고
제**1**종	중탄산나트륨 ($NaHCO_3$)	백색	BC급	**식용유** 및 **지방질유**의 화재에 적합
제**2**종	중탄산칼륨 ($KHCO_3$)	담자색 (담회색)	BC급	—
제**3**종	제1인산암모늄 ($NH_4H_2PO_4$)	담홍색	ABC급	**차고·주차장**에 적합

제4종	중탄산칼륨 +요소 ($KHCO_3$+ $(NH_2)_2CO$)	회(백)색	BC급	—

기억법 1식분(일식 분식)
3분 차주(삼보컴퓨터 차주)

(2) **이산화탄소 소화약제**

주성분	적응화재
이산화탄소(CO_2)	BC급

답 ④

14 물과 반응하였을 때 가연성 가스를 발생하여 화재의 위험성이 증가하는 것은?

15.03.문09
13.06.문15
10.05.문07

① 과산화칼슘
② 메탄올
③ 칼륨
④ 과산화수소

해설 ③ 칼륨은 물과 반응하여 가연성 가스(수소)를 발생함

문제 12 참조

중요

경유화재시 주수소화가 **부적당**한 이유
물보다 비중이 가벼워 물 위에 떠서 **화재확대**의 우려가 있기 때문이다.

답 ③

15 물리적 소화방법이 아닌 것은?

16.03.문17
15.09.문05
14.05.문13
11.03.문16

① 연쇄반응의 억제에 의한 방법
② 냉각에 의한 방법
③ 공기와의 접촉 차단에 의한 방법
④ 가연물 제거에 의한 방법

해설 ① 화학적 소화방법

구분	물리적 소화방법	**화**학적 소화방법
소화 형태	• 질식소화(공기와의 접촉 차단) • 냉각소화(냉각) • 제거소화(가연물 제거)	• **억**제소화(연쇄반응의 억제) 보기 ① 기억법 **억**화(**억**화감정)
소화 약제	• 물소화약제 • 이산화탄소소화약제 • 포소화약제 • 불활성기체소화약제 • 마른모래	• 할론소화약제 • 할로겐화합물소화약제

중요

소화의 방법

소화방법	설 명
냉각소화	• 다량의 물 등을 이용하여 **점화원**을 **냉각**시켜 소화하는 방법 • 다량의 물을 뿌려 소화하는 방법
질식소화	• 공기 중의 **산소농도**를 16%(10~15%) 이하로 희박하게 하여 소화하는 방법
제거소화	• 가연물을 제거하여 소화하는 방법
억제소화 (부촉매효과)	• 연쇄반응을 차단하여 소화하는 방법으로 '화학소화'라고도 함

답 ①

16 다음 중 착화온도가 가장 낮은 것은?

① 아세톤
② 휘발유
③ 이황화탄소
④ 벤젠

해설

물 질	인화점	착화점
• 프로필렌	-107℃	497℃
• 에틸에터 • 다이에틸에터	-45℃	180℃
• **가솔린(휘발유)** 보기 ②	-43℃	300℃
• **이황화탄소** 보기 ③	-30℃	100℃
• 아세틸렌	-18℃	335℃
• **아세톤** 보기 ①	-18℃	538℃
• **벤젠** 보기 ④	-11℃	562℃
• 톨루엔	4.4℃	480℃
• 에틸알코올	13℃	423℃
• 아세트산	40℃	-
• 등유	43~72℃	210℃
• 경유	50~70℃	200℃
• 적린	-	260℃

• 착화점=발화점=착화온도=발화온도

답 ③

17 화재의 분류방법 중 유류화재를 나타낸 것은?

① A급 화재
② B급 화재
③ C급 화재
④ D급 화재

해설 화재의 종류

구 분	표시색	적응물질
일반화재(A급)	백색	• 일반가연물 • 종이류 화재 • 목재·섬유화재
유류화재(B급) 보기 ②	황색	• 가연성 액체 • 가연성 가스 • 액화가스화재 • 석유화재
전기화재(C급)	청색	• 전기설비
금속화재(D급)	무색	• 가연성 금속
주방화재(K급)	-	• 식용유화재

※ 요즘은 표시색의 의무규정은 없음

답 ②

18 소화약제로 사용되는 물에 관한 소화성능 및 물성에 대한 설명으로 틀린 것은?

① 비열과 증발잠열이 커서 냉각소화 효과가 우수하다.
② 물(15℃)의 비열은 약 1cal/g·℃이다.
③ 물(100℃)의 증발잠열은 439.6cal/g이다.
④ 물의 기화에 의한 팽창된 수증기는 질식소화 작용을 할 수 있다.

해설

③ 439.6cal/g → 539cal/g

물의 소화능력
(1) **비열**이 크다. 보기 ①
(2) **증발잠열**(기화잠열)이 크다. 보기 ①
(3) 밀폐된 장소에서 증발가열하면 수증기에 의해서 **산소희석작용** 또는 **질식소화작용**을 한다. 보기 ④
(4) **무상**으로 주수하면 **중질유** 화재에도 사용할 수 있다.

융해잠열	증발잠열(기화잠열)
80cal/g	539cal/g 보기 ③

참고

물이 소화약제로 많이 쓰이는 이유

장 점	단 점
① 쉽게 구할 수 있다. ② 증발잠열(기화잠열)이 크다. ③ 취급이 간편하다.	① 가스계 소화약제에 비해 사용 후 **오염**이 **크다**. ② 일반적으로 **전기화재**에는 **사용**이 **불가**하다.

답 ③

21. 09. 시행 / 기사(기계)

19. 다음 중 공기에서의 연소범위를 기준으로 했을 때 위험도(H) 값이 가장 큰 것은?

20.06.문19
19.03.문03
15.09.문08
10.03.문14

① 다이에틸에터　② 수소
③ 에틸렌　　　　④ 부탄

해설 위험도

$$H = \frac{U-L}{L}$$

여기서, H : 위험도
U : 연소상한계
L : 연소하한계

① 다이에틸에터 $= \dfrac{48-1.7}{1.7} = 27.23$

② 수소 $= \dfrac{75-4}{4} = 17.75$

③ 에틸렌 $= \dfrac{36-2.7}{2.7} = 12.33$

④ 부탄 $= \dfrac{8.4-1.8}{1.8} = 3.67$

중요

공기 중의 **폭발한계**(상온, 1atm)

가 스	하한계 [vol%]	상한계 [vol%]
보기① 다이에틸에터(($C_2H_5)_2O$) →	1.7	48
보기② 수소(H_2) →	4	75
보기③ 에틸렌(C_2H_4) →	2.7	36
보기④ 부탄(C_4H_{10}) →	1.8	8.4
아세틸렌(C_2H_2)	2.5	81
일산화탄소(CO)	12	75
이황화탄소(CS_2)	1	50
암모니아(NH_3)	15	25
메탄(CH_4)	5	15
에탄(C_2H_6)	3	12.4
프로판(C_3H_8)	2.1	9.5

● 연소한계=연소범위=가연한계=가연범위=폭발한계=폭발범위
● 다이에틸에터=에터

답 ①

20. 조연성 가스로만 나열되어 있는 것은?

18.04.문07
17.03.문07
16.10.문03
16.03.문04
14.05.문10
12.09.문08
10.05.문18

① 질소, 불소, 수증기
② 산소, 불소, 염소
③ 산소, 이산화탄소, 오존
④ 질소, 이산화탄소, 염소

해설 가연성 가스와 지연성 가스(조연성 가스)

가연성 가스	지연성 가스(조연성 가스)
● 수소	● 산소　보기②
● 메탄	● 공기
● 일산화탄소	● 염소　보기②
● 천연가스	● 오존
● 부탄	● 불소　보기②
● 에탄	
● 암모니아	
● 프로판	

기억법 가수일천 암부 메에프

기억법 조산공 염오불

용어

가연성 가스와 지연성 가스

가연성 가스	지연성 가스(조연성 가스)
물질 자체가 연소하는 것	자기 자신은 연소하지 않지만 연소를 도와주는 가스

답 ②

제2과목　소방유체역학

21. 지름이 5cm인 원형 관 내에 이상기체가 층류로 흐른다. 다음 중 이 기체의 속도가 될 수 있는 것을 모두 고르면? (단, 이 기체의 절대압력은 200kPa, 온도는 27℃, 기체상수는 2080J/kg·K, 점성계수는 $2 \times 10^{-5} N \cdot s/m^2$, 하임계 레이놀즈수는 2200으로 한다.)

17.03.문30
14.03.문21

| ㉠ 0.3m/s | ㉡ 1.5m/s |
| ㉢ 8.3m/s | ㉣ 15.5m/s |

① ㉠
② ㉠, ㉡
③ ㉠, ㉡, ㉢
④ ㉠, ㉡, ㉢, ㉣

해설 (1) 기호

● D : 5cm=0.05m(100cm=1m)
● P : 200kPa=200kN/m^2
　　　=200×10^3N/m^2
　　　(1Pa=1N/m^2이고 1kPa=10^3Pa)
● T : 27℃
● R : 2080J/kg·K=2080N·m/kg·K(1J=1N·m)
● μ : 2×10^{-5}N·s/m^2
● Re : 2200 이하(하임계 레이놀즈수이므로 '이하'를 붙임)

(2) 밀도

$$\rho = \frac{P}{RT}$$

여기서, ρ : 밀도[kg/m³]
P : 압력[Pa] 또는 [N/m²]
R : 기체상수[N·m/kg·K]
T : 절대온도(273+℃)[K]

밀도 $\rho = \frac{P}{RT}$

$= \frac{200 \times 10^3 \text{N/m}^2}{2080\text{N}\cdot\text{m/kg}\cdot\text{K} \times (273+27)\text{K}}$

$= 0.3205 \text{kg/m}^3 = 0.3205 \text{N}\cdot\text{s}^2/\text{m}^4$

• $1\text{kg/m}^3 = 1\text{N}\cdot\text{s}^2/\text{m}^4$

(3) 레이놀즈수

$$Re = \frac{DV\rho}{\mu} = \frac{DV}{\nu}$$

여기서, Re : 레이놀즈수
D : 내경[m]
V : 유속[m/s]
ρ : 밀도[kg/m³]
μ : 점성계수[kg/m·s]
ν : 동점성계수$\left(\frac{\mu}{\rho}\right)$[m²/s]

$Re = \frac{DV\rho}{\mu}$ 에서

유속 $V = \frac{Re\mu}{D\rho}$

$= \frac{2200 \text{ 이하} \times (2 \times 10^{-5})\text{N}\cdot\text{s/m}^2}{0.05\text{m} \times 0.3205 \text{N}\cdot\text{s}^2/\text{m}^4}$

$= 2.8\text{m/s}$ 이하

∴ ㉠ 0.3m/s, ㉡ 1.5m/s 선택

답 ②

22 ★★★ 표면장력에 관련된 설명 중 옳은 것은?

18.09.문32
13.09.문27
10.05.문35

① 표면장력의 차원은 $\frac{\text{힘}}{\text{면적}}$ 이다.

② 액체와 공기의 경계면에서 액체분자의 응집력보다 공기분자와 액체분자 사이의 부착력이 클 때 발생된다.

③ 대기 중의 물방울은 크기가 작을수록 내부 압력이 크다.

④ 모세관 현상에 의한 수면 상승 높이는 모세관의 직경에 비례한다.

해설 보기 ① 차원

차 원	중력단위 [차원]	절대단위 [차원]
부력(힘)	N [F]	kg·m/s² [MLT⁻²]
일 (에너지·열량)	N·m [FL]	kg·m²/s² [ML²T⁻²]
동력(일률)	N·m/s [FLT⁻¹]	kg·m²/s³ [ML²T⁻³]
표면장력 →	N/m [FL⁻¹]	kg/s² [MT⁻²]

① $\frac{\text{힘}}{\text{면적}} \to \frac{\text{힘}}{\text{길이}}$

보기 ②③④ **모세관 현상**(capillarity in tube)
액체와 고체가 접촉하면 상호 **부착**하려는 **성질**을 갖는데 이 **부착력**과 액체의 **응집력**의 **상대적 크기**에 의해 일어나는 현상

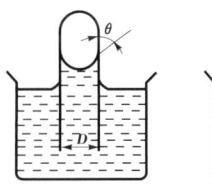 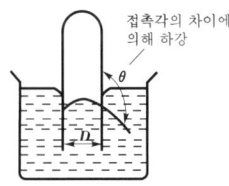

(a) 물(H₂O) : 응집력<부착력 (b) 수은(Hg) : 응집력>부착력

모세관 현상

② 공기의 → 고체의
공기분자와 → 고체분자와

$$h = \frac{4\sigma\cos\theta(\text{비례})}{\gamma D(\text{반비례})}, \quad P = \gamma h$$

여기서, h : 상승높이[m]
σ : 표면장력[N/m]
θ : 각도(접촉각)
γ : 비중량(물의 비중량 9800N/m³)($\gamma = \rho g$)
ρ : 밀도(물의 밀도 1000kg/m³)
g : 중력가속도(9.8m/s²)
D : 관의 내경[m]
P : 압력[N/m²]

④ 비례 → 반비례

$$P = \gamma h = \gamma \times \frac{4\sigma\cos\theta}{\gamma D} = \frac{4\sigma\cos\theta}{D} \propto \frac{1}{D}$$

③ 물방울의 **직경**과 **압력**은 **반비례**하므로 물방울이 작을수록 내부압력이 크다.

답 ③

23. 유체의 점성에 대한 설명으로 틀린 것은?

① 질소 기체의 동점성계수는 온도 증가에 따라 감소한다.
② 물(액체)의 점성계수는 온도 증가에 따라 감소한다.
③ 점성은 유동에 대한 유체의 저항을 나타낸다.
④ 뉴턴유체에 작용하는 전단응력은 속도기울기에 비례한다.

해설 유체의 점성

(1) 액체의 점성(점성계수, 동점성계수) 온도가 상승하면 감소한다. 보기 ②
(2) 기체의 점성(점성계수, 동점성계수) 온도가 상승하면 증가하는 경향이 있다. 보기 ①
(3) 이상유체가 아닌 모든 실제유체는 점성을 가진다.
(4) **점성**은 유동에 대한 유체의 **저항**을 나타낸다. 보기 ③
(5) 뉴턴(Newton)의 점성법칙

$$\tau = \mu \frac{du}{dy} \propto \frac{du}{dy}$$

여기서, τ : 전단응력[N/m²]
μ : 점성계수[N·s/m²]
$\frac{du}{dy}$: 속도구배(속도기울기)[1/s]

• 전단응력은 **속도구배**(속도기울기)에 **비례**한다. 보기 ④

답 ①

24. 회전속도 1000rpm일 때 송출량 Q[m³/min], 전양정 H[m]인 원심펌프가 상사한 조건에서 송출량이 $1.1Q$[m³/min]가 되도록 회전속도를 증가시킬 때 전양정은?

① $0.91H$ ② H
③ $1.1H$ ④ $1.21H$

해설 펌프의 상사법칙(송출량)

(1) 유량(송출량)

$$Q_2 = Q_1 \left(\frac{N_2}{N_1}\right)\left(\frac{D_2}{D_1}\right)^3$$

(2) 전양정

$$H_2 = H_1 \left(\frac{N_2}{N_1}\right)^2 \left(\frac{D_2}{D_1}\right)^2$$

(3) 축동력

$$P_2 = P_1 \left(\frac{N_2}{N_1}\right)^3 \left(\frac{D_2}{D_1}\right)^5$$

여기서, $Q_1 \cdot Q_2$: 변화 전후의 유량(송출량)[m³/min]
$H_1 \cdot H_2$: 변화 전후의 전양정[m]
$P_1 \cdot P_2$: 변화 전후의 축동력[kW]
$N_1 \cdot N_2$: 변화 전후의 회전수(회전속도)[rpm]
$D_1 \cdot D_2$: 변화 전후의 직경[m]

• 위의 공식에서 D는 생략 가능

유량 $Q_2 = Q_1 \left(\frac{N_2}{N_1}\right) = 1.1 Q_1$

$Q_1 \left(\frac{N_2}{N_1}\right) = 1.1 Q_1$

$\left(\frac{N_2}{N_1}\right) = \frac{1.1 Q_1}{Q_1} = 1.1$

전양정 $H_2 = H_1 \left(\frac{N_2}{N_1}\right)^2 = H_1 (1.1)^2 = 1.21 H_1$

※ **상사법칙** : 기하학적으로 유사하거나 같은 펌프에 적용하는 법칙

답 ④

25. 그림과 같이 노즐이 달린 수평관에서 계기압력이 0.49MPa이었다. 이 관의 안지름이 6cm이고 관의 끝에 달린 노즐의 지름이 2cm라면 노즐의 분출속도는 몇 m/s인가? (단, 노즐에서의 손실은 무시하고, 관마찰계수는 0.025이다.)

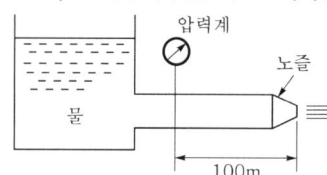

① 16.8   ② 20.4
③ 25.5   ④ 28.4

해설

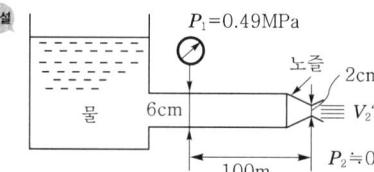

(1) 기호

• P_1 : 0.49MPa = 0.49×10⁶Pa = 0.49×10⁶N/m²
  = 490×10³N/m² = 490kN/m²
• D_1 : 6cm = 0.06m(100cm = 1m)
• D_2 : 2cm = 0.02m(100cm = 1m)
• V_2 : ?
• f : 0.025
• l : 100m

(2) 유량

$$Q = AV = \frac{\pi D^2}{4} V$$

여기서, Q : 유량[m³/s]
A : 단면적[m²]
V : 유속[m/s]
D : 지름(안지름)[m]

식을 변형하면

$$Q = A_1 V_1 = A_2 V_2 = \frac{\pi D_1^2}{4} V_1 = \frac{\pi D_2^2}{4} V_2$$ 에서

$$\frac{\pi D_1^2}{4} V_1 = \frac{\pi D_2^2}{4} V_2$$

$$\left(\frac{\pi \times 0.06^2}{4}\right) m^2 \times V_1 = \left(\frac{\pi \times 0.02^2}{4}\right) m^2 \times V_2$$

$$\therefore V_2 = 9 V_1$$

(3) 마찰손실수두

$$\Delta H = \frac{\Delta P}{\gamma} = \frac{fl V^2}{2gD}$$

여기서, ΔH : 마찰손실(수두)[m]
ΔP : 압력차[kPa] 또는 [kN/m²]
γ : 비중량(물의 비중량 9800N/m³)
f : 관마찰계수
l : 길이[m]
V : 유속[m/s]
g : 중력가속도(9.8m/s²)
D : 내경[m]

배관의 마찰손실 ΔH는

$$\Delta H = \frac{fl V_1^2}{2gD_1} = \frac{0.025 \times 100m \times V_1^2}{2 \times 9.8m/s^2 \times 0.06m}$$
$$\fallingdotseq 2.12 V_1^2$$

(4) 베르누이 방정식(비압축성 유체)

$$\underbrace{\frac{V_1^2}{2g}}_{속도수두} + \underbrace{\frac{P_1}{\gamma}}_{압력수두} + \underbrace{Z_1}_{위치수두} = \frac{V_2^2}{2g} + \frac{P_2}{\gamma} + Z_2 + \Delta H$$

여기서, V_1, V_2 : 유속[m/s]
P_1, P_2 : 압력[N/m²]
Z_1, Z_2 : 높이[m]
g : 중력가속도(9.8m/s²)
γ : 비중량(물의 비중량 9.8kN/m³)
ΔH : 마찰손실(수두)[m]

- 수평관이므로 $Z_1 = Z_2$
- 노즐을 통해 대기로 분출되므로 노즐로 분출되는 계기압 $P_2 \fallingdotseq 0$

$$\frac{V_1^2}{2g} + \frac{P_1}{\gamma} + \cancel{Z_1} = \frac{V_2^2}{2g} + \frac{0}{\gamma} + \cancel{Z_2} + \Delta H$$

$$\frac{V_1^2}{2 \times 9.8m/s^2} + \frac{490kN/m^2}{9.8kN/m^3} = \frac{(9V_1)^2}{2 \times 9.8m/s^2} + 0m + 2.12 V_1^2$$

$$\frac{490kN/m^2}{9.8kN/m^3} = \frac{(9V_1)^2}{2 \times 9.8m/s^2} - \frac{V_1^2}{2 \times 9.8m/s^2} + 2.12 V_1^2$$

$$\frac{490kN/m^2}{9.8kN/m^3} = \frac{81 V_1^2 - V_1^2}{2 \times 9.8m/s^2} + 2.12 V_1^2$$

$$\frac{490kN/m^2}{9.8kN/m^3} = \frac{80 V_1^2}{2 \times 9.8m/s^2} + 2.12 V_1^2$$

$$50m = 4.081 V_1^2 + 2.12 V_1^2$$
$$50m = 6.201 V_1^2$$
$$6.201 V_1^2 = 50m$$
$$V_1^2 = \frac{50m}{6.201}$$
$$\sqrt{V_1^2} = \sqrt{\frac{50m}{6.201}}$$
$$V_1 = \sqrt{\frac{50m}{6.201}} = 2.84 m/s$$

노즐에서의 유속 V_2는
$$V_2 = 9 V_1 = 9 \times 2.84 m/s \fallingdotseq 25.5 m/s$$

답 ③

26 원심펌프가 전양정 120m에 대해 6m³/s의 물을 공급할 때 필요한 축동력이 9530kW이었다. 이때 펌프의 체적효율과 기계효율이 각각 88%, 89% 라고 하면, 이 펌프의 수력효율은 약 몇 %인가?
15.03.문24
13.03.문36

① 74.1
② 84.2
③ 88.5
④ 94.5

해설 (1) 기호
- H : 120m
- Q : 6m³/s=6m³$\left|\frac{1}{60}\right.$min=(6×60)m³/min
- P : 9530kW
- η_v : 88%=0.88
- η_m : 89%=0.89
- η_h : ?

(2) 축동력

$$P = \frac{0.163 QH}{\eta}$$

여기서, P : 축동력[kW]
Q : 유량[m³/min]
H : 전양정[m]
$\eta(\eta_T)$: 효율(전효율)

전효율 η_T는

$$\eta_T = \frac{0.163QH}{P}$$

$$= \frac{0.163 \times (6 \times 60)\text{m}^3/\text{min} \times 120\text{m}}{9530\text{kW}} \fallingdotseq 0.73888$$

※ **축동력** : 전달계수(K)를 고려하지 않은 동력

(3) 펌프의 전효율

$$\eta_T = \eta_m \times \eta_h \times \eta_v$$

여기서, η_T : 펌프의 전효율
η_m : 기계효율
η_h : 수력효율
η_v : 체적효율

수력효율 η_h 는

$$\eta_h = \frac{\eta_T}{\eta_m \times \eta_v} = \frac{0.73888}{0.89 \times 0.88} = 0.943 \fallingdotseq 94.3\%$$

(∴ 계산과정에서 소수점 무시 등을 고려하면 94.5%가 정답)

답 ④

27 ★★★

안지름 4cm, 바깥지름 6cm인 동심 이중관의 수력직경(hydraulic diameter)은 몇 cm인가?

18.03.문40
17.09.문28
17.05.문22
17.03.문36
14.03.문24
08.05.문33
07.03.문36
06.09.문31

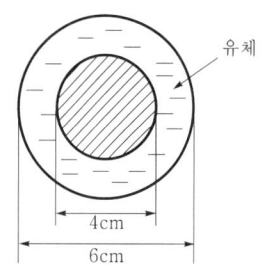

① 2 ② 3
③ 4 ④ 5

해설 (1) 기호
- D_2 : 4cm → r_2 : 2cm
- D_1 : 6cm → r_1 : 3cm

(2) **수력반경**(hydraulic radius)

$$R_h = \frac{A}{L}$$

여기서, R_h : 수력반경[cm]
A : 단면적[cm²]
L : 접수길이(단면둘레의 길이)[cm]

(3) **수력직경**(수력지름)

$$D_h = 4R_h$$

여기서, D_h : 수력직경[cm]
R_h : 수력반경[cm]

바깥지름 6cm, 안지름 4cm인 환형관

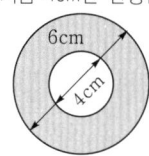

수력반경

$$R_h = \frac{A}{L} = \frac{\pi(r_1^2 - r_2^2)}{2\pi(r_1 + r_2)} = \frac{\cancel{\pi} \times (3^2 - 2^2)\text{cm}^2}{2\cancel{\pi} \times (3+2)\text{cm}} = 0.5\text{cm}$$

- 수력직경을 cm로 물어보았으므로 안지름, 바깥지름을 m로 환산하지 말고 cm를 그대로 두고 계산하면 편함
- 단면적 $A = \pi r^2$
  여기서, A : 단면적[cm²]
  r : 반지름[cm]
- 접수길이(원둘레) $L = 2\pi r$
  여기서, L : 접수길이[cm]
  r : 반지름[cm]

수력지름

$$D_h = 4R_h = 4 \times 0.5\text{cm} = 2\text{cm}$$

답 ①

28 ★★★

열역학 관련 설명 중 틀린 것은?

19.03.문21
18.09.문29
18.03.문33

① 삼중점에서는 물체의 고상, 액상, 기상이 공존한다.
② 압력이 증가하면 물의 끓는점도 높아진다.
③ 열을 완전히 일로 변환할 수 있는 효율이 100%인 열기관은 만들 수 없다.
④ 기체의 정적비열은 정압비열보다 크다.

해설 ④ 크다 → 작다

열역학
① **삼중점**(3중점) : 물체의 고상, 액상, 기상이 공존한다.
② 압력이 증가하면 물의 끓는점도 높아진다.
③ 열을 완전히 일로 변환할 수 있는 효율이 100%인 열기관은 만들 수 없다(열역학 **제2법칙**).
④ 기체의 정적비열은 정압비열보다 작다.

용어

고 상	액 상	기 상
고체상태	액체상태	기체상태

(1) 비열
㉠ **정적비열** : **체적**이 **일정**하게 유지되는 동안 온도변화에 대한 내부에너지 변화율
㉡ **정압비열**을 **정적비열**로 나눈 것이 **비열비**이다.
㉢ **정압비열** : **압력**이 **일정**하게 유지될 때 온도변화에 대한 엔탈피 변화율
㉣ 비열비 : 항상 1보다 크다.
㉤ 정압비열 : 항상 정적비열보다 크다. 보기 ④

(2) 열역학의 법칙

법 칙	설 명
열역학 제0법칙 (열평형의 법칙)	① 온도가 높은 물체에 낮은 물체를 접촉시키면 온도가 높은 물체에서 낮은 물체로 열이 이동하여 두 물체의 **온도**는 **평형**을 이루게 된다. ② 어떤 두 물체 A와 B가 제3의 물체 C와 각각 열평형상태에 있을 때, 두 물체 A와 B도 서로 열평형상태이다.
열역학 제1법칙 (에너지보존의 법칙)	① 기체의 공급에너지는 **내부에너지**와 외부에서 한 일의 합과 같다. ② 사이클과정에서 **시스템(계)**이 한 **총일**은 시스템이 받은 **총열량**과 같다. ③ 일은 열로 변환시킬 수 있고 열은 일로 변환시킬 수 있다.
열역학 제2법칙	① 열은 스스로 **저온**에서 **고온**으로 절대로 흐르지 않는다(일을 가하면 **저온**부로부터 **고온**부로 열을 이동시킬 수 있다). ② 열은 그 스스로 저열원체에서 고열원체로 이동할 수 없다. ③ 자발적인 변화는 **비가역**이다. ④ 열을 완전히 일로 바꿀 수 있는 **열기관**을 만들 수 **없다**(일을 100% 열로 변환시킬 수 없다). 보기 ③ ⑤ 사이클과정에서 열이 모두 일로 변환할 수 없다.
열역학 제3법칙	① 순수한 물질이 1atm하에서 결정상태이면 **엔트로피**는 0K에서 0이다. ② 단열과정에서 시스템의 **엔트로피**는 변하지 않는다.

답 ④

29
다음 중 차원이 서로 같은 것을 모두 고르면? (단, P : 압력, ρ : 밀도, V : 속도, h : 높이, F : 힘, m : 질량, g : 중력가속도)

㉠ ρV^2	㉡ ρgh
㉢ P	㉣ $\dfrac{F}{m}$

① ㉠, ㉡
② ㉠, ㉢
③ ㉠, ㉡, ㉢
④ ㉠, ㉡, ㉢, ㉣

해설 (1) 기호
- P [N/m²]
- ρ [N·s²/m⁴]
- V [m/s]
- h [m]
- F [N]
- m [kg]
- g [m/s²]

(2) ㉠ $\rho V^2 = \text{N}\cdot\text{s}^2/\text{m}^4 \times (\text{m/s})^2 = \text{N}\cdot\text{s}^2/\text{m}^4 \times \text{m}^2/\text{s}^2$

$= \text{N/m}^2$

㉡ $\rho gh = \text{N}\cdot\text{s}^2/\text{m}^4 \times \text{m/s}^2 \times \text{m}$

$= \text{N/m}^2$

㉢ $P = \text{N/m}^2$

㉣ $\dfrac{F}{m} = \dfrac{\text{N}}{\text{kg}}$

∴ ㉠, ㉡, ㉢은 N/m²로 차원이 모두 같다.

답 ③

30
밀도가 10kg/m³인 유체가 지름 30cm인 관 내를 1m³/s로 흐른다. 이때의 평균유속은 몇 m/s 인가?

① 4.25
② 14.1
③ 15.7
④ 84.9

해설 (1) 기호
- ρ : 10kg/m³
- D : 30cm = 0.3m (100cm = 1m)
- Q : 1m³/s
- V : ?

(2) 유량(flowrate, **체적유량**, **용량유량**)

$$Q = AV = \left(\dfrac{\pi D^2}{4}\right)V$$

여기서, Q : 유량[m³/s]
A : 단면적[m²]
V : 유속[m/s]
D : 직경(안지름)[m]

유속 V는

$$V = \dfrac{Q}{\dfrac{\pi D^2}{4}} = \dfrac{1\text{m}^3/\text{s}}{\dfrac{\pi \times (0.3\text{m})^2}{4}} ≒ 14.1\text{m/s}$$

• 밀도(ρ)는 평균유속을 구하는 데 필요 없음

답 ②

31

초기 상태에서 압력 100kPa, 온도 15℃인 공기가 있다. 공기의 부피가 초기 부피의 $\frac{1}{20}$이 될 때까지 가역단열 압축할 때 압축 후의 온도는 약 몇 ℃인가? (단, 공기의 비열비는 1.4이다.)

① 54   ② 348
③ 682   ④ 912

해설

(1) 기호
- P_1 : 100kPa
- T_1 : 15℃=(273+15)K
- V_1 : 1m³
- V_2 : $\frac{1}{20}$m³ ┐ 공기의 부피(v_2)가 초기 부피(v_1)의 $\frac{1}{20}$이므로
- T_2 : ?
- K : 1.4

(2) 단열변화

$$\frac{T_2}{T_1} = \left(\frac{v_1}{v_2}\right)^{K-1} = \left(\frac{V_1}{V_2}\right)^{K-1} = \left(\frac{P_2}{P_1}\right)^{\frac{K-1}{K}}$$

여기서, T_1, T_2 : 변화 전후의 온도(273+℃)[K]
v_1, v_2 : 변화 전후의 비체적[m³/kg]
V_1, V_2 : 변화 전후의 체적[m³]
P_1, P_2 : 변화 전후의 압력[kJ/m³] 또는 [kPa]
K : 비열비

$$\frac{T_2}{T_1} = \left(\frac{V_1}{V_2}\right)^{K-1}$$

압축 후의 온도 T_2는

$$T_2 = (273+15)K \times \left(\frac{1m^3}{\frac{1}{20}m^3}\right)^{1.4-1} ≒ 955K$$

(3) 절대온도

$$K = 273 + ℃$$

여기서, K : 절대온도[K]
℃ : 섭씨온도[℃]

$K = 273 + ℃$
$955 = 273 + ℃$
$℃ = 955 - 273 = 682℃$

답 ③

32

부피가 240m³인 방 안에 들어 있는 공기의 질량은 약 몇 kg인가? (단, 압력은 100kPa, 온도는 300K이며, 공기의 기체상수는 0.287kJ/kg·K이다.)

① 0.279   ② 2.79
③ 27.9   ④ 279

해설

(1) 기호
- V : 240m³
- m : ?
- P : 100kPa=100kN/m²(1kPa=1kN/m²)
- T : 300K
- R : 0.287kJ/kg·K=0.287kN·m/kg·K(1kJ=1kN·m)

(2) 이상기체 상태방정식

$$PV = mRT$$

여기서, P : 압력[kJ/m³]
V : 체적[m³]
m : 질량[kg]
R : 기체상수[kJ/kg·K]
T : 절대온도(273+℃)[K]

공기의 질량 m은

$$m = \frac{PV}{RT} = \frac{100kN/m^2 \times 240m^3}{0.287kN·m/kg·K \times 300K} ≒ 279kg$$

답 ④

33

그림의 액주계에서 밀도 $\rho_1=1000$kg/m³, $\rho_2=13600$kg/m³, 높이 $h_1=500$mm, $h_2=800$mm일 때 관 중심 A의 계기압력은 몇 kPa인가?

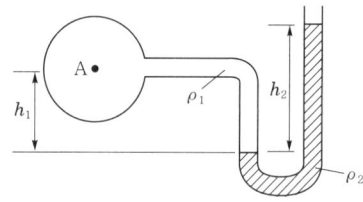

① 101.7   ② 109.6
③ 126.4   ④ 131.7

해설

(1) 기호
- ρ_1 : 1000kg/m³=1000N·s²/m⁴ (1kg/m³=1N·s²/m⁴)
- ρ_2 : 13600kg/m³=13600N·s²/m⁴ (1kg/m³=1N·s²/m⁴)
- h_1 : 500mm=0.5m(1000mm=1m)
- h_2 : 800mm=0.8m(1000mm=1m)
- p_A : ?

(2) 비중량

$$\gamma = \rho g$$

여기서, γ : 비중량[N/m³]
ρ : 밀도[N·s²/m⁴]
g : 중력가속도(9.8m/s²)

밀도 γ_1은
$\gamma_1 = \rho_1 g = 1000N·s^2/m^4 \times 9.8m/s^2$
$= 9800N/m^3 = 9.8kN/m^3$

밀도 γ_2는
$\gamma_2 = \rho_2 g = 13600N·s^2/m^4 \times 9.8m/s^2$
$= 133280N/m^3 = 133.28kN/m^3$

(3) 액주계 압력

$$p_A + \gamma_1 h_1 - \gamma_2 h_2 = P_o$$

여기서, p_A : 중심 A의 압력[kPa]
γ_1, γ_2 : 비중량[kN/m²]
h_1, h_2 : 액주계의 높이[m]
P_o : 대기압[kPa]

$$\begin{aligned} p_A &= -\gamma_1 h_1 + \gamma_2 h_2 + P_o \\ &= -9.8\text{kN/m}^3 \times 0.5\text{m} + 133.28\text{kN/m}^3 \times 0.8\text{m} + 0 \\ &\fallingdotseq 101.7\text{kN/m}^2 \\ &= 101.7\text{kPa} \end{aligned}$$

• 대기 중에서 계기압력 $P_o \fallingdotseq 0$
• 1kN/m² = 1kPa

중요

시차액주계의 압력계산 방법
점 A를 기준으로 내려가면 더하고, 올라가면 빼면 된다.

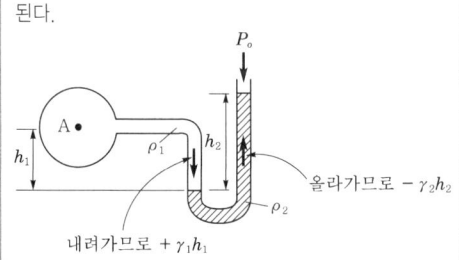

답 ①

34
그림과 같이 수조의 두 노즐에서 물이 분출하여 한 점(A)에서 만나려고 하면 어떤 관계가 성립되어야 하는가? (단, 공기저항과 노즐의 손실은 무시한다.)

05.05.문31
98.03.문39

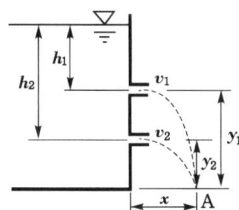

① $h_1 y_1 = h_2 y_2$
② $h_1 y_2 = h_2 y_1$
③ $h_1 h_2 = y_1 y_2$
④ $h_1 y_1 = 2 h_2 y_2$

해설
① $h_1 y_1 = h_2 y_2$

답 ①

35
길이 100m, 직경 50mm, 상대조도 0.01인 원형 수도관 내에 물이 흐르고 있다. 관 내 평균유속이 3m/s에서 6m/s로 증가하면 압력손실은 몇 배로 되겠는가? (단, 유동은 마찰계수가 일정한 완전난류로 가정한다.)

15.03.문21

① 1.41배
② 2배
③ 4배
④ 8배

해설 (1) 기호
• V_1 : 3m/s
• V_2 : 6m/s
• ΔP : ?

(2) 난류(패닝의 법칙)

$$H = \frac{\Delta P}{\gamma} = \frac{2flV^2}{gD} \text{[m]}$$

여기서, H : 손실수두[m]
ΔP : 압력손실[Pa]
γ : 비중량(물의 비중량 9800N/m³)
f : 관마찰계수
l : 길이[m]
V : 유속[m/s]
g : 중력가속도(9.8m/s²)
D : 내경[m]

$$\frac{\Delta P}{\gamma} = \frac{2flV^2}{gD} \propto V^2$$

$$\Delta P \propto V^2 = \left(\frac{V_2}{V_1}\right)^2 = \left(\frac{6\text{m/s}}{3\text{m/s}}\right)^2 = 2^2 = 4\text{배}$$

비교

층류 : 손실수두

유체의 속도를 알 수 있는 경우	유체의 속도를 알 수 없는 경우
$H = \dfrac{\Delta P}{\gamma} = \dfrac{flV^2}{2gD}$[m] (다르시-바이스바하의 식)	$H = \dfrac{\Delta P}{\gamma} = \dfrac{128\mu Ql}{\gamma \pi D^4}$[m] (하겐-포아젤의 식)
여기서, H : 마찰손실(손실수두)[m] ΔP : 압력차[Pa] 또는 [N/m²] γ : 비중량(물의 비중량 9800N/m³) f : 관마찰계수 l : 길이[m] V : 유속[m/s] g : 중력가속도(9.8m/s²) D : 내경[m]	여기서, ΔP : 압력차(압력강하, 압력손실)[N/m²] γ : 비중량(물의 비중량 9800N/m³) μ : 점성계수[N·s/m²] Q : 유량[m³/s] l : 길이[m] D : 내경[m]

답 ③

36

한 변이 8cm인 정육면체를 비중이 1.26인 글리세린에 담그니 절반의 부피가 잠겼다. 이때 정육면체를 수직방향으로 눌러 완전히 잠기게 하는 데 필요한 힘은 약 몇 N인가?

① 2.56 ② 3.16
③ 6.53 ④ 12.5

해설 (1) 기호
- 잠긴 체적 : 8cm×8cm×4cm
  = 0.08m×0.08m×0.04m(100cm=1m)
  ∵ 절반만 잠겼으므로 4cm
- s : 1.26
- F : ?

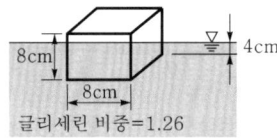

(2) 비중

$$s = \frac{\gamma}{\gamma_w}$$

여기서, s : 비중
  γ : 어떤 물질의 비중량(글리세린의 비중량)[N/m³]
  γ_w : 물의 비중량(9800N/m³)

글리세린의 비중량 γ는
$\gamma = s \times \gamma_w = 1.26 \times 9800\text{N/m}^3 = 12348\text{N/m}^3$

(3) 물체의 잠기는 무게

$$W = \gamma V$$

여기서, W : 물체의 잠기는 무게[N]
  γ : 비중량(물의 비중량 9800N/m³)
  V : 물체가 잠긴 체적[m³]

물체의 잠기는 무게 W는
$W = \gamma V$
= 12348N/m³ ×(가로×세로×잠긴 높이)
= 12348N/m³ ×(0.08m×0.08m×0.04m) ≒ 3.16N

- 8cm = 0.08m
- 4cm = 0.04m(절반의 부피가 잠겼으므로)

(4) 부력

$$F_B = \gamma V$$

여기서, F_B : 부력[N]
  γ : 물질의 비중량[N/m³]
  V : 물체가 잠긴 체적[m³]

부력 F_B는
$F_B = \gamma V = 12348\text{N/m}^3 \times$(가로×세로×높이)
= 12348N/m³ ×(0.08m×0.08m×0.08m) ≒ 6.32N

(5) 정육면체가 완전히 잠기는 데 필요한 힘

$$F = F_B - W$$

여기서, F : 정육면체가 완전히 잠기는 데 필요한 힘[N]
  F_B : 부력[N]
  W : 물에서 구한 정육면체의 중량[N]

정육면체가 완전히 잠기는 데 필요한 힘 F는
$F = F_B - W = 6.32\text{N} - 3.16\text{N} = 3.16\text{N}$

답 ②

37

그림과 같이 반지름이 0.8m이고 폭이 2m인 곡면 AB가 수문으로 이용된다. 물에 의한 힘의 수평성분의 크기는 약 몇 kN인가? (단, 수문의 폭은 2m이다.)

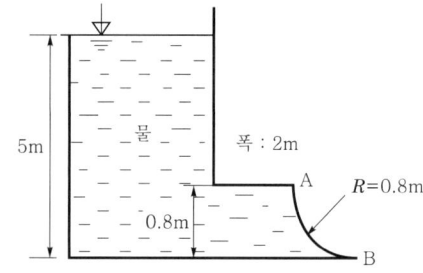

① 72.1 ② 84.7
③ 90.2 ④ 95.4

해설 (1) 기호
- $h' : \frac{0.8\text{m}}{2} = 0.4\text{m}$
- $h : (5-0.4)\text{m} = 4.6\text{m}$
- A : 세로×폭 = 0.8m×2m = 1.6m²

(2) 수평분력

$$F_H = \gamma h A$$

여기서, F_H : 수평분력[N]
  γ : 비중량(물의 비중량 9800N/m³)
  h : 표면에서 수문 중심까지의 수직거리[m]
  A : 수문의 단면적[m²]

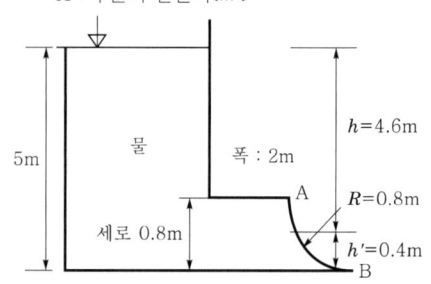

$F_H = \gamma h A = 9800\text{N/m}^3 \times 4.6\text{m} \times 1.6\text{m}^2$
= 72128N ≒ 72100N = 72.1kN

답 ①

38. 펌프 운전시 발생하는 캐비테이션의 발생을 예방하는 방법이 아닌 것은?

① 펌프의 회전수를 높여 흡입 비속도를 높게 한다.
② 펌프의 설치높이를 될 수 있는 대로 낮춘다.
③ 입형펌프를 사용하고, 회전차를 수중에 완전히 잠기게 한다.
④ 양흡입펌프를 사용한다.

해설
① 높여 → 낮추어, 높게 → 낮게

공동현상(cavitation, 캐비테이션)

구분	내용
개요	펌프의 흡입측 배관 내의 물의 정압이 기존의 증기압보다 낮아져서 기포가 발생되어 물이 흡입되지 않는 현상
발생현상	• **소음**과 **진동** 발생 • 관 **부식** • **임펠러**의 손상(수차의 날개를 해친다) • 펌프의 성능저하
발생원인	• 펌프의 흡입수두가 클 때(소화펌프의 흡입고가 클 때) • 펌프의 마찰손실이 클 때 • 펌프의 임펠러속도가 클 때 • 펌프의 설치위치가 수원보다 높을 때 • 관 내의 수온이 높을 때(물의 온도가 높을 때) • 관 내의 물의 정압이 그때의 **증기압**보다 낮을 때 • 흡입관의 **구경**이 작을 때 • 흡입거리가 길 때 • 유량이 증가하여 펌프물이 과속으로 흐를 때
방지대책	• 펌프의 흡입수두를 작게 한다. • 펌프의 마찰손실을 작게 한다. • 펌프의 임펠러속도(회전수)를 낮추어 흡입비속도를 낮게 한다. 보기 ① • 펌프의 설치위치를 수원보다 낮게 한다. 보기 ② • **양흡입펌프**를 사용한다(펌프의 흡입측을 가압). 보기 ④ • 관 내의 물의 정압을 그때의 증기압보다 **높게** 한다. • 흡입관의 구경을 **크게** 한다. • 펌프를 2개 이상 설치한다. • 입형펌프를 사용하고, 회전차를 수중에 완전히 잠기게 한다. 보기 ③

중요

비속도(비교회전도)

$$N_s = N \frac{\sqrt{Q}}{\left(\frac{H}{n}\right)^{\frac{3}{4}}} \propto N$$

여기서, N_s : 펌프의 비교회전도(비속도)[m³/min·m/rpm]
N : 회전수[rpm]
Q : 유량[m³/min]
H : 양정[m]
n : 단수

• 공식에서 비속도(N_s)와 회전수(N)는 비례
보기 ①

답 ①

39. 실내의 난방용 방열기(물-공기 열교환기)에는 대부분 방열핀(fin)이 달려 있다. 그 주된 이유는?

① 열전달 면적 증가
② 열전달계수 증가
③ 방사율 증가
④ 열저항 증가

해설 방열핀(fin)
방열핀은 **열전달 면적**을 **증가**시켜 열을 외부로 잘 전달하는 역할을 한다.

난방용 방열기

답 ①

40. 그림에서 물 탱크차가 받는 추력은 약 몇 N인가? (단, 노즐의 단면적은 0.03m²이며, 탱크 내의 계기압력은 40kPa이다. 또한 노즐에서 마찰손실은 무시한다.)

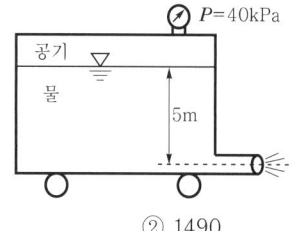

① 812
② 1490
③ 2710
④ 5340

해설 (1) 기호

- F : ?
- A : 0.03m^2
- P : 40kPa=40kN/m^2(1kPa=1kN/m^2)
- H_2 : 5m(그림에서 주어짐)

(2) 수두

$$H = \frac{P}{\gamma}$$

여기서, H : 수두[m]
P : 압력[kPa] 또는 [kN/m^2]
γ : 비중량(물의 비중량 9.8kN/m^3)

수두 H_1은

$$H_1 = \frac{P}{\gamma} = \frac{40 \text{kN/m}^2}{9.8 \text{kN/m}^3} = 4.08\text{m}$$

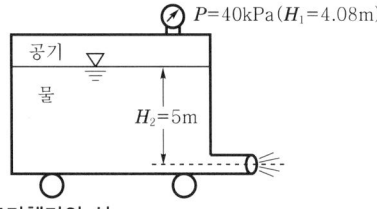

(3) 토리첼리의 식

$$V = \sqrt{2gH} = \sqrt{2g(H_1 + H_2)}$$

여기서, V : 유속[m/s]
g : 중력가속도(9.8m/s^2)
H, H_2 : 높이[m]
H_1 : 탱크 내의 손실수두[m]

유속 V는

$$V = \sqrt{2g(H_1 + H_2)}$$
$$= \sqrt{2 \times 9.8\text{m/s}^2 \times (4.08+5)\text{m}} ≒ 13.34\text{m/s}$$

(4) 유량

$$Q = AV = \left(\frac{\pi D^2}{4}\right)V$$

여기서, Q : 유량[m^3/s]
A : 단면적[m^2]
V : 유속[m/s]
D : 직경[m]

(5) 추력(힘)

$$F = \rho Q V$$

여기서, F : 추력(힘)[N]
ρ : 밀도(물의 밀도 1000N·s^2/m^4)
Q : 유량[m^3/s]
V : 유속[m/s]

추력 F는
$F = \rho QV = \rho(AV)V = \rho A V^2$
$= 1000\text{N}\cdot\text{s}^2/\text{m}^4 \times 0.03\text{m}^2 \times (13.34\text{m/s})^2 ≒ 5340\text{N}$

- $Q = AV$이므로 $F = \rho QV = \rho(AV)V$

답 ④

제3과목 소방관계법규

41
[16.03.문50] [08.03.문54]

다음 위험물안전관리법령의 자체소방대 기준에 대한 설명으로 틀린 것은?

다량의 위험물을 저장·취급하는 제조소 등으로서 대통령령이 정하는 제조소 등이 있는 동일한 사업소에서 대통령령이 정하는 수량 이상의 위험물을 저장 또는 취급하는 경우 당해 사업소의 관계인은 대통령령이 정하는 바에 따라 당해 사업소에 자체소방대를 설치하여야 한다.

① "대통령령이 정하는 제조소 등"은 제4류 위험물을 취급하는 제조소를 포함한다.
② "대통령령이 정하는 제조소 등"은 제4류 위험물을 취급하는 일반취급소를 포함한다.
③ "대통령령이 정하는 수량 이상의 위험물"은 제4류 위험물의 최대수량의 합이 지정수량의 3천배 이상인 것을 포함한다.
④ "대통령령이 정하는 제조소 등"은 보일러로 위험물을 소비하는 일반취급소를 포함한다.

해설 위험물령 18조
자체소방대를 설치하여야 하는 사업소 : 대통령령

(1) **제4류** 위험물을 취급하는 **제조소** 또는 **일반취급소** (대통령령이 정하는 제조소 등) 보기 ①②
 제조소 또는 **일반취급소**에서 취급하는 제4류 위험물의 최대수량의 합이 지정수량의 **3천배** 이상 보기 ③

(2) **제4류** 위험물을 저장하는 **옥외탱크저장소**
 옥외탱크저장소에 저장하는 제4류 위험물의 최대수량이 지정수량의 **50만배** 이상

답 ④

42
[13.06.문59]

위험물안전관리법령상 제조소등에 설치하여야 할 자동화재탐지설비의 설치기준 중 ( ) 안에 알맞은 내용은? (단, 광전식 분리형 감지기 설치는 제외한다.)

하나의 경계구역의 면적은 (㉠)m^2 이하로 하고 그 한 변의 길이는 (㉡)m 이하로 할 것. 다만, 당해 건축물 그 밖의 공작물의 주요한 출입구에서 그 내부의 전체를 볼 수 있는 경우에 있어서는 그 면적을 1000m^2 이하로 할 수 있다.

① ㉠ 300, ㉡ 20 ② ㉠ 400, ㉡ 30
③ ㉠ 500, ㉡ 40 ④ ㉠ 600, ㉡ 50

해설 위험물규칙 〔별표 17〕
제조소 등의 자동화재탐지설비 설치기준
(1) 하나의 경계구역의 면적은 600m² 이하로 하고 그 한 변의 길이는 50m 이하로 한다. 보기 ④
(2) 경계구역은 건축물 그 밖의 공작물의 2 이상의 층에 걸치지 아니하도록 한다.
(3) 건축물의 그 밖의 공작물의 주요한 출입구에서 그 내부의 전체를 볼 수 있는 경우에 경계구역의 면적을 1000m² 이하로 할 수 있다.

답 ④

43 ★★★
[13.09.문43]
소방시설공사업법령상 전문 소방시설공사업의 등록기준 및 영업범위의 기준에 대한 설명으로 틀린 것은?

① 법인인 경우 자본금은 최소 1억원 이상이다.
② 개인인 경우 자산평가액은 최소 1억원 이상이다.
③ 주된 기술인력 최소 1명 이상, 보조기술인력 최소 3명 이상을 둔다.
④ 영업범위는 특정소방대상물에 설치되는 기계분야 및 전기분야 소방시설의 공사·개설·이전 및 정비이다.

해설 ③ 3명 이상 → 2명 이상

공사업령 〔별표 1〕
소방시설공사업

종류	기술인력	자본금	영업범위
전문	• 주된 기술인력 : 1명 이상 • 보조기술인력 : 2명 이상 보기③	• 법인: 1억원 이상 • 개인: 1억원 이상	• 특정소방대상물
일반	• 주된 기술인력 : 1명 이상 • 보조기술인력 : 1명 이상	• 법인: 1억원 이상 • 개인: 1억원 이상	• 연면적 10000m² 미만 • 위험물제조소 등

답 ③

44 ★★
소방시설 설치 및 관리에 관한 법령상 특정소방대상물의 관계인의 특정소방대상물의 규모·용도 및 수용인원 등을 고려하여 갖추어야 하는 소방시설의 종류에 대한 기준 중 다음 (   ) 안에 알맞은 것은?

화재안전기준에 따라 소화기구를 설치하여야 하는 특정소방대상물은 연면적 (㉠)m² 이상인 것. 다만, 노유자시설의 경우에는 투척용 소화용구 등을 화재안전기준에 따라 산정된 소화기 수량의 (㉡) 이상으로 설치할 수 있다.

① ㉠ 33, ㉡ $\frac{1}{2}$
② ㉠ 33, ㉡ $\frac{1}{5}$
③ ㉠ 50, ㉡ $\frac{1}{2}$
④ ㉠ 50, ㉡ $\frac{1}{5}$

해설 소방시설법 시행령 〔별표 4〕
소화설비의 설치대상

종류	설치대상
소화기구	① 연면적 **33m² 이상**(단, **노유자시설**은 **투척용 소화용구** 등을 산정된 소화기 수량의 $\frac{1}{2}$ 이상으로 설치 가능) 보기 ① ② 국가유산 ③ 가스시설 ④ 터널 ⑤ 지하구 ⑥ 전기저장시설
주거용 주방자동소화장치	① 아파트 등(모든 층) ② **오피스텔**(모든 층)

답 ①

45 ★★★
[17.03.문45]
화재의 예방 및 안전관리에 관한 법령상 천재지변 및 그 밖에 대통령령으로 정하는 사유로 화재안전조사를 받기 곤란하여 화재안전조사의 연기를 신청하려는 자는 화재안전조사 시작 최대 며칠 전까지 연기신청서 및 증명서류를 제출해야 하는가?

① 3 ② 5
③ 7 ④ 10

해설 화재예방법 7·8조, 화재예방법 시행규칙 4조
화재안전조사
(1) 실시자 : **소방청장·소방본부장·소방서장**
(2) 관계인의 승낙이 필요한 곳 : **주거**(주택)
(3) 화재안전조사 연기신청 : **3일 전** 보기 ①

용어
화재안전조사
소방대상물, 관계지역 또는 관계인에 대하여 소방시설 등이 소방관계법령에 적합하게 설치·관리되고 있는지, 소방대상물에 화재의 발생위험이 있는지 등을 확인하기 위하여 실시하는 현장조사·문서열람·보고요구 등을 하는 활동

답 ①

46. 위험물안전관리법령상 정기점검의 대상인 제조소 등의 기준으로 틀린 것은?

① 지하탱크저장소
② 이동탱크저장소
③ 지정수량의 10배 이상의 위험물을 취급하는 제조소
④ 지정수량의 20배 이상의 위험물을 저장하는 옥외탱크저장소

해설 ④ 20배 이상 → 200배 이상

위험물령 15·16조
정기점검의 대상인 제조소 등
(1) 제조소 등(이송취급소·암반탱크저장소)
(2) 지하탱크저장소 〈보기 ①〉
(3) 이동탱크저장소 〈보기 ②〉
(4) 위험물을 취급하는 탱크로서 지하에 매설된 탱크가 있는 제조소·주유취급소 또는 일반취급소

기억법 정이암 지이

(5) 예방규정을 정하여야 할 제조소 등

배 수	제조소 등
10배 이상	• 제조소 〈보기 ③〉 • 일반취급소
100배 이상	• 옥외저장소
150배 이상	• 옥내저장소
200배 이상	• 옥외탱크저장소 〈보기 ④〉
모두 해당	• 이송취급소 • 암반탱크저장소

기억법
1 제일
0 외
5 내
2 탱

※ 예방규정: 제조소 등의 화재예방과 화재 등 재해발생시의 비상조치를 위한 규정

답 ④

47. 위험물안전관리법령상 제4류 위험물 중 경유의 지정수량은 몇 리터인가?

① 500
② 1000
③ 1500
④ 2000

해설 위험물령 〔별표 1〕
제4류 위험물

성질	품명		지정수량	대표물질
인화성 액체	특수인화물		50L	• 다이에틸에터 • 이황화탄소
	제1 석유류	비수용성	200L	• 휘발유 • 콜로디온
		수용성	400L	• 아세톤 기억법 수4
	알코올류		400L	• 변성알코올
	제2 석유류	비수용성	1000L	• 등유 • 경유 〈보기 ②〉
		수용성	2000L	• 아세트산
	제3 석유류	비수용성	2000L	• 중유 • 크레오소트유
		수용성	4000L	• 글리세린
	제4석유류		6000L	• 기어유 • 실린더유
	동식물유류		10000L	• 아마인유

답 ②

48. 화재의 예방 및 안전관리에 관한 법령상 1급 소방안전관리대상물의 소방안전관리자 선임대상기준 중 ( ) 안에 알맞은 내용은?

> 소방공무원으로 ( ) 근무한 경력이 있는 사람으로서 1급 소방안전관리자 자격증을 받은 사람

① 1년 이상
② 3년 이상
③ 5년 이상
④ 7년 이상

해설 화재예방법 시행령 〔별표 4〕
(1) 특급 소방안전관리대상물의 소방안전관리자 선임조건

자 격	경 력	비 고
• 소방기술사 • 소방시설관리사	경력 필요 없음	특급 소방안전관리자 자격증을 받은 사람
• 1급 소방안전관리자(소방설비기사)	5년	
• 1급 소방안전관리자(소방설비산업기사)	7년	
• 소방공무원	20년	
• 소방청장이 실시하는 특급 소방안전관리대상물의 소방안전관리에 관한 시험에 합격한 사람	경력 필요 없음	

(2) 1급 소방안전관리대상물의 소방안전관리자 선임조건

자격	경력	비고
• 소방설비기사 · 소방설비산업기사	경력 필요 없음	1급 소방안전관리자 자격증을 받은 사람
• 소방공무원 보기 ④	7년	
• 소방청장이 실시하는 1급 소방안전관리대상물의 소방안전관리에 관한 시험에 합격한 사람	경력 필요 없음	
• 특급 소방안전관리대상물의 소방안전관리자 자격이 인정되는 사람		

(3) 2급 소방안전관리대상물의 소방안전관리자 선임조건

자격	경력	비고
• 위험물기능장 · 위험물산업기사 · 위험물기능사	경력 필요 없음	2급 소방안전관리자 자격증을 받은 사람
• 소방공무원	3년	
• 소방청장이 실시하는 2급 소방안전관리대상물의 소방안전관리에 관한 시험에 합격한 사람	경력 필요 없음	
• 「기업활동 규제완화에 관한 특별조치법」에 따라 소방안전관리자로 선임된 사람(소방안전관리자로 선임된 기간으로 한정)		
• 특급 또는 1급 소방안전관리대상물의 소방안전관리자 자격이 인정되는 사람		

(4) 3급 소방안전관리대상물의 소방안전관리자 선임조건

자격	경력	비고
• 소방공무원	1년	3급 소방안전관리자 자격증을 받은 사람
• 소방청장이 실시하는 3급 소방안전관리대상물의 소방안전관리에 관한 시험에 합격한 사람	경력 필요 없음	
• 「기업활동 규제완화에 관한 특별조치법」에 따라 소방안전관리자로 선임된 사람(소방안전관리자로 선임된 기간으로 한정)		
• 특급 소방안전관리대상물, 1급 소방안전관리대상물 또는 2급 소방안전관리대상물의 소방안전관리자 자격이 인정되는 사람		

답 ④

49 소방시설 설치 및 관리에 관한 법령상 용어의 정의 중 ( ) 안에 알맞은 것은?

> 특정소방대상물이란 건축물 등의 규모 · 용도 및 수용인원 등을 고려하여 소방시설을 설치하여야 하는 소방대상물로서 ( )으로 정하는 것을 말한다.

① 대통령령
② 국토교통부령
③ 행정안전부령
④ 고용노동부령

해설 소방시설법 2조
정의

용어	뜻
소방시설	**소화설비, 경보설비, 피난구조설비, 소화용수설비**, 그 밖에 **소화활동설비**로서 **대통령령**으로 정하는 것
소방시설 등	**소방시설**과 **비상구**, 그 밖에 소방관련시설로서 **대통령령**으로 정하는 것
특정소방대상물	건축물 등의 규모 · 용도 및 수용인원 등을 고려하여 **소방시설을 설치**하여야 하는 소방대상물로서 **대통령령**으로 정하는 것 보기 ①
소방용품	소방시설 등을 구성하거나 소방용으로 사용되는 **제품** 또는 **기기**로서 **대통령령**으로 정하는 것

답 ①

50 소방기본법 제1장 총칙에서 정하는 목적의 내용으로 거리가 먼 것은?

① 구조, 구급 활동 등을 통하여 공공의 안녕 및 질서유지
② 풍수해의 예방, 경계, 진압에 관한 계획, 예산지원 활동
③ 구조, 구급 활동 등을 통하여 국민의 생명, 신체, 재산 보호
④ 화재, 재난, 재해 그 밖의 위급한 상황에서의 구조, 구급 활동

해설 기본법 1조
소방기본법의 목적
(1) 화재의 **예방 · 경계 · 진압**
(2) 국민의 **생명 · 신체** 및 **재산보호** 보기 ③
(3) 공공의 안녕 및 질서유지와 **복리증진** 보기 ①
(4) **구조 · 구급**활동 보기 ④

기억법 예경진(경진이한테 예를 갖춰라!)

답 ②

51
소방기본법령상 소방본부 종합상황실의 실장이 서면·팩스 또는 컴퓨터 통신 등으로 소방청 종합상황실에 보고하여야 하는 화재의 기준이 아닌 것은?

① 이재민이 100인 이상 발생한 화재
② 재산피해액이 50억원 이상 발생한 화재
③ 사망자가 3인 이상 발생하거나 사상자가 5인 이상 발생한 화재
④ 층수가 5층 이상이거나 병상이 30개 이상인 종합병원에서 발생한 화재

해설
③ 3인 이상 → 5인 이상, 5인 이상 → 10인 이상

기본규칙 3조
종합상황실 실장의 보고화재
(1) 사망자 **5인** 이상 화재 보기 ③
(2) 사상자 **10인** 이상 화재 보기 ③
(3) 이재민 **100인** 이상 화재 보기 ①
(4) 재산피해액 **50억원** 이상 화재 보기 ②
(5) 관광호텔, 층수가 11층 이상인 건축물, 지하상가, 시장, 백화점
(6) 5층 이상 또는 객실 30실 이상인 **숙박시설**
(7) **5층** 이상 또는 병상 **30개** 이상인 종합병원·정신병원·한방병원·요양소 보기 ④
(8) **1000t** 이상인 선박(항구에 매어둔 것)
(9) 지정수량 **3000배** 이상의 위험물 제조소·저장소·취급소
(10) 연면적 **15000m²** 이상인 **공장** 또는 화재예방강화지구에서 발생한 화재
(11) 가스 및 화약류의 폭발에 의한 화재
(12) 관공서·학교·정부미도정공장·문화재·지하철 또는 지하구의 화재
(13) 철도차량, 항공기, 발전소 또는 변전소
(14) 다중이용업소의 화재

용어
종합상황실
화재·재난·재해·구조·구급 등이 필요한 때에 신속한 소방활동을 위한 정보를 수집·전파하는 소방서 또는 소방본부의 지령관제실

답 ③

52
소방시설 설치 및 관리에 관한 법령상 관리업자가 소방시설 등의 점검을 마친 후 점검기록표에 기록하고 이를 해당 특정소방대상물에 부착하여야 하나 이를 위반하고 점검기록표를 기록하지 아니하거나 특정소방대상물의 출입자가 쉽게 볼 수 있는 장소에 게시하지 아니하였을 때 벌칙기준은?

① 100만원 이하의 과태료
② 200만원 이하의 과태료
③ 300만원 이하의 과태료
④ 500만원 이하의 과태료

해설 소방시설법 61조
300만원 이하의 과태료
(1) 소방시설을 화재안전기준에 따라 설치·관리하지 아니한 자
(2) 피난시설, 방화구획 또는 방화시설의 **폐쇄·훼손·변경** 등의 행위를 한 자
(3) 임시소방시설을 설치·관리하지 아니한 자
(4) 점검기록표를 기록하지 아니하거나 특정소방대상물의 출입자가 쉽게 볼 수 있는 장소에 게시하지 아니한 관계인

답 ③

53
소방시설 설치 및 관리에 관한 법령상 분말형태의 소화약제를 사용하는 소화기의 내용연수로 옳은 것은? (단, 소방용품의 성능을 확인받아 그 사용기한을 연장하는 경우는 제외한다.)

① 3년   ② 5년
③ 7년   ④ 10년

해설 소방시설법 시행령 19조
분말형태의 소화약제를 사용하는 소화기 : 내용연수 10년

답 ④

54
소방시설공사업법령상 소방시설공사업자가 소속 소방기술자를 소방시설공사 현장에 배치하지 않았을 경우에 과태료 기준은?

① 100만원 이하   ② 200만원 이하
③ 300만원 이하   ④ 400만원 이하

해설 **200만원 이하**의 과태료
(1) 소방용수시설·소화기구 및 설비 등의 설치명령 위반 (화재예방법 52조)
(2) 특수가연물의 저장·취급 기준 위반(화재예방법 52조)
(3) 한국119청소년단 또는 이와 유사한 명칭을 사용한 자 (기본법 56조)
(4) 소방활동구역 출입(기본법 56조)
(5) 소방자동차의 출동에 지장을 준 자(기본법 56조)
(6) 한국소방안전원 또는 이와 유사한 명칭을 사용한 자 (기본법 56조)
(7) 관계서류 미보관자(공사업법 40조)
(8) **소방기술자 미배치자**(공사업법 40조) 보기 ②
(9) 완공검사를 받지 아니한 자(공사업법 40조)
(10) 방염성능기준 미만으로 방염한 자(공사업법 40조)
(11) 하도급 미통지자(공사업법 40조)
(12) 관계인에게 지위승계·행정처분·휴업·폐업 사실을 거짓으로 알린 자(공사업법 40조)

답 ②

55. 화재의 예방 및 안전관리에 관한 법령상 옮긴 물건 등의 보관기간은 해당 소방관서의 인터넷 홈페이지에 공고하는 기간의 종료일 다음 날부터 며칠로 하는가?

① 3
② 4
③ 5
④ 7

해설 7일
(1) **옮긴 물건 등의 보관기간**(화재예방법 시행령 17조) 보기 ④
(2) **건축허가 등의 취소통보**(소방시설법 시행규칙 5조)
(3) **소방공사 감리원**의 **배치통보일**(공사업규칙 17조)
(4) 소방공사 감리결과 통보·보고일(공사업규칙 19조)

기억법 감배7(감 배치)

답 ④

56. 소방기본법령상 소방활동장비와 설비의 구입 및 설치시 국고보조의 대상이 아닌 것은?

① 소방자동차
② 사무용 집기
③ 소방헬리콥터 및 소방정
④ 소방전용통신설비 및 전산설비

해설 기본령 2조
(1) **국고보조의 대상**
  ㉠ 소방활동장비와 설비의 구입 및 설치
   • 소방**자**동차 보기 ①
   • 소방**헬**리콥터·소방**정** 보기 ③
   • 소방**전**용통신설비·전산설비 보기 ④
   • 방**화**복
  ㉡ 소방관서용 **청**사
(2) 소방활동장비 및 설비의 종류와 규격: 행정안전부령
(3) 대상사업의 기준보조율: 「보조금관리에 관한 법률 시행령」에 따름

기억법 자헬 정전화 청국

답 ②

57. 화재의 예방 및 안전관리에 관한 법령상 특정소방대상물의 관계인은 소방안전관리자를 기준일로부터 30일 이내에 선임하여야 한다. 다음 중 기준일로 틀린 것은?

① 소방안전관리자를 해임한 경우: 소방안전관리자를 해임한 날
② 특정소방대상물을 양수하여 관계인의 권리를 취득한 경우: 해당 권리를 취득한 날
③ 신축으로 해당 특정소방대상물의 소방안전관리자를 신규로 선임하여야 하는 경우: 해당 특정소방대상물의 완공일
④ 증축으로 인하여 특정소방대상물이 소방안전관리대상물로 된 경우: 증축공사의 개시일

해설 ④ 개시일 → 완공일

화재예방법 시행규칙 14조
소방안전관리자 30일 이내 선임조건

구 분	설 명
소방안전관리자를 해임한 경우 보기 ①	소방안전관리자를 해임한 날
특정소방대상물을 양수하여 관계인의 권리를 취득한 경우 보기 ②	해당 권리를 취득한 날
신축으로 해당 특정소방대상물의 소방안전관리자를 신규로 선임하여야 하는 경우 보기 ③	해당 특정소방대상물의 완공일
증축으로 인하여 특정소방대상물이 소방안전관리대상물로 된 경우 보기 ④	증축공사의 완공일

답 ④

58. 위험물안전관리법령상 위험물을 취급함에 있어서 정전기가 발생할 우려가 있는 설비에 설치할 수 있는 정전기 제거설비 방법이 아닌 것은?

① 접지에 의한 방법
② 공기를 이온화하는 방법
③ 자동적으로 압력의 상승을 정지시키는 방법
④ 공기 중의 상대습도를 70% 이상으로 하는 방법

해설 위험물규칙〔별표 4〕
정전기 제거방법
(1) **접지**에 의한 방법 보기 ①
(2) 공기 중의 **상대습도**를 **70%** 이상으로 하는 방법 보기 ④
(3) 공기를 **이온화**하는 방법 보기 ②

비교

위험물규칙〔별표 4〕
위험물을 가압하는 설비 또는 그 취급하는 위험물의 압력이 상승할 우려가 있는 설비에 설치하는 안전장치
(1) 자동적으로 **압력의 상승**을 **정지**시키는 장치 보기 ③
(2) 감압측에 **안전밸브**를 부착한 **감압밸브**
(3) **안전밸브**를 겸하는 **경보장치**
(4) 파괴판

답 ③

59. 화재의 예방 및 안전관리에 관한 법령상 특수가연물의 수량 기준으로 옳은 것은?

① 면화류 : 200kg 이상
② 가연성 고체류 : 500kg 이상
③ 나무껍질 및 대팻밥 : 300kg 이상
④ 넝마 및 종이부스러기 : 400kg 이상

해설
② 500kg → 3000kg
③ 300kg → 400kg
④ 400kg → 1000kg

화재예방법 시행령〔별표 2〕
특수가연물

품명		수량
가연성 **액**체류		**2**m³ 이상
목재가공품 및 나무부스러기		**10**m³ 이상
면화류		**2**00kg 이상 보기①
나무껍질 및 대팻밥		**4**00kg 이상 보기③
넝마 및 종이부스러기		
사류(絲類)		**1**000kg 이상 보기④
볏짚류		
가연성 **고**체류		**3**000kg 이상 보기②
고무류 · 플라스틱류	발포시킨 것	**20**m³ 이상
	그 밖의 것	**3**000kg 이상
석탄 · 목탄류		**1**0000kg 이상

※ **특수가연물** : 화재가 발생하면 그 확대가 빠른 물품

기억법 가액목면나 넝사볏가고 고석
        2 1 2 4   1 3 3 1

답 ①

60. 비상경보설비를 설치하여야 할 특정소방대상물이 아닌 것은?

① 연면적 400m² 이상이거나 지하층 또는 무창층의 바닥면적이 150m² 이상인 것
② 지하층에 위치한 바닥면적 100m²인 공연장
③ 터널로서 길이가 500m 이상인 것
④ 30명 이상의 근로자가 작업하는 옥내작업장

해설
④ 30명 이상 → 50명 이상

소방시설법 시행령〔별표 4〕
비상경보설비의 설치대상

설치대상	조건
지하층 · 무창층	• 바닥면적 150m²(공연장 100m²) 이상 보기①②
전부	• 연면적 400m² 이상 보기①
터널	• 길이 500m 이상 보기③
옥내작업장	• 50명 이상 작업 보기④

답 ④

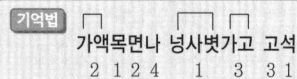
소방기계시설의 구조 및 원리

61. 특별피난계단의 계단실 및 부속실 제연설비의 화재안전기준상 수직풍도에 따른 배출기준 중 각 층의 옥내와 면하는 수직풍도의 관통부에 설치하여야 하는 배출댐퍼 설치기준으로 틀린 것은?

① 화재층에 설치된 화재감지기의 동작에 따라 당해 층의 댐퍼가 개방될 것
② 풍도의 배출댐퍼는 이 · 탈착구조가 되지 않도록 설치할 것
③ 개폐여부를 당해 장치 및 제어반에서 확인할 수 있는 감지기능을 내장하고 있을 것
④ 배출댐퍼는 두께 1.5mm 이상의 강판 또는 이와 동등 이상의 성능이 있는 것으로 설치하여야 하며 비내식성 재료의 경우에는 부식방지 조치를 할 것

해설
② 이 · 탈착구조가 되지 않도록 설치할 것 → 이 · 탈착구조로 할 것

각 층의 옥내와 면하는 수직풍도의 관통부 배출댐퍼 설치기준(NFPC 501A 14조, NFTC 501A 2.11.1.3)

(1) 배출댐퍼는 두께 **1.5mm** 이상의 강판 또는 이와 동등 이상의 강도가 있는 것으로 설치하여야 하며, 비내식성 재료의 경우에는 부식방지 조치를 할 것 보기④
(2) 평상시 **닫힘구조**로 기밀상태를 유지할 것
(3) 개폐여부를 해당 장치 및 **제어반**에서 확인할 수 있는 감지기능을 내장하고 있을 것 보기③
(4) 구동부의 작동상태와 닫혀 있을 때의 기밀상태를 수시로 점검할 수 있는 구조일 것

(5) 풍도의 내부마감상태에 대한 점검 및 댐퍼의 정비가 가능한 **이·탈착구조**로 할 것 보기 ②
(6) 화재층에 설치된 화재감지기의 동작에 따라 해당층의 댐퍼가 개방될 것 보기 ①
(7) 개방시의 실제개구부의 크기는 수직풍도의 최소 내부단면적 이상으로 할 것
(8) 댐퍼는 풍도 내의 공기흐름에 지장을 주지 않도록 수직풍도의 내부로 돌출하지 않게 설치할 것

답 ②

62 포소화설비의 화재안전기준에 따라 포소화설비 송수구의 설치기준에 대한 설명으로 옳은 것은?

① 구경 65mm의 쌍구형으로 할 것
② 지면으로부터 높이가 0.5m 이상 1.5m 이하의 위치에 설치할 것
③ 하나의 층의 바닥면적이 2000m²를 넘을 때마다 1개 이상을 설치할 것
④ 송수구의 가까운 부분에 자동배수밸브(또는 직경 3mm의 배수공) 및 안전밸브를 설치할 것

해설
② 1.5m 이하 → 1m 이하
③ 2000m² → 3000m²
④ 3mm → 5mm

포소화설비 송수구 설치기준(NFPC 105 7조, NFTC 105 2.4.14)
(1) 화재층으로부터 지면으로 떨어지는 유리창 등이 송수 및 그 밖의 소화작업에 지장을 주지 않는 장소에 설치
(2) 포소화설비의 주배관에 이르는 연결배관에 **개폐밸브**를 설치한 때에는 그 **개폐상태**를 쉽게 확인 및 조작할 수 있는 **옥외** 또는 **기계실** 등의 장소에 설치
(3) 구경 **65mm**의 **쌍구형**으로 할 것 보기 ①
(4) 그 가까운 곳의 보기 쉬운 곳에 **송수압력범위**를 **표시**한 표지를 할 것
(5) 하나의 층의 바닥면적이 **3000m²**를 넘을 때마다 1개(5개를 넘을 경우에는 **5개**로 한다)를 설치 보기 ③
(6) 지면으로부터 **0.5~1m** 이하의 위치에 설치 보기 ②
(7) 가까운 부분에 **자동배수밸브**(또는 직경 **5mm**의 배수공) 및 **체크밸브**를 설치 보기 ④
(8) 이물질을 막기 위한 **마개**를 씌울 것

답 ①

63 스프링클러설비 본체 내의 유수현상을 자동적으로 검지하여 신호 또는 경보를 발하는 장치는?
14.05.문71
07.03.문76

① 수압개폐장치
② 물올림장치
③ 일제개방밸브장치
④ 유수검지장치

해설

구 분	설 명
기동용 수압개폐장치	① 소화설비의 배관 내 **압력변동**을 **검지**하여 자동적으로 펌프를 **가동** 또는 **정지**시키는 장치 ② 종류 : 압력챔버, 기동용 압력스위치 보기 ①
물올림장치	수원의 수위가 펌프보다 아래에 있을 때 설치하며, 주기능은 펌프와 풋밸브 사이의 흡입관 내에 항상 물을 충만시켜 펌프가 물을 **흡입**할 수 있도록 하는 설비 보기 ②
일제개방밸브	**개방형 스프링클러헤드**를 사용하는 **일제살수식 스프링클러설비**에 설치하는 밸브로서 화재발생 시 **자동** 또는 **수동식 기동장치**에 따라 밸브가 열려지는 것 보기 ③
유수검지장치	**유수현상**을 **자동적**으로 **검지**하여 신호 또는 경보를 발하는 장치 보기 ④

답 ④

64 옥내소화전설비의 화재안전기준에 따라 옥내소화전설비의 표시등 설치기준으로 옳은 것은?

① 가압송수장치의 기동을 표시하는 표시등은 옥내소화전함의 상부 또는 그 직근에 설치한다.
② 가압송수장치의 기동을 표시하는 표시등은 녹색등으로 한다.
③ 자체소방대를 구성하여 운영하는 경우 가압송수장치의 기동표시등을 반드시 설치해야 한다.
④ 옥내소화전설비의 위치를 표시하는 표시등은 함의 하부에 설치하되, 「표시등의 성능인증 및 제품검사의 기술기준」에 적합한 것으로 한다.

해설
② 녹색등 → 적색등
③ 반드시 설치해야 한다 → 설치하지 않을 수 있다
④ 하부 → 상부

옥내소화전설비의 표시등 설치기준(NFPC 102 7조, NFTC 102 2.4.3)
(1) 옥내소화전설비의 위치를 표시하는 **표시등**은 **함**의 **상부**에 설치하되, 소방청장이 고시하는 「표시등의 성능인증 및 제품검사의 기술기준」에 적합한 것으로 할 것 보기 ④
(2) 가압송수장치의 기동을 표시하는 **표시등**은 옥내소화전함의 **상부** 또는 그 **직근**에 설치하되 **적색등**으로 할 것(단, **자체소방대**를 구성하여 운영하는 경우「위험물안전관리법 시행령」〔별표 8〕에서 정한 소방자동차와 자체소방대원의 규모) **가압송수장치**의 **기동표시등**을 설치하지 않을 수 있다) 보기 ①②③

답 ①

65 ★★★
19.04.문79
18.09.문79
16.05.문65
15.09.문78
14.03.문71
05.03.문72

소화기구 및 자동소화장치의 화재안전기준상 건축물의 주요구조부가 내화구조이고, 벽 및 반자의 실내에 면하는 부분이 불연재료로 된 바닥면적이 600m²인 노유자시설에 필요한 소화기구의 능력단위는 최소 얼마 이상으로 하여야 하는가?

① 2단위
② 3단위
③ 4단위
④ 6단위

해설 **특정소방대상물별 소화기구의 능력단위기준**(NFTC 101 2.1.1.2)

특정소방대상물	소화기구의 능력단위	건축물의 주요구조부가 내화구조이고, 벽 및 반자의 실내에 면하는 부분이 **불연재료·준불연재료** 또는 **난연재료**로 된 특정소방대상물의 능력단위
• **위**락시설 기억법 위3(위상)	바닥면적 **30m²**마다 1단위 이상	바닥면적 **60m²**마다 1단위 이상
• **공연**장 • **집**회장 • **관람**장 및 **문**화재 • **의**료시설·**장**례시설 기억법 5공연장 문의 집관람 (손오공 연장 문의 집관람)	바닥면적 **50m²**마다 1단위 이상	바닥면적 **100m²**마다 1단위 이상
• **근**린생활시설 • **운**수시설 • **판**매시설 • **숙**박시설 • **노**유자시설 • **전**시장 • 공동**주**택 • **업**무시설 • **방**송통신시설 • 공장·**창**고 • **항**공기 및 자동**차** 관련시설 및 **관광**휴게시설 기억법 근판숙노전 주업방차창 1항관광(근판숙노전 주업방차창 일본항 관광)	바닥면적 **100m²**마다 1단위 이상	바닥면적 **200m²**마다 1단위 이상
• 그 밖의 것	바닥면적 **200m²**마다 1단위 이상	바닥면적 **400m²**마다 1단위 이상

노유자시설로서 **내화구조**이고 **불연재료**를 사용하므로 바닥면적 200m²마다 1단위 이상

노유자시설 최소능력단위 $= \dfrac{600\text{m}^2}{200\text{m}^2} = 3$단위

답 ②

66 ★★★
18.09.문61
16.10.문61

분말소화설비의 화재안전기준에 따라 분말소화설비의 자동식 기동장치의 설치기준으로 틀린 것은? (단, 자동식 기동장치는 자동화재탐지설비의 감지기의 작동과 연동하는 것이다.)

① 기동용 가스용기의 충전비는 1.5 이상으로 할 것
② 자동식 기동장치에는 수동으로도 기동할 수 있는 구조로 할 것
③ 전기식 기동장치로서 3병 이상의 저장용기를 동시에 개방하는 설비는 2병 이상의 저장용기에 전자개방밸브를 부착할 것
④ 기동용 가스용기에는 내압시험압력의 0.8배 내지 내압시험압력 이하에서 작동하는 안전장치를 설치할 것

해설 ③ 3병 이상 → 7병 이상

전자개방밸브 부착(NFTC 106 2.3.2.2 / NFPC 108 5·7조, NFTC 108 2.2.2, 2.4.2.2)

분말소화약제 가압용 가스용기	이산화탄소소화설비 전기식 기동장치·분말 소화설비 전기식 기동장치
3병 이상 설치한 경우 2개 이상	**7병** 이상 개방시 2병 이상 보기 ③

중요

(1) 분말소화설비 가스압력식 기동장치(NFTC 108 2.4.2.3)

구 분	기 준
기동용 가스용기의 체적	5L 이상(단, 1L 이상시 CO_2량 0.6kg 이상)
기동용 가스용기 충전비	1.5~1.9 이하
기동용 가스용기 안전장치의 압력	내압시험압력의 0.8~내압시험압력 이하
기동용 가스용기 및 해당 용기에 사용하는 밸브의 견디는 압력	25MPa 이상

(2) 이산화탄소소화설비 가스압력식 기동장치(NFTC 106 2.3.2.3.3)

구 분	기 준
기동용 가스용기의 체적	5L 이상

답 ③

---

67 상수도 소화용수설비의 화재안전기준에 따른 설치기준 중 다음 ( ) 안에 알맞은 것은?

19.09.문66
19.04.문74
19.03.문64
17.03.문64
14.03.문63
07.03.문70

호칭지름 (㉠)mm 이상의 수도배관에 호칭지름 (㉡)mm 이상의 소화전을 접속하여야 하며, 소화전은 특정소방대상물의 수평투영면의 각 부분으로부터 (㉢)m 이하가 되도록 설치할 것

① ㉠ 65, ㉡ 80, ㉢ 120
② ㉠ 65, ㉡ 100, ㉢ 140
③ ㉠ 75, ㉡ 80, ㉢ 120
④ ㉠ 75, ㉡ 100, ㉢ 140

해설 상수도 소화용수설비의 기준(NFPC 401 4조, NFTC 401 2.1)

(1) 호칭지름

수도배관	소화전
75mm 이상	100mm 이상

(2) 소화전은 소방자동차 등의 진입이 쉬운 **도로변** 또는 **공지**에 설치할 것
(3) 소화전은 특정소방대상물의 수평투영면의 각 부분으로부터 **140m** 이하가 되도록 설치할 것
(4) 지상식 소화전의 호스접결구는 지면으로부터 높이가 0.5m 이상 1m 이하가 되도록 설치할 것

기억법 수75(**수**지침으로 **치료**), 소1(**소**일거리)

답 ④

---

68 스프링클러설비의 화재안전기준에 따라 스프링클러헤드를 설치하지 않을 수 있는 장소로만 나열된 것은?

19.04.문65
15.03.문72
13.03.문79
12.09.문73

① 계단실, 병실, 목욕실, 냉동창고의 냉동실, 아파트(대피공간 제외)

② 발전실, 병원의 수술실·응급처치실, 통신기기실, 관람석이 없는 실내 테니스장(실내 바닥·벽 등이 불연재료)

③ 냉동창고의 냉동실, 변전실, 병실, 목욕실, 수영장 관람석

④ 병원의 수술실, 관람석이 없는 실내 테니스장(실내 바닥·벽 등이 불연재료), 변전실, 발전실, 아파트(대피공간 제외)

해설 스프링클러헤드 설치 제외 장소(NFTC 103 2.12)
(1) 발전실
(2) 수술실
(3) 응급처치실
(4) 통신기기실
(5) 직접 외기에 개방된 복도

비교

스프링클러헤드 설치장소
(1) **보**일러실
(2) 복도
(3) **슈**퍼마켓
(4) **소**매시장
(5) 위험물·특수가연물 취급장소
(6) 아파트

기억법 보스(**BOSS**)

답 ②

---

69 포소화설비의 화재안전기준에서 포소화설비에 소방용 합성수지배관을 설치할 수 있는 경우로 틀린 것은?

① 배관을 지하에 매설하는 경우
② 다른 부분과 내화구조로 구획된 덕트 또는 피트의 내부에 설치하는 경우
③ 동결방지조치를 하거나 동결의 우려가 없는 경우
④ 천장과 반자를 불연재료 또는 준불연재료로 설치하고 소화배관 내부에 항상 소화수가 채워진 상태로 설치하는 경우

해설 포소화설비 소방용 합성수지배관으로 설치할 수 있는 경우(NFTC 105 2.4.2)
(1) 배관을 **지하**에 **매설**하는 경우 보기 ①
(2) 다른 부분과 **내화구조**로 구획된 덕트 또는 피트의 내부에 설치하는 경우 보기 ②
(3) 천장(상층이 있는 경우에는 상층바닥의 하단 포함)과 반자를 **불연재료** 또는 **준불연재료**로 설치하고 소화배관 내부에 항상 소화수가 채워진 상태로 설치하는 경우 보기 ④

비교
동결방지조치를 하거나 동결의 우려가 없는 장소에 설치 보기 ③ (1) 수조 설치기준(NFPC 105 5조, NFTC 105 2.2.4.2) (2) 가압송수장치 설치기준(NFPC 105 6조, NFTC 105 2.3.1.2) (3) 배관설치기준(NFPC 105 7조, NFTC 105 2.4.10)

답 ③

70 [13.09.문79]
다음 중 피난기구의 화재안전기준에 따라 피난기구를 설치하지 아니하여도 되는 소방대상물로 틀린 것은?

① 갓복도식 아파트 또는 4층 이상인 층에서 발코니에 해당하는 구조 또는 시설을 설치하여 인접세대로 피난할 수 있는 아파트
② 주요구조부가 내화구조로서 거실의 각 부분으로 직접 복도로 피난할 수 있는 학교(강의실 용도로 사용되는 층에 한함)
③ 무인공장 또는 자동창고로서 사람의 출입이 금지된 장소
④ 문화·집회 및 운동시설·판매시설 및 영업시설 또는 노유자시설의 용도로 사용되는 층으로서 그 층의 바닥면적이 1000m² 이상인 것

해설 피난기구의 **설치장소**(NFTC 301 2.2.1.3)
문화·집회 및 운동시설·판매시설 및 영업시설 또는 **노유자시설**의 용도로 사용되는 층으로서 그 층의 바닥면적 **1000m²** 이상 보기 ④

기억법	피설문1000(피설문천)

답 ④

71 [17.03.문73] [14.03.문62]
지하구의 화재안전기준에 따라 연소방지설비 헤드의 설치기준으로 옳은 것은?

① 헤드 간의 수평거리는 연소방지설비 전용헤드의 경우에는 1.5m 이하로 할 것
② 헤드 간의 수평거리는 스프링클러헤드의 경우에는 2m 이하로 할 것
③ 천장 또는 벽면에 설치할 것
④ 한쪽 방향의 살수구역의 길이는 2m 이상으로 할 것

해설
① 1.5m 이하 → 2m 이하
② 2m 이하 → 1.5m 이하
④ 2m → 3m

지하구 연소방지설비 헤드의 설치기준(NFPC 605 8조, NFTC 605 2.4.2)
(1) **천장** 또는 **벽면**에 설치하여야 한다. 보기 ③
(2) 헤드 간의 수평거리 보기 ①②

스프링클러헤드	연소방지설비 전용헤드
1.5m 이하	**2m** 이하

기억법	연방2(연방이 좋다.)

(3) 한쪽 방향의 살수구역의 길이는 **3m** 이상으로 할 것 보기 ④

기억법	연방3

답 ③

72 [19.04.문62] [16.03.문80]
소화기구 및 자동소화장치의 화재안전기준상 소화기구의 소화약제별 적응성 중 C급 화재에 적응성이 없는 소화약제는?

① 마른모래
② 할로겐화합물 및 불활성기체 소화약제
③ 이산화탄소 소화약제
④ 중탄산염류 소화약제

해설 **소화기구** 및 **자동소화장치**(NFTC 101 2.1.1.1)
전기화재(C급 화재)에 적응성이 있는 소화약제
(1) 이산화탄소 소화약제 보기 ③
(2) 할론소화약제
(3) 할로겐화합물 및 불활성기체 소화약제 보기 ②
(4) 인산염류 소화약제(분말)
(5) 중탄산염류 소화약제(분말) 보기 ④
(6) 고체 에어로졸화합물

답 ①

73 [12.03.문76]
이산화탄소소화설비 및 할론소화설비의 국소방출방식에 대한 설명으로 옳은 것은?

① 소화약제 공급장치에 배관 및 분사헤드 등을 설치하여 직접 화점에 소화약제를 방출하는 방식이다.
② 소화약제 공급장치에 배관 및 분사헤드 등을 설치하여 밀폐 방호구역 전체에 소화약제를 방출하는 방식이다.
③ 소화수 또는 소화약제 저장용기 등에 연결된 호스릴을 이용하여 사람이 직접 화점에 소화수 또는 소화약제를 방출하는 방식이다.
④ 소화약제 공급장치에 배관 및 분사헤드 등을 설치하여 공간 전체를 소화약제로 분사하는 방식이다.

해설
② 전역방출방식
③ 호스릴방식
④ 해당없음

소화설비의 방출방식

방출방식	설 명
전역방출방식	소화약제 공급장치에 배관 및 분사헤드 등을 설치하여 **밀폐 방호구역 전체**에 소화약제를 방출하는 방식 보기②
국소방출방식	소화약제 공급장치에 **배관** 및 분사헤드 등을 설치하여 **직접 화점**에 소화약제를 방출하는 방식 보기①
호스방출방식 (호스릴방식)	소화수 또는 소화약제 저장용기 등에 연결된 **호스릴**을 이용하여 사람이 **직접 화점**에 소화수 또는 소화약제를 방출하는 방식 보기③

답 ①

74 ★★★
16.03.문75
13.06.문69
08.05.문79

특고압의 전기시설을 보호하기 위한 소화설비로 물분무소화설비를 사용한다. 그 주된 이유로 옳은 것은?

① 물분무설비는 다른 물 소화설비에 비해서 신속한 소화를 보여주기 때문이다.
② 물분무설비는 다른 물 소화설비에 비해서 물의 소모량이 적기 때문이다.
③ 분무상태의 물은 전기적으로 비전도성이기 때문이다.
④ 물분무입자 역시 물이므로 전기전도성이 있으나 전기시설물을 젖게 하지 않기 때문이다.

해설 **물분무(무상주수)**가 **전기설비**에 **적합**한 이유
분무상태의 물은 전기적으로 **비전도성**을 나타내기 때문

※ **무상주수** : 물을 안개모양으로 방사하는 것

답 ③

75 ★★★
19.03.문70
17.09.문72
17.03.문67
16.10.문67
16.05.문79
15.05.문78
10.03.문63

물분무소화설비의 화재안전기준에 따라 물분무소화설비를 설치하는 차고 또는 주차장의 배수설비 설치기준으로 틀린 것은?

① 차량이 주차하는 바닥은 배수구를 향해 $\frac{1}{100}$ 이상의 기울기를 유지할 것
② 배수구에서 새어나온 기름을 모아 소화할 수 있도록 길이 40m 이하마다 집수관·소화피트 등 기름분리장치를 설치할 것
③ 차량이 주차하는 장소의 적당한 곳에 높이 10cm 이상의 경계턱으로 배수구를 설치할 것
④ 배수설비는 가압송수장치의 최대송수능력의 수량을 유효하게 배수할 수 있는 크기 및 기울기로 할 것

해설 ① $\frac{1}{100}$ 이상 → $\frac{2}{100}$ 이상

물분무소화설비의 **배수설비**(NFPC 104 11조, NFTC 104 2.8)
(1) **10cm** 이상의 경계턱으로 배수구 설치(차량이 주차하는 곳) 보기③
(2) **40m** 이하마다 기름분리장치 설치 보기②

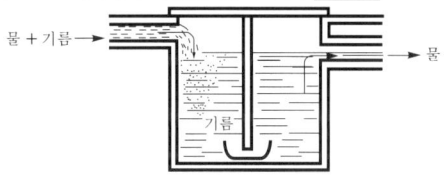

기름분리장치

(3) 차량이 주차하는 바닥은 $\frac{2}{100}$ 이상의 기울기 유지 보기①
(4) **배수설비** : 가압송수장치의 최대송수능력의 수량을 유효하게 배수할 수 있는 크기 및 기울기로 할 것 보기④

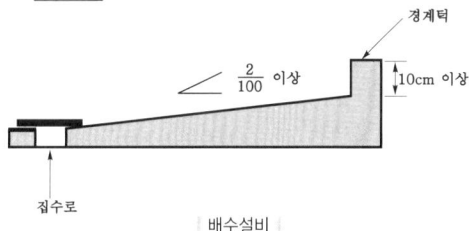

배수설비

참고

기울기	
구 분	설 명
$\frac{1}{100}$ 이상	연결살수설비의 수평주행배관
$\frac{2}{100}$ 이상	물분무소화설비의 배수설비
$\frac{1}{250}$ 이상	습식·부압식 설비 외 설비의 가지배관
$\frac{1}{500}$ 이상	습식·부압식 설비 외 설비의 수평주행배관

답 ①

76
연결송수관설비의 화재안전기준에 따라 송수구가 부설된 옥내소화전을 설치한 특정소방대상물로서 연결송수관설비의 방수구를 설치하지 아니할 수 있는 층의 기준 중 다음 ( ) 안에 알맞은 것은? (단, 집회장·관람장·백화점·도매시장·소매시장·판매시설·공장·창고시설 또는 지하가를 제외한다.)

- 지하층을 제외한 층수가 (㉠)층 이하이고 연면적이 (㉡)m² 미만인 특정소방대상물의 지상층
- 지하층의 층수가 (㉢) 이하인 특정소방대상물의 지하층

① ㉠ 3, ㉡ 5000, ㉢ 3
② ㉠ 4, ㉡ 6000, ㉢ 2
③ ㉠ 5, ㉡ 3000, ㉢ 3
④ ㉠ 6, ㉡ 4000, ㉢ 2

해설 연결송수관설비의 방수구 설치제외 장소(NFPC 502 6조, NFTC 502 2.3)
(1) **아파트**의 **1층** 및 **2층**
(2) 소방차의 접근이 가능하고 소방대원이 소방차로부터 각 부분에 쉽게 도달할 수 있는 피난층
(3) 송수구가 부설된 옥내소화전을 설치한 특정소방대상물(집회장·관람장·백화점·도매시장·소매시장·판매시설·공장·창고시설 또는 지하기 제외)로서 다음에 해당하는 층 [보기 ②]
  ㉠ 지하층을 제외한 **4층** 이하이고 연면적이 **6000m²** 미만인 특정소방대상물의 지상층
  ㉡ 지하층의 층수가 **2** 이하인 특정소방대상물의 지하층

기억법 송426(송사리로 육포를 만들다.)

답 ②

77
스프링클러설비의 화재안전기준에 따라 폐쇄형 스프링클러헤드를 최고 주위온도 40℃인 장소(공장 제외)에 설치할 경우 표시온도는 몇 ℃의 것을 설치하여야 하는가?

① 79℃ 미만
② 79℃ 이상 121℃ 미만
③ 121℃ 이상 162℃ 미만
④ 162℃ 이상

해설 폐쇄형 스프링클러헤드(NFTC 103 2.7.6)

설치장소의 최고주위온도	표시온도
39℃ 미만	79℃ 미만
39℃ 이상 64℃ 미만	→79℃ 이상 121℃ 미만
64℃ 이상 106℃ 미만	121℃ 이상 162℃ 미만
106℃ 이상	162℃ 이상

기억법
39 79
64 121
106 162

답 ②

78
할론소화설비의 화재안전기준상 할론 1211을 국소방출방식으로 방출할 때 분사헤드의 방출압력 기준은 몇 MPa 이상인가?

① 0.1   ② 0.2
③ 0.9   ④ 1.05

해설 할론소화약제(NFPC 107 4·10조, NFTC 107 2.1.2.1, 2.1.2.2, 2.7)

구 분		할론 1301	할론 1211	할론 2402
저장압력		2.5 MPa 또는 4.2 MPa	1.1 MPa 또는 2.5 MPa	–
방출압력		0.9 MPa	0.2 MPa	0.1 MPa
충전비	가압식	0.9~1.6 이하	0.7~1.4 이하	0.51~0.67 미만
	축압식			0.67~2.75 이하

답 ②

79
물분무소화설비의 화재안전기준상 물분무헤드를 설치하지 아니할 수 있는 장소의 기준 중 다음 ( ) 안에 알맞은 것은?

운전시에 표면의 온도가 ( )℃ 이상으로 되는 등 직접 분무를 하는 경우 그 부분에 손상을 입힐 우려가 있는 기계장치 등이 있는 장소

① 160   ② 200
③ 260   ④ 300

해설 물분무헤드 설치제외 장소(NFPC 104 15조, NFTC 104 2.12)
(1) 물과 심하게 **반응**하는 물질 취급장소
(2) **고온물질** 취급장소
(3) 표면온도 **260℃** 이상 [보기 ③]

기억법 물표26(물표 이륙)

답 ③

80 인명구조기구의 화재안전기준에 따라 특정소방대상물의 용도 및 장소별로 설치해야 할 인명구조기구의 기준으로 틀린 것은?

① 지하상가는 인공소생기를 층마다 2개 이상 비치할 것
② 판매시설 중 대규모 점포는 공기호흡기를 층마다 2개 이상 비치할 것
③ 지하층을 포함하는 층수가 7층 이상인 관광호텔은 방열복(또는 방화복), 공기호흡기, 인공소생기를 각 2개 이상 비치할 것
④ 물분무등소화설비 중 이산화탄소소화설비를 설치해야 하는 특정소방대상물은 공기호흡기를 이산화탄소소화설비가 설치된 장소의 출입구 외부 인근에 1대 이상 비치할 것

해설 ① 인공소생기 → 공기호흡기

특정소방대상물의 용도 및 장소별로 설치하여야 할 **인명구조기구**(NFTC 302 2.1.1.1)

특정소방대상물	인명구조기구의 종류	설치수량
• **7층** 이상인 **관광호텔** 및 **5층** 이상인 **병원**(지하층 포함)	• **방열복** • **방화복**(안전헬멧, 보호장갑, 안전화 포함) • **공기호흡기** • **인공소생기**	• **각 2개** 이상 비치할 것(단, **병원**의 경우에는 **인공소생기** 설치제외 가능) 보기 ③
• 문화 및 집회시설 중 수용인원 **100명** 이상의 영화상영관 • **대규모 점포** • **지하역사** • **지하상가**	• **공기호흡기** 보기 ①	• 층마다 **2개** 이상 비치할 것(단, 각 층마다 갖추어 두어야 할 공기호흡기 중 일부를 직원이 상주하는 인근 사무실에 갖추어 둘 수 있다) 보기 ②
• **이산화탄소소화설비**를 설치하여야 하는 특정소방대상물	• **공기호흡기**	• 이산화탄소소화설비가 설치된 장소의 출입구 외부 인근에 **1대** 이상 비치할 것 보기 ④

답 ①

성공자와 실패자

1. 성공자는 실패자보다 더 열심히 일하면서도 더 많은 여유를 가집니다.

2. 실패자는 언제나 분주해서 꼭 필요한 일도 하지 못합니다. 성공자는 뉘우치면서도 결단합니다.

3. 실패자는 후회하지만 그 다음 순간 꼭 같은 실수를 저지릅니다.

4. 성공자는 자기의 기본원칙이 망가지지 않는 한 그가 할 수 있는 모든 양보를 합니다.

5. 실패자는 자존심에 매달려 양보하기를 두려워한 나머지 그의 원칙까지도 완전히 잃어버립니다.

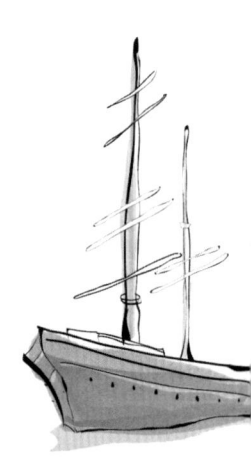

과년도 기출문제
2020년
소방설비기사 필기(기계분야)

■ 2020. 6. 6 시행 ·················· 20- 2
■ 2020. 8. 22 시행 ·················· 20-30
■ 2020. 9. 26 시행 ·················· 20-56

** 수험자 유의사항 **

1. 문제지를 받는 즉시 **본인**이 **응시한 종목**이 맞는지 확인하시기 바랍니다.
2. 문제지 표지에 본인의 **수험번호**와 **성명**을 기재하여야 합니다.
3. 문제지의 **총면수, 문제번호 일련순서, 인쇄상태, 중복 및 누락 페이지 유무**를 확인하시기 바랍니다.
4. 답안은 각 문제마다 요구하는 가장 적합하거나 가까운 답 1개만을 선택하여야 합니다.
5. 답안카드는 뒷면의「수험자 유의사항」에 따라 작성하시고, 답안카드 작성 시 형별누락, 마킹착오로 인한 불이익은 전적으로 수험자에게 책임이 있음을 알려드립니다.
6. 문제지는 시험 종료 후 본인이 가져갈 수 있습니다.

** 안내사항 **

• 가답안/최종정답은 큐넷(www.q-net.or.kr)에서 확인하실 수 있습니다. 가답안에 대한 의견은 큐넷의 [가답안 의견 제시]를 통해 제시할 수 있으며, 확정된 답안은 최종정답으로 갈음합니다.
• 공단에서 제공하는 자격검정서비스에 대해 개선할 점이 있으시면 고객참여(http://hrdkorea.or.kr/7/1/1)를 통해 건의하여 주시기 바랍니다.

2020. 6. 6 시행

2020년 기사 제1·2회 통합 필기시험

자격종목	종목코드	시험시간	형별
소방설비기사(기계분야)		2시간	

수험번호	성명

※ 각 문항은 4지택일형으로 질문에 가장 적합한 보기 항을 선택하여 체크하여야 합니다.

제1과목 소방원론

01 실내 화재시 발생한 연기로 인한 감광계수[m^{-1}]와 가시거리에 대한 설명 중 틀린 것은?

17.03.문10
16.10.문16
14.05.문06
13.09.문11

① 감광계수가 0.1일 때 가시거리는 20~30m이다.
② 감광계수가 0.3일 때 가시거리는 15~20m이다.
③ 감광계수가 1.0일 때 가시거리는 1~2m이다.
④ 감광계수가 10일 때 가시거리는 0.2~0.5m이다.

유사문제부터 풀어보세요. 실력이 팍!팍! 올라갑니다.

 해설 ② 15~20m → 5m

감광계수와 가시거리

감광계수 [m^{-1}]	가시거리 [m]	상 황
0.1	20~30	연기**감**지기가 작동할 때의 농도(연기감지기가 작동하기 직전의 농도) 보기 ①
0.3	5	건물 내부에 **익**숙한 사람이 피난에 지장을 느낄 정도의 농도 보기 ②
0.5	3	**어**두운 것을 느낄 정도의 농도
1	1~2	앞이 거의 **보**이지 않을 정도의 농도 보기 ③
10	0.2~0.5	화재 **최**성기 때의 농도 보기 ④
30	-	출화실에서 연기가 **분**출할 때의 농도

기억법
0123 감
035   익
053   어
112   보
100205 최
30   분

답 ②

02 종이, 나무, 섬유류 등에 의한 화재에 해당하는 것은?

19.03.문08
17.09.문07
16.05.문09
15.09.문19
13.09.문07

① A급 화재
② B급 화재
③ C급 화재
④ D급 화재

해설 **화재의 종류**

구 분	표시색	적응물질
일반화재(A급)	백색	• 일반가연물 보기 ① • 종이류 화재 • 목재·섬유화재
유류화재(B급)	황색	• 가연성 액체 • 가연성 가스 • 액화가스화재 • 석유화재
전기화재(C급)	청색	• 전기설비
금속화재(D급)	무색	• 가연성 금속
주방화재(K급)	-	• 식용유화재

※ 요즘은 표시색의 의무규정은 없음

답 ①

03 다음 중 소화에 필요한 이산화탄소 소화약제의 최소설계농도값이 가장 높은 물질은?

15.03.문11

① 메탄
② 에틸렌
③ 천연가스
④ 아세틸렌

해설 **설계농도**

방호대상물	설계농도[vol%]
① 부탄	34 보기 ①
② 메탄	
③ 프로판	36
④ 이소부탄	
⑤ 사이크로 프로판	37 보기 ③
⑥ 석탄가스, 천연가스	
⑦ 에탄	40
⑧ 에틸렌	49 보기 ②
⑨ 산화에틸렌	53
⑩ 일산화탄소	64
⑪ **아**세틸렌	**66** 보기 ④
⑫ 수소	75

기억법 아66

※ **설계농도** : 소화농도에 20%의 여유분을 더한 값

답 ④

04. 가연물이 연소가 잘 되기 위한 구비조건으로 틀린 것은?

① 열전도율이 클 것
② 산소와 화학적으로 친화력이 클 것
③ 표면적이 클 것
④ 활성화에너지가 작을 것

해설

① 클 것 → 작을 것

가연물이 연소하기 쉬운 조건
(1) 산소와 **친화력**이 클 것 보기②
(2) **발열량**이 클 것
(3) **표면적**이 넓을 것 보기③
(4) **열전도율**이 작을 것 보기①
(5) **활성화에너지**가 작을 것 보기④
(6) 연쇄반응을 일으킬 수 있을 것
(7) 산소가 포함된 **유기물**일 것

※ **활성화에너지**: 가연물이 처음 연소하는 데 필요한 열

답 ①

05. 다음 중 상온·상압에서 액체인 것은?

① 탄산가스
② 할론 1301
③ 할론 2402
④ 할론 1211

해설

상온·상압에서 기체상태	상온·상압에서 액체상태
• 할론 1301 보기②	• 할론 1011
• 할론 1211 보기④	• 할론 104
• 이산화탄소(CO_2) 보기①	• 할론 2402 보기③

※ **상온·상압**: 평상시의 온도·평상시의 압력

답 ③

06. $NH_4H_2PO_4$를 주성분으로 한 분말소화약제는 제 몇 종 분말소화약제인가?

① 제1종
② 제2종
③ 제3종
④ 제4종

해설

(1) 분말소화약제

종별	주성분	착색	적응화재	비고
제1종	중탄산나트륨 ($NaHCO_3$)	백색	BC급	**식용유** 및 **지방질유**의 화재에 적합
제2종	중탄산칼륨 ($KHCO_3$)	담자색 (담회색)	BC급	–
제3종	제1인산암모늄 ($NH_4H_2PO_4$) 보기③	담홍색	AB C급	**차고·주차장**에 적합
제4종	중탄산칼륨 +요소 ($KHCO_3$+ $(NH_2)_2CO$)	회(백)색	BC급	–

기억법 1식분(일식 분식)
3분 차주(**삼보**컴퓨터 **차주**)

(2) 이산화탄소 소화약제

주성분	적응화재
이산화탄소(CO_2)	BC급

답 ③

07. 제거소화의 예에 해당하지 않는 것은?

① 밀폐 공간에서의 화재시 공기를 제거한다.
② 가연성 가스화재시 가스의 밸브를 닫는다.
③ 산림화재시 확산을 막기 위하여 산림의 일부를 벌목한다.
④ 유류탱크 화재시 연소되지 않은 기름을 다른 탱크로 이동시킨다.

해설

① 질식소화

제거소화의 예
(1) **가연성 기체** 화재시 **주밸브**를 **차단**한다(화학반응기의 화재시 원료공급관의 **밸브**를 **잠금**). 보기②
(2) **가연성 액체** 화재시 펌프를 이용하여 **연료**를 제거한다.
(3) **연료탱크**를 **냉각**하여 가연성 가스의 발생속도를 작게 하여 연소를 억제한다.
(4) 금속화재시 **불활성 물질**로 가연물을 덮는다.
(5) **목재**를 **방염처리**한다.
(6) 전기화재시 **전원**을 **차단**한다.
(7) 산불이 발생하면 화재의 진행방향을 앞질러 **벌목**한다(산불의 확산방지를 위하여 **산림**의 **일부**를 **벌채**). 보기③
(8) 가스화재시 **밸브**를 **잠궈** 가스흐름을 차단한다(가스화재시 중간밸브를 잠금).
(9) 불타고 있는 장작더미 속에서 아직 타지 않은 것을 안전한 곳으로 **운반**한다.
(10) 유류탱크 화재시 주변에 있는 유류탱크의 **유류**를 **다른 곳**으로 **이동**시킨다. 보기④
(11) 촛불을 입김으로 불어서 끈다.

용어

제거효과
가연물을 반응계에서 제거하든지 또는 반응계로의 공급을 정지시켜 소화하는 효과

답 ①

08. 위험물안전관리법령상 제2석유류에 해당하는 것으로만 나열된 것은?

① 아세톤, 벤젠
② 중유, 아닐린
③ 에터, 이황화탄소
④ 아세트산, 아크릴산

해설 제4류 위험물

품 명	대표물질
특수인화물	이황화탄소 [보기 ③] · 다이에틸에터 · 아세트알데하이드 · 산화프로필렌 · 이소프렌 · 펜탄 · 디비닐에터 · 트리클로로실란
제1석유류	• **아세톤** · 휘발유 · **벤젠** [보기 ①] • 톨루엔 · 시클로헥산 • 아크롤레인 · 초산에스터류 • 의산에스터류 • 메틸에틸케톤 · 에틸벤젠 · 피리딘
제2석유류	• 등유 · 경유 · 의산 • 테레빈유 · 장뇌유 • **아세트산**(=초산) · **아크릴산** [보기 ④] • 송근유 · 스티렌 · 메틸셀로솔브 · 크실렌 • 에틸셀로솔브 · **클로로벤젠** · 알릴알코올 [기억법] 2클(이크!)
제3석유류	• 중유 · 크레오소트유 · 에틸렌글리콜 • 글리세린 · 나이트로벤젠 · **아닐린** [보기 ②] • 담금질유
제4석유류	• 기어유 · 실린더유

답 ④

09. 산소의 농도를 낮추어 소화하는 방법은?

① 냉각소화
② 질식소화
③ 제거소화
④ 억제소화

해설 소화의 형태

구 분	설 명
냉각소화	① **점화원**을 냉각하여 소화하는 방법 ② **증**발잠열을 이용하여 열을 빼앗아 가연물의 온도를 떨어뜨려 화재를 진압하는 소화방법 ③ 다량의 **물**을 뿌려 소화하는 방법 ④ 가연성 물질을 **발화점 이하**로 **냉각**하여 소화하는 방법 ⑤ 식용유화재에 신선한 **야채**를 넣어 소화하는 방법 ⑥ 용융잠열에 의한 **냉각효과**를 이용하여 소화하는 방법 [기억법] 냉점증발
질식소화	① 공기 중의 **산소농도**를 16%(10~15%) 이하로 희박하게 하여 소화하는 방법 ② 산화제의 농도를 낮추어 연소가 지속될 수 없도록 소화하는 방법 ③ 산소공급을 차단하여 소화하는 방법 ④ **산소**의 **농도**를 **낮추어** 소화하는 방법 [보기 ②] ⑤ 화학반응으로 발생한 **탄산가스**에 의한 소화방법 [기억법] 질산
제거소화	가연물을 **제거**하여 소화하는 방법
부촉매소화 (억제소화, 화학소화)	① **연쇄반응**을 **차단**하여 소화하는 방법 ② 화학적인 방법으로 화재를 억제하여 소화하는 방법 ③ **활성기**(free radical, 자유라디칼)의 **생성**을 **억제**하여 소화하는 방법 ④ 할론계 소화약제 [기억법] 부억(부엌)
희석소화	① 기체 · 고체 · 액체에서 나오는 분해가스나 증기의 농도를 낮춰 소화하는 방법 ② 불연성 가스의 공기 중 농도를 높여 소화하는 방법 ③ 불활성기체를 방출하여 연소범위 이하로 낮추어 소화하는 방법

중요

화재의 **소화원리**에 따른 **소화방법**

소화원리	소화설비
냉각소화	① 스프링클러설비 ② 옥내 · 외소화전설비
질식소화	① 이산화탄소 소화설비 ② 포소화설비 ③ 분말소화설비 ④ 불활성기체 소화약제
억제소화 (부촉매효과)	① 할론소화약제 ② 할로겐화합물 소화약제

답 ②

10. 유류탱크 화재시 기름 표면에 물을 살수하면 기름이 탱크 밖으로 비산하여 화재가 확대되는 현상은?

① 슬롭오버(Slop over)
② 플래시오버(Flash over)
③ 프로스오버(Froth over)
④ 블레비(BLEVE)

해설 유류탱크, 가스탱크에서 발생하는 현상

구 분	설 명
블래비=블레비 (BLEVE)	• 과열상태의 탱크에서 내부의 액화가스가 분출하여 기화되어 폭발하는 현상

보일오버 (Boil over)	• 중질유의 석유탱크에서 장시간 조용히 연소하다 탱크 내의 잔존기름이 갑자기 분출하는 현상 • 유류탱크에서 **탱크바닥**에 **물**과 기름의 **에멀션**이 섞여 있을 때 이로 인하여 화재가 발생하는 현상 • 연소유면으로부터 100℃ 이상의 열파가 탱크 저부에 고여 있는 물을 비등하게 하면서 연소유를 탱크 밖으로 비산시키며 연소하는 현상
오일오버 (Oil over)	• 저장탱크에 저장된 유류저장량이 내용적의 **50%** 이하로 충전되어 있을 때 화재로 인하여 탱크가 폭발하는 현상
프로스오버 (Froth over)	• 물이 점성의 뜨거운 기름표면 아래에서 끓을 때 화재를 수반하지 않고 용기가 넘치는 현상
슬롭오버 (Slop over)	• 유류탱크 화재시 기름 표면에 물을 실수하면 **기름**이 **탱크** 밖으로 **비산**하여 화재가 확대되는 현상(연소유가 비산되어 탱크 외부까지 화재가 확산) 보기 ① • 물이 연소유의 뜨거운 표면에 들어갈 때 기름 표면에서 화재가 발생하는 현상 • 유화제로 소화하기 위한 물이 수분의 급격한 증발에 의하여 액면이 거품을 일으키면서 열류층 밑의 냉유가 급히 열팽창하여 기름의 일부가 불이 붙은 채 탱크벽을 넘어서 일출하는 현상 • 연소면의 온도가 100℃ 이상일 때 물을 주수하면 발생 • 소화시 외부에서 방사하는 포에 의해 발생

답 ①

11 물질의 화재 위험성에 대한 설명으로 틀린 것은?

① 인화점 및 착화점이 낮을수록 위험
② 착화에너지가 작을수록 위험
③ 비점 및 융점이 높을수록 위험
④ 연소범위가 넓을수록 위험

해설 ③ 높을수록 → 낮을수록

화재 위험성
(1) **비**점 및 **융**점이 **낮을수록** 위험하다. 보기 ③
(2) **발**점(착화점) 및 **인**화점이 **낮**을수록 **위**험하다. 보기 ①
(3) 착화에너지가 작을수록 위험하다. 보기 ②
(4) 연소하한계가 낮을수록 위험하다.
(5) 연소범위가 넓을수록 위험하다. 보기 ④
(6) 증기압이 클수록 위험하다.

기억법 비융발인 낮위

• 연소한계=연소범위=폭발한계=폭발범위=가연한계=가연범위

답 ③

12 인화알루미늄의 화재시 주수소화하면 발생하는 물질은?

① 수소 ② 메탄
③ 포스핀 ④ 아세틸렌

해설 인화알루미늄과 물과의 반응식 보기 ③
AlP + 3H₂O → Al(OH)₃ + PH₃
인화알루미늄 물 수산화알루미늄 포스핀=인화수소

비교
(1) 인화칼슘과 물의 반응식
Ca₃P₂ + 6H₂O → 3Ca(OH)₂ + 2PH₃↑
인화칼슘 물 수산화칼슘 포스핀
(2) 탄화알루미늄과 물의 반응식
Al₄C₃ + 12H₂O → 4Al(OH)₃ + 3CH₄↑
탄화알루미늄 물 수산화알루미늄 메탄

답 ③

13 이산화탄소의 증기비중은 약 얼마인가? (단, 공기의 분자량은 29이다.)

① 0.81 ② 1.52
③ 2.02 ④ 2.51

해설 (1) 증기비중

$$증기비중 = \frac{분자량}{29}$$

여기서, 29 : 공기의 평균 분자량
(2) 분자량

원소	원자량
H	1
C	12
N	14
O	16

이산화탄소(CO₂) 분자량 = 12 + 16×2 = 44

증기비중 = $\frac{44}{29}$ ≒ 1.52

• 증기비중 = 가스비중

중요

이산화탄소의 물성

구 분	물 성
임계압력	72.75atm
임계온도	31.35℃(약 31.1℃)
3중점	−**56**.3℃(약 −56℃)
승화점(**비**점)	−**78**.5℃
허용농도	0.5%
증기비중	1.**5**29
수분	0.05% 이하(함량 99.5% 이상)

기억법 이356, 이비78, 이증15

답 ②

14 다음 물질의 저장창고에서 화재가 발생하였을 때 주수소화를 할 수 없는 물질은?

① 부틸리튬
② 질산에틸
③ 나이트로셀룰로오스
④ 적린

해설 주수소화(물소화)시 위험한 물질

구 분	현 상
• 무기과산화물	산소 발생
• **금**속분 • **마**그네슘 • 알루미늄 • 칼륨 • 나트륨 • 수소화리튬 • **부**틸리튬 보기 ①	**수소** 발생
• 가연성 액체의 유류화재	연소면(화재면) 확대

기억법 금마수

※ 주수소화 : 물을 뿌려 소화하는 방법

답 ①

15 이산화탄소에 대한 설명으로 틀린 것은?

① 임계온도는 97.5℃이다.
② 고체의 형태로 존재할 수 있다.
③ 불연성 가스로 공기보다 무겁다.
④ 드라이아이스와 분자식이 동일하다.

해설 ① 97.5℃ → 31.35℃

이산화탄소의 물성

구 분	물 성
임계압력	72.75atm
임계온도	31.35℃(약 31.1℃) 보기 ①
3중점	−**56**.3℃(약 −56℃)
승화점(**비**점)	−**78**.5℃
허용농도	0.5%
증기비중	1.**5**29
수분	0.05% 이하(함량 99.5% 이상)
형상	고체의 형태로 존재할 수 있음
가스 종류	불연성 가스로 공기보다 무거움
분자식	드라이아이스와 분자식이 동일

기억법 이356, 이비78, 이증15

답 ①

16 다음 물질 중 연소하였을 때 시안화수소를 가장 많이 발생시키는 물질은?

① Polyethylene
② Polyurethane
③ Polyvinyl chloride
④ Polystyrene

해설 연소시 **시**안화수소(HCN) 발생물질
(1) **요**소
(2) 멜라닌
(3) 아닐린
(4) Poly**우**레탄(**폴**리**우**레탄) 보기 ②

기억법 시폴우

답 ②

17 0℃, 1기압에서 44.8m³의 용적을 가진 이산화탄소를 액화하여 얻을 수 있는 액화탄산가스의 무게는 약 몇 kg인가?

① 88
② 44
③ 22
④ 11

해설 (1) 기호
- T : 0℃=(273+0℃)K
- P : 1기압=1atm
- V : 44.8m³
- m : ?

(2) 이상기체상태 방정식

$$PV = nRT$$

여기서, P : 기압(atm)
V : 부피(m³)
n : 몰수 $\left(n = \dfrac{m(질량)[\text{kg}]}{M(분자량)[\text{kg/kmol}]}\right)$
R : 기체상수(0.082atm·m³/kmol·K)
T : 절대온도(273+℃)[K]

$PV = \dfrac{m}{M}RT$ 에서

$m = \dfrac{PVM}{RT}$

$= \dfrac{1\text{atm} \times 44.8\text{m}^3 \times 44\text{kg/kmol}}{0.082\text{atm} \cdot \text{m}^3/\text{kmol} \cdot \text{K} \times (273+0℃)\text{K}}$

$≒ 88\text{kg}$

• 이산화탄소 분자량(M)=44kg/kmol

답 ①

18. 밀폐된 내화건물의 실내에 화재가 발생했을 때 그 실내의 환경변화에 대한 설명 중 틀린 것은?

① 기압이 급강하한다.
② 산소가 감소된다.
③ 일산화탄소가 증가한다.
④ 이산화탄소가 증가한다.

해설 ① 급강하 → 상승

밀폐된 내화건물
실내에 화재가 발생하면 **기압**이 **상승**한다. 보기 ①

답 ①

19. 다음 중 연소범위를 근거로 계산한 위험도값이 가장 큰 물질은?

① 이황화탄소
② 메탄
③ 수소
④ 일산화탄소

해설 위험도

$$H = \frac{U-L}{L}$$

여기서, H : 위험도
U : 연소상한계
L : 연소하한계

① 이황화탄소 $= \frac{50-1}{1} = 49$

② 메탄 $= \frac{15-5}{5} = 2$

③ 수소 $= \frac{75-4}{4} = 17.75$

④ 일산화탄소 $= \frac{75-12}{12} = 5.25$

 중요

공기 중의 폭발한계(상온, 1atm)

가 스	하한계 [vol%]	상한계 [vol%]
에터($(C_2H_5)_2O$)	1.7	48
보기 ③ → 수소(H_2)	4	75
에틸렌(C_2H_4)	2.7	36
부탄(C_4H_{10})	1.8	8.4
아세틸렌(C_2H_2)	2.5	81
보기 ④ → 일산화탄소(CO)	12	75
보기 ① → 이황화탄소(CS_2)	1	50
암모니아(NH_3)	15	25
보기 ② → 메탄(CH_4)	5	15
에탄(C_2H_6)	3	12.4
프로판(C_3H_8)	2.1	9.5

• 연소한계=연소범위=가연한계=가연범위=폭발한계=폭발범위

답 ①

20. 화재시 나타나는 인간의 피난특성으로 볼 수 없는 것은?

① 어두운 곳으로 대피한다.
② 최초로 행동한 사람을 따른다.
③ 발화지점의 반대방향으로 이동한다.
④ 평소에 사용하던 문, 통로를 사용한다.

해설 ① 어두운 곳 → 밝은 곳

화재발생시 인간의 피난특성

구 분	설 명
귀소본능 보기 ④	• **친숙한 피난경로**를 선택하려는 행동 • 무의식 중에 평상시 사용하는 출입구나 통로를 사용하려는 행동
지광본능 보기 ①	• **밝은 쪽**을 지향하는 행동 • 화재의 공포감으로 인하여 **빛**을 따라 외부로 달아나려고 하는 행동
퇴피본능 보기 ③	• 화염, 연기에 대한 공포감으로 **발화의 반대방향**으로 이동하려는 행동
추종본능 보기 ②	• 많은 사람이 달아나는 방향으로 쫓아가려는 행동 • 화재시 최초로 행동을 개시한 사람을 따라 전체가 움직이려는 행동
좌회본능	• **좌측통행**을 하고 **시계반대방향**으로 회전하려는 행동
폐쇄공간 지향본능	가능한 **넓은 공간**을 찾아 **이동**하다가 위험성이 높아지면 의외의 좁은 공간을 찾는 본능
초능력본능	비상시 **상상도 못할 힘**을 내는 본능
공격본능	**이상심리현상**으로서 구조용 헬리콥터를 부수려고 한다든지 무차별적으로 주변 사람과 구조인력 등에게 공격을 가하는 본능
패닉(panic) 현상	인간의 비이성적인 또는 부적합한 **공포 반응행동**으로서 무모하게 높은 곳에서 뛰어내리는 행위라든지, 몸이 굳어서 움직이지 못하는 행동

답 ①

제 2 과목 — 소방유체역학

21. 240mmHg의 절대압력은 계기압력으로 약 몇 kPa인가? (단, 대기압은 760mmHg이고, 수은의 비중은 13.6이다.)

① -32.0
② 32.0
③ -69.3
④ 69.3

해설

(1) 기호
- 절대압(력) : 240mmHg
- 계기압(력) : ?
- 대기압 : 760mmHg
- s : 13.6

(2) 절대압
  ㉠ **절**대압= **대**기압+ **게**이지압(계기압)
  ㉡ 절대압=대기압-진공압

  기억법 절대게

  ㉢ 계기압(력)= 절대압-대기압
   = (240-760)mmHg
   = -520mmHg

(3) 표준대기압

$1atm = 760mmHg = 1.0332 kg_f/cm^2$
$= 10.332 mH_2O(mAq)$
$= 14.7PSI(lb_f/in^2)$
$= 101.325kPa(kN/m^2)$
$= 101325Pa(N/m^2)$
$= 1013mbar$

$-520mmHg = \dfrac{-520mmHg}{760mmHg} \times 101.325kPa$
$≒ -69.3kPa$

답 ③

22 ★★★ 다음 (㉠), (㉡)에 알맞은 것은?

19.04.문22
18.03.문36
17.09.문35
17.05.문37
16.10.문23
15.03.문35
14.05.문39
14.03.문32

파이프 속을 유체가 흐를 때 파이프 끝의 밸브를 갑자기 닫으면 유체의 (㉠)에너지가 압력으로 변환되면서 밸브 직전에서 높은 압력이 발생하고 상류로 압축파가 전달되는 (㉡)현상이 발생한다.

① ㉠ 운동, ㉡ 서징
② ㉠ 운동, ㉡ 수격작용
③ ㉠ 위치, ㉡ 서징
④ ㉠ 위치, ㉡ 수격작용

해설 수격작용(water hammering)

개요	① 흐르는 물을 갑자기 정지시킬 때 **수압**이 **급격히 변화**하는 현상 ② 배관 속의 물흐름을 급히 차단하였을 때 **동압**이 정압으로 전환되면서 일어나는 **쇼크**(shock)현상 ③ 배관 내를 흐르는 유체의 유속을 급격하게 변화시키므로 압력이 상승 또는 하강하여 **관로의 벽면**을 치는 현상 ④ 파이프 속 유체가 흐를 때 파이프 끝의 밸브를 갑자기 닫으면 유체의 **운동에너지**가 **압력**으로 변환되면서 밸브 직전에서 높은 압력이 발생하고 상류로 **압축파**가 전달되는 **수격작용현상**이 발생한다. 보기 ㉠㉡

발생 원인	① 펌프가 갑자기 정지할 때 ② 급히 밸브를 개폐할 때 ③ 정상운전시 유체의 압력변동이 생길 때
방지 대책	① 관로의 **관경**을 크게 한다. ② 관로 내의 유속을 낮게 한다(관로에서 일부 고압수 방출). ③ 조압수조(surge tank)를 설치하여 적정압력을 유지한다. ④ **플라이 휠**(fly wheel)을 설치한다. ⑤ 펌프송출구 **가까이**에 **밸브**를 **설치**한다. 송출구 가까이 밸브를 설치하면 밸브가 펌프의 압력을 일부 흡수하는 효과가 있다. 그래서 수격작용을 방지할 수 있는 것이다. ⑥ 펌프송출구에 **수격**을 **방지**하는 **체크밸브**를 달아 역류를 막는다. ⑦ **에어챔버**(air chamber)를 설치한다. ⑧ 회전체의 **관성모멘트**를 크게 한다.

● 수격작용=수격현상=수격작용현상

비교

공동현상 (cavitation, 캐비테이션)	맥동현상 (surging, 서징)
펌프의 흡입측 배관 내의 물의 정압이 기존의 증기압보다 낮아져서 **기포**가 **발생**되어 물이 흡입되지 않는 현상	유량이 단속적으로 변하여 펌프 입출구에 설치된 **진공계·압력계**가 흔들리고 **진동과 소음**이 일어나며 펌프의 **토출유량**이 변하는 현상

답 ②

23 ★★★ 표준대기압 상태인 어떤 지방의 호수 밑 72.4m에 있던 공기의 기포가 수면으로 올라오면 기포의 부피는 최초 부피의 몇 배가 되는가? (단, 기포 내의 공기는 보일의 법칙을 따른다.)

16.05.문26
11.06.문37
07.09.문27

① 2 ② 4
③ 7 ④ 8

해설

(1) 기호
- h : 72.4m
- V_2 : ?

(2) 물속의 압력

$$P = P_0 + \gamma h$$

여기서, P : 물속의 압력[kPa]
P_0 : 표준대기압(101.325kPa=101.325kN/m²)
γ : 비중량(물의 비중량 9.8kN/m³)
h : 높이[m]

$P = P_0 + \gamma h$
수면으로 올라왔을 때 **기포**의 **부피배수**를 x로 놓으면
$xP_0 = P_0 + \gamma h$
$xP_0 - P_0 = \gamma h$
$(x-1)P_0 = \gamma h$
$x - 1 = \dfrac{\gamma h}{P_0} = \dfrac{9.8kN/m^3 \times 72.4m}{101.325kN/m^2}$

$x - 1 ≒ 7$
$x = 7 + 1 = 8$
(3) 보일의 법칙
$$P_1 V_1 = P_2 V_2$$

여기서, P_1, P_2 : 압력[kPa]
V_1, V_2 : 체적[m³]
$P_1 V_1 = P_2 V_2$
$V_2 = \dfrac{P_1}{P_2} V_1 = x V_1 = 8 V_1$

• x : 수면으로 올라왔을 때 기포의 부피배수

답 ④

24 [19.03.문29]
펌프의 일과 손실을 고려할 때 베르누이 수정 방정식을 바르게 나타낸 것은? (단, H_P와 H_L은 펌프의 수두와 손실수두를 나타내며, 하첨자 1, 2는 각각 펌프의 전후 위치를 나타낸다.)

① $\dfrac{V_1^2}{2g} + \dfrac{P_1}{\gamma} + Z_1 = \dfrac{V_2^2}{2g} + \dfrac{P_2}{\gamma} + H_L$

② $\dfrac{V_1^2}{2g} + \dfrac{P_1}{\gamma} + Z_1 + H_P = \dfrac{V_2^2}{2g} + \dfrac{P_2}{\gamma} + H_L$

③ $\dfrac{V_1^2}{2g} + \dfrac{P_1}{\gamma} + H_P = \dfrac{V_2^2}{2g} + \dfrac{P_2}{\gamma} + Z_2 + H_L$

④ $\dfrac{V_1^2}{2g} + \dfrac{P_1}{\gamma} + Z_1 + H_P = \dfrac{V_2^2}{2g} + \dfrac{P_2}{\gamma} + Z_2 + H_L$

해설 (1) 베르누이 방정식(기본식)
$$\dfrac{V_1^2}{2g} + \dfrac{P_1}{\gamma} + Z_1 = \dfrac{V_2^2}{2g} + \dfrac{P_2}{\gamma} + Z_2 + \Delta H$$

(2) 베르누이 방정식(변형식)
$$\underbrace{\dfrac{V_1^2}{2g}}_{(속도수두)} + \underbrace{\dfrac{P_1}{\gamma}}_{(압력수두)} + \underbrace{Z_1}_{(위치수두)} + H_P = \dfrac{V_2^2}{2g} + \dfrac{P_2}{\gamma} + Z_2 + H_L$$

여기서, V_1, V_2 : 유속[m/s]
P_1, P_2 : 압력[kPa] 또는 [kN/m²]
Z_1, Z_2 : 높이[m]
g : 중력가속도(9.8m/s²)
γ : 비중량(물의 비중량 9.81kN/m³)
H_P : 펌프의 수두[m]
H_L : 손실수두[m]

답 ④

25 [16.05.문24]
지름 10cm의 호스에 출구지름이 3cm인 노즐이 부착되어 있고, 1500L/min의 물이 대기 중으로 뿜어져 나온다. 이때 4개의 플랜지볼트를 사용하여 노즐을 호스에 부착하고 있다면 볼트 1개에 작용되는 힘의 크기[N]는? (단, 유동에서 마찰이 존재하지 않는다고 가정한다.)

① 58.3
② 899.4
③ 1018.4
④ 4098.2

해설 (1) 기호
• D_1 : 10cm=0.1m(100cm=1m)
• D_2 : 3cm=0.03m
• Q : 1500L/min=1.5m³/min=1.5m³/60s
  $= \left(1.5 \times \dfrac{1}{60}\right)$m³/s(∵ 1min=60s)
• F_1 : ?

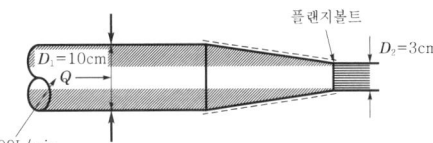

(2) 단면적
$$A = \dfrac{\pi D^2}{4}$$

여기서, A : 단면적[m²]
D : 지름[m]

호스의 단면적(A_1)
$A_1 = \dfrac{\pi D_1^2}{4} = \dfrac{\pi \times (0.1\text{m})^2}{4} ≒ 7.85 \times 10^{-3} \text{m}^2$

노즐의 출구단면적(A_2)
$A_2 = \dfrac{\pi D_2^2}{4} = \dfrac{\pi \times (0.03\text{m})^2}{4} ≒ 7.068 \times 10^{-4} \text{m}^2$

(3) 플랜지볼트에 작용하는 힘
$$F = \dfrac{\gamma Q^2 A_1}{2g} \left(\dfrac{A_1 - A_2}{A_1 A_2}\right)^2$$

여기서, F : 플랜지볼트에 작용하는 힘[N]
γ : 비중량(물의 비중량 9800N/m³)
Q : 유량[m³/s]
A_1 : 호스의 단면적[m²]
A_2 : 노즐의 출구단면적[m²]
g : 중력가속도(9.8m/s²)

플랜지볼트에 작용하는 힘 F는
$F = \dfrac{\gamma Q^2 A_1}{2g}\left(\dfrac{A_1 - A_2}{A_1 A_2}\right)^2$

$= \dfrac{9800\text{N/m}^3 \times \left(1.5 \times \dfrac{1}{60}\text{m}^3/\text{s}\right)^2 \times (7.85 \times 10^{-3})\text{m}^2}{2 \times 9.8 \text{m/s}^2}$
$\times \left(\dfrac{(7.85 \times 10^{-3})\text{m}^2 - (7.068 \times 10^{-4})\text{m}^2}{(7.85 \times 10^{-3})\text{m}^2 \times (7.068 \times 10^{-4})\text{m}^2}\right)^2$

$≒ 4066.05\text{N}$

(4) 플랜지볼트 1개에 작용하는 힘(F_1)
$F_1 = \dfrac{F}{4개} = \dfrac{4066.05\text{N}}{4개} = 1016.5\text{N}$

∴ 소수점 절상 등의 차이를 감안하면 ③ 1018.4N 정답

답 ③

26 다음 중 배관의 유량을 측정하는 계측장치가 아닌 것은?

① 로터미터(rotameter)
② 유동노즐(flow nozzle)
③ 마노미터(manometer)
④ 오리피스(orifice)

해설
③ 마노미터 : 배관의 **압력** 측정

유량·유속 측정

배관의 유량 또는 유속 측정	개수로의 유량 측정
① 벤투리미터(벤투리관) ② 오리피스 [보기 ④] ③ 로터미터 [보기 ①] ④ 노즐(유동노즐) [보기 ②] ⑤ 피토관	위어(삼각위어)

중요

측정기구의 용도

측정기구	설 명
피토관 (pitot tube)	유체의 **국부속도**를 측정하는 장치
로터미터 (rotameter)	**부자**(float)의 오르내림에 의해서 배관 내의 **유량** 및 **유속**을 측정할 수 있는 기구
오리피스 (orifice)	① 두 점 간의 압력차를 측정하여 유속 및 유량을 측정하는 기구 ② **저가**이나 압력손실이 크다.

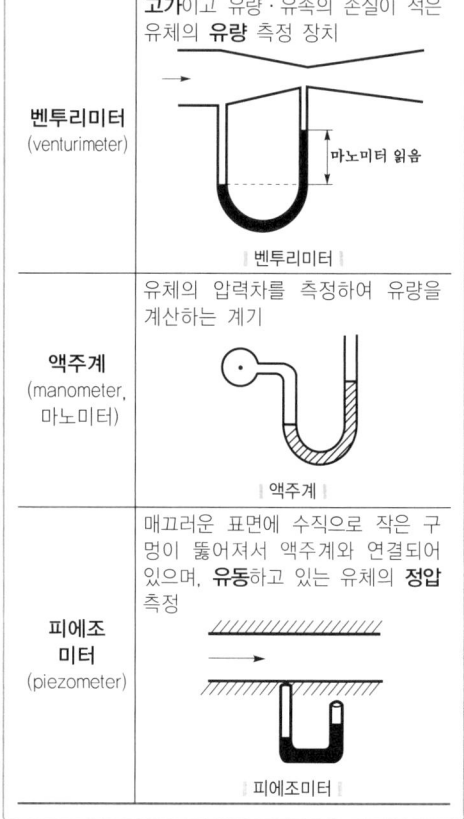

답 ③

27 점성에 관한 설명으로 틀린 것은?

① 액체의 점성은 분자 간 결합력에 관계된다.
② 기체의 점성은 분자 간 운동량 교환에 관계된다.
③ 온도가 증가하면 기체의 점성은 감소된다.
④ 온도가 증가하면 액체의 점성은 감소된다.

해설
③ 감소 → 증가

점성
(1) 액체의 점성은 분자 간 **결합력**에 관계된다. [보기 ①]
(2) 기체의 점성은 분자 간 **운동량 교환**에 관계된다. [보기 ②]
(3) **온도**가 **증가**하면 기체는 분자의 **운동량**이 **증가**하기 때문에 분자 사이의 **마찰력**도 증가하여 결국은 **점성**이 증가된다. [보기 ③]
(4) **온도**가 **증가**하면 액체는 분자 사이의 결속력이 약해져서 **점성**은 **감소**된다. [보기 ④]

용어

점성
운동하고 있는 유체에 서로 인접하고 있는 층 사이에 **미끄럼**이 생겨 **마찰**이 발생하는 성질

답 ③

28

펌프의 입구에서 진공계의 계기압력은 −160mmHg, 출구에서 압력계의 계기압력은 300kPa, 송출유량은 10m³/min일 때 펌프의 수동력[kW]은? (단, 진공계와 압력계 사이의 수직거리는 2m이고, 흡입관과 송출관의 직경은 같으며, 손실은 무시한다.)

① 5.7
② 56.8
③ 557
④ 3400

해설 (1) 기호

- Q : 10m³/min
- P : ?

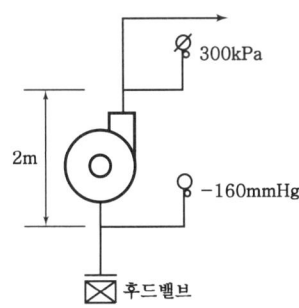

$101.325\text{kPa} = 10.332\text{m}$ 이므로

$300\text{kPa} = \dfrac{300\text{kPa}}{101.325\text{kPa}} \times 10.332\text{m} \fallingdotseq 30.59\text{m}$

$760\text{mmHg} = 10.332\text{m}$ 이므로

$-160\text{mmHg} = \dfrac{-160\text{mmHg}}{760\text{mmHg}} \times 10.332\text{m} = -2.175\text{m}$

(2) 펌프의 **전양정**
H = 압력계 지시값 − 진공계 지시값 + 높이
= 30.59m − (−2.175m) + 2m
= 34.765m

(3) 수동력

$$P = 0.163QH$$

여기서, P : 수동력[kW]
Q : 유량[m³/min]
H : 전양정[m]

수동력 P는
$P = 0.163QH$
= $0.163 \times 10\text{m}^3/\text{min} \times 34.765\text{m} \fallingdotseq 56.8\text{kW}$

용어

수동력
전달계수(K)와 효율(η)을 고려하지 않은 동력

중요

펌프의 동력
(1) **수동력**

$$P = 0.163QH$$

여기서, P : 수동력[kW]
Q : 유량[m³/min]
H : 전양정[m]

(2) **축동력**

$$P = \dfrac{0.163QH}{\eta}$$

여기서, P : 축동력[kW]
Q : 유량[m³/min]
H : 전양정[m]
η : 효율

(3) **모터동력**(전동력)

$$P = \dfrac{0.163QH}{\eta}K$$

여기서, P : 전동력[kW]
Q : 유량[m³/min]
H : 전양정[m]
K : 전달계수
η : 효율

답 ②

29

압력이 100kPa이고 온도가 20℃인 이산화탄소를 완전기체라고 가정할 때 밀도[kg/m³]는? (단, 이산화탄소의 기체상수는 188.95J/kg·K이다.)

① 1.1
② 1.8
③ 2.56
④ 3.8

해설 (1) 기호

- P : 100kPa=100kN/m²(1kPa=1kN/m²)
- T : 20℃=(273+20)K
- ρ : ?
- R : 188.95J/kg·K=0.18895kJ/kg·K
  =0.18895kN·m/kg·K
  (1J=1N·m)

(2) 밀도

$$\rho = \dfrac{P}{RT}$$

여기서, ρ : 밀도[kg/m³]
P : 압력[kPa] 또는 [kN/m²]
R : 기체상수[kJ/kg·K]
T : 절대온도[K]

밀도 ρ는

$\rho = \dfrac{P}{RT} = \dfrac{100\text{kN/m}^2}{0.18895\text{kN}\cdot\text{m/kg}\cdot\text{K} \times (273+20)\text{K}}$
$\fallingdotseq 1.8\text{kg/m}^3$

답 ②

30 -10℃, 6기압의 이산화탄소 10kg이 분사노즐에서 1기압까지 가역 단열팽창을 하였다면 팽창 후의 온도는 몇 ℃가 되겠는가? (단, 이산화탄소의 비열비는 1.289이다.)

18.03.문35

① -85
② -97
③ -105
④ -115

해설 (1) 기호
- T_1 : -10℃=[273+(-10)]K
- P_1 : 6기압=6atm
- m : 10kg
- P_2 : 1기압=1atm
- T_2 : ?
- K : 1.289

(2) 단열변화

$$\frac{T_2}{T_1}=\left(\frac{v_1}{v_2}\right)^{K-1}=\left(\frac{P_2}{P_1}\right)^{\frac{K-1}{K}}$$

여기서, T_1, T_2 : 변화 전후의 온도(273+℃)[K]
v_1, v_2 : 변화 전후의 비체적[m³/kg]
P_1, P_2 : 변화 전후의 압력[kJ/m³] 또는 [kPa]
K : 비열비

$$\frac{T_2}{T_1}=\left(\frac{P_2}{P_1}\right)^{\frac{K-1}{K}}$$

팽창 후의 온도 T_2는

$$T_2=T_1\left(\frac{P_2}{P_1}\right)^{\frac{K-1}{K}}=273+(-10)\times\left(\frac{1\text{atm}}{6\text{atm}}\right)^{\frac{1.289-1}{1.289}}$$
$$≒176K$$

(3) 절대온도
$$K=273+℃$$

$K=273+℃$
$176=273+℃$
$℃=176-273=-97℃$

답 ②

31 비중이 0.85이고 동점성계수가 $3\times10^{-4}\text{m}^2/\text{s}$인 기름이 직경 10cm의 수평원관 내에 20L/s로 흐른다. 이 원형관의 100m 길이에서의 수두손실[m]은? (단, 정상 비압축성 유동이다.)

19.03.문22

① 16.6
② 25.0
③ 49.8
④ 82.2

해설 (1) 기호
- s : 0.85
- ν : $3\times10^{-4}\text{m}^2/\text{s}$
- D : 10cm=0.1m(100cm=1m)
- Q : 20L/s=0.02m³/s(1000L=1m³)
- l : 100m
- H : ?

(2) 비중

$$s=\frac{\rho}{\rho_w}=\frac{\gamma}{\gamma_w}$$

여기서, s : 비중
ρ : 어떤 물질의 밀도(기름의 밀도)[kg/m³] 또는 [N·s²/m⁴]
ρ_w : 물의 밀도(1000kg/m³ 또는 1000N·s²/m⁴)
γ : 어떤 물질의 비중량(기름의 비중량)[N/m³]
γ_w : 물의 비중량(9800N/m³)

기름의 밀도 ρ는
$\rho=s\times\rho_w=0.85\times1000\text{kg/m}^3=850\text{kg/m}^3$

(3) 유량(flowrate, 체적유량, 용량유량)

$$Q=AV=\left(\frac{\pi D^2}{4}\right)V$$

여기서, Q : 유량[m³/s]
A : 단면적[m²]
V : 유속[m/s]
D : 직경(안지름)[m]

유속 V는
$$V=\frac{Q}{\frac{\pi D^2}{4}}=\frac{0.02\text{m}^3/\text{s}}{\frac{\pi\times(0.1\text{m})^2}{4}}≒2.546\text{m/s}$$

(4) 레이놀즈수

$$Re=\frac{DV\rho}{\mu}=\frac{DV}{\nu}$$

여기서, Re : 레이놀즈수
D : 내경[m]
V : 유속[m/s]
ρ : 밀도[kg/m³]
μ : 점성계수[g/cm·s] 또는 [kg/m·s]
ν : 동점성계수$\left(\frac{\mu}{\rho}\right)$[cm²/s] 또는 [m²/s]

레이놀즈수 Re는
$$Re=\frac{DV}{\nu}=\frac{0.1\text{m}\times2.546\text{m/s}}{3\times10^{-4}\text{m}^2/\text{s}}≒848.7(층류)$$

층류	천이영역(임계영역)	난류
$Re<2100$	$2100<Re<4000$	$Re>4000$

(5) 관마찰계수(층류일 때만 적용 가능)

$$f=\frac{64}{Re}$$

여기서, f : 관마찰계수
Re : 레이놀즈수

관마찰계수 f는

$$f = \frac{64}{Re} = \frac{64}{848.7} ≒ 0.075$$

(6) 달시-웨버의 식(Darcy-Weisbach formula, 층류)

$$H = \frac{\Delta p}{\gamma} = \frac{flV^2}{2gD}$$

여기서, H : 마찰손실수두(전양정, 수두손실)[m]
Δp : 압력차[Pa] 또는 [N/m²]
γ : 비중량(물의 비중량 9800N/m³)
f : 관마찰계수
l : 길이[m]
V : 유속[m/s]
g : 중력가속도(9.8m/s²)
D : 내경[m]

마찰손실수두 H는

$$H = \frac{flV^2}{2gD}$$
$$= \frac{0.075 \times 100m \times (2.546m/s)^2}{2 \times 9.8m/s^2 \times 0.1m} = 24.8 ≒ 25m$$

답 ②

32 그림과 같이 길이 5m, 입구직경(D_1) 30cm, 출구직경(D_2) 16cm인 직관을 수평면과 30° 기울어지게 설치하였다. 입구에서 0.3m³/s로 유입되어 출구에서 대기 중으로 분출된다면 입구에서의 압력[kPa]은? (단, 대기는 표준대기압 상태이고 마찰손실은 없다.)

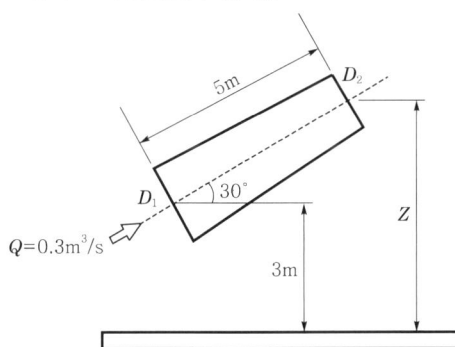

① 24.5   ② 102
③ 127   ④ 228

해설

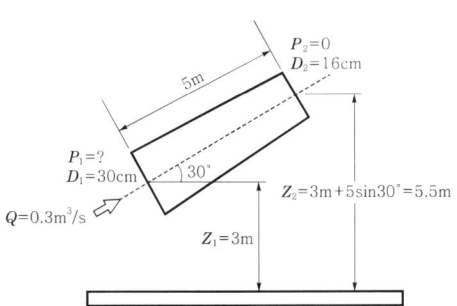

(1) 기호
- D_1 : 30cm=0.3m(100cm=1m)
- D_2 : 16cm=0.16m(100cm=1m)
- θ : 30°
- Q : 0.3m³/s
- P_2 : 0(대기 중으로 분출되므로)
- Z_1 : 3m(그림에 주어짐)
- Z_2 : 3m+5sin30°=5.5m
- P_1 : ?

(2) 유량

$$Q = AV = \left(\frac{\pi D^2}{4}\right)V$$

여기서, Q : 유량[m³/s]
A : 단면적[m²]
V : 유속[m/s]
D : 직경[m]

입구유속 V_1은

$$V_1 = \frac{Q}{\frac{\pi D_1^2}{4}} = \frac{0.3m^3/s}{\frac{\pi \times (0.3m)^2}{4}} ≒ 4.24m/s$$

출구유속 V_2는

$$V_2 = \frac{Q}{\frac{\pi D_2^2}{4}} = \frac{0.3m^3/s}{\frac{\pi \times (0.16m)^2}{4}} ≒ 14.92m/s$$

(3) 베르누이 방정식

$$\frac{V_1^2}{2g} + \frac{p_1}{\gamma} + Z_1 = \frac{V_2^2}{2g} + \frac{p_2}{\gamma} + Z_2$$

(속도수두)(압력수두)(위치수두)

여기서, V_1, V_2 : 유속[m/s]
p_1, p_2 : 압력(게이지압)[kPa] 또는 [kN/m²]
Z_1, Z_2 : 높이[m]
g : 중력가속도(9.8m/s²)
γ : 비중량(물의 비중량 9.8kN/m³)

$$\frac{p_1}{\gamma} = \frac{V_2^2}{2g} + \frac{p_2}{\gamma} + Z_2 - \frac{V_1^2}{2g} - Z_1$$

$$p_1 = \gamma\left(\frac{V_2^2}{2g} + \frac{p_2}{\gamma} + Z_2 - \frac{V_1^2}{2g} - Z_1\right)$$

$$= 9.8kN/m^3\left(\frac{(14.92m/s)^2}{2 \times 9.8m/s^2} + \frac{0}{9.8kN/m^3} + 5.5m\right.$$
$$\left. - \frac{(4.24m/s)^2}{2 \times 9.8m/s^2} - 3m\right)$$

$$= 126.81kN/m^2$$
$$≒ 127kN/m^2 = 127kPa(∵ 1kN/m^2=1kPa)$$

(4) 절대압
㉠ 절대압=**대**기압+**게**이지압(계기압)
㉡ 절대압=**대**기압-**진**공압

기억법 절대게

ⓒ 절대압=대기압+게이지압(계기압)
  =101.325kPa+127kPa
  =228.325kPa
  ≒228kPa

• 일반적으로 압력이라 하면 절대압을 말하므로 228kPa 정답

중요

표준대기압
1atm=760mmHg=1.0332kg_f/cm²
=10.332mH₂O(mAq)
=14.7PSI(lb_f/in²)
=101.325kPa(kN/m²)
=1013mbar

답 ④

33 회전속도 N[rpm]일 때 송출량 Q[m³/min], 전양정 H[m]인 원심펌프를 상사한 조건에서 회전속도를 1.4N[rpm]으로 바꾸어 작동할 때 (㉠) 유량과 (㉡) 전양정은?

① ㉠ 1.4Q, ㉡ 1.4H
② ㉠ 1.4Q, ㉡ 1.96H
③ ㉠ 1.96Q, ㉡ 1.4H
④ ㉠ 1.96Q, ㉡ 1.96H

해설 (1) 기호
• N_1 : N[rpm]
• Q_1 : Q[m³/min]
• H_1 : H[m]
• N_2 : 1.4N[rpm]
• Q_2 : ?
• H_2 : ?

(2) 펌프의 **상사법칙**
㉠ 유량(송출량)
$$Q_2 = Q_1\left(\frac{N_2}{N_1}\right)$$

㉡ 전양정
$$H_2 = H_1\left(\frac{N_2}{N_1}\right)^2$$

ⓒ 축동력
$$P_2 = P_1\left(\frac{N_2}{N_1}\right)^3$$

여기서, Q_2, Q_1 : 변경 전후의 유량(송출량)[m³/min]
H_2, H_1 : 변경 전후의 전양정[m]
P_2, P_1 : 변경 전후의 축동력[kW]
N_2, N_1 : 변경 전후의 회전수(회전속도)[rpm]

∴ 유량 $Q_2 = Q_1\left(\frac{N_2}{N_1}\right) = Q\frac{1.4N}{N} = 1.4Q$

전양정 $H_2 = H_1\left(\frac{N_2}{N_1}\right)^2 = H\left(\frac{1.4\cancel{N}}{\cancel{N}}\right)^2 = 1.96H$

용어

상사법칙
기하학적으로 유사하거나 같은 펌프에 적용하는 법칙

답 ②

34 과열증기에 대한 설명으로 틀린 것은?
① 과열증기의 압력은 해당 온도에서의 포화압력보다 높다.
② 과열증기의 온도는 해당 압력에서의 포화온도보다 높다.
③ 과열증기의 비체적은 해당 온도에서의 포화증기의 비체적보다 크다.
④ 과열증기의 엔탈피는 해당 압력에서의 포화증기의 엔탈피보다 크다.

해설 ① 포화압력보다 높다. → 포화압력과 같다.

과열증기
(1) 과열증기의 **압력**은 해당 온도에서의 **포화압력**과 **같다**. 보기 ①
(2) 과열증기의 **온도**는 해당 압력에서의 **포화온도**보다 **높다**. 보기 ②
(3) 과열증기의 **비체적**은 해당 온도에서의 **포화증기**의 비체적보다 **크다**. 보기 ③
(4) 과열증기의 **엔탈피**는 해당 압력에서의 **포화증기**의 엔탈피보다 **크다**. 보기 ④

용어

포화증기	과열증기
포화온도에서 수분과 증기가 공존하는 습증기	포화온도 이상에서 증기만 존재하는 건증기

답 ①

35 그림과 같이 단면 A에서 정압이 500kPa이고 10m/s로 난류의 물이 흐르고 있을 때 단면 B에서의 유속[m/s]은?

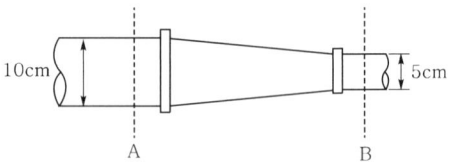

① 20
② 40
③ 60
④ 80

[해설] (1) 기호
- P_1 : 500kPa
- V_1 : 10m/s
- V_2 : ?
- D_1 : 10cm=0.1m(그림에 주어짐)
- D_2 : 5cm=0.05m(그림에 주어짐)

(2) 비압축성 유체
압력을 받아도 체적변화를 일으키지 아니하는 유체

$$\frac{V_1}{V_2} = \frac{A_2}{A_1} = \left(\frac{D_2}{D_1}\right)^2$$

여기서, V_1, V_2 : 유속[m/s]
A_1, A_2 : 단면적[m²]
D_1, D_2 : 직경[m]

$$\frac{V_1}{V_2} = \left(\frac{D_2}{D_1}\right)^2$$

$$V_1 \times \left(\frac{D_1}{D_2}\right)^2 = V_2$$

$$V_2 = V_1 \times \left(\frac{D_1}{D_2}\right)^2 = 10\text{m/s} \times \left(\frac{0.1\text{m}}{0.05\text{m}}\right)^2 = 40\text{m/s}$$

- 이 문제에서 정압 500kPa은 적용할 필요 없음

답 ②

36
온도차이가 ΔT, 열전도율이 k_1, 두께 x인 벽을 통한 열유속(heat flux)과 온도차이가 $2\Delta T$, 열전도율이 k_2, 두께 $0.5x$인 벽을 통한 열유속이 서로 같다면 두 재질의 열전도율비 k_1/k_2의 값은?

① 1 ② 2
③ 4 ④ 8

[해설] (1) 기호
- $T_2 - T_1$: ΔT
- k : k_1
- l : x
- $T_2 - T_1$: $2\Delta T$
- k : k_2
- l : $0.5x$

(2) 전도
$$\overset{\circ}{q}'' = \frac{k(T_2 - T_1)}{l}$$

여기서, $\overset{\circ}{q}''$: 열전달량[W/m²]
k : 열전도율[W/(m·K)]
$(T_2 - T_1)$: 온도차[℃] 또는 [K]
l : 벽체두께[m]

- 열전달량=열전달률=열유동률=열흐름률

$$k = \frac{\overset{\circ}{q}'' l}{T_2 - T_1}$$

$$\therefore \frac{k_1}{k_2} = \frac{\frac{\overset{\circ}{q}'' x}{\Delta T}}{\frac{\overset{\circ}{q}'' 0.5x}{2\Delta T}} = \frac{2}{0.5} = 4$$

답 ③

37
관의 길이가 l이고, 지름이 d, 관마찰계수가 f일 때, 총 손실수두 H[m]를 식으로 바르게 나타낸 것은? (단, 입구 손실계수가 0.5, 출구 손실계수가 1.0, 속도수두는 $V^2/2g$이다.)

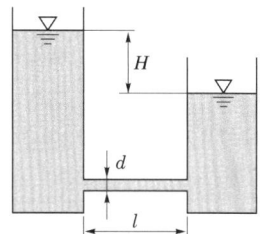

① $\left(1.5 + f\dfrac{l}{d}\right)\dfrac{V^2}{2g}$

② $\left(f\dfrac{l}{d} + 1\right)\dfrac{V^2}{2g}$

③ $\left(0.5 + f\dfrac{l}{d}\right)\dfrac{V^2}{2g}$

④ $\left(f\dfrac{l}{d}\right)\dfrac{V^2}{2g}$

[해설] (1) 기호
- K_1 : 0.5
- K_2 : 1.0
- H : ?

(2) 돌연 축소관에서의 손실
$$H = K\frac{V^2}{2g}$$

여기서, H : 손실수두[m]
K : 손실계수
V : 축소관 유속[m/s]
g : 중력가속도(9.8m/s²)

- 마찰손실수두=손실수두

(3) 마찰손실
달시-웨버의 식(Darcy-Weisbach formula, 층류)

$$H = \frac{\Delta p}{\gamma} = \frac{flV^2}{2gD}$$

여기서, H : 마찰손실(수두)[m]
Δp : 압력차[kPa] 또는 [kN/m²]
γ : 비중량(물의 비중량 9800N/m³)
f : 관마찰계수
l : 길이[m]
V : 유속(속도)[m/s]
g : 중력가속도(9.8m/s²)
D : 내경[m]

마찰손실 H는

$$H = \frac{flV^2}{2gD} + K_1\frac{V^2}{2g} + K_2\frac{V^2}{2g}$$
　　　↑　　　　↑　　　↑
　주손실　부차적 손실　부차적 손실

$$= \frac{flV^2}{2gD} + 0.5\frac{V^2}{2g} + 1.0\frac{V^2}{2g}$$

$$= f\frac{l}{D}\frac{V^2}{2g} + 0.5\frac{V^2}{2g} + 1.0\frac{V^2}{2g}$$

$$= \frac{V^2}{2g}\left(f\frac{l}{D} + 0.5 + 1.0\right)$$

$$= \left(1.5 + f\frac{l}{D}\right)\frac{V^2}{2g}$$

$$= \left(1.5 + f\frac{l}{d}\right)\frac{V^2}{2g}$$ ← 문제에서는 $D \to d$로 표현

중요
배관의 마찰손실

주손실	부차적 손실
관로에 의한 마찰 손실(직선원관 내의 손실)	① 관의 급격한 **확대**손실(관 단면의 급격한 확대손실) ② 관의 급격한 **축소**손실(유동 단면의 장애물에 의한 손실) ③ 관 부속품에 의한 손실(곡선부에 의한 손실)

답 ①

★★★ 38
19.03.문24
18.03.문37
15.09.문26
10.03.문35

다음 그림에서 A, B점의 압력차[kPa]는? (단, A는 비중 1의 물, B는 비중 0.899의 벤젠이다.)

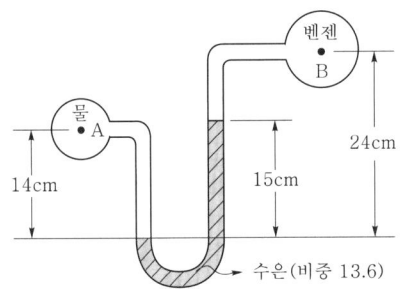

① 278.7
② 191.4
③ 23.07
④ 19.4

해설

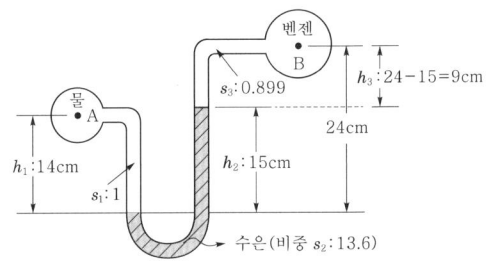

(1) 기호
- γ_1 : 9.8kN/m³
- s_2 : 13.6(그림에 주어짐)
- s_3 : 0.899
- h_1 : 14cm=0.14m(그림에 주어짐)(100cm=1m)
- h_2 : 15cm=0.15m(그림에 주어짐)
- h_3 : 9cm=0.09m(그림에 주어짐)

(2) 비중

$$s = \frac{\gamma}{\gamma_w}$$

여기서, s : 비중
γ : 어떤 물질(수은, 벤젠)의 비중량[kN/m³]
γ_w : 물의 비중량(9.8kN/m³)

수은의 비중량 $\gamma_2 = s_2 \times \gamma_w$
$= 13.6 \times 9.8\text{kN/m}^3$
$= 133.28\text{kN/m}^3$

벤젠의 비중량 $\gamma_3 = s_3 \times \gamma_w$
$= 0.899 \times 9.8\text{kN/m}^3$
$= 8.8102\text{kN/m}^3$

(3) 압력차

$$P_A + \gamma_1 h_1 - \gamma_2 h_2 - \gamma_3 h_3 = P_B$$

$P_A - P_B = -\gamma_1 h_1 + \gamma_2 h_2 + \gamma_3 h_3$
$= -9.8\text{kN/m}^3 \times 0.14\text{m} + 133.28\text{kN/m}^3$
　$\times 0.15\text{m} + 8.8102\text{kN/m}^3 \times 0.09\text{m}$
$≒ 19.4\text{kN/m}^2$
$= 19.4\text{kPa}$

- 1N/m²=1Pa, 1kN/m²=1kPa이므로 19.4kN/m²=19.4kPa
- 시차액주계=차압액주계

중요
시차액주계의 압력계산방법
다음 그림을 참고하여 점 A를 기준으로 내려가면 **더하고**, 올라가면 **빼면** 된다.

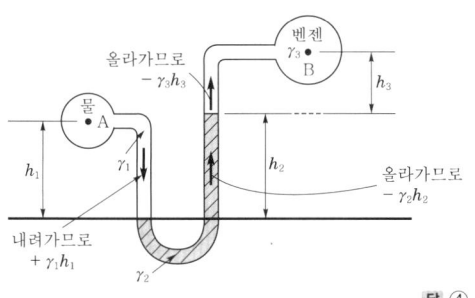

답 ④

39
비중이 0.8인 액체가 한 변이 10cm인 정육면체 모양 그릇의 반을 채울 때 액체의 질량[kg]은?

① 0.4 ② 0.8
③ 400 ④ 800

해설

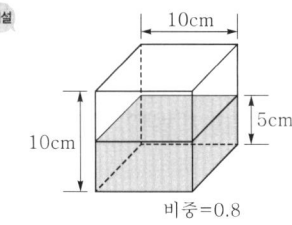
비중=0.8

(1) 기호
- s : 0.8
- 가로 : 10cm=0.1m(100cm=1m)
- 세로 : 10cm=0.1m
- 채운 높이 : 5cm=0.05m
  $\left(\text{그릇의 반을 채웠으므로 } \dfrac{10cm}{2}=5cm\right)$
- m : ?

(2) 비중

$$s = \dfrac{\gamma}{\gamma_w}$$

여기서, s : 비중
γ : 어떤 물질(액체)의 비중량[N/m³]
γ_w : 물의 비중량(9800N/m³)

액체의 비중량 γ는
$\gamma = s \times \gamma_w = 0.8 \times 9800\text{N/m}^3 = 7840\text{N/m}^3$

(3) **물체의 잠기는 무게**(액체에서 구한 정육면체의 중량)

$$W = \gamma V$$

여기서, W : 물체의 잠기는 무게[N]
γ : 비중량[N/m³]
V : 물체가 잠긴 체적[m³]

물체의 잠기는 무게 W는
$W = \gamma V$
$\quad = 7840\text{N/m}^3 \times (\text{가로} \times \text{세로} \times \text{채운 높이})$
$\quad = 7840\text{N/m}^3 \times (0.1\text{m} \times 0.1\text{m} \times 0.05\text{m}) ≒ 3.92\text{N}$

(4) 무게

$$W = mg$$

여기서, W : 무게[N]
m : 질량[kg]
g : 중력가속도(9.8m/s²)

질량 m은
$m = \dfrac{W}{g} = \dfrac{3.92\text{N}}{9.8\text{m/s}^2} = 0.4\text{N} \cdot \text{s}^2/\text{m} = 0.4\text{kg}$

- $1\text{N} \cdot \text{s}^2/\text{m} = 1\text{kg}$ 이므로 $0.4\text{N} \cdot \text{s}^2/\text{m} = 0.4\text{kg}$

답 ①

40
그림과 같이 수족관에 직경 3m의 투시경이 설치되어 있다. 이 투시경에 작용하는 힘[kN]은?

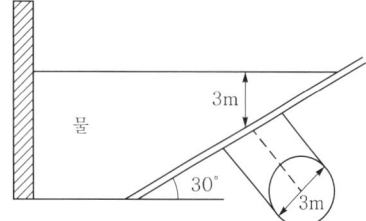

① 207.8 ② 123.9
③ 87.1   ④ 52.4

해설

(1) 기호
- D : 3m
- h : 3m(그림에 주어짐)
- F : ?

(2) 수평면에 작용하는 힘

$$F = \gamma h A = \gamma h \left(\dfrac{\pi D^2}{4}\right)$$

여기서, F : 수평면(투시경)에 작용하는 힘[N]
γ : 비중량(물의 비중량 9.8kN/m³)
h : 표면에서 투시경 중심까지의 수직거리[m]
A : 투시경의 단면적[m²]
D : 직경[m]

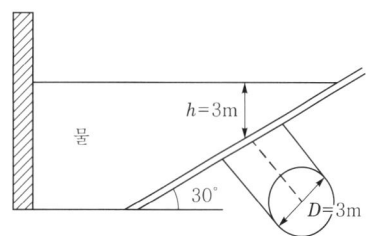

투시경에 작용하는 힘 F는
$F = \gamma h A = \gamma h \left(\dfrac{\pi D^2}{4}\right)$
$\quad = 9.8\text{kN/m}^3 \times 3\text{m} \times \dfrac{\pi \times (3\text{m})^2}{4} ≒ 207.8\text{kN}$

답 ①

20. 06. 시행 / 기사(기계)

제3과목 소방관계법규

41 소방시설 설치 및 관리에 관한 법령상 방염성능기준 이상의 실내 장식물 등을 설치해야 하는 특정소방대상물이 아닌 것은?

① 숙박이 가능한 수련시설
② 층수가 11층 이상인 아파트
③ 건축물 옥내에 있는 종교시설
④ 방송통신시설 중 방송국 및 촬영소

해설 ② 아파트 → 아파트 제외

소방시설법 시행령 30조
방염성능기준 이상 적용 특정소방대상물
(1) 층수가 **11층 이상**인 것(아파트는 제외 : 2026. 12. 1. 삭제) 보기 ②
(2) 체력단련장, 공연장 및 종교집회장
(3) 문화 및 집회시설
(4) 종교시설 보기 ③
(5) 운동시설(수영장은 제외)
(6) 의료시설(종합병원, 정신의료기관)
(7) 의원, 치과의원, 한의원, 조산원, 산후조리원
(8) 교육연구시설 중 합숙소
(9) 노유자시설
(10) **숙박**이 가능한 **수련시설** 보기 ①
(11) 숙박시설
(12) 방송국 및 촬영소 보기 ④
(13) 다중이용업소(단란주점영업, 유흥주점영업, 노래연습장의 영업장 등)

● 11층 이상 : '**고층건축물**'에 해당된다.

답 ②

42 화재의 예방 및 안전관리에 관한 법령상 불꽃을 사용하는 용접·용단 기구의 용접 또는 용단 작업장에서 지켜야 하는 사항 중 다음 ( ) 안에 알맞은 것은?

● 용접 또는 용단 작업장 주변 반경 (㉠)m 이내에 소화기를 갖추어 둘 것
● 용접 또는 용단 작업장 주변 반경 (㉡)m 이내에는 가연물을 쌓아두거나 놓아두지 말 것. 다만, 가연물의 제거가 곤란하여 방화포 등으로 방호조치를 한 경우는 제외한다.

① ㉠ 3, ㉡ 5
② ㉠ 5, ㉡ 3
③ ㉠ 5, ㉡ 10
④ ㉠ 10, ㉡ 5

해설 **화재예방법 시행령 [별표 1]**
보일러 등의 위치·구조 및 관리와 화재예방을 위하여 불의 사용에 있어서 지켜야 할 사항

구 분	기 준
불꽃을 사용하는 용접·용단 기구	① 용접 또는 용단 작업장 주변 반경 **5m** 이내에 **소화기**를 갖추어 둘 것 보기 ㉠ ② 용접 또는 용단 작업장 주변 반경 **10m** 이내에는 **가연물**을 쌓아두거나 놓아두지 말 것(단, 가연물의 제거가 곤란하여 방화포 등으로 방호조치를 한 경우는 제외) 보기 ㉡

기억법 **5소(오소**서)

답 ③

43 소방시설 설치 및 관리에 관한 법령상 화재위험도가 낮은 특정소방대상물 중 석재, 불연성 금속, 불연성 건축재료 등의 가공공장·기계조립공장 또는 불연성 물품을 저장하는 창고에 설치하지 않을 수 있는 소방시설은?

① 피난기구
② 비상방송설비
③ 연결송수관설비
④ 옥외소화전설비

해설 **소방시설법 시행령 [별표 6]**
소방시설을 설치하지 않을 수 있는 특정소방대상물 및 소방시설의 범위

구 분	특정소방대상물	소방시설
화재위험도가 낮은 특정소방대상물	**석**재, **불**연성 **금**속, **불**연성 건축재료 등의 가공공장·기계조립공장 또는 불연성 물품을 저장하는 창고	① 옥**외**소화전설비 보기 ④ ② 연결살수설비

기억법 석불금외

 중요

소방시설법 시행령 [별표 6]
소방시설을 설치하지 않을 수 있는 소방시설의 범위
(1) **화재위험도**가 낮은 특정소방대상물
(2) 화재안전기준을 적용하기가 어려운 특정소방대상물
(3) 화재안전기준을 달리 적용하여야 하는 특수한 **용도·구조**를 가진 특정소방대상물
(4) **자체소방대**가 설치된 특정소방대상물

답 ④

44 소방기본법령에 따른 소방용수시설 급수탑 개폐밸브의 설치기준으로 맞는 것은?

① 지상에서 1.0m 이상 1.5m 이하
② 지상에서 1.2m 이상 1.8m 이하
③ 지상에서 1.5m 이상 1.7m 이하
④ 지상에서 1.5m 이상 2.0m 이하

해설 기본규칙 〔별표 3〕
소방용수시설별 설치기준

소화전	급수탑
• 65mm : 연결금속구의 구경	• 100mm : 급수배관의 구경 • 1.5~1.7m 이하 : 개폐밸브 높이 보기 ③

기억법 57탑(57층 탑)

답 ③

45
소방기본법령상 소방업무 상호응원협정 체결시 포함되어야 하는 사항이 아닌 것은?

① 응원출동의 요청방법
② 응원출동 훈련 및 평가
③ 응원출동 대상지역 및 규모
④ 응원출동시 현장지휘에 관한 사항

해설 ④ 현장지휘는 해당 없음

기본규칙 8조
소방업무의 상호응원협정
(1) 다음의 **소방활동**에 관한 사항
  ㉠ 화재의 경계·진압활동
  ㉡ 구조·구급업무의 지원
  ㉢ 화재조사활동
(2) **응원출동 대상지역** 및 **규모** 보기 ③
(3) **소요경비**의 **부담**에 관한 사항
  ㉠ 출동대원의 수당·식사 및 의복의 수선
  ㉡ 소방장비 및 기구의 정비와 연료의 보급
(4) **응원출동**의 **요청방법** 보기 ①
(5) **응원출동 훈련** 및 **평가** 보기 ②

답 ④

46
소방기본법령에 따라 주거지역·상업지역 및 공업지역에 소방용수시설을 설치하는 경우 소방대상물과의 수평거리를 몇 m 이하가 되도록 해야 하는가?

① 50
② 100
③ 150
④ 200

해설 기본규칙 〔별표 3〕
소방용수시설의 설치기준

거리기준	지역
수평거리 100m 이하 보기 ②	• 공업지역 • 상업지역 • 주거지역 기억법 주상공100(주상공 백지에 사인을 하시오.)
수평거리 140m 이하	• 기타지역

답 ②

47
소방시설 설치 및 관리에 관한 법률상 소방용품의 형식승인을 받지 아니하고 소방용품을 제조하거나 수입한 자에 대한 벌칙기준은?

① 100만원 이하의 벌금
② 300만원 이하의 벌금
③ 1년 이하의 징역 또는 1천만원 이하의 벌금
④ 3년 이하의 징역 또는 3천만원 이하의 벌금

해설 3년 이하의 징역 또는 3000만원 이하의 벌금
(1) **화재안전조사** 결과에 따른 조치명령 위반(화재예방법 50조)
(2) **소방시설관리업** 무등록자(소방시설법 57조)
(3) **소방시설업** 무등록자(공사업법 35조)
(4) 부정한 청탁을 받고 재물 또는 재산상의 이익을 취득하거나 부정한 청탁을 하면서 재물 또는 재산상의 이익을 제공한 자(공사업법 35조)
(5) 형식승인을 받지 않은 **소방용품** 제조·수입자(소방시설법 57조) 보기 ④
(6) **제품검사**를 받지 않은 자(소방시설법 57조)
(7) 거짓이나 그 밖의 **부정한 방법**으로 제품검사 전문기관의 지정을 받은 자(소방시설법 57조)

답 ④

48
위험물안전관리법령에 따라 위험물안전관리자를 해임하거나 퇴직한 때에는 해임하거나 퇴직한 날부터 며칠 이내에 다시 안전관리자를 선임하여야 하는가?

① 30일
② 35일
③ 40일
④ 55일

해설 30일
(1) 소방시설업 등록사항 변경신고(공사업규칙 6조)
(2) **위험물안전관리자의 재선임**(위험물안전관리법 15조) 보기 ①
(3) 소방안전관리자의 재선임(화재예방법 시행규칙 14조)
(4) **도급계약 해지**(공사업법 23조)
(5) 소방시설공사 중요사항 변경시의 신고일(공사업규칙 12조)
(6) 소방기술자 실무교육기관 지정서 발급(공사업규칙 32조)
(7) 소방공사감리자 변경서류 제출(공사업규칙 15조)
(8) **승계**(위험물법 10조)
(9) 위험물안전관리자의 직무대행(위험물법 15조)
(10) 탱크시험자의 변경신고일(위험물법 16조)

답 ①

49
위험물안전관리법령상 정밀정기검사를 받아야 하는 특정·준특정옥외탱크저장소의 관계인은 특정·준특정옥외탱크저장소의 설치허가에 따른 완공검사합격확인증을 발급받은 날부터 몇 년 이내에 정밀정기검사를 받아야 하는가?

① 9
② 10
③ 11
④ 12

해설 위험물규칙 65조
특정옥외탱크저장소의 구조안전점검기간

점검기간	조건
• 11년 이내	최근의 정밀정기검사를 받은 날부터
• 12년 이내 보기 ④	완공검사합격확인증을 발급받은 날부터
• 13년 이내	최근의 정밀정기검사를 받은 날부터(연장 신청을 한 경우)

비교

위험물규칙 68조 ②항
정기점검기록

특정옥외탱크저장소의 구조안전점검	기 타
25년	3년

답 ④

50 다음 소방시설 중 경보설비가 아닌 것은?
① 통합감시시설
② 가스누설경보기
③ 비상콘센트설비
④ 자동화재속보설비

해설 ③ 비상콘센트설비 : 소화활동설비

소방시설법 시행령〔별표 1〕
경보설비
(1) 비상경보설비 ┬ 비상벨설비
               └ 자동식 사이렌설비
(2) 단독경보형 감지기
(3) 비상방송설비
(4) 누전경보기
(5) 자동화재탐지설비 및 시각경보기
(6) 화재알림설비
(7) 자동화재속보설비 보기 ④
(8) 가스누설경보기 보기 ②
(9) 통합감시시설 보기 ①

※ **경보설비** : 화재발생 사실을 통보하는 기계·기구 또는 설비

비교

소방시설법 시행령〔별표 1〕
소화활동설비
화재를 진압하거나 인명구조활동을 위하여 사용하는 설비
(1) **연**결송수관설비
(2) **연**결살수설비
(3) **연**소방지설비
(4) **무**선통신보조설비
(5) **제**연설비
(6) **비**상**콘**센트설비 보기 ③

기억법 3연무제비콘

답 ③

51 소방시설공사업법령에 따른 소방시설업의 등록권자는?
① 국무총리
② 소방서장
③ 시·도지사
④ 한국소방안전원장

해설 시·도지사 등록
(1) 소방시설관리업(소방시설법 29조)
(2) 소방시설업(공사업법 4조) 보기 ③
(3) 탱크안전성능시험자(위험물법 16조)

답 ③

52 화재의 예방 및 안전관리에 관한 법령상 정당한 사유 없이 화재의 예방조치에 관한 명령에 따르지 아니한 경우에 대한 벌칙은?
① 100만원 이하의 벌금
② 200만원 이하의 벌금
③ 300만원 이하의 벌금
④ 500만원 이하의 벌금

해설 300만원 이하의 벌금(화재예방법 50조)
화재의 **예**방조치명령 위반 보기 ③

기억법 예2(예의)

답 ③

53 위험물안전관리법령상 다음의 규정을 위반하여 위험물의 운송에 관한 기준을 따르지 아니한 자에 대한 과태료 기준은?

> 위험물운송자는 이동탱크저장소에 의하여 위험물을 운송하는 때에는 행정안전부령으로 정하는 기준을 준수하는 등 당해 위험물의 안전확보를 위하여 세심한 주의를 기울여야 한다.

① 50만원 이하
② 100만원 이하
③ 200만원 이하
④ 500만원 이하

해설 500만원 이하의 과태료
(1) **화재** 또는 **구조·구급**이 필요한 상황을 **거짓**으로 알린 사람(기본법 56조)
(2) 화재, 재난·재해, 그 밖의 위급한 상황을 소방본부, 소방서 또는 관계행정기관에 알리지 아니한 관계인 (기본법 56조)
(3) 위험물의 임시저장 미승인(위험물법 39조)

(4) 위험물의 저장 또는 취급에 관한 세부기준 위반(위험물법 39조)
(5) 제조소 등의 지위 승계 거짓신고(위험물법 39조)
(6) 예방규정을 준수하지 아니한 자(위험물법 39조)
(7) **제조소** 등의 **점검결과**를 기록·보존하지 아니한 자 (위험물법 39조)
(8) **위험물**의 **운송기준** 미준수자(위험물법 39조) 보기 ④
(9) 제조소 등의 폐지 허위신고(위험물법 39조)

답 ④

54 소방시설공사업법령상 소방공사감리를 실시함에 있어 용도와 구조에서 특별히 안전성과 보안성이 요구되는 소방대상물로서 소방시설물에 대한 감리를 감리업자가 아닌 자가 감리할 수 있는 장소는?
① 정보기관의 청사
② 교도소 등 교정관련시설
③ 국방 관계시설 설치장소
④ 원자력안전법상 관계시설이 설치되는 장소

해설 (1) **공사업법 시행령 8조** : 감리업자가 아닌 자가 감리할 수 있는 보안성 등이 요구되는 소방대상물의 시공장소 「원자력안전법」 제2조 제10호에 따른 관계시설이 설치되는 장소
(2) **원자력안전법 2조 10호** : "**관계시설**"이란 **원자로**의 **안전**에 **관계되는 시설**로서 **대통령령**으로 정하는 것을 말한다. 보기 ④

답 ④

55 소방시설 설치 및 관리에 관한 법령상 소방시설 등에 대한 자체점검 중 종합점검 대상인 것은?
① 제연설비가 설치되지 않은 터널
② 스프링클러설비가 설치된 연면적이 5000m² 이고, 12층인 아파트
③ 물분무등소화설비가 설치된 연면적이 5000m² 인 위험물제조소
④ 호스릴방식의 물분무등소화설비만을 설치한 연면적 3000m²인 특정소방대상물

해설 ① 설치되지 않은 → 설치된
② 스프링클러설비가 설치되면 종합점검 대상이므로 정답
③ 위험물제조소 → 위험물제조소 제외
④ 호스릴방식 → 호스릴방식 제외, 연면적 3000m² → 연면적 5000m² 이상

소방시설법 시행규칙 [별표 3]
소방시설 등 자체점검의 구분과 대상, 점검자의 자격

점검구분	정의	점검대상	점검자의 자격 (주된 인력)
작동점검	소방시설 등을 인위적으로 조작하여 정상적으로 작동하는지를 점검하는 것	① 간이스프링클러설비 ② 자동화재탐지설비	① 관계인 ② 소방안전관리자로 선임된 **소방시설관리사** 또는 **소방기술사** ③ 소방시설관리업에 등록된 소방시설관리사 또는 **특급점검자**
		③ 간이스프링클러설비 또는 자동화재탐지설비가 미설치된 특정소방대상물	① 소방시설관리업에 등록된 기술인력 중 소방시설관리사 ② 소방안전관리자로 선임된 소방시설관리사 또는 소방기술사
	④ **작동점검**대상 제외 ㉠ 특정소방대상물 중 소방안전관리자를 선임하지 않는 대상 ㉡ **위험물제조소** 등 ㉢ **특급**소방안전관리대상물		
종합점검	소방시설 등의 작동점검을 포함하여 소방시설 등 설비별 주요 구성부품의 구조 기준이 관련법령에서 정하는 기준에 적합한지 여부를 점검하는 것 (1) 최초점검 : 특정소방대상물의 소방시설이 신설된 경우 건축물을 사용할 수 있게 된 날부터 **60일** 이내 점검하는 것 (2) 그 밖의 종합점검 : 최초점검을 제외한 종합점검	① 소방시설 등이 신설된 경우에 해당하는 특정소방대상물 ② **스프링클러설비**가 설치된 특정소방대상물 보기 ② ③ **물분무등소화설비**(호스릴방식의 물분무등소화설비만을 설치한 경우는 제외)가 설치된 연면적 5000m² 이상인 특정소방대상물(위험물제조소 등 제외) 보기 ③④ ④ 다중이용업의 영업장이 설치된 특정소방대상물로서 연면적이 2000m² 이상인 것 ⑤ 제연설비가 설치된 터널 보기 ① ⑥ 공공기관 중 연면적(터널·지하구의 경우 그 길이와 평균폭을 곱하여 계산된 값을 말한다)이 **1000m²** 이상인 것으로서 옥내소화전설비 또는 자동화재탐지설비가 설치된 것(단, 소방대가 근무하는 공공기관 제외)	① 소방시설관리업에 등록된 기술인력 중 소방시설관리사 ② 소방안전관리자로 선임된 소방시설관리사 또는 소방기술사

답 ②

56. 소방기본법에 따라 화재 등 그 밖의 위급한 상황이 발생한 현장에서 소방활동을 위하여 필요한 때에는 그 관할구역에 사는 사람 또는 그 현장에 있는 사람으로 하여금 사람을 구출하는 일 또는 불을 끄는 등의 일을 하도록 명령할 수 있는 권한이 없는 사람은?

① 소방서장
② 소방대장
③ 시·도지사
④ 소방본부장

해설 소방본부장·소방서장·소방대장
(1) 소방활동 **종**사명령(기본법 24조) 〔질문〕
(2) **강**제처분·제거(기본법 25조)
(3) **피**난명령(기본법 26조)
(4) 댐·저수지 사용 등 위험시설 등에 대한 긴급조치(기본법 27조)

〔기억법〕 소대종강피(소방**대**의 **종강**파티)

용어 소방활동 종사명령
화재, 재난·재해, 그 밖의 위급한 상황이 발생한 현장에서 소방활동을 위하여 필요할 때에는 그 관할구역에 사는 사람 또는 그 현장에 있는 사람으로 하여금 사람을 구출하는 일 또는 불을 끄거나 불이 번지지 아니하도록 하는 일을 하게 할 수 있는 것

답 ③

57. 소방시설공사업법령에 따른 소방시설업 등록이 가능한 사람은?

① 피성년후견인
② 위험물안전관리법에 따른 금고 이상의 형의 집행유예를 선고받고 그 유예기간 중에 있는 사람
③ 등록하려는 소방시설업 등록이 취소된 날부터 3년이 지난 사람
④ 소방기본법에 따른 금고 이상의 실형을 선고받고 그 집행이 면제된 날부터 1년이 지난 사람

해설 ③ 2년이 지났으므로 등록 가능

공사업법 5조
소방시설업의 등록결격사유
(1) 피성년후견인
(2) 금고 이상의 실형을 선고받고 그 집행이 끝나거나 집행이 면제된 날부터 **2년**이 지나지 아니한 사람
(3) 금고 이상의 형의 집행유예를 선고받고 그 유예기간 중에 있는 사람
(4) 시설업의 등록이 취소된 날부터 **2년**이 지나지 아니한 자 〔보기 ③〕

비교
소방시설법 30조
소방시설관리업의 등록결격사유
(1) 피성년후견인
(2) 금고 이상의 실형을 선고받고 그 집행이 끝나거나 집행이 면제된 날부터 **2년**이 지나지 아니한 사람
(3) 금고 이상의 형의 집행유예를 선고받고 그 유예기간 중에 있는 사람
(4) 관리업의 등록이 취소된 날부터 **2년**이 지나지 아니한 자

답 ③

58. 위험물안전관리법령상 제조소 등의 경보설비 설치기준에 대한 설명으로 틀린 것은?

① 제조소 및 일반취급소의 연면적이 500m² 이상인 것에는 자동화재탐지설비를 설치한다.
② 자동신호장치를 갖춘 스프링클러설비 또는 물분무등소화설비를 설치한 제조소 등에 있어서는 자동화재탐지설비를 설치한 것으로 본다.
③ 경보설비는 자동화재탐지설비·자동화재속보설비·비상경보설비(비상벨장치 또는 경종 포함)·확성장치(휴대용 확성기 포함) 및 비상방송설비로 구분한다.
④ 지정수량의 10배 이상의 위험물을 저장 또는 취급하는 제조소 등(이동탱크저장소를 포함한다)에는 화재발생시 이를 알릴 수 있는 경보설비를 설치하여야 한다.

해설 ④ (이동탱크저장소를 포함한다) → (이동탱크저장소를 제외한다)

(1) **위험물규칙** 〔별표 17〕
제조소 등별로 설치하여야 하는 경보설비의 종류

구 분	경보설비	
① 연면적 500m² 이상인 것 〔보기 ①〕	• 자동화재탐지설비	
② 옥내에서 지정수량의 **100배** 이상을 취급하는 것		
③ 지정수량의 **10배** 이상을 저장 또는 취급하는 것	• 자동화재탐지설비 • 비상경보설비 • 확성장치 • 비상방송설비	1종 이상

(2) 위험물규칙 42조
 ㉠ 자동신호장치를 갖춘 **스프링클러설비** 또는 **물분무 등소화설비**를 설치한 제조소 등에 있어서는 자동화재탐지설비를 설치한 것으로 본다. 보기 ②
 ㉡ 경보설비는 **자동화재탐지설비·자동화재속보설비· 비상경보설비**(비상벨장치 또는 경종 포함)·**확성장치**(휴대용 확성기 포함) 및 **비상방송설비**로 구분한다. 보기 ③
 ㉢ 지정수량의 **10배** 이상의 위험물을 저장 또는 취급하는 제조소 등(이동탱크저장소 제외)에는 화재발생시 이를 알릴 수 있는 경보설비를 설치하여야 한다. 보기 ④

답 ④

59 소방시설 설치 및 관리에 관한 법령상 건축허가 등의 관한 법률상 건축허가 등의 동의대상물이 아닌 것은?
17.09.문53
① 항공기격납고
② 연면적이 300m²인 공연장
③ 바닥면적이 300m²인 차고
④ 연면적이 300m²인 노유자시설

해설
② 300m² → 400m²
 연면적 300m²인 공연장은 지하층 및 무창층이 아니므로 연면적 400m² 이상이어야 건축허가 동의대상물이 된다.
③ 차고는 200m² 이상이므로 300m²는 정답
④ 노유자시설은 200m² 이상이므로 300m²는 정답

소방시설법 시행령 7조
건축허가 등의 동의대상물
(1) 연면적 **400m²**(학교시설 : 100m², 수련시설·노유자시설 : 200m², 정신의료기관·장애인 의료재활시설 : 300m²) 이상 보기 ②④
(2) **6층** 이상인 건축물
(3) 차고·주차장으로서 바닥면적 **200m²** 이상(**자**동차 **20**대 이상) 보기 ③
(4) **항공기격납고, 관망탑, 항공관제탑, 방송용 송수신탑** 보기 ①
(5) 지하층 또는 무창층의 바닥면적 **150m²**(공연장은 100m²) 이상
(6) 위험물저장 및 처리시설, 지하구
(7) **결핵환자**나 **한센인**이 24시간 생활하는 **노유자시설**
(8) 전기저장시설, 풍력발전소
(9) 공동주택·숙박시설
(10) 노인주거복지시설·노인의료복지시설 및 재가노인복지시설·학대피해노인 전용쉼터·아동복지시설·장애인거주시설
(11) 정신질환자 관련시설(공동생활가정을 제외한 재활훈련시설과 종합시설 중 24시간 주거를 제공하지 않는 시설 제외)
(12) 조산원, 산후조리원, 의원(입원실 또는 인공신장실이 있는 것)
(13) 노숙인자활시설, 노숙인재활시설 및 노숙인요양시설
(14) 요양병원(의료재활시설 제외)
(15) 공장 또는 창고시설로서 지정수량의 **750배** 이상의 특수가연물을 저장·취급하는 것
(16) 가스시설로서 지상에 노출된 탱크의 저장용량의 합계가 **100t** 이상인 것

기억법 2자(이자)

답 ②

60 화재의 예방 및 안전관리에 관한 법률상 소방안전관리대상물의 소방안전관리자의 업무가 아닌 것은?
19.03.문51
15.03.문12
14.09.문52
14.09.문53
13.06.문48
08.05.문53
① 소방시설 공사
② 소방훈련 및 교육
③ 소방계획서의 작성 및 시행
④ 자위소방대의 구성·운영·교육

해설
① 소방시설공사업자의 업무

화재예방법 24조 ⑤항
관계인 및 소방안전관리자의 업무

특정소방대상물 (관계인)	소방안전관리대상물 (소방안전관리자)
• 피난시설·방화구획 및 방화시설의 관리 • 소방시설, 그 밖의 소방관련시설의 관리 • **화기취급**의 감독 • 소방안전관리에 필요한 업무 • 화재발생시 초기대응	• 피난시설·방화구획 및 방화시설의 관리 • 소방시설, 그 밖의 소방관련시설의 관리 • **화기취급**의 감독 • 소방안전관리에 필요한 업무 • **소방계획서**의 작성 및 시행(대통령령으로 정하는 사항 포함) 보기 ③ • **자위소방대** 및 **초기대응체계**의 구성·운영·교육 보기 ④ • 소방훈련 및 교육 보기 ② • 소방안전관리에 관한 업무수행에 관한 기록·유지 • 화재발생시 초기대응

용어

특정소방대상물	소방안전관리대상물
건축물 등의 규모·용도 및 수용인원 등을 고려하여 소방시설을 설치하여야 하는 소방대상물로서 대통령령으로 정하는 것	대통령령으로 정하는 특정소방대상물

답 ①

제 4 과목 소방기계시설의 구조 및 원리

61 물분무소화설비의 화재안전기준에 따른 물분무소화설비의 저수량에 대한 기준 중 다음 ( ) 안의 내용으로 맞는 것은?
19.04.문75
17.03.문77
16.03.문63
15.09.문74

절연유 봉입변압기는 바닥부분을 제외한 표면적을 합한 면적 1m²에 대하여 ( )L/min로 20분간 방수할 수 있는 양 이상으로 할 것

① 4
② 8
③ 10
④ 12

해설 물분무소화설비의 수원(NFPC 104 4조, NFTC 104 2.1.1)

특정소방대상물	토출량	비고
컨베이어벨트	10L/min·m²	벨트부분의 바닥면적
절연유 봉입변압기	10L/min·m² 보기 ③	표면적을 합한 면적 (바닥면적 제외)
특수가연물	10L/min·m² (최소 50m²)	최대방수구역의 바닥면적 기준
케이블트레이·덕트	12L/min·m²	투영된 바닥면적
차고·주차장	20L/min·m² (최소 50m²)	최대방수구역의 바닥면적 기준
위험물 저장탱크	37L/min·m	위험물탱크 둘레길이(원주길이): 위험물규칙 [별표 6] Ⅱ

※ 모두 **20분**간 방수할 수 있는 양 이상으로 하여야 한다.

답 ③

62 ★★★
19.04.문75
16.03.문63
15.09.문74

물분무소화설비의 화재안전기준에 따른 물분무소화설비의 설치장소별 1m²당 수원의 최소 저수량으로 맞는 것은?

① 차고 : 30L/min×20분×바닥면적
② 케이블트레이 : 12L/min×20분×투영된 바닥면적
③ 컨베이어벨트 : 37L/min×20분×벨트부분의 바닥면적
④ 특수가연물을 취급하는 특정소방대상물 : 20L/min×20분×바닥면적

해설
① 30L/min → 20L/min
③ 37L/min → 10L/min
④ 20L/min → 10L/min

물분무소화설비의 수원(NFPC 104 4조, NFTC 104 2.1.1)

특정소방대상물	토출량	비고
컨베이어벨트	10L/min·m²	벨트부분의 바닥면적
절연유 봉입변압기	10L/min·m²	표면적을 합한 면적 (바닥면적 제외)
특수가연물	10L/min·m² (최소 50m²)	최대방수구역의 바닥면적 기준
케이블트레이·덕트	12L/min·m² 보기 ②	투영된 바닥면적
차고·주차장	20L/min·m² (최소 50m²)	최대방수구역의 바닥면적 기준
위험물 저장탱크	37L/min·m	위험물탱크 둘레길이(원주길이): 위험물규칙 [별표 6] Ⅱ

※ 모두 **20분**간 방수할 수 있는 양 이상으로 하여야 한다.

답 ②

63 ★
13.09.문69

피난기구를 설치하여야 할 소방대상물 중 피난기구의 2분의 1을 감소할 수 있는 조건이 아닌 것은?

① 주요구조부가 내화구조로 되어 있다.
② 특별피난계단이 2 이상 설치되어 있다.
③ 소방구조용(비상용) 엘리베이터가 설치되어 있다.
④ 직통계단인 피난계단이 2 이상 설치되어 있다.

해설 피난기구의 $\frac{1}{2}$을 감소할 수 있는 경우(NFPC 301 7조, NFTC 301 2.3.1)

(1) 주요구조부가 **내화구조**로 되어 있을 것 보기 ①
(2) 직통계단인 **피난계단**이 2 이상 설치되어 있을 것 보기 ④
(3) 직통계단인 **특별피난계단**이 2 이상 설치되어 있을 것 보기 ②

답 ③

64 ★★★
19.04.문69
18.03.문67
13.09.문77

분말소화설비의 화재안전기준에 따라 분말소화약제의 가압용 가스용기에는 최대 몇 MPa 이하의 압력에서 조정이 가능한 압력조정기를 설치하여야 하는가?

① 1.5
② 2.0
③ 2.5
④ 3.0

해설
(1) **압력조정기(압력조정장치)**의 압력(NFPC 107 4조, NFTC 107 2.1.5 / NFPC 108 5조, NFTC 108 2.2.3)

할론소화설비	분말소화설비(분말소화약제)
2MPa 이하	**2.5**MPa 이하 보기 ③

기억법 분압25(분압이오.)

(2) **전자개방밸브** 부착(NFTC 106 2.3.2.2 / NFPC 108 5·7조, NFTC 108 2.2.2, 2.4.2.2)

분말소화약제 가압용 가스용기	이산화탄소·분말 소화설비 전기식 기동장치
3병 이상 설치한 경우 **2개** 이상	**7병** 이상 개방시 **2병** 이상

기억법 이7(이치)

답 ③

65 ★
19.03.문75

분말소화설비의 화재안전기준상 차고 또는 주차장에 설치하는 분말소화설비의 소화약제는?

① 인산염을 주성분으로 한 분말
② 탄산수소칼륨을 주성분으로 한 분말
③ 탄산수소칼륨과 요소가 화합된 분말
④ 탄산수소나트륨을 주성분으로 한 분말

해설
① 인산암모늄=인산염

분말소화약제

종별	소화약제	충전비 [L/kg]	적응화재	비고
제**1**종	중탄산나트륨 (NaHCO₃)	0.8	BC급	**식용유** 및 지방질유의 화재에 적합

제2종	중탄산칼륨 (KHCO₃)	1.0	BC급	–
제3종	인산암모늄 (NH₄H₂PO₄)		ABC급	차고·주차장에 적합 보기①
제4종	중탄산칼륨+요소 (KHCO₃ +(NH₂)₂CO)	1.25	BC급	–

기억법 1식분(일식 분식)
3분 차주(삼보컴퓨터 차주)

답 ①

66. 연결살수설비의 화재안전기준에 따른 건축물에 설치하는 연결살수설비의 헤드에 대한 기준 중 다음 ( ) 안에 알맞은 것은?

천장 또는 반자의 각 부분으로부터 하나의 살수헤드까지의 수평거리가 연결살수설비 전용헤드의 경우는 (㉠)m 이하, 스프링클러헤드의 경우는 (㉡)m 이하로 할 것. 다만, 살수헤드의 부착면과 바닥과의 높이가 (㉢)m 이하인 부분은 살수헤드의 살수분포에 따른 거리로 할 수 있다.

① ㉠ 3.7, ㉡ 2.3, ㉢ 2.1
② ㉠ 3.7, ㉡ 2.3, ㉢ 2.3
③ ㉠ 2.3, ㉡ 3.7, ㉢ 2.3
④ ㉠ 2.3, ㉡ 3.7, ㉢ 2.1

해설 연결살수설비헤드의 수평거리(NFPC 503 6조, NFTC 503 2.3.2.2)

연결살수설비 전용헤드	스프링클러헤드
3.7m 이하 보기 ㉠	**2.3m** 이하 보기 ㉡

살수헤드의 부착면과 바닥과의 높이가 **2.1m** 이하인 부분에 있어서는 살수헤드의 살수분포에 따른 거리로 할 수 있다. 보기 ㉢

(1) 연결살수설비에서 하나의 송수구역에 설치하는 **개방형 헤드수**는 **10개** 이하
(2) 연결살수설비에서 하나의 송수구역에 설치하는 **단구형 살수헤드**수도 **10개** 이하

비교 연소방지설비 헤드 간의 수평거리

연소방지설비 전용헤드	스프링클러헤드
2m 이하	1.5m 이하

답 ①

67. 완강기의 형식승인 및 제품검사의 기술기준상 완강기의 최대사용하중은 최소 몇 N 이상의 하중이어야 하는가?

① 800 ② 1000
③ 1200 ④ 1500

해설 완강기의 하중(완강기의 형식승인 및 제품검사의 기술기준 4조)
(1) 250N 이상(최소사용하중)
(2) 750N
(3) **1500N 이상**(최대사용하중) 보기 ④

중요
완강기의 최대사용자수

$$최대사용자수 = \frac{최대사용하중}{1500N}$$

답 ④

68. 포소화설비의 화재안전기준에 따라 바닥면적이 180m²인 건축물 내부에 호스릴방식의 포소화설비를 설치할 경우 가능한 포소화약제의 최소필요량은 몇 L인가? (단, 호스접결구: 2개, 약제농도: 3%)

① 180 ② 270
③ 650 ④ 720

해설 (1) 기호
- N : 2개
- S : 3% = 0.03
- Q : ?

(2) **옥내포소화전방식** 또는 **호스릴방식**(NFPC 105 8조, NFTC 105 2.5)

$Q = N \times S \times 6000$ (바닥면적 200m² 이상)
$Q = N \times S \times 6000 \times 0.75$ (바닥면적 200m² 미만)

여기서, Q : 포소화약제의 양[L]
N : 호스접결구수(최대 5개)
S : 포소화약제의 사용농도

포소화약제의 양 Q는
$Q = N \times S \times 6000 \times 0.75$
$= 2개 \times 0.03 \times 6000 \times 0.75 = 270L$

• 문제에서 바닥면적 180m²로 200m² 미만임

답 ②

69. 옥외소화전설비의 화재안전기준에 따라 옥외소화전배관은 특정소방대상물의 각 부분으로부터 하나의 호스접결구까지의 수평거리가 최대 몇 m 이하가 되도록 설치하여야 하는가?

① 25 ② 35
③ 40 ④ 50

해설 수평거리 및 보행거리

(1) 수평거리

구 분	설 명
수평거리 10m 이하	• 예상제연구역~배출구
수평거리 15m 이하	• 분말호스릴 • 포호스릴 • CO_2호스릴
수평거리 20m 이하	• 할론호스릴
수평거리 25m 이하	• 옥내소화전 방수구(호스릴 포함) • 포소화전 방수구 • 연결송수관 방수구(지하가, 지하층 바닥면적 3000m² 이상)
수평거리 40m 이하 ←	• 옥외소화전 방수구 보기 ③
수평거리 50m 이하	• 연결송수관 방수구(사무실)

(2) 보행거리

구 분	설 명
보행거리 20m 이하	소형소화기
보행거리 30m 이하	대형소화기 기억법 대3(대상을 받다.)

답 ③

70 ★★★
17.05.문76
16.10.문80
13.03.문66
07.05.문63
04.09.문72
04.05.문77

스프링클러설비의 화재안전기준에 따라 연소할 우려가 있는 개구부에 드렌처설비를 설치한 경우 해당 개구부에 한하여 스프링클러헤드를 설치하지 아니할 수 있다. 관련 기준으로 틀린 것은?

① 드렌처헤드는 개구부 위측에 2.5m 이내마다 1개를 설치할 것
② 제어밸브는 특정소방대상물 층마다에 바닥면으로부터 0.5m 이상 1.5m 이하의 위치에 설치할 것
③ 드렌처헤드가 가장 많이 설치된 제어밸브에 설치된 드렌처헤드를 동시에 사용하는 경우에 각 헤드 선단의 방수압력은 0.1MPa 이상이 되도록 할 것
④ 드렌처헤드가 가장 많이 설치된 제어밸브에 설치된 드렌처헤드를 동시에 사용하는 경우에 각 헤드선단의 방수량은 80L/min 이상이 되도록 할 것

해설 ② 0.5m 이상 1.5m 이하 → 0.8m 이상 1.5m 이하

설치높이

0.5~1m 이하	• 연결송수관설비의 송수구·방수구 • 연결살수설비의 송수구 • 소화용수설비의 채수구 기억법 연소용 51(연소용 오일은 잘 탄다.)
0.8~1.5m 이하	• 제어밸브(개폐표시형 밸브 및 수동조작부를 합한 것) 보기 ② • 유수검지장치 • 일제개방밸브 기억법 제유일 85(제가 유일하게 팔았어요.)
1.5m 이하	• 옥내소화전설비의 방수구 • 호스릴함 • 소화기 기억법 옥내호소 5(옥내에서 호소하시오.)

답 ②

71 ★
17.05.문71

포소화설비의 화재안전기준상 차고·주차장에 설치하는 포소화전설비의 설치기준 중 다음 ( ) 안에 알맞은 것은? (단, 1개층의 바닥면적이 200m² 이하인 경우는 제외한다.)

특정소방대상물의 어느 층에 있어서도 그 층에 설치된 포소화전방수구(포소화전방수구가 5개 이상 설치된 경우에는 5개)를 동시에 사용할 경우 각 이동식 포노즐 선단의 포수용액 방사압력이 (㉠)MPa 이상이고 (㉡)L/min 이상의 포수용액을 수평거리 15m 이상으로 방사할 수 있도록 할 것

① ㉠ 0.25, ㉡ 230 ② ㉠ 0.25, ㉡ 300
③ ㉠ 0.35, ㉡ 230 ④ ㉠ 0.35, ㉡ 300

해설 차고·주차장에 설치하는 호스릴포소화설비 또는 포소화전설비의 설치기준(NFPC 105 12조, NFTC 105 2.9.3)

(1) 특정소방대상물의 어느 층에 있어서도 그 층에 설치된 호스릴포방수구 또는 포소화전방수구(5개 이상 설치된 경우 5개)를 동시에 사용할 경우 각 이동식 포노즐 선단의 포수용액 방사압력이 0.35MPa 이상이고 300L/min 이상(1개층의 바닥면적이 200m² 이하인 경우에는 230L/min 이상)의 포수용액을 수평거리 15m 이상으로 방사할 수 있도록 할 것 보기 ㉠㉡
(2) 저발포의 포소화약제를 사용할 수 있는 것으로 할 것
(3) 호스릴 또는 호스를 호스릴포방수구 또는 포소화전방수구로 분리하여 비치하는 때에는 그로부터 3m 이내의 거리에 호스릴함 또는 호스함을 설치할 것
(4) 호스릴함 또는 호스함은 바닥으로부터 높이 1.5m 이하의 위치에 설치하고 그 표면에는 '포호스릴함(또는 포소화전함)'이라고 표시한 표지와 적색의 위치표시등을 설치할 것

(5) 방호대상물의 각 부분으로부터 하나의 호스릴포방수구까지의 **수평거리**는 **15m** 이하(**포소화전방수구**는 **25m** 이하)가 되도록 하고 호스릴 또는 호스의 길이는 방호대상물의 각 부분에 포가 유효하게 뿌려질 수 있도록 할 것

답 ④

72 소화수조 및 저수조의 화재안전기준에 따라 소화용수설비에 설치하는 채수구의 수는 소요수량이 40m³ 이상 100m³ 미만인 경우 몇 개를 설치해야 하는가?

① 1 ② 2
③ 3 ④ 4

해설 채수구의 수(NFPC 402 4조, NFTC 402 2.1.3.2.1)

소화수조 소요수량	20~40m³ 미만	40~100m³ 미만	100m³ 이상
채수구의 수	1개	2개 보기②	3개

용어
채수구
소방대상물의 펌프에 의하여 양수된 물을 소방차가 흡입하는 구멍

비교
흡수관 투입구(NFPC 402 4조, NFTC 402 2.1.3.1)

소요수량	80m³ 미만	80m³ 이상
흡수관 투입구의 수	1개 이상	2개 이상

답 ②

73 화재조기진압용 스프링클러설비의 화재안전기준상 화재조기진압용 스프링클러설비 설치장소의 구조기준으로 틀린 것은?

① 창고 내의 선반의 형태는 하부로 물이 침투되는 구조로 할 것
② 천장의 기울기가 1000분의 168을 초과하지 않아야 하고, 이를 초과하는 경우에는 반자를 지면과 수평으로 설치할 것
③ 천장은 평평하여야 하며 철재나 목재트러스 구조인 경우, 철재나 목재의 돌출부분이 102mm를 초과하지 아니할 것
④ 해당 층의 높이가 10m 이하일 것. 다만, 3층 이상일 경우에는 해당층의 바닥을 내화구조로 하고 다른 부분과 방화구획할 것

해설 ④ 10m 이하 → 13.7m 이하, 3층 이상 → 2층 이상

화재조기진압용 스프링클러설비 설치장소의 구조기준 (NFPC 103B 4조, NFTC 103B 2.1.1)

(1) 해당 층의 높이가 **13.7m** 이하일 것(단, **2층 이상**일 경우에는 해당층의 바닥을 **내화구조**로 하고 다른 부분과 **방화구획**할 것) 보기 ④

(2) 천장의 **기울기**가 $\frac{168}{1000}$ 을 초과하지 않아야 하고, 이를 초과하는 경우에는 반자를 지면과 **수평**으로 설치할 것 보기 ②

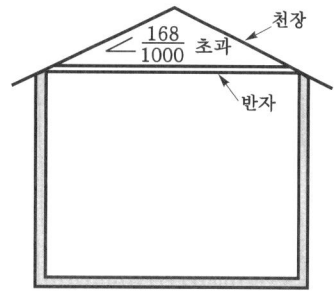

기울어진 천장의 경우

(3) 천장은 **평평**하여야 하며 철재나 목재트러스 구조인 경우, 철재나 목재의 돌출부분이 **102mm**를 초과하지 아니할 것 보기 ③

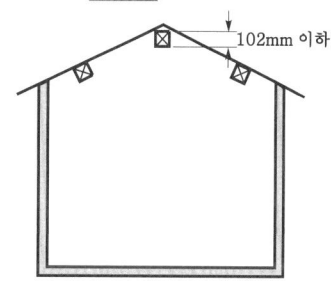

철재 또는 목재의 돌출치수

(4) 보로 사용되는 목재·콘크리트 및 철재 사이의 간격이 **0.9~2.3m** 이하일 것(단, 보의 간격이 **2.3m** 이상인 경우에는 화재조기진압용 스프링클러헤드의 동작을 원활히 하기 위하여 보로 구획된 부분의 천장 및 반자의 넓이가 **28m²**를 초과하지 아니할 것)

(5) 창고 내의 **선**반의 형태는 하부로 물이 침투되는 구조로 할 것 보기 ①

기억법 137 기168 평102선

답 ④

74 난방설비가 없는 교육장소에 비치하는 소화기로 가장 적합한 것은? (단, 교육장소의 겨울 최저온도는 -15℃이다.)

① 화학포소화기 ② 기계포소화기
③ 산알칼리소화기 ④ ABC 분말소화기

해설 **소화기**의 **사용온도**(소화기의 형식승인 및 제품검사의 기술기준 36조)

소화기의 종류	사용온도
• **분**말 • **강**화액	−**2**0~40℃ 이하
• 그 밖의 소화기	0~40℃ 이하

기억법 분강-2(분강마이)

• 난방설비가 없으므로 사용온도가 넓은 것이 정답! 그러므로 **분말소화기** 또는 **강화액소화기**가 정답!

답 ④

75
★★★
17.09.문61
16.05.문68
12.05.문66

할론소화설비의 화재안전기준상 축압식 할론소화약제 저장용기에 사용되는 축압용 가스로서 적합한 것은?

① 질소 ② 산소
③ 이산화탄소 ④ 불활성 가스

해설 **할론소화약제**의 **저장용기 설치기준**(NFPC 107 4조, NFTC 107 2.1.2.1)

축압식 저장용기의 압력은 온도 20℃에서 **할론 1211**을 저장하는 것은 **1.1MPa** 또는 **2.5MPa**, **할론 1301**을 저장하는 것은 **2.5MPa** 또는 **4.2MPa**이 되도록 **질소가스**로 축압할 것

비교

분말소화설비

(1) **분말소화설비**의 **가압용·축압용 가스**

구 분	가압용 가스	축압용 가스
질소	40L/kg	10L/kg
이산화탄소	20g/kg+배관의 청소에 필요한 양	20g/kg+배관의 청소에 필요한 양

(2) **분말소화설비**의 **청소용**(cleaning) **가스** : 질소, 이산화탄소

답 ①

76
★★★
16.10.문70
15.03.문80
10.05.문76

제연설비의 화재안전기준상 유입풍도 및 배출풍도에 관한 설명으로 맞는 것은?

① 유입풍도 안의 풍속은 25m/s 이하로 한다.
② 배출풍도는 석면재료와 같은 내열성의 단열재로 유효한 단열 처리를 한다.
③ 배출풍도와 유입풍도의 아연도금강판 최소 두께는 0.45mm 이상으로 하여야 한다.
④ 배출기 흡입측 풍도 안의 풍속은 15m/s 이하로 하고 배출측 풍속은 20m/s 이하로 한다.

해설 **제연설비**의 **풍속**(NFPC 501 8~10조, NFTC 501 2.5.5, 2.6.2.2, 2.7.1)

조 건	풍속
• 유입구가 바닥에 설치시 상향분출 가능	1m/s 이하
• 예상제연구역의 공기유입 풍속	5m/s 이하
• 배출기의 흡입측 풍속 보기 ④	15m/s 이하
• 배출기의 **배**출측 풍속 보기 ④ • **유**입풍도 안의 풍속 보기 ①	20m/s 이하

기억법 배2유(**배**이다 아파! **이유**)

용어

풍도
공기가 유동하는 덕트

답 ④

77
★★
16.10.문72
09.08.문75

소화수조 및 저수조의 화재안전기준에 따라 소화용수설비를 설치하여야 할 특정소방대상물에 있어서 유수의 양이 최소 몇 m³/min 이상인 유수를 사용할 수 있는 경우에 소화수조를 설치하지 아니할 수 있는가?

① 0.8 ② 1
③ 1.5 ④ 2

해설 소화용수설비를 설치하여야 할 특정소방대상물에 유수의 양이 **0.8m³/min** 이상인 유수를 사용할 수 있는 경우에는 소화수조를 설치하지 않을 수 있다(NFTC 402 2.1.4).

답 ①

78
★
소방시설 설치 및 관리에 관한 법률상 자동소화장치를 모두 고른 것은?

㉠ 분말자동소화장치
㉡ 액체자동소화장치
㉢ 고체에어로졸자동소화장치
㉣ 공업용 주방자동소화장치
㉤ 캐비닛형 자동소화장치

① ㉠, ㉡
② ㉡, ㉢, ㉣
③ ㉠, ㉢, ㉤
④ ㉠, ㉡, ㉢, ㉣, ㉤

해설 **자동소화장치**(소방시설법 시행령〔별표 1〕)
(1) **주**거용 주방자동소화장치
(2) **상**업용 주방자동소화장치
(3) **캐**비닛형 자동소화장치 보기 ㉤
(4) **가**스자동소화장치
(5) **분**말자동소화장치 보기 ㉠
(6) **고**체에어로졸자동소화장치 보기 ㉢

기억법 주상캐가 분고자

답 ③

★★★
79 이산화탄소 소화설비의 화재안전기준에 따른 이산화탄소 소화설비 기동장치의 설치기준으로 맞는 것은?

19.09.문61
17.05.문70
15.05.문63
12.03.문70
98.07.문73

① 가스압력식 기동장치 기동용 가스용기의 체적은 3L 이상으로 한다.
② 수동식 기동장치는 전역방출방식에 있어서 방호대상물마다 설치한다.
③ 수동식 기동장치의 부근에는 소화약제의 방출을 지연시킬 수 있는 방출지연스위치를 설치해야 한다.
④ 전기식 기동장치로서 5병의 저장용기를 동시에 개방하는 설비는 2병 이상의 저장용기에 전자개방밸브를 부착해야 한다.

해설

① 3L → 5L
② 방호대상물 → 방호구역
④ 5병의 → 7병의

이산화탄소 소화설비의 **기동장치**(NFPC 106 6조, NFTC 106 2.3.2)

(1) 자동식 기동장치는 **자동화재탐지설비 감지기**의 작동과 **연동**
(2) 전역방출방식에 있어서 수동식 기동장치는 **방호구역**마다 설치 보기 ②
(3) 가스압력식 자동기동장치의 기동용 가스용기 체적은 **5L 이상** 보기 ①
(4) 수동식 기동장치의 조작부는 **0.8~1.5m** 이하 높이에 설치
(5) 전기식 기동장치는 **7병** 이상의 경우에 **2병** 이상이 전자개방밸브 설치 보기 ④
(6) 수동식 기동장치의 부근에는 소화약제의 방출을 지연시킬 수 있는 **방출지연스위치** 설치 보기 ③

중요

이산화탄소 소화설비 가스압력식 기동장치(NFTC 106 2.3.2.3)

구 분	기 준
비활성 기체 충전압력	6MPa 이상(21℃ 기준)
기동용 가스용기의 체적	**5L** 이상
기동용 가스용기 안전장치의 압력	내압시험압력의 0.8~내압시험압력 이하
기동용 가스용기 및 해당 용기에 사용하는 밸브의 견디는 압력	25MPa 이상

비교

분말소화설비 가스압력식 기동장치(NFTC 108 2.4.2.3.3)

구 분	기 준
기동용 가스용기의 체적	**5L** 이상(단, 1L 이상시 CO_2량 0.6kg 이상)

답 ③

★★★
80 스프링클러설비의 화재안전기준에 따라 개방형 스프링클러설비에서 하나의 방수구역을 담당하는 헤드개수는 최대 몇 개 이하로 설치하여야 하는가?

19.03.문62
17.03.문78
16.05.문66
11.10.문62

① 30
② 40
③ 50
④ 60

해설 **개방형 설비**의 **방수구역**(NFPC 103 7조, NFTC 103 2.4.1)

(1) 하나의 방수구역은 **2개층**에 미치지 아니할 것
(2) 방수구역마다 **일제개방밸브**를 설치
(3) 하나의 방수구역을 담당하는 헤드의 개수는 **50개** 이하 보기 ③ (단, 2개 이상의 방수구역으로 나눌 경우에는 **25개** 이상)

기억법 **5개(오곱개)**

(4) 표지는 '**일제개방밸브실**'이라고 표시한다.

답 ③

2020. 8. 22 시행

2020년 기사 제3회 필기시험

자격종목	종목코드	시험시간	형별	수험번호	성명
소방설비기사(기계분야)		2시간			

※ 각 문항은 4지택일형으로 질문에 가장 적합한 보기 항을 선택하여 체크하여야 합니다.

제1과목 소방원론

01 밀폐된 공간에 이산화탄소를 방사하여 산소의 체적농도를 12%가 되게 하려면 상대적으로 방사된 이산화탄소의 농도는 얼마가 되어야 하는가?

19.09.문10
15.05.문13
14.05.문07
13.09.문04
12.05.문14

① 25.40%
② 28.70%
③ 38.35%
④ 42.86%

유사문제부터
풀어보세요.
실력이 팍!팍!
올라갑니다.

해설 이산화탄소의 농도

$$CO_2 = \frac{21 - O_2}{21} \times 100$$

여기서, CO_2 : CO_2의 농도[%]
 O_2 : O_2의 농도[%]

$$CO_2 = \frac{21 - O_2}{21} \times 100 = \frac{21 - 12}{21} \times 100 ≒ 42.86\%$$

중요

이산화탄소 소화설비와 관련된 식

$$CO_2 = \frac{방출가스량}{방호구역체적 + 방출가스량} \times 100$$
$$= \frac{21 - O_2}{21} \times 100$$

여기서, CO_2 : CO_2의 농도[%]
 O_2 : O_2의 농도[%]

$$방출가스량 = \frac{21 - O_2}{O_2} \times 방호구역체적$$

여기서, O_2 : O_2의 농도[%]

답 ④

02 Halon 1301의 분자식은?

19.09.문07
17.03.문05
16.10.문08
15.03.문04
14.09.문04
14.03.문02

① CH_3Cl
② CH_3Br
③ CF_3Cl
④ CF_3Br

해설 **할론소화약제**의 약칭 및 분자식

종류	약칭	분자식
할론 1011	CB	CH_2ClBr
할론 104	CTC	CCl_4
할론 1211	BCF	$CF_2ClBr(CClF_2Br)$
할론 1301	BTM	CF_3Br 보기 ④
할론 2402	FB	$C_2F_4Br_2$

답 ④

03 화재의 종류에 따른 분류가 틀린 것은?

19.03.문08
17.09.문07
16.05.문09
15.09.문19
13.09.문07

① A급 : 일반화재
② B급 : 유류화재
③ C급 : 가스화재
④ D급 : 금속화재

해설 ③ 가스화재 → 전기화재

화재의 종류

구분	표시색	적응물질
일반화재(A급) 보기 ①	백색	• 일반가연물 • 종이류 화재 • 목재 · 섬유화재
유류화재(B급) 보기 ②	황색	• 가연성 액체 • 가연성 가스 • 액화가스화재 • 석유화재
전기화재(C급) 보기 ③	청색	• 전기설비
금속화재(D급) 보기 ④	무색	• 가연성 금속
주방화재(K급)	-	• 식용유화재

※ 요즘은 표시색의 의무규정은 없음

답 ③

04 건축물의 내화구조에서 바닥의 경우에는 철근콘크리트의 두께가 몇 cm 이상이어야 하는가?

16.05.문05
15.05.문02
14.05.문12

① 7
② 10
③ 12
④ 15

해설 피난·방화구조 3조
내화구조의 기준

구 분	기 준
벽·바닥	철골·철근콘크리트조로서 두께가 **10cm** 이상인 것 [보기 ②]
기둥	철골을 두께 **5cm** 이상의 콘크리트로 덮은 것
보	두께 **5cm** 이상의 콘크리트로 덮은 것

기억법 벽바내1(**벽**을 **바**라보면 **내일**이 보인다.)

비교

피난·방화구조 4조
방화구조의 기준

구조 내용	기 준
• **철망모르타르** 바르기	두께 **2cm** 이상
• 석고판 위에 시멘트모르타르를 바른 것 • 석고판 위에 회반죽을 바른 것 • 시멘트모르타르 위에 타일을 붙인 것	두께 **2.5cm** 이상
• 심벽에 흙으로 맞벽치기 한 것	모두 해당

답 ②

---

05 소화약제인 IG-541의 성분이 아닌 것은?
19.09.문06
① 질소
② 아르곤
③ 헬륨
④ 이산화탄소

해설 ③ 해당 없음

불활성기체 소화약제

구 분	화학식
IG-01	• Ar(아르곤)
IG-100	• N_2(질소)
IG-541	• N_2(질소) : **52%** [보기 ①] • Ar(아르곤) : **40%** [보기 ②] • CO_2(이산화탄소) : 8% [보기 ④] **기억법** NACO(내코) 5240
IG-55	• N_2(질소) : 50% • Ar(아르곤) : 50%

답 ③

---

06 다음 중 발화점이 가장 낮은 물질은?
19.09.문02
18.03.문07
15.09.문02
14.05.문05
12.09.문04
12.03.문01
① 휘발유
② 이황화탄소
③ 적린
④ 황린

해설 **물질의 발화점**

물질의 종류	발화점
• 황린	30~50℃ [보기 ④]
• 황화인 • 이황화탄소	100℃ [보기 ②]
• 나이트로셀룰로오스	180℃
• 적린	260℃ [보기 ③]
• 휘발유(가솔린)	300℃ [보기 ①]

답 ④

---

07 화재시 발생하는 연소가스 중 인체에서 헤모글로빈과 결합하여 혈액의 산소운반을 저해하고 두통, 근육조절의 장애를 일으키는 것은?
19.09.문17
14.03.문05
00.03.문04
① CO_2
② CO
③ HCN
④ H_2S

해설 **연소가스**

구 분	설 명
일산화탄소 (CO) [보기 ②]	화재시 흡입된 일산화탄소(CO)의 화학적 작용에 의해 **헤모글로빈**(Hb)이 혈액의 산소운반작용을 저해하여 사람을 질식·사망하게 한다.
이산화탄소 (CO_2)	연소가스 중 **가장 많은 양**을 차지하고 있으며 가스 그 자체의 독성은 거의 없으나 다량이 존재할 경우 호흡속도를 증가시키고, 이로 인하여 화재가스에 혼합된 유해가스의 혼입을 증가시켜 위험을 가중시키는 가스이다.
암모니아 (NH_3)	나무, 페놀수지, 멜라민수지 등의 **질소함유물**이 연소할 때 발생하며, 냉동시설의 **냉매**로 쓰인다.
포스겐 ($COCl_2$)	매우 독성이 강한 가스로서 소화제인 **사염화탄소**(CCl_4)를 화재시에 사용할 때도 발생한다.
황화수소 (H_2S)	달걀 썩는 냄새가 나는 특성이 있다. **기억법** 황달
아크롤레인 (CH_2=CHCHO)	독성이 매우 높은 가스로서 **석유제품, 유지** 등이 연소할 때 생성되는 가스이다. **기억법** 유아석

용어
유지(油脂) 들기름 및 지방을 통틀어 일컫는 말

답 ②

08 다음 중 연소와 가장 관련 있는 화학반응은?
13.03.문02
① 중화반응 ② 치환반응
③ 환원반응 ④ 산화반응

해설 **연소**(combustion) : 가연물이 공기 중에 있는 산소와 반응하여 **열**과 **빛**을 동반하여 급격히 **산화반응**하는 현상
보기 ④

- **산화속도**는 가연물이 산소와 반응하는 속도이므로 **연소속도**와 직접 관계된다.

답 ④

09 다음 중 고체 가연물이 덩어리보다 가루일 때 연소되기 쉬운 이유로 가장 적합한 것은?
① 발열량이 작아지기 때문이다.
② 공기와 접촉면이 커지기 때문이다.
③ 열전도율이 커지기 때문이다.
④ 활성에너지가 커지기 때문이다.

해설 **가루가 연소되기 쉬운 이유**
고체가연물이 가루가 되면 **공기**와 **접촉면**이 커져서(넓어져서) 연소가 더 잘 된다. 보기 ②

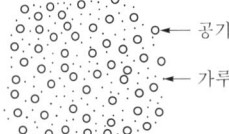

가루와 공기의 접촉

답 ②

10 이산화탄소 소화약제 저장용기의 설치장소에 대한 설명 중 옳지 않은 것은?
19.04.문70
15.03.문74
12.09.문69
02.09.문63
① 반드시 방호구역 내의 장소에 설치한다.
② 온도의 변화가 작은 곳에 설치한다.
③ 방화문으로 구획된 실에 설치한다.
④ 해당 용기가 설치된 곳임을 표시하는 표지를 한다.

해설 ① 반드시 방호구역 내 → 방호구역 외

이산화탄소 소화약제 저장용기 설치기준(NFPC 106 4조, NFTC 106 2.1.1)
(1) 온도가 **40℃** 이하인 장소
(2) **방호구역 외**의 장소에 설치할 것 보기 ①
(3) 직사광선 및 빗물이 침투할 우려가 없는 곳
(4) 온도의 변화가 작은 곳에 설치 보기 ②
(5) **방화문**으로 구획된 실에 설치할 것 보기 ③

(6) 방호구역 내에 설치할 경우에는 피난 및 조작이 용이하도록 피난구 부근에 설치
(7) 용기의 설치장소에는 해당 용기가 설치된 곳임을 표시하는 표지할 것 보기 ④
(8) 용기 간의 간격은 점검에 지장이 없도록 **3cm 이상**의 간격 유지
(9) 저장용기와 집합관을 연결하는 연결배관에는 **체크밸브** 설치

답 ①

11 질식소화시 공기 중의 산소농도는 일반적으로 약 몇 vol% 이하로 하여야 하는가?
19.09.문13
18.09.문19
17.05.문06
16.03.문08
15.03.문17
14.03.문19
11.10.문19
03.08.문11
① 25
② 21
③ 19
④ 15

해설 **소화의 형태**

구 분	설 명
냉각소화	① **점화원**을 냉각하여 소화하는 방법 ② **증발잠열**을 이용하여 열을 빼앗아 가연물의 온도를 떨어뜨려 화재를 진압하는 소화방법 ③ 다량의 **물**을 뿌려 소화하는 방법 ④ 가연성 물질을 **발화점** 이하로 **냉각**하여 소화하는 방법 ⑤ **식용유화재**에 신선한 **야채**를 넣어 소화하는 방법 ⑥ 용융잠열에 의한 **냉각효과**를 이용하여 소화하는 방법 기억법 냉점증발
질식소화	① 공기 중의 **산소농도**를 **16%(10~15%)** 이하로 희박하게 하여 소화하는 방법 보기 ④ ② 산화제의 농도를 낮추어 연소가 지속될 수 없도록 소화하는 방법 ③ 산소공급을 차단하여 소화하는 방법 ④ 산소의 농도를 낮추어 소화하는 방법 ⑤ 화학반응으로 발생한 **탄산가스**에 의한 소화방법 기억법 질산
제거소화	가연물을 제거하여 소화하는 방법
부촉매 소화 (억제소화, 화학소화)	① 연쇄반응을 차단하여 소화하는 방법 ② 화학적인 방법으로 화재를 억제하여 소화하는 방법 ③ 활성기(free radical, 자유라디칼)의 생성을 억제하여 소화하는 방법 ④ 할론계 소화약제 기억법 부억(부엌)
희석소화	① 기체·고체·액체에서 나오는 분해가스나 증기의 농도를 낮춰 소화하는 방법 ② 불연성 가스의 공기 중 농도를 높여 소화하는 방법 ③ 불활성기체를 방출하여 연소범위 이하로 낮추어 소화하는 방법

중요
화재의 소화원리에 따른 소화방법

소화원리	소화설비
냉각소화	① 스프링클러설비 ② 옥내·외소화전설비
질식소화	① 이산화탄소 소화설비 ② 포소화설비 ③ 분말소화설비 ④ 불활성기체 소화약제
억제소화 (부촉매효과)	① 할론소화약제 ② 할로겐화합물 소화약제

답 ④

12. 소화효과를 고려하였을 경우 화재시 사용할 수 있는 물질이 아닌 것은?

① 이산화탄소
② 아세틸렌
③ Halon 1211
④ Halon 1301

해설 ② 아세틸렌: **가연성 가스**로서 화재시 사용불가

소화약제
(1) 이산화탄소 소화약제

주성분	적응화재
이산화탄소(CO_2) 보기①	BC급

(2) 할론소화약제의 약칭 및 분자식

종류	약칭	분자식
할론 1011	CB	CH_2ClBr
할론 104	CTC	CCl_4
할론 1211 보기③	BCF	$CF_2ClBr(CClF_2Br)$
할론 1301 보기④	BTM	CF_3Br
할론 2402	FB	$C_2F_4Br_2$

답 ②

13. 다음 원소 중 전기음성도가 가장 큰 것은?

① F
② Br
③ Cl
④ I

해설 할론소화약제

부촉매효과(소화능력) 크기	전기음성도(친화력, 결합력) 크기
I > Br > Cl > F	F > Cl > Br > I

● 전기음성도 크기 = 수소와의 결합력 크기

중요
할로젠족 원소
(1) 불소: F
(2) 염소: Cl
(3) 브로민(취소): Br
(4) 아이오딘(옥소): I

기억법 FClBrI

답 ①

14. 화재하중의 단위로 옳은 것은?

① kg/m^2
② $℃/m^2$
③ $kg·L/m^3$
④ $℃·L/m^3$

해설 화재하중
(1) 가연물 등의 **연소시 건축물의 붕괴** 등을 고려하여 설계하는 하중
(2) 화재실 또는 화재구획의 **단위면적당 가연물의 양**
(3) 일반건축물에서 가연성의 건축구조재와 **가연성 수용물의 양**으로서 건물화재시 발열량 및 화재위험성을 나타내는 용어
(4) 화재하중이 크면 단위면적당의 발열량이 크다.
(5) 화재하중이 같더라도 물질의 상태에 따라 가혹도는 달라진다.
(6) 화재하중은 화재구획실 내의 가연물 총량을 목재 중량 당비로 환산하여 면적으로 나눈 수치이다.
(7) 건물화재에서 가열온도의 정도를 의미한다.
(8) 건물의 내화설계시 고려되어야 할 사항이다.
(9)
$$q = \frac{\Sigma G_t H_t}{HA} = \frac{\Sigma Q}{4500A}$$

여기서, q: 화재하중[kg/m^2] 또는 [N/m^2] 보기①
G_t: 가연물의 양[kg]
H_t: 가연물의 단위발열량[kcal/kg]
H: 목재의 단위발열량[kcal/kg] (4500kcal/kg)
A: 바닥면적[m^2]
ΣQ: 가연물의 전체 발열량[kcal]

비교
화재가혹도
화재로 인하여 건물 내에 수납되어 있는 재산 및 건물 자체에 손상을 주는 능력의 정도

답 ①

15. 제1종 분말소화약제의 주성분으로 옳은 것은?

① $KHCO_3$
② $NaHCO_3$
③ $NH_4H_2PO_4$
④ $Al_2(SO_4)_3$

해설 (1) 분말소화약제

종별	주성분	착색	적응화재	비고
제1종	중탄산나트륨 (NaHCO₃) 보기②	백색	BC급	**식용유** 및 **지방질유**의 화재에 적합
제2종	중탄산칼륨 (KHCO₃)	담자색 (담회색)	BC급	–
제3종	제1인산암모늄 (NH₄H₂PO₄)	담홍색	ABC급	**차고·주차장**에 적합
제4종	중탄산칼륨+요소 (KHCO₃+(NH₂)₂CO)	회(백)색	BC급	–

기억법 1식분(일식 분식)
3분 차주(삼보컴퓨터 차주)

(2) 이산화탄소 소화약제

주성분	적응화재
이산화탄소(CO₂)	BC급

답 ②

★★★
16 탄화칼슘이 물과 반응시 발생하는 가연성 가스는?
19.03.문17
17.05.문09
11.10.문05
10.09.문12
① 메탄
② 포스핀
③ 아세틸렌
④ 수소

해설 탄화칼슘과 물의 반응식
CaC₂ + 2H₂O → Ca(OH)₂ + C₂H₂↑
탄화칼슘 물   수산화칼슘 아세틸렌 보기③

답 ③

★★★
17 화재의 소화원리에 따른 소화방법의 적용으로 틀린 것은?
19.09.문13
18.09.문19
17.05.문06
16.03.문08
15.03.문17
14.03.문19
11.10.문19
03.08.문11
① 냉각소화 : 스프링클러설비
② 질식소화 : 이산화탄소 소화설비
③ 제거소화 : 포소화설비
④ 억제소화 : 할로겐화합물 소화설비

해설 ③ 포소화설비 → 물(봉상주수)

화재의 소화원리에 따른 소화방법

소화원리	소화설비
냉각소화	① 스프링클러설비 보기① ② 옥내·외소화전설비
질식소화	① 이산화탄소 소화설비 보기② ② 포소화설비 ③ 분말소화설비 ④ 불활성기체 소화약제
억제소화 (부촉매효과)	① 할론소화약제 ② 할로겐화합물 소화약제 보기④
제거소화	물(봉상주수) 보기③

답 ③

★★★
18 공기의 평균 분자량이 29일 때 이산화탄소 기체의 증기비중은 얼마인가?
19.03.문18
16.03.문01
15.03.문05
14.09.문15
12.09.문18
07.05.문17
① 1.44
② 1.52
③ 2.88
④ 3.24

해설 (1) 분자량

원소	원자량
H	1
C	12
N	14
O	16

이산화탄소(CO₂) : 12+16×2 = 44

(2) 증기비중

$$증기비중 = \frac{분자량}{29}$$

여기서, 29 : 공기의 평균 분자량[g/mol]

이산화탄소 증기비중 = $\frac{분자량}{29} = \frac{44}{29} ≒ 1.52$

비교

증기밀도

$$증기밀도 = \frac{분자량}{22.4}$$

여기서, 22.4 : 기체 1몰의 부피[L]

 중요

이산화탄소의 물성

구분	물성
임계압력	72.75atm
임계온도	31.35℃(약 31.1℃)
3중점	−**56**.3℃(약 −56℃)
승화점(비점)	−**78**.5℃
허용농도	0.5%
증기비중	1.**5**29
수분	0.05% 이하(함량 99.5% 이상)

기억법 이356, 이비78, 이증15

답 ②

19 인화점이 20℃인 액체위험물을 보관하는 창고의 인화 위험성에 대한 설명 중 옳은 것은?

① 여름철에 창고 안이 더워질수록 인화의 위험성이 커진다.
② 겨울철에 창고 안이 추워질수록 인화의 위험성이 커진다.
③ 20℃에서 가장 안전하고 20℃보다 높아지거나 낮아질수록 인화의 위험성이 커진다.
④ 인화의 위험성은 계절의 온도와는 상관없다.

해설
① 여름철에 창고 안이 더워질수록 액체위험물에 점도가 낮아져서 점화가 쉽게 될 수 있기 때문에 인화의 위험성이 커진다고 판단함이 합리적이다.

답 ①

20 위험물과 위험물안전관리법령에서 정한 지정수량을 옳게 연결한 것은?

① 무기과산화물 – 300kg
② 황화인 – 500kg
③ 황린 – 20kg
④ 질산에스터류(제1종) – 200kg

해설
① 300kg → 50kg
② 500kg → 100kg
④ 200kg → 10kg

위험물의 지정수량

위험물	지정수량
질산에스터류	제1종 : 10kg, 제2종 : 100kg 보기 ④
황린	20kg 보기 ③
• 무기과산화물 • 과산화나트륨	50kg 보기 ①
• 황화인 • 적린	100kg 보기 ②
트리나이트로톨루엔	제1종 : 10kg, 제2종 : 100kg
탄화알루미늄	300kg

답 ③

제2과목 소방유체역학

21 체적 0.1m³의 밀폐용기 안에 기체상수가 0.4615 kJ/kg·K인 기체 1kg이 압력 2MPa, 온도 250℃ 상태로 들어있다. 이때 이 기체의 압축계수(또는 압축성 인자)는?

① 0.578   ② 0.828
③ 1.21   ④ 1.73

해설 (1) 기호
- V : 0.1m³
- R : 0.4615kJ/kg·K = 0.4615kN·m/kg·K
  (1kJ = 1kN·m)
- m : 1kg
- P : 2MPa = 2000kPa
  (1MPa = 10⁶Pa, 1kPa = 10³Pa이므로 1MPa = 1000kPa)
  = 2000kN/m²(1kPa = 1kN/m²)
- T : 250℃ = (273+250)K
- Z : ?

(2) 이상기체상태 방정식

$$PV = ZmRT$$

여기서, P : 압력(kPa) 또는 (kN/m²)
V : 부피(m³)
Z : 압축계수(압축성 인자)
m : 질량(kg)
R : 기체상수(kJ/kg·K)
T : 절대온도(273+℃)(K)

압축계수 Z는

$$Z = \frac{PV}{mRT}$$

$$= \frac{2000\text{kN/m}^2 \times 0.1\text{m}^3}{1\text{kg} \times 0.4615\text{kN·m/kg·K} \times (273+250)\text{K}}$$

≒ 0.828

답 ②

22 물의 체적탄성계수가 2.5GPa일 때 물의 체적을 1% 감소시키기 위해선 얼마의 압력(MPa)을 가하여야 하는가?

① 20   ② 25
③ 30   ④ 35

해설 (1) 기호
- K : 2.5GPa = 2500MPa(1GPa = 10⁹Pa, 1MPa = 10⁶Pa 이므로 1GPa = 1000MPa)
- $\Delta V/V$: 1% = 0.01
- ΔP : ?

(2) 체적탄성계수

$$K = -\frac{\Delta P}{\Delta V/V}$$

여기서, K : 체적탄성계수(kPa)
ΔP : 가해진 압력(kPa)
$\Delta V/V$: 체적의 감소율

$$\Delta P = P_2 - P_1, \quad \Delta V = V_2 - V_1$$

가해진 압력 ΔP는
$-\Delta P = K \times \Delta V/V$

$$\Delta P = -K \times \Delta V / V$$
$$= -2500 \text{MPa} \times 0.01 = -25 \text{MPa}$$

• '−'는 누르는 방향을 나타내므로 여기서는 무시

답 ②

23 ★
[19.03.문22]

안지름 40mm의 배관 속을 정상류의 물이 매분 150L로 흐를 때의 평균유속[m/s]은?

① 0.99
② 1.99
③ 2.45
④ 3.01

해설 (1) 기호
- D : 40mm=0.04m(1000mm=1m)
- Q : 150L/min=0.15m³/min=0.15m³/60s
  (1000L=1m³, 1min=60s)
- V : ?

(2) **유량**(flowrate, 체적유량, 용량유량)

$$Q = AV = \left(\frac{\pi D^2}{4}\right) V$$

여기서, Q : 유량[m³/s]
A : 단면적[m²]
V : 유속[m/s]
D : 직경(안지름)[m]

유속 V는

$$V = \frac{Q}{\frac{\pi D^2}{4}} = \frac{0.15 \text{m}^3/60 \text{s}}{\frac{\pi \times (0.04 \text{m})^2}{4}} \fallingdotseq 1.99 \text{m/s}$$

답 ②

24 ★★★
[18.09.문30]
[17.05.문39]
[15.09.문30]
[15.05.문36]
[11.10.문27]

원심펌프를 이용하여 0.2m³/s로 저수지의 물을 2m 위의 물탱크로 퍼올리고자 한다. 펌프의 효율이 80%라고 하면 펌프에 공급해야 하는 동력[kW]은?

① 1.96
② 3.14
③ 3.92
④ 4.90

해설 (1) 기호
- Q : 0.2m³/s=0.2m³/$\frac{1}{60}$min=(0.2×60)m³/min
  (1min=60s이므로 1s=$\frac{1}{60}$min)
- H : 2m
- η : 80%=0.8
- P : ?

(2) **전동력**(전동기의 용량)

$$P = \frac{0.163QH}{\eta} K$$

여기서, P : 전동력[kW]
Q : 유량[m³/min]
H : 전양정[m]

K : 전달계수
η : 효율

전동력 P는

$$P = \frac{0.163QH}{\eta} K$$
$$= \frac{0.163 \times (0.2 \times 60) \text{m}^3/\text{min} \times 2\text{m}}{0.8}$$
$$= 4.89 \text{kW} \fallingdotseq 4.9 \text{kW}$$

• K : 주어지지 않았으므로 무시

답 ④

25 ★
[15.03.문21]

원관에서 길이가 2배, 속도가 2배가 되면 손실수두는 원래의 몇 배가 되는가? (단, 두 경우 모두 완전발달 난류유동에 해당하며, 관마찰계수는 일정하다.)

① 동일하다.
② 2배
③ 4배
④ 8배

해설 (1) 기호
- l : 2배
- V : 2배
- H : ?

(2) **난류**(패닝의 법칙)

$$H = \frac{\Delta P}{\gamma} = \frac{2fl V^2}{gD}$$

여기서, H : 손실수두[m]
ΔP : 압력손실[Pa]
γ : 비중량(물의 비중량 9800N/m³)
f : 관마찰계수
l : 길이[m]
V : 유속[m/s]
g : 중력가속도(9.8m/s²)
D : 내경[m]

손실수두 H는

$$H = \frac{2fl V^2}{gD} \propto l V^2$$
$$H \propto l V^2$$
$$\propto 2배 \times (2배)^2 = 8배$$

답 ④

26 ★★★
[19.04.문22]
[18.03.문36]
[17.09.문35]
[17.05.문37]
[16.10.문23]
[15.03.문35]
[14.05.문39]
[14.03.문32]

펌프가 운전 중에 한숨을 쉬는 것과 같은 상태가 되어 펌프 입구의 진공계 및 출구의 압력계 지침이 흔들리고 송출유량도 주기적으로 변화하는 이상현상을 무엇이라고 하는가?

① 공동현상(cavitation)
② 수격작용(water hammering)
③ 맥동현상(surging)
④ 언밸런스(unbalance)

해설 펌프의 현상

용어	설명
공동현상 (cavitation)	펌프의 흡입측 배관 내의 물의 정압이 기존의 증기압보다 낮아져서 **기포**가 발생되어 물이 흡입되지 않는 현상 **기억법** 공기
수격작용 (water hammering)	① 배관 속의 물흐름을 급히 차단하였을 때 동압이 정압으로 전환되면서 일어나는 쇼크(shock)현상 ② 배관 내를 흐르는 유체의 유속을 급격하게 변화시키므로 압력이 상승 또는 하강하여 **관로의 벽면**을 **치는 현상**
서징현상 (surging, 맥동현상)	유량이 단속적으로 변하여 펌프 입출구에 설치된 **진공계·압력계**가 **흔**들리고 **진동**과 **소음**이 일어나며 펌프의 **토출유량**이 **변하는 현상** 보기 ③ **기억법** 서흔(서른)

• 토출유량 = 송출유량

답 ③

27
터보팬을 6000rpm으로 회전시킬 경우, 풍량은 $0.5\text{m}^3/\text{min}$, 축동력은 0.049kW이었다. 만약 터보팬의 회전수를 8000rpm으로 바꾸어 회전시킬 경우 축동력(kW)은?

① 0.0207 ② 0.207
③ 0.116 ④ 1.161

해설 (1) 기호
- N_1 : 6000rpm
- Q_1 : $0.5\text{m}^3/\text{min}$
- P_1 : 0.049kW
- N_2 : 8000rpm
- P_2 : ?

(2) 펌프의 상사법칙
⊙ 유량(송출량, 풍량)

$$Q_2 = Q_1\left(\frac{N_2}{N_1}\right) \text{ 또는 } Q_2 = Q_1\left(\frac{N_2}{N_1}\right)\left(\frac{D_2}{D_1}\right)^3$$

ⓒ 전양정

$$H_2 = H_1\left(\frac{N_2}{N_1}\right)^2 \text{ 또는 } H_2 = H_1\left(\frac{N_2}{N_1}\right)^2\left(\frac{D_2}{D_1}\right)^2$$

ⓒ 축동력

$$P_2 = P_1\left(\frac{N_2}{N_1}\right)^3 \text{ 또는 } P_2 = P_1\left(\frac{N_2}{N_1}\right)^3\left(\frac{D_2}{D_1}\right)^5$$

여기서, Q_1, Q_2 : 변화 전후의 유량(송출량, 풍량)[m^3/min]
H_1, H_2 : 변화 전후의 전양정(m)
P_1, P_2 : 변화 전후의 축동력(kW)
N_1, N_2 : 변화 전후의 회전수(회전속도)(rpm)
D_1, D_2 : 변화 전후의 직경(m)

축동력 P_2는

$$P_2 = P_1\left(\frac{N_2}{N_1}\right)^3$$
$$= 0.049\text{kW} \times \left(\frac{8000\text{rpm}}{6000\text{rpm}}\right)^3$$
$$= 0.116\text{kW}$$

용어
상사법칙
기하학적으로 유사하거나 같은 펌프에 적용하는 법칙

답 ③

28
어떤 기체를 20℃에서 등온 압축하여 절대압력이 0.2MPa에서 1MPa로 변할 때 체적은 초기 체적과 비교하여 어떻게 변화하는가?

① 5배로 증가한다.
② 10배로 증가한다.
③ $\frac{1}{5}$로 감소한다.
④ $\frac{1}{10}$로 감소한다.

해설 등온과정
(1) 기호
- T : 20℃
- P_1 : 0.2MPa
- P_2 : 1MPa
- $\frac{V_2}{V_1}$: ?

(2) 압력과 비체적

$$\frac{P_2}{P_1} = \frac{v_1}{v_2}$$

여기서, P_1, P_2 : 변화 전후의 압력[kJ/m^3] 또는 (kPa)
v_1, v_2 : 변화 전후의 비체적(m^3/kg)

(3) 변형식

$$\frac{P_2}{P_1} = \frac{V_1}{V_2}$$

여기서, P_1, P_2 : 변화 전후의 압력[kJ/m^3] 또는 (kPa)
V_1, V_2 : 변화 전후의 체적(m^3)

$$\frac{V_2}{V_1} = \frac{P_1}{P_2} = \frac{0.2\text{MPa}}{1\text{MPa}} = \frac{1}{5}\left(\therefore \frac{1}{5}\text{로 감소}\right)$$

답 ③

29
원관 속의 흐름에서 관의 직경, 유체의 속도, 유체의 밀도, 유체의 점성계수가 각각 D, V, ρ, μ로 표시될 때 층류흐름의 마찰계수(f)는 어떻게 표현될 수 있는가?

① $f = \dfrac{64\mu}{DV\rho}$

② $f = \dfrac{64\rho}{DV\mu}$

③ $f = \dfrac{64D}{V\rho\mu}$

④ $f = \dfrac{64}{DV\rho\mu}$

해설 (1) 관마찰계수(**층류**일 때만 적용 가능)

$$f = \dfrac{64}{Re}$$

여기서, f : 관마찰계수
Re : 레이놀즈수

(2) 레이놀즈수

$$Re = \dfrac{DV\rho}{\mu} = \dfrac{DV}{\nu}$$

여기서, Re : 레이놀즈수
D : 내경[m]
V : 유속[m/s]
ρ : 밀도[kg/m³]
μ : 점도[g/cm·s] 또는 [kg/m·s]
ν : 동점성계수$\left(\dfrac{\mu}{\rho}\right)$[cm²/s] 또는 [m²/s]

관마찰계수 f는

$$f = \dfrac{64}{Re} = \dfrac{64}{\dfrac{DV\rho}{\mu}} = \dfrac{64\mu}{DV\rho}$$

답 ①

30
그림과 같이 매우 큰 탱크에 연결된 길이 100m, 안지름 20cm인 원관에 부차적 손실계수가 5인 밸브 A가 부착되어 있다. 관 입구에서의 부차적 손실계수가 0.5, 관마찰계수는 0.02이고, 평균 속도가 2m/s일 때 물의 높이 H[m]는?

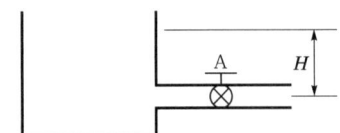

① 1.48
② 2.14
③ 2.81
④ 3.36

해설 (1) 기호
- L : 100m
- D : 20cm=0.2m(100cm=1m)
- K_1 : 5
- K_2 : 0.5
- f : 0.02
- V : 2m/s
- H : ?

(2) 속도수두

$$H = \dfrac{V^2}{2g}$$

여기서, H : 속도수두[m]
V : 유속[m/s]
g : 중력가속도(9.8m/s²)

속도수두 H_1은

$$H_1 = \dfrac{V^2}{2g} = \dfrac{(2\text{m/s})^2}{2 \times 9.8\text{m/s}^2} ≒ 0.2\text{m}$$

(3) 등가길이

$$L_e = \dfrac{KD}{f}$$

여기서, L_e : 등가길이[m]
K : 손실계수
D : 내경(지름)[m]
f : 마찰손실계수

원관 등가길이 L_{e1}은

$$L_{e1} = \dfrac{K_1 D}{f} = \dfrac{5 \times 0.2\text{m}}{0.02} = 50\text{m}$$

관 입구 등가길이 L_{e2}는

$$L_{e2} = \dfrac{K_2 D}{f} = \dfrac{0.5 \times 0.2\text{m}}{0.02} = 5\text{m}$$

- 상당길이=상당관길이=등가길이
- 관마찰계수=마찰손실계수

(4) 총 길이

$$L_T = L + L_{e1} + L_{e2}$$

여기서, L_T : 총 길이[m]
L : 길이[m]
L_{e1} : 원관 등가길이[m]
L_{e2} : 관 입구 등가길이[m]

총 길이 L_T는
$L_T = L + L_{e1} + L_{e2} = 100\text{m} + 50\text{m} + 5\text{m} = 155\text{m}$

(5) **달시-웨버**의 식(Darcy-Weisbach formula, 층류)

$$H = \dfrac{\Delta p}{\gamma} = \dfrac{fLV^2}{2gD}$$

여기서, H : 마찰손실수두(전양정)[m]
Δp : 압력차[Pa] 또는 [N/m²]
γ : 비중량(물의 비중량 9800N/m³)
f : 관마찰계수
L : 길이(총 길이)[m]
V : 유속[m/s]

g : 중력가속도(9.8m/s²)
D : 내경(지름)[m]

마찰손실수두 H_2는

$$H_2 = \frac{fL_TV^2}{2gD} = \frac{0.02 \times 155\text{m} \times (2\text{m/s})^2}{2 \times 9.8\text{m/s}^2 \times 0.2\text{m}} \fallingdotseq 3.16\text{m}$$

(6) 물의 높이

$$H = H_1 + H_2$$

여기서, H : 물의 높이[m]
H_1 : 속도수두[m]
H_2 : 마찰손실수두[m]

물의 높이 H는
$H = H_1 + H_2 = 0.2\text{m} + 3.16\text{m} = 3.36\text{m}$

답 ④

31 마그네슘은 절대온도 293K에서 열전도도가 156W/m·K, 밀도는 1740kg/m³이고, 비열이 1017J/kg·K일 때 열확산계수[m²/s]는?

① 8.96×10^{-2} ② 1.53×10^{-1}
③ 8.81×10^{-5} ④ 8.81×10^{-4}

해설 (1) 기호
- T : 293K
- K : 156W/m·K=156J/s·m·K(1W=1J/s)
- ρ : 1740kg/m³
- C : 1017J/kg·K
- σ : ?

(2) 열확산계수

$$\sigma = \frac{K}{\rho C}$$

여기서, σ : 열확산계수[m²/s]
K : 열전도도(열전도율)[W/m·K]
ρ : 밀도[kg/m³]
C : 비열[J/kg·K]

열확산계수 σ는
$$\sigma = \frac{K}{\rho C}$$
$$= \frac{156\text{J/s}\cdot\text{m}\cdot\text{K}}{1740\text{kg/m}^3 \times 1017\text{J/kg}\cdot\text{K}}$$
$$\fallingdotseq 8.81 \times 10^{-5} \text{m}^2/\text{s}$$

답 ③

32 그림과 같이 반지름이 1m, 폭(y방향) 2m인 곡면 AB에 작용하는 물에 의한 힘의 수직성분(z방향) F_z와 수평성분(x방향) F_x와의 비(F_z/F_x)는 얼마인가?

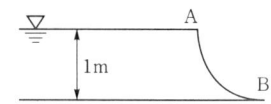

① $\dfrac{\pi}{2}$ ② $\dfrac{2}{\pi}$
③ 2π ④ $\dfrac{1}{2\pi}$

해설 (1) 수평분력

$$F_x = \gamma h A$$

여기서, F_x : 수평분력[N]
γ : 비중량(물의 비중량 9800N/m³)
h : 표면에서 수문 중심까지의 수직거리[m]
A : 수문의 단면적[m²]

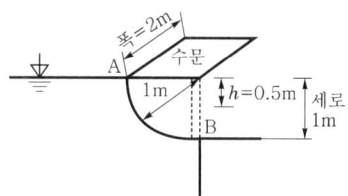

$F_x = \gamma h A$
$= 9800\text{N/m}^3 \times 0.5\text{m} \times 2\text{m}^2$
$= 9800\text{N}$

- h : $\dfrac{1\text{m}}{2} = 0.5\text{m}$
- A : 가로(폭)×세로 = 2m×1m = 2m²

(2) 수직분력

$$F_z = \gamma V$$

여기서, F_z : 수직분력[N]
γ : 비중량(물의 비중량 9800N/m³)
V : 체적[m³]

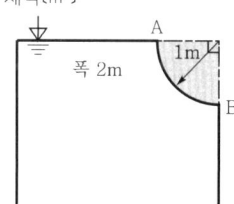

$F_z = \gamma V$
$= 9800\text{N/m}^3 \times \left(\dfrac{br^2}{2} \times 수문폭(각도)\right)$
$= 9800\text{N/m}^3 \times \left(\dfrac{2\text{m} \times (1\text{m})^2}{2} \times \dfrac{\pi}{2}\right) \fallingdotseq 15393\text{N}$

- b(폭) : 2m
- r(반경) : 1m
- 문제에서 $\dfrac{1}{4}$ 이므로 각도는 90°= $\dfrac{\pi}{2}$, 만약 $\dfrac{1}{2}$ 이라면 각도 180°= π

$$\therefore \frac{F_z}{F_x} = \frac{15393\text{N}}{9800\text{N}} \fallingdotseq 1.57 = \frac{\pi}{2}$$

답 ①

33

대기압하에서 10℃의 물 2kg이 전부 증발하여 100℃의 수증기로 되는 동안 흡수되는 열량[kJ]은 얼마인가? (단, 물의 비열은 4.2kJ/kg·K, 기화열은 2250kJ/kg이다.)

① 756
② 2638
③ 5256
④ 5360

해설 (1) 기호
- ΔT : (100−10)K=90K
- 온도차(ΔT)는 ℃ 또는 K 어느 단위로 계산하여도 같은 값이 나온다. 그러므로 어느 단위를 사용해도 관계없다.
  예 K = (273+100) − (273+10) = 90K
  ℃ = 100 − 10 = 90℃
- m : 2kg
- Q : ?
- C : 4.2kJ/kg·K
- r_2 : 2250kJ/kg

(2) 열량

$$Q = r_1 m + mC\Delta T + r_2 m$$

여기서, Q : 열량[kJ]
r_1 : 융해열[kJ/kg]
r_2 : 기화열[kJ/kg]
m : 질량[kg]
C : 비열[kJ/kg·K]
ΔT : 온도차(273+℃)[K]

열량 $Q = mC\Delta T + r_2 m$
= 2kg×4.2kJ/kg·K×90K + 2250kJ/kg×2kg
= 5256kJ

- 융해열은 없으므로 $r_1 m$은 무시

답 ③

34

경사진 관로의 유체흐름에서 수력기울기선의 위치로 옳은 것은?

① 언제나 에너지선보다 위에 있다.
② 에너지선보다 속도수두만큼 아래에 있다.
③ 항상 수평이 된다.
④ 개수로의 수면보다 속도수두만큼 위에 있다.

해설 **수력구배선**(HGL, 수력기울기선)
(1) 관로 중심에서의 위치수두에 압력수두를 더한 높이에 있는 선이다.
(2) 에너지선보다 항상 아래에 있다.
(3) 에너지선보다 속도수두만큼 아래에 있다. 보기 ②

- 속도구배선=속도기울기선

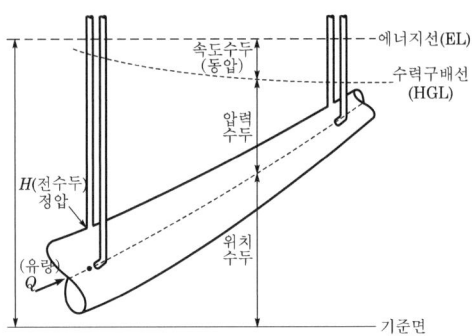

에너지선과 수력구배선(수력기울기선)

답 ②

35

그림과 같이 폭(b)이 1m이고 깊이(h_0) 1m로 물이 들어있는 수조가 트럭 위에 실려 있다. 이 트럭이 7m/s²의 가속도로 달릴 때 물의 최대높이(h_2)와 최소높이(h_1)는 각각 몇 m인가?

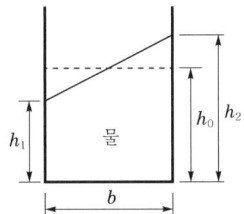

① $h_1 = 0.643\text{m}$, $h_2 = 1.413\text{m}$
② $h_1 = 0.643\text{m}$, $h_2 = 1.357\text{m}$
③ $h_1 = 0.676\text{m}$, $h_2 = 1.413\text{m}$
④ $h_1 = 0.676\text{m}$, $h_2 = 1.357\text{m}$

해설 (1) 기호
- b : 1m
- h_0 : 1m
- a : 7m/s²
- h_2 : ?
- h_1 : ?

(2) 높이

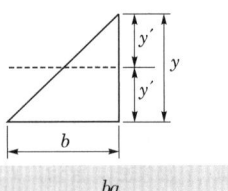

$$y = \frac{ba}{g}$$

여기서, y : 높이[m]
b : 폭[m]
a : 가속도[m/s²]
g : 중력가속도(9.8m/s²)

높이 y는

$$y = \frac{ba}{g} = \frac{1\text{m} \times 7\text{m/s}^2}{9.8\text{m/s}^2} ≒ 0.714\text{m}$$

(3) 중심높이

$$y' = \frac{y}{2}$$

여기서, y' : 중심높이[m]
　　　　y : 높이[m]

중심높이 y'는

$$y' = \frac{y}{2} = \frac{0.714\text{m}}{2} = 0.357\text{m}$$

(4) 최소높이, 최대높이

$$h_1 = h_0 - y', \quad h_2 = h_0 + y'$$

여기서, h_1 : 최소높이[m]
　　　　h_2 : 최대높이[m]
　　　　h_0 : 깊이[m]
　　　　y' : 중심높이[m]

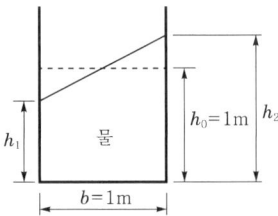

최소높이 h_1은
$h_1 = h_0 - y' = 1\text{m} - 0.357\text{m} = 0.643\text{m}$
최대높이 h_2는
$h_2 = h_0 + y' = 1\text{m} + 0.357\text{m} = 1.357\text{m}$

답 ②

36 유체의 거동을 해석하는 데 있어서 비점성 유체에 대한 설명으로 옳은 것은?
① 실제 유체를 말한다.
② 전단응력이 존재하는 유체를 말한다.
③ 유체 유동시 마찰저항이 속도기울기에 비례하는 유체이다.
④ 유체 유동시 마찰저항을 무시한 유체를 말한다.

해설
① 실제유체 → 이상유체
② 존재하는 → 존재하지 않는
③ 마찰저항이 속도기울기에 비례하는 → 마찰저항을 무시한

비점성 유체
(1) 이상유체 [보기 ①]
(2) 전단응력이 존재하지 않는 유체 [보기 ②]
(3) 유체 유동시 마찰저항을 무시한 유체 [보기 ③④]

중요
유체의 종류

종류	설명
실제유체	**점**성이 **있**으며, **압**축성인 유체
이상유체	점성이 없으며, **비압축성**인 유체
압축성 유체	**기체**와 같이 체적이 변화하는 유체
비압축성 유체	**액체**와 같이 체적이 변화하지 않는 유체

기억법 **실점있압**(**실점**이 **있**는 사람만 **압**박해!)
　　　　기압(**기압**)

비교
비압축성 유체
(1) 밀도가 압력에 의해 변하지 않는 유체
(2) 굴뚝둘레를 흐르는 공기흐름
(3) 정지된 자동차 주위의 공기흐름
(4) 체적탄성계수가 큰 유체
(5) 액체와 같이 체적이 변하지 않는 유체

답 ④

37 출구단면적이 0.0004m²인 소방호스로부터 25m/s의 속도로 수평으로 분출되는 물제트가 수직으로 세워진 평판과 충돌한다. 평판을 고정시키기 위한 힘(F)은 몇 N인가?

① 150
② 200
③ 250
④ 300

해설 (1) 기호
 • A : 0.0004m²
 • V : 25m/s
 • F : ?

(2) 유량

$$Q = AV$$

여기서, Q : 유량[m³/s]
　　　　A : 단면적[m²]
　　　　V : 유속[m/s]

(3) 평판에 작용하는 힘

$$F = \rho Q V$$

여기서, F : 힘[N]
ρ : 밀도(물의 밀도 1000N·s²/m⁴)
Q : 유량[m³/s]
V : 유속[m/s]

힘 F 는
$F = \rho Q V$
$= \rho(AV)V (\because Q = AV)$
$= \rho A V^2$
$= 1000\text{N} \cdot \text{s}^2/\text{m}^4 \times 0.0004\text{m}^2 \times (25\text{m/s})^2$
$= 250\text{N}$

답 ③

38 ★★★
19.09.문34
14.09.문26
97.10.문23

두 개의 가벼운 공을 그림과 같이 실로 매달아 놓았다. 두 개의 공 사이로 공기를 불어 넣으면 공은 어떻게 되겠는가?

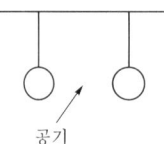

① 파스칼의 법칙에 따라 벌어진다.
② 파스칼의 법칙에 따라 가까워진다.
③ 베르누이의 법칙에 따라 벌어진다.
④ 베르누이의 법칙에 따라 가까워진다.

해설 **베르누이법칙**에 의해 속도수두, 압력수두, 위치수두의 합은 일정하므로 2개의 공 사이에 기류를 불어 넣으면 공의 높이는 같아서 위치수두는 일정하므로 **속도가 증가**(속도수두 증가)하여 **압력이 감소**(압력수두 감소)하므로 2개의 공은 **가까워진다**. 보기 ④

중요
베르누이방정식

$$\frac{V^2}{2g} + \frac{p}{\gamma} + Z = \text{일정}$$
↑   ↑   ↑
(속도수두) (압력수두) (위치수두)

여기서, V : 유속[m/s]
p : 압력[kPa]
Z : 높이[m]
g : 중력가속도(9.8m/s²)
γ : 비중량(물의 비중량 9.8kN/m³)

답 ④

39 ★★★
19.03.문39
17.05.문27
06.05.문25
05.05.문21

다음 중 뉴턴(Newton)의 점성법칙을 이용하여 만든 회전원통식 점도계는?

① 세이볼트(Saybolt) 점도계
② 오스왈트(Ostwald) 점도계
③ 레드우드(Redwood) 점도계
④ 맥 마이클(Mac Michael) 점도계

해설 **점도계**
(1) **세관법**
㉠ 하겐-포아젤(Hagen-Poiseuille)의 **법칙** 이용
㉡ **세**이볼트(Saybolt) 점도계 보기 ①
㉢ **레**드우드(Redwood) 점도계 보기 ③
㉣ **엥**글러(Engler) 점도계
㉤ **바**베이(Barbey) 점도계
㉥ **오**스트발트(Ostwald) 점도계(오스왈트 점도계) 보기 ②

(2) **회전원통법** (회전원통식)
㉠ **뉴**턴(Newton)의 **점성법칙** 이용
㉡ **스**토머(Stormer) 점도계
㉢ **맥** 마이클(Mac Michael) 점도계 보기 ④

기억법 뉴점스맥

(3) **낙구법**
㉠ **스**토크스(Stokes)의 **법칙** 이용
㉡ 낙구식 점도계

용어
점도계
점성계수를 측정할 수 있는 기기

답 ④

40 ★★★
17.09.문23
17.03.문29
13.03.문26
13.03.문37

그림과 같이 수은 마노미터를 이용하여 물의 유속을 측정하고자 한다. 마노미터에서 측정한 높이차(h)가 30mm일 때 오리피스 전후의 압력[kPa] 차이는? (단, 수은의 비중은 13.6이다.)

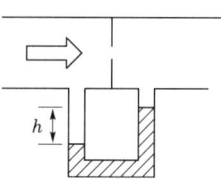

① 3.4   ② 3.7
③ 3.9   ④ 4.4

해설 (1) 기호
• $h(R)$: 30mm = 0.03m(1000mm = 1m)
• s : 13.6
• ΔP : ?

(2) 비중

$$s = \frac{\gamma}{\gamma_w}$$

여기서, s : 비중
γ : 어떤 물질의 비중량[kN/m³]
γ_w : 물의 비중량(9.8kN/m³)

수은의 비중량 $\gamma = \gamma_w s = 9.8\text{kN/m}^3 \times 13.6$
$= 133.28 \text{kN/m}^3$

(3) 어떤 물질의 압력차

$$\Delta P = p_2 - p_1 = R(\gamma - \gamma_w)$$

여기서, ΔP : U자관 마노미터의 압력차[Pa] 또는 [N/m²]
p_2 : 출구압력[Pa] 또는 [N/m²]
p_1 : 입구압력[Pa] 또는 [N/m²]
R : 마노미터 읽음[m]
γ : 어떤 물질의 비중량(수은의 비중량)[kN/m³]
γ_w : 물의 비중량(9.8kN/m³)

압력차 ΔP는
$\Delta P = R(\gamma - \gamma_w) = 0.03\text{m} \times (133.28 - 9.8)\text{kN/m}^3$
$\fallingdotseq 3.7 \text{kN/m}^2$
$= 3.7 \text{kPa} (\because 1\text{kN/m}^2 = 1\text{kPa})$

답 ②

제3과목 소방관계법규

41
소방시설 설치 및 관리에 관한 법령상 단독경보형 감지기를 설치하여야 하는 특정소방대상물의 기준으로 옳은 것은?

18.03.문49
17.09.문60
10.03.문55
06.09.문61

① 연면적 400m² 미만의 유치원
② 연면적 600m² 미만의 숙박시설
③ 수련시설 내에 있는 합숙소 또는 기숙사로서 연면적 1000m² 미만인 것
④ 교육연구시설 내에 있는 합숙소 또는 기숙사로서 연면적 1000m² 미만인 것

해설 **소방시설법 시행령 [별표 4]**
단독경보형 감지기의 설치대상

연면적	설치대상
400m² 미만	• 유치원 보기①
2000m² 미만	• 교육연구시설·수련시설 내에 있는 **합숙소** 또는 **기숙사** 보기④
모두 적용	• 100명 미만의 수련시설(숙박시설이 있는 것) 보기②③ • 연립주택 • 다세대주택

※ **단독경보형 감지기** : 화재발생상황을 단독으로 감지하여 자체에 내장된 음향장치로 경보하는 감지기

비교

단독경보형 감지기의 설치기준(NFPC 201 5조, NFTC 201 2.2.1)

(1) 각 실(이웃하는 실내의 바닥면적이 각각 **30m² 미만**이고 벽체의 상부의 전부 또는 일부가 개방되어 이웃하는 실내와 공기가 상호 유통되는 경우에는 이를 1개의 실로 본다)마다 설치하되, 바닥면적이 **150m²**를 초과하는 경우에는 **150m²**마다 1개 이상 설치할 것
(2) 최상층의 계단실의 **천장**(외기가 상통하는 계단실의 경우 제외)에 설치할 것
(3) 건전지를 주전원으로 사용하는 단독경보형 감지기는 정상적인 작동상태를 유지할 수 있도록 건전지를 교환할 것
(4) 상용전원을 주전원으로 사용하는 단독경보형 감지기의 **2차 전지**는 제품검사에 합격한 것을 사용할 것

답 ①

42
위험물안전관리법령상 위험물취급소의 구분에 해당하지 않는 것은?

15.09.문44
08.09.문45

① 이송취급소
② 관리취급소
③ 판매취급소
④ 일반취급소

해설 **위험물령 [별표 3]**
위험물취급소의 구분

구 분	설 명
주유취급소	고정된 주유설비에 의하여 **자동차·항공기** 또는 **선박** 등의 연료탱크에 직접 주유하기 위하여 위험물을 취급하는 장소
판매취급소 보기③	**점포**에서 위험물을 용기에 담아 판매하기 위하여 지정수량의 **40배** 이하의 위험물을 취급하는 장소 기억법 판4(판사 검사)
이송취급소 보기①	배관 및 이에 부속된 설비에 의하여 위험물을 **이송**하는 장소
일반취급소 보기④	주유취급소·판매취급소·이송취급소 이외의 장소

답 ②

43
소방시설 설치 및 관리에 관한 법률상 주택의 소유자가 설치하여야 하는 소방시설의 설치대상으로 틀린 것은?

① 다세대주택
② 다가구주택
③ 아파트
④ 연립주택

해설 **소방시설법 10조**
주택의 소유자가 설치하는 소방시설의 설치대상
(1) 단독주택
(2) 공동주택(아파트 및 기숙사 제외) 보기 ③
  ㉠ 연립주택 보기 ④
  ㉡ 다세대주택 보기 ①
  ㉢ 다가구주택 보기 ②

답 ③

44 화재의 예방 및 안전관리에 관한 법령상 1급 소방안전관리 대상물에 해당하는 건축물은?
① 지하구
② 층수가 15층인 공공업무시설
③ 연면적 15000m² 이상인 동물원
④ 층수가 20층이고, 지상으로부터 높이가 100m인 아파트

해설 **화재예방법 시행령 [별표 4]**
소방안전관리자를 두어야 할 특정소방대상물
(1) 특급 소방안전관리대상물 : 동식물원, 철강 등 불연성 물품 저장·취급창고, 지하구, 위험물제조소 등 제외
  ㉠ 50층 이상(지하층 제외) 또는 지상 200m 이상 아파트
  ㉡ 30층 이상(지하층 포함) 또는 지상 120m 이상(아파트 제외)
  ㉢ 연면적 10만m² 이상(아파트 제외)
(2) 1급 소방안전관리대상물 : 동식물원, 철강 등 불연성 물품 저장·취급창고, 지하구, 위험물제조소 등 제외
  ㉠ 30층 이상(지하층 제외) 또는 지상 120m 이상 아파트
  ㉡ 연면적 15000m² 이상인 것(아파트 및 연립주택 제외)
  ㉢ 11층 이상(아파트 제외) 보기 ②
  ㉣ 가연성 가스를 1000t 이상 저장·취급하는 시설
(3) 2급 소방안전관리대상물
  ㉠ 지하구 보기 ①
  ㉡ 가스제조설비를 갖추고 도시가스사업 허가를 받아야 하는 시설 또는 가연성 가스를 100~1000t 미만 저장·취급하는 시설
  ㉢ 옥내소화전설비·스프링클러설비 설치대상물
  ㉣ 물분무등소화설비(호스릴방식의 물분무등소화설비만을 설치한 경우 제외) 설치대상물
  ㉤ 공동주택(옥내소화전설비 또는 스프링클러설비가 설치된 공동주택 한정)
  ㉥ 목조건축물(국보·보물)
(4) 3급 소방안전관리대상물
  ㉠ 자동화재탐지설비 설치대상물
  ㉡ 간이스프링클러설비(주택전용 간이스프링클러설비 제외) 설치대상물

답 ②

45 위험물안전관리법령상 제조소의 기준에 따라 건축물의 외벽 또는 이에 상당하는 공작물의 외측으로부터 제조소의 외벽 또는 이에 상당하는 공작물의 외측까지의 안전거리기준으로 틀린 것은? (단, 제6류 위험물을 취급하는 제조소를 제외하고, 건축물에 불연재료로 된 방화상 유효한 담 또는 벽을 설치하지 않은 경우이다.)
① 의료법에 의한 종합병원에 있어서는 30m 이상
② 도시가스사업법에 의한 가스공급시설에 있어서는 20m 이상
③ 사용전압 35000V를 초과하는 특고압가공전선에 있어서는 5m 이상
④ 문화유산의 보존 및 활용에 관한 법률과 지정문화유산 및 자연유산의 보존 및 활용에 관한 법률에 따른 천연기념물 등에 있어서는 30m 이상

해설 ④ 30m → 50m

위험물규칙 [별표 4]
위험물제조소의 안전거리

안전거리	대상
3m 이상	• 7~35kV 이하의 특고압가공전선
5m 이상	• 35kV를 초과하는 특고압가공전선 보기 ③
10m 이상	• 주거용으로 사용되는 것
20m 이상	• 고압가스 제조시설(용기에 충전하는 것 포함) • 고압가스 사용시설(1일 30m³ 이상 용적 취급) • 고압가스 저장시설 • 액화산소 소비시설 • 액화석유가스 제조·저장시설 • 도시가스 공급시설 보기 ②
30m 이상	• 학교 • 병원급 의료기관 보기 ① • 공연장 ┐ • 영화상영관 ┘ 300명 이상 수용시설 • 아동복지시설 • 노인복지시설 • 장애인복지시설 • 한부모가족 복지시설 — 20명 이상 수용시설 • 어린이집 • 성매매 피해자 등을 위한 지원시설 • 정신건강증진시설 • 가정폭력 피해자 보호시설
50m 이상	• 지정문화유산 보기 ④ • 천연기념물 등 보기 ④

답 ④

46. 소방시설 설치 및 관리에 관한 법령상 터널로서 길이가 1000m일 때 설치하지 않아도 되는 소방시설은?

① 인명구조기구 ② 옥내소화전설비
③ 연결송수관설비 ④ 무선통신보조설비

해설 ① 1000m일 때 이므로 500m 이상, 1000m 이상 모두 해당된다.

소방시설법 시행령 [별표 4]
터널길이

터널길이	적용설비
500m 이상	• 비상조명등설비 • 비상경보설비 • 무선통신보조설비 보기 ④ • 비상콘센트설비
1000m 이상	• 옥내소화전설비 보기 ② • 자동화재탐지설비 • 연결송수관설비 보기 ③

중요

소방시설법 시행령 [별표 4]
인명구조기구의 설치장소
(1) 지하층을 포함한 **7층** 이상의 **관광호텔**[방열복, 방화복(안전모, 보호장갑, 안전화 포함), 인공소생기, 공기호흡기]
(2) 지하층을 포함한 **5층** 이상의 **병원**[방열복, 방화복(안전모, 보호장갑, 안전화 포함), 공기호흡기]

기억법 5병(오병이어의 기적)

(3) 공기호흡기를 설치하여야 하는 특정소방대상물
  ㉠ 수용인원 100명 이상인 영화상영관
  ㉡ 대규모점포
  ㉢ 지하역사
  ㉣ 지하상가
  ㉤ 이산화탄소 소화설비(호스릴 이산화탄소 소화설비 제외)를 설치하여야 하는 특정소방대상물

답 ①

47. 소방시설 설치 및 관리에 관한 법령상 스프링클러설비를 설치하여야 하는 특정소방대상물의 기준으로 틀린 것은? (단, 위험물 저장 및 처리 시설 중 가스시설 또는 지하구는 제외한다.)

① 복합건축물로서 연면적 3500m² 이상인 경우에는 모든 층
② 창고시설(물류터미널은 제외)로서 바닥면적 합계가 5000m² 이상인 경우에는 모든 층
③ 숙박이 가능한 수련시설 용도로 사용되는 시설의 바닥면적의 합계가 600m² 이상인 것은 모든 층
④ 판매시설, 운수시설 및 창고시설(물류터미널에 한정)로서 바닥면적의 합계가 5000m² 이상이거나 수용인원이 500명 이상인 경우에는 모든 층

해설 ① 3500m² → 5000m²

스프링클러설비의 설치대상

설치대상	조 건

① 문화 및 집회시설, 운동시설
② 종교시설
	• 수용인원 : 100명 이상
	• 영화상영관 : 지하층·무창층 500m²(기타 1000m²) 이상
	• 무대부
	  – 지하층·무창층·4층 이상 300m² 이상
	  – 1~3층 500m² 이상

③ 판매시설 ④ 운수시설 ⑤ 물류터미널	• 수용인원 : 500명 이상 • 바닥면적 합계 : 5000m² 이상 보기 ④
⑥ 노유자시설 ⑦ 정신의료기관 ⑧ 수련시설(숙박 가능한 것) ⑨ 종합병원, 병원, 치과병원, 한방병원 및 요양병원(정신병원 제외) ⑩ 숙박시설	• 바닥면적 합계 600m² 이상 보기 ③
⑪ 지하층·무창층·4층 이상	• 바닥면적 1000m² 이상
⑫ 창고시설(물류터미널 제외)	• 바닥면적 합계 5000m² 이상 : 전층 보기 ②
⑬ 지하상가	• 연면적 1000m² 이상
⑭ 10m 넘는 랙식 창고	• 연면적 1500m² 이상
⑮ 복합건축물 ⑯ 기숙사	• 연면적 5000m² 이상 : 전층 보기 ①
⑰ 6층 이상	• 전층
⑱ 보일러실·연결통로	• 전부
⑲ 특수가연물 저장·취급	• 지정수량 1000배 이상
⑳ 발전시설	• 전기저장시설 : 전부

답 ①

48. 소방시설 설치 및 관리에 관한 법령상 1년 이하의 징역 또는 1천만원 이하의 벌금기준에 해당하는 경우는?

① 소방용품의 형식승인을 받지 아니하고 소방용품을 제조하거나 수입한 자
② 형식승인을 받은 소방용품에 대하여 제품검사를 받지 아니한 자
③ 거짓이나 그 밖의 부정한 방법으로 제품검사 전문기관으로 지정을 받은 자
④ 소방용품에 대하여 형상 등의 일부를 변경한 후 형식승인의 변경승인을 받지 아니한 자

①, ②, ③ : 3년 이하의 징역 또는 3000만원 이하의 벌금

1년 이하의 징역 또는 1000만원 이하의 벌금
(1) 소방시설의 **자체점검** 미실시자(소방시설법 58조)
(2) **소방시설관리사증** 대여(소방시설법 58조)
(3) **소방시설관리업**의 등록증 또는 등록수첩 대여(소방시설법 58조)
(4) 제조소 등의 정기점검기록 허위작성(위험물법 35조)
(5) **자체소방대**를 두지 않고 제조소 등의 허가를 받은 자(위험물법 35조)
(6) **위험물 운반용기**의 검사를 받지 않고 유통시킨 자(위험물법 35조)
(7) **소방용품 형상 일부 변경 후 변경 미승인**(소방시설법 58조) 보기 ④

비교

소방시설법 57조, 화재예방법 50조
3년 이하의 징역 또는 3000만원 이하의 벌금
(1) 화재안전조사 결과에 따른 조치명령 위반
(2) 소방시설관리업 무등록자
(3) 형식승인을 받지 않은 소방용품 제조·수입자 보기 ①
(4) 제품검사를 받지 않은 자 보기 ②
(5) 거짓이나 그 밖의 **부정한 방법**으로 제품검사 전문기관의 지정을 받은 자 보기 ③

답 ④

49 소방기본법령상 소방대장의 권한이 아닌 것은?

19.04.문43
19.03.문56
18.04.문43
17.05.문48
16.03.문44
08.05.문54

① 화재현장에 대통령령으로 정하는 사람 외에는 그 구역에 출입하는 것을 제한할 수 있다.
② 화재진압 등 소방활동을 위하여 필요할 때에는 소방용수 외에 댐·저수지 등의 물을 사용할 수 있다.
③ 국민의 안전의식을 높이기 위하여 소방박물관 및 소방체험관을 설립하여 운영할 수 있다.
④ 불이 번지는 것을 막기 위하여 필요할 때에는 불이 번질 우려가 있는 소방대상물 및 토지를 일시적으로 사용할 수 있다.

(1) 소방**대**장 : 소방활동**구**역의 설정(기본법 23조) 보기 ①

기억법 대구활(**대구**의 **활**동)

(2) **소**방본부장·**소**방서장·**소**방대장
㉠ 소방활동 **종**사명령(기본법 24조)
㉡ **강**제처분(기본법 25조)
㉢ **피**난명령(기본법 26조)

㉣ 댐·저수지 사용 등 위험시설 등에 대한 긴급조치(기본법 27조) 보기 ②

기억법 소대종강피(**소**방**대**의 **종강파**티)

비교

기본법 5조 ①항 설립과 운영	
소방박물관	소방체험관
소방청장	시·도지사 보기 ③

답 ③

50 위험물안전관리법령상 위험물시설의 설치 및 변경 등에 관한 기준 중 다음 ( ) 안에 들어갈 내용으로 옳은 것은?

19.09.문42
18.04.문49
17.05.문46
15.03.문55
14.05.문44
13.09.문60

제조소 등의 위치·구조 또는 설비의 변경 없이 당해 제조소 등에서 저장하거나 취급하는 위험물의 품명·수량 또는 지정수량의 배수를 변경하고자 하는 자는 변경하고자 하는 날의 (㉠)일 전까지 (㉡)이 정하는 바에 따라 (㉢)에게 신고하여야 한다.

① ㉠ : 1, ㉡ : 대통령령, ㉢ : 소방본부장
② ㉠ : 1, ㉡ : 행정안전부령, ㉢ : 시·도지사
③ ㉠ : 14, ㉡ : 대통령령, ㉢ : 소방서장
④ ㉠ : 14, ㉡ : 행정안전부령, ㉢ : 시·도지사

위험물법 6조
제조소 등의 설치허가
(1) 설치허가자 : 시·도지사
(2) 설치허가 제외 장소
㉠ 주택의 난방시설(공동주택의 중앙난방시설은 제외)을 위한 **저장소** 또는 **취급소** 문제 51 보기 ④
㉡ 지정수량 **20배** 이하의 **농예용·축산용·수산용** 난방시설 또는 건조시설의 **저장소**
(3) 제조소 등의 변경신고 : 변경하고자 하는 날의 **1일** 전까지 **시·도지사**에게 **신고**(행정안전부령) 보기 ②

기억법 농축수2

참고

시·도지사
(1) 특별시장
(2) 광역시장
(3) 특별자치시장
(4) 도지사
(5) 특별자치도지사

답 ②

51. 위험물안전관리법상 허가를 받지 아니하고 당해 제조소 등을 설치하거나 그 위치·구조 또는 설비를 변경할 수 있으며, 신고를 하지 아니하고 위험물의 품명·수량 또는 지정수량의 배수를 변경할 수 있는 기준으로 옳은 것은?

① 축산용으로 필요한 건조시설을 위한 지정수량 40배 이하의 저장소
② 수산용으로 필요한 건조시설을 위한 지정수량 30배 이하의 저장소
③ 농예용으로 필요한 난방시설을 위한 지정수량 40배 이하의 저장소
④ 주택의 난방시설(공동주택의 중앙난방시설 제외)을 위한 저장소

해설 문제 50 참조
① 40배 → 20배
② 30배 → 20배
③ 40배 → 20배

답 ④

52. 소방시설공사업법령상 공사감리자 지정대상 특정소방대상물의 범위가 아닌 것은?

① 제연설비를 신설·개설하거나 제연구역을 증설할 때
② 연소방지설비를 신설·개설하거나 살수구역을 증설할 때
③ 캐비닛형 간이스프링클러설비를 신설·개설하거나 방호·방수 구역을 증설할 때
④ 물분무등소화설비(호스릴방식의 소화설비 제외)를 신설·개설하거나 방호·방수 구역을 증설할 때

해설 ③ 캐비닛형 간이스프링클러설비는 제외

공사업령 10조
소방공사감리자 지정대상 특정소방대상물의 범위
(1) **옥내소화전설비**를 신설·개설 또는 **증설**할 때
(2) **스프링클러설비** 등(캐비닛형 간이스프링클러설비 제외)을 신설·개설하거나 방호·**방수구역**을 **증설**할 때 보기③
(3) **물분무등소화설비**(호스릴방식의 소화설비 제외)를 신설·개설하거나 방호·방수구역을 **증설**할 때 보기④
(4) **옥외소화전설비**를 신설·개설 또는 **증설**할 때
(5) **자동화재탐지설비**를 신설 또는 개설할 때
(6) **화재알림설비**를 신설 또는 개설할 때
(7) **비상방송설비**를 신설 또는 개설할 때
(8) **통합감시시설**을 신설 또는 **개설**할 때
(9) **소화용수설비**를 신설 또는 **개설**할 때
(10) 다음의 **소화활동설비**에 대하여 시공할 때
   ㉠ 제연설비를 신설·개설하거나 제연구역을 증설할 때 보기①
   ㉡ 연결송수관설비를 신설 또는 개설할 때
   ㉢ 연결살수설비를 신설·개설하거나 송수구역을 증설할 때
   ㉣ 비상콘센트설비를 신설·개설하거나 전용회로를 증설할 때
   ㉤ 무선통신보조설비를 신설 또는 개설할 때
   ㉥ 연소방지설비를 신설·개설하거나 살수구역을 증설할 때 보기②

답 ③

53. 화재의 예방 및 안전관리에 관한 법령상 화재안전조사 결과 소방대상물의 위치 상황이 화재예방을 위하여 보완될 필요가 있을 것으로 예상되는 때에 소방대상물의 개수·이전·제거, 그 밖의 필요한 조치를 관계인에게 명령할 수 있는 사람은?

① 소방서장   ② 경찰청장
③ 시·도지사 ④ 해당 구청장

해설 화재예방법 14조
화재안전조사 결과에 따른 조치명령
(1) 명령권자 : 소방청장·소방본부장·소방서장-소방관서장
(2) 명령사항 보기①
   ㉠ **개수**명령
   ㉡ **이전**명령
   ㉢ **제거**명령
   ㉣ **사용**의 **금지** 또는 제한명령, 사용폐쇄
   ㉤ **공사**의 **정지** 또는 중지명령

중요

소방본부장·소방서장·소방대장
(1) 소방활동 **종사**명령(기본법 24조)
(2) **강제**처분·제거(기본법 25조)
(3) **피**난명령(기본법 26조)
(4) 댐·저수지 사용 등 위험시설 등에 대한 긴급조치 (기본법 27조)

기억법 소대종강피(**소방대**의 **종강파**티)

용어

소방활동 종사명령
화재, 재난·재해, 그 밖의 위급한 상황이 발생한 현장에서 소방활동을 위하여 필요할 때에는 그 관할구역에 사는 사람 또는 그 현장에 있는 사람으로 하여금 사람을 구출하는 일 또는 불을 끄거나 불이 번지지 아니하도록 하는 일을 하게 할 수 있는 것

> **중요**
>
> 화재예방법 18조
> 화재예방강화지구
>
> | 지 정 | 지정요청 | 화재안전조사 |
> |---|---|---|
> | 시·도지사 | 소방청장 | 소방청장·소방본부장 또는 소방서장 |
>
> ※ **화재예방강화지구**: 화재발생 우려가 크거나 화재가 발생할 경우 피해가 클 것으로 예상되는 지역에 대하여 화재의 예방 및 안전관리를 강화하기 위해 지정·관리하는 지역

답 ①

54 ★★★

소방기본법령상 시장지역에서 화재로 오인할 만한 우려가 있는 불을 피우거나 연막소독을 하려는 자가 신고를 하지 아니하여 소방자동차를 출동하게 한 자에 대한 과태료 부과·징수권자는?

① 국무총리
② 시·도지사
③ 행정안전부장관
④ 소방본부장 또는 소방서장

해설 기본법 57조
연막소독 과태료 징수
(1) **20만원 이하 과태료**
(2) **소방본부장·소방서장**이 부과·징수 보기 ④

> **중요**
>
> 기본법 19조
> 화재로 오인할 만한 불을 피우거나 연막소독시 신고지역
> (1) **시장**지역
> (2) **공장·창고**가 밀집한 지역
> (3) **목조건물**이 밀집한 지역
> (4) **위험물**의 **저장** 및 **처리시설**이 **밀집**한 지역
> (5) **석유화학제품**을 생산하는 공장이 있는 지역
> (6) 그 밖에 **시·도**의 **조례**로 정하는 지역 또는 장소

답 ④

55 ★★★

다음 중 화재의 예방 및 안전관리에 관한 법령상 특수가연물에 해당하는 품명별 기준수량으로 틀린 것은?

① 사류 1000kg 이상
② 면화류 200kg 이상
③ 나무껍질 및 대팻밥 400kg 이상
④ 넝마 및 종이부스러기 500kg 이상

해설 ④ 500kg → 1000kg

화재예방법 시행령 [별표 2]
특수가연물

품 명		수 량
가연성 **액**체류		2m³ 이상
목재가공품 및 나무부스러기		10m³ 이상
면화류 보기 ②		200kg 이상
나무껍질 및 대팻밥 보기 ③		400kg 이상
넝마 및 종이부스러기 보기 ④		1000kg 이상
사류(絲類) 보기 ①		
볏짚류		
가연성 **고**체류		3000kg 이상
고무류·플라스틱류	발포시킨 것	20m³ 이상
	그 밖의 것	3000kg 이상
석탄·목탄류		10000kg 이상

※ **특수가연물**: 화재가 발생하면 그 확대가 빠른 물품

> **기억법** 가액목면나 넝사볏가고 고석
> 2 1 2 4 1   3 3 1

답 ④

56 ★★★

소방시설공사업법상 소방시설공사 결과 소방시설의 하자발생시 통보를 받은 공사업자는 며칠 이내에 하자를 보수해야 하는가?

① 3   ② 5
③ 7   ④ 10

해설 공사업법 15조
소방시설공사의 하자보수기간: **3일** 이내 보기 ①

> **중요**
>
> **3일**
> (1) **하**자보수기간(공사업법 15조)
> (2) 소방시설업 **등**록증 **분**실 등의 **재**발급(공사업규칙 4조)
> (3) 소방시설 등의 자체점검 면제 또는 연기신청(소방시설법 시행규칙 22조)
> (4) 소방안전관리자 선임연기신청서 관계인 통보(화재예방법 시행규칙 14조)
>
> **기억법** 3하등분재(상하에서 동생이 분재를 가져왔다.)

답 ①

57 다음 중 소방시설 설치 및 관리에 관한 법령상 소방시설관리업을 등록할 수 있는 자는?

① 피성년후견인
② 소방시설관리업의 등록이 취소된 날부터 2년이 경과된 자
③ 금고 이상의 형의 집행유예를 선고받고 그 유예기간 중에 있는 자
④ 금고 이상의 실형을 선고받고 그 집행이 면제된 날부터 2년이 지나지 아니한 자

해설 소방시설법 30조
소방시설관리업의 등록결격사유
(1) 피성년후견인 보기 ①
(2) 금고 이상의 실형을 선고받고 그 집행이 끝나거나 집행이 면제된 날부터 **2년**이 지나지 아니한 사람 보기 ④
(3) 금고 이상의 형의 집행유예를 선고받고 그 유예기간 중에 있는 사람 보기 ③
(4) 관리업의 등록이 취소된 날부터 **2년**이 지나지 아니한 자 보기 ②

답 ②

58 소방시설 설치 및 관리에 관한 법령상 수용인원 산정방법 중 침대가 없는 숙박시설로서 해당 특정소방대상물의 종사자의 수는 5명, 복도, 계단 및 화장실의 바닥면적을 제외한 바닥면적이 158m²인 경우의 수용인원은 약 몇 명인가?

① 37
② 45
③ 58
④ 84

해설 소방시설법 시행령 [별표 7]
수용인원의 산정방법

특정소방대상물		산정방법
• 강의실 • 상담실 • 휴게실	• 교무실 • 실습실	바닥면적 합계 1.9m²
• 숙박 시설	침대가 있는 경우	종사자수 + 침대수
	침대가 없는 경우 →	종사자수 + 바닥면적 합계 3m²
• 기타		바닥면적 합계 3m²
• 강당 • 문화 및 집회시설, 운동시설 • 종교시설		바닥면적 합계 4.6m²

• **소수점 이하**는 **반올림**한다.

기억법 수반(**수반**! 동반!)

숙박시설(침대가 없는 경우)
$= 종사자수 + \dfrac{바닥면적 합계}{3m^2}$
$= 5명 + \dfrac{158m^2}{3m^2} = 58명$

답 ③

59 소방시설공사업법령상 소방시설공사의 하자보수 보증기간이 3년이 아닌 것은?

① 자동소화장치
② 무선통신보조설비
③ 자동화재탐지설비
④ 스프링클러설비

해설 ② 2년

공사업령 6조
소방시설공사의 하자보수 보증기간

보증 기간	소방시설
2년	① **유**도등 · **피**난기구 ② **비**상**조**명등 · 비상**경**보설비 · 비상**방**송설비 ③ **무**선통신보조설비 보기 ②
3년	① 자동소화장치 보기 ① ② 옥내 · 외소화전설비 ③ 스프링클러설비 보기 ④ ④ 물분무등소화설비 · 소화용수설비 ⑤ 자동화재탐지설비 · 소화활동설비(무선통신보조설비 제외) 보기 ③ ⑥ 화재알림설비

기억법 유비 조경방무피2

답 ②

60 국민의 안전의식과 화재에 대한 경각심을 높이고 안전문화를 정착시키기 위한 소방의 날은 몇 월 며칠인가?

① 1월 19일
② 10월 9일
③ 11월 9일
④ 12월 19일

해설 소방기본법 7조
소방의 날 제정과 운영 등
(1) 소방의 날 : **11월 9일** 보기 ③
(2) 소방의 날 행사에 관하여 필요한 사항 : **소방청장** 또는 **시 · 도지사**

답 ③

제 4 과목 — 소방기계시설의 구조 및 원리

61 다음 중 스프링클러설비에서 자동경보밸브에 리타딩챔버(retarding chamber)를 설치하는 목적으로 가장 적절한 것은?

19.09.문79
15.05.문79
12.09.문68
11.10.문65
98.07.문68

① 자동으로 배수하기 위하여
② 압력수의 압력을 조절하기 위하여
③ 자동경보밸브의 오보를 방지하기 위하여
④ 경보를 발하기까지 시간을 단축하기 위하여

해설 **리타딩챔버**의 **역할**
(1) **오**작동(오보) 방지 보기 ③
(2) 안전밸브의 역할
(3) 배관 및 압력스위치의 손상보호

기억법 오리(오리 꽥!꽥!)

답 ③

62 구조대의 형식승인 및 제품검사의 기술기준상 수직강하식 구조대의 구조기준 중 틀린 것은?

19.03.문74
16.10.문73
15.05.문76
01.06.문61

① 구조대는 연속하여 강하할 수 있는 구조이어야 한다.
② 구조대는 안전하고 쉽게 사용할 수 있는 구조이어야 한다.
③ 입구틀 및 고정틀의 입구는 지름 40cm 이하의 구체가 통과할 수 있는 것이어야 한다.
④ 구조대의 포지는 외부포지와 내부포지로 구성되되, 외부포지와 내부포지의 사이에 충분한 공기층을 두어야 한다.

해설 ③ 40cm 이하 → 60cm 이상

수직강하식 구조대의 **구조**(구조대의 형식승인 및 제품검사의 기술기준 17조)
(1) 구조대는 안전하고 쉽게 사용할 수 있는 구조이어야 한다. 보기 ②
(2) 구조대의 포지는 **외부포지**와 **내부포지**로 구성되되, 외부포지와 내부포지의 사이에 충분한 **공기층**을 두어야 한다(건물 내부의 별실에 설치하는 것은 외부포지 설치제외 가능). 보기 ④
(3) 입구틀 및 고정틀의 입구는 지름 **60cm** 이상의 구체가 통과할 수 있는 것이어야 한다. 보기 ③
(4) 구조대는 **연속**하여 **강하**할 수 있는 구조이어야 한다. 보기 ①
(5) 포지는 사용할 때 **수직방향**으로 현저하게 늘어나지 아니하여야 한다.

(6) 포지 · 지지틀 · 고정틀, 그 밖의 부속장치 등은 견고하게 부착되어야 한다.

중요

구조대
(1) **수직강하식** 구조대
㉠ 본체에 적당한 간격으로 협축부를 마련하여 피난자가 안전하게 활강할 수 있도록 만든 구조
㉡ 소방대상물 또는 기타 장비 등에 **수직**으로 설치하여 사용하는 구조대

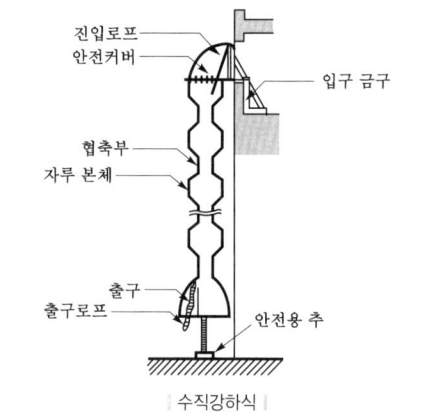

수직강하식

(2) **경사강하식** 구조대 : 소방대상물에 비스듬하게 고정시키거나 설치하여 사용자가 **미끄럼식**으로 내려올 수 있는 구조대

답 ③

63 분말소화설비의 화재안전기준상 분말소화설비의 가압용 가스로 질소가스를 사용하는 경우 질소가스는 소화약제 1kg마다 최소 몇 L 이상이어야 하는가? (단, 질소가스의 양은 35℃에서 1기압의 압력상태로 환산한 것이다.)

19.03.문63
18.03.문67

① 10
② 20
③ 30
④ 40

해설 **가압식**과 **축압식**의 **설치기준**(NFPC 108 5조, NFTC 108 2.2.4)
35℃에서 1기압의 압력상태로 환산한 것

사용 가스	구분	가압식 (가압용 가스)	축압식
질소(N_2)		40L/kg 이상 보기 ④	10L/kg 이상
이산화탄소 (CO_2)		20g/kg+배관청소 필요량 이상	20g/kg+배관청소 필요량 이상

※ 배관청소용 가스는 별도의 용기에 저장한다.

답 ④

64 도로터널의 화재안전기준상 옥내소화전설비 설치기준 중 괄호 안에 알맞은 것은?

> 가압송수장치는 옥내소화전 2개(4차로 이상의 터널인 경우 3개)를 동시에 사용할 경우 각 옥내소화전의 노즐선단에서의 방수압력은 (㉠)MPa 이상이고 방수량은 (㉡)L/min 이상이 되는 성능의 것으로 할 것

① ㉠ 0.1, ㉡ 130   ② ㉠ 0.17, ㉡ 130
③ ㉠ 0.25, ㉡ 350   ④ ㉠ 0.35, ㉡ 190

해설 도로터널의 옥내소화전설비 설치기준(NFPC 603 6조, NFTC 603 2.2)
가압송수장치는 옥내소화전 **2개(4차로** 이상의 터널인 경우 **3개)**를 동시에 사용할 경우 각 옥내소화전의 노즐선단에서의 방수압력은 **0.35MPa 이상**이고 방수량은 **190L/min 이상**이 되는 성능의 것으로 할 것(단, 하나의 옥내소화전을 사용하는 노즐선단에서의 방수압력이 **0.7MPa**을 초과할 경우에는 호스접결구의 **인입측**에 감압장치 설치) 보기 ④

답 ④

65 물분무소화설비의 화재안전기준상 110kV 초과 154kV 이하의 고압 전기기기와 물분무헤드 사이의 이격거리는 최소 몇 cm 이상이어야 하는가?

① 110   ② 150
③ 180   ④ 210

해설 물분무헤드의 이격거리(NFPC 104 10조, NFTC 104 2.7.2)

전압	거리
66kV 이하	70cm 이상
66kV 초과 77kV 이하	80cm 이상
77kV 초과 110kV 이하	110cm 이상
110kV 초과 154kV 이하 →	150cm 이상 보기 ②
154kV 초과 181kV 이하	180cm 이상
181kV 초과 220kV 이하	210cm 이상
220kV 초과 275kV 이하	260cm 이상

기억법
66 → 70
77 → 80
110 → 110
154 → 150
181 → 180
220 → 210
275 → 260

답 ②

66 분말소화설비의 화재안전기준상 분말소화설비의 배관으로 동관을 사용하는 경우에는 최고사용압력의 최소 몇 배 이상의 압력에 견딜 수 있는 것을 사용하여야 하는가?

① 1
② 1.5
③ 2
④ 2.5

해설 분말소화설비의 배관(NFPC 108 9조, NFTC 108 2.6.1)
(1) 전용
(2) 강관 : 아연도금에 의한 배관용 탄소강관(단, **축압식** 분말소화설비에 사용하는 것 중 20℃에서 압력이 **2.5~4.2MPa 이하**인 것은 **압력배관용 탄소강관**(KS D 3562) 중 이음이 없는 스케줄 40 이상의 것 사용)
(3) 동관 : 고정압력 또는 최고사용압력의 **1.5배** 이상의 압력에 견딜 것 보기 ②
(4) 밸브류 : 개폐위치 또는 개폐방향을 표시한 것
(5) 배관의 관부속 및 밸브류 : 배관과 동등 이상의 강도 및 내식성이 있는 것
(6) 주밸브~헤드까지의 배관의 분기 : **토너먼트방식**
(7) 저장용기 등~배관의 굴절부까지의 거리 : 배관 내경의 **20배** 이상

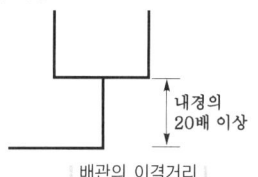

답 ②

67 소화기의 형식승인 및 제품검사의 기술기준상 A급 화재용 소화기의 능력단위 산정을 위한 소화능력시험의 내용으로 틀린 것은?

① 모형 배열시 모형 간의 간격은 3m 이상으로 한다.
② 소화는 최초의 모형에 불을 붙인 다음 1분 후에 시작한다.
③ 소화는 무풍상태(풍속 0.5m/s 이하)와 사용 상태에서 실시한다.
④ 소화약제의 방사가 완료된 때 잔염이 없어야 하며, 방사완료 후 2분 이내에 다시 불타지 아니한 경우 그 모형은 완전히 소화된 것으로 본다.

해설 ② B급 화재용 소화기의 소화능력시험

A급 화재용 소화기의 능력단위 산정을 위한 소화능력시험
(소화기의 형식승인 및 제품검사의 기술기준 〔별표 2〕)
(1) 모형 배열시 모형 간의 간격은 **3m** 이상으로 한다. 보기 ①
(2) 소화약제의 방사가 완료된 때 **잔염**이 없어야 하며, 방사완료 후 **2분** 이내에 다시 불타지 아니한 경우 그 모형은 완전히 소화된 것으로 본다. 보기 ④
(3) 소화능력시험은 **목재**를 대상으로 실시
(4) 소화기를 조작하는 자는 적합한 **작업복**(안전모, 내열성의 얼굴가리개, 장갑 등)을 착용
(5) 소화기의 소화능력시험은 **무풍상태**(풍속 0.5m/s 이하)와 사용상태에서 실시 보기 ③

답 ②

68
★★★
19.03.문64
17.09.문66
17.05.문64
15.03.문77
09.05.문63

상수도소화용수설비의 화재안전기준상 소화전은 특정소방대상물의 수평투영면의 각 부분으로부터 몇 m 이하가 되도록 설치하여야 하는가?

① 70 ② 100
③ 140 ④ 200

해설 **상수도소화용수설비**의 **설치기준**(NFPC 401 4조, NFTC 401 2.1.1.3)
소화전은 특정소방대상물의 수평투영면의 각 부분으로부터 **140m** 이하가 되도록 설치할 것 보기 ③

기억법 옥15

답 ③

69
★★★
19.03.문70
18.04.문78
17.09.문72
17.03.문67
16.10.문67
16.05.문79
15.05.문78
10.03.문63

물분무소화설비의 화재안전기준상 차고 또는 주차장에 설치하는 배수설비의 기준 중 다음 괄호 안에 알맞은 것은?

차량이 주차하는 바닥은 배수구를 향하여 ( ) 이상의 기울기를 유지할 것

① $\dfrac{1}{1000}$
② $\dfrac{2}{100}$
③ $\dfrac{1}{100}$
④ $\dfrac{1}{500}$

해설 **기울기**

구 분	설 명
$\dfrac{1}{100}$ 이상	연결살수설비의 수평주행배관
$\dfrac{2}{100}$ 이상	물분무소화설비의 배수설비 보기 ②
$\dfrac{1}{250}$ 이상	습식·부압식 설비 외 설비의 가지배관
$\dfrac{1}{500}$ 이상	습식·부압식 설비 외 설비의 수평주행배관

답 ②

70
★
18.03.문69

포소화설비의 화재안전기준상 포헤드의 설치기준 중 다음 괄호 안에 알맞은 것은?

압축공기포소화설비의 분사헤드는 천장 또는 반자에 설치하되 방호대상물에 따라 측벽에 설치할 수 있으며 유류탱크 주위에는 바닥면적 (㉠)m²마다 1개 이상, 특수가연물 저장소에는 바닥면적 (㉡)m²마다 1개 이상으로 당해 방호대상물의 화재를 유효하게 소화할 수 있도록 할 것

① ㉠ 8, ㉡ 9
② ㉠ 9, ㉡ 8
③ ㉠ 9.3, ㉡ 13.9
④ ㉠ 13.9, ㉡ 9.3

해설 **포헤드**의 **설치기준**(NFPC 105 12조, NFTC 105 2.9.2)
압축공기포소화설비의 분사헤드는 천장 또는 반자에 설치하되 방호대상물에 따라 측벽에 설치할 수 있으며 유류탱크 주위에는 바닥면적 **13.9m²**마다 1개 이상, **특수가연물** 저장소에는 바닥면적 **9.3m²**마다 1개 이상으로 당해 방호대상물의 화재를 유효하게 소화할 수 있도록 할 것 보기 ④

방호대상물	방호면적 1m²에 대한 1분당 방출량
특수가연물	2.3L
기타의 것	1.63L

답 ④

71. 제연설비의 화재안전기준상 배출구 설치시 예상제연구역의 각 부분으로부터 하나의 배출구까지의 수평거리는 최대 몇 m 이내가 되어야 하는가?

① 5
② 10
③ 15
④ 20

해설 수평거리 및 보행거리
(1) 수평거리

구 분	설 명
수평거리 10m 이하	• 예상제연구역~배출구 [보기 ②]
수평거리 15m 이하	• 분말호스릴 • 포호스릴 • CO_2호스릴
수평거리 20m 이하	• 할론호스릴
수평거리 25m 이하	• 옥내소화전 방수구(호스릴 포함) • 포소화전 방수구 • 연결송수관 방수구(지하가, 지하층 바닥면적 3000m² 이상)
수평거리 40m 이하	• 옥외소화전 방수구
수평거리 50m 이하	• 연결송수관 방수구(사무실)

(2) 보행거리

구 분	설 명
보행거리 20m 이하	소형소화기
보행거리 30m 이하	**대**형소화기

기억법 대3(대상을 받다.)

답 ②

72. 스프링클러설비의 화재안전기준상 스프링클러헤드를 설치하는 천장·반자·천장과 반자 사이·덕트·선반 등의 각 부분으로부터 하나의 스프링클러헤드까지의 수평거리 기준으로 틀린 것은? (단, 성능이 별도로 인정된 스프링클러헤드를 수리계산에 따라 설치하는 경우는 제외한다.)

① 무대부에 있어서는 1.7m 이하
② 공동주택(아파트) 세대 내에 있어서는 2.6m 이하
③ 특수가연물을 저장 또는 취급하는 장소에 있어서는 2.1m 이하
④ 특수가연물을 저장 또는 취급하는 랙식 창고의 경우에는 1.7m 이하

해설 ③ 2.1m → 1.7m

수평거리(R)(NFPC 103 10조, NFTC 103 2.7 / NFPC 608 7조, NFTC 608 2.3.1.4)

설치장소	설치기준
무대부·특수가연물 (창고 포함)	수평거리 1.7m 이하 [보기 ①③④]
기타구조(창고 포함)	수평거리 2.1m 이하
내화구조(창고 포함)	수평거리 2.3m 이하
공동주택(**아**파트) 세대 내	수평거리 2.6m 이하 [보기 ②]

기억법 무기내아(무기 내려놔 아!)

답 ③

73. 이산화탄소 소화설비의 화재안전기준상 전역방출방식의 이산화탄소 소화설비의 분사헤드 방사압력은 저압식인 경우 최소 몇 MPa 이상이어야 하는가?

① 0.5
② 1.05
③ 1.4
④ 2.0

해설 전역방출방식의 이산화탄소 소화설비 분사헤드의 방사압력(NFPC 106 10조, NFTC 106 2.7.1.2)

저압식	고압식
1.05MPa [보기 ②]	2.1MPa

답 ②

74. 완강기의 형식승인 및 제품검사의 기술기준상 완강기 및 간이완강기의 구성으로 적합한 것은?

① 속도조절기, 속도조절기의 연결부, 하부지지장치, 연결금속구, 벨트
② 속도조절기, 속도조절기의 연결부, 로프, 연결금속구, 벨트
③ 속도조절기, 가로봉 및 세로봉, 로프, 연결금속구, 벨트
④ 속도조절기, 가로봉 및 세로봉, 로프, 하부지지장치, 벨트

해설 완강기 및 간이완강기의 구성 [보기 ②]
(1) 속도**조**절기
(2) **로**프
(3) **벨**트
(4) 속도조절기의 **연**결부
(5) 연결금속**구**

기억법 조로벨연**구**

속도조절기
(1) 피난자의 **체중**에 의해 강하속도를 조절하는 것
(2) 피난자가 그 강하속도를 조절할 수 없다.

기억법 체조

답 ②

75
스프링클러설비의 화재안전기준상 스프링클러설비의 교차배관에서 분기되는 지점을 기점으로 한쪽 가지배관에 설치되는 헤드의 개수는 최대 몇 개 이하인가? (단, 방호구역 안에서 칸막이 등으로 구획하여 헤드를 증설하는 경우와 격자형 배관방식을 채택하는 경우는 제외한다.)

① 8 ② 10
③ 12 ④ 15

해설 스프링클러설비(NFPC 103 8조, NFTC 103 2.5.9.2)
한쪽 가지배관에 설치되는 헤드의 개수는 **8개** 이하로 한다. 보기 ①

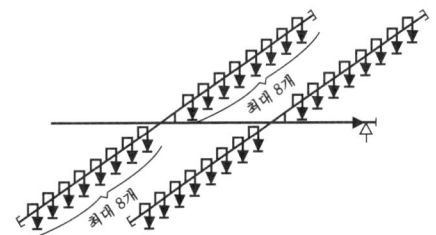

| 가지배관의 헤드개수 |

비교
연결살수설비(NFPC 503 4조, NFTC 503 2.1.4)
연결살수설비에서 하나의 송수구역에 설치하는 개방형 헤드의 수는 **10개** 이하로 한다.

답 ①

76
제연설비의 화재안전기준상 제연설비의 설치장소 기준 중 하나의 제연구역의 면적은 최대 몇 m² 이내로 하여야 하는가?

① 700 ② 1000
③ 1300 ④ 1500

해설 제연구역의 구획(NFPC 501 4조, NFTC 501 2.1.1)
(1) 1제연구역의 면적은 **1000m²** 이내로 할 것 보기 ②
(2) 거실과 통로는 **각각** 제연구획할 것
(3) 통로상의 제연구역은 보행중심선의 길이가 **60m**를 초과하지 않을 것
(4) 1제연구역은 직경 **60m** 원 내에 들어갈 것
(5) 1제연구역은 **2개** 이상의 층에 미치지 않을 것

기억법 제10006(충북 제천에 육교 있음) 2개제(이게 제목이야!)

답 ②

77
옥내소화전설비의 화재안전기준상 배관의 설치기준 중 다음 괄호 안에 알맞은 것은?

> 연결송수관설비의 배관과 겸용할 경우의 주배관은 구경 (㉠)mm 이상, 방수구로 연결되는 배관의 구경은 (㉡)mm 이상의 것으로 하여야 한다.

① ㉠ 80, ㉡ 65 ② ㉠ 80, ㉡ 50
③ ㉠ 100, ㉡ 65 ④ ㉠ 125, ㉡ 80

해설 옥내소화전설비(NFPC 102 6조, NFTC 102 2.3)

배관	구경	비고
가지배관	40mm 이상	호스릴 : 25mm 이상
주배관 중 수직배관	50mm 이상	호스릴 : 32mm 이상
연결송수관설비 겸용 주배관	100mm 이상 보기 ㉠	방수구로 연결되는 배관의 구경 : 65mm 이상 보기 ㉡

답 ③

78
이산화탄소 소화설비의 화재안전기준상 저압식 이산화탄소 소화약제 저장용기에 설치하는 안전밸브의 작동압력은 내압시험압력의 몇 배에서 작동해야 하는가?

① 0.24~0.4 ② 0.44~0.6
③ 0.64~0.8 ④ 0.84~1

해설 이산화탄소 소화설비의 **저장용기**(NFPC 106 4조, NFTC 106 2.1.2)

자동냉동장치	2.1MPa, -18℃ 이하	
압력경보장치	2.3MPa 이상 1.9MPa 이하	
선택밸브 또는 개폐밸브의 안전장치	배관의 최소사용설계압력과 최대허용압력 사이의 압력	
저장용기	고압식	25MPa 이상
	저압식	3.5MPa 이상
안전밸브	내압시험압력의 0.64~0.8배 보기 ③	
봉판	내압시험압력의 0.8~내압시험압력	
충전비	고압식	1.5~1.9 이하
	저압식	1.1~1.4 이하

답 ③

79. 소화기구 및 자동소화장치의 화재안전기준상 노유자시설은 당해 용도의 바닥면적 얼마마다 능력단위 1단위 이상의 소화기구를 비치해야 하는가?

19.04.문79
18.09.문79
17.03.문63
16.05.문65
15.09.문78
14.03.문71
05.03.문72

① 바닥면적 30m²마다
② 바닥면적 50m²마다
③ 바닥면적 100m²마다
④ 바닥면적 200m²마다

해설 특정소방대상물별 소화기구의 능력단위기준(NFTC 101 2.1.1.2)

특정소방대상물	소화기구의 능력단위	건축물의 주요구조부가 내화구조이고, 벽 및 반자의 실내에 면하는 부분이 불연재료·준불연재료 또는 난연재료로 된 특정소방대상물의 능력단위
• **위**락시설 기억법 위3(위상)	바닥면적 30m²마다 1단위 이상	바닥면적 60m²마다 1단위 이상
• **공**연장 • **집**회장 • **관**람장 및 **문**화재 • **의**료시설·**장**례식장 기억법 5공연장 문의 집관람 (손오공 연장 문의 집관람)	바닥면적 50m²마다 1단위 이상	바닥면적 100m²마다 1단위 이상
• **근**린생활시설 • **판**매시설 • **운**수시설 • **숙**박시설 • **노**유자시설 • **전**시장 • 공동**주**택 • **업**무시설 • **방**송통신시설 • 공장·**창**고 • **항**공기 및 자동**차** 관련 시설 및 **관광**휴게시설 기억법 근판숙노전 주업방차창 1항관광(근판숙노전 주업방차창 일본항 관광)	바닥면적 100m²마다 1단위 이상 **보기 ③**	바닥면적 200m²마다 1단위 이상
• 그 밖의 것	바닥면적 200m²마다 1단위 이상	바닥면적 400m²마다 1단위 이상

답 ③

80. 포소화설비의 화재안전기준상 전역방출방식 고발포용 고정포방출구의 설치기준으로 옳은 것은? (단, 해당 방호구역에서 외부로 새는 양 이상의 포수용액을 유효하게 추가하여 방출하는 설비가 있는 경우는 제외한다.)

16.10.문76
07.03.문62

① 개구부에 자동폐쇄장치를 설치할 것
② 바닥면적 600m²마다 1개 이상으로 할 것
③ 방호대상물의 최고부분보다 낮은 위치에 설치할 것
④ 특정소방대상물 및 포의 팽창비에 따른 종별에 관계없이 해당 방호구역의 관포체적 1m³에 대한 1분당 포수용액 방출량은 1L 이상으로 할 것

해설
② 600m² → 500m²
③ 낮은 → 높은
④ 따른 종별에 관계없이 → 따라

전역방출방식의 **고발포용 고정포방출구**(NFPC 105 12조, NFTC 105 2.9.4)

(1) 개구부에 **자동폐쇄장치**를 설치할 것 보기 ①
(2) 고발포용 고정포방출구는 바닥면적 **500m²**마다 1개 이상으로 할 것 보기 ②
(3) 고발포용 고정포방출구는 방호대상물의 **최고부분**보다 **높은 위치**에 설치할 것 보기 ③
(4) 해당 방호구역의 관포체적 1m³에 대한 1분당 포수용액 방출량은 특정소방대상물 및 포의 팽창비에 따라 달라진다. 보기 ④

답 ①

2020. 9. 26 시행

2020년 기사 제4회 필기시험

자격종목	종목코드	시험시간	형별
소방설비기사(기계분야)		2시간	

※ 각 문항은 4지택일형으로 질문에 가장 적합한 보기 항을 선택하여 체크하여야 합니다.

제1과목 소방원론

01 피난시 하나의 수단이 고장 등으로 사용이 불가능하더라도 다른 수단 및 방법을 통해서 피난할 수 있도록 하는 것으로 2방향 이상의 피난통로를 확보하는 피난대책의 일반원칙은?

① Risk-down 원칙
② Feed back 원칙
③ Fool-proof 원칙
④ Fail-safe 원칙

해설 Fail safe와 Fool proof

용 어	설 명
페일 세이프 (fail safe)	• 한 가지 피난기구가 고장이 나도 다른 수단을 이용할 수 있도록 고려하는 것(한 가지가 고장이 나도 다른 수단을 이용하는 원칙) • **두 방향**의 피난동선을 항상 확보하는 원칙 보기 ④
풀 프루프 (fool proof)	• 피난경로는 **간단명료**하게 한다. • 피난구조설비는 **고정식 설비**를 위주로 설치한다. • 피난수단은 **원시적 방법**에 의한 것을 원칙으로 한다. • 피난통로를 **완전불연화**한다. • 막다른 복도가 없도록 계획한다. • 간단한 **그림**이나 **색채**를 이용하여 표시한다.

기억법 풀그색 간고원

용어

피드백제어(feedback control)
출력신호를 입력신호로 되돌려서 **입력**과 **출력**을 비교함으로써 **정확한 제어**가 가능하도록 한 제어

답 ④

02 열분해에 의해 가연물 표면에 유리상의 메타인산 피막을 형성하여 연소에 필요한 산소의 유입을 차단하는 분말약제는?

① 요소
② 탄산수소칼륨
③ 제1인산암모늄
④ 탄산수소나트륨

해설 제3종 분말(제1인산암모늄)의 **열분해 생성물**
(1) H₂O(물)
(2) NH₃(암모니아)
(3) P₂O₅(오산화인)
(4) HPO₃(메타인산) : 산소 차단 보기 ③

중요

분말소화약제

종별	분자식	착색	적응화재	비 고
제1종	중탄산나트륨 (NaHCO₃)	백색	BC급	**식용유** 및 **지방질유**의 화재에 적합
제2종	중탄산칼륨 (KHCO₃)	담자색 (담회색)	BC급	-
제3종	제1인산암모늄 (NH₄H₂PO₄)	담홍색	ABC급	**차고·주차장**에 적합
제4종	중탄산칼륨 +요소 (KHCO₃+ (NH₂)₂CO)	회(백)색	BC급	-

답 ③

03 공기 중의 산소의 농도는 약 몇 vol%인가?
① 10
② 13
③ 17
④ 21

해설 공기의 구성 성분

구성성분	비 율
산소	21vol% 보기 ④
질소	78vol%
아르곤	1vol%

공기 중 산소농도

구 분	산소농도
체적비(부피백분율, vol%)	약 21vol%
중량비(중량백분율, wt%)	약 23wt%

• 일반적인 산소농도라 함은 '**체적비**'를 말한다.

답 ④

04 일반적인 플라스틱 분류상 열경화성 플라스틱에 해당하는 것은?

① 폴리에틸렌
② 폴리염화비닐
③ 페놀수지
④ 폴리스티렌

해설 합성수지의 화재성상

열가소성 수지	열경화성 수지
• PVC수지	• 페놀수지 보기 ③
• 폴리에틸렌수지 보기 ①	• 요소수지
• 폴리스티렌수지 보기 ④	• 멜라민수지

기억법 열가P폴

• 수지＝플라스틱

용어

열가소성 수지	열경화성 수지
열에 의해 변형되는 수지	열에 의해 변형되지 않는 수지

답 ③

05 자연발화 방지대책에 대한 설명 중 틀린 것은?

① 저장실의 온도를 낮게 유지한다.
② 저장실의 환기를 원활히 시킨다.
③ 촉매물질과의 접촉을 피한다.
④ 저장실의 습도를 높게 유지한다.

해설 ④ 높게 → 낮게

(1) **자연발화**의 **방지법**
  ㉠ **습**도가 높은 곳을 **피**할 것(건조하게 유지할 것) 보기 ④
  ㉡ 저장실의 온도를 낮출 것 보기 ①
  ㉢ 통풍이 잘 되게 할 것(**환기**를 원활히 시킨다) 보기 ②
  ㉣ 퇴적 및 수납시 열이 쌓이지 않게 할 것(**열축적 방지**)
  ㉤ 산소와의 접촉을 차단할 것(**촉매물질과의 접촉을 피**한다) 보기 ③
  ㉥ **열전도성**을 좋게 할 것

기억법 자습피

(2) 자연발화 조건
  ㉠ 열전도율이 작을 것
  ㉡ 발열량이 클 것

㉢ 주위의 온도가 높을 것
㉣ 표면적이 넓을 것

답 ④

06 공기 중에서 수소의 연소범위로 옳은 것은?

① 0.4~4vol%
② 1~12.5vol%
③ 4~75vol%
④ 67~92vol%

해설 (1) 공기 중의 **폭발한계**(외워야 한다.)

가 스	하한계(vol%)	상한계(vol%)
아세틸렌(C_2H_2)	2.5	81
수소(H_2) 보기 ③	**4**	**75**
일산화탄소(CO)	12	75
암모니아(NH_3)	15	25
메탄(CH_4)	5	15
에탄(C_2H_6)	3	12.4
프로판(C_3H_8)	2.1	9.5
부탄(C_4H_{10})	**1**.8	**8**.4

기억법 수475(수사 후 치료하세요.)
부18(부자의 일반적인 팔자)

(2) 폭발한계와 같은 의미
  ㉠ 폭발범위   ㉡ 연소한계
  ㉢ 연소범위   ㉣ 가연한계
  ㉤ 가연범위

답 ③

07 탄산수소나트륨이 주성분인 분말소화약제는?

① 제1종 분말
② 제2종 분말
③ 제3종 분말
④ 제4종 분말

해설 분말소화약제

종 별	분자식	착 색	적응 화재	비 고
제**1**종	**탄산수소나트륨**($NaHCO_3$) 보기 ①	백색	BC급	**식용유** 및 **지방질유**의 화재에 적합
제2종	탄산수소칼륨($KHCO_3$)	담자색(담회색)	BC급	-
제**3**종	제1인산암모늄($NH_4H_2PO_4$)	담홍색	ABC급	**차고·주차장**에 적합
제4종	탄산수소칼륨＋요소($KHCO_3$＋$(NH_2)_2CO$)	회(백)색	BC급	-

20. 09. 시행 / 기사(기계)

| 기억법 | 1식분 (일식 분식)
3분 차주 (삼보컴퓨터 차주) |

답 ①

08 불연성 기체나 고체 등으로 연소물을 감싸 산소공급을 차단하는 소화방법은?

19.09.문13
18.09.문19
17.05.문06
16.03.문08
15.03.문17
14.03.문19
11.10.문19
11.03.문02
03.08.문11

① 질식소화
② 냉각소화
③ 연쇄반응차단소화
④ 제거소화

해설 소화의 형태

구 분	설 명
냉각소화	① **점화원**을 냉각하여 소화하는 방법 ② **증발잠열**을 **이용**하여 열을 빼앗아 가연물의 온도를 떨어뜨려 화재를 진압하는 소화방법 **문제 9 보기 ④** ③ **다량**의 **물**을 뿌려 소화하는 방법 ④ 가연성 물질을 **발화점** 이하로 냉각하여 소화하는 방법 ⑤ 식용유화재에 신선한 **야채**를 넣어 소화하는 방법 ⑥ 용융잠열에 의한 **냉각효과**를 이용하여 소화하는 방법 기억법 냉점증발
질식소화	① 공기 중의 **산소농도**를 16%(10~15%) 이하로 희박하게 하여 소화하는 방법 ② 산화제의 농도를 낮추어 연소가 지속될 수 없도록 소화하는 방법 ③ **산소공급**을 **차단**하여 소화하는 방법 **보기 ①** ④ 산소의 농도를 낮추어 소화하는 방법 ⑤ 화학반응으로 발생한 **탄산가스**에 의한 소화방법 기억법 질산
제거소화	가연물을 **제거**하여 소화하는 방법
부촉매소화 (억제소화, 화학소화)	① **연쇄반응**을 **차단**하여 소화하는 방법 ② 화학적인 방법으로 화재를 억제하여 소화하는 방법 ③ **활성기**(free radical, 자유라디칼)의 **생성**을 **억제**하여 소화하는 방법 ④ 할론계 소화약제 기억법 부억(부엌)
희석소화	① 기체·고체·액체에서 나오는 분해가스나 증기의 농도를 낮춰 소화하는 방법 ② 불연성 가스의 **공기** 중 **농도**를 높여 소화하는 방법 ③ 불활성기체를 방출하여 연소범위 이하로 낮추어 소화하는 방법

 중요

화재의 소화원리에 따른 소화방법

소화원리	소화설비
냉각소화	① 스프링클러설비 ② 옥내·외소화전설비
질식소화	① 이산화탄소 소화설비 ② 포소화설비 ③ 분말소화설비 ④ 불활성기체 소화약제
억제소화 (부촉매효과)	① 할론소화약제 ② 할로겐화합물 소화약제

답 ①

09 증발잠열을 이용하여 가연물의 온도를 떨어뜨려 화재를 진압하는 소화방법은?

16.05.문13
13.09.문13

① 제거소화   ② 억제소화
③ 질식소화   ④ 냉각소화

해설 문제 8 참조

④ 냉각소화 : **증발잠열** 이용

답 ④

10 화재발생시 인간의 피난특성으로 틀린 것은?

18.04.문03
16.05.문03
11.10.문09
12.05.문15
10.09.문11

① 본능적으로 평상시 사용하는 출입구를 사용한다.
② 최초로 행동을 개시한 사람을 따라서 움직인다.
③ 공포감으로 인해서 빛을 피하여 어두운 곳으로 몸을 숨긴다.
④ 무의식 중에 발화장소의 반대쪽으로 이동한다.

해설 ③ 공포감으로 인해서 빛을 따라 외부로 달아나려는 경향이 있다.

화재발생시 인간의 피난 특성

구 분	설 명
귀소본능	• **친숙한 피난경로**를 선택하려는 행동 • 무의식 중에 평상시 사용하는 출입구나 통로를 사용하려는 행동 **보기 ①**
지광본능	• **밝은 쪽**을 지향하는 행동 • 화재의 공포감으로 인하여 **빛**을 따라 외부로 달아나려고 하는 행동 **보기 ③**
퇴피본능	• 화염, 연기에 대한 공포감으로 **발화**의 **반대방향**으로 이동하려는 행동 **보기 ④**
추종본능	• 많은 사람이 달아나는 방향으로 쫓아가려는 행동 • 화재시 최초로 행동을 개시한 사람을 따라 전체가 움직이려는 행동 **보기 ②**

좌회본능	• **좌측통행**을 하고 **시계반대방향**으로 회전하려는 행동
폐쇄공간 지향본능	• 가능한 **넓은 공간**을 찾아 **이동**하다가 위험성이 높아지면 의외의 좁은 공간을 찾는 본능
초능력 본능	• 비상시 **상상**도 **못할 힘**을 내는 본능
공격본능	• **이상심리현상**으로서 구조용 헬리콥터를 부수려고 한다든지 무차별적으로 주변사람과 구조인력 등에게 공격을 가하는 본능
패닉 (panic) 현상	• 인간의 비이성적인 또는 부적합한 **공포반응행동**으로서 무모하게 높은 곳에서 뛰어내리는 행위라든지, 몸이 굳어서 움직이지 못하는 행동

답 ③

11
공기와 할론 1301의 혼합기체에서 할론 1301에 비해 공기의 확산속도는 약 몇 배인가? (단, 공기의 평균분자량은 29, 할론 1301의 분자량은 149이다.)

① 2.27배 ② 3.85배
③ 5.17배 ④ 6.46배

해설 그레이엄의 확산속도법칙

$$\frac{V_B}{V_A} = \sqrt{\frac{M_A}{M_B}}$$

여기서, V_A, V_B : 확산속도[m/s]
$\begin{pmatrix} V_A : \text{공기의 확산속도[m/s]} \\ V_B : \text{할론 1301의 확산속도[m/s]} \end{pmatrix}$
M_A, M_B : 분자량
$\begin{pmatrix} M_A : \text{공기의 분자량} \\ M_B : \text{할론 1301의 분자량} \end{pmatrix}$

$\frac{V_B}{V_A} = \sqrt{\frac{M_A}{M_B}}$ 는 $\boxed{\frac{V_A}{V_B} = \sqrt{\frac{M_B}{M_A}}}$ 로 쓸 수 있으므로

∴ $\frac{V_A}{V_B} = \sqrt{\frac{M_B}{M_A}} = \sqrt{\frac{149}{29}} = 2.27$배

답 ①

12
다음 원소 중 할로젠족 원소인 것은?

① Ne
② Ar
③ Cl
④ Xe

해설 할로젠족 원소(할로젠원소)
(1) 불소 : **F**
(2) 염소 : **Cl** 보기 ③
(3) 브로민(취소) : **Br**
(4) 아이오딘(옥소) : **I**

기억법 FClBrI

답 ③

13
건물 내 피난동선의 조건으로 옳지 않은 것은?

① 2개 이상의 **방향**으로 피난할 수 있어야 한다.
② 가급적 단순한 형태로 한다.
③ 통로의 말단은 안전한 장소이어야 한다.
④ 수직동선은 금하고 수평동선만 고려한다.

해설 ④ 수직동선과 수평동선을 모두 고려해야 한다.

피난동선의 특성
(1) 가급적 **단순형태**가 좋다. 보기 ②
(2) **수평동선**과 **수직동선**으로 구분한다. 보기 ④
(3) 가급적 **상호 반대방향**으로 다수의 출구와 연결되는 것이 좋다.
(4) 어느 곳에서도 2개 이상의 방향으로 피난할 수 있으며, 그 말단은 화재로부터 안전한 장소이어야 한다. 보기 ①③

※ **피난동선** : 복도·통로·계단과 같은 피난전용의 통행구조

답 ④

14
실내화재에서 화재의 최성기에 돌입하기 전에 다량의 가연성 가스가 동시에 연소되면서 급격한 온도상승을 유발하는 현상은?

① 패닉(Panic)현상
② 스택(Stack)현상
③ 파이어볼(Fire Ball)현상
④ 플래쉬오버(Flash Over)현상

해설 플래시오버(flash over) : 순발연소
(1) 폭발적인 착화현상
(2) 폭발적인 화재확대현상
(3) 건물화재에서 발생한 가연성 가스가 일시에 인화하여 화염이 **충**만하는 단계
(4) 실내의 가연물이 연소됨에 따라 생성되는 가연성 가스가 실내에 누적되어 **폭**발적으로 연소하여 실 전체가 순간적으로 불길에 싸이는 현상
(5) **옥내화재**가 서서히 진행하여 열이 축적되었다가 일시에 화염이 크게 발생하는 상태
(6) **다량**의 **가연성 가스**가 동시에 연소되면서 **급**격한 온도상승을 유발하는 현상 보기 ④
(7) 건축물에서 한순간에 폭발적으로 화재가 확산되는 현상

기억법 플확충 폭급

• 플래시오버=플래쉬오버

비교

(1) **패닉(panic)현상**
    인간의 비이성적인 또는 부적합한 **공포반응행동**으로서 무모하게 높은 곳에서 뛰어내리는 행위라든지, 몸이 굳어서 움직이지 못하는 행동
(2) **굴뚝효과**(stack effect)
    ㉠ 건물 내외의 **온도차**에 따른 공기의 흐름현상이다.
    ㉡ 굴뚝효과는 **고층건물**에서 주로 나타난다.
    ㉢ 평상시 건물 내의 기류분포를 지배하는 중요 요소이며 화재시 **연기**의 **이동**에 큰 영향을 미친다.
    ㉣ 건물 외부의 온도가 내부의 온도보다 높은 경우 저층부에서는 내부에서 외부로 공기의 흐름이 생긴다.
(3) **블레비(BLEVE)**=블레이브(BLEVE)현상
    과열상태의 탱크에서 내부의 액화가스가 분출하여 기화되어 폭발하는 현상
    ㉠ 가연성 액체
    ㉡ 화구(fire ball)의 형성
    ㉢ 복사열의 대량 방출

답 ④

15. 과산화수소와 과염소산의 공통성질이 아닌 것은?

19.09.문44
16.03.문05
15.05.문05
11.10.문03
07.09.문18

① 산화성 액체이다.
② 유기화합물이다.
③ 불연성 물질이다.
④ 비중이 1보다 크다.

해설 ② 모두 제6류 위험물로서 유기화합물과 혼합하면 산화시킨다.

위험물령〔별표 1〕
위험물

유 별	성 질	품 명
제1류	**산**화성 **고**체	• 아염소산염류 • 염소산염류(**염소산나트륨**) • 과염소산염류 • 질산염류 • 무기과산화물 〔기억법〕 1산고염나
제2류	가연성 고체	• **황화**인 • **적**린 • **황** • **마**그네슘 〔기억법〕 황화적황마
제3류	자연발화성 물질 및 금수성 물질	• **황**린 • **칼**륨 • **나**트륨 • **알**칼리토금속 • **트**리에틸알루미늄 〔기억법〕 황칼나알트

제4류	인화성 액체	• 특수인화물 • 석유류(벤젠) • 알코올류 • 동식물유류
제5류	자기반응성 물질	• 유기과산화물 • 나이트로화합물 • 나이트로소화합물 • 아조화합물 • 질산에스터류(셀룰로이드)
제6류	산화성 액체	• **과염소산** • **과산화수소** • **질산**

중요

제6류 위험물의 공통성질
(1) 대부분 비중이 **1보다 크다**. 보기 ④
(2) **산화성 액체**이다. 보기 ①
(3) **불연성 물질**이다. 보기 ③
(4) 모두 **산소**를 함유하고 있다.
(5) 유기화합물과 혼합하면 산화시킨다.

답 ②

16. 화재를 소화하는 방법 중 물리적 방법에 의한 소화가 아닌 것은?

17.05.문12
15.09.문15
14.05.문13
13.03.문12
11.03.문16

① 억제소화
② 제거소화
③ 질식소화
④ 냉각소화

해설 ① 억제소화 : 화학적 방법

물리적 방법에 의한 소화	화학적 방법에 의한 소화
• 질식소화 보기 ③ • 냉각소화 보기 ④ • 제거소화 보기 ②	• 억제소화 보기 ①

중요

소화방법

소화방법	설 명
냉각소화	• 다량의 물 등을 이용하여 **점화원**을 **냉각**시켜 소화하는 방법 • 다량의 물을 뿌려 소화하는 방법
질식소화	• 공기 중의 **산소농도**를 16%(10~15%) 이하로 희박하게 하여 소화하는 방법
제거소화	• 가연물을 제거하여 소화하는 방법
화학소화 (부촉매효과)	• 연쇄반응을 차단하여 소화하는 방법 (=억제작용)

희석소화	• 고체 · 기체 · 액체에서 나오는 **분해가스**나 증기의 **농도**를 낮추어 연소를 중지시키는 방법
유화소화	• 물을 무상으로 방사하여 유류 표면에 **유화층**의 막을 형성시켜 공기의 접촉을 막아 소화하는 방법
피복소화	• 비중이 공기의 **1.5배** 정도로 무거운 소화약제를 방사하여 가연물의 구석구석까지 침투 · 피복하여 소화하는 방법

답 ①

17 물과 반응하여 가연성 기체를 발생하지 않는 것은?

① 칼륨
② 인화아연
③ 산화칼슘
④ 탄화알루미늄

해설 분진폭발을 일으키지 않는 물질
물과 반응하여 가연성 기체를 발생하지 않는 것
(1) **시**멘트
(2) **석**회석
(3) **탄**산칼슘($CaCO_3$)
(4) **생**석회(CaO)=**산화칼슘** 보기 ③

기억법 분시석탄생

답 ③

18 목재건축물의 화재진행과정을 순서대로 나열한 것은?

① 무염착화-발염착화-발화-최성기
② 무염착화-최성기-발염착화-발화
③ 발염착화-발화-최성기-무염착화
④ 발염착화-최성기-무염착화-발화

해설 목조건축물의 화재진행상황

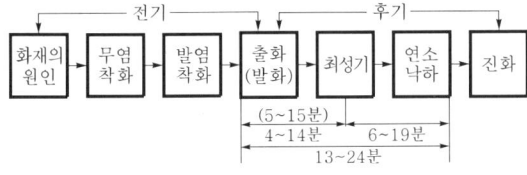

• 최성기=성기=맹화
• 진화=소화

답 ①

19 다음 물질을 저장하고 있는 장소에서 화재가 발생하였을 때 주수소화가 적합하지 않은 것은?

① 적린
② 마그네슘 분말
③ 과염소산칼륨
④ 황

해설 **주수소화**(물소화)시 **위험**한 물질

구 분	현 상
• 무기과산화물	**산소** 발생
• **금**속분 • **마**그네슘(마그네슘 분말) 보기 ② • 알루미늄 • 칼륨 • 나트륨 • **수**소화리튬	**수소** 발생
• 가연성 액체의 유류화재	**연소면**(화재면) 확대

기억법 금마수

※ **주수소화** : 물을 뿌려 소화하는 방법

답 ②

20 다음 중 가연성 가스가 아닌 것은?

① 일산화탄소
② 프로판
③ 아르곤
④ 메탄

해설 ③ 아르곤 : 불연성 가스

가연성 가스와 **지연성 가스**

가연성 가스	지연성 가스(조연성 가스)
• **수**소 • **메**탄 보기 ④ • **일**산화탄소 보기 ① • **천**연가스 • **부**탄 • **에**탄 • **암**모니아 • **프**로판 보기 ②	• **산**소 • **공**기 • **염**소 • **오**존 • **불**소 기억법 조산공 염오불

기억법 가수일천 암부메에프

용어

가연성 가스와 지연성 가스	
가연성 가스	지연성 가스(조연성 가스)
물질 자체가 연소하는 것	자기 자신은 연소하지 않지만 연소를 도와주는 가스

답 ③

제2과목 소방유체역학

21 그림과 같이 수조의 밑부분에 구멍을 뚫고 물을 유량 Q로 방출시키고 있다. 손실을 무시할 때 수위가 처음 높이의 1/2로 되었을 때 방출되는 유량은 어떻게 되는가?

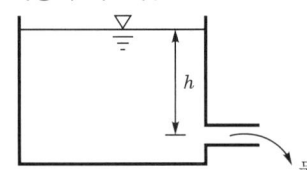

① $\dfrac{1}{\sqrt{2}}Q$ ② $\dfrac{1}{2}Q$
③ $\dfrac{1}{\sqrt{3}}Q$ ④ $\dfrac{1}{3}Q$

해설 (1) 유량
$$Q = AV \cdots\cdots\cdots ㉠$$
여기서, Q : 유량[m³/s]
A : 단면적[m²]
V : 유속[m/s]

(2) 유속(토리첼리의 식)
$$V = \sqrt{2gh} \cdots\cdots\cdots ㉡$$
여기서, V : 유속[m/s]
g : 중력가속도(9.8m/s²)
h : 높이[m]

㉠식에 ㉡식을 대입하면
$$Q = AV = A\sqrt{2gh} \propto \sqrt{h}$$
$$Q \propto \sqrt{h} = \sqrt{\dfrac{1}{2}} = \dfrac{1}{\sqrt{2}}$$

∴ 수위가 처음 높이의 $\dfrac{1}{2}$로 되면 $Q' = \dfrac{1}{\sqrt{2}}Q$ 가 된다.

답 ①

22 다음 중 등엔트로피 과정은 어느 과정인가?
① 가역단열 과정 ② 가역등온 과정
③ 비가역단열 과정 ④ 비가역등온 과정

해설 엔트로피(ΔS)

가역단열 과정	비가역단열 과정
$\Delta S = 0$	$\Delta S > 0$

• 등엔트로피 과정 = 가역단열 과정($\Delta S = 0$)

답 ①

23 비중이 0.95인 액체가 흐르는 곳에 그림과 같이 피토튜브를 직각으로 설치하였을 때 h가 150mm, H가 30mm로 나타났다. 점 1위치에서의 유속 [m/s]은?

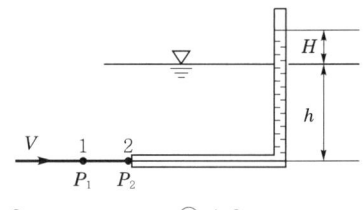

① 0.8 ② 1.6
③ 3.2 ④ 4.2

해설 (1) 기호
• s : 0.95
• h : 150mm = 0.15m (1000mm = 1m)
• H : 30mm = 0.03m (1000mm = 1m)
• V : ?

(2) 피토관(pitot tube)
$$V = C_V\sqrt{2gH}$$
여기서, V : 유속[m/s]
C_V : 속도계수
g : 중력가속도(9.8m/s²)
H : 높이[m]

유속 V는
$$V = C_V\sqrt{2gH} = \sqrt{2 \times 9.8\text{m/s}^2 \times 0.03\text{m}} = 0.76 ≒ 0.8$$

• h : 적용할 필요 없음
• C_V : 주어지지 않았으므로 무시
• s : 이 문제에서 비중은 적용되지 않음
• 피토튜브 = 피토관

답 ①

24 어떤 밀폐계가 압력 200kPa, 체적 0.1m³인 상태에서 100kPa, 0.3m³인 상태까지 가역적으로 팽창하였다. 이 과정이 $P-V$선도에서 직선으로 표시된다면 이 과정 동안에 계가 한 일[kJ]은?
① 20 ② 30
③ 45 ④ 60

해설 (1) 기호
• P_1 : 200kPa
• V_1 : 0.1m³
• P_2 : 100kPa
• V_2 : 0.3m³
• $_1W_2$: ?

(2) 일

$$_1W_2 = \int_1^2 PdV = P(V_2-V_1)$$

여기서, $_1W_2$: 상태가 1에서 2까지 변화할 때의 일[kJ]
  P : 압력[kPa]
  dV, (V_2-V_1) : 체적변화[m³]

일 $_1W_2 = P(V_2-V_1)$
  $= \dfrac{(200+100)\text{kPa}}{2}(0.3-0.1)\text{m}^3$
  $= 30\text{kPa}\cdot\text{m}^3$
  $= 30\text{kJ}$

• P : 문제에서 직선으로 표시되므로 평균값 적용
  $P = \dfrac{(200+100)\text{kPa}}{2}$
• $1\text{kJ} = 1\text{kPa}\cdot\text{m}^3$

답 ②

25 유체에 관한 설명으로 틀린 것은?

① 실제유체는 유동할 때 마찰로 인한 손실이 생긴다.
② 이상유체는 높은 압력에서 밀도가 변화하는 유체이다.
③ 유체에 압력을 가하면 체적이 줄어드는 유체는 압축성 유체이다.
④ 전단력을 받았을 때 저항하지 못하고 연속적으로 변형하는 물질을 유체라 한다.

해설 실제유체 vs 이상유체

실제유체	이상유체
• 점성이 있으며, 압축성인 유체 • 유동시 마찰이 존재하는 유체 보기①	• 점성이 없으며, 비압축성인 유체 • 밀도가 변화하지 않는 유체 보기②

용어

구 분	설 명
유체	전단력을 받았을 때 저항하지 못하고 연속적으로 변형하는 물질이다. 보기④
압축성 유체	유체에 압력을 가하면 체적이 줄어드는 유체이다. 보기③

답 ②

26 대기압에서 10℃의 물 10kg을 70℃까지 가열할 경우 엔트로피 증가량[kJ/K]은? (단, 물의 정압비열은 4.18kJ/kg·K이다.)

① 0.43 ② 8.03
③ 81.3 ④ 2508.1

해설 (1) 기호
• T_1 : 10℃=(273+10)K
• m : 10kg
• T_2 : 70℃=(273+70)K
• ΔS : ?
• C_p : 4.18kJ/kg·K

(2) 엔트로피 증가량

$$\Delta S = C_p m \ln \dfrac{T_2}{T_1}$$

여기서, ΔS : 엔트로피 증가량[kJ/K]
  C_p : 정압비열[kJ/kg·K]
  m : 질량[kg]
  T_1 : 변화 전 온도(273+℃)K
  T_2 : 변화 후 온도(273+℃)K

엔트로피 증가량 ΔS는
$\Delta S = C_p m \ln \dfrac{T_2}{T_1}$
  $= 4.18\text{kJ/kg}\cdot\text{K} \times 10\text{kg} \times \ln\dfrac{(273+70)\text{K}}{(273+10)\text{K}}$
  $\fallingdotseq 8.03\text{kJ/K}$

답 ②

27 물속에 수직으로 완전히 잠긴 원판의 도심과 압력 중심 사이의 최대거리는 얼마인가? (단, 원판의 반지름은 R이며, 이 원판의 면적 관성모멘트는 $I_{xc} = \pi R^4/4$이다.)

① $\dfrac{R}{8}$ ② $\dfrac{R}{4}$

③ $\dfrac{R}{2}$ ④ $\dfrac{2R}{3}$

해설 (1) 기호
• $I_{xc} = \dfrac{\pi R^4}{4}$ [m⁴]
• $y_p - \bar{y}$: ?

(2) 도심과 압력 중심 사이의 거리

$$y_p - \bar{y} = \dfrac{I_{xc}}{AR}$$

여기서, y_p : 압력 중심의 거리[m]
  $\bar{y}$: 도심의 거리[m]
  I_{xc} : 면적 관성모멘트[m⁴]
  A : 단면적[m²]
  R : 반지름[m]

도심과 압력 중심 사이의 거리 $y_p - \bar{y}$는

$y_p - \bar{y} = \dfrac{I_{xc}}{AR} = \dfrac{\dfrac{\pi R^4}{4}}{\pi R^2 \times R} = \dfrac{\pi R^4}{4\pi R^3} = \dfrac{R}{4}$ [m]

답 ②

28

점성계수가 0.101N·s/m², 비중이 0.85인 기름이 내경 300mm, 길이 3km의 주철관 내부를 0.0444m³/s의 유량으로 흐를 때 손실수두(m)는?

① 7.1 ② 7.7
③ 8.1 ④ 8.9

해설 (1) 기호
- μ : 0.101N·s/m²
- s : 0.85
- D : 300mm=0.3m(1000mm=1m)
- L : 3km=3000m(1km=1000m)
- Q : 0.0444m³/s
- H : ?

(2) 유량

$$Q = AV = \left(\frac{\pi}{4}D^2\right)V$$

여기서, Q : 유량[m³/s]
A : 단면적[m²]
V : 유속[m/s]
D : 직경(내경)[m]

유속 V는

$$V = \frac{Q}{A} = \frac{Q}{\frac{\pi}{4}D^2} = \frac{0.0444\text{m}^3/\text{s}}{\frac{\pi}{4}\times(0.3\text{m})^2} \fallingdotseq 0.628\text{m/s}$$

(3) 비중

$$s = \frac{\rho}{\rho_w}$$

여기서, s : 비중
ρ : 어떤 물질의 밀도(기름의 밀도)[kg/m³]
ρ_w : 표준물질의 밀도(물의 밀도 1000kg/m³)

기름의 밀도 ρ는
$\rho = s \cdot \rho_w = 0.85 \times 1000\text{kg/m}^3 = 850\text{kg/m}^3$
$= 850\text{N}\cdot\text{s}^2/\text{m}^4$ (1kg/m³=1N·s²/m⁴)

(4) 레이놀즈수

$$Re = \frac{DV\rho}{\mu}$$

여기서, Re : 레이놀즈수
D : 내경(직경)[m]
V : 유속[m/s]
ρ : 밀도[kg/m³]
μ : 점성계수(점도)[kg/m·s] 또는 [N·s/m²]

레이놀즈수 Re는
$Re = \frac{DV\rho}{\mu}$
$= \frac{0.3\text{m}\times0.628\text{m/s}\times850\text{N}\cdot\text{s}^2/\text{m}^4}{0.101\text{N}\cdot\text{s/m}^2} \fallingdotseq 1585.5$

(5) 관마찰계수

$$f = \frac{64}{Re}$$

여기서, f : 관마찰계수
Re : 레이놀즈수

관마찰계수 f는
$f = \frac{64}{Re} = \frac{64}{1585.5} \fallingdotseq 0.04$

(6) 마찰손실(손실수두)

$$H = \frac{fLV^2}{2gD}$$

여기서, H : 마찰손실[m]
f : 관마찰계수
L : 길이[m]
V : 유속[m/s]
g : 중력가속도(9.8m/s²)
D : 내경[m]

마찰손실 H는
$H = \frac{fLV^2}{2gD} = \frac{0.04\times3000\text{m}\times(0.628\text{m/s})^2}{2\times9.8\text{m/s}^2\times0.3\text{m}} = 8.048\text{m}$
$\fallingdotseq 8.1\text{m}$

답 ③

29

그림과 같은 곡관에 물이 흐르고 있을 때 계기압력으로 P_1이 98kPa이고, P_2가 29.42kPa이면 이 곡관을 고정시키는 데 필요한 힘(N)은? (단, 높이차 및 모든 손실은 무시한다.)

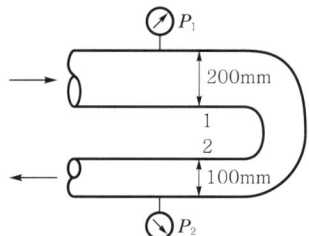

① 4141 ② 4314
③ 4565 ④ 4744

해설 (1) 기호
- P_1 : 98kPa=98kN/m²(1kPa=1kN/m²)
- P_2 : 29.42kPa=29.42kN/m²(1kPa=1kN/m²)
- F : ?
- D_1 : 200mm=0.2m(1000mm=1m)
- D_2 : 100mm=0.1m(1000mm=1m)

(2) 비압축성 유체

$$\frac{V_1}{V_2} = \frac{A_2}{A_1} = \left(\frac{D_2}{D_1}\right)^2$$

여기서, V_1, V_2 : 유속[m/s]
A_1, A_2 : 단면적[m²]
D_1, D_2 : 직경[m]

$V_2 = \left(\frac{D_1}{D_2}\right)^2 \times V_1 = \left(\frac{0.2\text{m}}{0.1\text{m}}\right)^2 \times V_1 = 4V_1$

(3) 베르누이 방정식

$$\frac{V_1^2}{2g} + \frac{P_1}{\gamma} + Z_1 = \frac{V_2^2}{2g} + \frac{P_2}{\gamma} + Z_2$$

여기서, V : 유속[m/s]
P : 압력[N/m²]
Z : 높이[m]
g : 중력가속도(9.8m/s²)
γ : 비중량(물의 비중량 9.8kN/m³)

단서에서 **높이차**를 **무시**하라고 하였으므로

$$\frac{V_1^2}{2g} + \frac{P_1}{\gamma} = \frac{V_2^2}{2g} + \frac{P_2}{\gamma}$$

$$\frac{V_1^2}{2\times9.8\text{m/s}^2} + \frac{98\text{kN/m}^2}{9.8\text{kN/m}^3} = \frac{(4V_1)^2}{2\times9.8\text{m/s}^2} + \frac{29.42\text{kN/m}^2}{9.8\text{kN/m}^3}$$

$$\frac{V_1^2}{2\times9.8\text{m/s}^2} + 10\text{m} = \frac{16V_1^2}{2\times9.8\text{m/s}^2} + 3.002\text{m}$$

$$10\text{m} - 3.002\text{m} = \frac{16V_1^2}{2\times9.8\text{m/s}^2} - \frac{V_1^2}{2\times9.8\text{m/s}^2}$$

$$6.998\text{m} = \frac{15V_1^2}{2\times9.8\text{m/s}^2}$$

$6.998 \times (2\times9.8) = 15V_1^2$ ← 계산편의를 위해 단위 생략

$137.16 = 15V_1^2$

$15V_1^2 = 137.16$

$V_1^2 = \frac{137.16}{15}$

$V_1 = \sqrt{\frac{137.16}{15}} = 3.023\text{m/s}$

$V_2 = 4V_1 = 4\times3.023\text{m/s} = 12.092\text{m/s}$

(4) 유량

$$Q = AV$$

여기서, Q : 유량[m³/s]
A : 단면적[m²]
V : 유속[m/s]

유량 Q_1은

$$Q_1 = A_1V_1 = \left(\frac{\pi D_1^2}{4}\right)V_1$$

$$= \left(\frac{\pi}{4}\times0.2^2\right)\text{m}^2 \times 3.023\text{m/s} ≒ 0.0949\text{m}^3/\text{s}$$

(5) 힘

$$F = P_1A_1 - P_2A_2 + \rho Q(V_1 - V_2)$$

여기서, F : 힘[N]
P : 압력[N/m²]
A : 단면적[m²]
ρ : 밀도(물의 밀도 1000N·s²/m⁴)
Q : 유량[m³/s]
V : 유속[m/s]

$F = P_1A_1 - P_2A_2 + \rho Q_1(V_1 - V_2)$ 에서

힘의 방향을 고려하여 재정리하면

$F = P_1A_1 + P_2A_2 - \rho Q_1(-V_2 - V_1)$

$= 98000\text{N/m}^2 \times \left(\frac{\pi}{4}\times0.2^2\right)\text{m}^2 + 29420\text{N/m}^2$

$\times \left(\frac{\pi}{4}\times0.1^2\right)\text{m}^2 - 1000\text{N}\cdot\text{s}^2/\text{m}^4 \times 0.0949\text{m}^3/\text{s}$

$\times (-12.092 - 3.023)\text{m/s}$

$≒ 4744\text{N}$

답 ④

30. 물의 체적을 5% 감소시키려면 얼마의 압력[kPa]을 가하여야 하는가? (단, 물의 압축률은 $5\times10^{-10}\text{m}^2/\text{N}$이다.)

19.09.문27
16.03.문37
15.09.문31
14.05.문36
11.06.문23
10.09.문36

① 1　　　　② 10^2
③ 10^4　　　④ 10^5

해설 (1) 기호

• $\frac{\Delta V}{V}$: 5%=0.05
• ΔP : ?
• β : $5\times10^{-10}\text{m}^2/\text{N}$

(2) 압축률

$$\beta = \frac{1}{K}$$

여기서, β : 압축률[1/Pa]
K : 체적탄성계수[Pa]

체적탄성계수 K는

$K = \frac{1}{\beta} = \frac{1}{5\times10^{-10}\text{m}^2/\text{N}}$

$= 2000000000\text{N/m}^2 = 2000000\text{kN/m}^2$

$= 2000000\text{kPa}(1\text{kN/m}^2 = 1\text{kPa})$

(3) 체적탄성계수

$$K = -\frac{\Delta P}{\frac{\Delta V}{V}}$$

여기서, K : 체적탄성계수[kPa]
ΔP : 가해진 압력[kPa]
$\frac{\Delta V}{V}$: 체적의 감소율

• $-$는 압력의 방향을 나타내는 것으로 특별한 의미를 갖지 않아도 된다.

가해진 압력 ΔP는

$\Delta P = K \times \frac{\Delta V}{V}$

$= 2000000\text{kPa} \times 0.05 = 100000\text{kPa} = 10^5\text{kPa}$

체적탄성계수
(1) 체적탄성계수는 **압력**의 차원을 가진다.
(2) 체적탄성계수가 큰 기체는 압축하기가 **어렵다**.
(3) 체적탄성계수의 **역수**를 **압축률**이라고 한다.
(4) 이상기체를 **등온**압축시킬 때 체적탄성계수는 **절대압력**과 같은 값이다.

답 ④

31. 옥내소화전에서 노즐의 직경이 2cm이고, 방수량이 0.5m³/min라면 방수압(계기압력)[kPa]은?

① 35.18
② 351.8
③ 566.4
④ 56.64

해설

(1) 기호
- D : 2cm = 20mm (1cm = 10mm)
- Q : 0.5m³/min = 500L/min (1m³ = 1000L)
- P : ?

(2) 방수량

$$Q = 0.653D^2\sqrt{10P} = 0.6597CD^2\sqrt{10P}$$

여기서, Q : 방수량[L/min]
D : 구경(직경)[mm]
P : 방수압(계기압력)[MPa]
C : 유량계수(노즐의 흐름계수)

$Q = 0.653D^2\sqrt{10P}$
$Q^2 = (0.653D^2\sqrt{10P})^2$ ← 양변에 제곱을 함
$Q^2 = 0.4264D^4 \times 10P$

$\dfrac{Q^2}{0.4264D^4} = 10P$

$\dfrac{Q^2}{10 \times 0.4264D^4} = P$

$\dfrac{Q^2}{4.264D^4} = P$

$P = \dfrac{Q^2}{4.264D^4} = \dfrac{(500\text{L/min})^2}{4.264 \times (20\text{mm})^4}$
$= 0.3664\text{MPa} = 366.4\text{kPa}$

- 1MPa = 10⁶Pa, 1kPa = 10³Pa이므로 1MPa = 1000kPa

∴ 근사값인 351.8kPa이 정답

답 ②

32. 공기 중에서 무게가 941N인 돌이 물속에서 500N이라면 이 돌의 체적[m³]은? (단, 공기의 부력은 무시한다.)

① 0.012
② 0.028
③ 0.034
④ 0.045

해설

(1) 기호
- $G_공$: 941N
- $G_물$: 500N
- V : ?

(2) 부력

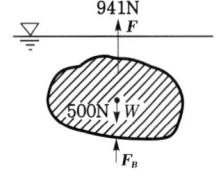

$$F_B = \gamma V$$

여기서, F_B : 부력[N]
γ : 비중량(물의 비중량 9800N/m³)
V : 물체가 잠긴 체적[m³]

부력 $F_B = G_공 - G_물 = 941\text{N} - 500\text{N} = 441\text{N}$
$F_B = \gamma V$에서
돌의 체적 V는

$V = \dfrac{F_B}{\gamma} = \dfrac{441\text{N}}{9800\text{N/m}^3} = 0.045\text{m}^3$

답 ④

33. 그림과 같이 비중이 0.8인 기름이 흐르고 있는 관에 U자관이 설치되어 있다. A점에서의 계기압력이 200kPa일 때 높이 h[m]는 얼마인가? (단, U자관 내의 유체의 비중은 13.6이다.)

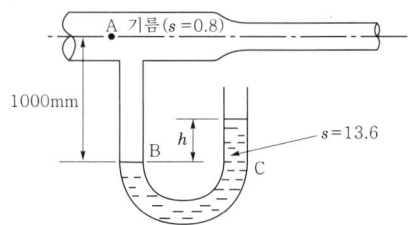

① 1.42
② 1.56
③ 2.43
④ 3.20

해설

(1) 기호
- s : 0.8
- s' : 13.6
- ΔP : 200kPa = 200kN/m² (1kPa = 1kN/m²)
- $R(h)$: ?

(2) 비중

$$s = \dfrac{\gamma}{\gamma_w}$$

여기서, s : 비중
γ : 어떤 물질의 비중량[kN/m³]
γ_w : 물의 비중량(9.8kN/m³)

비중량 $\gamma = s \times \gamma_w = 0.8 \times 9.8\text{kN/m}^3 = 7.84\text{kN/m}^3$
비중량 $\gamma' = s' \times \gamma_w = 13.6 \times 9.8\text{kN/m}^3$
$= 133.28\text{kN/m}^3$

(3) 압력차

$$\Delta P = p_2 - p_1 = R(\gamma - \gamma_w)$$

여기서, ΔP : U자관 마노미터의 압력차[Pa] 또는 [N/m²]
p_2 : 출구압력[Pa] 또는 [N/m²]
p_1 : 입구압력[Pa] 또는 [N/m²]
R : 마노미터 읽음[m]
γ : 어떤 물질의 비중량[N/m³]
γ_w : 물의 비중량(9800N/m³)

압력차 $\Delta P = R(\gamma - \gamma_w)$를 문제에 맞게 변형하면 다음과 같다.

$\Delta P = R(\gamma' - \gamma)$
높이(마노미터 읽음) R는

$R = \dfrac{\Delta P}{\gamma' - \gamma} = \dfrac{200 \text{kN/m}^2}{(133.28 - 7.84)\text{kN/m}^3} ≒ 1.59\text{m}$

∴ 근사값인 1.56m가 정답

답 ②

34 ★
[17.09.문29]

열전달면적이 A이고 온도차이가 10℃, 벽의 열전도율이 10W/m·K, 두께 25cm인 벽을 통한 열류량은 100W이다. 동일한 열전달면적에서 온도차이가 2배, 벽의 열전도율이 4배가 되고 벽의 두께가 2배가 되는 경우 열류량[W]은 얼마인가?

① 50   ② 200
③ 400   ④ 800

해설 (1) 기호
- $(T_2 - T_1)$: 10℃
- k : 10W/m·K
- l : 25cm=0.25m(100cm=1m)
- $\mathring{q}$: 100W
- $\mathring{q}'$: ?

(2) **전도 열전달**

$$\mathring{q} = \dfrac{kA(T_2 - T_1)}{l}$$

여기서, $\mathring{q}$: 열전달량[W]
  k : 열전도율[W/m·K]
  A : 단면적[m²]
  $(T_2 - T_1)$: 온도차[℃] 또는 [K]
  l : 두께[m]

- 열전달량=열전달률=열류량
- 열전도율=열전달계수

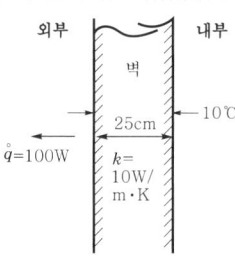

열전달면적 A는

$A = \dfrac{\mathring{q}l}{k(T_2 - T_1)} = \dfrac{100\text{W} \times 0.25\text{m}}{10\text{W/m·K} \times 10℃}$

$= \dfrac{100\text{W} \times 0.25\text{m}}{10\text{W/m·K} \times 10\text{K}} = 0.25\text{m}^2$

- 온도차는 ℃로 나타내던지 K로 나타내던지 계산해 보면 값은 같다. 그러므로 여기서는 단위를 일치시키기 위해 K로 쓰기로 한다.

$(T_2 - T_1)' = 2(T_2 - T_1) = 2 \times 10℃ = 20℃$
$k' = 4k = 4 \times 10\text{W/m·K} = 40\text{W/m·K}$

$l' = 2l = 2 \times 0.25\text{m} = 0.5\text{m}$
열류량 $\mathring{q}'$ 는

$\mathring{q}' = \dfrac{k'A(T_2 - T_1)'}{l'}$

$= \dfrac{40\text{W/m·K} \times 0.25\text{m}^2 \times 20℃}{0.5\text{m}}$

$= \dfrac{40\text{W/m·K} \times 0.25\text{m}^2 \times 20\text{K}}{0.5\text{m}} = 400\text{W}$

답 ③

35 ★★★
[19.09.문32]
[19.03.문25]
[17.05.문30]
[17.03.문37]
[16.03.문40]
[15.09.문22]
[11.06.문33]
[10.03.문36]
(산업)

지름 40cm인 소방용 배관에 물이 80kg/s로 흐르고 있다면 물의 유속[m/s]은?

① 6.4   ② 0.64
③ 12.7   ④ 1.27

해설 (1) 기호
- D : 40cm=0.4m(100cm=1m)
- $\overline{m}$: 80kg/s
- V : ?

(2) **질량유량**(mass flowrate)

$$\overline{m} = AV\rho = \left(\dfrac{\pi D^2}{4}\right)V\rho$$

여기서, $\overline{m}$: 질량유량[kg/s]
  A : 단면적[m²]
  V : 유속[m/s]
  ρ : 밀도(물의 밀도 **1000kg/m³**)
  D : 직경[m]

유속 V는

$V = \dfrac{\overline{m}}{\dfrac{\pi D^2}{4}\rho} = \dfrac{80\text{kg/s}}{\dfrac{\pi \times (0.4\text{m})^2}{4} \times 1000\text{kg/m}^3} ≒ 0.64\text{m/s}$

답 ②

36 ★
[16.05.문36]

지름이 400mm인 베어링이 400rpm으로 회전하고 있을 때 마찰에 의한 손실동력[kW]은? (단, 베어링과 축 사이에는 점성계수가 0.049N·s/m² 인 기름이 차 있다.)

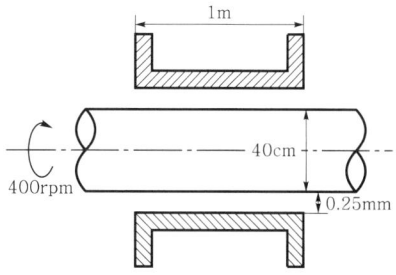

① 15.1   ② 15.6
③ 16.3   ④ 17.3

해설 (1) 기호
- D : 400mm = 0.4m (1000mm = 1m)
- N : 400rpm
- P : ?
- μ : 0.049N·s/m²
- L : 1m (그림에 주어짐)
- C : 0.25mm = 0.00025m (1000mm = 1m)(그림에 주어짐)

(2) 속도
$$V = \frac{\pi DN}{60}$$

여기서, V : 속도[m/s]
D : 직경[m]
N : 회전수[rpm]

속도 V는
$$V = \frac{\pi DN}{60} = \frac{\pi \times 0.4\text{m} \times 400\text{rpm}}{60} ≒ 8.38\text{m/s}$$

(3) 힘
$$F = \mu \frac{V}{C} A = \mu \frac{V}{C} \pi DL$$

여기서, F : 힘[N]
μ : 점성계수[N·s/m²]
V : 속도[m/s]
C : 틈새간격[m]
A : 면적[m²]($=\pi DL$)
D : 직경[m]
L : 길이[m]

힘 F는
$F = \mu \frac{V}{C} \pi DL$
$= 0.049\text{N·s/m}^2 \times \frac{8.38\text{m/s}}{0.00025\text{m}} \times \pi \times 0.4\text{m} \times 1\text{m}$
$≒ 2064\text{N}$

(4) 손실동력
$$P = FV$$

여기서, P : 손실동력[kW]
F : 힘[N]
V : 속도[m/s]

손실동력 P는
$P = FV = 2064\text{N} \times 8.38\text{m/s} ≒ 17300\text{N·m/s}$
$= 17300\text{J/s} (1\text{J} = 1\text{N·m})$
$= 17300\text{W} (1\text{W} = 1\text{J/s})$
$= 17.3\text{kW} (1\text{kW} = 1000\text{W})$

답 ④

★
37 12층 건물의 지하 1층에 제연설비용 배연기를 설치하였다. 이 배연기의 풍량은 500m³/min이고, 풍압이 290Pa일 때 배연기의 동력[kW]은? (단, 배연기의 효율은 60%이다.)
16.10.문38

① 3.55
② 4.03
③ 5.55
④ 6.11

해설 (1) 기호
- Q : 500m³/min
- P_T : 290Pa = $\frac{290\text{Pa}}{101325\text{Pa}} \times 10332\text{mmH}_2\text{O}$
  ≒ 29.57mmH₂O

표준대기압
1atm = 760mmHg
= 1.0332kg_f/cm²
= 10.332mH₂O(mAq)
= 14.7PSI(lb_f/in²)
= 101.325kPa(kN/m²)
= 1013mbar

101.325kPa = 101325Pa = 10.332mH₂O = 10332mmH₂O

- P : ?
- η : 60% = 0.6

(2) 축동력(배연기동력)
$$P = \frac{P_T Q}{102 \times 60 \eta}$$

여기서, P : 축동력[kW]
P_T : 전압(풍압)[mmAq] 또는 [mmH₂O]
Q : 풍량[m³/min]
η : 효율

축동력 P는
$P = \frac{P_T Q}{102 \times 60 \eta} = \frac{29.57\text{mmH}_2\text{O} \times 500\text{m}^3/\text{min}}{102 \times 60 \times 0.6}$
$= 4.026 ≒ 4.03\text{kW}$

용어

축동력
전달계수(K)를 고려하지 않은 동력

답 ②

★
38 다음 중 배관의 출구측 형상에 따라 손실계수가 가장 큰 것은?
18.04.문40

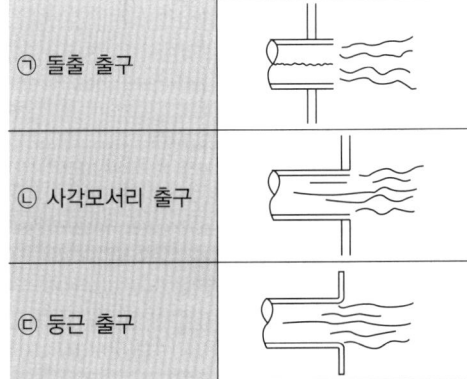

| ㉠ 돌출 출구 |
| ㉡ 사각모서리 출구 |
| ㉢ 둥근 출구 |

① ㉠
② ㉡
③ ㉢
④ 모두 같다.

해설 ④ 출구측 손실계수는 형상에 관계없이 **모두 같다**.

비교
입구측 손실계수

입구 유동조건	손실계수
잘 다듬어진 모서리(많이 둥근 모서리)	0.04
약간 둥근 모서리(조금 둥근 모서리)	0.2
날카로운 모서리(직각 모서리, 사각 모서리)	0.5
돌출 입구	0.8

답 ④

39 원관 내에 유체가 흐를 때 유동의 특성을 결정하는 가장 중요한 요소는?

① 관성력과 점성력 ② 압력과 관성력
③ 중력과 압력   ④ 압력과 점성력

해설 레이놀즈수
원관 내에 유체가 흐를 때 유동의 특성을 결정하는 가장 중요한 요소

요소의 물리적 의미

명 칭	물리적 의미	비 고
레이놀즈 (Reynolds)수	$\dfrac{관성력}{점성력}$ 보기 ①	–
프루드 (Froude)수	$\dfrac{관성력}{중력}$	–
마하 (Mach)수	$\dfrac{관성력}{압축력}$	$\dfrac{V}{C}$ 여기서, V : 유속(m/s) C : 음속(m/s)
코우시스 (Cauchy)수	$\dfrac{관성력}{탄성력}$	$\dfrac{\rho V^2}{k}$ 여기서, ρ : 밀도(N·s²/m⁴) k : 탄성계수(Pa) 또는 (N/m²) V : 유속(m/s)
웨버 (Weber)수	$\dfrac{관성력}{표면장력}$	–
오일러 (Euler)수	$\dfrac{압축력}{관성력}$	–

기억법 레관점

답 ①

40 토출량이 1800L/min, 회전차의 회전수가 1000rpm인 소화펌프의 회전수를 1400rpm으로 증가시키면 토출량은 처음보다 얼마나 더 증가되는가?

① 10%   ② 20%
③ 30%   ④ 40%

해설 (1) 기호
- Q_1 : 1800L/min
- N_1 : 1000rpm
- N_2 : 1400rpm
- Q_2 : ?

(2) 유량, 양정, 축동력

㉠ 유량
$$Q_2 = Q_1\left(\dfrac{N_2}{N_1}\right) \text{ 또는 } Q_2 = Q_1\left(\dfrac{N_2}{N_1}\right)\left(\dfrac{D_2}{D_1}\right)^3$$

㉡ 양정(수두)
$$H_2 = H_1\left(\dfrac{N_2}{N_1}\right)^2 \text{ 또는 } H_2 = H_1\left(\dfrac{N_2}{N_1}\right)^2\left(\dfrac{D_2}{D_1}\right)^2$$

㉢ 축동력
$$P_2 = P_1\left(\dfrac{N_2}{N_1}\right)^3 \text{ 또는 } P_2 = P_1\left(\dfrac{N_2}{N_1}\right)^3\left(\dfrac{D_2}{D_1}\right)^5$$

여기서, Q_2 : 변경 후 유량(m³/min) 또는 (L/min)
Q_1 : 변경 전 유량(m³/min) 또는 (L/min)
H_2 : 변경 후 양정(m)
H_1 : 변경 전 양정(m)
P_2 : 변경 후 축동력(kW)
P_1 : 변경 전 축동력(kW)
N_2 : 변경 후 회전수(rpm)
N_1 : 변경 전 회전수(rpm)
D_2 : 변경 후 관경(mm)
D_1 : 변경 전 관경(mm)

변경 후 유량(토출량) Q_2는

$$Q_2 = Q_1\left(\dfrac{N_2}{N_1}\right)$$
$$= 1800\text{L/min} \times \left(\dfrac{1400\text{rpm}}{1000\text{rpm}}\right)$$
$$= 2520\text{L/min}$$

$\dfrac{Q_2}{Q_1} = \dfrac{2520\text{L/min}}{1800\text{L/min}} = 1.4 = 140\%$ (∴ 40% 증가)

답 ④

제3과목 소방관계법규

41 위험물안전관리법령상 위험물 중 제1석유류에 속하는 것은?

① 경유   ② 등유
③ 중유   ④ 아세톤

해설
① 제2석유류
② 제2석유류
③ 제3석유류

위험물령 〔별표 1〕
제4류 위험물

성질	품명		지정수량	대표물질
인화성 액체	특수인화물		50L	• 다이에틸에터 • 이황화탄소
	제1 석유류	비수용성	200L	• 휘발유 • 콜로디온
		수용성	400L	• 아세톤 보기 ④ 기억법 수4
	알코올류		400L	• 변성알코올
	제2 석유류	비수용성	1000L	• 등유 보기 ② • 경유 보기 ①
		수용성	2000L	• 아세트산
	제3 석유류	비수용성	2000L	• 중유 보기 ③ • 크레오소트유
		수용성	4000L	• 글리세린
	제4석유류		6000L	• 기어유 • 실린더유
	동식물유류		10000L	• 아마인유

답 ④

42 소방시설 설치 및 관리에 관한 법령상 소방시설 등의 자체점검 중 종합점검을 받아야 하는 특정소방대상물 대상 기준으로 틀린 것은?

① 제연설비가 설치된 터널
② 스프링클러설비가 설치된 특정소방대상물
③ 공공기관 중 연면적이 $1000m^2$ 이상인 것으로서 옥내소화전설비 또는 자동화재탐지설비가 설치된 것(단, 소방대가 근무하는 공공기관은 제외한다.)
④ 호스릴방식의 물분무등소화설비만이 설치된 연면적 $5000m^2$ 이상인 특정소방대상물(단, 위험물제조소 등은 제외한다.)

해설
④ 호스릴방식의 물분무등소화설비만을 설치한 경우는 제외

소방시설법 시행규칙〔별표 3〕
소방시설 등 자체점검의 구분과 대상, 점검자의 자격

점검구분	정의	점검대상	점검자의 자격(주된 인력)
작동점검	소방시설 등을 인위적으로 조작하여 정상적으로 작동하는지를 점검하는 것	① 간이스프링클러설비 ② 자동화재탐지설비	① 관계인 ② 소방안전관리자로 선임된 **소방시설관리사** 또는 **소방기술사** ③ 소방시설관리업에 등록된 소방시설관리사 또는 **특급 점검자**
		③ 간이스프링클러설비 또는 자동화재탐지설비가 미설치된 특정소방대상물	① 소방시설관리업에 등록된 기술인력 중 소방시설관리사 ② 소방안전관리자로 선임된 소방시설관리사 또는 소방기술사
	④ **작동점검**대상 제외 ㉠ 특정소방대상물 중 소방안전관리자를 선임하지 않는 대상 ㉡ 위험물제조소 등 ㉢ 특급소방안전관리대상물		
종합점검	소방시설 등의 작동점검을 포함하여 소방시설 등의 설비별 주요구성부품의 구조기준이 관련법령에서 정하는 기준에 적합한지 여부를 점검하는 것 (1) 최초점검 : 특정소방대상물의 소방시설이 신설된 경우 건축물을 사용할 수 있게 된 날부터 60일 이내 점검하는 것 (2) 그 밖의 종합점검 : 최초점검을 제외한 종합점검	① 소방시설 등이 신설된 경우에 해당하는 특정소방대상물 ② **스프링클러설비**가 설치된 특정소방대상물 보기 ② ③ **물분무등소화설비**(호스릴방식의 물분무등소화설비만을 설치한 경우는 제외)가 설치된 연면적 $5000m^2$ 이상인 특정소방대상물(위험물제조소 등 제외) 보기 ④ ④ 다중이용업의 영업장이 설치된 특정소방대상물로서 연면적이 $2000m^2$ 이상인 것 ⑤ 제연설비가 설치된 터널 보기 ① ⑥ 공공기관 중 연면적(터널·지하구의 경우 그 길이와 평균폭을 곱하여 계산된 값을 말한다)이 $1000m^2$ 이상인 것으로서 옥내소화전설비 또는 자동화재탐지설비가 설치된 것(단, 소방대가 근무하는 공공기관 제외) 보기 ③	① 소방시설관리업에 등록된 기술인력 중 소방시설관리사 ② 소방안전관리자로 선임된 소방시설관리사 또는 소방기술사

답 ④

43. 소방시설 설치 및 관리에 관한 법령상 소방시설이 아닌 것은?

① 소방설비
② 경보설비
③ 방화설비
④ 소화활동설비

해설 ③ 해당 없음

소방시설법 2조
정의

용어	뜻
소방시설	**소화설비, 경보설비, 피난구조설비, 소화용수설비**, 그 밖에 **소화활동설비**로서 **대통령령**으로 정하는 것 〈보기 ①②④〉
소방시설 등	**소방시설**과 **비상구**, 그 밖에 소방 관련 시설로서 **대통령령**으로 정하는 것
특정소방대상물	건축물 등의 규모·용도 및 수용인원 등을 고려하여 **소방시설**을 설치하여야 하는 소방대상물로서 **대통령령**으로 정하는 것
소방용품	소방시설 등을 구성하거나 소방용으로 사용되는 **제품** 또는 **기기**로서 **대통령령**으로 정하는 것

답 ③

44. 소방기본법상 소방대장의 권한이 아닌 것은 어느 것인가?

① 소방활동을 할 때에 긴급한 경우에는 이웃한 소방본부장 또는 소방서장에게 소방업무의 응원을 요청할 수 있다.
② 화재, 재난·재해, 그 밖의 위급한 상황이 발생한 현장에서 소방활동을 위하여 필요할 때에는 그 관할구역에 사는 사람 또는 그 현장에 있는 사람으로 하여금 사람을 구출하는 일 또는 불을 끄거나 불이 번지지 아니하도록 하는 일을 하게 할 수 있다.
③ 사람을 구출하거나 불이 번지는 것을 막기 위하여 필요할 때에는 화재가 발생하거나 불이 번질 우려가 있는 소방대상물 및 토지를 일시적으로 사용하거나 그 사용의 제한 또는 소방활동에 필요한 처분을 할 수 있다.
④ 소방활동을 위하여 긴급하게 출동할 때에는 소방자동차의 통행과 소방활동에 방해가 되는 주차 또는 정차된 차량 및 물건 등을 제거하거나 이동시킬 수 있다.

해설 ① 소방본부장, 소방서장의 권한

(1) 소방**대**장 : 소방**활**동**구**역의 설정(기본법 23조)

기억법 대구활(**대구**의 **활**동)

(2) **소**방본부장 · **소**방서장 · 소방**대**장
  ㉠ 소방활동 **종**사명령(기본법 24조) 〈보기 ②〉
  ㉡ **강**제처분(기본법 25조) 〈보기 ③④〉
  ㉢ **피**난명령(기본법 26조)
  ㉣ 댐·저수지 사용 등 위험시설 등에 대한 긴급조치(기본법 27조)

기억법 소대종강피(**소**방**대**의 **종강파**티)

 비교

소방본부장 · 소방서장(기본법 11조)
소방업무의 응원 요청 〈보기 ①〉

답 ①

45. 위험물안전관리법령상 제조소 등이 아닌 장소에서 지정수량 이상의 위험물을 취급할 수 있는 경우에 대한 기준으로 맞는 것은? (단, 시·도의 조례가 정하는 바에 따른다.)

① 관할 소방서장의 승인을 받아 지정수량 이상의 위험물을 60일 이내의 기간 동안 임시로 저장 또는 취급하는 경우
② 관할 소방대장의 승인을 받아 지정수량 이상의 위험물을 60일 이내의 기간 동안 임시로 저장 또는 취급하는 경우
③ 관할 소방서장의 승인을 받아 지정수량 이상의 위험물을 90일 이내의 기간 동안 임시로 저장 또는 취급하는 경우
④ 관할 소방대장의 승인을 받아 지정수량 이상의 위험물을 90일 이내의 기간 동안 임시로 저장 또는 취급하는 경우

해설 ① 60일 → 90일
② 소방대장 → 소방서장, 60일 → 90일
④ 소방대장 → 소방서장

90일
(1) 소방시설업 **등**록신청 자산평가액·기업진단보고서 **유**효기간(공사업규칙 2조)
(2) 위험물 임시저장·취급 기준(위험물법 5조) 〈보기 ③〉

기억법 등유9(**등유 구**해와!)

 중요

위험물법 5조
임시저장 승인 : 관할소방서장

답 ③

46. 위험물안전관리법령상 제4류 위험물별 지정수량 기준의 연결이 틀린 것은?

① 특수인화물 - 50리터
② 알코올류 - 400리터
③ 동식물류 - 1000리터
④ 제4석유류 - 6000리터

해설 ③ 1000리터 → 10000리터

위험물령 [별표 1]
제4류 위험물

성질	품명		지정수량	대표물질
인화성 액체	특수인화물		50L 보기①	• 다이에틸에터 • 이황화탄소
	제1 석유류	비수용성	200L	• 휘발유 • 콜로디온
		수용성	400L	• 아세톤
	알코올류		400L 보기②	• 변성알코올
	제2 석유류	비수용성	1000L	• 등유 • 경유
		수용성	2000L	• 아세트산
	제3 석유류	비수용성	2000L	• 중유 • 크레오소트유
		수용성	4000L	• 글리세린
	제4석유류		6000L 보기④	• 기어유 • 실린더유
	동식물유류		10000L 보기③	• 아마인유

답 ③

47. 화재의 예방 및 안전관리에 관한 법률상 화재예방 강화지구의 지정권자는?

① 소방서장
② 시·도지사
③ 소방본부장
④ 행정안전부장관

해설 화재예방법 18조
화재예방강화지구의 지정
(1) 지정권자 : 시·도지사 보기②
(2) 지정지역
  ㉠ 시장지역
  ㉡ 공장·창고 등이 밀집한 지역
  ㉢ 목조건물이 밀집한 지역
  ㉣ 노후·불량 건축물이 밀집한 지역
  ㉤ 위험물의 저장 및 처리시설이 밀집한 지역
  ㉥ 석유화학제품을 생산하는 공장이 있는 지역
  ㉦ 소방시설·소방용수시설 또는 소방출동로가 없는 지역
  ㉧ 「산업입지 및 개발에 관한 법률」에 따른 산업단지
  ㉨ 「물류시설의 개발 및 운영에 관한 법률」에 따른 물류단지

㉠ 소방청장·소방본부장 또는 소방서장(소방관서장)이 화재예방강화지구로 지정할 필요가 있다고 인정하는 지역

※ **화재예방강화지구** : 화재발생 우려가 크거나 화재가 발생할 경우 피해가 클 것으로 예상되는 지역에 대하여 화재의 예방 및 안전관리를 강화하기 위해 지정·관리하는 지역

기억법 화강시

답 ②

48. 위험물안전관리법령상 관계인이 예방규정을 정하여야 하는 위험물을 취급하는 제조소의 지정수량 기준으로 옳은 것은?

① 지정수량의 10배 이상
② 지정수량의 100배 이상
③ 지정수량의 150배 이상
④ 지정수량의 200배 이상

해설 위험물령 15조
예방규정을 정하여야 할 제조소 등

배수	제조소 등
10배 이상	• **제**조소 보기① • **일**반취급소
100배 이상	• 옥**외**저장소
150배 이상	• 옥**내**저장소
200배 이상	• 옥외**탱**크저장소
모두 해당	• 이송취급소 • 암반탱크저장소

기억법
1 제일
0 외
5 내
2 탱

※ **예방규정** : 제조소 등의 화재예방과 화재 등 재해발생시의 비상조치를 위한 규정

답 ①

49. 소방시설 설치 및 관리에 관한 법령상 주택의 소유자가 소방시설을 설치하여야 하는 대상이 아닌 것은?

① 아파트
② 연립주택
③ 다세대주택
④ 다가구주택

해설 소방시설법 10조
주택의 소유자가 설치하는 소방시설의 설치대상
(1) 단독주택
(2) 공동주택(아파트 및 기숙사 제외) : 연립주택, 다세대주택, 다가구주택 보기②③④

답 ①

50 소방시설공사업법령상 정의된 업종 중 소방시설업의 종류에 해당되지 않는 것은?

① 소방시설설계업 ② 소방시설공사업
③ 소방시설정비업 ④ 소방공사감리업

해설 공사업법 2조
소방시설업의 종류

소방시설 설계업	소방시설 공사업	소방공사 감리업	방염처리업
소방시설공사에 기본이 되는 **공사계획**·**설계도면**·**설계설명서**·**기술계산서** 등을 작성하는 영업 보기①	설계도서에 따라 소방시설을 **신설**·**증설**·**개설**·**이전**·**정비**하는 영업 보기②	소방시설공사에 관한 발주자의 권한을 대행하여 소방시설공사가 설계도서와 관계법령에 따라 **적법**하게 **시공**되는지를 확인하고, 품질·시공 관리에 대한 **기술지도**를 하는 영업 보기④	방염대상물품에 대하여 **방염처리**하는 영업

답 ③

51 소방시설 설치 및 관리에 관한 법령상 특정소방대상물로서 숙박시설에 해당되지 않는 것은?

① 오피스텔
② 일반형 숙박시설
③ 생활형 숙박시설
④ 근린생활시설에 해당하지 않는 고시원

해설 ① 오피스텔 : 업무시설

소방시설법 시행령 [별표 2]
업무시설
(1) 주민자치센터(동사무소)
(2) 경찰서
(3) 소방서
(4) 우체국
(5) 보건소
(6) 공공도서관
(7) 국민건강보험공단
(8) 금융업소·오피스텔·신문사 보기①
(9) 변전소·양수장·정수장·대피소·공중화장실

 중요

숙박시설
(1) 일반형 숙박시설 보기②
(2) 생활형 숙박시설 보기③
(3) 고시원 보기④

답 ①

52 화재의 예방 및 안전관리에 관한 법령상 특수가연물의 저장 및 취급기준을 위반한 경우 과태료 부과기준은?

① 50만원
② 100만원
③ 150만원
④ 200만원

해설 화재예방법 시행령 [별표 9]
과태료의 부과기준

위반사항	과태료금액
① 소방용수시설·소화기구 및 설비 등의 설치명령을 위반한 자	200
② 불의 사용에 있어서 지켜야 하는 사항을 위반한 자	
③ 특수가연물의 저장 및 취급의 기준을 위반한 자 보기④	

 중요

과태료의 부과기준(기본령 [별표 3])

위반사항	과태료금액
① 화재 또는 구조·구급이 필요한 상황을 거짓으로 알린 자	1회 위반시 : 200 2회 위반시 : 400 3회 이상 위반시 : 500
② 소방활동구역 출입제한을 위반한 자	100
③ 한국소방안전원 또는 이와 유사한 명칭을 사용한 경우	200

답 ④

53 소방시설 설치 및 관리에 관한 법령상 수용인원 산정방법 중 다음과 같은 시설의 수용인원은 몇 명인가?

숙박시설이 있는 특정소방대상물로서 종사자 수는 5명, 숙박시설은 모두 2인용 침대이며 침대수량은 50개이다.

① 55
② 75
③ 85
④ 105

해설 소방시설법 시행령 〔별표 7〕
수용인원의 산정방법

특정소방대상물	산정방법
• 강의실 • 상담실 • 휴게실 • 교무실 • 실습실	바닥면적 합계 1.9m²
• 숙박 시설 침대가 있는 경우 →	종사자수 + 침대수
침대가 없는 경우	종사자수 + 바닥면적 합계 3m²
• 기타	바닥면적 합계 3m²
• 강당 • 문화 및 집회시설, 운동시설 • 종교시설	바닥면적 합계 4.6m²

• 소수점 이하는 **반올림**한다.

기억법 수반(수반! 동반!)

숙박시설(침대가 있는 경우)
=종사자수 + 침대수 = 5명+(2인용×50개) =105명

답 ④

54 ★★★
19.03.문42
18.04.문54
13.03.문48
12.05.문55
10.09.문49

소방시설 설치 및 관리에 관한 법률상 소방시설 등에 대한 자체점검을 하지 아니하거나 관리업자 등으로 하여금 정기적으로 점검하게 하지 아니한 자에 대한 벌칙기준으로 옳은 것은?

① 6개월 이하의 징역 또는 1000만원 이하의 벌금
② 1년 이하의 징역 또는 1000만원 이하의 벌금
③ 3년 이하의 징역 또는 1500만원 이하의 벌금
④ 3년 이하의 징역 또는 3000만원 이하의 벌금

해설 1년 이하의 징역 또는 1000만원 이하의 벌금
(1) 소방시설의 **자체점검** 미실시자(소방시설법 58조) 보기 ②
(2) **소방시설관리사증** 대여(소방시설법 58조)
(3) **소방시설관리업**의 등록증 또는 등록수첩 대여(소방시설법 58조)
(4) 제조소 등의 정기점검기록 허위작성(위험물법 35조)
(5) **자체소방대**를 두지 않고 제조소 등의 허가를 받은 자(위험물법 35조)
(6) 위험물 **운반용기**의 검사를 받지 않고 유통시킨 자(위험물법 35조)
(7) 제조소 등의 긴급사용정지 위반자(위험물법 35조)
(8) 영업정지처분 위반자(공사업법 36조)
(9) **거짓 감리자**(공사업법 36조)
(10) 공사감리자 미지정자(공사업법 36조)
(11) 소방시설 설계·시공·감리 하도급자(공사업법 36조)
(12) 소방시설공사 재하도급자(공사업법 36조)
(13) 소방시설업자가 아닌 자에게 **소방시설공사** 등을 도급한 관계인(공사업법 36조)

답 ②

55 ★★★
19.09.문50
17.09.문49
16.05.문53
13.09.문56

화재의 예방 및 안전관리에 관한 법률상 화재예방강화지구의 지정대상이 아닌 것은? (단, 소방청장·소방본부장 또는 소방서장이 화재예방강화지구로 지정할 필요가 있다고 인정하는 지역은 제외한다.)

① 시장지역
② 농촌지역
③ 목조건물이 밀접한 지역
④ 공장·창고가 밀집한 지역

해설 ② 해당 없음

화재예방법 18조
화재예방강화지구의 지정
(1) **지정권자** : **시**·도지사
(2) 지정지역
  ㉠ **시장**지역 보기 ①
  ㉡ **공장·창고** 등이 밀집한 지역 보기 ④
  ㉢ **목조건물**이 밀집한 지역 보기 ③
  ㉣ 노후·불량 건축물이 밀집한 지역
  ㉤ **위험물**의 저장 및 **처리시설**이 **밀집**한 지역
  ㉥ 석유화학제품을 생산하는 공장이 있는 지역
  ㉦ **소방시설·소방용수시설** 또는 **소방출동로**가 없는 지역
  ㉧ 「산업입지 및 개발에 관한 법률」에 따른 산업단지
  ㉨ 「물류시설의 개발 및 운영에 관한 법률」에 따른 물류단지
  ㉩ **소방청장·소방본부장** 또는 **소방서장**(소방관서장)이 화재예방강화지구로 지정할 필요가 있다고 인정하는 지역

기억법 화강시

※ **화재예방강화지구** : 화재발생 우려가 크거나 화재가 발생할 경우 피해가 클 것으로 예상되는 지역에 대하여 화재의 예방 및 안전관리를 강화하기 위해 지정·관리하는 지역

답 ②

56 ★★★
15.09.문47
15.05.문49
14.03.문52
12.05.문60

화재의 예방 및 안전관리에 관한 법령상 특수가연물의 품명과 지정수량 기준의 연결이 틀린 것은?

① 사류—1000kg 이상
② 볏짚류—3000kg 이상
③ 석탄·목탄류—10000kg 이상
④ 고무류·플라스틱류 중 발포시킨 것—20m³ 이상

해설 ② 3000kg 이상 → 1000kg 이상

화재예방법 시행령 〔별표 2〕
특수가연물

품 명	수 량
가연성 **액**체류	**2**m³ 이상
목재가공품 및 나무부스러기	**10**m³ 이상

면화류	200kg 이상
나무껍질 및 대팻밥	400kg 이상
넝마 및 종이부스러기	1000kg 이상
사류(絲類) 보기①	
볏짚류 보기②	
가연성 고체류	3000kg 이상
고무류·플라스틱류 발포시킨 것 보기④	20m³ 이상
고무류·플라스틱류 그 밖의 것	3000kg 이상
석탄·목탄류 보기③	10000kg 이상

- **특수가연물**: 화재가 발생하면 그 확대가 빠른 물품

```
기억법  가액목면나 넝사볏가고 고석
         2 1 2 4   1   3   3 1
```

답 ②

57 소방기본법령상 소방안전교육사의 배치대상별 배치기준으로 틀린 것은?
13.09.문46

① 소방청 : 2명 이상 배치
② 소방서 : 1명 이상 배치
③ 소방본부 : 2명 이상 배치
④ 한국소방안전원(본회) : 1명 이상 배치

해설 ④ 1명 이상 → 2명 이상

기본령 [별표 2의 3]
소방안전교육사의 배치대상별 배치기준

배치대상	배치기준
소방서	•1명 이상 보기②
한국소방안전원	•시·도지부 : 1명 이상 •본회 : 2명 이상 보기④
소방본부	•2명 이상 보기③
소방청	•2명 이상 보기①
한국소방산업기술원	•2명 이상

답 ④

58 화재의 예방 및 안전관리에 관한 법령상 관리의 권원이 분리된 특정소방대상물이 아닌 것은?
18.03.문59
16.03.문42
06.03.문60

① 판매시설 중 도매시장 및 소매시장
② 전통시장
③ 지하층을 제외한 층수가 7층 이상인 복합건축물
④ 복합건축물로서 연면적이 30000m² 이상인 것

해설 ③ 7층 → 11층

화재예방법 35조, 화재예방법 시행령 35조
관리의 권원이 분리된 특정소방대상물
(1) **복합건축물**(지하층을 제외한 **11층** 이상 또는 연면적 3만m² 이상인 건축물) 보기④
(2) **지하가**
(3) **도매시장, 소매시장, 전통시장** 보기①②

답 ③

59 소방시설공사업법상 도급을 받은 자가 제3자에게 소방시설공사의 시공을 하도급한 경우에 대한 벌칙기준으로 옳은 것은? (단, 대통령령으로 정하는 경우는 제외한다.)
19.03.문42
18.04.문54
13.03.문48
12.05.문55
10.09.문49

① 100만원 이하의 벌금
② 300만원 이하의 벌금
③ 1년 이하의 징역 또는 1000만원 이하의 벌금
④ 3년 이하의 징역 또는 1500만원 이하의 벌금

해설 1년 이하의 징역 또는 1000만원 이하의 벌금
(1) 소방시설의 **자체점검** 미실시자(소방시설법 58조)
(2) **소방시설관리사증** 대여(소방시설법 58조)
(3) **소방시설관리업**의 등록증 또는 등록수첩 대여(소방시설법 58조)
(4) 제조소 등의 정기점검기록 허위작성(위험물법 35조)
(5) **자체소방대**를 두지 않고 제조소 등의 허가를 받은 자(위험물법 35조)
(6) **위험물 운반용기**의 검사를 받지 않고 유통시킨 자(위험물법 35조)
(7) 제조소 등의 긴급사용정지 위반자(위험물법 35조)
(8) 영업정지처분 위반자(공사업법 36조)
(9) **거짓 감리자**(공사업법 36조)
(10) 공사감리자 미지정자(공사업법 36조)
(11) 소방시설 설계·시공·감리 하도급자(공사업법 36조)
(12) 소방시설공사 재하도급자(공사업법 36조) 보기③
(13) 소방시설업자가 아닌 자에게 **소방시설공사** 등을 도급한 관계인(공사업법 36조)

답 ③

60 소방시설 설치 및 관리에 관한 법령상 정당한 사유없이 피난시설 방화구획 및 방화시설의 관리에 필요한 조치명령을 위반한 경우 이에 대한 벌칙기준으로 옳은 것은?
11.10.문55

① 200만원 이하의 벌금
② 300만원 이하의 벌금
③ 1년 이하의 징역 또는 1000만원 이하의 벌금
④ 3년 이하의 징역 또는 3000만원 이하의 벌금

해설 **소방시설법 57조**
3년 이하의 징역 또는 3000만원 이하의 벌금
(1) **소방시설관리업** 무등록자
(2) **형식승인**을 받지 않은 소방용품 제조·수입자
(3) **제품검사**를 받지 않은 자
(4) 거짓이나 그 밖의 **부정한 방법**으로 제품검사 전문기관의 지정을 받은 자
(5) **피난시설, 방화구획** 및 방화시설의 관리에 따른 **명령**을 정당한 사유없이 **위반**한 자 보기 ④

답 ④

제4과목 소방기계시설의 구조 및 원리

61 ★★★
19.09.문66
19.04.문74
19.03.문69
17.03.문64
14.03.문67
07.03.문70

상수도소화용수설비의 화재안전기준에 따라 호칭지름 75mm 이상의 수도배관에 호칭지름 100mm 이상의 소화전을 접속한 경우 상수도소화용설비 소화전의 설치기준으로 맞는 것은?

① 특정소방대상물의 수평투영면의 각 부분으로부터 80m 이하가 되도록 설치할 것
② 특정소방대상물의 수평투영면의 각 부분으로부터 100m 이하가 되도록 설치할 것
③ 특정소방대상물의 수평투영면의 각 부분으로부터 120m 이하가 되도록 설치할 것
④ 특정소방대상물의 수평투영면의 각 부분으로부터 140m 이하가 되도록 설치할 것

해설 **상수도소화용수설비**의 **기준**(NFPC 401 4조, NFTC 401 2.1)
(1) 호칭지름

수도배관	소화전
75mm 이상	100mm 이상

(2) 소화전은 소방자동차 등의 진입이 쉬운 **도로변** 또는 **공지**에 설치할 것
(3) 소화전은 특정소방대상물의 수평투영면의 각 부분으로부터 **140m** 이하가 되도록 설치할 것 보기 ④
(4) 지상식 소화전의 호스접결구는 지면으로부터 높이가 0.5m 이상 1m 이하가 되도록 설치할 것

기억법 수75(수지침으로 치료), 소1(소일거리)

답 ④

62 ★★★
16.03.문78
15.03.문78
10.03.문75

분말소화설비의 화재안전기준에 따른 분말소화설비의 배관과 선택밸브의 설치기준에 대한 내용으로 틀린 것은?

① 배관은 겸용으로 설치할 것
② 선택밸브는 방호구역 또는 방호대상물마다 설치할 것
③ 동관은 고정압력 또는 최고사용압력의 1.5배 이상의 압력에 견딜 수 있는 것을 사용할 것
④ 강관은 아연도금에 따른 배관용 탄소강관이나 이와 동등 이상의 강도·내식성 및 내열성을 가진 것을 사용할 것

해설 ① 겸용 → 전용

분말소화설비의 **배관**(NFPC 108 9조, NFTC 108 2.6.1)
(1) **전용** 보기 ①
(2) **강관** : 아연도금에 의한 배관용 탄소강관이나 이와 동등 이상의 강도·내식성 및 내열성을 가진 것을 사용할 것 보기 ④
(3) **동관** : 고정압력 또는 최고사용압력의 **1.5배** 이상의 압력에 견딜 것 보기 ③
(4) **밸브류** : **개폐위치** 또는 **개폐방향**을 표시한 것
(5) **배관의 관부속 및 밸브류** : 배관과 동등 이상의 강도 및 내식성이 있는 것
(6) 주밸브~헤드까지의 배관의 분기 : **토너먼트방식**
(7) **선택밸브** : 방호구역 또는 방호대상물마다 설치 보기 ②
(8) 저장용기 등~배관의 굴절부까지의 거리 : 배관 내경의 **20배** 이상

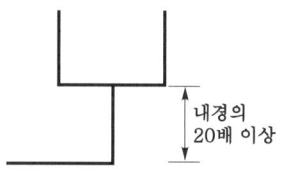

| 배관의 이격거리 |

답 ①

63 ★
13.06.문68

피난기구의 화재안전기준에 따라 숙박시설·노유자시설 및 의료시설로 사용되는 층에 있어서는 그 층의 바닥면적이 몇 m²마다 피난기구를 1개 이상 설치해야 하는가?

① 300 ② 500
③ 800 ④ 1000

해설 **피난기구**의 **설치대상**(NFPC 301 5조, NFTC 301 2.1.2)

조건	설치대상
500m²마다 1개 이상 (층마다 설치) 보기 ②	숙박시설·노유자시설·의료시설
800m²마다 1개 이상 (층마다 설치)	위락시설·문화 및 집회시설·운동시설·판매시설, 복합용도의 층
1000m²마다 1개 이상	그 밖의 용도의 층
각 세대마다 1개 이상	아파트 등(계단실형 아파트)

답 ②

64

다음 설명은 미분무소화설비의 화재안전기준에 따른 미분무소화설비 기동장치의 화재감지기 회로에서 발신기 설치기준이다. ( ) 안에 알맞은 내용은? (단, 자동화재탐지설비의 발신기가 설치된 경우는 제외한다.)

- 조작이 쉬운 장소에 설치하고, 스위치는 바닥으로부터 0.8m 이상 (㉠)m 이하의 높이에 설치할 것
- 소방대상물의 층마다 설치하되, 당해 소방대상물의 각 부분으로부터 하나의 발신기까지의 수평거리가 (㉡)m 이하가 되도록 할 것
- 발신기의 위치를 표시하는 표시등은 함의 상부에 설치하되, 그 불빛은 부착면으로부터 15° 이상의 범위 안에서 부착지점으로부터 (㉢)m 이내의 어느 곳에서도 쉽게 식별할 수 있는 적색등으로 할 것

① ㉠ 1.5, ㉡ 20, ㉢ 10
② ㉠ 1.5, ㉡ 25, ㉢ 10
③ ㉠ 2.0, ㉡ 20, ㉢ 15
④ ㉠ 2.0, ㉡ 25, ㉢ 15

해설 미분무소화설비 발신기의 설치기준(NFPC 104A 12조, NFTC 104A 2.9.1.8)

(1) 조작이 쉬운 장소에 설치하고, 스위치는 바닥으로부터 **0.8~1.5m** 이하의 높이에 설치할 것 보기 ㉠
(2) **소방대상물**의 층마다 설치하되, 해당 **소방대상물**의 각 부분으로부터 **수평거리**가 **25m** 이하가 되도록 할 것(단, 복도 또는 별도로 구획된 실로서 **보행거리**가 **40m** 이상일 경우에는 추가 설치) 보기 ㉡
(3) 발신기의 위치를 표시하는 **표시등**은 함의 **상부**에 설치하되, 그 불빛은 부착면으로부터 **15°** 이상의 범위 안에서 부착지점으로부터 **10m** 이내의 어느 곳에서도 쉽게 식별할 수 있는 **적색등**으로 할 것 보기 ㉢

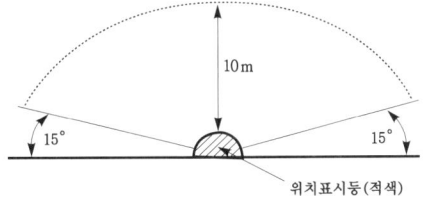

표시등의 식별범위

답 ②

65

소화기구 및 자동소화장치의 화재안전기준에 따른 가스·분말·고체에어로졸 자동소화장치 설치기준에서 자동소화장치는 방호구역 내에 형식승인된 몇 개의 제품을 설치해야 하는가? (단, 이 경우 연동방식으로서 하나의 형식으로 형식승인을 받은 경우에는 1개의 제품으로 본다.)

① 1개 ② 2개
③ 3개 ④ 4개

해설 가스·분말·고체에어로졸 자동소화장치의 설치기준(NFPC 101 4조, NFTC 101 2.1.2.4)
(1) 소화약제 방출구는 형식승인을 받은 **유효설치범위** 내에 설치할 것
(2) 자동소화장치는 방호구역 내에 형식승인된 **1개**의 제품을 설치할 것(단, **연동방식**으로서 하나의 형식으로 형식승인을 받은 경우에는 **1개**의 제품으로 본다)

답 ①

66

할로겐화합물 및 불활성기체 소화설비의 화재안전기준에 따른 할로겐화합물 및 불활성기체 소화설비의 수동식 기동장치의 설치기준에 대한 설명으로 틀린 것은?

① 50N 이상의 힘을 가하여 기동할 수 있는 구조로 할 것
② 전기를 사용하는 기동장치에는 전원표시등을 설치할 것
③ 기동장치의 방출용 스위치는 음향경보장치와 연동하여 조작될 수 있는 것으로 할 것
④ 해당 방호구역의 출입구 부근 등 조작을 하는 자가 쉽게 피난할 수 있는 장소에 설치할 것

해설 ① 50N 이상 → 50N 이하

할로겐화합물 및 불활성기체 소화설비 수동식 기동장치의 설치기준(NFPC 107A 8조, NFTC 107A 2.5.1)
(1) **방호구역**마다 설치
(2) 해당 방호구역의 **출입구 부근** 등 조작을 하는 자가 쉽게 피난할 수 있는 장소에 설치 보기 ④
(3) 기동장치의 조작부는 바닥으로부터 0.8~1.5m 이하의 위치에 설치하고, 보호판 등에 따른 **보호장치**를 설치
(4) 기동장치에는 인근의 보기 쉬운 곳에 "**할로겐화합물 및 불활성기체 소화설비 기동장치**"라는 표지를 할 것
(5) 전기를 사용하는 기동장치에는 **전원표시등**을 설치 보기 ②
(6) 기동장치의 방출용 스위치는 **음향경보장치**와 **연동**하여 조작될 수 있는 것으로 할 것 보기 ③
(7) **50N 이하**의 힘을 가하여 기동할 수 있는 구조로 설치 보기 ①
(8) 기동장치에는 보호장치를 설치해야 하며, 보호장치를 개방하는 경우 기동장치에 설치된 버저 또는 벨 등에 의하여 경고음을 발할 것

(9) 기동장치를 옥외에 설치하는 경우 빗물 또는 외부 충격의 영향을 받지 않도록 설치할 것

비교

할로겐화합물 및 불활성기체 소화설비 자동식 기동장치의 설치기준(NFPC 107A 8조, NFTC 107A 2.5.2)
(1) 자동식 기동장치에는 **수동식 기동장치**를 함께 설치할 것
(2) **기계식, 전기식** 또는 **가스압력식**에 따른 방법으로 기동하는 구조로 설치할 것

답 ①

67 지하구의 화재안전기준에 따라 연소방지설비의 살수구역은 환기구 등을 기준으로 환기구 사이의 간격으로 최대 몇 m 이내마다 1개 이상의 방수헤드를 설치하여야 하는가?

① 150   ② 200
③ 350   ④ 700

해설 **연소방지설비 헤드**의 **설치기준**(NFPC 605 8조, NFTC 605 2.4.2)
(1) **천장** 또는 **벽면**에 설치하여야 한다.
(2) 헤드 간의 수평거리

스프링클러헤드	연소방지설비 전용헤드
1.5m 이하	2m 이하

(3) 소방대원의 출입이 가능한 환기구·작업구마다 지하구의 양쪽 방향으로 살수헤드를 설정하되, 한쪽 방향의 살수구역의 길이는 **3m** 이상으로 할 것(단, 환기구 사이의 간격이 **700m**를 초과할 경우에는 700m 이내마다 살수구역을 설정하되, 지하구의 구조를 고려하여 방화벽을 설치한 경우에는 제외) 보기 ④

기억법 연방70

답 ④

68 구조대의 형식승인 및 제품검사의 기술기준에 따른 경사강하식 구조대의 구조에 대한 설명으로 틀린 것은?

① 구조대 본체는 강하방향으로 봉합부가 설치되어야 한다.
② 연속하여 활강할 수 있는 구조로 안전하고 쉽게 사용할 수 있어야 한다.
③ 땅에 닿을 때 충격을 받는 부분에는 완충장치로서 받침포 등을 부착하여야 한다.
④ 입구틀 및 고정틀의 입구는 지름 60cm 이상의 구체가 통과할 수 있어야 한다.

해설 ① 설치되어야 한다. → 설치되지 아니하여야 한다.

경사강하식 구조대의 기준(구조대의 형식승인 및 제품검사의 기술기준 3조)
(1) 구조대 본체는 **강하방향**으로 **봉합부 설치 금지** 보기 ①
(2) 손잡이는 출구 부근에 좌우 각 **3개** 이상 균일한 간격으로 견고하게 부착
(3) 구조대 본체의 끝부분에는 길이 **4m** 이상, 지름 **4mm** 이상의 유도선을 부착하여야 하며, 유도선 끝에는 중량 **3N**(300g) 이상의 모래주머니 등 설치

(4) 본체의 포지는 **하부지지장치**에 인장력이 균등하게 걸리도록 부착하여야 하며 하부지지장치는 쉽게 조작 가능
(5) 입구틀 및 고정틀의 입구는 지름 **60cm** 이상의 구체가 통과할 수 있을 것 보기 ④
(6) 구조대 본체의 활강부는 낙하방지를 위해 포를 **2중구조**로 하거나 망목의 변의 길이가 **8cm** 이하인 망 설치 (단, 구조상 낙하방지의 성능을 갖고 있는 구조대의 경우는 제외)
(7) 연속하여 활강할 수 있는 구조로 안전하고 쉽게 사용할 수 있을 것 보기 ②
(8) 땅에 닿을 때 충격을 받는 부분에는 완충장치로서 받침포 등 부착 보기 ③

경사강하식 구조대

답 ①

69 스프링클러설비의 화재안전기준에 따른 습식 유수검지장치를 사용하는 스프링클러설비 시험장치의 설치기준에 대한 설명으로 틀린 것은?

① 유수검지장치에서 가장 먼 가지배관의 끝으로부터 연결하여 설치해야 한다.
② 시험배관의 끝에는 물받이통 및 배수관을 설치하여 시험 중 방사된 물이 바닥에 흘러내리지 않도록 해야 한다.
③ 화장실과 같은 배수처리가 쉬운 장소에 시험배관을 설치한 경우에는 물받이통 및 배수관을 생략할 수 있다.
④ 시험장치 배관의 구경은 25mm 이상으로 하고, 그 끝에 개폐밸브 및 개방형 헤드 또는 스프링클러헤드와 동등한 방수성능을 가진 오리피스를 설치할 것

해설 ① **건식** 스프링클러설비에 대한 설명

습식 유수검지장치 또는 **건식 유수검지장치**를 사용하는 **스프링클러설비**와 **부압식 스프링클러설비**에 **동장치**를 시험할 수 있는 시험장치 설치기준(NFPC 103 8조, NFTC 103 2.5.12)
(1) 습식 스프링클러설비 및 부압식 스프링클러설비에 있어서는 유수검지장치 2차측 배관에 연결하여 설치하고 건식 스프링클러설비인 경우 유수검지장치에서 가장 먼 거리에 위치한 가지배관의 끝으로부터 연결하여 설치할 것. 유수검지장치 2차측 설비의 내용적이 2840L를 초과하는 건식 스프링클러설비의 경우 시험장치 개폐밸브를 완전 개방 후 1분 이내에 물이 방사되어야 한다. 보기 ①
(2) 시험장치 배관의 구경은 25mm 이상으로 하고, 그 끝에 개폐밸브 및 개방형 헤드 또는 스프링클러헤드와 동등한 방수성능을 가진 오리피스를 설치할 것. 이 경우 개방형 헤드는 반사판 및 프레임을 제거한 오리피스만으로 설치할 수 있다. 보기 ④

(3) 시험배관의 끝에는 **물받이통** 및 **배수관**을 설치하여 시험 중 방사된 물이 바닥에 흘러내리지 않도록 할 것(단, **목욕실·화장실** 또는 그 밖의 곳으로서 배수처리가 쉬운 장소에 시험배관을 설치한 경우는 제외) 보기 ②③

답 ①

70 ★★★
18.04.문70

화재조기진압용 스프링클러설비의 화재안전기준에 따라 가지배관을 배열할 때 천장의 높이가 9.1m 이상 13.7m 이하인 경우 가지배관 사이의 거리기준으로 맞는 것은?

① 3.1m 이하
② 2.4m 이상 3.7m 이하
③ 6.0m 이상 8.5m 이하
④ 6.0m 이상 9.3m 이하

해설 화재조기진압용 스프링클러설비 **가지배관**의 배열기준

천장높이	가지배관 헤드 사이의 거리
9.1m 미만	2.4~3.7m 이하
9.1~13.7m 이하	3.1m 이하 보기 ①

중요

화재조기진압용 스프링클러헤드의 **적합기준**(NFPC 103B 10조, NFTC 103B 2.7)
(1) 헤드 하나의 방호면적은 **6.0~9.3m²** 이하로 할 것
(2) 가지배관의 헤드 사이의 거리는 천장의 높이가 **9.1m** 미만인 경우에는 **2.4~3.7m** 이하로, 9.1m~13.7m 이하인 경우에는 **3.1m** 이하로 할 것
(3) 헤드의 반사판은 천장 또는 반자와 평행하게 설치하고 저장물의 최상부와 **914mm** 이상 확보되도록 할 것
(4) **하향식 헤드**의 반사판의 위치는 천장이나 반자 아래 **125~355mm** 이하일 것
(5) **상향식 헤드**의 감지부 중앙은 천장 또는 반자와 **101~152mm** 이하이어야 하며, 반사판의 위치는 스프링클러배관의 윗부분에서 최소 **178mm** 상부에 설치되도록 할 것
(6) 헤드와 벽과의 거리는 헤드 상호 간 거리의 $\frac{1}{2}$을 초과하지 않아야 하며 최소 **102mm** 이상일 것
(7) 헤드의 작동온도는 **74℃** 이하일 것(단, 헤드 주위의 온도가 38℃ 이상의 경우에는 그 온도에서의 화재시험 등에서 헤드작동에 관하여 공인기관의 시험을 거친 것을 사용할 것)

답 ①

71 ★
13.09.문68

옥내소화전설비의 화재안전기준에 따라 옥내소화전 방수구를 반드시 설치하여야 하는 곳은?

① 식물원
② 수족관
③ 수영장의 관람석
④ 냉장창고 중 온도가 영하인 냉장실

해설 옥내소화전 방수구 설치제외 장소(NFPC 102 11조, NFTC 102 2.8)
(1) 냉장창고 중 온도가 영하인 **냉장실** 또는 냉동창고의 **냉동실**
(2) 고온의 **노**가 설치된 장소 또는 **물**과 격렬하게 **반응**하는 물품의 저장 또는 취급 장소
(3) 발전소·변전소 등으로서 전기시설이 설치된 장소
(4) 식물원·수족관·목욕실·수영장(관람석 부분 제외) 또는 그 밖의 이와 비슷한 장소 보기 ③
(5) 야외음악당·야외극장 또는 그 밖의 이와 비슷한 장소

기억법 방관(수수방관)

답 ③

72 ★
15.05.문64

스프링클러설비의 화재안전기준에 따른 특정소방대상물의 방호구역 층마다 설치하는 폐쇄형 스프링클러설비 유수검지장치의 설치높이 기준은?

① 바닥으로부터 0.8m 이상 1.2m 이하
② 바닥으로부터 0.8m 이상 1.5m 이하
③ 바닥으로부터 1.0m 이상 1.2m 이하
④ 바닥으로부터 1.0m 이상 1.5m 이하

해설 **설치높이**

0.5~1m 이하	0.8~1.5m 이하	1.5m 이하
• **연**결송수관설비의 송수구·방수구 • **연**결살수설비의 송수구 • 물분무소화설비의 송수구 • **소**화용수설비의 채수구 **기억법** 연소용 51 (연소용 오일은 잘 탄다.)	• **제**어밸브(수동식 개방밸브) • **유**수검지장치 • **일**제개방밸브 **기억법** 제유일 85 (제가 유일하게 팔 았어요.) 보기 ②	• **옥내**소화전설비의 방수구 • **호**스릴함 • **소**화기(투척용 소화기 포함) **기억법** 옥내호소 5 (옥내에서 호소하 시오.)

중요

폐쇄형 설비의 **방호구역** 및 **유수검지장치**(NFPC 103 6조, NFTC 103 2.3)
(1) 하나의 방호구역의 바닥면적은 **3000m²**를 초과하지 않을 것
(2) 하나의 방호구역에는 1개 이상의 유수검지장치를 설치할 것
(3) 하나의 방호구역은 **2개층**에 미치지 아니하도록 하되, 1개층에 설치되는 스프링클러헤드의 수가 **10개 이하** 및 복층형 구조의 공동주택에는 **3개층** 이내
(4) 유수검지장치를 실내에 설치하거나 보호용 철망 등으로 구획하여 바닥으로부터 **0.8m 이상 1.5m 이하**의 위치에 설치하되, 그 실 등에는 개구부가 가로 **0.5m** 이상 세로 **1m** 이상의 출입문을 설치하고 그 출입문 상단에 "**유수검지장치실**"이라고 표시한 표지를 설치할 것[단, 유수검지장치를 기계실(공조용 기계실 포함) 안에 설치하는 경우에는 별도의 실 또는 보호용 철망을 설치하지 않고 기계실 출입문 상단에 "**유수검지장치실**"이라고 표시한 표지 설치가능]

답 ②

73 ★★★

포소화설비의 화재안전기준에 따른 용어 정의 중 다음 ( ) 안에 알맞은 내용은?

18.04.문72
16.03.문64
15.09.문76
15.05.문80
12.05.문64
11.03.문64

( ) 프로포셔너방식이란 펌프와 발포기의 중간에 설치된 벤투리관의 벤투리작용과 펌프 가압수의 포소화약제 저장탱크에 대한 압력에 따라 포소화약제를 흡입·혼합하는 방식을 말한다.

① 라인
② 펌프
③ 프레져
④ 프레져사이드

해설 **포소화약제**의 **혼합장치**(NFPC 105 3·9조, NFTC 105 1.7, 2.6.1)

(1) **펌프 프로포셔너방식(펌프 혼합방식)**
   ㉠ 펌프 토출측과 흡입측에 바이패스를 설치하고, 그 바이패스의 도중에 설치한 어댑터(adaptor)로 펌프 토출측 수량의 일부를 통과시켜 공기포 용액을 만드는 방식
   ㉡ 펌프의 **토출관**과 **흡입관** 사이의 배관 도중에 설치한 흡입기에 펌프에서 토출된 물의 일부를 보내고 **농도조정밸브**에서 조정된 포소화약제의 필요량을 포소화약제 탱크에서 펌프 흡입측으로 보내어 약제를 혼합하는 방식

   기억법 펌농

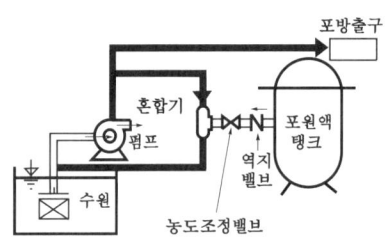

| 펌프 프로포셔너방식 |

(2) **프레져 프로포셔너방식(차압 혼합방식)** 〈보기 ③〉
   ㉠ 가압송수관 도중에 공기포 소화원액 혼합조(P.P.T)와 혼합기를 접속하여 사용하는 방법
   ㉡ **격막방식 휨탱크**를 사용하는 에어휨 혼합방식
   ㉢ 펌프와 발포기의 중간에 설치된 벤투리관의 **벤투리작용**과 펌프 가압수의 **포소화약제 저장탱크**에 대한 압력에 의하여 포소화약제를 흡입·혼합하는 방식

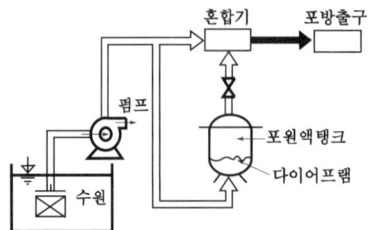

| 프레져 프로포셔너방식 |

(3) **라인 프로포셔너방식(관로 혼합방식)**
   ㉠ 급수관의 배관 도중에 포소화약제 흡입기를 설치하여 그 흡입관에서 소화약제를 흡입하여 혼합하는 방식
   ㉡ 펌프와 발포기의 중간에 설치된 **벤**투리관의 **벤**투리**작용**에 의하여 포소화약제를 흡입·혼합하는 방식

   기억법 라벤벤

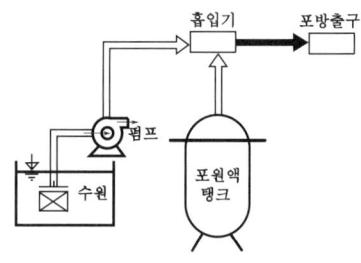

| 라인 프로포셔너방식 |

(4) **프레져사이드 프로포셔너방식(압입 혼합방식)**
   ㉠ 소화원액 가압펌프(압입용 펌프)를 별도로 사용하는 방식
   ㉡ 펌프 **토출관**에 압입기를 설치하여 포소화약제 **압입용 펌프**로 포소화약제를 압입시켜 혼합하는 방식

   기억법 프사압

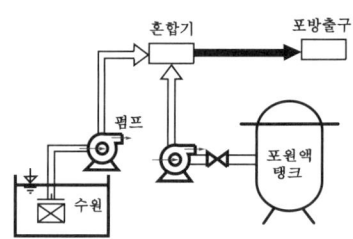

| 프레져사이드 프로포셔너방식 |

(5) **압축공기포 믹싱챔버방식** : 포수용액에 공기를 강제로 주입시켜 **원거리 방수**가 가능하고 물 사용량을 줄여 **수손피해**를 **최소화**할 수 있는 방식

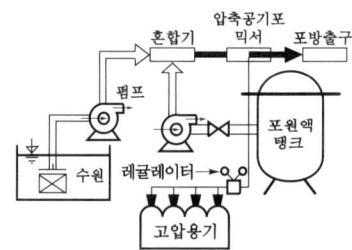

| 압축공기포 믹싱챔버방식 |

답 ③

74 ★★★

소화기구 및 자동소화장치의 화재안전기준에 따른 수동으로 조작하는 대형소화기 B급의 능력단위기준은?

17.03.문71
16.05.문72
13.03.문68

① 10단위 이상
② 15단위 이상
③ 20단위 이상
④ 25단위 이상

해설 **소화능력단위**에 의한 **분류**(소화기의 형식승인 및 제품검사의 기술기준 4조)

소화기 분류		능력단위
소형소화기		1단위 이상
대형소화기	A급	10단위 이상
	B급	20단위 이상 보기 ③

기억법 대2B(데이빗!)

답 ③

---

75 포소화설비의 화재안전기준에 따른 포소화설비의 포헤드 설치기준에 대한 설명으로 틀린 것은?

① 항공기격납고에 단백포 소화약제가 사용되는 경우 1분당 방사량은 바닥면적 1m²당 6.5L 이상 방사되도록 할 것

② 특수가연물을 저장·취급하는 소방대상물에 단백포 소화약제가 사용되는 경우 1분당 방사량은 바닥면적 1m²당 6.5L 이상 방사되도록 할 것

③ 특수가연물을 저장·취급하는 소방대상물에 합성계면활성제포 소화약제가 사용되는 경우 1분당 방사량은 바닥면적 1m²당 8.0L 이상 방사되도록 할 것

④ 포헤드는 특정소방대상물의 천장 또는 반자에 설치하되, 바닥면적 9m²마다 1개 이상으로 하여 해당 방호대상물의 화재를 유효하게 소화할 수 있도록 할 것

해설 ③ 8.0L → 6.5L

소방대상물별 약제저장량(소화약제 기준)(NFPC 105 12조, NFTC 105 2.9.2)

소방대상물	포소화약제의 종류	방사량
차고·주차장·항공기격납고	• 수성막포	3.7L/m²분
	• 단백포	6.5L/m²분 보기 ①
	• 합성계면활성제포	8.0L/m²분
특수가연물 저장·취급소	• 수성막포 • 단백포 • 합성계면활성제포	6.5L/m²분 보기 ②③

중요

헤드의 설치개수

구 분		헤드개수
포워터 스프링클러헤드		8m²/개
포헤드		9m²/개 보기 ④
압축공기 포소화설비	특수가연물 저장소	9.3m²/개
	유류탱크 주위	13.9m²/개

기억법 포헤9

답 ③

---

76 소화기구 및 자동소화장치의 화재안전기준에 따라 대형소화기를 설치할 때 특정소방대상물의 각 부분으로부터 1개의 소화기까지의 보행거리가 최대 몇 m 이내가 되도록 배치하여야 하는가?

① 20 ② 25
③ 30 ④ 40

해설 **수평거리** 및 **보행거리**

(1) **수평거리**

구 분	설 명
수평거리 10m 이하	• 예상제연구역~배출구
수평거리 15m 이하	• 분말호스릴 • 포호스릴 • CO₂호스릴
수평거리 20m 이하	• 할론호스릴
수평거리 25m 이하	• 옥내소화전 방수구(호스릴 포함) • 포소화전 방수구 • 연결송수관 방수구(지하가, 지하층 바닥면적 3000m² 이상)
수평거리 40m 이하	• 옥외소화전 방수구
수평거리 50m 이하	• 연결송수관 방수구(사무실)

(2) **보행거리**

구 분	설 명
보행거리 20m 이하	소형소화기
보행거리 30m 이하	대형소화기 보기 ③

기억법 대3(대상을 받다.)

답 ③

---

77 소화수조 및 저수조의 화재안전기준에 따라 소화수조의 채수구는 소방차가 최대 몇 m 이내의 지점까지 접근할 수 있도록 설치하여야 하는가?

① 1 ② 2
③ 4 ④ 5

해설 **소화수조** 및 **저수조**의 **설치기준**(NFPC 402 4~5조, NFTC 402 2.1.1, 2.2)

(1) 소화수조 또는 저수조가 지표면으로부터의 깊이가 **4.5m** 이상인 지하에 있는 경우에는 소요수량을 고려하여 가압송수장치를 설치할 것

(2) 소화수조 및 저수조의 채수구 또는 흡수관투입구는 소방차가 **2m** 이내의 지점까지 접근할 수 있는 위치에 설치할 것 보기 ②

(3) 소화수조가 **옥상** 또는 옥탑부분에 설치된 경우에는 지상에 설치된 채수구에서의 압력이 **0.15MPa** 이상 되도록 할 것

기억법 옥15

답 ②

78. 미분무소화설비의 화재안전기준에 따른 용어정의 중 다음 ( ) 안에 알맞은 것은?
[18.04.문74]

"미분무"란 물만을 사용하여 소화하는 방식으로 최소설계압력에서 헤드로부터 방출되는 물입자 중 99%의 누적체적분포가 (㉠)μm 이하로 분무되고 (㉡)급 화재에 적성성을 갖는 것을 말한다.

① ㉠ 400, ㉡ A, B, C
② ㉠ 400, ㉡ B, C
③ ㉠ 200, ㉡ A, B, C
④ ㉠ 200, ㉡ B, C

해설 **미분무소화설비**의 **용어정의**(NFPC 104A 3조, NFTC 104A 1.7)

용 어	설 명
미분무 소화설비	가압된 물이 헤드 통과 후 **미세** 입자로 분무됨으로써 소화성능을 가지는 설비를 말하며, **소화력을 증가**시키기 위해 **강화액** 등을 첨가할 수 있다.
미분무	물만을 사용하여 소화하는 방식으로 최소설계압력에서 헤드로부터 방출되는 물입자 중 99%의 누적체적분포가 **400μm** 이하로 분무되고 **A, B, C급 화재**에 적응성을 갖는 것 보기 ①
미분무 헤드	**하나 이상**의 **오리피스**를 가지고 미분무 소화설비에 사용되는 헤드

답 ①

79. 분말소화설비의 화재안전기준에 따라 분말소화약제 저장용기의 설치기준으로 맞는 것은?
[17.05.문74]

① 저장용기의 충전비는 0.5 이상으로 할 것
② 제1종 분말(탄산수소나트륨을 주성분으로 한 분말)의 경우 소화약제 1kg당 저장용기의 내용적은 1.25L일 것
③ 저장용기에는 저장용기의 내부압력이 설정압력으로 되었을 때 주밸브를 개방하는 정압작동장치를 설치할 것
④ 저장용기에는 가압식은 최고사용압력 2배 이하, 축압식은 용기의 내압시험압력의 1배 이하의 압력에서 작동하는 안전밸브를 설치할 것

해설
① 0.5 → 0.8
② 1.25L → 0.8L
④ 2배 → 1.8배, 1배 → 0.8배

분말소화약제 저장용기의 **설치기준**(NFPC 108 4조, NFTC 108 2.1.2)

(1) 저장용기에는 **가압식**은 **최고사용압력의 1.8배** 이하, **축압식**은 용기의 **내압시험압력**의 **0.8배** 이하의 압력에서 작동하는 **안전밸브**를 설치 보기 ④
(2) 저장용기에는 저장용기의 내부압력이 설정압력으로 되었을 때 주밸브를 개방하는 **정압작동장치**를 설치 보기 ③
(3) 저장용기의 **충전비**는 **0.8 이상**으로 할 것 보기 ①
(4) 저장용기 및 배관에는 잔류소화약제를 처리할 수 있는 **청소장치**를 설치
(5) 축압식의 분말소화설비는 사용압력의 범위를 표시한 **지시압력계**를 설치

저장용기의 내용적	
소화약제의 종별	소화약제 1kg당 저장용기의 내용적
제1종 분말(탄산수소나트륨을 주성분으로 한 분말)	0.8L 보기 ②
제2종 분말(탄산수소칼륨을 주성분으로 한 분말)	1L
제3종 분말(인산염을 주성분으로 한 분말)	1L
제4종 분말(탄산수소칼륨과 요소가 화합된 분말)	1.25L

답 ③

80. 할론소화설비의 화재안전기준에 따른 할론 1301 소화약제의 저장용기에 대한 설명으로 틀린 것은?
[05.09.문69]

① 저장용기의 충전비는 0.9 이상 1.6 이하로 할 것
② 동일 집합관에 접속되는 저장용기의 소화약제 충전량은 동일 충전비의 것으로 할 것
③ 저장용기의 개방밸브는 안전장치가 부착된 것으로 하며 수동으로 개방되지 않도록 할 것
④ 축압식 용기의 경우에는 20℃에서 2.5MPa 또는 4.2MPa의 압력이 되도록 질소가스로 축압할 것

③ 개방되지 않도록 할 것 → 개방되도록 할 것

할론소화약제 저장용기의 **설치기준**(NFPC 107 4조 / NFTC 107 2.1.2, 2.7.1.3)

구 분		할론 1301	할론 1211	할론 2402
저장압력		2.5MPa 또는 4.2MPa	1.1MPa 또는 2.5MPa	—
방출압력		0.9MPa	0.2MPa	0.1MPa
충전비	가압식	0.9~1.6 이하 보기 ①	0.7~1.4 이하	0.51~0.67 미만
	축압식			0.67~2.75 이하

(1) 축압식 저장용기의 압력은 온도 20℃에서 **할론 1211**을 저장하는 것은 **1.1MPa 또는 2.5MPa**, **할론 1301**을 저장하는 것은 **2.5MPa 또는 4.2MPa**이 되도록 **질소가스**로 축압할 것 보기 ④

(2) 저장용기의 충전비는 **할론 2402**를 저장하는 것 중 **가압식** 저장용기는 **0.51 이상 0.67 미만**, **축압식** 저장용기는 **0.67 이상 2.75 이하**, **할론 1211**은 **0.7 이상 1.4 이하**, **할론 1301**은 **0.9 이상 1.6 이하**로 할 것

(3) 할론소화약제 저장용기의 개방밸브는 **전기식 · 가스압력식** 또는 **기계식**에 따라 자동으로 개방되고 **수동**으로도 개방되는 것으로서 안전장치가 부착된 것으로 할 것 보기 ③

(4) 동일 집합관에 접속되는 저장용기의 소화약제 충전량은 동일 충전비의 것으로 할 것 보기 ②

답 ③

입냄새 예방수칙

- **식사 후에는 반드시 이를 닦는다.**
  식후 입 안에 낀 음식찌꺼기는 20분이 지나면 부패하기 시작.

- **음식은 잘 씹어 먹는다.**
  침의 분비가 활발해져 입안이 깨끗해지고 소화 작용을 도와 위장에서 가스가 발산하는 것을 막을 수 있다.

- **혀에 낀 설태를 닦아 낸다.**
  설태는 썩은 달걀과 같은 냄새를 풍긴다. 1일 1회 이상 타월이나 가제 등으로 닦아 낼 것.

- **대화를 많이 한다.**
  혀 운동이 되면서 침 분비량이 늘어 구강내 자정작용이 활발해진다.

- **스트레스를 다스려라.**
  긴장과 피로가 누적되면 침의 분비가 줄어들어 입냄새의 원인이 된다.

- **과음, 과식을 피하고 규칙적인 식습관을 갖는다.**

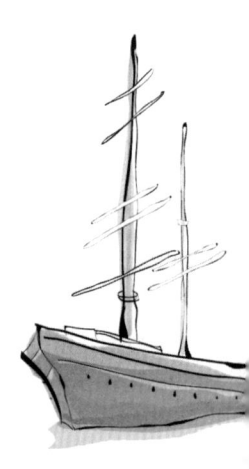

과년도 기출문제

2019년
소방설비기사 필기(기계분야)

- 2019. 3. 3 시행 ·················· 19- 2
- 2019. 4. 27 시행 ·················· 19-30
- 2019. 9. 21 시행 ·················· 19-57

** 수험자 유의사항 **

1. 문제지를 받는 즉시 **본인**이 **응시한 종목**이 맞는지 확인하시기 바랍니다.
2. 문제지 표지에 본인의 **수험번호**와 **성명**을 기재하여야 합니다.
3. 문제지의 **총면수, 문제번호 일련순서, 인쇄상태, 중복 및 누락 페이지 유무**를 확인하시기 바랍니다.
4. 답안은 각 문제마다 요구하는 가장 적합하거나 가까운 답 1개만을 선택하여야 합니다.
5. 답안카드는 뒷면의 「수험자 유의사항」에 따라 작성하시고, 답안카드 작성 시 형별누락, 마킹착오로 인한 불이익은 전적으로 수험자에게 책임이 있음을 알려드립니다.
6. 문제지는 시험 종료 후 본인이 가져갈 수 있습니다.

** 안내사항 **

- 가답안/최종정답은 큐넷(www.q-net.or.kr)에서 확인하실 수 있습니다. 가답안에 대한 의견은 큐넷의 [가답안 의견 제시]를 통해 제시할 수 있으며, 확정된 답안은 최종정답으로 갈음합니다.
- 공단에서 제공하는 자격검정서비스에 대해 개선할 점이 있으시면 고객참여(http://hrdkorea.or.kr/7/1/1)를 통해 건의하여 주시기 바랍니다.

2019. 3. 3 시행

2019년 기사 제1회 필기시험

자격종목	종목코드	시험시간	형별	수험번호	성명
소방설비기사(기계분야)		2시간			

※ 각 문항은 4지택일형으로 질문에 가장 적합한 보기 항을 선택하여 체크하여야 합니다.

제 1 과목 소방원론

01 분말소화약제 중 A급 · B급 · C급 화재에 모두 사용할 수 있는 것은?

① Na_2CO_3
② $NH_4H_2PO_4$
③ $KHCO_3$
④ $NaHCO_3$

[해설] (1) 분말소화약제

종 별	주성분	착색	적응화재	비 고
제1종	중탄산나트륨 ($NaHCO_3$)	백색	BC급	**식용유** 및 **지방질유**의 화재에 적합
제2종	중탄산칼륨 ($KHCO_3$)	담자색 (담회색)	BC급	–
제3종	제1인산암모늄 ($NH_4H_2PO_4$)	담홍색	AB C급 보기②	**차고 · 주차** 장에 적합
제4종	중탄산칼륨 + 요소 ($KHCO_3$ + $(NH_2)_2CO$)	회(백)색	BC급	–

[기억법] 1식분(일식 분식)
3분 차주(삼보컴퓨터 차주)

(2) 이산화탄소 소화약제

주성분	적응화재
이산화탄소(CO_2)	BC급

답 ②

02 물의 기화열이 539.6cal/g인 것은 어떤 의미인가?

① 0℃의 물 1g이 얼음으로 변화하는 데 539.6cal의 열량이 필요하다.
② 0℃의 얼음 1g이 물로 변화하는 데 539.6cal의 열량이 필요하다.
③ 0℃의 물 1g이 100℃의 물로 변화하는 데 539.6cal의 열량이 필요하다.
④ 100℃의 물 1g이 수증기로 변화하는 데 539.6cal의 열량이 필요하다.

[해설] 기화열과 융해열

기화열(증발열)	융해열
100℃의 물 1g이 수증기로 변화하는 데 필요한 열량	0℃의 얼음 1g이 물로 변화하는 데 필요한 열량

[참고] 물(H_2O)

기화잠열(증발잠열)	융해잠열(융해열)
539cal/g	80cal/g

[기억법] 기53, 융8

④ 물의 기화열 539.6cal : 100℃의 물 1g이 수증기로 변화하는 데 539.6cal의 열량이 필요하다.

답 ④

03 공기와 접촉되었을 때 위험도(H)가 가장 큰 것은?

① 에터
② 수소
③ 에틸렌
④ 부탄

[해설] 위험도

$$H = \frac{U-L}{L}$$

여기서, H : 위험도
U : 연소상한계
L : 연소하한계

① 에터 = $\dfrac{48-1.7}{1.7} = 27.23$

② 수소 = $\dfrac{75-4}{4} = 17.75$

③ 에틸렌 = $\dfrac{36-2.7}{2.7} = 12.33$

④ 부탄 = $\dfrac{8.4-1.8}{1.8} = 3.67$

19. 03. 시행 / 기사(기계)

중요

공기 중의 폭발한계(상온, 1atm)

가 스	하한계 [vol%]	상한계 [vol%]
보기① → 에터(($C_2H_5)_2O$)	→ 1.7	48
보기② → 수소(H_2)	→ 4	75
보기③ → 에틸렌(C_2H_4)	→ 2.7	36
보기④ → 부탄(C_4H_{10})	→ 1.8	8.4
아세틸렌(C_2H_2)	2.5	81
일산화탄소(CO)	12	75
이황화탄소(CS_2)	1	50
암모니아(NH_3)	15	25
메탄(CH_4)	5	15
에탄(C_2H_6)	3	12.4
프로판(C_3H_8)	2.1	9.5

• 연소한계=연소범위=가연한계=가연범위=폭발한계=폭발범위

답 ①

04 마그네슘의 화재에 주수하였을 때 물과 마그네슘의 반응으로 인하여 생성되는 가스는?

15.09.문06
15.09.문13
14.03.문06
12.09.문16
12.05.문05

① 산소　　　　② 수소
③ 일산화탄소　　④ 이산화탄소

해설 주수소화(물소화)시 위험한 물질

위험물	발생물질
• 무기과산화물	산소(O_2) 발생 기억법 무산(무산되다.)
• 금속분 • **마그네슘** → • 알루미늄 • 칼륨 • 나트륨 • 수소화리튬	수소(H_2) 발생 보기② 기억법 마수
• 가연성 액체의 유류화재 (경유)	연소면(화재면) 확대

답 ②

05 이산화탄소의 질식 및 냉각 효과에 대한 설명 중 틀린 것은?

① 이산화탄소의 증기비중이 산소보다 크기 때문에 가연물과 산소의 접촉을 방해한다.
② 액체 이산화탄소가 기화되는 과정에서 열을 흡수한다.
③ 이산화탄소는 불연성 가스로서 가연물의 연소반응을 방해한다.
④ 이산화탄소는 산소와 반응하며 이 과정에서 발생한 연소열을 흡수하므로 냉각효과를 나타낸다.

해설 ④ 이산화탄소(CO_2)는 산소와 더 이상 반응하지 않는다.

중요

(1) **이산화탄소의 냉각효과원리**
　㉠ 이산화탄소는 방사시 발생하는 미세한 **드라이아이스** 입자에 의해 **냉각효과**를 나타낸다.
　㉡ 이산화탄소 방사시 **기화열**을 **흡수**하여 **점화원**을 **냉각**시키므로 **냉각효과**를 나타낸다.

(2) **가연물**이 될 수 없는 물질(불연성 물질)

특 징	불연성 물질
주기율표의 0족 원소	• 헬륨(He) • 네온(Ne) • **아르곤**(Ar)　┐ 불활성 • 크립톤(Kr)　│ 가스 • 크세논(Xe) • 라돈(Rn)　┘
산소와 더 이상 반응하지 않는 물질	• 물(H_2O) • 이산화탄소(CO_2) • 산화알루미늄(Al_2O_3) • 오산화인(P_2O_5)
흡열반응물질	• 질소(N_2)

답 ④

06 위험물안전관리법령상 위험물의 지정수량이 틀린 것은?

16.05.문01
09.05.문57

① 과산화나트륨 - 50kg
② 적린 - 100kg
③ 트리나이트로톨루엔(제2종) - 100kg
④ 탄화알루미늄 - 400kg

해설 위험물의 지정수량

위험물	지정수량
과산화나트륨	50kg 보기①
적린	100kg 보기②
트리나이트로톨루엔	제1종 : 10kg, 제2종 : 100kg 보기③
탄화알루미늄	→ 300kg 보기④

④ 400kg → 300kg

답 ④

07 제2류 위험물에 해당하지 않는 것은?

15.09.문18
15.05.문42
14.03.문18

① 황　　　　② 황화인
③ 적린　　　④ 황린

해설 위험물령 [별표 1] 위험물

유별	성질	품명
제1류	<u>산</u>화성 <u>고</u>체	• 아염소산염류 • 염소산염류 • 과염소산염류 • 질산염류 • 무기과산화물 **기억법** 1산고(일산GO)
제2류	가연성 고체	• <u>황</u>화인 보기 ② • <u>적</u>린 보기 ③ • <u>황</u> 보기 ① • <u>마</u>그네슘 • 금속분 **기억법** 2황화적황마
제3류	자연발화성 물질 및 금수성 물질	• <u>황</u>린 보기 ④ • <u>칼</u>륨 • <u>나</u>트륨 • <u>트</u>리에틸<u>알</u>루미늄 • 금속의 수소화물 **기억법** 황칼나트알
제4류	인화성 액체	• 특수인화물 • 석유류(벤젠) • 알코올류 • 동식물유류
제5류	자기반응성 물질	• 유기과산화물 • 나이트로화합물 • 나이트로소화합물 • 아조화합물 • 질산에스터류(셀룰로이드)
제6류	산화성 액체	• 과염소산 • 과산화수소 • 질산

④ 황린 : 제3류 위험물

답 ④

08 화재의 분류방법 중 유류화재를 나타낸 것은?
17.09.문07
16.05.문09
15.09.문19
13.09.문07
① A급 화재   ② B급 화재
③ C급 화재   ④ D급 화재

해설 화재의 종류

구분	표시색	적응물질
일반화재(A급) 보기 ①	백색	• 일반가연물 • 종이류 화재 • 목재 · 섬유화재
유류화재(B급) 보기 ②	황색	• 가연성 액체 • 가연성 가스 • 액화가스화재 • 석유화재
전기화재(C급) 보기 ③	청색	• 전기설비
금속화재(D급) 보기 ④	무색	• 가연성 금속
주방화재(K급)	–	• 식용유화재

※ 요즘은 표시색의 의무규정은 없음

답 ②

09 주요구조부가 내화구조로 된 건축물에서 거실 각
99.08.문10 부분으로부터 하나의 직통계단에 이르는 보행거
리는 피난자의 안전상 몇 m 이하이어야 하는가?
① 50   ② 60
③ 70   ④ 80

해설 건축령 34조
직통계단의 설치거리
(1) 일반건축물 : 보행거리 **30m** 이하
(2) 16층 이상인 공동주택 : 보행거리 **40m** 이하
(3) 내화구조 또는 불연재료로 된 건축물 : **50m** 이하
보기 ①

답 ①

10 불활성 가스에 해당하는 것은?
16.03.문04
11.10.문02
① 수증기   ② 일산화탄소
③ 아르곤   ④ 아세틸렌

해설 가연물이 될 수 없는 물질(불연성 물질)

특징	불연성 물질
주기율표의 0족 원소	• 헬륨(He) • 네온(Ne) • **아르곤**(Ar) 보기 ③ ┐ • 크립톤(Kr) │ 불활성 • 크세논(Xe) │ 가스 • 라돈(Rn) ┘
산소와 더 이상 반응하지 않는 물질	• 물(H_2O) • 이산화탄소(CO_2) • 산화알루미늄(Al_2O_3) • 오산화인(P_2O_5)
흡열반응물질	• 질소(N_2)

답 ③

11 이산화탄소 소화약제의 임계온도로 옳은 것은?
16.03.문15
14.05.문08
13.06.문20
11.03.문06
① 24.4℃   ② 31.1℃
③ 56.4℃   ④ 78.2℃

해설 이산화탄소의 물성

구분	물성
임계압력	72.75atm
임계온도	→ 31.35℃(약 31.1℃) 보기 ②
3중점	−**56**.3℃(약 −56℃)
승화점(**비**점)	−**78**.5℃
허용농도	0.5%
증기비중	1.5**29**
수분	0.05% 이하(함량 99.5% 이상)

기억법 이356, 이비78, 이증15

답 ②

12 인화점이 40℃ 이하인 위험물을 저장, 취급하는 장소에 설치하는 전기설비는 방폭구조로 설치하는데, 용기의 내부에 기체를 압입하여 압력을 유지하도록 함으로써 폭발성 가스가 침입하는 것을 방지하는 구조는?

① 압력방폭구조
② 유입방폭구조
③ 안전증방폭구조
④ 본질안전방폭구조

해설 **방폭구조**의 종류
① **내압**(압력)**방폭구조**(P) : 용기 내부에 질소 등의 보호용 가스를 충전하여 외부에서 폭발성 가스가 침입하지 못하도록 한 구조 보기①

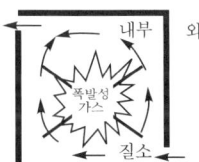

② **유입방폭구조**(o) : 전기불꽃, 아크 또는 고온이 발생하는 부분을 기름 속에 넣어 폭발성 가스에 의해 인화가 되지 않도록 한 구조

③ **안전증방폭구조**(e) : 기기의 정상운전 중에 폭발성 가스에 의해 점화원이 될 수 있는 전기불꽃 또는 고온이 되어서는 안 될 부분에 기계적, 전기적으로 특히 안전도를 증가시킨 구조

④ **본질안전방폭구조**(i) : 폭발성 가스가 단선, 단락, 지락 등에 의해 발생하는 전기불꽃, 아크 또는 고온에 의하여 점화되지 않는 것이 확인된 구조

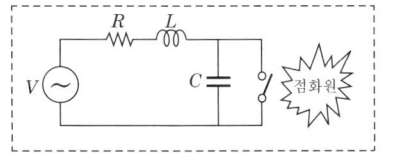

답 ①

13 물질의 취급 또는 위험성에 대한 설명 중 틀린 것은?

① 융해열은 점화원이다.
② 질산은 물과 반응시 발열반응하므로 주의를 해야 한다.
③ 네온, 이산화탄소, 질소는 불연성 물질로 취급한다.
④ 암모니아를 충전하는 공업용 용기의 색상은 백색이다.

해설 **점화원**이 될 수 없는 것
(1) **기**화열(증발열)
(2) **융**해열 보기①
(3) **흡**착열

기억법 점기융흡

답 ①

14 분말소화약제 분말입도의 소화성능에 관한 설명으로 옳은 것은?

① 미세할수록 소화성능이 우수하다.
② 입도가 클수록 소화성능이 우수하다.
③ 입도와 소화성능과는 관련이 없다.
④ 입도가 너무 미세하거나 너무 커도 소화성능은 저하된다.

해설 **미세도(입도)**
20∼25μm의 입자로 미세도의 분포가 골고루 되어 있어야 하며, 입도가 너무 미세하거나 너무 커도 소화성능은 저하된다. 보기 ④

• μm : '미크론' 또는 '마이크로미터'라고 읽는다.

답 ④

15 방화구획의 설치기준 중 스프링클러, 기타 이와 유사한 자동식 소화설비를 설치한 10층 이하의 층은 몇 m² 이내마다 구획하여야 하는가?

① 1000
② 1500
③ 2000
④ 3000

[해설] 건축령 46조, 피난·방화구조 14조
방화구획의 기준

대상 건축물	대상 규모	층 및 구획방법	구획부분의 구조
주요 구조부가 내화구조 또는 불연재료로 된 건축물	연면적 1000m² 넘는 것	10층 이하 • 바닥면적 → 1000m² 이내마다 [보기 ④]	• 내화구조로 된 바닥·벽 • 60분+방화문, 60분 방화문 • 자동방화셔터
		매 층마다 지하 1층에서 지상으로 직접 연결하는 경사로 부위는 제외	
		11층 이상 • 바닥면적 200m² 이내마다(실내 마감을 불연재료로 한 경우 500m² 이내마다)	

• **스프링클러**, 기타 이와 유사한 **자동식 소화설비**를 설치한 경우 바닥면적은 위의 **3배** 면적으로 산정한다.
• **필로티**나 그 밖의 비슷한 구조의 부분을 주차장으로 사용하는 경우 그 부분은 건축물의 다른 부분과 구획할 것

④ 스프링클러소화설비를 설치했으므로 1000m² × 3배 = 3000m²

답 ④

16 ★★
연면적이 1000m² 이상인 목조건축물은 그 외벽 및 처마 밑의 연소할 우려가 있는 부분을 방화구조로 하여야 하는데 이때 연소우려가 있는 부분은? (단, 동일한 대지 안에 2동 이상의 건물이 있는 경우이며, 공원·광장·하천의 공지나 수면 또는 내화구조의 벽, 기타 이와 유사한 것에 접하는 부분을 제외한다.)

① 상호의 외벽 간 중심선으로부터 1층은 3m 이내의 부분
② 상호의 외벽 간 중심선으로부터 2층은 7m 이내의 부분
③ 상호의 외벽 간 중심선으로부터 3층은 11m 이내의 부분
④ 상호의 외벽 간 중심선으로부터 4층은 13m 이내의 부분

[해설] 피난·방화구조 22조
연소할 우려가 있는 부분
인접대지경계선·도로중심선 또는 동일한 대지 안에 있는 2동 이상의 건축물 상호의 외벽 간의 중심선으로부터의 거리

1층	2층 이상
3m 이내 [보기 ①]	5m 이내

[비교]
소방시설법 시행규칙 17조
연소 우려가 있는 건축물의 구조
(1) **1층**: 타건축물 외벽으로부터 **6m** 이하
(2) **2층**: 타건축물 외벽으로부터 **10m** 이하
(3) 대지경계선 안에 2 이상의 건축물이 있는 경우
(4) 개구부가 다른 건축물을 향하여 설치된 구조

답 ①

17 ★★
탄화칼슘의 화재시 물을 주수하였을 때 발생하는 가스로 옳은 것은?

① C_2H_2 ② H_2
③ O_2 ④ C_2H_6

[해설] 탄화칼슘과 물의 반응식
$CaC_2 + 2H_2O \rightarrow Ca(OH)_2 + C_2H_2 \uparrow$ [보기 ①]
탄화칼슘 물   수산화칼슘 아세틸렌

답 ①

18 ★★★
증기비중의 정의로 옳은 것은? (단, 분자, 분모의 단위는 모두 g/mol이다.)

① $\dfrac{분자량}{22.4}$
② $\dfrac{분자량}{29}$
③ $\dfrac{분자량}{44.8}$
④ $\dfrac{분자량}{100}$

[해설] 증기비중

$$증기비중 = \dfrac{분자량}{29}$$

여기서, 29: 공기의 평균 분자량(g/mol)

[비교]
증기밀도

$$증기밀도 = \dfrac{분자량}{22.4}$$

여기서, 22.4: 기체 1몰의 부피(L)

답 ②

19 ★
화재에 관련된 국제적인 규정을 제정하는 단체는?

① IMO(International Maritime Organization)
② SFPE(Society of Fire Protection Engineers)
③ NFPA(National Fire Protection Association)
④ ISO(International Organization for Standardization) TC 92

단체명	설 명
IMO(International Maritime Organization) 보기 ①	• 국제해사기구 • 선박의 항로, 교통규칙, 항만시설 등을 국제적으로 통일하기 위하여 설치된 유엔전문기구
SFPE(Society of Fire Protection Engineers) 보기 ②	• 미국소방기술사회
NFPA(National Fire Protection Association) 보기 ③	• 미국방화협회 • 방화·안전설비 및 산업안전 방지장치 등에 대해 약 270규격을 제정
ISO(International Organization for Standardization) 보기 ④	• 국제표준화기구 • 지적 활동이나 과학·기술·경제 활동 분야에서 세계 상호간의 협력을 위해 1946년에 설립한 국제기구 ※ TC 92 : Fire Safety, ISO의 237개 전문기술위원회(TC)의 하나로서, 화재로부터 인명 안전 및 건물 보호, 환경을 보전하기 위하여 건축자재 및 구조물의 화재시험 및 시뮬레이션 개발에 필요한 세부지침을 국제규격으로 제·개정하는 것

답 ④

20 화재하중에 대한 설명 중 틀린 것은?

① 화재하중이 크면 단위면적당의 발열량이 크다.
② 화재하중이 크다는 것은 화재구획의 공간이 넓다는 것이다.
③ 화재하중이 같더라도 물질의 상태에 따라 가혹도는 달라진다.
④ 화재하중은 화재구획실 내의 가연물 총량을 목재 중량당비로 환산하여 면적으로 나눈 수치이다.

화재하중
(1) 가연물 등의 **연소시 건축물의 붕괴** 등을 고려하여 설계하는 하중
(2) 화재실 또는 화재구획의 **단위면적당 가연물의 양**
(3) 일반건축물에서 가연성의 건축구조재와 **가연성 수용물의 양**으로서 건물화재시 발열량 및 화재위험성을 나타내는 용어
(4) 화재하중이 크면 단위면적당의 발열량이 크다. 보기 ①
(5) 화재하중이 같더라도 물질의 상태에 따라 가혹도는 달라진다. 보기 ③
(6) 화재하중은 화재구획실 내의 가연물 총량을 목재 중량당비로 환산하여 면적으로 나눈 수치이다. 보기 ④

(7) 건물화재에서 가열온도의 정도를 의미한다.
(8) 건물의 내화설계시 고려되어야 할 사항이다.
(9)
$$q = \frac{\Sigma G_t H_t}{HA} = \frac{\Sigma Q}{4500A}$$

여기서, q : 화재하중[kg/m²] 또는 [N/m²]
G_t : 가연물의 양[kg]
H_t : 가연물의 단위발열량[kcal/kg]
H : 목재의 단위발열량[kcal/kg]**(4500kcal/kg)**
A : 바닥면적[m²]
ΣQ : 가연물의 전체 발열량[kcal]

비교

화재가혹도
화재로 인하여 건물 내에 수납되어 있는 재산 및 건물 자체에 손상을 주는 능력의 정도

답 ②

제2과목   소방유체역학

21 다음 중 열역학 제1법칙에 관한 설명으로 옳은 것은?

① 열은 그 자신만으로 저온에서 고온으로 이동할 수 없다.
② 일은 열로 변환시킬 수 있고 열은 일로 변환시킬 수 있다.
③ 사이클과정에서 열이 모두 일로 변화할 수 없다.
④ 열평형 상태에 있는 물체의 온도는 같다.

열역학의 법칙

법 칙	설 명
열역학 제0법칙 (열평형의 법칙)	① 온도가 높은 물체에 낮은 물체를 접촉시키면 온도가 높은 물체에서 낮은 물체로 열이 이동하여 두 물체의 **온도**는 **평형**을 이루게 된다. ② 어떤 두 물체 A와 B가 제3의 물체 C와 각각 열평형상태에 있을 때, 두 물체 A와 B도 서로 열평형상태이다. 보기 ④
열역학 제1법칙 (에너지보존의 법칙)	① 기체의 공급에너지는 **내부에너지**와 외부에서 한 일의 합과 같다. ② 사이클과정에서 **시스템(계)**이 한 **총일**은 시스템이 받은 **총열량**과 같다. ③ 일은 열로 변환시킬 수 있고 열은 일로 변환시킬 수 있다. 보기 ②

열역학 제2법칙	① 열은 스스로 **저온**에서 **고온**으로 절대로 흐르지 않는다(일을 가하면 **저온**부로부터 **고온**부로 열을 이동시킬 수 있다). 보기 ① ② 열은 그 스스로 저열원체에서 고열원체로 이동할 수 없다. ③ 자발적인 변화는 **비가역**이다. ④ 열을 완전히 일로 바꿀 수 있는 **열기관**을 만들 수 **없다**(일을 100% 열로 변환시킬 수 없다). ⑤ 사이클과정에서 열이 모두 일로 변화할 수 없다. 보기 ③
열역학 제3법칙	① 순수한 물질이 1atm하에서 결정상태이면 엔트로피는 0K에서 0이다. ② 단열과정에서 시스템의 **엔트로피**는 변하지 않는다.

①, ③ 열역학 제2법칙
④ 열역학 제0법칙

답 ②

22

안지름 25mm, 길이 10m의 수평파이프를 통해 비중 0.8, 점성계수는 5×10^{-3}kg/m·s인 기름을 유량 0.2×10^{-3}m³/s로 수송하고자 할 때, 필요한 펌프의 최소동력은 약 몇 W인가?

① 0.21 ② 0.58
③ 0.77 ④ 0.81

해설 (1) 기호
- D : 25mm=0.025m(1000mm=1m)
- l : 10m
- s : 0.8
- μ : 5×10^{-3}kg/m·s
- Q : 0.2×10^{-3}m³/s
- P : ?

(2) 유량(flowrate, 체적유량, 용량유량)

$$Q = AV = \left(\frac{\pi D^2}{4}\right)V$$

여기서, Q : 유량(m³/s)
A : 단면적(m²)
V : 유속(m/s)
D : 직경(안지름)(m)

유속 V는

$$V = \frac{Q}{\frac{\pi D^2}{4}} = \frac{0.2 \times 10^{-3} \text{m}^3/\text{s}}{\frac{\pi \times (0.025\text{m})^2}{4}}$$

$$\fallingdotseq 0.4074 \text{m/s}$$

(3) 비중

$$s = \frac{\rho}{\rho_w} = \frac{\gamma}{\gamma_w}$$

여기서, s : 비중
ρ : 어떤 물질의 밀도(기름의 밀도)[kg/m³] 또는 [N·s²/m⁴]
ρ_w : 물의 밀도(1000kg/m³ 또는 1000N·s²/m⁴)
γ : 어떤 물질의 비중량[N/m³]
γ_w : 물의 비중량(9800N/m³)

기름의 밀도 ρ는
$\rho = s \times \rho_w$
   $= 0.8 \times 1000$kg/m³
   $= 800$kg/m³

(4) 레이놀즈수

$$Re = \frac{DV\rho}{\mu} = \frac{DV}{\nu}$$

여기서, Re : 레이놀즈수
D : 내경(m)
V : 유속(m/s)
ρ : 밀도(kg/m³)
μ : 점도[g/cm·s] 또는 [kg/m·s]
ν : 동점성계수$\left(\frac{\mu}{\rho}\right)$[cm²/s] 또는 [m²/s]

레이놀즈수 Re는
$$Re = \frac{DV\rho}{\mu}$$
$$= \frac{0.025\text{m} \times 0.4074\text{m/s} \times 800\text{kg/m}^3}{5 \times 10^{-3}\text{kg/m} \cdot \text{s}}$$
$$= 1629.6 (층류)$$

레이놀즈수		
층류	천이영역(임계영역)	난류
$Re < 2100$	$2100 < Re < 4000$	$Re > 4000$

(5) 관마찰계수(**층류**일 때만 적용 가능)

$$f = \frac{64}{Re}$$

여기서, f : 관마찰계수
Re : 레이놀즈수

관마찰계수 f는
$$f = \frac{64}{Re} = \frac{64}{1629.6} \fallingdotseq 0.039$$

(6) 달시-웨버의 식(Darcy-Weisbach formula, 층류)

$$H = \frac{\Delta p}{\gamma} = \frac{flV^2}{2gD}$$

여기서, H : 마찰손실수두(전양정)[m]
Δp : 압력차[Pa] 또는 [N/m²]
γ : 비중량(물의 비중량 9800N/m³)
f : 관마찰계수
l : 길이[m]
V : 유속[m/s]
g : 중력가속도(9.8m/s²)
D : 내경[m]

마찰손실수두 H는
$$H = \frac{flV^2}{2gD}$$
$$= \frac{0.039 \times 10\text{m} \times (0.4074\text{m/s})^2}{2 \times 9.8\text{m/s}^2 \times 0.025\text{m}} \fallingdotseq 0.132\text{m}$$

(7) 비중

$$s = \frac{\rho}{\rho_w} = \frac{\gamma}{\gamma_w}$$

여기서, s : 비중
  ρ : 어떤 물질의 밀도(기름의 밀도)[kg/m³] 또는 [N·s²/m⁴]
  ρ_w : 물의 밀도(1000kg/m³ 또는 1000N·s²/m⁴)
  γ : 어떤 물질의 비중량(기름의 비중량)[N/m³]
  γ_w : 물의 비중량(9800N/m³)

기름의 비중량 γ는
$\gamma = s \times \gamma_w$
  $= 0.8 \times 9800 \text{N/m}^3$
  $= 7840 \text{N/m}^3$

(8) 펌프의 동력

$$P = \frac{\gamma Q H}{1000\eta} K$$

여기서, P : 전동력[kW]
  γ : 비중량(물의 비중량 9800N/m³)
  Q : 유량[m³/s]
  H : 마찰손실수두(전양정)[m]
  K : 전달계수
  η : 효율

펌프의 동력 P는
$P = \frac{\gamma Q H}{1000\eta} K$
$= \frac{7840 \text{N/m}^3 \times (0.2 \times 10^{-3} \text{m}^3/\text{s}) \times 0.132 \text{m}}{1000}$
$\fallingdotseq 2.1 \times 10^{-4}$ kW
$= 0.21 \times 10^{-3}$ kW
$= 0.21$ W

- $\eta \cdot K$: 주어지지 않았으므로 무시
- γ (7840N/m³) : (7)에서 구한 값
- $Q(0.2 \times 10^{-3} \text{m}^3/\text{s})$: 문제에서 주어진 값
- H(0.132m) : (6)에서 구한 값

답 ①

23 수은의 비중이 13.6일 때 수은의 비체적은 몇 m³/kg인가?
98.03.문23

① $\frac{1}{13.6}$ ② $\frac{1}{13.6} \times 10^{-3}$

③ 13.6   ④ 13.6×10^{-3}

해설 (1) 비중

$$s = \frac{\rho}{\rho_w}$$

여기서, s : 비중
  ρ : 어떤 물질의 밀도[kg/m³] 또는 [N·s²/m⁴]
  ρ_w : 물의 밀도(1000kg/m³ 또는 1000N·s²/m⁴)

수은의 밀도 ρ는
$\rho = s \cdot \rho_w$
$= 13.6 \times 1000 \text{kg/m}^3$
$= 13600 \text{kg/m}^3$

(2) 비체적

$$V_s = \frac{1}{\rho}$$

여기서, V_s : 비체적[m³/kg]
  ρ : 밀도[kg/m³]

비체적 V_s는
$V_s = \frac{1}{\rho}$
$= \frac{1}{13600} = \frac{1}{13.6 \times 10^3} = \frac{1}{13.6} \times 10^{-3}$ m³/kg

답 ②

24 그림과 같은 U자관 차압액주계에서 A와 B에 있는
18.03.문37 유체는 물이고 그 중간의 유체는 수은(비중 13.6)
15.09.문26 이다. 또한 그림에서 h_1=20cm, h_2=30cm,
10.03.문35 h_3=15cm일 때 A의 압력(P_A)과 B의 압력(P_B)
의 차이($P_A - P_B$)는 약 몇 kPa인가?

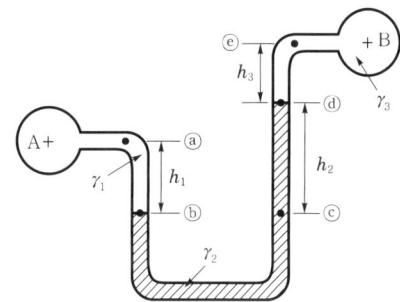

① 35.4   ② 39.5
③ 44.7   ④ 49.8

해설

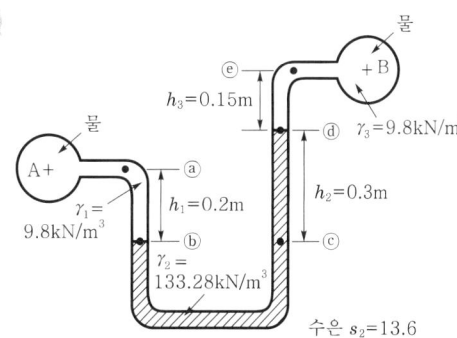

- 100cm=1m이므로 20cm=0.2m, 30cm=0.3m, 15cm=0.15m

(1) 비중

$$s = \frac{\gamma}{\gamma_w}$$

여기서, s : 비중
γ : 어떤 물질(수은)의 비중량[kN/m³]
γ_w : 물의 비중량(9.8kN/m³)

수은의 비중량 $\gamma_2 = s_2 \times \gamma_w$
$= 13.6 \times 9.8 \text{kN/m}^3$
$= 133.28 \text{kN/m}^3$

(2) 압력차

$$P_A + \gamma_1 h_1 - \gamma_2 h_2 - \gamma_3 h_3 = P_B$$

$P_A - P_B = -\gamma_1 h_1 + \gamma_2 h_2 + \gamma_3 h_3$
$= -9.8 \text{kN/m}^3 \times 0.2\text{m} + 133.28 \text{kN/m}^3 \times 0.3\text{m}$
$+ 9.8 \text{kN/m}^3 \times 0.15\text{m}$
$\fallingdotseq 39.5 \text{kN/m}^2$
$= 39.5 \text{kPa}$

- $1\text{N/m}^2 = 1\text{Pa}$, $1\text{kN/m}^2 = 1\text{kPa}$이므로
  $39.5 \text{kN/m}^2 = 39.5 \text{kPa}$
- 시차액주계 = 차압액주계

중요
시차액주계의 압력계산방법
점 A를 기준으로 내려가면 **더하고**, 올라가면 **빼면** 된다.

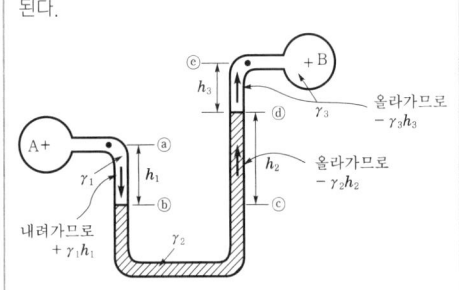

답 ②

25
평균유속 2m/s로 50L/s 유량의 물을 흐르게 하는 데 필요한 관의 안지름은 약 몇 mm인가?

① 158　② 168
③ 178　④ 188

 (1) 기호
- V : 2m/s
- Q : 50L/s = 0.05m³/s (1000L=1m³)
- D : ?

(2) 유량(flowrate, 체적유량)

$$Q = AV = \left(\frac{\pi D^2}{4}\right)V$$

여기서, Q : 유량[m³/s]
A : 단면적[m²]
V : 유속[m/s]
D : 안지름(직경)[m]

$Q = \left(\dfrac{\pi D^2}{4}\right)V$에서

$\dfrac{4Q}{\pi V} = D^2$

$D^2 = \dfrac{4Q}{\pi V}$

$\sqrt{D^2} = \sqrt{\dfrac{4Q}{\pi V}}$

$D = \sqrt{\dfrac{4Q}{\pi V}} = \sqrt{\dfrac{4 \times 0.05 \text{m}^3/\text{s}}{\pi \times 2\text{m/s}}} \fallingdotseq 0.178\text{m} = 178\text{mm}$

- 1m=1000mm이므로 0.178m=178mm

비교

중량유량 (weight flowrate)	질량유량 (mass flowrate)
$G = AV\gamma$	$\overline{m} = AV\rho = \left(\dfrac{\pi D^2}{4}\right)V\rho$
여기서, G : 중량유량[N/s] A : 단면적[m²] V : 유속[m/s] γ : 비중량[N/m³]	여기서, $\overline{m}$: 질량유량[kg/s] A : 단면적[m²] V : 유속[m/s] ρ : 밀도(물의 밀도 1000kg/m³) D : 직경[m]

답 ③

26
30℃에서 부피가 10L인 이상기체를 일정한 압력으로 0℃로 냉각시키면 부피는 약 몇 L로 변하는가?

① 3　② 9
③ 12　④ 18

해설 (1) 기호
- T_1 : (273+℃)=(273+30)K
- V_1 : 10L
- T_2 : (273+℃)=(273+0)K
- V_2 : ?

(2) 이상기체상태 방정식

$$PV = nRT$$

여기서, P : 기압[atm]
V : 부피[m³]
n : 몰수 $\left(n = \dfrac{W(\text{질량})[\text{kg}]}{M(\text{분자량})[\text{kg/kmol}]}\right)$
R : 기체상수(0.082atm·m³/kmol·K)
T : 절대온도(273+℃)[K]

$PV = nRT$에서

$$V \propto T$$

$V_1 : T_1 = V_2 : T_2$

10L : (273+30)K = V_2 : (273+0)K

$$(273+30)V_2 = 10 \times (273+0)$$
$$V_2 = \frac{10 \times (273+0)}{(273+30)} ≒ 9\text{L}$$

답 ②

27. 이상적인 카르노사이클의 과정인 단열압축과 등온압축의 엔트로피 변화에 관한 설명으로 옳은 것은?

16.05.문39
13.03.문31

① 등온압축의 경우 엔트로피 변화는 없고, 단열압축의 경우 엔트로피 변화는 감소한다.
② 등온압축의 경우 엔트로피 변화는 없고, 단열압축의 경우 엔트로피 변화는 증가한다.
③ 단열압축의 경우 엔트로피 변화는 없고, 등온압축의 경우 엔트로피 변화는 감소한다.
④ 단열압축의 경우 엔트로피 변화는 없고, 등온압축의 경우 엔트로피 변화는 증가한다.

해설 **카르노사이클**
(1) **이상적인 카르노사이클** 보기 ③

단열압축	등온압축
엔트로피 변화가 없다.	엔트로피 변화는 **감소**한다.

(2) 이상적인 카르노사이클의 특징
  ㉠ **가역사이클**이다.
  ㉡ 공급열량과 방출열량의 비는 고온부의 절대온도와 저온부의 절대온도비와 같다.
  ㉢ 이론 효율은 **고열원** 및 **저열원**의 온도만으로 표시된다.
  ㉣ 두 개의 **등온변화**와 두 개의 **단열변화**로 둘러싸인 사이클이다.

(3) 카르노사이클의 순서

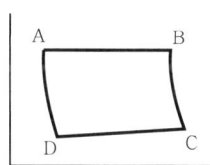

등온팽창 → 단열팽창 → 등온압축 → 단열압축
(A → B) (B → C) (C → D) (D → A)

용어

엔트로피	엔탈피
어떤 물질의 정렬상태를 나타내는 수치	어떤 물질이 가지고 있는 총에너지

답 ③

28. 그림에서 물탱크차가 받는 추력은 약 몇 N인가? (단, 노즐의 단면적은 0.03m²이며, 탱크 내의 계기압력은 40kPa이다. 또한 노즐에서 마찰손실은 무시한다.)

13.03.문24

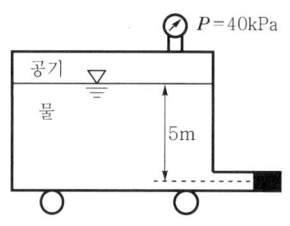

① 812
② 1489
③ 2709
④ 5343

해설 (1) **수두**

$$H = \frac{P}{\gamma}$$

여기서, H : 수두[m]
 P : 압력[kPa] 또는 [kN/m²]
 γ : 비중량(물의 비중량 9.8kN/m³)

수두 H_1은

$$H_1 = \frac{P}{\gamma} = \frac{40\text{kN/m}^2}{9.8\text{kN/m}^3} ≒ 4.08\text{m}$$

• 1kPa = 1kN/m² 이므로 40kPa = 40kN/m²

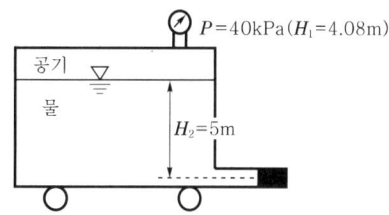

(2) **토리첼리의 식**

$$V = \sqrt{2gH} = \sqrt{2g(H_1 + H_2)}$$

여기서, V : 유속[m/s]
 g : 중력가속도(9.8m/s²)
 H, H_2 : 높이[m]
 H_1 : 탱크 내의 손실수두[m]

유속 V는
$$V = \sqrt{2g(H_1 + H_2)}$$
$$= \sqrt{2 \times 9.8\text{m/s}^2 \times (4.08+5)\text{m}}$$
$$≒ 13.34\text{m/s}$$

(3) **유량**

$$Q = AV$$

여기서, Q : 유량[m³/s]
 A : 단면적[m²]
 V : 유속[m/s]

(4) **추력(힘)**

$$F = \rho QV$$

여기서, F : 추력(힘)[N]
 ρ : 밀도(물의 밀도 1000N·s²/m⁴)
 Q : 유량[m³/s]
 V : 유속[m/s]

추력 F는

$$F = \rho QV = \rho(AV)V = \rho AV^2$$
$$= 1000 \text{N} \cdot \text{s}^2/\text{m}^4 \times 0.03\text{m}^2 \times (13.34\text{m/s})^2$$
$$≒ 5340\text{N}$$

∴ ④번 5343N이 가장 근접함

- $Q = AV$이므로 $F = \rho QV = \rho(AV)V$

답 ④

29

비중이 0.877인 기름이 단면적이 변하는 원관을 흐르고 있으며 체적유량은 0.146m³/s이다. A점에서는 안지름이 150mm, 압력이 91kPa이고, B점에서는 안지름이 450mm, 압력이 60.3kPa이다. 또한 B점은 A점보다 3.66m 높은 곳에 위치한다. 기름이 A점에서 B점까지 흐르는 동안의 손실수두는 약 몇 m인가? (단, 물의 비중량은 9810N/m³이다.)

① 3.3 ② 7.2
③ 10.7 ④ 14.1

해설 (1) 기호

- s : 0.877
- Q : 0.146m³/s
- D_A : 150mm = 0.15m (1000mm = 1m)
- P_A : 91kPa = 91kN/m² (1kPa = 1kN/m²)
- D_B : 450mm = 0.45m (1000mm = 1m)
- P_B : 60.3kPa = 60.3kN/m² (1kPa = 1kN/m²)
- Z_B : 3.66m
- Z_A : 0m
- H : ?
- γ_w : 9810N/m³ = 9.81kN/m³

(2) 유량

$$Q = AV = \left(\frac{\pi D^2}{4}\right)V$$

여기서, Q : 유량[m³/s]
A : 단면적[m²]
V : 유속[m/s]
D : 안지름[m]

유속 V_A는

$$V_A = \frac{Q}{\frac{\pi D_A^2}{4}} = \frac{0.146\text{m}^3/\text{s}}{\frac{\pi \times (0.15\text{m})^2}{4}} = 8.261\text{m/s}$$

유속 V_B는

$$V_B = \frac{Q}{\frac{\pi D_B^2}{4}} = \frac{0.146\text{m}^3/\text{s}}{\frac{\pi \times (0.45\text{m})^2}{4}} = 0.917\text{m/s}$$

(3) 비중

$$s = \frac{\gamma}{\gamma_w}$$

여기서, s : 비중
γ : 어떤 물질의 비중량(기름의 비중량)[kN/m³]
γ_w : 물의 비중량[kN/m³]

기름의 비중량 γ는

$$\gamma = s \cdot \gamma_w$$
$$= 0.877 \times 9.81\text{kN/m}^3 ≒ 8.6\text{kN/m}^3$$

(4) 베르누이 방정식

$$\underbrace{\frac{V_1^2}{2g}}_{\text{(속도수두)}} + \underbrace{\frac{p_1}{\gamma}}_{\text{(압력수두)}} + \underbrace{Z_1}_{\text{(위치수두)}} = \frac{V_2^2}{2g} + \frac{p_2}{\gamma} + Z_2 + \Delta H$$

여기서, V_1, V_2 : 유속[m/s]
p_1, p_2 : 압력[kPa] 또는 [kN/m²]
Z_1, Z_2 : 높이[m]
g : 중력가속도(9.8m/s²)
γ : 비중량(물의 비중량 9.81kN/m³)
ΔH : 손실수두[m]

$$\frac{V_1^2}{2g} - \frac{V_2^2}{2g} + \frac{p_1}{\gamma} - \frac{p_2}{\gamma} + Z_1 - Z_2 = \Delta H$$

$$\Delta H = \frac{V_1^2}{2g} - \frac{V_2^2}{2g} + \frac{p_1}{\gamma} - \frac{p_2}{\gamma} + Z_1 - Z_2$$
$$= \frac{V_1^2 - V_2^2}{2g} + \frac{p_1 - p_2}{\gamma} + Z_1 - Z_2$$

계산편의를 위해 $V_1 = V_A$, $V_2 = V_B$, $p_1 = p_A$, $p_2 = p_B$, $Z_1 = Z_A$, $Z_2 = Z_B$로 놓으면

$$\Delta H = \frac{V_A^2 - V_B^2}{2g} + \frac{p_A - p_B}{\gamma} + Z_A - Z_B$$
$$= \frac{(8.261\text{m/s})^2 - (0.917\text{m/s})^2}{2 \times 9.8\text{m/s}^2}$$
$$+ \frac{(91 - 60.3)\text{kN/m}^2}{8.6\text{kN/m}^3} + (0 - 3.66)\text{m}$$
$$≒ 3.34\text{m}$$

∴ 여기서는 가장 근접한 3.3m가 정답

답 ①

30

그림과 같이 피스톤의 지름이 각각 25cm와 5cm이다. 작은 피스톤을 화살표방향으로 20cm만큼 움직일 경우 큰 피스톤이 움직이는 거리는 약 몇 mm인가? (단, 누설은 없고, 비압축성이라고 가정한다.)

18.09.문25
17.05.문26
10.03.문27
05.09.문28
05.03.문22

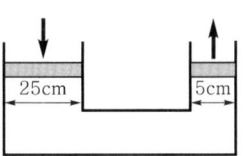

① 2 ② 4
③ 8 ④ 10

해설 (1) 기호
- D_1 : 25cm
- D_2 : 5cm
- h_2 : 20cm
- h_1 : ?

(2) 압력

$$P = \gamma h = \frac{F}{A} = \frac{F}{\frac{\pi D^2}{4}}$$

여기서, P : 압력[N/cm²]
γ : 비중량[N/cm³]
h : 움직인 높이[cm]
F : 힘[N]
A : 단면적[cm²]
D : 지름(직경)[cm]

힘 $F = \gamma h A$ 에서

$\cancel{\gamma} h_1 A_1 = \cancel{\gamma} h_2 A_2$

$h_1 A_1 = h_2 A_2$

큰 피스톤이 움직인 거리 h_1은

$h_1 = \dfrac{A_2}{A_1} h_2$

$= \dfrac{\frac{\pi}{4} \times (5\text{cm})^2}{\frac{\pi}{4} \times (25\text{cm})^2} \times 20\text{cm}$

$= 0.8\text{cm} = 8\text{mm}$

- 1cm=10mm이므로 0.8cm=8mm

답 ③

31 스프링클러헤드의 방수압이 4배가 되면 방수량은 몇 배가 되는가?
05.09.문23
98.07.문39
① $\sqrt{2}$ 배
② 2배
③ 4배
④ 8배

해설 방수량

$$Q = 0.653 D^2 \sqrt{10P} = 0.6597 C D^2 \sqrt{10P}$$

여기서, Q : 방수량[L/min]
D : 구경[mm]
P : 방수압[MPa]
C : 노즐의 흐름계수(유량계수)

방수량 Q는

$Q \propto \sqrt{P} = \sqrt{4\text{배}} = 2\text{배}$

답 ②

32 다음 중 표준대기압인 1기압에 가장 가까운 것은?
12.05.문29
① 860mmHg   ② 10.33mAq
③ 101.325bar   ④ 1.0332kgf/m²

해설 표준대기압
1atm(1기압) = 760mmHg(76cmHg)
= 1.0332kgf/cm²(10332kgf/m²)
= 10.332mH₂O(mAq)(10332mmH₂O)
= 14.7PSI(lbf/in²)
= 101.325kPa(kN/m²)(101325Pa)
= 1013mbar
= 1.013bar

① 860mmHg → 760mmHg
③ 101.325bar → 1.013bar
④ 1.0332kgf/m² → 10332kgf/m²

답 ②

33 안지름 10cm의 관로에서 마찰손실수두가 속도수두와 같다면 그 관로의 길이는 약 몇 m인가? (단, 관마찰계수는 0.03이다.)
08.05.문33
① 1.58
② 2.54
③ 3.33
④ 4.52

해설 (1) 손실수두

$$H = \frac{flV^2}{2gD}$$

여기서, H : 손실(마찰손실)수두[m]
f : 관마찰계수
l : 길이[m]
V : 유속[m/s]
g : 중력가속도(9.8m/s²)
D : 내경[m]

(2) 속도수두

$$H = \frac{V^2}{2g}$$

여기서, H : 속도수두[m]
V : 유속[m/s]
g : 중력가속도(9.8m/s²)

(3) 손실수두와 속도수두가 같게 될 때

$\dfrac{flV^2}{2gD} = \dfrac{V^2}{2g}$

$l = \dfrac{\cancel{V^2}}{\cancel{2g}} \times \dfrac{\cancel{2g}D}{f\cancel{V^2}} = \dfrac{D}{f} = \dfrac{10\text{cm}}{0.03} = \dfrac{0.1\text{m}}{0.03} ≒ 3.33\text{m}$

- 100cm=1m이므로 10cm=0.1m

답 ③

34

원심식 송풍기에서 회전수를 변화시킬 때 동력변화를 구하는 식으로 옳은 것은? (단, 변화 전후의 회전수는 각각 N_1, N_2, 동력은 L_1, L_2이다.)

① $L_2 = L_1 \times \left(\dfrac{N_1}{N_2}\right)^3$

② $L_2 = L_1 \times \left(\dfrac{N_1}{N_2}\right)^2$

③ $L_2 = L_1 \times \left(\dfrac{N_2}{N_1}\right)^3$

④ $L_2 = L_1 \times \left(\dfrac{N_2}{N_1}\right)^2$

해설 상사법칙

동력을 문제와 같이 L이라 가정하면 다음과 같다.

$$L_2 = L_1 \times \left(\dfrac{N_2}{N_1}\right)^3,\ L_2 = L_1 \times \left(\dfrac{N_2}{N_1}\right)^3 \left(\dfrac{D_2}{D_1}\right)^5$$

여기서, L_2 : 변경 후 동력(kW)
 L_1 : 변경 전 동력(kW)
 N_2 : 변경 후 회전수(rpm)
 N_1 : 변경 전 회전수(rpm)
 D_2 : 변경 후 관경(mm)
 D_1 : 변경 전 관경(mm)

중요

펌프의 상사법칙(송출량)

(1) 유량(송출량)

$$Q_2 = Q_1 \left(\dfrac{N_2}{N_1}\right)$$

(2) 전양정

$$H_2 = H_1 \left(\dfrac{N_2}{N_1}\right)^2$$

(3) 축동력

$$P_2 = P_1 \left(\dfrac{N_2}{N_1}\right)^3$$

여기서, Q_1, Q_2 : 변화 전후의 유량(송출량)(m³/min)
 H_1, H_2 : 변화 전후의 전양정(m)
 P_1, P_2 : 변화 전후의 축동력(kW)
 N_1, N_2 : 변화 전후의 회전수(회전속도)(rpm)

• **상사법칙** : 기하학적으로 유사하거나 같은 펌프에 적용하는 법칙

답 ③

35

그림과 같은 1/4원형의 수문(水門) AB가 받는 수평성분 힘(F_H)과 수직성분 힘(F_V)은 각각 약 몇 kN인가? (단, 수문의 반지름은 2m이고, 폭은 3m이다.)

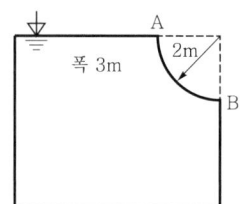

① $F_H = 24.4$, $F_V = 46.2$
② $F_H = 24.4$, $F_V = 92.4$
③ $F_H = 58.8$, $F_V = 46.2$
④ $F_H = 58.8$, $F_V = 92.4$

해설 (1) **수평분력**

$$F_H = \gamma h A$$

여기서, F_H : 수평분력(N)
 γ : 비중량(물의 비중량 9800N/m³)
 h : 표면에서 수문 중심까지의 수직거리(m)
 A : 수문의 단면적(m²)

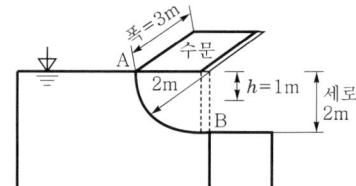

• h : $\dfrac{2m}{2} = 1m$

• A : 가로(폭)×세로 = 3m×2m = 6m²

$F_H = \gamma h A$
$= 9800\text{N/m}^3 \times 1\text{m} \times 6\text{m}^2$
$= 58800\text{N} = 58.8\text{kN}$

(2) **수직분력**

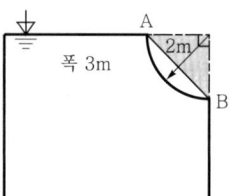

$F_V = \gamma V$
$= 9.8\text{kN/m}^3 \times \left(\dfrac{br^2}{2} \times 수문폭(각도)\right)$
$= 9.8\text{kN/m}^3 \times \left(\dfrac{3\text{m} \times (2\text{m})^2}{2} \times \dfrac{\pi}{2}\right) \fallingdotseq 92.4\text{kN}$

- b : 폭(3m)
- r : 반경(2m)
- 문제에서 $\frac{1}{4}$ 이므로 각도는 $90° = \frac{\pi}{2}$, 만약 $\frac{1}{2}$ 이라면 각도 $180° = \pi$

답 ④

36
펌프 중심으로부터 2m 아래에 있는 물을 펌프 중심으로부터 15m 위에 있는 송출수면으로 양수하려 한다. 관로의 전손실수두가 6m이고, 송출수량이 1m³/min라면 필요한 펌프의 동력은 약 몇 W인가?

① 2777　　② 3103
③ 3430　　④ 3757

해설 (1) 기호
- H : (2+15+6)m
- Q : 1m³/min
- P : ?

(2) **전동력**(펌프의 동력)

$$P = \frac{\gamma Q H}{1000\eta} K$$

여기서, P : 전동력[kW]
　　　　γ : 비중량(물의 비중량 9800N/m³)
　　　　Q : 유량[m³/s]
　　　　H : 전양정[m]
　　　　K : 전달계수
　　　　η : 효율

또는

$$P = \frac{0.163 Q H}{\eta} K$$

여기서, P : 전동력[kW]
　　　　Q : 유량[m³/min]
　　　　H : 전양정[m]
　　　　K : 전달계수
　　　　η : 효율

펌프의 동력 P는

$$P = \frac{\gamma Q H}{1000\eta} K$$
$$= \frac{9800\text{N/m}^3 \times 1\text{m}^3/\text{min} \times (2+15+6)\text{m}}{1000}$$
$$= \frac{9800\text{N/m}^3 \times 1\text{m}^3/60\text{s} \times (2+15+6)\text{m}}{1000}$$
$$\fallingdotseq 3.757\text{kW} = 3757\text{W}$$

- $\gamma = 9800\text{N/m}^3$
- K, η는 주어지지 않았으므로 무시한다.
- $P = \frac{0.163 Q H}{\eta} K$ 식을 적용하여 답을 구해도 된다.

답 ④

37
일반적인 배관시스템에서 발생되는 손실을 주손실과 부차적 손실로 구분할 때 다음 중 주손실에 속하는 것은?

① 직관에서 발생하는 마찰손실
② 파이프 입구와 출구에서의 손실
③ 단면의 확대 및 축소에 의한 손실
④ 배관부품(엘보, 리턴밴드, 티, 리듀서, 유니언, 밸브 등)에서 발생하는 손실

해설 배관의 마찰손실

주손실	부차적 손실
① 관로에 의한 마찰손실 ② 직선 원관 내의 손실 ③ 직관에서 발생하는 마찰손실 보기 ①	① 관의 급격한 **확대**손실(관 단면의 급격한 확대손실) 보기 ③ ② 관의 급격한 **축소**손실(유동단면의 장애물에 의한 손실) 보기 ③ ③ 관 부속품에 의한 손실(곡선부에 의한 손실) 보기 ④ ④ 파이프 입구와 출구에서의 손실 보기 ②

답 ①

38
온도차이 20℃, 열전도율 5W/(m·K), 두께 20cm인 벽을 통한 열유속(heat flux)과 온도차이 40℃, 열전도율 10W/(m·K), 두께 t인 같은 면적을 가진 벽을 통한 열유속이 같다면 두께 t는 약 몇 cm인가?

① 10　　② 20
③ 40　　④ 80

해설 (1) 기호
- $(T_2 - T_1)$: 20℃ 또는 20K
- k : 5W/(m·K)
- $l(t)$: 20cm=0.2m(100cm=1m)
- $(T_2 - T_1)'$: 40℃ 또는 40K
- k' : 10W/(m·K)
- $l'(t')$: ?

(2) **전도**

$$\overset{\circ}{q}'' = \frac{k(T_2 - T_1)}{l}$$

여기서, $\overset{\circ}{q}''$: 열전달량[W/m²]
　　　　k : 열전도율[W/(m·K)]
　　　　$(T_2 - T_1)$: 온도차[℃] 또는 [K]
　　　　l : 벽체두께[m]

- 열전달량=열전달률=열유동률=열흐름률

열전달량 $\overset{\circ}{q}''$는

$$\overset{\circ}{q}'' = \frac{k(T_2 - T_1)}{l} = \frac{5\text{W/(m·K)} \times 20\text{K}}{0.2\text{m}} = 500\text{W/m}^2$$

- 온도차이를 나타낼 때는 ℃와 K를 계산하면 같다 (20℃=20K).

두께 l'는

$$l' = \frac{k'(T_2-T_1)'}{q''}$$

$$= \frac{10W/(m \cdot K) \times 40K}{500W/m^2}$$

$$= 0.8m = 80cm$$

- 1m=100cm이므로 0.8m=80cm

답 ④

39. 낙구식 점도계는 어떤 법칙을 이론적 근거로 하는가?

① Stokes의 법칙
② 열역학 제1법칙
③ Hagen-Poiseuille의 법칙
④ Boyle의 법칙

해설 점도계

(1) 세관법
  ㉠ 하겐-포아젤(Hagen-Poiseuille)의 법칙 이용 보기 ③
  ㉡ 세이볼트(Saybolt) 점도계
  ㉢ 레드우드(Redwood) 점도계
  ㉣ 엥글러(Engler) 점도계
  ㉤ 바베이(Barbey) 점도계
  ㉥ 오스트발트(Ostwald) 점도계

(2) 회전원통법
  ㉠ 뉴턴(Newton)의 점성법칙 이용
  ㉡ 스토머(Stormer) 점도계
  ㉢ 맥 마이클(Mac Michael) 점도계

기억법 뉴점스맥

(3) 낙구법
  ㉠ 스토크스(Stokes)의 법칙 이용 보기 ①
  ㉡ 낙구식 점도계

용어 점도계
점성계수를 측정할 수 있는 기기

답 ①

40. 지면으로부터 4m의 높이에 설치된 수평관 내로 물이 4m/s로 흐르고 있다. 물의 압력이 78.4kPa 인 관 내의 한 점에서 전수두는 지면을 기준으로 약 몇 m인가?

① 4.76
② 6.24
③ 8.82
④ 12.81

해설
(1) 기호
  - Z : 4m
  - V : 4m/s
  - P : 78.4kPa=78.4kN/m² (1kPa=1kN/m²)
  - H : ?

(2) 이상유체

$$\frac{V^2}{2g} + \frac{P}{\gamma} + Z = 일정(또는 H)$$

(속도수두) (압력수두) (위치수두)

여기서, V : 유속[m/s]
P : 압력[kN/m²]
Z : 높이[m]
g : 중력가속도(9.8m/s²)
γ : 비중량(물의 비중량 9.8kN/m³)
H : 전수두[m]

$$H = \frac{V^2}{2g} + \frac{P}{\gamma} + Z$$

$$= \frac{(4m/s)^2}{2 \times 9.8m/s^2} + \frac{78.4kN/m^2}{9.8kN/m^3} + 4m = 12.81m$$

답 ④

제3과목 소방관계법규

41. 화재의 예방 및 안전관리에 관한 법령상 보일러, 난로, 건조설비, 가스·전기시설, 그 밖에 화재 발생 우려가 있는 설비 또는 기구 등의 위치·구조 및 관리와 화재예방을 위하여 불을 사용할 때 지켜야 하는 사항은 무엇으로 정하는가?

① 총리령
② 대통령령
③ 시·도 조례
④ 행정안전부령

해설 대통령령
(1) 소방장비 등에 대한 국고보조기준(기본법 9조)
(2) **불을 사용하는 설비의 관리사항을 정하는 기준**(화재예방법 17조) 보기 ②
(3) 특수가연물 저장·취급(화재예방법 17조)
(4) **방염성능**기준(소방시설법 20조)

> **중요**
> 불을 사용하는 설비의 관리
> (1) 보일러
> (2) 난로
> (3) 건조설비
> (4) 가스·전기시설
>
> 답 ②

42 소방시설 설치 및 관리에 관한 법률상 소방시설 등에 대한 자체점검을 하지 아니하거나 관리업자 등으로 하여금 정기적으로 점검하게 하지 아니한 자에 대한 벌칙기준으로 옳은 것은?

① 1년 이하의 징역 또는 1000만원 이하의 벌금
② 3년 이하의 징역 또는 1500만원 이하의 벌금
③ 3년 이하의 징역 또는 3000만원 이하의 벌금
④ 6개월 이하의 징역 또는 1000만원 이하의 벌금

해설 1년 이하의 징역 또는 1000만원 이하의 벌금
(1) **소방시설**의 **자체점검** 미실시자(소방시설법 58조) 보기 ①
(2) **소방시설관리사증** 대여(소방시설법 58조)
(3) **소방시설관리업**의 등록증 또는 등록수첩 대여(소방시설법 58조)
(4) 제조소 등의 정기점검기록 허위작성(위험물법 35조)
(5) **자체소방대**를 두지 않고 제조소 등의 허가를 받은 자(위험물법 35조)
(6) **위험물 운반용기**의 검사를 받지 않고 유통시킨 자(위험물법 35조)

답 ①

43 화재의 예방 및 안전관리에 관한 법령상 화재안전조사위원회의 위원에 해당하지 아니하는 사람은?

① 소방기술사
② 소방시설관리사
③ 소방관련분야의 석사학위 이상을 취득한 사람
④ 소방관련법인 또는 단체에서 소방관련업무에 3년 이상 종사한 사람

해설 화재예방법 시행령 11조
화재안전조사위원회의 구성
(1) **과장급** 직위 이상의 소방공무원
(2) 소방기술사 보기 ①
(3) 소방시설관리사 보기 ②
(4) 소방관련분야의 **석사**학위 이상을 취득한 사람 보기 ③
(5) 소방관련법인 또는 단체에서 소방관련업무에 **5년** 이상 종사한 사람 보기 ④
(6) 소방공무원 교육훈련기관, 학교 또는 연구소에서 소방과 관련한 교육 또는 연구에 **5년** 이상 종사한 사람

④ 3년 → 5년

답 ④

44 화재의 예방 및 안전관리에 관한 법령상 소방관서장은 소방상 필요한 훈련 및 교육을 실시하고자 하는 때에는 화재예방강화지구 안의 관계인에게 훈련 또는 교육 며칠 전까지 그 사실을 통보하여야 하는가?

① 5
② 7
③ 10
④ 14

해설 화재예방법 18조, 화재예방법 시행령 20조
화재예방강화지구 안의 화재안전조사·소방훈련 및 교육
(1) 실시자 : **소방청장·소방본부장·소방서장**(소방관서장)
(2) 횟수 : **연 1회** 이상
(3) 훈련·교육 : **10일** 전 통보 보기 ③

답 ③

45 경유의 저장량이 2000리터, 중유의 저장량이 4000리터, 등유의 저장량이 2000리터인 저장소에 있어서 지정수량의 배수는?

① 동일
② 6배
③ 3배
④ 2배

해설 제4류 위험물의 종류 및 지정수량

성질	품명		지정수량	대표물질
인화성 액체	특수인화물		50L	다이에틸에터·이황화탄소·아세트알데하이드·산화프로필렌·이소프렌·펜탄·디비닐에터·트리클로로실란
	제1석유류	비수용성	200L	휘발유·벤젠·톨루엔·시클로헥산·아크로레인·에틸벤젠·초산에스터류·의산에스터류·콜로디온·메틸에틸케톤
		수용성	400L	아세톤·피리딘
	알코올류		400L	메틸알코올·에틸알코올·프로필알코올·이소프로필알코올·퓨젤유·변성알코올
	제2석유류	비수용성	1000L	**등유·경유**·테레빈유·장뇌유·송근유·스티렌·클로로벤젠·크실렌
		수용성	2000L	의산·초산·메틸셀로솔브·에틸셀로솔브·알릴알코올
	제3석유류	비수용성	2000L	**중유**·크레오소트유·니트로벤젠·아닐린·담금질유
		수용성	4000L	에틸렌글리콜·글리세린
	제4석유류		6000L	기어유·실린더유
	동식물유류		10000L	아마인유·해바라기유·들기름·대두유·야자유·올리브유·팜유

지정수량의 배수
= $\frac{저장량}{지정수량(경유)} + \frac{저장량}{지정수량(중유)}$
$+ \frac{저장량}{지정수량(등유)}$
= $\frac{2000L}{1000L} + \frac{4000L}{2000L} + \frac{2000L}{1000L} = 6배$

답 ②

46 소방시설공사업법령상 상주공사감리 대상기준 중 다음 ㉠, ㉡, ㉢에 알맞은 것은?

- 연면적 (㉠)m² 이상의 특정소방대상물(아파트는 제외)에 대한 소방시설의 공사
- 지하층을 포함한 층수가 (㉡)층 이상으로서 (㉢)세대 이상인 아파트에 대한 소방시설의 공사

① ㉠ 10000, ㉡ 11, ㉢ 600
② ㉠ 10000, ㉡ 16, ㉢ 500
③ ㉠ 30000, ㉡ 11, ㉢ 600
④ ㉠ 30000, ㉡ 16, ㉢ 500

해설 공사업령 [별표 3]
소방공사감리 대상

종류	대 상
상주공사감리	• 연면적 30000m² 이상 보기 ㉠ • 16층 이상(지하층 포함)이고 500세대 이상 아파트 보기 ㉡㉢
일반공사감리	• 기타

답 ④

47 소방기본법령상 소방본부 종합상황실 실장이 소방청의 종합상황실에 서면·모사전송 또는 컴퓨터통신 등으로 보고하여야 하는 화재의 기준에 해당하지 않는 것은?

① 항구에 매어둔 총 톤수가 1000톤 이상인 선박에서 발생한 화재
② 연면적 15000m² 이상인 공장 또는 화재예방강화지구에서 발생한 화재
③ 지정수량의 1000배 이상의 위험물의 제조소·저장소·취급소에서 발생한 화재
④ 층수가 5층 이상이거나 병상이 30개 이상인 종합병원·정신병원·한방병원·요양소에서 발생한 화재

해설 기본규칙 3조
종합상황실 실장의 보고화재
(1) 사망자 **5명** 이상 화재
(2) 사상자 **10명** 이상 화재
(3) 이재민 **100명** 이상 화재
(4) 재산피해액 **50억원** 이상 화재
(5) 관광호텔, 층수가 11층 이상인 건축물, 지하상가, 시장, 백화점
(6) **5층** 이상 또는 객실 **30실** 이상인 숙박시설
(7) **5층** 이상 또는 병상 **30개** 이상인 종합병원·정신병원·한방병원·요양소 보기 ④
(8) **1000t** 이상인 선박(항구에 매어둔 것) 보기 ①
(9) 지정수량 **3000배** 이상의 위험물 제조소·저장소·취급소 보기 ③
(10) 연면적 **15000m²** 이상인 공장 또는 화재예방강화지구에서 발생한 화재 보기 ②
(11) 가스 및 화약류의 폭발에 의한 화재
(12) 관공서·학교·정부미도정공장·문화재·지하철 또는 지하구의 화재
(13) 철도차량, 항공기, 발전소 또는 변전소
(14) 다중이용업소의 화재

③ 1000배 → 3000배

용어

종합상황실
화재·재난·재해·구조·구급 등이 필요한 때에 신속한 소방활동을 위한 정보를 수집·전파하는 소방서 또는 소방본부의 지령관제실

답 ③

48 아파트로 층수가 20층인 특정소방대상물에서 스프링클러설비를 하여야 하는 층수는? (단, 아파트는 신축을 실시하는 경우이다.)

① 전층
② 15층 이상
③ 11층 이상
④ 6층 이상

해설 소방시설법 시행령 [별표 4]
스프링클러설비의 설치대상

설치대상	조 건
① 문화 및 집회시설, 운동시설 ② 종교시설	• 수용인원 : **100명** 이상 • 영화상영관 : 지하층·무창층 **500m²**(기타 **1000m²**) 이상 • 무대부 – 지하층·무창층·**4층** 이상 **300m²** 이상 – 1~3층 **500m²** 이상
③ 판매시설 ④ 운수시설 ⑤ 물류터미널	• 수용인원 : **500명** 이상 • 바닥면적 합계 : **5000m²** 이상
⑥ 노유자시설 ⑦ 정신의료기관 ⑧ 수련시설(숙박 가능한 것) ⑨ 종합병원, 병원, 치과병원, 한방병원 및 요양병원(정신병원 제외) ⑩ 숙박시설	• 바닥면적 합계 **600m²** 이상
⑪ 지하층·무창층·**4층** 이상	• 바닥면적 **1000m²** 이상

⑫ 창고시설(물류터미널 제외)	• 바닥면적 합계 5000m² 이상 : 전층
⑬ 지하상가	• 연면적 1000m² 이상
⑭ 10m 넘는 랙식 창고	• 연면적 1500m² 이상
⑮ 복합건축물 ⑯ 기숙사	• 연면적 5000m² 이상 : 전층
⑰ **6층** 이상	• **전층** 보기 ①
⑱ 보일러실·연결통로	• 전부
⑲ 특수가연물 저장·취급	• 지정수량 1000배 이상
⑳ 발전시설	• 전기저장시설 : 전부

답 ①

49. 제3류 위험물 중 금수성 물품에 적응성이 있는 소화약제는?

16.03.문45
09.05.문11

① 물
② 강화액
③ 팽창질석
④ 인산염류분말

해설 금수성 물품에 적응성이 있는 소화약제
(1) 마른모래
(2) 팽창질석 보기 ③
(3) 팽창진주암

참고

위험물령 [별표 1]
금수성 물품(금수성 물질)
(1) 칼륨
(2) 나트륨
(3) 알킬알루미늄
(4) 알킬리튬
(5) 알칼리금속(칼륨 및 나트륨 제외) 및 알칼리토금속
(6) 유기금속화합물(알킬알루미늄 및 알킬리튬 제외)
(7) 금속의 수소화물
(8) 금속의 인화물
(9) 칼슘 또는 알루미늄의 탄화물

답 ③

50. 문화유산의 보존 및 활용에 관한 법률의 규정과 지정문화유산 및 자연유산의 보존 및 활용에 관한 법률에 따른 천연기념물 등에 있어서는 제조소 등과의 수평거리를 몇 m 이상 유지하여야 하는가?

08.05.문52

① 20
② 30
③ 50
④ 70

해설 위험물규칙 [별표 4]
위험물제조소의 안전거리

안전거리	대상
3m 이상	• 7~35kV 이하의 특고압가공전선
5m 이상	• 35kV를 초과하는 특고압가공전선
10m 이상	• **주거용**으로 사용되는 것

20m 이상	• 고압가스 **제조**시설(용기에 충전하는 것 포함) • 고압가스 **사용**시설(1일 30m³ 이상 용적 취급) • 고압가스 **저장**시설 • 액화산소 **소비**시설 • 액화석유가스 제조·저장시설 • 도시가스 공급시설
30m 이상	• 학교 • 병원급의료기관 • 공연장 ┐ • 영화상영관 ┘ 300명 이상 수용시설 • 아동복지시설 • 노인복지시설 • 장애인복지시설 • 한부모가족 복지시설 • 어린이집 • 성매매 피해자 등을 위한 지원시설 • 정신보건시설(정신의료기관) • 가정폭력 피해자 보호시설 ┘ 20명 이상 수용시설
50m 이상	• 지정문화유산 보기 ③ • 천연기념물 등 보기 ③

답 ③

51. 화재의 예방 및 안전관리에 관한 법률상 소방안전관리대상물의 소방안전관리자 업무가 아닌 것은?

15.03.문12
14.09.문52
14.09.문53
13.06.문48
08.05.문53

① 소방훈련 및 교육
② 피난시설, 방화구획 및 방화시설의 관리
③ 자위소방대 및 본격대응체계의 구성·운영·교육
④ 피난계획에 관한 사항과 대통령령으로 정하는 사항이 포함된 소방계획서의 작성 및 시행

해설 화재예방법 24조 ⑤항
관계인 및 소방안전관리자의 업무

특정소방대상물 (관계인)	소방안전관리대상물 (소방안전관리자)
• 피난시설·방화구획 및 방화시설의 관리 • 소방시설, 그 밖의 소방관련시설의 관리 • **화기취급**의 감독 • 소방안전관리에 필요한 업무	• 피난시설·방화구획 및 방화시설의 관리 보기 ② • 소방시설, 그 밖의 소방관련시설의 관리 • **화기취급**의 감독 • 소방안전관리에 필요한 업무 • **소방계획서**의 작성 및 시행(대통령령으로 정하는 사항 포함) 보기 ④ • **자위소방대** 및 **초기대응체계**의 구성·운영·교육 보기 ③ • 소방훈련 및 교육 보기 ① • 소방안전관리에 관한 업무 수행에 관한 기록·유지 • 화재발생시 초기대응

③ 본격대응체계 → 초기대응체계

특정소방대상물	소방안전관리대상물
건축물 등의 규모·용도 및 수용인원 등을 고려하여 소방시설을 설치하여야 하는 소방대상물로서 대통령령으로 정하는 것	대통령령으로 정하는 특정소방대상물

답 ③

52 다음 중 중급기술자의 학력·경력자에 대한 기준으로 옳은 것은? (단, "학력·경력자"란 고등학교·대학 또는 이와 같은 수준 이상의 교육기관의 소방관련학과의 정해진 교육과정을 이수하고 졸업하거나 그 밖의 관계법령에 따라 국내 또는 외국에서 이와 같은 수준 이상의 학력이 있다고 인정되는 사람을 말한다.)
① 일반 고등학교를 졸업 후 10년 이상 소방관련업무를 수행한 자
② 학사학위를 취득한 후 5년 이상 소방관련업무를 수행한 자
③ 석사학위를 취득한 후 1년 이상 소방관련업무를 수행한 자
④ 박사학위를 취득한 후 1년 이상 소방관련업무를 수행한 자

해설 **공사업규칙〔별표 4의 2〕**
소방기술자

구분	기술자격	학력·경력	경력
특급 기술자	① 소방기술사 ② 소방시설관리사+5년 ③ 건축사, 건축기계설비기술사, 건축전기설비기술사, 건설기계기술사, 공조냉동기계기술사, 화공기술사, 가스기술사+5년 ④ 소방설비기사+8년 ⑤ 소방설비산업기사+11년 ⑥ 위험물기능장+13년	① 박사+3년 ② 석사+7년 ③ 학사+11년 ④ 전문학사+15년	—
고급 기술자	① 소방시설관리사 ② 건축사, 건축기계설비기술사, 건축전기설비기술사, 건설기계기술사, 공조냉동기계기술사, 화공기술사, 가스기술사+3년 ③ 소방설비기사+5년 ④ 소방설비산업기사+8년 ⑤ 위험물기능장+11년 ⑥ 위험물산업기사+13년	① 박사+1년 ② 석사+4년 ③ 학사+7년 ④ 전문학사+10년 ⑤ 고등학교(소방)+13년 ⑥ 고등학교(일반)+15년	① 학사+12년 ② 전문학사+15년 ③ 고등학교+18년 ④ 실무경력+22년
중급 기술자	① 건축사, 건축기계설비기술사, 건축전기설비기술사, 건설기계기술사, 공조냉동기계기술사, 화공기술사, 가스기술사 ② 소방설비기사 ③ 소방설비산업기사+3년 ④ 위험물기능장+5년 ⑤ 위험물산업기사+8년	① 박사 보기 ④ ② 석사+2년 보기 ③ ③ 학사+5년 보기 ② ④ 전문학사+8년 ⑤ 고등학교(소방)+10년 ⑥ 고등학교(일반)+12년 보기 ①	① 학사+9년 ② 전문학사+12년 ③ 고등학교+15년 ④ 실무경력+18년
초급 기술자	① 소방설비산업기사 ② 위험물기능장+2년 ③ 위험물산업기사+4년 ④ 위험물기능사+6년	① 석사 ② 학사 ③ 전문학사+2년 ④ 고등학교(소방)+3년 ⑤ 고등학교(일반)+5년	① 학사+3년 ② 전문학사+5년 ③ 고등학교+7년 ④ 실무경력+9년

① 10년 → 12년
③ 1년 → 2년
④ 박사학위만 소지해도 중급(1년 이상 경력이 필요 없음) 기술자

답 ②

53 화재안전조사 결과에 따른 조치명령으로 손실을 입어 손실을 보상하는 경우 그 손실을 입은 자는 누구와 손실보상을 협의하여야 하는가?
① 소방서장
② 시·도지사
③ 소방본부장
④ 행정안전부장관

해설 **화재예방법 15조**
화재안전조사 결과에 따른 조치명령에 따른 손실보상:
소방청장, 시·도지사 보기 ②

시·도지사
(1) 특별시장
(2) 광역시장
(3) 도지사
(4) 특별자치도지사
(5) 특별자치시장

답 ②

54 위험물운송자 자격을 취득하지 아니한 자가 위험물 이동탱크저장소 운전시의 벌칙으로 옳은 것은?
① 100만원 이하의 벌금
② 300만원 이하의 벌금
③ 500만원 이하의 벌금
④ 1000만원 이하의 벌금

해설 **위험물법 37조**
1000만원 이하의 벌금
(1) **위험물취급**에 관한 안전관리와 감독하지 않은 자
(2) **위험물운반**에 관한 중요기준 위반
(3) 위험물 운반자 요건을 갖추지 아니한 위험물운반자 보기 ④
(4) 위험물 저장·취급장소의 **출입·검사**시 관계인의 정당업무 **방해** 또는 비밀누설

(5) 위험물 운송규정을 위반한 위험물 **운**송자(무면허 위험물운송자)

기억법 천운

답 ④

55
화재의 예방 및 안전관리에 관한 법령상 특수가연물의 저장 및 취급 기준 중 석탄·목탄류를 저장하는 경우 쌓는 부분의 바닥면적은 몇 m² 이하인가? (단, 살수설비를 설치하거나, 방사능력 범위에 해당 특수가연물이 포함되도록 대형 수동식 소화기를 설치하는 경우이다.)

① 200
② 250
③ 300
④ 350

해설 화재예방법 시행령 [별표 3]
특수가연물의 저장·취급기준
(1) **품명별**로 구분하여 쌓을 것
(2) 쌓는 높이는 **10m** 이하가 되도록 할 것
(3) 쌓는 부분의 바닥면적은 **50m²**(석탄·목탄류는 **200m²**) 이하가 되도록 할 것(단, 살수설비를 설치하거나 대형 수동식 소화기를 설치하는 경우에는 높이 **15m** 이하, 바닥면적 **200m²**(석탄·목탄류는 **300m²**) 이하) 보기 ③
(4) 쌓는 부분의 바닥면적 사이는 실내의 경우 **1.2m** 또는 쌓는 높이의 $\frac{1}{2}$ 중 **큰 값**(실외 3m 또는 쌓는 높이 중 **큰 값**) 이상으로 간격을 둘 것
(5) 취급장소에는 **품명, 최대저장수량, 단위부피당 질량** 또는 **단위체적당 질량, 관리책임자 성명·직책·연락처 및 화기취급의 금지표지** 설치

답 ③

56
소방기본법상 명령권자가 소방본부장, 소방서장 또는 소방대장에게 있는 사항은?

① 소방활동을 할 때에 긴급한 경우에는 이웃한 소방본부장 또는 소방서장에게 소방업무의 응원을 요청할 수 있다.
② 화재, 재난·재해, 그 밖의 위급한 상황이 발생한 현장에서 소방활동을 위하여 필요할 때에는 그 관할구역에 사는 사람 또는 그 현장에 있는 사람으로 하여금 사람을 구출하는 일 또는 불을 끄거나 불이 번지지 아니하도록 하는 일을 하게 할 수 있다.
③ 특정소방대상물의 근무자 및 거주자에 대해 관계인이 실시하는 소방훈련을 지도·감독 할 수 있다.
④ 화재, 재난·재해, 그 밖의 위급한 상황이 발생하였을 때에는 소방대를 현장에 신속하게 출동시켜 화재진압과 인명구조·구급 등 소방에 필요한 활동을 하게 하여야 한다.

해설 소방본부장·소방서장·소방대장
(1) 소방활동 **종**사명령(기본법 24조) 보기 ②
(2) **강**제처분·제거(기본법 25조)
(3) **피**난명령(기본법 26조)
(4) 댐·저수지 사용 등 위험시설 등에 대한 긴급조치(기본법 27조)

기억법 소대종강피(소방대의 **종강파티**)

① 소방업무의 응원: **소방본부장, 소방서장**(기본법 11조)
③ 소방훈련의 지도·감독: 소방본부장, 소방서장(화재예방법 37조)
④ 소방활동: **소방청장, 소방본부장, 소방서장**(기본법 16조)

용어
소방활동 종사명령
화재, 재난·재해, 그 밖의 위급한 상황이 발생한 현장에서 소방활동을 위하여 필요할 때에는 그 관할구역에 사는 사람 또는 그 현장에 있는 사람으로 하여금 사람을 구출하는 일 또는 불을 끄거나 불이 번지지 아니하도록 하는 일을 하게 할 수 있는 것

답 ②

57
화재가 발생하는 경우 인명 또는 재산의 피해가 클 것으로 예상되는 때 소방대상물의 개수·이전·제거, 사용금지 등의 필요한 조치를 명할 수 있는 자는?

① 시·도지사
② 의용소방대장
③ 기초자치단체장
④ 소방청장·소방본부장 또는 소방서장

해설 화재예방법 14조
화재안전조사 결과에 따른 조치명령
(1) **명령권자**: 소방청장·소방본부장·소방서장-소방관서장 보기 ④
(2) **명령사항**
  ㉠ 화재안전조사 조치명령
  ㉡ **개수**명령
  ㉢ **이전**명령
  ㉣ **제거**명령
  ㉤ **사용**의 **금지** 또는 제한명령, 사용폐쇄
  ㉥ **공사**의 **정지** 또는 중지명령

중요

화재예방법 18조
화재예방강화지구

지정	지정요청	화재안전조사
시·도지사	소방청장	소방청장·소방본부장 또는 소방서장

※ **화재예방강화지구**: 화재발생 우려가 크거나 화재가 발생할 경우 피해가 클 것으로 예상되는 지역에 대하여 화재의 예방 및 안전관리를 강화하기 위해 지정·관리하는 지역

답 ④

58. 소방용수시설 중 소화전과 급수탑의 설치기준으로 틀린 것은?

① 급수탑 급수배관의 구경은 100mm 이상으로 할 것
② 소화전은 상수도와 연결하여 지하식 또는 지상식의 구조로 할 것
③ 소방용 호스와 연결하는 소화전의 연결금속구의 구경은 65mm로 할 것
④ 급수탑의 개폐밸브는 지상에서 1.5m 이상 1.8m 이하의 위치에 설치할 것

해설 기본규칙〔별표 3〕
소방용수시설별 설치기준

소화전	급수탑
• 65mm : 연결금속구의 구경 보기 ③	• 100mm : 급수배관의 구경 보기 ①
	• 1.5~1.7m 이하 : 개폐밸브 높이 보기 ④
	기억법 57탑(57층 탑)

④ 1.5m 이상 1.8m 이하 → 1.5m 이상 1.7m 이하

답 ④

59. 특정소방대상물의 관계인이 소방안전관리자를 해임한 경우 재선임을 해야 하는 기준은? (단, 해임한 날부터를 기준일로 한다.)

① 10일 이내   ② 20일 이내
③ 30일 이내   ④ 40일 이내

해설 화재예방법 시행규칙 14조
소방안전관리자의 재선임
30일 이내 보기 ③

답 ③

60. 1급 소방안전관리대상물이 아닌 것은?

① 15층인 특정소방대상물(아파트는 제외)
② 가연성 가스를 2000톤 저장·취급하는 시설
③ 21층인 아파트로서 300세대인 것
④ 연면적 20000m²인 문화·집회 및 운동시설

해설 화재예방법 시행령〔별표 4〕
소방안전관리자를 두어야 할 특정소방대상물
(1) **특급 소방안전관리대상물** : 동식물원, 철강 등 불연성 물품 저장·취급창고, 지하구, 위험물제조소 등 제외
  ㉠ 50층 이상(지하층 제외) 또는 지상 200m 이상 아파트
  ㉡ 30층 이상(지하층 포함) 또는 지상 120m 이상(아파트 제외)
  ㉢ 연면적 10만m² 이상(아파트 제외)
(2) **1급 소방안전관리대상물** : 동식물원, 철강 등 불연성 물품 저장·취급창고, 지하구, 위험물제조소 등 제외
  ㉠ 30층 이상(지하층 제외) 또는 지상 120m 이상 아파트 보기 ③
  ㉡ 연면적 15000m² 이상인 것(아파트 및 연립주택 제외) 보기 ④
  ㉢ 11층 이상(아파트 제외) 보기 ①
  ㉣ 가연성 가스를 1000t 이상 저장·취급하는 시설 보기 ②
(3) 2급 소방안전관리대상물
  ㉠ 지하구
  ㉡ 가스제조설비를 갖추고 도시가스사업 허가를 받아야 하는 시설 또는 가연성 가스를 100~1000t 미만 저장·취급하는 시설
  ㉢ **옥내소화전설비·스프링클러설비** 설치대상물
  ㉣ **물분무등소화설비**(호스릴방식의 물분무등소화설비만을 설치한 경우 제외) 설치대상물
  ㉤ **공동주택**(옥내소화전설비 또는 스프링클러설비가 설치된 공동주택 한정)
  ㉥ **목조건축물**(국보·보물)
(4) 3급 소방안전관리대상물
  ㉠ **자동화재탐지설비** 설치대상물
  ㉡ 간이스프링클러설비(주택전용 간이스프링클러설비 제외) 설치대상물

③ 21층인 아파트로서 300세대인 것 → 30층 이상(지하층 제외) 아파트

답 ③

제 4 과목 소방기계시설의 구조 및 원리

61. 대형 이산화탄소소화기의 소화약제 충전량은 얼마인가?

① 20kg 이상   ② 30kg 이상
③ 50kg 이상   ④ 70kg 이상

해설 대형 소화기의 소화약제 충전량(소화기의 형식승인 및 제품검사의 기술기준 10조)

종 별	충전량
포	20L 이상
분말	20kg 이상
할로겐화합물	30kg 이상
이산화탄소	→ 50kg 이상 보기 ③
강화액	60L 이상
물	80L 이상

기억법 포분할 이강물
        2 2 3 5 6 8

답 ③

62 개방형 스프링클러설비에서 하나의 방수구역을 담당하는 헤드의 개수는 몇 개 이하로 해야 하는가? (단, 방수구역은 나누어져 있지 않고 하나의 구역으로 되어 있다.)

① 50
② 40
③ 30
④ 20

해설 개방형 설비의 방수구역(NFPC 103 7조, NFTC 103 2.4.1)
(1) 하나의 방수구역은 **2개층**에 미치지 아니할 것
(2) 방수구역마다 **일제개방밸브**를 설치
(3) 하나의 방수구역을 담당하는 헤드의 개수는 **50개** 이하 (단, 2개 이상의 방수구역으로 나눌 경우에는 **25개** 이상) 보기①

기억법 5개(오골개)

(4) 표지는 '일제개방밸브실'이라고 표시한다.

답 ①

63 분말소화설비의 가압용 가스용기에 대한 설명으로 틀린 것은?

① 가압용 가스용기를 3병 이상 설치한 경우에는 2개 이상의 용기에 전자개방밸브를 부착할 것
② 가압용 가스용기에는 2.5MPa 이하의 압력에서 조정이 가능한 압력조정기를 설치할 것
③ 가압용 가스에 질소가스를 사용하는 것의 질소가스는 소화약제 1kg마다 20L(35℃에서 1기압의 압력상태로 환산한 것) 이상으로 할 것
④ 축압용 가스에 질소가스를 사용하는 것의 질소가스는 소화약제 1kg에 대하여 10L(35℃에서 1기압의 압력상태로 환산한 것) 이상으로 할 것

해설 가압식과 축압식의 설치기준(NFPC 108 5조, NFTC 108 2.2.4)
35℃에서 1기압의 압력상태로 환산한 것

구분 사용가스	가압식	축압식
질소(N₂)	40L/kg 이상 보기 ③	10L/kg 이상 보기 ④
이산화탄소(CO₂)	20g/kg+배관청소 필요량 이상	20g/kg+배관청소 필요량 이상

※ 배관청소용 가스는 별도의 용기에 저장한다.

③ 20L → 40L

답 ③

64 소화용수설비의 소화수조가 옥상 또는 옥탑부분에 설치된 경우 지상에 설치된 채수구에서의 압력은 얼마 이상이어야 하는가?

① 0.15MPa
② 0.20MPa
③ 0.25MPa
④ 0.35MPa

해설 소화수조 및 저수조의 설치기준(NFPC 402 4~5조, NFTC 402 2.1.1, 2.2)
(1) 소화수조 또는 저수조가 지표면으로부터의 깊이가 **4.5m** 이상인 지하에 있는 경우에는 소요수량을 고려하여 가압송수장치를 설치할 것
(2) 소화수조 및 저수조의 채수구 또는 흡수관투입구는 소방차가 **2m** 이내의 지점까지 접근할 수 있는 위치에 설치할 것
(3) 소화수조가 **옥상** 또는 옥탑부분에 설치된 경우에는 지상에 설치된 채수구에서의 압력 **0.15MPa** 이상 되도록 한다. 보기 ①

기억법 옥15

답 ①

65 스프링클러설비의 배관 내 압력이 얼마 이상일 때 압력배관용 탄소강관을 사용해야 하는가?

① 0.1MPa
② 0.5MPa
③ 0.8MPa
④ 1.2MPa

해설 스프링클러설비 배관 내 사용압력(NFPC 103 8조, NFTC 103 2.5)

1.2MPa 미만	1.2MPa 이상
① 배관용 탄소강관 ② 이음매 없는 구리 및 구리합금관(단, **습식** 배관에 한함) ③ 배관용 스테인리스강관 또는 일반배관용 스테인리스강관 ④ 덕타일 주철관	① 압력배관용 탄소강관 보기 ④ ② 배관용 아크용접 탄소강관

답 ④

66 할론소화설비에서 국소방출방식의 경우 할론소화약제의 양을 산출하는 식은 다음과 같다. 여기서 A는 무엇을 의미하는가? (단, 가연물이 비산할 우려가 있는 경우로 가정한다.)

$$Q = X - Y\left(\frac{a}{A}\right)$$

① 방호공간의 벽면적의 합계
② 창문이나 문의 틈새면적의 합계
③ 개구부면적의 합계
④ 방호대상물 주위에 설치된 벽의 면적의 합계

해설 **국소방출방식**(NFPC 107 5조, NFTC 107 2.2.1.2.2)

$$Q = X - Y\left(\dfrac{a}{A}\right)$$

여기서, Q : 방호공간 1m³에 대한 할론소화약제의 양[kg/m³]
a : 방호대상물 주위에 설치된 벽면적 합계[m²]
A : 방호공간의 벽면적 합계[m²]
X, Y : 수치

답 ①

67 이산화탄소 소화약제의 저장용기 설치기준 중 옳은 것은?

19.04.문70
18.04.문62
16.03.문77
15.03.문74
12.09.문69

① 저장용기의 충전비는 고압식은 1.9 이상 2.3 이하, 저압식은 1.5 이상 1.9 이하로 할 것
② 저압식 저장용기에는 액면계 및 압력계와 2.1MPa 이상 1.7MPa 이하의 압력에서 작동하는 압력경보장치를 설치할 것
③ 저장용기는 고압식은 25MPa 이상, 저압식은 3.5MPa 이상의 내압시험압력에 합격한 것으로 할 것
④ 저압식 저장용기에는 내압시험압력의 1.8배의 압력에서 작동하는 안전밸브와 내압시험압력의 0.8배부터 내압시험압력까지의 범위에서 작동하는 봉판을 설치할 것

해설 **이산화탄소 소화설비의 저장용기**(NFPC 106 4조, NFTC 106 2.1.2)

자동냉동장치	2.1MPa 유지, -18℃ 이하	
압력경보장치	2.3MPa 이상 1.9MPa 이하 보기 ②	
선택밸브 또는 개폐밸브의 안전장치	배관의 최소사용설계압력과 최대허용압력 사이의 압력	
저장용기 보기 ③	고압식	25MPa 이상
	저압식	3.5MPa 이상
안전밸브	내압시험압력의 0.64~0.8배 보기 ④	
봉판	내압시험압력의 0.8~내압시험압력	
충전비 보기 ①	고압식	1.5~1.9 이하
	저압식	1.1~1.4 이하

① 1.9 이상 2.3 이하 → 1.5 이상 1.9 이하, 1.5 이상 1.9 이하 → 1.1 이상 1.4 이하
② 2.1MPa 이상 1.7MPa 이하 → 2.3MPa 이상 1.9MPa 이하
④ 1.8배 → 0.64배 이상 0.8배 이하

답 ③

68 포헤드를 정방형으로 설치시 헤드와 벽과의 최대 이격거리는 약 몇 m인가?

18.04.문70
14.03.문67
12.03.문67

① 1.48 ② 1.62
③ 1.76 ④ 1.91

해설 **포헤드 상호간의 거리기준**(NFPC 105 12조, NFTC 105 2.9.2.5)

정방형(정사각형)	장방형(직사각형)
$S = 2r \times \cos 45°$ $L = S$	$P_t = 2r$
여기서, S : 포헤드 상호간의 거리[m] r : 유효반경(**2.1m**) L : 배관간격[m]	여기서, P_t : 대각선의 길이[m] r : 유효반경(**2.1m**)

(1) **포헤드 상호간의 거리**(정방형)
포헤드 상호간의 거리 S는
$S = 2r \times \cos 45°$
$\quad = 2 \times 2.1\text{m} \times \cos 45°$
$\quad ≒ 2.96\text{m}$

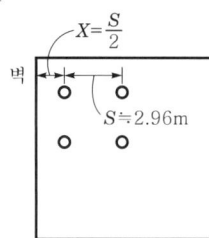

(2) **헤드와 벽과의 이격거리**

$$X = \dfrac{S}{2}$$

여기서, X : 헤드와 벽과의 이격거리[m]
S : 포헤드 상호간의 거리[m]

헤드와 벽과의 최대 이격거리 X는
$X = \dfrac{S}{2} = \dfrac{2.96\text{m}}{2} = 1.48\text{m}$

• S(2.96m) : (1)에서 구한 값

답 ①

69 소화용수설비와 관련하여 다음 설명 중 괄호 안에 들어갈 항목으로 옳게 짝지어진 것은?

18.04.문79
17.03.문64
14.03.문63
13.03.문61
07.03.문70

상수도 소화용수설비를 설치해야 하는 특정소방대상물은 다음 각 목의 어느 하나와 같다. 다만, 상수도 소화용수설비를 설치하여야 하는 특정소방대상물의 대지경계선으로부터 (㉠)m 이내에 지름 (㉡)mm 이상인 상수도용 배수관이 설치되지 않은 지역의 경우에는 화재안전기준에 따른 소화수조 또는 저수조를 설치해야 한다.

① ㉠ : 150, ㉡ 75
② ㉠ : 150, ㉡ 100
③ ㉠ : 180, ㉡ 75
④ ㉠ : 180, ㉡ 100

해설 **상수도 소화용수설비**의 **설치대상**(소방시설법 시행령 [별표 4])
상수도 소화용수설비를 설치하여야 하는 특정소방대상물의 대지경계선으로부터 (**180**)m 이내에 지름 (**75**)mm 이상인 상수도용 배수관이 설치되지 않은 지역의 경우에는 화재안전기준에 따른 소화수조 또는 저수조를 설치해야 한다.
보기 ③

중요

상수도 소화용수설비
(1) **상수도 소화용수설비**의 **설치대상**(소방시설법 시행령 [별표 4])
  ㉠ 연면적 5000m² 이상인 것(단, 위험물 저장 및 처리시설 중 가스시설, 터널 또는 지하구의 경우 제외)
  ㉡ 가스시설로서 지상에 노출된 탱크의 저장용량의 합계가 100t 이상인 것
  ㉢ 폐기물재활용시설 및 폐기물처분시설
(2) **상수도 소화용수설비**의 **기준**(NFPC 401 4조, NFTC 401 2.1)
  ㉠ 호칭지름

수도배관	소화전
75mm 이상	100mm 이상

기억법 수75(수지침으로 치료), 소1(소일거리)

  ㉡ 소화전은 소방자동차 등의 진입이 쉬운 도로변 또는 공지에 설치할 것
  ㉢ 소화전은 특정소방대상물의 수평투영면의 각 부분으로부터 140m 이하가 되도록 설치할 것
  ㉣ 지상식 소화전의 호스접결구는 지면으로부터 높이가 0.5m 이상 1m 이하가 되도록 설치할 것

답 ③

70 미분무소화설비의 배관의 배수를 위한 기울기 기준 중 다음 ( ) 안에 알맞은 것은? (단, 배관의 구조상 기울기를 줄 수 없는 경우는 제외한다.)
13.09.문61

> 개방형 미분무소화설비에는 헤드를 향하여 상향으로 수평주행배관의 기울기를 (㉠) 이상, 가지배관의 기울기를 (㉡) 이상으로 할 것

① ㉠ $\frac{1}{100}$, ㉡ $\frac{1}{500}$

② ㉠ $\frac{1}{500}$, ㉡ $\frac{1}{100}$

③ ㉠ $\frac{1}{250}$, ㉡ $\frac{1}{500}$

④ ㉠ $\frac{1}{500}$, ㉡ $\frac{1}{250}$

해설 **기울기**

기울기	설 비
$\frac{1}{100}$ 이상	연결살수설비의 수평주행배관
$\frac{2}{100}$ 이상	물분무소화설비의 배수설비
$\frac{1}{250}$ 이상	습식·부압식 설비 외 설비의 **가지배관** 보기 ㉡
$\frac{1}{500}$ 이상	습식·부압식 설비 외 설비의 **수평주행배관** 보기 ㉠

답 ④

71 예상제연구역 바닥면적 400m² 미만 거실의 공기유입구와 배출구간의 직선거리 기준으로 옳은 것은? (단, 제연경계에 의한 구획을 제외한다.)
16.03.문71
14.03.문70
12.09.문63

① 2m 이상 확보되어야 한다.
② 3m 이상 확보되어야 한다.
③ 5m 이상 확보되어야 한다.
④ 10m 이상 확보되어야 한다.

해설 **예상제연구역**에 **설치**되는 **공기유입구**의 **적합기준**(NFPC 501 8조, NFTC 501 2.5.2)
(1) 바닥면적 **400m² 미만**의 거실인 예상제연구역[제연경계에 따른 구획 제외(단, 거실과 통로와의 구획은 제외)에 대하여서는 공기유입구와 배출구간의 직선거리는 **5m** 이상 또는 구획된 실의 장변의 $\frac{1}{2}$ 이상으로 할 것. (단, 공연장·집회장·위락시설의 용도로 사용되는 부분의 바닥면적이 200m²를 초과하는 경우의 공기유입구는 (2)에 따름)] 보기 ③
(2) 바닥면적이 **400m² 이상**의 거실인 예상제연구역(제연경계에 따른 구획 제외, 단, 거실과 통로와의 구획은 제외)에 대하여는 바닥으로부터 **1.5m** 이하의 높이에 설치하고 그 주변은 공기의 유입에 장애가 없도록 할 것
(3) 일반적인 예상제연구역에 대한 유입구를 벽 외의 장소에 설치할 경우에는 유입구 상단이 천장 또는 반자와 바닥 사이의 중간 아랫부분보다 낮게 되도록 하고, 수직거리가 가장 짧은 제연경계 하단보다 낮게 되도록 설치할 것

기억법 예4미5

답 ③

72 다음 중 스프링클러설비와 비교하여 물분무소화설비의 장점으로 옳지 않은 것은?
99.08.문79

① 소량의 물을 사용함으로써 물의 사용량 및 방사량을 줄일 수 있다.
② 운동에너지가 크므로 파괴주수효과가 크다.
③ 전기절연성이 높아서 고압통전기기의 화재에도 안전하게 사용할 수 있다.
④ 물의 방수과정에서 화재열에 따른 부피증가량이 커서 질식효과를 높일 수 있다.

해설	스프링클러설비 vs 물분무소화설비	
스프링클러설비	① 운동에너지가 크므로 파괴주수효과가 크다. 보기 ② ② **통신기기실**에 **부적합**	
물분무소화설비	① **소량**의 **물**을 사용함으로써 물의 사용량 및 방사량을 줄일 수 있다. 보기 ① ② 물의 방수과정에서 화재열에 따른 부피증가량이 커서 **질식효과**를 높일 수 있다. 보기 ④ ③ 전기절연성이 높아서 고압통전기기의 화재에도 안전하게 사용할 수 있다. 보기 ③ ④ **주차장**에 설치가능	

답 ②

73
오피스텔에서는 모든 층에 주거용 주방자동소화장치를 설치해야 하는데, 몇 층 이상인 경우 이러한 조치를 취해야 하는가?

① 층수 무관 ② 20층 이상
③ 25층 이상 ④ 30층 이상

해설 소방시설법 시행령 〔별표 4〕
소화설비의 설치대상

종 류	설치대상
소화기구	① 연면적 **33㎡** 이상(단, **노유자시설**은 **투척용 소화용구** 등을 산정된 소화기 수량의 $\frac{1}{2}$ 이상으로 설치 가능) ② 국가유산 ③ 가스시설 ④ 터널 ⑤ 지하구 ⑥ 전기저장시설
주거용 주방자동소화장치	① 아파트 등(모든 층) ② **오피스텔**(모든 층) 보기 ①

답 ①

74
수직강하식 구조대가 구조적으로 갖추어야 할 조건으로 옳지 않은 것은? (단, 건물 내부의 별실에 설치하는 경우는 제외한다.)

① 구조대의 포지는 외부포지와 내부포지로 구성한다.
② 포지는 사용시 충격을 흡수하도록 수직방향으로 현저하게 늘어나야 한다.
③ 구조대는 연속하여 강하할 수 있는 구조이어야 한다.
④ 입구틀 및 고정틀의 입구는 지름 60cm 이상의 구체가 통과할 수 있어야 한다.

해설 **수직강하식 구조대**의 **구조**(구조대의 형식승인 및 제품검사의 기술기준 17조)
(1) 구조대는 안전하고 쉽게 사용할 수 있는 구조이어야 한다.
(2) 구조대의 포지는 **외부포지**와 **내부포지**로 구성하되, 외부포지와 내부포지의 사이에 충분한 **공기층**을 두어야 한다(건물 내부의 별실에 설치하는 것은 외부포지 설치제외 가능). 보기 ①
(3) 입구틀 및 고정틀의 입구는 지름 **60cm** 이상의 구체가 통과할 수 있는 것이어야 한다. 보기 ④
(4) 구조대는 **연속**하여 **강하**할 수 있는 구조이어야 한다. 보기 ③
(5) 포지는 사용할 때 **수직방향**으로 현저하게 늘어나지 아니하여야 한다. 보기 ②
(6) 포지 · **지지틀** · **고정틀**, 그 밖의 부속장치 등은 견고하게 부착되어야 한다.

② 늘어나야 한다. → 늘어나지 아니하여야 한다.

중요
구조대
(1) **수직강하식 구조대**
  ㉠ 본체에 적당한 간격으로 협축부를 마련하여 피난자가 안전하게 활강할 수 있도록 만든 구조
  ㉡ 소방대상물 또는 기타 장비 등에 **수직**으로 설치하여 사용하는 구조대

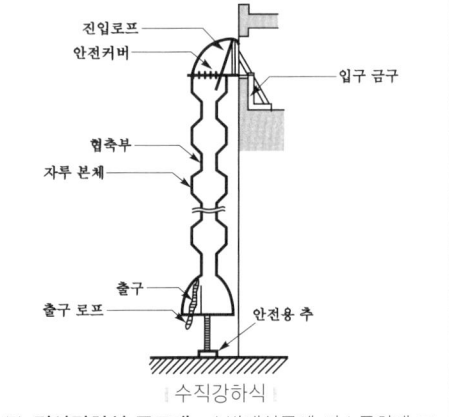
〔수직강하식〕

(2) **경사강하식 구조대** : 소방대상물에 비스듬하게 고정시키거나 설치하여 사용자가 **미끄럼식**으로 내려올 수 있는 구조대

답 ②

75
주차장에 분말소화약제 120kg을 저장하려고 한다. 이때 필요한 저장용기의 최소 내용적〔L〕은?

① 96 ② 120
③ 150 ④ 180

해설 (1) **분말소화약제**

종별	소화약제	충전비〔L/kg〕	적응화재	비 고
제1종	중탄산나트륨 ($NaHCO_3$)	0.8	BC급	**식용유** 및 지방질유의 화재에 적합
제2종	중탄산칼륨 ($KHCO_3$)	1.0	BC급	–
제3종	인산암모늄 ($NH_4H_2PO_4$)	1.0	ABC급	**차고** · **주차장**에 적합
제4종	중탄산칼륨+요소 ($KHCO_3$ $+(NH_2)_2CO$)	1.25	BC급	

[비고] 1) 구조대의 적응성은 장애인 관련 시설로서 주된 사용자 중 스스로 피난이 불가한 자가 있는 경우 추가로 설치하는 경우에 한한다.
2) 간이완강기의 적응성은 숙박시설의 3층 이상에 있는 객실에 추가로 설치하는 경우에 한한다.

중요

의무관리대상 공동주택(NFPC 608 13조, NFTC 608 2.9.1.3)
공동주택 구역마다 공기안전매트 1개 이상 추가 설치

비교

피난기구의 적응성		
간이완강기	공기안전매트	구조대
숙박시설의 3층 이상에 있는 객실	공동주택	장애인관련시설

답 ④

기억법 1식분(일식 분식)
3분 차주(삼보컴퓨터 차주)

(2) **충전비**

$$C = \frac{V}{G}$$

여기서, C : 충전비[L/kg]
 V : 내용적[L]
 G : 저장량(중량)[kg]

내용적 V는
$V = GC = 120 \times 1 = 120L$

• 주차장에는 제3종 분말소화약제를 사용하여야 하므로 **충전비**는 1이다.

답 ②

76 다음 중 노유자시설의 4층 이상 10층 이하에서 적응성이 있는 피난기구가 아닌 것은?

17.05.문62
16.10.문69
16.05.문74
11.03.문72

① 피난교   ② 다수인 피난장비
③ 승강식 피난기   ④ 미끄럼대

해설 피난기구의 **적응성**(NFTC 301 2.1.1)

설치장소별 구분 \ 층별	1층	2층	3층	4층 이상 10층 이하
노유자시설	• 미끄럼대 • 구조대 • 피난교 • 다수인 피난장비 • 승강식 피난기	• 미끄럼대 • 구조대 • 피난교 • 다수인 피난장비 • 승강식 피난기	• 미끄럼대 • 구조대 • 피난교 • 다수인 피난장비 • 승강식 피난기	• 구조대¹⁾ • 피난교 보기 ① • 다수인 피난장비 보기 ② • 승강식 피난기 보기 ③
의료시설·입원실이 있는 의원·접골원·조산원	–	–	• 미끄럼대 • 구조대 • 피난교 • 피난용 트랩 • 다수인 피난장비 • 승강식 피난기	• 구조대 • 피난교 • 피난용 트랩 • 다수인 피난장비 • 승강식 피난기
영업장의 위치가 4층 이하인 다중이용업소	–	• 미끄럼대 • 피난사다리 • 구조대 • 완강기 • 다수인 피난장비 • 승강식 피난기	• 미끄럼대 • 피난사다리 • 구조대 • 완강기 • 다수인 피난장비 • 승강식 피난기	• 미끄럼대 • 피난사다리 • 구조대 • 완강기 • 다수인 피난장비 • 승강식 피난기
그 밖의 것 (근린생활시설 사무실 등)	–	–	• 미끄럼대 • 피난사다리 • 구조대 • 완강기 • 피난교 • 피난용 트랩 • 간이완강기²⁾ • 공기안전매트 • 다수인 피난장비 • 승강식 피난기	• 피난사다리 • 구조대 • 완강기 • 피난교 • 간이완강기²⁾ • 공기안전매트 • 다수인 피난장비 • 승강식 피난기

77 물분무소화설비를 설치하는 차고의 배수설비 설치기준 중 틀린 것은?

17.03.문67
16.05.문79
15.05.문78
10.03.문63

① 차량이 주차하는 장소의 적당한 곳에 높이 10cm 이상의 경계턱으로 배수구를 설치할 것
② 길이 40m 이하마다 집수관, 소화피트 등 기름분리장치를 설치할 것
③ 차량이 주차하는 바닥은 배수구를 향하여 100분의 1 이상의 기울기를 유지할 것
④ 배수설비는 가압송수장치의 최대송수능력의 수량을 유효하게 배수할 수 있는 크기 및 기울기로 할 것

해설 물분무소화설비의 **배수설비**(NFPC 104 11조, NFTC 104 2.8)

구분	설명
경계턱	10cm 이상의 경계턱으로 배수구 설치 (차량이 주차하는 곳) 보기 ①
기름분리장치	40m 이하마다 설치 보기 ②
기울기	차량이 주차하는 바닥은 $\frac{2}{100}$ 이상 유지 보기 ③
배수설비	가압송수장치의 **최대송수능력**의 수량을 유효하게 배수할 수 있는 크기 및 기울기로 할 것 보기 ④

③ 100분의 1 이상 → 100분의 2 이상

참고

기울기	
구 분	설 명
$\frac{1}{100}$ 이상	연결살수설비의 수평주행배관

$\frac{2}{100}$ 이상	물분무소화설비의 배수설비
$\frac{1}{250}$ 이상	습식·부압식 설비 외 설비의 가지배관
$\frac{1}{500}$ 이상	습식·부압식 설비 외 설비의 수평주행배관

답 ③

78 층수가 10층인 일반창고에 습식 폐쇄형 스프링클러헤드가 설치되어 있다면 이 설비에 필요한 수원의 양은 얼마 이상이어야 하는가? (단, 이 창고는 특수가연물을 저장·취급하지 않는 일반물품을 적용하고, 헤드가 가장 많이 설치된 층은 8층으로서 40개가 설치되어 있다.)

① $16m^3$
② $32m^3$
③ $48m^3$
④ $64m^3$

해설 **폐쇄형 헤드**(NFPC 103 4조, NFTC 103 2.1.1.1 / NFPC 608 7조, NFTC 608 2.3.1.1)

$$Q = 1.6N$$

여기서, Q : 수원의 저수량 [m^3]
N : 폐쇄형 헤드의 기준개수(설치개수가 기준개수보다 작으면 그 설치개수)

∥폐쇄형 헤드의 기준개수∥

특정소방대상물		폐쇄형 헤드의 기준개수
지하가·지하역사		
11층 이상, 창고		
10층 이하	공장(특수가연물), 창고시설	30
	판매시설(슈퍼마켓, 백화점 등), 복합건축물(판매시설이 설치된 것)	
	근린생활시설, 운수시설	20
	8m 이상	
	8m 미만	10
공동주택(아파트 등)		10(각 동이 주차장으로 연결된 주차장 : 30)

창고의 설치개수는 **30개**이다.
수원의 양 $Q = 1.6 \times N = 1.6 \times 30 = 48m^3$

답 ③

79 포소화설비에서 펌프의 토출관에 압입기를 설치하여 포소화약제 압입용 펌프로 포소화약제를 압입시켜 혼합하는 방식은?

① 라인 프로포셔너방식
② 펌프 프로포셔너방식
③ 프레져 프로포셔너방식
④ 프레져사이드 프로포셔너방식

해설 **포소화약제의 혼합장치**(NFPC 105 3·9조, NFTC 105 1.7, 2.6.1)

(1) **펌프 프로포셔너방식(펌프 혼합방식)**
㉠ 펌프 토출측과 흡입측에 바이패스를 설치하고, 그 바이패스의 도중에 설치한 어댑터(adaptor)로 펌프 토출측 수량의 일부를 통과시켜 공기포용액을 만드는 방식
㉡ 펌프의 **토출관**과 **흡입관** 사이의 배관 도중에 설치한 흡입기에 펌프에서 토출된 물의 일부를 보내고 **농도조정밸브**에서 조정된 포소화약제의 필요량을 포소화약제 탱크에서 펌프 흡입측으로 보내어 약제를 혼합하는 방식

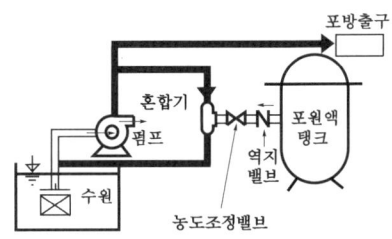

∥펌프 프로포셔너방식∥

(2) **프레져 프로포셔너방식(차압 혼합방식)**
㉠ 가압송수관 도중에 공기포 소화원액 혼합조(P.P.T)와 혼합기를 접속하여 사용하는 방법
㉡ **격막방식 휨탱크**를 사용하는 에어휨 혼합방식
㉢ 펌프와 발포기의 중간에 설치된 벤투리관의 **벤투리작용**과 펌프 가압수의 **포소화약제 저장탱크**에 대한 압력에 의하여 포소화약제를 흡입·혼합하는 방식

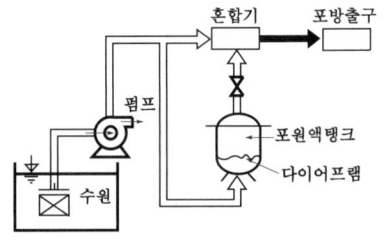

∥프레져 프로포셔너방식∥

(3) **라인 프로포셔너방식(관로 혼합방식)**
   ㉠ 급수관의 배관 도중에 포소화약제 흡입기를 설치하여 그 흡입관에서 소화약제를 흡입하여 혼합하는 방식
   ㉡ 펌프와 발포기의 중간에 설치된 벤투리관의 **벤투리 작용**에 의하여 포소화약제를 흡입·혼합하는 방식

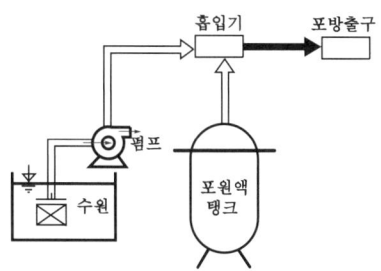

| 라인 프로포셔너방식 |

(4) **프레져사이드 프로포셔너방식(압입 혼합방식)**
   ㉠ 소화원액 가압펌프(압입용 펌프)를 별도로 사용하는 방식
   ㉡ 펌프 **토출관**에 압입기를 설치하여 포소화약제 **압입용 펌프**로 포소화약제를 압입시켜 혼합하는 방식
   보기 ④

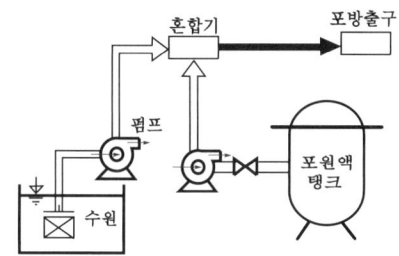

| 프레져사이드 프로포셔너방식 |

기억법 프사압

(5) **압축공기포 믹싱챔버방식** : 포수용액에 공기를 강제로 주입시켜 **원거리방수**가 가능하고 물 사용량을 줄여 **수손피해**를 최소화할 수 있는 방식

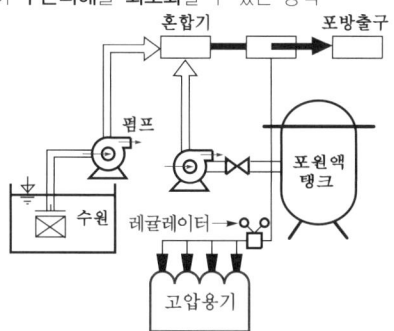

압축공기포 믹싱챔버방식

답 ④

---

80 다음 중 옥내소화전의 배관 등에 대한 설치방법으로 옳지 않은 것은?

① 펌프의 토출측 주배관의 구경은 평균 유속을 5m/s가 되도록 설치하였다.
② 배관 내 사용압력이 1.1MPa인 곳에 배관용 탄소강관을 사용하였다.
③ 옥내소화전 송수구를 단구형으로 설치하였다.
④ 송수구로부터 주배관에 이르는 연결배관에는 개폐밸브를 설치하지 않았다.

해설 **배관 내**의 **유속**(NFPC 102 6조, NFTC 102 2.3)

설 비		유 속
옥내소화전설비		→4m/s 이하 보기 ①
스프링클러설비	가지배관	6m/s 이하
	기타배관	10m/s 이하

① 5m/s → 4m/s 이하

답 ①

2019. 4. 27 시행

■ 2019년 기사 제2회 필기시험 ■

자격종목	종목코드	시험시간	형별	수험번호	성명
소방설비기사(기계분야)		2시간			

※ 각 문항은 4지택일형으로 질문에 가장 적합한 보기 항을 선택하여 체크하여야 합니다.

제1과목 소방원론

01 목조건축물의 화재진행상황에 관한 설명으로 옳은 것은?

11.06.문07
01.09.문02
99.04.문04

① 화원－발염착화－무염착화－출화－최성기－소화
② 화원－발염착화－무염착화－소화－연소낙하
③ 화원－무염착화－발염착화－출화－최성기－소화
④ 화원－무염착화－출화－발염착화－최성기－소화

해설 목조건축물의 화재진행상황

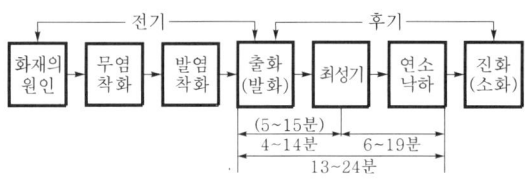

• 최성기＝성기＝맹화

답 ③

02 연면적이 1000m² 이상인 건축물에 설치하는 방화벽이 갖추어야 할 기준으로 틀린 것은?

18.03.문14
17.09.문16
13.03.문16
12.03.문10
08.09.문05

① 내화구조로서 홀로 설 수 있는 구조일 것
② 방화벽의 양쪽 끝과 위쪽 끝을 건축물의 외벽면 및 지붕면으로부터 0.1m 이상 튀어나오게 할 것
③ 방화벽에 설치하는 출입문의 너비는 2.5m 이하로 할 것
④ 방화벽에 설치하는 출입문의 높이는 2.5m 이하로 할 것

해설 건축령 57조, 피난·방화구조 21조
방화벽의 구조

대상 건축물	주요구조부가 내화구조 또는 불연재료가 아닌 연면적 1000m² 이상인 건축물
구획단지	연면적 1000m² 미만마다 구획
방화벽의 구조	① **내화구조**로서 홀로 설 수 있는 구조일 것 보기 ① ② 방화벽의 양쪽 끝과 위쪽 끝을 건축물의 외벽면 및 지붕면으로부터 **0.5m** 이상 튀어나오게 할 것 보기 ② ③ 방화벽에 설치하는 **출입문**의 **너비** 및 높이는 각각 **2.5m** 이하로 하고 해당 출입문에는 60분+방화문 또는 60분 방화문을 설치할 것 보기 ③④

② 0.1m → 0.5m

답 ②

03 화재의 일반적 특성으로 틀린 것은?

15.09.문10
11.03.문17

① 확대성
② 정형성
③ 우발성
④ 불안정성

해설 화재의 특성
(1) **우**발성(화재가 돌발적으로 발생) 보기 ③
(2) **확**대성 보기 ①
(3) **불**안정성 보기 ④

기억법 우확불

답 ②

04 공기의 부피비율이 질소 79%, 산소 21%인 전기실에 화재가 발생하여 이산화탄소 소화약제를 방출하여 소화하였다. 이때 산소의 부피농도가 14%이었다면 이 혼합공기의 분자량은 약 얼마인가? (단, 화재시 발생한 연소가스는 무시한다.)

17.09.문11
15.05.문13
12.05.문12

① 28.9
② 30.9
③ 33.9
④ 35.9

해설 (1) 이산화탄소의 농도

$$CO_2 = \frac{21 - O_2}{21} \times 100$$

여기서, CO_2 : CO_2의 농도[vol%]
O_2 : O_2의 농도[vol%]

$$CO_2 = \frac{21 - O_2}{21} \times 100 = \frac{21 - 14}{21} \times 100 ≒ 33.3 \text{vol}\%$$

• 원칙적인 단위 vol% = 간략 단위 %

(2) CO_2 방출시 공기의 부피비율 변화
㉠ 산소(O_2)=14vol%
㉡ 이산화탄소(CO_2)=33.3vol%
㉢ 질소(N_2)=100vol%-(O_2 농도+CO_2 농도)[vol%]
=100vol%-(14+33.3)vol%=52.7vol%

(3) 분자량

원소	원자량
H	1
C	12
N	14
O	16

산소(O_2) : 16×2×0.14(14vol%) = 4.48
이산화탄소(CO_2) : (12+16×2)×0.333(33.3vol%)=14.652
질소(N_2) : 14×2×0.527(52.7vol%) = 14.756
혼합공기의 분자량 = 33.9

답 ③

05 다음 가연성 기체 1몰이 완전 연소하는 데 필요한 이론공기량으로 틀린 것은? (단, 체적비로 계산하며 공기 중 산소의 농도를 21vol%로 한다.)

① 수소-약 2.38몰
② 메탄-약 9.52몰
③ 아세틸렌-약 16.91몰
④ 프로판-약 23.81몰

해설 (1) 화학반응식
㉠ 수소 : ②H_2 + ①O_2 → 2H_2O

$$\text{필요한 산소 몰수} = \frac{\text{산소 몰수}}{\text{수소 몰수}} = \frac{1}{2} = 0.5\text{몰}$$

㉡ 메탄 : ①CH_4 + ②O_2 → CO_2 + 2H_2O

$$\text{필요한 산소 몰수} = \frac{\text{산소 몰수}}{\text{메탄 몰수}} = \frac{2}{1} = 2\text{몰}$$

㉢ 아세틸렌 : ②C_2H_2 + ⑤O_2 → 4CO_2 + 2H_2O

$$\text{필요한 산소 몰수} = \frac{\text{산소 몰수}}{\text{아세틸렌 몰수}} = \frac{5}{2} = 2.5\text{몰}$$

㉣ 프로판 : ①C_3H_8 + ⑤O_2 → 3CO_2 + 4H_2O

$$\text{필요한 산소 몰수} = \frac{\text{산소 몰수}}{\text{프로판 몰수}} = \frac{5}{1} = 5\text{몰}$$

(2) 필요한 이론공기량

$$\text{필요한 이론공기량} = \frac{\text{몰수}}{\text{공기 중 산소농도}}$$

㉠ 수소 = $\frac{0.5몰}{0.21(21\text{vol}\%)}$ ≒ 2.38몰

㉡ 메탄 = $\frac{2몰}{0.21(21\text{vol}\%)}$ ≒ 9.52몰

㉢ 아세틸렌 = $\frac{2.5몰}{0.21(21\text{vol}\%)}$ ≒ 11.9몰

㉣ 프로판 = $\frac{5몰}{0.21(21\text{vol}\%)}$ ≒ 23.81몰

답 ③

06 물의 소화능력에 관한 설명 중 틀린 것은?

① 다른 물질보다 비열이 크다.
② 다른 물질보다 융해잠열이 작다.
③ 다른 물질보다 증발잠열이 크다.
④ 밀폐된 장소에서 증발가열되면 산소희석작용을 한다.

해설 물의 소화능력
(1) **비열**이 크다. 보기①
(2) **증발잠열**(기화잠열)이 크다. 보기③
(3) 밀폐된 장소에서 증발가열하면 수증기에 의해서 **산소희석작용**을 한다. 보기④
(4) **무상**으로 주수하면 **중질유화재**에도 사용할 수 있다.

② 융해잠열과는 무관

참고

물이 소화약제로 많이 쓰이는 이유

장점	단점
• 쉽게 구할 수 있다. • 증발잠열(기화잠열)이 크다. • 취급이 간편하다.	• 가스계 소화약제에 비해 사용 후 **오염**이 크다. • 일반적으로 **전기화재**에는 **사용**이 **불가**하다.

답 ②

07 화재실의 연기를 옥외로 배출시키는 제연방식으로 효과가 가장 적은 것은?

① 자연제연방식
② 스모크타워 제연방식
③ 기계식 제연방식
④ 냉난방설비를 이용한 제연방식

해설 제연방식의 종류
(1) **밀폐제연방식** : 밀폐도가 많은 벽이나 문으로서 화재가 발생하였을 때 밀폐하여 **연기**의 유출 및 **공기** 등의 **유입**을 **차단**시켜 제연하는 방식
(2) **자연제연방식** : 건물에 설치된 창 보기①

자연제연방식

(3) **스모크타워 제연방식** : 고층 건물에 적합 보기 ②

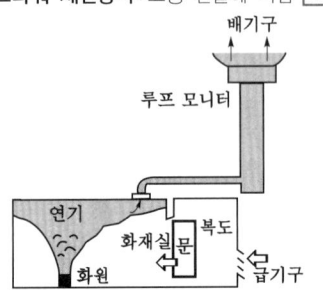

〔스모크타워 제연방식〕

(4) **기계제연방식**(기계식 제연방식) 보기 ③
  ㉠ 제1종 : 송풍기+배연기

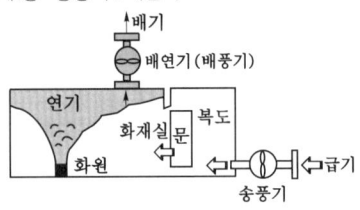

〔제1종 기계제연방식〕

  ㉡ 제2종 : 송풍기

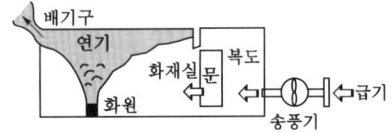

〔제2종 기계제연방식〕

  ㉢ 제3종 : 배연기

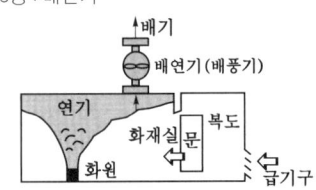

〔제3종 기계제연방식〕

④ 이런 제연방식은 없음

답 ④

08 분말소화약제의 취급시 주의사항으로 틀린 것은?
15.05.문09
15.05.문20
13.06.문03

① 습도가 높은 공기 중에 노출되면 고화되므로 항상 주의를 기울인다.
② 충진시 다른 소화약제와 혼합을 피하기 위하여 종별로 각각 다른 색으로 착색되어 있다.
③ 실내에서 다량 방사하는 경우 분말을 흡입하지 않도록 한다.
④ 분말소화약제와 수성막포를 함께 사용할 경우 포의 소포현상을 발생시키므로 병용해서는 안 된다.

해설 분말소화약제 취급시 주의사항
(1) 습도가 높은 공기 중에 노출되면 고화되므로 항상 주의를 기울인다. 보기 ①
(2) 충진시 다른 소화약제와 혼합을 피하기 위하여 종별로 각각 다른 색으로 착색되어 있다. 보기 ②
(3) 실내에서 다량 방사하는 경우 분말을 흡입하지 않도록 한다. 보기 ③

중요

수성막포 소화약제
(1) 안전성이 좋아 장기보관이 가능하다.
(2) 내약품성이 좋아 **분말소화약제**와 **겸용** 사용이 가능하다.
(3) 석유류 표면에 신속히 피막을 형성하여 유류증발을 억제한다.
(4) 일명 **AFFF**(**A**queous **F**ilm **F**orming **F**oam)라고 한다.
(5) 점성이 작기 때문에 가연성 기름의 표면에서 쉽게 피막을 형성한다.
(6) 단백포 소화약제와도 병용이 가능하다.

기억법 분수

④ 소포현상도 발생되지 않으므로 병용 가능

답 ④

09 건축물의 화재를 확산시키는 요인이라 볼 수 없는 것은?
16.03.문10
15.03.문06
14.05.문02
09.03.문19
06.05.문18

① 비화(飛火)
② 복사열(輻射熱)
③ 자연발화(自然發火)
④ 접염(接炎)

해설 목조건축물의 화재원인

종류	설명
접염 보기 ④ (화염의 접촉)	화염 또는 열의 **접촉**에 의하여 불이 다른 곳으로 옮겨붙는 것
비화 보기 ①	불티가 **바람**에 날리거나 화재현장에서 상승하는 **열기류** 중심에 휩쓸려 원거리 가연물에 착화하는 현상 기억법 비날(비가 날린다!)
복사열 보기 ②	복사파에 의하여 열이 **고온**에서 **저온**으로 이동하는 것

비교

열전달의 종류

종류	설명
전도 (conduction)	하나의 물체가 다른 **물체**와 **직접** 접촉하여 열이 이동하는 현상
대류 (convection)	**유체**의 흐름에 의하여 열이 이동하는 현상

복사 (radiation)	① 화재시 화원과 격리된 인접 가연물에 불이 옮겨붙는 현상 ② 열전달 **매질**이 **없이** 열이 전달되는 형태 ③ 열에너지가 **전자파**의 형태로 옮겨지는 현상으로, 가장 크게 작용

답 ③

10
석유, 고무, 동물의 털, 가죽 등과 같이 황성분을 함유하고 있는 물질이 불완전연소될 때 발생하는 연소가스로 계란 썩는 듯한 냄새가 나는 기체는?

① 아황산가스 ② 시안화수소
③ 황화수소   ④ 암모니아

해설 연소가스

구 분	특 징
일산화탄소 (CO)	화재시 흡입된 일산화탄소(CO)의 화학적 작용에 의해 **헤모글로빈**(Hb)이 혈액의 산소운반작용을 저해하여 사람을 질식·사망하게 한다.
이산화탄소 (CO_2)	연소가스 중 **가장 많은 양**을 차지하고 있으며 가스 그 자체의 독성은 거의 없으나 다량이 존재할 경우 호흡속도를 증가시키고, 이로 인하여 화재가스에 혼합된 유해가스의 혼입을 증가시켜 위험을 가중시키는 가스이다.
암모니아 (NH_3)	나무, 페놀수지, 멜라민수지 등의 **질소함유물**이 연소할 때 발생하며, 냉동시설의 **냉매**로 쓰인다.
포스겐 ($COCl_2$)	매우 독성이 강한 가스로서 소화제인 **사염화탄소**(CCl_4)를 화재시 사용할 때도 발생한다.
황화수소 (H_2S)	**달걀**(계란) **썩는 냄새**가 나는 특성이 있다. 보기 ③ 기억법 황달
아크롤레인 ($CH_2=CHCHO$)	독성이 매우 높은 가스로서 **석유제품**, **유지** 등이 연소할 때 생성되는 가스이다.

답 ③

11
다음 중 동일한 조건에서 증발잠열[kJ/kg]이 가장 큰 것은?

① 질소
② 할론 1301
③ 이산화탄소
④ 물

해설 증발잠열

약 제	증발잠열
할론 1301	119kJ/kg 보기 ②
아르곤	156kJ/kg
질소	199kJ/kg 보기 ①
이산화탄소	574kJ/kg 보기 ③
물	2245kJ/kg(539kcal/kg) 보기 ④

중요

물의 **증발잠열**

$1J = 0.24cal$ 이므로

$1kJ = 0.24kcal$, $1kJ/kg = 0.24kcal/kg$

$539kcal/kg = \dfrac{539kcal/kg}{0.24kcal/kg} \times 1kJ/kg$

$≒ 2245kJ/kg$

답 ④

12
탱크화재시 발생되는 보일오버(Boil Over)의 방지방법으로 틀린 것은?

① 탱크내용물의 기계적 교반
② 물의 배출
③ 과열방지
④ 위험물탱크 내의 하부에 냉각수 저장

해설 보일오버(Boil Over)

구 분	설 명
정의	① 중질유의 탱크에서 장시간 조용히 연소하다 탱크 내의 **잔존기름**이 갑자기 분출하는 현상 ② 유류탱크에서 탱크바닥에 물과 기름의 **에멀션**이 섞여 있을 때 이로 인하여 화재가 발생하는 현상 ③ 연소유면으로부터 100℃ 이상의 열파가 **탱크 저부**에 고여 있는 **물**을 비등하게 하면서 연소유를 탱크 밖으로 비산시키며 연소하는 현상
방지대책	① 탱크내용물의 **기계적 교반** 보기 ① ② 탱크하부 물의 **배출** 보기 ② ③ 탱크 내부 **과열방지** 보기 ③

답 ④

13
화재시 CO_2를 방사하여 산소농도를 11vol%로 낮추어 소화하려면 공기 중 CO_2의 농도는 약 몇 vol%가 되어야 하는가?

① 47.6 ② 42.9
③ 37.9 ④ 34.5

해설 CO₂의 농도(이론소화농도)

$$CO_2 = \frac{21-O_2}{21} \times 100$$

여기서, CO₂ : CO₂의 농도[vol%] 또는 [vol%]
O₂ : O₂의 농도[%] 또는 [vol%]

$$CO_2 = \frac{21-O_2}{21} \times 100$$
$$= \frac{21-11}{21} \times 100$$
$$\fallingdotseq 47.6 \text{vol}\%$$

• 단위가 원래는 vol% 또는 vol.%인데 줄여서 %로 쓰기도 한다.

중요 이산화탄소 소화설비와 관련된 식

$$CO_2 = \frac{방출가스량}{방호구역체적 + 방출가스량} \times 100$$
$$= \frac{21-O_2}{21} \times 100$$

여기서, CO₂ : CO₂의 농도[%]
O₂ : O₂의 농도[%]

$$방출가스량 = \frac{21-O_2}{O_2} \times 방호구역체적$$

여기서, O₂ : O₂의 농도[%]

용어

%	vol%
수를 100의 비로 나타낸 것	어떤 공간에 차지하는 부피를 백분율로 나타낸 것
50% / 50%	공기 50vol% / 50vol%

답 ①

14 물소화약제를 어떠한 상태로 주수할 경우 전기화재의 진압에서도 소화능력을 발휘할 수 있는가?
① 물에 의한 봉상주수
② 물에 의한 적상주수
③ 물에 의한 무상주수
④ 어떤 상태의 주수에 의해서도 효과가 없다.

해설 전기화재(변전실화재) 적응방법
(1) 무상주수
(2) 할론소화약제 방사
(3) 분말소화설비

(4) 이산화탄소 소화설비
(5) 할로겐화합물 및 불활성기체 소화설비

참고 물을 주수하는 방법

주수방법	설명
봉상주수	화점이 멀리 있을 때 또는 고체가연물의 대규모 화재시 사용 예 옥내소화전
적상주수	일반 고체가연물의 화재시 사용 예 스프링클러헤드
무상주수	화점이 가까이 있을 때 또는 질식효과, 에멀션효과를 필요로 할 때 사용 예 물분무헤드

답 ③

15 도장작업 공정에서의 위험도를 설명한 것으로 틀린 것은?
① 도장작업 그 자체 못지않게 건조공정도 위험하다.
② 도장작업에서는 인화성 용제가 쓰이지 않으므로 폭발의 위험이 없다.
③ 도장작업장은 폭발시를 대비하여 지붕을 시공한다.
④ 도장실의 환기덕트를 주기적으로 청소하여 도료가 덕트 내에 부착되지 않게 한다.

해설 도장작업 공정에서의 위험도
(1) 도장작업 그 자체 못지않게 **건조공정도 위험**하다. 보기 ①
(2) 도장작업에서는 **인화성** 또는 **가연성 용제**가 쓰이므로 **폭발**의 **위험**이 있다. 보기 ②
(3) 도장작업장은 폭발시를 대비하여 **지붕**을 시공한다. 보기 ③
(4) 도장실의 환기덕트를 주기적으로 청소하여 도료가 덕트 내에 부착되지 않게 한다. 보기 ④

② 인화성 용제가 쓰이지 않으므로 폭발의 위험이 없다. → **인화성** 또는 **가연성 용제**가 쓰이므로 **폭발**의 **위험**이 있다.

답 ②

16 방호공간 안에서 화재의 세기를 나타내고 화재가 진행되는 과정에서 온도에 따라 변하는 것으로 온도-시간 곡선으로 표시할 수 있는 것은?
① 화재저항   ② 화재가혹도
③ 화재하중   ④ 화재플럼

구 분	화재하중(fire load)	화재가혹도(fire severity)
정의	화재실 또는 화재구획의 단위바닥면적에 대한 등가 가연물량값	① 화재의 양과 질을 반영한 화재의 강도 ② 방호공간 안에서 화재의 세기를 나타냄
계산식	화재하중 $q = \dfrac{\Sigma G_t H_t}{HA} = \dfrac{\Sigma Q}{4500A}$ 여기서, q : 화재하중(kg/m²) G_t : 가연물의 양(kg) H_t : 가연물의 단위발열량(kcal/kg) H : 목재의 단위발열량(kcal/kg) A : 바닥면적(m²) ΣQ : 가연물의 전체 발열량(kcal)	화재가혹도 =지속시간×최고온도 화재시 지속시간이 긴 것은 가연물량이 많은 양적 개념이며, 연소시 최고온도는 최성기 때의 온도로서 화재의 질적 개념이다.
비교	① 화재의 **규모**를 판단하는 척도 ② **주수시간**을 결정하는 인자	① 화재의 **강도**를 판단하는 척도 ② **주수율**을 결정하는 인자

용어

화재플럼	화재저항
상승력이 커진 부력에 의해 연소가스와 유입공기가 상승하면서 화염이 섞인 연기 기둥형태를 나타내는 현상	화재시 최고온도의 지속시간을 견디는 내력

답 ②

17 다음 위험물 중 특수인화물이 아닌 것은?
08.09.문06
① 아세톤　　② 다이에틸에터
③ 산화프로필렌　④ 아세트알데하이드

해설 특수인화물
(1) 다이에틸에터 보기 ②
(2) 이황화탄소
(3) 아세트알데하이드 보기 ④
(4) 산화프로필렌 보기 ③
(5) 이소프렌
(6) 펜탄
(7) 디비닐에터
(8) 트리클로로실란

① 아세톤 : 제1석유류

답 ①

18 다음 중 가연물의 제거를 통한 소화방법과 무관한 것은?
16.10.문07
16.03.문12
14.05.문11
13.03.문01
11.03.문04
08.09.문17

① 산불의 확산방지를 위하여 산림의 일부를 벌채한다.
② 화학반응기의 화재시 원료공급관의 밸브를 잠근다.
③ 전기실 화재시 IG-541 약제를 방출한다.
④ 유류탱크 화재시 주변에 있는 유류탱크의 유류를 다른 곳으로 이동시킨다.

해설 제거소화의 예
(1) **가연성 기체** 화재시 **주밸브**를 **차단**한다(화학반응기의 화재시 원료공급관의 **밸브**를 **잠금**). 보기 ②
(2) **가연성 액체** 화재시 펌프를 이용하여 **연료**를 제거한다.
(3) **연료탱크**를 **냉각**하여 가연성 가스의 발생속도를 작게 하여 연소를 억제한다.
(4) 금속화재시 **불활성 물질**로 가연물을 덮는다.
(5) **목재**를 **방염처리**한다.
(6) 전기화재시 **전원**을 **차단**한다.
(7) 산불이 발생하면 화재의 진행방향을 앞질러 **벌목**한다(산불의 확산방지를 위하여 **산림**의 **일부**를 **벌채**). 보기 ①
(8) 가스화재시 **밸브**를 **잠궈** 가스흐름을 차단한다(가스화재시 중간밸브를 잠금).
(9) 불타고 있는 장작더미 속에서 아직 타지 않은 것을 안전한 곳으로 **운반**한다.
(10) 유류탱크 화재시 주변에 있는 유류탱크의 유류를 다른 곳으로 이동시킨다. 보기 ④
(11) 촛불을 입김으로 불어서 끈다.

③ **질식소화** : IG-541(불활성기체 소화약제)

용어

제거효과
가연물을 반응계에서 제거하든지 또는 반응계로의 공급을 정지시켜 소화하는 효과

답 ③

19 화재표면온도(절대온도)가 2배로 되면 복사에너지는 몇 배로 증가되는가?
14.09.문14
13.09.문01
13.06.문08

① 2　　② 4
③ 8　　④ 16

해설 **스테판-볼츠만**의 **법칙**(Stefan-Boltzman's law)

$$\dfrac{Q_2}{Q_1} = \dfrac{(273+T_2)^4}{(273+T_1)^4} = (2배)^4 = 16배$$

● 열복사량은 복사체의 **절대온도**의 **4제곱**에 비례하고, **단면적**에 비례한다.

참고

스테판-볼츠만의 법칙(Stefan-Boltzman's law)

$$Q = aAF(T_1^4 - T_2^4)$$

여기서, Q : 복사열[W]
a : 스테판-볼츠만 상수[W/m²·K⁴]
A : 단면적[m²]
F : 기하학적 Factor
T_1 : 고온[K]
T_2 : 저온[K]

답 ④

20 산불화재의 형태로 틀린 것은?

① 지중화형태 ② 수평화형태
③ 지표화형태 ④ 수관화형태

해설 산림화재의 형태

구 분	설 명
지중화	나무가 썩어서 그 **유기물**이 타는 것 보기 ①
지표화	나무 주위에 떨어져 있는 **낙엽** 등이 타는 것 보기 ③
수간화	나무 **기둥**부터 타는 것
수관화	나뭇 **가지**부터 타는 것 보기 ④

답 ②

제 2 과목 소방유체역학

21

그림에서 물에 의하여 점 B에서 힌지된 사분원 모양의 수문이 평형을 유지하기 위하여 수면에서 수문을 잡아당겨야 하는 힘 T는 약 몇 kN인가? (단, 수문의 폭은 1m, 반지름($r = \overline{OB}$)은 2m, 4분원의 중심은 O점에서 왼쪽으로 $\dfrac{4r}{3\pi}$인 곳에 있다.)

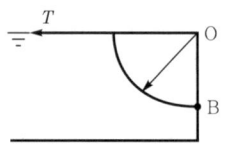

① 1.96 ② 9.8
③ 19.6 ④ 29.4

해설 수평분력

$$F_H = \gamma h A$$

여기서, F_H : 수평분력[N]

γ : 비중량(물의 비중량 9800N/m³)
h : 표면에서 수문 중심까지의 수직거리[m]
A : 수문의 단면적[m²]

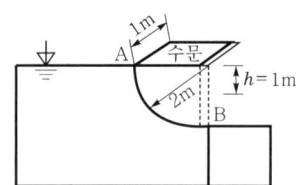

$h : \dfrac{2m}{2} = 1m$

A : 가로×세로(폭) = 2m × 1m = 2m²
$F_H = \gamma h A$
$= 9800\text{N/m}^3 \times 1\text{m} \times 2\text{m}^2$
$= 19600\text{N} = 19.6\text{kN}$

- 1000N = 1kN이므로 19600N = 19.6kN
- 이 문제에서 $\dfrac{4r}{3\pi}$는 적용할 필요 없음

답 ③

22 물의 온도에 상응하는 증기압보다 낮은 부분이 발생하면 물은 증발되고 물속에 있던 공기와 물이 분리되어 기포가 발생하는 펌프의 현상은?

① 피드백(feedback)
② 서징현상(surging)
③ 공동현상(cavitation)
④ 수격작용(water hammering)

해설 펌프의 현상

용 어	설 명
공동현상 (cavitation) 보기 ③	펌프의 흡입측 배관 내의 물의 정압이 기존의 증기압보다 낮아져서 **기포**가 발생되어 물이 흡입되지 않는 현상 **기억법** 공기
수격작용 (water hammering)	① 배관 속의 물흐름을 급히 차단하였을 때 동압이 정압으로 전환되면서 일어나는 쇼크(shock)현상 ② 배관 내를 흐르는 유체의 유속을 급격하게 변화시키므로 압력이 상승 또는 하강하여 **관로의 벽면**을 치는 현상
서징현상 (surging, 맥동현상)	유량이 단속적으로 변하여 펌프 입출구에 설치된 **진공계·압력계**가 **흔**들리고 **진동**과 **소음**이 일어나며 펌프의 **토출유량**이 **변하는 현상** **기억법** 서흔(서른)

① 펌프의 현상에 피드백(feedback)이란 것은 없다.

답 ③

23

단면적이 A와 $2A$인 U자형 관에 밀도가 d인 기름이 담겨져 있다. 단면적이 $2A$인 관에 관벽과는 마찰이 없는 물체를 놓았더니 그림과 같이 평형을 이루었다. 이때 이 물체의 질량은?

① $2Ah_1d$
② Ah_1d
③ $A(h_1+h_2)d$
④ $A(h_1-h_2)d$

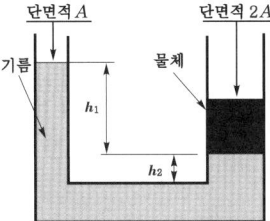

해설 (1) 중량

$$F = mg$$

여기서, F : 중량(힘)[N]
m : 질량[kg]
g : 중력가속도[9.8m/s²]

$F = mg \propto m$
질량은 중량(힘)에 비례하므로 파스칼의 원리식 적용
(2) **파스칼의 원리**

$$\frac{F_1}{A_1} = \frac{F_2}{A_2}, \ p_1 = p_2$$

여기서, F_1, F_2 : 가해진 힘[kN]
A_1, A_2 : 단면적[m²]
p_1, p_2 : 압력[kPa]

$\dfrac{F_1}{A_1} = \dfrac{F_2}{A_2}$ 에서 $A_2 = 2A_1$ 이므로

$F_2 = \dfrac{A_2}{A_1} \times F_1 = \dfrac{2A_1}{A_1} \times F_1 = 2F_1$

질량은 중량(힘)에 비례하므로 $F_2 = 2F_1$를 $m_2 = 2m_1$로 나타낼 수 있다.
(3) **물체의 질량**

$$m_1 = dh_1A$$

여기서, m_1 : 물체의 질량[kg]
d : 밀도[kg/m³]
h_1 : 깊이[m]
A : 단면적[m²]

$m_2 = 2m_1 = 2 \times dh_1A = 2Ah_1d$

답 ①

24

그림과 같이 물이 들어 있는 아주 큰 탱크에 사이펀이 장치되어 있다. 출구에서의 속도 V와 관의 상부 중심 A지점에서의 게이지압력 P_A를 구하는 식은? (단, g는 중력가속도, ρ는 물의 밀도이며, 관의 직경은 일정하고 모든 손실은 무시한다.)

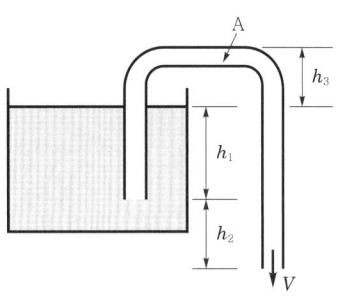

① $V = \sqrt{2g(h_1+h_2)}$
   $P_A = -\rho gh_3$
② $V = \sqrt{2g(h_1+h_2)}$
   $P_A = -\rho g(h_1+h_2+h_3)$
③ $V = \sqrt{2gh_2}$
   $P_A = -\rho g(h_1+h_2+h_3)$
④ $V = \sqrt{2g(h_1+h_2)}$
   $P_A = \rho g(h_1+h_2-h_3)$

해설 (1) 유속

$$V = \sqrt{2gH}$$

여기서, V : 유속[m/s]
g : 중력가속도[9.8m/s²]
H : 수면에서부터의 사이펀길이[m]

유속 V는
$V = \sqrt{2gH} = \sqrt{2g(h_1+h_2)}$

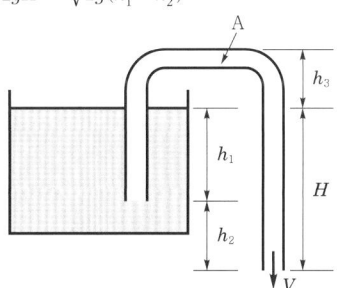

(2) **시차액주계**

$P_A + \gamma h_1 + \gamma h_2 + \gamma h_3 = 0$
$P_A = -\gamma h_1 - \gamma h_2 - \gamma h_3$
    $= -\gamma(h_1+h_2+h_3)$
    $= -\rho g(h_1+h_2+h_3)$

• **비중량**

$$\gamma = \rho g$$

여기서, γ : 비중량[N/m³]
ρ : 밀도[kg/m³] 또는 [N·m²/m⁴]
g : 중력가속도[m/s²]

시차액주계의 압력계산방법
점 A를 기준으로 내려가면 더하고, 올라가면 빼면 된다.

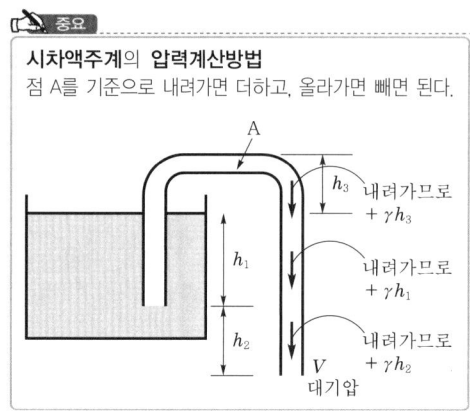

답 ②

$$= -\frac{1030\text{kPa} - 730\text{kPa}}{-0.05\text{m}^3}$$
$$= 6000\text{kPa}$$

체적탄성계수
유체에서 작용한 **압력**과 **길이**의 **변형률**간의 비례상수를 말하며, 체적탄성계수가 클수록 압축하기 힘들다.

답 ④

26 비중병의 무게가 비었을 때는 2N이고, 액체로 충만되어 있을 때는 8N이다. 액체의 체적이 0.5L이면 이 액체의 비중량은 약 몇 N/m³인가?
① 11000 ② 11500
③ 12000 ④ 12500

해설 (1) 액체의 무게
비중병 무게 $W_1 = 2N$
액체로 충만되어 있을 때 $W_2 = 8N$
액체의 무게 W_3는
$W_3 = W_2 - W_1 = 8N - 2N = 6N$

(2) 물체의 무게
$$W = \gamma V$$

여기서, W : 액체의 무게(물체의 무게)[N]
γ : 비중량(액체의 비중량)[N/m³]
V : 물체가 잠긴 체적[m³]

액체의 비중량 γ는
$\gamma = \dfrac{W}{V} = \dfrac{6N}{0.5L} = \dfrac{6N}{0.5 \times 10^{-3} \text{m}^3} = 12000 \text{N/m}^3$

• 1L=10⁻³m³이므로 0.5L=0.5×10⁻³m³

답 ③

25 0.02m³의 체적을 갖는 액체가 강체의 실린더 속에서 730kPa의 압력을 받고 있다. 압력이 1030kPa로 증가되었을 때 액체의 체적이 0.019m³로 축소되었다. 이때 이 액체의 체적탄성계수는 약 몇 kPa인가?
① 3000 ② 4000
③ 5000 ④ 6000

해설

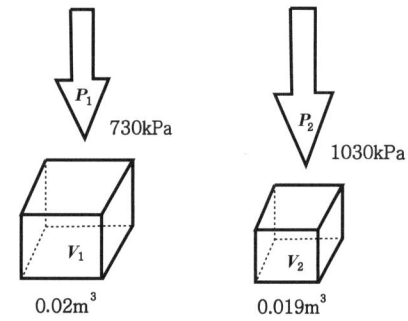

체적탄성계수
$$K = -\frac{\Delta P}{\Delta V / V}$$

여기서, K : 체적탄성계수[kPa]
ΔP : 가해진 압력[kPa]
$\Delta V / V$: 체적의 감소율

$\Delta P = P_2 - P_1$, $\Delta V = V_2 - V_1$

체적탄성계수 K는
$K = -\dfrac{\Delta P}{\Delta V / V}$
$= -\dfrac{P_2 - P_1}{\dfrac{V_2 - V_1}{V_1}}$
$= -\dfrac{1030\text{kPa} - 730\text{kPa}}{\left(\dfrac{0.019\text{m}^3 - 0.02\text{m}^3}{0.02\text{m}^3}\right)}$

27 10kg의 수증기가 들어 있는 체적 2m³의 단단한 용기를 냉각하여 온도를 200℃에서 150℃로 낮추었다. 나중 상태에서 액체상태의 물은 약 몇 kg인가? (단, 150℃에서 물의 포화액 및 포화증기의 비체적은 각각 0.0011m³/kg, 0.3925m³/kg이다.)
① 0.508 ② 1.24
③ 4.92 ④ 7.86

해설 (1) 기호
• m_1 : 10kg
• V : 2m³
• v_{S2} : 0.0011m³/kg
• v_{S1} : 0.3925m³/kg
• m_2 : ?

(2) 계산 : 문제를 잘 읽어보고 식을 만들면 된다.
$$v_{S2} m_2 + v_{S1}(m_1 - m_2) = V$$

여기서, v_{S2} : 물의 포화액 비체적[m³/kg]
m_2 : 액체상태물의 질량[kg]
v_{S1} : 물의 포화증기 비체적[m³/kg]
m_1 : 수증기상태 물의 질량[kg]
V : 체적[m³]

$v_{S2} \cdot m_2 + v_{S1}(m_1 - m_2) = V$
$0.0011\text{m}^3/\text{kg} \cdot m_2 + 0.3925\text{m}^3/\text{kg} \cdot (10 - m_2) = 2\text{m}^3$
계산의 편의를 위해 단위를 없애면 다음과 같다.
$0.0011m_2 + 0.3925(10 - m_2) = 2$
$0.0011m_2 + 3.925 - 0.3925m_2 = 2$
$0.0011m_2 - 0.3925m_2 = 2 - 3.925$
$-0.3914m_2 = -1.925$
$m_2 = \dfrac{-1.925}{-0.3914} ≒ 4.92\text{kg}$

답 ③

28 ★★★
16.05.문23
16.03.문21
14.05.문23
11.10.문37

펌프의 입구 및 출구측에 연결된 진공계와 압력계가 각각 25mmHg와 260kPa을 가리켰다. 이 펌프의 배출유량이 0.15m³/s가 되려면 펌프의 동력은 약 몇 kW가 되어야 하는가? (단, 펌프의 입구와 출구의 높이차는 없고, 입구측 안지름은 20cm, 출구측 안지름은 15cm이다.)

① 3.95
② 4.32
③ 39.5
④ 43.2

해설 펌프의 동력

$$P = \dfrac{0.163QH}{\eta}K$$

(1) 단위변환

$1\text{atm} = 760\text{mmHg}(76\text{cmHg}) = 1.0332\text{kg}_f/\text{cm}^2$
$= 10.332\text{mH}_2\text{O[mAq]}(10332\text{mmAq})$
$= 14.7\text{PSI[lb}_f/\text{m}^2]$
$= 101.325\text{kPa[kN/m}^2](101325\text{Pa})$
$= 1.013\text{bar}(1013\text{mbar})$

• 760mmHg=101.325kPa

$P_1 : 25\text{mmHg} = \dfrac{25\text{mmHg}}{760\text{mmHg}} \times 101.325\text{kPa} = 3.33\text{kPa}$

(2) 유량

$$Q = AV = \left(\dfrac{\pi D^2}{4}\right)V$$

여기서, Q : 유량[m³/s]
A : 단면적[m²]
V : 유속[m/s]
D : 직경[m]

입구 유속 $V_1 = \dfrac{Q}{\dfrac{\pi D^2}{4}} = \dfrac{0.15\text{m}^3/\text{s}}{\dfrac{\pi \times (0.2\text{m})^2}{4}} = 4.7\text{m/s}$

출구 유속 $V_2 = \dfrac{Q}{\dfrac{\pi D^2}{4}} = \dfrac{0.15\text{m}^3/\text{s}}{\dfrac{\pi \times (0.15\text{m})^2}{4}} = 8.4\text{m/s}$

• 손실이 없다고 가정하면 입구유량=배출유량
• 100cm=1m이므로 20cm=0.2m, 15cm=0.15cm

(3) 베르누이 방정식

$$\dfrac{V_1^2}{2g} + \dfrac{P_1}{\gamma} + Z_1 = \dfrac{V_2^2}{2g} + \dfrac{P_2}{\gamma} + Z_2 + \Delta H$$

여기서, V_1, V_2 : 유속[m/s]
P_1, P_2 : 압력[kPa] 또는 [kN/m²]
Z_1, Z_2 : 높이[m]
g : 중력가속도(9.8m/s²)
γ : 비중량(물의 비중량 9.8kN/m³)
ΔH : 손실수두[m]

$\dfrac{V_1^2}{2g} + \dfrac{P_1}{\gamma} + \cancel{Z_1} = \dfrac{V_2^2}{2g} + \dfrac{P_2}{\gamma} + \cancel{Z_2} + \Delta H$

• 문제에서 높이차는 $Z_1 = Z_2$이므로 Z_1, Z_2 삭제

$\dfrac{V_1^2}{2g} + \dfrac{P_1}{\gamma} = \dfrac{V_2^2}{2g} + \dfrac{P_2}{\gamma} + \Delta H$

$\dfrac{(4.7\text{m/s})^2}{2 \times 9.8\text{m/s}^2} + \dfrac{3.33\text{kN/m}^2}{9.8\text{kN/m}^3}$
$= \dfrac{(8.4\text{m/s})^2}{2 \times 9.8\text{m/s}^2} + \dfrac{260\text{kN/m}^2}{9.8\text{kN/m}^3} + \Delta H$

$\dfrac{(4.7\text{m/s})^2}{2 \times 9.8\text{m/s}^2} + \dfrac{3.33\text{kN/m}^2}{9.8\text{kN/m}^3}$
$- \dfrac{(8.4\text{m/s})^2}{2 \times 9.8\text{m/s}^2} - \dfrac{260\text{kN/m}^2}{9.8\text{kN/m}^3}$
$= \Delta H$
$-28.66\text{m} = \Delta H$

• −28.66m에서 '−'는 방향을 나타내므로 무시 가능

(4) 동력

$$P = \dfrac{0.163QH}{\eta}K$$

여기서, P : 동력[kW]
Q : 유량[m³/min]
$H(\Delta H)$: 전양정[m]
K : 전달계수
η : 효율

동력 P는
$P = \dfrac{0.163QH}{\eta}K$
$= 0.163 \times 0.15\text{m}^3/\text{s} \times 28.66\text{m}$
$= 0.163 \times (0.15 \times 60)\text{m}^3/\text{min} \times 28.66\text{m}$
$≒ 42\text{kW}$

• 1min=60s, $1\text{s} = \dfrac{1}{60}\text{min}$이므로 $0.15\text{m}^3/\text{s} = 0.15\text{m}^3 / \dfrac{1}{60}\text{min} = (0.15 \times 60)\text{m}^3/\text{min}$

• K(전달계수)와 η(효율)은 주어지지 않았으므로 무시한다.
• 42kW 이상이므로 여기서는 43.2kW가 답이 된다.

답 ④

29
피토관을 사용하여 일정 속도로 흐르고 있는 물의 유속(V)을 측정하기 위해 그림과 같이 비중 s인 유체를 갖는 액주계를 설치하였다. $s=2$일 때 액주의 높이차이가 $H=h$가 되면, $s=3$일 때 액주의 높이차(H)는 얼마가 되는가?

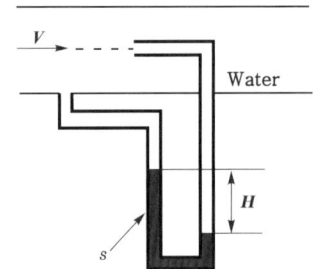

① $\dfrac{h}{9}$ ② $\dfrac{h}{\sqrt{3}}$

③ $\dfrac{h}{3}$ ④ $\dfrac{h}{2}$

해설 유속

$$V = \sqrt{2gh\left(\dfrac{s}{s_w}-1\right)}$$

여기서, V : 유속[m/s]
 g : 중력가속도(9.8m/s²)
 h : 높이[m]
 s : 어떤 물질의 비중
 s_w : 물의 비중

물의 비중 $s_w=1$, $s=2$일 때 $H=h$가 되면
$$V = \sqrt{2gh\left(\dfrac{s}{s_w}-1\right)} = \sqrt{2gh\left(\dfrac{2}{1}-1\right)} = \sqrt{2gh}$$

$s=3$일 때 액주의 높이차 H는
$$V = \sqrt{2gH\left(\dfrac{s}{s_w}-1\right)} = \sqrt{2gH\left(\dfrac{3}{1}-1\right)} = \sqrt{4gH}$$

$\sqrt{2gh} = \sqrt{4gH}$
$(\sqrt{2gh})^2 = (\sqrt{4gH})^2$ ← $\sqrt{}$를 없애기 위해 양변에 제곱
$2gh = 4gH$

$\dfrac{2gh}{4g} = H$

$H = \dfrac{2gh}{4g} = \dfrac{1}{2}h = \dfrac{h}{2}$

답 ④

30
관 내의 흐름에서 부차적 손실에 해당하지 않는 것은?

① 곡선부에 의한 손실
② 직선원관 내의 손실
③ 유동단면의 장애물에 의한 손실
④ 관 단면의 급격한 확대에 의한 손실

해설 배관의 마찰손실

주손실	부차적 손실
관로에 의한 마찰 손실(직선원관 내의 손실) 보기 ②	① 관의 급격한 **확대**손실(관 단면의 급격한 확대손실) 보기 ④ ② 관의 급격한 **축소**손실(유동단면의 장애물에 의한 손실) 보기 ③ ③ 관 부속품에 의한 손실(곡선부에 의한 손실) 보기 ①

② 주손실

답 ②

31
압력 2MPa인 수증기의 건도가 0.2일 때 엔탈피는 몇 kJ/kg인가? (단, 포화증기 엔탈피는 2780.5kJ/kg이고, 포화액의 엔탈피는 910kJ/kg이다.)

① 1284
② 1466
③ 1845
④ 2406

해설 (1) 기호
- P : 2MPa
- x : 0.2
- h : ?
- h_g : 2780.5kJ/kg
- h_f : 910kJ/kg

(2) 습증기의 엔탈피
$$h = h_f + x(h_g - h_f)$$

여기서, h : 습증기의 엔탈피[kJ]
 h_f : 포화액의 엔탈피[kJ/kg]
 x : 건도
 h_g : 포화증기의 엔탈피[kJ/kg]

습증기의 엔탈피 h는
$h = h_f + x(h_g - h_f)$
$= 910\text{kJ/kg} + 0.2 \times (2780.5 - 910)\text{kJ/kg}$
$= 1284\text{kJ/kg}$

비교

열량
$$Q = mx(h_g - h_f)$$

여기서, Q : 열량[kJ]
 m : 질량[kg]
 x : 건도
 h_g : 포화증기의 엔탈피[kJ/kg]
 h_f : 포화액의 엔탈피[kJ/kg]

답 ①

☆☆
32 출구 단면적이 $0.02m^2$인 수평노즐을 통하여 물이 수평방향으로 8m/s의 속도로 노즐 출구에 놓여있는 수직평판에 분사될 때 평판에 작용하는 힘은 약 몇 N인가?

13.06.문31
08.03.문32

① 800 ② 1280
③ 2560 ④ 12544

해설 (1) 기호
- A : $0.02m^2$
- V : 8m/s
- F : ?

(2) 유량

$$Q = AV$$

여기서, Q : 유량$[m^3/s]$
A : 단면적$[m^2]$
V : 유속[m/s]

유량 Q는

$Q = AV = 0.02m^2 \times 8m/s = 0.16m^3/s$

(3) **평판**에 **작용**하는 **힘**

$$F = \rho QV$$

여기서, F : 힘[N]
ρ : 밀도(물의 밀도 $1000N \cdot s^2/m^4$)
Q : 유량$[m^3/s]$
V : 유속[m/s]

힘 F는

$F = \rho QV$

$= 1000N \cdot s^2/m^4 \times 0.16m^3/s \times 8m/s ≒ 1280N$

- **물**의 **밀도**$(\rho) = 1000N \cdot s^2/m^4$

답 ②

☆☆☆
33 안지름이 25mm인 노즐선단에서의 방수압력은 계기압력으로 5.8×10^5Pa이다. 이때 방수량은 약 몇 m^3/s인가?

17.09.문33
14.03.문23
12.09.문36

① 0.017 ② 0.17
③ 0.034 ④ 0.34

해설 (1) 기호
- D : 25mm
- P : $5.8 \times 10^5Pa = 0.58MPa$ $(10^6Pa = 1MPa)$
- Q : ?

(2) 방수량

$$Q = 0.653D^2\sqrt{10P}$$

여기서, Q : 방수량[L/min]
D : 구경[mm]
P : 방수압(계기압력)[MPa]

방수량 Q는

$Q = 0.653D^2\sqrt{10P}$

$= 0.653 \times (25mm)^2 \times \sqrt{10 \times 0.58MPa}$

$≒ 983L/min$

$= 0.983m^3/min$

$= 0.983m^3/60s$

$= \left(0.983 \times \frac{1}{60}\right)m^3/s$

$≒ 0.017m^3/s$

- $1000L = 1m^3$이므로 $983L/min = 0.983m^3/min$

답 ①

☆☆
34 수평관의 길이가 100m이고, 안지름이 100mm인 소화설비배관 내를 평균유속 2m/s로 물이 흐를 때 마찰손실수두는 약 몇 m인가? (단, 관의 마찰계수는 0.05이다.)

12.03.문39
01.03.문22

① 9.2 ② 10.2
③ 11.2 ④ 12.2

해설 (1) 기호
- l : 100m
- D : 100mm=0.1m(1000mm=1m)
- V : 2m/s
- f : 0.05
- H : ?

(2) 마찰손실수두

$$H = \frac{\Delta P}{\gamma} = \frac{flV^2}{2gD}$$

여기서, H : 마찰손실(수두)[m]
ΔP : 압력차[kPa] 또는 $[kN/m^2]$
γ : 비중량(물의 비중량 $9800N/m^3$)
f : 관마찰계수
l : 길이[m]
V : 유속[m/s]
g : 중력가속도$(9.8m/s^2)$
D : 내경[m]

마찰손실수두 H는

$H = \frac{flV^2}{2gD}$

$= \frac{0.05 \times 100m \times (2m/s)^2}{2 \times 9.8m/s^2 \times 0.1m}$

$≒ 10.2m$

답 ②

☆
35 수평원관 내 완전발달 유동에서 유동을 일으키는 힘 (㉠)과 방해하는 힘 (㉡)은 각각 무엇인가?

① ㉠ : 압력차에 의한 힘, ㉡ : 점성력
② ㉠ : 중력 힘, ㉡ : 점성력
③ ㉠ : 중력 힘, ㉡ : 압력차에 의한 힘
④ ㉠ : 압력차에 의한 힘, ㉡ : 중력 힘

해설 압력차에 의한 힘 vs 점성력

압력차에 의한 힘 [보기 ㉠]	점성력 [보기 ㉡]
수평원관 내 완전발달 유동에서 유동을 **일으키는** 힘	수평원관 내 완전발달 유동에서 유동을 **방해하는** 힘

답 ①

36 ★★★
14.05.문28
13.09.문36
11.06.문29

외부표면의 온도가 24℃, 내부표면의 온도가 24.5℃일 때 높이 1.5m, 폭 1.5m, 두께 0.5cm인 유리창을 통한 열전달률은 약 몇 W인가? (단, 유리창의 열도도계수는 0.8W/(m·K)이다.)

① 180　　② 200
③ 1800　④ 2000

해설 (1) 기호
- T_1 : 273+℃=273+24℃=297K
- T_2 : 273+℃=273+24.5℃=297.5K
- A : $(1.5 \times 1.5) m^2$
- l : 0.5cm=0.005m(100cm=1m)
- $\mathring{q}$: ?
- K : 0.8W/(m·K)

(2) 절대온도
$$K = 273 + ℃$$

여기서, K : 절대온도[K]
　　　　℃ : 섭씨온도[℃]

외부온도 T_1 = 297K
내부온도 T_2 = 297.5K

(3) 열전달량

$$\mathring{q} = \frac{KA(T_2-T_1)}{l}$$

여기서, $\mathring{q}$: 열전달량(열전달률)[W]
　　　　K : 열전도율(열전도계수)[W/(m·K)]
　　　　A : 단면적[m²]
　　　　(T_2-T_1) : 온도차(273+℃)[K]
　　　　l : 벽체두께[m]

● 열전달량=열전달률=열유동률=열흐름률

$$\mathring{q} = \frac{KA(T_2-T_1)}{l}$$
$$= \frac{0.8W/(m·K) \times (1.5 \times 1.5)m^2 \times (297.5-297)K}{0.005m}$$
$$= 180W$$

답 ①

37 ★
어떤 용기 내의 이산화탄소(45kg)가 방호공간에 가스상태로 방출되고 있다. 방출온도와 압력이 15℃, 101kPa일 때 방출가스의 체적은 약 몇 m³인가? (단, 일반기체상수는 8314J/(kmol·K)이다.)

① 2.2　　② 12.2
③ 20.2　④ 24.3

해설 (1) 기호
- M : 44kg/kmol(CO_2=이산화탄소)
- m : 45kg
- T : (273+15℃)K
- P : 101kPa
- V : ?
- R : 8314J/(kmol·K)=8.314kJ/(kmol·K)

(2) 이상기체상태 방정식

$$PV = nRT = \frac{m}{M}RT, \quad \rho = \frac{PM}{RT}$$

여기서, P : 압력(kPa) 또는 [kN/m²]
　　　　V : 부피[m³]
　　　　n : 몰수$\left(\frac{m}{M}\right)$
　　　　R : 8.314kJ/(kmol·K)
　　　　T : 절대온도(273+℃)[K]
　　　　m : 질량[kg]
　　　　M : 분자량(이산화탄소의 분자량 44kg/kmol)
　　　　ρ : 밀도[kg/m³]

$$PV = \frac{m}{M}RT \text{ 에서}$$

$$V = \frac{m}{MP}RT$$
$$= \frac{45kg}{44kg/kmol \times 101kPa} \times 8.314kJ/(kmol·K) \times (273+15)K$$
$$\fallingdotseq 24.3m^3$$

답 ④

38 ★
12.05.문22

점성계수와 동점성계수에 관한 설명으로 올바른 것은?

① 동점성계수 = 점성계수×밀도
② 점성계수 = 동점성계수×중력가속도
③ 동점성계수 = 점성계수/밀도
④ 점성계수 = 동점성계수/중력가속도

해설 동점성계수

$$\nu = \frac{\mu}{\rho}$$

여기서, ν : 동점성계수[m²/s]
　　　　μ : 점성계수[N·s/m²]
　　　　ρ : 밀도[N·s²/m⁴] 또는 [kg/m³]

● 동점성계수 = 점성계수/밀도 = $\frac{점성계수}{밀도}$

답 ③

39
그림과 같은 관에 비압축성 유체가 흐를 때 A단면의 평균속도가 V_1이라면 B단면에서의 평균속도 V_2는? (단, A단면의 지름은 d_1이고 B단면의 지름은 d_2이다.)

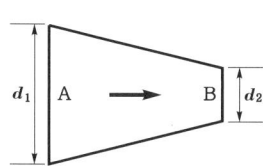

① $V_2 = \left(\dfrac{d_1}{d_2}\right) V_1$ ② $V_2 = \left(\dfrac{d_1}{d_2}\right)^2 V_1$

③ $V_2 = \left(\dfrac{d_2}{d_1}\right) V_1$ ④ $V_2 = \left(\dfrac{d_2}{d_1}\right)^2 V_1$

해설 비압축성 유체
압력을 받아도 체적변화를 일으키지 아니하는 유체이다.

$$\frac{V_1}{V_2} = \frac{A_2}{A_1} = \left(\frac{D_2}{D_1}\right)^2$$

여기서, V_1, V_2 : 유속[m/s]
　　　　A_1, A_2 : 단면적[m²]
　　　　D_1, D_2 : 직경[m]

위 식에서 V_2는

$$V_2 = \left(\frac{D_1}{D_2}\right)^2 V_1 = \left(\frac{d_1}{d_2}\right)^2 V_1$$

참고 유체

압축성 유체	비압축성 유체
기체와 같이 체적이 변화하는 유체	**액체**와 같이 체적이 변하지 않는 유체

답 ②

40
일률(시간당 에너지)의 차원을 기본차원인 M(질량), L(길이), T(시간)로 올바르게 표시한 것은?

① $L^2 T^{-2}$ ② $MT^{-2}L^{-1}$
③ $ML^2 T^{-2}$ ④ $ML^2 T^{-3}$

해설 차원에 따른 중력·절대단위

차 원	중력단위[차원] (N[F], m[L], s[T])	절대단위[차원] (kg[M], m[L], s[T])
부력(힘)	N [F]	kg·m/s² [MLT⁻²]
일 (에너지·열량)	N·m [FL]	kg·m²/s² [ML²T⁻²]
동력(일률)	N·m/s [FLT⁻¹]	kg·m²/s³ [ML²T⁻³]
표면장력	N/m [FL⁻¹]	kg/s² [MT⁻²]

중요
동력(일률)의 단위
(1) W
(2) J/s
(3) N·m
(4) kg·m²/s³

• 1W=1J/s, 1J=1N·m이므로
　1W=1J/s=1N·m/s

답 ④

제3과목 소방관계법규

41
소방본부장 또는 소방서장은 건축허가 등의 동의 요구서류를 접수한 날부터 최대 며칠 이내에 건축허가 등의 동의 여부를 회신하여야 하는가? (단, 허가 신청한 건축물은 지상으로부터 높이가 200m인 아파트이다.)

① 5일 ② 7일
③ 10일 ④ 15일

해설 소방시설법 시행규칙 3조
건축허가 등의 동의 여부 회신

날 짜	연면적
5일 이내	• 기타
10일 이내	• 50층 이상(지하층 제외) 또는 지상으로부터 높이 200m 이상인 **아파트** 〈보기 ③〉 • 30층 이상(지하층 포함) 또는 지상 120m 이상(아파트 제외) • 연면적 10만m² 이상(아파트 제외)

답 ③

42
소방기본법령상 소방활동구역의 출입자에 해당되지 않는 자는?

① 소방활동구역 안에 있는 소방대상물의 소유자·관리자 또는 점유자
② 전기·가스·수도·통신·교통의 업무에 종사하는 사람으로서 원활한 소방활동을 위하여 필요한 자
③ 화재건물과 관련 있는 부동산업자
④ 취재인력 등 보도업무에 종사하는 자

해설 기본령 8조
소방활동구역 출입자
(1) 소방활동구역 **안**에 있는 소방대상물의 **소유자·관리자** 또는 **점유자** [보기 ①]
(2) **전기·가스·수도·통신·교통**의 업무에 종사하는 자로서 원활한 **소방활동**을 위하여 필요한 자 [보기 ②]
(3) **의사·간호사**, 그 밖의 구조·구급업무에 종사하는 자
(4) **취재인력** 등 보도업무에 종사하는 자 [보기 ④]
(5) **수사업무**에 종사하는 자
(6) **소방대장**이 소방활동을 위하여 **출입**을 **허가**한 자

③ 부동산업자는 관계인이 아니므로 해당 없음

용어
소방활동구역
화재, 재난·재해, 그 밖의 위급한 상황이 발생한 현장에 정하는 구역

답 ③

43 소방기본법상 화재현장에서의 피난 등을 체험할 수 있는 소방체험관의 설립·운영권자는?
16.03.문44
08.05.문54
① 시·도지사
② 행정안전부장관
③ 소방본부장 또는 소방서장
④ 소방청장

해설 기본법 5조 ①항
설립과 운영

소방박물관	소방체험관
소방청장	시·도지사 [보기 ①]

중요

시·도지사
(1) 제조소 등의 설치**허**가(위험물법 6조)
(2) 소방업무의 지휘·감독(기본법 3조)
(3) 소방체험관의 설립·운영(기본법 5조)
(4) 소방업무에 관한 세부적인 종합계획 수립 및 소방업무 수행(기본법 6조)
(5) **화**재예방강화지구의 지정(화재예방법 18조)

기억법 시허화

용어
시·도지사
(1) 특별시장
(2) 광역시장
(3) 도지사
(4) 특별자치시
(5) 특별자치도

답 ①

44 산화성 고체인 제1류 위험물에 해당되는 것은?
16.05.문46
15.09.문03
15.09.문18
15.05.문10
15.05.문42
15.03.문51
14.09.문18
14.03.문18
11.06.문54
① 질산염류
② 특수인화물
③ 과염소산
④ 유기과산화물

해설 위험물령 [별표 1]
위험물

유별	성질	품명
제1류	**산**화성 고체	• 아염소산**염류** • 염소산**염류** • 과염소산**염류** • 질산**염류** [보기 ①] • **무**기과산화물 **기억법** 1산고(일산GO), ~염류, 무기과산화물
제**2**류	가연성 고체	• **황화**인 • **적**린 • **황** • **마**그네슘 • 금속분 **기억법** 2황화적황마
제3류	자연발화성 물질 및 금수성 물질	• **황**린 • **칼**륨 • **나**트륨 • **트**리에틸**알**루미늄 • 금속의 수소화물 **기억법** 황칼나트알
제4류	인화성 액체	• 특수인화물 [보기 ②] • 석유류(벤젠) • 알코올류 • 동식물유류
제5류	자기반응성 물질	• 유기과산화물 [보기 ④] • 나이트로화합물 • 나이트로소화합물 • 아조화합물 • 질산에스터류(셀룰로이드)
제6류	산화성 액체	• 과염소산 [보기 ③] • 과산화수소 • 질산

② 제4류 위험물
③ 제6류 위험물
④ 제5류 위험물

답 ①

45 소방시설관리업자가 기술인력을 변경하는 경우, 시·도지사에게 제출하여야 하는 서류로 틀린 것은?

① 소방시설관리업 등록수첩
② 변경된 기술인력의 기술자격증(경력수첩 포함)
③ 소방기술인력대장
④ 사업자등록증 사본

해설 소방시설법 시행규칙 34조
소방시설관리업의 기술인력을 변경하는 경우의 서류
(1) 소방시설관리업 등록수첩 보기 ①
(2) 변경된 기술인력의 기술자격증(경력수첩 포함) 보기 ②
(3) 소방기술인력대장 보기 ③

답 ④

46 소방대라 함은 화재를 진압하고 화재, 재난·재해, 그 밖의 위급한 상황에서 구조·구급 활동 등을 하기 위하여 구성된 조직체를 말한다. 소방대의 구성원으로 틀린 것은?

① 소방공무원   ② 소방안전관리원
③ 의무소방원   ④ 의용소방대원

해설 기본법 2조
소방대
(1) 소방공무원 보기 ①
(2) 의무소방원 보기 ③
(3) 의용소방대원 보기 ④

답 ②

47 소방기본법령상 인접하고 있는 시·도 간 소방업무의 상호응원협정을 체결하고자 할 때, 포함되어야 하는 사항으로 틀린 것은?

① 소방교육·훈련의 종류에 관한 사항
② 화재의 경계·진압활동에 관한 사항
③ 출동대원의 수당·식사 및 의복의 수선의 소요경비의 부담에 관한 사항
④ 화재조사활동에 관한 사항

해설 기본규칙 8조
소방업무의 상호응원협정
(1) 다음의 **소방활동**에 관한 사항
  ㉠ **화재의 경계·진압활동** 보기 ②
  ㉡ 구조·구급업무의 지원
  ㉢ 화재조사활동 보기 ④
(2) 응원출동 대상지역 및 규모
(3) **소요경비**의 부담에 관한 사항
  ㉠ 출동대원의 수당·식사 및 의복의 수선 보기 ③
  ㉡ 소방장비 및 기구의 정비와 연료의 보급
(4) 응원출동의 요청방법
(5) 응원출동 훈련 및 평가

① 소방교육·훈련의 종류는 해당 없음

답 ①

48 소방시설 설치 및 관리에 관한 법령상 건축허가 등의 동의를 요구한 기관이 그 건축허가 등을 취소하였을 때, 취소한 날부터 최대 며칠 이내에 건축물 등의 시공지 또는 소재지를 관할하는 소방본부장 또는 소방서장에게 그 사실을 통보하여야 하는가?

① 3일   ② 4일
③ 7일   ④ 10일

해설 7일
(1) 옮긴 물건 등의 보관기간(화재예방법 시행령 17조)
(2) 건축허가 등의 **취소통보**(소방시설법 시행규칙 3조) 보기 ③
(3) **소방공사 감리원**의 **배치통보일**(공사업규칙 17조)
(4) 소방공사 감리결과 통보·보고일(공사업규칙 19조)

기억법 감배7(감 배치)

답 ③

49 다음 중 300만원 이하의 벌금에 해당되지 않는 것은?

① 등록수첩을 다른 자에게 빌려준 자
② 소방시설공사의 완공검사를 받지 아니한 자
③ 소방기술자가 동시에 둘 이상의 업체에 취업한 사람
④ 소방시설공사 현장에 감리원을 배치하지 아니한 자

해설 **300만원 이하**의 벌금
(1) 화재안전조사를 정당한 사유없이 거부·방해·기피(화재예방법 50조)
(2) **소방안전관리자**, **총괄소방안전관리자** 또는 **소방안전관리보조자 미선임**(화재예방법 50조)
(3) 위탁받은 업무종사자의 **비밀누설**(소방시설법 59조)
(4) 성능위주설계평가단 비밀누설(소방시설법 59조)
(5) 방염성능검사 합격표시 위조(소방시설법 59조)
(6) 다른 자에게 자기의 성명이나 상호를 사용하여 소방시설공사 등을 수급 또는 시공하게 하거나 소방시설업의 등록증·**등록수첩을 빌려준 자**(공사업법 37조) 보기 ①
(7) **감리원 미배치자**(공사업법 37조) 보기 ④
(8) 소방기술인정 자격수첩을 빌려준 자(공사업법 37조)
(9) **2 이상의 업체에 취업**한 자(공사업법 37조) 보기 ③
(10) 소방시설업자나 관계인 감독시 관계인의 업무를 방해하거나 비밀누설(공사업법 37조)

기억법 비3(비상)

② 200만원 이하의 과태료

답 ②

중요
200만원 이하의 과태료
(1) 소방용수시설·소화기구 및 설비 등의 설치명령 위반 (화재예방법 52조)
(2) 특수가연물의 저장·취급 기준 위반(화재예방법 52조)
(3) 한국119청소년단 또는 이와 유사한 명칭을 사용한 자(기본법 56조)
(4) 소방활동구역 출입(기본법 56조)
(5) 소방자동차의 출동에 지장을 준 자(기본법 56조)
(6) 한국소방안전원 또는 이와 유사한 명칭을 사용한 자(기본법 56조)
(7) 관계서류 미보관자(공사업법 40조)
(8) **소방기술자 미배치자**(공사업법 40조)
(9) **완공검사를 받지 아니한 자**(공사업법 40조)
(10) 하도급 미통지자(공사업법 40조)
(11) 방염성능기준 미만으로 방염한 자(공사업법 40조)

답 ②

50 소방시설 설치 및 관리에 관한 법령상 특정소방대상물 중 오피스텔은 어느 시설에 해당하는가?
17.03.문50
14.09.문54
11.06.문50
09.03.문56
① 숙박시설   ② 일반업무시설
③ 공동주택   ④ 근린생활시설

해설 소방시설법 시행령 [별표 2]
일반업무시설
(1) 금융업소
(2) 사무소
(3) 신문사
(4) **오**피스텔 보기 ②

기억법 업오(업어주세요!)

답 ②

51 소방시설 설치 및 관리에 관한 법령상 종사자수가 5명이고, 숙박시설이 모두 2인용 침대이며 침대수량은 50개인 청소년 시설에서 수용인원은 몇 명인가?
18.09.문43
17.03.문57
① 55   ② 75
③ 85   ④ 105

해설 소방시설법 시행령 [별표 7]
수용인원의 산정방법

특정소방대상물		산정방법
• 강의실 • 상담실 • 휴게실	• 교무실 • 실습실	바닥면적 합계 1.9m²
• 숙박 시설	침대가 있는 경우 →	종사자수 + 침대수
	침대가 없는 경우	종사자수 + 바닥면적 합계 3m²
• 기타		바닥면적 합계 3m²

• 강당 • 문화 및 집회시설, 운동시설 • 종교시설	바닥면적 합계 4.6m²

• **소수점 이하는 반올림**한다.

기억법 수반(수반! 동반!)

숙박시설(침대가 있는 경우)
=종사자수 + 침대수 = 5명+(2인용×50개)=105명

답 ④

52 다음 중 중급기술자에 해당하는 학력·경력 기준으로 옳은 것은?
① 박사학위를 취득한 후 2년 이상 소방관련업무를 수행한 사람
② 석사학위를 취득한 후 2년 이상 소방관련업무를 수행한 사람
③ 학사학위를 취득한 후 8년 이상 소방관련업무를 수행한 사람
④ 일반고등학교를 졸업 후 10년 이상 소방관련업무를 수행한 사람

해설 공사업규칙 [별표 4의 2]
소방기술자

구분	기술자격	학력·경력	경력
특급 기술자	① 소방기술사 ② 소방시설관리사+5년 ③ 건축사, 건축기계설비기술사, 건축전기설비기술사, 건설기계기술사, 공조냉동기계기술사, 화공기술사, 가스기술사+5년 ④ 소방설비기사+8년 ⑤ 소방설비산업기사+11년 ⑥ 위험물기능장+13년	—	—
고급 기술자	① 소방시설관리사 ② 건축사, 건축기계설비기술사, 건축전기설비기술사, 건설기계기술사, 공조냉동기계기술사, 화공기술사, 가스기술사+3년 ③ 소방설비기사+5년 ④ 소방설비산업기사+8년 ⑤ 위험물기능장+11년 ⑥ 위험물산업기사+13년	① 박사+1년 ② 석사+4년 ③ 학사+7년 ④ 전문학사+10년 ⑤ 고등학교(소방)+13년 ⑥ 고등학교(일반)+15년	① 학사+12년 ② 전문학사+15년 ③ 고등학교+18년 ④ 실무경력+22년
중급 기술자	① 건축사, 건축기계설비기술사, 건축전기설비기술사, 건설기계기술사, 공조냉동기계기술사, 화공기술사, 가스기술사 ② 소방설비기사 ③ 소방설비산업기사+3년 ④ 위험물기능장+5년 ⑤ 위험물산업기사+8년	① 박사 보기 ① ② 석사+2년 보기 ② ③ 학사+5년 보기 ③ ④ 전문학사+8년 ⑤ 고등학교(소방)+10년 ⑥ 고등학교(일반)+12년 보기 ④	① 학사+9년 ② 전문학사+12년 ③ 고등학교+15년 ④ 실무경력+18년

초급기술자	① 소방설비산업기사 ② 위험물기능장+2년 ③ 위험물산업기사+4년 ④ 위험물기능사+6년	① 석사 ② 학사 ③ 전문학사+2년 ④ 고등학교(소방)+3년 ⑤ 고등학교(일반)+5년	① 학사+3년 ② 전문학사+5년 ③ 고등학교+7년 ④ 실무경력+9년

① 박사학위를 가진 사람
③ 8년 이상 → 5년 이상
④ 10년 → 12년

답 ②

53
지정수량의 최소 몇 배 이상의 위험물을 취급하는 제조소에는 피뢰침을 설치해야 하는가? (단, 제6류 위험물을 취급하는 위험물제조소는 제외하고, 제조소 주위의 상황에 따라 안전상 지장이 없는 경우도 제외한다.)

① 5배
② 10배
③ 50배
④ 100배

해설 위험물규칙 〔별표 4〕
피뢰침의 설치
지정수량의 **10배** 이상의 위험물을 취급하는 제조소(제6류 위험물을 취급하는 위험물제조소 제외)에는 **피뢰침**을 설치하여야 한다(단, 제조소 주위의 상황에 따라 안전상 지장이 없는 경우에는 피뢰침을 설치하지 아니할 수 있음).

기억법 피10(피식 웃다!)

비교
위험물령 15조
예방규정을 정하여야 할 제조소 등
(1) **10배** 이상의 제조소·일반취급소 〔보기 ②〕
(2) **100배** 이상의 옥외저장소
(3) **150배** 이상의 옥내저장소
(4) **200배** 이상의 옥외탱크저장소
(5) 이송취급소
(6) 암반탱크저장소

기억법 0 제일
0 외
5 내
2 탱

답 ②

54
화재안전조사 결과 소방대상물의 위치·구조·설비 또는 관리의 상황이 화재나 재난·재해 예방을 위하여 보완될 필요가 있거나 화재가 발생하면 인명 또는 재산의 피해가 클 것으로 예상되는 때에 관계인에게 그 소방대상물의 개수·이전·제거, 사용의 금지 또는 제한, 사용폐쇄, 공사의 정지 또는 중지, 그 밖의 필요한 조치를 명할 수 있는 자로 틀린 것은?

① 시·도지사
② 소방서장
③ 소방청장
④ 소방본부장

해설 화재예방법 14조
화재안전조사 결과에 따른 조치명령
(1) **명령권자**: **소방**청장·**소방**본부장·**소방**서장(소방관서장)
(2) **명령사항**
㉠ 화재안전조사 조치명령
㉡ **이전**명령
㉢ **제거**명령
㉣ **개수**명령
㉤ **사용**의 **금지** 또는 제한명령, 사용폐쇄
㉥ **공사**의 **정지** 또는 중지명령

기억법 장본서 이제개사공

답 ①

55
다음 중 품질이 우수하다고 인정되는 소방용품에 대하여 우수품질인증을 할 수 있는 자는?

① 산업통상자원부장관
② 시·도지사
③ 소방청장
④ 소방본부장 또는 소방서장

해설 **소방청장**
(1) **방**염성능**검**사(소방시설법 21조)
(2) 소방박물관의 설립·운영(기본법 5조)
(3) 한국소방안전원의 정관 변경(기본법 43조)
(4) 한국소방안전원의 감독(기본법 48조)
(5) 소방대원의 소방교육·훈련 정하는 것(기본규칙 9조)
(6) 소방용품의 형식승인(소방시설법 37조)
(7) **우**수품**질**제품 **인증**(소방시설법 43조) 〔보기 ③〕

기억법 검방청(검사는 방청객)

답 ③

56
화재의 예방 및 안전관리에 관한 법령상 옮긴 물건 등의 보관기간은 해당 소방관서의 인터넷 홈페이지에 공고하는 기간의 종료일 다음 날부터 며칠로 하는가?

① 3일
② 5일
③ 7일
④ 14일

해설 **7일**
(1) 옮긴 물건 등의 보관기간(화재예방법 시행령 17조) 〔보기 ③〕
(2) 건축허가 등의 취소통보(소방시설법 시행규칙 3조)
(3) **소방공사 감리원**의 **배치**통보일(공사업규칙 17조)
(4) **소방공사 감리결과 통보·보고일**(공사업규칙 19조)

기억법 감배7(감 배치)

답 ③

57 소방시설 설치 및 관리에 관한 법령상 둘 이상의 특정소방대상물이 내화구조로 된 연결통로가 벽이 없는 구조로서 그 길이가 몇 m 이하인 경우 하나의 소방대상물로 보는가?

① 6
② 9
③ 10
④ 12

해설 소방시설법 시행령 〔별표 2〕
하나의 소방대상물로 보는 경우
둘 이상의 특정소방대상물이 내화구조의 복도 또는 통로(연결통로)로 연결된 경우로 하나의 소방대상물로 보는 경우

벽이 없는 경우	벽이 있는 경우
길이 6m 이하	길이 10m 이하

답 ①

58 제4류 위험물을 저장·취급하는 제조소에 "화기엄금"이란 주의사항을 표시하는 게시판을 설치할 경우 게시판의 색상은?

① 청색바탕에 백색문자
② 적색바탕에 백색문자
③ 백색바탕에 적색문자
④ 백색바탕에 흑색문자

해설 위험물규칙 〔별표 4〕
위험물제조소의 게시판 설치기준

위험물	주의사항	비고
• 제1류 위험물(알칼리금속의 과산화물) • 제3류 위험물(금수성 물질)	물기엄금	청색바탕에 백색문자
• 제2류 위험물(인화성 고체 제외)	화기주의	적색바탕에 백색문자 보기 ②
• 제2류 위험물(인화성 고체) • 제3류 위험물(자연발화성 물질) • 제4류 위험물 • 제5류 위험물	화기엄금	
• 제6류 위험물	별도의 표시를 하지 않는다.	

비교

위험물규칙 〔별표 19〕
위험물 운반용기의 주의사항

위험물		주의사항
제1류 위험물	알칼리금속의 과산화물	• 화기·충격주의 • 물기엄금 • 가연물 접촉주의
	기타	• 화기·충격주의 • 가연물 접촉주의

제2류 위험물	철분·금속분·마그네슘	• 화기주의 • 물기엄금
	인화성 고체	• 화기엄금
	기타	• 화기주의
제3류 위험물	자연발화성 물질	• 화기엄금 • 공기접촉엄금
	금수성 물질	• 물기엄금
제4류 위험물		• 화기엄금
제5류 위험물		• 화기엄금 • 충격주의
제6류 위험물		• 가연물 접촉주의

답 ②

59 소방시설을 구분하는 경우 소화설비에 해당되지 않는 것은?

① 스프링클러설비
② 제연설비
③ 자동확산소화기
④ 옥외소화전설비

해설 소방시설법 시행령 〔별표 1〕
소화설비
(1) 소화기구·자동확산소화기·자동소화장치(주거용 주방자동소화장치) 보기 ③
(2) 옥내소화전설비·옥외소화전설비 보기 ④
(3) 스프링클러설비·간이스프링클러설비·화재조기진압용 스프링클러설비 보기 ①
(4) 물분무소화설비·강화액소화설비

② 소화활동설비

비교

소방시설법 시행령 〔별표 1〕
소화활동설비
화재를 진압하거나 인명구조활동을 위하여 사용하는 설비
(1) **연**결송수관설비
(2) **연**결살수설비
(3) **연**소방지설비
(4) **무**선통신보조설비
(5) **제**연설비 보기 ②
(6) **비상콘**센트설비

기억법 3연무제비콘

답 ②

60 위험물안전관리법상 청문을 실시하여 처분해야 하는 것은?

① 제조소 등 설치허가의 취소
② 제조소 등 영업정지처분
③ 탱크시험자의 영업정지처분
④ 과징금 부과처분

해설 **위험물법 29조**
청문실시
(1) 제조소 등 설치허가의 취소 보기 ①
(2) 탱크시험자의 등록 취소

중요
위험물법 29조
청문실시자
(1) 시·도지사
(2) 소방본부장
(3) 소방서장

비교
공사업법 32조·소방시설법 49조
청문실시
(1) 소방시설업 등록취소처분(공사업법 32조)
(2) 소방시설업 영업정지처분(공사업법 32조)
(3) 소방기술인정 자격취소처분(공사업법 32조)
(4) 소방시설관리사 자격의 취소 및 정지(소방시설법 49조)
(5) 소방시설관리업의 등록취소 및 영업정지(소방시설법 49조)
(6) 소방용품의 형식승인 취소 및 제품검사 중지(소방시설법 49조)
(7) 우수품질인증의 취소(소방시설법 49조)
(8) 제품검사전문기관의 지정취소 및 업무정지(소방시설법 49조)
(9) 소방용품의 성능인증 취소(소방시설법 49조)

답 ①

제4과목 소방기계시설의 구조 및 원리

61 ★★★ 작동전압이 22900V의 고압의 전기기기가 있는 장소에 물분무소화설비를 설치할 때 전기기기와 물분무헤드 사이의 최소이격거리는 얼마로 해야 하는가?
17.03.문74
15.09.문79
14.09.문78
12.09.문79

① 70cm 이상   ② 80cm 이상
③ 110cm 이상 ④ 150cm 이상

해설 **물분무헤드의 이격거리**(NFPC 104 10조, NFTC 104 2.7.2)

전압	거리
66kV 이하 →	70cm 이상
66kV 초과 77kV 이하	80cm 이상
77kV 초과 110kV 이하	110cm 이상
110kV 초과 154kV 이하	150cm 이상
154kV 초과 181kV 이하	180cm 이상
181kV 초과 220kV 이하	210cm 이상
220kV 초과 275kV 이하	260cm 이상

기억법
66 → 70
77 → 80
110 → 110
154 → 150
181 → 180
220 → 210
275 → 260

• 22900V=22.9kV이므로 66kV 이하 적용

답 ①

62 ★★ 소화기구 및 자동소화장치의 화재안전기준에 의한 일반화재(A급 화재)에 적응성을 만족하지 못한 소화약제는?
18.09.문70
16.03.문80

① 포소화약제
② 강화액소화약제
③ 할론소화약제
④ 이산화탄소 소화약제

해설 **소화기구** 및 **자동소화장치**((NFTC 101 2.1.1.1)
일반화재(A급 화재)에 적응성이 있는 소화약제
(1) 할론소화약제 보기 ③
(2) 할로겐화합물 및 불활성기체 소화약제
(3) **인산염류** 소화약제(분말)
(4) **산알칼리** 소화약제
(5) 강화액소화약제 보기 ②
(6) 포소화약제 보기 ①
(7) 물·침윤소화약제
(8) **고체에어로졸**화합물
(9) 마른모래
(10) 팽창질석·팽창진주암

④ B·C급 적응 소화약제

비교
전기화재(C급 화재)에 적응성이 있는 소화약제
(1) 이산화탄소 소화약제 보기 ④
(2) 할론소화약제
(3) 할로겐화합물 및 불활성기체 소화약제
(4) 인산염류 소화약제(분말)
(5) **중탄산염류** 소화약제(분말)
(6) 고체에어로졸화합물

답 ④

63 ★ 거실제연설비 설계 중 배출량 선정에 있어서 고려하지 않아도 되는 사항은?
13.06.문61

① 예상제연구역의 수직거리
② 예상제연구역의 바닥면적
③ 제연설비의 배출방식
④ 자동식 소화설비 및 피난설비의 설치 유무

해설 **거실제연설비** 설계 중 **배출량** 선정시 고려사항
(1) 예상제연구역의 **수직거리** 보기①
(2) 예상제연구역의 **면적(바닥면적)**과 형태 보기②
(3) 공기의 유입방식과 제연설비의 **배출방식** 보기③

답 ④

64 ★★
폐쇄형 스프링클러헤드를 최고주위온도 40℃인 장소(공장 제외)에 설치할 경우 표시온도는 몇 ℃의 것을 설치하여야 하는가?

① 79℃ 미만
② 79℃ 이상 121℃ 미만
③ 121℃ 이상 162℃ 미만
④ 162℃ 이상

해설 **폐쇄형 스프링클러헤드**(NFTC 103 2.7.6)

설치장소의 최고주위온도	표시온도
39℃ 미만	**79**℃ 미만
39℃ 이상 **64**℃ 미만	→ 79℃ 이상 **121**℃ 미만 보기②
64℃ 이상 **106**℃ 미만	121℃ 이상 **162**℃ 미만
106℃ 이상	**162**℃ 이상

기억법	39	79
	64	121
	106	162

답 ②

65 ★★★
스프링클러헤드를 설치하지 않을 수 있는 장소로만 나열된 것은?

① 계단, 병실, 목욕실, 냉동창고의 냉동실, 아파트(대피공간 제외)
② 발전실, 수술실, 응급처치실, 통신기기실, 관람석이 없는 테니스장
③ 냉동창고의 냉동실, 변전실, 병실, 목욕실, 수영장 관람석
④ 수술실, 관람석이 없는 테니스장, 변전실, 발전실, 아파트(대피공간 제외)

해설 **스프링클러헤드 설치제외장소**(NFTC 103 2.12)
(1) 발전실
(2) 수술실
(3) 응급처치실
(4) 통신기기실
(5) 관람석이 없는 테니스장
(6) 직접 외기에 개방된 복도

비교 **스프링클러헤드 설치장소**
(1) **보**일러실
(2) 복도
(3) 슈퍼마켓
(4) 소매시장
(5) 위험물·특수가연물 취급장소
(6) 아파트

기억법 보스(BOSS)

답 ②

66 ★★★
학교, 공장, 창고시설에 설치하는 옥내소화전에서 가압송수장치 및 기동장치가 동결의 우려가 있는 경우 일부 사항을 제외하고는 주펌프와 동등 이상의 성능이 있는 별도의 펌프로서 내연기관의 기동과 연동하여 작동되거나 비상전원을 연결한 펌프를 추가 설치해야 한다. 다음 중 이러한 조치를 취해야 하는 경우는?

① 지하층이 없이 지상층만 있는 건축물
② 고가수조를 가압송수장치로 설치한 경우
③ 수원이 건축물의 최상층에 설치된 방수구보다 높은 위치에 설치된 경우
④ 건축물의 높이가 지표면으로부터 10m 이하인 경우

해설 학교, 공장, 창고시설에 설치하는 옥내소화전에 동결의 우려가 있는 경우 비상전원을 연결한 펌프 등의 설치제외장소(NFPC 102 5조, NFTC 102 2.2.1.10)

유효수량 $\frac{1}{3}$ 이상을 옥상에 설치하지 않아도 되는 경우 (30층 이상은 제외)

(1) **지하층**만 있는 건축물 보기①
(2) **고가수조**를 가압송수장치로 설치한 옥내소화전설비 보기②
(3) **수원**이 건축물의 최상층에 설치된 **방수구**보다 높은 위치에 설치된 경우 보기③
(4) 건축물의 높이가 지표면으로부터 **10m** 이하인 경우 보기④
(5) **가압수조**를 가압송수장치로 설치한 옥내소화전설비

① 지하층이 없이 지상층만 → 지하층만

답 ①

67 다음은 할론소화설비의 수동기동장치 점검내용으로 옳지 않은 것은?

① 방호구역마다 설치되어 있는지 점검한다.
② 방출지연용 비상스위치가 설치되어 있는지 점검한다.
③ 화재감지기와 연동되어 있는지 점검한다.
④ 조작부는 바닥으로부터 0.8m 이상 1.5m 이하의 위치에 설치되어 있는지 점검한다.

해설 **할론소화설비**의 **수동기동장치 점검내용**
(1) **방호구역**마다 설치되어 있는가? 보기①
(2) **방출지연용 비상스위치**가 설치되어 있는가? 보기②
(3) **음향경보장치**와 연동되어 있는가? 보기③
(4) 조작부는 바닥으로부터 **0.8~1.5m** 이하의 위치에 설치되어 있는가? 보기④
(5) 조작부의 보호판 및 기동장치의 표지상태는 양호한가?

③ 화재감지기 → 음향경보장치

답 ③

68 화재시 연기가 찰 우려가 없는 장소로서 호스릴 분말소화설비를 설치할 수 있는 기준 중 다음 ( ) 안에 알맞은 것은?

- 지상 1층 및 피난층에 있는 부분으로서 지상에서 수동 또는 원격조작에 따라 개방할 수 있는 개구부의 유효면적의 합계가 바닥면적의 (㉠)% 이상이 되는 부분
- 전기설비가 설치되어 있는 부분 또는 다량의 화기를 사용하는 부분의 바닥면적이 해당 설비가 설치되어 있는 구획의 바닥면적의 (㉡) 미만이 되는 부분

① ㉠ 15, ㉡ $\frac{1}{5}$ ② ㉠ 15, ㉡ $\frac{1}{2}$
③ ㉠ 20, ㉡ $\frac{1}{5}$ ④ ㉠ 20, ㉡ $\frac{1}{2}$

해설 **호스릴 분말 · 호스릴 이산화탄소 · 호스릴 할론소화설비** 설치장소(NFPC 108 11조(NFTC 108 2.8.3), NFPC 106 10조 (NFTC 106 2.7.3), NFPC 107 10조(NFTC 107 2.7.3))
(1) **지상 1층** 및 **피난층**에 있는 부분으로서 지상에서 수동 또는 원격조작에 따라 개방할 수 있는 개구부의 유효면적의 합계가 바닥면적의 **15% 이상**이 되는 부분 보기㉠
(2) 전기설비가 설치되어 있는 부분 또는 다량의 화기를 사용하는 부분(해당 설비의 주위 **5m 이내**의 부분 포함)의 바닥면적이 해당 설비가 설치되어 있는 구획의 바닥면적의 $\frac{1}{5}$ 미만이 되는 부분 보기㉡

답 ①

69 다음 ( ) 안에 들어가는 기기로 옳은 것은?

- 분말소화약제의 가압용 가스용기를 3병 이상 설치한 경우에는 2개 이상의 용기에 (㉠)를 부착하여야 한다.
- 분말소화약제의 가압용 가스용기에는 2.5MPa 이하의 압력에서 조정이 가능한 (㉡)를 설치하여야 한다.

① ㉠ 전자개방밸브, ㉡ 압력조정기
② ㉠ 전자개방밸브, ㉡ 정압작동장치
③ ㉠ 압력조정기, ㉡ 전자개방밸브
④ ㉠ 압력조정기, ㉡ 정압작동장치

해설 (1) **전자개방밸브 부착**(NFTC 106 2.3.2.2 / NFPC 108 5·7조, NFTC 108 2.2.2, 2.4.2.2)

분말소화약제 가압용 가스용기	이산화탄소·분말 소화설비 전기식 기동장치
3병 이상 설치한 경우 **2개** 이상 보기㉠	**7병** 이상 개방시 **2병** 이상

기억법 이7(이치)

(2) **압력조정기**(압력조정장치)의 **압력**(NFPC 107 4조, NFTC 107 2.1.5 / NFPC 108 5조, NFTC 108 2.2.3)

할론소화설비	분말소화설비(분말소화약제)
2MPa 이하	**2.5MPa** 이하 보기㉡

기억법 분압25(분압이오.)

답 ①

70 이산화탄소 소화약제의 저장용기에 관한 일반적인 설명으로 옳지 않은 것은?

① 방호구역 내의 장소에 설치하되 피난구 부근을 피하여 설치할 것
② 온도가 40℃ 이하이고, 온도변화가 작은 곳에 설치할 것
③ 직사광선 및 빗물이 침투할 우려가 없는 곳에 설치할 것
④ 용기 간의 간격은 점검에 지장이 없도록 3cm 이상의 간격을 유지할 것

해설 **이산화탄소 소화약제 저장용기 설치기준**(NFPC 106 4조, NFTC 106 2.1.1)
(1) 온도가 **40℃** 이하인 장소 보기②
(2) **방호구역 외**의 장소에 설치할 것
(3) **직사광선** 및 **빗물**이 침투할 우려가 없는 곳 보기③
(4) **온도의 변화**가 작은 곳에 설치 보기②
(5) **방화문**으로 구획된 실에 설치할 것
(6) 방호구역 내에 설치할 경우에는 피난 및 조작이 용이하도록 **피난구 부근에 설치** 보기①

(7) 용기의 설치장소에는 해당 용기가 설치된 곳임을 표시하는 표지할 것
(8) 용기 간의 간격은 점검에 지장이 없도록 **3cm 이상**의 간격 유지 보기 ④
(9) 저장용기와 집합관을 연결하는 연결배관에는 **체크밸브** 설치

① 설치하되 피난구 부근을 피하여 설치할 것 → 설치한 경우에는 피난구 부근에 설치할 것

답 ①

71 다음 중 피난사다리 하부지지점에 미끄럼 방지장치를 설치하여야 하는 것은?
① 내림식 사다리 ② 올림식 사다리
③ 수납식 사다리 ④ 신축식 사다리

해설 **사다리**의 **구조**(피난사다리의 형식승인 및 제품검사의 기술기준 5·6조)

올림식 사다리의 구조	내림식 사다리의 구조
① **상부지지점**(끝부분으로부터 60cm 이내의 임의의 부분)에 미끄러지거나 넘어지지 아니하도록 하기 위하여 **안전장치** 설치	① 사용시 소방대상물로부터 **10cm 이상**의 거리를 유지하기 위한 유효한 돌자를 횡봉의 위치마다 설치
② **하부지지점**에서는 미끄러짐을 막는 장치 설치	② 종봉의 끝부분에는 가변식 걸고리 또는 걸림장치가 부착되어 있을 것
③ **신축하는 구조**인 것은 사용할 때 자동적으로 작동하는 **축제방지장치** 설치	③ 걸림장치 등은 쉽게 이탈하거나 파손되지 아니하는 구조일 것
④ **접어지는 구조**인 것은 사용할 때 자동적으로 작동하는 **접힘방지장치** 설치	④ 하향식 피난구용 내림식 사다리는 사다리를 접거나 천천히 펼쳐지게 하는 완강장치를 부착할 수 있다.
	⑤ 하향식 피난구용 내림식 사다리는 한 번의 동작으로 사용 가능한 구조일 것

중요
피난사다리의 **중량기준**(피난사다리의 형식승인 및 제품검사의 기술기준 9조)

올림식 사다리	내림식 사다리 (하향식 피난구용 제외)
35kg₁ 이하	20kg₁ 이하

답 ②

72 포소화약제의 혼합장치 중 펌프의 토출관에 압입기를 설치하여 포소화약제 압입용 펌프로 포소화약제를 압입시켜 혼합하는 방식은?

19.03.문79
15.05.문80
13.03.문78
12.05.문64

① 펌프 프로포셔너방식
② 프레져사이드 프로포셔너방식
③ 라인 프로포셔너방식
④ 프레져 프로포셔너방식

해설 **포소화약제**의 **혼합장치**(NFPC 105 3·9조, NFTC 105 1.7, 2.6.1)

(1) **펌프 프로포셔너방식(펌프 혼합방식)**
㉠ 펌프 토출측과 흡입측에 바이패스를 설치하고, 그 바이패스의 도중에 설치한 어댑터(adaptor)로 펌프 토출측 수량의 일부를 통과시켜 공기포용액을 만드는 방식
㉡ 펌프의 **토출관**과 **흡입관** 사이의 배관 도중에 설치한 흡입기에 펌프에서 토출된 물의 일부를 보내고 **농도조정밸브**에서 조정된 포소화약제의 필요량을 포소화약제 탱크에서 펌프 흡입측으로 보내어 약제를 혼합하는 방식

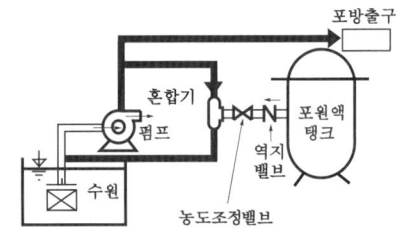

| 펌프 프로포셔너방식 |

(2) **프레져 프로포셔너방식(차압 혼합방식)**
㉠ 가압송수관 도중에 공기포 소화원액 혼합조(P.P.T)와 혼합기를 접속하여 사용하는 방법
㉡ **격막방식 휨탱크**를 사용하는 에어휨 혼합방식
㉢ 펌프와 발포기의 중간에 설치된 벤투리관의 **벤투리작용**과 펌프 가압수의 **포소화약제 저장탱크**에 대한 압력에 의하여 포소화약제를 흡입·혼합하는 방식

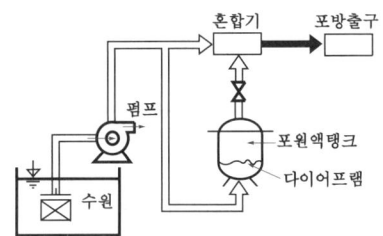

| 프레져 프로포셔너방식 |

(3) **라인 프로포셔너방식(관로 혼합방식)**
㉠ 급수관의 배관 도중에 포소화약제 흡입기를 설치하여 그 흡입관에서 소화약제를 흡입하여 혼합하는 방식
㉡ 펌프와 발포기의 중간에 설치된 벤투리관의 **벤투리작용**에 의하여 포소화약제를 흡입·혼합하는 방식

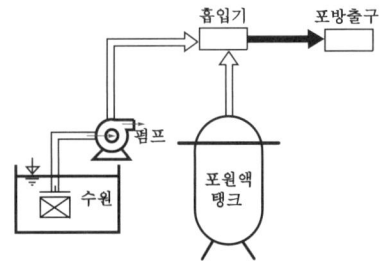

| 라인 프로포셔너방식 |

(4) **프레져사이드 프로포셔너방식(압입 혼합방식)**
㉠ 소화원액 가압펌프(압입용 펌프)를 별도로 사용하는 방식
㉡ 펌프 **토출관**에 압입기를 설치하여 포소화약제 **압입용 펌프**로 포소화약제를 압입시켜 혼합하는 방식 보기 ②

기억법 프사압

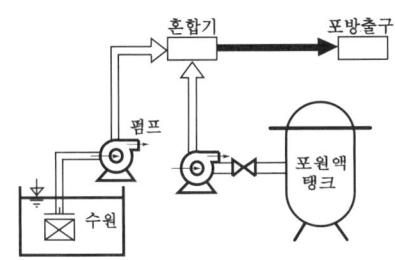

프레져사이드 프로포셔너방식

(5) **압축공기포 믹싱챔버방식** : 포수용액에 공기를 강제로 주입시켜 **원거리 방수**가 가능하고 물 사용량을 줄여 **수손피해**를 **최소화**할 수 있는 방식

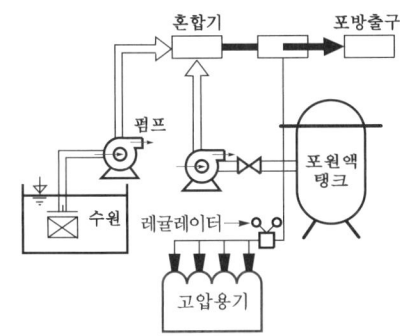

압축공기포 믹싱챔버방식

답 ②

73

제연설비에서 예상제연구역의 각 부분으로부터 하나의 배출구까지의 수평거리를 몇 m 이내가 되도록 하여야 하는가?

① 10m ② 12m
③ 15m ④ 20m

해설 수평거리 및 보행거리
(1) 수평거리

구 분	설 명
수평거리 10m 이하	• 예상제연구역~배출구 보기 ①
수평거리 15m 이하	• 분말호스릴 • 포호스릴 • CO₂호스릴
수평거리 20m 이하	• 할론호스릴
수평거리 25m 이하	• 옥내소화전 방수구(호스릴 포함) • 포소화전 방수구 • 연결송수관 방수구(지하가) • 연결송수관 방수구(지하층 바닥면적 3000m² 이상)
수평거리 40m 이하	• 옥외소화전 방수구
수평거리 50m 이하	• 연결송수관 방수구(사무실)

(2) 보행거리

구 분	설 명
보행거리 20m 이하	소형소화기
보행거리 30m 이하	대형소화기 기억법 대3(대상을 받다.)

답 ①

74

상수도 소화용수설비의 소화전은 특정소방대상물의 수평투영면의 각 부분으로부터 최대 몇 m 이하가 되도록 설치하는가?

① 25m ② 40m
③ 100m ④ 140m

해설 상수도 소화용수설비의 기준(NFPC 401 4조, NFTC 401 2.1)
(1) 호칭지름

수도배관	소화전
75mm 이상	100mm 이상
기억법 수75(수지침으로 치료)	기억법 소1(소일거리)

(2) 소화전은 소방자동차 등의 진입이 쉬운 **도로변** 또는 **공지**에 설치할 것
(3) 소화전은 특정소방대상물의 수평투영면의 각 부분으로부터 **140m** 이하가 되도록 설치할 것 보기 ④
(4) 지상식 소화전의 호스접결구는 지면으로부터 높이가 0.5m 이상 1m 이하가 되도록 설치할 것

기억법 용14

답 ④

75

물분무소화설비 가압송수장치의 토출량에 대한 최소기준으로 옳은 것은? (단, 특수가연물을 저장·취급하는 특정소방대상물 및 차고·주차장의 바닥면적은 50m² 이하인 경우는 50m²를 기준으로 한다.)

① 차고 또는 주차장의 바닥면적 1m²에 대해 10L/min로 20분간 방수할 수 있는 양 이상
② 특수가연물을 저장·취급하는 특정소방대상물의 바닥면적 1m²에 대해 20L/min로 20분간 방수할 수 있는 양 이상
③ 케이블트레이, 케이블덕트는 투영된 바닥면적 1m²에 대해 10L/mim로 20분간 방수할 수 있는 양 이상
④ 절연유 봉입변압기는 바닥면적을 제외한 표면적을 합한 면적 1m²에 대해 10L/min로 20분간 방수할 수 있는 양 이상

해설 **물분무소화설비**의 **수원**(NFPC 104 4조, NFTC 104 2.1.1)

특정소방 대상물	토출량	비고
컨베이어벨트	10L/min·m²	벨트부분의 바닥면적
절연유 봉입변압기	10L/min·m²	표면적을 합한 면적(바닥 면적 제외) 보기 ④
특수가연물	10L/min·m² (최소 50m²)	최대방수구역의 바닥면적 기준 보기 ②
케이블트레이 ·덕트	12L/min·m²	투영된 바닥면적 보기 ③
차고·주차장	20L/min·m² (최소 50m²)	최대방수구역의 바닥면적 기준 보기 ①
위험물 저장탱크	37L/min·m	위험물탱크 둘레길이(원주 길이) : 위험물규칙〔별표 6〕Ⅱ

※ 모두 **20분**간 방수할 수 있는 양 이상으로 하여야 한다.

① 10L → 20L
② 20L → 10L
③ 10L → 12L

답 ④

76 피난기구 설치기준으로 옳지 않은 것은?

16.03.문74
13.03.문70

① 피난기구는 소방대상물의 기둥·바닥·보, 기타 구조상 견고한 부분에 볼트조임·매입·용접, 기타의 방법으로 견고하게 부착할 것
② 2층 이상의 층에 피난사다리(하향식 피난구용 내림식 사다리는 제외한다)를 설치하는 경우에는 금속성 고정사다리를 설치하고, 피난에 방해되지 않도록 노대는 설치되지 않아야 할 것
③ 승강식 피난기 및 하향식 피난구용 내림식 사다리는 설치경로가 설치층에서 피난층까지 연계될 수 있는 구조로 설치할 것. 다만, 건축물의 구조 및 설치여건상 불가피한 경우에는 그러하지 아니한다.
④ 승강식 피난기 및 하향식 피난구용 내림식 사다리의 하강구 내측에는 기구의 연결금속구 등이 없어야 하며 전개된 피난기구는 하강구 수평투영면적 공간 내의 범위를 침범하지 않는 구조이어야 할 것. 단, 직경 60cm 크기의 범위를 벗어난 경우이거나, 직하층의 바닥면으로부터 높이 50cm 이하의 범위는 제외한다.

해설 **피난기구**의 **설치기준**(NFPC 301 5조, NFTC 301 2.1.3)
(1) 피난기구는 소방대상물의 기둥·바닥·보, 기타 구조상 견고한 부분에 **볼트조임·매입·용접**, 기타의 방법으로 견고하게 부착할 것 보기 ①
(2) **4층 이상**의 층에 피난사다리(**하향식 피난구용 내림식 사다리는 제외**)를 설치하는 경우에는 **금속성 고정사다리**를 설치하고, 당해 고정사다리에는 쉽게 피난할 수 있는 구조의 **노대**를 설치할 것 보기 ②
(3) 승강식 피난기 및 하향식 피난구용 내림식 사다리는 설치경로가 설치층에서 **피난층**까지 연계될 수 있는 구조로 설치할 것(단, 건축물 구조 및 설치여건상 불가피한 경우는 제외) 보기 ③
(4) 승강식 피난기 및 하향식 피난구용 내림식 사다리의 하강구 내측에는 기구의 **연결금속구** 등이 없어야 하며 전개된 피난기구는 하강구 수평투영면적 공간 내의 범위를 침범하지 않는 구조이어야 할 것(단, 직경 **60cm** 크기의 범위를 벗어난 경우이거나, 직하층의 바닥면으로부터 높이 **50cm** 이하의 범위는 제외) 보기 ④
(5) 피난기구를 설치하는 **개구부**는 서로 **동일 직선상**이 **아닌 위치**에 있을 것

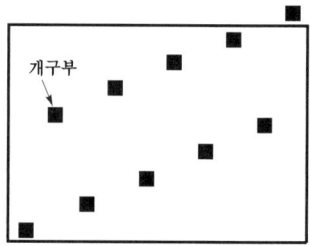

동일 직선상이 아닌 위치

② 2층 이상 → 4층 이상

답 ②

77 포소화설비의 자동식 기동장치를 폐쇄형 스프링클러헤드의 개방과 연동하여 가압송수장치·일제개방밸브 및 포소화약제 혼합장치를 기동하는 경우 다음 (   ) 안에 알맞은 것은? (단, 자동화재탐지설비의 수신기가 설치된 장소에 상시 사람이 근무하고 있고, 화재시 즉시 해당 조작부를 작동시킬 수 있는 경우는 제외한다.)

17.03.문69
14.05.문65
13.09.문64

표시온도가 (㉠)℃ 미만인 것을 사용하고, 1개의 스프링클러헤드의 경계면적은 (㉡)m² 이하로 할 것

① ㉠ 79, ㉡ 8
② ㉠ 121, ㉡ 8
③ ㉠ 79, ㉡ 20
④ ㉠ 121, ㉡ 20

해설 **자동식 기동장치**(폐쇄형 헤드 개방방식)(NFPC 105 11조, NFTC 105 2.8.2.1)
(1) 표시온도가 **79℃** 미만인 것을 사용하고, 1개의 스프링클러헤드의 **경계면적**은 **20m²** 이하 보기 ㉠㉡

(2) 부착면의 높이는 바닥으로부터 **5m** 이하로 하고, 화재를 유효하게 감지할 수 있도록 함
(3) 하나의 감지장치 경계구역은 하나의 **층**이 되도록 함

기억법 경27 자동(**경**이롭다. **자동**차!)

답 ③

78 ★★

다음 평면도와 같이 반자가 있는 어느 실내에 전등이나 공조용 디퓨져 등의 시설물을 무시하고 수평거리를 2.1m로 하여 스프링클러헤드를 정방형으로 설치하고자 할 때 최소 몇 개의 헤드를 설치해야 하는가? (단, 반자 속에는 헤드를 설치하지 아니하는 것으로 본다.)

14.03.문67
99.04.문63

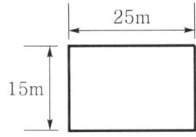

① 24개 ② 42개
③ 54개 ④ 72개

해설 (1) 기호
- R : 2.1m

(2) 정방형 헤드간격

$$S = 2R\cos 45°$$

여기서, S : 헤드간격[m]
R : 수평거리[m]

헤드간격 S는
$S = 2R\cos 45°$
$\;\;= 2 \times 2.1\text{m} \times \cos 45°$
$\;\;= 2.97\text{m}$

가로 설치 헤드개수 = 25÷2.97m=9개
세로 설치 헤드개수 = 15÷2.97m=6개
∴ 9×6=54개

답 ③

79 ★★★

특정소방대상물별 소화기구의 능력단위의 기준 중 다음 ( ) 안에 알맞은 것은?

18.09.문79
17.03.문63
16.05.문65
15.09.문78
14.03.문71
05.03.문72

특정소방대상물	소화기구의 능력단위
장례식장 및 의료시설	해당 용도의 바닥면적 (㉠)m² 마다 능력단위 1단위 이상
노유자시설	해당 용도의 바닥면적 (㉡)m² 마다 능력단위 1단위 이상
위락시설	해당 용도의 바닥면적 (㉢)m² 마다 능력단위 1단위 이상

① ㉠ 30, ㉡ 50, ㉢ 100
② ㉠ 30, ㉡ 100, ㉢ 50
③ ㉠ 50, ㉡ 100, ㉢ 30
④ ㉠ 50, ㉡ 30, ㉢ 100

해설 **특정소방대상물별 소화기구의 능력단위기준**(NFTC 101 2.1.1.2)

특정소방대상물	소화기구의 능력단위	건축물의 주요 구조부가 내화구조이고, 벽 및 반자의 실내에 면하는 부분이 **불연재료**·**준불연재료** 또는 난연재료로 된 특정소방대상물의 능력단위
• **위**락시설 기억법 위3(위상)	바닥면적 **30m²**마다 1단위 이상 보기 ㉢	바닥면적 60m²마다 1단위 이상
• **공**연장 • **집**회장 • **관람**장 및 **문**화재 • **의료**시설·**장례**식장 기억법 5공연장 문의 집관람 (손오공 연장 문의 집관람)	바닥면적 **50m²**마다 1단위 이상 보기 ㉠	바닥면적 100m²마다 1단위 이상
• **근**린생활시설 • **판**매시설 • **운**수시설 • **숙**박시설 • **노**유자시설 • **전**시장 • 공동**주**택 • **업**무시설 • **방**송통신시설 • 공**장**·**창**고 • **항**공기 및 자동**차** 관련 시설 및 **관광**휴게시설 기억법 근판숙노전 주업방차창 1항관광(근판숙노전 주업방차창 일본항 관광)	바닥면적 **100m²**마다 1단위 이상 보기 ㉡	바닥면적 200m²마다 1단위 이상
• 그 밖의 것	바닥면적 200m²마다 1단위 이상	바닥면적 400m²마다 1단위 이상

답 ③

80 소화용수설비 중 소화수조 및 저수조에 대한 설명으로 틀린 것은?

① 소화수조, 저수조의 채수구 또는 흡수관투입구는 소방차가 2m 이내의 지점까지 접근할 수 있는 위치에 설치할 것
② 지하에 설치하는 소화용수설비의 흡수관투입구는 그 한 변이 0.6m 이상이거나 직경이 0.6m 이상인 것으로 할 것
③ 채수구는 지면으로부터의 높이가 0.5m 이상 1m 이하의 위치에 설치하고 "채수구"라고 표시한 표지를 할 것
④ 소화수조가 옥상 또는 옥탑의 부분에 설치된 경우에는 지상에 설치된 채수구에서의 압력이 0.1MPa 이상이 되도록 할 것

해설 **소화용수설비**의 **설치기준**(NFPC 402 4·5조, NFTC 402 2.1.1, 2.2)
(1) 소화수조 또는 저수조가 지표면으로부터의 깊이가 **4.5m** 이상인 지하에 있는 경우에는 소요수량을 고려하여 가압송수장치를 설치할 것
(2) 소화수조 및 저수조의 채수구 또는 흡수관투입구는 소방차가 **2m** 이내의 지점까지 접근할 수 있는 위치에 설치할 것 보기 ①
(3) 소화수조가 **옥상** 또는 옥탑부분에 설치된 경우에는 지상에 설치된 채수구에서의 압력 **0.15MPa** 이상 되도록 한다. 보기 ④
(4) 지하에 설치하는 소화용수설비의 흡수관투입구는 그 한 변이 0.6m 이상이거나 직경이 0.6m 이상인 것으로 할 것 보기 ②
(5) 채수구는 지면으로부터의 높이가 0.5m 이상 1m 이하의 위치에 설치하고 '**채수구**'라고 표시한 표지를 할 것 보기 ③

기억법 옥15

답 ④

2019. 9. 21 시행

2019년 기사 제4회 필기시험

자격종목	종목코드	시험시간	형별
소방설비기사(기계분야)		2시간	

※ 각 문항은 4지택일형으로 질문에 가장 적합한 보기 항을 선택하여 체크하여야 합니다.

제1과목 소방원론

01 특정소방대상물(소방안전관리대상물은 제외)의 관계인과 소방안전관리대상물의 소방안전관리자의 업무가 아닌 것은?

① 화기취급의 감독
② 자체소방대의 운용
③ 소방관련시설의 관리
④ 피난시설, 방화구획 및 방화시설의 관리

해설 화재예방법 24조 ⑤항
관계인 및 소방안전관리자의 업무

특정소방대상물 (관계인)	소방안전관리대상물 (소방안전관리자)
• 피난시설 · 방화구획 및 방화시설의 관리 보기 ④ • 소방시설, 그 밖의 소방관련시설의 관리 보기 ③ • **화기취급의 감독** 보기 ① • 소방안전관리에 필요한 업무 • 화재발생시 초기대응	• 피난시설 · 방화구획 및 방화시설의 관리 보기 ④ • 소방시설, 그 밖의 소방관련시설의 관리 보기 ③ • **화기취급의 감독** 보기 ① • 소방안전관리에 필요한 업무 • **소방계획서**의 작성 및 시행(대통령령으로 정하는 사항 포함) • **자위소방대** 및 **초기대응체계**의 구성 · 운영 · 교육 • 소방훈련 및 교육 • 소방안전관리에 관한 업무수행에 관한 기록 · 유지 • 화재발생시 초기대응

② 자체소방대의 운용 → 자위소방대의 운영

용어

특정소방대상물	소방안전관리대상물
건축물 등의 규모 · 용도 및 수용인원 등을 고려하여 소방시설을 설치하여야 하는 소방대상물로서 대통령령으로 정하는 것	대통령령으로 정하는 특정소방대상물

답 ②

02 다음 중 인화점이 가장 낮은 물질은?

① 산화프로필렌   ② 이황화탄소
③ 메틸알코올   ④ 등유

해설 인화점 vs 착화점(발화점)

물 질	인화점	착화점
• 프로필렌	−107°C	497°C
• 에틸에터 • 다이에틸에터	−45°C	180°C
• 가솔린(휘발유)	−43°C	300°C
• **산화프로필렌**	**−37°C** 보기 ①	465°C
• **이황화탄소**	**−30°C** 보기 ②	100°C
• 아세틸렌	−18°C	335°C
• 아세톤	−18°C	538°C
• 벤젠	−11°C	562°C
• 톨루엔	4.4°C	480°C
• **메틸알코올**	**11°C** 보기 ③	464°C
• 에틸알코올	13°C	423°C
• 아세트산	40°C	−
• **등유**	**43~72°C** 보기 ④	210°C
• 경유	50~70°C	200°C
• 적린	−	260°C

• 착화점=발화점=착화온도=발화온도
• 인화점=인화온도

답 ①

03 다음 중 인명구조기구에 속하지 않는 것은?

① 방열복
② 공기안전매트
③ 공기호흡기
④ 인공소생기

19. 09. 시행 / 기사(기계)

해설 소방시설법 시행령 [별표 1]
피난구조설비
(1) 피난기구 ┬ 피난사다리
　　　　　　├ 구조대
　　　　　　├ 완강기
　　　　　　└ 소방청장이 정하여 고시하는 화재안전성능기준으로 정하는 것(미끄럼대, 피난교, 공기안전매트, 피난용 트랩, 다수인 피난장비, 승강식 피난기, 간이완강기, 하향식 피난구용 내림식 사다리) 보기②

(2) 인명구조기구 ┬ 방열복 보기①
　　　　　　　├ 방화복(안전모, 보호장갑, 안전화 포함)
　　　　　　　├ 공기호흡기 보기③
　　　　　　　└ 인공소생기 보기④

기억법 방화열공인

(3) 유도등 ┬ 피난유도선
　　　　　├ 피난구유도등
　　　　　├ 통로유도등
　　　　　├ 객석유도등
　　　　　└ 유도표지

(4) 비상조명등 · 휴대용 비상조명등

② 피난기구

답 ②

★★★ 04
18.04.문12 / 09.08.문19 / 06.09.문20
물의 소화력을 증대시키기 위하여 첨가하는 첨가제 중 물의 유실을 방지하고 건물, 임야 등의 입체면에 오랫동안 잔류하게 하기 위한 것은?

① 증점제　　② 강화액
③ 침투제　　④ 유화제

해설 물의 첨가제

첨가제	설명
강화액	알칼리금속염을 주성분으로 한 것으로 황색 또는 무색의 점성이 있는 수용액
침투제	① 침투성을 높여 주기 위해서 첨가하는 계면활성제의 총칭 ② 물의 소화력을 보강하기 위해 첨가하는 약제로서 물의 **표면장력**을 **낮추어** 침투 효과를 높이기 위한 첨가제
유화제	고비점 유류에 사용을 가능하게 하기 위한 것
증점제	① 물의 점도를 높여 줌 ② 물의 유실을 방지하고 건물, 임야 등의 입체면에 오랫동안 잔류하게 하기 위한 것 보기①
부동제	물이 저온에서 동결되는 단점을 보완하기 위해 첨가하는 액체

용어

Wet water	Wetting agent
침투제가 첨가된 물	주수소화시 물의 표면장력에 의해 연소물의 침투속도를 향상시키기 위해 첨가하는 침투제

답 ①

★★★ 05
17.03.문16 / 16.10.문07 / 16.03.문12 / 14.05.문11 / 13.03.문01 / 11.03.문04
가연물의 제거와 가장 관련이 없는 소화방법은?

① 유류화재시 유류공급밸브를 잠근다.
② 산불화재시 나무를 잘라 없앤다.
③ 팽창진주암을 사용하여 진화한다.
④ 가스화재시 중간밸브를 잠근다.

해설 제거소화의 예
(1) **가연성 기체** 화재시 **주밸브**를 **차단**한다(화학반응기의 화재시 원료공급관의 **밸브**를 **잠금**). 보기①
(2) **가연성 액체** 화재시 펌프를 이용하여 **연료**를 제거한다.
(3) **연료탱크**를 **냉각**하여 가연성 가스의 발생속도를 작게 하여 연소를 억제한다.
(4) 금속화재시 **불활성 물질**로 가연물을 덮는다.
(5) **목재**를 **방염**처리한다.
(6) 전기화재시 **전원**을 **차단**한다.
(7) 산불이 발생하면 화재의 진행방향을 앞질러 **벌목**한다(산불의 확산 방지를 위하여 **산림**의 **일부**를 **벌채**). 보기②
(8) 가스화재시 밸브를 잠궈 가스흐름을 차단한다. 보기④
(9) 불타고 있는 장작더미 속에서 아직 타지 않은 것을 안전한 곳으로 **운반**한다.
(10) 유류탱크 화재시 주변에 있는 유류탱크의 유류를 다른 곳으로 이동시킨다.
(11) **양초**를 입으로 불어서 끈다.

③ **질식소화** : 팽창진주암을 사용하여 진화한다.

용어

제거효과
가연물을 반응계에서 **제거**하든지 또는 반응계로의 공급을 정지시켜 소화하는 효과

답 ③

★★★ 06
할로겐화합물 소화약제는 일반적으로 열을 받으면 할로겐족(할로젠족)이 분해되어 가연물질의 연소과정에서 발생하는 활성종과 화합하여 연소의 연쇄반응을 차단한다. 연쇄반응의 차단과 가장 거리가 먼 소화약제는?

① FC-3-1-10　　② HFC-125
③ IG-541　　　　④ FIC-13I1

해설 할로겐화합물 및 불활성기체 소화약제의 종류

구분	할로겐화합물 소화약제	불활성기체 소화약제
정의	불소, 염소, 브로민 또는 아이오딘 중 하나 이상의 원소를 포함하고 있는 유기화합물을 기본성분으로 하는 소화약제	헬륨, 네온, 아르곤 또는 질소가스 중 하나 이상의 원소를 기본성분으로 하는 소화약제

종류	• FC-3-1-10 보기 ① • HCFC BLEND A • HCFC-124 • HFC-125 보기 ② • HFC-227ea • HFC-23 • HFC-236fa • FIC-13I1 보기 ④ • FK-5-1-12	• IG-01 • IG-100 • IG-541 보기 ③ • IG-55
저장 상태	액체	기체
효과	부촉매효과 (연쇄반응 차단)	질식효과

③ 질식효과

답 ③

07 CF_3Br 소화약제의 명칭을 옳게 나타낸 것은?

17.03.문05
16.10.문08
15.03.문04
14.09.문04
14.03.문02

① 할론 1011
② 할론 1211
③ 할론 1301
④ 할론 2402

해설 **할론소화약제**의 **약칭** 및 **분자식**

종류	약칭	분자식
할론 1011	CB	CH_2ClBr
할론 104	CTC	CCl_4
할론 1211	BCF	$CF_2ClBr(CClF_2Br)$
할론 1301	BTM	→CF_3Br
할론 2402	FB	$C_2F_4Br_2$

답 ③

08 불포화섬유지나 석탄에 자연발화를 일으키는 원인은?

18.03.문10
16.10.문05
16.03.문14
15.05.문19
15.03.문09
14.09.문09
14.09.문17
12.03.문09
09.05.문08
03.03.문13
02.09.문01

① 분해열
② 산화열
③ 발효열
④ 중합열

해설 **자연발화**의 형태

구 분	종 류
분해열	① 셀룰로이드 ② 나이트로셀룰로오스
산화열	① **건**성유(정어리유, 아마인유, 해바라기유) ② **석**탄 보기 ② ③ **원**면 ④ **고**무분말 ⑤ 불포화섬유지

발효열	① 퇴비 ② 먼지 ③ 곡물
흡착열	① 목탄 ② 활성탄

기억법 산건석원고

답 ②

09 프로판가스의 연소범위[vol%]에 가장 가까운 것은?

14.09.문16
12.03.문12
10.09.문02

① 9.8~28.4
② 2.5~81
③ 4.0~75
④ 2.1~9.5

해설 (1) 공기 중의 폭발한계

가 스	하한계 (하한점, [vol%])	상한계 (상한점, [vol%])
아세틸렌(C_2H_2)	2.5	81
수소(H_2)	4	75
일산화탄소(CO)	12	75
에터($C_2H_5OC_2H_5$)	1.7	48
이황화탄소(CS_2)	1	50
에틸렌(C_2H_4)	2.7	36
암모니아(NH_3)	15	25
메탄(CH_4)	5	15
에탄(C_2H_6)	3	12.4
프로판(C_3H_8) 보기 ④ →	2.1	9.5
부탄(C_4H_{10})	1.8	8.4

(2) 폭발한계와 같은 의미
㉠ 폭발범위
㉡ 연소한계
㉢ 연소범위
㉣ 가연한계
㉤ 가연범위

답 ④

10 화재시 이산화탄소를 방출하여 산소농도를 13vol%로 낮추어 소화하기 위한 공기 중 이산화탄소의 농도는 약 몇 vol%인가?

17.05.문01
15.05.문13
14.05.문07
13.09.문16
12.05.문14

① 9.5
② 25.8
③ 38.1
④ 61.5

해설 이산화탄소의 농도

$$CO_2 = \frac{21-O_2}{21} \times 100$$

여기서, CO_2 : CO_2의 농도[vol%]
O_2 : O_2의 농도[vol%]

$$CO_2 = \frac{21-O_2}{21} \times 100 = \frac{21-13}{21} \times 100 ≒ 38.1 vol\%$$

중요
이산화탄소 소화설비와 관련된 식

$$CO_2 = \frac{방출가스량}{방호구역체적 + 방출가스량} \times 100$$
$$= \frac{21 - O_2}{21} \times 100$$

여기서, CO_2 : CO_2의 농도[vol%]
 O_2 : O_2의 농도[vol%]

$$방출가스량 = \frac{21 - O_2}{O_2} \times 방호구역체적$$

여기서, O_2 : O_2의 농도[vol%]

답 ③

11 화재의 지속시간 및 온도에 따라 목재건물과 내화건물을 비교했을 때, 목재건물의 화재성상으로 가장 적합한 것은?

① 저온장기형이다.   ② 저온단기형이다.
③ 고온장기형이다.   ④ 고온단기형이다.

해설 (1) **목조건물**(목재건물)
 ㉠ 화재성상 : **고온단**기형 [보기 ④]
 ㉡ 최고온도(최성기온도) : **1300℃**

기억법 **목고단 13**

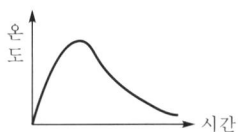
목조건물의 표준 화재온도-시간곡선

(2) 내화건물
 ㉠ 화재성상 : 저온장기형
 ㉡ 최고온도(최성기온도) : 900~1000℃

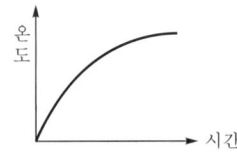
내화건물의 표준 화재온도-시간곡선

답 ④

12 에터, 케톤, 에스터, 알데하이드, 카르복실산, 아민 등과 같은 가연성인 수용성 용매에 유효한 포 소화약제는?

① 단백포   ② 수성막포
③ 불화단백포 ④ 내알코올포

해설 **내알코올형포**(알코올포) [보기 ④]
(1) **알**코올류 위험물(**메**탄올)의 소화에 사용
(2) **수**용성 유류화재(**아**세트알데하이드, **에**스터류)에 사용 : 수용성 용매에 사용
(3) **가**연성 액체에 사용

기억법 **내알 메아에가**

• 메탄올 = 메틸알코올

참고
포소화약제의 특징

약제의 종류	특징
단백포	① 흑갈색이다. ② 냄새가 지독하다. ③ 포안정제로서 **제1철염**을 첨가한다. ④ 다른 포약제에 비해 **부식성**이 **크다**.
수성막포	① 안전성이 좋아 장기보관이 가능하다. ② 내약품성이 좋아 **분말소화약제**와 **겸용** 사용이 가능하다. ③ 석유류 표면에 신속히 피막을 형성하여 유류증발을 억제한다. ④ 일명 AFFF(Aqueous Film Forming Foam)라고 한다. ⑤ 점성이 작기 때문에 가연성 기름의 표면에서 쉽게 피막을 형성한다. ⑥ 단백포 소화약제와도 병용이 가능하다. 기억법 **분수**
불화단백포	① 소화성능이 가장 우수하다. ② 단백포와 수성막포의 결점인 열안정성을 보완시킨다. ③ **표면하 주입방식**에도 적합하다.
합성 계면 활성제포	① **저**팽창포와 **고**팽창포 모두 사용이 가능하다. ② 유동성이 좋다. ③ 카바이트 저장소에는 부적합하다. 기억법 **합저고**

• 저팽창포 = 저발포
• 고팽창포 = 고발포

답 ④

13 소화원리에 대한 설명으로 틀린 것은?

① 냉각소화 : 물의 증발잠열에 의해서 가연물의 온도를 저하시키는 소화방법
② 제거소화 : 가연성 가스의 분출화재시 연료공급을 차단시키는 소화방법
③ 질식소화 : 포소화약제 또는 불연성 가스를 이용해서 공기 중의 산소공급을 차단하여 소화하는 방법
④ 억제소화 : 불활성기체를 방출하여 연소범위 이하로 낮추어 소화하는 방법

해설 **소화의 형태**

구 분	설 명
냉각소화	① **점화원**을 냉각하여 소화하는 방법 ② **증발잠열**을 이용하여 열을 빼앗아 가연물의 온도를 떨어뜨려 화재를 진압하는 소화방법 [보기 ①] ③ **다량의 물**을 뿌려 소화하는 방법 ④ 가연성 물질을 **발화점 이하**로 **냉각**하여 소화하는 방법 ⑤ **식용유화재**에 신선한 **야채**를 넣어 소화하는 방법 ⑥ 용융잠열에 의한 **냉각효과**를 이용하여 소화하는 방법 [기억법] 냉점증발
질식소화	① 공기 중의 **산소농도**를 16%(10~15%) 이하로 희박하게 하여 소화하는 방법 ② 산화제의 농도를 낮추어 연소가 지속될 수 없도록 소화하는 방법 ③ **산소공급**을 차단하여 소화하는 방법 [보기 ③] ④ 산소의 농도를 낮추어 소화하는 방법 ⑤ 화학반응으로 발생한 **탄산가스**에 의한 소화방법 [기억법] 질산
제거소화	**가연물**을 **제거**하여 소화하는 방법 [보기 ②]
부촉매 소화 (억제소화, 화학소화)	① **연쇄반응**을 **차단**하여 소화하는 방법 ② 화학적인 방법으로 화재를 억제하여 소화하는 방법 ③ **활성기**(free radical, 자유라디칼)의 **생성**을 **억제**하여 소화하는 방법 ④ 할론계 소화약제 [기억법] 부억(부엌)
희석소화	① 기체·고체·액체에서 나오는 분해가스나 증기의 농도를 낮춰 소화하는 방법 ② 불연성 가스의 **공기 중 농도**를 높여 소화하는 방법 ③ 불활성기체를 방출하여 연소범위 이하로 낮추어 소화하는 방법 [보기 ④]

④ 억제소화 → 희석소화

중요

화재의 **소화원리**에 따른 **소화방법**

소화원리	소화설비
냉각소화	① 스프링클러설비 ② 옥내·외소화전설비
질식소화	① 이산화탄소 소화설비 ② 포소화설비 ③ 분말소화설비 ④ 불활성기체 소화약제
억제소화 (부촉매효과)	① 할론소화약제 ② 할로겐화합물 소화약제

답 ④

---

14 방화벽의 구조 기준 중 다음 ( ) 안에 알맞은 것은?

17.09.문16
13.03.문16
12.03.문10

- 방화벽의 양쪽 끝과 위쪽 끝을 건축물의 외벽면 및 지붕면으로부터 (㉠)m 이상 튀어 나오게 할 것
- 방화벽에 설치하는 출입문의 너비 및 높이는 각각 (㉡)m 이하로 하고, 해당 출입문에는 60분+방화문 또는 60분 방화문을 설치할 것

① ㉠ 0.3, ㉡ 2.5
② ㉠ 0.3, ㉡ 3.0
③ ㉠ 0.5, ㉡ 2.5
④ ㉠ 0.5, ㉡ 3.0

해설 건축령 57조, 피난·방화구조 21조
방화벽의 구조

구 분	설 명
대상 건축물	• 주요구조부가 내화구조 또는 불연재료가 아닌 연면적 1000m² 이상인 건축물
구획단지	• 연면적 **1000m²** 미만마다 구획
방화벽의 구조	• **내화구조**로서 홀로 설 수 있는 구조일 것 • 방화벽의 양쪽 끝과 위쪽 끝을 건축물의 외벽면 및 지붕면으로부터 **0.5m** 이상 튀어나오게 할 것 [보기 ㉠] • 방화벽에 설치하는 **출입문**의 **너비** 및 높이는 각각 **2.5m** 이하로 하고 해당 출입문에는 60분+방화문 또는 60분 방화문을 설치할 것 [보기 ㉡]

답 ③

---

15 BLEVE 현상을 설명한 것으로 가장 옳은 것은?

18.09.문08
17.03.문17
16.05.문02
15.03.문01
14.09.문12
14.03.문01
09.05.문10
05.09.문07
05.05.문07
03.03.문11
02.03.문20

① 물이 뜨거운 기름 표면 아래에서 끓을 때 화재를 수반하지 않고 Over flow 되는 현상
② 물이 연소유의 뜨거운 표면에 들어갈 때 발생되는 Over flow 현상
③ 탱크바닥에 물과 기름의 에멀션이 섞여 있을 때 물의 비등으로 인하여 급격하게 Over flow 되는 현상
④ 탱크 주위 화재로 탱크 내 인화성 액체가 비등하고 가스부분의 압력이 상승하여 탱크가 파괴되고 폭발을 일으키는 현상

해설 **가스탱크 · 건축물 내**에서 발생하는 현상

(1) 가스탱크

현 상	정 의
블래비 (BLEVE)	• 과열상태의 탱크에서 내부의 액화가스가 분출하여 기화되어 폭발하는 현상 • 탱크 주위 화재로 탱크 내 인화성 액체가 비등하고 가스부분의 압력이 상승하여 탱크가 파괴되고 폭발을 일으키는 현상 보기 ④

(2) 건축물 내

현 상	정 의
플래시오버 (flash over)	화재로 인하여 실내의 온도가 급격히 상승하여 화재가 순간적으로 실내 전체에 확산되어 연소되는 현상
백드래프트 (back draft)	• **통기력**이 좋지 않은 상태에서 연소가 계속되어 산소가 심히 부족한 상태가 되었을 때 **개구부**를 통하여 산소가 공급되면 실내의 가연성 혼합기가 공급되는 **산소**의 **방향**과 **반대**로 흐르며 급격히 연소하는 현상 • 소방대가 소화활동을 위하여 화재실의 문을 개방할 때 신선한 공기가 유입되어 실내에 축적되었던 가연성 가스가 **단시간**에 **폭발적**으로 **연소**함으로써 화재가 폭풍을 동반하며 **실외**로 **분출**되는 현상

■ 중요

유류탱크에서 발생하는 현상

현 상	정 의
보일오버 (boil over)	• 중질유의 석유탱크에서 장시간 조용히 연소하다 탱크 내의 잔존기름이 갑자기 분출하는 현상 • 유류탱크에서 탱크바닥에 물과 기름의 **에멀션**이 섞여 있을 때 이로 인하여 화재가 발생하는 현상 • 연소유면으로부터 100℃ 이상의 열파가 탱크 **저부**에 고여 있는 물을 비등하게 하면서 연소유를 탱크 밖으로 비산시키며 연소하는 현상 기억법 보저(보자기)
오일오버 (oil over)	• 저장탱크에 저장된 유류저장량이 내용적의 50% 이하로 충전되어 있을 때 화재로 인하여 탱크가 폭발하는 현상
프로스오버 (froth over)	• 물이 점성의 뜨거운 기름 표면 아래서 끓을 때 화재를 수반하지 않고 용기가 넘치는 현상

슬롭오버 (slop over)	• 물이 연소유의 뜨거운 표면에 들어갈 때 기름 표면에서 화재가 발생하는 현상 • 유화제로 소화하기 위한 물이 수분의 급격한 증발에 의하여 액면이 거품을 일으키면서 열유층 밑의 냉유가 급히 열팽창하여 기름의 일부가 불이 붙은 채 탱크벽을 넘어서 일출하는 현상

답 ④

★★★
16 화재의 유형별 특성에 관한 설명으로 옳은 것은?

17.09.문07
16.05.문09
15.09.문19
13.09.문07

① A급 화재는 무색으로 표시하며, 감전의 위험이 있으므로 주수소화를 엄금한다.
② B급 화재는 황색으로 표시하며, 질식소화를 통해 화재를 진압한다.
③ C급 화재는 백색으로 표시하며, 가연성이 강한 금속의 화재이다.
④ D급 화재는 청색으로 표시하며, 연소 후에 재를 남긴다.

해설 **화재의 종류**

구 분	표시색	적응물질
일반화재(A급)	백색	① 일반가연물 ② 종이류 화재 ③ 목재 · 섬유화재
유류화재(B급) 보기 ②	황색	① 가연성 액체 ② 가연성 가스 ③ 액화가스화재 ④ 석유제재
전기화재(C급)	청색	전기설비
금속화재(D급)	무색	가연성 금속
주방화재(K급)	-	식용유화재

※ 요즘은 표시색의 의무규정은 없음

① 무색 → 백색, 감전의 위험이 있으므로 주수소화를 엄금한다. → 감전의 위험이 없으므로 주수소화를 한다.
③ 백색 → 청색, 가연성이 강한 금속의 화재 → 전기화재
④ 청색 → 무색, 연소 후에 재를 남긴다. → 가연성이 강한 금속의 화재이다.

답 ②

★★★
17 독성이 매우 높은 가스로서 석유제품, 유지(油脂) 등이 연소할 때 생성되는 알데하이드계통의 가스는?

14.03.문05
00.03.문04

① 시안화수소 ② 암모니아
③ 포스겐   ④ 아크롤레인

해설 연소가스

구 분	설 명
일산화탄소 (CO)	화재시 흡입된 일산화탄소(CO)의 화학적 작용에 의해 **헤모글로빈**(Hb)이 혈액의 산소운반작용을 저해하여 사람을 질식·사망하게 한다.
이산화탄소 (CO_2)	연소가스 중 **가장 많은 양**을 차지하고 있으며 가스 그 자체의 독성은 거의 없으나 다량이 존재할 경우 호흡속도를 증가시키고, 이로 인하여 화재가스에 혼합된 유해가스의 혼입을 증가시켜 위험을 가중시키는 가스이다.
암모니아 (NH_3)	나무, 페놀수지, 멜라민수지 등의 **질소함유물**이 연소할 때 발생하며, 냉동시설의 **냉매**로 쓰인다.
포스겐 ($COCl_2$)	매우 독성이 강한 가스로서 소화제인 **사염화탄소**(CCl_4)를 화재시에 사용할 때도 발생한다.
황화수소 (H_2S)	달걀 썩는 냄새가 나는 특성이 있다.
아크롤레인 ($CH_2=CHCHO$) 보기 ④	독성이 매우 높은 가스로서 **석유제품, 유지** 등이 연소할 때 생성되는 가스이다.

기억법 유아석

용어
유지(油脂)
들기름 및 지방을 통틀어 일컫는 말

답 ④

★★★
18 다음 중 전산실, 통신기기실 등에서의 소화에 가장 적합한 것은?
06.05.문16
① 스프링클러설비
② 옥내소화전설비
③ 분말소화설비
④ 할로겐화합물 및 불활성기체 소화설비

해설 이산화탄소·할론·할로겐화합물 및 불활성기체 소화기(소화설비) **적용대상**
(1) 주차장
(2) 전산실 ┐
(3) 통신기기실 ┘ 전기설비 보기 ④
(4) 박물관
(5) 석탄창고
(6) 면화류창고
(7) 가솔린
(8) 인화성 고체위험물
(9) 건축물, 기타 공작물
(10) 가연성 고체
(11) 가연성 가스

답 ④

★★
19 화재강도(fire intensity)와 관계가 없는 것은?
15.05.문01
① 가연물의 비표면적
② 발화원의 온도
③ 화재실의 구조
④ 가연물의 발열량

해설 화재강도(fire intensity)에 영향을 미치는 인자
(1) 가연물의 비표면적 보기 ①
(2) 화재실의 구조 보기 ③
(3) 가연물의 배열상태(발열량) 보기 ④

용어
화재강도
열의 집중 및 방출량을 상대적으로 나타낸 것. 즉, **화재의 온도**가 높으면 화재강도는 커진다(발화원의 온도가 아님).

답 ②

★
20 화재발생시 인명피해 방지를 위한 건물로 적합한 것은?
① 피난설비가 없는 건물
② 특별피난계단의 구조로 된 건물
③ 피난기구가 관리되고 있지 않은 건물
④ 피난구 폐쇄 및 피난구유도등이 미비되어 있는 건물

해설 인명피해 방지건물
(1) 피난설비가 **있는** 건물 보기 ①
(2) 특별피난계단의 구조로 된 건물 보기 ②
(3) 피난기구가 관리되고 **있는** 건물 보기 ③
(4) 피난구 **개방** 및 피난구유도등이 **잘 설치되어 있는** 건물 보기 ④

① 없는 → 있는
③ 있지 않은 → 있는
④ 폐쇄 → 개방, 미비되어 있는 → 잘 설치되어 있는

답 ②

제2과목   소방유체역학

★
21 검사체적(control volume)에 대한 운동량방정식
15.09.문29 (momentum equation)과 가장 관계가 깊은 법칙은?
① 열역학 제2법칙
② 질량보존의 법칙
③ 에너지보존의 법칙
④ 뉴턴(Newton)의 운동법칙

해설 **뉴턴의 운동법칙**

구 분	설 명
제1법칙 (관성의 법칙)	물체가 외부에서 작용하는 힘이 없으면, 정지해 있는 물체는 **계속 정지**해 있고, 운동하고 있는 물체는 **계속 운동**상태를 유지하려는 성질
제2법칙 (가속도의 법칙)	① 물체에 힘을 가하면 힘의 방향으로 가속도가 생기고 물체에 가한 힘은 **질량**과 **가속도**에 비례한다는 법칙 ② 운동량방정식의 근원이 되는 법칙 보기 ④ 기억법 뉴2운
제3법칙 (작용·반작용의 법칙)	물체에 힘을 가하면 다른 물체에는 **반작용**이 일어나고, 힘의 크기와 작용선은 서로 같으나 **방향**이 서로 **반대**이다는 법칙

비교
연속방정식
질량보존법칙을 만족하는 법칙

답 ④

22 폭이 4m이고 반경이 1m인 그림과 같은 1/4원형 모양으로 설치된 수문 AB가 있다. 이 수문이 받는 수직방향분력 F_V의 크기[N]는?

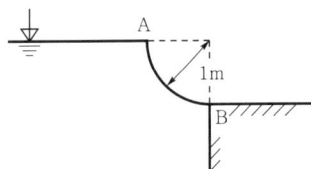

① 7613 ② 9801
③ 30787 ④ 123000

해설 **수직(방향)분력**

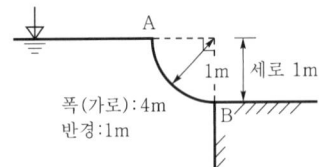

$$F_V = \gamma V$$

여기서, F_V : 수직분력[N]
γ : 비중량(물의 비중량 9800N/m³)
V : 체적[m³]
r : 반경[m]

수직(방향)분력 F_V는
$F_V = \gamma V$
$= 9800\text{N/m}^3 \times \left(\dfrac{br^2}{2} \times 수문폭[라디안]\right)$
$= 9800\text{N/m}^3 \times \left(\dfrac{4\text{m} \times (1\text{m})^2}{2} \times \dfrac{\pi}{2}\right)$
$≒ 30787\text{N}$

• b : 폭(4m)
• r : 반경(1m)
• 문제에서 $\dfrac{1}{4}$ 이므로 각도 90°= $\dfrac{\pi}{2}$

답 ③

23 다음 단위 중 3가지는 동일한 단위이고 나머지 하나는 다른 단위이다. 이 중 동일한 단위가 아닌 것은?

① J ② N·s
③ Pa·m³ ④ kg·m²/s²

해설 1Pa=1J/m³(1J=1Pa·m³)
1J=1N·m[1J=1N·m=1(kg·m/s²)·m=1kg·m²/s²]
1N=1kg·m/s²

② N·s → N·m

답 ②

24 지름이 150mm인 원관에 비중이 0.85, 동점성계수가 1.33×10⁻⁴m²/s인 기름이 0.01m³/s의 유량으로 흐르고 있다. 이때 관마찰계수는? (단, 임계 레이놀즈수는 2100이다.)

① 0.10 ② 0.14
③ 0.18 ④ 0.22

해설 (1) 기호
• D : 150mm=0.15m
• S : 0.85
• ν : 1.33×10⁻⁴m²/s
• Q : 0.01m³/s
• f : ?
• Re : 2100

(2) 유량
$$Q = AV = \left(\dfrac{\pi D^2}{4}\right)V$$

여기서, Q : 유량[m³/s]
A : 단면적[m²]
V : 유속[m/s]
D : 내경[m]

유속 V는

$$V = \frac{Q}{\frac{\pi D^2}{4}} = \frac{0.01 \text{m}^3/\text{s}}{\frac{\pi \times (0.15\text{m})^2}{4}} = 0.565 \text{m/s}$$

(3) 레이놀즈수

$$Re = \frac{DV\rho}{\mu} = \frac{DV}{\nu}$$

여기서, Re : 레이놀즈수
 D : 내경(m)
 V : 유속(m/s)
 ρ : 밀도(kg/m³)
 μ : 점도(kg/m·s)
 ν : 동점성계수$\left(\frac{\mu}{\rho}\right)$(m²/s)

레이놀즈수 Re는
$$Re = \frac{DV}{\nu} = \frac{0.15\text{m} \times 0.565 \text{m/s}}{1.33 \times 10^{-4} \text{m}^2/\text{s}} = 637.218$$

(4) 관마찰계수

$$f = \frac{64}{Re}$$

여기서, f : 관마찰계수
 Re : 레이놀즈수

관마찰계수 f는
$$f = \frac{64}{Re} = \frac{64}{637.218} ≒ 0.10$$

답 ①

25 물질의 열역학적 변화에 대한 설명으로 틀린 것은?

① 마찰은 비가역성의 원인이 될 수 있다.
② 열역학 제1법칙은 에너지보존에 대한 것이다.
③ 이상기체는 이상기체상태 방정식을 만족한다.
④ 가역단열과정은 엔트로피가 증가하는 과정이다.

해설 엔트로피(ΔS)

가역단열과정	비가역단열과정
$\Delta S = 0$ 보기 ④	$\Delta S > 0$

④ 가역단열과정은 엔트로피가 0이다.

답 ④

26 전양정이 60m, 유량이 6m³/min, 효율이 60%인 펌프를 작동시키는 데 필요한 동력(kW)은?

① 44
② 60
③ 98
④ 117

해설 (1) 기호

- H : 60m
- Q : 6m³/min
- η : 60%=0.6
- P : ?

(2) 전동력

$$P = \frac{0.163 QH}{\eta} K$$

여기서, P : 전동력(kW)
 Q : 유량(m³/min)
 H : 전양정(m)
 K : 전달계수
 η : 효율

전동력 P는
$$P = \frac{0.163 QH}{\eta} K$$
$$= \frac{0.163 \times 6 \text{m}^3/\text{min} \times 60\text{m}}{0.6}$$
$$≒ 98 \text{kW}$$

- K : 주어지지 않았으므로 무시

답 ③

27 체적탄성계수가 2×10^9Pa인 물의 체적을 3% 감소시키려면 몇 MPa의 압력을 가하여야 하는가?

① 25
② 30
③ 45
④ 60

해설 (1) 기호

- K : 2×10^9Pa
- $\Delta V/V$: 3%=0.03

(2) 체적탄성계수

$$K = -\frac{\Delta P}{\Delta V/V}$$

여기서, K : 체적탄성계수(Pa)
 ΔP : 가해진 압력(Pa)
 $\Delta V/V$: 체적의 감소율

- '−' : −는 압력의 방향을 나타내는 것으로 특별한 의미를 갖지 않아도 된다.

가해진 압력 ΔP는
$\Delta P = K \times \Delta V/V$
$= 2 \times 10^9 \text{Pa} \times 0.03 = 60 \times 10^6 \text{Pa} = 60\text{MPa}$

- $1 \times 10^6 \text{Pa} = 1\text{MPa}$이므로 $60 \times 10^6 \text{Pa} = 60\text{MPa}$

답 ④

28 다음 유체기계들의 압력 상승이 일반적으로 큰 것부터 순서대로 바르게 나열한 것은?

① 압축기(compressor) > 블로어(blower) > 팬(fan)
② 블로어(blower) > 압축기(compressor) > 팬(fan)
③ 팬(fan) > 블로어(blower) > 압축기(compressor)
④ 팬(fan) > 압축기(compressor) > 블로어(blower)

해설 유체기계의 압력 상승

구 분	압력 상승
압축기(compressor)	100kPa 이상
블로어(blower)	10~100kPa 미만
팬(fan)	10kPa 미만

답 ①

29 용량 2000L의 탱크에 물을 가득 채운 소방차가 화재현장에 출동하여 노즐압력 390kPa(계기압력), 노즐구경 2.5cm를 사용하여 방수한다면 소방차 내의 물이 전부 방수되는 데 걸리는 시간은?

① 약 2분 26초
② 약 3분 35초
③ 약 4분 12초
④ 약 5분 44초

해설 (1) 기호
- Q' : 2000L
- P : 390kPa
- D : 2.5cm=25mm(1cm=10mm)
- t : ?

(2) 방수량

$$Q = 0.653 D^2 \sqrt{10P}$$

여기서, Q : 방수량[L/min]
  D : 구경[mm]
  P : 방수압[MPa]

또한

$$Q' = 0.653 D^2 \sqrt{10P}\, t$$

여기서, Q' : 용량[L]
  D : 구경[mm]
  P : 방수압[MPa]
  t : 시간[min]

$P = 390\text{kPa} = 0.39\text{MPa}(1000\text{kPa} = 1\text{MPa})$

시간 t 는

$$t = \frac{Q'}{0.653 D^2 \sqrt{10P}}$$

$$= \frac{2000\text{L}}{0.653 \times (25\text{mm})^2 \times \sqrt{10 \times 0.39\text{MPa}}}$$

≈ 2.48분 = 2분 28초

∴ 여기서는 근사값 2분 26초 정답

- 0.48분을 초로 환산하면(1분=60초)
  0.48분×60초=28초
  ∴ 2.48분≒2분 28초

답 ①

30 이상기체의 폴리트로픽 변화 '$PV^n = $일정'에서 $n = 1$인 경우 어느 변화에 속하는가? (단, P는 압력, V는 부피, n은 폴리트로픽 지수를 나타낸다.)

① 단열변화
② 등온변화
③ 정적변화
④ 정압변화

해설 폴리트로픽 변화

구 분	내 용
$PV^n =$ 정수($n=0$)	등압변화(정압변화)
$PV^n =$ 정수($n=1$)	등온변화 보기 ②
$PV^n =$ 정수($n=K$)	단열변화
$PV^n =$ 정수($n=\infty$)	정적변화

여기서, P : 압력[kJ/m³]
  V : 체적[m³]
  n : 폴리트로픽 지수
  K : 비열비

답 ②

31 피토관으로 파이프 중심선에서 흐르는 물의 유속을 측정할 때 피토관의 액주높이가 5.2m, 정압튜브의 액주높이가 4.2m를 나타낸다면 유속[m/s]은? (단, 속도계수(C_V)는 0.97이다.)

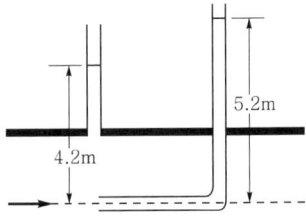

① 4.3
② 3.5
③ 2.8
④ 1.9

해설

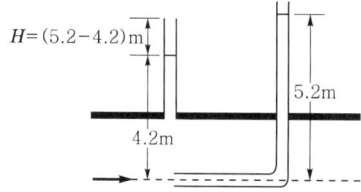

(1) 기호
- H : $(5.2-4.2)$m
- C_V : 0.97
- V : ?

(2) 피토관(pitot tube)

$$V = C_V\sqrt{2gH}$$

여기서, V : 유속[m/s]
C_V : 속도계수
g : 중력가속도(9.8m/s²)
H : 높이[m]

유속 V는

$V = C_V\sqrt{2gH}$
$= 0.97 \times \sqrt{2 \times 9.8\text{m/s}^2 \times (5.2-4.2)\text{m}}$
$≒ 4.3$m/s

답 ①

---

32 ★★★

19.03.문25
17.05.문30
17.03.문37
16.03.문40
15.09.문22
11.06.문33

지름이 75mm인 관로 속에 물이 평균속도 4m/s로 흐르고 있을 때 유량[kg/s]은?

① 15.52
② 16.92
③ 17.67
④ 18.52

해설

(1) 기호
- D : 75mm = 0.075m (1000mm=1m)
- V : 4m/s
- $\overline{m}$: ?

(2) 질량유량

$$\overline{m} = AV\rho = \left(\frac{\pi D^2}{4}\right)V\rho$$

여기서, $\overline{m}$: 질량유량[kg/s]
A : 단면적[m²]
V : 유속[m/s]
ρ : 밀도(물의 밀도 1000kg/m³)
D : 직경(지름)[m]

질량유량 $\overline{m}$는

$\overline{m} = \left(\frac{\pi D^2}{4}\right)V\rho$

$= \frac{\pi \times (0.075\text{m})^2}{4} \times 4\text{m/s} \times 1000\text{kg/m}^3$

$= 17.67$kg/s

🔑 중요

중량유량	유량(flowrate, 체적유량)
$G = AV\gamma = \left(\dfrac{\pi D^2}{4}\right)V\gamma$	$Q = AV = \left(\dfrac{\pi D^2}{4}\right)V$
여기서, G : 중량유량[N/s] A : 단면적[m²] V : 유속[m/s] γ : 비중량(물의 비중량 9800N/m³) D : 직경(지름)[m]	여기서, Q : 유량[m³/s] A : 단면적[m²] V : 유속[m/s] D : 직경(지름)[m]

답 ③

---

33 ★★★

15.05.문25
14.03.문35
10.09.문35

초기에 비어 있는 체적이 0.1m³인 견고한 용기 안에 공기(이상기체)를 서서히 주입한다. 공기 1kg을 넣었을 때 용기 안의 온도가 300K이 되었다면 이때 용기 안의 압력[kPa]은? (단, 공기의 기체상수는 0.287kJ/kg·K이다.)

① 287
② 300
③ 448
④ 861

해설

(1) 기호
- $V = 0.1$m³
- $m = 1$kg
- $T = 300$K
- $R = 0.287$kJ/kg·K
- $P = ?$

(2) 이상기체상태 방정식

$$PV = mRT$$

여기서, P : 압력[kPa] 또는 [kN/m²]
V : 부피[m³]
m : 질량[kg]
R : 기체상수[kJ/kg·K]
T : 절대온도(273+℃)[K]

압력 P는

$P = \dfrac{mRT}{V} = \dfrac{1\text{kg} \times 0.287\text{kJ/kg·K} \times 300\text{K}}{0.1\text{m}^3}$

$= 861$kJ/m³ $= 861$kPa

• 1kJ/m³=1kPa=1kN/m²이므로 861kJ/m³=861kPa

답 ④

34 다음 그림과 같이 두 개의 가벼운 공 사이로 빠른 기류를 불어 넣으면 두 개의 공은 어떻게 되겠는가?

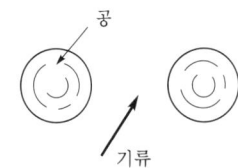

① 뉴턴의 법칙에 따라 벌어진다.
② 뉴턴의 법칙에 따라 가까워진다.
③ 베르누이의 법칙에 따라 벌어진다.
④ 베르누이의 법칙에 따라 가까워진다.

해설 **베르누이법칙**에 의해 속도수두, 압력수두, 위치수두의 합은 일정하므로 2개의 공 사이에 기류를 불어 넣으면 공의 높이는 같아서 위치수두는 일정하므로 **속도가 증가**(속도수두 증가)하여 **압력이 감소**(압력수두 감소)하므로 2개의 공은 **가까워진다**. 보기 ④

중요

베르누이방정식

$$\frac{V^2}{2g} + \frac{p}{\gamma} + Z = 일정$$

↑ (속도수두) ↑ (압력수두) ↑ (위치수두)

여기서, V : 유속[m/s]
p : 압력[kPa]
Z : 높이[m]
g : 중력가속도(9.8m/s²)
γ : 비중량(물의 비중량 9.8kN/m³)

답 ④

35 거리가 1000m 되는 곳에 안지름 20cm의 관을 통하여 물을 수평으로 수송하려 한다. 한 시간에 800m³를 보내기 위해 필요한 압력[kPa]은? (단, 관의 마찰계수는 0.03이다.)

① 1370 ② 2010
③ 3750 ④ 4580

해설 (1) 기호
- L : 1000m
- D : 20cm=0.2m(100cm=1m)
- Q : 800m³/h=800m³/3600s(1h=3600s)
- P : ?
- f : 0.03

(2) 유량

$$Q = AV$$

여기서, Q : 유량[m³/s]

A : 단면적[m²]
V : 유속[m/s]

유속 V는

$$V = \frac{Q}{A} = \frac{Q}{\frac{\pi}{4}D^2}$$

$$= \frac{800\text{m}^3/\text{h}}{\frac{\pi}{4} \times (0.2\text{m})^2} = \frac{800\text{m}^3/3600\text{s}}{\frac{\pi}{4} \times (0.2\text{m})^2}$$

$$= 7.07\text{m/s}$$

(3) 마찰손실

$$H = \frac{\Delta P}{\gamma} = \frac{fLV^2}{2gD}$$

여기서, H : 마찰손실(손실수두)[m]
ΔP : 압력차[kPa]
γ : 비중량(물의 비중량 9.8kN/m³)
f : 관마찰계수
L : 길이[m]
V : 유속[m/s]
g : 중력가속도(9.8m/s²)
D : 내경[m]

압력차(압력) ΔP는

$$\Delta P = \frac{\gamma fLV^2}{2gD}$$

$$= \frac{9.8\text{kN/m}^3 \times 0.03 \times 1000\text{m} \times (7.07\text{m/s})^2}{2 \times 9.8\text{m/s}^2 \times 0.2\text{m}}$$

$$\fallingdotseq 3750\text{kN/m}^2 = 3750\text{kPa}$$

- 1kPa=1kN/m²

답 ③

36 표면적이 같은 두 물체가 있다. 표면온도가 2000K인 물체가 내는 복사에너지는 표면온도가 1000K인 물체가 내는 복사에너지의 몇 배인가?

① 4 ② 8
③ 16 ④ 32

해설 (1) 기호
- T_2 : 2000K
- T_1 : 1000K
- $\frac{Q_2}{Q_1}$: ?

(2) 스테판-볼츠만의 법칙(Stefan-Boltzman's law)

$$\frac{Q_2}{Q_1} = \frac{(273+t_2)^4}{(273+t_1)^4} = \frac{T_2^4}{T_1^4} = \frac{(2000\text{K})^4}{(1000\text{K})^4} = 16배$$

- 열복사량은 복사체의 **절대온도**의 **4제곱**에 **비례**하고, **단면적**에 비례한다.

참고

스테판-볼츠만의 법칙(Stefan-Boltzman's law)

$$Q = aAF(T_1^4 - T_2^4)$$

여기서, Q : 복사열[W]
a : 스테판-볼츠만 상수[W/m² · K⁴]
A : 단면적[m²]
F : 기하학적 Factor
T_1 : 고온[K]
T_2 : 저온[K]

답 ③

37 다음 중 Stokes의 법칙과 관계되는 점도계는?

17.05.문27
06.05.문25
05.05.문21

① Ostwald 점도계   ② 낙구식 점도계
③ Saybolt 점도계   ④ 회전식 점도계

해설 점도계
(1) 세관법
  ㉠ 하겐-포아젤(Hagen-Poiseuille)의 법칙 이용
  ㉡ 세이볼트(Saybolt) 점도계
  ㉢ 레드우드(Redwood) 점도계
  ㉣ 엥글러(Engler) 점도계
  ㉤ 바베이(Barbey) 점도계
  ㉥ 오스트발트(Ostwald) 점도계
(2) 회전원통법
  ㉠ 뉴턴(Newton)의 점성법칙 이용
  ㉡ 스토머(Stormer) 점도계
  ㉢ 맥 마이클(Mac Michael) 점도계

  기억법 뉴점스맥

(3) 낙구법 [보기 ②]
  ㉠ 스토크스(Stokes)의 법칙 이용
  ㉡ 낙구식 점도계

  기억법 낙스(낙서)

용어
점도계
점성계수를 측정할 수 있는 기기

답 ②

38 그림의 역U자관 마노미터에서 압력차($P_x - P_y$)는 약 몇 Pa인가?

19.03.문24
15.09.문26
10.03.문35

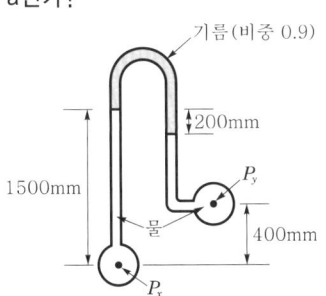

① 3215   ② 4116
③ 5045   ④ 6826

해설 (1) **시차액주계**의 **압력계산방법** : P_y를 기준으로 내려가면 **더하고**, 올라가면 **빼면** 된다.

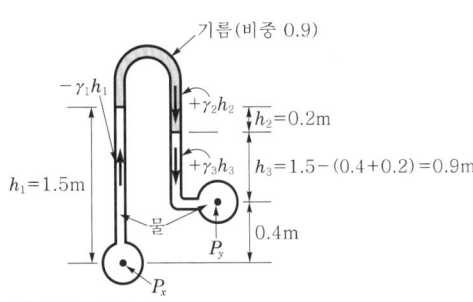

(2) 기호 정리
- h_1 : 1500mm=1.5m(1000mm=1m)
- h_2 : 200mm=0.2m(1000mm=1m)
- h_3 : 1.5m−(0.4+0.2)m=0.9m

(3) 비중
$$s = \frac{\gamma}{\gamma_w}$$
여기서, s : 비중
γ : 어떤 물질의 비중량[N/m³]
γ_w : 물의 비중량(9800N/m³)

$\gamma_2 = s \times \gamma_w = 0.9 \times 9800\text{N/m}^3 = 8820\text{N/m}^3$

(4) 기호 재정리
- γ_1, γ_3 : 9800N/m³(물의 비중량)
- γ_2 : 8820N/m³(기름의 비중량)
- h_1 : 1.5m
- h_2 : 0.2m
- h_3 : 0.9m

$P_x - \gamma_1 h_1 + \gamma_2 h_2 + \gamma_3 h_3 = P_y$
$P_x - P_y = \gamma_1 h_1 - \gamma_2 h_2 - \gamma_3 h_3$
$\qquad = 9800\text{N/m}^3 \times 1.5\text{m} - 8820\text{N/m}^3 \times 0.2\text{m}$
$\qquad\quad - 9800\text{N/m}^3 \times 0.9\text{m}$
$\qquad = 4116\text{N/m}^2 = 4116\text{Pa}$

- 4116N/m² = 4116Pa (1N/m² = 1Pa)

답 ②

39 지름이 다른 두 개의 피스톤이 그림과 같이 연결되어 있다. "1"부분의 피스톤의 지름이 "2"부분의 2배일 때, 각 피스톤에 작용하는 힘 F_1과 F_2의 크기의 관계는?

17.05.문26
05.03.문22

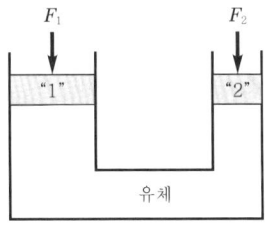

① $F_1 = F_2$ ② $F_1 = 2F_2$
③ $F_1 = 4F_2$ ④ $4F_1 = F_2$

해설 (1) 기호
- $D_1 : 2D_2$

(2) 파스칼의 원리

$$\frac{F_1}{A_1}=\frac{F_2}{A_2}, \quad \frac{F_1}{\frac{\pi D_1^2}{4}}=\frac{F_2}{\frac{\pi D_2^2}{4}}$$

여기서, A_1, A_2 : 단면적[m²]
　　　　F_1, F_2 : 힘[N]
　　　　D_1, D_2 : 지름[m]

$$\frac{F_1}{\frac{\pi D_1^2}{4}}=\frac{F_2}{\frac{\pi D_2^2}{4}}$$

$D_1=2D_2$ 이므로

$$\frac{F_1}{(2D_2)^2}=\frac{F_2}{D_2^2}$$

$$\frac{F_1}{4D_2^2}=\frac{F_2}{D_2^2}$$

$F_1=4F_2$

답 ③

40. 글로브밸브에 의한 손실을 지름이 10cm이고 관마찰계수가 0.025인 관의 길이로 환산하면 상당길이가 40m가 된다. 이 밸브의 부차적 손실계수는?

16.03.문23
15.05.문32
14.09.문39
11.06.문22

① 0.25
② 1
③ 2.5
④ 10

해설 (1) 기호
- D : 10cm=0.1m(100cm=1m)
- f : 0.025
- L_e : 40m
- K : ?

(2) 관의 등가길이

$$L_e = \frac{KD}{f}$$

여기서, L_e : 관의 등가길이[m]
　　　　K : (부차적) 손실계수
　　　　D : 내경[m]
　　　　f : 마찰손실계수(마찰계수)

부차적 손실계수 K는

$$K=\frac{L_e f}{D}=\frac{40\text{m}\times 0.025}{0.1\text{m}}=10$$

비교

부차손실

$$H=K\frac{V^2}{2g}$$

여기서, H : 부차손실[m]
　　　　K : 부차적 손실계수
　　　　V : 유속[m/s]
　　　　g : 중력가속도(9.8m/s²)

답 ④

제3과목 소방관계법규

41. 다음 조건을 참고하여 숙박시설이 있는 특정소방대상물의 수용인원 산정수로 옳은 것은?

17.03.문57

> 침대가 있는 숙박시설로서 1인용 침대의 수는 20개이고, 2인용 침대의 수는 10개이며, 종업원의 수는 3명이다.

① 33명
② 40명
③ 43명
④ 46명

해설 소방시설법 시행령 〔별표 7〕
수용인원의 산정방법

특정소방대상물		산정방법
• 강의실 • 상담실 • 휴게실	• 교무실 • 실습실	바닥면적 합계 1.9m²
• 숙박 시설	침대가 있는 경우 →	종사자수 + 침대수
	침대가 없는 경우	종사자수 + 바닥면적 합계 3m²
• 기타		바닥면적 합계 3m²
• 강당 • 문화 및 집회시설, 운동시설 • 종교시설		바닥면적 합계 4.6m²

숙박시설(침대가 있는 경우)
=종사자수 + 침대수
=3명+(1인용×20개+2인용×10개)=43명

- **소수점 이하**는 **반올림**한다.

③ **침대**가 있는 **숙박시설** : 해당 특정소방대상물의 **종사자수**에 **침대의 수**(2인용 침대는 2인으로 산정)를 **합한 수**

답 ③

42. 제조소 등의 위치·구조 또는 설비의 변경 없이 당해 제조소 등에서 저장하거나 취급하는 위험물의 품명·수량 또는 지정수량의 배수를 변경하고자 할 때는 누구에게 신고해야 하는가?

① 국무총리
② 시·도지사
③ 관할소방서장
④ 행정안전부장관

해설 위험물법 6조
제조소 등의 설치허가
(1) 설치허가자 : **시·도지사**
(2) 설치허가 제외 장소
　㉠ 주택의 난방시설(공동주택의 중앙난방시설은 제외)을 위한 **저장소** 또는 취급소
　㉡ 지정수량 **20**배 이하의 **농**예용·**축**산용·**수**산용 난방시설 또는 건조시설의 **저장소**
(3) 제조소 등의 변경신고 : 변경하고자 하는 날의 **1**일 전까지 **시·도지사**에게 **신고**(행정안전부령) 보기 ②

기억법 농축수2

참고
시·도지사
(1) 특별시장
(2) 광역시장
(3) 특별자치시장
(4) 도지사
(5) 특별자치도지사

답 ②

43. 위험물안전관리법령상 제조소 등이 아닌 장소에서 지정수량 이상의 위험물을 취급할 수 있는 기준 중 다음 ( ) 안에 알맞은 것은?

> 시·도의 조례가 정하는 바에 따라 관할소방서장의 승인을 받아 지정수량 이상의 위험물을 ( )일 이내의 기간 동안 임시로 저장 또는 취급하는 경우

① 15
② 30
③ 60
④ 90

해설 90일
(1) 소방시설업 **등**록신청 자산평가액·기업진단보고서 **유**효기간(공사업규칙 2조)
(2) 위험물 임시저장·취급 기준(위험물법 5조) 보기 ④

기억법 등유9(**등유 구**해와!)

중요
위험물법 5조
임시저장 승인 : 관할소방서장

답 ④

44. 제6류 위험물에 속하지 않는 것은?

① 질산
② 과산화수소
③ 과염소산
④ 과염소산염류

해설 위험물령〔별표 1〕
위험물

유별	성질	품명
제1류	산화성 고체	• 아염소산염류 • 염소산염류(**염소산나트륨**) • 과염소산염류 보기 ④ • 질산염류 • 무기과산화물 **기억법** **1산고염나**
제2류	가연성 고체	• **황**화인 • **적**린 • **황** • **마**그네슘 **기억법** 황화적황마
제3류	자연발화성 물질 및 금수성 물질	• **황**린 • **칼**륨 • **나**트륨 • **알**칼리토금속 • **트**리에틸알루미늄 **기억법** 황칼나알트
제4류	인화성 액체	• 특수인화물 • 석유류(벤젠) • 알코올류 • 동식물유류
제5류	자기반응성 물질	• 유기과산화물 • 나이트로화합물 • 나이트로소화합물 • 아조화합물 • 질산에스터류(셀룰로이드)
제6류	산화성 액체	• **과염소산** 보기 ③ • **과산화수소** 보기 ② • **질산** 보기 ①

④ 과염소산염류 : 제1류 위험물

중요
제6류 위험물의 공통성질
(1) 대부분 비중이 **1**보다 **크다**.
(2) **산화성 액체**이다.
(3) **불연성 물질**이다.
(4) 모두 **산소**를 함유하고 있다.
(5) 유기화합물과 혼합하면 산화시킨다.

답 ④

45 항공기격납고는 특정소방대상물 중 어느 시설에 해당하는가?

① 위험물 저장 및 처리 시설
② 항공기 및 자동차관련 시설
③ 창고시설
④ 업무시설

해설 소방시설법 시행령 〔별표 2〕
항공기 및 자동차관련 시설
(1) **항공기격납고** 〔보기 ②〕
(2) 주차용 건축물, 차고 및 기계장치에 의한 주차시설
(3) 세차장
(4) 폐차장
(5) 자동차 검사장
(6) 자동차 매매장
(7) 자동차 정비공장
(8) 운전학원·정비학원
(9) 차고 및 주기장(駐機場)

중요

운수시설
(1) 여객자동차터미널
(2) 철도 및 도시철도시설(정비창 등 관련 시설 포함)
(3) 공항시설(항공관제탑 포함)
(4) 항만시설 및 종합여객시설

답 ②

46 위험물안전관리법령상 제조소 등의 관계인은 위험물의 안전관리에 관한 직무를 수행하게 하기 위하여 제조소 등마다 위험물의 취급에 관한 자격이 있는 자를 위험물안전관리자로 선임하여야 한다. 이 경우 제조소 등의 관계인이 지켜야 할 기준으로 틀린 것은?

① 제조소 등의 관계인은 안전관리자를 해임하거나 안전관리자가 퇴직한 때에는 해임하거나 퇴직한 날로부터 15일 이내에 다시 안전관리자를 선임하여야 한다.
② 제조소 등의 관계인이 안전관리자를 선임한 경우에는 선임한 날부터 14일 이내에 소방본부장 또는 소방서장에게 신고하여야 한다.
③ 제조소 등의 관계인은 안전관리자가 여행·질병, 그 밖의 사유로 인하여 일시적으로 직무를 수행할 수 없는 경우에는 국가기술자격법에 따른 위험물의 취급에 관한 자격취득자 또는 위험물안전에 관한 기본지식과 경험이 있는 자를 대리자로 지정하여 그 직무를 대행하게 하여야 한다. 이 경우 대행하는 기간은 30일을 초과할 수 없다.
④ 안전관리자는 위험물을 취급하는 작업을 하는 때에는 작업자에게 안전관리에 관한 필요한 지시를 하는 등 위험물의 취급에 관한 안전관리와 감독을 하여야 하고, 제조소 등의 관계인은 안전관리자의 위험물 안전관리에 관한 의견을 존중하고 그 권고에 따라야 한다.

해설 화재예방법 시행규칙 14조
소방안전관리자의 재선임
30일 이내

① 15일 이내 → 30일 이내

중요

30일
(1) 소방시설업 등록사항 변경신고(공사업규칙 6조)
(2) 위험물안전관리자의 재선임(위험물안전관리법 시행규칙 15조) 〔보기 ①〕
(3) 소방안전관리자의 재선임(화재예방법 시행규칙 14조)
(4) 도급계약 해지(공사업법 23조)
(5) 소방시설공사 중요사항 변경시의 신고일(공사업규칙 12조)
(6) 소방기술자 실무교육기관 지정서 발급(공사업규칙 32조)
(7) 소방공사감리자 변경서류 제출(공사업규칙 15조)
(8) 승계(위험물법 10조)
(9) 위험물안전관리자의 직무대행(위험물법 15조)
(10) 탱크시험자의 변경신고일(위험물법 16조)

답 ①

47 화재의 예방 및 안전관리에 관한 법령상 정당한 사유 없이 화재안전조사 결과에 따른 조치명령을 위반한 자에 대한 벌칙으로 옳은 것은?

① 100만원 이하의 벌금
② 300만원 이하의 벌금
③ 1년 이하의 징역 또는 1천만원 이하의 벌금
④ 3년 이하의 징역 또는 3천만원 이하의 벌금

해설 3년 이하의 징역 또는 3000만원 이하의 벌금
(1) **화재안전조사** 결과에 따른 조치명령 위반(화재예방법 50조) 〔보기 ④〕
(2) **소방시설관리업** 무등록자(소방시설법 57조)
(3) **소방시설업** 무등록자(공사업법 35조)
(4) 부정한 청탁을 받고 재물 또는 재산상의 이익을 취득하거나 부정한 청탁을 하면서 재물 또는 재산상의 이익을 제공한 자(공사업법 35조)
(5) 형식승인을 받지 않은 **소방용품** 제조·수입자(소방시설법 57조)
(6) **제품검사**를 받지 않은 자(소방시설법 57조)
(7) 거짓이나 그 밖의 **부정한 방법**으로 제품검사 전문기관의 지정을 받은 자(소방시설법 57조)

답 ④

48. 소방시설 설치 및 관리에 관한 법령상 간이스프링클러설비를 설치하여야 하는 특정소방대상물의 기준으로 옳은 것은?

① 근린생활시설로 사용하는 부분의 바닥면적 합계가 1000m² 이상인 것은 모든 층
② 교육연구시설 내에 있는 합숙소로서 연면적 500m² 이상인 것
③ 의료재활시설을 제외한 요양병원으로 사용되는 바닥면적의 합계가 300m² 이상 600m² 미만인 시설
④ 정신의료기관 또는 의료재활시설로 사용되는 바닥면적의 합계가 600m² 미만인 시설

해설 소방시설법 시행령 〔별표 4〕
간이스프링클러설비의 설치대상

설치대상	조건
교육연구시설 내 합숙소	• 연면적 100m² 이상 보기 ②
노유자시설·정신의료기관·의료재활시설	• 창살설치 : 300m² 미만 • 기타 : 300m² 이상 600m² 미만 보기 ④
숙박시설	• 바닥면적 합계 300m² 이상 600m² 미만
종합병원, 병원, 치과병원, 한방병원 및 요양병원 (의료재활시설 제외)	• 바닥면적 합계 600m² 미만 보기 ③
근린생활시설	• 바닥면적 합계 1000m² 이상은 전층 보기 ① • 의원, 치과의원 및 한의원으로서 입원실 또는 인공신장실이 있는 시설 • 조산원 및 산후조리원으로서 연면적 600m² 미만
연립주택, 다세대주택	• 주택전용 간이스프링클러설비 설치

② 500m² 이상 → 100m² 이상
③ 300m² 이상 600m² 미만 → 600m² 미만
④ 600m² 미만 → 300m² 이상 600m² 미만

답 ①

49. 소방관서장은 화재예방강화지구 안의 관계인에 대하여 소방상 필요한 훈련 및 교육은 연 몇 회 이상 실시할 수 있는가?

① 1 ② 2
③ 3 ④ 4

해설 화재예방법 18조, 화재예방법 시행령 20조
화재예방강화지구 안의 화재안전조사·소방훈련 및 교육
(1) 실시자 : 소방청장·소방본부장·소방서장-소방관서장
(2) 횟수 : **연 1회** 이상 보기 ①
(3) 훈련·교육 : **10일 전** 통보

중요
연 1회 이상
(1) 화재예방강화지구 안의 화재안전조사·훈련·교육(화재예방법 시행령 20조)
(2) 특정소방대상물의 소방훈련·교육(화재예방법 시행규칙 36조)
(3) 제조소 등의 정기점검(위험물규칙 64조)
(4) 종합점검(소방시설법 시행규칙 〔별표 3〕)
(5) 작동점검(소방시설법 시행규칙 〔별표 3〕)

기억법 연1정종 (연일 정종술을 마셨다.)

답 ①

50. 화재예방강화지구로 지정할 수 있는 대상이 아닌 것은?

① 시장지역
② 소방출동로가 있는 지역
③ 공장·창고가 밀집한 지역
④ 목조건물이 밀집한 지역

해설 화재예방법 18조
화재예방강화지구의 지정
(1) 지정권자 : 시·도지사
(2) 지정지역
 ㉠ **시장지역** 보기 ①
 ㉡ **공장·창고** 등이 밀집한 지역 보기 ③
 ㉢ **목조건물**이 밀집한 지역 보기 ④
 ㉣ 노후·불량 건축물이 밀집한 지역
 ㉤ **위험물**의 저장 및 **처리시설**이 밀집한 지역
 ㉥ **석유화학제품**을 생산하는 공장이 있는 지역
 ㉦ **소방시설·소방용수시설** 또는 **소방출동로가 없는** 지역 보기 ②
 ㉧ 「산업입지 및 개발에 관한 법률」에 따른 산업단지
 ㉨ 「물류시설의 개발 및 운영에 관한 법률」에 따른 물류단지
 ㉩ **소방청장·소방본부장·소방서장**(소방관서장)이 화재예방강화지구로 지정할 필요가 있다고 인정하는 지역

② 있는 → 없는

용어
화재예방강화지구
화재발생 우려가 크거나 화재가 발생할 경우 피해가 클 것으로 예상되는 지역에 대하여 화재의 예방 및 안전관리를 강화하기 위해 지정·관리하는 지역

답 ②

51. 소방시설 설치 및 관리에 관한 법령상 소방시설 등의 소방시설관리업의 자체점검시 점검인력 배치기준 중 작동점검에서 점검인력 1단위가 하루 동안 점검할 수 있는 특정소방대상물의 연면적(점검한 도면적) 기준은? (단, 일반건축물의 경우이다.)

① 5000m² ② 8000m²
③ 10000m² ④ 12000m²

해설 소방시설법 시행규칙 〔별표 4〕
소방시설관리업 점검인력 배치기준

구분	일반건축물	아파트
종합점검	점검인력 1단위 8000m² (보조점검인력 1명 추가시: 2000m²)	점검인력 1단위 250세대 (보조점검인력 1명 추가시: 60세대)
작동점검	점검인력 1단위 10000m² (보조점검인력 1명 추가시: 2500m²)	

답 ③

52 소방기본법상 소방대의 구성원에 속하지 않는 자는?
① 소방공무원법에 따른 소방공무원
② 의용소방대 설치 및 운영에 관한 법률에 따른 의용소방대원
③ 위험물안전관리법에 따른 자체소방대원
④ 의무소방대설치법에 따라 임용된 의무소방원

해설 기본법 2조
소방대
(1) 소방**공무**원 [보기 ①]
(2) **의무**소방원 [보기 ④]
(3) **의**용소방대원 [보기 ②]

기억법 소공의

답 ③

53 다음 중 한국소방안전원의 업무에 해당하지 않는 것은?
① 소방용 기계·기구의 형식승인
② 소방업무에 관하여 행정기관이 위탁하는 업무
③ 화재예방과 안전관리의식 고취를 위한 대국민 홍보
④ 소방기술과 안전관리에 관한 교육, 조사·연구 및 각종 간행물 발간

해설 기본법 41조
한국소방안전원의 업무
(1) 소방기술과 안전관리에 관한 **교육 및 조사·연구** [보기 ④]
(2) 소방기술과 안전관리에 관한 각종 **간행물**의 **발간** [보기 ④]
(3) 화재예방과 안전관리의식의 고취를 위한 **대국민 홍보** [보기 ③]
(4) 소방업무에 관하여 **행정기관**이 위탁하는 **사업** [보기 ②]
(5) 소방안전에 관한 **국제협력**
(6) **회원**에 대한 **기술지원** 등 정관이 정하는 사항

① 한국소방산업기술원의 업무

답 ①

54 소방기본법령상 국고보조 대상사업의 범위 중 소방활동장비와 설비에 해당하지 않는 것은?
① 소방자동차
② 소방헬리콥터 및 소방정
③ 소화용수설비 및 피난구조설비
④ 방화복 등 소방활동에 필요한 소방장비

해설 기본령 2조
(1) 국고보조의 대상
  ㉠ 소방활동장비와 설비의 구입 및 설치
   • 소방**자**동차 [보기 ①]
   • 소방**헬**리콥터·소방**정** [보기 ②]
   • 소방**전**용통신설비·전산설비
   • 방**화**복 [보기 ④]
  ㉡ 소방관서용 **청**사
(2) 소방활동장비 및 설비의 종류와 규격: 행정안전부령
(3) 대상사업의 기준보조율: 「보조금관리에 관한 법률 시행령」에 따름

기억법 자헬 정전화 청국

답 ③

55 소방안전관리자 및 소방안전관리보조자에 대한 실무교육의 교육대상, 교육일정 등 실무교육에 필요한 계획을 수립하여 매년 누구의 승인을 얻어 교육을 실시하는가?
① 한국소방안전원장
② 소방본부장
③ 소방청장
④ 시·도지사

해설 공사업법 33조
권한의 위탁

업무	위탁	권한
• 실무교육	• 한국소방안전원 • 실무교육기관	• 소방청장 [보기 ③]
• 소방기술과 관련된 자격·학력·경력의 인정 • 소방기술자 양성·인정 교육훈련 업무	• 소방시설업자협회 • 소방기술과 관련된 법인 또는 단체	• 소방청장
• 시공능력평가	• 소방시설업자협회	• 소방청장 • 시·도지사

답 ③

56 소방대상물의 방염 등과 관련하여 방염성능기준은 무엇으로 정하는가?
① 대통령령
② 행정안전부령
③ 소방청훈령
④ 소방청예규

해설 소방시설법 20·21조

대통령령	행정안전부령
방염성능기준 [보기 ①]	방염성능검사의 방법과 검사결과에 따른 합격표시 등에 관하여 필요한 사항

답 ①

57 화재의 예방 및 안전관리에 관한 법령상 소방청장, 소방본부장 또는 소방서장은 관할구역에 있는 소방대상물에 대하여 화재안전조사를 실시할 수 있다. 화재안전조사 대상과 거리가 먼 것은? (단, 개인 주거에 대하여는 관계인의 승낙을 득한 경우이다.)

① 화재예방강화지구 등 법령에서 화재안전조사를 하도록 규정되어 있는 경우
② 관계인이 법령에 따라 실시하는 소방시설 등, 방화시설, 피난시설 등에 대한 자체점검 등이 불성실하거나 불완전하다고 인정되는 경우
③ 화재가 발생할 우려는 없으나 소방대상물의 정기점검이 필요한 경우
④ 국가적 행사 등 주요 행사가 개최되는 장소에 대하여 소방안전관리 실태를 조사할 필요가 있는 경우

해설 화재예방법 7조
화재**안**전조사 실시대상
(1) **관**계인이 이 법 또는 다른 법령에 따라 실시하는 소방시설 등, 방화시설, 피난시설 등에 대한 자체점검이 불성실하거나 불완전하다고 인정되는 경우 보기 ②
(2) **화**재예방강화지구 등 법령에서 화재안전조사를 하도록 규정되어 있는 경우 보기 ①
(3) 화재예방안전진단이 불성실하거나 불완전하다고 인정되는 경우
(4) **국**가적 행사 등 주요 행사가 개최되는 장소 및 그 주변의 관계지역에 대하여 소방안전관리 실태를 조사할 필요가 있는 경우 보기 ④
(5) 화재가 **자**주 발생하였거나 발생할 우려가 뚜렷한 곳에 대한 조사가 필요한 경우
(6) **재**난예측정보, **기**상정보 등을 분석한 결과 소방대상물에 화재의 발생 위험이 크다고 판단되는 경우
(7) 화재, 그 밖의 긴급한 상황이 발생할 경우 인명 또는 재산 피해의 우려가 현저하다고 판단되는 경우

기억법 화관국안

중요

화재예방법 7·8조
화재안전조사
소방대상물에 대한 화재예방을 위하여 관계인에게 필요한 자료제출을 명하거나 위치·구조·설비 또는 관리의 상황을 조사하는 것
(1) 실시자 : 소방청장·소방본부장·소방서장
(2) 관계인의 승낙이 필요한 곳 : **주거**(주택)

답 ③

58 다음 중 상주공사감리를 하여야 할 대상의 기준으로 옳은 것은?

① 지하층을 포함한 층수가 16층 이상으로서 300세대 이상인 아파트에 대한 소방시설의 공사
② 지하층을 포함한 층수가 16층 이상으로서 500세대 이상인 아파트에 대한 소방시설의 공사
③ 지하층을 포함하지 않은 층수가 16층 이상으로서 300세대 이상인 아파트에 대한 소방시설의 공사
④ 지하층을 포함하지 않은 층수가 16층 이상으로서 500세대 이상인 아파트에 대한 소방시설의 공사

해설 공사업령 [별표 3]
소방공사감리 대상

종류	대상
상주공사감리	• 연면적 30000m² 이상 • **16층** 이상(지하층 포함)이고 **500세대** 이상 **아파트** 보기 ②
일반공사감리	• 기타

답 ②

59 다음 소방시설 중 소방시설공사업법령상 하자보수 보증기간이 3년이 아닌 것은?

① 비상방송설비　② 옥내소화전설비
③ 자동화재탐지설비　④ 물분무등소화설비

해설 공사업령 6조
소방시설공사의 하자보수 보증기간

보증기간	소방시설
2년	① **유**도등·**피**난기구 ② **비**상**조**명등·비상**경**보설비·비상**방**송설비 보기 ① ③ **무**선통신보조설비 **기억법** 유비조경방무피2
3년	① 자동소화장치 ② 옥내·외소화전설비 보기 ② ③ 스프링클러설비 ④ **물분무등소화설비**·소화용수설비 보기 ④ ⑤ **자동화재탐지설비**·소화활동설비(무선통신보조설비 제외) 보기 ③ ⑥ 화재알림설비

① 2년

답 ①

19. 09. 시행 / 기사(기계)

60 화재의 예방 및 안전관리에 관한 법령상 소방대상물의 개수·이전·제거, 사용의 금지 또는 제한, 사용폐쇄, 공사의 정지 또는 중지, 그 밖의 필요한 조치로 인하여 손실을 받은 자가 손실보상청구서에 첨부하여야 하는 서류로 틀린 것은?

① 손실보상합의서
② 손실을 증명할 수 있는 사진
③ 손실을 증명할 수 있는 증빙자료
④ 소방대상물의 관계인임을 증명할 수 있는 서류(건축물대장은 제외)

해설 화재예방법 시행규칙 6조
손실보상 청구자가 제출하여야 하는 서류
(1) 소방대상물의 **관계인**임을 증명할 수 있는 서류(건축물대장 제외) 보기 ④
(2) 손실을 증명할 수 있는 **사진**, 그 밖의 **증빙자료** 보기 ②③

기억법 사증관손(사정관의 **손**)

답 ①

제 4 과목 — 소방기계시설의 구조 및 원리

61 이산화탄소 소화설비의 기동장치에 대한 기준으로 틀린 것은?

17.05.문70
15.05.문63
12.03.문70
98.07.문73

① 자동식 기동장치에는 수동으로도 기동할 수 있는 구조이어야 한다.
② 가스압력식 기동장치에서 기동용 가스용기 및 해당 용기에 사용하는 밸브는 20MPa 이상의 압력에 견딜 수 있어야 한다.
③ 수동식 기동장치의 조작부는 바닥으로부터 높이 0.8m 이상 1.5m 이하의 위치에 설치한다.
④ 전기식 기동장치로서 7병 이상의 저장용기를 동시에 개방하는 설비는 2병 이상의 저장용기에 전자개방밸브를 부착해야 한다.

해설 이산화탄소 소화설비의 **가스압력식 기동장치**(NFPC 106 2.3.2)

구 분	기 준
비활성 기체 충전압력	6MPa 이상(21℃ 기준)
기동용 가스용기의 체적	5L 이상
기동용 가스용기 안전장치의 압력	내압시험압력의 0.8 ~내압시험압력 이하
기동용 가스용기 및 해당 용기에 사용하는 밸브의 견디는 압력	**25MPa 이상** 보기 ②

② 20MPa 이상 → 25MPa 이상

중요
이산화탄소 소화설비의 **기동장치**(NFPC 106 6조, NFTC 106 2.3.2)
(1) 자동식 기동장치는 **자동화재탐지설비 감지기**의 작동과 **연동**
(2) 전역방출방식에 있어서 수동식 기동장치는 **방호구역**마다 설치
(3) 가스압력식 자동기동장치의 기동용 가스용기 체적은 **5L 이상**
(4) 수동식 기동장치의 조작부는 **0.8~1.5m** 이하 높이에 설치 보기 ③
(5) 전기식 기동장치는 **7병** 이상의 경우에 **2병** 이상이 전자개방밸브 설치 보기 ④
(6) 수동식 기동장치의 부근에는 소화약제의 방출을 지연시킬 수 있는 **방출지연스위치** 설치

답 ②

62 물분무소화설비의 가압송수장치로 압력수조의 필요압력을 산출할 때 필요한 것이 아닌 것은?

13.03.문67
01.09.문66

① 낙차의 환산수두압
② 물분무헤드의 설계압력
③ 배관의 마찰손실수두압
④ 소방용 호스의 마찰손실수두압

해설 **물분무소화설비**(압력수조방식)(NFPC 104 5조, NFTC 104 2.2.3.1)

$$P = P_1 + P_2 + P_3$$

여기서, P : 필요한 압력[MPa]
P_1 : **물**분무헤드의 설계압력[MPa]
P_2 : **배**관의 마찰손실수두압[MPa]
P_3 : **낙**차의 환산수두압[MPa]

기억법 분배낙물

답 ④

63 소화용수설비에서 소화수조의 소요수량이 20m³ 이상 40m³ 미만인 경우에 설치하여야 하는 채수구의 개수는?

18.04.문64
16.10.문77
15.09.문77
11.03.문68

① 1개
② 2개
③ 3개
④ 4개

해설 **채수구의 수**(NFPC 402 4조, NFTC 402 2.1.3.2.1)

소화수조 소요수량	20~40m³ 미만	40~100m³ 미만	100m³ 이상
채수구의 수	**1개** 보기 ①	2개	3개

용어
채수구
소방대상물의 펌프에 의하여 양수된 물을 소방차가 흡입하는 구멍

비교
흡수관 투입구(NFPC 402 4조, NFTC 402 2.1.3.1)

소요수량	80m³ 미만	80m³ 이상
흡수관 투입구의 수	1개 이상	2개 이상

답 ①

64 천장의 기울기가 10분의 1을 초과할 경우에 가지관의 최상부에 설치되는 톱날지붕의 스프링클러헤드는 천장의 최상부로부터의 수직거리가 몇 cm 이하가 되도록 설치하여야 하는가?

13.03.문69

① 50
② 70
③ 90
④ 120

해설 경사천장에 설치하는 경우(NFTC 103 2.7.7.5.2)

구 분	설 명
최상부의 가지관 상호간의 거리	가지관상의 스프링클러헤드 상호간의 거리의 $\frac{1}{2}$ 이하(최소 1m 이상)
천장의 최상부로 부터의 수직거리	**90cm** 이하 보기 ③

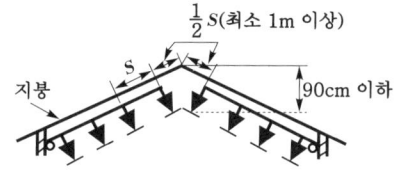

경사천장에 설치하는 경우

답 ③

65 전역방출방식 분말소화설비에서 방호구역의 개구부에 자동폐쇄장치를 설치하지 아니한 경우, 개구부의 면적 1m²에 대한 분말소화약제의 가산량으로 잘못 연결된 것은?

14.03.문77
13.03.문73
12.03.문65

① 제1종 분말 - 4.5kg
② 제2종 분말 - 2.7kg
③ 제3종 분말 - 2.5kg
④ 제4종 분말 - 1.8kg

해설 (1) **분말소화설비**(전역방출방식)(NFPC 108 6조, NFTC 108 2.3)

약제 종별	약제량	개구부가산량 (자동폐쇄장치 미설치시)
제1종 분말	0.6kg/m³	4.5kg/m² 보기 ①
제2·3종 분말	0.36kg/m³	**2.7**kg/m² 보기 ②③
제4종 분말	0.24kg/m³	1.8kg/m² 보기 ④

기억법 개2327

(2) **호스릴방식**(**분말**소화설비)

약제 종별	약제저장량	약제방사량
제1종 분말	50kg	45kg/min
제2·3종 분말	30kg	27kg/min
제**4**종 분말	20kg	**18**kg/min

기억법 호분418

답 ③

66 다음은 상수도 소화용수설비의 설치기준에 관한 설명이다. ( ) 안에 들어갈 내용으로 알맞은 것은?

17.03.문64
14.03.문63
07.03.문70

호칭지름 75mm 이상의 수도배관에 호칭지름 ( )mm 이상의 소화전을 접속할 것

① 50
② 80
③ 100
④ 125

해설 **상수도 소화용수설비**의 **설치기준**(NFPC 401 4조, NFTC 401 2.1)
(1) 호칭지름

수도배관	소화전
75mm 이상	**1**00mm 이상 보기 ③

기억법 수75(수지침으로 치료), 소1(소일거리)

(2) 소화전은 소방자동차 등의 진입이 쉬운 **도로변** 또는 **공지**에 설치
(3) 소화전은 특정소방대상물의 수평투영면의 각 부분으로부터 **140m** 이하가 되도록 설치
(4) 지상식 소화전의 호스접결구는 지면으로부터 높이가 0.5m 이상 1m 이하가 되도록 설치할 것

답 ③

67 다음은 포소화설비에서 배관 등 설치기준에 관한 내용이다. ( ) 안에 들어갈 내용으로 옳은 것은?

18.09.문68
15.09.문72
11.10.문72
02.03.문62

펌프의 성능은 체절운전시 정격토출압력의 (㉠)%를 초과하지 않고, 정격토출량의 150%로 운전시 정격토출압력의 (㉡)% 이상이 되어야 한다.

① ㉠ 120, ㉡ 65
② ㉠ 120, ㉡ 75
③ ㉠ 140, ㉡ 65
④ ㉠ 140, ㉡ 75

19. 09. 시행 / 기사(기계)

해설 (1) **포소화설비**의 **배관**(NFPC 105 7조, NFTC 105 2.4)
  ㉠ 급수개폐밸브 : **탬퍼스위치** 설치
  ㉡ 펌프의 흡입측 배관 : **버터플라이밸브 외**의 개폐표 시형 밸브 설치
  ㉢ 송액관 : **배액밸브** 설치

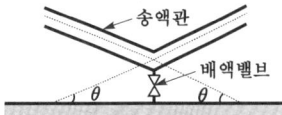

송액관의 기울기

(2) **소화펌프**의 **성능시험 방법** 및 **배관**
  ㉠ 펌프의 성능은 체절운전시 정격토출압력의 <u>140%</u>를 초과하지 않을 것 보기 ㉠
  ㉡ 정격토출량의 150%로 운전시 정격토출압력의 <u>65%</u> 이상이어야 할 것 보기 ㉡
  ㉢ 성능시험배관은 펌프의 토출측에 설치된 **개폐밸브 이전**에서 분기할 것
  ㉣ 유량측정장치는 펌프 정격토출량의 <u>175%</u> 이상 측정할 수 있는 성능이 있을 것

답 ③

68 주거용 주방자동소화장치의 설치기준으로 틀린 것은?
16.03.문65
09.08.문74
07.03.문78
06.03.문70

① 감지부는 형식 승인받은 유효한 높이 및 위치에 설치해야 한다.
② 소화약제 방출구는 환기구의 청소부분과 분리되어 있어야 한다.
③ 가스차단장치는 상시 확인 및 점검이 가능하도록 설치해야 한다.
④ 탐지부는 수신부와 분리하여 설치하되, 공기보다 무거운 가스를 사용하는 장소에는 바닥면으로부터 0.2m 이하의 위치에 설치해야 한다.

해설 **주거용 주방자동소화장치**의 **설치기준**(NFPC 101 4조, NFTC 101 2.1.2)

사용가스	탐지부 위치
LNG (공기보다 가벼운 가스)	**천장면**에서 **30cm(0.3m)** 이하
LPG (공기보다 무거운 가스)	**바닥면**에서 **30cm(0.3m)** 이하 보기 ④

(1) 소화약제 방출구는 환기구의 청소부분과 분리되어 있을 것 보기 ②
(2) 감지부는 형식 승인받은 **유효한** 높이 및 위치에 설치할 것 보기 ①
(3) 차단장치(전기 또는 가스)는 상시 확인 및 점검이 가능하도록 설치할 것 보기 ③
(4) 수신부는 주위의 열기류 또는 습기 등과 주위온도에 영향을 받지 않고 사용자가 **상시 볼 수 있는 장소**에 설치할 것

④ 0.2m 이하 → 0.3m 이하

답 ④

69 분말소화설비의 분말소화약제 1kg당 저장용기의 내용적 기준으로 틀린 것은?
16.10.문66
12.09.문80

① 제1종 분말 : 0.8L ② 제2종 분말 : 1.0L
③ 제3종 분말 : 1.0L ④ 제4종 분말 : 1.8L

해설 분말소화약제

종별	소화약제	충전비 (L/kg)	적응 화재	비 고
제**1**종	중탄산나트륨 (NaHCO₃)	0.8	BC급	**식**용유 및 지방질유의 화재에 적합
제2종	중탄산칼륨 (KHCO₃)	1.0	BC급	-
제**3**종	인산암모늄 (NH₄H₂PO₄)	1.0	ABC급	**차**고 · **주차**장에 적합
제4종	중탄산칼륨+요소 (KHCO₃+(NH₂)₂CO)	1.25 보기 ④	BC급	-

기억법 1식분(**일**식 **분**식)
  3분 차주(**삼보**컴퓨터 **차주**)

● 1kg당 저장용기의 내용적 = 충전비

④ 1.8L → 1.25L

답 ④

70 스프링클러설비의 가압송수장치의 정격토출압력은 하나의 헤드선단에 얼마의 방수압력이 될 수 있는 크기이어야 하는가?
09.08.문70
02.03.문65

① 0.01MPa 이상 0.05MPa 이하
② 0.1MPa 이상 1.2MPa 이하
③ 1.5MPa 이상 2.0MPa 이하
④ 2.5MPa 이상 3.3MPa 이하

해설 각 설비의 주요 사항

구 분	드렌처 설비	스프링클러 설비	소화용수 설비	옥내 소화전 설비	옥외 소화전 설비
방수압	0.1MPa 이상	0.1~1.2MPa 이하 보기 ②	0.15MPa 이상	0.17~ 0.7MPa 이하	0.25~ 0.7MPa 이하
방수량	80L/min 이상	80L/min 이상	80L/min 이상 (가압송수 장치 설치)	130L/min 이상 (30층 미만 : **최대 2개**, 30층 이상 : **최대 5개**)	350L/min 이상 (최대 2개)
방수 구경	-	-	-	40mm	65mm
노즐 구경	-	-	-	13mm	19mm

답 ②

71. 물분무소화설비의 소화작용이 아닌 것은?

① 부촉매작용
② 냉각작용
③ 질식작용
④ 희석작용

해설 소화설비의 소화작용

소화설비	소화작용	주된 소화작용
물(스프링클러)	• 냉각작용 • 희석작용	냉각작용(냉각소화)
물분무	• 냉각작용 보기 ② • 질식작용 보기 ③ • 유화작용 • 희석작용 보기 ④	
포	• 냉각작용 • 질식작용	
분말	• 질식작용 • 부촉매작용 (억제작용) • 방사열 차단 효과	질식작용(질식소화)
이산화탄소	• 냉각작용 • 질식작용 • 피복작용	
할론	• 질식작용 • 부촉매작용 (억제작용)	부촉매작용 (연쇄반응 차단소화)

답 ①

72. 제연설비의 설치장소에 따른 제연구역의 구획 기준으로 틀린 것은?

① 거실과 통로는 각각 제연구획할 것
② 하나의 제연구역의 면적은 600m² 이내로 할 것
③ 하나의 제연구역은 직경 60m 원 내에 들어 갈 수 있을 것
④ 하나의 제연구역은 2개 이상 층에 미치지 아니하도록 할 것

해설 제연구역의 구획 (NFPC 501 4조, NFTC 501 2.1.1)
(1) 1제연구역의 면적은 **1000m²** 이내로 할 것 보기 ②
(2) 거실과 통로는 **각각 제연구획**할 것 보기 ①
(3) 통로상의 제연구역은 보행중심선의 길이가 **60m**를 초과하지 않을 것
(4) 1제연구역은 직경 **60m** 원 내에 들어갈 것 보기 ③
(5) 1제연구역은 **2개** 이상의 층에 미치지 않을 것 보기 ④

기억법 제10006(충북 제천에 육교 있음)
2개제(이게 제목이야!)

② 600m² 이내 → 1000m² 이내

답 ②

73. 30층 미만의 건물에 옥내소화전이 하나의 층에는 6개, 또 다른 층에는 3개, 나머지 모든 층에는 4개씩 설치되어 있다. 수원의 최소수량[m³] 기준은?

① 5.2
② 10.4
③ 13
④ 15.6

해설 옥내소화전설비

$Q = 2.6N$ (1~29층 이하, N : 최대 2개)
$Q = 5.2N$ (30~49층 이하, N : 최대 5개)
$Q = 7.8N$ (50층 이상, N : 최대 5개)

여기서, Q : 수원의 저수량[m³]
N : 가장 많은 층의 소화전 개수

수원의 **저수량** Q는
$Q = 2.6N = 2.6 \times 2 = 5.2\text{m}^3$

• 층수가 주어지지 않을 경우에는 30층 미만으로 보고 $Q=2.6$식을 적용한다.

답 ①

74. 스프링클러설비의 교차배관에서 분기되는 지점을 기점으로 한쪽 가지배관에 설치되는 헤드는 몇 개 이하로 설치하여야 하는가? (단, 수리학적 배관방식의 경우는 제외한다.)

① 8
② 10
③ 12
④ 18

해설 한쪽 가지배관에 설치되는 헤드의 개수는 **8개** 이하로 한다 (NFPC 103 8조, NFTC 103 2.5.9.2).

기억법 한8(한팔)

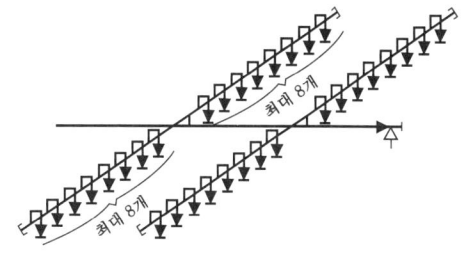

가지배관의 헤드 개수

비교

연결살수설비 (NFPC 503 4조, NFTC 503 2.1.4)
연결살수설비에서 하나의 송수구역에 설치하는 **개방형 헤드**의 수는 **10개** 이하로 한다.

답 ①

75

포소화설비의 자동식 기동장치에서 폐쇄형 스프링클러헤드를 사용하는 경우의 설치기준에 대한 설명이다. ㉠~㉢의 내용으로 옳은 것은?

- 표시온도가 (㉠)℃ 미만인 것을 사용하고, 1개의 스프링클러헤드의 경계면적은 (㉡)m² 이하로 할 것
- 부착면의 높이는 바닥으로부터 (㉢)m 이하로 하고, 화재를 유효하게 감지할 수 있도록 할 것

① ㉠ 68, ㉡ 20, ㉢ 5
② ㉠ 68, ㉡ 30, ㉢ 7
③ ㉠ 79, ㉡ 20, ㉢ 5
④ ㉠ 79, ㉡ 30, ㉢ 7

해설 **자동식 기동장치**(폐쇄형 헤드 개방방식)(NFPC 105 11조, NFTC 105 2.8.2.1)

(1) 표시온도가 **79℃** 미만인 것을 사용하고, 1개의 스프링클러헤드의 **경**계면적은 **20m²** 이하로 함 보기 ㉠㉡
(2) 부착면의 높이는 바닥으로부터 **5m** 이하로 하고, 화재를 유효하게 감지할 수 있도록 함 보기 ㉢
(3) 하나의 감지장치 경계구역은 하나의 **층**이 되도록 함

기억법 자동 경7경2(**자동**차에서 바라보는 **경치**가 **경**이롭다.)

답 ③

76

특별피난계단의 계단실 및 부속실 제연설비의 안전기준에 대한 내용으로 틀린 것은?

① 제연구역과 옥내와의 사이에 유지하여야 하는 최소 차압은 40Pa 이상으로 하여야 한다.
② 제연설비가 가동되었을 경우 출입문의 개방에 필요한 힘은 110N 이상으로 하여야 한다.
③ 계단실과 부속실을 동시에 제연하는 경우 부속실의 기압은 계단실과 같게 하거나 부속실과 계단실의 압력차이가 5Pa 이하가 되도록 하여야 한다.
④ 계단실 및 그 부속실을 동시에 제연하거나 또는 계단실만 단독으로 제연할 때의 방연풍속은 0.5m/s 이상이어야 한다.

해설 **차압**(NFPC 501A 6・10조, NFTC 501A 2.3, 2.7.1)
(1) 제연구역과 옥내와의 사이에 유지하여야 하는 최소 차압은 **40Pa**(옥내에 **스프링클러설비**가 설치된 경우는 **12.5Pa**) 이상 보기 ①

(2) 제연설비가 가동되었을 경우 출입문의 개방에 필요한 힘은 **110N 이하** 보기 ②
(3) 계단실과 부속실을 동시에 제연하는 경우 부속실의 기압은 계단실과 같게 하거나 계단실의 기압보다 낮게 할 경우에는 부속실과 계단실의 압력차이는 **5Pa 이하** 보기 ③
(4) 계단실 및 그 부속실을 동시에 제연하는 것 또는 계단실만 단독으로 제연할 때의 방연풍속은 **0.5m/s 이상** 보기 ④
(5) 피난을 위하여 제연구역의 출입문이 일시적으로 개방되는 경우 개방되지 않은 제연구역과 옥내와의 차압은 기준 차압의 70% 이상이어야 한다.

② 110N 이상 → 110N 이하

답 ②

77

체적 100m³의 면화류창고에 전역방출방식의 이산화탄소 소화설비를 설치하는 경우에 소화약제는 몇 kg 이상 저장하여야 하는가? (단, 방호구역의 개구부에 자동폐쇄장치가 부착되어 있다.)

① 12   ② 27
③ 120   ④ 270

해설 이산화탄소 소화설비 저장량[kg]
= 방호구역체적[m³]×약제량[kg/m³]+개구부면적[m²]×개구부가산량(10kg/m²)
=100m³×2.7kg/m³
=270kg

이산화탄소 소화설비 심부화재의 약제량 및 개구부가산량
(NFPC 106 5조, NFTC 106 2.2.1.2)

방호대상물	약제량	개구부가산량 (자동폐쇄장치 미설치시)	설계농도
전기설비	1.3kg/m³	10kg/m²	50%
전기설비 (55m³ 미만)	1.6kg/m³		50%
서고, 박물관, 목재가공품창고, 전자제품창고	2.0kg/m³		65%
석탄창고, 면화류창고, 고무류, 모피창고, 집진설비	→2.7kg/m³		75%

- 방호구역체적 : 100m³
- 단서에서 개구부에 **자동폐쇄장치**가 부착되어 있으므로 **개구부면적** 및 **개구부가산량**은 제외
- 면화류창고의 경우 약제량은 **2.7kg/m³**

답 ④

78 주요구조부가 내화구조이고 건널복도가 설치된 층의 피난기구 수의 설치감소방법으로 적합한 것은?

① 피난기구를 설치하지 아니할 수 있다.
② 피난기구의 수에서 $\frac{1}{2}$을 감소한 수로 한다.
③ 원래의 수에서 건널복도 수를 더한 수로 한다.
④ 피난기구의 수에서 해당 건널복도의 수의 2배의 수를 뺀 수로 한다.

해설 **피난기구 수의 감소**(NFPC 301 7조, NFTC 301 2.3.2)
다음과 같은 **내화구조**이고 **건널복도**가 설치된 **층**은 피난기구 수의 감소의 **2배**의 수를 **뺀 수**로 한다. 보기 ④
(1) **내화구조** 또는 **철골구조**로 되어 있을 것
(2) 건널복도 양단의 출입구에 자동폐쇄장치를 한 **60분+방화문** 또는 **60분 방화문**(방화셔터 제외)이 설치되어 있을 것
(3) **피난·통행** 또는 **운반**의 전용용도일 것

답 ④

79 스프링클러설비의 누수로 인한 유수검지장치의 오작동을 방지하기 위한 목적으로 설치하는 것은?

① 솔레노이드밸브   ② 리타딩챔버
③ 물올림장치   ④ 성능시험배관

해설 **리타딩챔버**의 **역할**
(1) **오**작동(오보) 방지 보기 ②
(2) 안전밸브의 역할
(3) 배관 및 압력스위치의 손상보호

기억법 **오리**(오리 꽥!꽥!)

답 ②

80 지상으로부터 높이 30m가 되는 창문에서 구조대용 유도로프의 모래주머니를 자연낙하시킨 경우 지상에 도달할 때까지 걸리는 시간(초)은?

① 2.5   ② 5
③ 7.5   ④ 10

해설 자유낙하이론

$$y = \frac{1}{2}gt^2$$

여기서, y : 지면에서의 높이(m)
g : 중력가속도(9.8m/s²)
t : 지면까지의 낙하시간(s)

$y = \frac{1}{2}gt^2$

$30\text{m} = \frac{1}{2} \times 9.8\text{m/s}^2 \times t^2$

$\frac{30\text{m} \times 2}{9.8\text{m/s}^2} = t^2$

$t^2 = \frac{30\text{m} \times 2}{9.8\text{m/s}^2}$

$\sqrt{t^2} = \sqrt{\frac{30\text{m} \times 2}{9.8\text{m/s}^2}}$

$t = \sqrt{\frac{30\text{m} \times 2}{9.8\text{m/s}^2}} ≒ 2.5\text{s}$

답 ①

발건강에 좋은 신발 고르기

1. 신발을 신은 뒤 엄지손가락을 엄지발가락 끝에 놓고 눌러본다. (엄지손가락으로 가볍게 약간 눌려지는 것이 적당)
2. 신발을 신어본 뒤 볼이 조이지 않는지 확인한다. (신발의 볼이 여유가 있어야 발이 편하다)
3. 신발 구입은 저녁 무렵에 한다. (발은 아침 기상시 가장 작고 저녁 무렵에는 0.5~1cm 커지기 때문)
4. 선 상태에서 신발을 신어본다. (서면 의자에 앉았을 때보다 발길이가 1cm까지 커지기 때문
5. 양 발 중 큰 발의 크기에 따라 맞춘다.
6. 신발 모양보다 기능에 초점을 맞춘다.
7. 외국인 평균치에 맞춘 신발을 살 때는 발등 높이·발너비를 잘 살핀다. (한국인은 발등이 높고 발너비가 상대적으로 넓다)
8. 앞쪽이 뾰족하고 굽이 3cm 이상인 하이힐은 가능한 한 피한다.
9. 통굽·뽀빠이 구두는 피한다. (보행이 불안해지고 보행시 척추·뇌에 충격)

자료 : 을지병원 족부클리닉

찾아보기

ㄱ

가스계 소화설비	62
가압송수장치	23-51
가압식	22-24
가지배관	22-59
간이소화용구	21-57
건축허가 등의 동의대상물	22-17
건축허가 등의 동의 여부 회신	19-43
게이지압(계기압)	22-17
경보설비	21-47
고정포방출구	20-55
공동주택	23-23
공동현상(cavitation)	25-38
광산안전법	34
교차배관	23-77
구조대	23-80
국소방출방식	19-24
굴뚝효과	22-3
근린생활시설	22-51
금수성 물질	22-3
기화잠열	21-8

ㄴ

내화구조	23-4
냉각소화	19-61
노유자시설	25-17

ㄷ

단열변화	21-72
달시-웨버의 식	23-67
대류	19-32
돌자	25-58

동점성계수	23-12
드렌처설비	20-26
등온압축	19-11

ㄹ

랙식 창고	23-72
레이놀즈수	22-13
리타딩챔버	20-50

ㅁ

마노미터	22-73
마른모래	23-5
모르타르	24-6
몰수	22-8
무대부	23-50
무상주수	21-87
무차원	22-41
물분무등소화설비	22-21
물분무소화설비	22-29, 22-87
물올림장치	21-83
물질의 발화점	20-31

ㅂ

발염착화	20-61
발화점	19-57
방수구	20-79
방염성능	22-52
방염처리업	22-80
방화구조	20-31
방화시설	21-21, 20-75
벌금	22-46, 21-21
벤투리관	20-80
보행거리	22-89, 20-53

복사	19-33
복합건축물	22-51, 21-22
부촉매효과	21-65, 20-33
비가역적	21-71
비상전원	22-22
비열	21-14
비중	21-37
비체적	23-13
비화	19-32

ㅅ

산화열	21-7
샤를의 법칙	21-36
소방기술자	23-18
소방대장	23-43
소방력의 기준	23-20
소방시설공사업법	23-21
소방시설관리업	22-46
소방시설업	22-46, 22-80
소방시설업의 종류	22-80
소방용수시설	21-19, 20-18
소방체험관	20-46, 19-44
소방활동구역	19-44
소화기구	19-26
소화용수설비	19-53
소화활동설비	22-23, 21-31
수격작용(water hammering)	20-8
수동력	20-11
수력반경	21-16
수원	20-24
수평거리	23-25
스케줄	21-25
스프링클러설비	23-25
습식 유수검지장치	21-24
승강기	21-25

시공능력평가	19-74
시·도지사	22-18, 21-20
시차액주계	21-73

ㅇ

아이오딘값	22-6
알코올류 위험물	19-60
업무시설	25-89
엔트로피(ΔS)	20-62
연결살수설비	19-79
연결송수관설비	21-21
연돌효과	23-24
연소방지설비	23-25
연소점	23-32
오버플로우관	22-26
올림식 사다리	19-52
완강기	25-57
우수품질인증	22-54, 19-47
원심펌프	22-75, 21-68
위험물안전관리자	22-23, 19-72
유량	22-10, 22-24
유류화재	22-25, 21-28
유속	21-37, 21-58
융해잠열	21-8
음속	22-36
2급 소방안전관리대상물	22-19, 22-80
이산화탄소 소화기	21-35
인명구조기구	25-86
인화점	19-57
1급 소방안전관리대상물	22-19
일반화재	23-24
일산화탄소(CO)	21-34
임계압력	22-4
임계온도	22-4

ㅈ

자연발화의 형태	19-59
자연제연방식	19-31
자위소방대	19-57
자체소방대	21-46, 20-74
잔염시간	22-84
잔진시간	22-84
전단응력	23-9
전도	19-32
전역방출방식	25-60
점도계	20-42
제거효과	19-58
제연설비	23-21
종합상황실	22-84, 21-80
주수소화	21-2, 20-6
주요 구조부	22-5, 20-55
증기비중	19-6
지정수량	23-19
질식소화	23-57

ㅊ

채수구	23-27
철망모르타르	20-31
체적탄성계수	22-42, 20-35
축동력	20-37

ㅋ

케이블트레이	22-61, 21-26

ㅌ

토너먼트방식	21-55, 20-51
특수가연물	22-50, 21-28

ㅍ

파스칼의 원리	19-37
팽창비	20-55
펌프의 동력	19-9
폐쇄형 헤드	19-28
포소화설비	23-52
포워터 스프링클러헤드	21-27
포헤드	23-54
폭굉	22-36
폭발한계	22-68, 19-59
플래시오버	22-33, 22-65
피난기구	21-29, 21-31
피난동선	20-59
피난구조설비	22-22

ㅎ

한국소방안전원	22-23
할론 1301	22-25
항공기격납고	22-52, 21-23
호스릴방식	21-17, 20-25
혼합장치	20-80
화학소화	22-63, 19-61
화재예방강화지구	25-18
활성화에너지	21-4
황화수소(H_2S)	21-4
회피성	12

MEMO

VISION 연속 판매1위

교재 및 인강을 통한 합격 수기

"한번에! 빠르게! 합격하기!!"

고졸 인문계 출신 합격!

필기시험을 치르고 실기 책을 펼치는 순간 머리가 하얗게 되더군요. 그래서 어떻게 공부를 해야 하나 인터넷을 뒤적이다가 공하성 교수님 강의가 제일 좋다는 이야기를 듣고 공부를 시작했습니다. 관련학과도 아닌 고졸 인문계 출신인 저도 제대로 이해할 수 있을 정도로 정말 정리가 잘 되어 있더군요. 문제 하나하나 풀어가면서 설명해주시는데 머릿속에 쏙쏙 들어왔습니다. 약 3주간 미친 듯이 문제를 풀고 부족한 부분은 강의를 들었습니다. 그렇게 약 6주간 공부 후 시험결과 실기점수 74점으로 최종 합격하게 되었습니다. 정말 빠른 시간에 합격하게 되어 뿌듯했고 공하성 교수님 강의를 접한 게 정말 잘했다는 생각이 들었습니다. 저도 할 수 있다는 것을 깨닫게 해준 성안당 출판사와 공하성 교수님께 정말 감사의 말씀을 올립니다.

_ 김○건님의 글

시간 단축 및 이해도 높은 강의!

소방은 전공분야가 아닌 관계로 다른 방법의 공부를 필요로 하게 되어 공하성 교수님의 패키지 강의를 수강하게 되었습니다. 전공이든, 비전공이든 학원을 다니거나 동영상강의를 집중적으로 듣고 공부하는 것이 혼자 공부하는 것보다 엄청난 시간적 이점이 있고 이해도도 훨씬 높은 것 같습니다. 주로 공하성 교수님 실기 강의를 3번 이상 반복 수강하고 남는 시간은 노트정리 및 암기하여 실기 역시 높은 점수로 합격을 하였습니다. 처음 기사시험을 준비할 때 '할 수 있을까?'하는 의구심도 들었지만 나이 60세에 새로운 자격증을 하나둘 새로 취득하다 보니 미래에 대한 막연한 두려움도 극복이 되는 것 같습니다.

_ 김○규님의 글

단 한번에 합격!

퇴직 후 진로를 소방감리로 결정하고 먼저 공부를 시작한 친구로부터 공하성 교수님 인강과 교재를 추천받았습니다. 이것이 단 한번에 필기와 실기를 합격한 지름길이었다고 생각합니다. 인강을 듣는 중 공하성 교수님 특유의 기억법과 유사 항목에 대한 정리가 공부에 큰 도움이 되었습니다. 인강 후 공하성 교수님께서 강조한 항목을 중심으로 이론교재로만 암기를 했는데 이때는 처음부터 끝까지 하지 않고 네 과목을 번갈아 가면서 암기를 했습니다. 지루함을 피하기 위함이고 이는 공하성 교수님께서 추천하는 공부법이었습니다. 필기시험을 거뜬히 합격하고 실기시험에 매진하여 시험을 봤는데, 문제가 예상했던 것보다 달라서 당황하기도 했고 그래서 약간의 실수도 있었지만 실기도 한번에 합격을 할 수 있었습니다. 실기시험이 끝나고 바로 성안당의 공하성 교수님 교재로 소방설비기사 전기 공부를 하고 있습니다. 전공이 달라 이해하고 암기하는 데 어려움이 있긴 하지만 반복해서 하면 반드시 합격하리라 확신합니다. 나이가 많은 데도 불구하고 단 한번에 합격하는 데 큰 도움을 준 성안당과 공하성 교수님께 감사드립니다.

_ 최○수님의 글

성안당 e러닝 bm.cyber.co.kr (031-950-6332) | 예스미디어 www.ymg.kr (010-3182-1190)

VISION 연속 판매 1위

교재 및 인강을 통한 합격 수기

"한번에! 빠르게! 합격하기!!"

공하성 교수의 열강!

이번 2회차 소방설비기사에 합격하였습니다. 실기는 정말 인강을 듣지 않을 수 없더라고요. 그래서 공하성 교수님의 강의를 신청하였고 하루에 3~4강씩 시청, 복습, 문제풀이 후 또 시청 순으로 퇴근 후에도 잠자리 들기 전까지 열심히 공부하였습니다. 특히 교수님이 강의 도중에 책에는 없는 추가 예제를 풀이해 주는 것이 이해를 수월하게 했습니다. 교수님의 열강 덕분에 시험은 한 문제 제외하고 모두 풀었지만 확신이 서지 않아 전전긍긍하다가 며칠 전에 합격 통보를 받았을 때는 정말 보람 있고 뿌듯했습니다. 올해는 조금 휴식을 취한 뒤에 내년에는 교수님의 소방시설관리사를 공부할 예정입니다. 그때도 이렇게 후기를 적을 기회가 주어졌으면 하는 바람이고요. 저도 합격하였는데 여러분들은 더욱 수월하게 합격하실 수 있을 것입니다. 모두 파이팅하시고 좋은 결과가 있길 바랍니다. 감사합니다.

_ 이○현님의 글

이해하기 쉽고, 암기하기 쉬운 강의!

소방설비기사 실기시험까지 합격하여 최종합격까지 한 25살 직장인입니다. 직장인이다 보니 시간에 쫓겨 자격증을 따는 것이 막연했기 때문에 필기과목부터 공하성 교수님의 인터넷 강의를 듣기 시작하였습니다. 꼼꼼히 필기과목을 들은 것이 결국은 실기시험까지 도움이 되었던 것 같습니다. 실기의 난이도가 훨씬 높지만 어떻게 보면 필기의 확장판이라고 할 수 있습니다. 그래서 필기과목부터 꾸준하고 꼼꼼하게 강의를 듣고 실기 강의를 들었더니 정말로 그 효과가 배가 되었습니다. 공하성 교수님의 강의를 들을 때 가장 큰 장점은 공부에 아주 많은 시간을 쏟지 않아도 되는 거였습니다. 증거로 직장을 다니는 저도 합격하게 되었으니까요. 하지만 그렇게 하기 위해서는 필기부터 실기까지 공하성 교수님이 만들어 놓은 커리큘럼을 정확하고, 엄격하게 따라야 합니다. 정말 순서대로, 이해하기 쉽게, 암기하기 쉽게 강의를 구성해 놓으셨습니다. 이 강의를 듣고 더 많은 합격자가 나오면 좋겠습니다.

_ 엄○지님의 글

59세 소방 쌍기사 성공기!

저는 30년간 직장생활을 하는 평범한 회사원입니다. 인강은 무엇을 들을까 하고 탐색하다가 공하성 교수님의 샘플 인강을 듣고 소방설비기사 전기 인강을 들었습니다. 2개월 공부 후 소방전기 필기시험에 우수한 성적으로 합격하고, 40일 준비 후 4월에 시행한 소방전기 실기시험에서도 당당히 합격하였습니다. 실기시험에서는 가닥수 구하기가 많이 어려웠는데, 공하성 교수님의 인강을 자주 듣고, 그림을 수십 번 그리며 가닥수를 공부하였더니 합격할 수 있다는 자신감이 생겼습니다. 소방전기 기사시험 합격 후 소방기계 기사 필기는 유체역학과 소방기계시설의 구조 및 원리에 전념하여 필기시험에서 90점으로 합격하였습니다. 돌이켜 보면, 소방설비 기계기사가 소방설비 전기기사보다 훨씬 더 어렵고 힘들었습니다. 고민 끝에 공하성 교수님의 10년간 기출문제 특강을 집중해서 듣고, 10년 기출문제를 3회 이상 반복하여 풀고 또 풀었습니다. "합격을 축하합니다."라는 글이 눈에 들어왔습니다. 점수 확인 결과 고득점으로 합격하였습니다. 이렇게 해서 저는 올해 소방전기, 소방기계 쌍기사 자격증을 취득했습니다. 인터넷 강의와 기출문제는 공하성 교수님께서 출간하신 책으로 10년분을 3회 이상 풀었습니다. 1년 내에 소방전기, 소방기계 쌍기사를 취득할 수 있도록 헌신적으로 도와주신 공하성 교수님께 깊은 감사를 드리며 저의 기쁨과 행복을 보내드립니다.

_ 오○훈님의 글

성안당 e러닝 bm.cyber.co.kr (031-950-6332) | 예스미디어 www.ymg.kr (010-3182-1190)

VISION 연속 판매1위

교재 및 인강을 통한 합격 수기

"한번에! 빠르게! 합격하기!!"

소방설비기사 원샷 원킬!

처음엔 강의는 듣지 않고 책의 문제만 봤습니다. 그런데 책을 보고 이해해보려 했지만 잘 되지 않았습니다. 그래도 처음은 경험이나 해보자고 동영상강의를 듣지 않고 책으로만 공부를 했었습니다. 간신히 필기를 합격하고 바로 친구의 추천으로 공하성 교수님의 동영상강의를 신청했고, 확실히 혼자 할 때보다 공하성 교수님 강의를 들으니 이해가 잘 되었습니다. 중간중간 공하성 교수님의 재미있는 농담에 강의를 보다가 혼자 웃기도 하고 재미있게 강의를 들었습니다. 물론 본인의 노력도 필요하지만 인강을 들으니 필기 때는 전혀 이해가 안 가던 부분들도 실기 때 강의를 들으니 이해가 잘 되었습니다. 생소한 분야이고 지식이 전혀 없던 자격증 도전이었지만 한번에 합격할 수 있어서 너무 기쁘네요. 여러분들도 저를 보고 희망을 가지시고 열심히 해서 꼭 합격하시길 바랍니다.

_ 이○목님의 글

소방설비기사(전기) 합격!

41살에 첫 기사 자격증 취득이라 기쁩니다. 실무에 필요한 소방설계 지식도 쌓고 기사 자격증도 취득하기 위해 공하성 교수님의 강의를 들었습니다. 재미나고 쉽게 설명해주시는 공하성 교수님의 강의로 필기·실기시험 모두 합격할 수 있었습니다.

_ 이○용님의 글

소방설비기사 합격!

시간을 의미 없이 보내는 것보다 미래를 준비하는 것이 좋을 것 같아 소방설비기사를 공부하게 되었습니다. 퇴근 후 열심히 노력한 결과 1차 필기시험에 합격하게 되었습니다. 기쁜 마음으로 2차 실기시험을 준비하기 위해 전에 선배에게 추천받은 강의를 주저없이 구매하였습니다. 1차 필기시험을 너무 쉽게 합격해서인지 2차 실기시험을 공부하는데, 처음에는 너무 생소하고 이해되지 않는 부분이 많았는데 교수님의 자세하고 반복적인 설명으로 조금씩 내용을 이해하게 되었고 자신감도 조금씩 상승하게 되었습니다. 한 번 강의를 다 듣고 두 번 강의를 들으니 처음보다는 훨씬 더 이해가 잘 되었고 과년도 문제를 풀면서 중요한 부분을 파악하였습니다. 드디어 실기시험 시간이 다가왔고 완전한 자신감은 없었지만 실기시험을 보게 되었습니다. 확실히 아는 것이 많이 있었고 많은 문제에 생각나는 답을 기재한 결과 시험에 합격하였다는 문자를 받게 되었습니다. 합격까지의 과정에 온라인강의가 가장 많은 도움이 되었고, 반복해서 학습하는 것이 얼마나 중요한지 새삼 깨닫게 되었습니다. 자격시험에 도전하시는 모든 분들께 저의 합격수기가 조금이나마 도움이 되었으면 하는 바람입니다.

_ 이○인님의 글

성안당 e러닝 bm.cyber.co.kr(031-950-6332) | 예스미디어 Yes Media Group www.ymg.kr(010-3182-1190)

VISION 연속 판매1위

교재 및 인강을 통한 합격 수기

"한번에! 빠르게! 합격하기!!"

소방설비산업기사 안 될 줄 알았는데..., 되네요!

저는 필기부터 공하성 교수님 책을 이용해서 공부하였습니다. 무턱대고 도전해보려고 책을 구입하려 할 때 서점에서 공하성 교수님 책을 추천해주었습니다. 한 달 동안 열심히 공부하고 어쩌다 보니 합격하게 되었고 실기도 한 번에 붙어보자는 생각으로 필기 때 공부하던 공하성 교수님 책을 선택했습니다. 실기에서 혼자 공부해보니 어려운 점이 많았습니다. 특히 전기분야는 가닥수에서 이해하질 못했고 그러다 보니 자연스레 공하성 교수님 인강을 들어야겠다고 판단을 했고 그것은 옳았습니다. 가장 이해하지 못했던 가닥수 문제들을 반복해서 듣다 보니 눈에 익어 쉽게 풀 수 있게 되었습니다. 공부하시는 분들 좋은 결과가 있기를...

_ 박○석님의 글

1년 만에 쌍기사 획득!

저는 소방설비기사 전기 공부를 시작으로 꼭 1년 만에 소방전기와 소방기계 둘 다 한번에 합격하여 너무나 의미 있는 한 해가 되었습니다. 1년 만에 쌍기사를 취득하니 감개무량하고 뿌듯합니다. 제가 이렇게 할 수 있었던 것은 우선 교재의 선택이 탁월했습니다. 무엇보다 쉽고 자세한 강의는 비전공자인 제가 쉽게 접근할 수 있었습니다. 그리고 저의 공부비결은 반복학습이었습니다. 또한 감사한 것은 제 아들이 대학 4학년 전기공학 전공인데 이번에 공하성 교수님 교재를 보고 소방설비기사 전기를 저와 아들 둘 다 합격하여 얼마나 감사한지 모르겠습니다. 여러분도 좋은 교재와 자신의 노력이 더해져 최선을 다한다면 반드시 합격할 수 있습니다. 다시 한 번 감사드립니다.^^

_ 이○자님의 글

소방설비기사 합격!

올해 초에 소방설비기사 시험을 보려고 이런저런 정보를 알아보던 중 친구의 추천으로 성안당 소방필기 책을 구매했습니다. 필기는 독학으로 합격할 수 있을 만큼 자세한 설명과 함께 반복적인 문제에도 문제마다 설명을 자세하게 해주셨습니다. 문제를 풀 때 생각이 나지 않아도 앞으로 다시 돌아가서 볼 필요가 없이 진도를 나갈 수 있게끔 자세한 문제해설을 보면서 많은 도움이 되어 필기를 합격했습니다. 실기는 2회차에 접수를 하고 온라인강의를 보며 많은 도움이 되었습니다. 열심히 안 해서 그런지 4점 차로 낙방을 했습니다. 다시 3회차 실기에 도전하여 열심히 공부를 한 결과 최종합격할 수 있게 되었습니다. 인강은 생소한 소방실기를 쉽게 접할 수 있는 좋은 방법으로서 저처럼 학원에 다닐 여건이 안 되는 사람에게 좋은 공부방법을 제공하는 것 같습니다. 먼저 인강을 한번 보면서 모르는 생소한 용어들을 익힌 후 다시 정리하면서 이해하는 방법으로 공부를 했습니다. 물론 오답노트를 활용하면서 외웠습니다. 소방설비기사에 도전하시는 분들께도 많은 도움이 되었으면 좋겠습니다.

_ 김○국님의 글

성안당 e러닝 bm.cyber.co.kr(031-950-6332) | 예스미디어 www.ymg.kr(010-3182-1190)

VISION 연속 판매1위

교재 및 인강을 통한
합격 수기

"한번에! 빠르게! 합격하기!!"

소방설비산업기사 한번에 합격했습니다!

공하성 교수님의 강의를 추천하시는 분들이 많아 올해 3월에 바로 결제하고 하루에 2시간씩 남는 시간을 투자하여 공부하였습니다. 처음에는 분량이 엄청 많아보였지만 공하성 교수님이 중요한 부분들을 쉽게 외울 수 있는 암기방법들도 알려주시고 요점노트와 초스피드 기억법도 정말 필요한 부분들만 딱딱 집어주셔서 금방 익히게 되었습니다. 문제도 풀어 본 뒤 교수님의 문제풀이 강의를 들으며 문제에 숨겨져 있는 함정들이나 간편하게 풀 수 있는 방법들을 익히게 되었고 강의교재에 나오는 문제들 그대로 실전시험에 나오는 문제들이 많아 아무런 문제없이 술술 풀어 나갔습니다. 이해하기 쉽고 재미있는 강의였습니다. 감사합니다.
_ 이○현님의 글

소방설비기사 최종 합격이네요!

비전공이고 해서 실기 때 가닥수 때문에 막막했는데 강의를 듣기 잘한 것 같습니다. 강의를 듣고 가닥수는 완벽하게 이해했거든요.ㅎㅎ 전기분야의 경우 2회차에는 단답 비중이 높아졌긴 했어도 가닥수 배점이 큰 건 사실이니까요. 가닥수 때문에 고민이시라면 공하성 교수님 강의를 수강하시면 도움이 많이 될 것입니다.
_ 진○희님의 글

소방설비기사 합격!

4번씩이나 낙방하여 그만 포기할까 하다가 공하성 교수님 인강과 교재로 공부하면 분명히 합격할 거라고 친구의 추천을 받아 수강하게 되었습니다. 이번 4회 때의 문제를 받고 한참 동안 당황하였습니다. 지금까지의 문제와는 많이 다른 유형으로 출제되어 당황했지만 차근차근 풀이를 하다 보니 몇 문제를 제외하고는 막힘없이 풀었던 것 같습니다. 공하성 교수님의 교재와 강의를 듣지 않았다면 불가능한 일이었겠지요. 시험을 치르고 나올 때 고득점으로 합격하리라 확신하게 되었습니다. 합격자 발표일이 너무 기다려졌는데 합격이라고 쓰여 있어서 정말 희열을 느꼈습니다. 62세의 나이에 결코 쉬운 도전은 아니었으나 합격하고 보니 노력하면 분명히 결실을 보게 된다는 결론이었습니다. 이 모든 결과는 공하성 교수님의 덕분이라고 생각됩니다. 정말 감사합니다. 전기도 기출문제풀이를 공하성 교수님의 강의를 신청하여 공부하고자 합니다. 지금 소방설비기사 기계나 전기를 준비하고 계시는 수험생들은 여기저기 교재와 인강이 많은데 저처럼 헤매지 마시고 처음부터 공하성 교수님의 강의를 선택해서 공부하시면 후회하지 않으실 겁니다. 꼭 추천해드리고 싶습니다. 감사합니다.
_ 채○수님의 글

성안당 e러닝 bm.cyber.co.kr(031-950-6332) | 예스미디어 www.ymg.kr(010-3182-1190)

> "공하성 교수의 노하우와 함께 소방자격시험 완전정복!"
> 24년 연속 판매 1위! 한 번에 합격시켜 주는 명품교재!

성안당 소방시리즈!

소방설비기사		소방설비산업기사		소방시설관리사
전기분야 (필기, 실기)	기계분야 (필기, 실기)	전기분야 (필기, 실기)	기계분야 (필기, 실기)	제1차, 제2차

2026 최신개정판
7개년 과년도 소방설비기사 [기계① ~ ⑦] 필기

- 2018. 1. 15. 초 판 1쇄 발행
- 2018. 1. 23. 초 판 2쇄 발행
- 2018. 8. 1. 초 판 3쇄 발행
- 2019. 1. 7. 1차 개정증보 1판 1쇄 발행
- 2019. 2. 18. 1차 개정증보 1판 2쇄 발행
- 2019. 8. 30. 1차 개정증보 1판 3쇄 발행
- 2020. 1. 6. 2차 개정증보 2판 1쇄 발행
- 2020. 9. 15. 2차 개정증보 2판 2쇄 발행
- 2021. 1. 5. 3차 개정증보 3판 1쇄 발행
- 2021. 4. 5. 3차 개정증보 3판 2쇄 발행
- 2022. 1. 5. 4차 개정증보 4판 1쇄 발행
- 2022. 5. 25. 4차 개정증보 4판 2쇄 발행
- 2022. 9. 7. 4차 개정증보 4판 3쇄 발행
- 2023. 1. 11. 5차 개정증보 5판 1쇄 발행
- 2023. 3. 22. 5차 개정증보 5판 2쇄 발행
- 2023. 8. 23. 5차 개정증보 5판 3쇄 발행
- 2024. 1. 3. 6차 개정증보 6판 1쇄 발행
- 2024. 5. 8. 6차 개정증보 6판 2쇄 발행
- 2025. 1. 8. 7차 개정증보 7판 1쇄 발행
- 2025. 3. 5. 7차 개정증보 7판 2쇄 발행
- 2025. 6. 4. 7차 개정증보 7판 3쇄 발행
- **2026. 1. 7. 8차 개정증보 8판 1쇄 발행**

지은이 | 공하성
펴낸이 | 이종춘
펴낸곳 | BM (주)도서출판 성안당
주소 | 04032 서울시 마포구 양화로 127 첨단빌딩 3층(출판기획 R&D 센터)
　　　10881 경기도 파주시 문발로 112 파주 출판 문화도시(제작 및 물류)
전화 | 02) 3142-0036
　　　031) 950-6300
팩스 | 031) 955-0510
등록 | 1973. 2. 1. 제406-2005-000046호
출판사 홈페이지 | www.cyber.co.kr
ISBN | 978-89-315-1417-9 (13530)
정가 | 29,500원(해설가리개 포함)

이 책을 만든 사람들
기획 | 최옥현
진행 | 박경희
교정·교열 | 김혜린, 최주연
전산편집 | 전채영
표지 디자인 | 박현정
홍보 | 김계향, 임진성, 김주승, 최정민, 이해솜
국제부 | 이선민, 조혜란
마케팅 | 구본철, 차정욱, 오영일, 나진호, 강호묵
마케팅 지원 | 장상범
제작 | 김유석

이 책의 어느 부분도 저작권자나 BM (주)도서출판 성안당 발행인의 승인 문서 없이 일부 또는 전부를 사진 복사나 디스크 복사 및 기타 정보 재생 시스템을 비롯하여 현재 알려지거나 향후 발명될 어떤 전기적, 기계적 또는 다른 수단을 통해 복사하거나 재생하거나 이용할 수 없음.

※ 잘못된 책은 바꾸어 드립니다.

책갈피 겸용 해설가리개

※ 독자의 세심한 부분까지 신경 쓴 책갈피 겸용 해설가리개!
절취선을 따라 오린 후 본 지면으로 해설을 가리고 학습하며 실전 감각을 길러보세요!

책갈피 겸용 해설가리개

동영상강의 ㈜다옹 bm.cyber.co.kr(031-950-6332) | 에스미디어 www.ymg.kr(010-3182-1190)

검증된 실력의 자격적중! 절대합격 필수 코스!

소방분야 1인자 공하성 교수의 차원이 다른 강의!

소방설비기사
- [생기사 평생연장반]
- 소방설비기사 [전기] X [기계] 패키지
- 필기 + 실기 + 과년도 문제풀이 패키지
- 필기 + 과년도 문제풀이 패키지
- 실기 + 과년도 문제풀이 패키지

소방설비산업기사
- 필기 + 실기 + 과년도 문제풀이 패키지
- 필기 + 과년도 문제풀이 패키지
- 실기 + 과년도 문제풀이 패키지

소방시설관리사
- 1차 + 2차 대비 평생연장반
- 1차 합격 대비반
- 2차 마스터 패키지

※ 강좌구성은 사정에 따라 변동될 수 있음.

공하성 교수의 차원이 다른 강의
- 한 번에 합격시켜 주는 해심 강의
- 최근 국가화재안전기준 내용 수록
- 언제 어디서나 모바일 스마트러닝

✂ 절취선

책갈피 겸용 해설가리개

동영상강의 ㈜다옹 bm.cyber.co.kr(031-950-6332) | 에스미디어 www.ymg.kr(010-3182-1190)

검증된 실력의 자격적중! 절대합격 필수 코스!

소방분야 1인자 공하성 교수의 차원이 다른 강의!

소방설비기사
- [생기사 평생연장반]
- 소방설비기사 [전기] X [기계] 패키지
- 필기 + 실기 + 과년도 문제풀이 패키지
- 필기 + 과년도 문제풀이 패키지
- 실기 + 과년도 문제풀이 패키지

소방설비산업기사
- 필기 + 실기 + 과년도 문제풀이 패키지
- 필기 + 과년도 문제풀이 패키지
- 실기 + 과년도 문제풀이 패키지

소방시설관리사
- 1차 + 2차 대비 평생연장반
- 1차 합격 대비반
- 2차 마스터 패키지

※ 강좌구성은 사정에 따라 변동될 수 있음.

공하성 교수의 차원이 다른 강의
- 한 번에 합격시켜 주는 해심 강의
- 최근 국가화재안전기준 내용 수록
- 언제 어디서나 모바일 스마트러닝

✂ 절취선

※ 눈의 피로를 덜어주는 해설가리개입니다.
한번 사용해보세요.